Böden Deutschlands, Österreichs und der Schweiz

Holger Joisten • Luise Giani
Nils Kochan • Dieter Kühn
Daniela Sauer • Peter Schad • Herbert Sponagel
Hrsg.

Böden Deutschlands, Österreichs und der Schweiz

Ein Bildatlas

Mit einem Geleitwort des Präsidenten der Deutschen
Bodenkundlichen Gesellschaft Prof. Dr. Karl-Heinz Feger

 Springer Spektrum

Hrsg.

Holger Joisten
ehemals Sächsisches Landesamt für Umwelt
Landwirtschaft und Geologie
Dresden, Deutschland

Nils Kochan
Frauenstein, Deutschland

Daniela Sauer
Universität Göttingen, Fakultät für
Geowissenschaften und Geographie
Abteilung Physische Geographie
Göttingen, Deutschland

Herbert Sponagel †
ehemals Landesamt für Bergbau
Energie und Geologie
Hannover, Deutschland

Luise Giani
ehemals Universität Oldenburg
Institut für Biologie und Umweltwissenschaften
Universität Oldenburg
Oldenburg, Deutschland

Dieter Kühn
ehemals Landesamt für Bergbau
Geologie und Rohstoffe Brandenburg
Cottbus, Deutschland

Peter Schad
Technische Universität München
TUM School of Life Sciences
Lehrstuhl für Bodenkunde
Freising-Weihenstephan, Deutschland

ISBN 978-3-8274-2283-5   ISBN 978-3-8274-2284-2   (eBook)
https://doi.org/10.1007/978-3-8274-2284-2

Die Deutsche Nationalbibliothek verzeichnet diese Publikation in der Deutschen Nationalbibliografie; detaillierte bibliografische Daten sind im Internet über http://dnb.d-nb.de abrufbar.

Einbandabbildung: Normpodsol aus Dünensand über Schmelzwassersand. Lokalität: Großenkneten, Landkreis Oldenburg/Niedersachsen. Aufgenommen 2006. Autoren: Prof. Dr. Luise Giani und Dr. Herbert Sponagel.

Planung/Lektorat: Simon Shah-Rohlfs

Springer Spektrum ist ein Imprint der eingetragenen Gesellschaft Springer-Verlag GmbH, DE und ist ein Teil von Springer Nature.
Die Anschrift der Gesellschaft ist: Heidelberger Platz 3, 14197 Berlin, Germany

Dieses Buch ist unserem verstorbenen Mitherausgeber Herbert Sponagel gewidmet. Er hatte die Idee zu unserem Buch.

Geleitwort des Präsidenten der Deutschen Bodenkundlichen Gesellschaft

„Es gibt in der Natur keinen wichtigeren, keinen der Betrachtung würdigeren Gegenstand als den Boden."

Diesen bemerkenswerten Satz schrieb F. A. Fallou, einer der Väter der Bodenwissenschaften, bereits im Jahr 1862. Bekanntlich bilden Böden den obersten, belebten, durch vielfältige Prozesse umgestalteten Teil der Erdkruste. Nach unten sind sie durch festes oder lockeres Gestein, nach oben durch die Atmosphäre und in den allermeisten Fällen eine Pflanzendecke begrenzt. Letztere greift über die Wurzeln auch stark in das Medium ein. Seitliche Grenzen ergeben sich zu benachbarten, in ihren Eigenschaften deutlich unterscheidbaren Bodenkörpern, wobei auch Übergänge zu Gewässern, etwa in Auen von Flüssen oder in Ufer- und Verlandungsbereichen von Seen und dem Meer, ausgebildet sind. Böden sind somit integrale Komponenten von Ökosystemen und Landschaften. Sie sind komplex aufgebaute Naturkörper, bilden jedoch – anders als Minerale, Pflanzen und Tiere – keine scharf voneinander abgrenzbaren Individuen.

Böden erfüllen zahlreiche Funktionen im Naturhaushalt und für den Menschen. Im Wasser- und Stoffkreislauf besitzen sie eine zentrale Regelungsfunktion und sind für die Bereitstellung verschiedenster Ökosystemleistungen von Bedeutung. Aufgrund von Flächeninanspruchnahme und anderer vielfältiger Einwirkungen, z. B. Erosion, Verdichtung und Kontamination durch Schadstoffe, sind Böden in sehr unterschiedlicher Weise beansprucht und gefährdet. Dies erfordert eine standörtlich-angepasste, nachhaltige Bewirtschaftung und einen adäquaten Schutz auf Grundlage von detaillierten Kenntnissen über Bodeneigenschaften und differenzierten Flächeninformationen.

Das vorliegende Werk widmet sich in sehr umfassender Weise der morphologischen Ausprägung, charakteristischen Eigenschaften und räumlichen Differenzierung der Bodendecke der Länder Deutschland, Österreich und Schweiz. Legt man naturräumliche Kriterien zugrunde, so umfasst das betrachtete, größtenteils deutschsprachige Gebiet i. W. das westliche Mitteleuropa. Dieser Naturraum zeichnet sich bekanntlich durch eine große Vielfalt an geomorphologisch-topographischen und geologischen Großstrukturen, aber auch einen ausgeprägten Übergangscharakter hinsichtlich des Klimas aus. Es verwundert daher nicht, dass hier auch die Bodendecke reich differenziert ist, was sich in der Verbreitung der natürlichen Vegetation, dem Nutzungspotential und im historisch gewachsenen Muster der Landnutzung widerspiegelt.

Durch das dem Buch zugrundeliegende Konzept der Bodenregionen als natürliche, überregionale bodengeographische Einheiten und beispielhaften Vorstellung jeweils typischer Bodenformen ist es gelungen, dieser großen Vielfalt gerecht zu werden.

Getreu dem europäischen Leitspruch *„In Vielfalt geeint"* (*In varietate concordia*) wurde im vorliegenden Buch darüber hinaus erreicht, die in den drei Ländern verwendeten, teilweise recht unterschiedlichen Bodensystematiken und Klassifikationsansätze darzustellen und zu verbinden. Sehr hilfreich als Klammer war hierbei sicherlich auch die gleichzeitige Anwendung der Internationalen Bodenklassifikation (WRB). Bedeutsam aus praktischer Sicht ist die Darstellung der historisch gewachsenen Bodenschätzung und die aktuelle Auswertung in Deutschland und Österreich.

Das vorliegende Buch ist ein beeindruckendes Zeugnis einer langfristigen exzellenten Zusammenarbeit über Grenzen hinweg. Es ist das Werk vieler Beteiligter aus Hochschulen, Forschungseinrichtungen, Behörden unterschiedlicher Ebenen und privater Beratungs- und Planungseinrichtungen. Wesentlich dazu beigetragen hat sicherlich der Umstand, dass die Herausgeber und Autoren den bodenwissenschaftlichen Fachgesellschaften der drei Länder angehören und dort in Kommissionen und Arbeitsgruppen aktiv und bestens vernetzt sind. Zwischen der Deutschen Bodenkundlichen Gesellschaft (DBG), der Österreichischen Bodenkundlichen Gesellschaft (ÖBG) und der Bodenkundlichen Gesellschaft der Schweiz (BGS) besteht eine traditionell sehr gute und rege Zusammenarbeit, die sich u. a. in gemeinsamen Tagungen ausdrückt. Auch gehören viele Mitglieder zusätzlich der Fachgesellschaft des Nachbarlandes an. Das vorliegende *Opus magnum* ist über viele Jahre hinweg in aufwändiger Abstimmungs- und Detailarbeit entstanden. Dem Herausgeber-Team gebührt Dank und Anerkennung für das anhaltende Engagement in der Koordination und den erforderlichen „langen Atem". Einen erfolgreichen Vorreiter hat das aktuelle Werk in dem 2013 bei Wiley-VCH erschienenen Dreiländerbuch „Waldböden. Ein Bildatlas der wichtigsten Bodentypen aus Österreich, Deutschland und der Schweiz" (E. Leitgeb, R. Reiter, M. Englisch, P. Lüscher, P. Schad, K.H. Feger).

Das jetzt zur Verfügung stehende, hauptsächlich bodengeographisch ausgerichtete Werk komplettiert eine Reihe etablierter deutschsprachiger bodenkundlicher Lehr- und Methodenbücher. Es möge eine weite Verbreitung in Lehre, Forschung, land-, forst- und wasserwirtschaftlicher Praxis sowie bei der Planung auf unterschiedlichen Ebenen finden. Auf diese Weise leistet das Buch einen wesentlichen Beitrag zu einer umweltverträglichen und nachhaltigen Bodennutzung, einer stärkeren Beachtung und Wertschätzung des Umweltmediums Boden in der Öffentlichkeit und dessen effektiven Schutz als kostbare Ressource und empfindliche „dünne Haut der Erde".

Dresden und Tharandt, Deutschland

Prof. Dr. Karl-Heinz Feger
Präsident der Deutschen
Bodenkundlichen Gesellschaft

Vorwort der Herausgeber

Böden sind eines der kostbarsten Güter der Menschheit. Böden bilden die Basis für die Existenz von Pflanzen, Tieren und Menschen, verfügen über entscheidende Regulationsfunktionen und stellen wirkungsvolle Speicher-, Filter-, Puffer- und Transformationssysteme dar. Böden machen nur wenige Dezimeter bis Meter der Erdkruste aus und bilden somit die Hülle oder Decke der Erde. Diese Bodendecke besteht, gleichsam einer Patchwork-Decke, aus einem vielfältigen Mosaik verschiedener Böden, mit individueller Entstehung, Eigenschaften, Nutzungen und Gefährdungen. Nicht nur weltweit, sondern auch innerhalb Deutschlands, Österreichs und der Schweiz ist die Bodendecke vielfältig und bunt.

Diese Vielfalt wollen wir in unserem Buch einer breiten Leserschaft nahebringen. Dieses Buch ist das Werk von 44 Autorinnen und Autoren sowie sieben Herausgebern. Viele engagierte Expertinnen und Experten haben ihr umfangreiches Regionalwissen eingebracht. Unser Werk richtet sich sowohl an ein Fachpublikum, an Lernende und Lehrende, als auch an diejenigen, die sich bisher nicht mit Böden beschäftigt haben, die jedoch an der Vielfalt unserer Böden interessiert sind, an ihrer Schönheit und ihrem landschaftsbezogenen Vorkommen.

Wie kann man das vermitteln? Bilder und Graphiken sind oft anschaulicher als Tabellen oder Texte. Die verschiedenen Darstellungsweisen haben alle ihre Berechtigung. Unser Buch lebt im Hauptteil von den Bildern typischer und repräsentativer Böden. Es enthält eine große Zahl von Abbildungen und trägt daher den Untertitel „Ein Bildatlas". Die Beispiele kommen aus den drei Ländern Deutschland, Österreich und der Schweiz. Von den über 800 Vorschlägen, die die Autoren eingereicht haben, haben wir 200 Profile ausgewählt. Zum einen sollten typische Böden aus allen Gegenden vertreten sein. Zum anderen wollten wir möglichst viele Subtypen der deutschen Bodensystematik (gemäß der Bodenkundlichen Kartieranleitung, 5. Auflage von 2005 – KA5) vorstellen. Allerdings konnten von einigen weniger verbreiteten Subtypen keine geeigneten Profilbeispiele gefunden werden. Auch schieden einige Vorschläge aus, da die Bildqualität nicht den Qualitätsansprüchen gerecht wurde oder wichtige Daten für die Beschreibung fehlten. Ein weiteres Auswahlkriterium war das Ausgangsgestein. Böden aus stärker verbreiteten Ausgangsgesteinen sind in diesem Buch häufiger vertreten. Wichtig war uns weiterhin, dass die beschriebenen Merkmale wie Horizontierung, Farbe, hydromorphe und nicht-hydromorphe Eigenschaften, Humosität und Durchwurzelung sowie Gefüge möglichst dem Profilbild entsprechen. Im Textteil haben die Autoren die Böden nach folgenden Eigenschaften beschrieben: Vorkommen und Ausgangsgesteine, Bodenprozesse und Eigenschaften, Nutzung und Vegetation sowie Gefährdung. Wir haben darauf geachtet, dass – trotz der Selbstverantwortlichkeit der Autoren für ihre Bodenprofile und Texte – in einer verständlichen Sprache ausgedrückt wurde, was uns wichtig erschien. Außerdem sollten standardisierte Analysenergebnisse zur Verfügung gestellt werden, um die beschriebenen Bodeneigenschaften zu dokumentieren. Mitherausgeber Dieter Kühn hat die Substratsystematik bearbeitet und das gesamte Herausgeberteam die Bodensystematik. Zusätzlich zur Einordnung nach der KA5 hat Othmar Nestroy die Böden aus Österreich nach der Österreichischen Bodensystematik (ÖBS) angesprochen und Peter Lüscher jene aus der Schweiz nach der Klassifikation der Böden der Schweiz (KlaBS). Der weiteren länderübergreifenden Verständigung dient die Benennung nach der internationalen Bodenklassifikation „World Reference Base for Soil Resources" (WRB), die von Mitherausgeber Peter Schad gemeinsam mit Einar Eberhardt vorgenommen wurde.

Um Böden zu verstehen, bedarf es selbstverständlich nicht nur der Bilder von Böden oder von Landschaften, in denen sie verbreitet sind. Auch Beschreibungen und Analysenergebnisse alleine würden nicht ausreichen. Zur besseren Orientierung stellen wir Bodenregionen- und Bodenklassenkarten vor. Ergänzend zeigen Bodencatenen die landschaftstypische Verbreitung. Zu diesem Buch gehören auch einige wesentliche, in die Bodenkunde einführende Kapitel. Es handelt sich um Themenbereiche, die insbesondere auch eine interessierte Leserschaft ansprechen sollen, die nicht in der Bodenwissenschaft beheimatet ist. Dabei geht es um die bodenbildenden Prozesse (Pedogenese), die Geogenese, die Bodensystematik und Bodenklassifikation von Deutschland, Österreich und der Schweiz sowie die internationale Bodenklassifikation WRB, die Substratsystematik, den Bodenschutz, anthropogen stark veränderte Böden, den Boden des Jahres, die Bodenschätzung und die Gliederung der Humusformen.

Unser Buch verwendet die 5. Auflage der Bodenkundlichen Kartieranleitung (KA5). Es wird etwa zu dem Zeitpunkt erscheinen, zu dem deren 6. Auflage (KA6) gedruckt vorliegt. Es wäre reizvoll gewesen, unser Buch entsprechend anzupassen. Diese Umarbeitung hätte das Erscheinen unseres Buches jedoch um längere Zeit verzögert. Wir haben uns deshalb entschlossen, das Buch gemäß KA5 zu veröffentlichen.

Wir wünschen allen Leserinnen und Lesern eine spannende Lektüre und viel Freude an diesem Buch.

Frühjahr 2022   Die Herausgeber

Danksagungen

Wir danken allen Autorinnen und Autoren sowie den Mitgliedern der Arbeitsgruppe Bodensystematik der Deutschen Bodenkundlichen Gesellschaft (DBG), die zum Gelingen dieses Buches beigetragen haben.

Namentlich bedanken wir uns bei A. Bauriegel, P. Blaser, F. Böker, M. Boll, W. Burghardt, A. Dickhof †, M. Dworschak, U. Dworschak, O. Ehrmann, L. Elbert, M. Fahrion, Forster, M. Frehner, J. Gebert, G. Glomb, W. Grottenthaler †, P. Gruner, B. Heinemann †, J. Hering, K. Hoffmann, K. Hohenvehlmann †, T. Huth, J. Jelinski, R. Keller, K. Klement, C. Klingenfuß, U. Koch, T. Köhler, M. Kösel †, S. Langner, B. Link, A. Landt, R. Löhmannsröben, J. Luster, M. Mehlhorn, I. Merbach, G. Miehlich, C. Mikutta, E. Nitsch, A. Petersen, B. Raber, H. Reisigl, F. Richter, W. Röhrig, I. Röwer, R. Roth, B. Rothenhäusler, S. Schulte-Kellinghaus, S. Schweizer, G. Stimmelmeier, F. Ullrich, F. van Deest, W. Vogl, S. Vormstein, M. Walser, L. Walthert, M. Weiß, S. Zimmermann, die Profilbeschreibungen oder Bilder zur Verfügung gestellt haben.

Ein besonderer Dank gebührt unserem Mitautor Wolfgang Fleck, der Widersprüche und Inkonsistenzen in den Beschreibungen aufgedeckt und uns bei deren Korrektur geholfen hat. Weiterhin bedanken wir uns bei Andreas Lehmann für die fototechnische Unterstützung und bei Vincent Buness für den Cartoon im Vorwort. Dieses Buch wäre ohne den Aufbau einer großen Datenbank nicht möglich gewesen. Die Programmierungen hat in unserem Herausgeberteam Nils Kochan durchgeführt. Wir bedanken uns ferner bei Karl-Heinz Feger, Präsident der Deutschen Bodenkundlichen Gesellschaft, für das freundliche Geleitwort. Schließlich ist dem Springer-Verlag zu danken, der uns während der langen Erarbeitungszeit dieses Standardwerkes stetig unterstützte.

Inhaltsverzeichnis

Teil III   Bodenklassen und Bodenprofile

Herausgeber- und Autorenverzeichnis

Über die Herausgeber

Diplom-Geograph Holger Joisten war von 1992–2019 leitender Bodenkartierer im Sächsischen Landesamt für Umwelt, Landwirtschaft und Geologie (LfULG) und federführend bei der Erstellung der Bodenkartenwerke 1 : 50.000 (BK50) und 1 : 200.000 (BÜK200). Er gehörte zur Redaktionsgruppe der Bodenkundlichen Kartieranleitungen 4. und 5. Auflage. In den Jahren zuvor war er als Bodenwissenschaftler an verschiedenen Landesämtern und Universitäten tätig sowie in Projekten in Kolumbien, Peru und Chile.

Prof. Dr. Luise Giani war bis 2021 als Leiterin der Arbeitsgruppe Bodenkunde in Forschung und Lehre an der Carl-von-Ossietzky-Universität in Oldenburg tätig. Sie hat an der 5. Auflage der Bodenkundlichen Kartieranleitung sowie an der World Reference Base for Soil Resources (WRB) mitgearbeitet. Als Vorsitzende der Kommission V und Mitglied des erweiterten Vorstands war sie in der Deutschen Bodenkundlichen Gesellschaft (DBG) aktiv.

Dipl.Ing. (FH) Nils Kochan arbeitet als selbständiger Softwareentwickler im Erzgebirge. Ein Projekt ist das Erfassungs- und Bewertungsprogramm für bodenkundliche Profilaufnahmen UBoden. In anderen Projekten bereitet er wissenschaftliche Erkenntnisse verständlich und multimedial auf. In der Freizeit „gräbt" er gern in alten Büchern nach Sagenschätzen und veröffentlicht sie auf www.sagenpfa.de.

Dr. Dieter Kühn leitete von 1995 bis 2021 die Bodengeologie am Landesamt für Bergbau, Geologie und Rohstoffe (LBGR) in Brandenburg, wo verschiedene Bodenkartenwerke bearbeitet wurden. Er gehörte zur Redaktionsgruppe der Bodenkundlichen Kartieranleitungen 4. und 5. Auflage und wirkte bis Mitte 2021 an der 6. Auflage mit. Seit 1998 ist er Mitglied der Arbeitsgruppe Bodensystematik der Deutschen Bodenkundlichen Gesellschaft.

Prof. Dr. Daniela Sauer ist Leiterin der Abteilung Physische Geographie der Georg-August-Universität Göttingen. Sie ist Mitglied der Arbeitsgruppe Bodensystematik der Deutschen Bodenkundlichen Gesellschaft (DBG) und seit 2020 Vizepräsidentin der DBG. 2010–2018 war sie Vorsitzende der Kommission Palaeopedology der International Union of Soil Sciences (IUSS) und 2008–2022 Vorstandsmitglied der Deutschen Quartärvereinigung. Sie ist Managing Editor der Zeitschrift E&G Quaternary Science Journal.

Dr. Peter Schad ist Wissenschaftlicher Angestellter am Lehrstuhl für Bodenkunde der Technischen Universität München in Freising-Weihenstephan. Er ist Mitglied der Arbeitsgruppe Bodensystematik der Deutschen Bodenkundlichen Gesellschaft (DBG) und Vorsitzender der Arbeitsgruppe World Reference Base for Soil Resources (WRB) der International Union of Soil Sciences (IUSS). Er ist leitender Herausgeber der 3. und 4. Auflage der WRB sowie Autor mehrerer weiterer Fachbücher.

Dr. Herbert Sponagel leitete die Bodenkartierung im Niedersächsischen Landesamt für Bodenforschung. Er war Vorsitzender der Kommission V sowie Vizepräsident der Deutschen Bodenkundlichen Gesellschaft (DBG). Außerdem war er Mitglied der Redaktionsgruppe der 4. Auflage der Bodenkundlichen Kartieranleitung und leitete die Redaktionsgruppe der 5. Auflage. Dr. Herbert Sponagel initiierte dieses Buch, an dem er als Herausgeber noch einige Jahre mitwirkte. Er verstarb am 3. Januar 2011.

Herausgeberverzeichnis

Prof. Dr. Luise Giani ehemals Universität Oldenburg, Institut für Biologie und Umweltwissenschaften, Oldenburg, Deutschland

Dipl.-Geogr. Holger Joisten ehemals Sächsisches Landesamt für Umwelt, Landwirtschaft und Geologie, Dresden, Deutschland

Dipl.-Ing. agr. (FH) Nils Kochan Frauenstein, Deutschland

Dr. Dieter Kühn ehemals Landesamt für Bergbau, Geologie und Rohstoffe Brandenburg, Cottbus, Deutschland

Prof. Dr. Daniela Sauer Universität Göttingen, Fakultät für Geowissenschaften und Geographie, Abteilung Physische Geographie, Göttingen, Deutschland

Dr. Peter Schad Technische Universität München, TUM School of Life Sciences, Lehrstuhl für Bodenkunde, Freising-Weihenstephan, Deutschland

Dr. Herbert Sponagel † ehemals Landesamt für Bergbau, Energie und Geologie, Hannover, Deutschland

Autorenverzeichnis

Prof. Dr. Manfred Altermann ehemals Mitteldeutsches Institut für angewandte Standortkunde und Bodenschutz, Halle, Deutschland

Dr. Roland Baier Nationalparkverwaltung Berchtesgaden, Berchtesgaden, Deutschland

Dipl.-Geogr. Wolfgang Brandtner ehemals Thüringer Landesamt für Umwelt, Bergbau und Naturschutz, Weimar, Deutschland

Dipl.-Geogr. Bernd Burbaum Landesamt für Landwirtschaft, Umwelt und ländliche Räume, Flintbek, Deutschland

Dr. Einar Eberhardt Bundesanstalt für Geowissenschaften und Rohstoffe, Hannover, Deutschland

Dr. Wolf Eckelmann ehemals Bundesanstalt für Geowissenschaften und Rohstoffe, Hannover, Deutschland

Dr. Michael Englisch Bundesforschungs- und Ausbildungszentrum für Wald, Naturgefahren und Landschaft, Wien, Österreich

Prof. Dr. Peter Felix-Henningsen ehemals Universität Gießen, Gießen, Deutschland

Dr. Marek Filipinski Landesamt für Landwirtschaft, Umwelt und ländliche Räume, Flintbek, Deutschland

Dr. Wolfgang Fleck Landesamt für Geologie, Rohstoffe und Bergbau, Freiburg, Deutschland

Dipl.-Geol. (FH) Fred Franzke terraf Ingenieurbüro, Frauenstein, Deutschland

Dr. Klaus Friedrich Umweltamt, Wiesbaden, Deutschland

Prof. Dr. Monika Frielinghaus ehemals Leibniz-Zentrum für Agrarlandschaftsforschung, Müncheberg, Deutschland

Dr. Ernst Gehrt ehemals Landesamt für Bergbau, Energie und Geologie, Hannover, Deutschland

Prof. Dr. Luise Giani ehemals Universität Oldenburg, Institut für Biologie und Umweltwissenschaften, Oldenburg, Deutschland

Dr. Alexander Gröngröft ehemals Universität Hamburg, Hamburg, Deutschland

Dr. Thomas Heinkele Bodenconsult, Bremen, Deutschland

Dr. Falk Hieke Büro für Bodenwissenschaften, Freiberg, Deutschland

Prof. Dr. Reinhold Jahn ehemals Universität Halle, Halle, Deutschland

Dip.-Ing. agr. Reinhard Jochum Bayerisches Landesamt für Umwelt, Augsburg, Deutschland

Dipl.-Geogr. Holger Joisten ehemals Sächsisches Landesamt für Umwelt, Landwirtschaft und Geologie, Dresden, Deutschland

Dipl.-Geol. Wolfgang Kainz ehemals Landesamt für Geologie und Bergwesen, Halle, Deutschland

Dipl.-Geogr. Aline Kästner Hartmannsdorf-Reichenau, Deutschland

Dr. Eckart Kolb Technische Universität München, TUM School of Life Sciences, Freising-Weihenstephan, Deutschland

Dr. Dieter Kühn ehemals Landesamt für Bergbau, Geologie und Rohstoffe Brandenburg, Cottbus, Deutschland

Dr. Andreas Lehmann ehemals Universität Hohenheim, Hohenheim, Deutschland

Dr. Peter Lüscher ehemals Eidgenössische Forschungsanstalt für Wald, Schnee und Landschaft, Birmensdorf, Schweiz

Dr. Gerhard Milbert ehemals Geologischer Dienst Nordrhein-Westfalen, Krefeld, Deutschland

Prof. Dr. Othmar Nestroy ehemals Technische Universität Graz, Graz, Österreich

Dr. Stefan Pätzold Universität Bonn, Bonn, Deutschland

Dipl.-Geogr. Enrico Pickert Sächsisches Landesamt für Umwelt, Landwirtschaft und Geologie, Dresden, Deutschland

Dipl.-Ing. agr. Andreas Richter ehemals Bundesanstalt für Geowissenschaften und Rohstoffe, Hannover, Deutschland

Prof. Dr. Karl-Josef Sabel ehemals Hessisches Landesamt für Naturschutz, Umwelt und Geologie, Wiesbaden, Deutschland

Prof. Dr. Daniela Sauer Universität Göttingen, Göttingen, Deutschland

Dr. Peter Schad Technische Universität München, TUM School of Life Sciences, Lehrstuhl für Bodenkunde, Freising-Weihenstephan, Deutschland

Dr. Franz Schmidt Langenbach, Bayern, Deutschland

Prof. Dr. Jürgen Schmidt ehemals Technische Universität Bergakademie Freiberg, Freiberg, Deutschland

Dr. Walter Schmidt Sächsisches Landesamt für Umwelt, Landwirtschaft und Geologie, Dresden, Deutschland

Dipl.-Geogr. Bernd Siemer Sächsisches Landesamt für Umwelt, Landwirtschaft und Geologie, Dresden, Deutschland

Dipl.-Geol. (FH) Ralf Sinapius Büro für Bodenkunde, Voigtsdorf, Deutschland

Dr. Herbert Sponagel † ehemals Landesamt für Bergbau, Energie und Geologie, Hannover, Deutschland

Prof. Dr. Karl Stahr ehemals Universität Hohenheim, Hohenheim, Deutschland

M. Sc. Geogr. Therese Wagner Flöha, Deutschland

Prof. Dr. Jutta Zeitz ehemals Humboldt-Universität zu Berlin, Berlin, Deutschland

Teil I

Bodenkundliche Grundlagen

Bodenausgangsgesteine und Geogenese

1

Karl Stahr und Daniela Sauer

Inhaltsverzeichnis

Das Bodenausgangsgestein stellt einen wichtigen bodenbildenden Faktor dar, wobei es sich im Verlauf der Bodenbildung verbraucht. Das Gestein bestimmt drei wesentliche Parameter, die den daraus gebildeten Boden kennzeichnen:

1.1 Die Korngrößenverteilung

Die Größe der Mineralpartikel in den Böden ist zunächst identisch mit der Größe der Partikel der Bodenausgangsgesteine. Auch beginnende physikalische und chemische Verwitterungsprozesse ändern daran meist wenig. Erst bei fortgeschrittener Bodenentwicklung führen Verwitterung und Neubildung von pedogenen Komponenten wie Tonmineralen und Eisenoxiden zu einer Veränderung der Korngrößenverteilung gegenüber der des Ausgangsgesteins. Durch Verlagerungsprozesse wie z. B. Tonverlagerung kann sie weiter modifiziert werden. Dennoch ist die Korngrößenverteilung in den meisten Böden des feucht-gemäßigten Klimas stark durch die Ausgangsgesteine geprägt.

1.2 Die Porengrößenverteilung

Die Größe und Form der Körner bestimmt die Größe der primären Poren im Boden. Im Verlauf der Bodenentwicklung wird die Porengrößenverteilung durch Humusakkumulation, Gefügebildung und Veränderung der Bodentextur im Zuge der unter 1. beschriebenen pedogenen Prozesse modifiziert, wobei die dominierende Rolle des Ausgangsgesteins aber i. d. R. erhalten bleibt.

1.3 Der Mineralbestand und Chemismus

Die Minerale des Bodenausgangsgesteins geben auch die Elementzusammensetzung eines Bodens vor, insbesondere bei jungen Böden. Sie bestimmen somit den Nährstoffhaushalt der Böden und dominieren darüber hinaus den Chemismus des Sickerwassers und des Grundwassers in einem Gebiet.

Das Ausgangsgestein eines Bodens ist i. d. R. genau genommen nicht bekannt, da es ja nicht mehr vorhanden ist. Das Gestein, das unter dem Boden ansteht, ist oft nicht das Bodenausgangsgestein, sondern eben das Material, das in Zukunft in die Bodenbildung einbezogen werden wird. Eine sichere Aussage über die Entwicklung eines Bodens kann nur dann getroffen werden, wenn man davon ausgehen kann, dass das Material, das den heutigen C-Horizont bildet, mit den Bodenausgangsgesteinen, aus denen der entwickelte Boden hervorgegangen ist, identisch oder nahezu identisch ist. Solche homogenen Ausgangsgesteine stellen einige periglaziale und glaziale Gesteine dar, wie z. B. Löss,

K. Stahr (✉)
ehemals Universität Hohenheim, Hohenheim, Deutschland

D. Sauer
Universität Göttingen, Göttingen, Deutschland

© Springer-Verlag GmbH Deutschland, ein Teil von Springer Nature 2023
H. Joisten et al. (Hrsg.), *Böden Deutschlands, Österreichs und der Schweiz*, https://doi.org/10.1007/978-3-8274-2284-2_1

Dünensand und Geschiebemergel (sofern dieser nicht von Decksand überzogen ist). Auch magmatische Festgesteine, wie Granit und Gabbro, Rhyolith und Basalt, können homogen sein. Dies gilt auch für metamorphe Gesteine wie Schiefer, Quarzit und Gneis, wenn diese aus ausreichend großen homogenen Massen entstanden sind. Auch Sedimentgesteine, die lange Zeit unter gleichen oder ähnlichen Ablagerungsbedingungen entstanden sind, können als homogene Ausgangsgesteine betrachtet werden. Dazu gehören manche Sandsteine, Kalke oder Tonmergel.

Meist entstehen Böden aber aus geschichteten Ausgangsmaterialien. Prinzipiell geschichtet sind Ablagerungen in Flussauen und im Watt. Auch Ackerkolluvien zeigen häufig eine Schichtung entsprechend der einzelnen Erosions- und Sedimentationszyklen. Weit verbreitet treten auch geringmächtige Decken aus jungen Gesteinen, z. B. aus Löss oder Lösslehm, über älteren - völlig verschiedenen - Gesteinen auf. So finden wir Löss über triassischen Tonen, über glazialen Ablagerungen oder über sedimentären oder magmatischen Festgesteinen.

Durch die Klimageschichte, insbesondere durch die letzten Kaltzeiten, sind die oberen Gesteinsschichten regelhaft beeinflusst worden. Dabei entstanden in den Mittelgebirgen i. d. R. zwei oder mehr Sedimentschichten, die weitflächig das Ausgangsmaterial der Böden bilden. Dabei überzieht meist eine (oder mehrere) Schicht(en) aus frostverwittertem, hangabwärts transportiertem und dicht gelagertem Material des Untergrunds unmittelbar das liegende Gestein; diese Schicht(en) wird als Basislage(n) bezeichnet. Sie ist fast flächendeckend von einem meist etwa 40 bis 50 cm mächtigen, mit äolischen Komponenten durchmischten Sediment, der Hauptlage, überzogen. In Hangpositionen, in denen vermehrt Löss angeweht und anschließend nicht wieder abgetragen wurde, z. B. in konkaven, häufig ostexponierten Lagen, tritt stellenweise zwischen Basis- und Hauptlage eine weitere lösshaltige Schicht auf, die als Mittellage bezeichnet wird. Lokal kann zusätzlich zu Basis-, Mittel- und Hauptlage eine sehr schuttreiche sog. Oberlage an der Bodenoberfläche auftreten. Oberlagen sind gewöhnlich räumlich eng begrenzt und nur unterhalb von Felsdurchragungen, vor allem bei widerständigen Gesteinen wie Quarzit, zu finden.

In einigen älteren Landschaftsteilen ist zu beobachten, dass die Böden nicht aus einem unverwitterten anstehenden Gestein, sondern aus älteren Bodenbildungen, sog. Paläoböden oder deren umgelagerten Bodensedimenten, entstanden sind.

Bodenbildende Prozesse

Daniela Sauer und Karl Stahr

In Böden läuft eine Vielzahl von Prozessen ab. Dazu gehören zum einen solche Prozesse, die in Böden in deren Funktion als Bestandteil von Ökosystemen und Stoffkreisläufen ablaufen, ohne das Erscheinungsbild der Böden zu verändern. Zum anderen gehören dazu solche Prozesse, die mit der Zeit zur Veränderung der Profilmorphologie führen. Letztere Gruppe wird unter dem Begriff „Bodenbildende Prozesse" zusammengefasst. Hierzu gehören zahlreiche Verwitterungs-, Neubildungs-, Akkumulations-, Transport- und Strukturbildungsprozesse. Sie werden gesteuert durch die sechs „Bodenbildenden Faktoren" Ausgangsgestein, Relief, Klima, Organismen, Mensch und Zeit. Im Folgenden wird näher auf einige wesentliche „Bodenbildende Prozesse" eingegangen.

Humusakkumulation

Nur ein Teil der anfallenden Streu wird biologisch zu CO_2, Wasser und Nährstoffen abgebaut (Mineralisierung). Ein anderer Teil wird in Feinhumus umgewandelt (Humifizierung). Dieser wird gemeinsam mit gröberer Streu durch Bodenorganismen in den Oberboden eingemischt (Bioturbation). Bei ausbleibender Bioturbation findet statt einer Humusakkumulation im Oberboden die Bildung einer organischen Auflage auf der Mineralbodenoberfläche statt. Der Prozess der Humusakkumulation führt je nach Ausmaß der Einmischung des Humus in den Mineralboden zur Ausbildung der verschiedenen Humusformen Mull, Moder oder Rohhumus.

Gefügebildung

Man unterscheidet Einzelkorn-, Kohärent- und Aggregatgefüge. Unter Gefügebildung versteht man die räumliche Veränderung der Anordnung der Mineralpartikel und organischen Bodenbestandteile im Raum und deren Verknüpfung zu Aggregaten. Dies ist daran zu erkennen, dass eine Bodenprobe nicht in einzelne Mineralkörner, sondern in diskrete Bodenkörper (Aggregate) zerfällt. Die Bildung von Aggregaten kann durch Segregation (Folge von wiederholtem Quellen und Schrumpfen), Aggregierung (Folge der intensiven Vermengung von mineralischer und organischer Substanz durch Bodenorganismen), Verkittung (z. B. durch Eisenoxide) oder Fragmentierung (bei der Bodenbearbeitung) erfolgen.

Verbraunung

Braunfärbung des Bodens durch Bildung pedogener Eisenoxide (meist Goethit). Diese entstehen im Zuge der chemischen Verwitterung nach Freisetzung von Eisenionen aus Mineralen und ihrer Oxidation durch Luftsauerstoff. Die so gebildeten Eisenoxide bilden dünne Hüllen um die Mineralkörner und lassen den Boden braun erscheinen.

Verlehmung

Dieser Begriff beschreibt die zunehmend klebrige und plastisch formbare Konsistenz des Bodenmaterials im Verlauf der Bodenentwicklung. Sie kommt durch eine Zunahme des Tongehalts zustande, die auf Tonmineralneubildung beruht. Tonminerale entstehen aus primären Alumosilikaten durch Umwandlung oder Verwitterung mit anschließender Neubildung.

Tonverlagerung (Lessivierung)

Aufgrund ihrer geringen Größe (<2 μm) können Tonteilchen in den Bodenporen mit dem Sickerwasser abwärts verlagert werden. Bei pH >6,5 wird dieser Vorgang dadurch gehemmt, dass Calciumionen an die Tonmineraloberflächen adsorbiert sind, die für Koagulation der Tonminerale sorgen. Bei pH <5 wird diese Funktion von Aluminiumionen übernommen. Daher findet Tonverlagerung hauptsächlich in einer Phase der Bodenentwicklung statt, in der Entbasung zu pH-Werten zwischen pH 6,5 und pH 5 geführt hat. Die in diesem

D. Sauer (✉)
Universität Göttingen, Göttingen, Deutschland

K. Stahr
ehemals Universität Hohenheim, Hohenheim, Deutschland

pH-Bereich adsorbierten einwertigen Kationen führen aufgrund ihrer Größe und Ladung eine Vereinzelung von Tonmineralen herbei. In diesem dispergierten Zustand werden die Tonminerale mit dem Sickerwasser abwärts transportiert.

Podsolierung

Verlagerung von Eisen- und Aluminiumionen mit gelöster organischer Substanz. Dieser Prozess setzt bei pH <4 ein, wenn die Streu nur wenig von Tieren in den Mineralboden eingearbeitet und sehr langsam und nur teilweise zersetzt wird, sodass sich organische Auflagen aufbauen. Aus diesen Auflagen werden wasserlösliche organische Substanzen in den Mineralboden eingewaschen, die eine zusätzliche Absenkung des pH-Werts bewirken. Unter diesen Bedingungen werden Eisen- und Aluminiumionen sowie weitere organische Substanzen mobilisiert. Sie werden - teilweise in Form von metallorganischen Komplexen - mit dem Sickerwasser abwärts transportiert und im Unterboden angereichert.

Vergleyung

Prägung der Profilmorphologie durch Grundwasser. Im unteren, ständig wassergesättigten Profilteil dominieren i. d. R. graue Farben, die auf reduzierte Fe-Spezies zurückzuführen sind. Der Bereich oberhalb des Grundwasserspiegels ist durch intensiv rötlich braune Farben gekennzeichnet. In dieser Tiefe sind Feinporen mit Wasser gefüllt, während gröbere Poren aufgrund geringerer Kapillarwirkung luftgefüllt sind. Das aus dem wassergesättigten Profilteil aufsteigende Kapillarwasser enthält reduziertes Eisen, das in den Kontaktbereichen mit Luft als Oxid ausgefällt wird. Daher tritt die Anreicherung der Eisenoxide insbesondere an den Wänden von Grobporen auf.

Pseudovergleyung

Prägung der Profilmorphologie durch Stauwasser. Im wasserstauenden Horizont dringt Niederschlagswasser nach Trockenperioden zunächst in Aggregatzwischenräume ein, während das dichte Aggregatinnere noch mit Luft gefüllt ist. In dieser Phase wird Eisen an den Aggregatoberflächen durch Reduktion mobilisiert und mit der Durchfeuchtungsfront entlang eines Redoxgradienten ins Aggregatinnere transportiert. Dort wird es als Oxid ausgefällt. Deshalb ist der Stauhorizont durch graue (eisenverarmte) Aggregatoberflächen und marmoriertes (rötlichbraun/grau geflecktes) Aggregatinneres gekennzeichnet. Oberhalb des Stauhorizonts führt zeitweilige Wassersättigung ebenfalls zu Eisenmobilisierung, wodurch dieser Horizont gebleicht ist und häufig Konkretionen oder Flecken aus Eisen- und Manganoxiden aufweist.

Vergleyung und Pseudovergleyung werden auch unter dem Begriff „Redoximorphose" zusammengefasst.

Boden- und Substratsystematik Deutschlands

3

Gerhard Milbert, Dieter Kühn und Manfred Altermann

Inhaltsverzeichnis

Die Bodengliederung in Deutschland basiert auf einem zweigleisigen System. Neben der Bodengliederung nach bodenbildenden Prozessen, werden Böden nach Substraten klassifiziert. Substrate sind die Materialien, aus denen die Festsubstanz der Böden besteht. Auf diese Weise wird eine ganzheitliche Kennzeichnung der pedogenen und lithogenen Merkmale der Böden möglich. Ziel dieser umfassenden Einteilung ist die Bodenform als Kombination einer Kennzeichnung der Bodenentwicklung und des Substrates nach festen Regeln (Abb. 3.1). Die Regeln hierzu sind in der deutschen Bodensystematik (AK Bodensystematik 1998; AG Boden 2005) festgelegt und werden laufend fortgeschrieben.

3.1   Bodensystematik

Gerhard Milbert

Wenn eine große Vielfalt von materiellen oder immateriellen Dingen sowie ihre Beziehungen zueinander überschaubar und nachvollziehbar dargestellt werden sollen, genügt keine einfache Auflistung (Inventur). Wird diese Vielfalt nach bestimmten Kriterien wie Größe oder Materialeigenschaften gegliedert (klassifiziert), lassen sich bereits eine große Anzahl mit einander in Beziehung stehender Dinge übersichtlich gliedern und mit einem Bestimmungsschlüssel reproduzierbar erfassen. Diesem Anspruch genügen Klassifikationen, die zur effizienten Gliederung der Bodendecke verwendet werden, wie die World Reference Base für Soil Ressources (IUSS Working Group WRB 2015).

Wenn eine Gliederung Beziehungen wie den Grad der Verwandtschaft, die Genese von Naturkörpern, bestimmte Merkmalsausprägungen usw. reproduzierbar widerspiegeln soll, muss sie nach einer systematischen und hierarchischen Struktur aufgebaut sein. Eine Gliederung von Böden ist schwieriger als die Gliederung von Tieren oder Pflanzen. Böden als Naturkörper sind nicht scharf voneinander abgegrenzt, sondern gehen meist fließend ineinander über (Normbraunerde – stark podsolige Braunerde – Podsol-Braunerde – Braunerde-Podsol – Normpodsol), so dass die Grenzen zwischen unterschiedlichen Böden nach qualitativen und quantitativen Merkmalen definiert werden müssen.

„Böden sind lebende Ganzheiten, die Gestaltcharakter aufweisen. Die Einteilung darf darum nicht nur den augenblicklichen Zustand eines Bodens in Betracht ziehen, sondern muss den Boden als eine Naturbildung behandeln, die einem dauernden, diese jeweilig in weitgehendem Maße charakterisierenden Wechsel unterliegt. Dieser Wechsel drückt sich in ihrer Dynamik, Biologie, Phänologie und ihrer Entwicklung aus" (Kubiëna 1948). Die deutsche Bodensystematik hat diesen Grundgedanken aufgegriffen und fasst Böden nicht nur hinsichtlich ihrer Merkmale und

G. Milbert (✉)
ehemals Geologischer Dienst Nordrhein-Westfalen, Krefeld, Deutschland

D. Kühn
ehemals Landesamt für Bergbau, Geologie und Rohstoffe Brandenburg, Cottbus, Deutschland

M. Altermann
ehemals Mitteldeutsches Institut für angewandte Standortkunde und Bodenschutz, Halle, Deutschland

© Springer-Verlag GmbH Deutschland, ein Teil von Springer Nature 2023
H. Joisten et al. (Hrsg.), *Böden Deutschlands, Österreichs und der Schweiz*, https://doi.org/10.1007/978-3-8274-2284-2_3

Abb. 3.1 Beispiel zur Ableitung der Bodenform aus der Abfolge der diagnostischen Horizonte und der Abfolge von Substratarten: Normpseudogley (Stauwasserboden) aus periglaziärem Kies-führendem Sand (aus Terrassensand) über periglaziärem Ton (aus präquartärem Lockergestein) (Quelle: G. Milbert, D. Kühn, M. Altermann)

Eigenschaften in klassifizierenden Gruppen zusammen, sondern gliedert Böden in einem hierarchischen System nach bodenbildenden Prozessen.

Bereits in den dreißiger Jahren (Laatsch 1938, 1944 und 1957, Mückenhausen 1935, 1936) sowie den vierziger Jahren (Pallmann 1942; Kubiëna 1948) wurden für den mitteleuropäischen Klimaraum erste Bodengliederungen vorgelegt, die Böden als dynamische Naturkörper auffassten, die sich unter dem Einfluss der Boden bildenden Faktoren entwickeln und die als Entwicklungsreihen gegliedert werden können. Sie entstehen im Verlauf der Zeit aus den Ausgangsgesteinen an der Erdoberfläche durch den Einfluss von Witterung, Bodenorganismen, Vegetation, Relief und des Menschen.

Bodenhorizonte – im Folgenden als Horizonte bezeichnet – sind das Ergebnis bodenbildender Prozesse wie Humusbildung, Verwitterung, Stoffverlagerung (Anreicherung und Verarmung) sowie biologischer, chemischer und physikalischer Umwandlungen. Sie sind keine Schichten im geologischen Sinne, die z. B. durch Sedimentation entstanden sind.

Horizonte als meist oberflächenparallele einige Millimeter bis mehrere Dezimeter mächtige Bereiche in Böden besitzen weitgehend einheitliche Merkmale und Eigenschaften wie Humusgehalt, Mineralbestand, Bodenart, Kationenbelegung oder Bodenfarbe. Die vertikale Abfolge der Horizonte führt zu einem typischen Bodenprofil. Diagnostische Horizonte und Horizontfolgen als Resultat der bisherigen Bodenentwicklung führen damit zu typischen Böden, die hierarchisch in Abteilungen, Klassen, Boden-

typen, Typen, Varietäten und Subvarietäten in der deutschen Bodensystematik gegliedert werden.

In Deutschland werden 3 Horizontgruppen und 16 Haupthorizonte unterschieden:

- semisubhydrische und subhydrische Horizonte (F),
- organische Horizonte >30 Masse-% Humus (L; O, H),
- mineralische Horizonte <30 Masse-% Humus (A; B; C; E; G; M; N; P; R; S; T; Y)

Die 16 Haupthorizonte werden durch Großbuchstaben dargestellt. Haupthorizonte werden in mehr als 300 Horizonte mit unterschiedlichen geogenen, anthropogenen und pedogenen Merkmalen weiter untergliedert. Geogene und anthropogene Merkmale werden durch vorangestellte Kleinbuchstaben, pedogene Merkmale durch nachgestellte Kleinbuchstaben symbolisiert.

Vielfach besitzen Horizonte mehrere geogene oder pedogene Merkmale, die dann durch mehrere Kleinbuchstaben dargestellt werden (Abweichungshorizonte). Zum Beispiel ‚elCv' = mergeliges grabbares Ausgangsgestein der Bodenbildung mit beginnender, schwach ausgeprägter Verwitterung, als Untergliederung des C-Horizontes. Abweichungshorizonte führen häufig zu Abweichungssubtypen wie Kalkbraunerde (Bcv).

Häufig durchdringen sich mehrere Bodenprozesse wie zum Beispiel Grundwassereinfluss und Verbraunung. Derartige Übergangshorizonte werden durch zwei Großbuchstaben und zusätzliche Kleinbuchstaben symbolisiert, die durch einen Bindestrich verbunden sind. Beispiel: Go-Bv = Verbraunungs-Horizont mit schwach ausgeprägtem Grundwassereinfluss. Übergangshorizonte führen zu Übergangssubtypen zwischen zwei Bodenklassen, wie Gley-Braunerde.

In Einzelfällen treten die Merkmale von mehreren Bodenbildungsprozessen nebeneinander auf, ohne sich zu durchdringen. Solche Horizonte werden durch ein ,+' zwischen den Horizontsymbolen gekennzeichnet (Verzahnungshorizonte). Beispiel: Bv + elCv = mergeliges lockeres Bodenausgangsmaterial, untergeordnet mit Verbraunungs-Horizont verzahnt, diagnostischer Horizont der Braunerde-Pararendzina. Bei allen Horizonten steht das Symbol des überwiegenden Merkmals stets hinten.

Beispiele: Btv = Verbraunungs-Horizont mit schwach ausgeprägter Tonverlagerung; Bv-Go = Grundwasseroxidationshorizont mit erkennbarer Verbraunung.

Die Böden werden in sechs systematischen Niveaus nach pedogenetischen Kriterien systematisch gegliedert. Resultat der Bodengenese sind morphologisch erkennbare Merkmalsausprägungen, die sich in spezifischen Horizonten und Horizontkombinationen manifestieren.

Auf dem ersten Niveau werden 4 Bodenabteilungen nach dem Einfluss des Wassers unterschieden (Tab. 3.1)

- Terrestrische (mineralische) Böden mit überwiegend vertikaler Sickerwasserbewegung (13 Bodenklassen und 28 Bodentypen),

Tab. 3.1 Übersicht der Abteilungen und Klassen der deutschen Bodensystematik

Terrestrische Böden	Semiterrestrische Böden	Semisubhydrische und subhydrische Böden	Moore
O/C-Böden *Anreicherung organischen Materials auf Festgestein oder zwischen Steinen und Blöcken*	**Auenböden** *Bodenbildungen mit periodischer bis episodischer Überflutung und Sedimentation sowie stark schwankendem Grundwasser*	**Semisubhydrische Böden** *hydromorphe Bodenbildungen im Gezeitenbereich der Meere und dem Unterlauf von Flüssen mit tidal gesteuerter zeitweiser Überflutung*	**Naturnahe Moore** *über 3 dm mächtige Torfbildungen im rezent wassergesättigten Milieu*
Rohböden *Initiale Humusbildung auf/in Fest- oder Lockergestein* **A/C-Böden** *Humusbildung im Mineralboden*	**Gleye** *ganzjährig hydromorphe Bodenbildung durch Grundwassereinfluss oberhalb von 4 dm unter Flur*		**Erd- und Mulmmoore** *Torfbildung mit pedogener Veränderung nach Entwässerung (Mineralisierung, Humifizierung, Setzung, Schrumpfung, Aggregatbildung)*
Schwarzerden *tiefreichende Humusbildung mit ausgeprägter Bioturbation im Mineralboden* **Pelosole** *Ausgeprägte Quellungs- und Schrumpfungsdynamik in tonreicher Bodenmatrix*	**Marschen** *junge Bodenbildungen mit Vergleyung im Gezeitenbereich*	**Subhydrische Böden** *Bodenbildungen am Grund von (Binnen-) Gewässern, vollständig von Wasser durchdrungen*	
Andosole *Andolisierung = Verbraunung und Verwitterung, Bildung andosoltypischer Minerale und stabiler organo-mineralischer Komplexe (neu eingeführte Bodenklasse)* **Braunerden** *Verwitterung, Verbraunung und Tonmineralneubildung*	**Strandböden** *initiale Bodenbildungen an Meeresstränden im Gezeitenbereich mit periodischer bis episodischer Überflutung und ständiger Materialumlagerung*		**Sondergruppe Kultivierte Moore** *vollständige anthropogene Umgestaltung von Mooren durch Tiefpflügen, Überdeckung und Materialmischung sowie Abtorfung*
Lessivés *Lessivierung = Tonverarmung über Tonanreicherung*			
Podsole *Podsolierung = Mobilisierung, Transport und Immobilisierung vor allem von Eisen – und Humusverbindungen*			
Terrae calcis *Bodenbildung aus dem Lösungsrückstand der Kalksteinverwitterung*			
Fersiallitische und ferrallitische Paläoböden *Kieselsäureabfuhr und Sesquioxidanreicherung im (sub-) tropischen Klima*			
Stauwasserböden *Pseudovergleyung = zeitlicher Wechsel von aeromorphen und hydromorphen Bildungsbedingungen*			
Reduktosole *reduktomorphe Bildungsbedingungen durch reduzierend wirkende Gase*			
Terrestrische Anthropogene Böden *kultrophe Turbation oder kultrophe Akkumulation*			

- Semiterrestrische (mineralische) Böden mit deutlichem Grundwassereinfluss (4 Bodenklassen und 17 Bodentypen),
- Semisubhydrische und Subhydrische (mineralische und organische) Böden mit überwiegender bis ganzjähriger Wasserüberdeckung, auch durch den Einfluss der Gezeiten (2 Bodenklassen und 5 Bodentypen),
- Moore als organische Bodenbildungen durch permanenten Wasserüberschuss (2 Bodenklassen und 5 Bodentypen).

Auf dem zweiten Niveau werden 21 Bodenklassen nach wesentlichen Boden bildenden Prozessen unterschieden. Hierzu gehören chemische und physikalische Verwitterung, Humusbildung, Tonmineralbildung und Verbraunung, Podsolierung (Sauerbleichung mit Stoffumlagerung), Lessivierung (Tonverlagerung), Pseudovergleyung (Stauwassereinfluss), Vergleyung (Grundwassereinfluss) und Torfbildung.

Auf dem dritten Niveau werden 56 Bodentypen unterschieden. Bodentypen werden durch charakteristische Horizonte und Horizontfolgen definiert, die aus spezifischen Bodenentwicklungen resultieren.

Auf dem vierten Niveau besteht die deutsche Systematik aus über 220 Bodensubtypen. Diese untergliedern die Bodentypen durch eine feinere Abstufung der Bodengenese und Merkmalsausprägung wie Humusgehalt, Eisenanreicherung oder Lockerheit als Abweichungssubtypen. Übergänge zu anderen Bodentypen (Bodenklassen) als Folge sich durchdringender oder überlagernder Bodengenesen sind als Übergangssubtypen definiert.

Auf dem fünften Niveau werden Bodensubtypen durch ca. 40 Bodenvarietäten weiter untergliedert, die sich durch qualitative Merkmalsausprägungen wie Humusform, geogene Merkmale, Färbung und weitere schwach ausgeprägte pedogene Merkmale unterscheiden.

Auf dem sechsten Niveau können Subtypen und Varietäten durch quantitative Kriterien weiter in Bodensubvarietäten gegliedert werden. Hierzu gehören z. B. der Grad der Podsoligkeit, der Grad der Basensättigung oder der Lessivierung. Die Anzahl der Subvarietäten ist offen, sie umfasst mehrere tausend Möglichkeiten.

Die Internetseite des AK Bodensystematik der Deutschen Bodenkundlichen Gesellschaft (http://www.bodensystematik.de) informiert umfassend über Definitionen der Bodensystematik in Deutschland und die Substratgliederung. Dort finden sich auch Links zum Download der Bodengliederungen der Schweiz und Österreichs. Die Bodenkundliche Kartieranleitung (Ad-hoc-AG Boden 2005) enthält Definitionen für alle Horizonte, Bodentypen und bodenbildende Substrate nach der deutschen Gliederung.

3.2 Substratsystematik

Dieter Kühn and Manfred Altermann

Das Substrat kennzeichnet die feste Substanz eines Bodens. Substrate entstehen aus den jeweils an der Oberfläche vorhandenen Gesteinen bzw. Gesteinsabfolgen, den sog. Bodenausgangsgesteinen. Diese werden durch verschiedene Prozesse, wie Verwitterung, Ab- und Umlagerung von Verwitterungsprodukten und deren Vermischung (Homogenisierung) sowie bestimmte pedogenetische Prozesse in Substrate (auch als Bodensubstrate bezeichnet) umgebildet. Im periglaziären Milieu der Kaltzeiten erreichten die vielfältigen Substratbildungsprozesse ein Optimum, wobei auch gleichzeitig bestimmte Bodenhorizonte entstanden bzw. entscheidend vorgeprägt wurden. Die Substratkennzeichnung schließt Veränderungen der Festsubstanz durch bodenbildende Prozessen ein. Bereits die preußische geologische Kartierung wies zur agronomischen Kennzeichnung der geologischen Legendeneinheiten zusätzlich eine Beschreibung der Böden nach deren Zusammensetzung (Körnung, Humusanteil) bzw. nach an der Oberfläche dominierenden bodenbildenden Gesteinen aus. Auch die Bodenschätzung charakterisiert bereits seit 1934 agronomisch relevante Substratmerkmale, wie z. B. Körnung und geologische Herkunft. Seit Anfang des 20. Jahrhunderts erfolgte die Kennzeichnung der Böden vorwiegend auf pedogenetischer Grundlage. Die TGL 24300/07 (1977) (Normen in der DDR, entsprechend den DIN-Normen in der BRD) lieferte eine erste Definition der Substrate nach Körnung und bodenkundlich wichtigen petrographischen Merkmalen einschließlich deren Schichtabfolge. In der KA 3 (Bodenkundliche Kartieranleitung der Staatlichen Geologischen Dienste und der Bundesanstalt für Geowissenschaften und Rohstoffe, 3. Auflage) (Arbeitsgruppe Boden 1982) wurden erstmals die Substrate als Ausgangsmaterial für die Bodenbildung definiert, wobei Petrographie und Geogenese als bedeutende Faktoren herausgestellt wurden. Die komplexe Bodenansprache als Koppelung der substrat- und der bodensystematischen Ansprache (Bodenform) wurde weiterentwickelt und in die bestehende Bodensystematik (AK Bodensystematik 1998) und Bodenkundliche Kartieranleitung (KA5, 2005) integriert.

Zur Substratkennzeichnung werden die Merkmale Substratgenese, Bodenart, Bodenausgangsgestein sowie Carbonat- und Kohlen(stoff)gehalt herangezogen (letzterer auch wegen seiner Bedeutung für Kippböden). Diese Kriterien werden in festgelegter Weise miteinander kombiniert und neben einer merkmalsspezifischen Klassifikation auch die Anteilsverhältnisse zueinander in der Substratart ausgedrückt (z. B. sk Sandkies bzw. ks Kiessand als Ausdruck

Tiefenstufen/Horizontgr. (dm) Horizontabfolge Substratartenabfolge

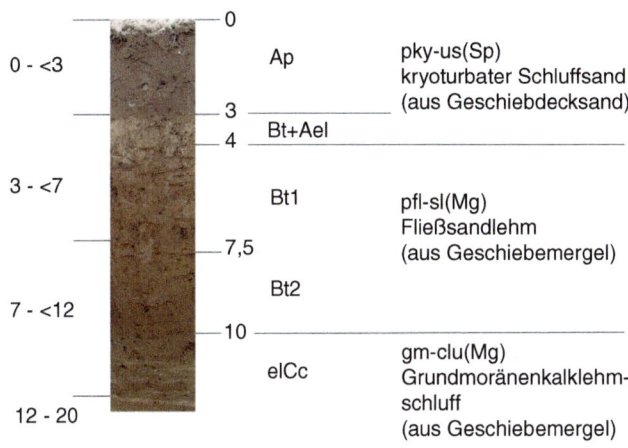

Ap	pky-us(Sp) kryoturbater Schluffsand (aus Geschiebdecksand)
Bt+Ael	
Bt1	pfl-sl(Mg) Fließsandlehm (aus Geschiebemergel)
Bt2	
elCc	gm-clu(Mg) Grundmoränenkalklehm- schluff (aus Geschiebemergel)

Tiefenstufen: 0 – <3, 3 – <7, 7 – <12, 12 – 20; Horizontgrenzen bei 0, 3, 4, 7,5, 10.

Abb. 3.2 Kennzeichnung eines Bodens nach der Boden- und Substrat-systematik der Bodenkundlichen Kartieranleitung (KA5) und des AK BODENSYSTEMATIK (1998) (Quelle: G. Milbert, D. Kühn, M. Altermann)

der Gesamtbodenart aus Grob- und Feinboden in einer Substratart).

Die meisten Böden weisen im Vertikalprofil (Ansprache-bereich bis 20 dm unter Flur) eine Abfolge verschiedener Substratarten auf (Abb. 3.2). Diese Substratenabfolgen unterschiedlicher Böden in verschiedenen Bodenland-schaften lassen bestimmte Gesetzmäßigkeiten erkennen, so dass sie z. B. auch zu einer Abfolge periglaziärer Lagen (aus den verschiedenen Einzellagen wie Oberlage, Hauptlage, Mittellage, Basislage, KA5) aggregiert werden können. So sind die Substrate gleicher Lagen u. a. durch weitgehend gleiche Mächtigkeitsintervalle, Dominanz bestimmter substratgenetischer Prozesse, Gesetzmäßigkeiten hinsicht-lich des Anteils von Lokal- und Fremdmaterial gekenn-zeichnet. Die verschiedenen Substratartenabfolgen in der Bodendecke werden unter Berücksichtigung der Mächtigkeit der einzelnen Substratarten in der substratsystematischen Einheit auf verschiedenen hierarchischen Niveaus klassi-fiziert.

Bodensystematische Einheit		Substratsystematische Einheit	
Bodenklasse:	L	Substratklasse:	s/l
Bodentyp:	LF	Substrattyp:	p-s(Sp)/p-l(Mg)
Bodensubtyp:	LFn	Substratsubtyp:	pky-us(Sp)/pfl-sl// gm-clu

Bodenform

LFn: pky-us(Sp)/pfl-sl//gm-clu Normfahlerde aus kryo-turbatem Schluffsand (Geschiebedecksand) über soliflui-dalem Sandlehm über tiefem Grundmoränenkalklehm-schluff

Böden mit gleichen Horizontabfolgen in verschiedenen Substraten haben meistens unterschiedliche Eigen-schaften (z. B. differenziertes Wasserspeichervermögen). Um Böden und deren Eigenschaften jedoch vergleichen zu können, ist die alleinige bodengenetische Kenn-zeichnung unzureichend. Die vom Gesteinsaufbau ab-hängige Bodenzusammensetzung wurde seit längerem auch in Bodenkarten berücksichtigt, jedoch uneinheitlich bzw. durch umfangreiche verbale Beschreibungen (z. B. um die Unterschiede einer Braunerde aus Sand oder Schluff zu verdeutlichen). Diese Materialbeschreibung war je nach Autor subjektiv und datentechnisch nicht vergleichbar. Erst mit der Substratsystematik wurde eine einheitliche Kenn-zeichnung wie in der Bodenübersichtskarte der Bundes-republik Deutschland im Maßstab 1 : 200.000 (BÜK 200) (Ad-hoc-AG Boden 2018, 2021) länderübergreifend an-gewandt möglich.

Gegenüber der Bodensystematik besitzt die Substrat-systematik nur 3 Hierarchiestufen. Diese werden z. B. in Karten bei unterschiedlichen Maßstäben oder abhängig vom Kenntnisstand oder Kartierungsziel genutzt. In der KA 5, S. 133 (s. hier Tab. 3.2) ist schematisch dargestellt, wie die Substratkriterien in den hierarchischen Niveaus zur Substratart (nach der bodensystematischen Ansprache vergleichbar dem Bodenhorizont) und zur substrat-systematischen Einheit (vergleichbar mit der boden-systematischen Einheit, z. B. Bodensubtyp) miteinander kombiniert werden. Die Mächtigkeitsverhältnisse ver-schiedener vertikal aufeinander folgender Substratarten werden in den Tiefenstufenbereichen 0 – <3 dm, 3 – <7 dm, 7 – <12 dm und 12 – ≤20 dm jeweils einheitlich klassifiziert. Je höher das systematische Niveau, desto stärker werden Anzahl der Substrate und Tiefenbereiche für den Substratwechsel zusammengefasst.

Bei der Typisierung wird also nach bestimmten Regeln (s. KA 5, S. 290 ff.) eine differenzierte Zusammenfassung von verschiedenen Substratarten einer Abfolge nach den ver-schiedenen hierarchischen Niveaus vorgenommen. Prioritär können dabei unterschiedliche Substrate nach Bodenart und Mächtigkeiten zusammengefasst werden. Im Einzelfall kann ein Substrat gegenüber einem mächtigeren hervorgehoben werden, wenn dieses für die Eigenschaften des Gesamt-profils bedeutsam ist.

Ebenso wichtig wie die komplexe systematische Kenn-zeichnung von Böden im Gelände ist die Nutzung der substratsystematischen Einheiten zur Charakterisierung von Legendeneinheiteneinheiten. Auch Karten müssen den Anspruch der Vergleichbarkeit erfüllen (s. BÜK 200). Die Benennung von Flächenbodenformen dient – im Unterschied zu Bodenformen für die Kennzeichnung von Einzelprofilen – der Charakterisierung von Legendenein-

Tab. 3.2 Beispiel für die Aggregierung der Substratansprache zur substratsystematischen Einheit auf unterschiedlichen systematischen Niveaus (Symbole s. KA 5)

beispielhafte Untergrenzen der Substrat- arten in cm unter Flur	vertikale Substrat- artenabfolge auf dem Niveau der Substratartenunter-gruppe	berücksichtigte Substratartenuntergruppe bis 20 dm für Substratsubtyp	berücksichtigte Substratartengruppe bis 12 dm für Substrattyp	berücksichtigte Substratartenhauptgruppe bis 12 dm für Substratklasse
35	a-ss(Sa)			
80	pky-ss(Sp)	pky-ss(Sp)	p-s(Sp)	s
95	pky-(kk2)ss(Sp)			
115	pfl-(ss)sl(Sp+Mg)			
150	pfl-ll(Mg)	pfl-ll(Mg)	p-l(Mg)	l
170	gm-esl(Mg)			
200	fg-ss(Sgf)	fg-ss(Sgf)		
Substratsystematische Einheit:		Substratsubtyp pky-ss(Sp)// pfl-ll(Mg)/// fg-ss(Sgf)	Substrattyp p-s(Sp)//p-l(Mg)	Substratklasse s//l

heiten. Bei den meisten heute erstellten Bodenkarten handelt es sich um so genannte Bodengesellschaftskarten (Bodenformengesellschaften). Die in einer Legendeneinheit aufgezählten Flächenbodenformen können charakteristische real existierende Böden repräsentieren oder – wie in vielen Karten – idealisierte oder durchschnittliche Angaben, die eine größere Anzahl geringfügig variierender realer Bodenformen vertreten. Die Anwendung der systematischen Regeln ist für die Vergleichbarkeit und Interpretation der Karten entscheidend.

Die Substratsystematik mit ihren Kurzzeichen wird in diesem Buch zur Kennzeichnung der Bodenformen angewandt. In einigen Fällen werden für einen Bodensubtyp mehrere Bodenformen aufgeführt, wenn deren substratsystematische Einheiten sehr differenziert sind. Erst mit der kombinierten Ausweisung von bodensystematischer und substratsystematischer Einheit als Bodenform wird für die verwendeten Bodenbeispiele eine umfassende und vergleichbare Kennzeichnung ermöglicht.

Literatur

Ad-hoc-AG Boden (2005): Bodenkundliche Kartieranleitung, 5. Auflage. Hrsg.: Bundesanstalt für Geowissenschaften und Rohstoffe, Hannover, Schweizerbart'scher Verlag, Stuttgart

Ad-hoc-AG Boden (2018, 2021): Bodenübersichtskarte der Bundesrepublik Deutschland 1 : 200.000, Bundesanstalt für Geowissenschaften und Rohstoffe, Hannover

AK Bodensystematik (1998): Systematik der Böden und der bodenbildenden Substrate Deutschlands. Mitteilungen der Deutschen Bodenkundlichen Gesellschaft, Band 86: S. 1–134, Oldenburg, (http://www.bodensystematik.de).

Arbeitsgruppe Bodenkunde (1982): Bodenkundliche Kartieranleitung der Staatlichen Geologischen Dienste und der Bundesanstalt für Geowissenschaften und Rohstoffe, 3. Auflage, Hannover, Schweizerbart'sche Verlagsbuchhandlung, Stuttgart

IUSS Working Group WRB (2015): World Reference Base for Soil Resources 2014, Update 2015. Edited by P. Schad, C.W. van Huyssteen & E. Michéli. – FAO, World Soil Resources Reports 106, Rom, Italien

Kubiëna, W. (1948): Entwicklungslehre des Bodens. Springer Verlag, Wien

Laatsch, W. (1938): Dynamik der Deutschen Acker- und Waldböden. Verlag Theodor Steinkopff, Dresden und Leipzig

Laatsch, W. (1944 und 1957): Dynamik der mitteleuropäischen Mineralböden. Verlag Theodor Steinkopff, Dresden und Leipzig

Mückenhausen, E. (1935, 1936): Die Bodentypenwandlungen des norddeutschen Flachlandes und besondere Beobachtungen von Bodentypenwandlungen in Nordniedersachsen. Dissertation Technische Hochschule Danzig 1935. Zugl. in: Jahrbuch der Preußischen Geologischen Landesanstalt Bd. 56, 1936: S. 460–516, Berlin

Pallmann, H. (1942): Grundzüge der Bodenbildung. Schweizerische Landwirtschaftliche Monatshefte, Band 22, Bern-Bümpliz

TGL 24300/07 (1977): Substrate und Substrattypen, Fachbereichsstandard, Standortaufnahme von Böden, Deutsche Demokratische Republik, Juli 1977. In: Mitteilungen der Deutschen Bodenkundlichen Gesellschaft, Band 65, Oldenburg 1991

Österreichische Bodensystematik (ÖBS) 2000 in der revidierten Fassung von 2011

4

Othmar Nestroy

Inhaltsverzeichnis

4.1   Geschichtliche Entwicklung

Die Österreichische Bodensystematik 2000 in der revidierten Fassung von 2011 ist nach einem morphologisch-genetischen Prinzip konzipiert, das auf den Grundideen von W. L. Kubiëna (1948, 1953) basiert.

Eine erste Fassung der Nomenklatur und Systematik der Böden Österreichs erfolgte nach umfangreichen Beratungen im Rahmen der Österreichischen Bodenkundlichen Gesellschaft im Jahre 1969 und wurde im Heft 13 der Mitteilungen dieser Gesellschaft publiziert (Fink 1969). Diese Systematik war die Basis für die Aufnahme wie Interpretation der von der Bodenschätzung, Bodenkartierung und Forstlichen Standortsaufnahme durchgeführten Feldaufnahmen.

Aufgrund der fortschreitenden Geländearbeiten und somit der zunehmenden Kenntnis über die Bodendecke Österreichs – speziell von den intensiv landwirtschaftlich genutzten Flächen – ergab sich die logische Notwendigkeit, diesen Erstentwurf aus dem Jahre 1969 einer kritischen Prüfung zu unterziehen. Diese Arbeit erfolgte wiederum in Form einer Arbeitsgruppe von Mitgliedern der Österreichischen Bodenkundlichen Gesellschaft und das Ergebnis war die Österreichische Bodensystematik 2000, publiziert in Heft 60 der Mitteilungen dieser Gesellschaft (Nestroy et al. 2000).

Nach einer 10-jährigen Anwendung dieser Systematik entstand wiederum der Wunsch – basierend auf neuen

wissenschaftlichen Erkenntnissen sowie weiterer Informationen aus der Feldarbeit – Korrekturen und Präzisierungen vorzunehmen.

4.2   Struktur und Anwendung

Das Ergebnis dieser jüngsten Überarbeitung liegt nun als Österreichische Bodensystematik 2000 in der revidierten Fassung von 2011 vor (Nestroy et al. 2011). Dieser Titel soll auch zum Ausdruck bringen, dass es sich um keine prinzipiell neue Bodensystematik handelt, sondern um jene vom Jahre 2000 in einer revidierten Fassung.

Diese Bodensystematik wird hier in Tabellenform (Tab. 4.1) dargestellt, wobei aus platztechnischen Gründen eine gegebenenfalls mögliche Ausweisung von Varietäten nicht enthalten ist.

Nach Möglichkeit soll schon im Gelände an der Profilgrube eine Zuordnung des Bodenprofils bis zum Subtyp, der in der Systematik fixiert und definiert ist, vorgenommen werden. Diese Typisierung auf Subtypenebene kann durch freie Varietäten, die sich z. B. aufgrund von Labordaten anbieten, ergänzt werden. Mit dieser in gemeinsamer Arbeit und mit allgemeinem Konsens erarbeiteten Revision dürfte nun eine aktualisierte Bodensystematik vorliegen, die für kommende

O. Nestroy (✉)

ehemals Technische Universität Graz, Graz, Österreich

H. Joisten et al. (Hrsg.), *Böden Deutschlands, Österreichs und der Schweiz*, https://doi.org/10.1007/978-3-8274-2284-2_4

Tab. 4.1 Die Österreichische Bodensystematik 2000 in der revidierten Fassung von 2011

ORDNUNG: *TERRESTRISCHE BÖDEN*

Typ	Subtyp	Typ	Subtyp
KLASSE: TERRESTRISCHE ROHBÖDEN		**KLASSE: KALKLEHME**	
Grobmaterial-Rohboden	Carbonatfreier G. Carbonathaltiger G.	Kalkbraunlehm	
Feinmaterial-Rohboden	Carbonatfreier F. Carbonathaltiger F.	Kalkrotlehm	
KLASSE: TERRESTRISCHE HUMUSBÖDEN		**KLASSE: SUBSTRATBÖDEN**	
Rendzina	Proto-/Mull-/Mullartige/ Moder-/Tangel-/Pech-R., Carbonathaltiger Fels-Auflagehumusboden	Farb-Substratboden Textur-Substratboden	
Kalklehm-Rendzina	Mull-/Moder-K.		
Pararendzina	Proto-/Mull-/Moder-P.	**KLASSE: UMGELAGERTE BÖDEN**	
Ranker	Proto-/Typischer R., Carbonatfreier Fels-auflagehumusboden	Frostmusterboden	Steinringboden, Steinpolygonboden, Steinnetzboden, Girlandenboden, Streifenboden
Tschernosem	Typischer/Brauner/ Rumpf-T.	Kolluvisol	Carbonatfreier K. Carbonathaltiger K.
Paratschernosem		Kultur-Rohboden	Carbonatfreier K. Carbonathaltiger K.
KLASSE: BRAUNERDEN		Gartenboden	Carbonatfreier G. Carbonathaltiger G.
Braunerde	Typische/Podsolige/Car-bonathaltige B., Reliktbraunerde	Rigolboden	Carbonatfreier K. Carbonathaltiger K.
Parabraunerde	Rezente P. Relikt-P.	Schüttungsboden	Planieboden Haldenboden
KLASSE: PODSOLE		Deponieboden	Carbonatfreier K. Carbonathaltiger K.
Semipodsol			
Podsol	Eisen-Humus-/Eisen-/ Humus-P.		
Staupodsol	Eisen-Humus-/Eisen-/ Humus-P.		

ORDNUNG: *HYDROMORPHE BÖDEN*

Typ	Subtyp	Typ	Subtyp
KLASSE: PSEUDOGLEYE		**KLASSE: SALZBÖDEN**	
Typischer Pseudogley		Solontschak	
Stagnogley	Typischers/Anmooriger St.	Solonetz	
Hangpseudogley		Solontschak-Solonetz	
Haftnässe- Pseudogley		**KLASSE: MOORE, ANMOORE UND FEUCHT-SCHWARZERDEN**	
Reliktpseudogley		Hochmoor	
KLASSE: AUBÖDEN		Niedermoor	Typisches N. Übergangsmoor
Auboden	Carbonatfreier A. Carbonathaltiger A.	Anmoor	
Augley	Carbonatfreier A. Carbonathaltiger A.	Feuchtschwarzerde	Carbonathaltige F. Carbonatfreie F.
Schwemmboden	Carbonatfreier Sch. Carbonathaltiger Sch.	**KLASSE: UNTERWASSERBÖDEN**	
Rohauboden	Carbonatfreier R. Carbonathaltiger R.	Dy	
KLASSE: GLEYE		Gyttja	
Gley	Typische/Brauner G.	Sapropel	
Nassgley	TypischerAnmooriger/ Torf-N.		
Hanggley (Quellgley)	Typischer/Anmooriger/ Torf-H.		

Jahre als Grundlage zur Einordnung der landwirtschaftlich wie forstwirtschaftlich genutzten Böden Österreichs gesehen werden kann.

Literatur

Fink, J. (1969): Nomenklatur und Systematik der Bodentypen Österreichs. Mitteilungen der Österreichischen Bodenkundlichen Gesellschaft, Heft 13, 95 S., Wien

Kubiëna, W. (1948): Entwicklungslehre des Bodens. Springer Verlag, Wien

Kubiëna, W. (1953): Bestimmungsbuch und Systematik der Böden Europas. Ferdinand Enke Verlag, Stuttgart

Nestroy, O., Danneberg, O.H., Englisch, M., Gessl, A., Hager, H., Herzberger, E., Kilian, W., Nelhiebel, P., Pecina, E., Pehamberger, A., Schneider, W., Wagner, J. (2000): Systematische Gliederung der Böden Österreichs. Mitteilungen der Österreichischen Bodenkundlichen Gesellschaft, Heft 60, Wien

Nestroy, O., Aust, G., Blum, W.E.H., Englisch, M., Hager, H., Herzberger, E., Kilian, W., Nelhiebel, P., Ortner, G., Pecina, E., Pehamberger, A., Schneider, W., Wagner, J. (2011): Systematische Gliederung der Böden Österreichs – Österreichische Bodensystematik 2000 in der revidierten Fassung von 2011. Mitteilungen der Österreichischen Bodenkundlichen Gesellschaft, Wien

Klassifikation der Böden der Schweiz (KlaBS)

5

Peter Lüscher

Inhaltsverzeichnis

Die Grundzüge der in der Schweiz verwendeten Bodenklassifikation basieren auf einem generellen Konzept von H. Pallmann und Mitarbeitern, das an der ETH ab 1940 entwickelt wurde (Pallmann 1947). An der Eidgenössischen Landwirtschaftlichen Forschungsanstalt Zürich-Reckenholz wurde das Klassifikationssystem weiterentwickelt und ausgebaut. Dies vor allem im Zusammenhang mit der Erstellung von Bodenkarten. Die Arbeitsgruppe „Klassifikation und Nomenklatur" der Bodenkundlichen Gesellschaft der Schweiz befasst sich seit ihrer Gründung 1977 mit Überarbeitungs- und auch Revisionsarbeiten (Arbeitsgruppe Klassifikation und Nomenklatur der Bodenkundlichen Gesellschaft der Schweiz (BGS) (2010), Arbeitsgruppe Bodenklassifikation und Nomenklatur (2011), Arbeitsgruppe der Bodenkundlichen Gesellschaft der Schweiz (BGS) (2014)).

Daneben wurde für die Beurteilung von Waldstandorten ausgehend von der Publikation „Physikalische Eigenschaften von Böden der Schweiz" (Richard et al. 1978) eine Ansprache von Horizonten und Benennung der Böden ausgehend von internationalen anerkannten Richtlinien aufgebaut. Weitere Entwicklungsschritte ergaben sich durch die Publikation „Waldböden der Schweiz" (Walthert et al. 2005) und durch die gesamtheitliche Standortsbeurteilung im Rah-

men der Wegleitung „Nachhaltigkeit und Erfolgskontrolle im Schutzwald" (Frehner et al. 2005).

Für die in dieser Publikation ausgewählten Profile aus der Schweiz wurde die im Rahmen der Bodenkartierung verwendete Klassierung der Forschungsanstalt für Agrarökolgie und Landbau, Zürich-Reckenholz (1997) und der Bodenkundlichen Gesellschaft der Schweiz (2010) mit Anpassungen an die Waldbodenkartierung (BUWAL 1996) verwendet.

Allgemeine Merkmale, die alle Böden prägen, bestimmen den taxonomischen Bodentyp mit vier Stufen im hierarchischen Teil des Klassifikationssystems. Ergänzende Merkmale der Profilentwicklung sowie der ökologischen Beziehungen eines Bodens zu seiner Umgebung werden im nicht hierarchischen Teil des Systems zur feineren Charakterisierung von Böden desselben Typs verwendet.

Der Bodentyp ergibt sich aus der Kombination zutreffender Kriterien für den „Wasserhaushalt des Bodens" (Stufe I), die „Hauptbestandteile des Bodengerüstes" (Stufe II), die „kennzeichnenden chemischen und mineralogischen Komponenten des Bodengerüstes" (Stufe III) und die „kennzeichnenden Perkolate" (Stufe IV). Wichtige taxonomische Bodentypen werden mit gebräuchlichen Namen (vgl. Liste 1.5) versehen. Diese entsprechen den üblichen und bekannten Bodentypenbezeichnungen.

P. Lüscher (✉)
ehemals Eidgenössische Forschungsanstalt für Wald, Schnee und Landschaft, Birmensdorf, Schweiz

© Springer-Verlag GmbH Deutschland, ein Teil von Springer Nature 2023
H. Joisten et al. (Hrsg.), *Böden Deutschlands, Österreichs und der Schweiz*, https://doi.org/10.1007/978-3-8274-2284-2_5

5.1 Die vier hierarchischen Klassifikationsstufen

Stufe I: Bodenklasse – Wasserhaushalt des Bodens
Maßgebend ist der allgemeine Wasserhaushalt eines Bodens. Er ist das Resultat verschiedener Einflussgrößen wie, die Niederschlagsmenge und -verteilung, Frost und Bodenerwärmung, die Verdunstungsrate, das Bodengefüge in seiner Wirkung auf die Infiltration, die Perkolation, den Wasserstau und den Oberflächenabfluss. Oft wird der Wasserhaushalt von Böden durch die topographische Lage entscheidend beeinflusst.

Stufe II: Bodenordnung – Hauptbestandteile des Bodengerüstes
Der materielle Gerüstaufbau im Boden ist für die Klassifikation maßgebend. Die drei Komponenten des Bodengerüstes sind Gesteinsrelikte des Ausgangsgesteins, Sekundärminerale als rezente oder reliktische Neubildungen der Verwitterung sowie organische Substanz (alle Abbaustufen der toten Biomasse und die organischen Neubildungen).

In der Schweiz kommen häufig Böden vor, in denen zwei oder alle drei Komponenten zusammen am Gerüstaufbau beteiligt sind. Unter Sekundärmineralien werden bodenbürtige Minerale, wie Tone und Oxide verstanden. Auch Tone die in einem Sedimentgestein eingeschlossen waren und durch Verwitterung freigelegt wurden, gelten als Sekundärminerale.

Stufe III: Bodenverband – Kennzeichnende chemische und mineralogische Komponenten des Bodengerüstes
Klassiert werden die Geochemie des Ausgangsgesteins, sowie chemische oder mineralogische Neubildungen. Wenig entwickelte Böden werden nach dem Ursprung der Gesteinsrückstände, die dort praktisch das ganze Bodengerüst beherrschen, unterteilt. Weiter entwickelte Böden werden durch bestimmte Verwitterungsprodukte oder durch Neubildungen aus Abbauprodukten gekennzeichnet.

Stufe IV: Bodentyp – Kennzeichnende Perkolate
Als Kriterium dienen die ins Bodenwasser eintretenden gelösten oder dispergierten Substanzen.

In besonderen Fällen finden Verlagerungen nicht adsorbierter Stoffe im Bodenprofil statt. Die Dynamik der Substanzverlagerung im Profil wird durch den Wasserhaushalt des Bodens (Stufe I) bestimmt.

Besonderheit: Da die Illuviation im Rahmen der Substanzverlagerung im Bodenprofil als Entwicklungsprozess zu verstehen ist, wird jeder Illuviationshorizont mit einem besonderen Hauptsymbol bezeichnet, dem Großbuchstaben I. Die Illuviation ist diagnostisch. Andere Substanzanreicherungen, Rückstandsanreicherungen und Neubildungen an Ort und Stelle sind von der Illuviation zu differenzieren.

Benennung des Bodentyps
Aus der Kombination der zutreffenden Kriterien der Stufen I–IV wird der taxonomische Bodentyp gebildet. Er wird durch besonders charakteristische Typenmerkmale unterteilt.

Die Möglichkeit, Untertypen zu unterscheiden, ist im Klassifikationssystem bedeutungsvoll.

5.2 Zusammenstellung und Benennung wichtiger Böden der Schweiz

Perkolierte Böden
Normal durchlässig, nicht oder nur mäßig vernässt und gut durchlüftet

Gesteinsböden
Feinerdearm (<5 % Tonfraktion), (skelettreich, Pflanzenwuchs nur sporadisch), Vorkommen meist in der alpinen Stufe Unterteilung nach dem Ausgangsgestein, wie Silikatgesteinsböden, Mischgesteinsböden, Karbonatgesteinsböden

Humus-Gesteinsrohböden
Durchgehender A- oder O-Horizont vorhanden, meist junge Böden in Gebirgslagen, Unterteilung nach dem Ausgangsgestein, wie Humus-Silikatgesteinsböden, Humus-Mischgesteinsböden, Humus-Karbonatgesteinsböden

Unentwickelte Böden ohne B-Horizont, mit Sekundärmineralen (A/C-Böden)
Ah- und/oder O-Horizont vorhanden, Tonfraktion >5 % wie Ranker, Regosole, Fluvisole, Rendzinen

Entwickelte Böden mit B-Horizont (A/B/C-Böden)
Verwitterungsböden wie Braunerden

Entwickelte Böden mit einem Bfe-Horizont
wie Braunpodsole

Entwickelte Böden mit E- und I-Horizonten
wie Parabraunerden, Podsole

Selten perkolierte Böden
Vorkommen in inneralpinen Trockentälern wie Phäozeme

Stauwassergeprägte Böden
Vernässung oberhalb 60 cm aufgrund von Stauwasser inkl. Haftwasser wie Braunerde-Pseudogleye, Pseudogleye

Grundwassergeprägte Böden
Vernässung oberhalb 60 cm aufgrund von Grund- oder Hangwasser

Mineralische Nassböden
wie Braunerde-Gleye, Buntgleye, Fahlgleye

Organische Böden
wie Halbmoore, Moore

Periodisch überschwemmte Böden
Alluviale Schichtung vorhanden wie Auenböden

5.3   Die drei nicht hierarchischen Klassifikationsstufen

Stufe V: Untertyp – Ausprägungs- und Entwicklungsgrad der Typenmerkmale
Böden des gleichen Typs können in zahlreichen ökologisch wichtigen Merkmalen variieren; sie werden deshalb in Untertypen gegliedert. Sämtliche Untertypen, die auf einen Boden zutreffen, sollen für die Bezeichnung des Bodens verwendet werden.

Untertypen umfassen Profilschichtung, Verwitterungsgrad, Säuregrad, Karbonat- und Salzgehalt, Verteilung des Eisenoxids, Bodengefüge und Struktur, Lagerungsdichte, Staunässe, wechselnde Grund- oder Hangnässe, dauernde Grund- oder Hangnässe, künstliche Drainage, aerobe organische Substanz, anaerob bzw. anaerob entstandene organische Substanz, Typenausprägung, Horizontierung.

Stufe VI: Bodenform
Die Zustandsform umschreibt Merkmale, die für den Pflanzenwuchs und die Nutzung besonders wichtig sind u. a. Skelett und Körnung der Feinerde, Physiologische Gründigkeit d. h. Mächtigkeit des durchwurzelbaren Bodens, Wasserspeichervermögen und die Ionenspeicherung.

Stufe VII: Lokalform
Die lokalen und ökologischen Standortsfaktoren des Bodens sind dabei zu beurteilen, wie geographisch-klimatische Bodenregion, Geländeform, Hangneigung, Vegetation und Nutzung.

5.4   Nennenswerte Besonderheiten

Die Abgrenzung von Haupthorizonten erfolgt aufgrund der Unterschiede im Gerüstaufbau des Bodens. Maßgebend ist die Einmischung oder Ablagerung organischer Substanz und der Verwitterungsgrad der Mineralerde. Auch die Vorgänge der Filtrationsverlagerung wirken haupthorizontbildend (Eluviation und Illuviation). Zusätzlich zu den im Ausland üblichen Haupthorizonten wird der Illuvialhorizont (I) vom B-Horizont getrennt (vgl. Stufe IV). Die Illuviation ist ein bedeutender, materialverschiebender Vorgang der Profilentwicklung. Für den B-Horizont in diesem Sinne sind Gesteinsverwitterungs- und Mineralneubildungsvorgänge kennzeichnend. Im I-Horizont besteht zusätzlich noch eine Anreicherung von Bodensubstanzen, die aus einem darüber gelegenen E-Horizont eingewandert sind.

5.5   Merkmale der Vernässung werden mit nachgestellten Zusatzsymbolen gekennzeichnet

g   mässig rostfleckig, wechselnasse Zone im A-,B- oder C-Horizont

gg   Horizont mit starker Rostfleckung infolge periodischer Vernässung und ungenügender Durchlüftung
Ein Bgg, x-Stauhorizont wird im deutschen System nach KA5 als Sd-Horizont bezeichnet.

Die Klassifikation der Böden der Schweiz (BGS 2010) ist unter http://www.soil.ch als Download verfügbar.

Literatur

Arbeitsgruppe Klassifikation und Nomenklatur der Bodenkundlichen Gesellschaft der Schweiz (BGS) (2010): Bodenprofiluntersuchung, Klassifikationssystem, Definition der Begriffe, Anwendungsbeispiele, 2. Auflage, Luzern, Schweiz

Arbeitsgruppe Bodenklassifikation und – nomenklatur (2011): Jahresbericht 2011, Bodenkundliche Gesellschaft der Schweiz, Luzern, Schweiz

Arbeitsgruppe der Bodenkundlichen Gesellschaft der Schweiz (BGS) (2014): Bodenkartierung Schweiz – Entwicklung und Ausblick - Bodenkundliche Gesellschaft der Schweiz, Luzern, Schweiz

Bodenkundliche Gesellschaft der Schweiz (BGS) (2010): Klassifikation der Böden der Schweiz, Konzept zur Revision, (KLABS 2010, 66 Seiten) (http://www.soil.ch), Zürich, Schweiz

Buwal (1996): Waldbodenkartierung, Handbuch. Hrsg.: Bundesamt für Umwelt, Wald und Landschaft, Bern.125 S.

Frehner, M., Wasser, B., Schwitter, R. (2005): Nachhaltigkeit und Erfolgskontrolle im Schutzwald. Wegleitung für Pflegemaßnahmen in Wäldern mit Schutzfunktion. Vollzug Umwelt. Bundesamt für Umwelt, Wald und Landschaft, Bern, 564 S.

Pallmann, H. (1947): Pédologie et Phytosociologie. C.R. Congr. International de Pédologie, Montpellier

Richard F., Lüscher P., Strobel Th. (1978): Physikalische Eigenschaften von Böden der Schweiz. Bände 1–4. Sonderserie EAFV, Bodenkundliche Gesellschaft der Schweiz, Wädenswil

Walthert, L., Zimmermann, S., Blaser, P., Luster, J., Lüscher, P. (2005): Waldböden der Schweiz, Band 1. Grundlagen und Region Jura. Birmensdorf, Eidgenössische. Forschungsanstalt Wald, Schnee und Landwirtschaft (WSL), Bern, Hep Verlag, 768 S.

Internationale Bodenklassifikation (WRB)

6

Peter Schad

Inhaltsverzeichnis

Die Internationalisierung der Bodenkunde auf weltweiter, aber auch auf europäischer Ebene, machte seit langem ein internationales System der Bodenklassifikation erforderlich. Die Internationale Bodenkundliche Union (International Union of Soil Sciences, IUSS) hat 1998 die World Reference Base for Soil Resources (WRB) zum ihrem offiziellen Klassifikationssystem erklärt.

Die WRB wird von einer Arbeitsgruppe der IUSS herausgegeben. Nach der ersten (FAO 1998) und zweiten (IUSS WORKING GROUP WRB 2007) Auflage ist gegenwärtig die dritte Auflage von 2014 in Kraft. Von dieser wurde 2015 ein Update mit Änderungen und Ergänzungen veröffentlicht. Nach diesem Update 2015 der dritten Auflage 2014 (IUSS WORKING GROUP WRB 2015) sind die Böden in diesem Buch klassifiziert.

Internationale Klassifikationssysteme vor der WRB waren die Legende zur Weltbodenkarte der FAO (FAO-UNESCO 1974; FAO 1988) sowie die International Reference Base for Soil Classification (IRB). Die WRB baut auf ihnen auf.

Die WRB kennt zwei Klassifikationsebenen. Auf der ersten Ebene sind 32 Bodentypen als Reference Soil Groups (RSGs) definiert. Die Klassifikation eines Bodens auf dieser ersten Ebene erfolgt mit Hilfe eines Bestimmungsschlüssels. Auf der zweiten Ebene ordnet man dem Namen der RSG Adjektive zu, die als Qualifier bezeichnet werden. Derzeit gibt es 185 Qualifier, die in einer alphabetischen Liste definiert sind. Einige können mit vielen RSGs kombiniert werden, andere nur mit wenigen oder gar nur mit einer.

Im Bestimmungsschlüssel ist daher für jede RSG aufgelistet, welche der 185 Qualifier vorkommen können. Ihre Zahl schwankt von 35 (Nitisols und Gypsisols) bis 68 (Cambisols). Da sich jedoch viele Qualifier gegenseitig ausschließen, trifft für einen konkreten Boden nur eine kleine Auswahl der aufgelisteten Qualifier zu. Die Qualifier einer RSG sind in Principal Qualifier und Supplementary Qualifier untergliedert. Principal Qualifier drücken besonders wichtige Merkmale aus und sind in hierarchischer Reihenfolge aufgelistet. Zahlreiche weitere Merkmale werden durch Supplementary Qualifier angegeben. Unter ihnen gibt es keine hierarchische Reihenfolge, weshalb sie einfach gemäß dem Alphabet aufgelistet sind. Bestimmte Qualifier sind bei manchen RSGs Principal und bei anderen Supplementary Qualifier.

Die Definitionen sowohl im Bestimmungsschlüssel zu den RSGs (erste Ebene) als auch in der alphabetischen Liste der Qualifier (zweite Ebene) basieren ihrerseits auf diagnostischen Materialien, Eigenschaften und Horizonten. Diagnostische Materialien sind Materialien, die bodenbildende Prozesse wesentlich beeinflussen. Viele sind Ausgangsgesteine. Diagnostische Horizonte und diagnostische

P. Schad (✉)
Technische Universität München, TUM School of Life Science, Lehrstuhl für Bodenkunde, Freising-Weihenstephan, Deutschland

© Springer-Verlag GmbH Deutschland, ein Teil von Springer Nature 2023
H. Joisten et al. (Hrsg.), *Böden Deutschlands, Österreichs und der Schweiz*, https://doi.org/10.1007/978-3-8274-2284-2_6

Eigenschaften sind typische Ergebnisse bodenbildender Prozesse, oder sie kennzeichnen typische Bedingungen der Bodenbildung (wie z. B. reduzierende Verhältnisse). Dabei haben diagnostische Horizonte im Gegensatz zu diagnostischen Eigenschaften immer eine Mindestmächtigkeit, wodurch ihre meist oberflächenparallele Ausbildung zum Ausdruck kommt. Neben diesen durch Merkmalskomplexe gekennzeichneten Diagnostika werden auf beiden Ebenen auch Einzelmerkmale (z. B. Basensättigung oder Tongehalt) für die Definitionen herangezogen.

6.1 Klassifikation von Böden

Für die Klassifikation eines Bodens auf der zweiten Ebene müssen alle zutreffenden Qualifier zum Namen der RSG hinzugefügt werden. Lediglich redundante Qualifier (deren Merkmale inbegriffen sind in einem bereits hinzugefügten Qualifier) werden weggelassen. Die Principal Qualifier werden ohne Klammern und ohne Kommas vor den Namen der RSG gestellt. Die Reihenfolge ist von rechts nach links, d. h. der Prinicpal Qualifier, der in der Liste zuerst kommt, steht dem Namen der RSG am nächsten. Die Supplementary Qualifier werden in einer Klammer hinter den Namen der RSG gestellt und durch Kommas voneinander getrennt. Die Reihenfolge ist von links nach rechts, wodurch auch hier der Qualifier, der in der Liste zuerst genannt ist, näher am Namen der RSG steht.

Zur Beschreibung des Bodens und seiner Merkmale empfiehlt die WRB die Guidelines for Soil Description (FAO 2006). Es ist zweckmäßig, Vorkommen und Tiefe der identifizierten diagnostischen Horizonte, Eigenschaften und Materialien bereits im Gelände zu notieren und eine vorläufige Klassifikation vorzunehmen. Die endgültige Klassifikation erfolgt, wenn die Analysendaten verfügbar sind. Einen Überblick über die Laboranalysen gibt Anhang 2 der WRB.

6.2 Erstellung von Kartenlegenden

Bodenkarten erfordern eine generalisierte Darstellung von Bodeneigenschaften. Außerdem sind die Legendeneinheiten in Abhängigkeit vom Maßstab unterschiedlich detailliert. Anders als bei der Klassifikation von Böden können daher nicht sämtliche zutreffenden Qualifier angegeben werden, vielmehr steigt die Zahl der zu berücksichtigenden Qualifier mit der Größe des Maßstabs. Bei sehr kleinen Maßstäben kann man nur die RSGs darstellen. Im zweiten Maßstabsniveau (von etwa 1 : 10 Millionen bis 1 : 5 Millionen) kann bereits der oberste zutreffende Principal Qualifier hinzugefügt werden. Für das dritte Maßstabsniveau (etwa bis 1 : 1 Millionen) sind dann zwei Principal Qualifier vorgesehen und im vierten Maßstabsniveau (bis 1 : 250.000) drei Princi-

pal Qualifier. (Für größere Maßstäbe gibt es noch keine Empfehlungen.) Vor dem Namen der RSG stehen damit maximal drei Principal Qualifier.

Auf jeder Maßstabebene können je nach Zweck der Karte noch weitere Qualifier optional hinter dem Namen der RSG aufgeführt werden. Sie stehen in Klammern und sind durch Kommas voneinander getrennt. Es können bisher unberücksichtigte Principal Qualifier sein, die in der Liste weiter unten stehen, oder Supplementary Qualifier.

Hierzu ein Beispiel: Eine Legendeneinheit ist dominiert von einem Boden aus 2 m mächtigem, stark zersetztem, saurem Niedermoortorf, der im Oberboden vermulmt ist. Der dominante Boden ist also ein Histosol.

Die Legendeneinheiten sind:
Erstes Maßstabsniveau: Histosol
Zweites Maßstabsniveau: Sapric Histosol
Drittes Maßstabsniveau: Murshic Sapric Histosol
Viertes Maßstabsniveau: Rheic Murshic Sapric Histosol
Dabei steht der Sapric Qualifier für den hohen Zersetzungsgrad, Murshic für die Vermulmung und Rheic für den Niedermoorcharakter. Optional können z. B. die sauren Eigenschaften durch den Principal Qualifier Dystric und die große Mächtigkeit durch den Supplementary Qualifier Hyperorganic gekennzeichnet werden. Auf der größten Maßstabebene könnte die Einheit also heißen: Rheic Murshic Sapric Histosol (Dystric, Hyperorganic). Generell können in einer Legendeneinheit neben dem dominanten Boden auch co-dominante oder assoziierte Böden angegeben werden.

6.3 Subqualifier

Qualifier können mit Specifiern (z. B. Epi-, Proto-) zu Subqualifiern kobminiert werden (z. B. Epiarenic, Protocalcic). Je nach Specifier erfüllt der Subqualifier alle Kriterien des Qualifiers, oder er weicht in definierter Form von ihnen ab. Die Position eines Qualifiers in der Liste bleibt bei Hinzufügung eines Specifiers unverändert. Nur bei Kombination der Specifier Proto- (gering entwickelt), Bathy- (in großer Tiefe) und Thapto- (begraben) mit Principal Qualifiern werden die dabei gebildeten Subqualifier zu Supplementary Qualifiern. Die alphabetische Reihenfolge der Supplementary Qualifier richtet sich nach den Anfangsbuchstaben der Qualifier, nicht der Specifier.

Für unterschiedliche Tiefenstufen sind die Specifier Epi- (nur im Bereich ≤ 50 cm), Endo- (nur im Bereich ≥ 50 cm), Amphi- (>0 und <50 cm beginnend und >50 und <100 cm endend), Ano- (bei 0 cm beginnend und >50 und <100 cm endend), Kato- (>0 und <50 cm beginnend und ≥ 100 cm endend), Panto- (von $0 - \geq 100$ cm durchgängig) und Bathy- (unterhalb von 100 cm) definiert (genaue Definitionen bitte in der WRB nachschlagen). Dies erlaubt z. B. die Wiedergabe von mit der Profiltiefe wechselnden Basensättigungen oder Bodenarten. Der Specifier Thapto- dient zur Kennzeichnung begrabener Horizonte. Verfehlen flache Horizonte auf Fels oder technischem Festgestein (z. B. Beton) die Mächtigkeitskriterien eines Qualifiers, so kann der Qualifier dennoch angegeben werden, wenn er mit dem Specifier Supra- kombiniert wird.

Neben diesen individuell konstruierbaren Subqualifiern gibt es auch Subqualifier mit vorgegebener Definition (z. B. Protosalic, Neocambic).

Die Verwendung der Subqualifier ist optional. Bei Kartenlegenden, die Generalisierungen erfordern, wird sie nicht empfohlen.

6.4   Begrabene Böden

Ist ein Boden unter (neu) aufgelagertem Material begraben, so gelten in der WRB folgende Regeln:

1. Das aufgelagerte Material und der begrabene Boden werden wie ein einziger Boden klassifiziert, wenn sie zusammen die Kriterien einer der folgender RSGs erfüllen: Histosol, Anthrosol, Technosol, Cryosol, Leptosol, Vertisol, Gleysol, Andosol, Planosol, Stagnosol, Arenosol, Fluvisol oder Regosol.
2. Trifft dies nicht zu, so muss geprüft werden, wie mächtig das aufgelagerte Material ist und wie weit nach Ablagerung die Bodenentwicklung fortgeschritten ist. Ist es mindestens 50 cm mächtig oder erfüllt es für sich allein die Kriterien eines Folic Regosol oder einer RSG, die im Schlüssel vor dem Regosol (also vor der letzten RSG des Schlüssels) kommt, so wird zunächst das aufgelagerte Material klassifiziert. Der Name des begrabenen Bodens wird dann mit dem Wort „over" hinter den Namen des aufgelagerten Bodens angefügt, z. B. Cambic Umbrisol (Loamic) over Rustic Podzol (Arenic).
3. In allen anderen Fällen wird der begrabene Boden klassifiziert und das aufgelagerte Material durch den Qualifier Novic gekennzeichnet.

Literatur

FAO-Unesco (1974): Soil Map of the World 1 : 5000.000. Volume I, Legend. Paris, Frankreich

FAO (1988): Soil Map of the World. Revised Legend. Edited by ISSS, FAO, ISRIC. – FAO, World Soil Resources Reports 60, Rom, Italien

FAO (1998): World Reference Base for Soil Resources. Edited by ISSS, FAO, ISRIC. – FAO, World Soil Resources Reports 84, Rom, Italien

FAO (2006): Guidelines for Soil Description, 4th edition. Prepared by R. Jahn, H.-P. Blume, V.B. Asio, O.C. Spaargaren & P. Schad. – FAO, Rom, Italien.

IUSS Working Group WRB (2007): World Reference Base for Soil Resources 2006. First update 2007. Edited by E. Michéli, P. Schad & O.C. Spaargaren. – FAO, World Soil Resources Reports 103, Rom, Italien

IUSS Working Group WRB (2015): World Reference Base for Soil Resources 2014, Update 2015. Edited by P. Schad, C.W. van Huyssteen & E. Michéli. – FAO, World Soil Resources Reports 106, Rom, Italien

Bodenschutz

7

Bernd Siemer, Walter Schmidt, Jürgen Schmidt
und Fred Franzke

Inhaltsverzeichnis

7.1 Rechtliche Grundlagen des Bodenschutzes

Der Boden als nicht erneuerbare Ressource ist als Lebensgrundlage für Menschen, Tiere und Pflanzen zu erhalten. Aus diesem Grund ist der Schutz der Böden seit 1998 im Bundesbodenschutzgesetz (BBodSchG) verankert. Das Gesetz richtet sich allerdings nicht auf den Schutz der Böden selbst, etwa im Sinne einer roten Liste gefährdeter Böden, es schützt vielmehr seine Funktionen bzw. fordert deren Wiederherstellung. Im Sinne des Gesetzes ist der Boden Träger folgender natürlicher Funktionen:

- Lebensgrundlage und Lebensraum für Menschen, Tiere, Pflanzen und Bodenorganismen (Lebensraumfunktion)
- Bestandteil des Naturhaushaltes, insbesondere mit seinen Wasser- und Nährstoffkreisläufen (Regelungsfunktion)
- Abbau-, Ausgleichs- und Aufbaumedium für stoffliche Einwirkungen auf Grund der Filter-, Puffer- und Stoffumwandlungseigenschaften, insbesondere auch zum Schutz des Grundwassers

B. Siemer (✉) · W. Schmidt
Sächsisches Landesamt für Umwelt, Landwirtschaft und Geologie, Dresden, Deutschland

J. Schmidt
ehemals Technische Universität Bergakademie Freiberg, Freiberg, Deutschland

F. Franzke
terraf Ingenieurbüro, Frauenstein, Deutschland

Das BBodSchG weist dem Boden weitere, nutzungsbezogene Funktionen zu, beispielsweise als Fläche für Siedlungen, Verkehr, Ver- und Entsorgung usw., die zwangsläufig mit der Veränderung, Verschlechterung oder gar Vernichtung natürlicher Bodenfunktionen verbunden sind. Insofern fordert das Gesetz zu Abwägungsentscheidungen auf, die auf eine Schonung nicht aber auf den unbedingten Erhalt der natürlichen Bodenfunktionen hinauslaufen.

7.2 Bodengefährdungen, Problemfelder des Bodenschutzes

Bodenversiegelung, Flächeninanspruchnahme

Das „Wohnen im Grünen" ist nach wie vor der Traum und der Wunsch vieler Menschen. Zum Bau von Wohnungen am Stadt- und Dorfrand kommen Gewerbe- und Straßenbau und weitere Infrastrukturmaßnahmen hinzu. Sind die räumlichen Erreichbarkeiten für die jeweiligen baulichen Interessen geschaffen, dann wachsen weitere bodenversiegelnde und landschaftsverändernde Maßnahmen – der Prozess ist scheinbar unaufhörlich! Besonders die landwirtschaftliche Nutzfläche ist von diesen außerörtlichen Inanspruchnahmen betroffen. Ihre Nutzfläche (Acker- und Grünland) nimmt in Deutschland und Europa jährlich in hoher Zahl ab.

Mit der Inanspruchnahme wird das Schutzgut Boden in der Regel abgegraben, häufig mit Baumaterialien beaufschlagt und anschließend für neue Nutzungen und Zwecke versiegelt (Abb. 7.1 und 7.2). Der natürliche Lebensraum Boden wird dadurch vernichtet und seine natürlichen Funktionen werden gelöscht. Die natürlichen Wasser- und

Abb. 7.1 Außerörtliche Flächeninanspruchnahme und Bodenverbrauch durch logistischen Gewerbeflächenbau, >120 Hektar Fläche und >2 Millionen Tonnen Bodenabgrabung, „Baufeld frei!" (Quelle: B. Siemer)

Abb. 7.2 Außerörtliche Bodenversiegelung im Baufeld vollzogen. Die natürliche Bodenfunktion wird durch technische und kostenintensive Regelungen ersetzt, „versiegelt mit Beton und Asphalt" (Quelle: B. Siemer)

Stoffkreisläufe der Böden werden nach der Versiegelung und in ihrer unmittelbaren Umgebung durch technische und kostenintensive Pflege- und Unterhaltungsmaßnahmen ersetzt. Darunter fallen Anlagen zur Regenwasserrückhaltung oder Abwasserkanäle zur Ableitung des Niederschlagswassers. Häufig erfolgen „grüne" Kompensations- und Ausgleichsmaßnahmen, die den landwirtschaftlich genutzten Boden zusätzlich reduzieren. Derartige „Umwandlungen" und Beeinträchtigungen des Bodens und seiner Funktionen verursachen hohe Folgekosten, die von der Gesellschaft und ihren Einwohnern zu tragen sind.

In Deutschland und in Europa ist ein dringender Aufruf zur Reduzierung der Flächenneuinanspruchnahme gestartet. Deutschland und die Europäische Union haben das Umweltziel erkannt und wollen die Flächenneuinanspruchnahme durch effektives Flächenmanagement verringern. Das Handlungsziel heißt: *„Innen vor Außen"* (*Bundesministerium für Umwelt, Naturschutz, nukleare Sicherheit und Verbraucherschutz (BMU),* https://www.bmuv.de/themen/nachhaltigkeit-digitalisierung/nachhaltigkeit/strategie-und-umsetzung/flaechenverbrauch-worum-geht-es).

Zahlreiche Untersuchungen, Förderungen und Richt-linien im Bund und in den europäischen Ländern sind ver-öffentlicht worden. Trotzdem ist vielen Gemeinden dieses Ziel noch immer nicht ausreichend bewusst. Die Fläche (der Boden) „liegt vor den Füßen und ist in Wert zu setzen". Erst durch eine bauliche Inanspruchnahme steigt der Wert der Fläche erheblich. Die natürliche Bodenfunktion und der Schutz des Bodens vor Versiegelung sind dagegen kaum be-wertet. Aus diesem Grund ist der Vorsatz „innen statt außen" zu bauen nur schwer umzusetzen. Aus den aktuellen gesetz-lichen Gründen sowie aus den gegenwärtigen planerischen Formulierungen sind Bewusstseinssteigerungen zwar festzu-stellen. Ein Erreichen der gesetzten Ziele in Deutschland und in Europa ist derzeit daraus aber nicht abzuleiten.

Brachflächen als Entwicklungspotenzial
Eine effektive Möglichkeit die Reduzierung der Flächenneu-inanspruchnahme vorzubereiten ist die Revitalisierung bzw. die Renaturierung von Brachflächen. Durch den demo-graphischen Wandel und durch wirtschaftliche Umbrüche sind in Europa viele inner- und außerörtliche Brachflächen vorhanden. Durch eine Revitalisierung dieser Flächen ent-stehen Entwicklungsmöglichkeiten auf vorhandener Fläche im Siedlungsbestand und anliegender Infrastruktur. Die vor-rangige und bedarfsorientierte Nutzung dieser Entwicklungs-potenziale verringert die Flächenneuinanspruchnahme (Abb. 7.3).

Ein Rückbau und die Entsiegelung von nicht mehr be-nötigter Baufläche könnte ein guter Ausgleich für die Neu-versiegelung des Bodens sein und die Reduzierung der Flächeninanspruchnahme effektiv verbessern. Diesen Sach-verhalt verdeutlichen eine Auswahl von Brachflächentypen

als Flächenpotenziale für die Innenentwicklung (Abb. 7.4, 7.5, 7.6 und 7.7)

Stoffliche Kontamination und Sanierung des Bodens
Geogen bzw. anthropogen bedingt sind in Deutschland einzelne Böden in mehr oder weniger großem Umfang mit anorganischen (z. B. Schwermetallen) bzw. organischen Ver-bindungen belastet, d. h. in ihrer stofflichen Zusammen-setzung nachteilig verändert. Das Risiko einer davon aus-gehenden toxischen Wirkung auf Pflanzen, Tiere und Menschen ist abhängig von Art, Konzentration und Per-sistenz der Schadstoffe sowie von deren Verfügbarkeit bzw. Mobilität im Boden. Die Sanierung kontaminierter Böden ist aufwändig und daher auf punktuelle Schäden und hohe Schadwirkungen begrenzt (Altlasten). Ziel der oft techni-schen Sanierungsmaßnahmen ist es, den Boden in seiner Funktion zu erhalten. Dabei sind zwei Gruppen von Sanierungsverfahren zu unterschieden:

- Verfahren ohne Materialentnahme (in-situ-Behandlung)
- Verfahren mit Materialentnahme (on-site oder off-site-Behandlung)

Zu den „in-situ-Verfahren" zählen diverse Waschverfahren, die Absaugung leicht flüchtiger Schadstoffe oder die bio-logische Reinigung. Umlagerung und Deponierung be-lasteter Böden oder die thermische Behandlung sind dagegen immer mit einer Entnahme und dem Transport des kontami-nierten Materials verbunden. Großflächige Boden-belastungen können aufgrund des hohen Sanierungsauf-wandes zumeist nur gesichert werden. Das Ziel besteht dabei darin, die weitere Ausbreitung der Schadstoffe, insbesondere

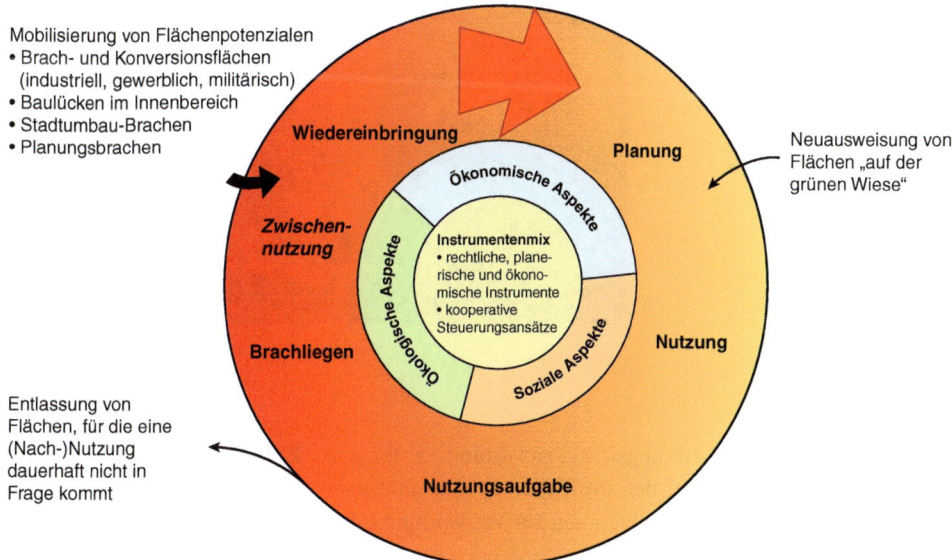

Abb. 7.3 Der Flächenkreislauf (schematisch) (Quelle: Preuß et al. 2013)

deren Übergang in die Nahrungskette, zu verhindern. Wegen des großen Aufwandes bei der stofflichen Bodensanierung kommt der Vorsorge, d. h. Maßnahmen zur Vermeidung oder Verminderung von Schadstoffimmissionen oder zur Substitution bodengefährdender Stoffe besondere Bedeutung zu.

Erhöhte Nährstoffzufuhr an den Boden

Werden einem Boden dauerhaft mehr Nährstoffe zugeführt, als durch Pflanzen entzogen werden können, kommt es zu Nährstoffüberschüssen in Böden. Dies kann zu Belastungen von Ökosystemen führen. Aufgrund seiner guten

Abb. 7.6 Wohnungsbrache,
Entwicklungspotenzial für die
Revitalisierung (Quelle:
LfULG Sachsen)

Abb. 7.7
Landwirtschaftliche Brache
(Quelle: LfULG Sachsen)

Wasserlöslichkeit wird vor allem mineralischer Stickstoff bei Nährstoffbilanzüberschüssen mit dem Bodenwasser ausgetragen und beeinträchtigt Grund- und Oberflächengewässer. Die Landwirtschaft ist daher aufgefordert, im Rahmen der Bewirtschaftung bei der Stickstoffdüngung auf ausgeglichene N-Bilanzen zu achten, um auf diese Weise N-Austräge so gering wie möglich zu halten. Um dies zu erreichen ist die N-Düngung, unter Beachtung des vorhandenen Nährstoffvorrats im Boden, auf den tatsächlichen Bedarf der Pflanzen auszurichten. Ergänzend dazu sollten

Zwischenfrüchte zur Aufnahme und Speicherung des Reststickstoffs angebaut und in den Wintermonaten (kein Pflanzenentzug!) auf N-Düngung verzichtet werden. Gleichzeitig muss die Ausbringung von Gülle oder Klärschlamm sachgerecht erfolgen. Um Bodenbelastungen durch Nährstoffe zu vermeiden, enthält die Düngeverordnung (DüV) die einschlägigen rechtlichen Regelungen.

Bodenverdichtung

Bei hoher Bodenfeuchte können Böden während der Überfahrung durch Knetung, Scherung und Druck mechanisch verformt werden (Abb. 7.8 und 7.9). Diese Verformung kann wichtige Funktionen des Bodengefüges wie z. B. die Wasseraufnahmefähigkeit, die Durchlüftung sowie die Durchwurzelung, den Aufwuchs und die Ertragsbildung verschlechtern. Die mit zunehmender Verdichtung verringerte Wasseraufnahmefähigkeit der Böden bewirkt, dass bei Starkregen ein wachsender Teil des Wassers oberflächlich abfließt und direkt den Vorflutern zuströmt. Dies führt zu einer Überbeanspruchung der anliegenden Gerinne mit der Folge von Überflutungen. Der oberflächlich abfließende Niederschlagsanteil geht gleichzeitig der Wasserspeicherung im Boden bzw. der Grundwasserneubildung verloren. Gefügeschäden im Unterboden sind i. d. R. nur schwer und langfristig regenerierbar. Im Bereich der Land- und Forstwirtschaft sowie bei Baumaßnahmen sind daher vorrangig Vorsorgemaßnahmen zum Bodengefügeschutz durchzuführen. Besonders wichtig sind hierbei Maßnahmen, die bewirken, dass z. B. Landmaschinen möglichst wenig Bodendruck erzeugen, damit es auch bei höherer Bodenfeuchte nicht zu Bodenschadverdichtungen kommt. Dazu gehört insbesondere, dass, neben weniger Überfahrungen, die Fahrwerke der Tragfähigkeit der Böden angepasst sind. Angepasste Achslasten in Verbindung mit möglichst großen Aufstandsflächen (z. B. durch Reifeninnendruckabsenkung, durch den Einsatz von Breitreifen (Abb. 7.10), Zwillingsbereifung, Bandlaufwerken (Abb. 7.11) sind dafür eine entscheidende Voraussetzung. Im Vergleich zur herkömmlichen Bodenbearbeitung durch den Pflug verbessert die nichtwendende Bodenbearbeitung das Bodengefüge. Eine wesentliche Rolle spielt dabei auch der Humusanteil, der durch Verzicht auf wendende Bodenbearbeitung und ausreichende Zufuhr organischer Reste gesteigert werden kann. Wird auf das Pflügen nicht verzichtet, so kann durch das Fahren außerhalb der Furche das Bodengefüge geschont werden (Onland-Pflügen). Die Aufkalkung des Bodens trägt als strukturverbessernde Maßnahme zum Bodengefügeschutz und zum Schutz vor Bodenerosion bei.

Bodenerosion

Die Nutzung der Böden führt dazu, dass die natürliche Pflanzendecke beseitigt und, wie im Fall der landwirtschaftlichen Nutzung, durch Kulturpflanzen ersetzt wird. Auf Ackerflächen wird dadurch der Schutz der Böden vor dem unmittelbaren Angriff von Wind und Wasser - wenn nicht

Abb. 7.8 Verursachung von Bodenverdichtungen (Quelle: LfULG Sachsen)

Abb. 7.9 Auswirkung von Bodenverdichtungen (Quelle: J. Schmidt)

Abb. 7.10 Bodengefüge-schutz durch Breitreifen (Quelle: LfULG Sachsen)

gänzlich aufgehoben - so doch zumindest zeitweise unterbrochen. Bodenerosion (Abb. 7.12 und 7.13) als Folge dieses anthropogenen Eingriffs ist insofern i. d. R. kein naturgegebener Prozess, sondern „vom Menschen gemacht".

Zum Schutz vor Wasser- und Winderosion können grundsätzlich aktive und passive Maßnahmen unterschieden werden. Aktive Schutzmaßnahmen richten sich darauf, die Mo-

bilisierung der Bodenpartikel zu verhindern oder zumindest stark einzuschränken. Erreicht werden kann dies beispielsweise durch das Zurücklassen von Pflanzenrückständen (z. B. Stroh) auf den Ackerflächen und durch den Anbau von Zwischenfrüchten mit einer nachfolgenden Mulchsaat, d. h. der Aussaat der Folgefrucht unter aufliegende Pflanzenreste. Die dauerhaft konservierende – nichtwendende

Abb. 7.11
Bodengefügeschutz durch
Bandlaufwerk (Quelle:
LfULG Sachsen)

Abb. 7.12 Auswirkung von
Bodenerosion,
landwirtschaftliche Schäden
in Oberbobritzsch
(Osterzgebirge), Sachsen, im
Jahr 2013 (Quelle:
A. Bräunig)

Bodenbearbeitung und die Direktsaat, d. h. Bodenbe-arbeitungsverfahren ohne Pflugeinsatz sind in diesem Zu-sammenhang die wirkungsvollsten Maßnahmen gegen Bodenerosion durch Wasser (Sommer 1999), (Abb. 7.14, 7.15, 7.16 und 7.17). Verantwortlich hierfür ist die im Vergleich zu gepflügten Flächen deutlich gesteigerte Wasserinfiltration auf nichtwendend bestellten Flächen. Ursache dafür sind die durch nichtwendende Bodenbe-arbeitung bedingten Änderungen wichtiger Bodenpara-meter. So wird z. B. die Verschlämmungsanfälligkeit des Bodens durch die Verbesserung und Stabilisierung der Struktur der Bodenaggregate und eine schützende Mulch-

Abb. 7.13 Linienhafte Bodenerosion im Ackerschlag, landwirtschaftliche Schäden in Oberbobritzsch (Osterzgebirge), Sachsen, im Jahr 2013 (Quelle: N. Kochan)

Abb. 7.14 Nichtwendende Bodenbearbeitung (Quelle: LfULG Sachsen)

auflage an der Bodenoberfläche vermindert. Dabei wird infolge der besseren Bedeckung der Bodenoberfläche die Splashwirkung der Tropfen reduziert. Darüber hinaus wird die Oberflächenrauheit vergrößert und so die Erosionswirkung des Oberflächenabflusses weiter verringert. Gleichzeitig sorgt ein höherer Regenwurmbesatz (und hier insbesondere tiefgrabende Regenwürmer) (Krück et al. 2001) auf dauerhaft konservierend bestellten Ackerflächen im Vergleich zu gepflügten Ackerflächen für eine größere Zahl wasserableitender, infiltrationsverbessernder Grob- bzw. Makroporen. In Folge davon vermindert die nichtwendende Bodenbearbeitung die Bodenerosion durch Wasser auf

Abb. 7.15 Direktsaat
(Quelle: LfULG Sachsen)

Abb. 7.16 Bodenerosion in
Folge von Oberflächenabfluss
auf gepflügter, dadurch
verschlämmter Ackerfläche
mit geringer Infiltration
(linker Bildbereich) im
Vergleich zu nichtwendend
bearbeiteter, strukturstabiler
Ackerfläche mit hoher
Infiltration (rechter
Bildbereich)
(Gewitterniederschlag mit
55 mm Regen/45 min,
Sächsisches Lößhügelland,
Bodenart Ut3) (Quelle:
LfULG Sachsen)

Abb. 7.17 Erosionsschutz durch Mulchsaat zu Mais (Quelle: LfULG Sachsen)

Ackerflächen im Vergleich zu gepflügten Flächen i. d. R. um bis zu 90 %. Im Einzelfall wird die Wassererosion durch nichtwendende Bodenbearbeitung und die Direktsaat fast vollständig verhindert. In gleicher Weise reduziert die nicht-wendende Bodenbearbeitung sehr wirksam die Winderosion.

Aktiver Erosionsschutz kann aber auch darin bestehen, dass Ackerflächen zugunsten anderer, weniger erosions-empfindlicher Nutzungen, wie z. B. Grünland oder Wald, aufgegeben werden. Bei den passiven Schutzmaßnahmen geht es darum, bereits mobilisierte Partikel daran zu hindern, mit dem Oberflächenabfluss auf angrenzende Flächen oder in Oberflächengewässer zu gelangen. Zu diesen Schutzmaß-nahmen zählen z. B. Grünstreifen (Abb. 7.18 und 7.19) oder Hecken ebenso wie optimierte Schlaggrößen und Ent-wässerungssysteme. Der Wirksamkeit derartiger Maß-nahmen sind allerdings technische und wirtschaftliche Gren-zen gesetzt, so dass ihre Anwendung nur in Kombination mit den o. g. aktiven Schutzmaßnahmen sinnvoll erscheint. Die Klärung der Frage, inwieweit in Ergänzung zur erosions-mindernden nichtwendenden Bodenbearbeitung eine Hang-bzw. Schlaggliederung, die Begrünung von Hangrinnen usw. einen zusätzlichen Erosionsschutz bewirken, kann am besten mit Erosionssimulationsmodellen wie z. B. dem Modell EROSION 3D geprüft werden. Es handelt sich um ein prozessorientiertes, physikalisch begründetes Modell zur Si-mulation der Bodenerosion durch Wasser einschließlich des Eintrages von erodiertem Boden in z. B. angrenzende Ge-wässer (Schmidt et al. 1996).

Abb. 7.18 Begrünte Hangrinne (Quelle: LfULG Sachsen)

Abb. 7.19
Stilllegungsstreifen (Quelle:
LfULG Sachsen)

7.3 Anthropogene Eingriffe in die Bodenlandschaft durch Rohstoffgewinnung

Fred Franzke

Die Belange des Bodenschutzes müssen von Bergbauunternehmen inzwischen deutlich stärker berücksichtigt werden. Bei der Erstellung von Betriebsplänen sind Rekultivierungskonzepte und Strategien zur Gestaltung der Bergbaufolgelandschaft entscheidende Kriterien bei der Bewertung der Vorhaben im Rahmen der Genehmigungsverfahren. Beispiele für die Veränderung von natürlichen Landschaften durch Kippen, Abbaumaßnahmen und Flutungen ehemaliger Braunkohlentagebaue zeigen Abb. 7.20, 7.21, 7.22, 7.23, 7.24, 7.25, 7.26 und 7.27.

In diesem Zusammenhang ist die Dokumentation und Charakterisierung von kulturfähigen Substraten im Vorfeld des Abbaus und bei der Gewinnung eine entscheidende Maß-nahme, um beispielsweise landwirtschaftliche Nutzflächen mit vergleichbaren Ertragspotentialen wiederherzustellen. Erhöhte Kosten für die selektive Gewinnung geeigneter geologischer Schichten oder für die separate Mutterbodenwirtschaft stehen der bodenfunktionalen Qualität von Rohböden (Kippenböden) gegenüber. Technische und biologische Rekultivierung sowie Folgebewirtschaftung müssen dabei aufeinander abgestimmt sein, um Humusaufbau, Aggregatstabilisierung und andere Bodeneigenschaften günstig zu beeinflussen.

Aktuell gewinnt die Bodenkundliche Betriebs- und Baubegleitung dabei einen zunehmend höheren Stellenwert.

Zudem sind Sonderhabitate für bedrohte oder seltene Tier- und Pflanzenarten gerade in den Bergbaufolgelandschaften zu finden und diese sind nicht nur für den Naturschutz von großem Interesse. Die Dokumentation von terrestrischen und aquatischen Sukzessionsverläufen und Entwicklungsprozessen in den „Neulandböden" und in den Restlochgewässern (Unterwasserböden) ist aus bodenwissenschaftlicher Sicht sehr interessant.

Abb. 7.20 Kaolinabbau bei Mügeln, Kemmlitzer Kaolinwerke
(Sachsen) (Quelle: F. Franzke)

Abb. 7.21 Großflächiger
Abbau von Kaolin,
Kemmlitzer Kaolinwerke
(Sachsen) (Quelle: Befliegung
durch F. Franke)

Abb. 7.22 Kalihalde Werk
Neuhof (bei Fulda) (Quelle:
Befliegung durch F. Franke)

Abb. 7.23 Kalihalde Werk
Philippsthal (Werratal)
(Quelle: Befliegung durch
F. Franke)

Abb. 7.24 Abbaustrosse
Braunkohletagebau Welzow,
südliche Niederlausitz
(Brandenburg) (Quelle:
Befliegung durch F. Franke)

Abb. 7.25 Absetzerkippe
Braunkohletagebau Welzow,
südliche Niederlausitz
(Brandenburg) (Quelle:
Befliegung durch F. Franke)

Abb. 7.26 Absetzerkippe
Braunkohletagebau Vereinigt
Feld Schleenhain, Leipziger
Südraum (Sachsen) (Quelle:
Befliegung durch F. Franke)

Abb. 7.27 Störmthaler
See-Insel Vineta südlich von
Leipzig. Der künstliche See
entstand durch die Flutung
des ehemaligen
Braunkohletagebaus
Espenhain (Sachsen) (Quelle:
Befliegung durch F. Franke)

Literatur

Bundesbodenschutzgesetz (BBodSchG) (1998, 2021): Gesetz zum Schutz vor schädlichen Bodenveränderungen und zur Sanierung von Altlasten, Bundesministerium der Justiz, Bundesamt für Justiz, Bonn

Krück, S., Nitzsche, O., Schmidt, W. (2001): Regenwürmer vermindern Erosionsgefahr. Landwirtschaft ohne Pflug, Landwirtschaftlicher Bodenschutz, Schriftenreihe der Sächsischen Landesanstalt für Landwirtschaft, Sächsisches Landesamt für Umwelt, Landwirtschaft und Geologie, Heft 1/2001: S. 18–21, Dresden

Preuß, Th., Verbücheln, M. et al. (2013): Towards Circular Land Use Management. The CircUse Compendium. Sächsisches Landesamt für Umwelt, Landwirtschaft und Geolgie: S. 1–80, Dresden

Schmidt, J., von Werner, M., Michael, A., Schmidt, W. (1996): EROSION 2D/3D – Ein Computermodell zur Simulation der Bodenerosion durch Wasser: Hrsg.: Sächsische Landesanstalt für Landwirtschaft, Dresden-Pillnitz und Sächsisches Landesamt für Umwelt und Geologie, Freiberg/Sachsen

Sommer, C. (1999): Konservierende Bodenbearbeitung – ein Konzept zur Lösung agrarrelevanter Bodenschutzprobleme. Sächsische Landesanstalt für Landwirtschaft, Landwirtschaftlicher Bodenschutz, 1/1999: S. 15–19, Dresden

Anthropogen stark veränderte Böden

8

Andreas Lehmann, Thomas Heinkele, Wolfgang Kainz
und Fred Franzke

Inhaltsverzeichnis

8.1 Stadtböden

Andreas Lehmann and Fred Franzke

Die Böden der Städte geben ein weites Spektrum anthropogener Überprägung wieder. Sehr ursprüngliche Böden finden sich äußerst selten in Nischen alter Städte. Diese natürlichen und allenfalls in Notzeiten in landwirtschaftliche Kultur genommenen Böden sind zwar oft überdeckt, können aber wichtige Informationen zur Situation bei der Stadtgründung in sich bergen. In den Außenbezirken der Städte sind natürliche Böden verbreitet, die durch ausschließlich land- und forstwirtschaftliche Nutzung gering überprägt blieben. Auch in Gewerbe- und Wohngebieten mit größeren Freiflächen finden sich natürliche Böden mit ungestörtem Profilaufbau.

Wenig gestörte Böden bestehen zwar aus aufgetragenem, aber häufig nur lokal umgelagertem Bodenmaterial. Diese Böden enthalten dann kaum Fremdstoffe wie Bauschutt oder andere Abfälle. Sie sind auch im direkten Umfeld der Gebäude aus den 1950er- bis 1970er-Jahre verbreitet. Stark gestörte Böden sind typisch für alte Stadtbezirke und für Standorte an denen größere Mengen Abfall in die Böden eingebracht wurden. In Deutschland nehmen dabei die Böden mit Kriegsschutt einen großen Flächenanteil ein. Sehr stark gestörte Böden bestehen überwiegend aus Fremdstoffen oder sind versiegelt. Diese treten insbesondere dort auf, wo große Mengen industrieller und häuslicher Abfälle entsorgt wurden. Beispiele hierfür zeigen Abb. 8.1 und 8.2.

Eine Eigenschaft, die viele Stadtböden kennzeichnet, ist ihr junges Alter, aber auch der Anteil an Fremdmaterialien wie Bauschutt. Aus dem karbonathaltigen Bauschutt und staubförmigen Verwitterungsprodukten der Gebäude ergibt sich der hohe pH-Wert der meisten Stadtböden. Häufig enthalten Stadtböden zudem viel organische Substanz aufgrund der früheren innerstädtischen Entsorgung von Abfällen, wie Essensreste oder Pferdedung. Ebenso führte eine frühere Gartennutzung häufig zu Böden mit höheren Anteilen an organischer Substanz. Diese Böden zeigen eine intensive biologische Aktivität. Allerdings macht auch der biologisch kaum verwertbare, technogene Kohlenstoff, wie der in Verbrennungsrückständen und Kohle, einen weit verbreiteten und nicht selten großen Anteil der organischen Substanz von Stadtböden aus. Manche urbane Böden sind durch Bauarbeiten im Unterboden zum Teil so stark verdichtet, dass sie kaum noch Bodenfunktionen ausüben. Andererseits können Stadtböden auch sehr locker sein, beispielsweise, wenn sie größere Aschebeimengungen enthalten.

Da Städte oft Wärmeinseln sind und das Grundwasser im urbanen Raum meist abgesenkt ist, sind die Böden im bebauten Raum meist wärmer und trockener als die im Umland. Durch Staubeintrag, aber auch durch stückige und flüssige Fremdmaterialien sind Stadtböden nicht selten mit Schadstoffen belastet.

A. Lehmann (✉)
ehemals Universität Hohenheim, Hohenheim, Deutschland

T. Heinkele
Bodenconsult, Bremen, Deutschland

W. Kainz
ehemals Landesamt für Geologie und Bergwesen,
Halle, Deutschland

F. Franzke
terraf Ingenieurbüro, Frauenstein, Deutschland

Abb. 8.1 Normpararendzina aus Bauschutt und Hausmüll (Quelle: A. Lehmann)

Abb. 8.2 Lockersyrosem-Pararendzina aus Asche und Abraum des Steinkohlebergbaus (Quelle: A. Lehmann)

Die häufig hohe ökologische Leistungsfähigkeit oder Funktionalität der Stadtböden wird in der Stadtplanung noch nicht ausreichend beachtet. Tatsächlich ist die Bedeutung der Bodenfunktionen bei Stadtböden generell erhöht, da sich bei einer großen Zahl an Nutzern je Flächeneinheit und einer eingeschränkten Umweltqualität in Städten (durch erhöhte Mengen an Feinstaub, hohe Temperatur und geringe Luftfeuchte) ein hoher Bedarf an ihrer Funktionalität ergibt. Insbesondere als Senke für Kohlenstoff sowie für Feinstaub und als Pflanzenstandort spielen Stadtböden eine wichtige Rolle. Sie leisten aber auch durch das Infiltrieren des Wassers aus Starkniederschlägen und durch Kühlen bei Hitzetagen einen essentiellen Beitrag zur Schadensvermeidung und zur Umweltqualität. Letztendlich sichern die Böden damit die ökonomische Leistungsfähigkeit urbaner Zentren. Viele Stadtböden sind aber auch als Archiv der Kulturgeschichte schützenswert, da sie nicht selten - möglicherweise heute noch nicht entschlüsselbare - Informationen in sich tragen,

die bis in die Zeit vor der Stadtgründung zurückreichen (Lehmann und Stahr 2007).

In der deutschen Bodenklassifikation (Arbeitskreis Bodensystematik der Deutschen Bodenkundlichen Gesellschaft 1998; Ad-hoc-AG Boden 2005) ist der Reduktosol definiert. Er tritt kleinflächig in der Eifel auf (siehe Kap. 45 ‚Klasse X: Reduktosole'), ist aber ein typischer Stadtboden. Beispiele für Reduktosole zeigen Abb. 8.3 und 8.4.

Die meisten Stadtböden sind nur mit der Bodenform, also die Kombination von Bodentyp und Ausgangsubstrat, charakterisierbar. Dies führt häufig zu sperrigen Bodenbezeichnungen. Dem kann durch die Verwendung der WRB (IUSS Working Group WRB 2015) oder durch die Verwendung von Lokalnamen begegnet werden. Ein Beispiel für die Vergesellschaftung von Stadtböden mit natürlichen Böden zeigt ein Luftbild der Stadt Dresden, das durch den Autor Fred Franzke im Rahmen seiner Befliegungen aufgenommen wurde (Abb. 8.5).

Abb. 8.3 Normreduktosol aus umgelagertem Bodenmaterial aus Löß über Haus- und Gewerbemüll. Lokalität: Südwestdeutschland (Quelle: A. Lehmann)

Abb. 8.4 Normreduktosol aus Hausmüll. Lokalität: Nordostdeutschland (Quelle: A. Lehmann)

Abb. 8.5 Luftbild der Stadt Dresden (Sachsen). Großflächig anthropogen überprägte Böden (Stadtböden) sind mit kleinflächig verbreiteten natürlichen Böden eng vergesellschaftet (Quelle: Befliegung durch F. Franzke)

8.2 Kippenböden

Thomas Heinkele, Wolfgang Kainz, and Fred Franzke

Kippenböden sind Böden mit natürlich entstandenen oder den natürlichen Böden entsprechenden Bodenhorizonten in vom Menschen umgelagerten natürlichen Substraten (z. B. Tagebau-Abraum aus quartären oder tertiären Ablagerungen sowie freigebaggerte Schichten) und in deponierten industriellen Rückständen (technogene Substrate). Sie kommen auf Kippen, Halden und in Tagebaurestlöchern vor. Kippenböden sind in den Bergbaufolgelandschaften, insbesondere in den großen Braunkohlenabbaurevieren, aber auch im Bereich von Ton- und Steine-/Erdenabbaugebieten landschaftsprägend. Die Halden verschiedener untertägiger Bergbauanlagen zählen ebenfalls dazu. Sie sind jungen Alters und weisen i. d. R. eine sehr geringe bis geringe Profildifferenzierung mit einer Ai-lC bzw. Ah-lC – Horizontabfolge auf. Es handelt sich also um Lockersyroseme oder Regosole, im Falle kalkhaltiger Kippsubstrate auch um Pararendzinen. Kleinflächig treten stau- oder grundwasserbeeinflusste Bodentypen auf. Dabei können felddiagnostisch bei entsprechenden Rahmenbedingungen bereits nach 15–20 Jahren deutliche Nässemerkmale festgestellt werden. Humusanreicherung und Vernässung sind in diesen sehr jungen Böden prägende Bodenentwicklungsdynamiken.

Kippenböden sind großflächig in quartären Sanden bis Kiesen, Geschiebemergeln und Löss entwickelt. Häufig sind durch Verkippung von sandigen Substraten mit Lehm-, Ton- und Kohlebrocken Gemenge entstanden. Nach Rekultivierung und Melioration sind Kippenböden i. d. R. forst- und landwirtschaftlich nutzbar. Durch die geringe Bodenentwicklung werden die Eigenschaften der Kippenböden von denen der verkippten Substrate bestimmt. Beispiele von Kippenböden zeigen die Abb. 8.6 und 8.7.

Ausgedehnte Bergbaufolgelandschaften sind im Verlauf der letzten 150 Jahre in den Bundesländern mit

Abb. 8.6 Normpararendzina aus carbonathaltigem Kipp-Sandlöss über tiefem Kipp-Kalklehm unter Acker, Revier Hohenmölsen (Quelle: W. Kainz)

Abb. 8.7 Normregosol aus flachem Mischlehm über Kippgemenge-Lehmsand unter Acker, Revier Bitterfeld-Gräfenhainichen (Quelle: W. Kainz)

großflächigem aktuellem oder historischem Braunkohlentagebau, so in Brandenburg, Sachsen, Sachsen-Anhalt, Nordrhein-Westfalen und auf größeren Flächen auch in Bayern, Hessen und Niedersachen geschaffen worden.

Literatur

Ad-hoc-AG Boden (2005): Bodenkundliche Kartieranleitung, 5. Auflage. Hrsg.: Bundesanstalt für Geowissenschaften und Rohstoffe, Hannover, Schweizerbart'scher Verlag, Stuttgart

Arbeitskreis Bodensystematik der Deutschen Bodenkundlichen Gesellschaft (1998): Systematik der Böden und der bodenbildenden Substrate Deutschlands. Mitteilungen der Deutschen Bodenkundlichen Gesellschaft, Band 86 (http://www.bodensystematik.de), Oldenburg

IUSS Working Group WRB (2015): World Reference Base for Soil Resources 2014, Update 2015. Edited by P. Schad, C.W. van Huyssteen & E. Michéli. – FAO, World Soil Resources Reports 106, Rom, Italien

Lehmann A., Stahr, K. (2007): Nature and significance of anthropogenic urban soils, Journal of Soils and Sediments 7: S. 247–260, Hrsg. Springer Verlag, Heidelberg

Aktion Boden des Jahres – ein Beitrag zur bewussten Wahrnehmung von Böden in der Gesellschaft

9

Monika Frielinghaus und Gerhard Milbert

Inhaltsverzeichnis

9.1   Intention der Aktion

Böden – eine begrenzte Ressource

Die Entkopplung der Ernährung von der regionalen Nahrungsmittelproduktion und die Globalisierung des Handels haben dazu geführt, dass die meisten Menschen nicht mehr wissen, welchen Wert ein gesunder Boden für ihr tägliches Leben hat.

Miehlich (2002) definierte die Begriffe Bodenvergessenheit und Bodenbewusstsein. Diese gegensätzlichen Begriffe verdeutlichen, dass zwar jeder Mensch in irgendeiner Weise von der nachhaltigen Nutzung der Böden abhängig ist und daher Verantwortung für ihren Schutz übernehmen muss, dass Wissen über Böden und ihre Begrenztheit und Anfälligkeit als dünne Haut der Erde aber kaum vorhanden ist. Für die Entwicklung einer positiven Haltung zum Bodenschutz müssen also vielfältige Wege beschritten werden, um die zentrale Rolle von Böden in Ökosystemen und für das Leben folgender Generationen zu vermitteln. Nur daraus können sich die Bereitschaft zum Handeln und ein überzeugtes Eintreten für den Schutz von Böden entwickeln. Eine Initiative für besseres Bodenbewusstsein ist die Aktion ‚Boden des Jahres‘ die in einigen Ländern jährlich durchgeführt wird. Im Folgenden wird die Aktion am Beispiel der Schweiz und Deutschlands dargestellt. Beide Länder koordinieren ihre Aktivitäten und präsentieren nach Möglichkeit gleiche oder ähnliche Böden als Boden des Jahres.

Was will die Aktion vermitteln?

Böden sind in der öffentlichen Wahrnehmung nicht so leicht zu vermitteln wie Wasser & Luft als abiotische schutzwürdige Güter oder klar unterscheidbare und optisch attraktive Pflanzen oder Tierarten. Böden gehen kontinuierlich ineinander über und in der Öffentlichkeit wird nur der humose Oberboden als „Mutterboden" wahrgenommen. Böden sind im Normalfall gar nicht sichtbar und wir müssen große Löcher graben, um sie sehen zu können. Böden bilden eine relativ dünne und damit empfindliche Schicht der Erdoberfläche. Diese kann in wenigen Tagen oder sogar Stunden zerstört werden. Das geschieht aktuell auf unserem Planeten durch den Klimawandel als Folge unsachgemäßer Nutzung sowie durch eine übermäßige Versiegelung in Ballungsräumen.

Unsere begrenzte Ressource Boden, zu der es keine Alternative gibt, ist in Gefahr! In der europäischen Bodencharta heißt es: *„Der Boden ist eines der kostbarsten Güter der Menschheit. Er ermöglicht es Pflanzen, Tieren und Menschen, auf der Erdoberfläche zu leben"*. Ein altes Sprichwort der Indianer besagt: *„Wir haben die Erde von unseren Eltern nicht geerbt, sondern wir haben sie von unseren Kindern nur geliehen."*

M. Frielinghaus (✉)
ehemals Leibniz-Zentrum für Agrarlandschaftsforschung, Müncheberg, Deutschland

G. Milbert
ehemals Geologischer Dienst Nordrhein-Westfalen, Krefeld, Deutschland

© Springer-Verlag GmbH Deutschland, ein Teil von Springer Nature 2023
H. Joisten et al. (Hrsg.), *Böden Deutschlands, Österreichs und der Schweiz*, https://doi.org/10.1007/978-3-8274-2284-2_9

9.2   Probleme der Wahrnehmung

Was erschwert die Entwicklung eines Bodenbewusstseins?
Während Wasser und Luft als lebensnotwendige Stoffe in den letzten Jahren immer stärker akzeptiert und Gesetze zu ihrem Schutz verabschiedet wurden, ist ein „Bodenbewusstsein" in der Gesellschaft noch nicht ausreichend entwickelt.

Gründe dafür sind:

1. Böden werden unter ökonomischen Gesichtspunkten nur zweidimensional als Quadratmeter Fläche mit Preis und Vermögen assoziiert. Sie werden im Kontext mit Bauland, Siedlungsstruktur, Autobahnbau, Gewerbeflächen/Arbeitsplätzen fast ausschließlich über den Preis pro m² wahrgenommen.
2. Bodenfunktionen sind bisher nicht ausreichend beschrieben. Vor allen Dingen fehlt eine Inwertsetzung der Böden unter dem Aspekt ihrer Multifunktionalität.
3. Die Hauptnutzer der Böden in ländlichen Räumen, die Landwirte, stehen unter erheblichem wirtschaftlichem Druck, der sich aus den niedrigen Weltmarktpreisen für ihre Produkte ergibt.
4. Am Beispiel des hohen Flächenverbrauchs (im Jahr 2019 58 ha/Tag in Deutschland) wird deutlich, dass es weder einen abgestimmten Rechtsrahmen noch abgestimmte Entscheidungspfade für den vorsorgenden sparsamen Umgang mit der begrenzten Ressource gibt.
5. Vorsorge setzt eine kontinuierliche Forschung und intensive Wissensvermittlung durch entsprechende Beratungsdienste voraus, aber die Umsetzungsinstrumente in die Praxis sind ungenügend vorhanden.
6. Im Umweltrecht gehört das höchstbelebte Schutzgut Boden zu den abiotischen Schutzgütern.
7. Bodenverbrauch wird fast ausschließlich durch Biotopmaßnahmen zur Erhöhung der Biodiversität (Tiere und Pflanzen) kompensiert und nur in Ausnahmefällen durch Wiederherstellung geschädigter, abgebauter oder versiegelter Böden.
8. Im Bodenschutzrecht stehen der Schutz von Bodenfunktionen und nicht die Böden im Vordergrund.

Mangelnde Erkenntnisse dieser notwendigen Voraussetzungen stellen sich in vielen Fällen als Hemmnis für notwendige und richtige Entscheidungen für eine nachhaltige zukünftige Nutzung dar. Dem muss durch vernetzte Aktivitäten in der Gesellschaft entgegengewirkt werden.

Die **Aktion Boden des Jahres** wird in Deutschland vom Kuratorium Boden des Jahres durchgeführt. Das ‚Kuratorium Boden des Jahres' ist ein Gremium der Deutschen Bodenkundlichen Gesellschaft (DBG), des Bundesverbandes Boden (BVB) sowie des Ingenieurtechnischen Verbandes für Altlastenmanagement und Flächenrecycling (ITVA) unter dem gemeinsamen Dach der Aktionsplattform Bodenschutz. Die Aktion wird vom Umweltbundesamt unterstützt.

In Österreich hat man sich dem Deutschen Boden des Jahres angeschlossen. Am Weltbodentag 2007 haben Deutschland und Österreich gemeinsam die Braunerde als Boden des Jahres 2008 präsentiert. Der Botschafter Österreichs, Dr. Christian Prosl übernahm damals in Berlin die Schirmherrschaft.

In der Schweiz ist die Aktion Boden des Jahres eine Initiative der Bodenkundlichen Gesellschaft der Schweiz. Eine Arbeitsgruppe der Gesellschaft wählt den Boden aus, erstellt Poster und digitale Informationen und informiert Interessierte über eine Webseite. Beide Initiativen wollen zur Bewusstseinsbildung für Böden und ihre Funktionen im Naturhaushalt in der Gesellschaft beitragen, um möglichst viele verschiedene Zielgruppen mit unterschiedlicher Vorbildung zu erreichen. Sie wollen die Verantwortung für den Schutz der lebenswichtigen Ressource Boden und ihrer Funktionen schärfen und zum Handeln anregen.

Die Böden der Jahre 2005 bis 2023 [Zuordnung nach World Reference Base for Soil resources] (IUSS Working Group WRB 2015):

Jahr	Boden des Jahres in Deutschland	Boden des Jahres in der Schweiz
2005	Schwarzerde [Chernozem]	
2006	Fahlerde [Albic Luvisol oder Retisol]	
2007	Podsol [Podzol]	
2008	Braunerde [Cambisol oder Arenosol]	
2009	Kalkmarsch [Calcaric Fluvic Gleysol]	
2010	Stadtboden [Urbic Technosol]	
2011	Brauner Auenboden [Fluvic Cambisol oder Fluvisol]	Waldboden
2012	Niedermoor [Rheic Histosol]	Ackerboden
2013	Plaggenesch [Plaggic Anthrosol]	Stadtboden
2014	Weinbergsboden [Regosol oder Umbrisol]	Rebboden
2015	Stauwasserboden [Planosol oder Stagnosol] (Abb. 9.1)	Moorboden
2016	Grundwasserboden [Gleysol]	Grundwasserboden
2017	Gartenboden [Hortic Anthrosol]	Gartenboden (Abb. 9.5)
2018	Alpiner Felshumusboden [Folic Histosol oder Suprafolic Leptosol]	Gebirgsboden
2019	Kippenboden [Regosol oder Arenosol oder Spolic Technosol]	Rekultivierter Boden
2020	Wattboden [Tidalic Gleysol] (Abb. 9.2)	Auenboden
2021	Lössboden [Luvisol oder Alisol] (Abb. 9.3)	Lössboden (Abb. 9.6)
2022	Pelosol [Vertisol] (Abb. 9.4)	Tonboden
2023	Ackerboden	Ackerboden

Bis 2009 wurden ausschließlich Bodentypen als Boden des Jahres ausgewählt, die der der deutschen systematischen Gliede-

Abb. 9.1 Boden des Jahres 2015 (Quelle: Geologischer Dienst, Nordrhein-Westfalen)

Abb. 9.2 Boden des Jahres 2020 (Quelle: bukea, Hamburg; Inst. f. Bodenkunde, Univ. Hamburg)

rung entsprachen (Ad-hoc-AG Boden 2005, AK Bodensystematik 1998). In den Jahren 2010, 2014 und 2017 wurde eine bestimmte Bodennutzung (Stadt, Weinberg, Garten) in den Vordergrund gestellt und damit mehr naturkundlich interessierte Bürger erreicht. Im Jahr 2021 stand das Ausgangsgestein Löss im Vordergrund als Synonym für verschiedene Böden mit besonders günstigen Eigenschaften als Pflanzenstandort.

Die Öffentlichkeitsarbeit erfolgt auf vielfache Weise:

- Plakat mit dem Boden des Jahres
- Flyer zum Boden des Jahres
- Webseite und Twitter-Beitrag des Kuratoriums und der Bodenkundlichen Gesellschaft der Schweiz (https://boden-des-jahres.de, https://boden-des-jahres.ch, https://twitter.com/BodendesJahres?)

- Webseiten des BMEL, der BGR, des UBA und der Geologischen Dienste der Länder und des Bundes
- Ca. 30 Webseiten von Umweltverbänden, geowissenschaftlichen Einrichtungen und Behörden
- Artikel in Zeitschriften, wie der Zeitschrift ‚Bodenschutz'
- Ausstellungen und Broschüren zum Boden des Jahres
- Exkursionen, Bodenaktionstage und Vortragsveranstaltungen

Ausblick

Mit der Proklamation des „Boden des Jahres" können nicht nur das Verständnis und die Verantwortungsbereitschaft breiter Kreise der Bevölkerung für die Böden als eine unserer

Abb. 9.3 Boden des Jahres 2021 (Quelle: BGR, Hannover)

Abb. 9.4 Boden des Jahres 2022 (Quelle: LGRB, Baden-Württemberg)

wichtigsten und alternativlosen Lebensgrundlagen geweckt, sondern auch Alarmsignale über ihre Gefährdung ausgesandt werden. Außerdem kann die Aktion zum Mitmachen und zu vielen Aktivitäten in Familien, Kindergärten, Schulen, Umweltzentren, Universitäten, Kommunen und Museen anregen.

Es bleibt viel zu tun, um bei den konkurrierenden Bodennutzern und in der Öffentlichkeit unsere Böden ins rechte Licht zu rücken. Die Aktion Boden des Jahres ist dabei ein Weg zur Verbesserung des Bodenbewusstseins. Immer wieder müssen wir neu überlegen, wie wir Böden, ihre Funktionen und ihre Schutzwürdigkeit mit zeitgemäßen Methoden bekannt machen, damit ihr Schutzwert und Ihre zentralen Funktionen für eine intakte Umwelt in der Öffentlichkeit so verankert sind, wie die Schutzwürdigkeit von Wasser und Luft, Orchideen und seltenen Vogelarten.

Abb. 9.5 Boden des Jahres der Schweiz 2017 (Quelle: bgs/ssp, Schweiz)   **Abb. 9.6** Boden des Jahres der Schweiz 2021 (Quelle: bgs/ssp, Schweiz)

Informationen

Downloads und Informationen zum Boden des Jahres in Deutschland:

  https://boden-des-jahres.de
  https://www.dbges.de;
  https://bvboden.de;
  https://bodenwelten.de.

Download aller Plakate und Flyer in Deutschland von 2005 bis heute unter: https://boden-des-jahres.de/Archiv

Downloads und Informationen zum Boden des Jahres in der Schweiz:

  https://soil.ch/cms/medien/index.html;
  https://boden-des-jahres.ch
  https://www.soil.ch/cms/die-bgs/arbeitsgruppen/boden-des-jahres/index.html

Literatur

Ad-hoc-AG Boden (2005): Bodenkundliche Kartieranleitung, 6. Auflage. Hrsg.: Bundesanstalt für Geowissenschaften und Rohstoffe, Hannover, in Vorbereitung

AK Bodensystematik (1998): Systematik der Böden und der bodenbildenden Substrate Deutschlands. Mitteilungen der Deutschen Bodenkundlichen Gesellschaft, Band 86: S. 1–134, Oldenburg, (http://www.bodensystematik.de)

IUSS Working Group WRB (2015): World Reference Base for Soil Resources 2014, Update 2015. Edited by P. Schad, C.W. van Huyssteen & E. Michéli. – FAO, World Soil Resources Reports 106, Rom, Italien

Miehlich, G. (2002): Bodenbewusstsein – ein Schlüssel zur Förderung des Bodenschutzes, NNA-Berichte 1/2009, Alfred Toepfer Akademie für Naturschutz, Camp Reinsehlen, Schneverdingen

Bodenschätzung in Deutschland und Österreich

10

Manfred Altermann, Klaus Friedrich, Ernst Gehrt
und Othmar Nestroy

Inhaltsverzeichnis

Die für Agrarflächen flächendeckend und großmaßstäbig vorliegende Bodenschätzung in Deutschland und Österreich gilt als ein bodenkundliches Jahrhundertwerk, dessen Bedeutung als hochauflösende, einheitliche und mustergültig dokumentierte Datenbasis für vielfältige Anwendungsgebiete ein gesteigertes Interesse findet. Im Folgenden werden die Entwicklung und die Auswertungsmöglichkeiten vorgestellt.

10.1 Anlass und Geschichte der Bodenschätzung

Am 16.10.1934 wurde in Deutschland das „Gesetz über die Schätzung des Kulturbodens" mit dem Zweck „einer gerechten Verteilung der Steuern, einer planvollen Gestaltung der Bodennutzung …" verkündet (Bodenschätzungsgesetz

M. Altermann (✉)
ehemals Mitteldeutsches Institut für angewandte Standortkunde
und Bodenschutz, Halle, Deutschland

K. Friedrich
Umweltamt, Wiesbaden, Deutschland

E. Gehrt
ehemals Landesamt für Bergbau, Energie und Geologie, Hannover,
Deutschland

O. Nestroy
ehemals Technische Universität Graz, Graz, Österreich

1934; Rothkegel und Herzog 1935). Für die Entwicklung der Bodenschätzung in Deutschland war die ab 1715 in Preußen erhobene Grundsteuer auf der Basis von 9 Ertragsklassen von besonderer Bedeutung. Der Neuregelung nach dem preußischen Grundsteuergesetz von 1861 lag eine Einteilung des landwirtschaftlichen Kulturbodens nach den von Thaer (1813) beschriebenen Bodenarten zugrunde. Voraussetzung für den Erfolg der preußischen Grundsteuerregelung war eine allgemeine Vermessung und Schaffung eines landesweiten Katasters unter der Leitung von Gauß (1829–1915). Nach der Gründung des Deutschen Reiches 1871 verblieb die Finanzhoheit bis 1919 bei den einzelnen Ländern. Als Konsequenz aus der Vielzahl der bis dahin vorliegenden und nicht vergleichbaren Landesbonitierungen wurde mit dem Reichsbewertungsgesetz von 1925 eine einheitliche und zentralisierte steuerliche Bewertung des gesamten deutschen Grund und Bodens, die sog. Einheitsbewertung, auf den 1.1.1925 angeordnet.

Rothkegel – Initiator der Reichsbodenschätzung – begann mit Herzog und weiteren Mitarbeitern mit Vorarbeiten. Er entwickelte die von Thaer begründete wissenschaftliche Bodenbonitierung (Bodenschätzung) weiter und passte sie den Anforderungen und dem Wissensstand zu Beginn des 20. Jahrhunderts an. Rothkegel und Herzog leiteten unter Einschaltung des neu berufenen Reichsschätzungsbeirates die zügig in Angriff genommenen Schätzungsarbeiten. Bis zum Ausbruch des Zweiten Weltkrieges 1939 erfolgte bereits der größte Teil der Erstschätzungen. Obwohl die

Bodenschätzung in Deutschland wie in Österreich auf gemeinsame Wurzeln zurückgeht – bis 1940 erfolgte in Österreich die Besteuerung nach dem Grundsteuerkataster, der im Wesentlichen auf dem Grundsteuerpatent von 1817 und auf dem Grundsteuerregelungsgesetz von 1869 basiert – wurde 1940 das deutsche Bewertungs- und Bodenschätzungssystem in Österreich eingeführt und erstmalig Einheitswerte festgestellt.

10.2 Methode, Erhebung und Daten der Bodenschätzung

Der besondere Wert der Bodenschätzung liegt darin, dass für das gesamte Gebiet Deutschlands und Österreichs eine vergleichbare Bodenaufnahme nach einheitlichen Regeln und gleicher Nomenklatur durchgeführt wurde. Zur Absicherung der Vergleichbarkeit und Eichung der Bodenschätzung wurden auf Bundes- und Landesebene Musterstücke und in den Gemarkungen Vergleichsstücke angelegt (Deutschland ca. 4500, Österreich ca. 470). Die Musterstücke sind bis heute gesetzlich festgeschrieben. Bei den Beschreibungen ist zwischen den Titeldaten mit dem Klassenzeichen und den Schichtbeschrieben zu unterscheiden. Da der Boden durch die Nutzung und Meliorationen Um- und Neubildungen unterliegt, ist eine regelmäßige Aktualisierung der Bodenschätzungsergebnisse notwendig und erfolgt entsprechend dem gesetzlichen Auftrag (Nachschätzung).

Die Bodenschätzung erfasst und kennzeichnet getrennt nach Kulturarten den Bodenaufbau bis einen Meter unter Flur. Dazu werden die landwirtschaftlich nutzbaren Böden im Raster von ca. 50 m mit Bohrstöcken abgebohrt (ca. vier Bohrungen je ha) und nach der Einheitlichkeit der Bodenbeschaffenheit und Bodenqualität – belegt durch sogenannte Grablöcher – als Klassenflächen ausgegrenzt und gekennzeichnet. Pro Areal wird ein auf der Fläche aufgenommenes repräsentatives Grabloch beschrieben. Für drei bis vier Bodenhorizonte werden verschiedene Merkmale (z. B. Bodenart, Farbe, Humusgehalt, Kalkgehalt, Eisenausfällungen) und deren Ausprägung dokumentiert. Bodengenetische Interpretationen werden nicht vorgenommen. Die Kartierung und Darstellung der Ergebnisse (Klassenflächen mit Angabe des Klassenzeichens) erfolgte auf Karten im Maßstab 1 : 1000–1 : 5000. In Deutschland wurden bis zum Abschluss der Erstschätzung 17 Mio. ha Agrarfläche kartiert und etwa 20 Mio. Grablochbeschriebe dokumentiert (Altermann et al. 2012). Seit Mitte der 1980er-Jahre werden die Bodenschätzungsdaten digitalisiert und in Datenbanken abgelegt (Benne et al. 1983). Mit dem Erfassungsprogramm FESCH (Etzkorn 2009) existiert dafür seit 2000 ein einheitlicher Standard.

Die Schätzung des Ackerlandes erfolgt nach acht mineralischen Bodenarten und Moor, sieben Zustandsstufen sowie vier Entstehungsarten (Diluvium = D, Löss = Lö, Schwemmland = Al, Verwitterungsböden = V). Die Schätzung des Grünlandes weicht von der Ackerschätzung durch die vorrangige Berücksichtigung der Klima- und Wasserverhältnisse ab. Für das Grünland werden nur vier mineralische Bodenarten und Moor sowie drei Bodenstufen bei Wegfall der Entstehungsart ausgewiesen. Die genannten Schätzkriterien werden im Schätzungsrahmen (Acker- bzw. Grünlandschätzungsrahmen) miteinander verknüpft und die Ertragsfähigkeit der ausgegrenzten Klassenflächen durch Reinertragsverhältniszahlen für Acker als Bodenzahl zwischen 7 und 100 bzw. für Grünland als Grünlandgrundzahl von 7–88 (in Österreich von 5–85) ermittelt. Abweichungen von den zugrunde liegenden mittleren Verhältnissen (Klima bei Acker, andere als ebene oder schwach geneigte Lagen) werden als Zu- oder Abschläge von den ermittelten Bodenzahlen bzw. Grünlandgrundzahlen berücksichtigt und letztlich als Acker- bzw. Grünlandzahlen ausgewiesen.

10.3 Die Entwicklung und Reformen der Bodenschätzung nach 1945

Im Zweiten Weltkrieg wurden die Schätzungsarbeiten ausgesetzt. Ab 1946 bzw. 1948 wurde die Bodenschätzung in beiden Teilen Deutschlands wieder aufgenommen. Die Erstschätzungen wurden in der DDR 1955 (Petersen 1956) und in der Bundesrepublik bis Ende der 1960er-Jahre abgeschlossen. Nach dem Zweiten Weltkrieg erfolgte die Überleitung des Bodenschätzungsgesetzes in den Rechtsbestand der beiden deutschen Staaten und Österreichs. Die Bodenschätzung entwickelte sich nach den jeweiligen Gegebenheiten unterschiedlich. 1952 wurde in Nordrhein-Westfalen (Arens 1960; Schraps 1992), ab Mitte der 1960er-Jahre in Niedersachsen (Oelkers 1993) mit der Erarbeitung der „Bodenkarte im Maßstab 1 : 5000 auf der Grundlage der Bodenschätzung" begonnen. Diese stellen in den Grenzen der Bodenschätzung Durchschnittsprofile und die Beschreibung der geologisch-bodenkundlichen Verhältnisse dar. In der DDR wurde die Bodenschätzung aus den Finanzbehörden herausgelöst und nach Auflösung der Länder im Zuge der Verwaltungsreform 1952 den neugebildeten Räten der Bezirke – überwiegend den Wissenschaftlichen Zentren der Landwirtschaft und Melioration – angegliedert. Hier lag der Schwerpunkt auf der umfassenden Nutzung, Auswertung und Ergänzung der Bodenschätzungsunterlagen, welche ab 1970 gesetzlich geregelt wurde (GBl. d. DDR 1970).

Seit den 1960er-Jahren erfolgte in der DDR eine umfassende Auswertung der Bodenschätzung. Hier sind generalisierte Bodenschätzungskarten, mit Klassenzeichen ohne

Wertzahlen im Maßstab 1: 10.000 (für Teile von Thüringen und Sachsen 1 : 5000, für größere Gebiete Brandenburgs im Maßstab 1 : 25.000) zu nennen. Diese Auswertung war eine wesentliche Grundlage der Mittelmaßstäbigen Landwirtschaftlichen Standortkartierung (MMK; Schmidt und Diemann 1981). Die nicht flächendeckend für die neuen Bundesländer vorliegende „Standortkundliche Ergänzung der Bodenschätzung" (Kasch 1971) hatte im Wesentlichen das Ziel, durch die Auswertung von Grablochbeschrieben die vertikale Bodenartenabfolge für die Klassenflächen zu ermitteln und in sog. Bodengliederungskarten i. M. 1 : 10.000 darzustellen. Außerdem wurden im Rahmen dieser Ergänzungsarbeiten die Wasserverhältnisse und der Grobbodenanteil neu erfasst. Die Bodenschätzungsdaten wurden im Datenspeicher Boden – Gemeindedatei (DABO-GEMDAT) abgelegt.

Seit der Wiedervereinigung der beiden deutschen Staaten wird die Bodenschätzung wieder auf einer einheitlichen Basis durchgeführt (Petzold 2009). 2007 erfolgte in der Bundesrepublik Deutschland die Novellierung des Bodenschätzungsgesetzes, wobei unter Beibehaltung der Methodik der Bodenschätzung diese auch „nichtsteuerlichen Zwecken, insbesondere der Agrarordnung, dem Bodenschutz und Bodeninformationssystemen" dient (Bodenschätzungsgesetz 2007).

1947 erfolgte der Neubeginn der Bodenschätzung in Österreich, die 1959 nach einer schwierigen Aufbauphase in vollem Umfang aufgenommen werden konnte. 1970 wurde die Bodenschätzung durch das österreichische Bodenschätzungsgesetz (BBGl. Nr. 233, vom 9. Juli 1970) auf eine neue rechtliche Grundlage gestellt, und die Erstschätzung wurde nach der Erfassung von rund 2,3 Mio. ha im Jahre 1973 abgeschlossen. Neben der Besteuerung wurde auch die Zielsetzung der Beschreibung der intensiv genutzten landwirtschaftlichen Flächen zur Feststellung der natürlichen Ertragsfähigkeit auf Grund der natürlichen Ertragsbedingungen, Bodenbeschaffenheit, Geländeform, klimatischen Verhältnisse und des Bodenwasserhaushalts festgeschrieben. Neben dem technischen Personal arbeiten im Bodenschätzungsdienst Österreichs auch Sachverständige für Wein-, Obst- und Gartenbau sowie für die Bewertung forstlicher Betriebe. Vor allem auf Grund der stark unterschiedlichen topographischen Ausstattung hat die Bodenschätzung im Alpenland Österreich in einigen Bereichen eine spezielle Entwicklung genommen. So wird ein besonderes Gewicht auf die Klimastufe gelegt, da diese maßgeblich die Höhe der Grünlandgrundzahl sowie die Basis für die Festlegung der Zu- und Abschläge darstellt. Zur weiteren Spezifizierung dienen diverse Klimaparameter (z. B. 14-Uhr-Temperatur von April bis August). Daraus werden die Klimastufe und die klimatische Wasserbilanz, so der Temperatur-Wert zur Charakterisierung der Häufigkeit von trockenen Bedingungen in der Vegetationszeit und der Klima-Wert, der die Gesamtjahresbilanz ausdrückt, abgeleitet. Außerdem sind im Klimarahmen der Österreichischen Bodenschätzung die fünf Klimastufen a, b, c, d und e durch gut (1), mittel (2) und schlecht (3) weiter spezifiziert (Harlfinger und Knees 1999). Weitere Parameter, die durch Zu- und Abschläge berücksichtigt werden, sind Exposition, Bergschatten, Frostgefährdung, Heutrocknung, Nebeltage, austrocknende Winde und Flugsandbildung, sowie Hagel.

Überprüfungen auf Basis der neuen österreichischen Musterstücke erfolgten in den Jahren 1975 bis 1979 und 1994 bis 1997. Dabei wurden die Daten der Klimaperiode von 1961 bis 1990 für die Wärmesumme und die klimatische Wasserbilanz in Form von Zu- und Abschlägen besonders berücksichtigt (Pehamberger 1998, 2001; Pehamberger und Stich 2009; Wagner 2001). Im Vergleich zur deutschen Schätzungsmethodik ergaben sich Änderungen bei der Ackerschätzung in Form einer stärkeren Gewichtung von Böden der Entstehungsart Al, D und Lö, bei der Grünlandschätzung eine teilweise Erhöhung der Wertzahlen bei S- und lS-Böden unter Berücksichtigung der Wasserverhältnisse, sowie eine teilweise Senkung der Wertzahlen bei L- und T-Böden. Die bei der deutschen Bodenschätzung übliche Kennzeichnung der Bodenarten nach dem Gehalt von abschlämmbaren Anteilen (<0,01 mm Korndurchmesser) wird ab dem Jahre 1997 nach einem Texturdreieck entsprechend den Anteilen von Sand, Schluff und Ton vorgenommen.

10.4 Allgemeine Auswertung der Bodenschätzung in Deutschland und in Österreich

Neben den steuerlichen Aspekten bieten die Daten der Bodenschätzung die Grundlage für viele geo-, boden-, und agrarwissenschaftliche Anwendungen (Pfeiffer et al. 2003). Damit wird die Bedeutung des Bodens und der Bodenschätzung auch als gesellschaftspolitischer und als wirtschaftlicher Faktor aufgewertet. Die Ergebnisse der Bodenschätzung sind von der regionalen Raumordnung bis zur Landschafts- oder Kommunalplanung sowie für wissenschaftliche Bearbeitungen nutzbar. Neben dem Bodenschutz (Ausweisung von Boden- und Umweltschutzzonen) sind Auswertungen für die Landwirtschaft, Umweltplanung sowie Wasserrechtsverfahren (z. B. Ausweisung von Grundwasserschon- und -schutzgebieten) von Bedeutung. So lassen sich Programme landwirtschaftlicher Förderung durch den Bund oder die europäische Kommission damit gezielt steuern, wie z. B. beim optimalen und somit nachhaltigen Anbau von Marktfrüchten, beim Einsatz von Düngern oder Pflanzenschutzmitteln sowie bei der Planung einer erweiterten Fruchtfolge. In der Raumplanung bildet die Bodenschätzung eine fundierte Grundlage (z. B. Verminderung des noch immer extrem hohen Landverbrauchs, der Bereitstellung von Arealen für Wohnraum, Sport und Erholung, Industrie- und Verkehrseinrichtungen in urbanen Verdichtungsräumen und der Stadtregionen innerhalb und am Rande der Alpen).

Mit der Digitalisierung der Bodenschätzungskarten und -daten wird deren Nutzung erheblich erleichtert. Mit den heutigen Möglichkeiten ist die Information in hoher räumlicher Auflösung, parzellenscharf, flächendeckend und standardisiert verfügbar. Die Darstellung über Kartenviewer im Internet ermöglicht einen schnellen und umfassenden Zugriff und Aussagen zu den jeweiligen örtlichen Gegebenheiten und eine bedeutend leichtere Orientierung im Gelände. In den verschiedenen Ländern ist der Stand der Erfassung und Digitalisierung der Bodenschätzungsdaten unterschiedlich weit fortgeschritten (Will 2007). In Österreich wird an der Digitalisierung der Bodenschätzungsdaten gearbeitet, und ein Großteil dieser Daten liegt in digitalisierter Form vor. Aus der Datenlage und den länderspezifischen Situationen ergeben sich verschiedene Strategien der Inwertsetzung und Auswertung für aktuelle Fragestellungen. Im Bereich der bodenkundlichen Landesaufnahme und des vorsorgenden Bodenschutzes finden sich somit unterschiedliche methodische Ansätze der Interpretation von digitalen Bodenschätzungsdaten.

Direkte Auswertung

Die Daten der Bodenschätzung werden auch direkt für bodenkundliche Fragestellungen genutzt. Im einfachsten Fall lassen sich Karten z. B. der Bodenart des Klassenzeichens, der Zustandsstufen und Bodenwertzahlen darstellen. Bei dem seit 1995 in Baden-Württemberg eingesetzten Verfahren werden den Klassenzeichen bestimmte Ausprägungen der Bodenfunktionen und -parameter durch eine Expertenschätzung zugeordnet (AK Bodenschutz 1995). Als Ergebnis liegen Karten der Bodenfunktionen und Bodeneigenschaften vor. Der Vorteil dieses Verfahrens liegt in der einfachen Handhabung, die sich aus der überschaubaren Anzahl von Eingangsgrößen und dem Bewertungsschema ergibt (Pfeiffer et al. 2003). Eine hiermit erfolgte Bewertung hat allerdings Einschränkungen hinsichtlich der Genauigkeit und Differenzierung. Das Verfahren schließt eine Validierung nicht ein. Die Ableitungstabellen enthalten keine Kennwerte für die Klassenzeichen von geschichteten Böden oder Mischentstehungsarten.

Weiterentwicklung der direkten Ableitung

Diese wird in den Ländern Hessen, Rheinland-Pfalz, Sachsen und Thüringen eingesetzt (Friedrich et al. 2008). Mit der erweiterten Methodensammlung werden sowohl Klassenzeichen, als auch Schichtdaten begleitend durch umfassende Validierungen ausgewertet. Die schlagdifferenzierten Ableitungen werden bis zu einer bodenfunktionalen Gesamtbewertung aggregiert und für Planungsverfahren des vorsorgenden Bodenschutzes eingesetzt.

Durch Auswertung der Bodenschätzungsunterlagen (Grablochbeschriebe) und die Erweiterung der Erkundungstiefe bis zwei Meter unter Flur wurden für den nördlichen Teil Sachsen-Anhalts (ca. 100.000 ha) Lokalbodenformenkarten i. M. 1 : 10.000 und außerdem Betriebsstandortkarten als Planungsunterlage für standortoptimierte Bodennutzungen und Meliorationsvorhaben erarbeitet (Altermann 1992). Hierfür wurde die Bodenschätzungsauswertung durch umfangreiche Gelände- und Laboruntersuchungen ergänzt. Schließlich fußt auch die von Thiere et al. (1983) vorgelegte Methodik zur standortkundlichen Kennzeichnung von Acker- und Graslandschlägen auf den Unterlagen der Bodenschätzung (Altermann 1992).

Vergleichende Bodenbewertung

Für eine weitergehende Inwertsetzung der Bodenschätzung werden die Originaldaten der Bodenschätzung von Muster- oder Vergleichsstücken oder bestimmenden Grablöchern mit neuen Profilaufnahmen und/oder Kennwerten zusammengeführt. Auf dieser Basis werden gleichen oder ähnlichen Klassenzeichen bodenkundliche Attribute zugewiesen, mittels Transferfunktionen Bodeneigenschaften ermittelt (z. B. Korrelationen der Feldkapazität zur Bodenzahl) oder Merkmalsbeschreibungen in den heutigen Sprachgebrauch überführt. Dies erfolgt je nach den Gegebenheiten sowohl auf der Basis der Titel- als auch der Grablochdaten. Bei einem in Sachsen-Anhalt entwickelten Verfahren werden die Klassenflächen anhand vorhandener Profil- und Analysendaten charakterisiert. Aus den Profilinformationen wird für jedes Klassenzeichen eine Schichtenfolge generiert, in der die einzelnen Schichten mit bodenkundlichen Sachdaten attributiert sind. Mit dieser Vorgehensweise lassen sich für jedes Klassenzeichen Standardprofile mit zugeordneten Bodenparametern generieren (Hartmann 2001). Allerdings muss für jedes Klassenzeichen eine ausreichend große Zahl von untersuchten Bodenprofilen vorliegen. Individuelle Ausprägungen an den bestimmenden Grablöchern können hierbei nicht berücksichtigt werden.

In vielen Ländern (z. B. Hessen, Niedersachsen, Rheinland-Pfalz, Thüringen, Sachsen) wurden und werden in enger Zusammenarbeit mit der Finanzverwaltung die Musterstücke der Bodenschätzung gemeinsam beschrieben und beprobt. Dadurch lassen sich die Musterstücke auf der Basis vorhandener Umsetzungstabellen und Regelwerke hinsichtlich ihrer Eigenschaften und Funktionen bewerten. Ähnlich wie in Sachsen-Anhalt werden in Brandenburg auf dieser Grundlage die gewonnenen Erkenntnisse auf die entsprechenden Klassenzeichen übertragen (LUA Brandenburg 2003).

Übersetzung der Bodenschätzung

In Niedersachsen wurde auf der Grundlage der gemeinsam beschriebenen und analysierten Musterstücke sowie der langjährigen Kartiererfahrung ein Programm zur Übersetzung der Merkmalsbeschreibungen in die heutige bodenkundliche Nomenklatur der Staatlichen Geologischen Dienste entwickelt (Oelkers 1971; Oelkers und Vinken 1980; Benne und Heineke 1987; Benne et al. 1990; Bartsch et al. 2003). Der Vorteil des Verfahrens ist, dass für jede Fläche die individuellen Profil- und Horizontbeschreibungen berücksichtigt werden. Mit der Übersetzung können Bodenkonzept- und Bodenkarten gemäß den Anforderungen der Bodenkundlichen Kartieranleitung (Ad-hoc-AG Boden 2005) erstellt und auf Basis vorhandener Regelwerke Eigenschaften und Funktionen der Böden abgeleitet werden (Hennings 2000). Das Verfahren wird in mehreren Bundesländern angewandt oder dessen Anwendung vorbereitet (z. B. Niedersachsen, Schleswig-Holstein, Sachsen). Der Übersetzungsschlüssel ist ggf. regional anzupassen. Insbesondere in Mittelgebirgslandschaften zeigen sich im Vergleich zu heutigen Kartierungen Defizite, da die Ansprache des Grob- und teilweise auch des Feinbodens nicht ausreichend differenziert erfolgte (Altermann et al. 2004; Sauer 2001; Schrader 2005).

Literatur

Ad-hoc-AG Boden (2005): Bodenkundliche Kartieranleitung, 5. Auflage. Hrsg.: Bundesanstalt für Geowissenschaften und Rohstoffe, Hannover, Schweizerbart'scher Verlag, Stuttgart

AK Bodenschutz (1995): Bewertung von Böden nach ihrer Leistungsfähigkeit. – Leitfaden für Planungen und Gestattungsverfahren – Landesanstalt für Umwelt, Messungen und Naturschutz Baden-Württemberg (LUBW), Luft Boden Abfall, Heft 31, 57 S., Karlsruhe

Altermann, M. (1992): Die Nutzung der Bodenschätzung zur Erarbeitung von Lokalbodenformenkarten und Betriebsstandortkarten für ausgewählte Gebiete Sachsen-Anhalts. Mitteilungen der Deutschen Bodenkundlichen Gesellschaft, Band 67: S. 175–179, Oldenburg

Altermann, M., Gutteck, U., Hartmann, K.-J., Rosche, O., Steininger, M. (2004): Zur Ableitung von Bodenparametern aus den Unterlagen der Bodenschätzung als Datengrundlage zur Bodenkennzeichnung in Sachsen-Anhalt. Mitteilungen der Deutschen Bodenkundlichen Gesellschaft, Band 103: S. 49–50, Oldenburg

Altermann, M.; Freund, K.L.; Capelle, A.; Betzer, H.J. (2012): Walter Rothkegel (1874 – 1959) Initiator und Wegbereiter der Reichsbodenschätzung.– In: Blume, H.-P.; Horn, R.(Hrsg.): Persönlichkeiten der Bodenkunde III; Schriftenreihe des Instituts für Pflanzenernährung und Bodenkunde der Universität Kiel, 95:77–109

Arens, H. (1960): Die Bodenkarte 1 : 5000 auf der Grundlage der Bodenschätzung, ihre Herstellung und ihre Verwendungsmöglichkeiten. Fortschritte in der Geologie von Rheinland und Westfalen, Band 8, Krefeld

Bartsch, H.-U., Benne, I., Gehrt, E., Sbresny, J., Waldeck, A. (2003): Aufbereitung und Übersetzung der Bodenschätzung. Arbeitshefte Boden des Niedersächsischen Landesamtes für Bodenforschung 1: S. 45–95, Hannover

Benne, I.; Laukart, W., Oelkers, K.-H. & Schimpf, U. (1983): Realisierung der DV-gestützten Herstellung bodenkundlicher Karten unter besonderer Berücksichtigung der Bodenschätzung. Geologisches Jahrbuch A 70, S. 103–118, Hannover

Benne, I., Heineke, H.-J. (1987): Die Übersetzung der Bodenschätzung und ihre digitale Bereitstellung in einem Bodeninformationssystem für den Umwelt- und Bodenschutz. Mitteilungen der Deutschen Bodenkundlichen Gesellschaft 53: S. 89–94, Hannover

Benne, I., Heineke, H.-J., Nettelmann, R. (1990): Die DV-gestützte Auswertung der Bodenschätzung (Niedersächsisches Bodeninformationssystem NIBIS). Schweizer-bart'sche Verlagsbuchhandlung, Stuttgart, 125 S.

Bodenschätzungsgesetz (1934): Gesetz zur Schätzung des landwirtschaftlichen Kulturbodens vom 16.10.1934. BodSchätzG, Reichsgesetzblatt I, S. 1050, Reichssteuerblatt S. 1306, Berlin

Bodenschätzungsgesetz (2007): Gesetz zur Schätzung des landwirtschaftlichen Kulturbodens vom 20.12.2007. BodSchätzG, Bundesgesetzblatt I, S. 3150, 3176, Bonn

Etzkorn, K. (2009): Die amtliche Bodenschätzung in Deutschland. In: Blume, H.-P. et al. [Hrsg.]: Handbuch der Bodenkunde, Kap. 4.2.7. Lose-Blatt-Werk; Wiley-VCH, Weinheim

Friedrich, K., Goldschmidt, M., Krzyzanowski, J., Miller, R., Peter, M., Sauer, S., Schmanke, M., Vorderbrügge, T. (2008): Großmaßstäbige Bodeninformationen für Hessen und Rheinland-Pfalz, Auswertungen von Bodenschätzungsdaten zur Ableitung von Bodenfunktionen und -eigenschaften. – Umwelt und Geologie, 64 S.; Wiesbaden

Gesetzblatt der DDR (1970): Anordnung zur Schaffung der standortkundlichen Unterlagen für Meliorationen und andere Maßnahmen zur Hebung der Bodenfruchtbarkeit – Ordnung für die Standortuntersuchung. – Gbl.Teil II, Nr. 9, vom 2. Febr. 1970: S. 46–47, Berlin

Harlfinger, O., Knees, G. (1999): Klimahandbuch der Österreichischen Bodenschätzung. Mitteilungen der Österreichischen Bodenkundlichen Gesellschaft, Heft 58, 196 S., Wien

Hartmann, K.-J. (2001): Ableitung von Flächendaten für Klassenzeichen der Bodenschätzung. Mitteilungen zu Geologie von Sachsen-Anhalt, Band 6: S. 129–134; Halle

Hennings, V. (2000): Methodendokumentation Bodenkunde. – Auswertungsmethoden zur Beurteilung der Empfindlichkeit und Belastbarkeit von Böden. Hrsg.: Bundesanstalt für; Geowissenschaften und Rohstoffe und den Staatlichen Geologischen Dienste in der Bundesrepublik Deutschland, Ad-hoc-AG Boden Sonderhefte Reihe G – Geologisches Jahrbuch, Heft 1, 232 Seiten, 26 Abbildungen, 112 Tabellen, 2. Auflage, Hannover

Kasch, W. (1971): Arbeitsrichtlinie zur Durchführung der Standortkundlichen Ergänzung der Bodenschätzung.- DAL Berlin, Institut für Bodenkunde Eberswalde; 2. Aufl.

Landesumweltamt Brandenburg (LUA) (2003): Anforderungen des Bodenschutzes bei Planungs- und Zulassungsverfahren im Land Brandenburg – Handlungsanleitung – Fachbeiträge des Landesumweltamtes – Titelreihe, Heft – Nr. 78, Bodenschutz 1, 67 S., Potsdam

Oelkers, K.-H. (1971): Die Erarbeitung von Gesetzmäßigkeiten der Bodenverbreitung Südniedersachsens unter Verwendung der Bodenschätzung sowie geologischer und morphologischer Karten. Zeitschrift Deutsche Geologische Gesellschaft, Band 122: S. 1–10, Hannover

Oelkers, K.-H., Vinken, R. (1980): Möglichkeiten des EDV-Einsatzes in der bodenkundlichen Landesaufnahme. Geologisches Jahrbuch F 8: S. 23–37, Hannover

Oelkers, K.-H. (1993): Führung der Bodenschätzungsdaten beim Niedersächsischen Landesamt für Bodenforschung. – Nachrichten der Niedersächsischen Vermessungs- und Katasterverwaltung, Heft 4: S. 188–195, Hannover

Pehamberger, A. (1998): 50 Jahre Österreichische Bodenschätzung. Mitteilungen der Österreichischen Bodenkundlichen Gesellschaft, Heft 56: S. 69–78, Wien

Pehamberger, A. (2001): Bodenschätzung in Österreich. Mitteilungen der Deutschen Bodenkundlichen Gesellschaft, Band. 94: S. 55–58, Oldenburg

Pehamberger, A., Stich, R. (2009): Soil Assessment – Soils in the so called Austrian semiard climate in the Region Weinviertel. Mitteilungen der Österreichischen Bodenkundlichen Gesellschaft, Heft 76: S. 73–100, Wien

Petersen, A. (1956): Bodenschätzung, Rohertragsbonitierung und Meliorationsbonitierung. – Deutsche Akademie der Landwirtschaftswissenschaften zu Berlin, Sitzungsberichte – Band 5 (28): S. 1–25. Hirzel, Leipzig

Petzold, C. (2009): 75 Jahre Bodenschätzung in Deutschland 1934 bis 2009. Berichte der Deutschen Bodenkundlichen Gesellschaft (begutachtete online Publikation: http://www.dbges.de/wb/media/mitteilungen_dbg/Bd113.pdf), Oldenburg

Pfeiffer, E., Sauer, S., Engel, E. (2003): Bodenschätzung und Bodenbewertung – Nutzung und Erhebung von Bodenschätzungsdaten. Verlag Chmielorz GmbH, Wiesbaden, 88 S.

Rothkegel, W.; Herzog, H. (1935): Das Bodenschätzungsgesetz (Gesetz über die Schätzung des Kulturbodens – Kommentar). – 140 S.; Berlin (Heymann). – [zugleich Taschen-Gesetzsammlung 168; Nachdruck 1955]

Sauer, S. (2001): Enttäuschung bei der bodenkundlichen Interpretation von Grablochbeschreibungen der Bodenschätzung in Mittelgebirgslandschaften. Mitteilungen der Deutschen Bodenkundlichen Gesellschaft Band 96: S. 553–554, Oldenburg

Schmidt, R., Diemann, R. (1981): Erläuterungen zur Mittelmaßstäbigen Landwirtschaftlichen Standortkartierung (MMK). – Akademie der Landwirtschaftswissenschaften der DDR, Forschungszentrum für Bodenfruchtbarkeit Müncheberg, Bereich Bodenkunde/Fernerkundung Eberswalde, 78 S.

Schrader, S. (2005): Daten und Methoden zur Bearbeitung der Bodenschätzung im NIBIS – Untersuchungen zur Qualität – Diplomarbeit Martin-Luther-Universität Halle-Wittenberg (unveröffentlicht)

Schraps, W.G. (1992): Die Bodenkarte im Maßstab 1 : 5000 auf der Grundlage der Bodenschätzung in Nordrhein-Westfalen. Mitteilungen der Deutschen Bodenkundlichen. Gesellschaft 67: S. 261–264; Oldenburg

Thaer, A.D. (1813): Versuch einer Ausmittelung des Rein-Ertrages der produktiven Grundstücke mit Rücksicht auf Boden, Lage und Örtlichkeit. – 156 S.; Berlin (Realschulbuchhandlung). – Neuauflage 1833: Allgemeine landwirtschaftliche Monatszeitschrift, 17 (3); Reimer, Berlin

Thiere, J., Wiangke, T., Morgenstern, H., Succow, M. (1983): Richtlinie zur standortkundlichen Kennzeichnung von Acker- und Graslandschlägen. – Akademie der Landwirtschaftswissenschaften der DDR, Forschungszentrum für Bodenfruchtbarkeit Müncheberg, Bereich Bodenkunde und Fernerkundung, Eberswalde

Wagner, J. (2001): Bodenschätzung in Österreich. In: Bodenaufnahmesysteme in Österreich. Mitteilungen der Österreichischen Bodenkundlichen Gesellschaft, Heft 62: S. 69–104, Wien

Will, D. (2007): Stand der Digitalisierung der Bodenschätzung in der Finanzverwaltung. Ergebnis einer Umfrage im Februar 2007. Workshop AG „Bodenschätzung und – Bewertung" und „Informationssysteme in der Bodenkunde" in Zusammenarbeit mit dem ständigen Ausschuss „Vorsorgender Bodenschutz" der Bund/Länder Arbeitsgemeinschaft „Bodenschutz" zum Thema: „Stand und Ausblick zur Nutzung digitaler Bodenschätzungsdaten" 17. und 18. April 2004, Mainz. – In: Mitteilungen der Deutschen Bodenkundlichen Gesellschaft Band 110; S 31–32, Oldenburg

Humusformen

11

Gerhard Milbert

Inhaltsverzeichnis

11.1   Einleitung

Der Begriff Humus kennzeichnet die Gesamtheit der von abgestorbenen Pflanzen- und Tiersubstanzen abstammenden organischen Stoffe auf und im Boden. Er ist einem stetigen Abbau, Umbau und Aufbau unterworfen. Zur sachgerechten Beurteilung des Wasserhaushaltes, der Nährstoffversorgung und anderer Eigenschaften eines Standortes ist deshalb eine genaue Charakterisierung des Humus Voraussetzung. Überall, wo Humus entsteht, wird der Boden beeinflusst und verändert. Die unterschiedlichen makroskopischen Erscheinungsformen des Humus werden deshalb systematisch in Humusformen gegliedert. Humusprofile gleicher Horizontfolge, ähnlicher Horizontmächtigkeit und Art der Horizontbegrenzungen werden dabei zu systematischen Einheiten zusammengefasst. Die im Folgenden dargestellte Gliederung der Humusformen ist ausführlich in der Forstlichen Standortsaufnahme, 7. Auflage 2016 beschrieben (Arbeitskreis Standortskartierung 2016). Weitere Informationen zur Gliederung der Humusformen sind auf der Webseite der Arbeitsgruppe Humusformen veröffentlicht (www.humusformen.de).

11.2   Gliederungskriterien und Bildungsfaktoren

Der Wasserhaushalt des Oberbodens ist das differenzierende Kriterium für die systematische Einteilung in aeromorphe (gut belüftete), aero-hydromorphe (zeitweise vernässte) und hydromorphe (ständig nasse) Humusformen. Die Humusform kennzeichnet die Gesamtheit aller Humushorizonte eines Profils (L-, Of-, Oh-, H und Ah-Horizonte). Abb. 11.1, 11.2, 11.3 und 11.4 zeigen Beispiele für Humushorizonte und Humusformen.

Bei der Bestimmung der Humusform ist zu beachten, dass eine nach makroskopisch erkennbaren Merkmalen definierte Humusform räumlich und zeitlich viel variabler ist als die darunter folgende Bodenform (Bodentyp und Substrat). Sie wird von den folgenden Faktoren beeinflusst:

- Klima einschließlich Kleinklima
- Substratart und Substratschichtung
- Baumart, Bestandesalter, -struktur und Belichtungsverhältnisse
- Bodenvegetation, Bodenfauna sowie Bodenmikroorganismen
- Relief, Exposition und Inklination

G. Milbert (✉)
ehemals Geologischer Dienst Nordrhein-Westfalen, Krefeld, Deutschland

© Springer-Verlag GmbH Deutschland, ein Teil von Springer Nature 2023
H. Joisten et al. (Hrsg.), *Böden Deutschlands, Österreichs und der Schweiz*, https://doi.org/10.1007/978-3-8274-2284-2_11

Abb. 11.1 L-Horizont aus Buchenlaubstreu (Quelle: G. Milbert)

Abb. 11.2 Of-Horizont aus Buchenlaubstreu (Quelle: G. Milbert)

- Nutzungsgeschichte (z. B. Niederwald, Streunutzung, Holzernte, Verdichtung durch Befahren, ehemalige landwirtschaftliche Nutzung, Kalkung)
- Nährstoff-, Wasser-und Lufthaushalt des Oberbodens
- atmogener Stoffeintrag (trockene und nasse Deposition)

Aufgrund ihrer Sensivität gegenüber den oben genannten Umweltfaktoren sind Humusformen Indikatoren für natürliche und durch den Menschen verursachte Standortsveränderungen.

Abb. 11.3 Obh-Horizont, filmartig und pulverig, aus Buchenlaubstreu (Quelle: G. Milbert)

Abb. 11.4 Mullartiger Moder aus Buchlaubstreu auf basenarmer saurer Pseudogley-Braunerde (Quelle: G. Milbert)

11.3 Gliederung

Mull-Humusformen sind typisch für gut mit Nährstoffen versorgte neutrale bis schwach saure Böden mit einem engen C/N-Verhältnis <15 im Oberboden. In Böden mit Mull überwiegen Bodenwühler, besonders Regenwürmer und wühlende Arthropoden wie Asseln, Tausendfüßer und Dipterenlarven. Die Streuzersetzung und Einarbeitung in den A-Horizont verläuft rasch. Der Axh-Horizont besitzt ein stabiles Krümelgefüge. Die gebildeten Humusstoffe sind hochpolymer und nicht wanderungsfähig. Ein durchgehender Oh-Horizont ist nie vorhanden, ein Of-Horizont kann auftreten, der L-Horizont kann schon vor Beginn des neuen Streufalls aufgezehrt sein. Ein Beispiel für einen typischen L-Mull zeigt die Abb. 11.5.

Moderhumusformen sind typisch für saure nährstoffarme Böden mit einem mittleren C/N-Verhältnis von 17–24 im Obh-Horizont. Im Moder und im Mullartigen Moder treten Regenwürmer stärker zurück, Arthropoden und Kleinringelwürmer überwiegen. Die Streuzersetzung findet fast ausschließlich in der organischen Auflage statt und verläuft langsam. Wanderungsfähige Huminstoffe werden gebildet, jedoch nicht in so starkem Maße wie beim Rohhumus. Stets sind L- und Of-Horizont vor-

Abb. 11.5 L-Mull mit der Horizontfolge L/Axh/ ... auf basenreicher Rendzina aus Kalkstein (Muschelkalk) (Quelle: G. Milbert)

Abb. 11.7 Rohhumus aus Fichtennadelstreu mit der Horizontfolge L/ Of/Osh/Ahe/Ae/ ... auf sehr nährstoffarmem, sehr stark saurem Gley-Podsol aus fluviatilem Sand (Niederterrasse) (Quelle: T. Simon)

Abb. 11.6 Moder aus Buchen- und Eichenlaubstreu auf basenarmer stark sauer Podsol-Braunerde aus Flugsand (Quelle: U. Koch)

als 24. Im Rohhumus und im Moderartigen Rohhumus fehlen größere Bodenwühler fast immer. Die Streuzersetzung findet ausschließlich in der organischen Auflage statt, sie verläuft sehr langsam und unvollständig. Wanderungsfähige Huminstoffe entstehen in stärkerem Maße als beim Moder. Diese können mit dem Sickerwasser verlagert werden. Bei nicht streugenutzten Formen sind L-, Of- und brechbare Oh-Horizonte vorhanden. Der Okh- bzw. Osh-Horizont ist meist kompakt und stets brechbar. Ein Beispiel für einen typischen Rohhumus zeigt die Abb. 11.7.

Aero-hydromorphe Humusformen (Feuchtmull, Feuchtmoder und Feuchtrohhumus) entstehen unter zeitweise anaeroben Bedingungen im Stau-, Kapillar-oder Grundwasserbereich. Ein Beispiel für die typische Humusform Feuchtmull zeigt die Abb. 11.8.

Hydromorphe Humusformen (Anmoor und torfbildende Humusformen, Bildung von Niedermoortorf, Übergangsmoortorf, Hochmoortorf) entstehen durch Anhäufung unvollständig zersetzter Pflanzenreste im wasserübersättigten Milieu. Als Kriterien zur Gliederung der Moorhumusformen werden der Humifizierungsgrad nach von Post (H 1–10), der pH-Wert sowie das C/N-Verhältnis verwendet. Beispiel: Schwach saures eutrophes H-Moor, typische Humusform wachsender Niedermoore (Abb. 11.9).

handen, ein bröckeliger bis pulvriger Obh-Horizont ist im mullartigem Moder in der Regel filmartig ausgebildet und im typischem Moder flächenhaft in Mächtigkeiten >5 mm entwickelt. Ein Beispiel für einen typischen Moder zeigt die Abb. 11.6.

Rohhumusformen sind typisch für sehr stark saure, sehr nährstoffarme Böden unter schlecht zersetzbarerer Vegetation. Die C/N-Verhältnisse sind in der Regel deutlich weiter

Abb. 11.8 Feuchtmull aus Erlenblatt- und Kräuterstreu mit der Horizontfolge Lw/ Go-Ah/ … auf nährstoffreichem Nassgley aus fluviatilem Lehm (Auenlehm) (Quelle: G. Milbert)

Abb. 11.9 Oligotrophes saures F-Moor aus Sphagnum-Torf mit der Horizontfolge L/hHfw/ … auf Hochmoor im Hohen Venn/Eifel (Quelle: G. Milbert)

Tab. 11.1 Vereinfachte Gliederung der Humusformen (Quelle: G. Milbert)

Humusformentyp	typische Horizontfolge
Aeromorphe Humusformen	
L-Mull	L/Axh
F-Mull	L/Of/Ah
Moder	L/Of/(Obh)/Ah oder Aeh
Rohhumus	L/Of /Osh/Ahe, Ae
Aero-Hydromorphe Humusformen	
Feuchtmull	Lw/Sw-A(x)h, Go-A(x)h… oder L/Owf/Sw-A(x)h, Go-A(x)h
Feuchtmoder	L/O(w)f/Owbh/Sw-Ah, Srw-Ah, Go-Ah, Go-Aeh
Feuchtrohhumus	L/O(w)f/Owsh/Sw-Ahe,Srw-Ahe, Go-Ahe
Hydromorphe Humusformen	
Anmoor	L/Go-Aa, Srw-Aa
F-Moor	L/Hfw, (H < 5)/…
M-Moor	L/Hmw, (H 5-6)/
H-Moor	L/Hhw, (H> 6)/…

Die Tab. 11.1 zeigt eine vereinfachte Gliederung der Humusformen in der Übersicht.

Literatur

Arbeitskreis Standortskartierung in der Arbeitsgemeinschaft Forsteinrichtung (2016): Forstliche Standortsaufnahme, 7. Auflage, IHW-Verlag, Eching, 400 S. Webseite der AG-Humusformen der DBG: https://www.humusformen.de

Teil II

Bodenregionen

Bodenregionen sowie Gliederung und Entstehung der Bodenregionenkarte

12

Andreas Richter, Wolf Eckelmann und Peter Schad

Inhaltsverzeichnis

Bodenkarten liefern eine Vielzahl wichtiger Informationen über die Eigenschaften der Böden als solche, wie auch für deren Interpretation zu Fragen von Bodennutzung und Bodenschutz. Bei der Herstellung von Bodenkarten werden in aller Regel nur Karten der großen Maßstäbe bis etwa 1 : 50.000 im aufwändigen Geländeeinsatz kartiert. Karten in kleinerem Maßstab werden üblicherweise durch Interpretation älterer Karten und durch Zusammenführen des vorhandenen Wissens entwickelt. Bei überregionalen Kartenprojekten muss dabei häufig auf Datengrundlagen zurückgegriffen werden, die sich in ihrer Gliederung, im Maßstab, der Art der Darstellung und – in manchen Fällen – sogar in der verwendeten Nomenklatur unterscheiden.

Wenn man derart unterschiedliche Kartenquellen nutzen muss, ist es erforderlich, einen Standard heranzuziehen, der eine einheitliche Beschreibung und Gliederung der Bodendecke sowohl nach inhaltlichen Gesichtspunkten als auch entsprechend der regionalen Verbreitung der Böden ermöglicht. In Deutschland ist die Grundlage dafür die Bodenkundliche Kartieranleitung KA 5 (Ad-hoc-AG Boden 2005), in der zunächst alle Parameter im Detail definiert sind. Darüber hinaus ist es erforderlich, ein Aggregierungsmodell von der Einzelfläche einer Bodenform bis hin zur regionischen Dimension zu beschreiben, das die gleichartige Zuweisung von Bodeneinheiten in ein regionales Konzept für das gesamte Kartenwerk sicherstellt.

Bodenregionen (BR) stellen in diesem hierarchischen System, das für Deutschland sieben Aggregierungsstufen umfasst, die oberste Gliederungsebene für die Regionalisierung der Bodenverbreitung dar. Sie wurden in Deutschland erstmals in der Bodenübersichtskarte 1 : 1.000.000 ausgewiesen (Hartwich et al. 1995). Es werden zwölf Bodenregionen unterschieden, deren Grenzen bei späteren Kartierungen, z. B. im Rahmen der Herstellung der Bodenübersichtskarte 1 : 200.000, kontinuierlich präzisiert werden. Diese Aktualisierungen erfolgen in enger Abstimmung zwischen der Bundesanstalt für Geowissenschaften und Rohstoffe (BGR) und den Geologischen Diensten der 16 Bundesländer (Ad-hoc-AG Boden).

Die Ausweisung von Bodenregionen hat auch in Österreich Tradition. Fink (1958, 1970) sowie Nestroy und Dietzel (2012) unterscheiden neun Bodenregionen. Durch die Bodenkundliche Gesellschaft der Schweiz hingegen wurde anlässlich des vorliegenden Buches eine völlig neue Bodenregionenkarte erstellt.

Bei den Bodenregionen handelt es sich um überregionale bodengeographische Einheiten mit der stärksten inhaltlichen Aggregierung und räumlichen Generalisierung. Dabei steht die geologische Kennzeichnung der Bodenregionen im Vordergrund, da im nacheiszeitlichen Mitteleuropa das Ausgangsmaterial der Bodenbildung bei überregionaler Betrachtung die Bodengenese dominiert. Aber auch das Relief, das Klima und die Wasserverhältnisse spielen eine wichtige Rolle. Die „Bodenregion der Alpen mit vorwiegend carbonatischen Gesteinen" oder die „Bodenregion der (überregionalen) Flusslandschaften" sind dafür Beispiele.

Der Hierarchie der Aggregierungsstufen der KA 5 folgend werden Bodenregionen durch Bodengroßlandschaften weiter unterteilt. Ebenso wie jene können sie zur Gliederung der Legenden von Bodenübersichtskarten herangezogen werden. Damit ermöglichen sie erste Überblicksinformationen über die Gliederung der Boden-

A. Richter (✉) · W. Eckelmann
ehemals Bundesanstalt für Geowissenschaften und Rohstoffe, Hannover, Deutschland

P. Schad
Technische Universität München, TUM School of Life Sciences, Lehrstuhl für Bodenkunde, Freising-Weihenstephan, Deutschland

© Springer-Verlag GmbH Deutschland, ein Teil von Springer Nature 2023
H. Joisten et al. (Hrsg.), *Böden Deutschlands, Österreichs und der Schweiz*, https://doi.org/10.1007/978-3-8274-2284-2_12

decke großer Gebiete und bilden einen Rahmen für detaillierte Betrachtungen.

Infolge der räumlichen Generalisierung, die auch eine Glättung der Konturen einschließt, sind Bodenregionen große, meist kompakte Flächen, die vor allem für die Darstellung in kleinmaßstäbigen Karten vorgesehen sind. Die mit dem räumlichen Generalisierungsniveau verbundene inhaltliche Heterogenität der Bodenregionen schließt das Vorkommen untypischer Böden auf kleineren Teilflächen ein. So treten Moorböden in verschiedenen Bodenregionen auf, auch wenn sie dort keine dominierenden Flächen einnehmen und nur in wenigen Bodenregionen als typischer Bestandteil gelten. Die Kennzeichnung der Böden innerhalb der Bodenregionen erfolgt deshalb in sehr allgemeiner Form, wie die Legende zur Karte der Bodenregionen zeigt (Abb. 12.1 und 12.2).

Karte der Bodenregionen
Deutschland ■ Österreich ■ Schweiz

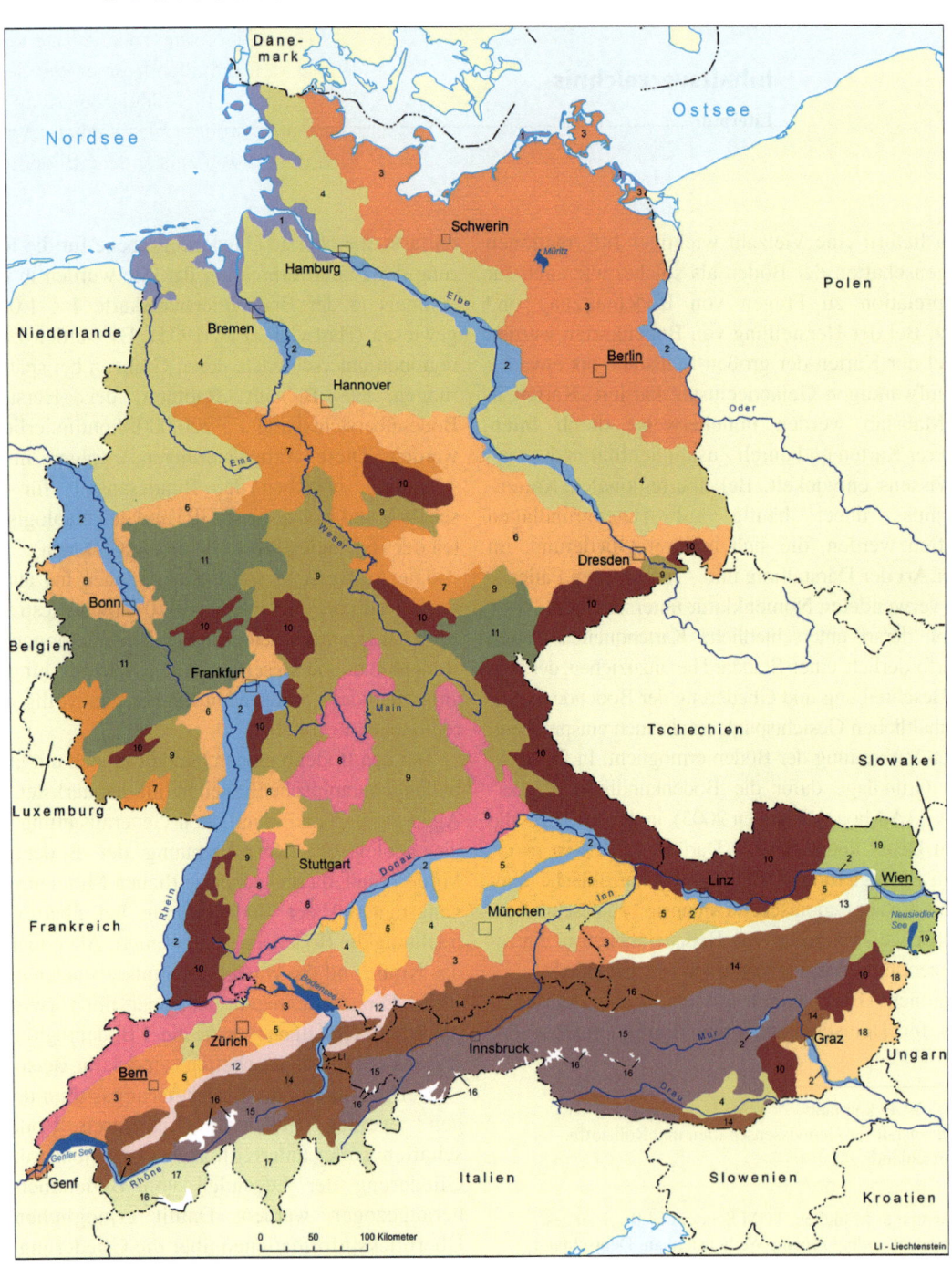

Abb. 12.1 Karte der Bodenregionen für Deutschland, Österreich und die Schweiz

Zeichenerklärung

Bodenregionen

1 — Bodenregion des Küstenholozäns

2 — Bodenregion der (überregionalen) Flusslandschaften

3 — Bodenregion der Jungmoränenlandschaften

4 — Bodenregion der Altmoränenlandschaften

5 — Bodenregion der Deckenschotterplatten und Tertiärhügelländer im nördlichen Alpenvorland

6 — Bodenregion der mittel- und süddeutschen Löss- und Sandlösslandschaften

7 — Bodenregion der Berg- und Hügelländer mit hohem Anteil an nicht metamorphen Sedimentgesteinen im Wechsel mit Löss

8 — Bodenregion der Berg- und Hügelländer mit hohem Anteil an nicht metamorphen carbonatischen Gesteinen

9 — Bodenregion der Berg- und Hügelländer mit hohem Anteil an nicht metamorphen Sand-, Schluff-, Ton- und Mergelgesteinen

10 — Bodenregion der Berg- und Hügelländer mit hohem Anteil an Magmatiten und Metamorphiten

11 — Bodenregion der Berg- und Hügelländer mit hohem Anteil an Ton- und Schluffschiefern

12 — Bodenregion der nicht oder nur gering metamorphen Gesteine der Faltenmolasse und der mittleren und westlichen Flyschzone

13 — Bodenregion der Berg- und Hügelländer der östlichen Flyschzone mit hohen Anteilen an Mergeln, Tonsteinen und Sandsteinen

14 — Bodenregion der Alpen mit vorwiegend carbonatischen Gesteinen

15 — Bodenregion der Alpen mit vorwiegend silikatischen Gesteinen

16 — Bodenregion der Gletscher und Dauerschneegebiete

17 — Bodenregion der Alpensüdseite im Bereich der westlichen Alpen

18 — Bodenregion der Staublehmlandschaften im südöstlichen Alpenvorland

19 — Bodenregion der Lösslandschaften im pannonischen Trockengebiet

Topographische Elemente

— · — · — Ländergrenzen   *Elbe* Flüsse   *Müritz* Seen

☐ Dresden Städte   Berlin Hauptstädte   LI Liechtenstein

Bodenkundliche Bearbeitung

Deutschland: A. Richter, W. Eckelmann
Österreich: O. Nestroy, M. Englisch
Schweiz: P. Lüscher

Länderübergreifende Abstimmungen

P. Schad, E. Pickert

Kartographie und GIS-Bearbeitung

E. Pickert, S. Richter, R. Reiter

Bodenkundliche Daten

siehe Textkapitel und Quellenangaben

Topographische Daten

Made with Natural Earth @naturalearthdata.com

Abb. 12.2 Legende zur Karte der Bodenregionen für Deutschland, Österreich und die Schweiz

Die vorliegende Karte umfasst 19 Bodenregionen. Die zwölf Bodenregionen aus Deutschland und die neun aus Österreich wurden so weit wie möglich in Übereinstimmung gebracht und um die Schweizer Gebiete erweitert. In einigen Fällen konnten dabei Neuzuordnungen nicht ausbleiben; sie betreffen die folgenden Einheiten:

Der Name der Bodenregion 6 musste geändert werden, um sie von den auf den Osten Österreichs beschränkten Bodenregionen 18 und 19 unterscheiden zu können, die zwar ein vergleichbares Ausgangsgestein, aber ein deutlich anderes Klima besitzen.

Der Schweizer Jura wurde zur Bodenregion 8 gestellt, die Böhmische Masse sowie einige südöstliche Voralpengebiete in Österreich zählen zur Bodenregion 10.

Die in der KA 5 ausgewiesene Bodenregion 12 (BR der Alpen) musste aufgeteilt werden. Die neue Bodenregion 12 umfasst die Faltenmolasse sowie die mittlere und westliche Flyschzone. Da diese Region in Deutschland nur in kleinen

Verbreitungsgebieten auftritt, kann sie in der Maßstabsebene der Bodenregionen nur im Allgäu ausgewiesen werden. In Österreich kommt sie nur in Vorarlberg vor, während sie sich in der Schweiz als größeres Band am Nordrand der Alpen entlangzieht. Die östliche Flyschzone (BR 13) ist geologisch ähnlich der westlichen, kann aber wegen des deutlich trockeneren Klimas und der geringeren Meereshöhe nicht mit der westlichen Flyschzone in einer Bodenregion geführt werden.

Die vorwiegend aus carbonatischen Gesteinen bestehenden Alpenregionen werden neu der Bodenregion 14 zugeordnet. Auch das Helvetikum, das in der österreichischen Karte bisher mit der Flyschzone vereinigt war, gehört zur Bodenregion 14. Die metamorphen und kristallinen Alpen werden einheitlich in den Bodenregionen 15 (Österreich und Schweiz) und 17 (Schweizer Südalpen) ausgewiesen. Für die Gletscher- und Dauerschneegebiete wurde die BR 16 geschaffen. Als Ergebnis dieser neuen Zuordnungen von Bodenregionen ist es gelungen, eine länderübergreifend abgestimmte Bodenregionenkarte von Deutschland, Österreich und der Schweiz als Teil mitteleuropäischer Integration auf dem Gebiet der Bodenkartierung zu entwickeln. Sie liefert den unbedingt notwendigen Rahmen für räumlich und inhaltlich differenzierte Bodenkartierungen in größeren Maßstäben.

Literatur

Ad-hoc-AG Boden (2005): Bodenkundliche Kartieranleitung, 5. Auflage. Hrsg.: Bundesanstalt für Geowissenschaften und Rohstoffe, Hannover, Schweizerbart'scher Verlag, Stuttgart

Fink, J. (1958): Die Böden Österreichs. Mitteilungen der Geographischen Gesellschaft Wien, Band 100, H. III. Wien

Fink, J. (1970): Österreichs Böden im Spiegel der bodenbildenden Faktoren. Geological Institute Bucharest, Technical and Economical Bulletins, ser. C. (Pedology), No.18

Hartwich, R. et al. (1995): Bodenkarte der Bundesrepublik Deutschland. Joint Research Centre, European Soil Data Centre (ESDAC), Hrsg.: Bundesanstalt für Geowissenschaften und Rohstoffe, Hannover

Nestroy, O., Dietzel, M. (2012): Die Dauerausstellung von Bodenprofilen am Institut für Angewandte Geowissenschaften der Technischen Universität Graz, 44S., Graz

Bodenregion 1: Küstenholozän

Luise Giani

Inhaltsverzeichnis

Zur Bodenregion des Küstenholozäns gehören fünf Bodengroßlandschaften (BGL): Nordseeinseln (Halligen und Inseln), Watt der Nordseeküste (Watt- und Vorlandgebiete), Marschen und Moore im Tideeinflussbereich, Ästuargebiete (Watt- und Vorlandgebiete), Ostsee- und Boddenküste (Nehrungen und Haken) (Ad-hoc-AG Boden 2005). Die Bodenregion bildet einen Gürtel zwischen Nordsee und den saaleeiszeitlichen Geestplatten mit Geestrandmooren vom Dollart an der niederländischen Grenze bis nach Dänemark sowie einen schmaleren Gürtel zwischen Ostsee und den weichseleiszeitlichen Moränengebieten von Dänemark bis zum Stettiner Haff an der polnischen Grenze. Prägendes Element ist der Meereseinfluss.

BGL der Nordseeinseln

Das typische Landschaftsinventar dieser Bodengroßlandschaft umfasst Strände, Inselkern mit Dünen und Dünentälern sowie die Vorländer. Der Strand, unterteilt in nassen Strand (zwischen Mitteltideniedrigwasser- und -Hochwasserlinie) und dem sich anschließenden trockenen Strand (bis zur Sturmflutlinie am Fuß der Dünenkette) (Streif 1990), ist aufgrund seiner starken Morphodynamik nahezu vegetationslos (Pott 1995). Ausgewiesene Bodentypen sind der Nassstrand und der Normstrand. Die Dünen sind äolische Bildungen, deren Entwicklung mit kleinen inselartigen Formen auf dem Trockenstrand beginnt und sich mit bis zu 20 m hohen Dünengürteln unterschiedlichen Alters und unterbrochen von Dünentälern Richtung Inselinnerem fortsetzt. Typische Böden sind Lockersyroseme, Regosole, sehr schwach ausgeprägte Braunerden und Podsole sowie Gleye.

L. Giani (✉)
ehemals Universität Oldenburg, Oldenburg, Deutschland

Die sich anschließenden Vorländer, als auch die der Festlandsküste, sind durch periodische und episodische Überflutungen und Sedimentation meist feinkörnigen Materials sowie Ansiedlung von Halophyten gekennzeichnet. Entsprechend zunehmender Höhe und Bodenentwicklung werden niedrige Rohmarschen mit Queller-Bewuchs (*Salicornia mar.*), mittelhohe Rohmarschen mit Andel Bewuchs (*Puccinellia mar.*) und hohe Rohmarschen mit Rotschwigel-Bewuchs (*Festuca rub.*) unterschieden (Giani 1993).

BGL des Watts der Nordseeküste

Diese Bodengroßlandschaft befindet sich zwischen den Inseln und den Vorländern des Festlands. Die weiten, von Prielen durchzogenen Wattflächen fallen im Tiderhythmus trocken bzw. werden überflutet. Je nach Sedimentationsbedingungen werden Schlick-, Misch- und Sandwatten unterschieden (Dörjes 1982), denen meist eine Vegetationsbedeckung fehlt. Ausgewiesener Bodentyp dieses Bereichs ist das Watt.

BGL der Marschen und Moore im Tideeinflussbereich

Diese Bodengroßlandschaft erstreckt sich landwärts des Seedeiches bis zu den Moränengebieten. Deichbau, Landgewinnung und Binnenentwässerung haben die ursprüngliche Landschaft nachhaltig verändert. Aktive Prielsysteme, Flächen, die seenah von Halophyten und mit abnehmendem Meereseinfluss von Schilf bedeckt waren und in Moore übergehen gibt es heute nicht mehr (Streif 1982), sie spiegeln sich jedoch in den Böden wider. Kalk- und Haftnässemarschen sind charakteristisch für junge wieder eingedeichte Bereiche ehemaliger Buchten und Organomarschen für ältere ehemals mit Schilf bestandene, lagunäre Landschaftselemente, die bei geringeren Anteilen organischer Substanz heute vornehmlich Klei- und Knickmarschen aufweisen.

© Springer-Verlag GmbH Deutschland, ein Teil von Springer Nature 2023
H. Joisten et al. (Hrsg.), *Böden Deutschlands, Österreichs und der Schweiz*, https://doi.org/10.1007/978-3-8274-2284-2_13

BGL der Ästuargebiete

Die Bodengroßlandschaft der Ästuargebiete umfasst die Brack- und Süßwasser geprägten Bereiche mit Tide- bzw. Sturmfluteinfluss. Heute sind es meist nur kleine, durch Deiche abgegrenzte Streifen, die früher stärker verbreitet und eng verzahnt mit der Bodengroßlandschaft der Marschen und Moore im Tidebereich auftraten. Bereiche im Einfluss von Ebbe und Flut sind vegetationslos und bodentypologisch als Watt anzusprechen. In den sich anschließenden, bei höher auflaufenden Fluten überfluteten brackigen Vorländern werden entsprechend zunehmender Höhe und Bodenentwicklung niedrige Rohmarschen mit Strandsimsen-Bewuchs (*Bolboschoenus mar.*), mittelhohe Rohmarschen mit Schilf-Bewuchs (*Phragmites austr.*) und hohe Rohmarschen mit Quecken- Bewuchs (*Agropyron rep.*) unterschieden (Giani und Landt 2000).

BGL der Ostsee- und Boddenküste

Zum typischen Landschaftsinventar dieser Bodengroßlandschaft gehören Strände und Dünen, mit ihrer für die Bodengroßlandschaft der Nordseeinseln dargestellten Ausstattung an Böden sowie die Ausgleichsküstenelemente mit Bodden, Nehrungen und Haken. Bodden sind flache, innere Küstengewässer, die durch Haken und Nehrungen, mit Strandwall- und Dünen-Sedimentakkumulation, bis auf schmale Verbindungen von der Ostsee abgeschnürt sind (Billwitz und Porada 2010). An deren Ufern sind Anmoorgleye, Moorgleye und Niedermoore anzutreffen, die durch Degradation und Ausbildung von Erd- und Mulmniedermooren deutlich zurückgegangen sind.

Typische Bilder dieser Bodenregion zeigen Abb. 13.1, 13.2, 13.3, 13.4, 13.5 und 13.6. Die Abb. 13.7 zeigt eine typische Catena der Bodenregion des Küstenholozäns.

Abb. 13.1 Hamburger Hallig (SH) (Quelle: M. Filipinski)

Abb. 13.2 Wattvorland
Wesselburen (SH) (Quelle:
B. Burbaum)

Abb. 13.3 Alte Marsch,
Schweinehallig, Gemeinde
Stedesand (SH) (Quelle:
B. Burbaum)

Abb. 13.4 Flusswatt
(Ästuargebiet),
Fährmannssand, Gemeinde
Wedel (SH) (Quelle:
B. Burbaum)

Abb. 13.5 Steilküste
Schilksee, Kieler Förde (SH)
(Quelle: M. Filipinski)

Abb. 13.6 Strandseeland-
schaft bei Schmoel an der
Ostseeküste, Naturschutz-
gebiet der Gemeinden
Schwartbuck und Stakendorf,
Kreis Plön (SH) (Quelle:
B. Burbaum)

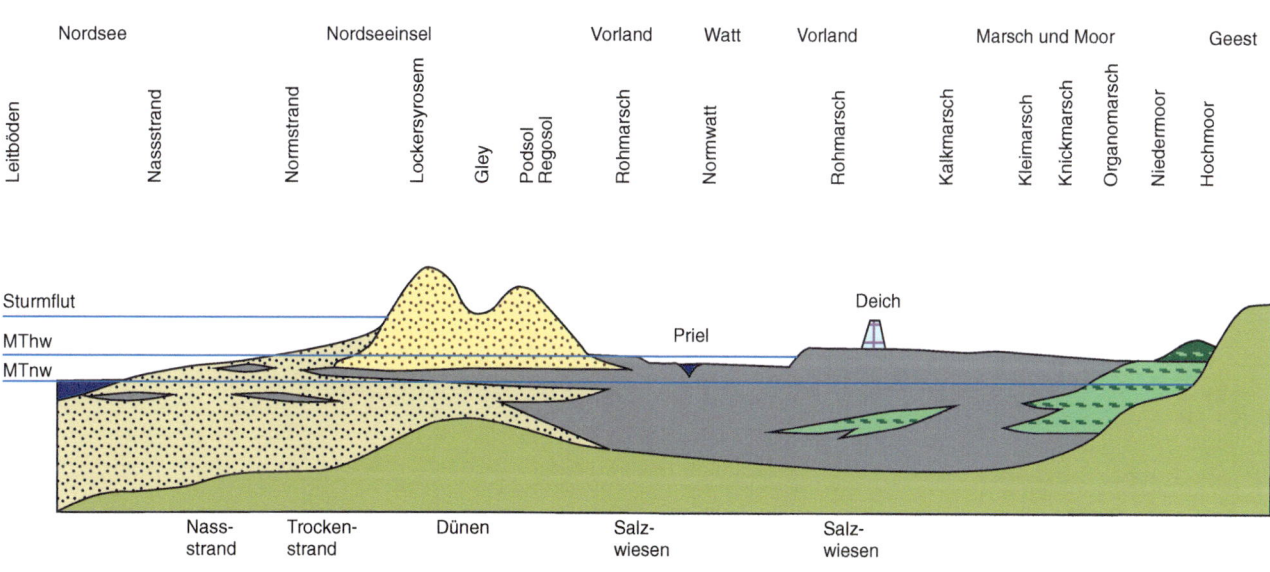

Bodenregion des Küstenholozäns
Bodenlandschaft: Böden der Nordseeinseln, des Watts der Nordseeküste und der Marschen im Tideeinflussbereich

| | Strandsand | | Niedermoor | | Pleistozän (ungegliedert) | | Wattschlick |
| | Flugsand | | Hochmoor | | Aufschüttung | | Wasser |

MThw = mittleres Tidehochwasser MTnw = mittleres Tideniedrigwasser

Quelle: BGR/LBEG. Redaktionelle Bearbeitung und kartographische Erstellung: Aline Kästner

Abb. 13.7 Typische Catena der Bodenregion des Küstenholozäns

Literatur

Ad-hoc-AG Boden (2005): Bodenkundliche Kartieranleitung, 5. Auflage. Hrsg.: Bundesanstalt für Geowissenschaften und Rohstoffe, Hannover, Schweizerbart'scher Verlag, Stuttgart

Billwitz, K., Porarda, H.T. (2010): Die Halbinsel Fischland-Darß-Zwingst und das Barther Land. Böhlau, Weimar

Dörjes, J. (1982): Das Watt als Lebensraum. In: Das Watt (Hrsg.: H.-E. Reineck). W. Kramer Verlag, Frankfurt/M.: 24–31

Giani, L. (1993): Zur Klassifikation von Marschböden im Deichvorland. Mitteilungen der Deutschen Bodenkundlichen Gesellschaft Band 72: S. 911–914, Oldenburg

Giani, L., Landt, A. (2000): Initiale Marschbodenentwicklung aus brackigen Sedimenten des Dollarts an der südlichen Nordseeküste. Zeitschrift für Pflanzenernährung und Bodenkunde Band 163: S. 549–553, Wiley-VCH, Weinheim

Pott, R.P. (1995): Farbatlas Nordseeküste und Nordseeinseln. Verlag Eugen Ulmer, Stuttgart

Streif, H. (1982): The occurrence and significance of peat in the Holocene deposits of the German North Sea coast. ILRI publication 30, Proceed. of the symposium on peat lands below sea level: S. 31–41; Wageningen

Streif, H. (1990): Das ostfriesische Küstengebiet. Sammlung Geologischer Führer 57. Gbr. Borntraeger, 2. Aufl., Berlin

Bodenregion 2: überregionale Flusslandschaften

Wolfgang Fleck, Karl Stahr und Daniela Sauer

Bei der Bodenregion der Flusslandschaften handelt es sich um ausgedehnte Niederungen überregionaler Flüsse, deren Einzugsgebiete sich über mehrere Bodenregionen erstrecken. Neben Niederungsgebieten an Weser, Elbe und Oder umschließt die Bodenregion Talbereiche am Rhein, der Donau mit ihren seitlichen Zuflüssen Iller, Lech und Isar, der Mur in der österreichischen Steiermark und des Rhonetals oberhalb des Genfer Sees.

Die Flüsse in der Norddeutschen Tiefebene zeichnen sich durch schwaches Gefälle und geringe Sedimentfracht aus. Auf Flusssanden und -kiesen wurden vorherrschend lehmige und tonige Auensedimente abgelagert. Entlang der Elbe kommen überwiegend Vegen und Gley-Vegen aus Auenlehm und Auenschluff, untergeordnet auch Gley-Pseudogleye, Gleye und Humusgleye aus Auenlehm über Auenton, vor. Im Bereich der Weser sind Vegen aus Auenschluff, untergeordnet Pseudogley-Vegen, Gley-Vegen und Niedermoore, typisch. Der Oderbruch bei Frankfurt (Oder) wird von stärker tonigen Auensedimenten mit Vega-Gleyen, Gley-Vegen und Gley-Pseudogleyen dominiert.

Im Oberrheingraben schließen die Niederungen ausgedehnte Bereiche mit pleistozänen, meist würmzeitlichen Terrassen mit sandig-lehmigen Hochflutsedimenten und äolischen Sanden, Sandlöss oder Löss ein. Braunerden und Parabraunerden, häufig mit Tonbändern im Unterboden, sind die verbreiteten Böden. Auenböden der Rheinzuflüsse mit Vegen, Gley-Vegen und Gleyen aus meist lössführenden jungen Auenablagerungen ergänzen das Bodenmuster der Terrassen.

Südlich des Kaiserstuhls hat sich der Rhein bei relativ hohem Gefälle in die Niederterrasse und im Zuge der Rhein-korrektur im 19. Jahrhundert auch in die junge Auenterrasse tief eingeschnitten, was zu starker Grundwasserabsenkung und zum Ausbleiben von regelmäßigen Überflutungen der Aue führte. Pararendzinen aus sandig-kiesigen Schüttungen stehen einer schmalen Überflutungsaue mit Rambla und Kalkpaternia gegenüber. Nördlich des Kaiserstuhls setzt sich die nun eingedeichte Rheinaue mit Vegen, Gley-Vegen, Tschernitzen und Kalkpaternien, in Altarmen auch Auengleyen, aus kalkhaltigen feinsandig-schluffigen Hochwassersedimenten fort. Im Bereich älterer Mäandergenerationen kommen nördlich von Karlsruhe zunehmend schluffig-tonige Auensedimente mit Auengleyen, Nassgleyen und Anmoorgleyen, in verlandeten Altarmen auch Niedermoore, hinzu. Im Hessischen Ried haben sich auf höher gelegenen, grundwasserfernen Auenterrassen zudem Humuspelosole aus Auenton sowie Kalktschernoseme und Tschernitzen aus carbonatischem Auenschluff bzw. aus Auenlehm bis – ton gebildet.

Am Niederrhein wird die Rheinaue von Vegen, untergeordnet Gley-Vegen, aus überwiegend carbonathaltigem Auenschluff sowie in Randsenken von Auengleyen, Gleyen aus Auenlehm und Auenton und vereinzelt auch Niedermooren eingenommen. Für die begleitenden Terrassen sind Parabraunerden aus lössbedeckten, lehmig-sandigen Terrassenablagerungen typisch, untergeordnet treten Podsol-Braunerden aus Terrassensanden auf. Im Niederrheinischen Tiefland, nördlich von Düsseldorf, reicht die Bodenregion weit nach Westen bis zur niederländischen Grenze. Parabraunerden und Braunerden aus Sandlöss über Terrassensedimenten sowie breite Niederungen der Maaszuflüsse mit Gleyen und Pseudogley-Gleyen aus sandig-lehmigen Hochflutsedimenten nehmen weite Verebnungen ein.

Die Donau durchfließt breite Niederungen im Bereich der Deckenschotterplatten und der Tertiärhügelländer sowie im pannonischen Trockengebiet unterhalb von Wien. Iller, Lech und Isar, deren Einzugsgebiete bis in die Alpen reichen, versorgen die Donau zwischen Ulm und Passau mit frischem, unverwittertem Sediment. Junge kalkreiche Auenböden, häufig mit deutlicher Substratschichtung, zeigen den alpinen

W. Fleck (✉)
Landesamt für Geologie, Rohstoffe und Bergbau,
Freiburg, Deutschland

K. Stahr
ehemals Universität Hohenheim, Hohenheim, Deutschland

D. Sauer
Universität Göttingen, Göttingen, Deutschland

© Springer-Verlag GmbH Deutschland, ein Teil von Springer Nature 2023
H. Joisten et al. (Hrsg.), *Böden Deutschlands, Österreichs und der Schweiz*, https://doi.org/10.1007/978-3-8274-2284-2_14

Einfluss, der noch stärker in den Niederungen des Alpenrheins, der Rhone und der Mur ausgeprägt ist. Kalkpaternien und kalkhaltige Vegen und Auengleye aus sandigen bis schluffigen über kiesigen Auenablagerungen sind die typischen Böden. In den flussfernen älteren Auenbereichen kommen Gleye, Anmoorgleye, Moorgleye aus Flussmergel oder Alm über carbonatreichem Schotter sowie auch Niedermoore vor (Wiesenkalk). Unterhalb von Regensburg treten in der jungen Aue zunehmend kalkhaltige Vegen hinzu, die von älteren Flussterrassen mit Braunerden, Parabraunerden und Gleyen aus sandig-lehmigen Talsedimenten, Hochflutsedimenten und Flussmergeln begleitet werden.

Die Böden der Flusslandschaften sind durch Siedlung, Verkehr, Flussbaumaßnahmen und Rohstoffabbau großflächig überbaut, abgetragen oder stark verändert. Durch Flussbegradigung, Eindeichung und Wasserentnahme entsprechen die heutigen Grundwasserverhältnisse meist nicht mehr den natürlichen Bedingungen. Durch das Fehlen regelmäßiger Überflutungen entwickeln sich heute viele Auenböden unter terrestrischen Bedingungen weiter.

Bilder von typischen Flusslandschaften zeigen Abb. 14.1, 14.2 und 14.3. Eine typische Catena einer Flusslandschaft zeigt die Abb. 14.4.

Abb. 14.1 Oberrheinische Tiefebene westlich von Heidelberg (Quelle: W. Fleck)

Abb. 14.2 Mulde-
Flusslandschaft bei Sermuth,
Stadt Colditz Landkreis
Leipzig/Sachsen (Quelle:
Befliegung durch F. Franzke)

Abb. 14.3 Überschwemmte
Elbaue bei Dommitzsch,
Landkreis Nordsachsen
(Quelle: Befliegung durch
F. Franzke)

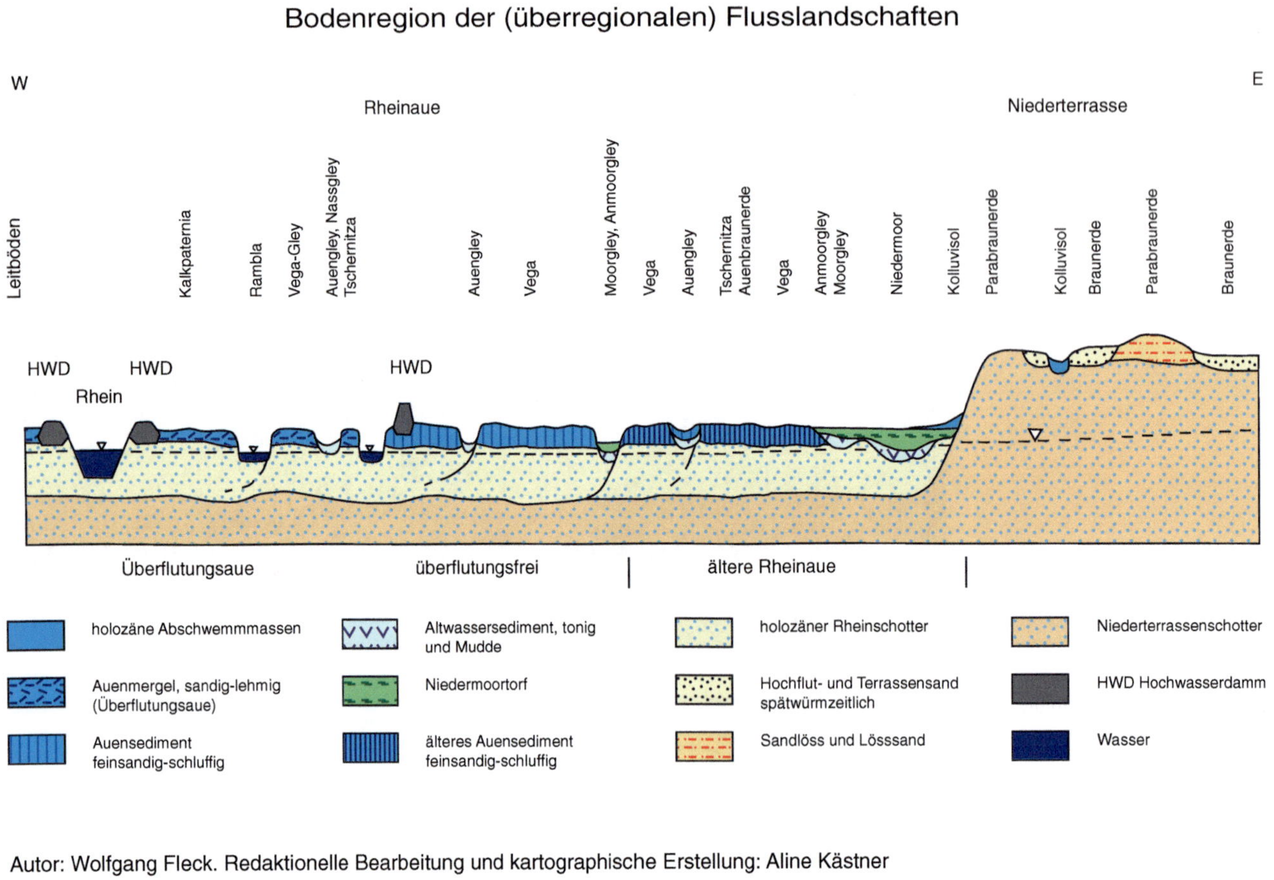

Bodenregion der (überregionalen) Flusslandschaften

Autor: Wolfgang Fleck. Redaktionelle Bearbeitung und kartographische Erstellung: Aline Kästner

Abb. 14.4 Typische Catena der Bodenregion der überregionalen Flusslandschaften

Bodenregion 3: Jungmoränenlandschaften

15

Bernd Burbaum und Peter Schad

Die Bodenregion der Jungmoränenlandschaften umfasst die Gebiete, die während der letzten Kaltzeit vergletschert waren und dadurch maßgeblich in ihrer Oberflächengestalt und in ihrem Ausgangsmaterial beeinflusst wurden. Das sind in Mitteleuropa zwei vollkommen voneinander getrennte Gebiete im Norden und im Süden. In Norddeutschland erreichten die aus Skandinavien und dem Baltikum kommenden Gletscher der Weichsel-Vereisung Teile Schleswig-Holsteins sowie weite Teile Mecklenburg-Vorpommerns und Brandenburgs in etwa einer Linie Flensburg, Hamburg, Parchim, Potsdam, Spreewald. Im Süden gelangten die aus den Alpen kommenden Gletscher der Würm-Vereisung etwa 20 bis 60 km nach Norden und Nordwesten über die Voralpen hinaus. Vom Genfer See bis zum Hegau reichen die Jungmoränenlandschaften, von kurzen Unterbrechungen abgesehen, bis zu den Jurakalken; im weiteren Verlauf grenzen sie dann meist an die Altmoränenlandschaften und folgen einer Linie über Bad Schussenried, Kaufbeuren, den Ammersee, Wasserburg und Tittmoning bis in das Salzburger Becken. Östlich davon sind die Würmgletscher innerhalb des Alpenkörpers „stecken geblieben" und erreichten in der Regel nicht das nördliche Vorland. Auf der Alpensüdseite sind innerhalb Österreichs und der Schweiz hingegen kaum Jungmoränenlandschaften zu finden.

Jungmoränenlandschaften zeichnen sich morphologisch durch einen kleinräumigen Wechsel von Vollformen, Hohlformen und flachwelligen Verebnungen aus. Charakteristisch ist die hohe Anzahl an geschlossenen Hohlformen und Seen im Wechsel mit rundlichen Erhebungen in Gebieten, die stärker vom Druck der Gletscher beansprucht wurden oder durch intensive Toteisdynamik gekennzeichnet sind. Besonders in Nordostdeutschland kann die Gliederung der Eisvorstöße an Hand der Oberflächengestalt (z. B. Endmoränen, Urstromtäler) sehr gut nachvollzogen werden. In Norddeutschland erreichen die höchsten Erhebungen im Jungmoränengebiet 100 bis 180 m während im Alpenvorland Höhen zwischen 600 und 800 m üblich sind.

Die Ausgangsgesteine der Bodenbildung sind überwiegend eiszeitliche Lockergesteine, die entweder direkt vom Gletscher abgesetzt wurden (z. B. Geschiebemergel) oder in Gewässern (z. B. Schmelzwasser- oder Beckenablagerungen) sedimentierten. Die Zusammensetzung dieser Ablagerungen in Bezug auf die Korngrößen und Minerale hängt unter anderem von den Liefergebieten und der Länge des Transportweges ab. Das am weitesten verbreitete Ausgangsmaterial ist der Geschiebemergel, der neben Blöcken, Steinen und Kiesen vor allem hohe Sandanteile aufweist, aber auch erhebliche Schluff- und Tonanteile (häufig 10 bis 30 % Ton). Häufig werden die hochglazialen Ablagerungen von geringmächtigen spätglazialen Sedimenten (in Norddeutschland z. B. Geschiebedecksand) überlagert. Die Gebiete, die vor allem in Norddeutschland früh eisfrei wurden, sind in der Regel stärker periglazial überformt und weisen auch entsprechend mächtigere periglaziale Decken auf als Gebiete der jüngeren Eisvorstöße. Zu den pleistozänen Ablagerungen treten insbesondere Torfe, Auensedimente und Abschlämmassen hinzu.

Es dominieren Bodengesellschaften, die von Braunerden, Parabraunerden (in Norddeutschland auch Fahlerden) als Leitböden bestimmt werden. Pseudogleye, Gleye, Kolluvisole und Moore sind häufige Begleiter dieser Leitböden. Insbesondere Pseudogleye treten in schwächer reliefierten Gebieten ebenfalls als Leitböden auf. In den Sander- und Talsandgebieten Norddeutschlands sind auch Podsole am Aufbau der Bodendecke beteiligt. Pararendzinen treten in Norddeutschland insbesondere an erodierten Kuppen und Oberhängen hinzu, während sie im Alpenvorland wegen des häufig carbonatreicheren Ausgangsgesteins weitere Verbreitung finden. Moore sind typische Böden der Jungmoränengebiete und vor allem in den zahlreichen Hohlformen zu finden, dabei überwiegen Niedermoore gegenüber

B. Burbaum (✉)
Landesamt für Landwirtschaft, Umwelt und ländliche Räume, Flintbek, Deutschland

P. Schad
Technische Universität München, TUM School of Life Sciences, Lehrstuhl für Bodenkunde, Freising-Weihenstephan, Deutschland

den Hochmooren. In Norddeutschland sind insbesondere die Niedermoore häufig an Schmelzwasserrinnen und Talauen gebunden. Durch Sedimentation von abgespültem Oberbodenmaterial sind vor allem in stärker reliefierten Gebieten auch Kolluvisole weit verbreitet.

In den Jungmoränengebieten überwiegt auf Grund der meist günstigen klimatischen Bedingungen und Bodeneigenschaften die landwirtschaftliche Nutzung. Bedingt durch kühleres und z. T. sehr feuchtes Klima dominiert dabei im Alpenvorland die Grünlandnutzung, die sonst vor allem in den feuchten Niederungen anzutreffen ist. Insbesondere bei Böden mit niedrigem pflanzenverfügbarem Wasserangebot oder geringer Gründigkeit und in Steillagen ist auch die forstwirtschaftliche Nutzung verbreitet.

Bilder von typischen Jungmoränenlandschaften zeigen Abb. 15.1, 15.2, 15.3 und 15.4. Die Abb. 15.5 zeigt eine typische Catena der Bodenregion der Jungmoränenlandschaften.

Abb. 15.1 Jungmoränenlandschaft, Blick vom Aschberg, Naturpark Hüttener Berge, Kreis Rensburg-Eckernförde, Schleswig-Holstein (Quelle: F. Steinmann)

Abb. 15.2 Stauchmoränen bei Parin, Kreis Ostholstein (Quelle: B. Burbaum)

Abb. 15.3 Jungmoräne bei
Klamp, Kreis Plön,
Schleswig-Holstein (Quelle:
M. Flipinski)

Abb. 15.4   Stauchmoränenlandschaft, Streitberg, Gemeinde Molfsee, Kreis Rendsburg-Eckernförde, Schleswig-Holstein (Quelle: B. Burbaum)

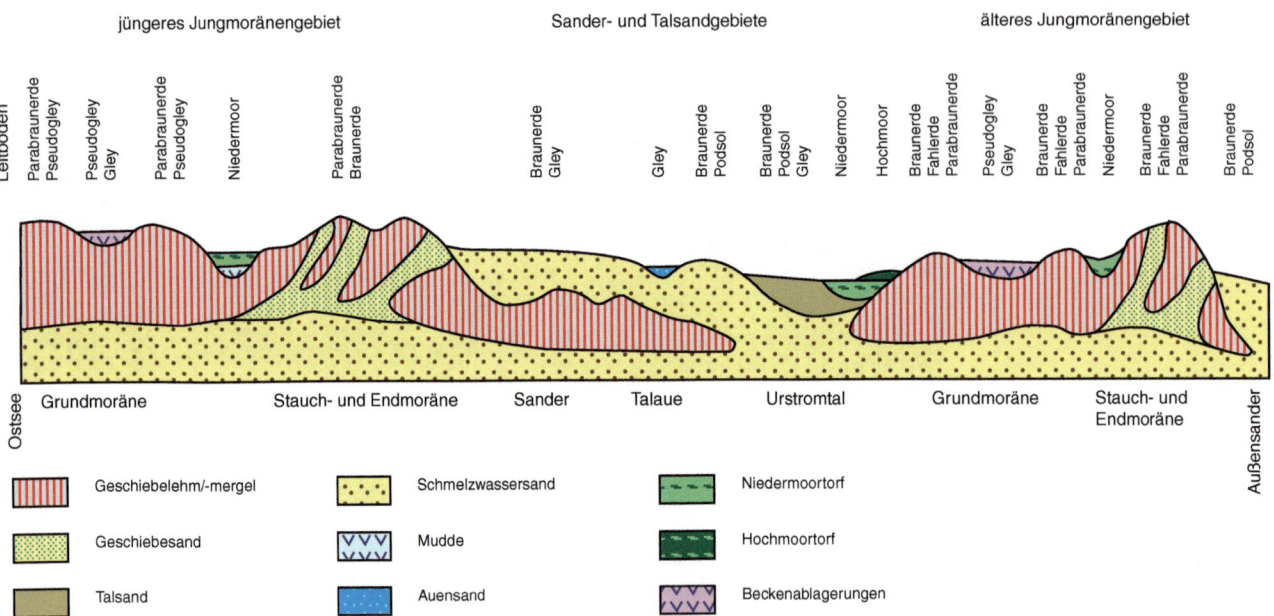

Abb. 15.5 Typische Catena der Bodenregion der Jungmoränenlandschaften

Bodenregion 4: Altmoränenlandschaften

16

Marek Filipinski, Bernd Burbaum und Peter Schad

Inhaltsverzeichnis

In der Bodenregion der Altmoränenlandschaften werden die Gebiete zusammengefasst, die während älterer Kaltzeiten vom Eis bedeckt waren und bis heute maßgeblich dadurch geprägt sind. In Norddeutschland werden die entsprechenden Vereisungen als Elster- bzw. Saalevereisung bezeichnet, während im Alpenraum die Begriffe Günz-, Mindel- und Risseiszeit verwendet werden. Auch die jungeiszeitlichen Schotterflächen und Sander sowie die Schmelzwasserrinnen, welche sich z. T. in die Altmoränenhöhen eingeschnitten haben, gehören zu dieser Bodenregion, sofern sie sich außerhalb des Jungmoränengebietes befinden.

Die Altmoränenlandschaften liegen in Norddeutschland zwischen dem Jungmoränengebiet und dem Lössgürtel im Süden. Im Nordwesten erstrecken sie sich von der Ems bis ins südliche Münsterland. Weiter östlich sind sie von den Geestrücken Schleswig-Holsteins bis zur Lausitz verbreitet. Im nördlichen Alpenvorland bilden die Altmoränengebiete drei voneinander isolierte Landschaftseinheiten: ein halbmondförmiges Areal von Willisau über Baden bis zur Thur in der Schweiz, das nördliche Oberschwaben in Baden-Württemberg sowie ein relativ schmales Band vom Lech in Bayern bis zur Enns und südlich der Traun-Enns-Platte in Österreich. Auf der Alpensüdseite gehört das Klagenfurter Becken zu den Altmoränenlandschaften.

In der Bodenregion bestimmen das Relief und das Ausgangsgestein die Ausprägung der Böden entscheidend. Dabei ist in der Regel ein Bezug zu den Elementen der glazialen Serie wie Grundmoränen, Endmoränen, Sandern und Becken mit ihren charakteristischen Ausgangsgesteinen und ihrer Oberflächengestalt zu erkennen. Zudem sind Landschaft und Böden der Altmoränengebiete stark von periglazialen Prozessen, die während der jüngsten Vereisung auf sie einwirkten, geprägt. Dazu zählt in Norddeutschland insbesondere die Herausbildung des Geschiebedecksandes, in dem die oberen Profilteile der Böden im Altmoränengebiet sehr verbreitet ausgebildet sind. Die hohe Heterogenität der Bodenausgangsgesteine wird durch eemzeitliche Ablagerungen, Durchragungen präquartärer Gesteine und nacheiszeitliche Sedimente weiter differenziert. Im Alpenvorland sind würmzeitliche Schotterflächen, Durchragungen von Molassesedimenten sowie gelegentliche geringmächtige Lössüberdeckungen fester Bestandteil der Altmoränenlandschaften.

Auf sandigen Substraten dominieren in Endmoränen und Sanderflächen Braunerden und Podsole als Leitböden. Auf den lehmigen Moränen haben sich Pseudogleye, Parabraunerden (in Norddeutschland auch Fahlerden) und Braunerden als Leitböden entwickelt. Gleye und Niedermoore treten als Grundwasser beeinflusste Leitböden in den Niederungen hinzu. Auch Hochmoore kommen vor. Auf Grund der großflächigen Verbreitung der Bodenregion wird die Bodenbildung zusätzlich durch klimatische Gradienten beeinflusst (Richter et al. 2007). So spiegelt sich im norddeutschen Raum der Klimaeinfluss von Westen nach Osten in abnehmenden Humusgehalten, in der Abfolge von Podsolen zu Braunerden sowie Parabraunerden zu Fahlerden und abnehmender Verbreitung von Mooren und Stauwasserböden wider.

M. Filipinski (✉) · B. Burbaum
Landesamt für Landwirtschaft, Umwelt und ländliche Räume, Flintbek, Deutschland

P. Schad
Technische Universität München, TUM School of Life Sciences, Lehrstuhl für Bodenkunde, Freising-Weihenstephan, Deutschland

© Springer-Verlag GmbH Deutschland, ein Teil von Springer Nature 2023
H. Joisten et al. (Hrsg.), *Böden Deutschlands, Österreichs und der Schweiz*, https://doi.org/10.1007/978-3-8274-2284-2_16

Neben dem Relief, den Ausgangsgesteinen und dem Klima hat der Mensch einen entscheidenden Einfluss auf die Bodenbildung im Altmoränengebiet ausgeübt. Dies äußert sich in dem hohen Anteil an vom Menschen veränderten Gebieten. Dazu gehören die norddeutschen Plaggenesche, die Wölbäcker, die Kippenböden des Braunkohleabbaus sowie die profilverändernden Meliorationsmaßnahmen (Tiefumbruch, Sanddeckkulturen usw.) in den Mooren und Podsolen. Die Forstnutzung, insbesondere durch Nadelbaumbestände, verstärkt die Prozesse der Versauerung und Podsolierung in basenarmen Böden.

Die Bodenregion wird trotz teilweise ungünstiger Bodenverhältnisse überwiegend landwirtschaftlich genutzt, jedoch mit einer starken regionalen Differenzierung. Die Grundmoränenstandorte sind neben Grünlandnutzung auch durch Ackernutzung, Moore und grundwassernahe Gebiete hingegen fast ausschließlich durch Grünlandnutzung geprägt. Auf den sandigen Endmoränen und den Sanderflächen ist auch die forstliche Nutzung mit einem hohen Flächenanteil vertreten.

Bilder von Altmoränenlandschaften zeigen Abb. 16.1, 16.2, 16.3 und 16.4. Eine typische Catena der Bodenregion der Altmoränenlandschaften zeigt die Abb. 16.5.

Abb. 16.1 Altmoränenlandschaft bei Ostenfeld, östlich von Husum, Kreis Nordfriesland, Schleswig-Holstein (Quelle: M. Filipinski)

Abb. 16.2 Altmoränenlandschaft bei Oldenhütten, Kreis: Rendsburg-Eckernförde, Schleswig-Holstein (Quelle: M. Filipinski)

Abb. 16.3 Altmoränenlandschaft bei Holstenniendorf, Kreis Steinburg, Schleswig-Holstein (Quelle: B. Burbaum)

Abb. 16.4 Altmoränenlandschaft bei Norderstapel, Gemeinde Stapel, Kreis Schleswig-Flensburg, Schleswig-Holstein (Quelle: B. Burbaum)

Bodenregion der Altmoränenlandschaften
Bodenlandschaft: Böden in Norddeutschland

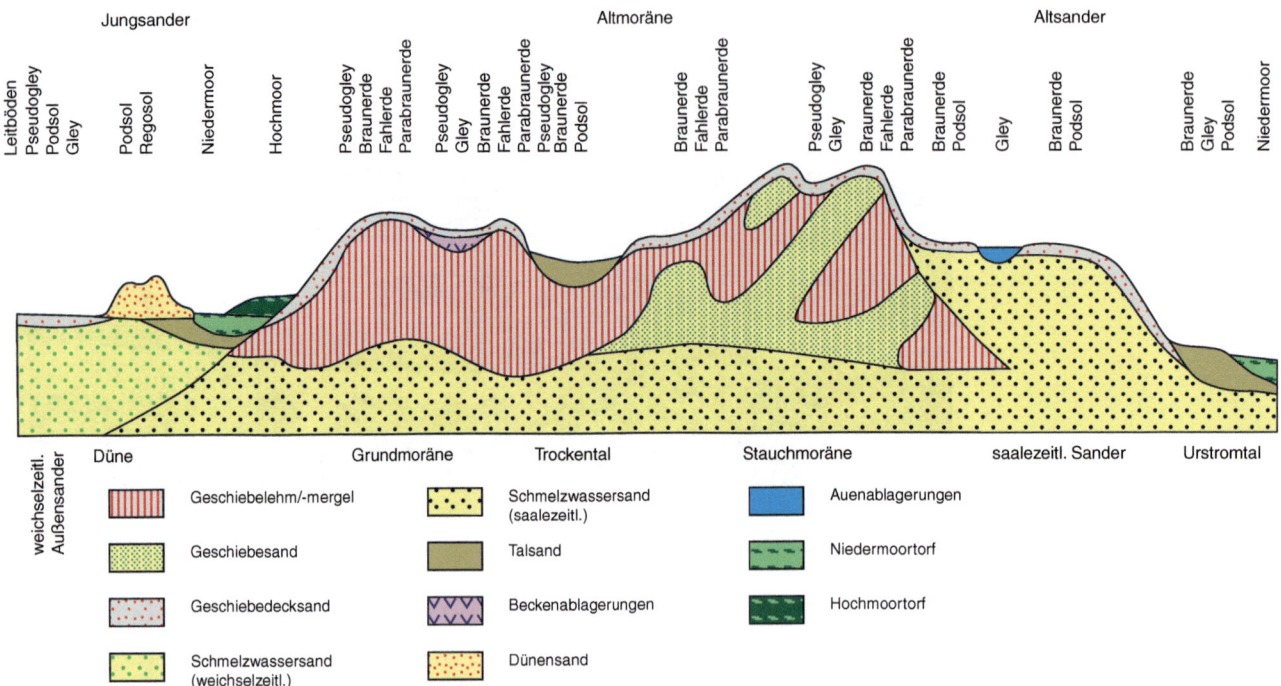

Autor: Marek Filipinski. Redaktionelle Bearbeitung und kartographische Erstellung: Aline Kästner

Abb. 16.5 Typische Catena der Bodenregion der Altmoränenlandschaften

Literatur

Richter, A., Adler, G., Fahrak, M., Eckelmann, W. (2007): Erläuterungen zur nutzungsdifferenzierten Bodenübersichtskarte der Bundesrepublik Deutschland im Maßstab 1 : 1000.000 (BÜK 1000 N, Version 2.3), Bundesanstalt für Geowissenschaften und Rohstoffe, Hannover

Bodenregion 5: Deckenschotterplatten und Tertiärhügelländer im nördlichen Alpenvorland

Franz Schmidt, Reinhard Jochum, Othmar Nestroy, Peter Lüscher und Peter Schad

Im nördlichen Alpenvorland werden die beiden Bodengroßlandschaften der Deckenschotterplatten und der Tertiärhügelländer zu einer Bodenregion zusammengefasst. Der Hauptteil dieser Bodenregion wird im Norden durch das Donautal begrenzt und erstreckt sich von Riedlingen (mit dem Bussen als markanter Erhebung) fast bis Wien. Nach Westen und Süden schließen die Bodenregionen der Alt- und Jungmoränenlandschaften an. In Österreich und im Allgäu wird hingegen ein Teil der Südgrenze von der Flyschzone und der Faltenmolasse gebildet. Hinzu kommen noch zwei isolierte Tertiärgebiete bei Bern (Emmental, Napfschüttung mit polygener Nagelfluh) und Zürich (Tössgebiet, Hörnlischüttung). Die Bodenregion umfasst geologisch einen Teil des Molassebeckens, in dem seit dem Tertiär der Abtragungsschutt der sich heraushebenden Randgebiete (Alpen, Bayerischer Wald, Mühl- und Waldviertel) abgelagert wurde. Das Anstehende wird im zentralen Bereich von den Sedimenten der Oberen Süßwassermolasse gebildet, in Ostbayern kommen Ablagerungen der Oberen Meeresmolasse und der Süßbrackwassermolasse hinzu. Im Westen sind die tertiären Sedimente von teils mächtigen pleistozänen Schottern (Deckenschotter) überdeckt. In beiden Bodengroßlandschaften sind äolische Deckschichten verbreitet. Liefergebiete für diese Sedimente sind die Terrassenflächen der größeren Alpenvorlandflüsse.

F. Schmidt (✉)
Langenbach, Bayern, Deutschland

R. Jochum
Bayerisches Landesamt für Umwelt, Augsburg, Deutschland

O. Nestroy
ehemals Technische Universität Graz, Graz, Österreich

P. Lüscher
ehemals Eidgenössische Forschungsanstalt für Wald, Schnee und Landschaft, Birmensdorf, Schweiz

P. Schad
Technische Universität München, TUM School of Life Sciences, Lehrstuhl für Bodenkunde, Freising-Weihenstephan, Deutschland

Bodengroßlandschaft der Deckenschotterplatten im nördlichen Alpenvorland

Zwischen Iller und Lech wurden im Pleistozän mächtige Schotter auf die Tertiäroberfläche sedimentiert. Noch im Pleistozän wurde ein reich verzweigtes autochthones Talnetz angelegt, das die Deckenschotterplatten von Süd nach Nord durchschneidet. Durch die Eintiefung der Flüsse sind die ehemaligen Terrassen heute Hochflächen, die mit schluffreichen Lehmen überdeckt sind. Bodenbildungen, meist Braunerden, aus anstehendem Deckenschotter kommen nur als saumförmige Bänder entlang der Oberhänge der in zahlreiche Riedel zerteilten Hochfläche vor. Hangabwärts schließen Fließerden aus Tertiär- und Deckenschottermaterial mit Lösslehm an. Charakteristisch sind eingestreute große Quarzgerölle. Auch hier herrschen Braunerden vor, die je nach Zusammensetzung und Hangneigung durch Staunässe beeinflusst sind. Zum Plateauinneren hin werden Braunerden aus geringmächtiger Deckschicht über Schotterverwitterung großflächig durch Pseudogleye aus Lösslehm abgelöst. Mit dem Auftreten der Staunässe ist fast immer auch der Wechsel von landwirtschaftlicher zu forstlicher Nutzung verbunden. Die Talböden werden heute nur noch von kleineren Bächen durchflossen. Gleye, Anmoorgleye und Moore sind weit verbreitet, durch Meliorationsmaßnahmen inzwischen aber ackerbaulich nutzbar.

Bodengroßlandschaft der Tertiärhügelländer im nördlichen Alpenvorland

Im Norden und Nordosten dieser Bodengroßlandschaft sind die Jahresdurchschnittstemperaturen etwas höher als im Süden, wo sich die Nähe zum Alpenvorland bemerkbar macht, wenngleich die Wirkung des Föhns nicht zu unterschätzen ist. Im Norden – grob lokalisiert zwischen Lechtal und Donaudurchbruch bei Weltenburg – liegt ein überwiegend sandiger Teil des Tertiärhügellandes. In einem Streifen am Südrand des Donautales sind Flugsanddecken an der Bodenbildung beteiligt, erkennbar an Dünenzügen in den lichten Kiefernwäldern. In der Landwirtschaft spielt der Spargelanbau eine bedeutende Rolle. Weiter südlich dominieren Lösslehmdecken. Böden aus reinen Tertiärsubstraten (Kiese, Schluffe, Mergel und Tone) sind an exponierten Geländepositionen häufig anzutreffen. Morphologisch sind asymmetrische Talformen vorherrschend. Bodentypologisch überwiegen in den Sandgebieten die Braunerden, unter Wald auch podsolierte Bodenformen. In den Lehmregionen dominieren Braunerden und Parabraunerden aus Lösslehm. Die Landschaft ist gut drainiert, was am feinverzweigten Talnetz erkennbar ist. Nur auf wenigen, ehemaligen Hochgebieten finden sich kleine Reste von Pseudogleyen. In den stärker reliefierten Arealen sind erosionsbedingt Pararendzinen aus Löss und Kolluvisole verbreitet. Vereinzelt sind Regosole aus kiesreichen Ablagerungen oder Pelosole aus tonreichen Tertiärsubstraten

möglich. In dieser Bodengroßlandschaft liegt das weltweit größte zusammenhängende Hopfenanbaugebiet. Die Niederschlagsverhältnisse sind für die landwirtschaftliche Nutzung ideal. In den Gäugebieten südlich der Donau, zwischen Regensburg und Passau, wurden weitflächig eiszeitliche Lösse aus dem Donautal abgelagert. Das flache Relief und die hohe natürliche Fruchtbarkeit der Parabraunerden haben zur sehr frühen Besiedelung dieser Gegend geführt. Die Landbewirtschaftung ist sehr intensiv in Form von Ackerbau mit hohen Erträgen bei Weizen und Zuckerrüben und Grünlandwirtschaft.

Typische Bilder dieser Bodenregion zeigen Abb. 17.1, 17.2, 17.3 und 17.4. Eine Catena der Deckenschotterplatten und Tertiärhügelländer im nördlichen Alpenvorland zeigt die Abb. 17.5.

Abb. 17.1 Landshut Weickmannshöhe mit Wallfahrtskirche Maria Bründl' (Blick nach Süden) (Quelle: J. Hammerl)

Abb. 17.2 St. Peter in der
Au, Bezirk: Amstetten,
Niederösterreich (Quelle:
O. Nestroy)

Abb. 17.3 Emmental,
Schweizer Hügellandschaft
im Berner Mittelland (Quelle:
M. Filipinski)

Abb. 17.4 Emmental
(Quelle: M. Filipinski)

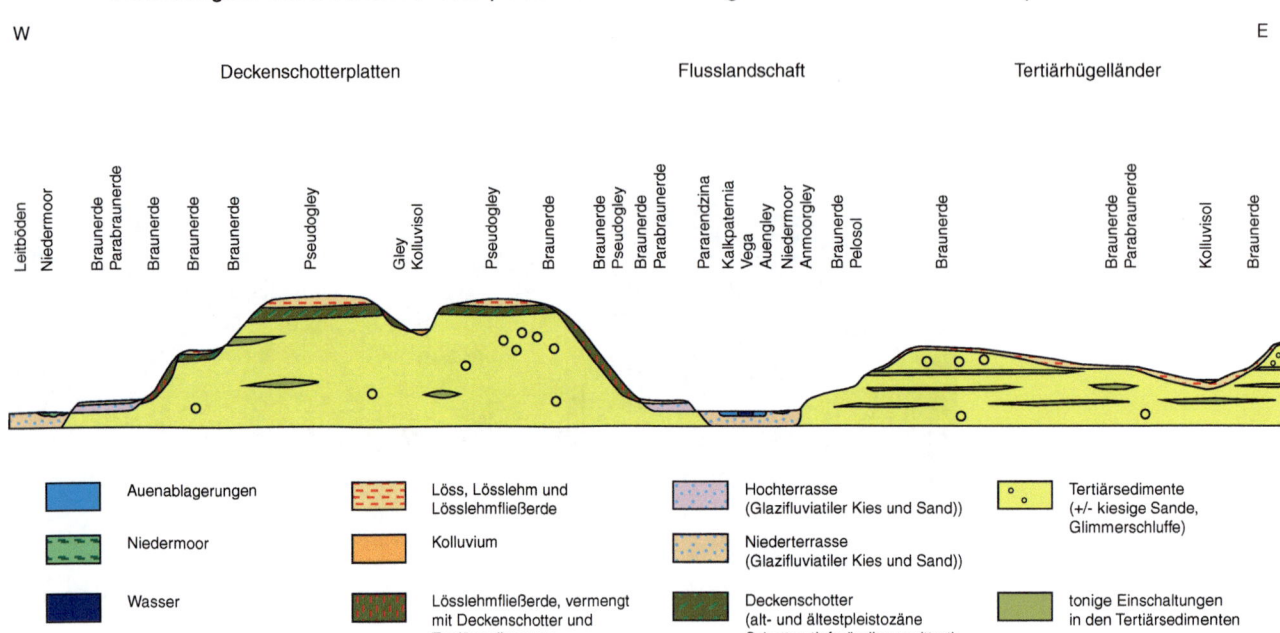

Bodenregion der Deckenschotterplatten und Tertiärhügelländer im nördlichen Alpenvorland

Autor: Reinhard Jochum. Redaktionelle Bearbeitung und kartographische Erstellung: Aline Kästner

Abb. 17.5 Catena der Deckenschotterplatten und Tertiärhügelländer im nördlichen Alpenvorland

Bodenregion 6: mittel- und süddeutsche Löss- und Sandlösslandschaften

Ernst Gehrt, Wolfgang Fleck und Dieter Kühn

Inhaltsverzeichnis

Als Teil des europäischen Lössgürtels bilden die Löss- und Sandlösslandschaften in Mitteleuropa eine Bodenregion (Gehrt 2000). Neben den nördlichen Sandlössgebieten sind die Lössgebiete am Südrand des Norddeutschen Tieflands von der Kölner Bucht bis Sachsen, das nördliche Oberrheinische Tiefland mit dem Rhein-Main-Gebiet (Vorderpfalz, Rheinhessen) bzw. der Wetterau, sowie dem Kraichgau und dem Neckarbecken zu nennen. Lössablagerungen orientieren sich an weiten tiefliegenden Beckenlandschaften, Senkungsgebieten oder älteren Flussterrassen (z. B. von Rhein und Main) und können Mächtigkeiten von mehreren Dekametern aufweisen. Die Lössdecken, überwiegend geringe Hangneigungen und ein günstiges Klima sind die Gründe für landwirtschaftlich ertragreiche Böden. Die Lösslandschaften werden als Lössbörden, Lössgefilde oder auch Filderflächen bezeichnet. Die Begriffe beziehen sich auf den Landschaftscharakter mit überwiegend ackerbaulich genutzten Feldern mit hohen landwirtschaftlichen Erträgen. Im Norden werden sie durch die west-ost-verlaufende Lössgrenze von den Sandlössgebieten des Altmoränengebietes getrennt. In der Höhe gehen die Lössablagerungen in den Haupt- und Mittellagen des Berglandes auf.

Nach derzeitiger Kenntnis wurde der Löss- und Sandlöss neben dem Ferntransport vor allem aus den Flussbettsedimenten der eiszeitlichen Flüsse und im Norden auch aus den Altmoränengebieten ausgeweht. Der Löss besteht in erster Linie aus feinkörnigen Schluffen. Die primären Tongehalte sind regional unterschiedlich. So liegen diese im Norden um 18 %, können in anderen Gebieten aber auch Tongehalte um 25 % aufweisen. Die Sandlösse und Lösssande haben einen Sandanteil von 20–80 %. Die Bodenart und die Porenverteilung sind die Grundlage für eine nachhaltige Wasser- und Nährstoffversorgung der Böden. Die Lösse und Sandlösse sind primär geschichtet, die von den Bodenhorizonten nachgezeichnet werden. So lehnt sich z. B. die Tonverlagerung (Al-, Ael- und Bt-Horizonte der Lessivés mit den Typen Parabraunerde und Fahlerde) häufig an die primärere Schichtung an. Überregionale Vergleiche der Lössböden zeigen, dass ihre Eigenschaften bei ähnlicher Bodenart und Bodenentwicklung sehr ähnlich sind.

Die Lössgebiete werden aufgrund der günstigen Böden seit dem Neolithikum besiedelt. Auffallend ist die enge Bindung der Tschernoseme an die alten neolithischen Siedlungsgebiete (Gehrt 2021). In Abhängigkeit vom Klima haben sich in trockenen Gebieten (<550 mm Jahresniederschlag) die Tschernoseme erhalten (Regenschatten des Harzes und im mitteldeutschen Trockengebiet, Oberrheingraben mit Rheinhessischen Tafel- und Hügelland). Bei geringen Niederschlägen entwickeln sich Kalk-Tschernoseme mit Pseudomycelbildung. Eine regionale Besonderheit sind die sogenannten grauen Rheintal-Tschernoseme im Mainzer Becken (Zakosek 1991). In den klimatisch feuchteren Gebieten dominieren lessivierte Böden (Parabraunerden und ggf. Tschernosem-Parabraunerden) oder auch Übergänge zu Pseudogleyen (Haase 1978). In den Tiefländern der

E. Gehrt (✉)
ehemals Landesamt für Bergbau, Energie und Geologie, Hannover, Deutschland

W. Fleck
Landesamt für Geologie, Rohstoffe und Bergbau, Freiburg, Deutschland

D. Kühn
ehemals Landesamt für Bergbau, Geologie und Rohstoffe Brandenburg, Cottbus, Deutschland

© Springer-Verlag GmbH Deutschland, ein Teil von Springer Nature 2023
H. Joisten et al. (Hrsg.), *Böden Deutschlands, Österreichs und der Schweiz*, https://doi.org/10.1007/978-3-8274-2284-2_18

Vorderpfalz und des Rhein-Main-Gebiets sowie auch kleinflächig in der näheren Umgebung von Stuttgart finden sich Übergänge von Tschernosemen zu Parabraunerden. Ansonsten wird das Bodenmuster im flachen Neckarbecken von Parabraunerden und im Lösshügelland des Kraichgaus von Pararendzina und Parabraunerde bestimmt. Insgesamt werden die Muldentäler und Unterhänge der intensiv ackerbaulich genutzten Lössgebiete von Kolluvisolen eingenommen. In Abhängigkeit von der Reliefenergie und der Nutzungsgeschichte ist der Anteil an Erosionsformen wie Pararendzina oder stark verkürzter Parabraunerde regional unterschiedlich hoch. So zeigt sich z. B. im Kraichgau eine zum Oberrheingraben hin deutliche Zunahme von Pararendzinen, was auf die zunehmende Einschneidung der zum Oberrhein entwässernden Zuflüsse und der damit verbundenen Zunahme der Reliefenergie und Hangneigung einhergeht.

In den mehr kontinental geprägten Lössgebieten wie Thüringer Becken, Östliches Harzvorland und Magdeburger Börde werden die Parabraunerden durch Fahlerden abgelöst, die in ähnlicher Weise mit anderen Bodentypen vergesellschaftet sind wie die Parabraunerden: Dazu gehören Tschernoseme, unter landwirtschaftlicher Nutzung wegen der Erosionsanfälligkeit reliefabhängig Pararendzinen und Kolluvisole sowie im Stau der östlichen Mittelgebirge Übergänge zu Pseudogleyen.

Bilder dieser Bodenregion zeigen die Landschaftsaufnahmen in Abb. 18.1, 18.2, 18.3, 18.4 und 18.5. Eine typische Catena dieser Bodenregion zeigt die Abb. 18.6.

Abb. 18.1 Blick vom Petersberg (Porphyrhärtling im Mitteldeutschen Schwarzerdegebiet, nördlich von Halle (Sachsen-Anhalt)). Die Landschaft liegt im Übergangsbereich von Löss zu Sandlöss. Im Vordergrund die Ortschaft Petersberg sowie die Porphyrgrube der „Mitteldeutschen Baustoffe GmbH – Petersberger Quarzporphyr" (Quelle: R. Jahn)

Abb. 18.2 Lößhügelland bei Mügeln, Landkreis Nordsachsen (Quelle: Befliegung durch F. Franzke)

Abb. 18.3 Lössbedecktes Neckarbecken bei Heilbronn. Im Hintergrund bewaldete Keuperberge (Quelle: W. Fleck)

Abb. 18.4 Lösshügelland
des Kraichgaus bei Eppingen,
Landkreis Heilbronn (Quelle:
W. Fleck)

Abb. 18.5 Blick
Schwarzerdelandschaft der
Hildesheimer Börde (Quelle:
E. Gehrt)

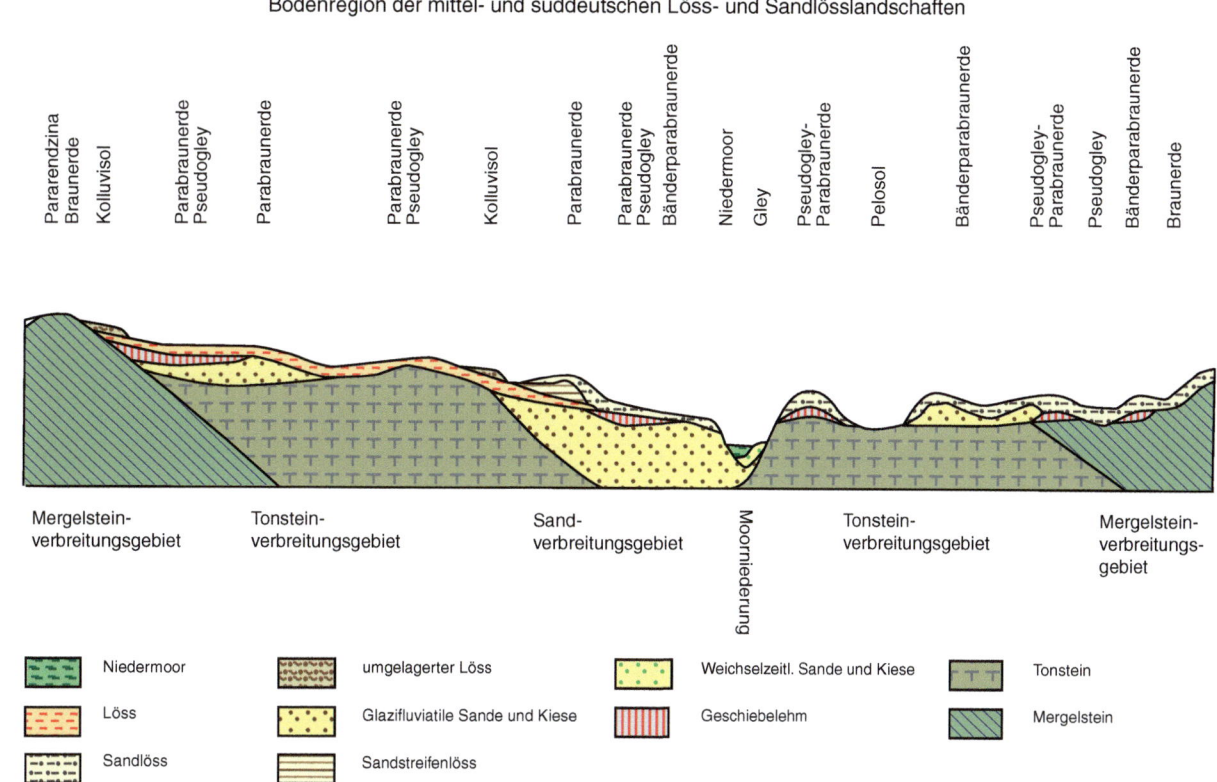

Autor: Ernst Gehrt. Redaktionelle Bearbeitung und kartographische Erstellung: Aline Kästner

Abb. 18.6 Typische Catena der Bodenregion der mittel- und süddeutschen Löss- und Sandlösslandschaften

Literatur

Gehrt, E. (2000): Nord- und mitteldeutsche Lössbörden und Sandlöss-gebiete, – In: Handbuch der Bodenkunde, 9. Erg.-Lfg. 10/2000

Gehrt, E. (2021): Böden und Besiedlung im Neolithikum. – Ein aktua-lisierter Überblick auf die Entstehung der Tschernoseme und die Bedeutung der jungsteinzeitlichen Ackerbauern. Gaussiana, Schriftenreihe des Geoparks Harz. Braunschweiger Land. Ostfalen; Heft 1: S. 58–83

Haase, G. (1978): Leitlinien der Bodengeographischen Gliederung Sachsens. – Beiträge zur Geographie – Arbeiten zur Bodengeo-graphie 29/1: 6–81, Berlin

Zakosek, H. (1991): Zur Genese und Gliederung des Rheintal-Tschernosems im nördlichen Oberrheingraben. Mainzer Geo-wissenschaftliche Mitteilungen, Band 20: S. 159–176

Bodenregion 7: Berg- und Hügelländer mit hohem Anteil an nicht metamorphen Sedimentgesteinen im Wechsel mit Löss

Ernst Gehrt

Diese Bodenregion trennt die anderen Bergländer Mitteleuropas durch die überwiegende Ausprägung als Schichtkammlandschaft. Sie unterscheidet sich durch engräumig wechselnde Bodenvergesellschaftungen von dem sich südlich anschließenden Schichtstufenbergland. Das Schichtkammbergland entstand zeitlich in der mesozoisch bis tertiären Gebirgsbildung. Im Tertiär wurden die heutigen Oberflächenformen angelegt, insbesondere die Zertalung. Flächenbildungen treten aufgrund der steil stehenden Schichten zurück. Der Bereich der Höhenzüge gliedert sich morphologisch in Kammlagen und Hänge unterschiedlicher Neigung. Gesteinshärtlinge treten als markante Vollformen und Steilhänge auf. In den Höhenzügen dominieren Hangneigungen über 3 %. Die Oberflächen der Becken sind in der Regel unter 3 % geneigt. Der Übergang von den Höhenzügen zu den dazwischenliegenden Lössbecken liegt bei etwa 200 m ü. NN. Die nordischen Vereisungen führten zu Flussverlegungen und hinterließen insbesondere in den Becken glaziale Sedimente. Mit Höhen bis ca. 400 m ü. NN und relativen Höhenunterschieden von 200 bis 300 m zeigt sich ein deutlicher höhenabhängiger Klimawechsel. Die Jahresdurchschnittstemperatur der Becken liegt mit etwa 8–9 °C um 1–2° höher als im Bereich der Höhenzüge. Die Jahresniederschläge in den Becken sind mit 650 bis 750 mm deutlich niedriger als die der Höhenzüge (800 bis 900 mm). Die Höhenzüge werden durch die Festgesteine des Erdmittelalters geprägt. In der letzten Kaltzeit haben sich Fließerden und Hangschutte gebildet, welche die Festgesteine mit Ausnahme der exponierten Kammlagen fast lückenlos überziehen. Durch den phasenweisen Wechsel von Lößanwehung und Fließerdebildung sind charakteristische Abfolgen entstanden, die als Lagen bezeichnet werden. Die Basislagen werden aus den in der Umgebung anstehenden Gesteinen gebildet. In erosionsgeschützten Positionen erhielten sich Lößablagerungen (Mittellagen).

Die Mittel- und Basislagen entstanden wohl in der Mehrzahl während der letzten 30.000 Jahre. An der Oberfläche findet sich die aus dem örtlichen Material und Löß bestehende Hauptlage. Die Hauptlage entspricht der jungtundrenzeitlichen Auftauzone. Je nach liegendem Gestein sind die Hauptlagen unterschiedlich ausgebildet. Hauptlagen über Mittellagen sind generell lössartig. Über Tonstein und Kalkstein sind die Hauptlagen mit 20–30 cm geringmächtig. Über Sandstein erreicht die Hauptlage eine Mächtigkeit von 50 bis 60 cm und ist mit der liegenden Basislage gemischt. In exponierten Kuppenlagen fehlt häufig die Hauptlage. Bis heute anhaltend entstehen an steilen Hängen Hangschutte, die als Oberlage bezeichnet werden. In Abhängigkeit von den Lagen und den unterlagernden Gesteinen finden sich spezifische Bodenentwicklungen und -gesellschaften. Auf den lößreichen Hauptlagen über Mittellagen entstanden überwiegend Parabraunerden oder Pseudogley-Parabraunerden. Über dichten Basislagen und in den klimatisch feuchten Höhenlagen entwickelten sich auch Pseudo- oder Stagnogleye. Liegt die lößärmere Hauptlage direkt auf der lößfreien Basislage, bildeten sich Braunerden, die sich, je nach liegendem Gestein, im Chemismus unterscheiden. Während sie in Sand- und Schluffsteingebieten stärker versauert und podsoliert sind, ist die Versauerung in Kalksteingebieten nicht oder nur schwach ausgeprägt. In den Sandsteingebieten finden sich in exponierten Kuppen lößfreie Hauptlagen, in denen Podsole entwickelt sind. In den Tonsteingebieten treten aufgrund der nur geringmächtigen Hauptlage häufig Braunerde-Pelosole und Pseudogleyen auf. In den exponierten Gebieten ohne Hauptlagen sind die Festgesteine oder Basislagen direkt Ausgangsgestein der Bodenbildung. Kammlagen und Steilhänge zeigen im Kalkstein Rendzinen und im Sandstein Ranker. Reine Pelosole aus Tonsteinfließerden findet man in der Regel nur auf Erosionsstandorten. Die Höhenzüge sind aufgrund der steilen Hänge, der flachen Böden und des ungünstigen Klimas überwiegend bewaldet. Landwirtschaftliche Nutzung findet sich heute lediglich im Übergang zu den Becken. Vom Mittelalter bis in die Neuzeit

E. Gehrt (✉)
ehemals Landesamt für Bergbau, Energie und Geologie, Hannover, Deutschland

wurden allerdings auch die Höhenzüge stärker landwirtschaftlich genutzt und dadurch erodiert. In den Becken bilden bis zu mehrere Meter mächtige Lösse das Ausgangsgestein der Böden. Daraus sind vorwiegend Parabraunerden und Pseudogley-Parabraunerden entstanden. Im Leinegraben und im Eichsfeld ging der Parabraunerdeentwicklung ein Schwarzerdestadium voraus, so dass hier verbreitet Schwarzerde-Parabraunerden vorkommen. Bei Stau- oder

Grundwassereinfluss sind selten Schwarzerden erhalten geblieben. Die Böden der Lößbecken sind seit dem Neolithikum ackerbaulich genutzt. Sie sind in Hanglagen deshalb stets erodiert und auf Unterhängen und in kleinen Senken kolluvial bedeckt.

Ein typisches Bild dieser Bodenregion zeigt die Abb. 19.1. Eine typische Catena dieser Bodenregion zeigt die Abb. 19.2.

Abb. 19.1 Weser-Leine-Bergland (Quelle: Ernst Gehrt)

Bodenregion der Berg- und Hügelländer mit hohem Anteil an nicht metamorphen Sedimentgesteinen im Wechsel mit Löss

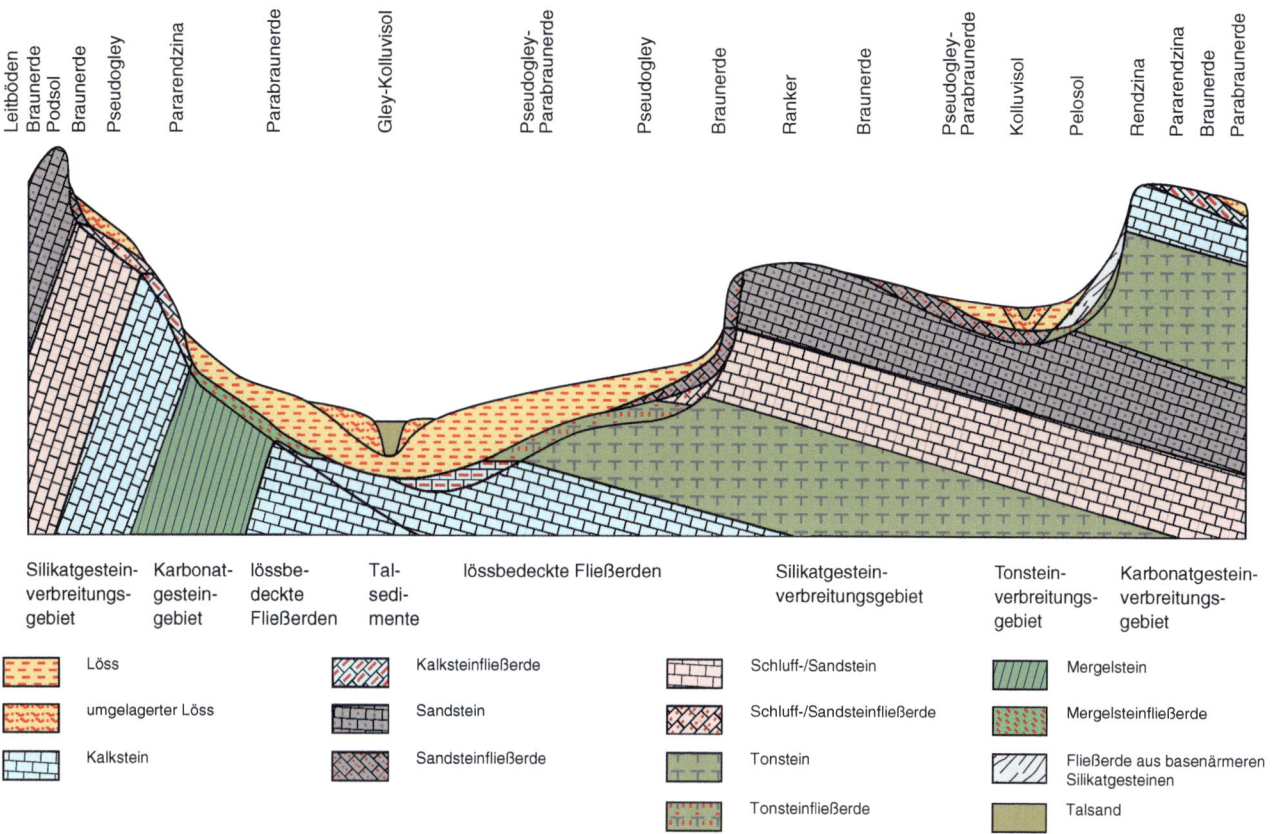

Autor: Ernst Gehrt. Redaktionelle Bearbeitung und kartographische Erstellung: Aline Kästner

Abb. 19.2 Typische Catena der Bodenregion der Berg- und Hügelländer mit hohem Anteil an nicht metamorphen Sedimentgesteinen im Wechsel mit Löss

Bodenregion 8: Berg- und Hügelländer mit hohem Anteil an nicht metamorphen carbonatischen Gesteinen

Wolfgang Fleck und Karl Stahr

Die Bodenregion umfasst größere Bereiche in Süddeutschland und der Nordwestschweiz mit Carbonatgesteinen als vorherrschendem Ausgangsmaterial der Bodenbildung. Dazu gehören die Gäulandschaften im Muschelkalk von Mainfranken, Nordostwürttemberg und östlich des Schwarzwaldes sowie die Juragebiete des Schweizer Juras und der Schwäbisch-Fränkischen Alb.

Ganz im Norden der Schweiz findet die Schichtstufe der Schwäbischen Alb im Tafeljura ihre Fortsetzung. Der Faltenjura schließt sich nach Süden und Westen an. Dabei handelt sich um ein typisches Faltengebirge, das in der Spätphase der alpidischen Gebirgsbildung entstanden ist. Schweizer Jura und Schwäbisch-Fränkische Alb reichen zusammen über rund 550 km aus dem Raum Genf bis an den Westrand des Bayerischen Waldes, von wo sich die Frankenalb weitere 130–140 km nach Norden bis zum Oberlauf des Mains erstreckt.

Mächtige, z. T. dolomitisierte Kalksteinfolgen wurden als Schichtstufen herauspräpariert. Partien mit Einschaltung von mergeligen Gesteinen nehmen die dazwischenliegenden Stufenhänge ein. Auf der Frankenalb wie auch im westlichen Schweizer Jura sind zudem Kreidegesteine verbreitet. Am Süd- und Ostrand der Schwäbisch-Fränkischen Alb sowie in Mulden und Becken des Faltenjuras sind kalkige, mergelige und sandige Molassesedimente des Tertiärs erhalten. Im Schweizer Jura spiegeln zudem eiszeitliche Moränensedimente die glaziale Überprägung, v. a. während der Risseiszeit, wider.

Schwäbisch-Fränkische Alb und Schweizer Tafeljura stellen eine verkarstete Hochflächenlandschaft mit geringer Gewässerdichte sowie dem Vorkommen von Dolinen, Karstwannen und Trockentälern dar. Nach Norden bzw. Westen erhebt sich der Albtrauf als markante Landschaftsstufe über

das Vorland. Der Faltenjura besteht dagegen aus SW—NO-verlaufenden Falten mit bewaldeten Rücken auf harten Kalksteinen und flacheren, überwiegend landwirtschaftlich genutzten Senkenbereichen, häufig auf mergeligen Gesteinen. Die höchsten Erhebungen bewegen sich im Faltenjura um 1700 m NN, im Südwesten der Schwäbischen Alb werden noch 1000 m und auf der Frankenalb noch 600 m erreicht.

Die Gäulandschaften sind dagegen wellige und hügelige Flachlandschaften, die von den Tälern des Neckars, der Jagst und des Kochers sowie des Mains zerschnitten werden. Aufgrund der Klimagunst in Höhen um 200–500 m NN und fruchtbaren Böden stellten die Gäue schon für die ersten Ackerbauern ein bevorzugtes Siedlungsgebiet dar.

Das heutige Oberflächenrelief der Bodenregion geht auf unterschiedliche Verwitterungsbeständigkeit der anstehenden Gesteine und die Formung während der Kaltzeiten zurück. Durch intensive Lösungsverwitterung reicherten sich Residualtone an, die im Zuge der pleistozänen Reliefformung mit Eintrag von äolischen Sedimenten und nutzungsbedingten Stoffverlagerungen im Holozän zu einem typischen Bodenmuster führten.

Auf den bewaldeten Hochflächen sind Braunerde-Terra fusca und Braunerde über Terra fusca aus lösslehmhaltiger Fließerde (Hauptlage) über meist umgelagertem Kalkverwitterungslehm zusammen mit flacher Braunerde und Braunerde-Rendzina aus geringmächtiger Hauptlage auf zersetztem Carbonatgestein noch weitgehend natürliche Böden. Unter landwirtschaftlicher Nutzung sind diese durch Bodenerosion häufig zu Rendzina und Terra fusca-Rendzina degradiert. Die Kolluvisole in den Trockentalmulden sind das Ergebnis der Verlagerung von humosem Bodenmaterial. In den Hochlagen der Schwäbischen Alb haben sich auf lösslehmreichen Umlagerungsbildungen in einzelnen ausgedehnten Trockentalmulden schwarzerdeähnliche Böden (Tschernoseme) entwickelt. In tieferen Lagen, wie z. B. im Raum Würzburg oder am Südrand der Alb bei Ingolstadt, herrscht Parabraunerde aus Lösslehm und lösslehmreichen Fließerden, teilweise mit Übergängen zum Pseudogley, vor.

W. Fleck (✉)
Landesamt für Geologie, Rohstoffe und Bergbau, Freiburg, Deutschland

K. Stahr
ehemals Universität Hohenheim, Hohenheim, Deutschland

© Springer-Verlag GmbH Deutschland, ein Teil von Springer Nature 2023
H. Joisten et al. (Hrsg.), *Böden Deutschlands, Österreichs und der Schweiz*, https://doi.org/10.1007/978-3-8274-2284-2_20

Im Faltenjura werden die höchsten Lagen unter Wald von Rendzina auf Kalkstein oder Hangschutt eingenommen. In den meist landwirtschaftlich genutzten Flachlagen sind Braunerde und Parabraunerde auf eiszeitlichen Moränen, Flussschottern oder auf Lösssedimenten verbreitet.

In den Tälern haben sich Vega und Auengley aus carbonathaltigen Hochwassersedimenten, vereinzelt auf Kalktuff, andernorts auch Anmoorgley und Niedermoor, entwickelt. Die Steilhänge der Täler oder am Albtrauf werden von Rendzina aus Kalksteinschutt, untergeordnet von Pararendzina und Braunerde aus Mergelfließerden eingenommen. Be-

sonders für die steil aufragenden Traufhänge der Schwäbischen Alb sind Rutschungen mit engräumigem Bodenwechsel aus Rendzina, Pararendzina, Pseudogley und Gley häufig.

Im Kontrast zu den bisher beschriebenen Böden sind auf den sandigen Kreidesedimenten der Frankenalb sowie auf Feuersteinschutt im Osten der Schwäbischen Alb podsolige Braunerde, Braunerde-Podsol und Podsol verbreitet.

Bilder dieser Bodenregion zeigen die Landschaftsaufnahmen in Abb. 20.1, 20.2 und 20.3. Eine typische Catena dieser Bodenregion zeigt die Abb. 20.4.

Abb. 20.1 Oberes Donautal zwischen Hausen im Tal und Gutenstein (Lkr. Sigmaringen) (Quelle: W. Fleck)

Abb. 20.2 Landschaft bei
Frick, Schweizer Kanton
Aargau (Quelle:
M. Filipinski)

Abb. 20.3 Landschaft bei
Frick, Schweizer Kanton
Aargau (Quelle:
M. Filipinski)

Bodenregion der Berg- und Hügelländer mit hohem Anteil an nicht metamorphen carbonatischen Gesteinen

Bodenlandschaft: Böden in der Schwäbischen Alb

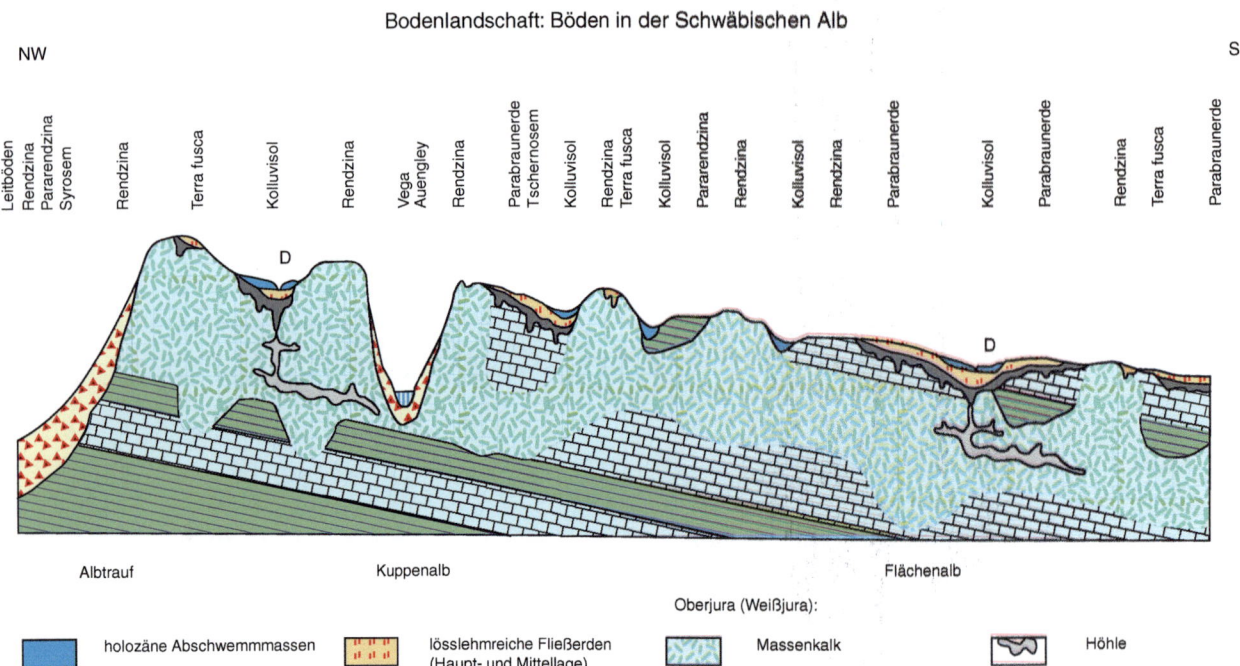

Autor: Wolfgang Fleck. Redaktionelle Bearbeitung und kartographische Erstellung: Aline Kästner

Abb. 20.4 Typische Catena der Bodernregion der Berg- und Hügelländer mit hohem Anteil an nicht metamorphen carbonatischen Gesteinen

Bodenregion 9: Berg- und Hügelländer mit hohem Anteil an nicht metamorphen Sand-, Schluff-, Ton- und Mergelgesteinen

Wolfgang Fleck und Karl-Josef Sabel

Die Bodenregion 9 erstreckt sich vom Ostrand des Südschwarzwaldes nach Norden und umfasst die Buntsandsteinvorkommen im Nordschwarzwald, Pfälzer Wald, Odenwald, Spessart und in der Rhön bis nach Südniedersachsen und Thüringen. Ein zweiter Zweig folgt dem Verbreitungsgebiet des Keupers, Unter- und Mitteljuras im Vorland der Schwäbisch-Fränkischen Alb. Östlich der Frankenalb, verbreitet im Oberpfälzer Becken- und Hügelland, sowie im Elbsandsteingebirge kommen sandreiche Ablagerungen der Kreide hinzu.

Die Genese der in der Bodenregion 9 verbreiteten Gesteine setzte ab dem Rotliegenden/Buntsandstein ein, als unter tropisch-wüstenhaftem Klima fluviale und limnische, mal grobsandige, mal feinkörnig-tonige Sedimente zur Ablagerung kamen. Die Sedimente wurden mehr oder minder intensiv diagenetisch verfestigt und in der Erdneuzeit als sogenanntes Deckgebirge gehoben oder wie in Nordostbayern in tektonischer Tieflage erhalten.

Die bewaldeten Bergländer und Mittelgebirge im Buntsandstein sind aus Sandsteinfolgen, im Norden auch aus Sandstein-Schluffstein-Wechselfolgen, aufgebaut. Im kühl-feuchten Nordschwarzwald haben sich in Höhen von 800–1000 m NN auf sandig-steinigen Schuttdecken Podsole, untergeordnet Podsol-Braunerden, Stagnogleye und Hochmoore entwickelt. Auf den Platten des Oberen Buntsandsteins und in den um 300–500 m NN hoch gelegenen Buntsandstein-Bergländern in Rheinland-Pfalz, Hessen und Südniedersachsen bilden Braunerden, Podsol- und Pseudogley-Braunerden aus sandig-schluffigen Fließerden die bestimmenden Bodenformen. Nehmen Ton- und Schluffsteine die Hochflächen ein, treten in der Bodengesellschaft verbreitet staunasse Böden wie Pseudogleye und sogar Stagnogleye auf. Parabraunerden und

Pseudogley-Parabraunerden aus Lösslehmen kommen inselartig in tiefer gelegenen Bereichen hinzu. Auf Sediment- und Vulkangesteinen des Rotliegenden sind im intensiv landwirtschaftlich genutzten Saar-Bergland Regosole neben Braunerden die häufigsten Böden.

Die Verbreitungsgebiete von Keuper, Unter- und Mitteljura sind stärker durch den Wechsel geomorphologisch weicher und harter Gesteine geprägt. Im Zusammenspiel mit dem steilen Schichteinfallen hat sich im Südwesten der Bodenregion eine klassische Schichtstufenlandschaft herausgebildet. Während der Kaltphasen des Quartärs entstanden flächendeckend solifluidale, teilweise auch äolische Decken als Ausgangsgestein der Bodenbildung. Strukturelles Kennzeichen der Bodengesellschaften ist die gesteins- und hangformabhängige Differenzierung des Bodenmosaiks. Auf der Schichtstufe sind saure Braunerden aus lösslehmhaltiger Hauptlage die verbreitete Bodenform. Der Übergang vom konvexen Oberhang zum konkaven Hangfuß erfolgt häufig an der Grenze zum unterlagernden weicheren Tongestein, das oberflächennah aufgelöst und meist solifluidal verlagert wurde (Basislage). Zweischichtige Pelosol-Braunerden und Braunerde-Pelosole aus sandig-lehmiger Hauptlage über toniger Basislage sind weitverbreitete Bodenformen. Hangabwärts sowie in flachen Tälern und Stufenrandbuchten werden die Solifluktionsdecken mächtiger und lösslehmreicher. Zunehmend treten basenreiche Braunerden sowie Zweischicht-Parabraunerden mit Mittellagen und Übergänge zu Pseudogleyen auf, wobei besonders ostexponierte Hänge stärkeren Lösseinfluss zeigen.

In wenig durchlässigen Flachlagen und Talmulden sind Pseudogleye entwickelt. Treten Pelosole aus Basislagen oder tonreichem Zersatz auf, wurde der ursprünglich in der Hauptlage entwickelte Bv-Horizont erodiert. In landwirtschaftlich genutzten Hügelländern finden Pararendzinen und Ranker auf Ton- bzw. Mergelstein nennenswerte Verbreitung.

Mit abnehmendem Einfallen nehmen die Schichtflächen nach Norden an Breite zu. Im Fränkischen Keuper-Lias-Land herrschen deshalb weite Flachländer vor. Weniger entwickelte, durch Erosion entstandene Böden wie Pelosole

W. Fleck (✉)
Landesamt für Geologie, Rohstoffe und Bergbau, Freiburg, Deutschland

K.-J. Sabel
ehemals Hessisches Landesamt für Naturschutz, Umwelt und Geologie, Wiesbaden, Deutschland

oder Pararendzinen treten nun deutlich zurück. Tiefgründige Verwitterung und Merkmale älterer Bodenbildungen weisen auf schon länger stabile Landoberflächen hin. Im Sandsteinkeuper sowie auf den Oberkreide-Sandsteinen im Nordosten Bayerns sind podsolige Braunerden und Braunerde-Podsole verbreitet, die sich teilweise, wie im Raum Nürnberg, auch aus Flugsanden entwickelt haben.

Typische Bilder dieser Bodenregion zeigen die Landschaftsaufnahmen in Abb. 21.1, 21.2 und 21.3. Eine typische Catena dieser Bodenregion zeigt die Abb. 21.4.

Abb. 21.1 Das Keuperbergland mit dem Murrtal bei Oppenweiler (Rems-Murr-Kreis) (Quelle: W. Fleck)

Abb. 21.2 Kyffhäuser Landschaft bei Bad Frankenhausen, Thüringen (Quelle: M. Filipinski)

Abb. 21.3 Eichsfeld, Blick auf den Brocken, Thüringen (Quelle: M. Filipinski)

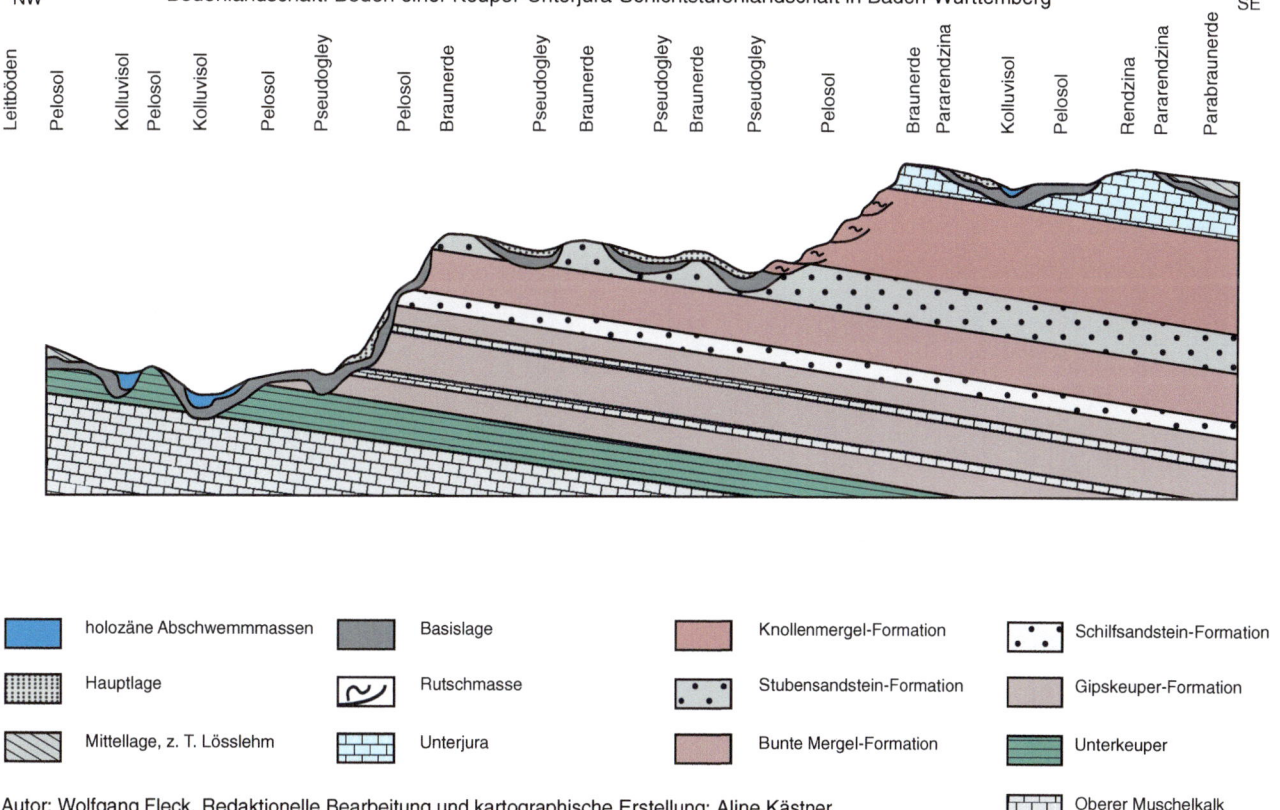

Bodenregion der Berg- und Hügelländer mit hohem Anteil an nicht metamorphen Sand-, Schluff-, Ton- und Mergelgesteinen

Bodenlandschaft: Böden einer Keuper-Unterjura-Schichtstufenlandschaft in Baden-Württemberg

NW ... SE

Leitböden | Pelosol | Kolluvisol | Pelosol | Kolluvisol | Pelosol | Pseudogley | Pelosol | Braunerde | Pseudogley | Braunerde | Pseudogley | Braunerde | Pseudogley | Pelosol | Braunerde | Pararendzina | Kolluvisol | Pelosol | Rendzina | Pararendzina | Parabraunerde

Legende:
- holozäne Abschwemmmassen
- Hauptlage
- Mittellage, z. T. Lösslehm
- Basislage
- Rutschmasse
- Unterjura
- Knollenmergel-Formation
- Stubensandstein-Formation
- Bunte Mergel-Formation
- Schilfsandstein-Formation
- Gipskeuper-Formation
- Unterkeuper
- Oberer Muschelkalk

Autor: Wolfgang Fleck. Redaktionelle Bearbeitung und kartographische Erstellung: Aline Kästner

Abb. 21.4 Typische Catena der Bodernregion der Berg- und Hügelländer mit hohem Anteil an nicht metamorphen Sand-, Schluff-, Ton- und Mergelgesteinen

Bodenregion 10: Berg- und Hügelländer mit hohem Anteil an Magmatiten und Metamorphiten

Ralf Sinapius, Othmar Nestroy, Falk Hieke und Wolfgang Fleck

In der Bodenregion 10 bilden die Verwitterungen und deren Umlagerungen aus vulkanischen oder plutonischen Magmatiten sowie aus Metamorphiten die vorherrschenden Bodensubstrate. Geringe Überdeckungen aus Löss, Lösslehm und lösslehmhaltigen Fließerden können gebietsweise auftreten. Die Böden in Bodenregion 10 werden daher maßgeblich von der Zusammensetzung der Festgesteine bestimmt. Das Verwitterungsmaterial wurde insbesondere in den periglaziären Deckschichten aufbereitet. Im Bereich steiler Hänge treten zudem Felsbildungen mit jungen Hangschuttdecken hinzu.

In Deutschland nimmt die Bodenregion 10 die variszischen Rümpfe der Mittelgebirge Oberpfälzer und Bayerischer Wald, Fichtelgebirge, Schwarzwald, Hunsrück, Spessart, Odenwald, Erzgebirge, Lausitzer Bergland, Thüringer Wald und Harz ein. Hier besitzen sowohl kristalline Schiefer wie Gneis, Glimmerschiefer und Phyllit als auch Granitoide dominante Flächenanteile. In den Schieferserien können auch Metaquarzite, Metakarbonate und Metabasite eingeschaltet sein. Vulkanite treten v. a. als Rhyolithe auf. Insgesamt besteht ein weites Gesteinsspektrum. Die häufigsten Bodentypen stellen Braunerden, Pseudogleye und Podsole dar. Entscheidende Bedeutung auf die Bodenbildung besitzt neben der Gesteinsart die Höhenlage des jeweiligen Standortes. Mit der Höhenzunahme korrelieren steigende Niederschläge, abnehmende Temperatur und Zunahme der Reliefenergie. Gleichzeitig nehmen die durchschnittliche Gründigkeit der Standorte und der Lösslehmanteil in den Deckschichten ab, die Grobbodenanteile hingegen zu. Das Bodenmuster besteht aus Ranker, Regosol, Fels- und Skelett-

humusboden, Podsol, Hangpseudogley, Hanggley, Stagnogley sowie Hoch- und Übergangsmoor. Podsole dominieren auf basenarmen Gesteinen wie Syenogranit oder Rhyolith. In tiefer gelegenen Bereichen zwischen 300–500 m NN treten gebietsweise auch Parabraunerden aus lösslehmhaltigen Fließerden auf. Regional existieren auch tropisch-subtropische Residualböden (Paläoböden). Im Osterzgebirge treten z. B. in Lagen um 400 m NN relativ häufig fersiallitische Bildungen mit rezenter Pseudovergleyung auf.

Besondere Vorkommen der BR10 stellen in Deutschland die tertiären Vulkangebiete von Vogelsberg und Westerwald dar. Auf den dortigen Basaltoiden und Tuffen entwickelten sich vorrangig verschiedene Braunerden, aber auch Pseudogleye und fossile Ferrallite.

In Österreich umfasst die Bodenregion 10 die Großlandschaften oberösterreichisches Mühlviertel, niederösterreichisches Waldviertel und Bereiche der Abdachung der Ostalpen in der West- und Oststeiermark.

Die Ausgangsgesteine der Böden sind vorwiegend Ortho- und Paragneise, teils Granite sowie Quarzite und deren Umlagerungen. Vereinzelt werden die genannten Festgesteine von Kalkmarmor durchzogen. Sie sind oberflächennah oftmals stark verwittert, dicht gelagert und liefern das Ausgangsmaterial für mächtige, wasserstauende Wanderschuttdecken.

Mühl- und Waldviertel haben während des letzten alpinen Eiszeitalters eine periglaziale Überformung erfahren. In den Hochlagen zeugen einige Kare und karähnliche Formen von kleineren lokalen Vereisungen. Spuren einer tertiären intensiven Verwitterung finden sich auf den Wanderschuttdecken vor allem randlich in Form von sehr nährstoffarmen Relikt-Pseudogleyen, -Braunerden und -Parabraunerden. Ansonsten finden sich neben Pseudogleyen verbreitet Braunerden, teilweise in podsoliger Ausprägung oder auch als Übergangsformen zum Pseudogley. Außerdem sind in steilen Hochlagen oder auf Kuppen Ranker und unter Wald auch Podsole anzutreffen. Im Wald- und Mühlviertel sind die Böden meist sehr sandig, weisen niedrige pH-Werte und nur eine mittlere bis geringe Bodenfruchtbarkeit auf. Flache Lagen werden oftmals von Hochmooren eingenommen, die in der Ver-

R. Sinapius (✉)
Büro für Bodenkunde, Voigtsdorf, Deutschland

O. Nestroy
ehemals Technische Universität Graz, Graz, Österreich

F. Hieke
Büro für Bodenwissenschaften, Freiberg, Deutschland

W. Fleck
Landesamt für Geologie, Rohstoffe und Bergbau, Freiburg, Deutschland

© Springer-Verlag GmbH Deutschland, ein Teil von Springer Nature 2023
H. Joisten et al. (Hrsg.), *Böden Deutschlands, Österreichs und der Schweiz*, https://doi.org/10.1007/978-3-8274-2284-2_22

gangenheit häufig zur Gewinnung von Brennmaterial für die Glasindustrie abgebaut wurden.

Auf Grund des kühl-feuchten Klimas sowie der schwierigen Relief- und Bodenverhältnisse besitzt die Bodenregion 10 meist relativ hohe Waldanteile, die ab 500–700 m NN zunehmend die Landschaft bestimmen. Die landwirtschaftlichen Flächen zeigen einen hohen Grünlandanteil. In nicht zu steilen Berglagen wird auf flachgründigen und skelettreichen Böden teils auch Ackerbau betrieben. Regional, wie im Harz, Erzgebirge oder Schwarzwald, wurden Boden und Landschaft zusätzlich durch über Jahrhunderte währendem Bergbau geprägt.

Typische Bilder dieser Bodenregion zeigen die Landschaftsaufnahmen in Abb. 22.1 und 22.2. Eine typische Catena dieser Bodenregion zeigt die Abb. 22.3.

Abb. 22.1 Typische Kulturlandschaft der mittleren Höhenlagen von 500 m – 700 m im Osterzgebirge. Das Bodeninventar besteht aus Gneisverwitterungsböden mit Braunerden, Pseudogleyen, Gleyen und Kolluvisolen (Quelle: R. Sinapius)

Abb. 22.2 Rappodetalsperre, Oberharz am Brocken, Sachsen-Anhalt (Quelle: M. Filipinski)

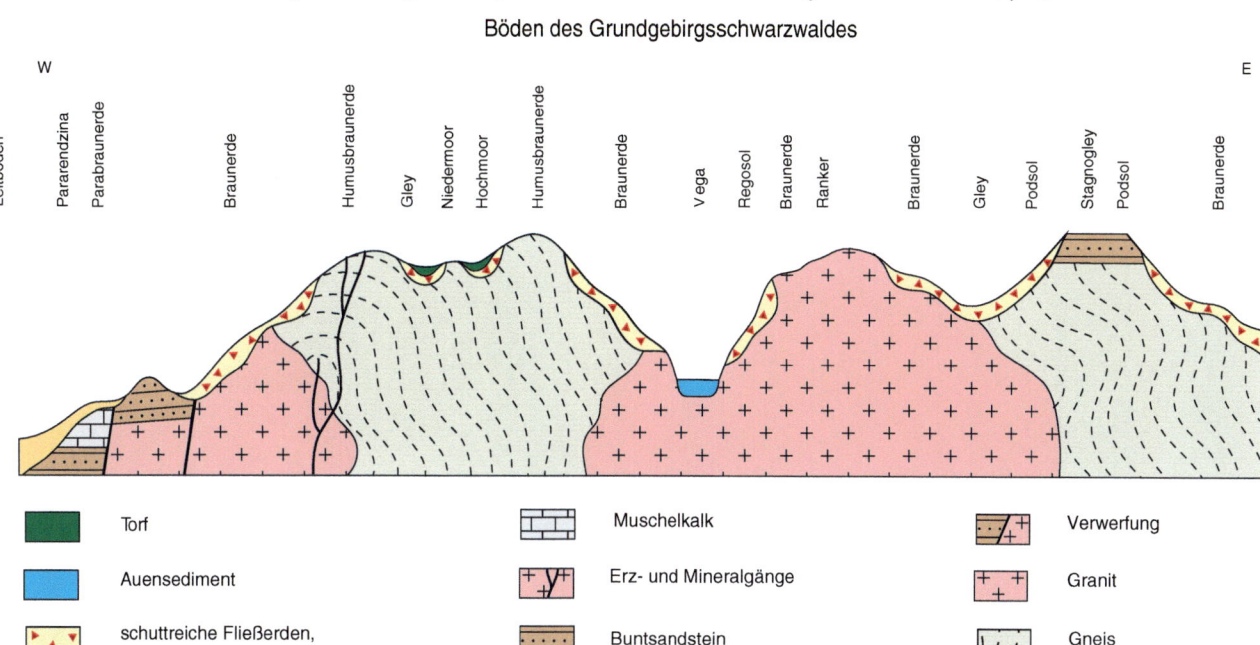

Abb. 22.3 Typische Catena der Bodenregion der Berg- und Hügelländer mit hohem Anteil an Magmatiten und Metamorphiten

Bodenregion 11: Berg- und Hügelländer mit hohem Anteil an Ton- und Schluffschiefern

23

Karl-Josef Sabel

Inhaltsverzeichnis

Die Bodenregion umfasst im Wesentlichen das Rheinische Schiefergebirge mit paläozoischen Metamorphiten. Sie entstanden vornehmlich aus marinen Sedimenten und wandelten sich in die namensgebenden Ton- und Schluffschiefer sowie Grauwacken um. Daneben sind aus küstennahen sandigen Sedimenten Quarzite und quarzitische Sandsteine entstanden, die heute markante Härtlingszüge wie den Taunuskamm oder den Soonwald bilden. Räumlich untergeordnet treten aber auch Phyllit und Kalksteine auf.

Von entscheidender Bedeutung für die heutige Reliefgestaltung und Bildung des oberflächennahen Untergrundes bzw. des bodenbildenden Ausgangsgesteins war das im späten Mesozoikum und Tertiär wirkende (feucht-) tropische Klima. Infolge dessen entstanden weitgespannte Rumpfflächen mit tropoiden Böden und tiefgreifendem Saprolit, die mesozoisch-tertiäre Verwitterungsdecke (MTV nach Felix-Henningsen 1990). Im nachfolgenden Pleistozän verstärkte sich die lineare Erosion und Talbildung und zerschnitt die Landschaft, so dass sich die MTV praktisch nur auf den Wasserscheiden und Interfluvien erhielt, während an den Tal- und Berghängen der Gesteinszersatz abgetragen und frisches Gestein angeschnitten wurde. Hier setzte vornehmlich in den Kaltphasen des Quartärs die periglaziäre solifluidale Überprägung ein (Altermann et al. 2008; Semmel 1968).

Analog der Reliefformung sind in Hangbereichen +/− lösslehmreiche Hauptlagen über Basislagen oder An-stehendem verbreitet mit Braunerden als repräsentative Bodenformen. Nur in besonders steilen Reliefpositionen und Felsausbissen sind keine Lagen erhalten und es kommen kleinräumig Terrestrische Rohböden und Ah/C-Böden vor. An den Flanken der Härtlingszüge mit quarzitischem Untergrund tendiert die Bodenbildung mehr oder minder stark zur Podsolierung. Die Bodenversauerung kann aber auch durch die mittelalterliche/frühneuzeitliche Entwaldung oder die vermehrte Koniferenbestockung verstärkt worden sein. In den konkaven Unterhängen, vor allen in Leelagen, blieben zusätzlich die lösslehmreichen Mittellagen erhalten. Hier entstanden mehrschichtige Parabraunerden, z. T. ob der hohen Niederschläge mit Staunässetendenz. Die Tendenz zur Pseudovergleyung ist auch für die Bodengeographie der Rumpfflächenreste symptomatisch, wo Saprolitreste und Gesteinszersatz den Untergrund abdichten und die Staunässebildung fördern. Die Pseudogleyentstehung kann aber auch durch die agrarische Nutzung verstärkt worden sein.

Als regionale Besonderheit tritt im Rheinischen Schiefergebirge großflächig Laacher-See-Tephra als Ausgangsgestein der Bodenbildung in situ oder als dominanter Bestandteil der Hauptlage auf. Typischerweise entstanden saure Lockerbraunerden.

Typische Bilder dieser Bodenregion zeigen die Landschaftsaufnahmen der Abb. 23.1 und 23.2 Eine typische Catena dieser Bodenregion zeigt die Abb. 23.3.

K.-J. Sabel (✉)
ehemals Hessisches Landesamt für Naturschutz, Umwelt und Geologie, Wiesbaden, Deutschland

Abb. 23.1 Vortaunus und Taunuskamm (Quelle: Karl-Josef Sabel)

Abb. 23.2 Rumpfflächen im Hintertaunus, Limbach (Quelle: Karl-Josef Sabel)

Bodenregion der Berg- und Hügelländer mit hohem Anteil an Ton- und Schluffschiefern

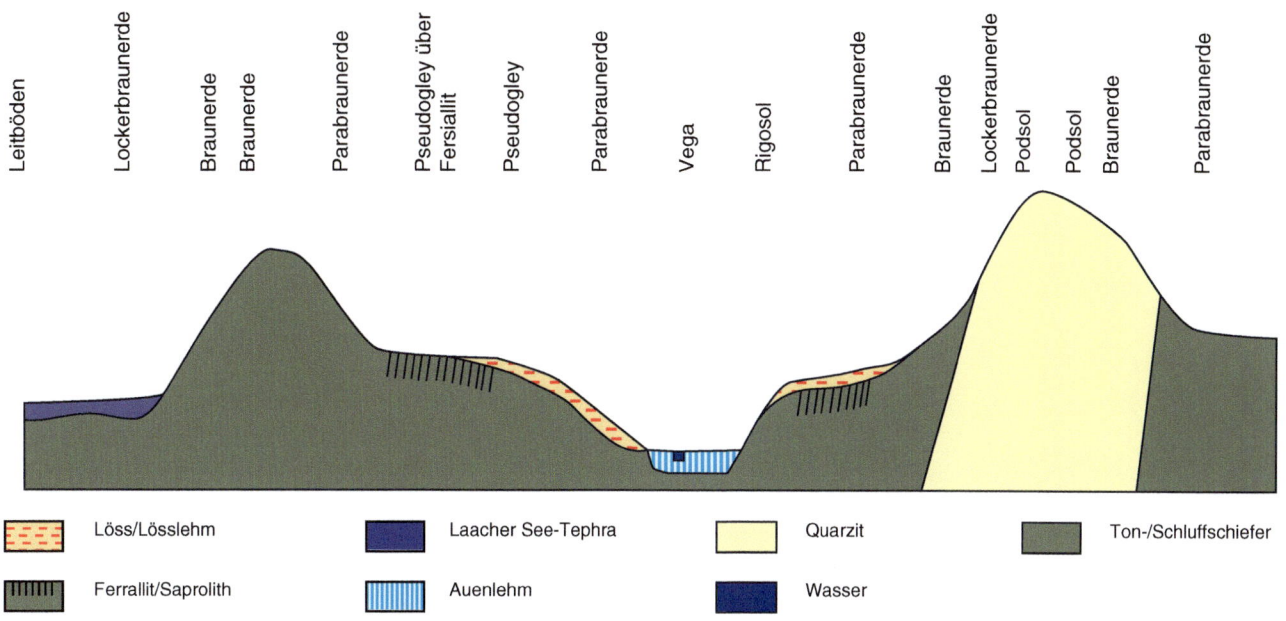

Autor: Karl-Josef Sabel. Redaktionelle Bearbeitung und kartographische Erstellung: Aline Kästner

Abb. 23.3 Typische Catena der Bodenregion der Berg- und Hügelländer mit hohem Anteil an Ton- und Schluffschiefern

Literatur

Altermann, M, Jäger, K.-D., Kopp, D., Kowalkowski, A., Kühn, D., Schwaneke, W. (2008): Zur Kennzeichnung und Gliederung von periglaziär bedingten Differenzierungen in der Pedosphäre. Waldökologie, Landschaftsforschung und Naturschutz, Heft 6: S. 5–42; Greifswald

Felix-Henningsen, P. (1990): Die mesozoisch-tertiäre Verwitterungsdecke (MTV) im Rheinischen Schiefergebirge – Aufbau, Genese und quartäre Überprägung. - Relief, Boden, Paläoklima 6: 1–129; Berlin

Semmel, A. (1968): Studien über den Verlauf der jungpleistozänen Formung in Hessen. Frankfurter Geographische Hefte 45: S. 1–133; Frankfurt

Bodenregion 12: nicht oder nur gering metamorphe Gesteine der Faltenmolasse und der mittleren und westlichen Flyschzone

24

Othmar Nestroy, Peter Lüscher, Peter Schad
und Wolfgang Fleck

Die Flyschzone zieht sich am Nordrand der Alpen entlang. Sie bildet ein meist weniger als 20 km breites Band, beginnt nur wenig östlich des Genfer Sees (Simmendecke, Niesenflysch) und endet mit dem Wienerwald und dem Bisambergzug nördlich der Donau bei Wien. Wir rechnen sie zu drei verschiedenen Bodenregionen. Die flachere Flyschzone östlich der Salzach mit ihrem kontinentaleren Klima bildet die Bodenregion 13. Zwischen Nesselwang im Allgäu und der Salzach ist die Flyschzone so schmal und lückig, dass sie beim gegebenen Maßstab nicht ausgeschieden und stattdessen der Bodenregion 14 zugeschlagen wird. Vom Genfer See bis Nesselwang bildet sie die Bodenregion 12, zu der noch die vorgelagerte Faltenmolasse gerechnet wird, also jene Molasseablagerungen, die von der letzten Phase der Alpenauffaltung noch mit erfasst wurden. Die einzelnen geologischen Decken, welche die Flyschzone aufbauen, wurden von Süden durch die Nördlichen Kalkalpen über die Molasse des Nördlichen Alpenvorlandes geschoben. Diese tektonischen Phänomene können anhand der zahlreichen geologischen Fenster nachvollzogen werden, die z. T. auch außerhalb der Bodenregion 12 liegen. Beispiele sind Prättigau-Lenzerheide-Oberhalbstein, Wägitalerflysch, Vorarlberger und Liechtensteiner Flysch.

Der Untergrund dieser Bodenregion besteht aus einer sehr heterogenen Serie von Gesteinen, vorwiegend von Carbonaten und Mergeln, daneben von Sandsteinen (mit sandigem, tonigem, kalkigem oder kieseligem Bindemittel), Buntmergeln, Breccien, Konglomeraten, Radiolariten und Tonschiefern. Diese stammen von der Oberen Kreide bis zum mittleren Eozän und entstanden durch Abgleiten von Suspensionsströmen („turbidity currents") vom Kontinentalschelf in die Tiefsee. Typisch für die Turbidite ist die gradierte Schichtung, womit das Abnehmen der Partikelgröße von der Schichtbasis zur Oberseite gemeint ist. Daneben blieben Kriechspuren von Organismen oder Erosionsformen erhalten, die häufig an Handstücken zu erkennen sind. In den tonigen Massen kommt es bei feuchten oder nassen Bedingungen immer wieder zu einem Hanggleiten oder Fließen, wovon sich der schweizerische Name Flysch ableitet.

Morphologisch lassen diese Zonen einen oftmals stark zertalten Hügelland- bis Mittelgebirgscharakter erkennen und sind meist bewaldet oder werden als Weide oder Mähweide genutzt. Eine beachtliche Reliefenergie zeigt z. B. der Niesenflysch (mit dem 2362 m hohen Niesengipfel), ebenso der Hintere Bregenzer Wald, der im Bereich der Walsertäler und im Walgau Höhen von über 2100 m erreicht. Dieses lithologisch so heterogene Grundmuster paust sich in der Bodendecke durch, wobei auch die sehr unterschiedlichen klimatischen Bedingungen, insbesondere bei den Niederschlägen, als weitere bodenbildende Faktoren von Bedeutung sind. Die Jahresmittel des Niederschlags und der Temperatur liegen im Vorderen Bregenzer Wald bei 1500 bis 2000 mm bzw. bei 7 °C bis 8 °C.

Entsprechend ist auch die Bodendecke äußerst heterogen. Es treten in erster Linie Stagnogleye, Pseudogleye (vielfach Hangpseudogleye) und pseudovergleyte Braunerden, weiterhin Pelosole und Subtypen von Gleyen auf. Daneben finden sich unter Nadelwald, meist auf Quarzsandsteinen oder Quarziten, Norm-, Eisen- und Humuspodsole und in sehr niederschlagsreichen Waldregionen auch pseudovergleyte Podsole und Pseudogley-Podsole. Diese Böden sind in der Mehrzahl der Fälle infolge ihrer schweren Bodenart und der hydromorphen Prägung nur bedingt als gering- bis mittelwertiges Ackerland nutzbar und werden deshalb als mittelwertiges Dauergrünland (Wiesen, Weiden, Mähweiden) oder Wald genutzt.

Typische Bilder dieser Bodenregion zeigen die Landschaftsaufnahmen der Abb. 24.1 und 24.2. Eine typische Catena dieser Bodenregion zeigt die Abb. 24.3.

O. Nestroy (✉)
ehemals Technische Universität Graz, Graz, Österreich

P. Lüscher
ehemals Eidgenössische Forschungsanstalt für Wald, Schnee und Landschaft, Birmensdorf, Schweiz

P. Schad
Technische Universität München, TUM School of Life Sciences, Lehrstuhl für Bodenkunde, Freising-Weihenstephan, Deutschland

W. Fleck
Landesamt für Geologie, Rohstoffe und Bergbau, Freiburg, Deutschland

© Springer-Verlag GmbH Deutschland, ein Teil von Springer Nature 2023
H. Joisten et al. (Hrsg.), *Böden Deutschlands, Österreichs und der Schweiz*, https://doi.org/10.1007/978-3-8274-2284-2_24

Abb. 24.1 Faltenmolasse am
Rindalphorn, Gemarkung
Steibis, Oberstaufen,
Landkreis Oberallgäu, Bayern
(Quelle: M. Weiß)

Abb. 24.2 Lungernsee,
Kanton Obwalden, Schweiz
(Quelle: P. Lüscher)

Bodenregion der nicht oder nur gering metamorphen Gesteine der Faltenmolasse und der mittleren und westlichen Flyschzone

Bodenlandschaft: Profil durch die Flyschzone westlich von Damüls: Sünser Kopf - Angleritterbach

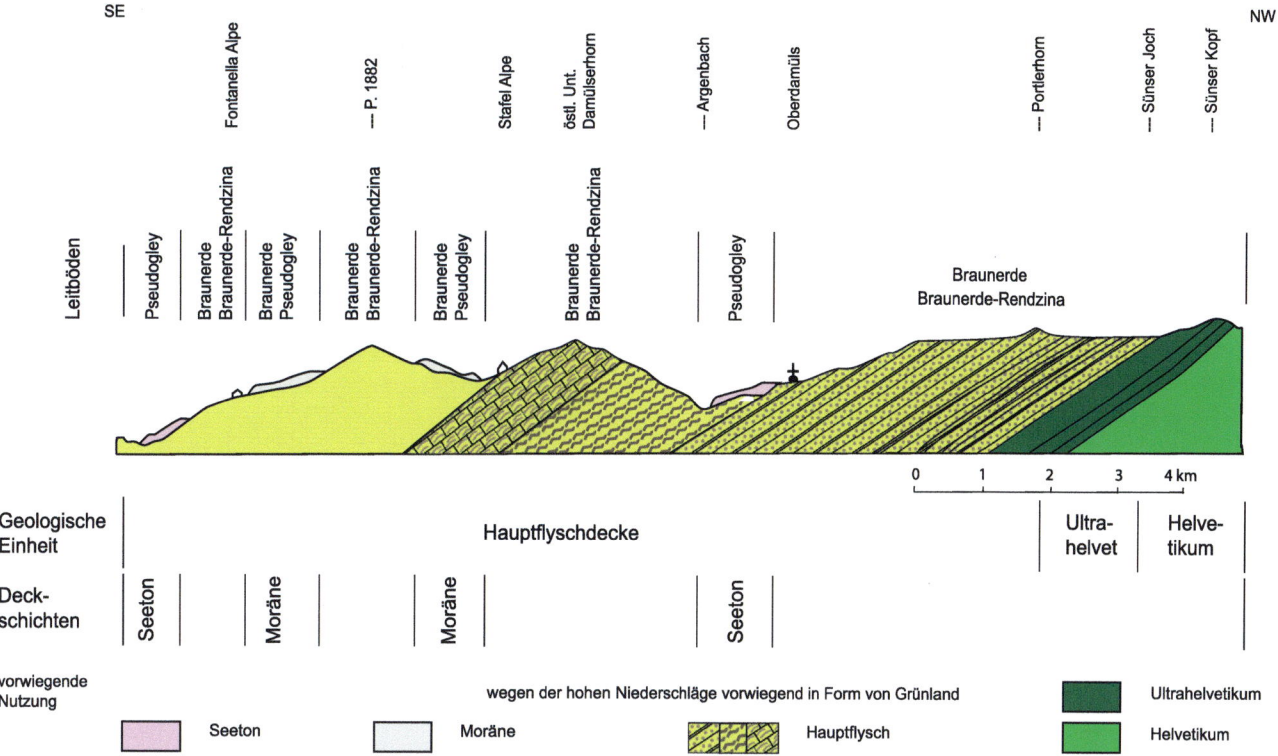

Autoren: Franz Allemann, Rudolf Blaser & Paul Nänny, modifiziert und ergänzt Otmar Nestroy 2014.
Redaktionelle Bearbeitung und kartographische Erstellung: Aline Kästner

Abb. 24.3 Typische Catena der Bodenregion der nicht oder nur gering metamorphen Gesteine der Faltenmolasse und der mittleren und westlichen Flyschzone

Bodenregion 13: Berg- und Hügelländer der östlichen Flyschzone mit hohen Anteilen an Mergeln, Tonsteinen und Sandsteinen

Othmar Nestroy

Diese Bodenregion, ident mit der östlichen Rhenodanubische Flyschzone, ist aus geologisch-tektonischer Sicht ein schmaler Streifen am Alpennordrand zwischen den Nördlichen Kalkalpen im Süden und der Molassezone und den Moränenlandschaften im Norden. Über 1000 m mächtige marine Sandsteine, Mergel und Tonsteine in Wechsellagerung, die in einem Suspensionsstrom in einer Tiefe von 3000 bis 5000 m entstanden sind und der penninischen Decke angehören, weisen ein oberkretazisches bis mitteleozänes Alter auf. Sie sind von den Nördlichen Kalkalpen vom Süden her überschoben worden – kenntlich an den tektonischen Fenstern, die sich bis 25 km südlich des Nordrandes der Kalkalpen befinden. Im Norden ist diese Zone auf die Molasse aufgeschoben. An der Oberfläche landschaftsprägend in Erscheinung treten diese Gesteine meist nur als schmale Zone, die sich auf österreichischem Gebiet östlich der Stadt Salzburg nach Osten über den Wienerwald – hier deutlich verbreitert – bis zum Bisamberg, nördlich der Donau bei Wien, erstreckt. Die Bodenregion 13 der östlichen Flyschzone zeigt im Vergleich zur Bodenregion 12, welche die mittlere und westliche Flyschzone sowie die Faltenmolasse umfasst, ein deutlich trockeneres Klima und eine geringere Meereshöhe.

Neben dem starken Gesteinswechsel auf engstem Raum kommen noch die tektonischen Aktivitäten zum Tragen, sodass trotz der relativ geringen Höhe – die höchste Erhebung des Flysch-Wienerwaldes ist der Schöpfl mit 890 m – diese Zone einen oftmals stark zertalten Hügelland- bis Mittelgebirgscharakter erkennen lässt.

Aus tonreichen Ausgangsmaterialien – erkennbar an den zahlreichen Rutschungen und Nassstellen – haben sich vorwiegend hydromorph geprägte Böden wie Stauwasserböden und pseudovergleyte Braunerden entwickelt. Diese Standorte werden überwiegend als Grünland und als Mischwald genutzt, der Ackerbau nimmt stetig ab.

Liegen kieselige Sandsteine als Ausgangsmaterial vor, dann dominiert der Nadelwald, wodurch es zur Ausbildung von Böden mit podsoliger Dynamik und auch von (substratbedingten) Podsolen kommt.

Braunerden mit unterschiedlichen Varietäten dominieren hingegen auf Sandsteinen mit tonigem Bindemittel. Diese relativ guten Standorte können neben einer Grünland- oder Waldnutzung teils auch in Form von Ackerland genutzt werden.

Typische Bilder dieser Bodenregion zeigen die Landschaftsaufnahmen in Abb. 25.1, 25.2 und 25.3. Eine typische Catena dieser Bodenregion zeigt die Abb. 25.4.

O. Nestroy (✉)
ehemals Technische Universität Graz, Graz, Österreich

© Springer-Verlag GmbH Deutschland, ein Teil von Springer Nature 2023
H. Joisten et al. (Hrsg.), *Böden Deutschlands, Österreichs und der Schweiz*, https://doi.org/10.1007/978-3-8274-2284-2_25

Abb. 25.1 Landschaft nahe
Waidhofen an der Ybbs,
Niederösterreich (Quelle:
M. Englisch)

Abb. 25.2 Blick vom
Trazerberg nach NW auf die
Stadt Wien (Quelle:
M. Englisch)

Abb. 25.3 Blick vom
Peilstein (Niederösterreich)
nach NW (Quelle:
M. Englisch)

Bodenregion der Berg- und Hügelländer der östlichen Flyschzone mit hohen Anteilen an Mergeln, Tonsteinen und Sandsteinen

Bodenlandschaft: Flyschzone bei Wien (Flysch-Wienerwald)

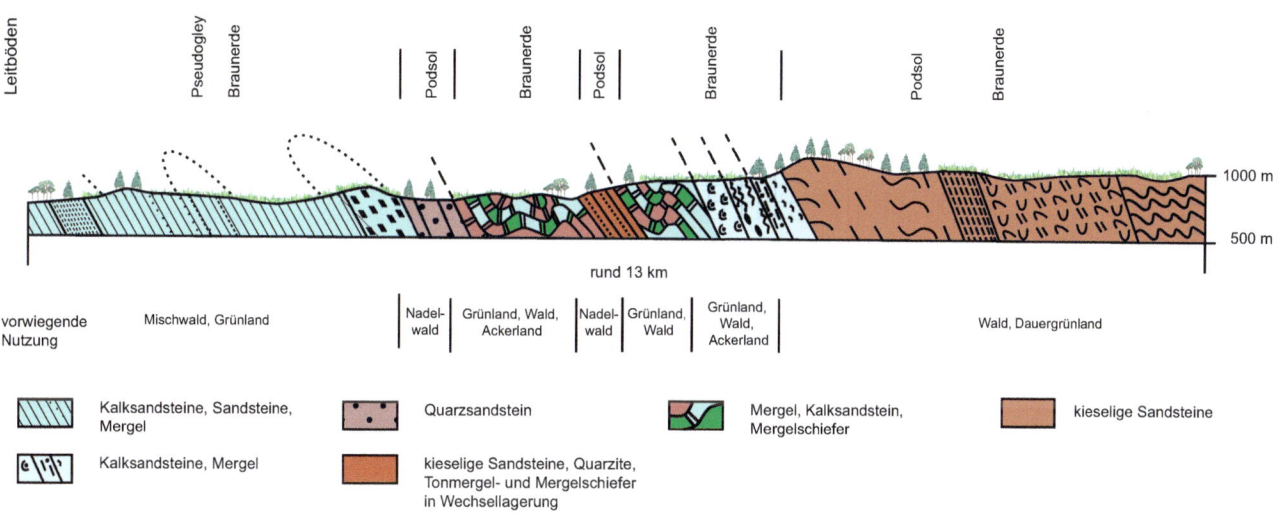

Autoren: Rudolf Grill, Heinrich Küpper, modifiziert Otmar Nestroy. Redaktionelle Bearbeitung und kartographische Erstellung: Aline Kästner

Abb. 25.4 Typische Catena der Bodenregion der Berg- und Hügelländer der östlichen Flyschzone mit hohen Anteilen an Mergeln, Tonsteinen und Sandsteinen

Bodenregion 14: Alpen mit vorwiegend carbonatischen Gesteinen

Othmar Nestroy, Wolfgang Fleck, Peter Schad
und Peter Lüscher

Inhaltsverzeichnis

Die Bodenregion 14 umfasst die von carbonatischen Gesteinen dominierten Teile der bayerischen, österreichischen und schweizerischen Alpen. In den Westalpen bildet sie ein breites Band, von dem sich nach Süden nur kleinere silikatreiche Areale der Bodenregion 15 anschließen, meist jedoch direkt die Bodenregion 17 der Alpensüdseite folgt. In den Ostalpen bildet die Bodenregion 15 hingegen den mächtigen kristallinen Alpenhauptkamm, der die Carbonatgebiete in die Nördlichen und Südlichen Kalkalpen teilt. Die Nördlichen Kalkalpen ziehen vom Rhein nach Osten und schließen bei Wien mit dem Anninger ab. Von den Südlichen Kalkalpen zählen die Gailtaler Alpen und die Karawanken zur Bodenregion 14. Nach Norden fällt die Bodenregion über die Moränenlandschaften zum Molassebecken (Tertiärhügelland) ab, wobei sich über weite Teile die Flyschzone mit der Faltenmolasse zwischenschaltet (Bodenregionen 12 bzw. 13).

Geologisch gehört die Bodenregion in den Westalpen zu den tektonischen Einheiten Helvetikum und Penninikum, östlich schließt das Ostalpin an. Es dominieren mesozoische Carbonat- und Mergelgesteine, wobei besonders die harten Kalk- und Dolomitsteine die felsigen Gipfelregionen einnehmen und den alpinen Charakter der Landschaft prägen.

O. Nestroy (✉)
ehemals Technische Universität Graz, Graz, Österreich

W. Fleck
Landesamt für Geologie, Rohstoffe und Bergbau,
Freiburg, Deutschland

P. Schad
Technische Universität München, TUM School of Life Sciences,
Lehrstuhl für Bodenkunde, Freising-Weihenstephan, Deutschland

P. Lüscher
ehemals Eidgenössische Forschungsanstalt für Wald, Schnee und
Landschaft, Birmensdorf, Schweiz

Die Differenzierung der Bodendecke wird vom Ausgangsgestein und von den höhenabhängigen Temperatur- und Niederschlagsgradienten gesteuert. In der Schweiz und im westlichen Österreich befinden sich die Hochlagen meist in der waldfreien alpinen Höhenstufe oberhalb 2000 m, teils gehören sie sogar zur Bodenregion 16. Östlich des Salzkammerguts ragen nur die Gipfelfluren über die Waldgrenze hinaus, weshalb weite Teile in der montanen, meist bewaldeten Höhenstufe liegen. Der überregionale Reliefunterschied wird zusätzlich von den lokalen Höhendifferenzen von häufig 1500 m und mehr überlagert. Eine weitere Differenzierung erfolgt durch die Exposition (Sonn- oder Schatthang) und das Kleinrelief.

Die kurze Vegetationszeit lässt in der alpinen Stufe nur noch eine Zwergstrauch- und Rasenvegetation zu, die mit der Höhe lückiger und zunehmend von einer Schuttvegetation abgelöst wird. Die intensive physikalische Verwitterung sorgt für ein reichliches Angebot an Gesteinsmaterial, das von der Schwerkraft, dem Oberflächenabfluss oder auch abgleitendem Schnee umgelagert wird. Ehemals vom Gletscher bedeckte Hochtäler und -plateaus werden von Moränenschutt und Schmelzwasserablagerungen eingenommen. Schroffe Gipfel und Bergkämme liefern frisches Gesteinsmaterial und bauen Schuttkegel und -halden am Fuße steiler Felswände auf. Die intensive Verwitterung auf den exponierten Kalkplateaus führt zur Ausprägung vielfältiger Karstformen.

Aufgrund der extremen Verhältnisse ist in den Hochlagen nur in den vor Wind, Abtrag oder Überschüttung geschützten Positionen zusammen mit der Vegetationsentwicklung eine erkennbare Bodenentwicklung möglich. Auf Felsen und Schutt finden sich dann Syroseme bzw. Lockersyroseme, die sich durch Humusakkumulation und Carbonatverwitterung

© Springer-Verlag GmbH Deutschland, ein Teil von Springer Nature 2023
H. Joisten et al. (Hrsg.), *Böden Deutschlands, Österreichs und der Schweiz*, https://doi.org/10.1007/978-3-8274-2284-2_26

zu Rendzinen entwickeln können. Aufgrund der hohen Niederschläge auf der Nordseite der Alpen bildet sich bereichsweise eine z. T. mehrere Dezimeter mächtige organische Auflage. Liegt diese direkt dem Fels oder Schutt auf, handelt es sich um einen Fels- bzw. Skeletthumusboden. In der revidierten Österreichischen Bodensystematik (Nestroy et al. 2011) zählen sie zu den Carbonathaltigen Grobmaterial-Rohböden, Carbonathaltigen Fels-Auflagehumusböden oder Proto-Rendzinen, während in der Bodenentwicklungsreihe auf Kalken und Dolomiten der mittleren Lagen und weniger exponierten Positionen die Tangel-, Moder- oder Mullartige Rendzina und schließlich die Mull-Rendzina ausgeschieden werden. In Abhängigkeit vom Carbonatgehalt kann es zur rezenten Bildung einer Terra fusca, teils auch einer Braunerde kommen. Wo Mergel- oder örtlich Sandsteine die Kalk- und Dolomitabfolgen unterbrechen, zeigt sich dies in sanfteren Landschaftsformen und tiefgründiger verwitternden, nährstoffreicheren Böden. In der Bodenentwicklung domi-

nieren dann Braunerden, auf Mergelverwitterung auch Stauwasserböden und örtlich Moore.

Auch in den gemäßigten, tiefer gelegenen Waldlandschaften der montanen Stufe schalten sich in das Bodenmuster tiefgründigere Böden ein, meist Terrae fuscae und Braunerden, auf Gesteinen mit geringerem Carbonatgehalt auch Pararendzinen und Parabraunerden sowie Stauwasserböden. Ausgangsgesteine der Böden sind periglaziale und glaziale Ablagerungen (Fließerden und Moränen) sowie mächtige Hangschuttdecken. In den Tälern kommen Gleye, bei regelmäßiger Überflutung auch schwach entwickelte Auenböden wie Rambla und Paternia vor. Die Talböden werden meist als Grünland genutzt, z. T. auch ackerbaulich, wie etwa im Inntal von Zams bis Kufstein.

Typische Bilder dieser Bodenregion zeigen die Landschaftsaufnahmen in Abb. 26.1, 26.2, 26.3 und 26.4. Eine typische Catena dieser Bodenregion zeigt die Abb. 26.5.

Abb. 26.1 Nördliche Kalkalpen (Wettersteingebirge) bei Garmisch-Patenkirchen (Quelle: W. Fleck)

Abb. 26.2 Nördliche Kalkalpen, Lokalität: Semmering, Gemeinde Neunkirchen, Niederösterreich (Quelle: O. Nestroy)

Abb. 26.4 Grindelwald, Berner Oberland, Kanton Bern, Schweiz (Quelle: P. Lüscher)

Abb. 26.3 Lauterbrunnental, Berner Oberland, Kanton Bern, Schweiz (Quelle: P. Lüscher)

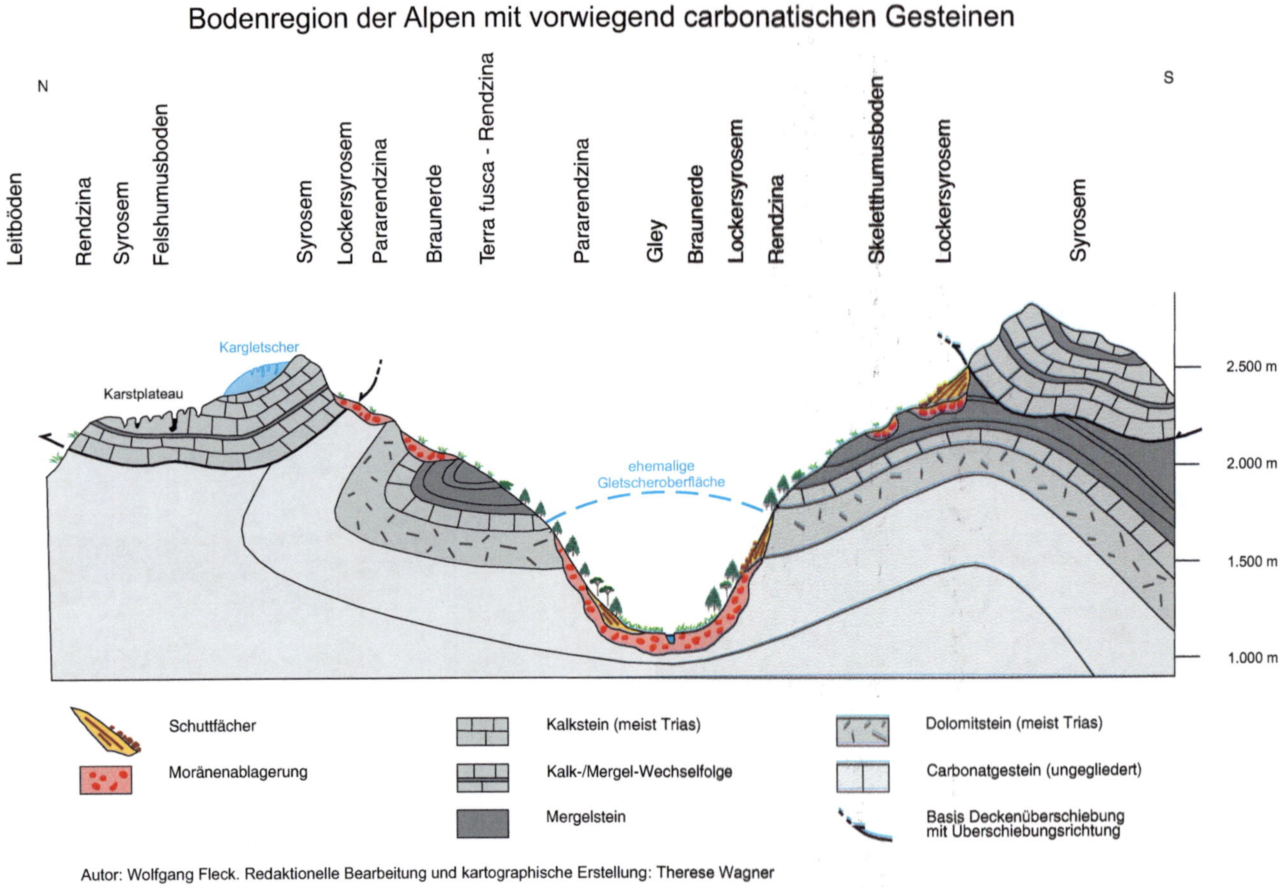

Bodenregion der Alpen mit vorwiegend carbonatischen Gesteinen

Abb. 26.5 Typische Catena der Bodenregion der Alpen mit vorwiegend carbonatischen Gesteinen

Literatur

Nestroy, O., Aust, G., Blum, W.E.H., Englisch, M., Hager, H., Herzberger, E., Kilian, W., Nelhiebel, P., Ortner, G., Pecina, E., Pehamberger, A., Schneider, W., Wagner, J. (2011): Systematische Gliederung der Böden Österreichs – Österreichische Bodensystematik 2000 in der revidierten Fassung von 2011. Mitteilungen der Österreichischen Bodenkundlichen Gesellschaft, Wien

Bodenregion 15: Alpen mit vorwiegend silikatischen Gesteinen

27

Othmar Nestroy, Peter Lüscher und Peter Schad

In den Ostalpen bildet diese Region den mächtigen Alpenhauptkamm. Im Norden wird die Bodenregion von der Linie Arlberg – Innsbruck – Leoben – Semmering begrenzt und im Süden reicht sie bis zur Linie Toblach – Lienz – Villach – Laibach/Ljubljana. In den Westalpen nimmt sie dagegen nur relativ kleine und disjunkte Areale ein, wobei in der Schweiz vor allem das Aar- und das Gotthard-Massiv zu nennen sind.

Vorwiegend metamorphe Gesteine sehr unterschiedlicher Genese und chemischer Zusammensetzung, jedoch meist carbonatfrei, sowie Schuttdecken aus entsprechendem Verwitterungsmaterial sind die bodenbildenden Substrate. Im Gegensatz zu den Standorten in den Kalkalpen steht der Vegetation und den Böden ein breites, jedoch durch Silikat betontes chemisches Spektrum zur Verfügung.

Die Reliefenergie ist hoch. Das Finsteraarhorn als höchster Berg des Aarmassivs erreicht 4274 m, der Großglockner als höchste Erhebung Österreichs misst 3798 m. Die Gipfel selbst gehören natürlich zur Bodenregion der Gletscher- und Dauerschneegebiete, die Bergmassive insgesamt jedoch zur hier vorgestellten Bodenregion 15. Infolge der mit der Höhe steigenden Niederschläge in Form von Schnee und Regen gewinnen die Faktoren Massenbewegung, Erosion und Solifluktion an Bedeutung. Durch die abnehmenden Temperaturen, die steigenden Niederschläge und die Verkürzung der Vegetationszeit bei zunehmender Höhenlage und wegen des „basenarmen" Substrats können sich Böden nur extrem langsam entwickeln bzw. regenerieren. Deshalb sind Frühjahrsskilauf, forciertes Mountainbiking wie auch ein starker Bergtourismus oft unterschätzte Gefahren für diese schützenswerten Standorte.

In den höchsten Bergregionen können unterhalb der Böden und bodenähnlichen Formen der Gletscher- und Dauerschneegebiete carbonatfreie Syroseme und Lockersyroseme als erste Stufen der Bodenbildung beobachtet werden. Diesen folgen bei abnehmender Höhe und in starker Abhängigkeit von Gestein, Relief, Exposition und Inklination Ranker sowie Regosole. In ebenen Lagen entfalten diese Böden bereits podsolige Dynamik oder können gar in Podsole übergehen. Bei den talwärts anschließenden Böden in der Klasse der Braunerden dominieren „basenarme", oft tiefgründige und kolluviale Formen, die oftmals einen podsoligen wie auch pseudovergleyten Habitus neben Resten von Paläoböden erkennen lassen. In Regionen mit sehr starken Niederschlägen können auch pseudovergleyte Formen dieser Böden sowie Pseudogleye und Haftpseudogleye auftreten. Infolge der schon oben erwähnten extrem langsamen Bodenentwicklung im Bereich von Hochgebirgen verharren diese Böden über lange Zeiträume in einem bestimmten Entwicklungszustand.

Eine landwirtschaftliche Nutzung dieser Böden muss den standörtlichen Bedingungen angepasst werden. In der Regel bleiben die höchstgelegenen Flächen von einer intensiven Nutzung ausgespart. Die nicht zu steilen Lagen können in Form von Hochalmen genutzt werden, tiefere allenfalls als (Mittel-)Almen oder als halb- oder einschürige Wiesen.

Bei genügend langer Vegetationszeit und günstigen Reliefbedingungen sind viele Standorte ackerfähig, doch geht diese Nutzungsform stetig zurück. Ehemals und nur extensiv genutzte Flächen in tieferen Lagen verbuschen zunächst und werden dann zunehmend vom Wald (wieder) eingenommen. Im Allgemeinen ist die landwirtschaftliche Wertigkeit dieser Standorte nur als gering oder mittel zu sehen, doch handelt es sich aus der Sicht des Naturschutzes und aus gesellschaftspolitischer Sicht um schützens- und erhaltungswürdige Areale.

Typische Bilder dieser Bodenregion zeigen die Landschaftsaufnahmen in Abb. 27.1, 27.2, 27.3 und 27.4. Eine typische Catena dieser Bodenregion zeigt die Abb. 27.5.

O. Nestroy (✉)
ehemals Technische Universität Graz, Graz, Österreich

P. Lüscher
ehemals Eidgenössische Forschungsanstalt für Wald, Schnee und Landschaft, Birmensdorf, Schweiz

P. Schad
Technische Universität München, TUM School of Life Sciences, Lehrstuhl für Bodenkunde, Freising-Weihenstephan, Deutschland

© Springer-Verlag GmbH Deutschland, ein Teil von Springer Nature 2023
H. Joisten et al. (Hrsg.), *Böden Deutschlands, Österreichs und der Schweiz*, https://doi.org/10.1007/978-3-8274-2284-2_27

Abb. 27.1 Bergdorf Heiligenblut am Großglockner, Gemeinde Spittal an der Drau, Nationalpark Hohe Tauern, Kärnten, Österreich (Quelle: O. Nestroy)

Abb. 27.2 Großglockner, Nationalpark Hohe Tauern, Kärnten, Österreich (Quelle: O. Nestroy)

Abb. 27.3 Sustenpass, Urner Alpen, Schweiz (Quelle: M. Filipinski)

Abb. 27.4 Sustenpass, Urner Alpen, Schweiz (Quelle: M. Filipinski)

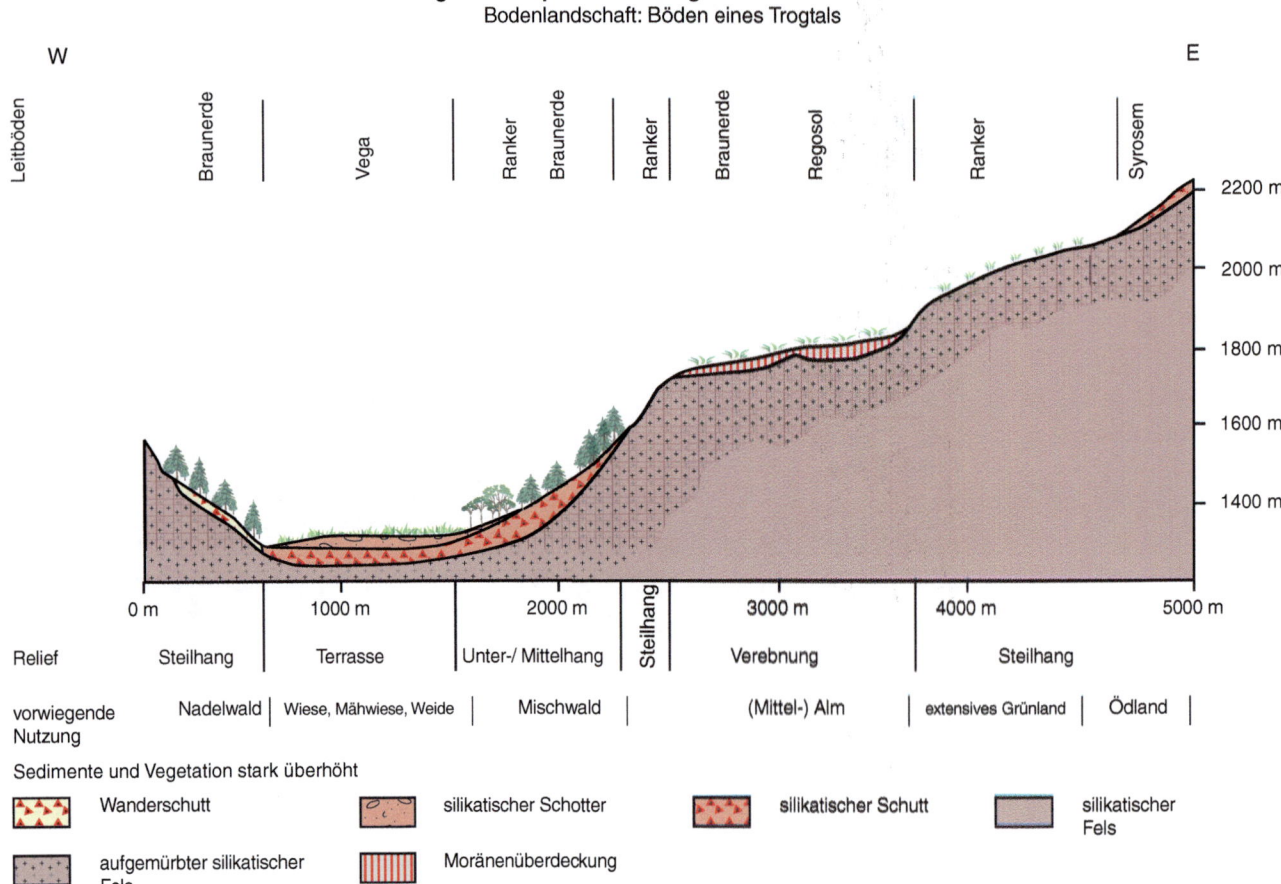

Abb. 27.5 Typische Catena der Bodenregion der Alpen mit vorwiegend silikatischen Gesteinen

Bodenregion 16: Gletscher und Dauerschneegebiete

28

Wolfgang Fleck, Othmar Nestroy, Peter Schad und Peter Lüscher

Inhaltsverzeichnis

Gletscher und Dauerschneegebiete nehmen nur kleinere Flächen ein, vor allem in der Bodenregion der Alpen mit vorwiegend silikatischen Gesteinen, doch kommen sie auch auf carbonatischen Materialien vor. Bedeutende Areale finden sich z. B. in den Berner Alpen (Aletschhorn, Finsteraarhorn, Dammastock), im Wallis (Matterhorn, Monte Rosa, Mischabelgruppe), in der Silvrettagruppe, den Ötztaler, Stubaier und Zillertaler Alpen sowie in den Hohen Tauern mit Großvenediger und Großglockner, ferner in den Gebieten von Hochkönig und Dachstein.

Gletscher und Dauerschneegebiete verzeichnen sehr niedrige Durchschnittstemperaturen und hohe Niederschläge. Auf den ersten Blick umfasst diese Bodenregion ausschließlich Bereiche von Eis, Schnee, nacktem Fels und Gesteinsschutt. Besonders auf südexponierten, vor Abtragung und Wind geschützten Positionen können sich auf eis- und schneefreien Flächen in den kurzen Sommern unter der Einwirkung intensiver Sonneneinstrahlung jedoch Moose, Flechten und teilweise auch Polster- und Felsspaltenpflanzen ansiedeln. Frostempfindliche Pflanzen können den langen Winter unter einer schützenden Schneedecke überstehen. Die biologische Aktivität und der damit verbundene Abbau von Pflanzenresten sowie die Humusbildung sind gering. Abgestorbene Pflanzenreste reichern sich deshalb als Auflagehumus an der Geländeoberfläche an, sofern sie nicht durch abrutschenden Schnee, fließendes Wasser oder Wind verlagert werden.

Alpine Gletscher liegen direkt auf festem Gestein oder einem stark mechanisch beanspruchten Gestein unterschiedlicher Fraktionierung und unterschiedlichem Chemismus. Wenn das vorwiegend infolge physikalischer Verwitterung aufbereitete Gesteinsmaterial als Gletschermilch aus dem Gletschertor fließt oder durch Abschmelzen des Gletschers an die Oberfläche gelangt, können eine Pioniervegetation Fuß fassen, eine Bodenbildung einsetzen und sich höhere Pflanzen ansiedeln. Vorwiegend in kleinen und geschützten Nischen oder auf Staukörpern in einem (schon) eisfreien Winkel sammelt sich Gesteinsmaterial unterschiedlicher Korngröße an, das (oft mithilfe einer beachtlichen Menge an Stäuben) zur Ausbildung initialer Böden führen kann.

Initialstadien der Bodenbildung kommen deshalb nur kleinflächig vor und sind weitgehend auf die untere nivale Stufe beschränkt. Verbreitet sind Fels- und Skeletthumusböden aus organischem Material, das über Festgestein, in Klüften und Spalten oder als Zwischenmittel im Grobskelett liegt. Sie werden nach der Österreichischen Bodensystematik 2000 in der revidierten Fassung von 2011 (Nestroy et al. 2011) als Fels-Auflagehumusböden bezeichnet. Daneben gehören Syroseme und Lockersyroseme mit zumindest schwacher Humusakkumulation in einem lückigen und schwach entwickelten Oberboden zu den wenigen erkennbaren

W. Fleck (✉)
Landesamt für Geologie, Rohstoffe und Bergbau, Freiburg, Deutschland

O. Nestroy
ehemals Technische Universität Graz, Graz, Österreich

P. Schad
Technische Universität München, TUM School of Life Sciences, Lehrstuhl für Bodenkunde, Freising-Weihenstephan, Deutschland

P. Lüscher
ehemals Eidgenössische Forschungsanstalt für Wald, Schnee und Landschaft, Birmensdorf, Schweiz

© Springer-Verlag GmbH Deutschland, ein Teil von Springer Nature 2023
H. Joisten et al. (Hrsg.), *Böden Deutschlands, Österreichs und der Schweiz*, https://doi.org/10.1007/978-3-8274-2284-2_28

Böden. Es stellt sich die Frage, ab wann man auf Fels oder Schutt überhaupt von Boden sprechen kann, doch ist zu bedenken, dass in der deutschen Bodensystematik (Ad-hoc-AG Boden 2005; AK Bodensystematik 1998) für sehr schwach entwickelte Böden aus frischen tidalen Strandablagerungen schon die Besiedlung durch Mikroorganismen, ohne sichtbaren Humus, für die Einstufung als Boden ausreicht (Klasse Strandböden). In beiden Fällen wird die initiale Bodenbildung durch einen Ai-Horizont ausgedrückt.

Gerade den Hochlagen sollte unser besonderes Interesse gelten, da hier die Wirkungen des Klimawandels durch das Abschmelzen der Gletscher besonders bedeutsam sind. In Trogtalbereichen, die über viele Jahrtausende vom Eis bedeckt waren, können sich auf Fels- oder Schuttsubstraten nun erstmals Pflanzen ansiedeln und Böden entwickeln.

Typische Bilder dieser Bodenregion zeigen die Landschaftsaufnahmen der Abb. 28.1 und 28.2. Eine typische Catena dieser Bodenregion zeigt die Abb. 28.3.

Abb. 28.1 Blick vom Gamsgrubenweg am Großglockner in nordwestlicher Richtung. Links am Bildrand ist der Großglockner (3798 m), in der Bildmitte die Pasterze, der größte Gletscher Österreichs und der Ostalpen und am rechten Bildhintergrund der Johannis Berg (3460 m) sichtbar. Am rechten Rand sind im Vordergrund Bereiche der von Flugsanden geprägten Gamsgrube mit teils vegetationsfreien Flächen, teils mit initialen Bodenbildungen erkennbar (Quelle: O. Nestroy)

Abb. 28.2 Großglockner (Quelle: O. Nestroy)

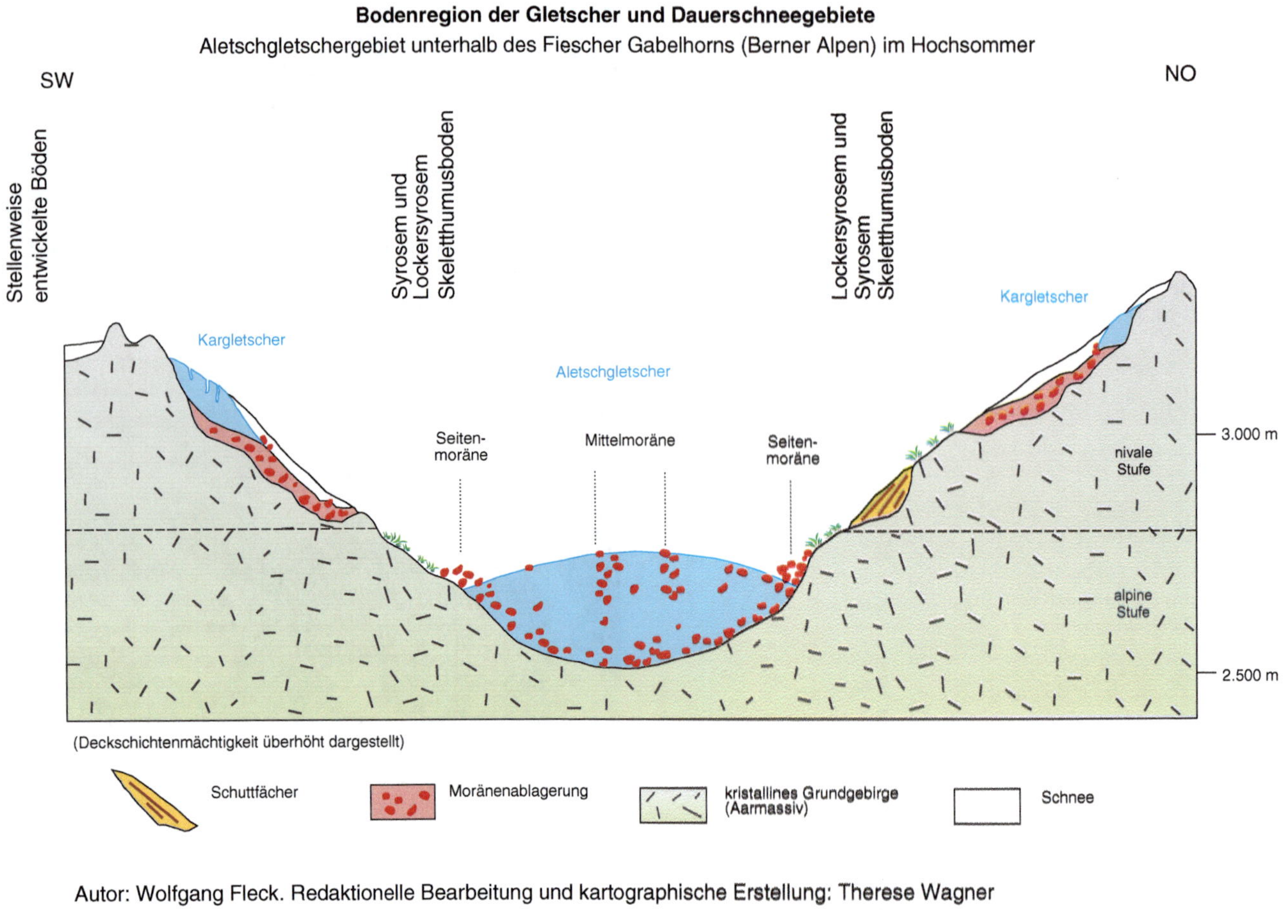

Bodenregion der Gletscher und Dauerschneegebiete
Aletschgletschergebiet unterhalb des Fiescher Gabelhorns (Berner Alpen) im Hochsommer

(Deckschichtenmächtigkeit überhöht dargestellt)

Autor: Wolfgang Fleck. Redaktionelle Bearbeitung und kartographische Erstellung: Therese Wagner

Abb. 28.3 Typische Catena der Bodenregion der Gletscher und Dauerschneegebiete

Literatur

Ad-hoc-AG Boden (2005): Bodenkundliche Kartieranleitung, 5. Auflage. Hrsg.: Bundesanstalt für Geowissenschaften und Rohstoffe, Hannover, Schweizerbart'scher Verlag, Stuttgart

AK Bodensystematik (1998): Systematik der Böden und der bodenbildenden Substrate Deutschlands. Mitteilungen der Deutschen Bodenkundlichen Gesellschaft, Band 86: S. 1–134, Oldenburg, (http://www.bodensystematik.de)

Nestroy, O., Aust, G., Blum, W.E.H., Englisch, M., Hager, H., Herzberger, E., Kilian, W., Nelhiebel, P., Ortner, G., Pecina, E., Pehamberger, A., Schneider, W., Wagner, J. (2011): Systematische Gliederung der Böden Österreichs – Österreichische Bodensystematik 2000 in der revidierten Fassung von 2011. Mitteilungen der Österreichischen Bodenkundlichen Gesellschaft, Wien

Bodenregion 17: Alpensüdseite im Bereich der westlichen Alpen

29

Peter Lüscher, Peter Schad und Othmar Nestroy

Inhaltsverzeichnis

Die südlichen Alpen im zentralen bis westlichen Bereich bestehen aus einer Basis von kristallinen Schiefern, auf welchen eine mächtige Abfolge von Sedimenten abgelagert wurde. Dazu gehören im Wallis die Seitentäler südlich der Rhône, südlich des Gotthardmassivs das Tessin mit der Leventina als Haupttal und östlich davon die Bündnersüdtäler Misox, Bergell, Puschlav und das Münstertal.

Die Region ist bezüglich Tektonik und bodenbildender Substrate extrem heterogen.

Das Tessin wird durch die Insubrische Linie, welche bei Locarno in Richtung West-Ost verläuft, in zwei tektonische Einheiten geteilt. Nördlich der Linie liegt das durch mächtige Gneisvorkommen charakterisierte Penninikum, das im Verlaufe der Alpenfaltung stark metamorph geprägt wurde. Der Primärcharakter der Sedimente ist nur noch schwer erkennbar. Im Norden der Region kommen ferner carbonathaltige Sedimentgesteine (z. B. Bündnerschiefer) und Kristallin des Gotthardmassivs vor. Südlich der Insubrischen Linie befinden sich die Südalpen. Sie sind im Kanton Tessin überwiegend aus kristallinem Gestein aufgebaut, jedoch nicht metamorph geprägt worden. In südlichsten Teil des Tessins sind mesozoische Sedimente anstehend, welche häufig aus carbonathaltigem Gestein bestehen. Topographisch flache oder nur wenig geneigte Gebiete sind stellenweise von eiszeitlichen Ablagerungen bedeckt. Das Puschlav, das ebenfalls zur Region gehört, liegt im Grenzbereich zu den Ostalpen und wird durch Sedimente und Kristallin des Ostalpins aufgebaut (in diesem Buch Profil 92).

Ein ausgesprochen großer Höhengradient beginnend in der nivalen Stufe bis in den collinen Bereich absinkend ist typisch für diese Bodenregion mit ihren meist Nord-Süd verlaufenden Talschaften. Die damit verbundenen unterschiedlichen klimatischen Voraussetzungen prägen die Bodenbildung ausgesprochen stark nebst Ausgangsgestein und Waldtyp, so beispielhaft aufgezeigt in der Höhenstufenabfolge im Misox bei Roveredo. Grundlage dazu waren die Profile S13, S14, S15, S17 und S18 aus ‚Waldböden der Schweiz, Band 2. Regionen Alpen und Alpensüdseite' (Blaser et al. 2005) (in diesem Buch Profil 84).

Die seitlichen Taleinhänge sind meist entsprechend der Höhenstufe bewaldet. Damit verbunden ist eine stabilisierende Wirkung gegen Erosionsprozesse. Die Waldstrukturen sind oftmals kaum geschlossen. Sie erlauben eine gewisse Durchlässigkeit vor allem für Wind und Schnee.

Häufig wird der Einfluss des Ausgangsgesteins in dieser Region durch kleinräumig stark variierende Relief- und Klimaverhältnisse überlagert, so dass keine verallgemeinernden Aussagen zum Einfluss des Ausgangsgesteins möglich sind. Die meisten Böden sind locker gelagert, durchlässig und trotz großer Niederschlagsmengen kaum vernässt. Viele Böden sind tonarm und die Sand- und Schlufffraktion sind vorherrschend.

Der dominante bodenbildende Prozess auf silikatischem Ausgangsgestein im kühl-humiden Gebirgsklima ist vor allem in der Podsolierung zu sehen. Im milden insubrischen Klima mit Wintertrockenheit und hohen Niederschlagsmengen während der Vegetationsperiode

P. Lüscher (✉)
ehemals Eidgenössische Forschungsanstalt für Wald, Schnee und Landschaft, Birmensdorf, Schweiz

P. Schad
Technische Universität München, TUM School of Life Sciences, Lehrstuhl für Bodenkunde, Freising-Weihenstephan, Deutschland

O. Nestroy
ehemals Technische Universität Graz, Graz, Österreich

© Springer-Verlag GmbH Deutschland, ein Teil von Springer Nature 2023
H. Joisten et al. (Hrsg.), *Böden Deutschlands, Österreichs und der Schweiz*, https://doi.org/10.1007/978-3-8274-2284-2_29

kann es u. a. mit dem Vorkommen der Kastanie zu „kryptopodsolierten" Bodenbildungen kommen (Blaser et al.
1997). Ein Beispiel stellt in diesem Buch das Profil 84 im
Misox dar. Aus harten Gesteinen und an Steilhängen entstehen aus Rohböden zunächst Ranker und Regosole sowie
bei fortschreitender Bodenentwicklung setzen direkt Podsolierungsprozesse ein. Bei geringerer Hangneigung entwickeln sich Braunerden und zum Teil podsolierte Braunerden.

Auf Bünderschiefer sind Rohböden und Pararendzinen
sowie Braunerden mit mächtigen humosen Oberböden und
geringer biologischer Aktivität zu erwarten, während auf
Kalk an steilen Hängen vor allem Rohböden und Rendzinen
anzutreffen sind. Die Mächtigkeit kann durch kompakten
Fels eingeschränkt sein, allerdings sind auch vorhandene
Spalten mit Feinerde gefüllt und z. T. durchwurzelbar. Vereinzelt bilden sich O/C-Böden.

Die Moränenablagerungen in Gebieten mit Vergletscherung sind durch nacheiszeitliche geomorphologische
Prozesse stark modifiziert.

Der Höhenunterschied zwischen den intensiver genutzten
engen Tallagen, den Terrassensiedlungen in 1000–1200 m
und den obersten Weiden über der Waldgrenze auf 2600–
2800 m ist enorm groß. Die landwirtschaftlichen Flächen
werden meist alpwirtschaftlich genutzt. Die Pflege der Gebirgswälder über die verschiedenen Höhenstufen zum Schutz
gegen Naturgefahren erfolgt nach den Prinzipien der „Nachhaltigkeit und Erfolgskontrolle im Schutzwald" (Frehner
et al. 2005). In den weiten Tallagen sind ehemalige alluviale
Bodenbildungen durch Bewirtschaftungsmaßnahmen insbesondere Obstbau weitgehend überprägt worden. Rebbaugebiete an den unteren seitlichen z. T. terrassierten Einhängen schließen sich an.

Abb. 29.1 Calancatal, Seitental des Misox, Region Moesa, Kanton
Graubünden, Schweiz (Quelle: P. Lüscher)

Ein typisches Bild dieser Bodenregion zeigt die Landschaftsaufnahme der Abb. 29.1. Eine typische Catena dieser
Bodenregion zeigt die Abb. 29.2.

Bodenregion der Alpensüdseite im Bereich der westlichen Alpen

Höhenstufung und Bodenbildung im Misox an einem nord-west exponierten Hang (Catena) bei Roveredo

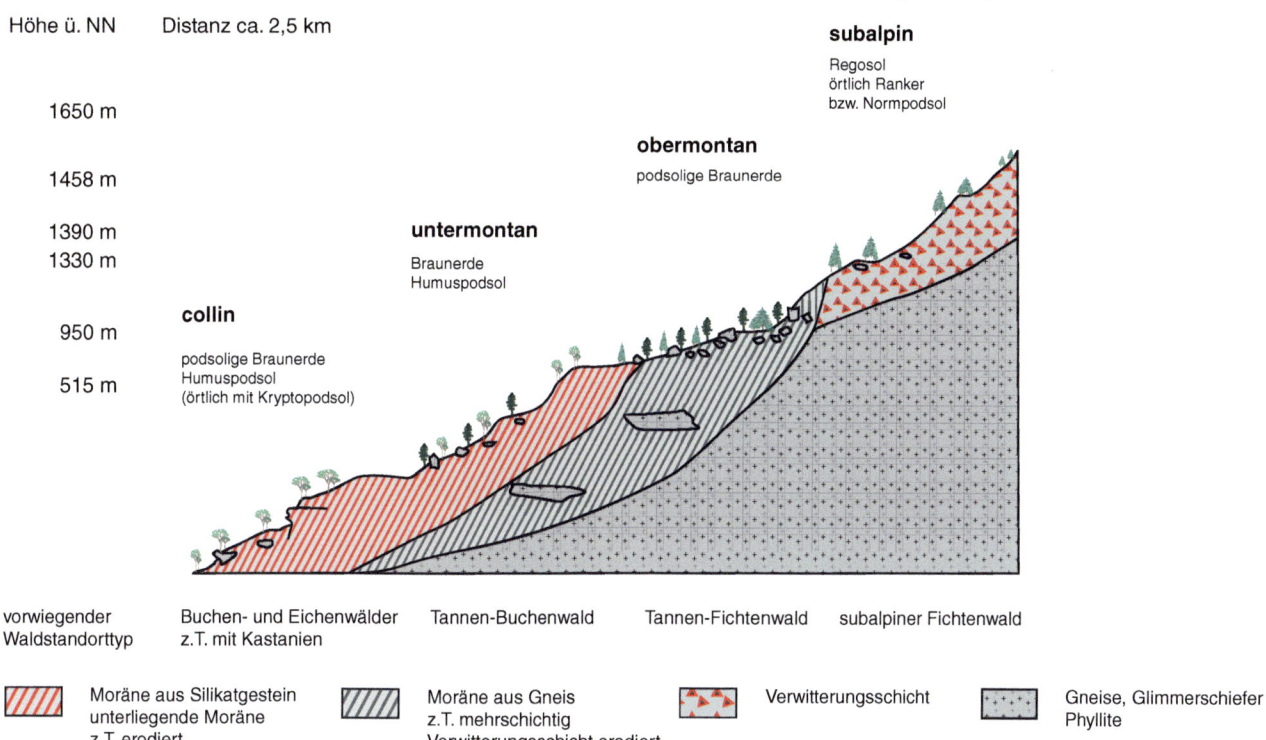

Abb. 29.2 Typische Catena der Bodenregion der Alpensüdseite im Bereich der westlichen Alpen

Literatur

Blaser, P., Kernebeek, P., Tebbens, L., van Breemen, N., Luster, J. (1997): Cryptopodzolic Soils in Switzerland. European Journal of Soil Science, Volume 48, Issue 1: S. 411–423, Wiley Online Library, British Society of Soil Science

Blaser, P., Zimmermann, S., Luster, J., Walthert, L., Lüscher, P. (2005): Waldböden der Schweiz. Band 2. Regionen Alpen und Alpensüdseite. Birmensdorf, Eidgenössische Forschungsanstalt Wald, Schnee und Landschaft (WSL), Bern, Hep Verlag, 920 S.

Frehner, M., Wasser, B., Schwitter, R. (2005): Nachhaltigkeit und Erfolgskontrolle im Schutzwald. Wegleitung für Pflegemaßnahmen in Wäldern mit Schutzfunktion. Vollzug Umwelt. Bundesamt für Umwelt, Wald und Landschaft, Bern, 564 S.

Othmar Nestroy

Inhaltsverzeichnis

Hierzu gehören das südliche Burgenland sowie die Vorländer im Bereich der Ost- und Weststeiermark. Diese Räume werden auch als Grazer Bucht bezeichnet. Der Name weist schon darauf hin, dass es sich um einen klimatischen Gunstraum handelt, der durch Gebirgszüge im Norden wie im Westen gegen extreme Witterungseinflüsse abgeschirmt ist. Demnach ist es eher eine windarme bis windstille Region mit oft langen Inversionslagen im Winter bei tiefen Temperaturen, jedoch ausreichenden sommerlichen Niederschlägen für eine intensive landwirtschaftliche Nutzung.

Die klimatischen Parameter sind günstig: Bei Jahresmitteltemperaturen zwischen 8,5 °C und 9,3 °C, Jännertemperaturen zwischen −2 °C und −3 °C und Julitemperaturen zwischen 18 °C und 19,4 °C beträgt die Vegetationszeit bis knapp 250 Tage. Deshalb ist vielerorts auch ein Anbau von Zweitfrüchten, z. B. Buchweizen, möglich. In Verbindung mit ausreichenden Niederschlägen – sie liegen im überwiegenden Bereich der Region zwischen 800 und 900 mm und nehmen nur gegen Osten auf unter 800 mm ab – und dem Fehlen von austrocknenden Winden und sommerlichen Trockenklemmen ist dies ein Gunstraum, der als illyrische Klimaprovinz bezeichnet wird.

In diesem Raum mit den besten klimatischen Bedingungen für die Bodennutzung in Österreich herrschen aufgrund der lithologischen Ausstattung sehr ungünstige Bodenverhältnisse vor. Die Ursache liegt im großflächigen Auftreten von Staublehmen und den daraus entstandenen Stauwasserböden. Staublehme sind in Genese wie auch Zusammensetzung den Lössen ähnlich. Sie werden deshalb in der internationalen Literatur auch als die kalkfreie (oder kalkarme), schluffreiche, im Spät- und Postglazial äolisch

abgelagerte Varietät von Löss beschrieben, die jedoch in einem anderen, d. h. feuchteren Klimaraum abgelagert wurde und primär zu Dichtlagerung neigt. Dies kann zu synsedimentärer Pseudovergleyung führen. So sind Rost-, Mangan- und Fahlflecken sowie Tongele ebenso Merkmale dieser Böden wie die grobprismatische Struktur, der Wasserstau und die oft zahlreichen Konkretionen. Diese erreichen Stecknadelkopf- bis Erbsengröße und sind in feuchtem Zustand mit dem Messer schneidbar, in ausgetrocknetem Zustand können sie jedoch steinartig verhärten. Aus diesem Grund sind auch die Böden nur in einem bestimmten Feuchtigkeitszustand optimal bearbeitbar und werden deshalb auch als „Stundenböden" oder in extremen Fällen als „Minutenböden" bezeichnet.

Der durch ungünstige Struktur und hohe Niederschläge bedingte Wasserstau führt zur Ausbildung von Pseudogleyen, wobei nach zwei bedeutenden Parametern unterschieden werden muss: Textur und Lage.

Ein Teil der Pseudogleye weist eine sehr einheitliche Textur (mit einer Dominanz der Schluffkomponente) über alle Horizonte auf, und es ist kein abrupter Texturwechsel feststellbar, sodass diese Böden als Haftpseudogleye bezeichnet und nach der WRB 2015 den Stagnosolen zugeordnet werden. Eine zweite Gruppe umfasst Pseudogleye mit einem deutlichen Texturwechsel innerhalb des Profils. Dieser kann die Folge einer Lessivierung sein, durch die dann der Tagwasserstau verstärkt wurde, oder es kann auch ein Schichtprofil (speziell in Hanglagen) vorliegen. Beide werden bei abruptem Texturwechsel nach der WRB 2015 als Planosol, bei mäßigerem Texturwechsel als Stagnosol angesprochen.

Der zweite entscheidende Parameter ist die Topographie: eben oder mehr als 5° geneigt. In den ebenen Lagen kann der oberflächennahe zeitweilige Tagwasserstau in Form von Pfützen oft (sehr) lange andauern, sodass eine Bewirt-

O. Nestroy (✉)
ehemals Technische Universität Graz, Graz, Österreich

© Springer-Verlag GmbH Deutschland, ein Teil von Springer Nature 2023
H. Joisten et al. (Hrsg.), *Böden Deutschlands, Österreichs und der Schweiz*, https://doi.org/10.1007/978-3-8274-2284-2_30

schaftung im Spätherbst oder im Frühjahr vereitelt wird. Deshalb ist z. B. die Körnermaisernte im Spätherbst oftmals unmöglich, und Böden in diesen Lagen sind vielfach nur von Fichtenwäldern bestockt. In Hanglagen hingegen findet eine innere Drainage statt, die ein – auch wenn nur langsames – doch stetes Abfließen des oberflächennahen Hangwassers ermöglicht. Diese Böden trocknen daher rascher ab, sind in der Regel auch früher wieder zu bearbeiten und stellen (sofern nicht zu stark geneigt) insgesamt bessere landwirtschaftliche Standorte dar. In der Österreichischen Bodensystematik (Nestroy et al. 2011) existiert deshalb ein eigener Bodentyp mit der Bezeichnung Hangpseudogley (nach KA5 ist das nur ein Subtyp) (Ad-hoc-AG Boden 2005).

Resümierend darf festgehalten werden, dass es sich in vielen Fällen um a priori erosionsgefährdete, wechselfeuchte und extrem nährstoffarme Standorte handelt, die nur nach gezielten meliorativen Maßnahmen, wie z. B. Drainage und Düngung, in der Lage sind, hohe und nachhaltige Erträge zu liefern. Sie sind gegenwärtig vielfach optimale Standorte für den Anbau von Körnermais. Im Bereich größerer Gerinne schafft die Drainage der umliegenden Terrassen landwirtschaftlich günstigere Standorte.

Ein typisches Bild dieser Bodenregion zeigt die Landschaftsaufnahme der Abb. 30.1. Typische Catenen dieser Bodenregion zeigt die Abb. 30.2.

Abb. 30.1 Ottendorf an der Rittschein, Bezirk Hartberg-Fürstenfeld, Steiermark, Österreich

Bodenregion der Staublehmlandschaften im südöstlichen Alpenvorland

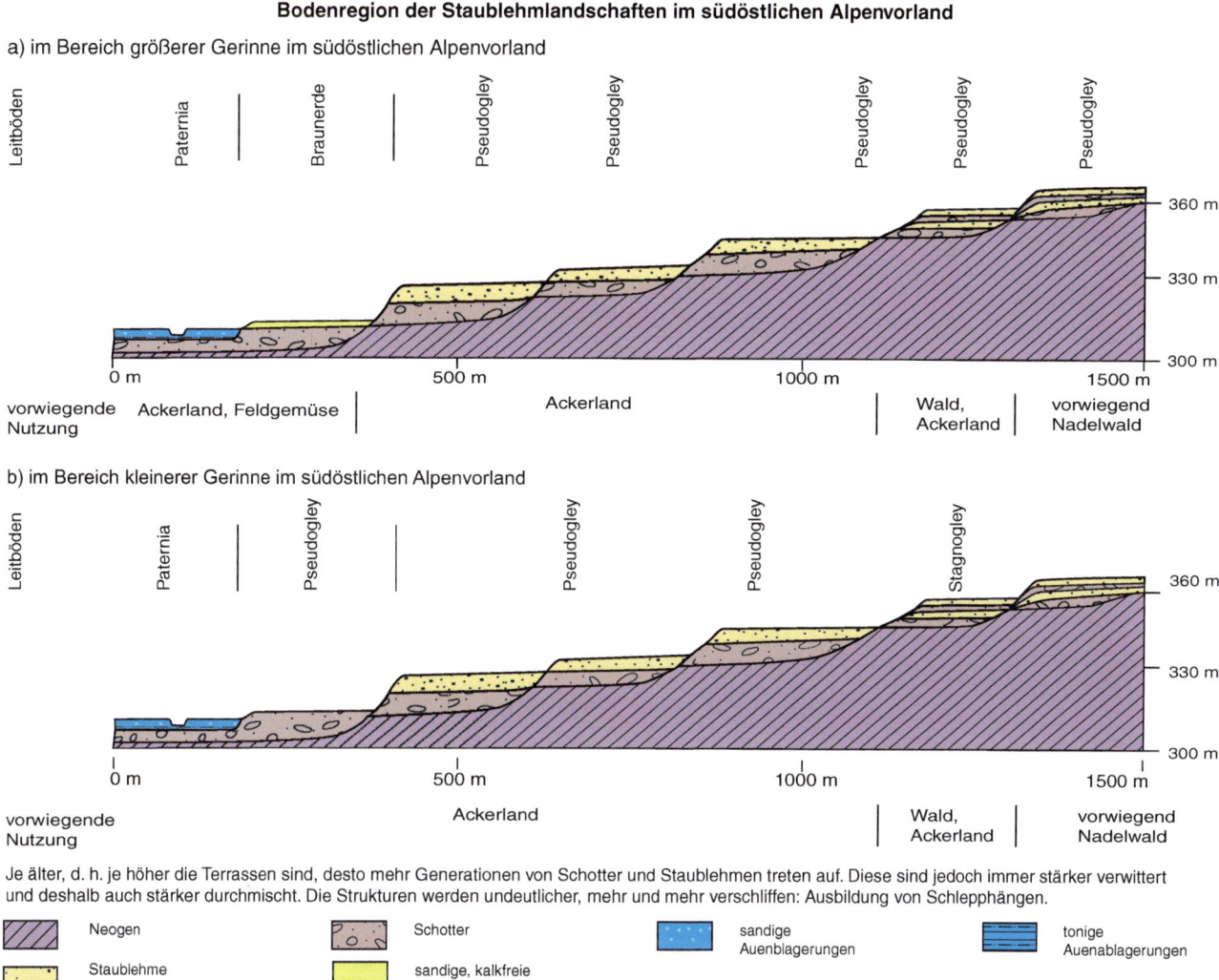

Je älter, d. h. je höher die Terrassen sind, desto mehr Generationen von Schotter und Staublehmen treten auf. Diese sind jedoch immer stärker verwittert und deshalb auch stärker durchmischt. Die Strukturen werden undeutlicher, mehr und mehr verschliffen: Ausbildung von Schlepphängen.

Neogen	Schotter	sandige Auenblagerungen	tonige Auenablagerungen
Staublehme	sandige, kalkfreie Deckschichten		

Autoren: Julius Fink & Otmar Nestroy, modifiziert. Redaktionelle Bearbeitung und kartographische Erstellung: Aline Kästner

Abb. 30.2 Typische Catenen der Bodenregion der Staublehmlandschaften im südöstlichen Alpenvorland

Literatur

Ad-hoc-AG Boden (2005): Bodenkundliche Kartieranleitung, 5. Auflage. Hrsg.: Bundesanstalt für Geowissenschaften und Rohstoffe, Hannover, Schweizerbart'scher Verlag, Stuttgart

IUSS Working Group WRB (2015): World Reference Base for Soil Resources 2014, Update 2015. Edited by P. Schad, C.W. van Huyssteen & E. Michéli. – FAO, World Soil Resources Reports 106, Rom, Italien

Nestroy, O., Aust, G., Blum, W.E.H., Englisch, M., Hager, H., Herzberger, E., Kilian, W., Nelhiebel, P., Ortner, G., Pecina, E., Pehamberger, A., Schneider, W., Wagner, J. (2011): Systematische Gliederung der Böden Österreichs – Österreichische Bodensystematik 2000 in der revidierten Fassung von 2011. Mitteilungen der Österreichischen Bodenkundlichen Gesellschaft, Wien

Bodenregion 19: Lösslandschaften im pannonischen Trockengebiet

31

Othmar Nestroy

Inhaltsverzeichnis

Diese Bodenregion umfasst die Lösslandschaften im Nordosten Österreichs. Dazu gehören das Karpatenvorland, das Wiener Becken, das nördliche Burgenland sowie das pannonische Trockengebiet im engeren Sinne. Letzteres umfasst die Kremser Bucht, das Westliche und Östliche Weinviertel, das Tullner Feld, das Marchfeld sowie die nördlichen Teile des mittleren Burgenlandes und ist durch ein semihumides Klima charakterisiert. Die Jahressumme der Niederschläge liegt zwischen 500 und 600 mm, das Jahresmittel der Temperatur zwischen 9,5 °C und 10,2 °C mit einem Jännermittel um −2 °C und einem Julimittel um 19,5 °C. Die Vegetationszeit beträgt zwischen 240 und 255 Tagen. Nicht unerwähnt dürfen die heißen und somit austrocknenden Ostwinde bleiben (auch „Ungarische Winde" genannt), die oftmals Grund für eine Notreife und damit Mindererträge (Schmachtkornbildung) bei Getreide sind. Das Klima weist somit in diesem Bereich Österreichs kontinentale Züge auf, dokumentiert durch eine Winterstarre wie Sommerdürre, wovon Böden mit gehemmter Verwitterung – oftmaliges Fehlen eines Bv-Horizontes – Zeugnis geben.

Neben diesen prägenden klimatischen Faktoren sind gleichwertig auch der lithologische Faktor sowie die morphologische Situation. Das Weinviertel weist über dem Grundgebirge eine bis zu 5000 m mächtige paläogene wie neogene Sedimentdecke auf – die zahlreichen Erdöl- und Erdgasbohrungen vermitteln uns präzise Informationen über diese Basis –, die zum Teil überlösst ist. Daneben sind als Deckschichten und somit bodenbildende Substrate Tone, Flugsande, Sande, Kiese und Schotter zu nennen; diese stehen hier jedoch nicht zur Diskussion.

Die Lössdecke von sehr unterschiedlicher Mächtigkeit ist jedoch sehr lückig, sodass der neogene Untergrund oftmals an die Oberfläche tritt und für die Bodenbildung wirksam wird. Die neogene wie auch rezente Oberfläche ist ferner keineswegs eben, sondern stellt sich heute dem Betrachter als eine flachwellige Landschaft dar, als Region mit weit ausschwingenden Tälern und Talungen, getrennt von flachen Riedelflächen bzw. alten Niveaus. Charakteristisch ist der hohe Anteil an Paläoböden, wie z. B. reliktischen Braunerden, Parabraunerden sowie Terrae fuscae (nach Bodenkundlicher Kartieranleitung – KA5 – bzw (Ad-hoc-AG Boden 2005). Kalkbraunlehme nach der Österreichischen Bodensystematik (ÖBS) in der revidierten Fassung von 2011) (Nestroy et al. 2011).

Aus diesen Lössen, die während der letzten Kaltzeitperiode in einem Zeitraum zwischen 2,6 Mio. und 13.000 Jahren als äolisches, kalkreiches und poröses Material abgelagert wurden, haben sich hochwertige Tschernoseme entwickelt, die vorwiegend spät- und postglazialen Alters sein dürften. Die Mächtigkeit der A-Horizonte übersteigt kaum 70 cm, der Humusgehalt ist mit höchstens 2,5 M.-% relativ gering. Erwähnenswert ist aber, dass ein Bundesmusterstück der Österreichischen Bodenschätzung mit der Bodenzahl 100 im Bereich von Großnondorf (Westliches Weinviertel) liegt.

Die lückenhafte Lössverbreitung wie auch die die morphologische Situation bedingen, dass keineswegs von einem geschlossenen Vorkommen von Tschernosemen gesprochen werden kann, sondern aufgrund des Kräftespiels der bodenbildenden Faktoren auch diverse Rendzinen und Pararendzinen, in Hanglagen carbonathaltige Lockersyroseme und in Unterhanglagen Kolluvisole auftreten. In höheren Lagen – ab etwa 200 bis 250 m – sind auch Braunerde-Pararendzinen sowie reliktische Braunerden bis Terrae fuscae zu finden.

O. Nestroy (✉)
ehemals Technische Universität Graz, Graz, Österreich

© Springer-Verlag GmbH Deutschland, ein Teil von Springer Nature 2023
H. Joisten et al. (Hrsg.), *Böden Deutschlands, Österreichs und der Schweiz*, https://doi.org/10.1007/978-3-8274-2284-2_31

Seit dem Neolithikum wurden Tschernoseme vom Menschen unter Kultur genommen. Auch andere Indikatoren, wie Bodenentwicklungen auf Resten von Hallstatt-C-Funden und auf römischen Ruinen im Bereich von Carnuntum (Petronell, Niederösterreich), erlauben den Schluss, dass auch derzeit ein Klima herrscht, das eine Bodenentwicklung in Richtung Tschernosem bewirkt. Dies ist auch daran zu erkennen, dass in Tschernosemen ein deutlich ausgeprägter Bv-Horizont bzw. auch eine nur ansatzweise Verbraunung am Übergang vom A- zum AC- oder C-Horizont nicht erkennbar ist. Auch der deutlich nachweisbare Kalkgehalt in Bv-Horizonten der Braunerde-Pararendzinen kann als Indiz für eine solche Bodenentwicklung gewertet werden.

Allgemein gesehen handelt es sich bei den Böden im pannonischen Lössgebiet Österreichs um fruchtbare bis sehr fruchtbare Böden – speziell bei tiefkrumigen und tiefgründigen Tschernosemen und Kolluvisolen in Unterhanglagen mit Zuschusswasser –, auf denen alle landesüblichen Feldfrüchte mit Erfolg kultiviert werden können. Allein zu trockene Jahre oder solche mit einer sehr ungünstigen Niederschlagsverteilung können eine Qualitäts- wie Quantitätsminderung verursachen, weshalb bei trockenempfindlichen Kulturen und solchen mit hohem Wasserbedarf (z. B. Feldgemüse, gegebenenfalls Zuckerrüben) eine Beregnung erforderlich ist.

Typische Bilder dieser Bodenregion zeigen Abb. 31.1, 31.2 und 31.3. Eine typische Catena dieser Bodenregion zeigt die Abb. 31.4.

Abb. 31.1 Historische Lösshöhle, „Kunst im Löss", Zellergraben, Furth, Gemeinde Göttweig, Bezirk Krems, Niederösterreich (Quelle: O. Nestroy)

Abb. 31.2 „Kunst im Löss", Zellergraben, Furth, Gemeinde Gött-weig, Bezirk Krems, Niederösterreich (Quelle: O. Nestroy)

Abb. 31.3 Lösswände im Zellergraben, Bezirk Krems, Niederöster-reich (Quelle: O. Nestroy)

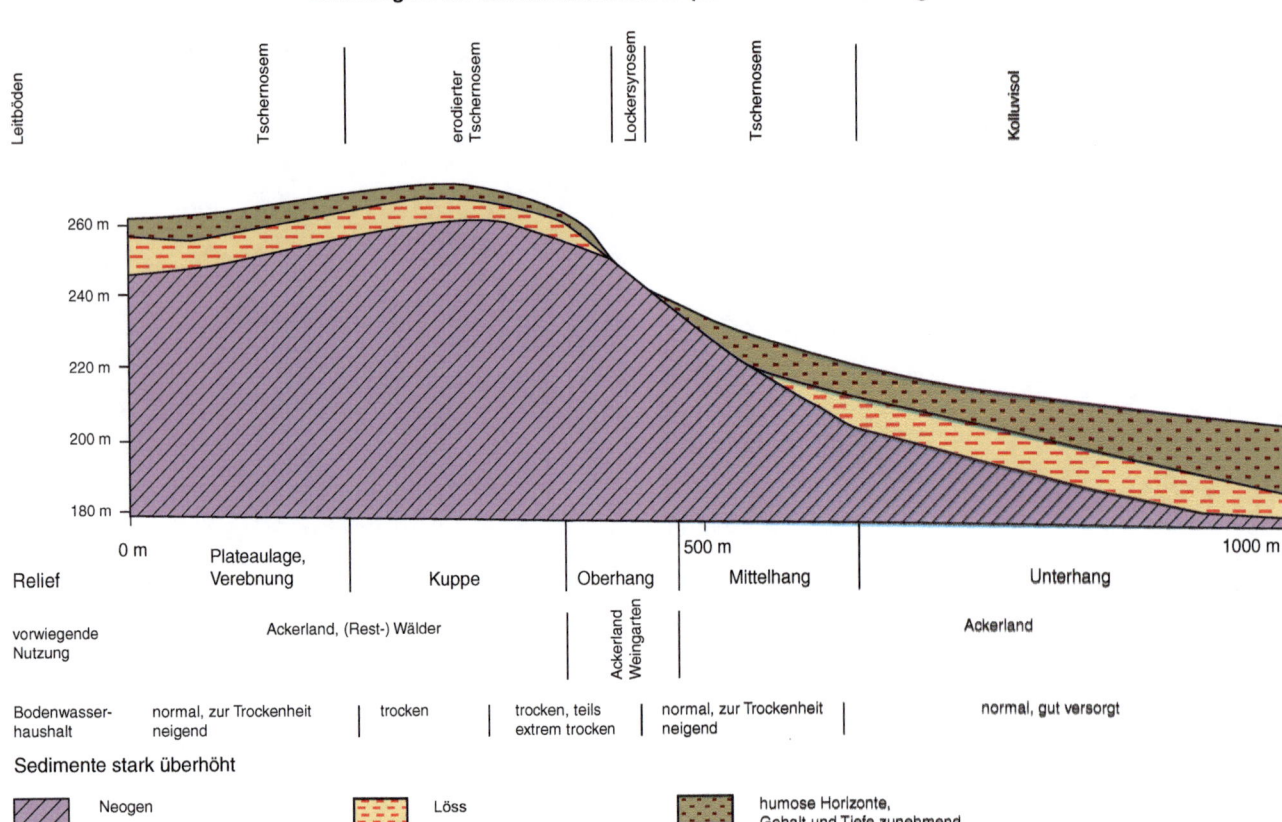

Abb. 31.4 Typische Catena der Bodenregion der Lösslandschaften im pannonischen Trockengebiet

Literatur

Ad-hoc-AG Boden (2005): Bodenkundliche Kartieranleitung, 5. Auflage. Hrsg.: Bundesanstalt für Geowissenschaften und Rohstoffe, Hannover, Schweizerbart'scher Verlag, Stuttgart

Nestroy, O., Aust, G., Blum, W.E.H., Englisch, M., Hager, H., Herzberger, E., Kilian, W., Nelhiebel, P., Ortner, G., Pecina, E., Pehamberger, A., Schneider, W., Wagner, J. (2011): Systematische Gliederung der Böden Österreichs – Österreichische Bodensystematik 2000 in der revidierten Fassung von 2011. Mitteilungen der Österreichischen Bodenkundlichen Gesellschaft, Wien

Bodenklassenkarten und Profilpunktekarte, Auswahl der Profile und Erläuterungen zu den verwendeten Daten

32

Andreas Richter, Wolf Eckelmann, Peter Schad,
Holger Joisten, Dieter Kühn und Luise Giani

Inhaltsverzeichnis

32.1   Bodenklassenkarten

Bei der Beschreibung von Böden in Bodenkarten stehen meist die bodensystematischen Einheiten im Vordergrund. Die Bodensystematik, die neben der Substratsystematik (vgl. AK Bodensystematik 1998; Ad-hoc-AG Boden 2005, KA5) ein wichtiges Gliederungsprinzip zur Kennzeichnung der Böden darstellt, umfasst dabei verschiedene hierarchische Ebenen. Die Kennzeichnung der Böden wird ausgehend von den unterschiedlichen Bodenhorizonten sowie deren Abfolge und Mächtigkeit innerhalb eines Bodenprofils vorgenommen. Aus den dabei in der Regel ausgewiesenen Bodensubtypen, die weiter in Varietäten bzw. Subvarietäten unterteilt werden können, lassen sich Rückschlüsse auf die abgelaufenen Prozesse der Bodenentwicklung ziehen. Die Zusammenfassung nach charakteristischen Merkmalen führt zu den Ebenen der Bodentypen, Bodenklassen und Bodenabteilungen. In dieser systematischen Zusammenfassung werden nur die pedogenen Eigenschaften der Böden und der inhaltliche Kontrast zwischen ihnen berücksichtigt, nicht aber die Häufigkeit ihres Auftretens und ihre Verbreitungsgebiete.

Bodenkarten stellen bei kleiner werdendem Maßstab zunehmend größere Ausschnitte der Bodendecke in ihren Kartiereinheiten also in den Einzelflächen dar. Das erfordert auch eine stärkere räumliche Generalisierung. Benachbarte Böden, die in diesem Prozess zusammengefasst werden müssen, weisen jedoch häufig einen hohen inhaltlichen Kontrast auf, der auch den Rahmen von Bodentypen oder Bodenklassen weit übersteigen kann. Ein Beispiel hierfür ist das kleinflächige Auftreten von Mooren in den Jungmoränenlandschaften. Diese zunehmende inhaltliche Heterogenität innerhalb der Legendeneinheiten einer Bodenkarte kann nur beschrieben werden, indem man Bodeninventare angibt. Dabei werden die Böden nach ihrem Flächenanteil meist in Leit- und Begleitböden unterteilt.

Für eine Darstellung der Verbreitung der Bodenklassen in den Arealen der Bodenregionen wurden kleinmaßstäbige

A. Richter (✉) · W. Eckelmann
ehemals Bundesanstalt für Geowissenschaften und Rohstoffe,
Hannover, Deutschland

P. Schad
Technische Universität München, TUM School of Life Sciences,
Lehrstuhl für Bodenkunde, Freising-Weihenstephan, Deutschland

H. Joisten
ehemals Sächsisches Landesamt für Umwelt, Landwirtschaft und
Geologie, Dresden, Deutschland

D. Kühn
ehemals Landesamt für Bergbau, Geologie und Rohstoffe
Brandenburg, Cottbus, Deutschland

L. Giani
ehemals Universität Oldenburg, Oldenburg, Deutschland

Die Originalversion des Kapitels wurde revidiert. Ein Erratum ist verfügbar unter https://doi.org/10.1007/978-3-8274-2284-2_56

Übersichtskarten gewählt. Hierzu musste ein räumlicher Bezug zwischen den Bodenregionen und den ebenfalls in einem möglichst kleinen Maßstab dargestellten Verbreitungsgebieten der einzelnen Bodenklassen hergestellt werden. Dabei wurde die ungleichmäßige aber regelhafte Verteilung der Bodenklassen nicht nur zwischen, sondern auch innerhalb der Bodenregionen deutlich. Ein typisches Beispiel dafür ist die „Bodenregion des Küstenholozäns" im Bereich der Nordseeküste, in der die Bodenklasse der Marschen und die Bodenklasse der Semisubhydrischen Böden, zu der die Wattböden gehören, räumlich deutlich getrennt vorkommen.

Neben der unterschiedlichen räumlichen Verteilung der Bodenklassen muss auch beachtet werden, dass sich die Bodenklassen in ihren Flächengrößen und Flächenanteilen in den Bodenregionen stark unterscheiden. Die Erklärung hierfür ist, dass Bodenregionen die Verbreitungsgebiete der Bodenausgangsgesteine widerspiegeln und damit der unterschiedlichen Substrate. Zu den weit verbreiteten Bodenklassen mit relativ kompakten räumlichen Verbreitungsgebieten zählen beispielsweise die Braunerden, die Podsole oder die Lessivés. Dagegen kommt die Klasse der Strandböden nur auf schmalen Küstenabschnitten innerhalb der Bodenregion des Küstenholozäns vor. Vergleichbar geringe Flächenanteile weist auch die Bodenklasse der O/C-Böden auf, zu der die Fels- und die Skeletthumusböden der Alpen gehören. Die Bodenklasse der terrestrischen anthropogenen Böden, deren Profilaufbau durch die Tätigkeit des Menschen stark verändert wurde, ist zwar sehr weit verbreitet, aber in eine Vielzahl kleiner Einzelflächen gegliedert. Am Beispiel dieser Bodenklassen wird ersichtlich, dass ein hohes inhaltliches Aggregierungsniveau nicht zwangsläufig auch zu einer weiten räumlichen Verbreitung mit kompakten Verbreitungsgebieten führt.

Auch diese Tatsache hat Konsequenzen für die bodenregionale Darstellung der Bodenklassen. Während die kompakten Verbreitungsgebiete z. B. der Braunerden auch in Bodenübersichtskarten kleiner Maßstäbe noch darstellbar sind, wären Strandböden im gleichen Maßstab kaum noch erkennbar. Auch eine Kennzeichnung der Strandböden als Bestandteil des Bodeninventars stärker generalisierter Legendeneinheiten scheidet als Darstellungsmöglichkeit aus, denn die in den Legendenbeschreibungen ausgewiesenen Böden sollten einen Mindestflächenanteil in den zugehörigen Kartierungseinheiten nicht unterschreiten. Deshalb mussten für eine Reihe von Bodenklassen typische Verbreitungsgebiete ausgewählt werden, um sie in Kartenausschnitten exemplarisch in einem kleineren Maßstab darzustellen. Dafür wurden großmaßstäbigere Kartierungen, wie die Bodenübersichtskarte 1 : 200.000 von Deutschland genutzt.

Als geeignete länderübergreifende Kartengrundlage für die graphische Darstellung der Bodenklassen hat sich die Soil Geographical Database of Eurasia at scale 1 : 1.000.000 (ESB 2001) erwiesen. Auf der Grundlage nationaler Kartenbeiträge der EU-Staaten und einer Reihe benachbarter Länder wurden diese Bodenübersichtskarte und die zugehörige Datenbasis am Joint Research Centre (JRC) erarbeitet, europaweit harmonisiert und fortlaufend aktualisiert (European Commission 2003). Zu den wesentlichen Ergänzungen bei der Inhaltskennzeichnung der Legendeneinheiten zählen u. a. die Einführung der FAO-Unesco Revised Legend aus dem Jahre 1988 und der World Reference Base for Soil Resources (WRB), 1. Auflage von 1998, 2. Auflage von 2006, 3. Auflage von 2014 mit Update 2015.

Für Deutschland standen das Ausgangsmaterial der europäischen Bodenübersichtskarte und damit auch die Legendenbeschreibungen nach der deutschen Nomenklatur zur Verfügung. Im Gegensatz dazu mussten die Bodenklassen für Österreich und die Schweiz aus den vom JRC vorgehaltenen Daten abgeleitet werden. Eine solche Rückübersetzung ist immer eine gewisse Fehlerquelle. Außerdem stellte sich heraus, dass seinerzeit bei der Übertragung der nationalen schweizerischen Legendeneinheiten in die Revised Legend der FAO-Unesco (FAO 1988) offensichtlich Fehler passiert waren und die europäische Bodenübersichtskarte für einige Teile der Schweiz unplausibel ist. Bei der Erstellung der hier vorgelegten Bodenklassenkarten wurde dies, individuell für die einzelnen Legendeneinheiten, korrigiert.

Um die Unterschiede aber auch den Zusammenhang zwischen den Bodenklassen und den Bodenregionen darzustellen, werden die Bodenklassen nach einer graphischen Verschneidung zusammen mit den Grenzen der Bodenregionen dargestellt. Damit das Vorkommen der Bodenklassen dabei differenzierter abgebildet werden kann, wird eine Unterteilung in Hauptverbreitungsgebiete und Gebiete mit anteiliger Verbreitung vorgenommen. Nach ihrem Anteil am Bodeninventar in den Legendeneinheiten der Ausgangskarten wird unterschieden, ob eine Bodenklasse darin als Leitboden oder als Begleitboden vorkommt oder ob ihr Flächenanteil zu gering für eine Darstellung ist. Als Maßstab dient dabei die Tabelle der Flächenanteilsstufen der KA 5.

Die Bodenübersichtskarten wurden für die Ableitung der Bodenklassen verwendet. Während diese eine Vielzahl unterschiedlicher Legendeneinheiten umfassen, werden in jeder Bodenklassenkarte nur die Verbreitungsgebiete einer Bodenklasse getrennt nach einem Anteil von <30 oder >=30 % dargestellt. Durch diese starke Vereinfachung in Hinblick auf die Lesbarkeit der Karten ist es möglich, auch teilweise filigrane Verbreitungsgebiete der Bodenklassen abzubilden.

32.2   Profilpunktekarte

Als Grundlage für die Profilpunktekarte und ihre Legende (Abb. 32.1 und 32.2) wurde die Bodenregionenkarte der drei Länder Deutschland, Österreich und Schweiz verwendet. Die Lagepunkte der Bodenprofile sind dort mit ihren Profil-nummern von 1–200 dargestellt, ebenso die Bodenregionen von 1–19. Damit ist eine Orientierung, in welchen Gebieten die vorgestellten Auswahlprofile vorkommen, möglich. Aus Datenschutzgründen wurde der exakte Standort der Profile nicht angegeben. Daher kennzeichnet die Profilnummer nur die Lokalität und nicht den Punkt des Vorkommens.

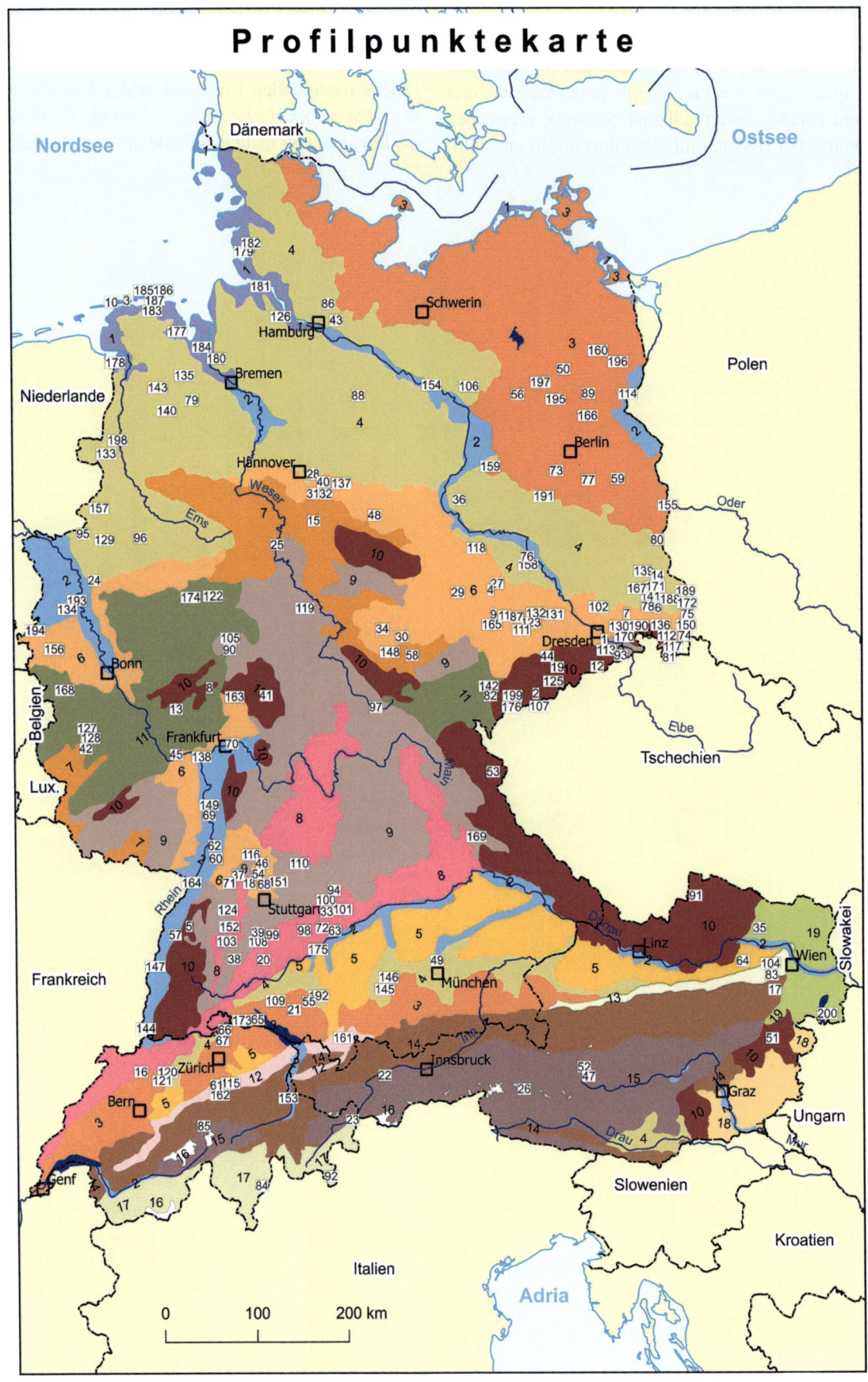

Abb. 32.1 Profilpunktekarte für Deutschland, Österreich und die Schweiz

Abb. 32.2 Legende zur Profilpunktekarte für Deutschland, Österreich und die Schweiz

Legende

21 Profilnummer

1. Bodenregion des Küstenholozäns

2. Bodenregion der (überregionalen) Flusslandschaften

3. Bodenregion der Jungmoränenlandschaften

4. Bodenregion der Altmoränenlandschaften

5. Bodenregion der Deckenschotterplatten und Tertiärhügelländer im nördlichen Alpenvorland

6. Bodenregion der mittel- und süddeutschen Löss- und Sandlösslandschaften

7. Bodenregion der Berg- und Hügelländer mit hohem Anteil an nicht metamorphen Sedimentgesteinen im Wechsel mit Löss

8. Bodenregion der Berg- und Hügelländer mit hohem Anteil an nicht metamorphen carbonatischen Gesteinen

9. Bodenregion der Berg- und Hügelländer mit hohem Anteil an nicht metamorphen Sand-, Schluff-, Ton- und Mergelgesteinen

10. Bodenregion der Berg- und Hügelländer mit hohem Anteil an Magmatiten und Metamorphiten

11. Bodenregion der Berg- und Hügelländer mit hohem Anteil an Ton- und Schluffschiefern

12. Bodenregion der nicht oder nur gering metamorphen Gesteine der Faltenmolasse und der mittleren und westlichen Flyschzone

13. Bodenregion der Berg- und Hügelländer der östlichen Flyschzone mit hohen Anteilen an Mergeln, Tonsteinen und Sandsteinen

14. Bodenregion der Alpen mit vorwiegend carbonatischen Gesteinen

15. Bodenregion der Alpen mit vorwiegend silikatischen Gesteinen

16. Bodenregion der Gletscher und Dauerschneegebiete

17. Bodenregion der Alpensüdseite im Bereich der westlichen Alpen

18. Bodenregion der Staublehmlandschaften im südöstlichen Alpenvorland

19. Bodenregion der Lösslandschaften im pannonischen Trockengebiet

Seen

Ländergrenzen

Küstenlinie

Flüsse

Städte

Bearbeitungen
Profilpunktekarte: D. Kühn
Bodenregionen:
- Deutschland: A. Richter, W. Eckelmann
- Österreich: O. Nestroy, M. Englisch
- Schweiz: P. Lüscher
- länderübergreifend: P. Schad, E. Pickert
Kartographische Grundlagen: E. Pickert, S. Richter, R. Reiter
Topographische Daten: Made with Natural Earth
@naturalearthdata.com

32.3   Auswahl der Profile

Die 200 repräsentativen und typischen Böden wurden aus verschiedenen Gebieten der drei Länder Deutschland, Österreich und der Schweiz in vergleichbaren Bodenregionen und Bodenlandschaften ausgesucht. Die Kriterien für ihre Auswahl waren, dass es sich zum einen um typische Böden handeln sollte mit hohem Wiedererkennungswert bei Profilaufnahmen gemäß der Bodenkundlichen Kartieranleitung KA5. Zum anderen war das Ziel, möglichst alle Bodentypen und Subtypen der deutschen Bodensystematik vorzustellen. Die aus den bodenkundlichen Fachkreisen angebotenen Profile konnten aber nicht die gesamte Bodensystematik abdecken. Es stellte sich heraus, dass von einigen, weniger verbreiteten Subtypen keine geeigneten Profilbeispiele bereitgestellt werden konnten. Auch entsprachen einige Autorenvorschläge nicht den Ansprüchen, die an die Bildqualität gestellt wurde oder es fehlten wichtige Daten für die Beschreibung. Weitere Auswahlkriterien waren das Bodenausgangsgestein. Das führt dazu, dass Böden aus stärker verbreiteten Ausgangs-gesteinen häufiger vorgestellt werden als weniger oder nur selten verbreitete. Die beschriebenen Horizontierungen, Substratarten, Bodenfarben, hydromorphe und pedogene Merkmale, Humosität, Durchwurzelung und Gefüge sollten möglichst dem Profilbild entsprechen. Die Dokumentation der charakteristischen Bodeneigenschaften durch standardisierte Analysenergebnisse war eine weitere Voraussetzung.

In allen Profilen wird der Boden nach seinem Vorkommen, den Ausgangsgesteinen, den Bodenprozessen und Bodeneigenschaften, seiner Nutzung und Vegetation sowie potentieller Gefährdung beschrieben. Da Österreich und die Schweiz eigene Klassifikationssyteme haben, werden die Bodenprofile aus diesen Ländern zusätzlich nach der Österreichischen Bodensystematik (ÖBS, Nestroy et al. 2011) und der Schweizerischen (KlaBS, Arbeitsgruppe Klassifikation und Nomenklatur der Bodenkundlichen Gesellschaft der Schweiz 2010) angesprochen. Zur länderübergreifenden Verständigung sind alle Profile außerdem nach der internationalen Bodenklassifikation „World Reference Base for Soil Resources" (WRB) benannt (IUSS Working Group WRB 2015).

Profilübersicht

Profil-Nr.	Subtypen*	Substrattyp	Bodenausgangsgestein
Klasse F: O/C-Böden			
1	Normfelshumusboden (FFn)	og-O\n-^s	flache organische Auflage über Sandstein
2	Normskeletthumusboden (FSn)	p-n(+Ne)	Hangschutt aus Nephelinit
Klasse O: Terrestrische Rohböden			
3	Normlockersyrosem (OLn)	a-s(Sa,d)	Dünensand
4	Normlockersyrosem (OLn)	oj-s+(k)el(Sgf+Mg)	anthropogen aufgetragener Schmelzwassersand und Geschiebemergel
Klasse R: Ah/C-Böden			
5	Normranker (RNn)	p-lz(+G)\n-+G	flache Fließerde aus Granit über Granit
6	Euranker (RNr)	u-zl(+B,Slo)\n-+B	flacher Hanglehm aus Basalt und Lösssand über Basalt
7	Lockersyrosem-Ranker (OL-RN)	oj-sn(+GDr)\oj-n(+GDr)	Haldenmaterial aus Granodiorit
8	Braunerde-Ranker (BB-RN)	p-zu(Lol,*Tsf)\n-*Tsf	Fließerde aus Lösslehm und Tonschiefer über Tonschiefer
9	Euregosol (RQr)	oj-(k)l(Los,Lg)//oj-(^brk)xs(^brk,lpq)	anthropogen aufgetragener Sandlöss und Geschiebelehm über tiefem Kohlebrocken führenden Tertiärsand
10	Euregosol (RQr)	a-s(Sa,d)	Dünensand
11	Lockersyrosem-Regosol (OL-RQ)	u-s(lpq)/oj-(k)s(lpq)	anthropogen aufgetragene Tertiärsande
12	Lockersyrosem-Regosol (OL-RQ)	os-zs(+R)/n-+R	anthropogen aufgetragenes Porphyrmaterial über Porphyr
13	Braunerde-Regosol (BB-RQ)	p-tz(Lo,*Tsf)/n-*Tsf	Fließerde aus Löss und Tonschiefer über Tonschiefer
14	Pseudogley-Regosol (SS-RQ)	oj-s(Sgf)/oj-(k)l+l(lpq)	anthropogen aufgetragener Schmelzwassersand über Tertiärtonen
15	Normrendzina (RRn)	c-tn(Tr+^k)\c-n(^k)/n-^k	flacher verwitterter Kalkstein über Kalkstein
16	Normrendzina (RRn) Typ und Untertyp KlaBS: Rendzina, alkalisch, carbonatreich	u-zel(^k)/u-esn(^k)	Hangablagerungen aus Kalkstein

Profil-Nr.	Subtypen*	Substrattyp	Bodenausgangsgestein
17	Normrendzina (RRn) Subtyp ÖBS: Moder-Rendzina	u-euz(^k)\u-ez(^k)	Hangsedimente aus Kalksteinschutt
18	Braunerde-Rendzina (BB-RR)	p-(z)et(^k,Lo)/p-n(^k)//n-^k	Fließerde aus Kalkstein und Löss über Hangschutt und tiefem Kalkstein
19	Normpararendzina (RZn)	oj-nl(*K,*Gl)/oj-eln(*K,*Gl)	anthropogen aufgetragener Dolomit-Marmor und Glimmerschiefer
20	Normpararendzina (RZn)	oj-(z)xes(Yb,Yj)\oj-zet(Yb,Yj)/ oj-zes(Yb,Yj)	anthropogen aufgetragener Bauschutt und Bodenmaterial
21	Normpararendzina (RZn)	g-(k)el(Mg)\g-kel(Mg)	Geschiebemergel
22	Normpararendzina (RZn) Subtyp ÖBS: Typischer Tschernosem	f-(k)es(Mhf)\f-el(Mhf)//f-esk(Gt)	Hochflutmergel über tiefem Terrassenkies
23	Normpararendzina (RZn) Typ und Untertyp KlaBS: Regosol, alkalisch, carbonatreich	f-es(Mf)//u-esn(Of,Xhg)	Flussmergel über tiefem Hangschutt
24	Lockersyrosem-Pararendzina (OL-RZ)	oj-z(Ys,+B)\oj-z(Yeb)//oj-zxs(Ya)	flacher Basaltschotter mit Schlacke über Bergematerial über tiefer Asche
25	Braunerde-Pararendzina (BB-RZ)	u-(z) eu(^mk,Lo)/p-eun(^mk,^k)//c-n(^mk,u)	Fließerde aus Mergelstein und Löss über Fließerde aus Mergel- und Kalkstein über tiefem Schluffmergelstein
26	Braunerde-Pararendzina (BB-RZ) Subtpy ÖBS: carbonathaltige Braunerde	u-(z)es(*Ph,Sa)/u-esz(*Gl,*Ph)	Hangsediment aus Flugsand und Kalkphyllit über Hangsediment aus Kalkglimmerschiefer und Kalkphyllit
27	Pseudogley-Pararendzina (SS-RZ)	oj-(k)el(gf,Mg)\oj-(k)el(Mg)	anthropogen aufgetragener Geschiebemergel
28	Gley-Pararendzina (GG-RZ)	p-el(Sgf,Lg)/p-(k)eu+(z)el(Lg+^mk)	Fließerdefolge über tiefem Mergelstein
Klasse T: Schwarzerden			
29	Normtschernosem (TTn)	p-u(Lo)/a-eu(Lo)	Löss
30	Braunerde-Tschernosem (BB-TT)	p-(k)t(+Va,Lol))/g-(k)el(Mg)	Fließerde aus sauren Vulkaniten und Lösslehm über Geschiebemergel
31	Pseudogley-Tschernosem (SS-TT)	a-u(Lo)/a-eu(Lo)	Löss
32	Gley-Tschernosem (GG-TT)	a-t(Lo)/a-et(Lo)	Löss
33	Gley-Tschernosem (GG-TT)	u-t(Lou)/u-eu(Lou)	Schwemmlöss
34	Normkalktschernosem (TCn)	p-(z)et(^k,Lo)//p-et(Lo)	Fließerde aus Kalkstein und Löss über tiefer Fließerde aus Löss
35	Normkalktschernosem (TCn) Subtyp ÖBS: Typischer Tschernosem	p-et(Lo)/a-eu(Lo)	Löss
36	Gley-Kalktschernosem (GG-TC)	u-el(Luz)/g-(k)es(Sg)	umgelagerter Lehm über Geschiebesand
Klasse D: Pelosole			
37	Normpelosol (DDn)	p-(z)t(^mk,t)//n-^mk,t	Fließerde aus Tonmergelstein über tiefem Tonmergelstein
38	Humuspelosol (DDh)	p-et(^tbl)/c-xet(^tbl)//n-^tbl	Fließerde aus Schieferton über Schieferton
39	Pararendzina-Pelosol (RZ-DD)	c-(z)et(^tbl)/n-^tbl	verwitterter Schieferton über Schieferton
40	Pseudogley-Pelosol (SS-DD)	p-t(^t,Lo)\c-t(^t)	flache Fließerde aus Tonstein und Löss über verwittertem Tonstein
Klasse N: Andosole (nach KA6)			
41	Braunerde-Andosol (BB-NN)	p-(z)t(V,Lo)/p-(z)u(V,Lr)//p-zu(Lr,V)	Fließerde aus Tephra und Löss über Fließerde aus Tephra und Residuallehm
42	Silandosol (NNi) (nach KA6)	p-lz(Vs)\p-uz(Vs)	Fließerde aus Vulkanschlacke
Klasse B: Braunerden			
43	Normbraunerde (BBn)	p-(k)s(Sp)/g-(k)s(Sg)	Geschiebedecksand über Geschiebesand
44	Normbraunerde (BBn)	p-zl(*Gn,Lol)/p-z(*Gn)	Fließerde aus Gneis und Lösslehm über Fließerde aus Gneis
45	Normbraunerde (BBn)	p-zu(*Tsf,Lo)/p-z(*Tsf)	Fließerde aus Tonschiefer und Löss über Fließerde aus Tonschiefer
46	Normbraunerde (BBn)	p-ns(Lo,^s)/c-ns(^s)/n-^s	Fließerde aus Löss und Sandstein über Sandstein

Profil-Nr.	Subtypen*	Substrattyp	Bodenausgangsgestein
47	Normbraunerde (BBn) Subtyp ÖBS: Podsolige Braunerde	u-lz(*Ma)\u-n(*Ma)	Hangsedimente aus sauren metamorphen Gesteinen
48	Kalkbraunerde (BBc)	u-(k)l(Gt,Los)/p-kl(Gt)//f-ks(Gt)	Hangsediment aus Terrassenkies und Sandlöss über Fließerde aus Terrassenkies
49	Humusbraunerde (BBh)	p-(k)t(Lhf,Lol)/f-ek(Ggf)	Fließerde aus Hochflutlehm und Lösslehm über Schmelzwasserkies
50	Humusbraunerde (BBh)	p-s(Sp)/p-s(Sgf)	Decksand über Schmelzwassersand
51	Humusbraunerde (BBh) Subtyp ÖBS: Podsolige Braunerde	u-lz(*Ma)/u-sn(*Ma)	Hangsedimente aus sauren metamorphen Gesteinen
52	Humusbraunerde (BBh) Subtyp ÖBS: Typische Braunerde	u-zu(*Ma)/c-n(*Ma)	Hangsediment aus sauren metamorphen Gesteinen über Hangschutt aus sauren metamorphen Gesteinen
53	Lockerbraunerde (BBl)	p-zl(*Gl)/p-zs(*Gl)	Fließerdefolge aus Glimmerschiefer
54	Pelosol-Braunerde (DD-BB)	p-(z)t(^s,^t)/c-n(^s)	Fließerdefolge aus Sand- und Tonstein über Sandstein
55	Parabraunerde-Braunerde (LL-BB)	p-(k)l(Ogf,Lo)/f-sk(Ogf)	Fließerde aus Schmelzwasserschotter und Löss über Schmelzwasserschotter
56	Fahlerde-Braunerde (LF-BB)	p-(k)s(Sp)/p-(k)s(Sgf)	Decksand über Schmelzwassersand
57	Podsol-Braunerde (PP-BB)	p-zl(+G)//p-ns(+G)	Fließerdefolge aus verwittertem Granit
58	Pseudogley-Braunerde (SS-BB)	p-s(^s)/p-l(^t,^s)	Fließerde aus Sandstein über Fließerde aus Ton- und Sandstein
59	Gley-Braunerde (GG-BB)	p-s(Sp)/p-s(Sgf)	Decksand über deluvialem Schmelzwassersand
60	Gley-Braunerde (GG-BB)	f-(k)l(Lfo)\f-ks(St)	flacher Auenlehm über Terrassensand
61	Gley-Braunerde (GG-BB) Typ und Untertyp KlaBS: Braunerde, sauer, gleyig, schwach grundnass	u-(z)t(lpq)//c-(z)et(lpq)	Hangablagerung aus Molassetonen über tiefem Molassemergel

Klasse L: Lessivés

Profil-Nr.	Subtypen*	Substrattyp	Bodenausgangsgestein
62	Normparabraunerde (LLn)	f-(k)s(St)//f-ks(Gt)	Terrassensand über tiefem Terrassenkies
63	Normparabraunerde (LLn)	p-u(Lo)/a-t(Lol)	Löss über Lösslehm
64	Normparabraunerde (LLn) Subtyp ÖBS: Rezente Parabraunerde	p-t(Lo)	Löss
65	Normparabraunerde (LLn)	p-(k)u(Mg,Lo)/g-keu(Mg)	Fließerde aus Geschiebemergel und Löss über Geschiebemergel
66	Normparabraunerde (LLn) Typ und Untertyp KlaBS: Parabraunerde	p-(k)l(Lol,Mg)/p-(k)l(Mg)	Fließerden aus Geschiebemergel
67	Normparabraunerde (LLn); Typ und Untertyp KlaBS: Parabraunerde, stark sauer, schwach pseudogleyig	p-(k)l(Lol,Ggf)/p-(k)l(Ggf)	Fließerde aus Lösslehm und Schmelzwasserkies über Fließerde aus Schmelzwasserkies
68	Humusparabraunerde (LLh)	a-t(Lo)//p-(z)eu(Lo)	Löss
69	Tschernosem-Parabraunerde (TT-LL)	f-(k)l(Lfo)//f-(k)s(St)	Auenlehm über tiefem Terrassensand
70	Braunerde-Parabraunerde (BB-LL)	p-s(Sf, Sa)/p-(l)s(Lf+Sf)//p-(s)l(Sf+Lf)	Fließerde aus Fluss- und Flugsand über Fließerden aus Flusslehm und -sand
71	Terra fusca-Parabraunerde (CF-LL)	a-u(Lol)\p-(z)t(Lol,Tr)//n-^d	flacher Lösslehm über Fließerde aus Lösslehm und Residualton über tiefem Dolomitstein
72	Terra fusca-Parabraunerde (CF-LL)	p-t(Lo,Tr)//p-tn(Tr,^k)//n-^k	Fließerdefolge aus Löss und Residualton über tiefem verwitterten Kalkstein
73	Normfahlerde (LFn)	p-(k)s(Sp)/p-(k)l(Mg)//g-(k)es(Mg)	Geschiebedecksand über Geschiebemergel
74	Normfahlerde (LFn)	p-u(Lol)/p-(z)u(*Il,Lol)	Fließerde aus Lösslehm über Fließerde aus Lydit und Lösslehm
75	Braunerde-Fahlerde (BB-LF)	p-(k)u(Sgf,Lol)//p-ks(Sgf)	Fließerde aus Schmelzwassersand und Lösslehm über tiefer Fließerde aus Schmelzwassersand
76	Braunerde-Fahlerde (BB-LF)	p-s(Sp)//p-u(Ub)	Decksand über Beckenschluff

Profil-Nr.	Subtypen*	Substrattyp	Bodenausgangsgestein
77	Gley-Fahlerde (GG-LF)	p-s(Sp)/f-s(Sf)	Decksand über Flusssand
78	Gley-Fahlerde (GG-LF)	p-(k)s(Slo)//f-(k)s(Sf)	Lösssand über tiefem Flusssand
Klasse P: Podsole			
79	Normpodsol (PPn)	a-s(Sa,d)/f-s(Sgf)	Dünensand über Schmelzwassersand
80	Normpodsol (PPn)	a-s(Sa)	Flugsand
81	Normpodsol (PPn)	p-(z)s(Lol,^s)/c-s(^s)	Fließerde aus Lösslehm und Sandstein über verwittertem Sandstein
82	Normpodsol (PPn)	u-zl(Lol,+G)\n-+G	flaches Hangsediment aus Lösslehm und Granit über Granit
83	Normpodsol (PPn) Subtyp ÖBS: Eisen-Humus-Podsol	p-s(^s)//p-zs(^s)	Fließerdefolge aus Sandstein
84	Normpodsol (PPn); Typ und Untertyp KlaBS: Podzol, stark sauer, huminstoffreich, locker	p-zs(Xhg,Gs)/p-(z)s(Xhg,Gs)	Fließerdefolge aus Hangschutt und sandig-kiesiger Moräne
85	Normpodsol (PPn); Typ und Untertyp KlaBS: Podzol, stark sauer, huminstoffreich	p-lz(Gs)//g-nel(Gs)	Fließerdefolge aus Moränenmaterial über tiefer sandig-kiesiger Moräne
86	Humuspodsol (PPh)	a-s(Sa)//f-s(Sgf)	Flugsand über tiefem Schmelzwassersand
87	Humuspodsol (PPh)	p-ks(Sgf)//f-ks(Sgf)	Schmelzwassersand
88	Braunerde-Podsol (BB-PP)	p-s(Sp)/f-s(Sgf)	Geschiebedecksand über Schmelzwassersand
89	Braunerde-Podsol (BB-PP)	p-s(Sp)/f-s(Ssdr)	Decksand über Sandersand
90	Braunerde-Podsol (BB-PP)	p-(z)s(Lol,^s)\p-zs(^s)/p-(z)s(^s)	Fließerdefolge aus Sandstein
91	Braunerde-Podsol (BB-PP); Subtyp ÖBS: Eisen-Humus-Podsol	p-s(+G)/c-(z)s(+G)	Fließerdefolge aus Granit über Granitzersatz
92	Braunerde-Podsol (BB-PP); Typ und Untertyp KlaBS: Podzol, stark sauer, huminstoffreich, locker	u-(z)s(Shg)/u-sn(+G,*Gn)//u-n(+G,*Gn)	Hangsand über Hangschutt aus Granit und Gneis
93	Parabraunerde-Podsol (LL-PP)	p-(z)l(^s,Lol)/p-sn(^s)	Fließerdefolge aus Sandstein und Lösslehm über Fließerde aus Sandstein
94	Pseudogley-Podsol (SS-PP)	p-lz(Lo,^if)/p-zt(^if,Tr)	Fließerde aus Löss und Feuerstein über Fließerde aus Feuerstein und Residualton
95	Gley-Podsol (GG-PP)	a-s(Sa)//p-(k)s(Sp)//g-(k)s+l(Sgf+Lg)	Flugsand über tiefem Schmelzwassersand und Geschiebelehm
96	Gley-Podsol (GG-PP)	a-s(Sa)//f-s(Sgf)	Flugsand über tiefem Schmelzwassersand
Klasse C: Terrae calcis			
97	Kalkterra fusca (CFc)	p-(z)et(^k,Tr)/p-etn(Tr,^k)	Fließerde aus Kalkstein und Residualton
98	Braunerde-Terra fusca (BB-CF)	p-t(Tr,Lo)\p-(z)t(Tr)//n-^k	flache Fließerde aus Residualton und Löss über Fließerde aus Residualton über tiefem Kalkstein
99	Braunerde-Terra fusca (BB-CF)	p-t(Lo,Tr)/p-(n)t(Tr)//n-^k	Fließerde aus Löss und Residualton über tiefem Kalkstein
Klasse V: Fersiallitische und ferralitische Paläoböden			
100	Parabraunerde über Fersiallit (LL/VV)*	p-zu(Tr,Lo)\p-(z)t(Tr)	Fließerdefolge aus Residualton und Löss über Fließerdefolge aus Residualton
101	Parabraunerde-Braunerde über tiefem Ferrallit (LL-BB//VW)*	p-t(Lo,Tr)//p-t(Tr)	Fließerde aus Löss und Residualton über tiefer Fließerde aus Residualton
Klasse S: Stauwasserböden			
102	Normpseudogley (SSn)	p-(k)u(Lg,Lol)/p-(k)l(Lg)	Fließerde aus Geschiebe- und Lösslehm über Geschiebelehm
103	Normpseudogley (SSn)	p-(z)u(^s,Lo)//p-(z)t(^s,^t)	Fließerde aus Sandstein und Löss über tiefer Fließerde aus Sand- und Tonstein

Profil-Nr.	Subtypen*	Substrattyp	Bodenausgangsgestein
104	Normpseudogley (SSn) Subtyp ÖBS: Typischer Pseudogley	p-l(Lo,^t)/p-zt(^t)	Fließerde aus Löss und Tonstein über Fließerde aus Tonstein
105	Hangpseudogley (SSg)	p-(z)l(^s,Lo)/p-(z)l(^s,^t)	Fließerde aus Ton- und Sandstein und Löss über Fließerde aus Sand- und Tonstein
106	Humuspseudogley (SSh)	p-l(Lb,Sp)/p-l(Lb)	Decksand und Beckenlehm über Beckenlehm
107	Anmoorpseudogley (SSm)	p-(z)l(*Gn)/c-zs(*Gn)	Fließerde aus Gneis über verwittertem Gneis
108	Pelosol-Pseudogley (DD-SS)	p-t(Lo,^t)/c-t(^t)	Fließerde aus Lösslehm und Tonstein über verwittertem Tonstein
109	Pelosol-Pseudogley (DD-SS)	f-t(Mbd)//f-et(Mbd)	Bändermergel
110	Braunerde-Pseudogley (BB-SS)	p-(z)l(^s,Lo)/p-(z)l(^t)	Fließerde aus Sandstein und Löss über Fließerde aus Tonstein
111	Fahlerde-Pseudogley (LF-SS)	p-(k)u(Lg,Los)/p-l(Lg)	Fließerde aus Geschiebelehm und Sandlöss über Geschiebelehm
112	Fahlerde-Pseudogley (LF-SS)	p-(z)u(+Ne,Lol)//p-nt(+Ne)	Fließerde aus Nephelinit und Lösslehm über tiefer Fließerde aus Nephelinit
113	Podsol-Pseudogley (PP-SS)	p-l(^t,^s)/p-(z)l(^s,^t)	Fließerdefolge aus Ton- und Sandstein
114	Gley-Pseudogley (GG-SS)	f-t(Tfo)/f-Fmt	Auenton über Tonmudde
115	Gley-Pseudogley (GG-SS); Typ und Untertyp KlaBS: Buntgley, sauer, sehr stark gleyig, schwach grundnass	p-(z)l(lpq)	Fließerdefolge aus Molasselehm
116	Normhaftpseudogley (SHn)	u-eu(Lou)/u-u(Lou)	Schwemmlöss
117	Parabraunerde-Haftpseudogley (LL-SH)	u-u(Lol)\p-u(Lol)	Fließerde aus Lösslehm
118	Gley-Haftpseudogley (GG-SH)	p-(k)s(Slo)/p-s(Suz)	periglaziär überprägter Lösssand über Schwemmsand
119	Normstagnogley (SGn)	p-(n)u(Lo,^s)/p-(n)l(^s)	Fließerde aus Löss und Sandstein über Fließerde aus Sandstein
120	Normstagnogley (SGn); Typ und Untertyp KlaBS: Pseudogley, stark sauer, stark pseudogleyig, nassgebleicht	p-l(Lol,Lg)//g-(k)s(Lg)	Fließerde aus Lösslehm und Geschiebelehm über tiefem Geschiebelehm
121	Normstagnogley (SGn); Typ und Untertyp KlaBS: Pseudogley, stark sauer, sehr stark pseudogleyig	p-u(Lg)//g-(k)u(Lg)	Fließerde aus Geschiebelehm über tiefem Geschiebelehm
122	Niedermoor-Stagnogley (HN-SG)	og-Hu\p-(z)u(^u)//p-z(^u)	flacher Übergangsmoortorf über Fließerdefolge aus Schluffstein
123	Niedermoor-Stagnogley (HN-SG)	og-Hn\u-u(Lou)/f-(k)s(Sf)	flacher Niedermoortorf über Schwemmlöss über Flusssand
124	Hochmoor-Stagnogley (HH-SG)	og-Hh\p-(n)l(Lo,^s)/p-l(^s)	flacher Hochmoortorf über Fließerden aus Sandstein
125	Gley-Stagnogley (GG-SG)	p-(z)t(*Gn,Lol)/p-s(*Gn)	Fließerde aus Gneis und Lösslehm über Fließerde aus Gneis

Klasse X: Reduktosole

126	Normreduktosol (XXn)	oj-(k)es(Yj)/oj-Yüh	natürliches Bodenmaterial über Hausmüll
127	Normreduktosol (XXn)	u-(z)t(^u,^t)//u-(z)u(^t,^u)	Kolluvialton über tiefem Kolluvialschluff
128	Ockerreduktosol (XXx)	p-(z)u(^to,Lo)/p-(z)t(^to)	Fließerde aus Pelit und Löss über Fließerde aus Pelit

Klasse Y: Terrestrische anthropogene Böden

129	Normkolluvisol (YKn)	u-s(Sa)/a-s(Sa)	Kolluvialsand über Flugsand
130	Normkolluvisol (YKn)	u-u(Lol)//oj-(z)u(^s,Lol)	Kolluvialschluff aus Lösslehm
131	Normkolluvisol (YKn)	u-eu(Lo)/a-eu(Lo)	Löss
132	Normkolluvisol (YKn)	u-u(Lol)//p-u(Lol)	Kolluvialschluff aus Lösslehm über tiefem Lösslehm

Profil-Nr.	Subtypen*	Substrattyp	Bodenausgangsgestein
133	Normplaggenesch (YEn)	oj-s(Sgf)/f-s(Sgf)	anthropogen aufgetragener Schmelzwassersand über Schmelzwassersand
134	Normplaggenesch (YEn)	oj-s(Sa)/a-s(Sa)	anthropogen aufgetragener Flugsand über Flugsand
135	Gley-Plaggenesch (GG-YE)	oj-s(Sa)//f-s(Sgf)	anthropogen aufgetragener Flugsand über tiefem Schmelzwassersand
136	Hortisol über Pseudogley (YO/SS)	om-(k)u(Lg,Lol)/p-(k)u(Lg,Lol)	Fließerdefolge aus Geschiebe- und Lösslehm
137	Pseudogley-Rigosol (SS-YY)	p-u(Los)/p-(k)l(Lg)	Sandlöss über Geschiebelehm
138	Pseudogley-Rigosol (SS-YY)	om-(z)l(Lo,^mk,t)/p-(z)et(^mk,t)	Löss- und Tonmergelstein über Fließerde aus Tonmergelstein
139	Erdniedermoor-Rigosol (KV-YY)	om-H(Fsl,Hn)/f-l(Fsl)/f-s(Sf)	Niedermoortorf mit Seelehm über Seelehm über Flusssand
140	Treposol aus Podsol (PP-YU)	om-s(Sgf,Sp)/f-s(Sgf)	Schmelzwasser- und Decksand über Schmelzwassersand
141	Treposol aus Gley (GG-YU)	om-s(Sf,Sa)/f-s(Sf)	Flugsand über Flusssand
142	Treposol aus Gley (GG-YU)	om-u+t(Ufo+Tfo)/f-t(Tfo)	flacher Auenschluff über Auenton
143	Treposol aus Hochmoor (HH-YU)	om-s(Hh,Sf)/om-s+Hh(Sf+Hh)//f-s(Sf)	Hochmoortorf und Flusssand über tiefem Flusssand

Klasse A: Auenböden

144	Normrambla (AOn)	f-es(Mfo)//f-w(Of)	Auenmergel über tiefem Flussschotter
145	Normkalkpaternia (AZn)	f-(k)eu(Mfo)/f-ek(Gfo)	Auenmergel über Auenkies
146	Normkalkpaternia (AZn)	f-ek(Gfo)/q-Ks	Auenkies über Sinterkalk
147	Gley-Kalkpaternia (GG-AZ)	f-eu(Mfo)/f-es(Sfo)//f-ek(Gf)	Auenmergel über Auensand über tiefem Flusskies
148	Normtschernitza (ATn)	f-t(Tfo)//f-et(Mfo)	Auenton über tiefem Auenmergel
149	Gley-Tschernitza (GG-AT)	f-el(Lfo)//f-(k)es(St)	Auenlehm über tiefem Terrassensand
150	Normvega (ABn)	f-u(Ufo)//f-ks(Sfo)	Auenschluff über tiefem Auensand
151	Normvega (ABn)	f-el(Lfo)/f-l(Lfo)	Auenlehm
152	Normvega (ABn)	f-el(Lfo)//f-ew(Of)	Auenlehm über tiefem Flussschotter
153	Normvega (ABn); Typ und Untertyp KlaBS: Fluvisol, alkalisch, carbonatreich, schwach gleyig	f-eu(Mfo)/f-ew(Of)	Auenmergel über Flussschotter
154	Gley-Vega (GG-AB)	f-t(Tfo)/f-l(Lfo)	Auenton über Auenlehm
155	Gley-Vega (GG-AB)	f-(k)s(Sfo)/f-l(Lfo)//f-s(Sfo)	Abfolge von sandigen und lehmigen Auenablagerungen
156	Gley-Vega (GG-AB)	f-(k)u(Ufo)\f-sk(Gfo)	flacher Auenschluff über Auenkies

Klasse G: Gleye

157	Normgley (GGn)	f-s(Sf)//f-(u)s(St)	Flusssand über tiefem Terrassensand
158	Normgley (GGn)	f-(k)s(Sf)	Flusssand
159	Brauneisengley (GGe)	f-s(Fms,Sf)/f-s(Sf)	Sandmudde und Flusssand über Flusssand
160	Kalkgley (GGc)	f-Fmk//f-eFhh	Kalkmudde über tiefer Torfmudde
161	Hanggley (GGg)	u-l(Lhg)/u-s(Shg)//c-z(^u)	Hanglehm über Hangsand über tiefem verwitterten Schluffstein
162	Hanggley (GGg); Typ und Untertyp KlaBS: Buntgley, neutral, sehr stark gleyig, schwach grundnass	u-(z)t(lpq)//u-(z)et(lpq)	Hangablagerung aus Molassetonen über tiefem Molassemergel
163	Auengley (GGa)	f-t(Tfo)	Auenton
164	Auengley (GGa)	f-el(Lfo)/f-es(Mfo)//f-ks(Gfo)	Auenmergel über tiefem Auenkies
165	Regosol-Gley (RQ-GG)	oj-(k)s(Ya,Sgf)/oj-(^brk)xs(lpq)	flach anthropogen aufgetragene Flugasche und Schmelzwassersand über Tertiärsanden
166	Braunerde-Gley (BB-GG)	p-s(Sp)/f-s(Sf)	Decksand über Flusssand
167	Podsol-Gley (PP-GG)	a-s(Sa,d)/f-s(Sf)	Dünensand über Flusssand

Profil-Nr.	Subtypen*	Substrattyp	Bodenausgangsgestein
168	Pseudogley-Gley (SS-GG)	p-(z)u(^t,Lo)/p-lz(^t)	Fließerde aus Tonstein und Löss über Fließerde aus Tonstein
169	Kolluvisol-Gley (YK-GG)	u-u(Lol)/f-t(Tf)	Kolluvialschluff aus Lösslehm über Flusston
170	Vega-Gley (AB-GG)	f-(w)u(Ufo)/f-(k)s(Sfo)	Auenschluff über Auensand
171	Normnassgley (GNn)	f-s(Fms)\f-s(Sf)	flache Sandmudde über Flusssand
172	Normanmoorgley (GMn)	om-(k)s(Hn,Sf)/f-(k)s(Sf)	anthropogen gemischter Niedermoortorf und Flusssand über Flusssand
173	Normanmoorgley (GMn)	f-(k)eu(Hn,Fkk)\f-Fkk	Seekreide
174	Hanganmoorgley (GMg)	p-(z)t(^s,Lo)/p-z(Lo,^s)//n-^s	Fließerden aus Sandstein und Löss über tiefem Sandstein
175	Niedermoorgley (GHn)	og-eHn/f-et(Tfo)//f-ekt(Mfo)	flacher Niedermoortorf über Auenmergel
176	Quellenmoorgley (GHq)	og-Hu\p-zs(+G)	flacher Übergangsmoortorf über Fließerde aus Granit
Klasse M: Marschen			
177	Normrohmarsch (MRn)	m-et(TUwa)	Wattschlick
178	Brackrohmarsch (MRb)	m-et(TUwa)	Wattschlick
179	Normkalkmarsch (MCn)	m-eu(Uwa)/m-es(Swa)	Wattschluff über Wattsand
180	Normkleimarsch (MNn)	m-t(Twa)	Wattton
181	Normhaftnässemarsch (MHn)	m-el(Lwa)/m-es(Swa)	Wattlehm über Wattsand
182	Normdwogmarsch (MDn)	mb-l(Lwa)/mb-t(Twa)//mm-s(Swa)	Wattlehm über Wattton über tiefem Wattsand
183	Normknickmarsch (MKn)	m-t(TUwa)	Wattschlick
184	Normorganomarsch (MOn)	m-t(TUwa)	Wattschlick
Klasse Ü: Strandböden			
185	Normstrand (ÜAn)	m-s(Sst)	Strandsand
Klasse I: Semisubhydrische Böden			
186	Nassstrand (IA)	m-s(Sst)	Strandsand
187	Normwatt (IWn)	m-s(Swa)	Wattsand
Klasse J: Subhydrische Böden			
188	Gyttja (JG)*	f-s(Fs)\f-(k)s(Sf)	flacher Seesand über Flusssand
189	Sapropel (JS)*	f-t(Fmt)//f-t(Tfo)	Tonmudde über tiefem Auenton
Klasse H: Naturnahe Moore			
190	Normniedermoor (HNn)	og-Hn/f-Fh	Niedermoortorf über Organomudde
191	Übergangsmoor (HNu)	og-Hn\og-Hu	flacher Niedermoortorf über Übergangsmoortorf
192	Normhochmoor (HHn)	og-Hh	Hochmoortorf
Klasse K: Erd- und Mulmmoore			
193	Normerdniedermoor (KVn)	og-Hn/f-t(Tfo)	Niedermoortorf über Auenton
194	Kalkerdniedermoor (KVc)	og-eHn/f-s(Sfo)	Niedermoortorf über Auensand
195	Normmulmniedermoor (KMn)	og-Hn//fl-Fhg	Niedermoortorf über tiefer Detritusmudde
196	Kalkmulmniedermoor (KMc)	og-eHn	Niedermoortorf
197	Erdniedermoor-Mulmniedermoor (KV-KM)	og-Hn	Niedermoortorf
198	Normerdhochmoor (KHn)	og-Hh	Hochmoortorf
199	Normerdhochmoor (KHn)	og-Hh/og-Hu//p-zs(+G)	Hochmoortorf über Übergangsmoortorf über tiefer Fließerde aus Granit
Klasse SC (ÖBS): Salzböden			
200	Solontschak (SC) (ÖBS)*	f-(k)es(Fsm)\f-(k)el(Fsm)	salzhaltige Seemergel

*Der Bodentyp wird angegeben, wenn nach der Bodensystematik kein Subtyp vorgesehen ist.

Bodensystematische Einordnung der 200 Profile nach Abteilungen, Bodenklassen, Bodentypen

Abteilung	Klasse	Name der Klasse	Typ	Name des Typs	Anzahl der ausgewählten Beispiele
Terrestrische Böden	F	O/C-Böden	FF	Felshumusboden	1
			FS	Skeletthumusboden	1
	O	Terrestrische Böden	OO	Syrosem	0
			OL	Lockersyrosem	2
	R	Ah/C-Böden	RN	Ranker	4
			RQ	Regosol	6
			RR	Rendzina	4
			RZ	Pararendzina	10
	T	Schwarzerden	TT	Tschernosem	5
			TC	Kalktschernosem	3
	D	Pelosole	DD	Pelosol	4
	N (KA 6)*	Andosole	NN (KA 6)*	Andosol	2
	B	Braunerden	BB	Braunerde	19
	L	Lessivés	LL	Parabraunerde	11
			LF	Fahlerde	6
	P	Podsole	PP	Podsol	18
	C	Terrae calcis	CF	Terra fusca	3
			CR	Terra rossa	0
	V	Fersiallitische und ferralitische Paläoböden	../VV	... über Fersiallit	1
			../VW	... über Ferrallit	1
	S	Stauwasserböden	SS	Pseudogley	14
			SH	Haftpseudogley	3
			SG	Stagnogley	7
	X	Reduktosole	XX	Reduktosol	3
	Y	Terrestrische anthropogene Böden	YK	Kolluvisol	4
			YE	Plaggenesch	3
			YO	Hortisol	1
			YY	Rigosol	3
			YU	Treposol	4
Semiterrestrische Böden	A	Auenböden	AO	Rambla	1
			AQ	Paternia	0
			AZ	Kalkpaternia	3
			AT	Tschernitza	2
			AB	Vega	7
	G	Gleye	GG	Gley	14
			GN	Nassgley	1
			GM	Anmoorgley	3
			GH	Moorgley	2
	M	Marschen	MR	Rohmarsch	2
			MC	Kalkmarsch	1
			MN	Kleimarsch	1
			MH	Haftnässemarsch	1
			MD	Dwogmarsch	1
			MK	Knickmarsch	1
			MO	Organomarsch	1
	Ü	Strandböden	ÜA	Strand	1
Semisubhydrische und Subhydrische Böden	I	Semisubhydrische Böden	IA	Nassstrand	1
			IW	Watt	1
	J	Subhydrische Böden	JP	Protopedon	0
			JG	Gyttja	1
			JS	Sapropel	1
			JD	Dy	0
Moore	H	Naturnahe Moore	HN	Niedermoor	2
			HH	Hochmoor	1
	K	Erd- und Mulmmoore	KV	Erdniedermoor	2
			KM	Mulmniedermoor	3
			KH	Erdhochmoor	2
Hydromorphe Böden (Ordnung nach ÖBS)	SC*(ÖBS)	Salzböden	SC*(ÖBS)	Salzböden	1

*kein Vorkommen in der KA 5

32.4 Erläuterungen zu den verwendeten Daten

Die Herausgeber haben die profilmorphologischen Beschreibungen mit der KA5 abgeglichen, wenn es erforderlich war, in direkter Rücksprache mit den Autoren. Fehlende Angaben wurden, soweit dies möglich war, aus dem Profilfoto abgeleitet. Farbangaben, für die keine Verbalisierung angegeben wurde oder bei denen die Munsell-Werte fehlten, erhielten die entsprechenden Ergänzungen. Grundsätzlich wurde Schreibweise und Reihung der Einzelbeschreibungen vereinheitlicht. Alle Profilbilder wurden fototechnisch überarbeitet. Das betraf insbesondere Bildausschnittsveränderungen und wenn notwendig, den Austausch der Originalmesslatten oder Maßbänder gegen neue Maßstäbe. Falls in den Profilbeschreibungen Skelettanteile genannt waren, aber in der Analysentabelle fehlten, wurden sie als Schätzung nachgetragen. In allen anderen Fällen wurde bei fehlenden Analysendaten ein „-" gesetzt.

Als besonders schwierig erwies sich die Bestimmung der Basizität bei den Varietätsangaben. Die KA5 sieht hierfür Grenzwerte bei potentieller oder effektiver Basensättigung vor. Die Basensättigung ist mit dem pH-Wert korreliert (Blume et al. 2011). Bei manchen Profilen lieferten jedoch die Basensättigungen und die pH-Werte (in verschiedenen Lösungen) uneinheitliche Ergebnisse. Prinzipiell ist die pH-Messung weniger fehleranfällig. Speziell bei geringen Kationenaustauschkapazitäten ist keine präzise Ermittlung der Basensättigung möglich. Es gibt jedoch noch ein zweites Problem: Die Vorgaben der KA5 (S. 265), welcher Horizont in welcher Tiefe für die Angabe der

Basizität heranzuziehen ist, erwiesen sich in der Praxis als nicht eindeutig. Aus diesen beiden Gründen mussten wir bei jedem Profil nach bestem Ermessen eine Einzelfallentscheidung treffen.

Literatur

Ad-hoc-AG Boden (2005): Bodenkundliche Kartieranleitung, 5. Auflage. Hrsg.: Bundesanstalt für Geowissenschaften und Rohstoffe, Hannover, Schweizerbart'scher Verlag, Stuttgart

AK Bodensystematik (1998): Systematik der Böden und der bodenbildenden Substrate Deutschlands. Mitteilungen der Deutschen Bodenkundlichen Gesellschaft, Band 86: S. 1–134, Oldenburg, (http://www.bodensystematik.de)

Arbeitsgruppe Klassifikation und Nomenklatur der Bodenkundlichen Gesellschaft der Schweiz (BGS) (2010): Bodenprofiluntersuchung, Klassifikationssystem, Definition der Begriffe, Anwendungsbeispiele, 2. Auflage, Luzern, Schweiz

Blume, H.-P., Stahr, K. & Leinweber, P. (2011): Bodenkundliches Praktikum, 3. Auflage. Spektrum Akademischer Verlag, Heidelberg

European Commission (2003 ff.): Joint Research Centre (JRC) Data Catalogue, Ispra, Italien

ESB (2001): Soil Geographical Database of Eurasia at scale 1 : 1000.000, Version 4 beta; Ispra, Italy

FAO (1988): Soil Map of the World. Revised Legend. Edited by ISSS, FAO, ISRIC. – FAO, World Soil Resources Reports 60, Rom, Italien

IUSS Working Group WRB (2015): World Reference Base for Soil Resources 2014, Update 2015. Edited by P. Schad, C.W. van Huyssteen & E. Michéli. – FAO, World Soil Resources Reports 106, Rom, Italien

Nestroy, O., Aust, G., Blum, W.E.H., Englisch, M., Hager, H., Herzberger, E., Kilian, W., Nelhiebel, P., Ortner, G., Pecina, E., Pehamberger, A., Schneider, W., Wagner, J. (2011): Systematische Gliederung der Böden Österreichs – Österreichische Bodensystematik 2000 in der revidierten Fassung von 2011. Mitteilungen der Österreichischen Bodenkundlichen Gesellschaft, Wien

Klasse F: O/C-Böden

Eckart Kolb, Roland Baier, Peter Schad, Fred Franzke
und Ralf Sinapius

Inhaltsverzeichnis

33.1 Allgemeine Charakteristika

In dieser Klasse werden terrestrische Böden zusammengefasst, deren Matrix per Definition mindestens 30 Masse-% organisches Material enthält. Diese kann als „Auflagehumus" dem Fels aufliegen und teilweise in Klüfte hinabreichen (=Felshumusboden) oder ein Grobskelett umhüllen (=Skeletthumusboden).

E. Kolb (✉)
TUM School of Life Sciences, Fachgebiet für Waldernährung und Wasserhaushalt, Technische Universität München, Freising-Weihenstephan, Deutschland

R. Baier
Nationalparkverwaltung Berchtesgaden, Berchtesgaden, Deutschland

P. Schad
Technische Universität München, TUM School of Life Sciences, Lehrstuhl für Bodenkunde, Freising-Weihenstephan, Deutschland

F. Franzke
terraf Ingenieurbüro, Frauenstein, Deutschland

R. Sinapius
Büro für Bodenkunde, Voigtsdorf, Deutschland

33.2 Verbreitungsgebiete

Am häufigsten und mächtigsten finden sich O/C-Böden auf sehr rückstandsarmen Kalken und Dolomiten in den Nördlichen Kalkalpen. Hier wird häufig der Humusformenbegriff „Tangelhumus" für O/C-Böden auf Carbonatgesteinen verwendet. In den Zentralalpen und den Mittelgebirgen finden sie sich auf langsam verwitternden grobkörnigen Graniten, Gneisen und Amphiboliten. Typische Bilder von Böden dieser Bodenklasse zeigen Abb. 33.1, 33.2, 33.3 und 33.4. Die regionale Verbreitung von O/C-Böden wird nach der Substratklassifizierung am Beispiel der bayerischen, tirolischen, salzburgischen und oberösterreichischen Kalkalpen in Abb. 33.5 dargestellt.

H. Joisten et al. (Hrsg.), *Böden Deutschlands, Österreichs und der Schweiz*, https://doi.org/10.1007/978-3-8274-2284-2_33

Abb. 33.1 Felshumusboden
mit einer typischen
Tangelauflage unter einem
Latschen-Alpenrosen-
Gebüsch über anstehendem
Kalk in der subalpinen Stufe
(Quelle: E. Kolb, R. Baier)

Abb. 33.2 Grobblockige
Schutthalden aus Kalken sind
typische Ausgangssubstrate
im Hochgebirge
(Wettersteingebirge) für
Skeletthumusböden (Quelle:
E. Kolb, R. Baier)

Abb. 33.3 Skeletthumusboden aus Granit, Königshainer Berge, Hochstein (Sachsen) (Quelle: H. Joisten)

Abb. 33.4 Granitwoll-
sackverwitterung und
Skeletthumusböden,
Königshainer Berge,
Hochstein (Sachsen) (Quelle:
H. Joisten)

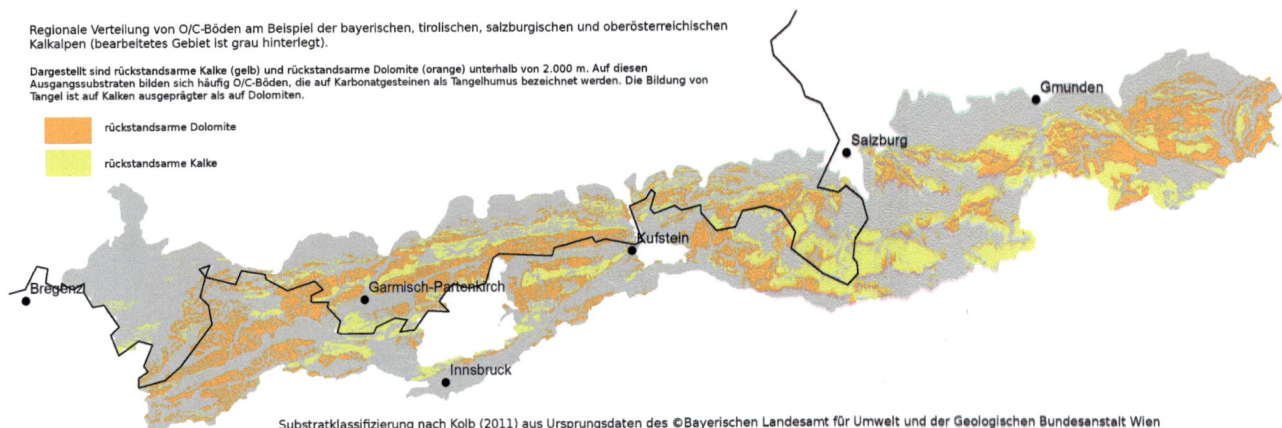

Regionale Verteilung von O/C-Böden am Beispiel der bayerischen, tirolischen, salzburgischen und oberösterreichischen Kalkalpen (bearbeitetes Gebiet ist grau hinterlegt).

Dargestellt sind rückstandsarme Kalke (gelb) und rückstandsarme Dolomite (orange) unterhalb von 2.000 m. Auf diesen Ausgangssubstraten bilden sich häufig O/C-Böden, die auf Karbonatgesteinen als Tangelhumus bezeichnet werden. Die Bildung von Tangel ist auf Kalken ausgeprägter als auf Dolomiten.

⬛ rückstandsarme Dolomite

⬛ rückstandsarme Kalke

Substratklassifizierung nach Kolb (2011) aus Ursprungsdaten des ©Bayerischen Landesamt für Umwelt und der Geologischen Bundesanstalt Wien

Abb. 33.5 Regionale Verbreitung von O/C-Böden am Beispiel der bayerischen, tirolischen, salzburgischen und oberösterreichischen Kalkalpen

33.3 Gliederung, Eigenschaften und Genese

Der Of-Horizont ist v. a. bei nährstoffärmeren, dystrophen, der Oh-Horizont v. a. auf basenreicheren Humusauflagen ausgeprägt. Nach aktueller Definition fehlt ein Mineralbodenhorizont. Regelmäßig finden sich jedoch Böden mit mächtigen Humusauflagen über Carbonatgestein mit geringmächtigen (<10 cm) tonreichen Horizonten, die am ehesten den O/C-Böden zugeordnet werden sollten.

Fels- und Skeletthumusböden unterscheiden sich optisch, aber weniger in der Pedogenese oder den Standortseigenschaften. Dagegen unterscheiden sich die Standortseigenschaften auf unterschiedlichen Gesteinen deutlich. So sind die Humusauflagen über sauren Gesteinen eher rohhumusähnlich. Über Carbonatgesteinen zeigen sie dagegen ein engeres C/N-Verhältnis, eine hohe Basensättigung – meist 90 % und höher über die gesamte Humusmächtigkeit – und im Kontaktbereich zum Gestein einen hohen pH-Wert nahe 7. Im Gelände sind die Oh-Horizonte der Humus-Carbonatböden eher schwärzlich, krümelig und manchmal schmierig, auf Humus-Silikatböden dagegen geringmächtiger, eher rötlich, weniger feinhumusreich und lockerer.

Die Genese erfolgt in der subalpinen Stufe der Kalkalpen vermutlich über ein Polstersegenstadium. Auf diesen entwickeln sich unter Latschen-Alpenrosen-Gebüschen mächtige Tangelhumuspolster, welche allmählich zusammenwachsen. Mittels C14-Datierung wurde für einen mächtigen O/C-Boden ein Alter von ca. 5300 Jahren ermittelt. Ein Beitrag von Ca- und Al-Humaten zur Stabilisierung der Humuskomplexe ist wahrscheinlich – eine Ton-Humus-Koppelung kann mangels Mineralboden nicht stattfinden –, wurde aber noch nicht untersucht. Gleiches gilt für den als Gadgil-Effekt bezeichneten Beitrag von Mykorrhizen zur Humusakkumulation.

Humusauflagen über Carbonatgesteinen haben nicht die negativen Standortseigenschaften, die sonst für Böden mit Rohhumusauflagen typisch sind. Vielmehr sind sie in ihren Umsatzeigenschaften Modern vergleichbar. Sie haben eine hohe nutzbare Feldkapazität, trocknen allerdings schnell oberflächlich ab, da der Wasseraufstieg aus den tieferen Horizonten langsamer ist. Besonnte Humusauflagen, z. B. nach Sturmwurf, können daher für noch oberflächlich wurzelnde Baumsämlinge anfänglich verjüngungsfeindlich sein. Die Nährstofffreisetzung ist oft ausgeglichener als auf den benachbarten Rendzinen. Sowohl für die Genese wie auch für die Standortqualität sind zumindest im Alpenraum auch Flugstäube nicht zu unterschätzen.

33.4 Typen und Subtypen

Typ

• Felshumusboden (FF)

Subtyp

• Normfelshumusboden (FFn)

Typ

• Skeletthumusboden (FS)

Subtyp

• Normskeletthumusboden (FSn)

33.5 Klassifikation nach WRB

Peter Schad

In der WRB gehören O/C-Böden, in denen die Of- und Oh-Horizonte zusammen mindestens 10 cm mächtig sind, zu den Histosols, ansonsten zu den Leptosols.

33.6   Ausgewählte Bodenprofile

Profil 1: Subtyp Normfelshumusboden (FFn)

- Bodenausgangsgestein: flache organische Auflage über Sandstein
- Varietät: (Tangel)Felshumusboden (taFFn)
- Typ: Felshumusboden
- Klasse: O/C-Böden
- Substrattyp: og-O\n-^s
- WRB: Dystric Hemic Folic Epirockic Histosol
- Bodenregion: Berg- und Hügelländer mit hohem Anteil an nicht metamorphen Sand-, Schluff-, Ton- und Mergelgesteinen

- Ort: Wesenitztal südlich Porschendorf, Lkr. Sächsische Schweiz-Osterzgebirge, Sachsen
- Humusform: Tangelhumus
- Profilbild und Horizontabfolge: siehe Tab. 33.1
- Bodenlandschaftsbild: siehe Abb. 33.6
- Analysendaten: siehe Tab. 33.2
- Autor: Fred Franzke

Vorkommen und Ausgangsgesteine

Organische Auflagen, die anstehende Felsformationen (Felsmassive) überdecken, werden als Felshumusböden bezeichnet. Der Humus kann auch Felsspalten verfüllen. Mineralboden ist noch nicht ausgebildet. Diese Bodenentwicklung kann auf allen anstehenden Festgesteinen vor-

Tab. 33.1   Profilbild und Horizontabfolge Profil 1

Profilbild

Quelle: F. Franzke (Bild bearbeitet)

Horizontgrenze (cm)	Horizonte und ihre Eigenschaften	
+12	**L** og-O	organisch; braun (7.5YR 5/4) bis hellbraungrau (7.5YR 6/2)
+10	**Of** og-O	organisch; braun (7.5YR 5/4) bis sehr dunkelbraun (7.5YR 3/4)
+5	**Oh** og-O	organisch; bräunlichschwarz (7.5YR 2.5/1)
−0+	**imCn** n-^s	Kreidesandstein; hellgelblichbraun, graustichig (10YR 6/4) bis sehr hellgelblichgraubraun (10YR 7/3)

kommen (im Beispiel Sandstein), meistens als kleinflächige Standorte, bevorzugt in den Gebirgsregionen an Hängen, Abbrüchen und Steilwänden sowie an Taleinschnitten von Fließgewässern und im Bereich von Felsdurchragungen der Hügelländer.

Bodenprozesse und -eigenschaften

Die ungestörte Akkumulation von organischem Material, das nur teilweise abgebaut wird, und die Bildung von Auflagehumus müssen über einen längeren Zeitraum gewährleistet sein.

Nutzung und Vegetation

In der Regel liegen Sukzessionsstandorte vor. Die Eigenschaften des Ausgangsgesteins, des Klimas und der Umgebung steuern die initiale Besiedlung mit Pflanzen. In unmittelbarer Nähe befinden sich extensiv genutzte Forste oder Almenwiesen. Diese Böden sind interessante Standorte für den Naturschutz.

Gefährdung

Sämtliche Beeinflussungen der Boden-(Fels-)oberfläche, natürlich oder anthropogen, können diesen sehr fragilen Ausprägungsgrad eines Bodens stören bzw. vernichten.

Abb. 33.6 Gestufte Abbruchwände im Elbsandsteingebirge (Quelle: F. Franzke)

Tab. 33.2 Analysendaten Profil 1

Horizont	Tiefe (cm)	Skelett (Vol.-%)	Sand (M.-%)	Schluff (M.-%)	Ton (M.-%)	Gesamtporen (Vol.-%)	Luftkapazität (Vol.-%)	nutzbare Feldkap. (Vol.-%)	Totwasser (Vol.-%)	Lagerungsdichte (g/cm^3)
L	+12	-	-	-	-	-	-	-	-	-
Of	+10	-	-	-	-	-	-	-	-	-
Oh	+5	-	-	-	-	-	-	-	-	-
imCn	−0+	-	-	-	-	-	-	-	-	-

Horizont	Tiefe (cm)	CaCO$_3$ (M.-%)	C$_{org}$ (M.-%)	N$_t$ (M.-%)	C/N	pH H$_2$O	pH CaCl$_2$	KAK$_{pot}$ (cmol$_c$/kg)	BS (%)	K$_2$O-DL (mg/100 g)	P$_2$O$_5$-DL (mg/100 g)
L	+12	-	-	-	-	-	-	-	-	-	-
Of	+10	-	-	-	-	-	-	-	-	-	-
Oh	+5	-	-	-	-	-	-	-	-	-	-
imCn	−0+	-	-	-	-	-	-	-	-	-	-

(Quelle: Sächsisches Landesamt für Umwelt, Landwirtschaft und Geologie)
(* = abgeleiteter Analysenwert)

Profil 2: Subtyp Normskeletthumusboden (FSn)

- Bodenausgangsgestein: Hangschutt aus Nephelinit
- Varietät: Normskeletthumusboden (FSn)
- Typ: Skeletthumusboden
- Klasse: O/C-Böden
- Substrattyp: p-n(+Ne)
- WRB: Orthoeutric Hyperskeletic Leptosol (Hyperhumic, Protic)
- Bodenregion: Berg- und Hügelländer mit hohem Anteil an Magmatiten und Metamorphiten
- Ort: Scheibenberg, Erzgebirgskreis, Sachsen
- Humusform: L-Mull
- Profilbild und Horizontabfolge: siehe Tab. 33.3
- Bodenlandschaftsbild: siehe Abb. 33.7
- Analysendaten: siehe Tab. 33.4
- Autor: Ralf Sinapius

Vorkommen und Ausgangsgesteine

Das Beispielprofil befindet sich im Mittleren Erzgebirge am Scheibenberg in Höhenlagen zwischen 740 m und 800 m. Der Scheibenberg erhebt sich als tertiärer basaltoider Deckenrest ca. 150 m über sein nördliches Plateau-Vorland. Vulkanische Einzelberge sind im Erzgebirge typisch, vorherrschende Landschaftsform sind sonst unterschiedlich zertalte Plateaus. Die vulkanischen Deckenreste bestehen häufig – wie hier in dieser Basislage am Scheibenberg – aus Nephelinit.

Bodenprozesse und -eigenschaften

Das Blockmeer ist als Ergebnis der Frostverwitterung und der Hangumlagerung der Felsen und Klippen im Spätglazial bis frühen Holozän entstanden. Wichtig dafür war die durch den Zschopau-Fluss vorausgegangene Hangversteilung im Alt- bis Mittelpleistozän. Dadurch konnten sich keine schützenden Deckschichten über dem Festgestein dauerhaft ab-

Tab. 33.3   Profilbild und Horizontabfolge Profil 2

Profilbild	Horizontgrenze (cm)	Horizonte und ihre Eigenschaften	
	+1	**L**	
	−80	**Oh+ixCv** p-n(+Ne)	extrem stark steinig (kantig); grau, dunkelolivstichig (2.5Y 4/1); organisch; mittel durchwurzelt
	−150	**ixCv** p-n(+Ne)	extrem stark steinig (kantig); grau, dunkelolivstichig (2.5Y 4/1); schwach durchwurzelt
	−200+	**IImCn** n-+Ne	Nephelinit; grau, dunkelolivstichig (5Y 4/1)

Quelle: R. Sinapius (Bild bearbeitet)

lagern. Der Nephelinit-Schutt besteht vorwiegend aus Blöcken von 0,2–0,5 m im Durchmesser, Großblöcke >1 m sind untergeordnet vorhanden. Die säulenförmige Klüftung des Nephelinits („Orgelpfeifen") bestimmt die Korngröße seines Schuttes. Zwischen den Blöcken akkumulierte der Humus (O+xC).

Nutzung und Vegetation

Am Standort wächst ein teilweise lichter Mischwald aus Bergahorn, Fichte, Birke und Esche. Das Blockmeer ist Naturschutzgebiet. Bei günstiger Infrastruktur in mittleren Gebirgslagen fielen diese Böden dem Gesteinsabbau zum Opfer. Auch am Scheibenberg existierte in Nachbarschaft zum Blockmeer ein intensiver Steine/Erden-Abbau.

Gefährdung

Skeletthumusböden sind häufig naturnahe Standorte. Sie können als Pflanzenstandort artenreiche Flechtengesellschaften beherbergen. Da die Schuttdecken typischerweise in den höheren Lagen der Mittelgebirge vorkommen, existieren vereinzelt auch Hochgebirgs- bzw. polare Pflanzengesellschaften. Eine forstliche Nutzung würde diese naturnahen Standorte zerstören. Sensibel reagiert die spärliche Pflanzendecke der Skeletthumusböden auf das Begehen der Schuttdecken.

Abb. 33.7 Der Standort wird von einem schütteren Mischwald aus Ahorn, Birke, Eberesche, Fichte und Esche eingenommen (Quelle: R. Sinapius)

Tab. 33.4 Analysendaten Profil 2

Horizont	Tiefe (cm)	Skelett (Vol.-%)	Sand (M.-%)	Schluff (M.-%)	Ton (M.-%)	Gesamtporen (Vol.-%)	Luftkapazität (Vol.-%)	nutzbare Feldkap. (Vol.-%)	Totwasser (Vol.-%)	Lagerungsdichte (g/cm³)
L	+1	-	-	-	-	-	-	-	-	-
Oh+ixCv	−80	-	-	-	-	-	-	-	-	-
ixCv	−150	-	-	-	-	-	-	-	-	-
IIimCn	−200+	-	-	-	-	-	-	-	-	-

Horizont	Tiefe (cm)	CaCO$_3$ (M.-%)	C$_{org}$ (M.-%)	N$_t$ (M.-%)	C/N	pH H$_2$O	pH CaCl$_2$	KAK$_{pot}$ (cmol$_c$/kg)	BS (%)	K$_2$O-DL (mg/100 g)	P$_2$O$_5$-DL (mg/100 g)
L	+1	-	-	-	-	-	-	-	-	-	-
Oh+ixCv	−80	-	-	-	-	-	5,1	-	-	-	-
ixCv	−150	-	-	-	-	-	4,4	-	-	-	-
IIimCn	−200+	-	-	-	-	-	3,9	-	-	-	-

(Quelle: Sächsisches Landesamt für Umwelt, Landwirtschaft und Geologie)
(* = abgeleiteter Analysenwert)

Klasse O: Terrestrische Rohböden

34

Wolfgang Fleck, Othmar Nestroy, Peter Schad,
Ernst Gehrt und Fred Franzke

Inhaltsverzeichnis

34.1 Allgemeine Charakteristika

Bei den Terrestrischen Rohböden sind die Ausgangsgesteine erst sehr wenig durch bodenbildende Prozesse wie Humusakkumulation und chemische Verwitterung verändert. Bei ihrer bodensystematischen Einordnung finden deshalb die Gesteinseigenschaften noch starke Berücksichtigung. In der deutschen Systematik wird zwischen einer Massiv- und Lockersubstratvariante unterschieden. Der Bodentyp Syrosem (russ. rohe Erde) besitzt einen geringmächtigen (<2 cm) bis lückigen Ai-Horizont auf massivem Substrat, meist Fest-

W. Fleck (✉)
Landesamt für Geologie, Rohstoffe und Bergbau,
Freiburg, Deutschland

O. Nestroy
ehemals Technische Universität Graz, Graz, Österreich

P. Schad
Technische Universität München, TUM School of Life Sciences,
Lehrstuhl für Bodenkunde, Freising-Weihenstephan, Deutschland

E. Gehrt
ehemals Landesamt für Bergbau, Energie und Geologie,
Hannover, Deutschland

F. Franzke
terraf Ingenieurbüro, Frauenstein, Deutschland

gestein (mC-Horizont). Beim Lockersyrosem liegt dagegen unter dem schwach entwickelten Oberboden ein grabbarer lC-Horizont, der tiefer als 3 dm unter die Geländeoberfläche reicht.

34.2 Vorkommen und Eigenschaften

Als Initialstadien der Bodenbildung findet man die terrestrischen Rohböden in Bereichen mit intensiver Materialumlagerung, wobei frisches, noch wenig verwittertes Gesteinsmaterial durch Erosionsvorgänge freigelegt oder abgelagert wird. Besonders häufig trifft man diese Verhältnisse in den Hochlagen der Alpen mit schroffen Felsformationen und jungen Schutthängen an. Im kalten Klima mit intensiver mechanischer Verwitterung werden chemische Verwitterung und Pflanzenwachstum, und damit auch die Bodenbildung, in engen Grenzen gehalten.

Außerhalb der Hochgebirge sind terrerestrische Rohböden seltener anzutreffen. Beispiele sind junge, in Umlagerung befindliche Dünen entlang der Küste oder frische Hanganrisse, bewegte Schuttfluren, junge Anlandungen an Flüssen (in Österreich 'Heissländen' genannt) und Seen sowie Abgrabungen und künstliche Aufschüttungen, wie sie

z. B. großflächig im Zuge des Braunkohletagebaus oder bei der Anlage von Rebterrassen entstanden sind.

Im Gegensatz zu den Rohböden auf Festgestein sind Lockersyroseme aufgrund ihrer günstigeren Durchwurzelbarkeit auch für Kulturpflanzen geeignete Standorte. Werden Rohböden längerfristig vor Erosion geschützt, entwickeln sie sich unter den mitteleuropäischen Klimaverhältnissen und auf nicht zu hohen und exponierten Lagen relativ rasch weiter. Die fortschreitende Humusakkumulation führt zur Ausprägung eines Ah/C-Bodens (Österreich: Ai-C-Bodens).

Typische Böden dieser Bodenklasse zeigen Abb 34.1, 34.2 und 34.3. Die regionale Verbreitung der Klasse der Terrestrischen Rohböden wird in Abb. 34.4 dargestellt.

Abb. 34.1 Kliffranddünen mit Lockersyrosem aus jungen, feingeschichteten Flugsanden über Podsol; Darß, Vorpommersche Boddenküste (Quelle: W. Fleck, Landesamt für Geologie, Rohstoffe und Bergbau im Regierungspräsidium Freiburg)

Abb. 34.2 Neuanlage von Rebterrassen im Löss bei Ihringen am Kaiserstuhl (Quelle: B. Link, Landesamt für Geologie, Rohstoffe und Bergbau im Regierungspräsidium Freiburg)

Abb. 34.3 Braunkohlenberg-
bau-Landschaft in der
nördlichen Oberlausitz, Grube
Brigitta, Tagebau Spreetal.
Das kulturfeindliche, tertiär
anhydrophobe, extrem saure
Substrat lässt seit Jahrzehnten
nur bedingt Vegetation
aufkommen, so dass dort nur
Lockersyroseme vorkommen
(Quelle: R. Sinapius)

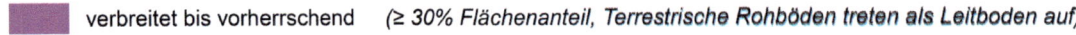

Regionale Verbreitung der Klasse der Terrestrischen Rohböden

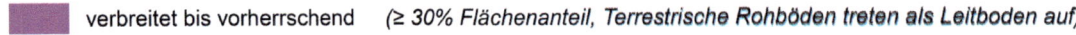   verbreitet bis vorherrschend   (≥ 30% Flächenanteil, Terrestrische Rohböden treten als Leitboden auf)

gering verbreitet   (< 30% Flächenanteil, Terrestrische Rohböden treten als Begleitboden auf)

Bodenregion

Abb. 34.4   Regionale Verbreitung der Klasse der Terrestrischen Rohböden

34.3 Einstufung der Terrestrischen Rohböden in Österreich und der Schweiz

In der Österreichischen Bodensystematik in der revidierten Fassung von 2011 (ÖBS) wird die Bodenklasse der Terrestrischen Rohböden ähnlich wie in Deutschland (KA5) in einen Grobmaterial-Rohboden auf anstehendem Fels oder aus grobem Lockermaterial und einen Feinmaterial-Rohboden aus feinklastischem Lockergestein unterteilt. In der Klassifikation der Böden der Schweiz (KLABS) kommen den Terrestrischen Rohböden die Gesteinsböden am Nächsten. Dabei findet die weitere Differenzierung nicht nach physikalischen, sondern nach chemischen Eigenschaften des Ausgangsgesteins statt (Silikat-, Carbonat- und Mischgesteinsböden).

34.4 Typen und Subtypen (Deutschland)

Typ

- Syrosem (OO)

Subtypen

- Normsyrosem (OOn)
- Protosyrosem (OOp)

Typ

- Lockersyrosem (OL)

Subtyp

- Normlockersyrosem (OLn)

34.5 Typen und Subtypen (Österreich, 2011)

Typ

- Grobmaterial-Rohboden

Subtypen

- Carbonatfreier Grobmaterial-Rohboden
- Carbonathaltiger Grobmaterial-Rohboden

Typ

- Feinmaterial-Rohboden

Subtypen

- Carbonatfreier Feinmaterial-Rohboden
- Carbonathaltiger Feinmaterial-Rohboden

34.6 Klassifikation nach WRB

Wolfgang Fleck, Peter Schad

Nach der WRB werden vergleichbare Böden als Leptosol, Regosol oder Arenosol eingestuft. Dem Syrosem der deutschen Systematik entspricht ein Lithic Leptosol. Der Lockersyrosem ist je nach Bodenart ein Hyperskeletic Leptosol (<20 % Feinerde), ein Arenosol (dominant Sand) oder ein Regosol (dominant Schluff oder Ton), wobei der Regosol auch sehr skelettreich sein kann.

34.7 Ausgewählte Bodenprofile

Profil 3: Subtyp Normlockersyrosem (OLn)

- Bodenausgangsgestein: Dünensand
- Varietät: basenreicher Lockersyrosem (euOLn)
- Typ: Lockersyrosem
- Klasse: Terrestrische Rohböden
- Substrattyp: a-s(Sa,d)
- WRB: Hypereutric Protic Arenosol (Pantoaeolic)
- Bodenregion: Küstenholozän
- Ort: Norderney, Lkr. Aurich, Niedersachsen
- Profilbild und Horizontabfolge: siehe Tab. 34.1
- Bodenlandschaftsbild: siehe Abb. 34.5
- Analysendaten: siehe Tab. 34.2
- Autor: Ernst Gehrt

Vorkommen und Ausgangsgesteine

Der Lockersyrosem ist auf den Dünensanden der Weißdünen verbreitet. Weißdünen bilden die erste und jüngste Dünenkette, die durch ständige Sandbewegung und sehr geringe Bodenbildung gekennzeichnet ist.

Bodenprozesse und -eigenschaften

Der einzige und wesentliche Prozess ist die schwache Humusanreicherung. Vorangegangene Prozesse wie die Entkalkung sind im Profil nicht erkennbar, sondern nur durch in größeren Tiefen auftretende schwache Carbonatgehalte anzunehmen.

Nutzung und Vegetation

Charakteristisch für den Lockersyrosem ist die mehr oder weniger offene Vegetationsdecke der naturnahen Strandhafer-Gesellschaft (Elymo-Ammophiletum arenariae).

Tab. 34.1 Profilbild und Horizontabfolge Profil 3

Profilbild	Horizontgrenze (cm)	Horizonte und ihre Eigenschaften	
	−2	**Ai** a-s(Sa,d)	reiner Sand; grau (10YR 5/1); Einzelkorngefüge; sehr schwach humos; mittel durchwurzelt
	−100+	**ilCv** a-s(Sa,d)	reiner Sand; sehr hellgelblichbraungrau (10YR 7/2); Einzelkorngefüge; mittel durchwurzelt

Quelle: E. Gehrt (Bild bearbeitet)

Abb. 34.5 Blick auf die Landschaft der weißen Dünen auf Norderney (Quelle: E. Gehrt)

Tab. 34.2 Analysendaten Profil 3

Horizont	Tiefe (cm)	Skelett (Vol.-%)	Sand (M.-%)	Schluff (M.-%)	Ton (M.-%)	Gesamtporen (Vol.-%)	Luftkapazität (Vol.-%)	nutzbare Feldkap. (Vol.-%)	Totwasser (Vol.-%)	Lagerungsdichte (g/cm³)
Ai	−2	0	100	0	0	-	-	-	-	-
ilCv	−100+	0	100	0	0	-	-	-	-	-

Horizont	Tiefe (cm)	CaCO₃ (M.-%)	C_org (M.-%)	N_t (M.-%)	C/N	pH H₂O	pH CaCl₂	KAK_pot (cmol_c/kg)	BS (%)	K₂O-DL (mg/100 g)	P₂O₅-DL (mg/100 g)
Ai	−2	-	0,1	-	-	-	6,8	-	-	-	-
ilCv	−100+	-	-	-	-	-	6,8	-	-	-	-

(Quelle: Landesamt für Bergbau, Energie und Geologie, Hannover)
(* = abgeleiteter Analysenwert)

Gefährdung

Der Boden ist durch die starke Windexposition sehr gefährdet. Insbesondere, wenn die Vegetation durch Tritt geschädigt wird, setzen sofort Verwehungen ein. Diese sind nur schwer wieder zu stoppen und schädigen darüberhinaus umliegende Bestände.

Profil 4: Subtyp Normlockersyrosem (OLn)

- Bodenausgangsgestein: anthropogen aufgetragener Schmelzwassersand und Geschiebemergel
- Varietät: kalkhaltiger Lockersyrosem (cOLn)
- Typ: Lockersyrosem
- Klasse: Terrestrische Rohböden
- Substrattyp: oj-s+(k)el(Sgf+Mg)
- WRB: Calcaric Protic Regosol (Pantoloamic, Pantotransportic)
- Bodenregion: Mittel- und süddeutsche Löss- und Sandlösslandschaften
- Ort: Restlochseeböschung Braunkohlentagebau Breitenfeld, Lkr. Leipzig, Sachsen
- Profilbild und Horizontabfolge: siehe Tab. 34.3
- Bodenlandschaftsbild: siehe Abb. 34.6
- Analysendaten: siehe Tab. 34.4
- Autor: Fred Franzke

Vorkommen und Ausgangsgesteine

Natürlich anstehende Lockergesteine, geschüttete Halden und Kippen der Bergbaufolgelandschaften (im Beispiel des Braunkohlenbergbaus) und urbane Gebiete zählen zu den charakteristischen Vorkommen. Kleinflächige natürliche Standorte finden sich in den Mittelgebirgen und Alpen, größere im Bereich von aktiven Binnendünen. Als Übergangsstadium der Bodenentwicklung sind Lockersyroseme aus Kippgemengen aus Schmelzwassersanden und Geschiebelehmen/-mergeln mit größeren Flächenanteilen in den Bergbaufolgelandschaften des Braunkohlenbergbaus und anderer Bergbaugebiete verbreitet.

Bodenprozesse und -eigenschaften

Die Humusakkumulation befindet sich im Initialstadium. Ein lückiger Ai-Horizont mit geringen Mächtigkeiten und Humusgehalten ist ausgebildet. In Abhängigkeit vom Ausgangsgestein trockene und erosionsanfällige Böden, die sich durch eine geringe biologische Aktivität auszeichnen. Das Substrat prägt die wesentlichen Eigenschaften (Bodenart, Skelettgehalt, u. a.).

Nutzung und Vegetation

Bei der Rekultivierung in den Bergbaufolgelandschaften erfolgt die großflächige Aufforstung mit Pioniergehölzen oder bei günstigen Substratverhältnissen mit hochwertigen Nutzbaumarten. Die ingenieurbiologische Verbauung mit geeigneten Gehölzen ist eine Sicherungsmaßnahme bei sehr steilen Böschungen von Halden. Standorte zur Freizeitnutzung, Ruderalstandorte und Trockenbiotope bei natürlicher Sukzession sind weitere Nutzungsvarianten.

Gefährdung

So Pflanzensukzession nicht in das vorgesehene Nutzungskonzept integriet ist, muss die Humusmehrung und Substratstabilisierung gefördert werden. Wind- und Wassererosion können die weitere Humusakkumulation erheblich stören.

Tab. 34.3 Profilbild und Horizontabfolge Profil 4

Profilbild	Horizontgrenze (cm)	Horizonte und ihre Eigenschaften	
	−1	**jAi** oj-s+(k) el(Sgf+Mg)	stark lehmiger Sand (Mischprobe), schwach kiesig; dunkelgrauolivbraun (2,5Y 4/3) und helloivbraun, graustichig (2,5Y 6/4); Bröckel- und Plattengefüge; stark carbonathaltig; sehr schwach humos; stark durchwurzelt
	−50	**jelCv1** oj-s+(k) el(Sgf+Mg)	stark lehmiger Sand (Mischprobe), schwach kiesig, sehr schwach steinig (gerundet); dunkelgrau, olivstichig (5Y 4/1) und gelblichbraun, graustichig (10YR 5/4); Kohärent- und Plattengefüge; stark carbonathaltig; sehr schwach durchwurzelt
	−100+	**jelCv2** oj-s+(k) el(Sgf+Mg)	stark lehmiger Sand (Mischprobe), schwach kiesig; dunkelgrau, olivstichig (5Y 4/1) und gelblichbraun, graustichig (10YR 5/4); Kohärentgefüge; stark carbonathaltig

Quelle: F. Franzke (Bild bearbeitet)

Abb. 34.6 Planierte Rohbodenkippe (Quelle: F. Franzke)

Tab. 34.4 Analysendaten Profil 4

Horizont	Tiefe (cm)	Skelett (Vol.-%)	Sand (M.-%)	Schluff (M.-%)	Ton (M.-%)	Gesamtporen (Vol.-%)	Luftkapazität (Vol.-%)	nutzbare Feldkap. (Vol.-%)	Totwasser (Vol.-%)	Lagerungsdichte (g/cm³)
jAi	−1	6	58	27	15	42	17	15	10	1,54
jelCv1	−50	4	59	25	16	22	4	10	13	1,95
jelCv2	−100+	4	58	27	15	31	6	13	11	1,83

Horizont	Tiefe (cm)	CaCO$_3$ (M.-%)	C$_{org}$ (M.-%)	N$_t$ (M.-%)	C/N	pH H$_2$O	pH CaCl$_2$	KAK$_{pot}$ (cmol$_c$/kg)	BS (%)	K$_2$O-DL (mg/100 g)	P$_2$O$_5$-DL (mg/100 g)
jAi	−1	8	0,19	-	-	-	6,9	-	-	-	-
jelCv1	−50	9	0,15	-	-	-	6,9	-	-	-	-
jelCv2	−100+	9	0,13	-	-	-	6,9	-	-	-	-

(Quelle: Sächsisches Landesamt für Umwelt, Landwirtschaft und Geologie)
(* = abgeleiteter Analysenwert)

Klasse R: Ah/C-Böden

Wolfgang Fleck, Othmar Nestroy, Fred Franzke,
Peter Schad, Karl Stahr, Ralf Sinapius, Karl-Josef Sabel,
Ernst Gehrt, Enrico Pickert, Peter Lüscher,
Andreas Lehmann und Gerhard Milbert

Inhaltsverzeichnis

W. Fleck (✉)
Landesamt für Geologie, Rohstoffe und Bergbau, Freiburg,
Deutschland

O. Nestroy
ehemals Technische Universität Graz, Graz, Österreich

F. Franzke
terraf Ingenieurbüro, Frauenstein, Deutschland

P. Schad
Technische Universität München, TUM School of Life Sciences,
Lehrstuhl für Bodenkunde, Freising-Weihenstephan, Deutschland

K. Stahr
ehemals Universität Hohenheim, Hohenheim, Deutschland

R. Sinapius
Büro für Bodenkunde, Voigtsdorf, Deutschland

K.-J. Sabel
ehemals Hessisches Landesamt für Naturschutz, Umwelt und
Geologie, Wiesbaden, Deutschland

E. Gehrt
ehemals Landesamt für Bergbau, Energie und Geologie,
Hannover, Deutschland

E. Pickert
Sächsisches Landesamt für Umwelt, Landwirtschaft und Geologie,
Dresden, Deutschland

P. Lüscher
ehemals Eidgenössische Forschungsanstalt für Wald, Schnee und
Landschaft, Birmensdorf, Schweiz

A. Lehmann
ehemals Universität Hohenheim, Hohenheim, Deutschland

G. Milbert
ehemals Geologischer Dienst Nordrhein-Westfalen,
Krefeld, Deutschland

© Springer-Verlag GmbH Deutschland, ein Teil von Springer Nature 2023
H. Joisten et al. (Hrsg.), *Böden Deutschlands, Österreichs und der Schweiz*, https://doi.org/10.1007/978-3-8274-2284-2_35

35.1 Allgemeine Charakteristika

Im Unterschied zu den Terrestrischen Rohböden hat die fortgeschrittene Akkumulation von Humus bei den Böden dieser Klasse zur Ausbildung eines Ah-Horizontes geführt. Je nach Beschaffenheit des Ausgangsgesteins im unterlagernden C-Horizont werden die Bodentypen Ranker, Regosol, Rendzina und Pararendzina unterschieden. Ranker und Regosol sind an das Vorhandensein eines carbonatfreien bzw. -armen Kiesel- und Silikatgesteins gebunden. Beim Ranker (österr. Rank für Steilhang) tritt Festgestein oder Blockschutt oberhalb von 3 dm unter der Geländeoberfläche auf. Dagegen sind die Kriterien für den Regosol ein kieseliges oder silikatisches Lockergestein mit einem Ah-Horizont von maximal 4 dm. Die Rendzina entwickelt sich aus festem bzw. lockerem Carbonatgestein ($\geq$75 % Masse – % $CaCO_3$) oder aus Sulfatgestein. Der Name ist aus dem alt-polnischen Wort für „schwätzen" abgeleitet und bezieht sich auf das Rauschen des Pfluges auf steinigem Untergrund. Die Pararendzina ist aus festem Mergelgestein oder lockerem carbonathaltigem Silikatgestein (Carbonatgehalt 2 bis <75 Masse – %) hervorgegangen.

35.2 Verbreitungsgebiete

Die im mitteleuropäischen Raum auftretenden Ah/C-Böden sind häufig durch Degradation bereits weiter entwickelter Böden entstanden. Dies gilt besonders für die schon seit dem Neolithikum ackerbaulich genutzten Böden der Lösshügelländer (Kraichgau, Rheinhessen, lössbedeckte Vorberge des Schwarzwaldes und das westliche wie östliche Weinviertel in Österreich). In einigen ackerbaulich intensiv genutzten Lössgebieten Sachsens wurden Parabraunerden durch starke Bodenerosion zu Pararendzinen degradiert. Die großen Erosionsstrukturen sind gehäuft entlang von Tiefenlinien in Hangschulter- und Kuppenbereichen zu sehen. Auch in Wäldern wurden die vorherrschenden Parabraunerden vielfach durch Erosion verkürzt oder sind vollständig abgetragen und zu Pararendzinen degradiert. In ähnlicher Weise sind die in Bodenregion 8 (Berg- und Hügelländer mit hohem Anteil an nicht metamorphen carbonatischen Gesteinen) häufig vorkommenden Rendzinen in erster Linie auf das Pflügen ursprünglich vorhandener, flach- und mittelgründiger Braunerden und Terra fusca-Braunerden zurückzuführen. Ranker sind vor allem an grobschuttreiche Steillagen und Felsaufragungen im Hoch- und Mittelgebirge gebunden. Auf quarzreichen Gesteinen sind sie flachgründig sowie nährstoffarm und werden meist forstwirtschaftlich genutzt. Auf basenreichen Basalten oder kristallinen Schiefern kommen auch Ranker mit guter Nährstoffversorgung vor (Subtyp Euranker). Als Weiterentwicklung der Lockersyroseme sind Regosole meist auf Dünen sowie künstliche Abgrabungen und Aufschüttungen beschränkt. Typische Bilder der Böden und Landschaften dieser Bodenklasse zeigen Abb. 35.1, 35.2, 35.3 und 35.4. Die regionale Verbreitung der Klasse der Ah/C-Böden wird in der Karte der Abb. 35.5 dargestellt.

Abb. 35.1 Typisches Landschaftsbild im Oberen Muschelkalk des Wutach-gebietes südlich von Wutach-Münchingen (Quelle: Kurt Rilling, Landesamt für Geologie, Rohstoffe und Bergbau im Regierungs-präsidium Freiburg)

Abb. 35.2 Steinige Ackerböden auf Oberjura-Massenkalk bei Leibertingen-Kreenheinstetten (Quelle: Kurt Rilling, Landesamt für Geologie, Rohstoffe und Bergbau im Regierungs-präsidium Freiburg)

Abb. 35.3
Bodenerosionsstrukturen,
Degradation von Parabraun-
erden zu Pararendzinen im
Raum Lommatsch (Sachsen)
(Quelle: Luftbildbefliegung
durch Fred Franzke)

Abb. 35.4 Bodenerosion im
Raum Lommatsch (Sachsen).
Farbunterschiede der
Ackerkrume zeigen die
Vergesellschaftung von
Pararendzinen (hellbraun),
Parabraunerden (mittelbraun)
und Kolluvisolen (dunkel-
braun) an (Quelle: Luftbild-
befliegung durch Fred
Franzke)

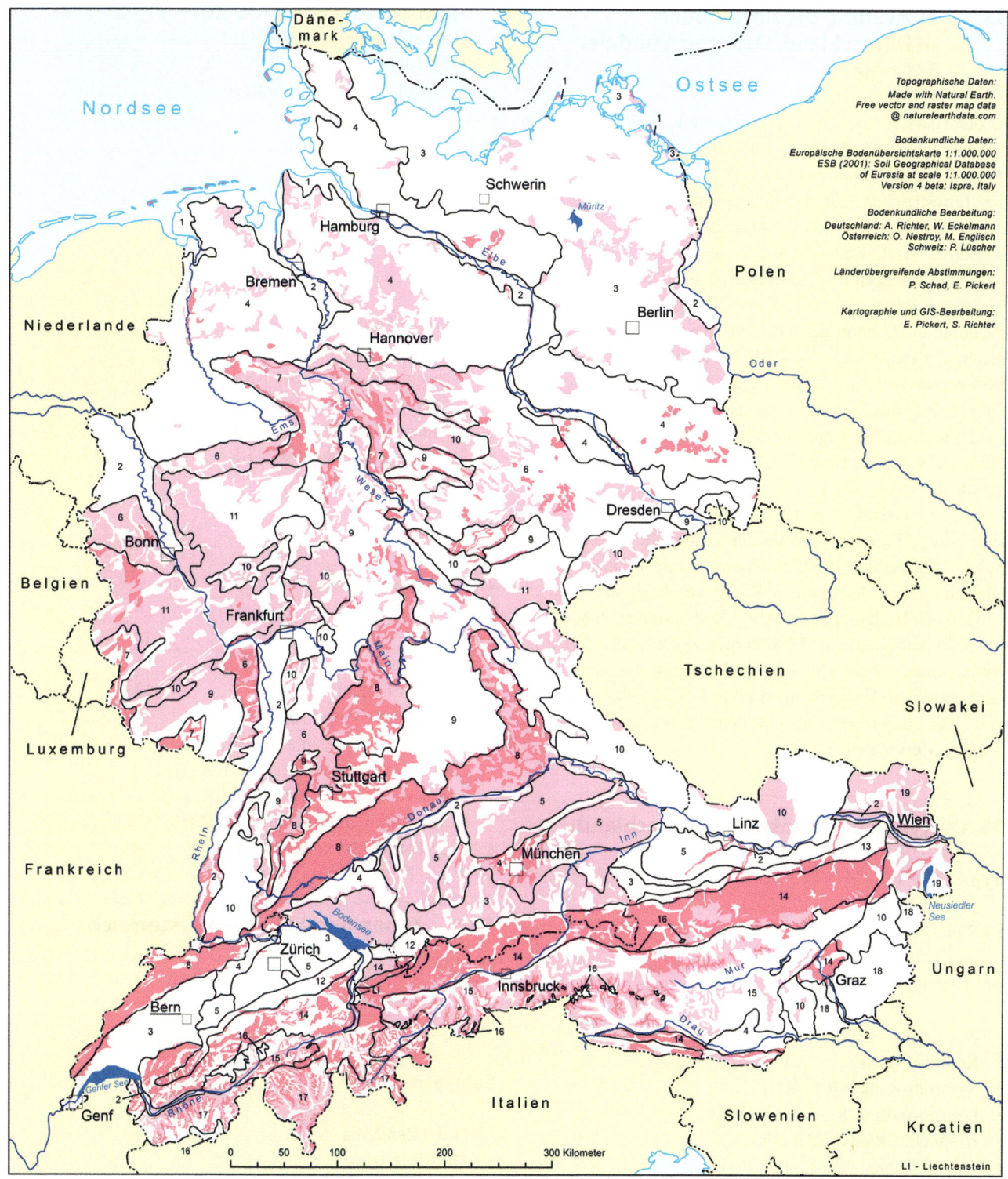

Regionale Verbreitung der Klasse der Ah/C-Böden

■ verbreitet bis vorherrschend   (≥ 30% Flächenanteil, Ah/C-Böden treten als Leitboden auf)

■ gering verbreitet (< 30% Flächenanteil, Ah/C-Böden treten als Begleitboden auf)

/₄ Bodenregion

Abb. 35.5 Regionale Verbreitung der Klasse der Ah/C-Böden

35.3 Einstufung der Ah/C-Böden in Deutschland, Österreich und der Schweiz

In der Österreichischen Bodensystematik in der revidierten Fassung von 2011 (Nestroy et al. 2011) gehören die Bodentypen Rendzina, Pararendzina und Ranker zur Bodenklasse der Terrestrischen Humusböden und sind mit einigen Ausnahmen ähnlich wie in der deutschen Systematik (KA5) beschrieben. Ah/C-Böden (Österreich: Terrestrische Humusböden) aus lockerem Silikatmaterial werden dort nicht als Regosol bezeichnet, sondern dem Ranker zugeordnet. Die Tschernoseme, die in der KA5 zur Klasse der Schwarzerden gehören, werden nach der ÖBS 2011 zur Klasse der Ah/C-Böden gerechnet. Sie sind mit einer Mindestmächtigkeit des Oberbodens von 3 dm definiert, gegenüber 4 dm nach KA5. Auch die Kalklehm-Rendzina sowie der Kultur-Rohboden der ÖBS 2011 müssten nach KA5 bei den Ah/C-Böden eingeordnet werden.

In der Klassifikation der Böden der Schweiz (KLABS) sind die Humus-Gesteinsböden und die Böden mit Sekundärmineralen (Ranker, Regosole und Rendzinen) am ehesten mit den Böden dieser Klasse vergleichbar.

Den vier Bodentypen der Ah/C-Böden sind nach der deutschen Bodensystematik 27 Subtypen zugeordnet. Neben jeweils einem Norm-Subtyp und einem basenreicheren oder -ärmeren Abweichungssubtyp, besitzt jeder Bodentyp vier oder fünf Übergangssubtypen mit ausgeprägten typfremden Merkmalen.

35.4 Typen und Subtypen (Deutschland)

Typ

- Ranker (RN)

Subtypen

- Normranker (RNn)
- Euranker (RNr)
- Syrosem-Ranker (OO-RN)
- Lockersyrosem-Ranker (OL-RN)
- Braunerde-Ranker (BB-RN)
- Podsol-Ranker (PP-RN)

Typ

- Regosol (RQ)

Subtypen

- Normregosol (RQn)
- Euregosol (RQr)

- Lockersyrosem-Regosol (OL-RQ)
- Braunerde-Regosol (BB-RQ)
- Podsol-Regosol (PP-RQ)
- Pseudogley-Regosol (SS-RQ)
- Gley-Regosol (GG-RQ)

Typ

- Rendzina (RR)

Subtypen

- Normrendzina (RRn)
- Sauerrendzina (RRs)
- Syrosem-Rendzina (OO-RR)
- Lockersyrosem-Rendzina (OL-RR)
- Braunerde-Rendzina (BB-RR)
- Terra fusca-Rendzina (CF-RR)
- Gley-Rendzina (GG-RR)

Typ

- Pararendzina (RZ)

Subtypen

- Normpararendzina (RZn)
- Sauerpararendzina (RZs)
- Syrosem-Pararendzina (OO-RZ)
- Lockersyrosem-Pararendzina (OL-RZ)
- Braunerde-Pararendzina (BB-RZ)
- Pseudogley-Pararendzina (SS-RZ)
- Gley-Pararendzina (GG-RZ)

35.5 Typen und Subtypen (Österreich)

Typ

- Rendzina

Subtypen

- Proto-Rendzina
- Mull-Rendzina
- Mullartige Rendzina
- Moder-Rendzina
- Tangel-Rendzina
- Pech-Rendzina
- Carbonathaltiger Fels-Auflagehumusboden

Typ

- Kalklehm-Rendzina

Subtypen

- Mull-Kalklehm-Rendzina
- Moder-Kalklehm-Rendzina

Typ

- Pararendzina

Subtypen

- Proto-Pararendzina
- Mull-Pararendzina
- Moder-Pararendzina

Typ

- Ranker

Subtypen

- Proto-Ranker
- Typischer Ranker
- Carbonatfreier Fels-Auflagehumusboden

Typ

- Tschernosem

Subtypen

- Typischer Tschernosem
- Brauner Tschernosem
- Rumpf-Tschernosem

Typ

- Paratschernosem

35.6 Klassifikation nach WRB

Wolfgang Fleck and Peter Schad

Nach der WRB werden Ah/C-Böden mit einem maximal 2,5 dm mächtigen Oberboden je nach den maßgebenden bodenphysikalischen und -chemischen Eigenschaften als Leptosol (Massivgestein in ≤2,5 dm), Arenosol (sehr sandig) oder Regosol eingestuft. Rendzina und Pararendzina müssen bei größerer Mächtigkeit und entsprechender Ausprägung des Oberbodens dem Phaeozem, seltener dem Chernozem oder dem Kastanozem zugeordnet werden.

35.7 Ausgewählte Bodenprofile

Profil 5: Subtyp Normranker (RNn)

- Bodenausgangsgestein: flache Fließerde aus Granit über Granit
- Varietät: basenarmer humusreicher (Mull)Ranker (dy.x.RNn)
- Typ: Ranker
- Klasse: Ah/C-Böden
- Substrattyp: p-lz(+G)\n-+G
- WRB: Dystric Umbric Skeletic Leptosol (Humic, Loamic)
- Bodenregion: Berg- und Hügelländer mit hohem Anteil an Magmatiten und Metamorphiten
- Ort: Unterwasser, Schwarzwald, Ortenaukreis, Baden-Württemberg
- Humusform: L-Mull
- Profilbild und Horizontabfolge: siehe Tab. 35.1
- Bodenlandschaftsbild: siehe Abb. 35.6
- Analysendaten: siehe Tab. 35.2
- Autor: Karl Stahr, Daniela Sauer

Tab. 35.1 Profilbild und Horizontabfolge Profil 5

Profilbild	Horizontgrenze (cm)	Horizonte und ihre Eigenschaften	
	−25	**Ah** p-lz(+G)	stark lehmiger Sand, sehr stark grusig; schwarz (10YR 2/1); Krümelgefüge; extrem humos
	−60+	**IIimCv** n-+G	Granit; stark geklüftet und schwach vergrust

Quelle: A. Lehmann (Bild bearbeitet)

Abb. 35.6 Steillagen des Schwarzwalds sind typische Standorte mit Rankern (Quelle: A. Lehmann)

Tab. 35.2 Analysendaten Profil 5

Horizont	Tiefe (cm)	Skelett (Vol.-%)	Sand (M.-%)	Schluff (M.-%)	Ton (M.-%)	Gesamtporen (Vol.-%)	Luftkapazität (Vol.-%)	nutzbare Feldkap. (Vol.-%)	Totwasser (Vol.-%)	Lagerungsdichte (g/cm³)
Ah	−25	50	68	20	12	61	14	35	12	1,37
IIimCv	−60+	-	-	-	-	-	-	-	-	-

Horizont	Tiefe (cm)	CaCO₃ (M.-%)	C_org (M.-%)	N_t (M.-%)	C/N	pH H₂O	pH CaCl₂	KAK_pot (cmol_c/kg)	BS (%)	K₂O-DL (mg/100g)	P₂O₅-DL (mg/100g)
Ah	−25	-	8,7	0,55	15	-	3,2	35	5	-	-
IIimCv	−60+	-	-	-	-	-	-	-	-	-	-

(Quelle: Institut für Bodenkunde und Standortslehre Universität Hohenheim
(* = abgeleiteter Analysenwert)

Vorkommen und Ausgangsgesteine

Der Normranker ist dadurch gekennzeichnet, dass sein humoser Oberboden unmittelbar dem Festgestein aufliegt. Diese Situation ist nicht sehr weit verbreitet, da das Festgestein in der Regel von einer Schuttdecke überzogen ist. Der Normranker ist deshalb ein seltener Bodentyp. Er kommt an Bergvorsprüngen oder felsigen Partien vor, wo Schuttdecken fehlen. Meist nimmt er nur Flächen von 10 bis 1000 qm Ausdehnung ein.

Bodenprozesse und -eigenschaften

Der Normranker ist vor allem durch den Prozess der Humusakkumulation gekennzeichnet. Der Umsatz der organischen Substanz geschieht vergleichsweise langsam, da der Normranker einen sauren und teilweise auch trockenen Standort bildet und zudem in kühlen Mittelgebirgslagen auftritt. Im Ah-Horizont läuft darüber hinaus der Prozess der Verlehmung ab.

Nutzung und Vegetation

Der Normranker dient zumeist als Wald- oder Forststandort. Buchen-Tannen-Wälder, bzw. in trockeneren Lagen Kiefer, Zitterpappel, Ginster, Blaubeere und Preiselbeere bilden eine naturnahe Vegetation.

Gefährdung

Normranker sind relativ stabil, solange sie unter Wald sind. Bei Kahlschlag erfolgt rasch eine spontane Begrünung. An Steilhängen sind sie nach Kahlschlag jedoch erosionsgefährdet.

Profil 6: Subtyp Euranker (RNr)

- Bodenausgangsgestein: flacher Hanglehm aus Basalt und Lösssand über Basalt
- Varietät: basenreicher (Mull)Euranker (eu.muRNr)
- Typ: Ranker
- Klasse: Ah/C-Böden
- Substrattyp: u-zl(+B,Slo)\n-+B
- WRB: Eutric Skeletic Leptosol (Humic, Loamic, Raptic)

- Bodenregion: Mittel- und süddeutsche Löss- und Sandlösslandschaften
- Ort: Guttau, Lkr. Bautzen, Sachsen
- Humusform: F-Mull
- Profilbild und Horizontabfolge: siehe Tab. 35.3
- Bodenlandschaftsbild: siehe Abb. 35.7
- Analysendaten: siehe Tab. 35.4
- Autor: Ralf Sinapius

Vorkommen und Ausgangsgesteine

Das Profil befindet sich auf dem Eisenberg, einem tertiären basaltoiden Vulkanrest, der 10–15 m über seine flachwellige bis ebene Umgebung erhebt. Die Exposition der vulkanischen Härtlingskuppen beschränkte die Bildung von periglaziären Deckschichten oder beförderte ihre nachträgliche Erosion. Hierbei ist vor allem die Position des Profils unmittelbar vor dem Lösshügelland zu beachten, weswegen keine Lössdeckschichten das Gestein verhüllen konnten. Wahrscheinlich überwog die spätweichselzeitliche Winderosion auf dem vegetationsfreien Standort, und es bildete sich nur eine geringmächtige Flugsand- oder Lösssanddecke aus. Temporäre landwirtschaftliche Nutzung ab dem Mittelalter begünstigte den weiteren Bodenabtrag. Infolgedessen liegt das Gestein (IIIimCv-Horizont) sehr oberflächennah. Vulkanische Härtlingsberge mit sehr unterschiedlichen Höhen gehören zum typischen Erscheinungsbild der Region, vor allem des benachbarten Hügellandes der östlichen Oberlausitz. Am häufigsten bestehen sie dort aus Nepheliniten und Phonolithen.

Bodenprozesse und -eigenschaften

Der vorliegende Ranker befindet sich auf einer Bergkuppe (Eisenberg) nordöstlich von Bautzen im Tiefland der Oberlausitz. Gut erkennbar sind in ihm die parallelen Hauptklüfte des säulenförmigen Basaltes. Als Sickerwasser- und Wurzelbahnen begünstigen sie die Verwitterung des Gesteins. In größerer Tiefe hat sich noch kaum Feinboden gebildet. Über dem anstehenden Gestein zeigt der stark humose Ah-Horizont die hohe Basizität des Augit-Olivin-Basaltes. Das kieselsäurearme Gestein kann ständig Na-, Mg- und Ca-Kationen freisetzen und eine dauerhaft hohe Basensättigung

Tab. 35.3 Profilbild und Horizontabfolge Profil 6

Profilbild	Horizontgrenze (cm)	Horizonte und ihre Eigenschaften	
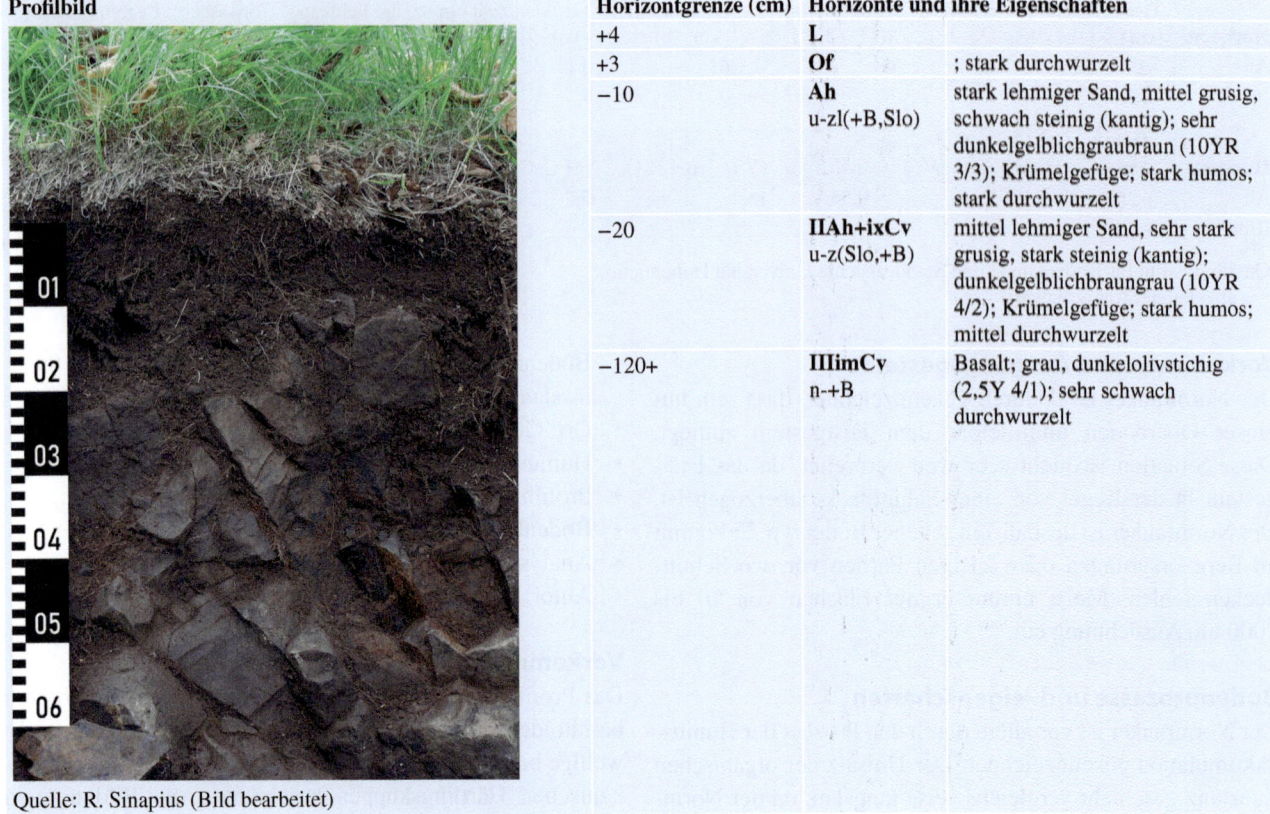	+4	**L**	
	+3	**Of**	; stark durchwurzelt
	−10	**Ah** u-zl(+B,Slo)	stark lehmiger Sand, mittel grusig, schwach steinig (kantig); sehr dunkelgelblichgraubraun (10YR 3/3); Krümelgefüge; stark humos; stark durchwurzelt
	−20	**IIAh+ixCv** u-z(Slo,+B)	mittel lehmiger Sand, sehr stark grusig, stark steinig (kantig); dunkelgelblichbraungrau (10YR 4/2); Krümelgefüge; stark humos; mittel durchwurzelt
	−120+	**IIIimCv** n-+B	Basalt; grau, dunkelolivstichig (2,5Y 4/1); sehr schwach durchwurzelt

Quelle: R. Sinapius (Bild bearbeitet)

Abb. 35.7 Sowohl im Tiefland als auch vor allem im Hügelland der Oberlausitz gehören vulkanische Einzelberge mit Ranker-Entwicklungen zum typischen Erscheinungsbild. Hier der Knorrberg aus Nephelinit bei Ostritz (Quelle: R. Sinapius)

sichern. Dementsprechend entwickelte sich eine Mull – Humusform. Bedingt durch die Trockenheit des Standortes ist sie als F – Mull ausgebildet.

Nutzung und Vegetation

Die Ranker auf Vulkanitkuppen tragen häufig naturnahe, durch die Trockenheit geprägte, lichte Gehölze oder Forstbestände. Vereinzelt existieren auch verwilderte Streuobstwiesen. Am Standort befindet sich ein Trockenrasen mit extensiver naturschutzfachlicher Pflege. Die Basaltberge in der Oberlausitz waren und sind häufig Gegenstand von Gesteinsabbau, so auch in der Nachbarschaft und am Eisenberg selber.

Gefährdung

Die Euranker-Standorte sind durch Festgesteinsabbau gefährdet. In der Umgebung des Eisenberges wurden ehemalige Steinbruchbetriebe als Kultur- und Naturdenkmale unter Schutz gestellt.

Tab. 35.4 Analysendaten Profil 6

Horizont	Tiefe (cm)	Skelett (Vol.-%)	Sand (M.-%)	Schluff (M.-%)	Ton (M.-%)	Gesamtporen (Vol.-%)	Luftkapazität (Vol.-%)	nutzbare Feldkap. (Vol.-%)	Totwasser (Vol.-%)	Lagerungsdichte (g/cm^3)
L	+4	-	-	-	-	-	-	-	-	-
Of	+3	-	-	-	-	-	-	-	-	-
Ah	−10	30*	65	21	14	-	-	-	-	-
IIAh+ixCv	−20	96*	67	23	10	-	-	-	-	-
IIIimCv	−120+	-	-	-	-	-	-	-	-	-

Horizont	Tiefe (cm)	CaCO$_3$ (M.-%)	C$_{org}$ (M.-%)	N$_t$ (M.-%)	C/N	pH H$_2$O	pH CaCl$_2$	KAK$_{pot}$ (cmol$_c$/kg)	BS (%)	K$_2$O-DL (mg/100g)	P$_2$O$_5$-DL (mg/100g)
L	+4	-	-	-	-	-	-	-	-	-	-
Of	+3	-	-	-	-	-	-	-	-	-	-
Ah	−10	-	3,3	0,29	11	-	4,6	-	-	6	3
IIAh+ixCv	−20	-	3,0	0,27	11	-	4,6	-	-	9	6
IIIimCv	−120+	-	-	-	-	-	-	-	-	-	-

(Quelle: Sächsisches Landesamt für Umwelt, Landwirtschaft und Geologie)
(* = abgeleiteter Analysenwert)

Profil 7: Subtyp Lockersyrosem-Ranker (OL-RN)

- Bodenausgangsgestein: Haldenmaterial aus Granodiorit
- Varietät: basenreicher (Moder)Lockersyrosem-(Eu) Ranker (eu.moOL-RNr)
- Typ: Ranker
- Klasse: Ah/C-Böden
- Substrattyp: oj-sn(+GDr)\oj-n(+GDr)
- WRB: Eutric Skeletic Regosol (Arenic, Ochric, Raptic, Transportic)
- Bodenregion: Berg- und Hügelländer mit hohem Anteil an Magmatiten und Metamorphiten
- Ort: Bischofswerda, Lkr. Bautzen, Sachsen
- Humusform: Graswurzelfilz-Moder
- Profilbild und Horizontabfolge: siehe Tab. 35.5
- Bodenlandschaftsbild: siehe Abb. 35.8
- Analysendaten: siehe Tab. 35.6
- Autor: Fred Franzke

Vorkommen und Ausgangsgesteine

Natürliche anstehende Felsformationen oder Blockschutt-lagen (Felsstürze) und Halden der Steine/Erden-Abbaue, wie im Beispiel, die mit einer geringmächtigen meist skelettreichen Lockergesteinslage überdeckt sind, zählen zu den charakteristischen Vorkommen. Die sehr junge Boden-entwicklung auf silikatischem, carbonatfreien (-armen,

<2 % Carbonat) Ausgangsmaterial kann auf sehr ver-schiedenen Gesteinen auftreten (im Beispiel Granodiorit). Meist kleinfächige Standorte, in den Mittelgebirgen und den Alpen auch größere Flächen einnehmend, die mit anderen jungen Bodenentwicklungsstadien und Rohböden ver-gesellschaftet sind.

Bodenprozesse und -eigenschaften

Die Humusakkumulation geht über das initiale Stadium hin-aus. Aus einem lückigen Ai- entwickelt sich ein in der Regel flächiger Aih-Horizont. Meist sehr trockene, extrem flach-gründige und erosionsanfällige Böden, die sich durch eine geringe biologische Aktivität auszeichnen.

Nutzung und Vegetation

Ruderalstandorte und Trockenbiotope dominieren bei natür-licher Sukzession. Zum Teil erfolgt die Aufforstung mit Pioniergehölzen oder ingenieurbiologische Verbauung mit geeigneten Gehölzen als Sicherungsmaßnahme.

Gefährdung

So Pflanzensukzession nicht in das vorgesehene Nutzungs-konzept integriet ist, muss die Humusmehrung und Substrat-stabilisierung gefördert werden. Durch geotechnische Sicherungsmaßnahmen werden die meist kleinflächigen Sonderstandorte zusätzlich reduziert.

Tab. 35.5 Profilbild und Horizontabfolge Profil 7

Profilbild	Horizontgrenze (cm)	Horizonte und ihre Eigenschaften	
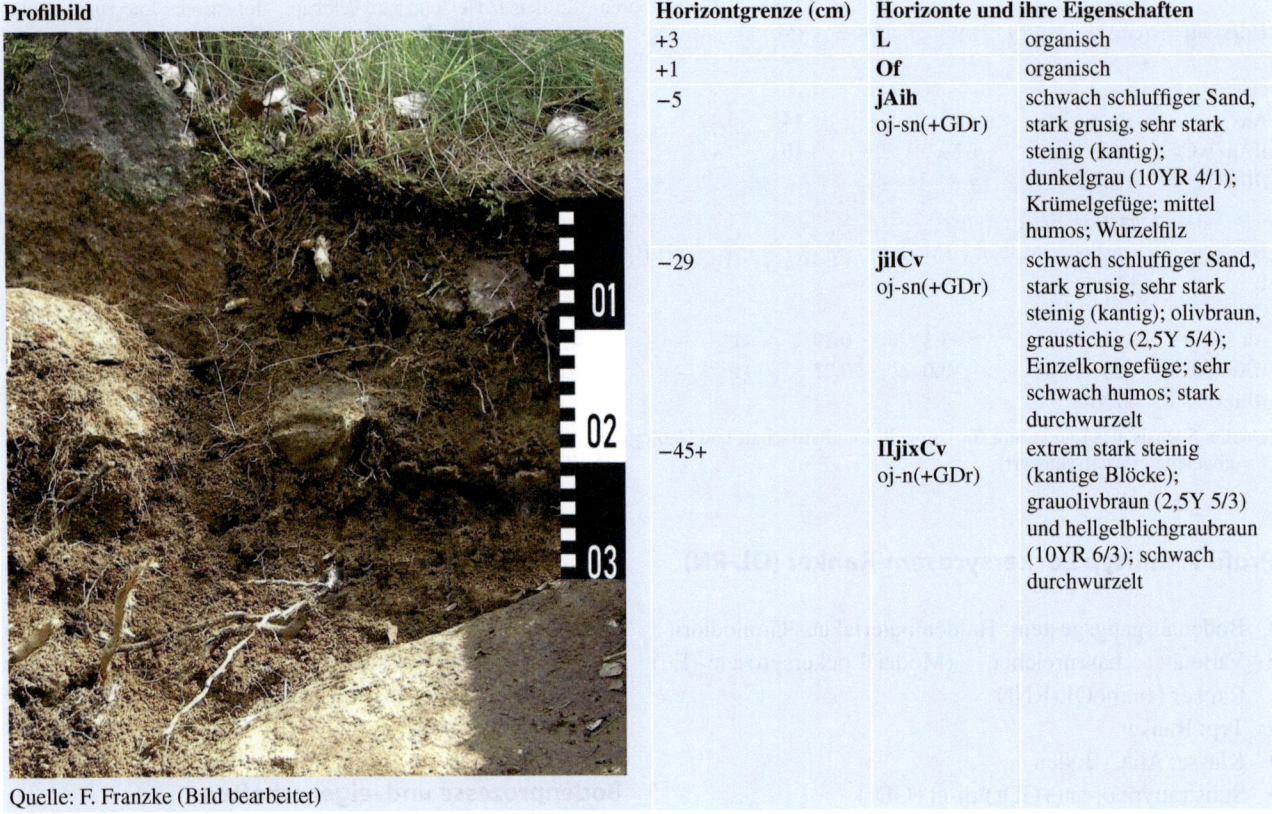 Quelle: F. Franzke (Bild bearbeitet)	+3	**L**	organisch
	+1	**Of**	organisch
	−5	**jAih** oj-sn(+GDr)	schwach schluffiger Sand, stark grusig, sehr stark steinig (kantig); dunkelgrau (10YR 4/1); Krümelgefüge; mittel humos; Wurzelfilz
	−29	**jilCv** oj-sn(+GDr)	schwach schluffiger Sand, stark grusig, sehr stark steinig (kantig); olivbraun, graustichig (2,5Y 5/4); Einzelkorngefüge; sehr schwach humos; stark durchwurzelt
	−45+	**IIjixCv** oj-n(+GDr)	extrem stark steinig (kantige Blöcke); grauolivbraun (2,5Y 5/3) und hellgelblichgraubraun (10YR 6/3); schwach durchwurzelt

Abb. 35.8
Landschaftsausschnitt: Halde im ehemaligem Hartstein-abbau (Quelle: F. Franzke)

Tab. 35.6 Analysendaten Profil 7

Horizont	Tiefe (cm)	Skelett (Vol.-%)	Sand (M.-%)	Schluff (M.-%)	Ton (M.-%)	Gesamtporen (Vol.-%)	Luftkapazität (Vol.-%)	nutzbare Feldkap. (Vol.-%)	Totwasser (Vol.-%)	Lagerungsdichte (g/cm³)
L	+3	-	-	-	-	-	-	-	-	-
Of	+1	-	-	-	-	-	-	-	-	-
jAih	−5	30	78	18	4	-	-	-	-	-
jilCv	−29	38	84	12	4	-	-	-	-	-
IIjixCv	−45+	-	-	-	-	-	-	-	-	-

Horizont	Tiefe (cm)	CaCO$_3$ (M.-%)	C$_{org}$ (M.-%)	N$_t$ (M.-%)	C/N	pH H$_2$O	pH CaCl$_2$	KAK$_{pot}$ (cmol$_c$/kg)	BS (%)	K$_2$O-DL (mg/100g)	P$_2$O$_5$-DL (mg/100g)
L	+3	-	-	-	-	-	-	-	-	-	-
Of	+1	-	-	-	-	-	-	-	-	-	-
jAih	−5	-	1,9	0,13	14	-	4,5	-	-	16	2
jilCv	−29	-	0,31	0,03	10	-	4,5	-	-	16	2
IIjixCv	−45+	-	-	-	-	-	-	-	-	-	-

(Quelle: Sächsisches Landesamt für Umwelt, Landwirtschaft und Geologie)
(* = abgeleiteter Analysenwert)

Profil 8: Subtyp Braunerde-Ranker (BB-RN)

- Bodenausgangsgestein: Fließerde aus Lösslehm und Tonschiefer über Tonschiefer
- Varietät: mittelbasischer (Mull)Braunerde-Ranker (m. muBB-RN)
- Typ: Ranker
- Klasse: Ah/C-Böden
- Substrattyp: p-zu(Lol,*Tsf)\n-*Tsf
- WRB: Eutric Leptosol (Humic, Raptic, Siltic)
- Bodenregion: Berg- und Hügelländer mit hohem Anteil an Ton- und Schluffschiefern
- Ort: Aßlar, Lahn-Dill-Kreis, Hessen
- Profilbild und Horizontabfolge: siehe Tab. 35.7
- Bodenlandschaftsbild: siehe Abb. 35.9
- Analysendaten: siehe Tab. 35.8
- Autor: Karl-Josef Sabel

Vorkommen und Ausgangsgesteine

Profile dieser Art kommen bevorzugt in steileren Mittelgebirgs- und Kuppenlagen vor, wo über dem anstehenden Gestein lediglich eine geringmächtige Hauptlage erhalten geblieben ist. Für die starke kryogene Überprägung spricht unter anderem der hohe Skelettgehalt.

Bodenprozesse und -eigenschaften

Die pedogenen Prozesse ähneln denen der Normbraunerde. Wegen des mangelnden Feinbodens, der geringen Mächtigkeit der Lage und des hohen Steingehaltes ist der Unterboden nur unvollkommen entwickelt. Die Standorte sind flachgründig und trocken und oft durch holozänen Hangabtrag entstanden.

Nutzung und Vegetation

Die Standorte sind ganz überwiegend bewaldet.

Gefährdung

Die Böden sind klassische Waldstandorte, andersartige Nutzungen fördern vor allem die Bodenerosion.

Tab. 35.7 Profilbild und Horizontabfolge Profil 8

Profilbild	Horizontgrenze (cm)	Horizonte und ihre Eigenschaften	
	−15	**Ah** p-zu(Lol,*Tsf)	stark toniger Schluff, stark grusig; grau (10YR 5/1); Einzelkorngefüge; stark humos; mittel durchwurzelt
	−25	**Bv-ilCv** p-zu(Lol,*Tsf)	stark toniger Schluff, stark grusig; grau (10YR 5/1); Subpolyedergefüge; schwach durchwurzelt
	−35+	**IIimCn** n-*Tsf	Tonschiefer
Quelle: K.-F. Sabel (Bild bearbeitet)			

Abb. 35.9 Typischer Hangstandort mit Braunerde-Ranker (Quelle: K.-J. Sabel)

Tab. 35.8 Analysendaten Profil 8

Horizont	Tiefe (cm)	Skelett (Vol.-%)	Sand (M.-%)	Schluff (M.-%)	Ton (M.-%)	Gesamtporen (Vol.-%)	Luftkapazität (Vol.-%)	nutzbare Feldkap. (Vol.-%)	Totwasser (Vol.-%)	Lagerungsdichte (g/cm³)
Ah	−15	37	15	67	18	-	-	-	-	-
Bv-ilCv	−25	37	11	68	21	-	-	-	-	-
IIimCn	−35+	100	-	-	-	-	-	-	-	-

Horizont	Tiefe (cm)	CaCO₃ (M.-%)	C_org (M.-%)	N_t (M.-%)	C/N	pH H₂O	pH CaCl₂	KAK_pot (cmol_c/kg)	BS (%)	K₂O-DL (mg/100g)	P₂O₅-DL (mg/100g)
Ah	−15	-	3,0	0,3	9	5,3	4,4	1,69	-	-	-
Bv-ilCv	−25	-	2	0,2	9	5,3	4,4	1,47	-	-	-
IIimCn	−35+	-	-	-	-	-	-	-	-	-	-

(Quelle: Hessisches Landesamt für Naturschutz, Umwelt und Geologie)
(* = abgeleiteter Analysenwert)

Profil 9: Subtyp Euregosol (RQr)

- Bodenausgangsgestein: anthropogen aufgetragener Sandlöss und Geschiebelehm über tiefem Kohlebrocken führenden Tertiärsand
- Varietät: basenreicher (Mull)Euregosol (eu.muRQr)
- Typ: Regosol
- Klasse: Ah/C-Böden
- Substrattyp: oj-(k)l(Los,Lg)//oj-(^brk)xs(^brk,lpq)
- WRB: Hypereutric Cambisol (Anoloamic, Ochric, Endoraptic, Anotransportic, Bathytechnic)
- Bodenregion: Mittel- und süddeutsche Löss- und Sandlösslandschaften
- Ort: Innenkippe Braunkohlentagebau Böhlen, Lkr. Leipzig, Sachsen
- Humusform: L-Mull
- Profilbild und Horizontabfolge: siehe Tab. 35.9
- Weiteres Profilbild: siehe Abb. 35.10
- Analysendaten: siehe Tab. 35.10
- Autor: Fred Franzke

Vorkommen und Ausgangsgesteine

Charakteristisch für das Vorkommen von Regosolen sind natürlich anstehende Lockergesteine, geschüttete Halden und Kippen der Bergbaufolgelandschaften (im Beispiel: Braunkohlenbergbau) und urbane Gebiete. Ihr Substrat prägt die wesentlichen Eigenschaften (Bodenart, Skelettgehalt, u. a.). Im Beispiel ist durch Auftragen von natürlichem Material gezielt ein Zweischichtprofil angelegt worden, um günstige Voraussetzungen für die Rekultivierung zu schaffen. Die kulturfeindlichen Kippsubstrate aus Braunkohle und sehr sauren tertiären Sanden wurden mit kulturfähigen Substraten des Pleistozäns, i. W. Geschiebelehm und Sandlöss, mit einer Mächtigkeit von 87 cm überkippt.

Bodenprozesse und -eigenschaften

Eine solche junge Bodenentwicklung auf silikatischem, carbonatfreien (-armen, <2 % Carbonat) Ausgangsmaterial

kann auf verschiedenen Lockergesteinsarten auftreten. Natürliche Standorte finden sich in Strandnähe von Nord- und Ostsee, an Binnenseen, im Bereich von Binnendünen oder in den Mittelgebirgen und Alpen. Als Übergangsstadium der Bodenentwicklung sind Regosole mit größeren Flächenanteilen in den Bergbaufolgelandschaften des Braunkohlenbergbaus und anderer Bergbaugebiete verbreitet, die dort mit weiteren jungen Bodenentwicklungen und Rohböden vergesellschaftet sind. Humusakkumulation mit Ausbildung eines Ah kennzeichnet diesen Boden. Wenn der Basensättigungsgrad im Ah >50 % beträgt, handelt es sich um einen Euregosol. Diese Böden sind deutlich nährstoffreicher als Normregosole. Durchwurzelungsintensität und biologische Aktivität sind in Abhängigkeit vom Standort variabel, aber im Vergleich zu den vorangegangenen Stadien der Bodenentwicklung deutlich gestiegen.

Nutzung und Vegetation

Forststandorte und Grünland, in der Bergbaufolgelandschaft auch Ackerland, Park- und Grünanlagen in urbanen Räumen. Bei der Rekultivierung in den Bergbaufolgelandschaften erfolgt meist die großflächige Aufforstung mit Pioniergehölzen oder bei günstigen Substratverhältnissen mit hochwertigen Nutzbaumarten. Die ingenieurbiologische Verbauung mit geeigneten Gehölzen ist eine Sicherungsmaßnahme bei sehr steilen Böschungen von Halden. Standorte zur Freizeitnutzung, Ruderalstandorte und Trockenbiotope bei natürlicher Sukzession sind weitere Nutzungsvarianten.

Gefährdung

Humusstatus und Substratstabilisierung müssen bei forst- und landwirtschaftlicher Nutzung gefördert und erhalten werden. In Abhängigkeit vom Standort beobachtet man störende Faktoren wie Wind- und Wassererosion, bei Freizeitnutzung zum Beispiel Trittschäden und andere unsensible Eingriffe sowie in urbanen Gebieten Nutzungsartenwechsel. Sie behindern die weitere Humusakkumulation und die junge Bodenentwicklung.

Tab. 35.9 Profilbild und Horizontabfolge Profil 9

Profilbild	Horizontgrenze (cm)	Horizonte und ihre Eigenschaften	
	+2	**L**	
	−10	**jAh** oj-(k)l(Los,Lg)	schluffig-lehmiger Sand, schwach kiesig (mit Flugascheeinwehung); sehr dunkelgrau (10YR 3/1); Krümelgefüge; sehr carbonatarm; mittel humos; sehr stark durchwurzelt
	−25	**Ah-jilCv** oj-(k)l(Los,Lg)	mittel sandiger Lehm, schwach kiesig; dunkelgelblichbraungrau (10YR 4/2); Polyeder- und Krümelgefüge; schwach humos; mittel durchwurzelt
	−87	**jilCv** oj-(k)l(Los,Lg)	mittel sandiger Lehm, schwach kiesig; gelblichbraun, hellgraustichig (10YR 6/4) bis gelblichbraun, sehr hellgraustichig (10YR 7/4); Polyeder- und Kittgefüge; schwach bis mittel durchwurzelt
	−100	**IIjilCv** oj-sk(Ggf)	reiner Sand, sehr stark kiesig, sehr schwach steinig (gerundet); hellgelblichbraun (10YR 6/6); Einzelkorn- und Kittgefüge; schwach durchwurzelt
	−200+	**IIIjilCv** oj-(^brk)xs(^brk,lpq)	schwach bis mittel schluffiger Sand; sehr dunkelrötlichbraungrau (5YR 3/3); Einzelkorn- und Bröckelgefüge; mittel kohlehaltig; sehr schwach durchwurzelt

Quelle: F. Franzke (Bild bearbeitet)

Abb. 35.10 Detail Schicht-übergang (Quelle: F. Franzke)

Tab. 35.10 Analysendaten Profil 9

Horizont	Tiefe (cm)	Skelett (Vol.-%)	Sand (M.-%)	Schluff (M.-%)	Ton (M.-%)	Gesamtporen (Vol.-%)	Luftkapazität (Vol.-%)	nutzbare Feldkap. (Vol.-%)	Totwasser (Vol.-%)	Lagerungsdichte (g/cm³)
L	+2	-	-	-	-	-	-	-	-	-
jAh	−10	-	-	-	-	-	-	-	-	-
Ah-jilCv	−25	-	-	-	-	-	-	-	-	-
jilCv	−87	-	-	-	-	-	-	-	-	-
IIjilCv	−100	-	-	-	-	-	-	-	-	-
IIIjilCv	−200+	-	-	-	-	-	-	-	-	-

Horizont	Tiefe (cm)	CaCO₃ (M.-%)	C_org (M.-%)	N_t (M.-%)	C/N	pH H₂O	pH CaCl₂	KAK_pot (cmol_c/kg)	BS (%)	K₂O-DL (mg/100g)	P₂O₅-DL (mg/100g)
L	+2	-	-	-	-	-	-	-	-	-	-
jAh	−10	-	-	-	-	-	6,92	-	-	-	-
Ah-jilCv	−25	-	-	-	-	-	6,75	-	-	-	-
jilCv	−87	-	-	-	-	-	5,05	-	-	-	-
IIjilCv	−100	-	-	-	-	-	5,10	-	-	-	-
IIIjilCv	−200+	-	-	-	-	-	3,21	-	-	-	-

(Quelle: Ostdeutsche Gesellschaft für Forstplanung, Potsdam)
(* = abgeleiteter Analysenwert)

Profil 10: Subtyp Euregosol (RQr)

- Bodenausgangsgestein: Dünensand
- Varietät: basenreicher (Mull)Euregosol (eu.muRQr)
- Typ: Regosol
- Klasse: Ah/C-Böden
- Substrattyp: a-s(Sa,d)
- WRB: Eutric Arenosol (Ochric)
- Bodenregion: Küstenholozän
- Ort: Norderney, Lkr. Aurich, Niedersachsen
- Humusform: L-Mull
- Profilbild und Horizontabfolge: siehe Tab. 35.11
- Bodenlandschaftsbild: siehe Abb. 35.11
- Analysendaten: siehe Tab. 35.12
- Autor: Ernst Gehrt

Vorkommen und Ausgangsgesteine

Der beschriebene Euregosol findet sich auf den Nordseeinseln an den Hängen im Bereich der Graudünen, die sich durch beginnende Humusanreicherung aus Weißdünen entwickelt haben. Darüber hinaus ist der Euregosol in den Dünentälchen ohne Grundwasseranschluss (>2 m ü. NN) verbreitet. Vergleichbare Böden treten aber auch auf den jungen Dünen im Binnenland auf.

Bodenprozesse und -eigenschaften

Der wesentliche Bodenprozess ist die Humusanreicherung bei weitgehend geschlossener Vegetationsdecke. Bei frischer Anwehung von Sand beginnt die Bodenbildung von vorne. In Dünentälern finden sich häufig Profile mit mehreren übereinander liegenden Ah-Horizonten.

Nutzung und Vegetation

Die Böden werden sehr extensiv genutzt.

Gefährdung

Die Regosole haben eine hohe Gefährdung, da die Vegetationsdecke sehr leicht zerstört werden kann. Dies erfolgt bei Intensivierung der Nutzung oder durch Betreten (Trampelpfade). Durch Winderosion können sich solche beanspruchten Areale schnell weit ausdehnen.

Tab. 35.11 Profilbild und Horizontabfolge Profil 10

Profilbild	Horizontgrenze (cm)	Horizonte und ihre Eigenschaften	
	−5	**Ah** a-s(Sa,d)	reiner Sand; sehr dunkelgelblichbraungrau (10YR 3/2); Einzelkorngefüge; schwach humos; schwach durchwurzelt
	−25	**ilCv1** a-s(Sa,d)	reiner Sand; gelblichgraubraun (10YR 5/3); Einzelkorngefüge; sehr schwach humos; sehr schwach durchwurzelt
	−100+	**ilCv2** a-s(Sa,d)	reiner Sand; sehr hellgelblichbraungrau (10YR 7/2); Einzelkorngefüge; sehr schwach durchwurzelt

Quelle: E. Gehrt (Bild bearbeitet)

Abb. 35.11 Dünenlandschaft Norderney (Quelle: E. Gehrt)

Tab. 35.12 Analysendaten Profil 10

Horizont	Tiefe (cm)	Skelett (Vol.-%)	Sand (M.-%)	Schluff (M.-%)	Ton (M.-%)	Gesamtporen (Vol.-%)	Luftkapazität (Vol.-%)	nutzbare Feldkap. (Vol.-%)	Totwasser (Vol.-%)	Lagerungsdichte (g/cm³)
Ah	−5	0	100	0	0	-	-	-	-	-
ilCv1	−25	0	100	0	0	-	-	-	-	-
ilCv2	−100+	0	100	0	0	-	-	-	-	-

Horizont	Tiefe (cm)	CaCO₃ (M.-%)	C_org (M.-%)	N_t (M.-%)	C/N	pH H₂O	pH CaCl₂	KAK_pot (cmol_c/kg)	BS (%)	K₂O-DL (mg/100g)	P₂O₅-DL (mg/100g)
Ah	−5	-	0,7	0,1	14	5,4	-	2,9	74	-	-
ilCv1	−25	-	0,2	0,0	-	5,4	-	0,9	80	-	-
ilCv2	−100+	-	-	-	-	-	-	-	-	-	-

(Quelle: Landesamt für Bergbau, Energie und Geologie, Hannover)
(* = abgeleiteter Analysenwert)

Profil 11: Subtyp Lockersyrosem-Regosol (OL-RQ)

- Bodenausgangsgestein: anthropogen aufgetragene Tertiärsande
- Varietät: mittelbasischer (Mull)Lockersyrosem-Regosol (m.muOL-RQ)
- Typ: Regosol
- Klasse: Ah/C-Böden
- Substrattyp: u-s(lpq)/oj-(k)s(lpq)
- WRB: Katospolic Technosol (Pantoarenic, Orthodystric, Ochric, Colluvic)
- Bodenregion: Mittel- und süddeutsche Löss- und Sandlösslandschaften
- Ort: Brückenkippe Braunkohlentagebau Espenhain, Lkr. Leipzig, Sachsen
- Profilbild und Horizontabfolge: siehe Tab. 35.13
- Bodenlandschaftsbild: siehe Abb. 35.12
- Analysendaten: siehe Tab. 35.14
- Autor: Fred Franzke

Vorkommen und Ausgangsgesteine

Charakteristisch für das Vorkommen von Lockersyrosem-Regosolen sind natürlich anstehende Lockergesteine, geschüttete Halden und Kippen der Bergbaufolgelandschaften (im Beispiel: Braunkohlenbergbau) und urbane Gebiete. Ihr Substrat prägt die wesentlichen Eigenschaften (Bodenart, Skelettgehalt, u. a.). Im Beispiel ist verkipptes natürliches Material, bestehend aus sehr sauren tertiären Sanden mit einzelnen Tonbrocken, von ähnlich sauren abgeschwemmten Sanden überlagert worden (aktuelle geogenetische Dynamik).

Bodenprozesse und -eigenschaften

Eine solche sehr junge Bodenentwicklung auf silikatischem, carbonatfreien (-armen, <2 % Carbonat) Ausgangsmaterial kann auf verschiedenen Lockergesteinsarten auftreten.

Natürliche Standorte finden sich in Strandnähe von Nord- und Ostsee, an Binnenseen, im Bereich von Binnendünen oder in den Mittelgebirgen und Alpen. Als Übergangsstadium der Bodenentwicklung sind Lockersyrosem-Regosole mit größeren Flächenanteilen in den Bergbaufolgelandschaften des Braunkohlenbergbaus und anderer Bergbaugebiete verbreitet, die dort mit weiteren jungen Bodenentwicklungen und Rohböden vergesellschaftet sind. Humusakkumulation mit Ausbildung eines stabilen Aih kennzeichnet diesen Übergangsboden. Durchwurzelungsintensität und biologische Aktivität sind in Abhängigkeit vom Standort variabel, aber als Bodenentwicklungsergebnis deutlich sichtbar bzw. analytisch belegbar.

Nutzung und Vegetation

Forststandorte und Grünland, in der Bergbaufolgelandschaft auch Ackerland (dann initialer Ap), Park- und Grünanlagen in urbanen Räumen. Bei der Rekultivierung in den Bergbaufolgelandschaften erfolgt meist die großflächige Aufforstung mit Pioniergehölzen oder bei günstigen Substratverhältnissen mit hochwertigen Nutzbaumarten. Die ingenieurbiologische Verbauung mit geeigneten Gehölzen ist eine Sicherungsmaßnahme bei sehr steilen Böschungen von Halden. Standorte zur Freizeitnutzung, Ruderalstandorte und Trockenbiotope bei natürlicher Sukzession sind weitere Nutzungsvarianten.

Gefährdung

Humusstatus und Substratstabilisierung müssen bei forst- und landwirtschaftlicher Nutzung gefördert und erhalten werden. In Abhängigkeit vom Standort beobachtet man störende Faktoren wie Wind- und Wassererosion, bei Freizeitnutzung zum Beispiel Trittschäden und andere unsensible Eingriffe sowie in urbanen Gebieten Nutzungsartenwechsel. Sie behindern die weitere Humusakkumulation und die junge Bodenentwicklung.

Tab. 35.13 Profilbild und Horizontabfolge Profil 11

Profilbild	Horizontgrenze (cm)	Horizonte und ihre Eigenschaften	
	−4	**Aih** u-xs(lpq)	schwach schluffiger Sand, sehr schwach kiesig; gelblichgraubraun (10YR 5/3) bis hellbraungrau (7,5YR 6/2); mittel kohlehaltig; Einzelkorn- und Schichtgefüge; stark humos; stark bis sehr stark durchwurzelt
	−40	**ilCv** u-s(lpq)	schwach schluffiger bis reiner Sand (lagig vermengt), sehr schwach kiesig; gelblichgraubraun (10YR 5/3) bis hellbraungrau (7,5YR 6/2); Einzelkorn- und Schichtgefüge; schwach kohlehaltig; mittel durchwurzelt
	−120+	**IIjilCv** oj-(k)s(lpq)	schwach toniger Sand, sehr schwach bis schwach kiesig und Tertiärtonbrocken (sehr geringer Anteil); dunkelbräunlichgrau (7,5YR 4/4); Eisenoxide (Beläge und Tapeten, sehr geringer Flächenanteil); Einzelkorn- und Bröckelgefüge; schwach kohlehaltig; mittel durchwurzelt

Quelle: F. Franzke (Bild bearbeitet)

Abb. 35.12
Pflanzensukzession in talartiger Tieflage auf einer Brückenkippe des Braunkohlenbergbaus (Quelle: F. Franzke)

Tab. 35.14 Analysendaten Profil 11

Horizont	Tiefe (cm)	Skelett (Vol.-%)	Sand (M.-%)	Schluff (M.-%)	Ton (M.-%)	Gesamtporen (Vol.-%)	Luftkapazität (Vol.-%)	nutzbare Feldkap. (Vol.-%)	Totwasser (Vol.-%)	Lagerungsdichte (g/cm³)
Aih	−4	1	83	13	4	-	-	-	-	-
ilCv	−40	1	92	6	2	-	-	-	-	-
IIjilCv	−120+	2	84	8	8	-	-	-	-	-

Horizont	Tiefe (cm)	CaCO₃ (M.-%)	C_org (M.-%)	N_t (M.-%)	C/N	pH H₂O	pH CaCl₂	KAK_pot (cmol_c/kg)	BS (%)	K₂O-DL (mg/100g)	P₂O₅-DL (mg/100g)
Aih	−4	-	3,6	0,08	47	-	4,52	13,32	45	8	0,97
ilCv	−40	-	1,7	0,02	85	-	3,62	7,97	23	3	1,2
IIjilCv	−120+	-	1,7	0,02	85	-	3,29	8,71	29	2	1,6

(Quelle: Sächsisches Landesamt für Umwelt, Landwirtschaft und Geologie)
(* = abgeleiteter Analysenwert)

Profil 12: Subtyp Lockersyrosem-Regosol (OL-RQ)

- Bodenausgangsgestein: anthropogen aufgetragenes Porphyrmaterial über Porphyr
- Varietät: basenreicher (Mull)Lockersyrosem-Regosol (eu.muOL-RQ)
- Typ: Regosol
- Klasse: Ah/C-Böden
- Substrattyp: os-zs(+R)/n-+R
- WRB: Epileptic Spolic Technosol (Eutric, Hyperartefactic, Loamic, Ochric)
- Bodenregion: Berg- und Hügelländer mit hohem Anteil an Magmatiten und Metamorphiten
- Ort: Altenberg, Lkr. Sächsische Schweiz-Osterzgebirge, Sachsen
- Profilbild und Horizontabfolge: siehe Tab. 35.15
- Bodenlandschaftsbild: siehe Abb. 35.13
- Analysendaten: siehe Tab. 35.16
- Autor: Enrico Pickert, Matthias Mehlhorn

Vorkommen und Ausgangsgesteine

Das vorliegende Beispiel ist exemplarisch für geschüttete bzw. verspülte Halden des Bergbaus im Erzgebirge. Der an-fallende Abraum wurde über Tage meist als skelettreiche Lockergesteinsdecken abgelagert. Bis ins letzte Jahrhundert hinterließ die Erzgewinnung im Altenberger Porphyr im östlichen Erzgebirge entsprechende Halden, welche noch heute durch junge Bodenentwicklungen bzw. Rohböden geprägt sind.

Bodenprozesse und -eigenschaften

Siedelt sich auf den abgelagerten Materialen eine Vegetationsdecke an, so bildet sich Humus. Bereits nach wenigen Jahren entwickelt sich aus dem Rohboden (Lockersyrosem, humoser Oberboden noch kleiner als 2 cm) ein Regosol (humoser Oberboden bereits größer als 2 cm). Das vorliegende Beispiel befindet sich im Übergangsstadium.

Nutzung und Vegetation

Haldenflächen unterliegen auf Grund ihres möglichen Gefährdungspotentials (z. B. Setzung und Rutschung) zumeist der Sukzession, so dass sich bereits nach kurzer Zeit eine Ruderalvegetation ausbildet.

Gefährdung

Die Bodenbildung ist noch nicht abgeschlossen, so dass sich dieser Boden weiter entwickeln wird.

Tab. 35.15 Profilbild und Horizontabfolge Profil 12

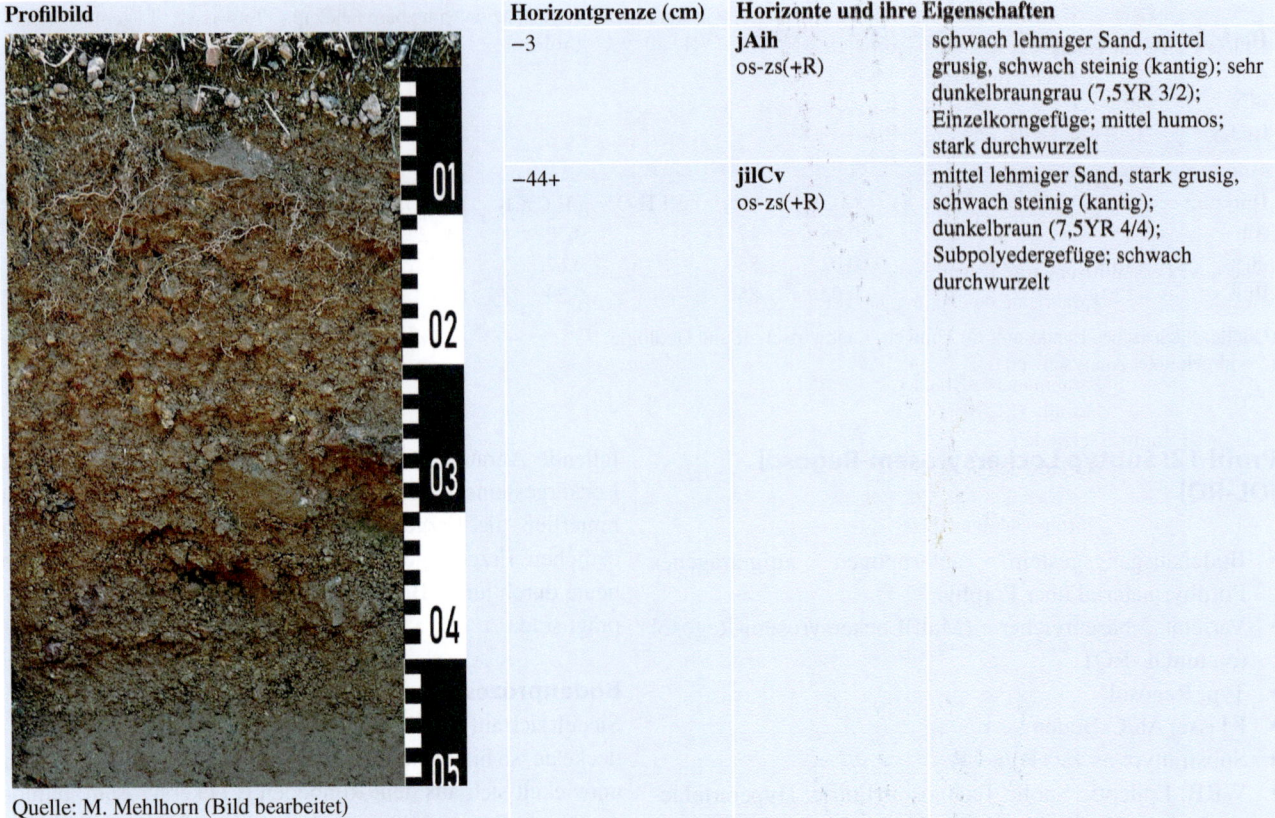

Profilbild	Horizontgrenze (cm)	Horizonte und ihre Eigenschaften	
	−3	**jAih** os-zs(+R)	schwach lehmiger Sand, mittel grusig, schwach steinig (kantig); sehr dunkelbraungrau (7,5YR 3/2); Einzelkorngefüge; mittel humos; stark durchwurzelt
	−44+	**jilCv** os-zs(+R)	mittel lehmiger Sand, stark grusig, schwach steinig (kantig); dunkelbraun (7,5YR 4/4); Subpolyedergefüge; schwach durchwurzelt

Quelle: M. Mehlhorn (Bild bearbeitet)

Abb. 35.13 Spülkippe nördlich Altenberg (Quelle: E. Pickert)

Tab. 35.16 Analysendaten Profil 12

Horizont	Tiefe (cm)	Skelett (Vol.-%)	Sand (M.-%)	Schluff (M.-%)	Ton (M.-%)	Gesamtporen (Vol.-%)	Luftkapazität (Vol.-%)	nutzbare Feldkap. (Vol.-%)	Totwasser (Vol.-%)	Lagerungsdichte (g/cm³)
jAih	−3	25	83	10	7	-	-	-	-	-
jilCv	−44+	39	75	17	8	-	-	-	-	-

Horizont	Tiefe (cm)	CaCO$_3$ (M.-%)	C$_{org}$ (M.-%)	N$_t$ (M.-%)	C/N	pH H$_2$O	pH CaCl$_2$	KAK$_{pot}$ (cmol$_c$/kg)	BS (%)	K$_2$O-DL (mg/100g)	P$_2$O$_5$-DL (mg/100g)
jAih	−3	-	2,3	0,17	-	-	5,1	-	-	-	-
jilCv	−44+	-	0,15	0.01	-	-	5,5	-	-	-	-

(Quelle: Sächsisches Landesamt für Umwelt, Landwirtschaft und Geologie)
(* = abgeleiteter Analysenwert)

Profil 13: Subtyp Braunerde-Regosol (BB-RQ)

- Bodenausgangsgestein: Fließerde aus Löss und Tonschiefer über Tonschiefer
- Varietät: mittelbasischer (Mull)Braunerde-Regosol (m. muBB-RQ)
- Typ: Regosol
- Klasse: Ah/C-Böden
- Substrattyp: p-tz(Lo,*Tsf)/n-*Tsf
- WRB: Eutric Skeletic Endoleptic Cambisol (Loamic, Ochric, Amphiraptic)
- Bodenregion: Berg- und Hügelländer mit hohem Anteil an Ton- und Schluffschiefern
- Ort: Elz, Lkr. Limburg-Weilburg, Hessen
- Humusform: F-Mull
- Profilbild und Horizontabfolge: siehe Tab. 35.17
- Bodenlandschaftsbild: siehe Abb. 35.14
- Analysendaten: siehe Tab. 35.18
- Autor: Karl-Josef Sabel

Vorkommen und Ausgangsgesteine
Im vorliegenden Beispiel ist eine geringmächtige Hauptüber einer Basislage ausgeprägt. Die solifluidale Genese ist gut am Hakenschlagen, der Stoneline und der Einregelung der Gesteinskomponenten erkennbar. Diese Abfolge des Ausgangsgesteins tritt vornehmlich in Hanglagen der Mittelgebirge auf.

Bodenprozesse und -eigenschaften
Die pedogenen Prozesse ähneln denen der Normbraunerde. Wegen des mangelnden Feinbodens und der geringen Mächtigkeit der Lage ist der Unterboden aber nur unvollkommen entwickelt. Die Böden weisen in der Regel eine geringe Filterfähigkeit und Wasserspeicherung auf. Die Verkürzung des Unterbodens ist oft auf erosiven Bodenabtrag zurückzuführen.

Nutzung und Vegetation
Die Standorte sind heute ganz überwiegend bewaldet, wurden einst aber auch häufig als Grünland, mitunter sogar ackerbaulich genutzt.

Gefährdung
Die Böden sind klassische Waldstandorte, andersartige Nutzungen fördern vor allem die Bodenerosion.

Tab. 35.17 Profilbild und Horizontabfolge Profil 13

Profilbild	Horizontgrenze (cm)	Horizonte und ihre Eigenschaften	
	+5	**L** organisch	
	+1	**Of** organisch	
	−4	**Ah** p-zt(Lo,*Tsf)	mittel schluffiger Ton, stark grusig, schwach steinig (kantig); dunkelgelblichbraungrau (10YR 4/2); Krümelgefüge; stark humos; sehr stark durchwurzelt
	−30	**Bv-ilCv** p-tz(Lo,*Tsf)	mittel schluffiger Ton, sehr stark grusig, schwach steinig (kantig); gelblichbraun, hellgraustichig (10YR 6/4); Subpolyedergefüge; sehr schwach humos; mittel durchwurzelt
	−60	**IIilCv** p-n(*Tsf)	mittel schluffiger Ton, schwach grusig, extrem stark steinig (kantig); gelblichbraun, graustichig (10YR 5/4); Kohärentgefüge; schwach durchwurzelt
	−110+	**IIIimCn** n-*Tsf	Tonschiefer; dunkelbläulichgrau (10BG 4/1); sehr schwach durchwurzelt

Quelle: K.-F. Sabel (Bild bearbeitet)

Abb. 35.14 Bodenlandschaft Braunerde-Regosol (Quelle: Hessisches Landesamt für Naturschutz, Umwelt und Geologie)

Tab. 35.18 Analysendaten Profil 13

Horizont	Tiefe (cm)	Skelett (Vol.-%)	Sand (M.-%)	Schluff (M.-%)	Ton (M.-%)	Gesamtporen (Vol.-%)	Luftkapazität (Vol.-%)	nutzbare Feldkap. (Vol.-%)	Totwasser (Vol.-%)	Lagerungsdichte (g/cm³)
L	+5	-	-	-	-	-	-	-	-	-
Of	+1	-	-	-	-	-	-	-	-	-
Ah	−4	-	-	-	-	-	-	-	-	-
Bv-ilCv	−30	60	4	63	33	-	-	-	-	-
IIilCv	−60	85	4	61	35	-	-	-	-	-
IIIimCn	−110+	-	-	-	-	-	-	-	-	-

Horizont	Tiefe (cm)	CaCO₃ (M.-%)	C_org (M.-%)	N_t (M.-%)	C/N	pH H₂O	pH CaCl₂	KAK_pot (cmol_c/kg)	BS (%)	K₂O-DL (mg/100g)	P₂O₅-DL (mg/100g)
L	+5	-	-	-	-	-	-	-	-	-	-
Of	+1	-	41,9	1,68	25	5,2	4,8	-	-	-	-
Ah	−4	-	3,1	0,21	15	4,5	3,8	-	-	-	-
Bv-ilCv	−30	-	0,5	0,04	13	4,5	3,8	-	-	-	-
IIilCv	−60	-	-	-	-	4,9	4,1	-	-	-	-
IIIimCn	−110+	-	-	-	-	-	-	-	-	-	-

(Quelle: Hessisches Landesamt für Naturschutz, Umwelt und Geologie)
(* = abgeleiteter Analysenwert)

Profil 14: Subtyp Pseudogley-Regosol (SS-RQ)

- Bodenausgangsgestein: anthropogen aufgetragener Schmelzwassersand über Tertiärtonen
- Varietät: basenreicher (Mull)Pseudogley-(Eu)Regosol (eu.muSS-RQr)
- Typ: Regosol
- Klasse: Ah/C-Böden
- Substrattyp: oj-s(Sgf)/oj-(k)l+l(lpq)
- WRB: Katospolic Technosol (Epiarenic, Hypereutric, Katoloamic, Ochric, Epiraptic, Katostagnic, Transportic)
- Bodenregion: Altmoränenlandschaften
- Ort: Innenkippe Braunkohlentagebau Nochten, Lkr. Bautzen, Sachsen
- Profilbild und Horizontabfolge: siehe Tab. 35.19
- Weiteres Profilbild: siehe Abb. 35.15
- Analysendaten: siehe Tab. 35.20
- Autor: Fred Franzke

Vorkommen und Ausgangsgesteine

Charakteristisch für das Vorkommen von Pseodogley-Regosolen sind entsprechend stauende natürlich anstehende Lockergesteine, geschüttete Halden und Kippen der Bergbaufolgelandschaften (im Beispiel: Braunkohlenbergbau) und entsprechend ausgestattete urbane Gebiete. Ihr Substrat prägt die wesentlichen Eigenschaften (Bodenart, Skelettgehalt, u. a.). Im Beispiel ist durch Auftragen von natürlichem Material gezielt ein Zweischichtprofil angelegt worden, um günstige Voraussetzungen für die Rekultivierung zu schaffen. Die bindigeren Kippsubstrate aus den tertiären Ablagerungen, bestehend aus z. T. ehemals eingeschalteten Tonlagen des Abraums, wurden mit kulturfähigen durchlässigeren Substraten des Pleistozäns, i. W. Schmelzwassersand, mit einer Mächtigkeit von nur 48 cm überkippt.

Bodenprozesse und -eigenschaften

Eine solche junge Bodenentwicklung auf silikatischem, carbonatfreien (-armen, <2 % Carbonat) Ausgangsmaterial kann auf verschiedenen Lockergesteinsarten auftreten (im Beispiel umgelagertes natürliches Material aus verschiedenen Tiefenstufen des Tagebaus). Natürliche Standorte finden sich in Strandnähe von Nord- und Ostsee, an Binnenseen oder in den Gebirgsregionen. Als Übergangsstadium der Bodenentwicklung sind Regosole mit größeren Flächenanteilen in den Bergbaufolgelandschaften des Braunkohlenbergbaus und anderer Bergbaugebiete verbreitet, die dort mit weiteren jungen Bodenentwicklungen und Rohböden vergesellschaftet sind. Die spezielle Ausprägung als Übergangsboden Pseudogley-Regosol tritt relativ selten auf, ist aber im Bereich der Bergbaufolgelandschaften mit voranschreitender Bodenentwicklung häufiger zu erwarten. Humusakkumulation mit Ausbildung eines Ah kennzeichnet diesen Boden. Durchwurzelungsintensität und biologische Aktivität sind in Abhängigkeit vom Standort variabel, aber im Vergleich zu den vorangegangenen Stadien der Bodenentwicklung deutlich gestiegen. Das Substrat prägt die wesentlichen Eigenschaften (Bodenart, Skelettgehalt u. a.). Bei diesem Pseudogley-Regosol kommt die Schichtung der Ausgangsgesteine als entscheidendes Kriterium hinzu, wodurch die Voraussetzungen zur Ausbildung von Merkmalen

Tab. 35.19 Profilbild und Horizontabfolge Profil 14

Profilbild	Horizontgrenze (cm)	Horizonte und ihre Eigenschaften	
	−5	**jAh** oj-(k)s(Sgf)	schwach toniger Sand, schwach kiesig; dunkelbräunlichgrau, olivstichig (2,5Y 4/2) bis sehr dunkelbräunlichgrau, olivstichig (2,5Y 3/2); Einzelkorn- und Krümelgefüge; sehr carbonatarm; mittel humos; mittel durchwurzelt
	−48	**Sw-jilCv** oj-s(Sgf)	schwach toniger Sand, sehr schwach kiesig; hellgrauolivbraun (2,5Y 6/3) bis sehr hellgrauolivbraun (2,5Y 7/3); Eisenoxide (fleckig und Beläge, mittlerer Flächenanteil) und Bleichflecken (mittlerer Flächenanteil); Einzelkorn- lokal Bröckelgefüge; sehr carbonatarm; schwach durchwurzelt
	−110+	**IIjilCv-Sd** oj-(k)l+l(lpq)	stark sandiger Ton und nestartig stark sandiger Lehm, schwach kiesig; grau, sehr hellolivstichig (2,5Y 7/1) bis grau, dunkelolivstichig (2,5Y 4/1); Eisenoxide (fleckig und Beläge, hoher Flächenanteil) und Bleichflecken (sehr hoher Flächenanteil); Kitt- und Kohärentgefüge; sehr schwach kohlehaltig

Quelle: F. Franzke (Bild bearbeitet)

des Stauwasserbodens (Pseudogley) gegeben sind. Dabei wird Sickerwasser an einer dichteren Schicht (Sd) gestaut bzw. die Infiltration deutlich gehemmt. Darüber im Sw-Horizont verlagert sich die Sickerwasserfront relativ zügig nach unten, und es kommt in der Regel zur Ausbildung von Eisen- und Manganausfällungen (Flecken, Bänder, Beläge u. a.). Im Beispiel wurde eine Substratschichtung künstlich hergestellt (quartärer Sand über Tertiärton), die ideale Grundvoraussetzungen für die weitere Entwicklung dieses noch jungen Bodens zum Pseudogley darstellen. Langfristig ist die Dominanz des Pseudogleys zu erwarten, der momentan noch im Anfangsstadium seiner Entwicklung ist und mit relativ geringen Ausprägungsgraden der diagnostischen Merkmale zu erkennen ist.

Nutzung und Vegetation

Forststandorte und Grünland, in der Bergbaufolgelandschaft auch Ackerland, Park- und Grünanlagen in urbanen Räumen. Bei der Rekultivierung in den Bergbaufolgelandschaften erfolgt meist die großflächige Aufforstung mit Pioniergehölzen oder bei günstigen Substratverhältnissen mit hochwertigen Nutzbaumarten. Standorte zur Freizeitnutzung, Ruderalstandorte und Feuchtbiotope bei natürlicher Sukzession sind weitere Nutzungsvarianten.

Gefährdung

Humusstatus und Substratstabilisierung müssen bei forst- und landwirtschaftlicher Nutzung gefördert und erhalten werden, wobei die temporäre Durchfeuchtung zu eingeschränkter Bearbeitbarkeit führt. In Abhängigkeit vom Standort sind Wind- und Wassererosion sowie erhöhte Verdichtungsanfälligkeit problematisch. Bei Freizeitnutzung können Trittschäden und andere unsensible Eingriffe, in urbanen Gebieten Nutzungsartenwechsel störende Faktoren sein, die die weitere Humusakkumulation behindern und damit die Nutzungseignung einschränken. Die relativ kleinflächigen und oft sehr interessanten Sukzessionsstandorte dieses speziellen Übergangsbodens können besonders in der Bergbaufolgelandschaft durch weitere profilverändernde Maßnahmen in der natürlichen Entwicklung gestört werden.

Abb. 35.15   Sehr junge Bodenentwicklung (ca. 15 Jahre) mit
Zweischichtprofil und bereits deutlichen Staunässemerkmalen
(Ausfließen auf der Stauschicht) (Quelle: F. Franzke)

Tab. 35.20   Analysendaten Profil 14

Horizont	Tiefe (cm)	Skelett (Vol.-%)	Sand (M.-%)	Schluff (M.-%)	Ton (M.-%)	Gesamtporen (Vol.-%)	Luftkapazität (Vol.-%)	nutzbare Feldkap. (Vol.-%)	Totwasser (Vol.-%)	Lagerungsdichte (g/cm³)
jAh	−5	2	88	5	7	-	-	-	-	-
Sw-jilCv	−48	1	92	3	5	-	-	-	-	-
IIjilCv-Sd	−110+	2	67	8	25	-	-	-	-	-

Horizont	Tiefe (cm)	CaCO$_3$ (M.-%)	C$_{org}$ (M.-%)	N$_t$ (M.-%)	C/N	pH H$_2$O	pH CaCl$_2$	KAK$_{pot}$ (cmol$_c$/kg)	BS (%)	K$_2$O-DL (mg/100g)	P$_2$O$_5$-DL (mg/100g)
jAh	−5	0,14	1,54	0,05	30	-	7,05	4,19	84,5	6,0	0,55
Sw-jilCv	−48	0,09	0,57	0,01	41	-	6,71	2,83	75,6	4,3	1,2
IIjilCv-Sd	−110+	0	0,30	0,01	30	-	6,00	6,60	78,3	4,0	1,0

(Quelle: Sächsisches Landesamt für Umwelt, Landwirtschaft und Geologie)
(* = abgeleiteter Analysenwert)

Profil 15: Subtyp Normrendzina (RRn)

- Bodenausgangsgestein: flacher verwitterter Kalkstein über Kalkstein
- Varietät: basenreiche humusreiche (Mull)Rendzina (eu.x.muRRn)
- Typ: Rendzina
- Klasse: Ah/C-Böden
- Substrattyp: c-tn(Tr+^k)\c-n(^k)/n-^k
- WRB: Rendzic Skeletic Leptosol (Clayic, Hyperhumic)
- Bodenregion: Berg- und Hügelländer mit hohem Anteil an nicht metamorphen Sedimentgesteinen im Wechsel mit Löss
- Ort: Sackwald, Lkr. Hildesheim, Niedersachsen
- Humusform: L-Mull
- Profilbild und Horizontabfolge: siehe Tab. 35.21
- Bodenlandschaftsbild: siehe Abb. 35.16
- Analysendaten: siehe Tab. 35.22
- Autor: Ernst Gehrt

Vorkommen und Ausgangsgesteine

Die Normrendzina kommt in Norddeutschland verbreitet auf den Kalksteinen der Oberkreide, des Juras und des Muschelkalks vor. Bevorzugt findet sie sich in exponierten Gebieten (Kämme, Grate) ohne Ausbildung der lösshaltigen Hauptlage. Unter Ackernutzung können ebenfalls Rendzinen auftreten. Diese sind aber häufig durch Erosion der Hauptlage entstanden und damit von den Normrendzinen zu trennen.

Bodenprozesse und -eigenschaften

Die Rendzinen haben eine deutliche Humusanreicherung im Oberboden. Durch Entkalkung liegt im Ah-Horizont und in den Klüften eine Anreicherung von Residualton vor. Der Residualton in den oberen Dezimetern ist das Ergebnis der Bodenentwicklung der letzten 9000 Jahre und damit sehr alt. In Abhängigkeit von dem silikatischen Anteil des Ausgangsgesteins finden sich bis zu 10 kg Residualton pro Quadratmeter. Dies entspricht einer Mächtigkeit von bis zu ca. 5 cm. Die Analysendaten beziehen sich auf den Feinboden, auch im cmCv.

Nutzung und Vegetation

Die Böden befinden sich überwiegend in waldbaulicher Nutzung, im Regelfall mit Laubbäumen wie Buche und Eiche oder auch Edelhölzern wie Ahorn oder Kirsche. Bei Grünlandnutzung finden sich häufig Magerrasen (Driesche). Nur in Ausnahmen kommt auch ackerbauliche Nutzung vor.

Tab. 35.21 Profilbild und Horizontabfolge Profil 15

Profilbild	Horizontgrenze (cm)	Horizonte und ihre Eigenschaften	
	+2	L	Laubstreuauflage
	−15	Ah c-tn(Tr+^k)	mittel schluffiger Ton, sehr stark steinig; schwarz (10YR 2/1); Krümelgefüge; extrem humos; sehr stark durchwurzelt
	−25	Ah+clCv c-n(^k)	mittel schluffiger Ton, extrem stark steinig; schwarz (10YR 2/1); Subpolyeder- und Krümelgefüge; mittel carbonathaltig; sehr stark humos; mittel durchwurzelt
	−100+	cmCv n-^k	Kalkstein, in Klüften mittel schluffiger Ton; grau (10YR 5/1); carbonatreich; sehr schwach durchwurzelt

Quelle: E. Gehrt (Bild bearbeitet)

Abb. 35.16 Kalksteinberg-
land bei Alfeld/Leine (Quelle:
E. Gehrt)

Tab. 35.22 Analysendaten Profil 15

Horizont	Tiefe (cm)	Skelett (Vol.-%)	Sand (M.-%)	Schluff (M.-%)	Ton (M.-%)	Gesamtporen (Vol.-%)	Luftkapazität (Vol.-%)	nutzbare Feldkap. (Vol.-%)	Totwasser (Vol.-%)	Lagerungsdichte (g/cm³)
L	+2	0	-	-	-	-	-	-	-	-
Ah	−15	60	3	56	41	-	-	-	-	-
Ah+clCv	−25	85	5	52	43	-	-	-	-	-
cmCv	−100+	0	10	52	38	-	-	-	-	-

Horizont	Tiefe (cm)	CaCO₃ (M.-%)	C_org (M.-%)	N_t (M.-%)	C/N	pH H₂O	pH CaCl₂	KAK_pot (cmol_c/kg)	BS (%)	K₂O-DL (mg/100g)	P₂O₅-DL (mg/100g)
L	+2	-	-	-	-	-	-	-	-	-	-
Ah	−15	-	8,1	0,8	10	-	6,7	45,3	86	6	-
Ah+clCv	−25	4	5,5	0,5	10	-	7,2	41,2	91	3	-
cmCv	−100+	14	3,2	0,3	9	-	7,3	33,1	95	3	-

(Quelle: Landesamt für Bergbau, Energie und Geologie, Hannover)
(* = abgeleiteter Analysenwert)

Gefährdung

Die Rendzina ist auf den entsprechenden Gesteinen ein stetig vorkommender Boden. Durch die vorherrschende und
konstante Waldnutzung ist der Boden im Bestand vergleichsweise stabil. Durch Nutzungsänderung und Baumaßnahmen
würde der Boden nachhaltig gestört.

Profil 16: Subtyp Normrendzina (RRn); Typ und Untertypen CH: Rendzina, alkalisch, karbonatreich (R, E0, KR)

- Bodenausgangsgestein: Hangablagerungen aus Kalkstein
- Varietät: basenreiche humusreiche (Mull)Rendzina
  (eu.x.muRRn)
- Typ: Rendzina; Typ CH: Rendzina
- Klasse: Ah/C-Böden

- Substrattyp: u-zel(^k)/u-esn(^k)
- WRB: Skeletic Anorendzic Phaeozem (Hyperhumic, Pan-
  toloamic, Epiraptic)
- Bodenregion: Berg- und Hügelländer mit hohem Anteil
  an nicht metamorphen carbonatischen Gesteinen
- Ort: Schitterwald (J6), Weissenstein, Schweizer Jura,
  Kanton Solothurn
- Humusform: L-Mull; Humusform CH: typischer Mull (Mt)
- Profilbild und Horizontabfolge: siehe Tab. 35.23
- Bodenlandschaftsbilder: siehe Abb. 35.17 und 35.18
- Analysendaten: siehe Tab. 35.24
- Autor: Peter Lüscher, Peter Blaser, Stephan Zimmer-
  mann, Jörg Luster, Lorenz Walthert

Vorkommen und Ausgangsgesteine

Rendzinen sind im Schweizerischen Faltenjura auf Kuppen
und in Hanglagen weit verbreitet. Der Profilort liegt in der

Tab. 35.23 Profilbild und Horizontabfolge Profil 16

Profilbild	Horizontgrenze (cm)	Horizonte und ihre Eigenschaften (in Klammern: Horizonte CH)	
	+1	L (Ol)	; organisch
	−20	eAh (Ah1) u-zel(^k)	schwach toniger Lehm, stark grusig; sehr dunkelgrau (10YR 3/1); Krümelgefüge; carbonatreich; extrem humos; sehr stark durchwurzelt
	−30	IIeAh (Ah2) u-zel(^k)	stark lehmiger Sand, stark grusig; gelblichgraubraun (10YR 5/3); Krümelgefüge; sehr carbonatreich; stark humos; sehr stark durchwurzelt
	−65	IIIeAh-clCv (AC) u-esz(^k)	mittel lehmiger Sand, stark grusig, mittel steinig (kantig); gelblichgraubraun (10YR 5/3); Krümelgefüge; sehr carbonatreich; stark humos; stark durchwurzelt
	−95	IIIclCv1 (C1) u-esn(^k)	mittel schluffiger Sand, mittel grusig, stark steinig (kantig); gelblichbraun, hellgraustichig (10YR 6/4); Subpolyedergefüge; extrem carbonatreich; mittel humos; mittel durchwurzelt
	−160+	IIIclCv2 (C2) u-esn(^k)	mittel lehmiger Sand, mittel grusig, stark steinig (kantig); dunkelgelblichbraun (10YR 4/5); Subpolyedergefüge; extrem carbonatreich; mittel humos; schwach durchwurzelt

Quelle: L. Walthert et al. (Waldböden der Schweiz, Bd. 1, J6, Hep-Verl.) (Bild bearbeitet)

Nähe des Weissensteins im Kanton Solothurn auf einer Höhe von 980 m ü.M. an einem 40 % geneigten, nordexponierten Mittelhang. Mehrschichtig gelagerter Gehängeschutt aus hartem Malmkalk bildet bei dieser Normrendzina das Ausgangsgestein. Der mittlere Jahresniederschlag beträgt rund 1500 mm, und die mittlere Jahrestemperatur liegt bei 6,7 Grad Celsius. Die Länge der Vegetationsperiode beträgt 150–165 Tage.

Bodenprozesse und -eigenschaften

An diesem steilen Mittelhang wird die Bodenoberfläche örtlich durch Steinschlag beeinflusst. Der Boden ist bis zur Bodenoberfläche carbonatreich. Einzig örtlich zwischen Steinen mit mehrjähriger Streu ist die Feinerde entkalkt. Der stark humose Oberboden ist mächtig ausgebildet. Die Humusform entspricht einem L-Mull. Die Abbaurate für organische Substanz ist hoch. Das C/N-Verhältnis deutet – in Übereinstimmung mit der Humusform – auf eine rege biologische Aktivität hin. Der Boden hat einen hohen Skelettgehalt, ist aber sehr tiefgründig durchwurzelbar. Die Wasserdurchlässigkeit ist profilumfassend hoch, so dass eine gute Durchlüftung stets gewährleistet ist. Wurzeln

sind im Aufschlussbereich bis zur Profilsohle vorhanden. Einschränkungen für das Wurzelwachstum sind nicht erkennbar.

Nutzung und Vegetation

Dieser Waldstandort gehört zu einem Tannen-Buchenwald. Mit der Dominanz von Buchen und Tannen sowie mit Bergahorn und Fichten ist der Standort entsprechend der Höhenlage sehr produktiv. Die Verankerungsmöglichkeit des Baumbestandes wird als gut beurteilt. Auf solchen Standorten sind bei geringer Hangneigung auch andere Landnutzungsformen wie Weiden und extensiv genutzte Wiesen zu finden. Eine spezielle Nutzungsform auf Hochflächen sind die Wytweiden, bei denen Waldbestockung und Weideplätze sich mosaikartig abwechseln.

Gefährdung

Das Risiko für Trockenstress ist unter den gegebenen klimatischen Verhältnissen klein. Der Boden reagiert aufgrund des hohen Skelettgehaltes selbst in Nässeperioden auf Befahren nicht empfindlich. Mit 40 % Hangneigung ist der vorliegende Waldstandort allerdings nicht befahrbar.

Abb. 35.17 Tannen-Buchenwald (Quelle: L. Walthert et al.) (Waldböden der Schweiz, Bd. 1, J6, Hep-Verl.)

Abb. 35.18 Blick auf den Schitterwald im Naturpark Thal von der Ortschaft Welschenrohr aus (Quelle: P. Lüscher)

Tab. 35.24 Analysendaten Profil 16

Horizont	Tiefe (cm)	Skelett (Vol.-%)	Sand (M.-%)	Schluff (M.-%)	Ton (M.-%)	Gesamtporen (Vol.-%)	Luftkapazität (Vol.-%)	nutzbare Feldkap. (Vol.-%)	Totwasser (Vol.-%)	Lagerungsdichte (g/cm³)
L (Ol)	+1	-	-	-	-	-	-	-	-	-
eAh (Ah1)	−20	35	40	30	30	72,2	-	-	-	1,41
IIeAh (Ah2)	−30	35	48	39	13	55,9	-	-	-	-
IIIeAh-clCv (AC)	−65	50	55	35	10	53,8	-	-	-	1,72
IIIclCv1 (C1)	−95	60	60	33	7	51,3	-	-	-	1,81
IIIclCv2 (C2)	−160+	65	54	37	9	49,2	-	-	-	1,93

Horizont	Tiefe (cm)	$CaCO_3$ (M.-%)	C_{org} (M.-%)	N_t (M.-%)	C/N	pH H_2O	pH $CaCl_2$	KAK_{pot} (cmol$_c$/kg)	BS (%)	K_2O-DL (mg/100g)	P_2O_5-DL (mg/100g)
L (Ol)	+1	-	-	-	-	-	-	-	-	-	-
eAh (Ah1)	−20	17,7	12,2	0,97	13	7,6	7,2	-	-	5,8*	-
IIeAh (Ah2)	−30	44,8	4,2	0,48	9	7,9	7,5	-	-	3,4*	-
IIIeAh-clCv (AC)	−65	47,3	3,0	0,36	8	8,0	7,5	-	-	3,5*	-
IIIclCv1 (C1)	−95	55,1	2,2	0,13	17	8,2	7,6	-	-	-	-
IIIclCv2 (C2)	−160+	57,3	1,2	0,05	22	8,2	7,6	-	-	2,4*	-

Horizont	Tiefe (cm)	KAK_{eff} (cmol$_c$/kg)	BS_{eff} (%)
L (Ol)	+1		
eAh (Ah1)	−20	33,3	100
IIeAh (Ah2)	−30	29,0	100
IIIeAh-clCv (AC)	−65	27,3	100
IIIclCv1 (C1)	−95	18,7	100
IIIclCv2 (C2)	−160+	16,1	100

(Quelle: Forschungseinheit Waldböden und Biochemie, Eidgenössische Forschungsanstalt für Wald, Schnee und Landschaft, Birmensdorf)
(* = abgeleiteter Analysenwert)

Profil 17: Subtyp Normrendzina (RRn); Subtyp ÖBS: Moder-Rendzina

- Bodenausgangsgestein: Hangsedimente aus Kalksteinschutt
- Varietät: basenreiche humusreiche (Moder)Rendzina (eu.x.moRRn)
- Typ: Rendzina; Typ ÖBS: Rendzina
- Klasse: Ah/C-Böden; Klasse ÖBS: Terrestrische Humusböden
- Substrattyp: u-euz(^k)\u-ez(^k)
- WRB: Skeletic Anorendzic Phaeozem (Hyperhumic, Siltic)
- Bodenregion: Alpen mit vorwiegend carbonatischen Gesteinen
- Ort: Merkenstein, Niederösterreich
- Humusform: Moder
- Profilbild und Horizontabfolge: siehe Tab. 35.25
- Bodenlandschaftsbilder: siehe Abb. 35.19 und 35.20
- Analysedaten: siehe Tab. 35.26
- Autor: Othmar Nestroy et al.

Vorkommen und Ausgangsgesteine

Das Ausgangsgestein dieser Rendzinen sind Hangsedimente. Sie bestehen aus Kalken und Dolomiten von hohem Reinheitsgrad und stehen unterhalb des Solums an. Weitere wichtige Eigenschaften ergeben sich aus der Humusform, dem Grad einer eventuellen Verbraunung sowie dem Bodenwasserhaushalt.

Bodenprozesse und -eigenschaften

Speziell in Hochgebirgslagen beeinflusst vor allem im Initialstadium das Ausgangsgestein in unterschiedlicher Art die Ausbildung und damit auch den Mineralanteil eines Profils. Deshalb können auch andere Mineralanteile, die z. B. aus Lösungsrückständen des Gesteins, aus vorverwittertem und umgelagertem Material und schließlich aus äolischen Einträgen stammen, wirksam werden. Dieser Einfluss kann in der Folge durch die allmähliche Akkumulation von organischer Substanz entsprechend ihres Chemismus und ihrer Mächtigkeit mehr oder minder stark zurückgedrängt werden. Deshalb sind sehr unterschiedliche Subtypen und Varietäten von Rendzinen zu finden, die ein weites bodenphysikalisches wie -chemisches Spektrum erkennen lassen.

Nutzung und Vegetation

Die Nutzung solcher Standorte hängt weitgehend von der Mächtigkeit des Solums, der Hangneigung sowie dem Bodenwasserhaushalt ab. So ist es möglich, dass auf solchen Standorten Wald, Weideflächen (meist Almen), extensive Wiesen, aber kaum Ackerland angetroffen wird.

Tab. 35.25 Profilbild und Horizontabfolge Profil 17

Profilbild	Horizontgrenze (cm)	Horizonte und ihre Eigenschaften	
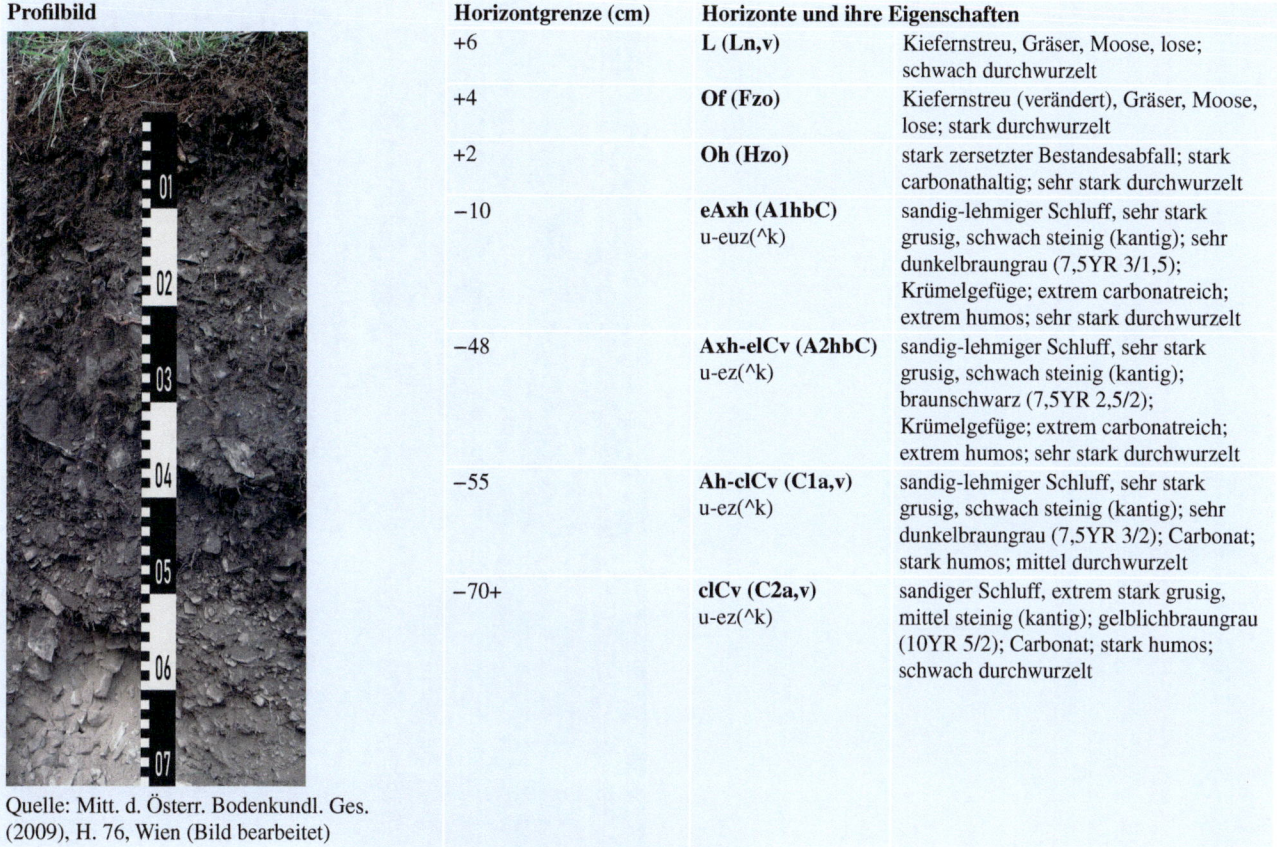	+6	**L (Ln,v)**	Kiefernstreu, Gräser, Moose, lose; schwach durchwurzelt
	+4	**Of (Fzo)**	Kiefernstreu (verändert), Gräser, Moose, lose; stark durchwurzelt
	+2	**Oh (Hzo)**	stark zersetzter Bestandesabfall; stark carbonathaltig; sehr stark durchwurzelt
	−10	**eAxh (A1hbC)** u-euz(^k)	sandig-lehmiger Schluff, sehr stark grusig, schwach steinig (kantig); sehr dunkelbraungrau (7,5YR 3/1,5); Krümelgefüge; extrem carbonatreich; extrem humos; sehr stark durchwurzelt
	−48	**Axh-elCv (A2hbC)** u-ez(^k)	sandig-lehmiger Schluff, sehr stark grusig, schwach steinig (kantig); braunschwarz (7,5YR 2,5/2); Krümelgefüge; extrem carbonatreich; extrem humos; sehr stark durchwurzelt
	−55	**Ah-clCv (C1a,v)** u-ez(^k)	sandig-lehmiger Schluff, sehr stark grusig, schwach steinig (kantig); sehr dunkelbraungrau (7,5YR 3/2); Carbonat; stark humos; mittel durchwurzelt
	−70+	**clCv (C2a,v)** u-ez(^k)	sandiger Schluff, extrem stark grusig, mittel steinig (kantig); gelblichbraungrau (10YR 5/2); Carbonat; stark humos; schwach durchwurzelt

Quelle: Mitt. d. Österr. Bodenkundl. Ges. (2009), H. 76, Wien (Bild bearbeitet)

Abb. 35.19 Merkenstein (Quelle: O. Nestroy)

Abb. 35.20 Merkenstein (Quelle: O. Nestroy)

Tab. 35.26 Analysendaten Profil 17

Horizont	Tiefe (cm)	Skelett (Vol.-%)	Sand (M.-%)	Schluff (M.-%)	Ton (M.-%)	Gesamtporen (Vol.-%)	Luftkapazität (Vol.-%)	nutzbare Feldkap. (Vol.-%)	Totwasser (Vol.-%)	Lagerungsdichte (g/cm³)
L (Ln,v)	+6	-	-	-	-	-	*	*	-	-
Of (Fzo)	+4	-	-	-	-	-	*	*	-	-
Oh (Hzo)	+2	-	-	-	-	-	*	*	-	-
eAxh (A1hbC)	−10	70	38	52	10	-	*	*	-	-
Axh-elCv (A2hbC)	−48	80	38	52	10	-	*	*	-	-
Ah-clCv (C1a,v)	−55	80	40	50	10	-	*	*	-	-
clCv (C2a,v)	−70+	90	41	54	5	-	*	*	-	-

Horizont	Tiefe (cm)	CaCO₃ (M.-%)	C_org (M.-%)	N_t (M.-%)	C/N	pH H₂O	pH CaCl₂	KAK_pot (cmol_c/kg)	BS (%)	K₂O-DL (mg/100g)	P₂O₅-DL (mg/100g)
L (Ln,v)	+6	-	54,6	0,87	63	-	-	*	*	-	-
Of (Fzo)	+4	-	53,7	1,48	36	6,0	5,2	76,2	100	-	-
Oh (Hzo)	+2	8,3	43,0	1,64	26	6,7	6,1	134,1	100	-	-
eAxh (A1hbC)	−10	72,0	8,8	-	-	8,1	7,4	35,7	100	-	-
Axh-elCv (A2hbC)	−48	73,3	8,4	-	-	8,5	7,8	35,0	100	-	-
Ah-clCv (C1a,v)	−55	79,8	4,7	-	-	8,7	7,9	19,1	100	-	-
clCv (C2a,v)	−70+	84,6	-	-	-	8,9	7,9	7,9	100	-	-

Horizont	Tiefe (cm)	Ca (cmol_c/kg)	Mg (cmol_c/kg)	K (cmol_c/kg)
L (Ln,v)	+6			
Of (Fzo)	+4	47,5	27,5	0,69
Oh (Hzo)	+2	90,8	42,7	0,3
eAxh (A1hbC)	−10	26,8	8,8	0,09
Axh-elCv (A2hbC)	−48	26,5	8,5	0,05
Ah-clCv (C1a,v)	−55	15,3	3,7	0,03
clCv (C2a,v)	−70+	5,8	1,7	0,02

(Quelle: Institut für Angewandte Geowissenschaften, Universität Graz)

(* = abgeleiteter Analysenwert)

Gefährdung

Eine Gefährdung dieser meist hängigen Lagen ist in einer möglichen Erosion durch Wasser und/oder Wind zu sehen, ferner auch in der Überweidung mit zu schweren Weidetieren und schließlich in dem Befahren mit schweren Geräten für den Skilauf (Pistengeräteeinsatz für die Vor- und Nachsaison). Auch Mountainbiker können durch forciertes Befahren die Grasnarbe zerstören und auf diese Weise Erosion auslösen.

Profil 18: Subtyp Braunerde-Rendzina (BB-RR)

- Bodenausgangsgestein: Fließerde aus Kalkstein und Löss über Hangschutt und tiefem Kalkstein
- Varietät: basenreiche (Mull)Braunerde-Rendzina (eu. muBB-RR)
- Typ: Rendzina
- Klasse: Ah/C-Böden
- Substrattyp: p-(z)et(^k,Lo)/p-n(^k)//n-^k
- WRB: Calcaric Skeletic Endoleptic Cambisol (Humic, Loamic, Amphiraptic)
- Bodenregion: Berg- und Hügelländer mit hohem Anteil an nicht metamorphen carbonatischen Gesteinen
- Ort: Vaihingen a. d. Enz, Lkr. Ludwigsburg, Baden-Württemberg

- Humusform: L-Mull
- Profilbild und Horizontabfolge: siehe Tab. 35.27
- Bodenlandschaftsbild: siehe Abb. 35.21
- Analysendaten: siehe Tab. 35.28
- Autor: Wolfgang Fleck, Martin Fahrion

Vorkommen und Ausgangsgesteine

Die Braunerde-Rendzina ist ein typischer Boden der steilen Tal- und Stufenhänge des Muschelkalkgäus mit Hangschutt über Kalk- oder Dolomitstein des Oberen und teilweise Mittleren Muschelkalks. Aufgrund des geringeren Skelettgehalts kann der Oberboden des Beispielprofils als eigenständige Schicht identifiziert werden (Hauptlage). Das Profil liegt in einem ca. 60 % geneigten, gestreckten Nordhang des Enztales bei Vaihingen an der Enz im Landkreis Ludwigsburg.

Bodenprozesse und -eigenschaften

Humusakkumulation führte zu einem relativ mächtigen Oberboden, der im unteren Teil deutliche Verbraunungsmerkmale aufweist. Eine schwache Verbraunung greift bis 40 cm u. Fl. in den unterlagernden Hangschutt ein (IIBv-clCv-Horizont).

Tab. 35.27 Profilbild und Horizontabfolge Profil 18

Profilbild	Horizontgrenze (cm)	Horizonte und ihre Eigenschaften	
	−8	**Ah** p-(z)t(^k,Lo)	mittel schluffiger Ton, schwach grusig; braunschwarz (10YR 2/3); Krümelgefüge; stark humos; stark durchwurzelt
	−21	**Bv-Ah** p-(z)et(^k,Lo)	mittel schluffiger Ton, mittel grusig, schwach steinig (kantig); gelblichbraun, dunkelgraustichig (10YR 4/4); Polyedergefüge; mittel carbonathaltig; mittel humos; mittel durchwurzelt
	−40	**IIBv-clCv** p-net(^k,Lo)	mittel schluffiger Ton, stark steinig (kantig); dunkelgelblichbraun (10YR 4/6); Polyedergefüge; carbonatreich; schwach humos; schwach durcwurzelt
	−85	**IIIclCv** p-n(^k)	schwach sandiger Lehm, extrem stark steinig (kantig); graubraun (7,5YR 5/3); sehr carbonatreich; sehr schwach humos; schwach durchwurzelt
	−90+	**IVcmCn** n-^k	Kalkstein

Quelle: Landesamt für Geologie, Rohstoffe und Bergbau im Regierungspräsidium Freiburg, M. Fahrion (Bild bearbeitet)

Abb. 35.21 Expositions-
bedingte Nutzungsunter-
schiede an den Hängen des
Enztals bei Vaihingen (Quelle:
Landesamt für Geologie,
Rohstoffe und Bergbau im
Regierungspräsidium
Freiburg, W. Fleck)

Tab. 35.28 Analysendaten Profil 18

Horizont	Tiefe (cm)	Skelett (Vol.-%)	Sand (M.-%)	Schluff (M.-%)	Ton (M.-%)	Gesamtporen (Vol.-%)	Luftkapazität (Vol.-%)	nutzbare Feldkap. (Vol.-%)	Totwasser (Vol.-%)	Lagerungsdichte (g/cm³)
Ah	−8	-	7	52	41	-	-	-	-	-
Bv-Ah	−21	-	7	51	42	-	-	-	-	-
IIBv-clCv	−40	-	11	52	37	-	-	-	-	-
IIIclCv	−85	-	-	-	-	-	-	-	-	-
IVcmCn	−90+	-	-	-	-	-	-	-	-	-

Horizont	Tiefe (cm)	CaCO₃ (M.-%)	C_org (M.-%)	N_t (M.-%)	C/N	pH H₂O	pH CaCl₂	KAK_pot (cmol_c/kg)	BS (%)	K₂O-DL (mg/100g)	P₂O₅-DL (mg/100g)
Ah	−8	0	4,7	0,4	12	-	6,1	414	100	13	1
Bv-Ah	−21	4	1,7	0,2	10	-	7,0	328	100	5	1
IIBv-clCv	−40	19	1,0	0,1	8	-	7,6	260	100	5	1
IIIclCv	−85	-	-	-	-	-	-	-	-	-	-
IVcmCn	−90+	-	-	-	-	-	-	-	-	-	-

(Quelle: Landesamt für Geologie, Rohstoffe und Bergbau im Regierungspräsidium Freiburg)
(* = abgeleiteter Analysenwert)

Nutzung und Vegetation

Im milden Weinbauklima werden die Steilhänge meist von
Laubwald eingenommen. Südexponierte Hanglagen sind
häufig gerodet, terrassiert und werden weinbaulich genutzt.

Gefährdung

Unter Wald ist diese Bodenform wenig gefährdet. Bei landwirtschaftlicher Nutzung, insbesondere im Bereich der Reb-
hänge, sind die Böden durch Terrassierung, Rigolen sowie
Bodenauf- und -abtrag meist stark verändert.

Profil 19: Subtyp Normpararendzina (RZn)

- Bodenausgangsgestein: anthropogen aufgetragener Dolomit-Marmor und Glimmerschiefer
- Varietät: basenreiche (Moder)Pararendzina (eu.moRZn)
- Typ: Pararendzina
- Klasse: Ah/C-Böden
- Substrattyp: oj-nl(*K,*Gl)/oj-eln(*K,*Gl)
- WRB: Hypereutric Endocalcaric Skeletic Regosol (Profundihumic, Pantoloamic, Epiraptic, Pantotransportic)
- Bodenregion: Berg- und Hügelländer mit hohem Anteil an Magmatiten und Metamorphiten
- Ort: Lengefeld, Erzgebirgskreis, Sachsen
- Humusform: Moder
- Profilbild und Horizontabfolge: siehe Tab. 35.29
- Bodenlandschaftsbild: siehe Abb. 35.22
- Analysendaten: siehe Tab. 35.30
- Autor: Ralf Sinapius

Vorkommen und Ausgangsgesteine

Normpararendzinen gibt es im Erzgebirge lokal kleinflächig auf den Halden des historischen Kalksteinbergbaus. Kristalline Kalksteine werden im Erzgebirge seit dem Mittelalter abgebaut. Diese Dolomit- und Kalzitmarmore kommen hier als lokale Einlagerungen in Glimmerschiefer- oder Phyllitserien vor.

Bodenprozesse und -eigenschaften

Das Profil befindet sich auf den Halden eines historischen Abbaus von Dolomitmarmor mit mehr als 400 Jahren Bergbaugeschichte. Das teilweise noch carbonathaltige Nebengestein und der Glimmerschiefer sind auf unregelmäßigen Halden um den sehr tiefreichenden Steinbruch, welcher in einen Tiefbau mündet, abgelagert. Der Dolomitmarmor besitzt in den Kippsubstraten unterschiedliche Gehalte. Kleinflächig bestehen reine Glimmerschieferschutte mit Skeletthumusboden oder Regosol. Der Auflagehumus ist am Standort als feinhumusarmer Moder, in der Umgebung auch als typischer Moder und als Hagerhumus entwickelt. Der Oberboden kann infolge der Fichtenbestockung und des kühl – feuchten Mittelgebirgsklimas sehr schwach bis schwach versauern. Die Carbonatgehalte betragen hier um 1 %. Diese Gehalte sind auch geprägt von der unregelmäßig gemischten Verkippung der Gesteine. Die C_{org} – Werte entsprechen teilweise nicht den autochthonen Humusgehalten, sondern spiegeln allochthone organische Beimengungen wider. Im Liegenden des Profils steigen die Carbonatgehalte im Feinboden auf 3–7 %, zugleich sind im Grobboden deutliche Anteile von Marmorschutt vorhanden. Damit existiert hier inmitten der stark versauerten erzgebirgischen Fichtenforste ein kleinflächiger insgesamt sehr basenreicher Standort.

Tab. 35.29 Profilbild und Horizontabfolge Profil 19

Profilbild	Horizontgrenze (cm)	Horizonte und ihre Eigenschaften	
	+5	L	
	+4	Of	
	+2	Oh	
	−5	jAh oj-ns(*K,*Gl)	mittel lehmiger Sand, mittel grusig und mittel steinig (kantig); gelblichbraungrau (10YR 5/2); Bröckelgefüge; carbonatarm; schwach humos; stark durchwurzelt
	−35	jAh+jilCv oj-nl(*K,*Gl)	schluffig-lehmiger Sand, mittel grusig und mittel steinig (kantig); bräunlichgrau (7,5YR 5/1); Subpolyedergefüge; carbonatarm; stark humos; stark durchwurzelt
	−55	IIjelCv1 oj-nes(*K,*Gl)	mittel lehmiger Sand, mittel grusig und mittel steinig (kantig); grau, olivstichig (2,5Y 5/1); Subpolyedergefüge; schwach carbonathaltig; mittel humos; mittel durchwurzelt
	−120+	IIjelCv2 oj-eln(*K,*Gl)	stark lehmiger Sand, mittel grusig und sehr stark steinig (kantig); grau, dunkelolivstichig (5Y 4/1); Subpolyedergefüge; stark carbonathaltig; schwach humos; mittel durchwurzelt

Quelle: R. Sinapius (Bild bearbeitet)

Abb. 35.22 Am Standort wächst ein Laubmischwald aus Buche, Eiche und Lärche. In der Krautschicht dominieren Hain-Veilchen und Waldmeister (Quelle: R. Sinapius)

Tab. 35.30 Analysendaten Profil 19

Horizont	Tiefe (cm)	Skelett (Vol.-%)	Sand (M.-%)	Schluff (M.-%)	Ton (M.-%)	Gesamtporen (Vol.-%)	Luftkapazität (Vol.-%)	nutzbare Feldkap. (Vol.-%)	Totwasser (Vol.-%)	Lagerungsdichte (g/cm³)
L	+5	-	-	-	-	-	-	-	-	-
Of	+4	-	-	-	-	-	-	-	-	-
Oh	+2	-	-	-	-	-	-	-	-	-
jAh	−5	30*	63	28	9	-	-	-	-	-
jAh+jilCv	−35	35*	47	40	13	-	-	-	-	-
IIjelCv1	−55	40*	50	39	11	-	-	-	-	-
IIjelCv2	−120+	70*	50	35	15	-	-	-	-	-

Horizont	Tiefe (cm)	CaCO₃ (M.-%)	C_org (M.-%)	N_t (M.-%)	C/N	pH H₂O	pH CaCl₂	KAK_pot (cmol_c/kg)	BS (%)	K₂O-DL (mg/100g)	P₂O₅-DL (mg/100g)
L	+5	-	-	-	-	-	-	-	-	-	-
Of	+4	-	-	-	-	-	-	-	-	-	-
Oh	+2	-	-	-	-	-	-	-	-	-	-
jAh	−5	0,7	1	0,1	11	-	6,3	10,4	-	16	3
jAh+jilCv	−35	1,4	2,7	0,23	13	-	6,6	23,6	-	7	1
IIjelCv1	−55	3,5	1,6	0,14	14	-	7,3	17,7	-	4	2
IIjelCv2	−120+	7,3	0,8	0,07	24	-	7,6	14,1	-	3	<1

(Quelle: Sächsisches Landesamt für Umwelt, Landwirtschaft und Geologie)
(* = abgeleiteter Analysenwert)

Nutzung und Vegetation

Die Pararendzinen im Erzgebirge werden forstlich genutzt. Vereinzelt sind sie Standorte selten gewordener Pflanzen, z. B. Geflecktes Knabenkraut auf den leicht versauerten Flächen. Im Bereich aktiver Kalkabbaue entwickelte sich lokal durch den Flugstaubeintrag eine kalkliebende Pflanzengesellschaft.

Gefährdung

Die schwere forstliche Erntetechnik gefährdet die Krautschicht und den Profilaufbau.

Profil 20: Subtyp Normpararendzina (RZn)

- Bodenausgangsgestein: anthropogen aufgetragener Bauschutt und Bodenmaterial
- Varietät: basenreiche (Mull)Pararendzina (eu.muRZn)
- Typ: Pararendzina
- Klasse: Ah/C-Böden
- Substrattyp: oj-(z)xes(Yb,Yj)\oj-zet(Yb,Yj)/oj-zes(Yb,Yj)
- WRB: Urbic Technosol (Calcaric, Humic, Hyperartefactic, Loamic, Mollic, Toxic)
- Bodenregion: Berg- und Hügelländer mit hohem Anteil an nicht metamorphen carbonatischen Gesteinen
- Ort: Vorland der Schwäbischen Alb, Baden-Württemberg
- Profilbild und Horizontabfolge: siehe Tab. 35.31
- Bodenlandschaftsbild: siehe Abb. 35.23
- Analysendaten: siehe Tab. 35.32
- Autor: Andreas Lehmann

Vorkommen und Ausgangsgesteine

Die hier gezeigte Altablagerung im ländlichen Bereich wurde von den 1950ern bis Mitte der 1960er verfüllt. Derartige Auffüllungen sind weit verbreitet. Insbesondere sind sie in zur jeweiligen Zeit relativ ortsnahen Gebieten zu finden. Neben dem natürlichen Bodenmaterial bilden Materialien wie der gut erkennbare Schuh, Ziegel, Beton, Tonscherben, Porzellan, Glas, Brandreste und Medikamentenröhrchen das Ausgangsmaterial für die Bodenbildung.

Bodenprozesse und -eigenschaften

Im Wesentlichen ist dieser Boden durch das Ausgangsmaterial geprägt. In dem stark humosen Oberboden ist die biologische Aktivität hoch. Im Unterboden finden insbesondere dort Verwitterungsprozesse statt, wo oxidierbares Material in hohen Stoffkonzentrationen vorhanden ist (z. B. in Eisendrähten) oder das Material fein verteilt ist (z. B. bei hoher Aschebeimengung).

Nutzung und Vegetation

Der Standort wird heute als Acker genutzt.

Gefährdung

Im Oberboden wurden über 3 mg des PAKs (polyzyklischen aromatischen Kohlenwasserstoffs) Benzo(a)pyren pro kg Boden gefunden. Entsprechend erhöhte Werte wurden in der Rapsernte, aber nicht im geernteten Getreide, gefunden. Bei erhöhten Gehalten an fettlöslichen PAKs sollte daher auf den Anbau von Ölpflanzen verzichtet werden.

Tab. 35.31 Profilbild und Horizontabfolge Profil 20

Profilbild	Horizontgrenze (cm)	Horizonte und ihre Eigenschaften	
	−5	**yjeAh1** oj-(z)xes(Yb,Yj)	mittel lehmiger Sand, mittel grusig; bräunlichschwarz (7,5YR 2,5/1); kohlehaltig; Krümelgefüge; carbonatreich; sehr stark humos; stark durchwurzelt
	−15	**yjeAh2** oj-(z)xes(Yb,Yj)	mittel lehmiger Sand, mittel grusig; braunschwarz (7,5YR 2,5/2); Subpolyedergefüge; kohlehaltig; carbonatreich; humos; stark durchwurzelt
	−43	**yjelCv1** oj-zet(Yb,Yj)	schwach sandiger Ton, stark grusig, mittel steinig; sehr dunkelgraubraun (7,5YR 3/3); Subpolyedergefüge; carbonatreich; schwach humos; stark durchwurzelt
	−100+	**yjelCv2** oj-zes(Yb,Yj)	schwach lehmiger Sand, stark grusig, mittel steinig; gelblichbraun, graustichig (10YR 5/4) und sehr hellbräunlichgelb (10YR 7/8); Einzelkorngefüge; carbonathaltig; schwach durchwurzelt

Quelle: A. Lehmann (Bild bearbeitet)

Abb. 35.23 Vorland der Schwäbischen Alb (Quelle:
A. Lehmann)

Tab. 35.32 Analysendaten Profil 20

Horizont	Tiefe (cm)	Skelett (Vol.-%)	Sand (M.-%)	Schluff (M.-%)	Ton (M.-%)	Gesamtporen (Vol.-%)	Luftkapazität (Vol.-%)	nutzbare Feldkap. (Vol.-%)	Totwasser (Vol.-%)	Lagerungsdichte (g/cm³)
yjeAh1	−5	10	-	-	-	-	-	-	-	-
yjeAh2	−15	20	-	-	-	-	-	-	-	-
yjelCv1	−43	40	-	-	-	-	-	-	-	-
yjelCv2	−100+	30	-	-	-	-	-	-	-	-

Horizont	Tiefe (cm)	CaCO₃ (M.-%)	C_org (M.-%)	N_t (M.-%)	C/N	pH H₂O	pH CaCl₂	KAK_pot (cmol_c/kg)	BS (%)	K₂O-DL (mg/100g)	P₂O₅-DL (mg/100g)
yjeAh1	−5	-	-	-	-	-	6,9	-	-	-	-
yjeAh2	−15	-	-	-	-	-	7,2	-	-	-	-
yjelCv1	−43	-	-	-	-	-	7,5	-	-	-	-
yjelCv2	−100+	-	-	-	-	-	7,6	-	-	-	-

(Quelle: Institut für Bodenkunde und Standortslehre Universität Hohenheim
(* = abgeleiteter Analysenwert)

Profil 21: Subtyp Normpararendzina (RZn)

- Bodenausgangsgestein: Geschiebemergel
- Varietät: basenreiche (Acker)Pararendzina (eu.vRZn)
- Typ: Pararendzina
- Klasse: Ah/C-Böden
- Substrattyp: g-(k)el(Mg)\g-kel(Mg)
- WRB: Calcaric Regosol (Aric, Humic, Loamic)
- Bodenregion: Jungmoränenlandschaften
- Ort: Berg, Lkr. Ravensburg, Baden-Württemberg
- Profilbild und Horizontabfolge: siehe Tab. 35.33
- Bodenlandschaftsbild: siehe Abb. 35.24
- Analysendaten: siehe Tab. 35.34
- Autor: Wolfgang Fleck, Michael Weiß

Vorkommen und Ausgangsgesteine

Kleinflächige Vorkommen von Pararendzina aus würmzeitlichem Geschiebemergel sind in exponierten Lagen der ackerbaulich genutzten Grundmoränenlandschaft zu finden. Verbreitet sind dagegen Parabraunerden aus Geschiebemergel in kuppig-hügeligen Bereichen, z. T. im Anschluss an tief eingeschnittene Molassetobel sowie in der westlichen und nördlichen Umrahmung des Schussenbeckens. Örtlich treten auch Pararendzinen aus würmzeitlichen Seeablagerungen auf, an der Westflanke des Schussenbeckens stellenweise auch kalkhaltige Rigosole.

Bodenprozesse und -eigenschaften

Die ursprünglich vorhandene Parabraunerde wurde im Zuge der ackerbaulichen Nutzung vollständig erodiert. Die im Ap-Horizont gegenüber dem unterlagernden elCv-Horizont etwas höheren Tongehalte und geringeren Kalkgehalte könnten auf eingearbeitete Erosionsreste der Parabraunerde zurückzuführen sein. Aufgrund der hohen Kiesgehalte in Verbindung mit sandig-lehmiger Feinerde liegt die nutzbare Feldkapazität im mittleren Bereich.

Nutzung und Vegetation

Diese Böden werden überwiegend ackerbaulich genutzt, untergeordnet kommen Grünland und Wald vor.

Gefährdung

Auf den Kuppen und Hügeln sind Pararendzina und Parabraunerde unter Acker durch ihre hohen Schluff- und Feinsandgehalte im Oberboden erosionsgefährdet.

Tab. 35.33 Profilbild und Horizontabfolge Profil 21

Profilbild	Horizontgrenze (cm)	Horizonte und ihre Eigenschaften	
	−22	**eAxp** g-(k)el(Mg)	mittel sandiger Lehm, mittel kiesig; dunkelgelblichgraubraun (10YR 4/3); Subpolyedergefüge; carbonathaltig; mittel humos; stark durchwurzelt
	−65+	**elCv** g-kel(Mg)	schwach sandiger Lehm, stark kiesig, schwach steinig (gerundet); olivbraun, sehr hellgraustichig (2,5Y 7/4); mäßig verfestigtes Kohärentgefüge; carbonatreich; schwach durchwurzelt

Quelle: Landesamt für Geologie, Rohstoffe und Bergbau im Regierungspräsidium Freiburg, M. Weiß (Bild bearbeitet)

Abb. 35.24 Jungmoränenlandschaft bei Berg, Landkreis Ravensburg (Quelle: B. Rothenhäusler)

Tab. 35.34 Analysendaten Profil 21

Horizont	Tiefe (cm)	Skelett (Vol.-%)	Sand (M.-%)	Schluff (M.-%)	Ton (M.-%)	Gesamtporen (Vol.-%)	Luftkapazität (Vol.-%)	nutzbare Feldkap. (Vol.-%)	Totwasser (Vol.-%)	Lagerungsdichte (g/cm³)
eAxp	−22	-	43	37	20	44	9	13	22	1,49
elCv	−65+	-	34	49	17	-	-	-	-	-

Horizont	Tiefe (cm)	CaCO₃ (M.-%)	C$_{org}$ (M.-%)	N$_t$ (M.-%)	C/N	pH H₂O	pH CaCl₂	KAK$_{pot}$ (cmol$_c$/kg)	BS (%)	K₂O-DL (mg/100g)	P₂O₅-DL (mg/100g)
eAxp	−22	9	1,9	0,2	8	-	7,1	237	52	29	50
elCv	−65+	24	0,4	0,1	-	-	7,3	116	100	8	2

(Quelle: Landesamt für Geologie, Rohstoffe und Bergbau im Regierungspräsidium Freiburg)
(* = abgeleiteter Analysenwert)

Profil 22: Subtyp Normpararendzina (RZn): Subtyp ÖBS: Typischer Tschernosem

- Bodenausgangsgestein: Hochflutmergel über tiefem Terrassenkies
- Varietät: basenreiche pseudovergleyte (Acker)Pararendzina (eu.s.vRZn)
- Typ: Pararendzina; Typ ÖBS: Tschernosem
- Klasse: Ah/C-Böden; Klasse ÖBS: Terrestrische Humusböden
- Substrattyp: f-(k)es(Mhf)\f-el(Mhf)//f-esk(Gt)
- WRB: Calcaric Cambic Phaeozem (Aric, Loamic, Amphiraptic, Bathystagnic)
- Bodenregion: Alpen mit vorwiegend silikatischen Gesteinen
- Ort: Niederterrasse des Inn, Haiming, Tirol

- Profilbild und Horizontabfolge: siehe Tab. 35.35
- Bodenlandschaftsbild: siehe Abb. 35.25
- Analysendaten: siehe Tab. 35.36
- Autor: Othmar Nestroy et al.

Vorkommen und Ausgangsgesteine

Dieses Profil stellt ein spezielles Vorkommen auf der Niederterrasse des Inn im Bereich des Ötztals dar. Solche Böden treten nur vereinzelt in relativ trockenen, inneralpinen Lee-Lagen auf, sind aber ob ihres speziellen Habitus bemerkenswert. Als Ausgangsmaterial kommen feinkörnige, schluffreiche, meist kalkhaltige Sedimente über Kalkschotter in Frage. Dieser Boden, der in Österreich vorwiegend in der Bodenregion 15 „Alpen mit vorwiegend silikatischen Gesteinen" vorkommt, ist jedoch auch für viele inneralpine

Tab. 35.35 Profilbild und Horizontabfolge Profil 22

Profilbild	Horizontgrenze (cm)	Horizonte und ihre Eigenschaften (in Klammern: nach ÖBS)	
 Quelle: Mitt. d. Österr. Bodenkundl. Ges. (2009), H. 76, Wien (Bild bearbeitet)	−20	**eAxp (Ap)** f-(k)es(Mhf)	mittel lehmiger Sand, schwach kiesig; braunschwarz (10YR 2/2); Krümelgefüge; carbonatreich; stark humos; stark durchwurzelt
	−30	**IIeAxh (A)** f-(k)eu(Mhf)	sandig-lehmiger Schluff, schwach kiesig; braunschwarz (10YR 2/2) bis sehr dunkelgrau (10YR 3/1); Subpolyedergefüge; carbonatreich; mittel humos; mittel durchwurzelt
	−40	**IIIAh+elCv1 (AC)** f-el(Mhf)	schluffig-lehmiger Sand; dunkelgrau (10YR 4/1) bis dunkelgelblichbraungrau (10YR 4/2); Humusflecken (sehr hoher Flächenanteil); Subpolyedergefüge; carbonatreich; schwach humos; sehr schwach durchwurzelt
	−52	**IIIAh+elCv2 (ACca)** f-el(Mhf)	schluffig-lehmiger Sand; gelblichbraun (10YR 5/5) bis gelbbraun (10YR 5/8); Humusflecken (hoher Flächenanteil); Subpolyedergefüge; carbonatreich; schwach humos; einzelne Wurzeln
	−80	**IIIelCv (C1)** f-es(Mhf)	stark schluffiger Sand; hellgelblichbraungrau (10YR 6/2) bis sehr hellgelblichgraubraun (10YR 7/3); Subpolyedergefüge; carbonatreich
	−100	**IVelCv-Sg (C2)** f-es(Mhf)	mittel schluffiger Sand; hellgrau (10YR 6/1) bis grau, sehr hellolivstichig (2,5Y 7/1); Eisenoxide (fleckig, sehr hoher Flächenanteil) und Bleichflecken (fleckig, sehr hoher Flächenanteil); Subpolyedergefüge; carbonatreich; einzelne Wurzeln
	−110+	**VelCv (C3)** f-esk(Gt)	mittel schluffiger Sand, sehr stark kiesig, schwach steinig (gerundet); hellgrau (10YR 6/1); carbonatreich

Abb. 35.25 Niederterrasse des Inn bei Haiming (Quelle: Forster)

Tab. 35.36 Analysendaten Profil 22

Horizont	Tiefe (cm)	Skelett (Vol.-%)	Sand (M.-%)	Schluff (M.-%)	Ton (M.-%)	Gesamtporen (Vol.-%)	Luftkapazität (Vol.-%)	nutzbare Feldkap. (Vol.-%)	Totwasser (Vol.-%)	Lagerungsdichte (g/cm³)
eAxp (Ap)	−20	5	64	28	8	53	11	31	11	1,24
IIeAxh (A)	−30	2	42	50	8	44	7	25	12	1,51
IIIAh+elCv1 (AC)	−40	0	44	44	12	44	8	27	9	1,52
IIIAh+elCv2 (ACca)	−52	0	44	46	10	-	-	-	-	-
IIIelCv (C1)	−80	0	50	44	6	-	-	-	-	-
IVelCv-Sg (C2)	−100	0	69	29	2	-	-	-	-	-
VelCv (C3)	−110+	-	-	-	-	-	-	-	-	-

Horizont	Tiefe (cm)	CaCO₃ (M.-%)	C_org (M.-%)	N_t (M.-%)	C/N	pH H₂O	pH CaCl₂	KAK_pot (cmol_c/kg)	BS (%)	K₂O-DL (mg/100g)	P₂O₅-DL (mg/100g)
eAxp (Ap)	−20	11	3,3	0,24	14	-	7,4	22,8	100	-	-
IIeAxh (A)	−30	11	2,2	0,14	16	-	7,5	18,3	100	-	-
IIIAh+elCv1 (AC)	−40	13	1,1	0,06	18	-	7,7	13,7	100	-	-
IIIAh+elCv2 (ACca)	−52	16	0,6	<0,01	-	-	7,7	9,8	100	-	-
IIIelCv (C1)	−80	13	<0,4	<0,01	-	-	7,7	6,8	100	-	-
IVelCv-Sg (C2)	−100	21	<0,4	<0,01	-	-	7,7	3,4	100	-	-
VelCv (C3)	−110+	-	-	-	-	-	-	-	-	-	-

Horizont	Tiefe (cm)	Ca (cmol_c/kg)	Mg (cmol_c/kg)	K (cmol_c/kg)	Na (cmol_c/kg)	Fe_d (mg/g)	Fe_o (mg/g)
eAxp (Ap)	−20	19,4	1,9	1,4	0,1	6,0	4,2
IIeAxh (A)	−30	15,6	1,6	1,0	0,1	5,2	4,5
IIIAh+elCv1 (AC)	−40	11,8	1,1	0,7	0,1	4,9	4,1
IIIAh+elCv2 (ACca)	−52	8,7	0,8	0,2	0,1	6,5	3,6
IIIelCv (C1)	−80	6,1	0,6	0,1	0,1	6,1	4,7
IVelCv-Sg (C2)	−100	2,9	0,4	0,1	<0,1	3,8	2,8
VelCv (C3)	−110+	-	-	-	-	-	-

(Quelle: Institut für Angewandte Geowissenschaften, Universität Graz)

(* = abgeleiteter Analysenwert)

Trockenlagen bei Auftreten von Löss oder lössähnlichen Feinsedimenten repräsentativ.

Bodenprozesse und -eigenschaften

Infolge der klimatischen Bedingungen, des feinkörnigen, kalkhaltigen Ausgangsmaterials und der Lage auf Niederterrassen sind die bodenbildenden Prozesse durch die Kälte im Winter wie auch durch sommerliche Trockenperioden gehemmt bzw. unterbrochen, weshalb keine Verbraunung eingetreten ist, sondern es nur zur Ausbildung eines A-C-Profils kam. Das kalkige Feinmaterial bedingt eine günstige Textur wie Struktur, und dies sind die Voraussetzungen für mittel- bis hochwertige Standorte.

Nutzung und Vegetation

Eine Nutzung als Ackerland ist vielerorts auf diesen Standorten anzutreffen; für eine Nutzung als Dauergrünland ist das oft (zu) geringe sommerliche Wasserangebot der limitierende Faktor.

Gefährdung

Eine Gefährdung der tieferen Lagen ist nur bei extremen Hochwässern gegeben, ansonsten sind diese meist ebenen Standorte in günstigen Lagen durch Verbauung gefährdet.

Profil 23: Subtyp Normpararendzina (RZn); Typ und Untertypen CH: Regosol, alkalisch, carbonatreich (O, E0, KR)

- Bodenausgangsgestein: Flussmergel über tiefem Hangschutt
- Varietät: basenreiche (Tangel)Pararendzina (eu.taRZn)
- Typ: Pararendzina; Typ CH: Regosol
- Klasse: Ah/C-Böden
- Substrattyp: f-es(Mf)//u-esn(Of,Xhg)
- WRB: Calcaric Phaeozem (Katoarenic, Epiloamic, Amphiraptic)
- Bodenregion: (Überregionale) Flusslandschaften
- Ort: Inntal, Schwemmfächer, Ramosch (A25), Kanton Graubünden
- Humusform: Tangelhumus; Humusform CH: Xero-Moder (F)
- Profilbild und Horizontabfolge: siehe Tab. 35.37
- Bodenlandschaftsbilder: siehe Abb. 35.26 und 35.27
- Analysendaten: siehe Tab. 35.38
- Autor: Peter Lüscher, Peter Blaser, Stephan Zimmermann, Jörg Luster, Lorenz Walthert

Vorkommen und Ausgangsgesteine

Das Profil ist im Unterengadin in einem Perlgras-Fichtenwald gelegen, entstanden auf Flussmergeln über Hangschutt. Der Profilort liegt auf 1070 m ü. M. in ebener Lage. Der mittlere Jahresniederschlag beträgt 898 mm, und die mittlere Jahrestemperatur liegt bei 6,2 Grad Celsius. Die Länge der Vegetationsperiode beträgt 180–190 Tage. Es ist eine typische Bodenbildung in engen, inneralpinen Tälern.

Bodenprozesse und -eigenschaften

Unter dem Einfluss der inneralpinen Klimaverhältnisse entstand ein Tangelhumus. Der Streuabbau und die Vermischung des organischen Materials mit dem mineralischen Oberboden sind bedingt durch die zeitweilige Trockenheit gehemmt. Der fast schwarze eAh-Horizont hebt sich deutlich von den tiefer gelegenen Horizonten ab und enthält rund 5 % organischen Kohlenstoff. Der Boden ist gut durchlüftet, sehr durchlässig, tief durchwurzelbar und profilumfassend carbonathaltig. Die Bodenart variiert in den einzelnen Horizonten deutlich. Ursache ist die schichtweise Ablagerung des mineralischen Substrates durch den Inn. Das Nährstoffangebot ist trotz junger Bodenbildung für die meisten Baumarten ausreichend.

Tab. 35.37 Profilbild und Horizontabfolge Profil 23

Profilbild	Horizontgrenze (cm)	Horizonte und ihre Eigenschaften (in Klammern: Horizonte CH)	
	+11	L (Ol)	; organisch
	+8	Of (Of)	; organisch
	+6	Oh (Oh)	sehr schwach grusig; carbonathaltig; organisch
	−12	eAh (Ah) f-es(Mf)	mittel lehmiger Sand, sehr schwach grusig; schwarz (10YR 2/1); Krümelgefüge; carbonatreich; sehr stark humos; stark durchwurzelt
	−45	Ah-elCv (AhC) f-es(Mf)	schwach lehmiger Sand, sehr schwach grusig; dunkelgelblichbraungrau (10YR 4/2); Subpolyedergefüge; sehr carbonatreich; stark humos; mittel durchwurzelt
	−54	IIelCv (C1) f-es(Mf)	reiner Sand, sehr schwach grusig; rötlichgrau (5YR 5/1); Einzelkorngefüge; sehr carbonatreich; schwach humos; schwach durchwurzelt
	−74	IIIelCv1 (C2) f-es(Mf)	schwach schluffiger Sand, sehr schwach grusig; grünlicholivgrau (10Y 5/2); Einzelkorngefüge; sehr carbonatreich; sehr schwach humos; schwach durchwurzelt
	−90	IIIelCv2 (C3) f-es(Mf)	reiner Sand, sehr schwach grusig; grau, olivstichig (5Y 5/1); Einzelkorngefüge; sehr carbonatreich; schwach durchwurzelt
	−114+	IVelCv (C4) u-esn(Of,Xhg)	reiner Sand, mittel grusig, sehr stark steinig (gerundet und kantig); grau, dunkelolivstichig (5Y 4/1); Einzelkorngefüge; carbonathaltig

Quelle: Blaser et al. (2005) (Waldböden der Schweiz, Bd. 2, A25, Hep-Verl.) (Bild bearbeitet)

Abb. 35.26 Perlgras-Fichtenwald (Quelle: Blaser et al. (2005)), (Waldböden der Schweiz, Bd. 2, A25, Hep-Verl.)

Abb. 35.27 Blick talaufwärts ins Unterengadin bei Ramosch (Quelle: M. Walser, WSL, Birmensdorf)

Tab. 35.38 Analysendaten Profil 23

Horizont	Tiefe (cm)	Skelett (Vol.-%)	Sand (M.-%)	Schluff (M.-%)	Ton (M.-%)	Gesamtporen (Vol.-%)	Luftkapazität (Vol.-%)	nutzbare Feldkap. (Vol.-%)	Totwasser (Vol.-%)	Lagerungsdichte (g/cm³)
L (Ol)	+11	-	-	-	-	-	-	-	-	-
Of (Of)	+8	-	-	-	-	-	-	-	-	-
Oh (Oh)	+6	1,7	-	-	-	-	-	-	-	-
eAh (Ah)	−12	1,7	59	31	10	-	-	25,0	-	-
Ah-elCv (AhC)	−45	1,3	69	24	7	-	-	20,5	-	0,83
IIelCv (C1)	−54	1,3	89	9	2	-	-	16,0	-	1,08
IIIelCv1 (C2)	−74	1,3	78	19	3	-	-	19,5	-	1,27
IIIelCv2 (C3)	−90	1,3	93	5	2	-	-	7,7	-	1,39
IVelCv (C4)	−114+	71,5	93	6	1	-	-	4,5	-	2,00

Horizont	Tiefe (cm)	CaCO₃ (M.-%)	C_org (M.-%)	N_t (M.-%)	C/N	pH H₂O	pH CaCl₂	KAK_pot (cmol_c/kg)	BS (%)	K₂O-DL (mg/100g)	P₂O₅-DL (mg/100g)
L (Ol)	+11	-	-	-	-	-	-	-	-	-	-
Of (Of)	+8	-	-	-	-	-	-	-	-	-	-
Oh (Oh)	+6	5,2	20	0,96	21	7,2	6,8	-	-	-	-
eAh (Ah)	−12	22,2	4,9	0,31	16	8,2	7,7	-	-	-	-
Ah-elCv (AhC)	−45	25,6	2,7	0,17	16	8,6	7,9	-	-	-	-
IIelCv (C1)	−54	33,6	0,6	-	-	8,9	7,9	-	-	-	-
IIIelCv1 (C2)	−74	28,5	0,3	-	-	8,7	7,5	-	-	-	-
IIIelCv2 (C3)	−90	31,3	-	-	-	9,0	7,8	-	-	-	-
IVelCv (C4)	−114+	28,6	-	-	-	9,0	7,8	-	-	-	-

Horizont	Tiefe (cm)	KAK_eff (cmol_c/kg)	BS_eff (%)
L (Ol)	+11		
Of (Of)	+8		
Oh (Oh)	+6	61,3	100
eAh (Ah)	−12	31,5	100
Ah-elCv (AhC)	−45	20,9	100
IIelCv (C1)	−54	11,4	100
IIIelCv1 (C2)	−74	11,8	100
IIIelCv2 (C3)	−90	10,1	100
IVelCv (C4)	−114+	10,6	100

(Quelle: Forschungseinheit Waldböden und Biochemie, Eidgenössische Forschungsanstalt für Wald, Schnee und Landschaft, Birmensdorf)
(* = abgeleiteter Analysenwert)

Nutzung und Vegetation

Der Waldstandortstyp, ein Perlgras-Fichtenwald, kann zur Holzproduktion genutzt werden. Die Fichte dominiert im meist geschlossenen Bestand. Dazu kommen vereinzelt die Lärche und die Vogelbeere.

Gefährdung

Es besteht unter den gegebenen klimatischen Verhältnissen ein mäßiges Risiko für Trockenstress. Der Boden reagiert auf das Befahren im feuchten Zustand empfindlich.

Profil 24: Subtyp Lockersyrosem-Pararendzina (OL-RZ)

- Bodenausgangsgestein: flacher Basaltschotter mit Schlacke über Bergematerial über tiefer Asche
- Varietät: basenreiche (Mull)Lockersyrosem-Pararendzina (eu.muOL-RZ)
- Typ: Pararendzina
- Klasse: Ah/C-Böden
- Substrattyp: oj-z(Ys,+B)\oj-z(Yeb)//oj-zxs(Ya)
- WRB: Pantospolic Technosol (Amphicarbonic, Endoclayic, Hypereutric, Humic, Hyperartefactic, Immissic, Loamic, Mollic, Amphiraptic, Technoskeletic)
- Bodenregion: (Überregionale) Flusslandschaften
- Ort: heutiger Gleispark und früherer Sammelbahnhof Essen-Frintrop, Nordrhein-Westfalen
- Profilbild und Horizontabfolge: siehe Tab. 35.39
- Bodenlandschaftsbild: siehe Abb. 35.28
- Analysendaten: siehe Tab. 35.40
- Autor: Andreas Lehmann, Wolfgang Burghardt

Vorkommen und Ausgangsgesteine

In der Blütezeit des Kohlebergbaus nahmen die Bahnareale im nördlichen Ruhrgebiet etwa 4 % der Fläche ein. Beim Auffüllen von Senken zum Nivellieren des Gleisgeländes fanden Abraum des Bergbaus („Berge"), Industrieschlämme, Aschen und Schlacken Verwendung. Auf die so hergestellte ebene Fläche wurde dann das Schotterbett für die Gleise aufgetragen. Beim Bau der Schienenwege wurden in Frintrop Schlacken der Eisenverhüttung als Gleisschotter verwendet. Für die Befestigung der Wege entlang der Gleise wurde Asche verwendet. In den Gleiskörper gelangten Aschen zum größten Teil durch den Dampflokbetrieb. Dabei entließen die Lokomotiven die Asche aus ihrer Feuerung durch eine Klappe direkt auf die Gleise.

Bodenprozesse und -eigenschaften

Teilweise verlagerte sich Asche durch Erschütterungen des Gleiskörpers in die Tiefe. Sie bildete in 33 bis 98 cm eine Barriere, die eine weitere Ascheanreicherung oberhalb begünstigte. Dementsprechend ist in diesem Bereich Stauwassereinfluss festzustellen. Allerdings lässt die dunkle Bodenmatrix keine optisch erkennbaren Anzeichen von Bleichung und Eisenoxidation zu. Insgesamt hat bislang erst wenig Bodenentwicklung stattgefunden.

Nutzung und Vegetation

Der Güterbahnhof Essen-Fintrop wurde 1885 gebaut und stellte damals die größte Bahnhofsfläche weltweit dar. Der

Tab. 35.39 Profilbild und Horizontabfolge Profil 24

Profilbild	Horizontgrenze (cm)	Horizonte und ihre Eigenschaften	
	−10	yjAih oj-z(Ys,+B)	schwach lehmiger Sand, sehr stark grusig, mittel steinig; bräunlichschwarz (7,5YR 2,5/1); kohlehaltig; Krümelgefüge; schwach carbonathaltig; stark humos; stark durchwurzelt
	−16	yjelCv1 oj-z(Ys,+B)	stark lehmiger Sand, sehr stark grusig, mittel steinig; schwarz (10YR 2/1); Krümelgefüge; kohlehaltig; mittel carbonathaltig; stark humos; stark durchwurzelt
	−22	yjelCv2 oj-z(Ys,+B)	schwach toniger Sand, sehr stark grusig, mittel steinig; schwarz, olivstichig (2,5Y 2.5/1); Krümelgefüge; kohlehaltig; mittel carbonathaltig; stark humos; stark durchwurzelt
	−33	IIyjilCv1 oj-z(Ya,Yeb)	stark lehmiger Sand, extrem stark grusig; sehr hellbräunlichgrau (7,5YR 7/1); Krümelgefüge; kohlehaltig; carbonatarm; schwach humos; schwach durchwurzelt
	−65	IIjilCv2 oj-z(Yeb)	stark lehmiger Sand, extrem stark grusig; schwarz, olivstichig (2,5Y 2,5/1); Einzelkorngefüge; kohlehaltig; carbonatarm
	−98	IIjilCv3 oj-z(Yeb)	reiner Ton, extrem stark grusig; olivstichigschwarz (5Y 2,5/1); Einzelkorngefüge; kohlehaltig; carbonatarm
	−110+	IIIyilCv4 oj-zxs(Ya)	schwach schluffiger Sand, stark grusig; olivgrünlichschwarz (10Y 2,5/1); Einzelkorngefüge; kohlehaltig; sehr carbonatarm

Quelle: A. Lehmann (Bild bearbeitet)

Abb. 35.28 Gleispark und früherer Sammelbahnhof Essen-Frintrop (Quelle: A. Lehmann)

Tab. 35.40 Analysendaten Profil 24

Horizont	Tiefe (cm)	Skelett (Vol.-%)	Sand (M.-%)	Schluff (M.-%)	Ton (M.-%)	Gesamtporen (Vol.-%)	Luftkapazität (Vol.-%)	nutzbare Feldkap. (Vol.-%)	Totwasser (Vol.-%)	Lagerungsdichte (g/cm³)
yjAih	−10	83	75	20	5	-	-	-	-	1,53
yjelCv1	−16	89	68	20	12	-	-	-	-	1,61
yjelCv2	−22	76	83	8	9	-	-	-	-	-
IIyjilCv1	−33	76	66	18	16	-	-	-	-	1,53
IIjilCv2	−65	76	66	21	13	-	-	-	-	1,49
IIjilCv3	−98	76	-	-	-	-	-	-	-	1,73
IIIyilCv4	−110+	47	-	-	-	-	-	-	-	1,05

Horizont	Tiefe (cm)	CaCO₃ (M.-%)	C_org (M.-%)	N_t (M.-%)	C/N	pH H₂O	pH CaCl₂	KAK_pot (cmolc/kg)	BS (%)	K₂O-DL (mg/100g)	P₂O₅-DL (mg/100g)
yjAih	−10	2	9,4	0,25	38	7,4	7,1	-	-	-	-
yjelCv1	−16	6	8,5	0,23	37	7,6	7,3	-	-	-	-
yjelCv2	−22	4	10,8	0,20	54	8,0	7,4	-	-	-	-
IIyjilCv1	−33	1	31,7	0,62	51	7,0	6,8	-	-	-	-
IIjilCv2	−65	1	32,3	0,51	63	6,9	6,6	-	-	-	-
IIjilCv3	−98	1	30,4	0,51	60	6,7	6,4	-	-	-	-
IIIyilCv4	−110+	0	18,1	0,19	96	6,0	5,9	-	-	-	-

Horizont	Tiefe (cm)	Pb (mg/kg)					
yjAih	−10	1156					
yjelCv1	−16	600					
yjelCv2	−22	291					
IIyjilCv1	−33	142					
IIjilCv2	−65	189					
IIjilCv3	−98	917					
IIIyilCv4	−110+	9290					

(Quelle: Abteilung Bodenkunde, Universtität Duisburg-Essen)
(* = abgeleiteter Analysenwert)

Gleispark Frintrop ist heute als ruderale Parkanalage gestaltet. Fuß- und Radwege sowie Aussichtspunkte zur Inszenierung der Vegetations- und Raumbilder fördern die Nutzung als Freizeitraum. Der teilweise trockene, nährstoffarme und warme Standort stellt auch ein Refugium für seltene Pflanzen und Tiere dar. Häufige Pflanzen: Armenische Brombeere (Rubus armeniacus agg.), Hängebirke (Betula pendula), Sumpf-Rispengras (Poa palustris). Seltene Arten im gesamten Bereich: Golddistel (Carlina vulgaris), Frühe Segge (Carex praecox); an offenen Stellen: Schildflechten (Peltigera spec.), Becher- bzw. Rentierflechten (Cladonia spec.), Blauflügelige Ödlandschrecke (Oedipoda caerulescens), Blauflügelige Sandschrecke (Sphingonotus caerulans). Zum Erhalt der Fauna und Flora des Offenlands wird das Gebiet in größeren zeitlichen Abständen frei gehalten.

Gefährdung

Der Standort stellt ein Habitat der Ersatznatur dar. Es fand eine vom Menschen weitgehend unbeeinflusste bemerkenswerte Revitalisierung statt. Das Gebiet steht unter keinem besonderen Schutz, obschon die Gefahr einer Bebauung der Brache besteht.

Profil 25: Subtyp Braunerde-Pararendzina (BB-RZ)

- Bodenausgangsgestein: Fließerde aus Mergelstein und Löss über Fließerde aus Mergel- und Kalkstein über tiefem Schluffmergelstein
- Varietät: basenreiche humusreiche (Mull)Braunerde-Pararendzina (eu.x.muBB-RZ)
- Typ: Pararendzina
- Klasse: Ah/C-Böden
- Substrattyp: u-(z)eu(^mk,Lo)/p-eun(^mk,^k)//c-n(^mk,u)
- WRB: Skeletic Katohypercalcic Chernozem (Amphiraptic, Anosiltic, Bathyloamic)
- Bodenregion: Berg- und Hügelländer mit hohem Anteil an Ton- und Schluffschiefern
- Ort: Westhang, Wesertal bei Höxter, Krs. Höxter, Nordrhein-Westfalen
- Humusform: F-Mull
- Profilbild und Horizontabfolge: siehe Tab. 35.41
- Weiteres Profilbild: siehe Abb. 35.29
- Analysendaten: siehe Tab. 35.42
- Autor: Gerhard Milbert, Bernd Raber

Tab. 35.41 Profilbild und Horizontabfolge Profil 25

Profilbild	Horizontgrenze (cm)	Horizonte und ihre Eigenschaften	
	+1	L	organisch; lockere Blattstreu
	+0,5	Of	organisch; stark rudimentierte lockere Blattreste
	−25	eAxh u-(z)eu(^mk,Lo)	mittel toniger Schluff, mittel grusig; braunschwarz (10YR 2/2); Krümelgefüge; carbonatreich; sehr stark humos; sehr stark durchwurzelt
	−45	Bhv+elCv u-zeu(^mk,Lo)	mittel toniger Schluff, stark grusig, schwach steinig (kantig); dunkelgelblichbraungrau (10YR 4/2); Subpolyedergefüge; carbonatreich; stark humos; stark durchwurzelt
	−95	IIelCc p-eun (^mk,^k)	sandig-lehmiger Schluff, mittel grusig, stark steinig (kantig); olivweiß (5Y 8/2) und auf Kluftflächen beigelichweiß (7,5YR 8/1); tapetenartige Kalkkonkretionen (sehr hoher Flächenanteil); Subpolyedergefüge; extrem carbonatreich; schwach durchwurzelt
	−130	IIIelCc c-n(^mk,u)	schluffig-lehmiger Sand, stark grusig, sehr stark steinig (kantig); sehr dunkelgraurotbraun (2,5YR 3/4) und auf Kluftflächen beigelichweiß (7,5YR 8/1); weiche, tapetenartige Kalkkonkretionen (hoher Flächenanteil); Schichtgefüge; extrem carbonatreich
	−200+	IIIemCc n-^mk,u	Schluffmergelstein mit schwach schluffigem Sand; rötlichgrau, dunkel violettstichig (2,5YR 4/2) und in Klüften beigelichweiß (7,5YR 8/1); weiche, tapetenartige Kalkkonkretionen (sehr hoher Flächenanteil); Schichtgefüge

Quelle: Geologischer Dienst NRW, B. Raber (Bild bearbeitet)

Abb. 35.29 Kalk-
anreicherungen haben die
grusig-steinige Fließerde zu
einer Brekzie zementiert
(Quelle: Geologischer Dienst
NRW, B. Raber)

Tab. 35.42 Analysendaten Profil 25

Horizont	Tiefe (cm)	Skelett (Vol.-%)	Sand (M.-%)	Schluff (M.-%)	Ton (M.-%)	Gesamtporen (Vol.-%)	Luftkapazität (Vol.-%)	nutzbare Feldkap. (Vol.-%)	Totwasser (Vol.-%)	Lagerungsdichte (g/cm³)
L	+1	-	-	-	-	-	-	-	-	-
Of	+0,5	-	-	-	-	-	-	-	-	-
eAxh	−25	20	14	73	13	-	-	-	-	-
Bhv+elCv	−45	40	14	73	13	-	-	-	-	-
IIelCc	−95	65	-	-	-	-	-	-	-	-
IIIelCc	−130	90	-	-	-	-	-	-	-	-
IIIemCc	−200+	95	82	15	3	-	-	-	-	-

Horizont	Tiefe (cm)	$CaCO_3$ (M.-%)	C_{org} (M.-%)	N_t (M.-%)	C/N	pH H_2O	pH $CaCl_2$	KAK_{pot} ($cmol_c$/kg)	BS (%)	K_2O-DL (mg/100g)	P_2O_5-DL (mg/100g)
L	+1	-	-	-	-	-	-	-	-	-	-
Of	+0,5	-	41	1,7	23	5,8	-	-	-	-	-
eAxh	−25	13	5,0	0,5	12	7,5	-	396	100	-	-
Bhv+elCv	−45	19	3,0	0,2	0	7,9	-	248	100	-	-
IIelCc	−95	54	0,5	0,1	0	8,4	-	86	100	-	-
IIIelCc	−130	-	-	-	-	-	-	-	-	-	-
IIIemCc	−200+	31	-	-	-	8,6	-	-	-	-	-

(Quelle: Geologischer Dienst Nordrhein-Westfahlen)
(* = abgeleiteter Analysenwert)

Vorkommen und Ausgangsgesteine

An den westlichen Steilhängen zur Weser zwischen Bad Karlshafen und Rinteln haben sich aus den Ausgangsgesteinen Löss, Kalkmergelstein (Röt) und Kalkstein (Muschelkalk) periglaziäre Mischsubstrate gebildet, die von holozänen Umlagerungen der genannten Gesteine bedeckt sind.

Bodenprozesse und -eigenschaften

Dieses Material wird durch carbonathaltige Hangzugwässer aufgekalkt. Örtlich bilden sich durch Kalkkrusten rezente Brekzien. Eine neue Bodenentwicklung mit Humusanreicherung setzt nach der Umlagerung ein und führt zu Pararendzinen. Auch heute überwiegt die Kalkanreicherung über die Entkalkung.

Nutzung und Vegetation

Artenreicher Laubwald (Kalkbuchenwald).

Gefährdung

Diese Böden mit ausgeprägter Kalkanreicherung am Steilhang (Pararendzinen, Rendzinen und Kalkbraunerden) sind besonders schutzwürdig.

Profil 26: Subtyp Braunerde-Pararendzina (BB-RZ); Subtyp ÖBS: Carbonathaltige Braunerde

- Bodenausgangsgestein: Hangsediment aus Flugsand und Kalkphyllit über Hangsediment aus Kalkglimmerschiefer und Kalkphyllit
- Varietät: basenreiche (Mull)Braunerde-Pararendzina (eu. muBB-RZ)
- Typ: Pararendzina; Typ ÖBS: Braunerde
- Klasse: Ah/C-Böden; Klasse ÖBS: Braunerden
- Substrattyp: u-(z)es(*Ph,Sa)/u-esz(*Gl,*Ph)
- WRB: Calcaric Endoskeletic Regosol (Pantoarenic, Humic, Epiraptic)
- Bodenregion: Alpen mit vorwiegend silikatischen Gesteinen
- Ort: Gamsgrube, Großglocknergebiet, Kärnten
- Profilbild und Horizontabfolge: siehe Tab. 35.43
- Bodenlandschaftsbilder: siehe Abb. 35.30 und 35.31
- Analysendaten: siehe Tab. 35.44
- Autor: Othmar Nestroy et al.

Tab. 35.43 Profilbild und Horizontabfolge Profil 26

Profilbild	Horizontgrenze (cm)	Horizonte und ihre Eigenschaften (in Klammern: nach ÖBS)	
	−15	**eAh (A)** u-(z)es(*Ph,Sa)	reiner Sand, schwach grusig; braun (7,5YR 5/4); Einzelkorngefüge; extrem carbonatreich; mittel humos; stark durchwurzelt
	−45	**Bv-elCv (Bg)** u-(z)es(*Ph,Sa)	reiner Sand, schwach grusig; sehr dunkelgelblichbraun, graustichig (10YR 3/4); Humusflecken; Subpolyedergefüge; sehr carbonatreich; schwach humos; schwach durchwurzelt
	−100+	**IIelCv (Bv)** u-esz(*Gl,*Ph)	schwach schluffiger Sand, sehr stark grusig, schwach steinig (kantig); graubraun (2,5YR 5,3); Einzelkorngefüge; carbonatreich

Quelle: Mitt. d. Österr. Bodenkundl. Ges. (2009), H. 76, Wien (Bild bearbeitet)

Abb. 35.30 Großglocknergebiet, Gamsgrube (Quelle:
O. Nestroy)

Abb. 35.31 Großglocknergebiet, Gamsgrube (Quelle:
H. Reisigl & R. Keller (1987): Alpenpflanzen im
Lebensraum. Gustav Fischer Verlag,
Stuttgart – New York)

Tab. 35.44 Analysendaten Profil 26

Horizont	Tiefe (cm)	Skelett (Vol.-%)	Sand (M.-%)	Schluff (M.-%)	Ton (M.-%)	Gesamtporen (Vol.-%)	Luftkapazität (Vol.-%)	nutzbare Feldkap. (Vol.-%)	Totwasser (Vol.-%)	Lagerungsdichte (g/cm³)
eAh (A)	−15	6	92	7	1	-	-	-	-	-
Bv-elCv (Bg)	−45	6	90	9	1	-	-	-	-	-
IIelCv (Bv)	−100+	65	88	11	1	-	-	-	-	-

Horizont	Tiefe (cm)	CaCO₃ (M.-%)	C_org (M.-%)	N_t (M.-%)	C/N	pH H₂O	pH CaCl₂	KAK_pot (cmol_c/kg)	BS (%)	K₂O-DL (mg/100g)	P₂O₅-DL (mg/100g)
eAh (A)	−15	60	2,3	-	-	-	7,0	15	-	-	-
Bv-elCv (Bg)	−45	39	1	-	-	-	6,9	11	-	-	-
IIelCv (Bv)	−100+	24	-	-	-	-	7,1	32	-	-	-

(Quelle: Institut für Angewandte Geowissenschaften, Universität Graz)
(* = abgeleiteter Analysenwert)

Vorkommen und Ausgangsgesteine

Der Standort liegt in 2490 m ü. NN in einer Mulde an einem welligen Hang mit 23 Grad Neigung. Es handelt sich hier um ein einmaliges Vorkommen in den Ostalpen (Bodenregion 15). Auf diesem Steilhang zwischen Fuscherkarkopf und der Pasterze wird permanent Flugsand aus den Verwitterungsdecken des in der Umgebung anstehenden Kalkglimmerschiefer und Kalkphyllit sedimentiert, der sich mit etwas den Hang heruntergleitenden Grus mischt. Darunter folgt ein weiteres Hangsediment, in dem neben Grus auch Steine und Blöcke vorkommen.

Bodenprozesse und -eigenschaften

Infolge der extremen Höhenlage und der ständigen Materialzufuhr laufen Verwitterung und Bodenbildung nur sehr verlangsamt ab, und am gesamten Profil sind neben der nur geringen Verbraunung auch der äolische Eintrag deutlich zu erkennen.

Nutzung und Vegetation

Die Vegetation besteht hauptsächlich aus horstbildenden Gräsern. Es handelt sich dabei um Blaugrasrasen (Seslerietum) mit Silene acaulis, ferner Carex verna, Artemisia borealis, Draba sp., Erysimum sp., Sedum alpestre. Da es sich um ein streng geschütztes Gebiet handelt – der Standort darf außerhalb der vorhandenen Wege nicht betreten werden – ist jede Form von Nutzung verboten.

Gefährdung

Eine Gefährdung durch Wind und Schneeschurf ist lagebedingt über das gesamte Jahr gegeben, ferner auch durch Nichtbeachtung des Betrittverbots.

Profil 27: Subtyp Pseudogley-Pararendzina (SS-RZ)

- Bodenausgangsgestein: anthropogen aufgetragener Geschiebemergel
- Varietät: basenreiche (Mull)Pseudogley-Pararendzina (eu.muSS-RZ)
- Typ: Pararendzina
- Klasse: Ah/C-Böden
- Substrattyp: oj-(k)el(gf,Mg)\oj-(k)el(Mg)
- WRB: Calcaric Regosol (Endodensic, Pantoloamic, Ochric, Epiraptic, Endoprotostagnic, Pantotransportic)
- Bodenregion: Altmoränenlandschaften
- Ort: Rackwitz, Lkr. Nordsachsen, Sachsen
- Profilbild und Horizontabfolge: siehe Tab. 35.45
- Bodenlandschaftsbild: siehe Abb. 35.32
- Analysendaten: siehe Tab. 35.46
- Autor: Ralf Sinapius

Tab. 35.45 Profilbild und Horizontabfolge Profil 27

Profilbild	Horizontgrenze (cm)	Horizonte und ihre Eigenschaften	
	−7	**jeAh** oj-(k)el(gf,Mg)	stark lehmiger Sand, schwach kiesig; dunkelgelblichbraungrau (10YR 4/2); Bröckelgefüge und Krümelgefüge; mittel carbonathaltig; schwach humos; stark durchwurzelt
	−12	**Ah-jelCv** oj-(k)el(gf,Mg)	stark lehmiger Sand, schwach kiesig; dunkelgelblichgraubraun (10YR 4/3); Klumpengefüge und Bröckelgefüge; mittel carbonathaltig; sehr schwach humos; mittel durchwurzelt
	−60	**IISw-jelCv** oj-(k)el(Mg)	stark sandiger Lehm, schwach kiesig und sehr schwach steinig (gerundet); hellgelblichbraun (10YR 6/6); Eisenoxide (fleckig, mittlerer Flächenanteil) und Eisen- und Manganoxide (konkretionär, geringer Flächenanteil); Subpolyedergefüge; stark carbonathaltig; sehr schwach humos; schwach durchwurzelt
	−100+	**IIjelCv-Sd** oj-(k)el(Mg)	sandig-toniger Lehm, schwach kiesig und sehr schwach steinig (gerundet); hellorangebraun (7,5YR 6/6); Eisenoxide (fleckig, hoher Flächenanteil) und Bleichflecken (diffus, mittlerer Flächenanteil); Kohärentgefüge; stark carbonathaltig

Quelle: R. Sinapius (Bild bearbeitet)

Abb. 35.32 Der Profilort vor der Rekultivierung und Bepflanzung (Quelle: R. Sinapius)

Tab. 35.46 Analysendaten Profil 27

Horizont	Tiefe (cm)	Skelett (Vol.-%)	Sand (M.-%)	Schluff (M.-%)	Ton (M.-%)	Gesamtporen (Vol.-%)	Luftkapazität (Vol.-%)	nutzbare Feldkap. (Vol.-%)	Totwasser (Vol.-%)	Lagerungsdichte (g/cm³)
jeAh	−7	8	55	30	15	-	-	-	-	1,40*
Ah-jelCv	−12	8*	55*	30*	15*	-	-	-	-	1,50*
IISw-jelCv	−60	8	50	28	22	-	-	-	-	1,60*
IIjelCv-Sd	−100+	8*	40*	25*	35*	-	-	-	-	1,80*

Horizont	Tiefe (cm)	$CaCO_3$ (M.-%)	C_{org} (M.-%)	N_t (M.-%)	C/N	pH H_2O	pH $CaCl_2$	KAK_{pot} (cmol$_c$/kg)	BS (%)	K_2O-DL (mg/100g)	P_2O_5-DL (mg/100g)
jeAh	−7	5	0,6	0,04	14	-	7,6	11	>90*	8	14
Ah-jelCv	−12	5*	0,3*	-	-	-	-	-	-	-	-
IISw-jelCv	−60	9,8	0,1	0,03	3	-	7,8	18	>90*	6	1
IIjelCv-Sd	−100+	9*	<0,1*	-	-	-	-	-	-	-	-

(Quelle: Lausitzer und Mitteldeutsche Bergbau-Verwaltungsgesellschaft mbH)

(* = abgeleiteter Analysenwert)

Vorkommen und Ausgangsgesteine

Die Pseudogley-Pararendzina ist in der Landschaft eher selten anzutreffen. In Mitteldeutschland findet sich dieser Boden auf den Rekultivierungsflächen des Braunkohlenbergbaus. Das Substrat besteht aus Geschiebemergel. Der Standort liegt im Gebiet des früheren Tagebaues Breitenfeld nördlich von Leipzig.

Bodenprozesse und -eigenschaften

Der Oberboden ist durch die Rekultivierung zweigeteilt. Dies zeigt sich in der Gefügeausbildung sowie in der Vermengung mit rohem Geschiebemergel im unteren Oberbodenhorizont Ah-jelCv. Die Verkippung des feuchten und bindigen Geschiebemergels führte zur Verdichtung und schwachen Stauvernässung des Substrats. Das gering verwitterte mergelige Lockergestein im Horizont Sw-jelCv zeigt eine schwache Hydromorphie. Ab etwa 7 dm im dichteren Stauhorizont jelCv-Sd nimmt die Hydromorphie zu. Der Geschiebemergel am Standort enthält 5–10 % Calciumcarbonat.

Nutzung und Vegetation

Die kulturfreundlichen Kippsubstrate wie Geschiebemergel, Geschiebelehm oder Löss werden bevorzugt für eine landwirtschaftliche Folgenutzung rekultiviert.

Gefährdung

Die bindigen Kippsubstrate sind verdichtungsanfällig. Bereits bei der Verkippung und der Rekultivierung müssen schädliche Gefügeänderungen nach Möglichkeit vermieden werden.

Profil 28: Subtyp Gley-Pararendzina (GG-RZ)

- Bodenausgangsgestein: Fließerdefolge über tiefem Mergelstein
- Varietät: basenreiche (Acker)Gley-Pararendzina (eu. vGG-RZ)
- Typ: Pararendzina
- Klasse: Ah/C-Böden
- Substrattyp: p-el(Sgf,Lg)/p-(k)eu+(z)el(Lg+^mk)
- WRB: Endogleyic Chernic Rendzic Phaeozem (Aric, Pantoloamic, Amphiraptic, Relictiturbic)
- Bodenregion: Mittel- und süddeutsche Löss- und Sandlösslandschaften
- Ort: Höver, Stadt Sehnde, Region Hannover, Niedersachsen
- Profilbild und Horizontabfolge: siehe Tab. 35.47
- Bodenlandschaftsbild: siehe Abb. 35.33
- Analysendaten: siehe Tab. 35.48
- Autor: Ernst Gehrt

Tab. 35.47   Profilbild und Horizontabfolge Profil 28

Profilbild	Horizontgrenze (cm)	Horizonte und ihre Eigenschaften	
	−25	**eAp** p-el(Sgf,Lg)	stark sandiger Lehm; schwarz (10YR 2/1); Krümel- und Subpolyedergefüge; schwach carbonathaltig; mittel humos; mittel durchwurzelt
	−35	**erAp** p-el(Sgf,Lg)	stark sandiger Lehm, sehr schwach grusig; schwarz (10YR 2/1); Kohärent- und Subpolyedergefüge; schwach carbonathaltig; mittel humos; mittel durchwurzelt
	−50	**IIelCv** p-zel(^mk)	schwach toniger Lehm, stark grusig; grau (10YR 5/1); extrem carbonatreich; sehr schwach humos; sehr schwach durchwurzelt
	−75	**IIclCv** p-(k)eu+ze(Lg+^mk)	schwach toniger Lehm (Mergelstein), stark grusig; weiß (10YR 8/1); Kohärent- bis Subpolyedergefüge; Carbonat
	−100	**IIIeGo** p-(k)eu+(z)el(Lg+^mk)	schwach toniger Lehm (Mergelstein), schwach grusig, schwach kiesig; weiß (10YR 8/1); Eisenoxide (schwach zeichnend, hoher Flächenanteil); Kohärent- bis Subpolyedergefüge; extrem carbonatreich
	−140	**IIIeGor** p-(k)eu+(z)el(Lg+^mk)	mittel toniger Schluff (Geschiebelehm), schwach grusig, schwach kiesig; grau (10YR 5/1); Eisenoxide (in Kryoturbationstaschen, hoher Flächenanteil) und reduziertes Eisen (überwiegender Flächenanteil); extrem carbonatreich
	−140+	**IVeGr** n-^mk	Mergelstein, in Klüften schwach toniger Lehm; sehr hellgrau (10YR 7/1); reduziertes Eisen im Gestein (kaum erkennbar, fast ausschließlicher Flächenanteil), Austritt von freiem Wasser; extrem carbonatreich

Quelle: E. Gehrt (Bild bearbeitet)

Abb. 35.33 Mergelstein-landschaft nördlich der Lössgrenze bei Sehnde (Quelle: F. Böker)

Tab. 35.48 Analysendaten Profil 28

Horizont	Tiefe (cm)	Skelett (Vol.-%)	Sand (M.-%)	Schluff (M.-%)	Ton (M.-%)	Gesamtporen (Vol.-%)	Luftkapazität (Vol.-%)	nutzbare Feldkap. (Vol.-%)	Totwasser (Vol.-%)	Lagerungsdichte (g/cm³)
eAp	−25	-	58	20	22	-	-	-	-	-
erAp	−35	-	57	21	22	-	-	-	-	-
IIelCv	−50	-	-	-	-	-	-	-	-	-
IIclCv	−75	-	-	-	-	-	-	-	-	-
IIIeGo	−100	-	-	-	-	-	-	-	-	-
IIIeGor	−140	-	18	66	16	-	-	-	-	-
IVeGr	−140+	-	-	-	-	-	-	-	-	-

Horizont	Tiefe (cm)	CaCO₃ (M.-%)	C_org (M.-%)	N_t (M.-%)	C/N	pH H₂O	pH CaCl₂	KAK_pot (cmol_c/kg)	BS (%)	K₂O-DL (mg/100g)	P₂O₅-DL (mg/100g)
eAp	−25	2	1,4	0,1	9	-	7,2	20,2	99	5	-
erAp	−35	3	1,2	0,1	8	-	7,1	20,0	99	5	-
IIelCv	−50	58	0,1	-	-	-	7,4	15,7	99	2	-
IIclCv	−75	78	-	-	-	-	7,5	9,3	99	2	-
IIIeGo	−100	71	-	-	-	-	7,5	14,1	99	2	-
IIIeGor	−140	-	-	-	-	-	7,4	16,5	99	3	-
IVeGr	−140+	71	-	-	-	-	7,5	13,7	99	3	-

(Quelle: Landesamt für Bergbau, Energie und Geologie, Hannover)
(* = abgeleiteter Analysenwert)

Vorkommen und Ausgangsgesteine

Die Pararendzinen mit Grundwassereinfluss finden sich bevorzugt in Tiefenbereichen nördlich der Lössgrenze mit flach ausstreichenden Carbonatgesteinen (hier Mergel der Oberkreide). Sie haben in der Regel eine tiefe periglaziale Überprägung (Kryoturbationstaschen, glaziale Sedimente). Geschiebelehm (Probe zw. 100–110 cm) und Schmelzwassersand sind in der Auftauzone kryogen mit den Carbonatgesteinen vermengt.

Bodenprozesse und -eigenschaften

Die Böden haben eine deutliche Humusanreicherung im Oberboden. Die Gleymerkmale sind in den Mergeln nur undeutlich erkennbar und nicht gut von geogenen Eisenmerkmalen zu unterscheiden. In den Kryoturbationstaschen mit sekundärcarbonatangereichertem Geschiebelehm sind die Oxidationsmerkmale aber deutlich erkennbar. In Gruben ist ein freier Wasseraustritt im Gr-Horizont zu beobachten.

Nutzung und Vegetation

Die Standorte befinden sich überwiegend in ackerbaulicher Nutzung. Örtlich, bevorzugt bei stärkerer Vernässung, finden sich auch kleine Gehölzbestände und Grünland. In diesen nassen Bereichen gibt es Übergänge zu kalkreichen Niedermooren.

Gefährdung

Die Gley-Pararendzina ist ein seltener Boden. Die kleinen Vorkommen in den Tiefenbereichen sind durch Grundwasserabsenkungen, Siedlungsbau und Mergelsteinabbau gefährdet.

Literatur

Blaser, P., Zimmermann, S., Luster, J., Walthert, L., Lüscher, P. (2005): Waldböden der Schweiz. Band 2. Regionen Alpen und Alpensüdseite. Birmensdorf, Eidgenössische Forschungsanstalt Wald, Schnee und Landschaft (WSL), Bern, Hep Verlag, 920 S

Nestroy, O., Aust, G., Blum, W.E.H., Englisch, M., Hager, H., Herzberger, E., Kilian, W., Nelhiebel, P., Ortner, G., Pecina, E., Pehamberger, A., Schneider, W., Wagner, J. (2011): Systematische Gliederung der Böden Österreichs – Österreichische Bodensystematik 2000 in der revidierten Fassung von 2011. Mitteilungen der Österreichischen Bodenkundlichen Gesellschaft, Wien

Reisigl, H. & Keller, R. (1987): Alpenpflanzen im Lebensraum. Gustav Fischer Verlag, Stuttgart – New York

Klasse T: Schwarzerden

36

Ernst Gehrt, Peter Schad, Andreas Lehmann,
Wolfgang Brandtner, Karl Stahr, Othmar Nestroy
und Wolfgang Kainz

Inhaltsverzeichnis

E. Gehrt (✉)
ehemals Landesamt für Bergbau, Energie und Geologie,
Hannover, Deutschland

P. Schad
Technische Universität München, TUM School of Life Sciences,
Lehrstuhl für Bodenkunde, Freising-Weihenstephan, Deutschland

A. Lehmann
ehemals Universität Hohenheim, Hohenheim, Deutschland

W. Brandtner
ehemals Thüringer Landesamt für Umwelt, Bergbau und
Naturschutz, Weimar, Deutschland

K. Stahr
ehemals Universität Hohenheim, Hohenheim, Deutschland

O. Nestroy
ehemals Technische Universität Graz, Graz, Österreich

W. Kainz
ehemals Landesamt für Geologie und Bergwesen,
Halle, Deutschland

36.1   Allgemeine Charakteristika

Die Klasse der Schwarzerden umfasst Böden mit >4 dm mächtigen, stark mit Poren und Wühlgängen durchsetzten schwarzen Axh-Horizonten (Chromawerte <3,5 und Valuewerte <4). Mehr als 70 cm mächtige humose Horizonte sind ein Indiz für einen kolluvialen Auftrag. Der Name des Bodentyps Tschernosem (englische Schreibweise Chernozem) kommt aus dem Russischen: tschern = schwarz und semlja = Erde. In der internationalen Klassifizierung (WRB) sind die Chernozeme stärker über ihre tiefdunkle Farbe, als die Mächtigkeit des Axh-Horizontes definiert. Der Kohlenstoff von Schwarzerden besteht zum Teil aus Black Carbon und weist nach C14- Datierungen mit 3000 bis 7000 Jahre vor heute sehr hohes Alter auf. Schwarzerden sind demnach reliktische Bildungen. Im Regelfall sind sie an kalkhaltige Lösse oder Lössderivate gebunden. In Nordostdeutschland und Polen finden sie sich allerdings auch auf Geschiebemergeln. Heute kommen Schwarzerden in Gebieten mit ausgeglichener oder negativer klimatischer Wasserbilanz vor

© Springer-Verlag GmbH Deutschland, ein Teil von Springer Nature 2023
H. Joisten et al. (Hrsg.), *Böden Deutschlands, Österreichs und der Schweiz*, https://doi.org/10.1007/978-3-8274-2284-2_36

oder dort, wo Stau- oder Grundwasser vertikale Stoffverlagerungen verhindern.

36.2   Verbreitungsgebiete

In jüngerer Zeit wurden die Schwarzerden im Ostseeraum
(Poel, Fehmarn, Vordingborg, Dänemark) genauer untersucht. Auch diese zeichnen sich durch erhöhte Gehalte an
pyrogenem Kohlenstoff aus. Sie sind allerdings mit Altern
von 1000 bis 2000 Jahren vor heute deutlich jünger
(Schmidt et al. 1999; Albrecht und Kühn 2003; Leinweber

et al. 2013). Neben den typischen Schwarzerden kommen
graue Varianten der Schwarzerden („Rheintal-Tschernosem"
nach Zakosek (1962, 1991), Grauerden (Gehrt 2000) vor,
die mit der jetzigen Definition nicht erfasst werden. Diese
grauen Varianten finden sich auch in den großen ost-
europäischen Schwarzerdegebieten und den nord-
amerikanischen Prärien. Sie enthalten keine nennenswerten
Anteile an pyrogenem Kohlenstoff und sind ebenfalls jüngerer Genese. Typische Bilder der Böden und Landschaften
dieser Bodenklasse zeigen Abb. 36.1, 36.2 und 36.3. Die
Abb. 36.4 zeigt die regionale Verbreitung der Klasse der
Schwarzerden.

Abb. 36.1 Parabraunerde-
Tschernoseme, Randbereich
Altenburger Land auf
sächsischer Seite (Quelle:
R. Sinapius)

Abb. 36.2 Querfurter Platte,
eines der größten Löss-
Schwarzerdegebiete Sachsen,
geprägt durch intensiv
betriebene Landwirtschaft
(Quelle: R. Jahn)

Abb. 36.3
Schwarzerdegebiet der
Hildesheimer Börde. Im
Hintergrund die Abraumhalde
des Kaliwerkes Giesen bei
Barnten, Gemeinde
Nordstremmen/Niedersachsen
(Quelle: E. Gehrt)

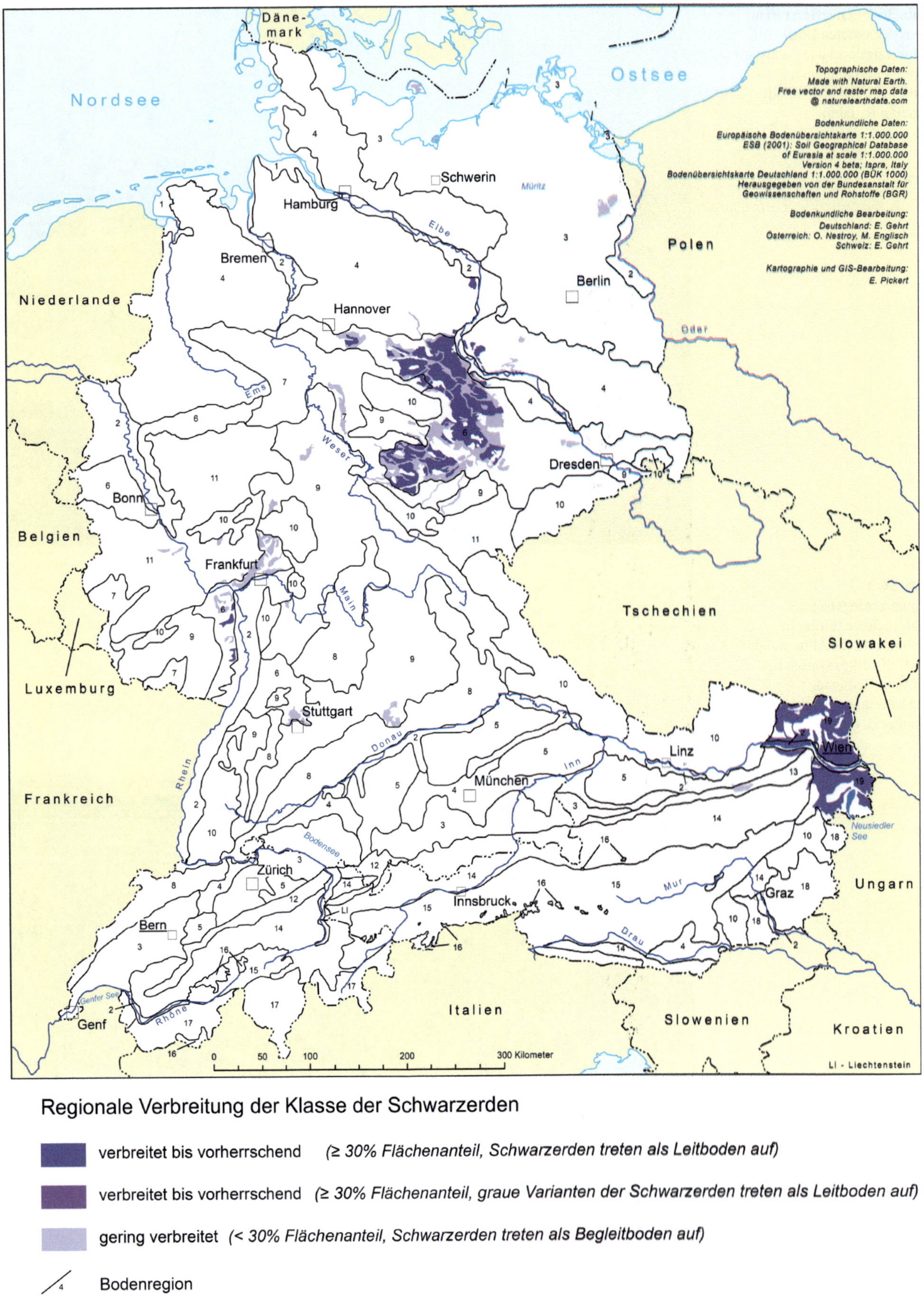

Regionale Verbreitung der Klasse der Schwarzerden

verbreitet bis vorherrschend (≥ 30% Flächenanteil, Schwarzerden treten als Leitboden auf)

verbreitet bis vorherrschend (≥ 30% Flächenanteil, graue Varianten der Schwarzerden treten als Leitboden auf)

gering verbreitet (< 30% Flächenanteil, Schwarzerden treten als Begleitboden auf)

Bodenregion

Abb. 36.4 Regionale Verbreitung der Klasse der Schwarzerden

36.3 Gliederung, Eigenschaften und Genese

Nach der klassischen Lehrmeinung wird die Entstehung der Schwarzerden aus der räumlichen Bindung an die kontinentalen Steppen abgeleitet. Danach bildet sich bei günstigen Feuchtigkeits- und Temperaturbedingungen im Frühjahr eine üppige Steppenvegetation, die viel organisches Material für die Humusbildung liefert. Im trockenen, warmen Sommer geht die Produktion organischer Substanz zurück, gleichzeitig soll die Mineralisierung des Humus durch die Trockenheit gehemmt sein. Dem feuchten Herbst folgt ein langer, kalter Winter, in dem die Umsetzung der organischen Substanz ruht. Das hohe C14-Alter von Schwarzerden und die mit 30 bis 100 Jahren kurze, hohe Umsatzrate der organischen Substanz in der Steppe sprechen allerdings gegen diese Bildungstheorie. Die heutige Bindung der Schwarzerden an die Trockengebiete zeigt vielmehr die Erhaltungsbedingungen. Die primäre Verbreitung schließt wesentlich feuchtere und trockenere Gebiete ein, in denen sich heute Degradationsformen (z. B. Tschernosem-Parabraunerden) finden. Die Anreicherung von Sekundärcarbonat in Form von Pseudomycelien ist ein Merkmal der Überprägung bei negativer Wasserbilanz und leitet zu Solonetzen über.

Nach heutigem Kenntnisstand sind Schwarzerden schwarz, da sie deutliche Anteile (10–40 % der organischen Substanz) an pyrogenem Kohlenstoff enthalten. Dieser entsteht bei unvollständiger Verbrennung oder Verschwelung und wird auch als „black carbon" bezeichnet. In Mitteleuropa ist eine enge Beziehung zu den neolithischen Siedlungskammern vorhanden, in denen eine Brandkultur als Quelle für pyrogenen Kohlenstoff als wahrscheinlich anzunehmen ist. Dies harmoniert mit den hohen Altern des Kohlenstoffs.

Die Schwarzerden im Ostseeraum belegen, dass die Bildung nicht an Steppen gebunden ist, sondern auch anthropogene Einflüsse die Schwarzerdebildung auslösen. In Poel wurden zudem Bestandteile der Seealgen in den Schwarzerden nachgewiesen (Acksel et al. 2016a, 2017b).

Die intensive Wühltätigkeit von Bodentieren, wie z. B. Steppenkleinsäugern und Regenwürmern (Bioturbation) ist ein deutliches Profilmerkmal der Schwarzerden, kann aber nicht als ursächlich für die Schwarzerde oder die Färbung gesehen werden, da die Bioturbation auch bei anderen Böden, wie den „Grauerden" oder „Eschen", vorliegt.

Die Kombination der guten Gefügeeigenschaften mit guter Wasser- und Nährstoffverfügbarkeit machen die Schwarzerden im Grundsatz zu einem leistungsfähigen Boden, der intensiv ackerbaulich genutzt wird. Im Löss sind die Axh-Horizonte mit ca. 25 bis 30 % Tongehalt aufgrund einer stärkeren Verwitterung tonreicher als die darunter folgenden Horizonte. Die erhöhten Tongehalte wirken sich bei intensiver Belastung durch eine Bodenverdichtung negativ aus. So sind die Schwarzerden z. B. der Hildesheimer Börde häufig stark verdichtet. Bei erhöter Reliefenergie sind Schwarzerden stark erosionsgefährdet. Aufgrund des hohen Alters ist die Schwarzerde ein Archiv der Natur- und Kulturgeschichte. Das regional begrenzte inselförmige Vorkommen begründet die Stellung als seltener Boden.

36.4 Typen und Subtypen

Typ

- Tschernosem (TT)

Subtypen

- Normtschernosem (TTn)
- Pelosol-Tschernosem (DD-TT)
- Braunerde-Tschernosem (BB-TT)
- Parabraunerde-Tschernosem (LL-TT)
- Pseudogley-Tschernosem (SS-TT)
- Gley-Tschernosem (GG-TT)

Typ

- Kalktschernosem (TC)

Subtypen

- Normkalktschernosem (TCn)
- Pelosol-Kalktschernosem (DD-TC)
- Braunerde-Kalktschernosem (BB-TC)
- Parabraunerde-Kalktschernosem (LL-TC)
- Gley-Kalktschernosem (GG-TC)

36.5 Klassifikation nach WRB

Peter Schad

Nach der WRB sind die in Deutschland verbreiteten Schwarzerden überwiegend dem Phaeozem zuzuordnen. Nur wenn sie sekundäres Carbonat aufweisen, sind sie als Chernozem (vereinzelt als als Kastanozem) einzustufen. Für die Schwarzerden nach KA5 wird eine größere Mächtigkeit des Axh-Horizonts verlangt als für die entsprechenden Böden der WRB. Somit gehören zu den Phaeozems, Chernozems und Kastanozems nicht nur Schwarzerden, sondern auch andere Böden, wie z. B. manche Rendzinen oder einige humusreiche Braunerden.

36.6 Ausgewählte Bodenprofile

Profil 29: Subtyp Normtschernosem (TTn)

- Bodenausgangsgestein: Löss
- Varietät: (Mull)Tschernosem (muTTn)
- Typ: Tschernosem
- Klasse: Schwarzerden
- Substrattyp: p-u(Lo)/a-eu(Lo)
- WRB: Haplic Chernozem (Endoraptic, Pantosiltic)
- Bodenregion: Mittel- und süddeutsche Löss- und Sand-lösslandschaften
- Ort: Versuchsstation des Umweltforschungszentrums Leipzig-Halle (UFZ) in Bad Lauchstädt, Saalekreis, Sachsen-Anhalt
- Profilbild und Horizontabfolge: siehe Tab. 36.1
- Bodenlandschaftsbild: siehe Abb. 36.5
- Analysendaten: siehe Tab. 36.2
- Autor: Andreas Lehmann, Ines Merbach

Vorkommen und Ausgangsgesteine

In Deutschland sind Normtschernoseme als Relikte trockenerer Klimaperioden vor allem in den Trockengebieten im Raum Erfurt-Halle-Magdeburg und um Hildesheim ver-

breitet. In Österreich treten sie im Weinviertel und im nördlichen Burgenland konzentriert auf. Tschernoseme entwickeln sich aus carbonatreichem Lockersediment (z. B. Löss).

Bodenprozesse und –eigenschaften

Normtschernoseme sind durch einen sehr mächtigen und stark humosen Oberboden gekennzeichnet, der sich im Wesentlichen durch das Wühlen und Mischen durch Regenwürmer sowie Hamster und Ziesel (Bioturbation) bildet. Wühlgänge (Krotowinen) und Wohnhöhlen der bodenbewohnenden Wirbeltiere sind klar erkennbar, wenn sie im dunklen Oberboden mit hellem Unterbodenmaterial gefüllt sind und im Unterboden dunkles Oberbodenmaterial enthalten. Normtschernoseme entwickeln sich unter Bedingungen mit Grasvegetation bei intensiver Biomasseproduktion im Frühjahr und Vertrocknen der Gräser im trocken-heißen Spätsommer. Das organische Material wird aufgrund der Trockenheit nicht vollständig zersetzt; es wird durch Regenwürmer und Kleinsäuger tief in den Boden eingearbeitet. Auch in kalten Wintern ist die biologische Aktivität stark reduziert. Der Humus kann auch teilweise aus verkohlten Partikeln aus Bränden bestehen. Die Gründe für die hohe Fruchtbarkeit der Tschernoseme sind neben der Hu-

Tab. 36.1 Profilbild und Horizontabfolge Profil 29

Profilbild	Horizontgrenze (cm)	Horizonte und ihre Eigenschaften	
	−8	rAxp°Axh p-u(Lo)	stark toniger Schluff, sehr schwach grusig; bräunlichschwarz (7,5YR 2,5/1); Krümelgefüge; carbonatarm; mittel humos; stark durchwurzelt
	−30	rAxp p-u(Lo)	stark toniger Schluff, sehr schwach grusig; bräunlichschwarz (7,5YR 2,5/2); Krümelgefüge; carbonatarm; mittel humos; stark durchwurzelt
	−45	Axh p-u(Lo)	stark toniger Schluff; bräunlichschwarz (7,5YR 2,5/2); Krotowinen; Subpolyedergefüge; carbonatarm; mittel humos; stark durchwurzelt
	−55	elCv+Axh p-eu(Lo)	stark toniger Schluff; dunkelbraungrau (7,5YR 4/2); Krotowinen; Subpolyedergefüge; stark carbonathaltig; schwach humos; mittel durchwurzelt
	−125+	IIelCkc a-eu(Lo)	mittel toniger Schluff; gelblichbraun (10YR 5/6); Kalk-Pseudomycel, Kalkkonkretionen und Lösskindel; Subpolyedergefüge; carbonatreich; sehr schwach humos; schwach durchwurzelt

Quelle: Umweltforschungszentrum Halle-Leipzig (Bild bearbeitet)

Abb. 36.5
Zuckerrübenanbau auf einer
Schwarzerde im
Ballungsraum Leipzig-Halle
(Quelle: I. Merbach)

Tab. 36.2 Analysendaten Profil 29

Horizont	Tiefe (cm)	Skelett (Vol.-%)	Sand (M.-%)	Schluff (M.-%)	Ton (M.-%)	Gesamtporen (Vol.-%)	Luftkapazität (Vol.-%)	nutzbare Feldkap. (Vol.-%)	Totwasser (Vol.-%)	Lagerungsdichte (g/cm^3)
rAxp°Axh	−8	0	-	-	-	-	-	-	-	-
rAxp	−30	0	11	68	21	46	8	23	16	1,40
Axh	−45	0	9	70	21	48	9	23	15	1,38
elCv+Axh	−55	0	10	71	19	51	13	23	15	1,31
IIelCkc	−125+	0	11	77	12	47	9	29	10	1,42

Horizont	Tiefe (cm)	CaCO$_3$ (M.-%)	C$_{org}$ (M.-%)	N$_t$ (M.-%)	C/N	pH H$_2$O	pH CaCl$_2$	KAK$_{pot}$ (cmol$_c$/kg)	BS (%)	K$_2$O-DL (mg/100 g)	P$_2$O$_5$-DL (mg/100 g)
rAxp°Axh	−8	-	-	-	-	-	-	-	-	-	-
rAxp	−30	1	2,1	0,18	11	7,9	7,5	24,4	100	102	64,5
Axh	−45	1	1,1	0,11	10	8,2	7,7	19,4	100	57	15,2
elCv+Axh	−55	8	0,6	0,07	9	8,3	7,9	13,6	100	35	3,4
IIelCkc	−125+	13	0,1	0,03	4	8,4	8,0	7,3	100	35	2,6

(Quelle: Umweltforschungszentrum Leipzig-Halle)
(* = abgeleiteter Analysenwert)

musanreicherung das nährstoffreiche und gut durchwurzelbare Ausgangsmaterial Löss, das zudem eine hohe nutzbare Feldkapazität aufweist. Fruchtbarkeitsbegünstigend sind auch die in Trockengebieten sehr geringen Auswaschungsverluste.

Nutzung und Vegetation

Der hier gezeigte Normtschernosem ist seit 15 Jahren mit Gras bewachsen, das nicht gedüngt wird. Die Flächenanteile von Schwarzerden sind vergleichsweise klein (global und in Deutschland etwa 2 %). Da sie jedoch wichtige Weizenböden sind, ist ihre Bedeutung für die Welternährung sehr

hoch. Bereits in der Jungsteinzeit wurden Schwarzerden von den ersten Siedlern bevorzugt genutzt.

Gefährdung

Wie alle Böden aus Löss, sind auch Schwarzerden stark erosionsgefährdet. Schwarzerden sind zudem deshalb gefährdet, weil sie häufig im Bereich früher Siedlungskerne liegen, wo dann aufgrund der hohen Bodenfruchtbarkeit die weitere Siedlungsentwicklung begünstigt war und sich heute Ballungszentren ausgebildet haben. Dadurch sind diese sehr fruchtbaren Böden vielfach am stärksten von der Vernichtung durch Baumaßnahmen bedroht.

Profil 30: Subtyp Braunerde-Tschernosem (BB-TT)

- Bodenausgangsgestein: Fließerde aus sauren Vulkaniten und Lösslehm über Geschiebemergel
- Varietät: basenreicher (Acker)Braunerde-Tschernosem (eu.vBB-TT)
- Typ: Tschernosem
- Klasse: Schwarzerden
- Substrattyp: p-(k)t(+Va,Lol))/g-(k)el(Mg)
- WRB: Haplic Chernozem (Aric, Loamic, Pachic, Endoraptic)
- Bodenregion: Mittel- und süddeutsche Löss- und Sandlösslandschaften
- Ort: Kerspleben, Stadt Erfurt, Thüringen
- Profilbild und Horizontabfolge: siehe Tab. 36.3
- Bodenlandschaftsbilder: siehe Abb. 36.6 und 36.7
- Analysendaten: siehe Tab. 36.4
- Autor: Wolfgang Brandtner, Klaus Hohenvehlmann †

Vorkommen und Ausgangsgesteine

Braunerde-Tschernoseme kommen verbreitet in den Börden und Beckenlandschaften des mitteldeutschen Trockengebietes vor. Bodenbildende Ausgangsgesteine sind periglaziäre Lagen aus Lockergesteinen wie Löss, Sandlöss und Geschiebemergel über periglaziären Fließerden anderer Gesteine oder Festgestein im Liegenden. Braunerde-Tschernoseme sind mit Tschernosemen, Pararendzinen und humusreichen Kolluvisolen vergesellschaftet anzutreffen.

Bodenprozesse und –eigenschaften

Der Braunerde-Tschernosem ist ein Übergangssubtyp des Tschernosems, d. h. ein Degradationsstadium des Tschernosems mit Merkmalen der Braunerde. Es dominieren nach wie vor die Merkmale des Tschernosems. In Folge des Humusabbaus kommt es zur Krumendegradation im Oberboden, die an der Aufhellung des Axp/Axh-Horizontes erkennbar ist. Die fortschreitende Entkalkung und die damit einhergehende schwache Versauerung führen zur Ver-

Tab. 36.3 Profilbild und Horizontabfolge Profil 30

Profilbild	Horizontgrenze (cm)	Horizonte und ihre Eigenschaften	
	−30	**Axp** p-(k)l(+Va,Lol)	schwach toniger Lehm, schwach kiesig; sehr dunkelbraungrau (7,5YR 3/2); Bröckelgefüge; stark humos
	−55	**Axh** p-(k)t(+Va,Lol)	mittel toniger Lehm, schwach kiesig; sehr dunkelbräunlichgrau (7,5YR 3/1); Subpolyedergefüge; mittel humos
	−65	**Bv-Axh** p-(k)t(+Va,Lol)	mittel toniger Lehm, schwach kiesig; sehr dunkelrotbräunlichgrau (5YR 3/2); Subpolyedergefüge; schwach humos
	−90+	**IIelCc** g-(k)el(Mg)	mittel sandiger Lehm, mittel kiesig bis grusig; gelblichbraun, graustichig (10YR 5/4); Subpolyedergefüge; carbonatreich

Quelle: Thüringer Landesanstalt für Umwelt und Geologie, K. Hohnvehlmann† (Bild bearbeitet)

Abb. 36.6 Lösslandschaft im Thüringer Becken (Quelle: Thüringer Landesanstalt für Umwelt und Geologie, W. Brandtner)

Abb. 36.7 Rapsbestand auf Lössstandort im östlichen Thüringer Becken (Quelle: Thüringer Landesanstalt für Umwelt und Geologie, W. Brandtner)

Tab. 36.4 Analysendaten Profil 30

Horizont	Tiefe (cm)	Skelett (Vol.-%)	Sand (M.-%)	Schluff (M.-%)	Ton (M.-%)	Gesamtporen (Vol.-%)	Luftkapazität (Vol.-%)	nutzbare Feldkap. (Vol.-%)	Totwasser (Vol.-%)	Lagerungsdichte (g/cm³)
Axp	–30	2	25	45	30	-	-	-	-	-
Axh	–55	3	18	45	37	-	-	-	-	-
Bv-Axh	–65	3	26	38	36	-	-	-	-	-
IIelCc	–90+	15	43	35	22	-	-	-	-	-

Horizont	Tiefe (cm)	CaCO₃ (M.-%)	C_{org} (M.-%)	N_t (M.-%)	C/N	pH H₂O	pH CaCl₂	KAK_{pot} (cmol$_c$/kg)	BS (%)	K₂O-DL (mg/100 g)	P₂O₅-DL (mg/100 g)
Axp	–30	-	3,1	0,17	-	6,9	6,3	18,7	74	-	-
Axh	–55	-	2,2	0,11	-	7,3	6,8	21,2	77	-	-
Bv-Axh	–65	-	1,1	-	-	7,8	7,3	20,5	89	-	-
IIelCc	–90+	13,0	-	-	-	8,3	7,7	12,3	100	-	-

(Quelle: Thüringer Landesanstalt für Umwelt und Geologie)
(* = abgeleiteter Analysenwert)

witterung primärer Silikate unter Entstehung von Ton-mineralen und Eisenoxidhydroxiden. Diese Prozesse er-fassen zunächst den A-Horizont, später auch den oberen C-Horizont. In Folge dessen entsteht ein carbonatfreier, ver-lehmter, brauner Bv-Axh- oder Bv-Axh+Bv-Horizont mit einem meist subpolyedrischen Gefüge über einem elC(c)-Ho-rizont.

Nutzung und Vegetation

Braunerde-Tschernoseme werden fast ausschließlich acker-baulich genutzt. Braunerde-Tschernoseme verfügen über ein hohes Ertragspotenzial. Sie besitzen eine hohe Wasser-speicherfähigkeit, sind gut durchwurzelbar und ausreichend belüftet. Sie eignen sich sowohl für den Getreide- und Hack-fruchtanbau als auch für die Gemüseproduktion.

Gefährdung

Der Humusabbau und die dadurch geringer werdende Aggregatstabilität erhöhen die Verschlämmungs- und Ver-dichtungsneigung. Die Durchwurzelbarkeit kann durch eine Krumenverdichtung beeinträchtigt werden. Eine Gefährdung durch Wassererosion in Hanglagen ist bei wenig boden-schonender Nutzung vorhanden.

Profil 31: Subtyp Pseudogley-Tschernosem (SS-TT)

- Bodenausgangsgestein: Löss
- Varietät: basenreicher (Acker)Pseudogley-Tschernosem (eu.vSS-TT)

- Typ: Tschernosem
- Klasse: Schwarzerden
- Substrattyp: a-u(Lo)/a-eu(Lo)
- WRB: Haplic Chernozem (Aric, Pachic, Pantosiltic, En-dostagnic)
- Bodenregion: Mittel- und süddeutsche Löss- und Sand-lösslandschaften
- Ort: Harsum, Lkr. Hildesheim, Niedersachsen
- Profilbild und Horizontabfolge: siehe Tab. 36.5
- Bodenlandschaftsbild: siehe Abb. 36.8
- Analysendaten: siehe Tab. 36.6
- Autor: Ernst Gehrt

Vorkommen und Ausgangsgesteine

Das Vorkommen der Pseudogley-Tschernoseme ist an die Lössgebiete der Hildesheimer und Warburger Börde, des Leinegrabens und des hessischen Lössbeckens sowie einiger anderer Gebiete mit Niederschlägen von 650 bis 750 mm pro Jahr und mit neolithischer Besiedlung gebunden. In Ge-bieten ohne neolithische Siedlungen fehlen die Schwarz-erden.

Bodenprozesse und –eigenschaften

Die spätweichselzeitlichen Lösse weisen auch in der Börde analytisch nachweisebare Schichtungen auf. Unter einem etwas grobkörnigeren Löss bis 5 dm folgt ein fein-körniger Löss bis 8 dm über weiteren Lössschichten dar-unter. Die Bioturbation führt nur örtlich zur Homo-genisierung dieser Schichtung. Die Lössschichten sind im Regelfall in den oberen 4–6 dm kalkfrei bzw. entkalkt. Sekundäre Kalkanreicherungen (Konkretionen, Löss-

Tab. 36.5 Profilbild und Horizontabfolge Profil 31

Profilbild	Horizontgrenze (cm)	Horizonte und ihre Eigenschaften	
	−30	**Axp** a-u(Lo)	stark toniger Schluff; sehr dunkelgelblichbraungrau (10YR 3/2); Krümelgefüge; sehr carbonatarm; stark humos; mittel durchwurzelt
	−45	**Axh1** a-u(Lo)	stark toniger Schluff; sehr dunkelgelblichbraungrau (10YR 3/2); Krümel- und Subpolyedergefüge; sehr carbonatarm; mittel humos; mittel durchwurzelt
	−60	**Axh2** a-u(Lo)	stark toniger Schluff; schwarz (10YR 2/2); Krümel- und Subpolyedergefüge, Krotowinen, Grabgänge; mittel humos; mittel durchwurzelt
	−70	**Axh-elCc** a-eu(Lo)	stark toniger Schluff; bräunlichgrau, sehr hellolivstichig (2,5Y 7/2); Kalkkonkretionen (Lösskindel); Eisenoxide (fleckig, sehr geringer Flächenanteil); Krümel- und Subpolyedergefüge; mittel carbonathaltig; sehr schwach humos; schwach durchwurzelt
	−100	**elCc-Sw** a-eu(Lo)	mittel toniger Schluff; bräunlichgrau, hellolivstichig (2,5Y 6/2); wenige Kalkkonkretionen; Eisenoxide (fleckig und an Wurzelbahnen, hoher Flächenanteil) und Bleichflecken (hoher Flächenanteil); Kohärentgefüge; mittel carbonathaltig; sehr schwach humos; sehr schwach durchwurzelt
	−120	**elCv-Sw** a-eu(Lo)	mittel toniger Schluff; bräunlichgrau, hellolivstichig (2,5Y 6/2); Eisenoxide (fleckig und an Wurzelbahnen, sehr hoher Flächenanteil) und Bleichflecken (hoher Flächenanteil); Kohärentgefüge; schwach carbonathaltig; sehr schwach humos
	−160+	**IIeSwd** p-(k)es(Sgf,Lg)	lehmiger Sand, schwach kiesig und grusig; bräunlichgrau, sehr hellolivstichig (2,5Y 7/2); Eisenoxide (fleckig, extrem hoher Flächenanteil) und Bleichflecken (hoher Flächenanteil); Kohärentgefüge; mittel carbonathaltig

Quelle: E. Gehrt (Bild bearbeitet)

Abb. 36.8
Zuckerrübenanbau in der Hildesheimer Börde bei Giesen (Quelle: E. Gehrt)

Tab. 36.6 Analysendaten Profil 31

Horizont	Tiefe (cm)	Skelett (Vol.-%)	Sand (M.-%)	Schluff (M.-%)	Ton (M.-%)	Gesamtporen (Vol.-%)	Luftkapazität (Vol.-%)	nutzbare Feldkap. (Vol.-%)	Totwasser (Vol.-%)	Lagerungsdichte (g/cm³)
Axp	−30	0	4	75	21	-	-	-	-	-
Axh1	−45	0	2	76	22	52	-	-	13	-
Axh2	−60	0	2	74	24	53	-	-	18	-
Axh-elCc	−70	0	2	80	18	-	-	-	-	-
elCc-Sw	−100	0	2	84	14	45	-	-	14	-
elCv-Sw	−120	0	2	86	12	-	-	-	-	-
IIeSwd	−160+	-	-	-	-	-	-	-	-	-

Horizont	Tiefe (cm)	CaCO₃ (M.-%)	C_org (M.-%)	N_t (M.-%)	C/N	pH H₂O	pH CaCl₂	KAK_pot (cmol_c/kg)	BS (%)	K₂O-DL (mg/100 g)	P₂O₅-DL (mg/100 g)
Axp	−30	0,2	2,1	0,21	10,6	-	7,4	25,4	99	10	-
Axh1	−45	0,1	1,8	0,18	10,8	-	7,5	25,3	97	5	-
Axh2	−60	-	1,1	0,11	12,3	-	7,6	22,3	96	2	-
Axh-elCc	−70	0,5	0,4	-	-	-	7,7	13,0	100	2	-
elCc-Sw	−100	3,8	0,3	-	-	-	7,8	11,8	100	2	-
elCv-Sw	−120	2,9	0,2	-	-	-	7,8	10,8	100	1	-
IIeSwd	−160+	-	-	-	-	-	-	-	-	-	-

Horizont	Tiefe (cm)	Fe_d (M.-%)	Fe_o (M.-%)	Fe_o/Fe_d
Axp	−30	0.44	0,2	0,46
Axh1	−45	0,47	0,21	0,45
Axh2	−60	0,64	0,19	0,3
Axh-elCc	−70	0,71	0,08	0,11
elCc-Sw	−100	0,69	0,08	0,11
elCv-Sw	−120	0,69	0,08	0,11
IIeSwd	−160+	-	-	-

(Quelle: Landesamt für Bergbau, Energie und Geologie, Hannover)
(* = abgeleiteter Analysenwert)

kindel) in 6–7 dm Tiefe markieren die Grenze, an der das Stauwasser eine tiefere Entkalkung verhindert. Die Eisenfleckung ab 6 dm zeigt diesen Stauwassereinfluss an. Eine Besonderheit sind konkretionäre, röhrenförmige Eisenausfällungen. Diese sind wohl Relikte kaltzeitlicher Böden. Die deutlich erkennbare Bioturbation hat die primäre Schichtung nicht vollständig aufgehoben. Der untere Axh-Horizont liegt in der feinkörnigeren zweiten Schicht und ist deutlich schwärzer. Typisch für die Schwarzerden sind erhöhte Gehalte an „Black Carbon" (10 bis 40 % des Kohlenstoffs). Diese sind insbesondere im zweiten Axh-Horizont nachzuweisen. Die C/N Verhältnisse von 12–15 deuten auf einen höheren Anteil inaktiven Kohlenstoffs. Als Quelle für das „Black Carbon" ist die neolithische Brandkultur in Diskussion. In den Tschernosemgebieten finden sich regelmäßig und mit hoher Dichte Siedlungsgruben mit Holzkohle. Die Tschernoseme sind sehr gute Ackerböden mit über 90 Bodenpunkten. Aufgrund des hohen landwirtschaftlichen Ertragspotentials haben sie eine hohe Wertigkeit für die Produktion von Lebensmitteln.

Nutzung und Vegetation

In der Hildesheimer Börde wurden die Pseudogley-Schwarzerden bis 1950 in größeren Anteilen als Grünland genutzt. Heute sind sie vorwiegend in ackerbaulicher Nutzung. Im Regelfall sind diese Böden heute zur Sicherung der Ertragssicherheit in feuchten Jahren drainiert.

Gefährdung

Das hohe Ertragspotential begründet den Wert für die landwirtschaftliche Nutzung. Diese steht in Konkurrenz zu anderen Nutzungen wie Wohnbebauung, Gewerbegebieten und Verkehrsflächen. Die Böden neigen aufgrund der relativ hohen Tongehalte zur Verdichtung. In Gebieten mit höherer Reliefenergie neigen sie zur Bodenerosion. Eine Minimalbodenbearbeitung, Zwischenfruchtbau und/oder Mulchsaat schützen diese Böden vor diesen Gefährdungen. Das hohe Ertragspotential und die Funktion als Archiv für die Natur- und Kulturgeschichte rechtfertigen die Ausweisung der Hildesheimer Schwarzerde am Standort Asel als bodenkundliches Naturdenkmal, das bisher in Niedersachsen nur für diesen Standort vergeben wurde.

Profil 32: Subtyp Gley-Tschernosem (GG-TT)

- Bodenausgangsgestein: Löss
- Varietät: basenreicher (Acker)Gley-Tschernosem (eu. vGG-TT)
- Typ: Tschernosem
- Klasse: Schwarzerden
- Substrattyp: a-t(Lo)/a-et(Lo)
- WRB: Endogleyic Chernozem (Aric, Pantoloamic, Pachic, Endoraptic)
- Bodenregion: Mittel- und süddeutsche Löss- und Sandlösslandschaften

- Ort: Harsum, Lkr. Hildesheim, Niedersachsen
- Profilbild und Horizontabfolge: siehe Tab. 36.7
- Dünnschliffbild: siehe Abb. 36.9
- Analysendaten: siehe Tab. 36.8
- Autor: Ernst Gehrt

Vorkommen und Ausgangsgesteine

Gley-Tschernoseme sind in den Lössbecken und -börden (z. B. Hildesheimer und Warburger Börde, Leinegraben und hessisches Lössbecken) mit neolithischer Besiedlung verbreitet. In Gebieten ohne neolithische Siedlungen fehlen die Schwarzerden auf Lössen.

Tab. 36.7 Profilbild und Horizontabfolge Profil 32

Profilbild	Horizontgrenze (cm)	Horizonte und ihre Eigenschaften	
	−30	**Axp** a-t(Lo)	stark schluffiger Ton; sehr dunkelgrau (10YR 3/1); Krümel- und Subpolyedergefüge; sehr carbonatarm; mittel humos; mittel durchwurzelt
	−45	**Axh** a-t(Lo)	stark schluffiger Ton; sehr dunkelgrau (10YR 3/1); Subpolyedergefüge; sehr carbonatarm; mittel humos; schwach durchwurzelt
	−70	**Go-Axh** a-t(Lo)	stark schluffiger Ton; schwarz (10YR 2/1); Eisenoxide (fleckig, sehr geringer Flächenanteil); Kohärent- und Subpolyedergefüge; sehr carbonatarm; mittel humos; schwach durchwurzelt
	−90	**eGco** a-et(Lo)	stark schluffiger Ton; gelblichbraun, graustichig (10YR 5/4); Lösskindel; Eisenoxide (fleckig, hoher Flächenanteil); Kohärentgefüge; carbonatreich; sehr schwach humos; sehr schwach durchwurzelt
	−200+	**IIeGo** p-et(Lo)	stark schluffiger Ton; gelblichbraun, hellgraustichig (10YR 6/4); Eisenoxide (fleckig und an Wurzelbahnen, sehr hoher Flächenanteil); Kohärentgefüge; mittel carbonathaltig

Quelle: E. Gehrt (Bild bearbeitet)

Abb. 36.9 Dünnschliff des Axh-Horizontes; Ton ist schwarz belegt; z. T. tritt Holzkohle auf (Quelle: E. Gehrt)

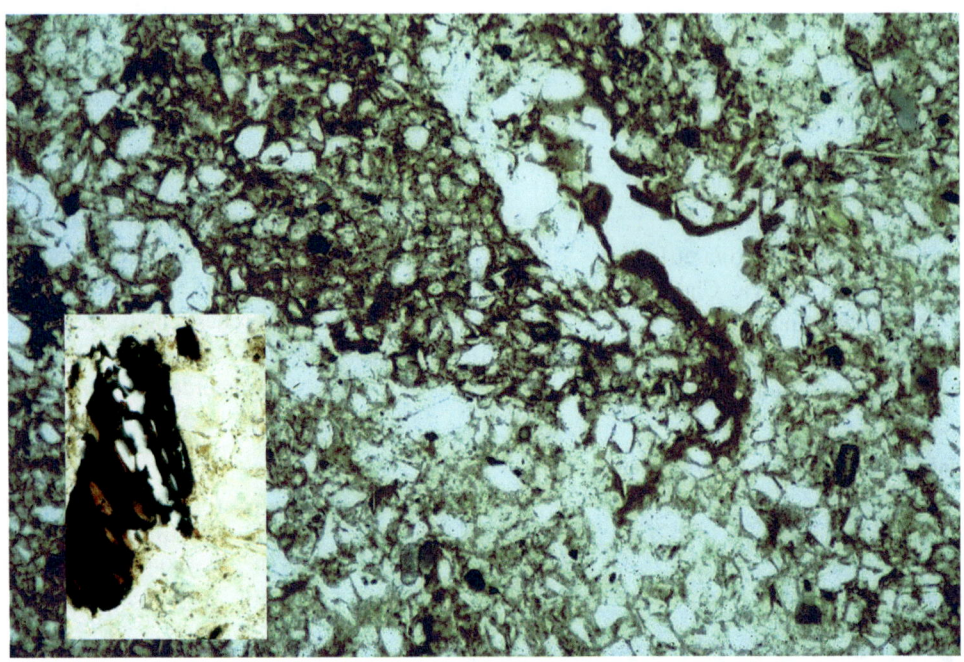

Tab. 36.8 Analysendaten Profil 32

Horizont	Tiefe (cm)	Skelett (Vol.-%)	Sand (M.-%)	Schluff (M.-%)	Ton (M.-%)	Gesamtporen (Vol.-%)	Luftkapazität (Vol.-%)	nutzbare Feldkap. (Vol.-%)	Totwasser (Vol.-%)	Lagerungsdichte (g/cm³)
Axp	−30	0	2	71	27	46	13	20	13	1,4
Axh	−45	0	3	68	29	43	11	22	10	1,5
Go-Axh	−70	0	1	69	30	46	12	22	12	1,4
eGco	−90	0	1	69	30	39	10	20	9	1,6
IIeGo	−200+	0	-	-	-	-	-	-	-	-

Horizont	Tiefe (cm)	$CaCO_3$ (M.-%)	C_{org} (M.-%)	N_t (M.-%)	C/N	pH H_2O	pH $CaCl_2$	KAK_{pot} (cmol$_c$/kg)	BS (%)	K_2O-DL (mg/100 g)	P_2O_5-DL (mg/100 g)
Axp	−30	-	1,4	-	-	-	6,8	26,5	99	4	-
Axh	−45	-	1,2	-	-	-	7,2	28,0	99	2	-
Go-Axh	−70	-	1,2	-	-	-	7,2	16,2	98	1	-
eGco	−90	10	1,0	-	-	-	7,5	16,2	97	3	-
IIeGo	−200+	-	-	-	-	-	-	-	-	-	-

(Quelle: Landesamt für Bergbau, Energie und Geologie, Hannover)
(* = abgeleiteter Analysenwert)

Bodenprozesse und –eigenschaften

Der Profilaufbau und die Genese der Gley-Tschernoseme sind denen der Pseudogley-Tschernoseme ähnlich. Die Tongehalte von 30 % sind zum großen Teil auf eine Frostverwitterung (Kryoklastik) zurückzuführen. Sekundäre Kalkanreicherungen (Konkretionen, Lösskindel) ab 7 dm Tiefe markieren die Obergrenze des Grundwasserstandes. Die Eisenausfällungen ab 7 dm markieren die grobporigen Leitbahnen (z. B. Wurzelgänge), an denen Sauerstoff in die Tiefe gelangt und zu Oxidation des Eisens führt. In der wassergefüllten Matrix des Go-Horizontes finden sich reduktive blaue Eisenformen. Konkretionäre, röhrenförmige Eisenausfällungen an Wurzelbahnen sind wohl auch hier Relikte kaltzeitlicher Böden. Typisch für die Schwarzerden sind erhöhte Gehalte an „Black Carbon" (10 bis 40 % des Kohlenstoffs). Diese sind insbesondere im deutlich schwarzen Go-Axh-Horizont nachzuweisen. Die C/N Verhältnisse von 12–15 deuten auf einen höheren Anteil inaktiven Kohlenstoffs. Nähere Angaben finden sich bei der Beschreibung des Pseudogley-Tschernosems. Die Böden zeigen eine sehr große Grundwasseramplitude, sodass der Gr-Horizont auch bis 2 m oft nicht erreicht wird.

Nutzung und Vegetation

Die ackerbauliche Nutzung dominiert auf diesen Standorten. Zur nachhaltigen ackerbaulichen Nutzung sind die Böden in der Regel drainiert und grundwasserreguliert. Mit geringem Flächenanteil kommt aber auch die Grünlandnutzung vor. Eine forstliche Nutzung fehlt weitgehend.

Gefährdung

Die Gley-Tschernoseme treten nur selten auf. Die kleinen Vorkommen sind siedlungsnah durch Baumaßnahmen gefährdet und werden oftmals gänzlich zerstört. Die Böden neigen aufgrund der relativ hohen Tongehalte zur Verdichtung. Eine Minimalbodenbearbeitung, Zwischenfruchtbau und/oder die Mulchsaat stabilisieren den Boden.

Profil 33: Subtyp Gley-Tschernosem (GG-TT)

- Bodenausgangsgestein: Schwemmlöss
- Varietät: basenreicher (Mull)Parabraunerde-Gley-Tschernosem (eu.muLL-GG-TT)
- Typ: Tschernosem
- Klasse: Schwarzerden
- Substrattyp: u-t(Lou)/u-eu(Lou)
- WRB: Luvic Endogleyic Chernic Phaeozem (Amphiloamic, Pachic, Siltic)

- Bodenregion: (Überregionale) Flusslandschaften
- Ort: Sontheim, Lkr. Heidenheim, Baden-Württemberg
- Humusform: L-Mull
- Profilbild und Horizontabfolge: siehe Tab. 36.9
- Bodenlandschaftsbilder: siehe Abb. 36.10 und 36.11
- Analysendaten: siehe Tab. 36.10
- Autor: Karl Stahr, Daniela Sauer

Vorkommen und Ausgangsgesteine

Gley-Tschernoseme kommen beispielsweise auf kalkreichen Sedimenten der Donau- und der Rheinniederung vor. Sie sind dort jeweils auf den Nieder- und Hochterrassen, meist bei Grundwasserständen von 100 bis 200 cm, zu finden. Am hier gezeigten Standort wurde durch Trinkwasserentnahme der Grundwasserspiegel jedoch verändert. Die Flusssedimente sind von Schwemmlöss bedeckt, in dem dann die Bodenentwicklung erfolgt ist.

Tab. 36.9 Profilbild und Horizontabfolge Profil 33

Profilbild	Horizontgrenze (cm)	Horizonte und ihre Eigenschaften	
	−30	rAp-Axh u-t(Lou)	stark schluffiger Ton; braunschwarz (7,5YR 2,5/2); Krümel- und Subpolyedergefüge; stark humos
	−35	Al-Axh u-t(Lou)	stark schluffiger Ton; sehr dunkelbräunlichgrau (7,5YR 3/1); Subpolyedergefüge; mittel humos
	−65	Bht-Axh u-t(Lou)	stark schluffiger Ton; bräunlichschwarz (7,5YR 2,5/1); Tonhumusbeläge; Polyeder- und Prismengefüge; mittel humos
	−100+	eGo u-eu(Lou)	stark toniger Schluff; hellgrauolivbraun (2,5Y 6/3); Eisenoxide (fleckig, diffus verteilt, sehr hoher Flächenanteil); Kohärentgefüge; stark carbonathaltig; sehr schwach humos

Quelle: O. Ehrmann (Bild bearbeitet)

Abb. 36.10 Unmittelbare Umgebung des Profils (Quelle: A. Lehmann)

Abb. 36.11 Ackernutzung im Donauried (Quelle: A. Lehmann)

Tab. 36.10 Analysendaten Profil 33

Horizont	Tiefe (cm)	Skelett (Vol.-%)	Sand (M.-%)	Schluff (M.-%)	Ton (M.-%)	Gesamtporen (Vol.-%)	Luftkapazität (Vol.-%)	nutzbare Feldkap. (Vol.-%)	Totwasser (Vol.-%)	Lagerungsdichte (g/cm³)
rAp-Axh	−30	0	2	73	25	74	27	28	19	0,86
Al-Axh	−35	0	1	71	28	62	22	19	21	1,08
Bht-Axh	−65	0	0	66	34	50	7	13	30	1,28
eGo	−100+	0	2	77	21	42	5	20	17	1,46

Horizont	Tiefe (cm)	CaCO₃ (M.-%)	Corg (M.-%)	Nt (M.-%)	C/N	pH H₂O	pH CaCl₂	KAKpot (cmolc/kg)	BS (%)	K₂O-DL (mg/100 g)	P₂O₅-DL (mg/100 g)
rAp-Axh	−30	-	4,9	0,47	10	-	5,1	29	96	-	-
Al-Axh	−35	-	2,8	0,26	11	-	5,2	27	97	-	-
Bht-Axh	−65	-	2,7	0,2	14	-	5,7	34	99	-	-
eGo	−100+	7	0,2	-	-	-	7,4	14	100	-	-

Horizont	Tiefe (cm)	K-CAL (mg/100 g)	P-CAL (mg/100 g)
rAp-Axh	−30	6	5
Al-Axh	−35	5	2
Bht-Axh	−65	7	<1
eGo	−100+	4	-

(Quelle: Institut für Bodenkunde und Standortslehre, Universität Hohenheim)
(* = abgeleiteter Analysenwert)

Bodenprozesse und –eigenschaften

Der Gley-Tschernosem vereinigt wichtige Prozesse der Tschernosem- und der Gleybildung. Zu den ersteren zählen insbesondere die Humusakkumulation und die Bioturbation. Eine Besonderheit des Gley-Tschernosems ist die tiefschwarze Farbe der Tonüberzüge im Tonanreicherungshorizont. Dies zeigt an, dass es sich hier um Ton-Humus-Beläge handelt. Aus dem humosen Al-Axh-Horizont werden also Ton und Humus gemeinsam in Form von Ton-Humus-Komplexen abwärts verlagert. Der bereits erwähnte Grundwassereinfluss im Unterboden verhindert eine tiefreichendere Entkalkung.

Nutzung und Vegetation

Aufgrund ihrer hohen Fruchtbarkeit sind Gley-Tschernoseme normalerweise ackerbaulich genutzt. Sie eignen sich sowohl für den Getreide- und Hackfruchtanbau als auch für die Gemüseproduktion. Bei dem hier vorgestellten Profil wird jedoch das Potential des ansonsten hervorragenden Standorts durch lange Winter begrenzt. Der gezeigte Boden trägt einen artenreichen Laubwald mit Esche, Ulme und Eiche.

Gefährdung

Intensive Ackernutzung von Gley-Tschernosemen kann zur Degradation des humosen Oberbodens und somit zum Verlust der Tschernosem-Eigenschaften führen. Dies geschieht, wenn stärkere Belüftung des Bodens durch die Bodenbearbeitung zum verstärkten Abbau des Humus führt.

Profil 34: Subtyp Normkalktschernosem (TCn)

- Bodenausgangsgestein: Fließerdefolge aus Kalkstein und Löss über tiefer Fließerde aus Löss
- Varietät: (Acker)Kalktschernosem (vTCn)
- Typ: Kalktschernosem
- Klasse: Schwarzerden
- Substrattyp: p-(z)et(^k,Lo)//p-et(Lo)
- WRB: Katocalcic Chernozem (Aric, Loamic, Amphiraptic)
- Bodenregion: Mittel- und süddeutsche Löss- und Sandlösslandschaften
- Ort: Dachwig, Lkr. Gotha, Thüringen
- Profilbild und Horizontabfolge: siehe Tab. 36.11
- Bodenlandschaftsbild: siehe Abb. 36.12
- Analysendaten: siehe Tab. 36.12
- Autor: Wolfgang Brandtner, Klaus Hohnvehlmann †

Tab. 36.11 Profilbild und Horizontabfolge Profil 34

Profilbild	Horizontgrenze (cm)	Horizonte und ihre Eigenschaften	
	−20	**Acxp** p-(z)et(^k,Lo)	stark schluffiger Ton, schwach grusig; schwarz (10YR 2/1); Krümelgefüge; carbonathaltig; stark humos; sehr stark durchwurzelt
	−40	**Acxh** p-(z)et(^k,Lo)	mittel schluffiger Ton, schwach grusig; rötlichschwarz (5YR 2.5/1); Krümel- bis Bröckelgefüge; carbonathaltig; stark humos; sehr stark durchwurzelt
	−55	**IIAcxh+elCc** p-(z)eu(^k,Lo)	stark toniger Schluff, schwach grusig; sehr dunkelgrau (10YR 3/1) bis hellgelblichbraungrau (10YR 6/2); Kohärentgefüge; carbonatreich; mittel humos; stark durchwurzelt
	−75	**IIIelCkc** p-(z)et(^k,Lo)	mittel schluffiger Ton, schwach grusig; hellgelblichbraungrau (10YR 6/2); Kohärentgefüge; sehr carbonatreich, Carbonatkonkretionen; stark durchwurzelt
	−100+	**IVelCc** p-et(Lo)	stark schluffiger Ton; gelblichbraun, hellgraustichig (10YR 6/4); Kohärentgefüge; carbonatreich; schwach durchwurzelt

Quelle: Thüringer Landesanstalt für Umwelt und Geologie, K. Hohnvehlmann † (Bild bearbeitet)

Abb. 36.12 Lösslandschaft im Thüringer Becken nordöstlich Gotha (Quelle: Thüringer Landesanstalt für Umwelt und Geologie, K. Hohnvehlmann †)

Tab. 36.12 Analysendaten Profil 34

Horizont	Tiefe (cm)	Skelett (Vol.-%)	Sand (M.-%)	Schluff (M.-%)	Ton (M.-%)	Gesamtporen (Vol.-%)	Luftkapazität (Vol.-%)	nutzbare Feldkap. (Vol.-%)	Totwasser (Vol.-%)	Lagerungsdichte (g/cm³)
Acxp	−20	5	3	67	30	-	-	-	-	-
Acxh	−40	5	3	64	33	-	-	-	-	-
IIAcxh+elCc	−55	5	11	68	21	-	-	-	-	-
IIIelCkc	−75	7	10	58	32	-	-	-	-	-
IVelCc	−100+	0	5	69	26	-	-	-	-	-

Horizont	Tiefe (cm)	CaCO₃ (M.-%)	C_org (M.-%)	N_t (M.-%)	C/N	pH H₂O	pH CaCl₂	KAK_pot (cmol_c/kg)	BS (%)	K₂O-DL (mg/100 g)	P₂O₅-DL (mg/100 g)
Acxp	−20	2	3,4	0,23	8,7	8,0	7,2	29,0	93	-	-
Acxh	−40	2	2,9	0,18	9,4	8,2	7,6	29,9	98	-	-
IIAcxh+elCc	−55	16	1,4	0,11	7,3	8,4	7,7	21,2	100	-	-
IIIelCkc	−75	27	0,0	-	-	8,5	7,5	13,6	100	-	-
IVelCc	−100+	23	0,0	-	-	8,5	7,7	12,8	100	-	-

(Quelle: Thüringer Landesanstalt für Umwelt und Geologie)
(* = abgeleiteter Analysenwert)

Vorkommen und Ausgangsgesteine

Kalktschernoseme treten in den Börden und Beckenlandschaften des mitteldeutschen Trockengebietes auf. Bodenbildende Gesteine sind periglaziäre Lagen aus carbonathaltigen Lockergesteinen wie Löss und Geschiebemergel über periglaziären Fließerden anderer Gesteine oder Festgestein im Liegenden. Sie sind mit Normtschernosemen, Pararendzinen und humusreichen Kolluvisolen vergesellschaftet anzutreffen.

Bodenprozesse und –eigenschaften

Kalktschernoseme entwickelten sich unter steppen- bis waldsteppenartigen Vegetationsformen der kontinentalen und semihumiden Regionen Mitteldeutschlands in den früh-holozänen Zeitabschnitten des Präboreals und Boreals. Kalktschernoseme sind daher als reliktische Bodenbildungen zu betrachten. Die Bodenbildung ist gekennzeichnet durch Humusbildung und Humusanreicherung sowie durch Bioturbation. Diagnostisches Merkmal von Kalktschernosemen ist ein mehr als vier Dezimeter mächtiger humoser, carbonathaltiger Oberbodenhorizont (Acxh) über dem carbonathaltigen Untergrundhorizont (elCc). Häufig sind Merkmale der Carbonatmetabolik in Form von Pseudomycelien oder auch Lösskindeln zu erkennen. Die Anreicherung von Sekundärcarbonat geschieht durch kapillaren Wasseraufstieg oder über lateralen Sickerwassertransport. Wasserhaushalts- und Filtereigenschaften der Kalktschernoseme ähneln denen der Tschernoseme.

Nutzung und Vegetation

Kalktschernoseme werden fast ausschließlich ackerbaulich genutzt. Kalktschernoseme verfügen über ein hohes Ertragspotenzial. Sie besitzen eine hohe Wasserspeicherfähigkeit, sind gut durchwurzelbar und ausreichend belüftet.

Gefährdung

Kalktschernoseme sind in Hanglagen auf Grund ihres hohen Schluffanteils erosionsgefährdet. Im Umfeld von Siedlungs-, Gewerbe- und Industrieflächen sind Kalktschernosemflächen durch Flächennutzungsänderungen gefährdet.

Profil 35: Subtyp Normkalktschernosem (TCn); Subtyp ÖBS: Typischer Tschernosem

- Bodenausgangsgestein: Löss
- Varietät: (Acker)Kalktschernosem (vTCn)
- Typ: Kalktschernosem; Typ ÖBS: Tschernosem

- Klasse: Schwarzerden; Klasse ÖBS: Terrestrische Humusböden
- Substrattyp: p-et(Lo)/a-eu(Lo)
- WRB: Amphihypocalcic Chernozem (Aric, Amphiraptic, Siltic)
- Bodenregion: Lösslandschaften im pannonischen Trockengebiet
- Ort: Ziersdorf, Weinviertel, Niederösterreich
- Profilbild und Horizontabfolge: siehe Tab. 36.13
- Profilausschnittbild und Bodenlandschaftsbild: siehe Abb. 36.13 und 36.14
- Analysendaten: siehe Tab. 36.14
- Autor: Othmar Nestroy et al.

Vorkommen und Ausgangsgesteine

Diese Böden sind vor allem in Bereichen des Östlichen wie Westlichen Weinviertels, um Wien sowie in Teilen des Nördlichen wie Mittleren Burgenlandes und des Tullner Feldes verbreitet. Als Ausgangsmaterialien kommen vorwiegend

Tab. 36.13 Profilbild und Horizontabfolge Profil 35

Profilbild	Horizontgrenze (cm)	Horizonte und ihre Eigenschaften (in Klammern: nach ÖBS)	
	−20	eAxp (Ap) p-eu(Lo)	stark toniger Schluff; sehr dunkelgelblichbraungrau (10YR 3/2); viele Regenwurmröhren; Krümelgefüge; carbonatreich; stark humos; stark durchwurzelt
	−30	IIeAxh (A) p-et(Lo)	stark schluffiger Ton; sehr dunkelgelblichbraungrau (10YR 3/2); viele Regenwurmröhren; Krümel- bis Subpolyedergefüge; carbonatreich; mittel humos; stark durchwurzelt
	−45	IIIeAcxh1 (A1ca) p-eu(Lo)	schluffiger Lehm; gelblichbraungrau (10YR 5/2); Regenwurmröhren; Krümel- bis Subpolyedergefüge; carbonatreich; mittel humos; stark durchwurzelt
	−65	IVeAcxh2 (A2ca) p-et(Lo)	stark schluffiger Ton; gelblichbraungrau (10YR 5/2); Regenwurmröhren, Kalk-Pseudomycel; carbonatreich; mittel humos; mittel durchwurzelt
	−100+	VeICv (Cv) a-eu(Lo)	stark toniger Schluff; gelblichbraun, sehr hellgraustichig (10YR 7/4); vereinzelte Humusnester und -flecken; Kohärentgefüge; sehr carbonatreich; sehr schwach durchwurzelt

Quelle: Mitt. d. Deutschen Bodenkundl. Ges. (2001), Bd. 94 (Bild bearbeitet)

Abb. 36.13 Sekundäre
Kalkanreicherung in Form
von pilzartigen Fäden
(Kalkpseudomycel) im Acxh2
(Österreich: Aca-Horizont)
(Quelle: O. Nestroy)

Abb. 36.14 Landschaft bei
Ziersdorf (Quelle: O. Nestroy)

Tab. 36.14 Analysendaten Profil 35

Horizont	Tiefe (cm)	Skelett (Vol.-%)	Sand (M.-%)	Schluff (M.-%)	Ton (M.-%)	Gesamtporen (Vol.-%)	Luftkapazität (Vol.-%)	nutzbare Feldkap. (Vol.-%)	Totwasser (Vol.-%)	Lagerungsdichte (g/cm³)
eAxp (Ap)	−20	0	10	70	20	56	19	19	18	1,16
IIeAxh (A)	−30	0	5	67	28	53	18	16	19	1,25
IIIeAcxh1 (A1ca)	−45	0	16	61	23	54	17	20	17	1,22
IVeAcxh2 (A2ca)	−65	0	9	66	25	55	18	18	19	1,19
VelCv (Cv)	−100+	0	10	70	20	49	15	21	13	1,36

Horizont	Tiefe (cm)	$CaCO_3$ (M.-%)	C_{org} (M.-%)	N_t (M.-%)	C/N	pH H_2O	pH $CaCl_2$	KAK_{pot} (cmol$_c$/kg)	BS (%)	K_2O-DL (mg/100 g)	P_2O_5-DL (mg/100 g)
eAxp (Ap)	−20	12	2,7	0,29	9	-	7,1	29,4	100	25,3	7,3
IIeAxh (A)	−30	15	1,8	0,16	11	-	7,3	27,8	100	5,4	1,8
IIIeAcxh1 (A1ca)	−45	17	1,7	0,16	11	-	7,4	22,9	100	3,2	<1,0
IVeAcxh2 (A2ca)	−65	21	1,7	0,16	11	-	7,4	20,2	100	2,6	<1,0
VelCv (Cv)	−100+	37	0,1	0,04	-	-	7,4	16,2	100	2,5	<1,0

Horizont	Tiefe (cm)	Ca (cmol$_c$/kg)	Mg (cmol$_c$/kg)	K (cmol$_c$/kg)	Na (cmol$_c$/kg)	elektr. Leitf. (µS/cm (1 : 10-Extrakt))
eAxp (Ap)	−20	26,3	2,5	0,5	<0,1	190
IIeAxh (A)	−30	24,8	2,9	0,1	<0,1	160
IIIeAcxh1 (A1ca)	−45	20,5	2,1	0,2	0,1	200
IVeAcxh2 (A2ca)	−65	18,2	1,8	0,1	0,1	211
VelCv (Cv)	−100+	13,5	2,4	0,1	0,2	356

(Quelle: Institut für Angewandte Geowissenschaften, Universität Graz)
(* = abgeleiteter Analysenwert)

kalkhaltige und schluffreiche Würm-Lösse, aber auch ältere Lösse in Frage, ferner kalkhaltige Feinsedimente, wie z. B. schluffreiche Sande. Die weiteste Verbreitung haben diese Böden in Österreich in der Bodenregion 19 der Lösslandschaften im pannonischen Trockengebiet, doch können auch in inneralpinen Trockenlagen solche Böden auftreten.

Bodenprozesse und –eigenschaften

Das Vorkommen dieser Böden im pannonischen Trockengebiet Österreichs ist klimatisch begründet. Die natürliche Bodenentwicklung ist durch die Kälte im Winter (Winterstarre), oftmals bei Fehlen einer Schneedecke, und durch die Trockenheit im Sommer (Sommerdürre), verstärkt durch die austrocknenden Winde aus dem Osten, zwei Mal im Jahr unterbrochen. Deswegen konnte sich kein B-Horizont entwickeln, und ein A-C-Profil stellt die Regel dar. Infolge der oft intensiven und langen sommerlichen Trockenperioden kann es zeitweilig zu einer aszendenten Wasserbewegung im Profil kommen, was zur Ausbildung von Pseudomycelien führt. Dieser Boden stellt einen der besten Böden Österreichs dar. Bedingt durch seine Entstehung aus vorwiegend Würm-Löss ist er charakterisiert durch einen hohen Anteil an Schluff (in der Regel mehr als 50 M.-%), optimale Krümelstruktur, einen hohen Anteil an Mittelporen, einen Kalkgehalt bis in die Krume sowie eine gute Nachlieferung an Pflanzennährstoffen.

Nutzung und Vegetation

Von der ursprünglichen Vegetation – es wird eine Waldsteppe mit einer mosaikartigen Durchmischung eines Eichen-Hainbuchenwaldes mit Steppengrasarealen angenommen – sind infolge Abholzung nur wenige Reste erhalten geblieben. Infolge der sehr hohen Bodenfruchtbarkeit sind diese Areale meist schon seit dem Neolithikum unter landwirtschaftliche Nutzung genommen worden, wenn auch nicht in einem so intensiven Maße wie heute. Bei einem Bodenwasserhaushalt, der zur Austrocknung neigt, kann es in trockenen Jahren mit einer darüber hinaus ungünstigen Niederschlagsverteilung zu Mindererträgen kommen. Dies schwächt jedoch kaum die hohe Fruchtbarkeit dieser Böden, auf denen erfolgreich alle landesüblichen Feldfrüchte kultiviert werden können, wobei aber anzumerken ist, dass bezüglich der Mächtigkeit wie auch des Kalkgehalts der Lösse und auch bezüglich der Mächtigkeit der humosen Horizonte reliefbedingt eine große Spannweite besteht und deshalb auch große Unterschiede in der Fruchtbarkeit vorhanden sein können.

Gefährdung

Infolge des hohen Schluffgehaltes und reliefbedingt besteht eine Gefährdung durch Erosion, speziell bei Schwarzbrache, ferner sind diese Standorte auch durch Überbauung gefährdet.

Profil 36: Subtyp Gley-Kalktschernosem (GG-TC)

- Bodenausgangsgestein: umgelagerter Lehm über Geschiebesand
- Varietät: kolluvialer (Acker)(Kalk)Gley-Kalktschernosem (k.vGGc-TC)
- Typ: Kalktschernosem
- Klasse: Schwarzerden

- Substrattyp: u-el(Luz)/g-(k)es(Sg)
- WRB: Endogleyic Chernozem (Aric, Colluvic, Loamic, Pachic, Amphiraptic)
- Bodenregion: Altmoränenlandschaften
- Ort: Zeddenick, Lkr. Jerichower Land, Sachsen-Anhalt
- Profilbild und Horizontabfolge: siehe Tab. 36.15
- Bodenlandschaftsbild: siehe Abb. 36.15
- Analysendaten: siehe Tab. 36.16
- Autor: Wolfgang Kainz

Tab. 36.15 Profilbild und Horizontabfolge Profil 36

Profilbild	Horizontgrenze (cm)	Horizonte und ihre Eigenschaften	
 Quelle: Landesamt für Geologie und Bergwesen Sachsen-Anhalt, W. Kainz (Bild bearbeitet)	−30	**eAxp** u-(k)el(Lp)	stark sandiger Lehm, schwach kiesig; schwarz, olivstichig (2,5Y 2,5/1); Bröckel- und Krümelgefüge; mittel carbonathaltig; stark humos; sehr stark durchwurzelt
	−42	**IIeAcxh** u-el(Luz)	schwach toniger Lehm; schwarz, olivstichig (5Y 2,5/1); Kalk-Pseudomycel und Kalkkonkretionen; Subpolyeder- und Polyedergefüge; mittel carbonathaltig; stark humos; sehr stark durchwurzelt
	−53	**IIIeGco+eAcxh** u-(k)el(Mg)	stark sandiger Lehm, mittel kiesig; sehr dunkelolivgrau (5Y 3/2); Bioturbation, Kalk-Pseudomycel und Kalkkonkretionen; Eisenoxide (schwach fleckig, geringer Flächenanteil); Subpolyedergefüge; mittel carbonathaltig; schwach humos; sehr stark durchwurzelt
	−70	**IVeAch+eGco** p-(k)es(Sg)	mittel lehmiger Sand, schwach kiesig; hellolivgrau (5Y 6/2); Humusflecken (sehr hoher Flächenanteil), Kalkkonkretionen und Kalkausblühungen; Eisenoxide (schwach fleckig, hoher Flächenanteil); Subpolyedergefüge; mittel carbonathaltig; sehr schwach humos; mittel durchwurzelt
	−120+	**VeGcro** g-(k)es(Sg)	mittel lehmiger Sand, schwach kiesig; bräunlichgrau, hellolivstichig (2,5Y 6/2); Kalkkonkretionen und Kalkausblühungen (auf Rissen, Röhren und Klüften); Eisenoxide (sehr stark fleckig, überwiegender Flächenanteil) und reduziertes Eisen (oben gebleichte Wurzelbahnen und unten gebleicht, sehr hoher Flächenanteil); Polyeder- und Kohärentgefüge; mittel carbonathaltig

Abb. 36.15 Abgeerntetes
Weizenfeld am Fließgraben
(Quelle: W. Kainz)

Tab. 36.16 Analysendaten Profil 36

Horizont	Tiefe (cm)	Skelett (Vol.-%)	Sand (M.-%)	Schluff (M.-%)	Ton (M.-%)	Gesamtporen (Vol.-%)	Luftkapazität (Vol.-%)	nutzbare Feldkap. (Vol.-%)	Totwasser (Vol.-%)	Lagerungsdichte (g/cm³)
eAxp	−30	3	50	29	21	-	-	-	-	-
IIeAcxh	−42	0	41	31	28	-	-	-	-	-
IIIeGco+eAcxh	−53	14	60	20	20	-	-	-*	-	-
IVeAch+eGco	−70	9	80	11	9	-	-	-	-	-
VeGcro	−120+	2	67	22	11	-	-	-	-	-

Horizont	Tiefe (cm)	$CaCO_3$ (M.-%)	C_{org} (M.-%)	N_t (M.-%)	C/N	pH H_2O	pH $CaCl_2$	KAK_{pot} ($cmol_c$/kg)	BS (%)	K_2O-DL (mg/100 g)	P_2O_5-DL (mg/100 g)
eAxp	−30	8	3,4	0,39	9	7,5	7,3	30	100	-	-
IIeAcxh	−42	5	2,1	0,23	9	7,7	7,6	32	100	-	-
IIIeGco+eAcxh	−53	5	0,8	0,08	9	7,8	7,6	17	100	-	-
IVeAch+eGco	−70	6	0,2	0,02	7	8,4	7,8	5	100	-	-
VeGcro	−120+	9	-	-	-	8,4	7,7	5	100	-	-

(Quelle: Landesamt für Geologie und Bergwesen Sachsen-Anhalt)
(* = abgeleiteter Analysenwert)

Vorkommen und Ausgangsgesteine

In carbonatreichen Schwarzerde-Landschaften können sich unter Grundwassereinfluss Gley-Kalktschernoseme bilden. Sie sind im Randbereich der Niederungen, in flachen Entwässerungsrinnen und in vernässten Senkungsgebieten des historischen Braunkohlen-Tiefbaus entwickelt. Das vorgestellte Bodenprofil ist im Randbereich einer flachen Rinne in einem Schwarzerde-Gebiet der Altmoränenlandschaften gefunden worden. Das Profil ist von oben nach unten aus folgenden Ausgangsgesteinen aufgebaut: Kolluviallehm (I), umgelagerter Lehm (II, III), Geschiebelehmsand-Fließerde (IV) und Geschiebelehmsand (V).

Bodenprozesse und –eigenschaften

Der Boden wurde primär als Grünlandstandort geschätzt. Nach einer Absenkung des Grundwassers durch Gräben bzw. deren Vertiefung ist der Standort vernässungsfrei. Der humose Oberboden reicht bis zu einer Tiefe von 7 dm. Die Grundwasserbeeinflussung beginnt unterhalb unterhalb 4,2 dm Tiefe. Das gesamte Bodenprofil ist carbonathaltig und basengesättigt. Starke Durchwurzelung, Bioturbation, lockere Lagerung, ein enges C/N-Verhältnis und sekundärer Kalk im humosen Oberboden sind Eigenschaften, die den Kalktschernosemen entsprechen.

Nutzung und Vegetation

Der Boden wird aktuell ackerbaulich genutzt.

Gefährdung

Der Boden erfährt Veränderungen durch kolluviale Akkumulation und durch Wiedervernässung oder zu starke Entwässerung.

Literatur

Acksel, A., Amelung, W., Kühn, P., Gehrt, E., Regier, T., Leinweber, P. (2016a): Soil organic matter characteristics as indicator of Chernozem genesis in the Baltic Sea region. Geoderma Regional, 7 (2): S. 187–200

Acksel, A., Kappenberg, A., Kühn, P., Leinweber, P. (2017b): Human activity formed deep, dark topsoils around the Baltic Sea. Geoderma Regional, 10 (2): S. 93–101

Albrecht, C., Kühn, P. (2003): Eigenschaften und Verbreitung schwarzerdeartiger Böden auf der Insel Poel (Nordwest Mecklenburg-Vorpommern). Greifswalder Geographische Arbeiten, Band 29: S. 215–247

Gehrt, E. (2000): Nord- und mitteldeutsche Lössbörden und Sandlössgebiete, – In: Handbuch der Bodenkunde, 9. Erg.-Lfg. 10/2000

Leinweber, P., Achsel, A., Kühn, P. (2013): Tschernoseme auf Poel. Mitteilungen der Deutschen Bodenkundlichen Gesellschaft, Band 116: S. 93–104, Oldenburg

Schmidt, M.W.I., Skjemstad, J.O., Gehrt, E., Kögel-Knabner, I. (1999): Charred organic carbon in German chernozemic soils. European Journal of Soil Science, Volume 50(2): S. 351–365, Wiley Online, British Society of Soil Science

Zakosek, H. (1962): Zur Genese und Gliederung der Steppenböden im nördlichen Oberrheintalgraben. Abhandlungen des hessischen Landesamtes für Bodenforschung, Band 37, Wiesbaden

Zakosek, H. (1991): Zur Genese und Gliederung des Rheintal-Tschernosems im nördlichen Oberrheingraben. Mainzer Geowissenschaftliche Mitteilungen, Band 20: S. 159–176

Klasse D: Pelosole

Wolfgang Fleck, Karl-Josef Sabel, Peter Schad, Karl Stahr,
Daniela Sauer und Ernst Gehrt

Inhaltsverzeichnis

37.1 Allgemeine Charakteristika

Als Pelosol werden Böden mit einem markanten Absonderungsgefüge bezeichnet. Die Gefügebildung entsteht durch wiederholtes Schrumpfen und Quellen der Bodenmatrix. Im Laufe der Zeit führen diese physikalischen Bodenbildungsprozesse zu mehr oder minder scharfkantigen, polyedrischen oder prismatischen Aggregaten. Voraussetzung ist eine tonreiche Bodenmatrix, was auch der Name der Bodenklasse (griech. pelos = Ton) dokumentiert. Per Definition müssen die Aggregate des charakteristischen Unterbodenhorizontes (P) einen Tonanteil von mindestens 45 % aufweisen.

Die Austrocknung und infolgedessen Schrumpfung der Bodenmatrix dringt im Wesentlichen von oben nach unten vor, so dass vertikale Gefügestrukturen dominieren. Beim erneuten Befeuchten werden die Aggregate durch den Quelldruck aneinander gepresst und verschoben, so dass sich Tonminerale an den Kontaktflächen einregeln und als „Slickensides" den Toncutanen des Bt-Horizontes der Parabraunerde ähnlich sehen. Der hohe Tongehalt hat zur Folge, dass ab- und aufsteigende Bodenwasserbewegungen sehr eingeschränkt sind, gleichermaßen unausgeglichen ist der Lufthaushalt.

Typische Bilder von Pelosolen dieser Bodenklasse zeigen Abb. 37.1 und 37.2. Die regionale Verbreitung der Klasse der Pelosole wird in der Karte der Abb. 37.3 gezeigt.

W. Fleck (✉)
Landesamt für Geologie, Rohstoffe und Bergbau,
Freiburg, Deutschland

K.-J. Sabel
ehemals Hessisches Landesamt für Naturschutz, Umwelt und
Geologie, Wiesbaden, Deutschland

P. Schad
Technische Universität München, TUM School of Life Sciences,
Lehrstuhl für Bodenkunde, Freising-Weihenstephan, Deutschland

K. Stahr
ehemals Universität Hohenheim, Hohenheim, Deutschland

D. Sauer
Fakultät für Geowissenschaften und Geographie, Abteilung
Physische Geographie, Universität Göttingen,
Göttingen, Deutschland

E. Gehrt
ehemals Landesamt für Bergbau, Energie und Geologie,
Hannover, Deutschland

© Springer-Verlag GmbH Deutschland, ein Teil von Springer Nature 2023
H. Joisten et al. (Hrsg.), *Böden Deutschlands, Österreichs und der Schweiz*, https://doi.org/10.1007/978-3-8274-2284-2_37

Abb. 37.1 Auenpelosol mit
Säulengefüge (Quelle:
Hessisches Landesamt für
Naturschutz, Umwelt und
Geologie)

Abb. 37.2 Pelosol mit
Trockenrissen an der
Bodenoberfläche (Quelle:
K. Rilling, Landesamt für
Geologie, Rohstoffe und
Bergbau im
Regierungspräsidium
Freiburg)

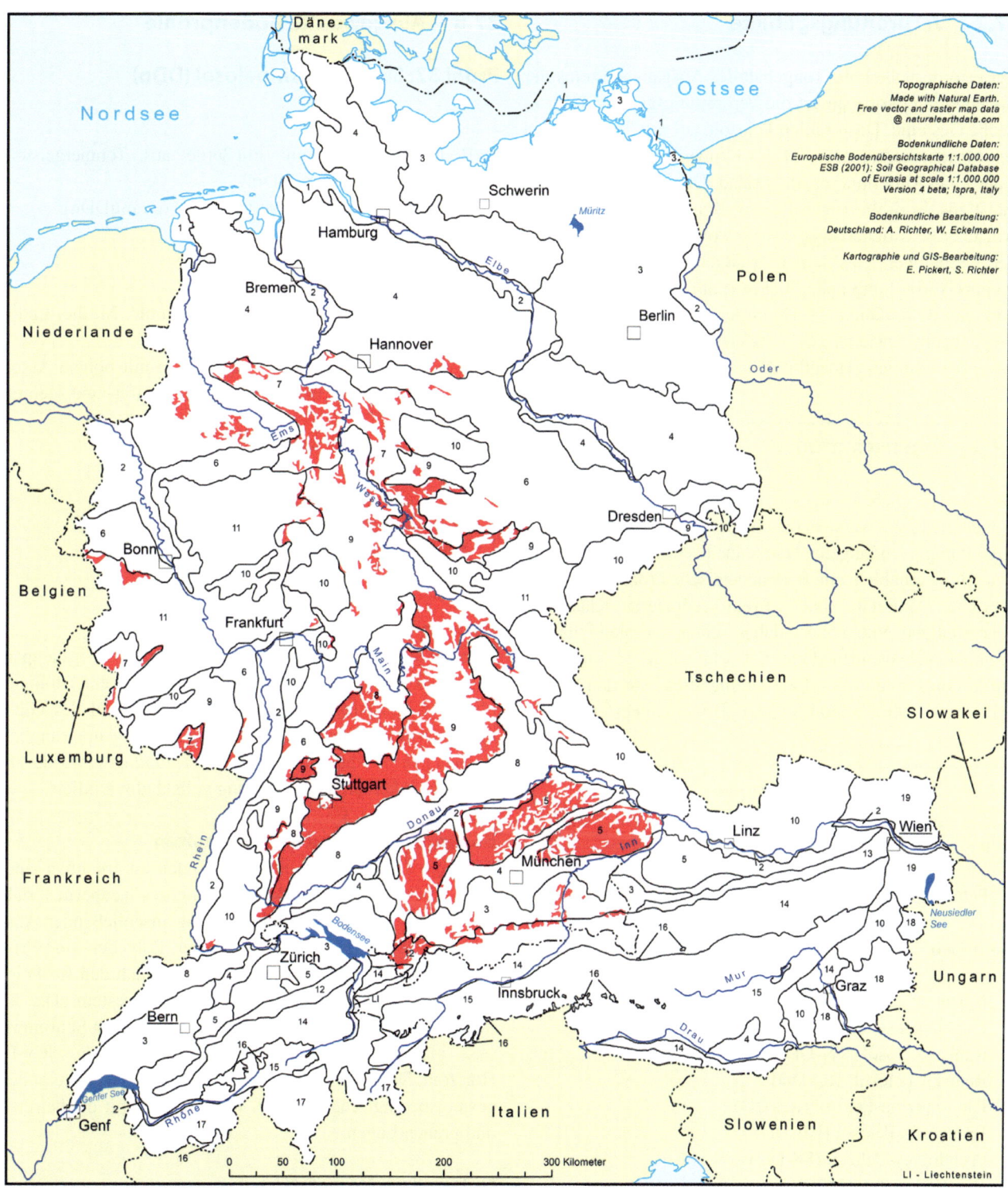

Regionale Verbreitung der Klasse der Pelosole

gering verbreitet *(< 30% Flächenanteil, Pelosole treten als Begleitboden auf)*

Bodenregion

Abb. 37.3 Regionale Verbreitung der Klasse der Pelosole

37.2 Verbreitungsgebiete

Der erforderliche hohe Tongehalt des Ausgangsgesteins der Bodenbildung konzentriert die Verbreitungsgebiete auf tonreiche Gesteine. Dazu zählen Pelosole auf den Tongesteinen des Mesozoikums, wie z. B. im Keuperbergland oder dem Unter- und Mitteljura im Albvorland. Dort sind die Pelosole meist aus zweischichtigen Pelosol-Braunerden oder Braunerde über Pelosol hervorgegangen, wobei der Bv-Horizont in der lösshaltigen Deckschicht weitgehend erodiert wurde. Weitere Verbreitung finden Pelosole auf unverfestigten feinkörnigen Sedimenten vor allem der jüngeren geologischen Vergangenheit, wie tertiäre Tone und Mergel sowie Beckentone oder tonreiche Hochflutablagerungen des Quartärs.

37.3 Eigenschaften

Der unausgeglichene Wasser- und Lufthaushalt, die Gefahr von übermäßiger Nässe in Feuchteperioden und der Trockenrissbildung nach längerer Trockenheit schränken die Durchwurzelung erheblich ein. Bodenchemische Prozesse und biologische Aktivität sind extrem reduziert. Klassische ackerbauliche Nutzung ist daher selten, Grünland häufig, regional auch Weinstandorte. Die sehr speziellen Nutzungsanforderungen und der Bearbeitungsstress werden in Begriffen wie „Minutenböden" oder „Brummelochs" offenbar.

37.4 Typ und Subtypen

Typ

- Pelosol (DD)

Subtypen

- Normpelosol (DDn)
- Humuspelosol (DDh)
- Ranker-Pelosol (RN-DD)
- Regosol-Pelosol (RQ-DD)
- Pararendzina-Pelosol (RZ-DD)
- Braunerde-Pelosol (BB-DD)
- Pseudogley-Pelosol (SS-DD)
- Gley-Pelosol (GG-DD)

37.5 Klassifikation nach WRB

Peter Schad

Pelosole, bei denen Slickensides oder keilförmige Aggregate gut ausgebildet sind, gehören zu den Vertisols, die meisten anderen zu den Cambisols.

37.6 Ausgewählte Bodenprofile

Profil 37: Subtyp Normpelosol (DDn)

- Bodenausgangsgestein: Fließerde aus Tonmergelstein über tiefem Tonmergelstein
- Varietät: basenreicher (Mull)Pelosol (eu.muDDn)
- Typ: Pelosol
- Klasse: Pelosole
- Substrattyp: p-(z)t(^mk,t)//n-^mk,t
- WRB: Pellic Endoleptic Vertisol (Humic, Mollic, Endoraptic)
- Bodenregion: Berg- und Hügelländer mit hohem Anteil an nicht metamorphen Sand-, Schluff-, Ton- und Mergelgesteinen
- Ort: Ötisheim, Enzkreis, Baden-Württemberg
- Profilbild und Horizontabfolge: siehe Tab. 37.1
- Bodenlandschaftsbild: siehe Abb. 37.4
- Analysendaten: siehe Tab. 37.2
- Autor: Wolfgang Fleck, Michael Weiß

Vorkommen und Ausgangsgesteine

Normpelosole sind im ackerbaulich genutzten Gipskeuperhügelland weit verbreitet. Der Pelosol ist aus einer tonigen Fließerde (Basislage) aus Verwitterungsmaterial des Gipskeupers (Mittelkeuper, km1) entstanden. Die ursprünglich vorhandene lösshaltige Fließerde (Hauptlage) wurde im Zuge der ackerbaulichen Nutzung vollständig erodiert.

Bodenprozesse und –eigenschaften

Wichtige Prozesse, die in diesen Böden zu erkennen sind, sind die Entkalkung und Verwitterung des Keupermaterials (Auflösung des Gesteinsgefüges) mit anschließender Ausbildung des für den Pelosol typischen Polyeder- und Prismengefüges. Die P-Horizonte zeigen farblich den für Pelosole typischen Anklang an das Ausgangsgestein. Die im trockenen Zustand bis in 60 cm Tiefe reichenden Schrumpfrisse (s. Foto) enden mit dem Übergang zum elCv-P-Horizont. Der Tonmergelstein im IIemCv-Horizont zeigt den gesteinsbedingt engräumigen Farbwechsel mit dunkelroten und grauen Lagen.

Nutzung und Vegetation

Die Pelosole im Gipskeuper werden überwiegend ackerbaulich genutzt. Bei der Bodenbearbeitung gilt es, den Zeitpunkt des günstigsten Wassergehalts zu treffen ("Minutenböden").

Gefährdung

Trotz des hohen Tongehaltes und der Gefügestabilität sind die Pelosole im Gipskeuper in hängigen Lagen und auf Scheitelbereichen auf längere Sicht erosionsgefährdet, wie das häufige Vorkommen von Pararendzinen zeigt.

Tab. 37.1 Profilbild und Horizontabfolge Profil 37

Profilbild	Horizontgrenze (cm)	Horizonte und ihre Eigenschaften	
	−4	**Ah** p-(z)t(^mk,t)	schwach schluffiger Ton, schwach grusig; grau, sehr dunkelolivstichig (2,5Y 3/1); Subpolyedergefüge; sehr stark humos; sehr stark durchwurzelt
	−17	**rAp** p-(z)t(^mk,t)	mittel toniger Lehm bis schwach schluffiger Ton, schwach grusig; grau, sehr dunkelolivstichig (2,5Y 3/1); Polyedergefüge, Rissgefüge; mittel humos; sehr stark durchwurzelt
	−45	**P1** p-(z)t(^mk,t)	schwach schluffiger Ton, schwach grusig; bräunlichgrau, sehr dunkelolivstichig (2,5Y 3/2); Prismengefüge, Rissgefüge; sehr schwach humos; mittel durchwurzelt
	−58	**P2** p-(z)t(^mk,t)	mittel toniger Lehm bis schwach schluffiger Ton, mittel grusig; dunkelgrauolivbraun (2,5Y 4/3); Prismengefüge, Rissgefüge; schwach durchwurzelt
	−72	**elCv-P** p-zet(^mk,t)	mittel toniger Lehm, stark grusig; bräunlichgrau, olivstichig (2,5Y 5/2); Polyedergefüge; carbonathaltig; schwach durchwurzelt
	−110+	**IIemCv** n-^mk,t	Tonmergelstein; grau (10YR 5/1) und rot (2,5YR 4/6) gebändert

Quelle: Landesamt für Geologie, Rohstoffe und Bergbau im Regierungspräsidium Freiburg, M. Weiß (Bild bearbeitet)

Abb. 37.4 Rotbraune Tonböden auf Gipskeuper, im Hintergrund bewaldete Rücken im Schilfsandstein (Quelle: Landesamt für Geologie, Rohstoffe und Bergbau im Regierungspräsidium Freiburg, W. Fleck)

Tab. 37.2 Analysendaten Profil 37

Horizont	Tiefe (cm)	Skelett (Vol.-%)	Sand (M.-%)	Schluff (M.-%)	Ton (M.-%)	Gesamtporen (Vol.-%)	Luftkapazität (Vol.-%)	nutzbare Feldkap. (Vol.-%)	Totwasser (Vol.-%)	Lagerungsdichte (g/cm³)
Ah	−4	-	9	45	46	62	19	21	22	1,00
rAp	−17	-	11	45	44	45	6	14	25	1,45
P1	−45	-	8	37	55	43	2	10	31	1,51
P2	−58	-	20	39	41	41	2	11	28	1,54
elCv-P	−72	-	24	40	36	-	-	-	-	-
IIemCv	−110+	-	-	-	-	-	-	-	-	-

Horizont	Tiefe (cm)	CaCO₃ (M.-%)	C_org (M.-%)	N_t (M.-%)	C/N	pH H₂O	pH CaCl₂	KAK_pot (cmol_c/kg)	BS (%)	K₂O-DL (mg/100 g)	P₂O₅-DL (mg/100 g)
Ah	−4	-	5,7	0,5	11	-	5,9	-	-	41	5
rAp	−17	-	2,2	0,2	10	-	5,8	-	-	7	1
P1	−45	-	0,8	0,1	0	-	6,4	-	-	7	1
P2	−58	-	0,5	0,1	0	-	7,1	227	81	5	1
elCv-P	−72	2	0,3	0,1	0	-	7,2	223	100	6	1
IIemCv	−110+	-	-	-	-	-	-	-	-	-	-

(Quelle: Landesamt für Geologie, Rohstoffe und Bergbau im Regierungspräsidium Freiburg)

(* = abgeleiteter Analysenwert)

Profil 38: Subtyp Humuspelosol (DDh)

- Bodenausgangsgestein: Fließerde aus Schieferton über Schieferton
- Varietät: basenreicher humusreicher (Mull)Humuspelosol (eu.x.muDDh)
- Typ: Pelosol
- Klasse: Pelosole
- Substrattyp: p-t(^tbl)/c-xet(^tbl)//n-^tbl
- WRB: Cambic Endoleptic Phaeozem (Clayic, Hyperhumic, Endoraptic, Amphiprotovertic, Bathycalcaric)
- Bodenregion: Berg- und Hügelländer mit hohem Anteil an nicht metamorphen Sand-, Schluff-, Ton- und Mergelgesteinen
- Ort: Waldhof, Zollernalbkreis, Baden-Württemberg
- Humusform: F-Mull
- Profilbild und Horizontabfolge: siehe Tab. 37.3
- Bodenlandschaftsbilder: siehe Abb. 37.5 und 37.6
- Analysendaten: siehe Tab. 37.4
- Autor: Karl Stahr, Daniela Sauer

Vorkommen und Ausgangsgesteine

Während Pelosole in der Südwestdeutschen Schichtstufenlandschaft generell z. B. auf Gesteinen des Keuper sowie des Unteren und Mittleren Jura weit verbreitet sind, sind die Humuspelosole auf Ölschiefer (Unterer Jura) und Gipskeuper beschränkt. Dort kommen sie aber regelmäßig vor. Das vorliegende Profil ist aus einer Fließerde aus Schieferton entstanden.

Bodenprozesse und –eigenschaften

Zentrale Prozesse sind die Aufweichung des ursprünglichen Tonsteins und die Bildung eines Absonderungsgefüges. Intensive Bildung von Ton-Humus-Komplexen führt zur Stabilisierung und somit Anreicherung von Humus. Im Fall des dargestellten Profils wird gesteinsbürtige organische Substanz (erkennbar an fehlender ^{14}C-Aktivität und sehr weiten C/N-Verhältnissen) mikrobiell abgebaut, während gleichzeitig Humus akkumuliert wird.

Nutzung und Vegetation

Die Humuspelosole der Südwestdeutschen Schichtstufenlandschaft sind häufig Standorte von Buchen- und Tannenwäldern mit artenreicher, nitrophiler Strauch- und Krautvegetation. Sie tendieren zu Kaliummangel.

Gefährdung

Humuspelosole bilden chemisch sehr stabile Standorte, die sowohl für Forst und Grünland als auch für Ackerbau geeignet sind. Ihr Oberboden hat eine sehr gute Struktur und hohe nutzbare Feldkapazität. Die Unterböden sind dagegen durch einen hohen Totwasseranteil gekennzeichnet. In feuchten Perioden tritt häufig Luftmangel auf. Brachliegende Humuspelosole sind erosionsgefährdet.

Tab. 37.3 Profilbild und Horizontabfolge Profil 38

Profilbild	Horizontgrenze (cm)	Horizonte und ihre Eigenschaften	
	+1	**L+Of**	teilweise humifizierte Nadelstreu
	−6	**Axh1** p-t(^tbl)	schwach schluffiger Ton; sehr dunkelgrau (10YR 3/1); Krümel- und Subpolyedergefüge; extrem humos
	−22	**Axh2** p-t(^tbl)	reiner Ton; sehr dunkelgelblichbraungrau (10YR 3/2); Subpolyedergefüge; stark humos
	−60	**Ah-P** p-t(^tbl)	reiner Ton; hellgelblichbraun (10YR 6/6) und dunkelgrau (10YR 4/1); Humusflecken; Polyedergefüge; mittel humos
	−80	**IIelCv** c-xet(^tbl)	reiner Ton; grau (10YR 5/1) und gelblichbraungrau (10YR 5/2); Eisenoxide (schwach marmoriert, geringer Flächenanteil); Polyeder- und Schichtgefüge; stark bituminös; carbonatreich
	−100+	**IIemCn** n-^tbl	Schieferton; grau (10YR 5/1); stark bituminös

Quelle: O. Ehrmann (Bild bearbeitet)

Abb. 37.5 Unmittelbare Umgebung des Profils (Quelle: O. Ehrmann)

Abb. 37.6 Blick vom Rand des Waldes, in dem das Profil liegt, über eine ackerbaulich genutzte Senke zwischen bewaldeten Höhen (Quelle: A. Lehmann)

Tab. 37.4 Analysendaten Profil 38

Horizont	Tiefe (cm)	Skelett (Vol.-%)	Sand (M.-%)	Schluff (M.-%)	Ton (M.-%)	Gesamtporen (Vol.-%)	Luftkapazität (Vol.-%)	nutzbare Feldkap. (Vol.-%)	Totwasser (Vol.-%)	Lagerungsdichte (g/cm³)
L+Of	+1	-	-	-	-	-	-	-	-	-
Axh1	−6	0	2	35	63	76	27	32	17	0,55
Axh2	−22	0	2	28	70	65	21	25	19	0,88
Ah-P	−60	0	1	27	72	57	20	12	25	1,20
IIelCv	−80	0	3	30	67	46	6	23	17	1,37
IIemCn	−100+	100	-	-	-	-	-	-	-	-

Horizont	Tiefe (cm)	CaCO₃ (M.-%)	C_org (M.-%)	N_t (M.-%)	C/N	pH H₂O	pH CaCl₂	KAK_pot (cmol_c/kg)	BS (%)	K₂O-DL (mg/100 g)	P₂O₅-DL (mg/100 g)
L+Of	+1	-	-	-	-	-	-	-	-	-	-
Axh1	−6	-	15	0,71	21	-	5,1	52	70	-	-
Axh2	−22	-	5	0,33	15	-	4,6	42	65	-	-
Ah-P	−60	-	2,5	0,13	19	-	5,7	34	86	-	-
IIelCv	−80	16	-	0,13	45	-	7,3	27	100	-	-
IIemCn	−100+	-	-	-	-	-	-	-	-	-	-

Horizont	Tiefe (cm)	K-AL (mg/100 g)	P-AL (mg/100 g)
L+Of	+1	-	-
Axh1	−6	17	4
Axh2	−22	7	1
Ah-P	−60	6	<1
IIelCv	−80	9	<1
IIemCn	−100+	-	-

(Quelle: Institut für Bodenkunde und Standortslehre, Universität Hohenheim)
(* = abgeleiteter Analysenwert)

Profil 39: Subtyp Pararendzina-Pelosol (RZ-DD)

- Bodenausgangsgestein: verwitterter Schieferton über Schieferton
- Varietät: kalkhaltiger (Mull)Pararendzina-Pelosol (c.muRZ-DD)
- Typ: Pelosol
- Klasse: Pelosole
- Substrattyp: c-(z)et(^tbl)/n-^tbl
- WRB: Calcaric Epileptic Phaeozem (Clayic, Protovertic)
- Bodenregion: Berg- und Hügelländer mit hohem Anteil an nicht metamorphen Sand-, Schluff-, Ton- und Mergelgesteinen

- Ort: Gomaringen, Lkr. Tübingen, Baden-Württemberg
- Profilbild und Horizontabfolge: siehe Tab. 37.5
- Bodenlandschaftsbild: siehe Abb. 37.7
- Analysendaten: siehe Tab. 37.6
- Autor: Daniela Sauer, Karl Stahr

Vorkommen und Ausgangsgesteine

Pararendzina-Pelosole sind häufig anzutreffende Böden auf Tonmergeln und Schiefertonen des Unteren Muschelkalk, Mittleren Keuper sowie des Schwarzen Jura und Braunen Jura. Sie treten vor allem an Hangkanten und Oberhängen auf. Sie sind aus ursprünglich mächtigeren Böden dadurch entstanden, dass unter landwirtschaftlicher Nutzung Erosion stattgefunden hat, sodass die ehemals vorhandenen Deckschichten abgetragen wurden. Das hier vorgestellte Profil ist auf Ölschiefer (Schwarzer Jura) entwickelt.

Bodenprozesse und –eigenschaften

Der Pararendzina-Pelosol stellt ein junges Stadium der Bodenbildung dar. Die Prozesse, die zur Entwicklung vom Tonmergel zum Pararendzina-Pelosol führen, beinhalten vor allem die Aufweichung des Gesteins und die Entwicklung eines Absonderungsgefüges, die beginnende Entkalkung sowie Bioturbation und Humusakkumulation. Im hier gezeigten Beispiel ist eine starke Humusakkumulation zu beobachten. Hinzu kommt, dass das Ausgangsgestein Ölschiefer ist, der, wie der Name sagt, ein bituminöses Gestein ist. Das bedeutet, dass ein gewisser Anteil an organischem Kohlenstoff bereits im Ausgangsgestein enthalten ist. Das Profil liegt an einer alten Steinbruchkante, weshalb auch der emCn-Horizont freigelegt werden konnte.

Nutzung und Vegetation

Der Ölschiefer im Bereich des hier gezeigten Profils wurde in einem heute stillgelegten kleinen Steinbruch abgebaut. Kalkbänke darin wurden als lithographische Steine gewonnen, während aus dem Ölschiefer Ziegel gebrannt wurden. Die Vegetation an dem Standort besteht aus einer artenreichen Wiese (Salbei-Glatthaferwiese).

Gefährdung

Es handelt sich um einen relativ stabilen Boden, der sich im Laufe der Zeit zu einem Humus- oder Normpelosol weiter entwickelt. Bei intensiver Beweidung oder Ackerbau besteht Erosionsgefahr.

Tab. 37.5 Profilbild und Horizontabfolge Profil 39

Profilbild	Horizontgrenze (cm)	Horizonte und ihre Eigenschaften	
	−6	**eAh1** c-(z)et(^tbl)	schwach schluffiger Ton, mittel grusig; sehr dunkelgelblichbraungrau (10YR 3/2); sehr schwach bituminös; Krümel- und Subpolyedergefüge; carbonatreich; sehr stark humos
	−20	**eAh2** c-(z)et(^tbl)	schwach schluffiger Ton, mittel grusig; sehr dunkelgelblichbraungrau (10YR 3/2); Subpolyedergefüge; sehr schwach bituminös; carbonatreich; sehr stark humos
	−45	**elCv-P** c-(z)et(^tbl)	schwach schluffiger Ton, mittel grusig; sehr dunkelgelblichgraubraun (10YR 3/3); Polyeder- bis Subpolyedergefüge; sehr schwach bituminös; carbonatreich; humos
	−100+	**emCn** n-^tbl	Schieferton; dunkelgelblichbraungrau (10YR 4/2); stark bituminös; sehr carbonatreich; sehr schwach humos

Quelle: A. Lehmann (Bild bearbeitet)

Abb. 37.7 Süddeutsche Schichtstufenlandschaft im Bereich des Profils, das auf Ölschiefer (Schwarzer Jura) am Ortsrand von Gomaringen entwickelt ist (Quelle: A. Lehmann)

Tab. 37.6 Analysendaten Profil 39

Horizont	Tiefe (cm)	Skelett (Vol.-%)	Sand (M.-%)	Schluff (M.-%)	Ton (M.-%)	Gesamtporen (Vol.-%)	Luftkapazität (Vol.-%)	nutzbare Feldkap. (Vol.-%)	Totwasser (Vol.-%)	Lagerungsdichte (g/cm³)
eAh1	−6	12	1	42	57	64	24	17	23	0,89
eAh2	−20	18	1	43	56	64	24	17	23	0,89
elCv-P	−45	17	1	40	59	45	8	11	26	1,37
emCn	−100+	100	-	-	-	-	-	-	-	2,00

Horizont	Tiefe (cm)	CaCO₃ (M.-%)	C_org (M.-%)	N_t (M.-%)	C/N	pH H₂O	pH CaCl₂	KAK_pot (cmol_c/kg)	BS (%)	K₂O-DL (mg/100 g)	P₂O₅-DL (mg/100 g)
eAh1	−6	20	6,8	0,57	12	-	7,3	36	100	-	-
eAh2	−20	23	4,9	0,39	13	-	7,4	35	100	-	-
elCv-P	−45	24	3,1	0,28	13	-	7,5	30	100	-	-
emCn	−100+	44	-	-	-	-	-	-	-	-	-

Horizont	Tiefe (cm)	K-AL (mg/100 g)	P-AL (mg/100 g)
eAh1	−6	40	2
eAh2	−20	14	<1
elCv-P	−45	8	<1
emCn	−100+	-	-

(Quelle: Institut für Bodenkunde und Standortslehre, Universität Hohenheim)
(* = abgeleiteter Analysenwert)

Profil 40: Subtyp Pseudogley-Pelosol (SS-DD)

- Bodenausgangsgestein: flache Fließerde aus Tonstein und Löss über verwittertem Tonstein
- Varietät: basenreicher (Mull)Pseudogley-Pelosol (eu. muSS-DD)
- Typ: Pelosol
- Klasse: Pelosole
- Substrattyp: p-t(^t,Lo)\c-t(^t)
- WRB: Haplic Vertisol (Amphialbic, Hypereutric, Humic, Epiraptic, Endostagnic)
- Bodenregion: Mittel- und süddeutsche Löss- und Sand-lösslandschaften

- Ort: Groß Lobke, Landkreis Hildesheim, Niedersachsen
- Profilbild und Horizontabfolge: siehe Tab. 37.7
- Bodenoberflächenbild: siehe Abb. 37.8
- Analysendaten: siehe Tab. 37.8
- Autor: Ernst Gehrt

Vorkommen und Ausgangsgesteine

Die Pseudogley-Pelosole treten bevorzugt in den Tonstein-gebieten nördlich der Lössgrenze ohne Bedeckung mit glazialen Gesteinen auf. Im Bergland finden sich diese Böden kleinräumig unter Ackernutzung nach weitgehender Erosion der lössführenden Hauptlage über Tonsteinver-witterung.

Tab. 37.7 Profilbild und Horizontabfolge Profil 40

Profilbild	Horizontgrenze (cm)	Horizonte und ihre Eigenschaften	
	−8	**Ah** p-t(^t,Lo)	mittel schluffiger Ton; dunkelgelblichgraubraun (10YR 4/3); Subpolyeder- und Polyedergefüge; mittel humos; stark durchwurzelt
	−25	**rAp** p-t(^t,Lo)	mittel schluffiger Ton; dunkelgelblichgraubraun (10YR 4/3); Klumpen- und Polyedergefüge; mittel humos; stark durchwurzelt
	−60	**IIP** c-t(^t)	schwach schluffiger Ton; sehr dunkelgrünlichgrau (10GY 5/1); Eisenoxide (fleckig, geringer Flächenanteil) und Bleichflecken (geringer Flächenanteil); Rissgefüge; sehr schwach humos; mittel durchwurzelt
	−100	**IIeSwd** c-t(^t)	schwach schluffiger Ton; sehr dunkelgrünlichgrau (10GY 5/1); Eisenoxide (fleckig, extrem hoher Flächenanteil) und Bleichflecken (extrem hoher Flächenanteil); Riss- und Kohärentgefüge; mittel carbonathaltig; sehr schwach durchwurzelt
	−140+	**IIeSd** c-t(^t)	reiner Ton; sehr dunkelgrünlichgrau (10GY 5/1); Eisenoxide (fleckig, extrem hoher Flächenanteil) und Bleichflecken (sehr hoher Flächenanteil); Kohärentgefüge; carbonatreich

Quelle: E. Gehrt (Bild bearbeitet)

Abb. 37.8 Bei Austrocknung entstehen im Pelosol tiefe Schrumpfrisse (Quelle: E. Gehrt)

Tab. 37.8 Analysendaten Profil 40

Horizont	Tiefe (cm)	Skelett (Vol.-%)	Sand (M.-%)	Schluff (M.-%)	Ton (M.-%)	Gesamtporen (Vol.-%)	Luftkapazität (Vol.-%)	nutzbare Feldkap. (Vol.-%)	Totwasser (Vol.-%)	Lagerungsdichte (g/cm³)
Ah	−8	0	3	59	38	-	-	-	-	-
rAp	−25	0	4	58	38	56	8	13	-	-
IIP	−60	0	0	47	53	51	8	8	-	-
IIeSwd	−100	0	0	37	63	51	-	9	-	-
IIeSd	−140+	0	0	33	67	-	-	-	-	-

Horizont	Tiefe (cm)	CaCO₃ (M.-%)	C$_{org}$ (M.-%)	N$_t$ (M.-%)	C/N	pH H$_2$O	pH CaCl$_2$	KAK$_{pot}$ (cmol$_c$/kg)	BS (%)	K$_2$O-DL (mg/100 g)	P$_2$O$_5$-DL (mg/100 g)
Ah	−8	-	-	-	-	-	5,8	32,2	82	3	-
rAp	−25	-	-	-	-	-	6,2	30,4	86	1	-
IIP	−60	-	-	-	-	-	6,3	33,0	92	2	-
IIeSwd	−100	4,6	-	-	-	-	6,7	34,8	99	4	-
IIeSd	−140+	16,2	-	-	-	-	7,1	27,6	99	7	-

(Quelle: Landesamt für Bergbau, Energie und Geologie, Hannover)

(* = abgeleiteter Analysenwert)

Bodenprozesse und –eigenschaften

Die dominante Prägung des Bodens ist durch Quellung bei Wasserüberschuss und Schrumpfung bei Trockenheit der Tone bis in 60 bis 100 cm Tiefe zu charakterisieren. In der Nassphase liegen Staunässe und reduzierende Verhältnisse in den Schrumpfrissen vor. In den Aggregaten erfolgt Lufteinschluss und Oxidation. Die deutliche Humusanreicherung im Oberboden ist durch schlechten Humusabbau bedingt. In der Trockenphase schrumpft der Ton, und es bilden sich tiefe Schrumpfrisse. Der hohe Totwasseranteil im Ton kann durch die Pflanze nicht genutzt werden.

Nutzung und Vegetation

Die überwiegende Nutzung ist Grünland und Acker.

Gefährdung

Bei ackerbaulicher Nutzung ist die Bestellung auf den spezifischen Wasserhaushalt einzustellen (Minutenboden). Die Bearbeitung bei zu hohen Wassergehalten führt zu Gefügeschäden und Verdichtung, zu trocken ist der Boden nur schwer zu bearbeiten.

Klasse N: Andosole

Reinhold Jahn und Peter Schad

Inhaltsverzeichnis

Die Andosole werden in der Deutschen Bodensystematik neu aufgenommen (in der KA5 nicht ausgewiesen und für die KA6 vorgesehen). Sie ersetzen einen großen Teil der bislang als Lockerbraunerden relativ unspezifisch klassifizierten Böden.

38.1 Allgemeine Charakteristika

Andosole sind häufig tiefreichend humose und chemisch sehr reaktive terrestrische Böden unterschiedlichen Versauerungsgrades mit pH-abhängiger Ladung und hoher Anionen-Austauschkapazität. Charakteristisch sind die große Lockerheit (sehr hohes Porenvolumen) sowie die Akkumulation von Mineralen mit Nahordnung oder stabilen organo-mineralischen Komplexen. Durch eine schmierige Konsistenz beim Quetschen von Feinerde zwischen den Fingern (Greasing-Effekt, Thixotropie) in Verbindung mit der lockeren Lagerung lassen sie sich im Gelände erkennen. Die andischen Eigenschaften lassen sich in carbonatfreien Böden auch durch den Natriumfluorid-Feldtest nach Fieldes und Perrott (1966) identifizieren, da in NaF gemessene pH-Werte $\geq 9{,}5$ bzw. positive Reaktion mit Phenolphthalein auf OH-reiche Substanzen wie Allophan und/oder Aluminium-Humus-Komplexe hinweisen.

38.2 Verbreitungsgebiete

Andosole entwickeln sich aus Gesteinen mit hohen Anteilen an vulkanischen Gläsern. Dazu gehören z. B. junge basaltische Vulkanite der Eifel oder junge phonolithische und rhyolithische Vulkanite, wie sie etwa in der Laacher-See-Tephra zu finden sind. Daneben können sie auch im humiden Klima der Mittelgebirge aus glasfreien Silikatgesteinen (Vulkaniten, Graniten und Gneisen) entstehen. Ein typisches Vorkommen von Andosolen zeigt Abb. 38.1. Potentielle Verbreitungsgebiete der Klasse der Andosole in Deutschland werden in der Karte Abb. 38.2 gezeigt.

R. Jahn (✉)
ehemals Universität Halle, Halle, Deutschland

P. Schad
Technische Universität München, TUM School of Life Sciences, Lehrstuhl für Bodenkunde, Freising-Weihenstephan, Deutschland

© Springer-Verlag GmbH Deutschland, ein Teil von Springer Nature 2023
H. Joisten et al. (Hrsg.), *Böden Deutschlands, Österreichs und der Schweiz*, https://doi.org/10.1007/978-3-8274-2284-2_38

Abb. 38.1 Vorkommen von Andosolen (Silandosolen) in der Umgebung des Windsborn-Kratersees. Naturschutzgebiet Reihenkrater Mosenberg, Gemeinde Bettenfeld/Eifel (Quelle: R. Jahn)

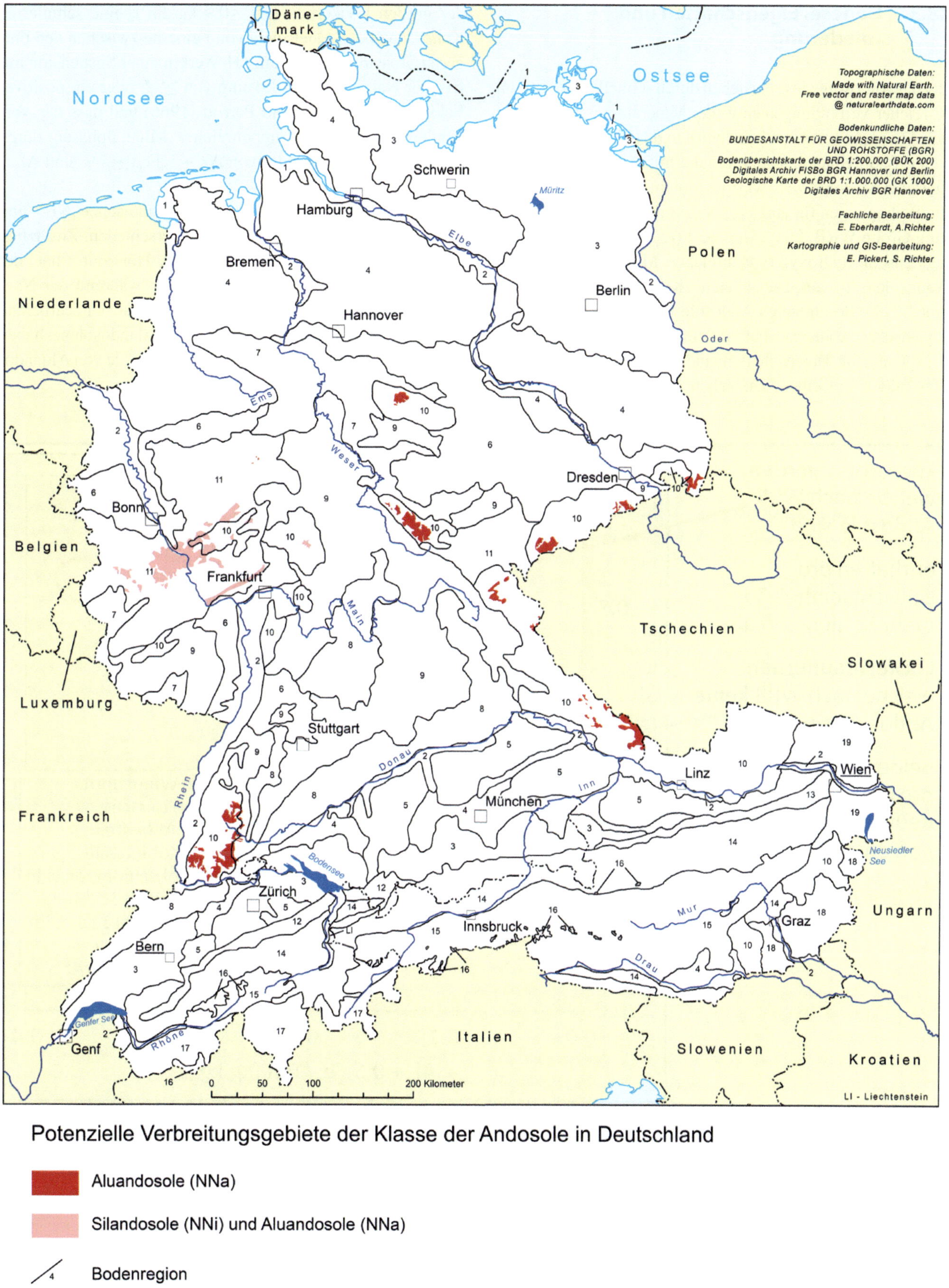

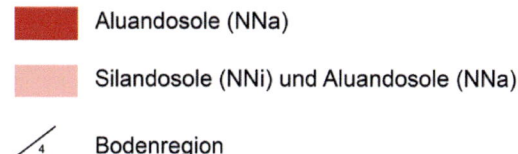

Potenzielle Verbreitungsgebiete der Klasse der Andosole in Deutschland

■ Aluandosole (NNa)

■ Silandosole (NNi) und Aluandosole (NNa)

╱ Bodenregion

Abb. 38.2 Potentielle Verbreitungsgebiete der Klasse der Andosole in Deutschland

38.3   Genese, Eigenschaften und Gliederung

Bei der Andosolgenese entstehen durch schnelle Verwitterung Si-reicher Verbindungen entweder Minerale mit Nahordnung wie Allophan, Imogolit, Ferrihydrit und Hisingerit oder, unter sauen Bedingungen, stabile organo-mineralische Komplexe. Dieser Andosolprozess wird als dominant angesehen, wenn die Bedingungen für andic properties nach WRB (IUSS Working Group WRB, 2014, Update 2015) erfüllt sind. Das Vorhandensein hydroxylgruppenreicher Mineralphasen macht Andosole zu ausgezeichneten Kohlenstoffspeichern (s. Abb. 38.3). So enthalten Andosole je kg Ton deutlich mehr organischen Kohlenstoff als andere terrestrische Böden.

Spezifische Eigenschaften und diagnostische Merkmale von Böden mit einem andischen Nv-Horizont sind, neben der großen Lockerheit (Ld $\leq$0,9 kg/dm^3), eine schmierige Konsistenz beim Quetschen von Feinerde zwischen den Fingern (Greasing-Effekt), ein pH-Wert in einer Suspension mit frischer Natriumfluorid-Lösung von $\geq$9,5 oder ein positiver Feldtest nach Fieldes und Perrott (1966) und dass das Vorhandensein hydroxylgruppenreicher Mineralphasen durch oxalsäurelösliche Gehalte von $Al_o + \frac{1}{2}Fe_o \geq 2$ % und $Al_o > Fe_o$ indiziert wird.

Der Nv-Horizont wird in einen silandischen Niv- und einen aluandischen Nav-Horizont unterschieden. Zusätzlich zu den Definitionskriterien des Nv-Horizonts hat der Niv-Horizont einen Si_o-Gehalt $\geq$0,6 %, während der Nav-Horizont einen Si_o Gehalt <0,6 % aufweist. Unbearbeitete humusreiche Oberbodenlagen von Silandosolen haben typischerweise einen pH-Wert (H_2O) um 5, die von Aluandosolen meist unter 4,5.

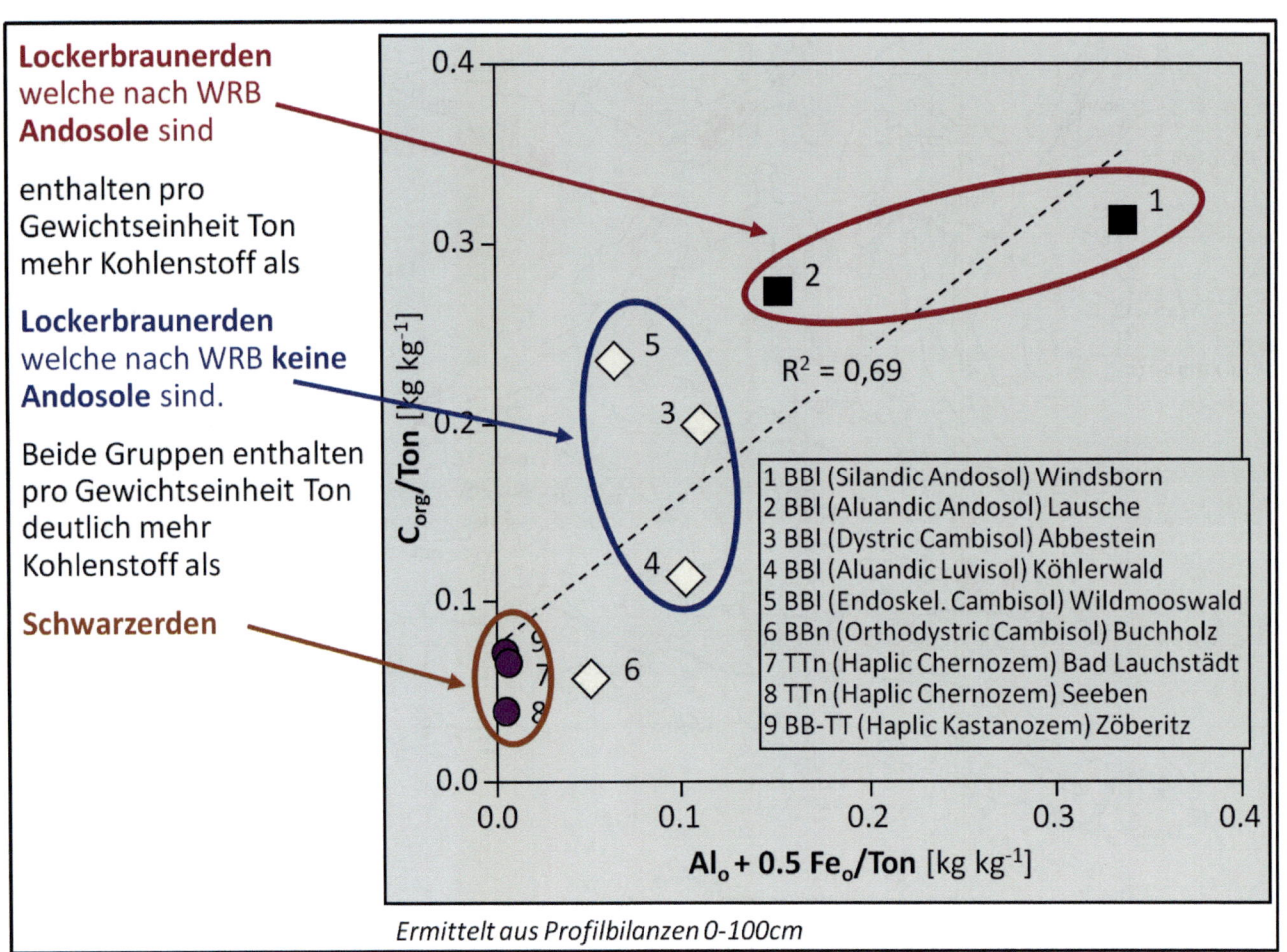

Abb. 38.3 Menge organischen Kohlenstoffs je Gewichtseinheit Ton als Funktion der Eigenschaften des Tons ($Al_o + \frac{1}{2}Fe_o$ = oxalatlösliches Al und Fe als Index für das Vorhandensein von Mineralen mit Nahordnung) (Quelle: Kleber und Jahn 2007)

38.4 Typ und Subtypen

In Deutschland gehört zur Klasse der Andosole nur der Typ Andosol, welcher neben Übergängen zu anderen Böden in die Subtypen Silandosol und Aluandosol unterschieden wird. Silandosole mit A/Niv/-Profil kommen z. B. auf jungen basaltischen Vulkanoklastika der Eifel vor. Aluandosole mit A/Nav/-Profil sind typischer für die phonolitischen und rhyolitischen Vulkanite der Laacher-See-Tephra sowie für Mittelgebirgslagen mit Graniten und Gneisen. In beiden Subtypen müssen die andischen Merkmale innerhalb der ersten 3 dm auftreten und ≥3 dm mächtig sein.

Als Übergänge zu anderen Bodentypen wurden bislang Lockerranker-Andosol (mit ilCv-Nv- oder geringmächtigem Nv- über ilCv- oder ilCv-Nv-Horizont) und Andosol-Lockerranker (mit Nv-ilCv-Horizont) sowie Braunerde-Andosol (mit Bv-Nv-Horizont oder N..-Horizont in 4 – <7 dm unter MOF über (II)Bv-Horizont) und Andosol-Braunerde (mit Nv-Bv-Horizont oder Bv-Nv- oder N..-Horizont über einem (II)Bv-Horizont) definiert. Übergänge zu Lockerrankern kommen insbesondere in erodierten Bereichen der Laacher-See-Tephra vor, während Übergänge zu Braunerden vor allem bei Mischsubstraten als Ausgangsmaterial auftreten. Es könnte Übergänge zu weiteren Bodentypen geben, die bislang noch nicht beschrieben sind.

Typ

- Andosol

Subtypen

- Silandosol
- Aluandosol
- Lockerranker-Andosol
- Braunerde-Andosol

38.5 Klassifikation nach WRB

Peter Schad

In der WRB ist die Gruppe der Andosols weiter gefasst. Zu ihr gehören zum einen die Andosole, wie sie in der KA6 definiert sind. Ist jedoch noch ein gewisser Anteil an leicht verwitterbaren vulkanischen Gläsern vorhanden, so gelten für die Einordnung als Andosol niedrigere Grenzwerte für die Gehalte an oxalsäurelöslichem Aluminium und Eisen und sowie für die Phosphatretention, Diese Böden wären in der KA6 überwiegend als Übergangssubtypen Lockerranker-Andosol oder Andosol-Lockerranker einzustufen.

38.6 Ausgewählte Bodenprofile

Profil 41: Subtyp Braunerde-Andosol (BB-NN)

- Bodenausgangsgestein: Fließerde aus Tephra und Löss über Fließerde aus Tephra und Residuallehm
- Varietät: basenarmer lessivierter podsoliger humusreicher (Moder)Braunerde-Andosol (dy.l.p.x.moBB-NN)
- Typ: Andosol
- Klasse: Andosole
- Substrattyp: p-(z)t(V,Lo)/p-(z)u(V,Lr)//p-zu(Lr,V)
- WRB: Hyperdystric Amphialuandic Andosol (Nechic, Katosiltic)
- Bodenregion: Berg- und Hügelländer mit hohem Anteil an Magmatiten und Metamorphiten
- Ort: Vogelsberg, Köhlerwald, Vogelsbergkreis, Hessen
- Humusform: Moder
- Profilbild und Horizontabfolge: siehe Tab. 38.1
- Bodenlandschaftsbild: siehe Abb. 38.4
- Analysendaten: siehe Tab. 38.2
- Autor: Reinhold Jahn, Christian Mikutta

Vorkommen und Ausgangsgesteine

Andosole werden neu in die deutsche Bodensystematik aufgenommen. Bislang wurden diese Böden bei den Lockerbraunerden eingeordnet. Bei den Andosolen gibt es zwei Normsubtypen, den Silandosol und den Aluandosol. Aluandosole entwickeln sich aus jungen phonolithischen und rhyolithischen Vulkaniten mit hohen Anteilen an vulkanischen Gläsern, wie sie etwa in der Laacher-See-Tephra oder in Schlacken zu finden sind. Weitere Vorkommen gibt es auf Graniten und Gneisen im humiden Klima der Mittelgebirge. Nach WRB entsprechen sie dem Aluandic Andosol. Im Vergleich zu den Silandosolen sind Aluandosole stärker versauert, nährstoffärmer und enthalten weniger oxalatlösliches Silizium. Das vorliegende Beispiel weist bis 57 cm eine Fließerde aus Tephra und Löss auf, in der die Nav-Horizonte entwickelt sind, und darunter eine Fließerde aus Tephra und Residuallehm, in der sich Btv-Horizonte gebildet haben. Der Boden stellt somit einen Übergang vom Aluandosol zur Braunerde dar und wird als Braunerde-Andosol bezeichnet.

Tab. 38.1 Profilbild und Horizontabfolge Profil 41

Profilbild	Horizontgrenze (cm)	Horizonte und ihre Eigenschaften	
	+4	**L**	
	+3	**Of**	
	+1	**Oh**	
	−3	**Aeh** p-(z)t(V,Lo)	mittel schluffiger Ton, schwach grusig; sehr dunkelbraungrau (7,5 YR 3/2); schwach gebleicht (diffus); Subpolyeder; extrem humos; stark durchwurzelt
	−13	**Nav-Ah** p-(z)u(V,Lo)	stark toniger Schluff, mittel grusig; sehr dunkelbraun (7,5YR 3/4); Subpolyedergefüge; sehr stark humos; mittel durchwurzelt
	−33	**Nav1** p-(z)t(V,Lo)	stark schluffiger Ton, mittel grusig; dunkelgelblichbraun (10YR 4/6); Subpolyedergefüge; stark humos; mittel durchwurzelt
	−57	**Nav2** p-(z)t(V,Lo)	stark toniger Schluff, schwach grusig; dunkelorangebraun (7,5YR 4/6); Tonbeläge (sehr geringer Flächenanteil); Polyedergefüge; mittel humos; sehr schwach durchwurzelt
	−87	**IIBtv1** p-(z)u(V,Lr)	stark toniger Schluff, mittel grusig; dunkelorangebraun (7,5YR 4/6); Tonbeläge (geringer Flächenanteil); Polyedergefüge; mittel humos
	−107	**IIBtv2** p-(z)u(V,Lr)	stark toniger Schluff, mittel grusig; dunkelorangebraun (7,5YR 4/6); Tonbeläge (geringer Flächenanteil); Polyedergefüge; mittel humos; sehr schwach durchwurzelt
	−124	**IIIBtv1** p-zu(Lr,V)	schluffiger Lehm, stark grusig; dunkelorangebraun (7,5YR 4/6); Tonbeläge (mittlerer Flächenanteil); Polyedergefüge,parallelepipedrisch; sehr schwach humos
	−134+	**IIIBtv2** p-uz(Lr,V)	schluffiger Lehm, sehr stark grusig; dunkelorangebraun (7,5YR 4/6); Tonbeläge (mittlerer Flächenanteil); Polyedergefüge,parallelepipedrisch; sehr schwach humos

Quelle: Universität Halle, Bodenkunde u. Bodenschutz, R. Jahn (Bild bearbeitet)

Abb. 38.4 Blick Richtung Nesselberg (Quelle: Universität Halle, Bodenkunde u. Bodenschutz, R. Jahn (Bild bearbeitet))

Bodenprozesse und -eigenschaften

Neben der Verbraunung und Verlehmung hat hier eine Andolisierung in Form einer Anreicherung von Aluminium-Humus-Komplexen stattgefunden (s. erhöhte Al_o- und Al_p-Gehalte). Eine sehr geringe Lagerungsdichte und eine hohe Phosphatsorptionskapazität (s. P_{sorb}) sowie starke Versauerung sind weitere charakteristische Eigenschaften. Durch eine sehr lockere Lagerung lassen sie sich im Gelände erkennen. Zudem haben Andosole in NaF gemessene pH-Werte von >9,5. Hohe Al_o- und Fe_o-Gehalte (Al_o + $0,5Fe_o$ >2 %) sowie geringe Si_o-Gehalte (<0,6 %) qualifizieren den Nav-Horizont.

Nutzung und Vegetation

Aluandosole und ihre Übergangssubtpyen befinden sich weitgehend in Mittelgebirgen unter verschiedenen Waldformen. Säurezeiger sind häufig zu finden.

Gefährdung

Nach Entwaldung sind die Aluandosole an Hängen erosionsgefährdet. Nadelgehölze fördern die Versauerung, sodass auch eine leichte Podsolierung eintreten kann. Aluandosole sind insgesamt in Deutschland relativ selten aber wahrscheinlich von größerer Verbreitung als Silandosole.

Tab. 38.2 Analysendaten Profil 41

Horizont	Tiefe (cm)	Skelett (Vol.-%)	Sand (M.-%)	Schluff (M.-%)	Ton (M.-%)	Gesamtporen (Vol.-%)	Luftkapazität (Vol.-%)	nutzbare Feldkapazität (Vol.-%)	Totwasser (Vol.-%)	Lagerungsdichte (g/cm³)
L	4	0	-	-	-	-	-	-	-	-
Of	3	0	-	-	-	-	-	-	-	-
Oh	1	0	-	-	-	-	-	-	-	-
Aeh	−3	7	7	63	30	-	-	-	-	-
Nav-Ah	−13	12	9	69	22	-	-	-	-	0.5
Nav1	−33	11	8	65	27	-	-	-	-	0.7
Nav2	−57	9	11	70	19	-	-	-	-	0.9
IIBtv1	−87	16	12	70	18	-	-	-	-	1.1
IIBtv2	−107	11	12	70	18	-	-	-	-	1.1
IIIBtv1	−124	43	21	57	22	-	-	-	-	1.6
IIIBtv2	−134+	54	26	54	20	-	-	-	-	-

Horizont	Tiefe (cm)	$CaCO_3$ (M.-%)	C_{org} (M.-%)	N_t (M.-%)	C/N	pH H_2O	pH KCl	pH NaF	KAK_{pot} ($cmol_c$/kg)	BS (%)	K_2O-DL (mg/100g)
L	4	-	-	-	-	-	-	-	-	-	-
Of	3	-	-	-	-	-	-	-	-	-	-
Oh	1	-	-	-	-	-	-	-	-	-	-
Aeh	−3	-	16.2	0.61	27	4.3	3.2	7.4	47	16	29
Nav-Ah	−13	-	7.8	0.32	24	4.6	3.9	11.1	30	2	7
Nav1	−33	-	3.3	0.16	21	4.6	4.1	11.1	-	-	1
Nav2	−57	-	1.6	0.11	14	4.5	4.1	11.1	19	1	1
IIBtv1	−87	-	1.3	0.12	11	4.3	4.2	11.2	17	1	1
IIBtv2	−107	-	1.5	0.14	10	4.5	4.1	11.2	-	-	3
IIIBtv1	−124	-	0.3	0.03	10	4.5	3.9	10.7	24	2	3
IIIBtv2	−134+	-	0.3	0.03	12	5.1	4	10.4	25	12	5

Horizont	Tiefe (cm)	P_2O_5-DL (mg/100g)	Fe_d (g/kg)	Fe_o (g/kg)	Si_o (g/kg)	Al_o (g/kg)	Al_p (g/kg)	$Fe_{o/d}$	$Al_{p/o}$	Al_o+0,5Fe_o (M.-%)	P_{sorb} (%)
L	4	-	-	-	-	-	-	-	-	-	-
Of	3	-	-	-	-	-	-	-	-	-	-
Oh	1	-	-	-	-	-	-	-	-	-	-
Aeh	−3	0.9	23.5	14.4	1.7	5.1	10.2	0.61	2	1.23	65
Nav-Ah	−13	0.4	33.6	17.6	2.8	17.1	30.8	0.53	1.8	2.59	92
Nav1	−33	0.2	33.2	14.5	3.9	14.1	24.9	0.44	1.8	2.14	93
Nav2	−57	0.2	27.6	13.3	6.1	14.1	13.1	0.48	0.9	2.07	92
IIBtv1	−87	0.3	27.6	11.5	4.9	13.1	9.7	0.42	0.7	1.88	90
IIBtv2	−107	0.4	29.5	11.1	4.2	12.4	10	0.38	0.8	1.8	90
IIIBtv1	−124	0.4	56.4	16.5	6	8.9	7.1	0.29	0.8	1.71	85
IIIBtv2	−134+	0.3	71.8	15.1	5.2	8.5	7.2	0.21	0.8	1.61	82

(Quelle: Kleber, M., Mikutta, C., Jahn, R., 2004)

Profil 42: Subtyp Silandosol (NNi)

- Bodenausgangsgestein: Fließerde aus Vulkanschlacke
- Varietät: mittelbasischer humureicher (Mull)Silandosol (m.x.muNNi)
- Typ: Andosol
- Klasse: Andosole
- Substrattyp: p-lz(Vs)\p-uz(Vs)
- WRB: Dystric Skeletic Anoumbric Anosilandic Andosol (Katosiltic, Thixotropic)

- Bodenregion: Berg- und Hügelländer mit hohem Anteil an Ton- und Schluffschiefern
- Ort: Südl. Vulkaneifel, Windsborn-Krater bei Manderscheid, Lkr. Bernkastel-Wittlich, Rheinland-Pfalz
- Humusform: L-Mull
- Profilbild und Horizontabfolge: siehe Tab. 38.3
- Bodenlandschaftsbild: siehe Abb. 38.5
- Analysendaten: siehe Tab. 38.4
- Autor: Reinhold Jahn

Tab. 38.3 Profilbild und Horizontabfolge Profil 42

Profilbild	Horizontgrenze (cm)	Horizonte und ihre Eigenschaften	
	−13	**Ah** p-lz(Vs)	schwach sandiger Lehm, sehr stark grusig; rotbräunlichschwarz (5YR 2,5/2); Krümel- und Subpolyedergefüge; stark humos; sehr stark durchwurzelt
	−37	**Niv-Ah** p-uz(Vs)	sandig-lehmiger Schluff, sehr stark grusig; sehr dunkelrötlichbraungrau (5YR 3/3); Subpolyedergefüge; mittel humos; sehr stark durchwurzelt
	−57	**IINiv** p-uz(Vs)	sandiger Schluff, sehr stark grusig; sehr dunkelrötlichbraungrau (5YR 3/3); thixotrop; Subpolyedergefüge; schwach humos; stark durchwurzelt
	−90	**IIBv-Niv** p-uz(Vs)	sandiger Schluff, sehr stark grusig; sehr dunkelbraun (7,5YR 3/4); thixotrop; Subpolyeder- bis Kohärentgefüge; schwach humos; mittel durchwurzelt
	−120	**IINiv-ilCv** p-uz(Vs)	sandiger Schluff, sehr stark grusig; sehr dunkelbraun (7,5YR 3/4); thixotrop; Einzelkorngefüge; schwach humos; sehr schwach durchwurzelt
	−130+	**IIIilCv** vu-z(Vs)	reiner Sand, extrem stark grusig; sehr dunkelbraun (7,5YR 3/4); Einzelkorngefüge; sehr schwach humos

Quelle: Universität Bonn, INRES-Bodenwissenschaften, S. Pätzold (Bild bearbeitet)

Abb. 38.5 Blick von Bettenfeld auf die Mosenberg-Gruppe; linke Bildhälfte: Windsborn-Krater, rechte Bildhälfte: Mosenberg-Doppelvulkan, Eifel (Quelle: R. Jahn)

Tab. 38.4 Analysendaten Profil 42

Horizont	Tiefe (cm)	Skelett (Vol.-%)	Sand (M.-%)	Schluff (M.-%)	Ton (M.-%)	Gesamtporen (Vol.-%)	Luftkapazität (Vol.-%)	nutzbare Feldkap. (Vol.-%)	Totwasser (Vol.-%)	Lagerungsdichte (g/cm³)
Ah	−13	50	32	49	19	-	-	-	-	0.76
Niv-Ah	−37	59	29	55	16	-	-	-	-	0.75
IINiv	−57	52	32	61	7	-	-	-	-	0.76
IIBv-Niv	−90	62	38	59	3	-	-	-	-	0.95
IINiv-ilCv	−120	64	37	60	3	-	-	-	-	0.92
IIIilCv	−130+	88	92	6	2	-	-	-	-	0.89

Horizont	Tiefe (cm)	$CaCO_3$ (M.-%)	C_{org} (M.-%)	N_t (M.-%)	C/N	pH H_2O	pH KCl	pH NaF	KAK_{pot} (cmol$_c$/kg)	BS (%)	K_2O-DL (mg/100g)
Ah	−13	-	7.1	0.45	16	5.6	4.6	10.3	39	23	76
Niv-Ah	−37	-	3.8	0.27	14	5.6	4.5	10.5	29	10	13
IINiv	−57	-	1.4	0.11	13	6.2	5.5	10.5	21	21	5
IIBv-Niv	−90	-	1.1	0.07	16	6.6	5.5	10.4	20	38	19
IINiv-ilCv	−120	-	0.9	0.06	15	6.7	5.7	10.4	22	37	29
IIIilCv	−130+	-	0.5	0.02	-	6.4	5.8	7.7	-	-	-

Horizont	Tiefe (cm)	P_2O_5-DL (mg/100g)	Fe_d (g/kg)	Fe_o (g/kg)	Si_o (g/kg)	Al_o (g/kg)	Al_p (g/kg)	$Al_{p/o}$	$Fe_{o/d}$	$Al_o+0,5Fe_o$ (M.-%)	P_{sorb} (%)
Ah	−13	0.4	22.2	11.4	7.6	20.2	7.9	0.4	0.51	2.6	90
Niv-Ah	−37	0.3	24.6	12.5	8.4	22	5.9	0.3	0.51	2.8	92
IINiv	−57	0.2	22.2	12.2	13.3	25.4	2.2	0.1	0.55	3.2	90
IIBv-Niv	−90	0.2	16.5	8	13.3	21.7	1.3	0.1	0.49	2.6	83
IINiv-ilCv	−120	0.3	16.7	8	13.2	21.3	1.4	0.1	0.48	2.5	80
IIIilCv	−130+	-	8.9	5.2	10.1	13.2	0.6	0	0.59	1.6	38

(Quelle: Kleber, M., Mikutta, C., Jahn, R., 2004)

Vorkommen und Ausgangsgesteine

Andosole werden neu in die deutsche Bodensystematik aufgenommen. Bislang wurden diese Böden bei den Lockerbraunerden eingeordnet. Bei den Andosolen gibt es zwei Normsubtypen, den Silandosol und den Aluandosol. Silandosole
entwickeln sich aus Gesteinen mit hohen Anteilen an vulkanischen Gläsern, wie sie etwa in jungen basaltischen Vulkaniten
der Eifel zu finden sind. Die Verwitterung erfolgt, zumindest
im Anfangsstadium, in einem eher neutralen bis schwach sauren Milieu. Sie entsprechen nach WRB dem Silandic Andosol.
In diesem Profil ist das Ausgangsgestein eine Fließerde aus
Vulkanschlacke, die reich an vulkanischen Gläsern ist.

Bodenprozesse und -eigenschaften

Neben der Verbraunung hat hier der bodenbildende Prozess
der Andolisierung eingesetzt. Dabei werden röntgenamorphe
und wasserhaltige Tonminerale mit reaktiven OH-Gruppen
gebildet, welche sich mit Oxalsäure auflösen lassen (s. erhöhte Al_o- und Si_o-Gehalte). Eine sehr geringe Lagerungsdichte (die hier angegebenen Analysenwerte sind durch den
mitgemessenen Grus etwas zu hoch), eine hohe Phosphatsorptionskapazität (s. Analysendaten) sowie eine mäßige
Versauerung sind weitere charakteristische

Eigenschaften. Wegen des hohen Gehalts OH-haltiger
mineralischer Verbindungen sind diese Böden gute
Kohlenstoffspeicher. Durch eine schmierige Konsistenz
beim Quetschen von Feinerde zwischen den Fingern
(Thixotropie) in Verbindung mit der lockeren Lagerung
lassen sich diese seltenen Böden im Gelände erkennen.
Die andischen Eigenschaften lassen sich in sauren Böden
durch den Natriumfluorid-Feldtest nachweisen. In NaF gemessene pH-Werte >9,5 weisen auf andische Eigenschaften hin.

Nutzung und Vegetation

Der grusige Silandosol an steileren Hängen von Vulkanen ist
ein Standort der bewaldeten Mittelgebirge. Am steilen Hang
des Windsbornkraters bei Manderscheid (Eifel) hat sich nach
Walddevastierung ein Laub-Mischwald gebildet.

Gefährdung

Nach Entwaldung sind Silandosole an Hängen erosionsgefährdet. Eine weitere Gefährdung stellt der Abbau von
Vulkaniten dar. Silandosole sind insgesamt in Deutschland
selten und besonders schutzwürdig.

Literatur

Fieldes, M., Perrott, K.W (1966): The nature of allophane soils: 3. Rapid field and laboratory test for Allophane. – New Zealand Journal of Forestry Science, 9: 623–629

IUSS Working Group WRB (2015): World Reference Base for Soil Resources 2014, Update 2015. Edited by P. Schad, C.W. van Huyssteen & E. Michéli. – FAO, World Soil Resources Reports 106, Rom, Italien

Kleber, M., Jahn, R. (2004): Andosols in Germany - pedogenesis and properties. CATENA 56: 67–83

Kleber, M., Jahn, R. (2007): Andosols and soils with andic properties in the German soil taxonomy. Journal of Plant Nutrition and Soil Science 170: 317–s328, Wiley-VCH GmbH, Weinheim

Klasse B: Braunerden

Karl Stahr, Fred Franzke, Peter Schad, Marek Filipinski,
Falk Hieke, Karl-Josef Sabel, Wolfgang Fleck,
Othmar Nestroy, Wolfgang Kainz, Reinhard Jochum,
Dieter Kühn, Wolfgang Brandtner und Peter Lüscher

Inhaltsverzeichnis

K. Stahr (✉)
ehemals Universität Hohenheim, Hohenheim, Deutschland

F. Franzke
terraf Ingenieurbüro, Frauenstein, Deutschland

P. Schad
Technische Universität München, TUM School of Life Sciences,
Lehrstuhl für Bodenkunde, Freising-Weihenstephan, Deutschland

M. Filipinski
Landesamt für Landwirtschaft, Umwelt und ländliche Räume,
Flintbek, Deutschland

F. Hieke
Büro für Bodenwissenschaften, Freiberg, Deutschland

K.-J. Sabel
ehemals Hessisches Landesamt für Naturschutz, Umwelt und
Geologie, Wiesbaden, Deutschland

W. Fleck
Landesamt für Geologie, Rohstoffe und Bergbau,
Freiburg, Deutschland

O. Nestroy
ehemals Technische Universität Graz, Graz, Österreich

W. Kainz
ehemals Landesamt für Geologie und Bergwesen,
Halle, Deutschland

R. Jochum
Bayerisches Landesamt für Umwelt, Augsburg, Deutschland

D. Kühn
ehemals Landesamt für Bergbau, Geologie und Rohstoffe
Brandenburg, Cottbus, Deutschland

W. Brandtner
ehemals Thüringer Landesamt für Umwelt, Bergbau und
Naturschutz, Weimar, Deutschland

P. Lüscher
ehemals Eidgenössische Forschungsanstalt für Wald, Schnee und
Landschaft, Birmensdorf, Schweiz

© Springer-Verlag GmbH Deutschland, ein Teil von Springer Nature 2023
H. Joisten et al. (Hrsg.), *Böden Deutschlands, Österreichs und der Schweiz*, https://doi.org/10.1007/978-3-8274-2284-2_39

39.1 Allgemeine Charakteristika

Für die Böden in der Klasse der Braunerden ist der Bv-Horizont charakteristisch. Der Bv-Horizont ist gekennzeichnet durch Verbraunung und in der Regel auch Verlehmung, Gefügebildung und Versauerung. Das Profil der Braunerde ist durch die Horizontabfolge Ah/Bv/Cv/lC oder mC gekennzeichnet. Die Horizontübergänge sind häufig fließend. Die Braunerden sind Weiterentwicklungen von Ah/C-Böden in denen die Humusanreicherung nicht mehr den C-Horizont erreicht und sich ein verwitterter Unterbodenhorizont einschaltet. Die wichtigsten Prozesse der Braunerde-Entwicklung sind Transformationsprozesse. Braunerden gehören der so genannten Kieselserie an. Deshalb sind die Ausgangsgesteine kalkfrei und Magmatite, Metamorphite oder Sedimente (außer Tonsteine).

Die wesentlichen Bedingungen für die Entwicklung der Braunerden sind bestimmte bodenbildende Prozesse. Dies beginnt mit der Gesteinszerteilung (Verwitterung), bei der die Feinerde mehr als 25 % ausmachen muss. In der Tiefe sind Braunerden > 30 cm entwickelt und häufig > 1 m. Die B-Horizonte sind durch Verbraunung, Verlehmung, Gefügebildung, Entbasung und Versauerung gekennzeichnet. Deshalb kommen Braunerden in der Regel nur in humiden Gebieten vor. In Mitteleuropa sind sie besonders an höherliegende Gebiete gebunden. Da die physikalische Verwitterung der meisten Festgesteine heute sehr langsam abläuft, gäbe es kaum Braunerden zu beobachten. Die große Verbreitung der Braunerden ist durch das Auftreten periglazialer Schuttdecken und periglazial/glazialer Deckschichten bedingt. Die Verwitterung ist also bei den Braunerden meist zeitlich entkoppelt von den bodenchemischen Prozessen.

Verbraunung ist die Neubildung von Goethit als dreiwertigem Eisenoxid/hydroxid. Im Regelfall geschieht die Verbraunung durch hydrolytische Verwitterung Eisen 2+-haltiger Silikate. Der neu gebildete Goethit tritt dabei an den Oberflächen der Minerale, feinverteilt im gesamten Bodenhorizont auf. Es gibt aber auch andere Wege der Entstehung von Brauneisen. Zum Beispiel durch Oxidationsverwitterung von Sulfiden, durch Reduktion und folgende Oxidation von Hämatit, durch Säureverwitterung aus eisenhaltigen Mineralien (Siderit). Die Verlehmung ist Bildung von Teilchen der Tonfraktion, meist Tonmineralen aber auch Oxiden oder Bruchstücken anderer Minerale. Tonminerale können durch Umwandlung von Glimmern entstehen, durch Neubildung aus Feldspäten und Hornblenden etc. oder durch Abbau anderer Tonminerale (z. B. bei der Kaolinisation). Die Gefügebildung ist sehr unterschiedlich. Im Oberboden häufig biotisch, in den B-Horizonten aber auch abiotisch oder bei sehr sauren Braunerden durch Aluminium bedingte chemische Flockung erzeugt. Bei der hydrolytischen Verwitterung werden Alkalien (Natrium und Kalium) und Erdalkalien (Magnesium und Calcium) aus Silikaten, hauptsächlich Feldspäten, Pyroxenen, Hornblenden freigesetzt. Diese Ionen bilden in der Regel keine schwerlöslichen Verwitterungsprodukte und unterliegen deshalb beim abwärts gerichteten Sickerwasserstrom der Auswaschung. Gleichzeitig hat diese Entbasung eine Folge in der erhöhten H-Ionenbelegung der inneren Oberflächen, da bei der hydrolytischen Verwitterung die Alkalien und Erdalkalien durch H-Ionen ersetzt werden. Folgerichtig muss der Boden dabei Versauerung erleiden. Je nach Pufferung der Silikatfraktion wird der Boden bis unter pH 5 kommen. Versauerung durch anthropogen bedingte Versauerungsschübe kann auch in pH-Bereiche um 4 reichen.

39.2 Verbreitungsgebiete

Das Hauptverbreitungsgebiet der Braunerden sind die kristallinen Mittelgebirge. So der Schwarzwald, der Odenwald, der Bayerische Wald, das Fichtelgebirge, der Thüringer Wald, das Erzgebirge und der Harz. Hier finden sich Braunerden weit verbreitet auf Hochflächen, Kuppen und Hängen. In der Fußzone der Gebirge beobachtet man auch substratbedingt häufig Übergänge zu Böden der Mergelserie insbesondere zu Parabraunerden. Durch das Vorkommen alter Verwitterungsdecken ist die Verbreitung von Braunerden im

Abb. 39.1 Normbraunerde aus periglazialer Fließerde (Hauptlage) aus und über Gneiszersatz, St. Märgen, Schwarzwald (Quelle: K. Stahr)

rheinischen Schiefergebirge begrenzt und auf jung entwickelte Hänge beschränkt. Basenreiche Braunerden sind in Mitteleuropa relativ selten und kommen besonders auf toniglehmigen Sedimenten und klastischen Vulkaniten vor, wie zum Beispiel im Kaiserstuhl. Selten sind Braunerden in den Deutschen Alpen, da dort die Ausgangsgesteine überwiegend Kalksteine, Dolomite und mergelig sind. Im perhumiden Alpenvorland können sie in gut entwässerten Flächen gefunden werden.

Ein zweiter Hauptschwerpunkt der Braunerde-Verbreitung ist das Norddeutsche Tiefland mit seinen glazialen und periglazialen Sanden der Flugsandgruppe und der Decksande.

Abb. 39.1, 39.2, 39.3 und 39.4 zeigen typische Braunerden und deren Landschaften in dieser Bodenklasse. Die regionale Verbreitung der Klasse der Braunerden wird in der Karte der Abb. 39.5 dargestellt.

Abb. 39.2 Hang im Bärhalde-Granit mit Braunerden bei Neuglashütten, Südschwarzwald (Quelle: K. Stahr)

Abb. 39.3 Braunerden aus periglazialen Fließerden mit geringmächtigen Lößlehmbedeckungen. Erosionsstrukturen entlang von Tiefenlinien. Lokalität: bei Oberbobritzsch, Gemeinde Bobritzsch-Hilbersdorf, Landkreis Mittelsachsen (Quelle: Befliegung durch F. Franzke)

Abb. 39.4 Pseudogley-Braunerden aus natürlichem Bodenmaterial (Auftragsboden im Trassenbereich). Die linearen Oberflächenstrukturen zeichnen die Verlegung der Erdgastrasse Opal nach, die Sachsen auf einer Länge von einer Länge von 106 km durchquert. Die hellen Flecken sind substratbedingte Heterogenitäten bedingt durch Erosion. Lokalität: Großdobritz, Gemeinde Niederau, Landkreis Meißen, Sachsen (Quelle: Befliegung durch F. Franzke)

Regionale Verbreitung der Klasse der Braunerden

verbreitet bis vorherrschend   *(≥ 30% Flächenanteil, Braunerden treten als Leitboden auf)*

gering verbreitet *(< 30% Flächenanteil, Braunerden treten als Begleitboden auf)*

Bodenregion

Abb. 39.5 Regionale Verbreitung der Klasse der Braunerden

39.3 Typ und Subtypen

Typ

- Braunerde (BB)

Subtypen

- Normbraunerde (BBn)
- Kalkbraunerde (BBc)
- Humusbraunerde (BBh)
- Lockerbraunerde (BBl)
- Pelosol-Braunerde (DD-BB)
- Parabraunerde-Braunerde (LL-BB)
- Fahlerde-Braunerde (LF-BB)
- Podsol-Braunerde (PP-BB)
- Pseudogley-Braunerde (SS-BB)
- Gley-Braunerde (GG-BB)

39.4 Klassifikation nach WRB

Peter Schad

In der WRB sind die Braunerden auf verschiedene Gruppen verteilt. Weisen sie mächtige dunkle Ah-Horizonte auf, so gehören sie zu den Phaeozems (hohe Basensättigung) und Umbrisols (niedriger Basensättigung). Fahlerde-Braunerden und Parabraunerde-Braunerden sind Retisols, Luvisols und Alisols. Stark sandige Braunerden werden als Arenosols angesprochen, die anderen überwiegend als Cambisols.

39.5 Ausgewählte Bodenprofile

Profil 43: Subtyp Normbraunerde (BBn)

- Bodenausgangsgestein: Geschiebedecksand über Geschiebesand
- Varietät: basenreiche lessivierte pseudovergleyte (Acker) Braunerde (eu.l.s.vBBn)
- Typ: Braunerde
- Klasse: Braunerden
- Substrattyp: p-(k)s(Sp)/g-(k)s(Sg)
- WRB: Mollic Umbrisol (Arenic, Aric, Endoraptic)
- Bodenregion: Altmoränenlandschaften
- Ort: Stemwarde, Krs. Stormarn, Schleswig-Holstein
- Profilbild und Horizontabfolge: siehe Tab. 39.1
- Bodenlandschaftsbild: siehe Abb. 39.6
- Analysendaten: siehe Tab. 39.2
- Autor: Marek Filipinski, Bernd Burbaum

Tab. 39.1 Profilbild und Horizontabfolge Profil 43

Profilbild	Horizontgrenze (cm)	Horizonte und ihre Eigenschaften	
	−32	**Ap** p-(k)s(Sp)	schwach schluffiger Sand, mittel kiesig, schwach steinig (gerundet); schwarz (10YR 2/1); Subpolyedergefüge; mittel humos; stark durchwurzelt
	−40	**Bv1** p-(k)s(Sp)	schwach lehmiger Sand, mittel kiesig, schwach steinig (gerundet); dunkelgelblichbraun (10YR 4/6); Subpolyedergefüge; schwach humos; durchwurzelt
	−60	**Bv2** p-(k)s(Sp)	schwach lehmiger Sand, mittel kiesig; gelblichbraun (10YR 5/6); Subpolyedergefüge; sehr schwach humos; schwach durchwurzelt
	−72	**IISdw-ilCbtv** g-(k)s(Sg)	reiner Sand, schwach kiesig; gelbbraun (10YR 5/8); Eisen- und Manganoxide (fleckig, mittlerer Flächenanteil); Subpolyedergefüge; sehr schwach durchwurzelt
	−100	**IISw-ilCbtv** g-(k)s(Sg)	reiner Sand, mittel kiesig, sehr schwach steinig (gerundet); gelblichbraun, hellgraustichig (10YR 6/4); Eisen- und Manganoxide (fleckig, geringer Flächenanteil); Einzelkorngefüge
	−169	**IIilCv1** g-(k)s(Sg)	reiner Sand, mittel kiesig, sehr schwach steinig (gerundet); sehr hellgelblichbraungrau (10YR 7/2); Einzelkorngefüge
	−200+	**IIilCv2** g-(k)s(Sg)	reiner Sand, mittel kiesig; sehr hellgrau (10YR 7/1); Einzelkorngefüge

Quelle: M. Filipinski (Bild bearbeitet)

Abb. 39.6 Altmoränenlandschaft
bei Fitzbek, Kreis Steinburg,
Schleswig-Holstein (Quelle:
M. Filipinski)

Tab. 39.2 Analysendaten Profil 43

Horizont	Tiefe (cm)	Skelett (Vol.-%)	Sand (M.-%)	Schluff (M.-%)	Ton (M.-%)	Gesamtporen (Vol.-%)	Luftkapazität (Vol.-%)	nutzbare Feldkap. (Vol.-%)	Totwasser (Vol.-%)	Lagerungsdichte (g/cm³)
Ap	−32	0	77	19	4	44	4	32	8	1,54
Bv1	−40	0	74	20	6	42	4	28	10	1,65
Bv2	−60	0	73	21	6	-	-	-	-	--
IISdw-ilCbtv	−72	0	91	-	-	40	13	18	10	1,65
IISw-ilCbtv	−100	0	93	-	-	41	14	15	13	1,6
IIilCv1	−169	0	97	-	-	-	-	-	-	-
IIilCv2	−200+	0	95	-	-	-	-	-	-	-

Horizont	Tiefe (cm)	CaCO₃ (M.-%)	C_{org} (M.-%)	N_t (M.-%)	C/N	pH H₂O	pH CaCl₂	KAK_{pot} (cmol_c/kg)	BS (%)	K₂O-DL (mg/100g)	P₂O₅-DL (mg/100g)
Ap	−32	-	1,6	0,14	12	-	5,4	10	51	15	22
Bv1	−40	-	0,8	0,07	12	-	5,5	6	36	11	2
Bv2	−60	-	0,4	0,05	-	-	5,9	5	34	8	1
IISdw-ilCbtv	−72	-	0,2	0,02	-	-	5,3	3	19	5	2
IISw-ilCbtv	−100	-	0,1	0	-	-	5,3	2	10	3	1
IIilCv1	−169	-	0,1	0	-	-	4,9	2	7	2	2
IIilCv2	−200+	-	0,1	0	-	-	4,7	2	6	2	2

(Quelle: Laboratorien des Umwelt- bzw. Landwirtschaftsbereiches der Landesverwaltung von Schleswig-Holstein)
(* = abgeleiteter Analysenwert)

Vorkommen und Ausgangsgesteine

Das Verbreitungsgebiet der Braunerden in den norddeutschen Altmoränenlandschaften erstreckt sich über sandig-lehmige Moränen, Schmelzwasserebenen und -rinnen und trockene Talsandniederungen, die zum Teil einer starken periglazialen Überprägung während der späten Saaleeiszeit und der Weichselvereisung unterlagen. Die Ausgangsgesteine dieser Braunerden sind oberflächennah häufig Geschiebedecksande und Fließerden und im unteren Profilteil häufig Schmelzwassersande und Geschiebesande aber auch Tal- und Beckensande, die in Schluffe übergehen können. Die Skelett-

anteile wurden nur grob geschätzt und erscheinen deshalb nicht in der Tabelle.

Bodenprozesse und -eigenschaften

Braunerden weisen neben dem durch Humusanreicherung entstandenen humosen Oberboden (Ah-Horizont) einen durch Verbraunung/Verlehmung gekennzeichneten Unterbodenhorizont (Bv-Horizont) auf. Dies ist der diagnostische Horizont der Braunerde. Er entsteht durch überwiegend chemische Verwitterung des Ausgangsgesteins und durch Mineralneubildung aus den Verwitterungsprodukten. Das kennzeichnende neu gebildete Mineral ist der Goethit, ein Eisenhydroxid, welches sich fein verteilt an den Partikeloberflächen im Bv-Horizont wiederfindet und diesem seine typische gelbbraune Farbe verleiht. Wie im Profil zu sehen, tritt als Varietätsmerkmal häufig eine Bänderung auf. Die nährstoffarmen Braunerden (häufig aus quarzreichen Sanden) neigen besonders unter Wald zur Podsolierung, während die nährstoffreichen Braunerden mit höheren Schluff- und Tonanteilen eine Tendenz zur Parabraunerde aufweisen können. Tonreichere Bodenarten bzw. verdichtete Schichten im Untergrund können wasserstauend wirken und zu entsprechenden hydromorphen Merkmalen im Unterboden führen.

Nutzung und Vegetation

Braunerden werden überwiegend als Ackerland genutzt. Sie haben aber auch einen hohen Anteil an den forstlich genutzten Böden. Ihre Standorteigenschaften im Einzelnen hängen jedoch stark vom Ausgangsmaterial und der Bodenart (Körnung) ab. Lehmige Schichten im näheren Untergrund können die Wasserversorgung der Pflanzen erheblich verbessern.

Gefährdung

Braunerden aus sandigen, eiszeitlichen Ablagerungen sind in Abhängigkeit von ihrer Bodenart mäßig bis stark wasser- und winderosionsgefährdet. Die boden-unabhängigen Faktoren, etwa die Hangneigung, können hier jedoch stark differenzierend wirken. Die Empfindlichkeit gegenüber Bodenverdichtungen ist in der Regel als gering bis mäßig anzusehen. Braunerden aus quarzreichen Sanden unter Wald sind besonders anfällig gegenüber Bodenversauerungen.

Profil 44: Subtyp Normbraunerde (BBn)

- Bodenausgangsgestein: Fließerde aus Gneis und Lösslehm über Fließerde aus Gneis
- Varietät: basenreiche (Acker)Braunerde (eu.vBBn)
- Typ: Braunerde
- Klasse: Braunerden
- Substrattyp: p-zl(*Gn,Lol)/p-z(*Gn)
- WRB: Hypereutric Skeletic Cambisol (Aric, Humic, Pantoloamic, Endoraptic)
- Bodenregion: Berg- und Hügelländer mit hohem Anteil an Magmatiten und Metamorphiten
- Ort: Flöha, Lkr. Mittelsachsen, Sachsen
- Profilbild und Horizontabfolge: siehe Tab. 39.3
- Bodenlandschaftsbild: siehe Abb. 39.7
- Analysendaten: siehe Tab. 39.4
- Autor: Falk Hieke

Tab. 39.3 Profilbild und Horizontabfolge Profil 44

Profilbild	Horizontgrenze (cm)	Horizonte und ihre Eigenschaften	
	−25	**Ap** p-(z)l(*Gn, Lol)	mittel sandiger Lehm, schwach grusig, sehr schwach steinig (kantig); dunkelgelblichgraubraun (10YR 4/3); Bröckelgefüge; mittel humos; mittel durchwurzelt
	−50	**Bv1** p-zl(*Gn, Lol)	schluffig-lehmiger Sand, stark grusig, schwach steinig (kantig); gelblichbraun (10YR 5/6); Subpolyedergefüge; sehr schwach humos; sehr schwach durchwurzelt
	−60	**Bv2** p-zl(*Gn, Lol)	schluffig-lehmiger Sand, stark grusig, schwach steinig (kantig); hellgelblichbraun (10YR 6/6); Subpolyedergefüge; sehr schwach humos; sehr schwach durchwurzelt
	−105+	**IIilCv** p-z(*Gn)	schwach lehmiger Sand, sehr stark grusig, stark steinig (kantig); orangebraun (7,5YR 5/6); Subpolyedergefüge; sehr schwach durchwurzelt

Quelle: F. Hieke (Bild bearbeitet)

Abb. 39.7 Erzgebirgsvorland
(Quelle: F. Hieke)

Tab. 39.4 Analysendaten Profil 44

Horizont	Tiefe (cm)	Skelett (Vol.-%)	Sand (M.-%)	Schluff (M.-%)	Ton (M.-%)	Gesamtporen (Vol.-%)	Luftkapazität (Vol.-%)	nutzbare Feldkap. (Vol.-%)	Totwasser (Vol.-%)	Lagerungsdichte (g/cm³)
Ap	−25	5	47	36	17	51	18	19	13	1,3
Bv1	−50	30	42	43	15	43	11	20	12	1,5
Bv2	−60	30	44	42	14	-	-	-	-	-
IIilCv	−105+	80	72	21	7	-	-	-	-	-

Horizont	Tiefe (cm)	CaCO₃ (M.-%)	C_org (M.-%)	N_t (M.-%)	C/N	pH H₂O	pH CaCl₂	KAK_pot (cmol_c/kg)	BS (%)	K₂O-DL (mg/100g)	P₂O₅-DL (mg/100g)
Ap	−25	-	1,49	0,17	9	-	5,6	9,3	-	8	7
Bv1	−50	-	0,69	0,08	9	-	5,9	5,3	-	6	<1
Bv2	−60	-	0,37	0,05	7	-	6,0	-	-	5	<1
IIilCv	−105+	-	0,32	0,05	6	-	5,9	2,2	-	4	<1

(Quelle: Sächsisches Landesamt für Umwelt, Landwirtschaft und Geologie)
(* = abgeleiteter Analysenwert)

Vorkommen und Ausgangsgesteine

Braunerden zählen zu den häufigsten Bodentypen. Sie kommen vom Tiefland bis zu den subalpinen Bereichen vor. Braunerden entstehen aus der Verwitterung unterschiedlichster Locker- und Festgesteine. Die hier gezeigte Braunerde stammt aus dem Erzgebirgsvorland. Das obere periglaziäre Bodensubstrat setzt sich aus Lösslehm und Gneis zusammen.

Bodenprozesse und -eigenschaften

Braunerden entstehen durch die Prozesse der Verbraunung und Verlehmung. Bei der Verwitterung von Mineralen (z. B. Feldspäten und Glimmern) wird Eisen oxidiert – es „rostet" (Verbraunung). Gleichzeitig werden Tonminerale gebildet, wodurch das Bodensubstrat verlehmt (Verlehmung). Mit der Verwitterung des Ausgangsgesteins bildet sich im Boden ein Gefüge aus. Braunerden sind, insofern nicht durch äußere Einwirkungen beeinträchtigt, locker und besitzen eine gute Luft- und Wasserdurchlässigkeit. Durch die Mineralverwitterung werden wichtige Pflanzennährstoffe freigesetzt.

Nutzung und Vegetation

Braunerden werden sowohl landwirtschaftlich als auch forstlich genutzt. Auf Braunerden mit einem hohen Anteil an Steinen, man sagt: skelettreiche Braunerden, stockt häufig Wald. Skelettarme Braunerden sind bevorzugte Ackerstandorte.

Gefährdung

Je nach Zusammensetzung des Substrates unterliegen vor allem ackerbaulich genutzte Braunerden der Erosion. Besonders erosionsanfällig sind skelettarme, schluffreiche Substrate. Braunerden sind verdichtungsanfällig, wenn sie mit schweren Maschinen bei hoher Bodenfeuchte befahren werden.

Profil 45: Subtyp Normbraunerde (BBn)

- Bodenausgangsgestein: Fließerde aus Tonschiefer und Löss über Fließerde aus Tonschiefer
- Varietät: mittelbasische (Mull)Braunerde (m.muBBn)
- Typ: Braunerde
- Klasse: Braunerden
- Substrattyp: p-zu(*Tsf,Lo)/p-z(*Tsf)
- WRB: Epidystric Eutric Skeletic Cambisol (Ochric, Amphiraptic, Pantosiltic, Relictiturbic)
- Bodenregion: Berg- und Hügelländer mit hohem Anteil an Ton- und Schluffschiefern
- Ort: Oestrich-Winkel, Rheingau-Taunus-Kreis, Hessen
- Humusform: F-Mull
- Profilbild und Horizontabfolge: siehe Tab. 39.5
- Bodenlandschaftsbild: siehe Abb. 39.8
- Analysendaten: siehe Tab. 39.6
- Autor: Karl-Josef Sabel

Vorkommen und Ausgangsgesteine

Die Abfolge des Ausgangsgesteins der vorliegenden Bodenform zeigt lösslehmhaltige Hauptlage über skelettreicher Basislage, was als klassisch für die deutschen Mittelgebirge

gelten darf. Die kryogene Genese der Solifluktionsdecken wird durch die pedogene Nachzeichnung der Eiskeilpseudomorphose noch hervorgehoben. Typisch ist auch die deutliche Einregelung der Gesteinskomponenten in der Basislage.

Bodenprozesse und -eigenschaften

Der optisch leicht nachvollziehbare und daher namensgebende pedogene Prozess beruht auf der Oxidation des bei der Silikatverwitterung frei gewordenen Eisens zu Goethit. Zugleich setzt auch eine Verlehmung ein, allerdings ohne markante Tonverlagerung. Die Braunerde ist oft sauer und nährstoffarm.

Nutzung und Vegetation

Die steinige Braunerde aus Haupt- über Basislage ist der klassische Standort der bewaldeten Mittelgebirge, Ackerbau ist eher selten, allenfalls Grünland.

Gefährdung

Je nach Bestockung und Ausgangsgestein setzen Versauerungsprozesse ein und tendieren zur Podsolierung. Die ubiquitäre Verbreitung der Braunerde in den Mittelgebirgen und „geringe Seltenheit" wertet zugleich ihre Bedeutung hinsichtlich der Ausgleichsmaßnahmen in der Bauplanung ab.

Tab. 39.5 Profilbild und Horizontabfolge Profil 45

Profilbild	Horizontgrenze (cm)	Horizonte und ihre Eigenschaften	
	+5,3	**L** organisch	
	+0,5	**Of** organisch	
	−3	**Ah** p-zu(*Tsf,Lo)	schluffiger Lehm, stark grusig; sehr dunkelbraungrau (7,5YR 3/2); Krümelgefüge; mittel humos; sehr stark durchwurzelt
	−10	**Bv1** p-zu(*Tsf,Lo)	schluffiger Lehm, stark grusig; dunkelgraubraun (7,5YR 4/3); Subpolyedergefüge; schwach humos; sehr stark durchwurzelt
	−50	**Bv2** p-zu(*Tsf,Lo)	schluffiger Lehm, stark grusig; gelblichbraun, dunkelgraustichig (10YR 4/4); Subpolyedergefüge; stark durchwurzelt
	−100	**IIilCv** p-z(*Tsf)	mittel toniger Schluff, extrem stark grusig; olivbraun, graustichig (2,5Y 5/4); Kohärentgefüge; schwach durchwurzelt
	−150+	**IIIimCv** c-z(*Tsf)	extrem stark grusig, schwach steinig (kantig)

Quelle: K.-J. Sabel (Bild bearbeitet)

Abb. 39.8 Hainsimsen-Buchenwald über Braunerde (Quelle: Hessenforst)

Tab. 39.6 Analysendaten Profil 45

Horizont	Tiefe (cm)	Skelett (Vol.-%)	Sand (M.-%)	Schluff (M.-%)	Ton (M.-%)	Gesamtporen (Vol.-%)	Luftkapazität (Vol.-%)	nutzbare Feldkap. (Vol.-%)	Totwasser (Vol.-%)	Lagerungsdichte (g/cm³)
L	+5,3	-	-	-	-	-	-	-	-	-
Of	+0,5	-	-	-	-	-	-	-	-	-
Ah	−3	-	-	-	-	-	-	-	-	-
Bv1	−10	-	-	-	-	-	-	-	-	-
Bv2	−50	35	15	59	26	-	-	-	-	-
IIilCv	−100	80	12	71	17	-	-	-	-	-
IIIimCv	−150+	-	-	-	-	-	-	-	-	-

Horizont	Tiefe (cm)	CaCO₃ (M.-%)	C_org (M.-%)	N_t (M.-%)	C/N	pH H₂O	pH CaCl₂	KAK_pot (cmol_c/kg)	BS (%)	K₂O-DL (mg/100g)	P₂O₅-DL (mg/100g)
L	+5,3	-	-	-	-	-	-	-	-	-	-
Of	+0,5	-	43,5	1,59	27	5,1	4,63	-	-	-	-
Ah	−3	-	1,5	0,13	12	5,3	4,5	-	-	-	-
Bv1	−10	-	0,5	0,04	13	4,8	4,0	-	-	-	-
Bv2	−50	-	-	-	-	4,5	4,0	-	-	-	-
IIilCv	−100	-	-	-	-	5,4	4,3	-	-	-	-
IIIimCv	−150+	-	-	-	-	-	-	-	-	-	-

(Quelle: Hessisches Landesamt für Naturschutz, Umwelt und Geologie)
(* = abgeleiteter Analysenwert)

Profil 46: Subtyp Normbraunerde (BBn)

- Bodenausgangsgestein: Fließerde aus Löss und Sandstein über Sandstein
- Varietät: basenarme podsolige (Moder)Braunerde (dy.p.moBBn)
- Typ: Braunerde
- Klasse: Braunerden
- Substrattyp: p-ns(Lo,^s)/c-ns(^s)/n-^s

- WRB: Dystric Skeletic Epileptic Cambisol (Humic, Loamic, Nechic, Raptic)
- Bodenregion: Berg- und Hügelländer mit hohem Anteil an nicht metamorphen carbonatischen Gesteinen
- Ort: Bönnigheim, Lkr. Ludwigsburg, Baden-Württemberg
- Humusform: Moder
- Profilbild und Horizontabfolge: siehe Tab. 39.7
- Bodenlandschaftsbild: siehe Abb. 39.9
- Analysendaten: siehe Tab. 39.8
- Autor: Wolfgang Fleck, Michael Kösel †

Tab. 39.7 Profilbild und Horizontabfolge Profil 46

Profilbild	Horizontgrenze (cm)	Horizonte und ihre Eigenschaften	
	+3,2	**L**	lockere Laubstreu
	+1,7	**Ofh**	stark zersetzte Blätter
	−3	**Ah** p-zs(Lo,^s)	mittel lehmiger Sand, stark grusig; bräunlichschwarz (7,5YR 2,5/1); Subpolyedergefüge; stark humos; stark durchwurzelt
	−7	**Aeh** p-zs(Lo,^s)	mittel lehmiger Sand, stark grusig; sehr dunkelgraubraun (7,5YR 3/3); gebleichte Sandkörner; Subpolyedergefüge; stark humos; stark durchwurzelt
	−12	**Bhsv** p-zl(Lo,^s)	stark lehmiger Sand, stark grusig, stark steinig (kantig); dunkelbraun (7,5YR 4/4); Eisenoxid- und Humusanreicherung (schwach ausgeprägt); Subpolyedergefüge; mittel humos; stark durchwurzelt
	−30	**Bv** p-ns(Lo,^s)	mittel lehmiger Sand, mittel grusig, stark steinig (kantig); gelblichgraubraun (10YR 5/3); Subpolyedergefüge; schwach humos; stark durchwurzelt
	−45	**IImCv** c-n(^s)	reiner Sand, extrem stark steinig (kantig); sehr hell gelblichgraubraun (10YR 7/3)
	−65+	**IImCn** n-^s	Sandstein

Quelle: Landesamt für Geologie, Rohstoffe und Bergbau im Regierungspräsidium Freiburg, M. Kösel † (Bild bearbeitet)

Abb. 39.9 Bewaldete Stubensandsteinstufe (Mittlerer Keuper, km4) im Osten des Strombergs, Landkreis Ludwigsburg (Quelle: Landesamt für Geologie, Rohstoffe und Bergbau im Regierungspräsidium Freiburg, W. Fleck)

Tab. 39.8 Analysendaten Profil 46

Horizont	Tiefe (cm)	Skelett (Vol.-%)	Sand (M.-%)	Schluff (M.-%)	Ton (M.-%)	Gesamtporen (Vol.-%)	Luftkapazität (Vol.-%)	nutzbare Feldkap. (Vol.-%)	Totwasser (Vol.-%)	Lagerungsdichte (g/cm³)
L	+3,2	-	-	-	-	-	-	-	-	-
Ofh	+1,7	-	-	-	-	-	-	-	-	-
Ah	−3	-	63	28	9	-	-	-	-	-
Aeh	−7	-	61	28	11	-	-	-	-	-
Bhsv	−12	-	62	26	12	-	-	-	-	-
Bv	−30	-	62	27	11	-	-	-	-	-
IImCv	−45	-	-	-	-	-	-	-	-	-
IImCn	−65+	-	-	-	-	-	-	-	-	-

Horizont	Tiefe (cm)	CaCO₃ (M.-%)	C_org (M.-%)	N_t (M.-%)	C/N	pH H₂O	pH CaCl₂	KAK_pot (cmol_c/kg)	BS (%)	K₂O-DL (mg/100g)	P₂O₅-DL (mg/100g)
L	+3,2	-	-	-	-	-	-	-	-	-	-
Ofh	+1,7	-	-	-	-	-	-	-	-	-	-
Ah	−3	-	4,5	0,2	19	3,6	3,4	112	33	-	-
Aeh	−7	-	2,6	0,1	23	3,6	3,2	90	14	-	-
Bhsv	−12	-	2,1	0,1	25	4,1	3,6	80	6	-	-
Bv	−30	-	1,0	<0,1	-	4,4	3,8	35	2	-	-
IImCv	−45	-	-	-	-	-	-	-	-	-	-
IImCn	−65+	-	-	-	-	-	-	-	-	-	-

Horizont	Tiefe (cm)	KAK_eff (cmol_c/kg)	K_CAL (mg/kg)	P_CAL (mg/kg)
L	+3,2	-	-	-
Ofh	+1,7	-	-	-
Ah	−3	43	75	9
Aeh	−7	55	33	4
Bhsv	−12	44	8	4
Bv	−30	23	8	4
IImCv	−45	-	-	-
IImCn	−65+	-	-	-

(Quelle: Landesamt für Geologie, Rohstoffe und Bergbau im Regierungspräsidium Freiburg)
(* = abgeleiteter Analysenwert)

Vorkommen und Ausgangsgesteine

Im südwestdeutschen Schichtstufenland, insbesondere im Keuperbergland, bilden meist mehr oder weniger mächtige Sandsteinfolgen die Schichtstufen. Auf konvexen Scheitelbereichen oder entlang von Stufenrändern sind die Böden meist relativ flachgründig und haben sich aus einer sandigsteinigen Fließerde auf anstehendem Sandstein gebildet. So entwickelte sich die vorliegende Normbraunerde aus einer 3 dm mächtigen, skelettreichen Fließerde (Hauptlage) auf Stubensandstein. Aufgrund solifluidaler Prozesse im Spätglazial sind flache Steine und Blöcke in der Hauptlage oft oberflächenparallel eingeregelt und nicht allein durch Verwitterung des anstehenden Stubensandsteins entstanden.

Bodenprozesse und -eigenschaften

Das Profil ist unter forstwirtschaftlicher Nutzung stark versauert und zeigt neben der deutlichen Verbraunung und Verlehmung beginnende Sauerbleichung im Oberboden (Aeh-Horizont) sowie Anreicherung von Eisen und organischer Substanz im Unterboden (Bhsv-Horizont). Die Tonmineralneubildung geht vor allem auf die Verwitterung der im Sandstein enthaltenen Feldspäte zurück. Die beginnende Podsolierung spiegelt sich auch im weiten C/N-Verhältnis und im verzögerten Streuabbau (Humusform Moder) wider. Die geringe Entwicklungstiefe und das sandig-steinige Substrat sind für die mangelnde Wasserversorgung des Baumbestandes verantwortlich.

Nutzung und Vegetation

Auf dem Standort stockt ein Eichen-Buchen-Wald, aufgrund des Wassermangels von geringer Wüchsigkeit und Holzqualität.

Gefährdung

Die Bodenform ist relativ häufig. Aufgrund der Bodeneigenschaften handelt es sich um einen typischen Waldstandort. Da eine Nutzungsänderung deshalb wenig wahrscheinlich ist, kann eine Bodengefährdung weitgehend ausgeschlossen werden.

Profil 47: Subtyp Normbraunerde (BBn); Subtyp ÖBS: Podsolige Braunerde

- Bodenausgangsgestein: Hangsedimente aus sauren metamorphen Gesteinen
- Varietät: mittelbasische podsolige (Rohhumus)Braunerde (m.p.roBBn)
- Typ: Braunerde; Typ ÖBS: Braunerde
- Klasse: Braunerden; Klasse ÖBS: Braunerden
- Substrattyp: u-lz(*Ma)\u-n(*Ma)
- WRB: Skeletic Folic Umbrisol (Loamic, Nechic, Raptic)
- Bodenregion: Alpen mit vorwiegend silikatischen Gesteinen
- Ort: Hundsfeld, Obertauern, Salzburg
- Humusform: Rohhumus
- Profilbild und Horizontabfolge: siehe Tab. 39.9
- Bodenlandschaftsbild: siehe Abb. 39.10
- Analysendaten: siehe Tab. 39.10
- Autor: Othmar Nestroy et al.

Vorkommen und Ausgangsgesteine

Dieser in hochalpinen Bereichen bei reichlichen Niederschlägen in Form von Schnee und Regen situierte Standort kann als repräsentatives Beispiel für diese Hochlagen gesehen werden. Infolge des „sauren" Ausgangsmaterials und der zu jeder Jahreszeit reichlichen Niederschläge – oft auch in Form von meterhoher Schneebedeckung – werden selbst bei Weidenutzung Prozesse der Podsolierung ausgelöst. Hangsedimente aus silikatischen, meist metamorphen Gesteinen bilden das Ausgangsgestein für diese Böden, die in Österreich vorwiegend in der Bodenregion 15 der Alpen mit vorwiegend silikatischen Gesteinen und in der Bodenregion 10 der Berg- und Hügelländer mit hohem Anteil an Magmatiten und Metamorphiten auftreten.

Bodenprozesse und -eigenschaften

Diese Standorte sind neben den Verbraunungsprozessen häufig auch durch eine schwache bis starke Podsolierung gekennzeichnet, ausgelöst von einem sehr glimmerreichen und

Tab. 39.9 Profilbild und Horizontabfolge Profil 47

Profilbild	Horizontgrenze (cm)	Horizonte und ihre Eigenschaften (in Klammern: nach ÖBS)	
	+25	Of (Mn)	Auflagehumus; dunkelbraun (7,5YR 3/3); organisch
	+15	Oh (Hzomy)	Auflagehumus; sehr viel Feinhumus; bräunlichschwarz (5YR 2/1); stark durchwurzelt
	−15	Aeh (Ahe) u-lz(*Ma)	schwach sandiger Lehm, sehr stark grusig, schwach steinig (kantig); braunschwarz (10YR 2/2); Subpolyedergefüge; sehr stark humos; stark durchwurzelt
	−35	IIBsv (Bs,v) u-sz(*Ma)	schwach lehmiger Sand, stark grusig, mittel steinig (kantig); dunkelbraun (7,5YR 4/4); Einzelkorngefüge; mittel humos; mittel durchwurzelt
	−60+	IIIBv-ilCv (BvCv) u-n(*Ma)	mittel lehmiger Sand, mittel grusig, sehr stark steinig (kantig); gelblichbraun, dunkelgraustichig (10YR 4/4); Einzelkorngefüge; mittel humos; sehr schwach durchwurzelt

Quelle: Mitt. d. Deutschen Bodenkundl. Ges. (2001), Bd. 94, Oldenburg (Bild bearbeitet)

Abb. 39.10 Hundsfeld, Obertauern (Quelle: O. Nestroy)

Tab. 39.10 Analysendaten Profil 47

Horizont	Tiefe (cm)	Skelett (Vol.-%)	Sand (M.-%)	Schluff (M.-%)	Ton (M.-%)	Gesamtporen (Vol.-%)	Luftkapazität (Vol.-%)	nutzbare Feldkap. (Vol.-%)	Totwasser (Vol.-%)	Lagerungsdichte (g/cm³)
Of (Mn)	+25	-	-	-	-	-	-	-	-	-
Oh (Hzomy)	+15	-	-	-	-	-	-	-	-	0,32
Aeh (Ahe)	−15	70	41	42	17	-	-	-	-	1,6
IIBsv (Bs,v)	−35	69	75	20	5	-	-	-	-	1,9
IIIBv-ilCv (BvCv)	−60+	82	58	33	9	-	-	-	-	2,0

Horizont	Tiefe (cm)	$CaCO_3$ (M.-%)	C_{org} (M.-%)	N_t (M.-%)	C/N	pH H_2O	pH $CaCl_2$	KAK_{pot} (cmol_c/kg)	BS (%)	K_2O-DL (mg/100g)	P_2O_5-DL (mg/100g)
Of (Mn)	+25	-	-	-	-	-	-	-	-	-	-
Oh (Hzomy)	+15	-	32,0	1,89	17	-	3,4	11,4	-	-	-
Aeh (Ahe)	−15	-	7,0	0,32	22	-	3,8	9,5	24	<3	5
IIBsv (Bs,v)	−35	-	2,1	0,09	23	-	4,4	1,8	6	<3	4
IIIBv-ilCv (BvCv)	−60+	-	2,0	0,11	18	-	4,5	1,1	-	10	4

Horizont	Tiefe (cm)	Ca (cmol_c/kg)	Mg (cmol_c/kg)	K (cmol_c/kg)	Na (cmol_c/kg)	elektr. Leitf. (µS/cm (1 : 10-Extrakt))
Of (Mn)	+25					
Oh (Hzomy)	+15	1,7	1,0	<0,1	<0,1	90
Aeh (Ahe)	−15	0,4	<0,2	0,2	<0,1	38
IIBsv (Bs,v)	−35	<0,2	<0,2	<0,1	<0,1	32
IIIBv-ilCv (BvCv)	−60+	<0,2	<0,2	<0,1	<=,1	32

(Quelle: Institut für Angewandte Geowissenschaften, Universität Graz)
(* = abgeleiteter Analysenwert)

„sauren" Ausgangsmaterial in einer niederschlagsreichen Position. Eine exakte Horizontansprache und somit eine Erfassung der Bodenprozesse wird noch dadurch erschwert, dass in der Regel zuerst die Anreicherungshorizonte erkennbar werden und erst später die oft nur geringe Bleichung sichtbar wird. Dies hängt mit dem Humusreichtum zusammen sowie mit dem reichen Mineralspektrum im Ausgangsmaterial wie auch im Oberboden. Bei einem durch Podsolie-

rung bedingten geringen Verlust wird daher eine Bleichung erst bedeutend später – nach einer starken Anreicherung – sichtbar. Diese Vorgänge gehen lagebedingt sehr langsam vor sich, weshalb diese Böden lange in einem bestimmten Stadium der Entwicklung verharren. Entsprechend der geringen Gehalte an pflanzenverfügbaren Nährstoffen und der ungünstigen klimatischen Bedingungen sind auch die Bodenfruchtbarkeit und die Wüchsigkeit gering.

Nutzung und Vegetation

Diese Flächen sind vielfach extensive Weideflächen im Bereich der Mittelalmen und werden meist von Galtvieh bestoßen. Infolge mangelnder Pflege nimmt das Krummholz überhand, und die nutzbaren Flächen wachsen zu. Dringend werden deshalb Schwenden und weitere begleitende Pflegemaßnahmen empfohlen.

Gefährdung

Die Hauptgefahr stellt die Erosion durch Wasser und auch durch Wind dar. Weitere Probleme entstehen durch mangelnde Pflege sowie durch Überbeweidung und die damit einhergehende verstärkte Ausbildung von Viehgangeln, die ausbrechen und zu Erosion führen können. Der Rückgang der Beweidung führt andererseits dazu, dass das überständige und langstängelige Gras im Schnee festfriert und dann mit diesem talwärts gleiten kann, wodurch oft beachtliche Teile des Oberbodens mitgerissen werden können. Weitere Gefahren für den Boden ergeben sich durch das Austreten von „Wegabschneidern" durch Bergwanderer wie auch durch das Befahren dieser labilen Standorte durch Mountainbiker, wodurch die Grasnarbe verletzt und Erosion eingeleitet werden kann.

Profil 48: Subtyp Kalkbraunerde (BBc)

- Bodenausgangsgestein: Hangsediment aus Terrassenkies und Sandlöss über Fließerde aus Terrassenkies
- Varietät: lessivierte (Acker)Kalkbraunerde (l.vBBc)
- Typ: Braunerde
- Klasse: Braunerden
- Substrattyp: u-(k)l(Gt,Los)/p-kl(Gt)//f-ks(Gt)
- WRB: Hypereutric Regosol (Aric, Amphiprotocalcic, Humic, Pantoloamic, Amphiraptic)
- Bodenregion: Mittel- und süddeutsche Löss- und Sandlösslandschaften
- Ort: Hessen, Lkr. Harz, Sachsen-Anhalt
- Profilbild und Horizontabfolge: siehe Tab. 39.11
- Bodenlandschaftsbild: siehe Abb. 39.11
- Analysendaten: siehe Tab. 39.12
- Autor: Wolfgang Kainz

Vorkommen und Ausgangsgesteine

Die Kalkbraunerde ist ein seltener Boden. Das vorgestellte Beispiel wurde im Grenzbereich der Lösslandschaften zu den Berg- und Hügelländern aus Carbonatgestein, auf den

Tab. 39.11 Profilbild und Horizontabfolge Profil 48

Profilbild	Horizontgrenze (cm)	Horizonte und ihre Eigenschaften	
	−27	**Ap** u-(k) l(Gt,Los)	schwach sandiger Lehm, mittel kiesig; gelblichbraun, sehr dunkelgraustichig (10YR 3/4); Kalkkrusten auf Skelett; Bröckelgefüge und Plattengefüge; sehr carbonatarm; mittel humos; sehr stark durchwurzelt
	−55	**IIBcv** p-ks(Gt)	mittel lehmiger Sand, stark kiesig; dunkelbraun (7,5YR 4/4); Kalkkrusten auf Skelett; Einzelkorngefüge und Subpolyedergefüge; sehr carbonatarm; stark durchwurzelt
	−90	**IIIilCtv** p-kl(Gt)	mittel sandiger Lehm, stark kiesig; olivbraun, hellgraustichig (2,5Y 6/4); oben Tonbeläge; Subpolyedergefüge; sehr carbonatarm
	−110+	**IVilCv** f-ks(Ot)	mittel lehmiger Sand, stark kiesig; gelblichbraun (10YR 5/6); Einzelkorngefüge; sehr carbonatarm

Quelle: Landesamt für Geologie und Bergwesen Sachsen-Anhalt, W. Kainz (Bild bearbeitet)

Abb. 39.11 Abgeerntetes Getreidefeld auf der Mittelterrasse mit Blick auf den Großen Fallstein (Quelle: W. Kainz)

Tab. 39.12 Analysendaten Profil 48

Horizont	Tiefe (cm)	Skelett (Vol.-%)	Sand (M.-%)	Schluff (M.-%)	Ton (M.-%)	Gesamtporen (Vol.-%)	Luftkapazität (Vol.-%)	nutzbare Feldkap. (Vol.-%)	Totwasser (Vol.-%)	Lagerungsdichte (g/cm³)
Ap	−27	20	35	48	17	-	-	-	-	-
IIBcv	−55	30	71	18	11	-	-	-	-	-
IIIilCtv	−90	30	53	30	17	-	-	-	-	-
IVilCv	−110+	45	56	35	9	-	-	-	-	-

Horizont	Tiefe (cm)	CaCO₃ (M.-%)	C_org (M.-%)	N_t (M.-%)	C/N	pH H₂O	pH CaCl₂	KAK_pot (cmol_c/kg)	BS (%)	K₂O-DL (mg/100g)	P₂O₅-DL (mg/100g)
Ap	−27	0,4	1,5	-	-	-	-	14	-	-	-
IIBcv	−55	0,4	-	-	-	-	-	6	-	-	-
IIIilCtv	−90	0,2	-	-	-	-	-	10	-	-	-
IVilCv	−110+	0,2	-	-	-	-	-	7	-	-	-

(Quelle: Landesamt für Geologie und Bergwesen Sachsen-Anhalt)
(* = abgeleiteter Analysenwert)

Mittelterrassen am Rande des Fallsteins gefunden. Das Bodenprofil ist mehrschichtig und von oben nach unten aus einem Flottlehm mit Terrassenkies (I), periglaziärem Kieslehmsand mit Resten der unterlagernden Fließerde (II), einer Kieslehm-Fließerde (III) und dem anstehenden Schotter der Mittelterrasse (IV) aufgebaut. Die Mittelterrasse besteht aus kalkfreien Harzschottern und liegt hier über Peliten des Mittleren Keupers. Hangaufwärts, oberhalb der Mittelterrasse folgen Kalksteine des Oberen Muschelkalks.

Bodenprozesse und -eigenschaften

Namengebend sind Verbraunung und Kalkanreicherung in dem normalerweise carbonatfreien Boden. Der Verbraunungshorizont ist an den silikatreichen periglaziären Kieslehmsand gebunden und wahrscheinlich das Ergebnis der periglazialen Verwitterung. Die Kalkanreicherung hat mehrere Ursachen. Aus carbonatführendem Hang- oder Schichtwasser des oberhalb gelegenen Kalksteins wurden auf den Schottern durch Verdunstung und Ausfällung Kalkkrusten gebildet. Durch Hangumlagerungen während der Bodenbildung wurden Schotter mit Kalkkrusten und Bruchstücke der Kalkkrusten verlagert und sind heute sowohl im humosen Oberboden als auch im Verbraunungshorizont enthalten. Das Profil war durch Löss bedeckt, aus dem Carbonat ausgewaschen wurde. Aktuelle carbonathaltige Hang- und Sickerwässer sind ebenfalls Quellen der diffusen geringen Carbonatgehalte im Feinboden der Schotter und Deckschichten. Für die Bodenentwicklung ist interessant, dass die Kieslehm-Fließerde der Basislage Reste einer älteren Tonanreicherung enthält.

Nutzung und Vegetation

Der Boden wird ackerbaulich genutzt. Die Durchlässigkeit der lehmigen Deckschichten ist mittel bis gering, wodurch ein nützlicher Wasserrückhalt besteht. Ober- und Unterboden sind mittel bis gut durchlüftet und haben ein mittleres pflanzennutzbares Wasserspeichervermögen, das auf den effektiven Wurzelraum bezogen aber gering ist. Durch den Carbonatgehalt reagiert der Boden neutral bis schwach alkalisch (pH_{KCl} 7,0 bis 7,6). Die mittlere bis hohe potentielle Kationenaustauschkapazität (KAK_{pot}) in der lehmigen Deckschicht bzw. im Oberboden und die aus dem gemessenen pH-Wert gefolgerte Basensättigung kennzeichnen eine gute Nährstoffausstattung. Allerdings ist der pH für ein optimales Pflanzenwachstum etwas zu hoch, und das Nährstoffpotential wird durch die geringe Durchwurzelungstiefe nicht ausgeschöpft. Das Ertragspotential ist nach der Bodenschätzung mittel.

Gefährdung

Der Boden liegt auf einer flach gewölbten Kuppe. Aufgrund der Lage und Nutzung ist er erosionsgefährdet.

Profil 49: Subtyp Humusbraunerde (BBh)

- Bodenausgangsgestein: Fließerde aus Hochflutlehm und Lösslehm über Schmelzwasserkies
- Varietät: mittelbasische (Moder)Humusbraunerde (m.moBBh)
- Typ: Braunerde
- Klasse: Braunerden
- Substrattyp: p-(k)t(Lhf,Lol)/f-ek(Ggf)
- WRB: Endoskeletic Umbrisol (Endoeutric, Loamic, Pachic, Amphiraptic)
- Bodenregion: Altmoränenlandschaften
- Ort: Münchner Schotterebene, Lkr. München, Bayern
- Humusform: Moder
- Profilbild und Horizontabfolge: siehe Tab. 39.13
- Bodenlandschaftsbild: siehe Abb. 39.12
- Analysendaten: siehe Tab. 39.14
- Autor: Reinhard Jochum, Walter Grottenthaler †

Tab. 39.13 Profilbild und Horizontabfolge Profil 49

Profilbild	Horizontgrenze (cm)	Horizonte und ihre Eigenschaften	
	+5	**L**	Laub- und Nadelstreu
	+4	**Of**	Laub- und Nadelstreu, teilzersetzt
	+1	**Oh**	Laub- und Nadelstreu, humifiziert
	−5	**Ah** p-t(Lhf,Lol)	mittel toniger Lehm; schwarz (10YR 2/1); Krümelgefüge; extrem humos; sehr stark durchwurzelt
	−20	**Ah-Bv1** p-t(Lhf,Lol)	mittel toniger Lehm; braunschwarz (10YR 2/2); Krümelgefüge; sehr stark humos; sehr stark durchwurzelt
	−50	**Ah-Bv2** p-(k)t(Lhf,Lol)	mittel toniger Lehm, schwach kiesig; sehr dunkelgraubraun (7,5YR 3/3); Krümel- bis Subpolyedergefüge; stark humos; stark durchwurzelt
	−65	**IIBv** p-(k)l(Ggf,Lhf)	sandig-toniger Lehm, mittel kiesig; dunkelbraun (7,5YR 4/6); Krümel- bis Subpolyedergefüge; schwach humos; stark durchwurzelt
	−90+	**IIIelCv** f-ek(Ggf)	mittel schluffiger Sand, extrem stark kiesig, schwach steinig (gerundet); sehr hellgelblichbraungrau (10YR 7/2); Einzelkorngefüge; extrem carbonatreich; sehr schwach humos; mittel durchwurzelt

Quelle: Bayerisches Landesamt für Umwelt, W. Grottenthaler † (Bild bearbeitet)

Abb. 39.12 Das Alpenvorland mit Schotterflächen und kiesreicher Jungmoräne; noch dominiert die Grünlandnutzung (Quelle: Bayerisches Landesamt für Umwelt, W. Grottenthaler †)

Tab. 39.14 Analysendaten Profil 49

Horizont	Tiefe (cm)	Skelett (Vol.-%)	Sand (M.-%)	Schluff (M.-%)	Ton (M.-%)	Gesamtporen (Vol.-%)	Luftkapazität (Vol.-%)	nutzbare Feldkap. (Vol.-%)	Totwasser (Vol.-%)	Lagerungsdichte (g/cm³)
L	+5	-	-	-	-	-	-	-	-	-
Of	+4	-	-	-	-	-	-	-	-	-
Oh	+1	-	-	-	-	-	-	-	-	-
Ah	−5	0	20	41	39	-	-	-	-	-
Ah-Bv1	−20	0	22	39	39	72	27	23	22	0,7
Ah-Bv2	−50	5	20	41	39	64	22	18	24	0,9
IIBv	−65	20	46	27	27	-	-	-	-	-
IIIelCv	−90+	>75	63	31	6	-	-	-	-	-

Horizont	Tiefe (cm)	CaCO₃ (M.-%)	C_org (M.-%)	N_t (M.-%)	C/N	pH H₂O	pH CaCl₂	KAK_pot (cmol_c/kg)	BS (%)	K₂O-DL (mg/100g)	P₂O₅-DL (mg/100g)
L	+5	-	-	-	-	-	-	-	-	-	-
Of	+4	-	48,2	1,18	27	-	3,2	-	-	-	-
Oh	+1	-	26,4	1,26	21	-	3,0	-	-	-	-
Ah	−5	-	14,5	0,82	18	-	3,1	-	-	-	-
Ah-Bv1	−20	-	4,8	0,28	17	-	3,8	-	-	-	-
Ah-Bv2	−50	-	3,4	0,21	16	-	3,9	-	-	-	-
IIBv	−65	-	0,9	0,08	10	-	4,3	-	-	-	-
IIIelCv	−90+	80	0,4	0	-	-	7,6	-	-	-	-

(Quelle: Bodeninformationssystem, Landesamt für Umwelt Bayern)
(* = abgeleiteter Analysenwert)

Vorkommen und Ausgangsgesteine

Das Hauptverbreitungsgebiet der Humusbraunerden im Alpenvorland liegt südlich von München auf kiesreichen Jungmoränen und auf Schmelzwasserschottern der letzten Eiszeit. Die Humushorizonte entwickelten sich in einer nahezu skelettfreien, 4–10 dm mächtigen Deckschicht, deren Korngrößenverteilung auf eine Lössbeimengung hinweist (Hauptlage). Über dem liegenden Moränen- bzw. Schmelzwasserkies, der als IIIelCv-Horizont äußerst hohe Carbonat-

gehalte aufweist, liegt meist noch eine geringmächtige Basislage, in die die Bodenbildung (in Form von Ah-Bv-Horizonten) ebenfalls noch eingreift. Die Jahresniederschläge im Verbreitungsgebiet betragen 1200 bis über 1400 mm, die Jahresmitteltemperatur liegt bei 7 °C.

Bodenprozesse und -eigenschaften

Die Genese der hohen und tief reichenden Humusgehalte ist nicht vollständig geklärt. Nach bisherigen Untersuchungen werden als wichtige Bildungsfaktoren der hohe Anteil an schwer abbaubaren aromatischen Strukturen (black carbon) und deren intensive Bindung an Tonoberflächen, aber auch ein verzögerter Humusabbau durch verminderte Bioaktivität im feucht-kühlen Alpenvorlandklima angesehen. Radiocarbondatierungen der organischen Substanz ergaben ein Mindestalter zwischen 2500 und 3900 Jahren. Diskutiert wird auch die Rolle pyrogener Prozesse als Quelle der organischen Substanz, denn in den Ah-Bv-Horizonten wurde ein deutlicher Anteil von submikroskopischen Holzkohlefragmenten festgestellt. Charakteristisch für diese Böden ist neben der hohen Humosität ihr hohes Porenvolumen und ihr stabiles, bis in größere Tiefe reichendes Krümelgefüge, das gute Wasserleitfähigkeit und Wasserspeicherkapazität garantiert.

Nutzung und Vegetation

Der ursprüngliche Mischwald mit Eichendominanz wurde in der Mitte des 19. Jh. weitgehend von Fichtenmonokulturen abgelöst. Heute wird als forstwirtschaftliches Bestockungsziel ein gemischter Bestand aus Edellaubhölzern angestrebt. Die landwirtschaftlich genutzten Flächen gehen auf Rodungsinseln des Mittelalters zurück. In der heutigen Nutzung dominiert Grünland. Zunehmend gewinnt der Anbau von Mais an Raum.

Gefährdung

Die Umwandlung in Ackerland fördert den Abbau von organischer Substanz zumindest im Oberboden. Maiskulturen ziehen im hängigen Gelände der Jungmoräne gravierende Erosionsschäden nach sich. Außerdem entstehen durch den Einsatz schwerer forst- und landwirtschaftlicher Erntemaschinen irreversible Bodenverdichtungen.

Profil 50: Subtyp Humusbraunerde (BBh)

- Bodenausgangsgestein: Decksand über Schmelzwassersand
- Varietät: mittelbasische lessivierte (Mull)Humusbraunerde (m.l.muBBh)
- Typ: Braunerde
- Klasse: Braunerden
- Substrattyp: p-s(Sp)/p-s(Sgf)
- WRB: Eutric Lamellic Arenosol (Humic, Epiraptic)
- Bodenregion: Jungmoränenlandschaften
- Ort: südlich Lychen, Lkr. Uckermark, Brandenburg
- Humusform: F-Mull
- Profilbild und Horizontabfolge: siehe Tab. 39.15
- Bodenlandschaftsbild: siehe Abb. 39.13
- Analysendaten: siehe Tab. 39.16
- Autor: Dieter Kühn

Tab. 39.15 Profilbild und Horizontabfolge Profil 50

Profilbild	Horizontgrenze (cm)	Horizonte und ihre Eigenschaften	
	+4	L	
	+2	Of	; organisch
	−3	jilC oj-s(Sgf)	reiner Sand, sehr schwach kiesig; gelblichbraun, graustichig (10YR 5/4); Einzelkorngefüge
	−10	IIAh p-s(Sp)	schwach schluffiger Sand, sehr schwach kiesig; dunkelgelblichbraungrau (10YR 4/2); Einzelkorngefüge; stark humos; schwach durchwurzelt
	−50	IIAh-Bv p-s(Sp)	reiner Sand, sehr schwach kiesig; sehr dunkelgelblichbraun (10YR 3/4–6); Einzelkorngefüge; schwach humos; sehr schwach durchwurzelt
	−80	IIIBv-ilCv p-s(Sgf)	reiner Sand; gelblichbraun, graustichig (10YR 5/4) und gelblichbraun, hellgraustichig (10YR 6/4); Einzelkorngefüge
	−130	IIIilCbtv p-s(Sgf)	reiner Sand; gelblichbraun, hellgraustichig (10YR 6/4); Tonanreicherungsbänder (sehr geringer Flächenanteil); Einzelkorngefüge
	−165	IVBbt+ilCv f-s(Sgf)	reiner Sand; dunkelorangebraun (7,5YR 4/6) und gelblichbraun, hellgraustichig (10YR 6/4); Tonanreicherungsbänder (sehr hoher Flächenanteil); Einzelkorngefüge
	−180+	IVilCv f-s(Sgf)	reiner Sand; gelblichbraun, hellgraustichig (10YR 6/4); Einzelkorngefüge

Quelle: Landesamt für Bergbau, Geologie und Rohstoffe Brandenburg, D. Kühn (Bild bearbeitet)

Abb. 39.13 Sander der
Pommerschen Hauptrandlage
(Quelle: Landesamt für
Bergbau, Geologie und
Rohstoffe Brandenburg,
D. Kühn)

Tab. 39.16 Analysendaten Profil 50

Horizont	Tiefe (cm)	Skelett (Vol.-%)	Sand (M.-%)	Schluff (M.-%)	Ton (M.-%)	Gesamtporen (Vol.-%)	Luftkapazität (Vol.-%)	nutzbare Feldkap. (Vol.-%)	Totwasser (Vol.-%)	Lagerungsdichte (g/cm³)
L	+4	-	-	-	-	-	-	-	-	-
Of	+2	-	-	-	-	-	-	-	-	-
jilC	−3	0	-	-	-	-	-	-	-	-
IIAh	−10	1,7	83	17	0	45	17	20	8	-
IIAh-Bv	−50	1,9	90	8	2	54	23	17	14	1,47
IIIBv-ilCv	−80	0,6	98	2	0	38	17	16	5	1,62
IIIilCbtv	−130	0	97	0	3	41	34	5	2	1,59
IVBbt+ilCv	−165	0	98	2	0	41	34	6	1	1,55
IVilCv	−180+	0	94	5	1	42	36	5	1	1,54

Horizont	Tiefe (cm)	CaCO₃ (M.-%)	C_org (M.-%)	N_t (M.-%)	C/N	pH H₂O	pH CaCl₂	KAK_pot (cmol_c/kg)	BS (%)	K₂O-DL (mg/100g)	P₂O₅-DL (mg/100g)
L	+4	-	-	-	-	-	-	-	-	-	-
Of	+2	-	-	-	-	-	-	-	-	-	-
jilC	−3	-	-	-	-	-	-	-	-	-	-
IIAh	−10	-	3,74	0,21	18	4,3	3,9	-	-	-	-
IIAh-Bv	−50	-	0,99	0,06	17	4,7	4,5	-	-	-	-
IIIBv-ilCv	−80	-	0,07	<0,03	-	5,8	5,0	1,2	-	-	-
IIIilCbtv	−130	-	<0,06	<0,03	-	6,0	5,0	0,9	-	-	-
IVBbt+ilCv	−165	-	<0,06	<0,03	-	6,1	5,0	0,9	-	-	-
IVilCv	−180+	-	<0,06	<0,03	-	5,7	5,0	1,2	-	-	-

(Quelle: Landeslabor BB/Bln, HS f. nachhalt. Entw. Eberswalde, Inst. f. Ökol/TU Berlin)
(* = abgeleiteter Analysenwert)

Vorkommen und Ausgangsgesteine

Das Profil liegt in einem Sandergebiet vor der Pommerschen Hauptrandlage der Weichselvereisung und am südlichen Rand der Mecklenburger Seenplatte. Das obere Substrat eines Decksandes wird von dem helleren und periglaziär entschichteten Schmelzwassersand unterlagert, dessen sedimentationsbedingte Schichtung ab 1,3 Meter unter Flur wieder einsetzt. Der Decksand weist aufgrund seiner polygenetischen Entstehung einen geringfügig höheren Schluff- und Tonanteil als die liegenden Sande auf. Die feinen Fraktionen im Decksand entstammen vorrangig der kryoklastischen Verwitterung und dem äolischen Eintrag von benachbarten Moränenflächen. Die geringmächtige anthropogene Überdeckung (0–3 cm) ist Rest einer unmittelbar benachbarten früheren Aufgrabung.

Bodenprozesse und -eigenschaften

Natürliche tief humose Braunerden sind selten auf Decksanden über Schmelzwassersand der Weichselkaltzeit zu finden. In der Regel sind es trockene und durchlässige Standorte mit geringerer Podsolierungsneigung mit geringmächtiger Humusakkumulation. Die vorhandene Lessivierung des Decksandes führt zu Tonanreicherungsbändern im Unterboden.

Nutzung und Vegetation

Forst, vorherrschend Kiefernwald.

Gefährdung

Unter Wald besteht kaum ein Gefährdungspotenzial. Durch Kiefernbestockung kann die Podsoligkeit zunehmen.

Profil 51: Subtyp Humusbraunerde (BBh); Subtyp ÖBS: Podsolige Braunerde

- Bodenausgangsgestein: Hangsedimente aus sauren metamorphen Gesteinen
- Varietät: mittelbasische podsolige (Moder)Humusbraunerde (m.p.moBBh)
- Typ: Braunerde; Typ ÖBS: Braunerde
- Klasse: Braunerden; Klasse ÖBS: Braunerden
- Substrattyp: u-lz(*Ma)/u-sn(*Ma)
- WRB: Eutric Skeletic Hypersideralic Cambisol (Humic, Loamic, Nechic, Raptic)
- Bodenregion: Berg- und Hügelländer mit hohem Anteil an Magmatiten und Metamorphiten
- Ort: Aspang, Niederösterreich
- Humusform: Moder
- Profilbild und Horizontabfolge: siehe Tab. 39.17

Tab. 39.17 Profilbild und Horizontabfolge Profil 51

Profilbild	Horizontgrenze (cm)	Horizonte und ihre Eigenschaften (in Klammern: nach ÖBS)	
	+8	L (Lv)	Nadel- und Blattstreu, lose; mittel durchwurzelt
	+5	Of (Fzomy)	Nadel- und Blattstreu, lose, krümelig; stark durchwurzelt
	+2	Oh (Hzomy)	Nadel- und Blattstreu
	−9	Aeh1 (Ah) u-(z)l(*Ma)	mittel sandiger Lehm, mittel grusig; braunschwarz (10YR 2/2); Kohärentgefüge; extrem humos; stark durchwurzelt
	−18	Aeh2 (Ahe) u-zl(*Ma)	mittel sandiger Lehm, stark grusig; sehr dunkelgelblichgraubraun (10YR 3/3); Subpolyedergefüge; stark humos; stark durchwurzelt
	−52	IIAh-Bsv (Bs) u-lz(*Ma)	stark lehmiger Sand, stark grusig, mittel steinig (kantig); gelblichbraun (10YR 5/6); Subpolyedergefüge; mittel humos; stark durchwurzelt
	−73+	IIBv-ilCv (BvCv) u-sn(*Ma)	mittel schluffiger Sand, mittel grusig, sehr stark steinig (kantig); gelblichbraun, graustichig (10YR 5/4); sehr schwach humos; sehr schwach durchwurzelt

Quelle: Mitt. d. Österr. Bodenkundl. Ges. (2009), H. 76, Wien (Bild bearbeitet)

Abb. 39.14 Aspang
(Quelle: O. Nestroy)

Abb. 39.15 Aspang (Quelle: O. Nestroy)

- Bodenlandschaftsbilder: siehe Abb. 39.14 und 39.15
- Analysendaten: siehe Tab. 39.18
- Autor: Othmar Nestroy et al.

Vorkommen und Ausgangsgesteine

Dieses Profil repräsentiert große Flächen der Südost-abdachung der Alpen gegen die Vorländer im Südosten. Da überwiegend Hangsedimente aus silikatischen, hochmetamorphen Gesteinen das Bodenausgangsgestein darstellen, liegt der Schwerpunkt des Vorkommens disjunkt in der Bodenregion 10, des Weiteren auch in der Bodenregion 15.

Bodenprozesse und -eigenschaften

Das Solum erreicht infolge des silikatischen Ausgangsmaterials und der Höhenlage meist nur eine geringe Mächtigkeit und weist prinzipiell eine Entwicklung in Richtung Braunerde auf, wobei oftmals als Folge der hohen Niederschläge und des Bestandesabfalls einer acidophilen Vegetation eine Podsoldynamik eingeleitet wird. Diese kann in vielen Fällen durch einen Wasserstau auch Pseudogleyerscheinungen hervorrufen. Die Böden sind in der Regel sehr nährstoffarm und weisen nur mittlere Sorptionskapazitäten auf.

Tab. 39.18 Analysendaten Profil 51

Horizont	Tiefe (cm)	Skelett (Vol.-%)	Sand (M.-%)	Schluff (M.-%)	Ton (M.-%)	Gesamtporen (Vol.-%)	Luftkapazität (Vol.-%)	nutzbare Feldkap. (Vol.-%)	Totwasser (Vol.-%)	Lagerungsdichte (g/cm³)
L (Lv)	+8	-	-	-	-	-	-	-	-	-
Of (Fzomy)	+5	-	-	-	-	-	-	-	-	-
Oh (Hzomy)	+2	-	-	-	-	-	-	-	-	-
Aeh1 (Ah)	–9	15	42	38	20	-	-	-	-	-
Aeh2 (Ahe)	–18	30	47	36	17	-	-	-	-	-
IIAh-Bsv (Bs)	–52	60	47	36	16	-	-	-	-	-
IIBv-ilCv (BvCv)	–73+	70	59	35	6	-	-	-	-	-

Horizont	Tiefe (cm)	CaCO₃ (M.-%)	C_{org} (M.-%)	N_t (M.-%)	C/N	pH H₂O	pH CaCl₂	KAK_{pot} (cmol_c/kg)	BS (%)	K₂O-DL (mg/100g)	P₂O₅-DL (mg/100g)
L (Lv)	+8	-	53,6	0,71	75	-	-	-	-	-	-
Of (Fzomy)	+5	-	51,9	1,51	34	4,8	3,8	34,9	89	-	-
Oh (Hzomy)	+2	-	35,3	1,31	27	4,0	3,2	25,8	61	-	-
Aeh1 (Ah)	–9	-	10,3	0,48	21	4,7	3,8	16,1	37	-	-
Aeh2 (Ahe)	–18	-	3,2	0,15	21	4,8	4,0	7,9	16	-	-
IIAh-Bsv (Bs)	–52	-	1,1	0,09	12	4,8	4,4	2,1	27	-	-
IIBv-ilCv (BvCv)	–73+	-	0,3	0,05	6	4,8	4,6	0,8	34	-	-

Horizont	Tiefe (cm)	Ca (cmol_c/kg)	Mg (cmol_c/kg)	K (cmol_c/kg)	Na (cmol_c/kg)
L (Lv)	+8				
Of (Fzomy)	+5	21,3	7,31	1,92	0,38
Oh (Hzomy)	+2	11,6	3,08	0,85	0,31
Aeh1 (Ah)	–9	3,16	2,62	0,17	
Aeh2 (Ahe)	–18	0,66	0,51	0,08	
IIAh-Bsv (Bs)	–52	0,29	0,22	0,05	
IIBv-ilCv (BvCv)	–73+	0,12	0,11	0,03	

(Quelle: Institut für Angewandte Geowissenschaften, Universität Graz)

(* = abgeleiteter Analysenwert)

Nutzung und Vegetation

Eine Nutzung erfolgt meist in Form von Mischwald, des Weiteren auch als extensives Grünland wie Bergmähder und Almen, die aber durch das Überhandnehmen vom Krummholz zunehmend eingeengt werden.

Gefährdung

Diese Standorte sind infolge der oft extremen Hanglage erosionsgefährdet, wobei hier eine Erosion durch Schneeschurf, der durch Abnahme der Pflegemaßnahmen bei Grünlandnutzung ausgelöst wird, berücksichtigt werden muss. Ein zu hoher Besatz von Weidevieh, vor allem Rindern, kann ebenfalls erosionsauslösend sein.

Profil 52: Subtyp Humusbraunerde (BBh); Subtyp ÖBS: Typische Braunerde

- Bodenausgangsgestein: Hangsediment aus sauren metamorphen Gesteinen über Hangschutt aus sauren metamorphen Gesteinen
- Varietät: mittelbasische (Mull)Humusbraunerde (m. muBBh)

- Typ: Braunerde; Typ ÖBS: Braunerde
- Klasse: Braunerden; Klassse ÖBS: Braunerden
- Substrattyp: u-zu(*Ma)/c-n(*Ma)
- WRB: Skeletic Umbrisol (Pachic, Amphiraptic, Siltic)
- Bodenregion: Alpen mit vorwiegend silikatischen Gesteinen
- Ort: Bereich um den Grünwaldsee, Obertauern, Salzburg
- Profilbild und Horizontabfolge: siehe Tab. 39.19
- Bodenlandschaftsbild: siehe Abb. 39.16
- Analysendaten: siehe Tab. 39.20
- Autor: Othmar Nestroy et al.

Vorkommen und Ausgangsgesteine

Das großflächige Auftreten solcher Böden in Hangsedimenten aus sauren metamorphen Gesteinen ist an ebene oder nicht zu steile Lagen im silikatischen Hochgebirge gebunden, wobei in Hanglagen die Textur des Ausgangsgesteins für die Mächtigkeit bzw. Erosionsanfälligkeit des Solums von ausschlaggebender Bedeutung ist. Diese Böden treten vorwiegend in den Hochlagen der Bodenregion 15, den Alpen mit vorwiegend silikatischen Gesteinen, aber auch in anderen Regionen auf.

Tab. 39.19 Profilbild und Horizontabfolge Profil 52

Profilbild	Horizontgrenze (cm)	Horizonte und ihre Eigenschaften (in Klammern: nach ÖBS)	
	−8	**Ah (A1)** u-zu(*Ma)	sandig-lehmiger Schluff, stark grusig; sehr dunkelgelblichbraungrau (10YR 3/2); sehr stark humos; sehr stark durchwurzelt
	−20	**IIAh (A2)** u-zu(*Ma)	schwach toniger Schluff, stark grusig; sehr dunkelgelblichgraubraun (10YR 3/3); Krümelgefüge; stark humos; stark durchwurzelt
	−52	**IIAh-Bv** **(ABv)** u-zu(*Ma)	sandig-lehmiger Schluff, stark grusig, schwach steinig (kantig); sehr dunkelgelblichgraubraun (10YR 3/3); Subpolyedergefüge; stark humos; schwach durchwurzelt
	−65	**IIIBv (Bv)** c-sn(*Ma)	stark schluffiger Sand, mittel grusig, stark steinig (kantig); braun (7,5YR 5/4); Kohärentgefüge; schwach humos
	−75+	**IIIBv-ilCv** **(BvCv)** c-n(*Ma)	stark schluffiger Sand, mittel grusig, sehr stark steinig (kantig); graubraun (10YR 5/2); sehr schwach durchwurzelt

Quelle: Mitt. d. Deutschen Bodenkundl. Ges. (2001), Bd. 94, Oldenburg (Bild bearbeitet)

Abb. 39.16 Grünwaldsee mit umgebender Bergkulisse (Quelle: O. Nestroy)

Tab. 39.20 Analysendaten Profil 52

Horizont	Tiefe (cm)	Skelett (Vol.-%)	Sand (M.-%)	Schluff (M.-%)	Ton (M.-%)	Gesamtporen (Vol.-%)	Luftkapazität (Vol.-%)	nutzbare Feldkap. (Vol.-%)	Totwasser (Vol.-%)	Lagerungsdichte (g/cm³)
Ah (A1)	−8	47	27	61	12	-	-	-	-	0,89
IIAh (A2)	−20	34	23	67	10	-	-	-	-	1,15
IIAh-Bv (ABv)	−52	43	37	51	12	-	-	-	-	0,96
IIIBv (Bv)	−65	53	48	49	3	-	-	-	-	1,61
IIIBv-ilCv (BvCv)	−75+	-	-	-	-	-	-	-	-	-

Horizont	Tiefe (cm)	CaCO₃ (M.-%)	C_{org} (M.-%)	N_t (M.-%)	C/N	pH H₂O	pH CaCl₂	KAK_{pot} (cmol$_c$/kg)	BS (%)	K₂O-DL (mg/100g)	P₂O₅-DL (mg/100g)
Ah (A1)	−8	-	5,3	0,44	12	-	3,8	7,2	24	6	<3
IIAh (A2)	−20	-	2,6	0,23	11	-	4,0	5,1	8	5	<3
IIAh-Bv (ABv)	−52	-	2,7	0,21	13	-	4,2	3,4	9	<3	<3
IIIBv (Bv)	−65	-	0,6	0,05	12	-	4,4	0,7	-	4	<3
IIIBv-ilCv (BvCv)	−75+	-	-	-	-	-	-	-	-	-	-

Horizont	Tiefe (cm)	Ca (cmol$_c$/kg)	Mg (cmol$_c$/kg)	K (cmol$_c$/kg)	Na (cmol$_c$/kg)	elektr. Leitf. (µS/cm (1 : 10-Extrakt)akt))
Ah (A1)	−8	0,8	0,4	0,3	<0,1	51
IIAh (A2)	−20	0,4	<0,2	<0,1	<0,1	41
IIAh-Bv (ABv)	−52	0,3	<0,2	<0,1	<0,1	38
IIIBv (Bv)	−65	<0,2	<0,2	<0,1	<0,1	27
IIIBv-ilCv (BvCv)	−75+					

(Quelle: Institut für Angewandte Geowissenschaften, Universität Graz)
(* = abgeleiteter Analysenwert)

Bodenprozesse und -eigenschaften

In diesen Böden kommt es selten zu einer Podsolierung, somit liegt ein Boden vor, der deutliche Merkmale einer Braunerde aufweist und in dem auch die entsprechenden Prozesse ablaufen. Eine der Ursachen dafür könnte sein, dass die meisten Standorte beweidet sind, dadurch kein saurer Bestandesabfall anfällt und auch eine positive Düngewirkung durch das Weidevieh, meist Galtrinder, angenommen werden kann. Die Bodenprozesse laufen entsprechend der Lage, des „sauren" Ausgangsmaterials und der klimatischen Bedíngungen sehr langsam ab, und es ist daher auch über längere Zeiträume kaum eine Änderung der Bodeneigenschaften zu erwarten.

Nutzung und Vegetation

Es sind meist extensiv bewirtschaftete und beweidete Flächen im Bereich von Mittelalmen, bei denen die Weideflächen von Krummholz zunehmend eingeengt werden. Eine Intensivierung der Pflege, wie z. B. Schwenden, wäre demnach angezeigt.

Gefährdung

Neben Erosion durch Wasser und Wind kann es auch zur Bildung von Schneeschurfplaiken kommen, vor allem dann, wenn durch mangelnde Pflege oder Rückgang der Beweidung das langstängelige Gras im Schnee festfriert und dann mit diesem talwärts gleitet. Dabei können auch großflächige Bereiche des Oberbodens mitgerissen werden, deren Regenerierung sehr lange Zeiträume benötigt. Eine weitere große Gefahr stellen die Wintersportler dar, vor allem bei forciertem Skilauf bei geringer Schneedecke (Frühjahrsskilauf). Hinzu kommen die „Wegabschneider", die gern von Bergwanderern ausgetreten werden und der Erosion Vorschub leisten, wobei oftmals noch das rücksichtslose Fahren von Mountainbikern hinzukommt.

Profil 53: Subtyp Lockerbraunerde (BBl)

- Bodenausgangsgestein: Fließerdefolge aus Glimmerschiefer
- Varietät: eisenreiche mittelbasische (Moder)Lockerbraunerde (ei.m.moBBl)
- Typ: Braunerde
- Klasse: Braunerden
- Substrattyp: p-zl(*Gl)/p-zs(*Gl)
- WRB: Dystric Cambisol (Epiprotoandic, Humic, Loamic, Raptic)
- Bodenregion: Berg- und Hügelländer mit hohem Anteil an Magmatiten und Metamorphiten
- Ort: Hanglage im Oberpfälzer Wald, Lkr. Tirschenreuth, Bayern
- Humusform: Typischer Moder
- Profilbild und Horizontabfolge: siehe Tab. 39.21
- Bodenlandschaftsbild: siehe Abb. 39.17
- Analysendaten: siehe Tab. 39.22
- Autor: Reinhard Jochum, Walter Grottenthaler †

Tab. 39.21 Profilbild und Horizontabfolge Profil 53

Profilbild	Horizontgrenze (cm)	Horizonte und ihre Eigenschaften	
	+7	**L+Of**	Nadelstreu
	+4	**Oh1**	Nadelstreu, mäßig humifiziert
	+2	**Oh2**	Nadelstreu, stark humifiziert
	−5	**Ah** p-(z)l(*Gl)	stark lehmiger Sand, mittel grusig; sehr dunkelrötlichgraubraun (5YR 3/4); Krümel- bis Subpolyedergefüge; stark humos; mittel durchwurzelt
	−20	**Bv** p-zl(*Gl)	stark lehmiger Sand, stark grusig, schwach steinig (kantig); hellbraunorange (7,5YR 6/8); Subpolyedergefüge; mittel humos; mittel durchwurzelt
	−35	**IIBfv** p-zl(*Gl)	schwach toniger Lehm, stark grusig, schwach steinig (kantig); braunorange (7,5YR 5/8); Subpolyedergefüge; mittel humos; stark durchwurzelt
	−55	**IIIBv** p-zs(*Gl)	mittel lehmiger Sand, stark grusig, schwach steinig (kantig); gelblichbraun (10YR 5/6); Subpolyedergefüge; sehr schwach humos; sehr schwach durchwurzelt
	−80+	**IIIilCv** p-zs(*Gl)	mittel lehmiger Sand, stark grusig, schwach steinig (kantig); gelblichbraungrau (10YR 5/2); Subpolyedergefüge; sehr schwach humos; sehr schwach durchwurzelt

Quelle: Bayerisches Landesamt für Umwelt, R. Jochum (Bild bearbeitet)

Abb. 39.17 Artenarmer Fichtenhochwald nahe Mähring (Lkr. Tirschenreuth) (Quelle: LfU Bayern, F. Ullrich)

Tab. 39.22 Analysendaten Profil 53

Horizont	Tiefe (cm)	Skelett (Vol.-%)	Sand (M.-%)	Schluff (M.-%)	Ton (M.-%)	Gesamtporen (Vol.-%)	Luftkapazität (Vol.-%)	nutzbare Feldkap. (Vol.-%)	Totwasser (Vol.-%)	Lagerungsdichte (g/cm^3)
L+Of	+7	-	-	-	-	-	-	-	-	-
Oh1	+4	-	-	-	-	-	-	-	-	-
Oh2	+2	-	-	-	-	-	-	-	-	-
Ah	−5	12	62	26	12	-	-	-	-	*0,8
Bv	−20	30	56	28	16	-	-	-	-	*0,9
IIBfv	−35	30	44	30	26	-	-	-	-	0,8
IIIBv	−55	30	55	36	9	-	-	-	-	*1,1
IIIilCv	−80+	40	56	34	10	-	-	-	-	*1,4

Horizont	Tiefe (cm)	CaCO$_3$ (M.-%)	C$_{org}$ (M.-%)	N$_t$ (M.-%)	C/N	pH H$_2$O	pH CaCl$_2$	KAK$_{pot}$ (cmol$_c$/kg)	BS (%)	K$_2$O-DL (mg/100g)	P$_2$O$_5$-DL (mg/100g)
L+Of	+7	-	38,7	1,68	23	-	3,0	-	-	-	-
Oh1	+4	-	32,4	1,41	23	-	2,8	-	-	-	-
Oh2	+2	-	13,7	0,55	25	-	3,0	-	-	-	-
Ah	−5	-	5,1	0,2	25	-	3,3	-	-	-	-
Bv	−20	-	2,6	<0,1	-	-	3,8	-	-	-	-
IIBfv	−35	-	3,8	0,14	27	-	3,9	-	-	-	-
IIIBv	−55	-	0,5	<0,1	-	-	4,4	-	-	-	-
IIIilCv	−80+	-	0,4	<0,1	-	-	4,3	-	-	-	-

Horizont	Tiefe (cm)	KAK$_{eff}$ (cmol$_c$/kg)	BS$_{eff}$ (%)	Fe$_o$ (g/kg)	Fe$_d$ (g/kg)	Al$_o$ (mg/kg)	Mn$_o$ (mg/kg)
L+Of	+7	23	50				
Oh1	+4	23	23				
Oh2	+2	15	25				
Ah	−5	12	9	9,3	19,6	1,7	44
Bv	−20	8	5	6,4	21,2	1,9	23
IIBfv	−35	10	6	27,2	59,3	6,0	34
IIIBv	−55	3	3	3,1	23,4	3,4	40
IIIilCv	−80+	3	3	1,6	22,0	1,8	31

(Quelle: Bodeninformationssystem, Landesamt für Umwelt Bayern)
(* = abgeleiteter Analysenwert)

Vorkommen und Ausgangsgesteine

In den höheren Lagen der ostbayerischen Grundgebirgs-region, ab ca. 800 m Meereshöhe, treten verbreitet Locker-braunerden auf. Ihr Ausgangsgestein besteht in der Regel aus einer Abfolge von periglaziären Deckschichten, deren Komponenten aus den Zersatzzonen der anstehenden kristallinen Gesteine (Granite, Gneise, Glimmerschiefer u. a.) stammen. Als Bodenarten dominieren Sandlehme, die im oberen Bereich der Deckschichtenabfolge auch äolisches Material (Lösslehm) enthalten. Die mittleren Jahresniederschläge im Verbreitungsgebiet betragen 800–850 mm, die Jahresmitteltemperatur ca. 6 °C.

Bodenprozesse und -eigenschaften

Als charakteristische morphologische Eigenschaften der Lockerbraunerde gelten die leuchtend ockerbraune Farbe und die (namensgebende) lockere Lagerung ihrer B-Horizonte. Diese werden beschrieben als Bfv mit einem Porenvolumen von 60 % und sehr geringer Lagerungsdichte (< 0,8 g/cm^3 im Feinboden). Der hohe Gehalt an Eisenoxiden

und – hydroxiden (vgl. Tabelle) kann zur Lockerheit beitragen. Lockerbraunerden sind ein Bindeglied zwischen Braunerden und Andosolen, wie sie z. B. in der Eifel auf vulkanischem Lockermaterial vorkommen. Silandosole enthalten typischerweise Allophane. In den Böden des ostbayerischen Grundgebirges konnten jedoch keine Allophane nachgewiesen werden. Sie stehen eher den Aluandosolen nahe. Das dargestellte Profil repräsentiert einen nährstoffarmen Standort mit hohem Versauerungsgrad. Aus den Analysenergebnissen könnte eine Podsolierungstendenz abgeleitet werden. Sie ist im Profilbild jedoch nicht erkennbar.

Nutzung und Vegetation

Im Verbreitungsgebiet der Lockerbraunerden besteht fast ausschließlich forstliche Nutzung, heute meist in Form von Fichtenmonokulturen. Der Fichtenbestand um das Bodenprofil zeigt nur mäßige Wuchsleistungen. Als forstwirtschaftliches Bestockungsziel gilt heute eine naturnahe Waldgesellschaft mit den Hauptbaumarten Buche, Fichte und Tanne.

Gefährdung

Es besteht die Gefahr von Bodenverdichtungen beim Einsatz schwerer Fahrzeuge. Fortdauernder Nadelholzanbau zieht eine weitere pH-Absenkung mit der Gefahr einer Gewässerversauerung nach sich.

Profil 54: Subtyp Pelosol-Braunerde (DD-BB)

- Bodenausgangsgestein: Fließerdefolge aus Sand- und Tonstein über Sandstein
- Varietät: mittelbasische rötliche (Mull)Pelosol-Braunerde (m.rt.muDD-BB)
- Typ: Braunerde
- Klasse: Braunerden
- Substrattyp: p-(z)t(^s,^t)/c-n(^s)
- WRB: Eutric Endoskeletic Cambisol (Epigeoabruptic, Humic, Loamic, Amphiraptic, Epiprotovertic)
- Bodenregion: Berg- und Hügelländer mit hohem Anteil an nicht metamorphen carbonatischen Gesteinen
- Ort: Bönnigheim, Lkr. Ludwigsburg, Baden-Württemberg
- Humusform: F-Mull
- Profilbild und Horizontabfolge: siehe Tab. 39.23

- Bodenlandschaftsbild: siehe Abb. 39.18
- Analysendaten: siehe Tab. 39.24
- Autor: Wolfgang Fleck, Michael Kösel †

Vorkommen und Ausgangsgesteine

Der Substrataufbau mit geringmächtiger, von Schluff dominierter Hauptlage über Basislage aus tonigem Keuperverwitterungsmaterial ist typisch für bewaldete Keuperhänge. Im unteren Bereich der Hauptlage sind Sandsteine, häufig mit oberflächenparalleler Einregelung angereichert (s. Profilfoto). Die Hauptlage ist vermutlich um wenige Dezimeter durch Erosion verkürzt.

Bodenprozesse und -eigenschaften

Die Hauptlage ist stark verbraunt (Bv-Horizont) und überlagert den tonigen IIP-Horizont mit deutlich ausgeprägtem Prismengefüge. Die Gefügeentwicklung lässt ab 45 cm Tiefe nach und geht in ein Kohärentgefüge über. Im Gegensatz zum Ah- und IIP-Horizont ist der Bv-Horizont stark an Basen verarmt. Trotz des dichten Unterbodens stellt sich aufgrund der gut durchlässigen Hauptlage keine Staunässe ein. Überschüssiges Bodenwasser fließt am Hang über der Basislage als Zwischenabfluss (Interflow) im Boden ab.

Tab. 39.23 Profilbild und Horizontabfolge Profil 54

Profilbild	Horizontgrenze (cm)	Horizonte und ihre Eigenschaften	
	+1,5	**L**	Nadeln und Blätter
	+0,7	**Of**	teilweise zersetzte Nadeln und Blätter
	−5	**Ah** p-(z) l(^s,^t,Lo)	schwach sandiger Lehm, schwach grusig; sehr dunkelrötlichbraungrau (5YR 3/3); Subpolyedergefüge; sehr stark humos; stark durchwurzelt
	−25	**Bv** p-(z)l(^s,^t)	schwach sandiger Lehm, schwach grusig, schwach steinig (kantig); rötlichbraungrau (5YR 5/4); Subpolyedergefüge; schwach humos; mittel durchwurzelt
	−45	**IIP** p-(z)t(^s,^t)	lehmiger Ton, mittel grusig, sehr schwach steinig (kantig); dunkelrötlichgraubraun (5YR 4/4); Prismengefüge; sehr schwach humos; schwach durchwurzelt
	−60	**IIP-Cv** p-zl(^s,^t)	schwach toniger Lehm, mittel grusig, schwach steinig (kantig); sehr dunkelrötlichgraubraun (5YR 3/4); Kohärentgefüge; sehr schwach humos; sehr schwach durchwurzelt
	−75+	**IIIICv** c-n(^s)	schwach sandiger Lehm, stark grusig, sehr stark steinig (kantig); sehr dunkelrötlichgraubraun (5YR 3/4)

Quelle: Landesamt für Geologie, Rohstoffe und Bergbau im Regierungspräsidium Freiburg, M. Kösel † (Bild bearbeitet)

Abb. 39.18 Braunrote Tonböden im Mittleren Keuper des Strombergs, Landkreis Ludwigsburg (Quelle: Landesamt für Geologie, Rohstoffe und Bergbau im Regierungspräsidium Freiburg, W. Fleck)

Tab. 39.24 Analysendaten Profil 54

Horizont	Tiefe (cm)	Skelett (Vol.-%)	Sand (M.-%)	Schluff (M.-%)	Ton (M.-%)	Gesamtporen (Vol.-%)	Luftkapazität (Vol.-%)	nutzbare Feldkap. (Vol.-%)	Totwasser (Vol.-%)	Lagerungsdichte (g/cm³)
L	+1,5	-	-	-	-	-	-	-	-	-
Of	+0,7	-	-	-	-	-	-	-	-	-
Ah	−5	5	36	41	23	56	14	20	22	1,11
Bv	−25	15	31	46	23	45	12	18	15	1,45
IIP	−45	20	21	28	51	37	4	4	29	1,67
IIP-Cv	−60	25	35	36	29	32	3	5	24	1,79
IIIlCv	−75+	80	-	-	-	-	-	-	-	-

Horizont	Tiefe (cm)	CaCO₃ (M.-%)	C_org (M.-%)	N_t (M.-%)	C/N	pH H₂O	pH CaCl₂	KAK_pot (cmol_c/kg)	BS (%)	K₂O-DL (mg/100g)	P₂O₅-DL (mg/100g)
L	+1,5	-	-	-	-	-	-	-	-	-	-
Of	+0,7	-	-	-	-	-	-	-	-	-	-
Ah	−5	-	6,9	0,4	17	4,4	4,2	247	59	-	-
Bv	−25	-	1,1	0,1	14	4,3	3,8	133	19	-	-
IIP	−45	-	0,5	0,1	-	5,5	4,6	258	94	-	-
IIP-Cv	−60	-	0,2	<0,1	-	7,1	6,6	187	100	-	-
IIIlCv	−75+	-	-	-	-	-	-	-	-	-	-

Horizont	Tiefe (cm)	K_CAL (mg/kg)	P_CAL (mg/kg)
L	+1,5	-	-
Of	+0,7	-	-
Ah	−5	312	34
Bv	−25	33	4
IIP	−45	58	4
IIP-Cv	−60	58	4
IIIlCv	−75+	-	-

(Quelle: Landesamt für Geologie, Rohstoffe und Bergbau im Regierungspräsidium Freiburg)
(* = abgeleiteter Analysenwert)

Nutzung und Vegetation

Auf diesen Böden herrscht Laubwald mit Buchen und Eichen vor.

Gefährdung

Unter Wald ist der Boden wenig gefährdet; nach Rodung und ackerbaulicher Nutzung wäre eine starke Erosionsgefährdung gegeben.

Profil 55: Subtyp Parabraunerde-Braunerde (LL-BB)

- Bodenausgangsgestein: Fließerde aus Schmelzwasserschotter und Löss über Schmelzwasserschotter
- Varietät: basenreiche rötiche (Acker)Parabraunerde-Braunerde (eu.rt.vLL-BB)
- Typ: Braunerde
- Klasse: Braunerden
- Substrattyp: p-(k)l(Ogf,Lo)/f-sk(Ogf)

- WRB: Hypereutric Skeletic Cambisol (Aric, Humic, Pantoloamic, Epiraptic)
- Bodenregion: Jungmoränenlandschaften
- Ort: Bad Wurzach, Lkr. Ravensburg, Baden-Württemberg
- Profilbild und Horizontabfolge: siehe Tab. 39.25
- Bodenlandschaftsbild: siehe Abb. 39.19
- Analysendaten: siehe Tab. 39.26
- Autor: Wolfgang Fleck, Michael Weiß

Vorkommen und Ausgangsgesteine

Ausgangsmaterial der Bodenbildung sind hier glazifluviatile Schotter der Würmeiszeit, in die oberflächennah kryoturbate Einmischung von Löss stattgefunden hat. Dadurch ist eine Hauptlage mit hohen Schluffgehalten entstanden. Die Schotter bilden weite Verebnungen im Vorfeld der Würmendmoräne. Die Bodenverhältnisse wechseln in weiten Bereichen nur wenig.

Tab. 39.25 Profilbild und Horizontabfolge Profil 55

Profilbild	Horizontgrenze (cm)	Horizonte und ihre Eigenschaften	
	−30	**Ap** p-(k) l(Ogf,Lo)	schwach sandiger Lehm, mittel kiesig, schwach steinig (gerundet); dunkelgraubraun (7,5YR 4/3); Fragmentgefüge; mittel humos; stark durchwurzelt
	−70	**IIBtv** f-lk(Ogf)	stark lehmiger Sand, stark kiesig, mittel steinig (gerundet); orangebraun (7,5YR 5/6); Tonbeläge; Subpolyedergefüge; sehr schwach humos; mittel durchwurzelt
	−90	**IIBv** f-sk(Ogf)	mittel lehmiger Sand, stark kiesig, mittel steinig (gerundet); braun (7,5YR 5/4); Einzelkorngefüge; schwach durchwurzelt
	−140	**IIilCv** f-sk(Ogf)	schwach lehmiger Sand, stark kiesig, mittel steinig (gerundet); hellorangebraun (7,5YR 6/4); Einzelkorngefüge
	−160+	**IIelCn** f-esk(Ogf)	schwach lehmiger Sand, stark kiesig, mittel steinig (gerundet); hellgelblichbraungrau (10YR 6/2); Einzelkorngefüge; carbonatreich

Quelle: Landesamt für Geologie, Rohstoffe und Bergbau im Regierungspräsidium Freiburg, M. Weiß (Bild bearbeitet)

Abb. 39.19 Haidgauer
Heide mit glazifluviatilen
Schottern, im Hintergrund die
bewaldete Würmendmoräne
(Quelle: Landesamt für
Geologie, Rohstoffe und
Bergbau im
Regierungspräsidium
Freiburg, E. Nitsch)

Tab. 39.26 Analysendaten Profil 55

Horizont	Tiefe (cm)	Skelett (Vol.-%)	Sand (M.-%)	Schluff (M.-%)	Ton (M.-%)	Gesamtporen (Vol.-%)	Luftkapazität (Vol.-%)	nutzbare Feldkap. (Vol.-%)	Totwasser (Vol.-%)	Lagerungsdichte (g/cm³)
Ap	−30	-	31	45	24	-	-	-	-	-
IIBtv	−70	-	63	25	12	-	-	-	-	-
IIBv	−90	-	72	20	8	-	-	-	-	-
IIilCv	−140	-	76	17	7	-	-	-	-	-
IIelCn	−160+	-	83	12	5	-	-	-	-	-

Horizont	Tiefe (cm)	CaCO₃ (M.-%)	C_org (M.-%)	N_t (M.-%)	C/N	pH H₂O	pH CaCl₂	KAK_pot (cmol_c/kg)	BS (%)	K₂O-DL (mg/100g)	P₂O₅-DL (mg/100g)
Ap	−30	-	2,2	0,2	9	-	5,8	170	47	-	-
IIBtv	−70	-	0,8	0,1	9	-	6,0	42	69	-	-
IIBv	−90	-	0,3	0	-	-	6,1	13	100	-	-
IIilCv	−140	-	0,2	0	-	-	7,5	23	100	-	-
IIelCn	−160+	15	0,2	0	-	-	7,6	18	100	-	-

(Quelle: Landesamt für Geologie, Rohstoffe und Bergbau im Regierungspräsidium Freiburg)
(* = abgeleiteter Analysenwert)

Bodenprozesse und -eigenschaften

Deutliche Verbraunung und Verlehmung sind bis in 90 cm
Tiefe erkennbar. Hinzu kommt eine schwache Tonanreicherung durch Lessivierung im IIBtv-Horizont. Aufgrund der Zweischichtigkeit des Ausgangsmaterials, mit
deutlich höheren Schluffgehalten im Oberboden, nehmen die
Tongehalte im Tonanreicherungshorizont ab und nicht, wie
in der Bodensystematik gefordert, zu.

Nutzung und Vegetation

Diese Böden sind überwiegend unter ackerbaulicher Nutzung, untergeordnet werden sie auch als Grünland genutzt.

Gefährdung

Aufgrund des flachen Reliefs und der großen Verbreitung ist
die Bodenform insgesamt wenig gefährdet.

Profil 56: Subtyp Fahlerde-Braunerde (LF-BB)

- Bodenausgangsgestein: Decksand über Schmelzwasser-sand
- Varietät: mittelbasische podsolige (Mull)(Bänder) Fahlerde-Braunerde (m.p.muLFd-BB)
- Typ: Braunerde
- Klasse: Braunerden
- Substrattyp: p-(k)s(Sp)/p-(k)s(Sgf)
- WRB: Dystric Lamellic Brunic Arenosol (Nechic, Ochric, Endoraptic)
- Bodenregion: Jungmoränenlandschaften
- Ort: östlich Katerbow, Lkr. Ostprignitz-Ruppin, Brandenburg
- Humusform: L-Mull
- Profilbild und Horizontabfolge: siehe Tab. 39.27
- Bodenlandschaftsbild: siehe Abb. 39.20

- Analysendaten: siehe Tab. 39.28
- Autor: Dieter Kühn

Vorkommen und Ausgangsgesteine

In den Randbereichen der Grundmoränen gehen die Grundmoränen unter dem Geschiebedecksand teilweise in fließerdeähnliche Restbildungen über, denen meist Schmelzwassersande folgen. In diesen Übergangssäumen sind die Geschiebedecksande an Feinerde reicher als über Schmelzwassersanden ohne Moränenreste. Diese Fließerden aus Moränenresten unter dem Geschiebedecksand weisen Substratmerkmale der hangenden und liegenden Substrate ohne eine homogenisierende Vermischung auf. Wie in diesem Fall ist nicht immer sicher feststellbar, ob die pedogenen Tonanreicherungen derartige Moränenreste in einer Fließerde nachzeichnen oder ausschließlich pedogen sind.

Tab. 39.27 Profilbild und Horizontabfolge Profil 56

Profilbild	Horizontgrenze (cm)	Horizonte und ihre Eigenschaften	
Quelle: Landesamt für Bergbau, Geologie und Rohstoffe Brandenburg, D. Kühn (Bild bearbeitet)	+2	**L+Of**	; organisch
	−12	**Aeh+Ah** p-(k)s(Sp)	schwach schluffiger Sand, schwach kiesig; sehr dunkelgelblichgraubraun (10YR 3/3); gebleichte Sandkörner (taschenförmig, sehr hoher Flächenanteil); Einzelkorn- und Subpolyedergefüge; mittel humos; sehr stark durchwurzelt
	−30	**Ah-Bv** p-(k)s(Sp)	schwach schluffiger Sand, schwach kiesig, sehr schwach steinig (gerundet); gelblichbraun, dunkelgraustichig (10YR 4/4); Einzelkorn- und Subpolyedergefüge; sehr schwach humos; stark durchwurzelt
	−70	**Bbt+Ael-Bv** p-(k)s(Sp)	schwach schluffiger Sand, schwach kiesig; dunkelorangebraun (7,5YR 4/6) und gelblichbraun, graustichig (10YR 5/4); Aufhellung (diffus, schwach ausgeprägt) und Tonbänder (hoher Flächenanteil); Subpolyeder- und Einzelkorngefüge; mittel durchwurzelt
	−90	**IIBbt+Ael** p-(k)s(Sgf)	mittel lehmiger und reiner Sand, schwach kiesig; dunkelbraun (7,5YR 4/4) und hellgelblichgraubraun (10YR 6/3); Aufhellung (Bänder, stark ausgeprägt, überwiegender Flächenanteil) und Tonbänder (sehr hoher Flächenanteil); Subpolyeder- und Einzelkorngefüge; schwach durchwurzelt
	−150	**IIilCv+Bbt** p-(k)s(Sgf)	reiner Sand und schwach lehmiger Sand, schwach kiesig; sehr hellgelbichgraubraun (10YR 7/3) und dunkelgelblichbraungrau (10YR 4/2); Tonbänder (überwiegender Flächenanteil); Einzelkorn- und Subpolyedergefüge
	−175	**IIBbt+ilCv** p-s(Sgf)	schwach lehmiger Sand und reiner Sand, sehr schwach kiesig; dunkelorangebraun (7,5YR 4/6) und hellgelblichgraubraun (10YR 6/3); Tonbänder (sehr hoher Flächenanteil); Schicht- und Einzelkorngefüge
	−190+	**IIIilCv** f-(k)s(Sgf)	reiner Sand, schwach kiesig; hellgelblichgraubraun (10YR 6/3); Einzelkorngefüge

Abb. 39.20 Kiefern auf Schmelzwassersand mit Moränenresten (Quelle: Landesamt für Bergbau, Geologie und Rohstoffe Brandenburg, D. Kühn)

Tab. 39.28 Analysendaten Profil 56

Horizont	Tiefe (cm)	Skelett (Vol.-%)	Sand (M.-%)	Schluff (M.-%)	Ton (M.-%)	Gesamtporen (Vol.-%)	Luftkapazität (Vol.-%)	nutzbare Feldkap. (Vol.-%)	Totwasser (Vol.-%)	Lagerungsdichte (g/cm³)
L+Of	+2	-	-	-	-	-	-	-	-	-
Aeh+Ah	−12	2,6	81	15	4	47	12	25	10	1,38
Ah-Bv	−30	4,0	83	13	4	40	2	28	10	1,62
Bbt+Ael-Bv	−70	3,0	82	14	4	38	18	17	3	1,69
IIBbt+Ael	−90	2,3	88	8	4	35	1	21	13	1,73
IIilCv+Bbt	−150	3,1	94	2	4	38	12	18	8	1,66
IIBbt+ilCv	−175	1,6	98	0	2	0	0	0	0	-
IIIilCv	−190+	4,9	97	2	1	0	0	0	0	-

Horizont	Tiefe (cm)	CaCO₃ (M.-%)	C_{org} (M.-%)	N_t (M.-%)	C/N	pH H₂O	pH CaCl₂	KAK_{pot} (cmol_c/kg)	BS (%)	K₂O-DL (mg/100g)	P₂O₅-DL (mg/100g)
L+Of	+2	-	-	-	-	4,4	3,7	-	-	-	-
Aeh+Ah	−12	-	1,45	0,09	16	4,0	3,7	-	-	-	-
Ah-Bv	−30	-	0,36	<0,03	-	4,8	4,3	-	-	-	-
Bbt+Ael-Bv	−70	-	0,20	<0,03	-	4,6	4,3	-	-	-	-
IIBbt+Ael	−90	-	0,10	<0,03	-	4,8	4,2	-	-	-	-
IIilCv+Bbt	−150	-	0,06	<0,03	-	5,1	4,2	-	-	-	-
IIBbt+ilCv	−175	<1	0,07	<0,03	-	7,4	6,8	1,0	96	-	-
IIIilCv	−190+	5,9	-	-	-	8,2	7,2	0,6	100	-	-

Horizont	Tiefe (cm)	KAK_{eff} (cmol_c/kg)	
L+Of	+2	3,5	-
Aeh+Ah	−12	2,9	-
Ah-Bv	−30	1,2	-
Bbt+Ael-Bv	−70	1,3	-
IIBbt+Ael	−90	0,6	-
IIilCv+Bbt	−150	1,6	-
IIBbt+ilCv	−175	-	-
IIIilCv	−190+	-	-

(Quelle: Landeslabor BB/Bln, HS f. nachhalt. Entw. Eberswalde, Inst. f. Ökol/TU Berlin)

(* = abgeleiteter Analysenwert)

Bodenprozesse und -eigenschaften

Derartige Substratabfolgen waren i. d. R. nach ihrer Entstehung kalkfrei. Die Lessivierung aus dem Geschiebedecksand führt zu einer Tonanreicherung an den Strukturen der unterlagernden Fließerden oder Schmelzwassersande und zeichnet Substratunterschiede oder Schichtungen nach (gebänderter Bt-Horizont und damit Varietät Bänderfahlerde-Braunerde). Der Decksand ist im Bereich der ehemaligen Hauptlage nachträglich verbraunt und neigt bei weiterer Versauerung unter Nadelwald (hier Kiefern) zur Podsolierung.

Nutzung und Vegetation

Bänderfahlerde-Braunerden wie diese sind Grenzstandorte für den Ackerbau. Waldbaulich zählen sie zu den besseren Standorten, auf denen oft auch Mischwälder zu finden sind, sofern die Areale groß genug sind, um mit der Bewirtschaftung darauf reagieren zu können.

Gefährdung

Unter Wald sind diese Standorte wenig gefährdet. Unter Acker können Wind- und auch Wassererosion bei geringen Neigungen auftreten.

Profil 57: Subtyp Podsol-Braunerde (PP-BB)

- Bodenausgangsgestein: Fließerdefolge aus verwittertem Granit
- Varietät: mittelbasische rötliche (Moder)Podsol-Braunerde (m.rt.moPP-BB)
- Typ: Braunerde
- Klasse: Braunerden
- Substrattyp: p-zl(+G)//p-ns(+G)
- WRB: Hyperdystric Skeletic Amphihypersideralic Cambisol (Humic, Anoloamic, Nechic, Endoraptic, Bathyarenic)
- Bodenregion: Berg- und Hügelländer mit hohem Anteil an Magmatiten und Metamorphiten
- Ort: St. Ursula, Ortenaukreis, Baden-Württemberg
- Humusform: Moder
- Profilbild und Horizontabfolge: siehe Tab. 39.29
- Bodenlandschaftsbild: siehe Abb. 39.21
- Analysendaten: siehe Tab. 39.30
- Autor: Karl Stahr, Daniela Sauer

Tab. 39.29 Profilbild und Horizontabfolge Profil 57

Profilbild	Horizontgrenze (cm)	Horizonte und ihre Eigenschaften	
	+5	L+Of+Oh	teilweise humifizierte Nadelstreu
	−3	Aeh1 p-zl(+G)	stark lehmiger Sand, stark grusig, mittel steinig (kantig); bräunlichschwarz (7,5YR 2,5/1); gebleichte Sandkörner; Subpolyedergefüge
	−13	Aeh2 p-zl(+G)	stark sandiger Lehm, stark grusig, mittel steinig (kantig); sehr dunkelgraubraun (7,5YR 3/3); gebleichte Sandkörner; Subpolyedergefüge
	−33	Bshv p-zl(+G)	stark lehmiger Sand, stark grusig, mittel steinig (kantig); sehr dunkelbraun (7,5YR 3/4); schwache Eisenoxid- und Humusanreicherung; Subpolyedergefüge
	−55	Bv1 p-zl(+G)	stark lehmiger Sand, stark grusig, mittel steinig (kantig); dunkelorangebraun (7,5YR 4/6); Subpolyedergefüge
	−85	Bv2 p-zl(+G)	stark lehmiger Sand, stark grusig, mittel steinig (kantig); dunkelorangebraun (7,5YR 4/6); Subpolyedergefüge
	−115	IIBv p-ln(+G)	stark lehmiger Sand, mittel grusig, sehr stark steinig (kantig); dunkelorangebraun (7,5YR 4/6); Subpolyeder- und Kohärentgefüge
	−170+	IIIilCv p-ns(+G)	schwach schluffiger Sand, stark steinig (kantig); braun (7,5YR 5/4); Kohärentgefüge

Quelle: O. Ehrmann (Bild bearbeitet)

Abb. 39.21 Typischer Nadelwald des Schwarzwalds, hier durch Windwurf aufgelockert (Quelle: A. Lehmann)

Vorkommen und Ausgangsgesteine

Die Braunerde ist generell der häufigste Bodentyp der Grundgebirge in den mitteleuropäischen Mittelgebirgen. Hohe Niederschläge und insbesondere geringe Eisengehalte der Ausgangsgesteine begünstigen die Tendenz zur Podsolierung in diesen typischen Mittelgebirgsböden. Podsol-Braunerden sind in den Mittelgebirgen in der Regel auf periglaziären Schuttdecken entwickelt, im Beispiel aus Granitverwitterung. Die darunter anstehenden Gesteine können vergrust oder saprolitisiert sein.

Bodenprozesse und -eigenschaften

Die Prozessabfolge, die zur Bildung von Podsol-Braunerden führt, beinhaltet Vergrusung, Verlehmung, Verbraunung, Entbasung, Versauerung und beginnende Podsolierung. Die Humusakkumulation nimmt mit ansteigender Höhenlage zu. Sie wird durch hohe Niederschläge und niedrige Temperaturen begünstigt.

Nutzung und Vegetation

Die typische Vegetation auf Podsol-Braunerden besteht z. B. aus Buchen-Tannenwäldern mit Heidelbeere und Sauergräsern, Rotem Holunder und Vogelbeere. Die Standorte sind gut für Grünlandnutzung geeignet; für die Ackernutzung sind sie meist zu kalt.

Gefährdung

Die Podsol-Braunerden der Mittelgebirge unter Wald sind als saure Standorte chemisch und physikalisch sehr stabil.

Tab. 39.30 Analysendaten Profil 57

Horizont	Tiefe (cm)	Skelett (Vol.-%)	Sand (M.-%)	Schluff (M.-%)	Ton (M.-%)	Gesamtporen (Vol.-%)	Luftkapazität (Vol.-%)	nutzbare Feldkap. (Vol.-%)	Totwasser (Vol.-%)	Lagerungsdichte (g/cm³)
L+Of+Oh	+5	39	71	17	12	68	25	36	7	0,78
Aeh1	−3	43	67	18	15	58	23	26	9	1,06
Aeh2	−13	44	62	21	17	63	23	29	11	0,96
Bshv	−33	38	63	21	16	55	21	23	11	1,19
Bv1	−55	31	63	21	16	53	14	28	11	1,25
Bv2	−85	36	62	22	16	48	10	27	11	1,37
IIBv	−115	69	79	17	4	0	0	0	3	1,39
IIIilCv	−170+	0	0	0	0	0	0	0	0	-

Horizont	Tiefe (cm)	$CaCO_3$ (M.-%)	C_{org} (M.-%)	N_t (M.-%)	C/N	pH H_2O	pH $CaCl_2$	KAK_{pot} (cmol$_c$/kg)	BS (%)	K_2O-DL (mg/100g)	P_2O_5-DL (mg/100g)
L+Of+Oh	+5	-	7,9	0,46	17	-	2,9	12	17	-	-
Aeh1	−3	-	4,3	0,18	24	-	3,1	12	4	-	-
Aeh2	−13	-	2,9	0,14	20	-	3,7	7	8	-	-
Bshv	−33	-	1,4	0,1	14	-	4,1	3	3	-	-
Bv1	−55	-	0,6	<0,1	8	-	4,3	2	6	-	-
Bv2	−85	-	0,4	<0,1	6	-	4,1	2	0	-	-
IIBv	−115	-	0,2	<0,1	12	-	4,0	3	3	-	-
IIIilCv	−170+	-	-	-	0	-	-	-	0	0	-

(Quelle: Institut für Bodenkunde und Standortslehre, Universität Hohenheim)

(* = abgeleiteter Analysenwert)

Profil 58: Subtyp Pseudogley-Braunerde (SS-BB)

- Bodenausgangsgestein: Fließerde aus Sandstein über Fließerde aus Ton- und Sandstein
- Varietät: basenreiche (Acker)Pseudogley-Braunerde (eu. vSS-BB)
- Typ: Braunerde
- Klasse: Braunerden
- Substrattyp: p-s(^s)/p-l(^t,^s)
- WRB: Eutric Epialbic Mollic Planosol (Aric, Raptic)
- Bodenregion: Berg- und Hügelländer mit hohem Anteil an nicht metamorphen Sand-, Schluff-, Ton- und Mergelgesteinen
- Ort: Trannroda, Saale-Orla-Kreis, Thüringen
- Profilbild und Horizontabfolge: siehe Tab. 39.31
- Bodenlandschaftsbild: siehe Abb. 39.22
- Analysendaten: siehe Tab. 39.32
- Autor: Wolfgang Brandtner

Vorkommen und Ausgangsgesteine

Die Pseudogley-Braunerde ist ein Übergangssubtyp der Braunerde mit einer Ah/Bv/Sw/(II)Sd- oder Ah/Sw-Bv/(II)Sd-Horizontfolge. Sie ist häufig mit der Braunerde und dem Braunerde – Pseudogley vergesellschaftet. Sie ist unter anderem in den mesozoischen und paläozoischen Hügel- und Bergländern mit silikatischen pleistozänen Lockergesteinsdeckschichten verbreitet.

Bodenprozesse und -eigenschaften

Die bodenbildenden Gesteine bestehen vorherrschend aus periglaziären Deckschichten mit Hauptlage über Basislage. Die Hauptlage ist durch Gesteine aus dem Liegenden mit differierenden Lössbeimischungen, die Basislage durch Gesteine aus dem Liegenden charakterisiert. Diagnostisches Merkmal der Pseudogley-Braunerde sind der Sw- unter dem Bv- oder der Sw-Bv-Horizont, typischerweise in der Hauptlage. Der wasserstauende IISd-Horizont ist in der Regel in der Basislage ausgebildet. Der Wechsel von temporärer Ver-

Tab. 39.31 Profilbild und Horizontabfolge Profil 58

Profilbild	Horizontgrenze (cm)	Horizonte und ihre Eigenschaften	
	−25	**Ap** p-s(^s)	schwach lehmiger Sand, sehr schwach grusig; braunschwarz (10YR 2/2); Krümel- bis Einzelkorngefüge,; schwach humos
	−50	**Sw-Bv** p-s(^s)	schwach lehmiger Sand, sehr schwach grusig; hellbraun (7,5YR 6/4); Manganoxide (fleckig, mittlerer Flächenanteil) und Bleichflecken (mittlerer Flächenanteil); Subpolyeder- bis Einzelkorngefüge; sehr schwach humos
	−75+	**IISd** p-l(^t,^s)	mittel toniger Sand, sehr schwach grusig; dunkelbräunlichrotgrau (2,5YR 4/3); Eisenoxide (diffus verteilt, extrem hoher Flächenanteil) und Bleichflecken (sehr hoher Flächenanteil); Polyedergefüge; sehr schwach humos

Quelle: Bodenschätzung Thüringen (Bild bearbeitet)

Abb. 39.22 Lössbeeinflusstes ostthüringisches Buntsandstein-Hügelland (Holzland) (Quelle: Thüringer Landesanstalt für Umwelt und Geologie, W. Brandtner)

Tab. 39.32 Analysendaten Profil 58

Horizont	Tiefe (cm)	Skelett (Vol.-%)	Sand (M.-%)	Schluff (M.-%)	Ton (M.-%)	Gesamtporen (Vol.-%)	Luftkapazität (Vol.-%)	nutzbare Feldkap. (Vol.-%)	Totwasser (Vol.-%)	Lagerungsdichte (g/cm³)
Ap	−25	1	74	19	7	-	-	-	-	-
Sw-Bv	−50	1	78	16	6	-	-	-	-	-
IISd	−75+	1	69	10	21	-	-	-	-	-

Horizont	Tiefe (cm)	CaCO₃ (M.-%)	C_org (M.-%)	N_t (M.-%)	C/N	pH H₂O	pH CaCl₂	KAK_pot (cmol_c/kg)	BS (%)	K₂O-DL (mg/100g)	P₂O₅-DL (mg/100g)
Ap	−25	-	1,11	0,1	11	6,9	5,9	6,5	63	-	-
Sw-Bv	−50	-	0,22	0,02	11	7,3	6,4	3,9	82	-	-
IISd	−75+	-	0,18	0,02	9	7,8	7,2	9,7	82	-	-

(Quelle: Thüringer Landesanstalt für Umwelt und Geologie)
(* = abgeleiteter Analysenwert)

nässung und Austrocknung prägt die Morphologie der diagnostischen Horizonte. Bei der Pseudogley-Braunerde dominieren die Verbraunungsmerkmale. Die hydromorphen Merkmale, die Nassbleichungs- und Oxidationsfleckung, weisen einen Fleckungsanteil von maximal 10 % auf. In der Stauzone wird in der temporären Nässephase unter Sauerstoffmangel Eisen und Mangan reduziert und umverteilt. Das Alternieren von Vernässung und Austrocknung führt zur Bleichung und Konkretionsbildung im Sw- oder Sw-Bv-Horizont. Im vorliegenden Boden haben wir im Sw-Bv Manganoxide, die auf zwei verschiedene Weisen entstanden sind: zum Einen pedogene Manganoxidkonkretionen mit geringem Flächenanteil, zum Anderen lithogene Manganoxidflecken, entstanden aus dem Zerreibsel eines entfestigten, stark verwitterten und durch Manganoxide schwarz gefärbten Sandsteins mit mittlerem Flächenanteil. Dieser schwarze Sandsteindetritus ist überwiegend in der Hauptlage verteilt.

Im dichter gelagerten Staukörper, dem IISd-Horizont, werden die Aggregatoberflächen gebleicht. Im Aggregatinneren findet dagegen eine Eisenanreicherung statt. Das Bild des Staukörpers erscheint marmoriert.

Nutzung und Vegetation

Pseudogley-Braunerden werden überwiegend als Ackerland aber auch gering verbreitet als Grünland wie auch forstlich genutzt. Ihre Standorteigenschaften im Einzelnen hängen jedoch stark vom Substrat ab.

Gefährdung

Die sandigen, schluffigen und sandig-lehmigen Böden sind unter Ackernutzung in Abhängigkeit von den Reliefverhältnissen zeitweise mäßig bis stark erosionsgefährdet. Die Empfindlichkeit gegenüber Bodenverdichtung ist in der Regel als gering bis mäßig anzusehen.

Profil 59: Subtyp Gley-Braunerde (GG-BB)

- Bodenausgangsgestein: Decksand über deluvialem Schmelzwassersand
- Varietät: eisenreiche lessivierte mittelbasische entwässerte (Moder)Gley-Braunerde (ei.l.m.mo.rGG-BB)
- Typ: Braunerde
- Klasse: Braunerde
- Substrattyp: p-s(Sp)/p-s(Sgf)
- WRB: Dystric Rhodic Arenosol (Endorelictigleyic, Ochric, Epiraptic)
- Bodenregion: Jungmoränenlandschaften
- Ort: Rauensche Berge, Landkreis Oder-Spree, Brandenburg
- Humusform: Rohhumusartiger Moder
- Profilbild und Horizontabfolge: siehe Tab. 39.33
- Bodenlandschaftsbild: siehe Abb. 39.23
- Analysendaten: siehe Tab. 39.34
- Autor: Dieter Kühn, Joris Hering

Vorkommen und Ausgangsgesteine

Das Profil befindet sich in einem bereits saalekaltzeitlich angelegten Stauchungskomplex, der hier aus Schmelzwassersand besteht. Im Untergrund können gestauchte Geschiebemergellagen und überwiegend sandige tertiäre Sedimente mit eingeschalteten Schlufflagen und Braunkohleflözen hinzutreten (benachbarter Altbergbau unter Tage). Ablagerungen aus der Weichselkaltzeit sind kaum erhalten geblieben. Lediglich eine weichselkaltzeitliche periglaziäre Überprägung fand statt. Sie führte zur Bildung einer Hauptlage aus Decksand und einer Basislage aus Schmelzwassersand bzw. aus abgespültem Deck- und Schmelzwassersand. Aufgrund der Profillage am Rand einer periglaziär angelegten Senke und der relativ horizontalen Schichtung unterhalb der periglaziären Lagen kann im Untergrund dieses Profils von abgespülten Deck- und Schmelzwassersand als Füllung der Senke ausgegangen werden.

Tab. 39.33 Profilbild und Horizontabfolge Profil 59

Profilbild	Horizontgrenze (cm)	Horizonte und ihre Eigenschaften	
	+8	**L**	; organisch
	+6	**Of**	; organisch; stark durchwurzelt
	+3	**Oh**	; organisch; stark durchwurzelt
	−5	**Ah-Bv** p-(k)s(Sp)	schwach toniger Sand, schwach kiesig; rötlichbraun (5YR 4/3) und rot (2,5YR 4/6); Eisenoxide (konkretionär, mittlerer Flächenanteil); Einzelkorn- und Subpolyedergefüge; schwach humos; mittel durchwurzelt
	−20	**Bv1** p-(k)s(Sp)	schwach toniger Sand, schwach kiesig; rot (2,5YR 4/6); Humusflecken (schwach ausgeprägt, mittlerer Anteil); Einzelkorn- und Subpolyedergefüge; sehr schwach humos; schwach durchwurzel
	−50	**Bv2** p-(k)s(Sp)	schwach toniger Sand, schwach kiesig; dunkelrot (2,5YR 3/6); Einzelkorn- und Subpolyedergefüge; humusfrei; schwach durchwurzelt
	−70	**IIrGo°Bv-ilCv** p-(k)s(Sp,Sgf)	reiner Sand, schwach kiesig; rötlichgelb (5YR 6/6) und rötlichgelb (7,5YR 6/8); Eisenoxide (Flecken, mittlerer Anteil); Einzelkorngefüge
	−115	**IIIilCbtv-rGo** p-s(Sgf)	reiner Sand; gelb (10YR 7/6) und rot (2,5YR 5/8); rötliche Tonbänder (hoher Flächenanteil); Eisenoxide (Flecken, sehr hoher Flächenanteil) ; Einzelkorngefüge
	−220+	**IIIilCv-rGo** p-s(Sgf)	reiner Sand; hellgrau (2,5Y 7/2) und braunorange (7,5YR 5/8); Eisenoxide (Bänder, sehr hoher Flächenanteil); Einzelkorngefüge

Quelle: P. Schad (Bild bearbeitet)

Abb. 39.23 Stauchmoränenkomplex Rauensche Berge südlich Fürstenwalde/Spree (Quelle: Landesamt für Bergbau, Geologie und Rohstoffe Brandenburg, D. Kühn)

Bodenprozesse und -eigenschaften

Während und nach der Beendigung der Frostbodenprozesse entwickelten sich auf derartigen Standorten meist normale Braunerden weiter. Das Profil befindet sich morphologisch an einem Hangfuß am Rand einer heute trockenen Senke mit deutlich erhöhten Eisengehalten. Statt der normalen Verbraunung der Hauptlage zeigen die Horizonte in diesem Profilteil eine deutliche Rotfärbung, die sonst üblicherweise unter tropischen Bedingungen entsteht. Erhöhte Eisengehalte und die Minerale Goethit und Hämatit wurden nachgewiesen. Da diese Minerale in der Hauptlage homogenisiert sind, kann von einer weichselkaltzeitlichen Anreicherung der Eisenverbindungen oberhalb des Dauerfrostbereichs ausgegangen werden. Die Rotfärbung ist nicht eindeutig geklärt. Es gibt verschiedene Theorien, wie diese unter kalkzeitlichen Bedingungen zustande gekommen sein könnte. Eventuell spielen erhöhte Phosphorgehalte oder aufgestiegene Grundwässer aus den tertiären Schichten eine Rolle. Diese roten Böden treten nur kleinflächig auf, vorzugsweise in heute trockenen Tälern am Rand von Hochflächen, aber auch an Rändern heute trockener abflussloser Senken oder an Stellen ehemaliger Grundbrüche des Dauerfrostbodens. Das Horizontsymbol Bv kennzeichnet diese eisenreichen und rotgefärbten Verbraunungshorizonte nur unzureichend. Zusätzlich haben sich schwache Tonanreicherungsbänder ausgebildet. Diese lessivierte, eisenreiche Reliktgley-Braunerde wird auch als „Fuchserde" bezeichnet. Die braunen Eisenoxide im Unterboden stammen vermutlich aus feuchteren Phasen des Holozäns. Bindige Schichten im Untergrund des Stauchungskomplexes führen zu lokal schwebendem Grundwasser mit Ausbildung von Go-Merkmalen. Gegenwärtig werden diese als reliktisch eingestuft.

Nutzung und Vegetation

Derartige trockene Sandstandorte werden als Kiefernforste genutzt, z. T. auch mit einzelnen Laubhölzern. Die relativ lichten Wälder haben eine Krautschicht aus Heidel- und z. T. Preiselbeere sowie Moosen und Gräsern.

Gefährdung

Aufgrund der Bestockung besteht ein Versauerungsrisiko, das durch den hohen Anteil an Eisenverbindungen am Standort minimiert ist. Erosionsgefahr besteht unter Waldnutzung mit der bestehenden guten Bodenbedeckung nicht.

Tab. 39.34 Analysendaten Profil 59

Horizont	Tiefe (cm)	Skelett (Vol.-%)	Sand (M.-%)	Schluff (M.-%)	Ton (M.-%)	Gesamtporen (Vol.-%)	Luftkapazität (Vol.-%)	nutzbare Feldkap. (Vol.-%)	Totwasser (Vol.-%)	Lagerungsdichte (g/cm³)
L	+8	-	-	-	-	-	-	-	-	-
Of	+6	-	-	-	-	-	-	-	-	-
Oh	+3	-	-	-	-	-	-	-	-	-
Ah-Bv	−5	-	89,3	1,7	8,6	-	-	-	-	-
Bv1	−20	-	87,1	4,8	7,9	41,9	28,4	11,6	1,9	1,588
Bv2	−50	-	89,0	3,0	8,0	46,2	35,8	8,7	1,8	1,476
IIrGo°Bv-ilCv	−70	-	97,6	0,1	2,0	-	-	-	-	-
IIIilCbtv-rGo	−115	-	97,7	1,1	1,4	-	-	-	-	-
IIIilCv-rGo	−220+	-	-	-	-	-	-	-	-	-

Horizont	Tiefe (cm)	CaCO₃ (M.-%)	C_{org} (M.-%)	N_t (M.-%)	C/N	pH H₂O	pH CaCl₂	KAK_{pot} (cmol$_c$/kg)	BS (%)	K₂O-DL (mg/100g)	P₂O₅-DL (mg/100g)
L	+8	-	-	-	-	-	-	-	-	-	-
Of	+6	-	30,6	1,26	24	4,3	3,3	-	-	-	-
Oh	+3	-	22,9	0,84	27	3,8	2,9	-	-	-	-
Ah-Bv	−5	-	1,70	0,05	34	3,9	3,3	-	-	-	-
Bv1	−20	-	0,54	0,03	18	4,5	4,1	-	-	-	-
Bv2	−50	-	0,30	0,02	15	4,4	4,1	-	-	-	-
IIrGo°Bv-ilCv	−70	-	<0,09	<0,02	12	4,5	4,4	-	-	-	-
IIIilCbtv-rGo	−115	-	<0,09	<0,02	11	4,7	4,5	-	-	-	-
IIIilCv-rGo	−220+	-	-	-	-	-	-	-	-	-	-

Horizont	Tiefe (cm)	KAK_{eff} (cmol$_c$/kg)	BS_{eff} (%)	$Fe_{(ox)}$ (mg/kg)	$Fe_{(dith)}$ (mg/kg)	$Fe_{(ox)}/Fe_{(dith)}$	Fe_2O_3-$Fe_{(ges)}$ (mg/kg)
L	+8						
Of	+6	19,9	67				
Oh	+3	17,6	37				
Ah-Bv	−5	2,0	10	2960	24500	0,12	25700
Bv1	−20	0,8	10	2260	37700	0,06	38000
Bv2	−50	0,4	6	1250	33100	0,04	37700
IIrGo°Bv-ilCv	−70	0,2		596	4230	0,14	4830
IIIilCbtv-rGo	−115	0,1		102	1080	0,09	2670
IIIilCv-rGo	−220+						

(Quelle: Landeslabor BB/Bln, HS f. nachhalt. Entw. Eberswalde, Inst. f. Ökol/TU Berlin)
(* = abgeleiteter Analysenwert)

Profil 60: Subtyp Gley-Braunerde (GG-BB)

- Bodenausgangsgestein: flacher Auenlehm über Terrassensand
- Varietät: basenreiche entwässerte (Acker)Gley-Braunerde (eu.v.rGG-BB)
- Typ: Braunerde
- Klasse: Braunerden
- Substrattyp: f-(k)l(Lfo)\f-ks(St)
- WRB: Endofluvic Endorelictigleyic Phaeozem (Katoarenic, Aric, Epiraptic)
- Bodenregion: (Überregionale) Flusslandschaften

- Ort: Karlsdorf-Neuthard, Lkr. Karlsruhe, Baden-Württemberg
- Profilbild und Horizontabfolge: siehe Tab. 39.35
- Bodenlandschaftsbild: siehe Abb. 39.24
- Analysendaten: siehe Tab. 39.36
- Autor: Wolfgang Fleck

Vorkommen und Ausgangsgesteine

Die Auenböden entlang der Rheinzuflüsse aus dem Kraichgau sind überwiegend aus verlagertem Lössmaterial aufgebaut. Breite, weitgehend ebene Auen mit vorherrschend Auengleyen bilden einen deutlichen Kontrast zu den flach-

Tab. 39.35 Profilbild und Horizontabfolge Profil 60

Profilbild	Horizontgrenze (cm)	Horizonte und ihre Eigenschaften	
	−27	**Ap** f-(k)l(Lfo)	stark lehmiger Sand, schwach kiesig; sehr dunkelgelblichbraungrau (10YR 3/2); Kohärentgefüge; mittel humos; stark durchwurzelt
	−60	**IIBv** f-ks(St)	reiner Sand, stark kiesig; sehr hellbeigegrau (7,5YR 7/2); Einzelkorngefüge; sehr schwach humos; schwach durchwurzelt
	−80	**IIBv-rGo** f-(k)s(St)	reiner Sand, mittel kiesig; hellgraubraun (7,5YR 6/3); Eisenoxide (schwach fleckig, hoher Flächenanteil); Kohärentgefüge; sehr schwach durchwurzelt
	−115	**IIrGo** f-ks(St)	reiner Sand, stark kiesig; sehr hellbraun (7,5YR 7/4); Eisenoxide (mäßig fleckig, sehr hoher Flächenanteil); Kohärentgefüge; sehr schwach durchwurzelt
	−130+	**IIrGor** f-ks(St)	reiner Sand, stark kiesig; sehr hellgraubeige (7,5YR 7/3); Eisenoxide (mäßig fleckig) und reduziertes Eisen; Kohärentgefüge

Quelle: Landesamt für Geologie, Rohstoffe und Bergbau im Regierungspräsidium Freiburg, W. Fleck (Bild bearbeitet)

Abb. 39.24 Saalbachaue bei Bruchsal (Lkr. Karlsruhe), im Hintergrund die Lösshügellandschaft des Kraichgaus (Quelle: Landesamt für Geologie, Rohstoffe und Bergbau im Regierungspräsidium Freiburg, W. Fleck)

Tab. 39.36 Analysendaten Profil 60

Horizont	Tiefe (cm)	Skelett (Vol.-%)	Sand (M.-%)	Schluff (M.-%)	Ton (M.-%)	Gesamtporen (Vol.-%)	Luftkapazität (Vol.-%)	nutzbare Feldkap. (Vol.-%)	Totwasser (Vol.-%)	Lagerungsdichte (g/cm³)
Ap	−27	8	71	13	16	48	15	22	11	1,35
IIBv	−60	45	92	5	3	38	29	8	1	1,66
IIBv-rGo	−80	14	97	2	1	41	34	6	1	1,59
IIrGo	−115	42	98	1	1	-	-	-	-	-
IIrGor	−130+	31	98	1	1	38	29	8	1	1,65

Horizont	Tiefe (cm)	CaCO₃ (M.-%)	C_{org} (M.-%)	N_t (M.-%)	C/N	pH H₂O	pH CaCl₂	KAK_{pot} (cmol$_c$/kg)	BS (%)	K₂O-DL (mg/100g)	P₂O₅-DL (mg/100g)
Ap	−27	-	2,2	0,3	9	-	6,5	160	80	14	12
IIBv	−60	-	0,2	0	-	-	-	17	100	2	<1
IIBv-rGo	−80	-	0,1	0	-	-	-	11	100	7	<1
IIrGo	−115	-	0,1	0	-	-	-	12	100	4	<1
IIrGor	−130+	-	0	0	-	-	-	-	-	2	<1

(Quelle: Landesamt für Geologie, Rohstoffe und Bergbau im Regierungspräsidium Freiburg)
(* = abgeleiteter Analysenwert)

welligen Niederterrassenflächen mit sandig-kiesigen Braunerden und Parabraunerden. Im Beispielprofil am Rande der Saalbachaue ist nur der Ap-Horizont aus Auenlehm aufgebaut, der sich mit erhöhten Schluff- und Tongehalten sowie vergleichsweise geringen Kiesgehalten deutlich vom Unterboden abhebt. Dieser besteht aus würmzeitlichen, geschichteten Terrassenschottern aus grobsandigen Mittelsanden mit schwachen bis hohen Kiesgehalten.

Bodenprozesse und -eigenschaften

Der Terrassenschotter zeigt direkt unter dem Pflughorizont eine deutliche Verbraunung. Ab 60 cm Tiefe setzen Grundwassermerkmale in Form von orangebraunen Rostflecken ein. Das Grundwasser wurde durch Entwässerung, Bachbegradigung und Grundwasserentnahme abgesenkt. Die Substratschichtung spiegelt sich deutlich in den Bodeneigenschaften wider. Pflanzenverfügbares Wasser und Nährstoffe werden vor allem aus dem Oberboden geliefert. Die nutzbare Feldkapazität ist insgesamt gering bis mittel.

Nutzung und Vegetation

Im Gegensatz zu meist bewaldeten Sandböden der Niederterrasse werden die Auen aus lössreichen Hochwassersedimenten überwiegend ackerbaulich genutzt, sofern sie vor Überflutung geschützt und nicht zu stark vom Grundwasser beeinflusst sind.

Gefährdung

Im Großraum Karlsruhe sind die östlichen Bereiche der Oberrheinebene, insbesondere in Autobahnnähe, durch Überbauung bedroht.

Profil 61: Subtyp Gley-Braunerde (GG-BB); Typ und Untertypen CH: Braunerde, sauer, gleyig, schwach grundnass (B, E3, G3, R1)

- Bodenausgangsgestein: Hangablagerung aus Molassetonen über tiefem Molassemergel
- Varietät: basenreiche (Mull)(Hang)Gley-Braunerde (eu. muGGg-BB)
- Typ: Braunerde; Typ CH: Braunerde
- Klasse: Braunerden
- Substrattyp: u-(z)t(lpq)//c-(z)et(lpq)
- WRB: Hypereutric Endogleyic Cambisol (Endogeoabruptic, Endoclayic, Humic, Anoloamic)
- Bodenregion: Faltenmolasse und mittlere und westliche Flyschzone mit hohem Anteil an nicht oder nur gering metamorphen Gesteinen
- Ort: Heumoosegg I (V16), Kanton Zug
- Humusform: L-Mull; Humusform CH: typischer Mull (Mt)
- Profilbild und Horizontabfolge: siehe Tab. 39.37
- Bodenlandschaftsbilder: siehe Abb. 39.25 und 39.26
- Analysendaten: siehe Tab. 39.38
- Autor: Peter Lüscher, Stephan Zimmermann, Jörg Luster, Peter Blaser, Lorenz Walthert

Vorkommen und Ausgangsgesteine

Das Profil Heumoosegg I ist für die voralpine Flyschzone der Zentralschweiz typisch. Der Boden entstand aus am Hang umgelagerten Tonen aus Bunten Mergeln der Unteren Süßwassermolasse. Der Profilort im Kanton Zug liegt auf 1110 m ü. M. Der Mittelhang ist 23 % geneigt und nordexponiert. Der mittlere Jahresniederschlag beträgt 1785 mm, und die mittlere Jahrestemperatur liegt bei 6,1 Grad Celsius. Die Länge der Vegetationsperiode beträgt 150–165 Tage.

Tab. 39.37 Profilbild und Horizontabfolge Profil 61

Profilbild	Horizontgrenze (cm)	Horizonte und ihre Eigenschaften (in Klammern: Horizonte CH)	
	+1	**L (Ol)**	; organisch
	−15	**Ah (Ah)** u-(z)l(lpq)	schwach toniger Lehm, schwach grusig; braun (7,5YR 5/4); Krümelgefüge; stark humos; stark durchwurzelt
	−60	**sGo-Bv (Bg)** u-(z)t(lpq)	mittel toniger Lehm, schwach grusig; braun (7,5YR 5/4); Eisenoxide (fleckig, mittlerer Flächenanteil); Polyedergefüge; schwach humos; mittel durchwurzelt
	−85	**Bv-sGo (Bg(g))** u-(z)t(lpq)	mittel toniger Lehm, schwach grusig; rötlichbraungrau (5YR 5/3); Eisenoxide (fleckig, hoher Flächenanteil); Polyedergefüge; sehr schwach humos; schwach durchwurzelt
	−125+	**IIsGro (BCgg,x)** c-(z)et(lpq)	reiner Ton, mittel grusig; hellbraungrau (7,5YR 6/2); Eisenoxide (fleckig, hoher Flächenanteil) und reduziertes Eisen (extrem hoher Flächenanteil); Kohärentgefüge; mittel carbonathaltig

Quelle: S. Zimmermann (2005), Waldböden der Schweiz, Bd 3. Regionen Mittelland und Voralpen. Birmensdorf, Eidg. Forschungsanstalt WSL, Bern, Hep Verlag (Bild bearbeitet)

Bodenprozesse und -eigenschaften

Die Humusform entspricht einem L-Mull. Das Streugemisch aus der Baumschicht und von den Pflanzen einer üppigen Krautschicht ist gut abbaubar. Die hohe biologische Aktivität begründet sich nebst der Streuqualität durch genügend Feuchtigkeit und Wärme. Die Gley-Braunerde wird im unteren Profilteil stark durch Hangwasser beeinflusst. Die Kalkgrenze liegt in 125 cm Tiefe. Diese beeinflusst, zusammen mit dem zeitweiligen Anstieg des Bodenwassers, die chemischen Verhältnisse im Wurzelraum, wodurch die Basensättigung im ganzen Boden sehr hohe Werte von mehr als 86 % aufweist. Der hohe Tongehalt ab 85 cm Tiefe ist eine Folge geschichteter Hangtone, was zu Inhomogenitäten in den Bodeneigenschaften führt. Im Unterschied zum benachbarten Profil Heumoosegg III ist diese Gley-Braunerde bis 85 cm Tiefe gut durchlüftet und als Wurzelraum für einen Waldstandort geeignet.

Nutzung und Vegetation

Der Waldstandort gehört zu den der Höhenlage entsprechend ertragsreichen und vorratsreichen Tannen-Buchenwäldern. Dieser Waldstandortstyp ist im ganzen voralpinen Raum weit verbreitet. Buche und Tanne dominieren die Bestände, dazu kommt die Fichte, stellenweise der Bergahorn.

Gefährdung

Die Durchlüftung ist im unteren Profilteil ab 85 cm Tiefe zeitweise ungenügend. Tief wurzelnde Baumarten tragen durch biologische Entwässerung zu einer Bodenverbesserung bei und sind zu bevorzugen. Die Verankerungsmöglichkeit ist für oberflächlich wurzelnde Baumarten nur mäßig. Die Tanne trägt mit ihrem Pfahlwurzelsystem viel zur Bestandesstabilität (Rutsch-, Windwurfgefahr) bei. Der Boden reagiert auf das Befahren im feuchten Zustand sehr empfindlich.

Abb. 39.25 Tannen-Buchenwald (Quelle: S. Zimmermann (2005), Waldböden der Schweiz, Bd 3. Regionen Mittelland und Voralpen. Birmensdorf, Eidg. Forschungsanstalt WSL, Bern, Hep Verlag)

Abb. 39.26 Blick vom Walchwilerberg in westlicher Richtung auf den Zugersee (Quelle: Eidgenössische Forschungsanstalt für Wald, Schnee und Landschaft, Birmensdorf, M. Walser)

Tab. 39.38 Analysendaten Profil 61

Horizont	Tiefe (cm)	Skelett (Vol.-%)	Sand (M.-%)	Schluff (M.-%)	Ton (M.-%)	Gesamtporen (Vol.-%)	Luftkapazität (Vol.-%)	nutzbare Feldkap. (Vol.-%)	Totwasser (Vol.-%)	Lagerungsdichte (g/cm³)
L (Ol)	+1	-	-	-	-	-	-	-	-	-
Ah (Ah)	−15	2,5	34	36	30	68,7	12,0	24,1	32,6	1,13
sGo-Bv (Bg)	−60	2,5	27	34	39	59,3	6,7	18,5	34,1	1,31
Bv-sGo (Bg(g))	−85	2,5	24	34	42	49,6	4,9	16,9	27,8	1,36
IIsGro (BCgg,x)	−125+	15	4	27	69	44,5	5,1	14,5	24,9	1,44

Horizont	Tiefe (cm)	$CaCO_3$ (M.-%)	C_{org} (M.-%)	N_t (M.-%)	C/N	pH H_2O	pH $CaCl_2$	KAK_{pot} ($cmol_c$/kg)	BS (%)	K_2O-DL (mg/100g)	P_2O_5-DL (mg/100g)
L (Ol)	+1	-	-	-	-	-	-	-	-	-	-
Ah (Ah)	−15	-	3,6	0,27	14	5,1	4,3	-	-	13,4*	-
sGo-Bv (Bg)	−60	-	0,8	0,07	11	5,3	4,4	-	-	8,0*	-
Bv-sGo (Bg(g))	−85	-	0,2	0,05	5	5,6	4,7	-	-	11,7*	-
IIsGro (BCgg,x)	−125+	5,0	-	-	-	7,9	7,2	-	-	20,1*	-

Horizont	Tiefe (cm)	KAK_{eff} ($cmol_c$/kg)	BS_{eff} (%)
L (Ol)	+1		
Ah (Ah)	−15	20,2	86
sGo-Bv (Bg)	−60	19,5	86
Bv-sGo (Bg(g))	−85	22,5	95
IIsGro (BCgg,x)	−125+	46,4	100

(Quelle: Forschungseinheit Waldböden und Biochemie, Eidgenössische Forschungsanstalt für Wald, Schnee und Landschaft, Birmensdorf)

(* = abgeleiteter Analysenwert)

Klasse L: Lessivés

40

Dieter Kühn, Karl-Josef Sabel, Peter Schad,
Wolfgang Fleck, Othmar Nestroy, Peter Lüscher,
Karl Stahr, Ralf Sinapius, Holger Joisten und Fred Franzke

Inhaltsverzeichnis

D. Kühn (✉)
ehemals Landesamt für Bergbau, Geologie und Rohstoffe
Brandenburg, Cottbus, Deutschland

K.-J. Sabel
ehemals Hessisches Landesamt für Naturschutz, Umwelt und
Geologie, Wiesbaden, Deutschland

P. Schad
Technische Universität München, TUM School of Life Sciences,
Lehrstuhl für Bodenkunde, Freising-Weihenstephan, Deutschland

W. Fleck
Landesamt für Geologie, Rohstoffe und Bergbau,
Freiburg, Deutschland

O. Nestroy
ehemals Technische Universität Graz, Graz, Österreich

P. Lüscher
ehemals Eidgenössische Forschungsanstalt für Wald, Schnee und
Landschaft, Birmensdorf, Schweiz

K. Stahr
ehemals Universität Hohenheim, Hohenheim, Deutschland

R. Sinapius
Büro für Bodenkunde, Voigtsdorf, Deutschland

H. Joisten
ehemals Sächsisches Landesamt für Umwelt, Landwirtschaft
und Geologie, Dresden, Deutschland

F. Franzke
terraf Ingenieurbüro, Frauenstein, Deutschland

© Springer-Verlag GmbH Deutschland, ein Teil von Springer Nature 2023
H. Joisten et al. (Hrsg.), *Böden Deutschlands, Österreichs und der Schweiz*, https://doi.org/10.1007/978-3-8274-2284-2_40

40.1   Allgemeine Charakteristika

Lessivés zeichnen sich durch den Prozess der vorrangig vertikalen Tonverlagerung aus. Voraussetzung für diesen Prozess ist, dass das Bodensubstrat eine Körnung aufweist, die einerseits eine Perkolation des Sickerwassers ausreichend zulässt und andererseits Bestandteile in der Ton- und Schlufffraktion besitzt, die mit dem Sickerwasserstrom verlagert werden können. Für eine Tonmineralbildung und -verlagerung ist bei ursprünglich carbonathaltigen Bodensubstraten eine Entkalkung und pH-Wertabsenkung in der Bodenlösung auf etwa 5,0 bis 6,5 notwendig. In der Regel werden keine Einzelkörner verlagert sondern so genannte Kolloide. Dabei handelt es sich meist um Ton-Humus-Komplexe. Je nach Humusanteil in diesen Komplexen sind die Tonanreicherungen in Form von Bändern und Belägen erkennbar dunkler als die übrige Bodenmatrix eines Anreicherungshorizontes. Damit einher geht eine Aufhellung der Verarmungshorizonte. Innerhalb der Klasse der Lessivés sind sowohl die Intensitäten der Tongehaltsunterschiede zwischen Verarmungs- und Anreicherungshorizont als auch die Farbunterschiede zwischen den genannten Horizonten sehr unterschiedlich.

40.2   Verbreitungsgebiete

Lessivés sind in ganz Deutschland verbreitet. Sie entstehen sowohl auf pleistozänen (einschließlich Verwitterungsböden) als auch auf holozänen Substraten. Typische Landschaften und Böden dieser Bodenklasse zeigen Abb. 40.1, 40.2, 40.3 und 40.4. Die regionale Verbreitung der Bodenklasse der Lessivés wird in der Karte der Abb. 40.5 dargestellt.

Abb. 40.1 Hessisches Lösshügelland (Hintertaunus) mit Parabraunerden (Quelle: K. Stahr)

Abb. 40.2 Blick vom Karpatenhügel auf Brodowinsee, Lkr. Barnim/Brandenburg. Helle Farben der Ackerkrume zeichnen das Vorkommen von Fahlerden. Sie sind vergesellschaftet mit Parabraunerden (dunklere Ackerfarben) (Quelle: D. Kühn)

Abb. 40.3 Ökologisch
bewirtschaftete Parabraunerde
Flächen im Raum Nossen,
Sachsen (Quelle: H. Joisten)

Abb. 40.4 Erosionsflächen
von Lessivés im Raum
Nossen, Sachsen (Quelle:
H. Joisten)

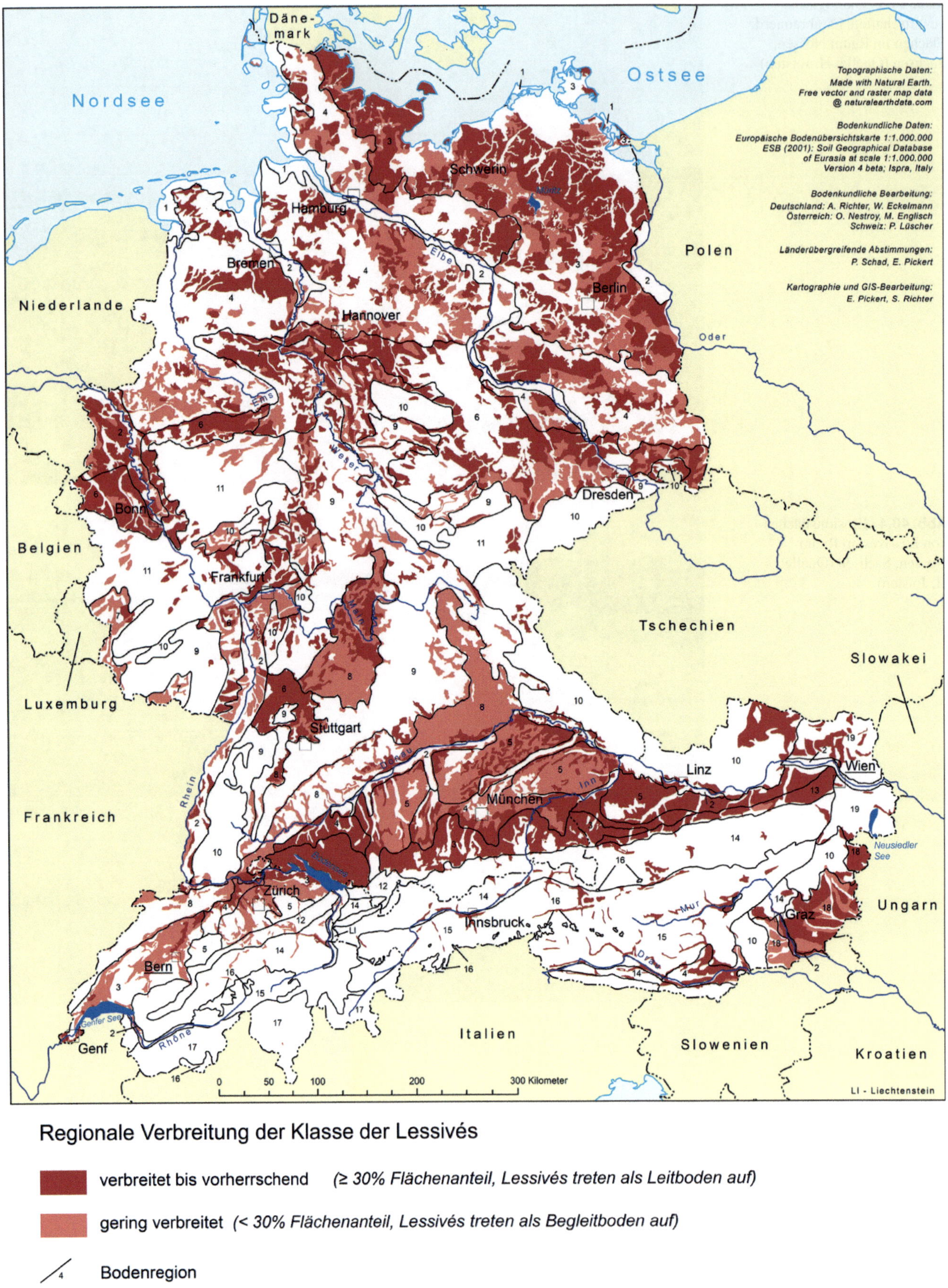

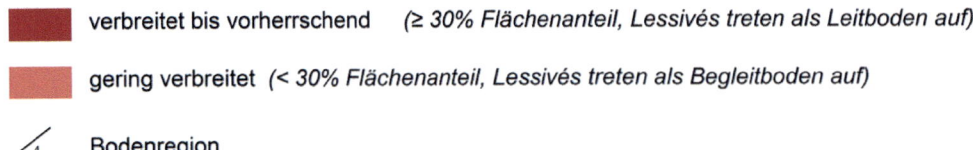

Regionale Verbreitung der Klasse der Lessivés

▨ **verbreitet bis vorherrschend** *(≥ 30% Flächenanteil, Lessivés treten als Leitboden auf)*

▨ **gering verbreitet** *(< 30% Flächenanteil, Lessivés treten als Begleitboden auf)*

╱ **Bodenregion**

Abb. 40.5 Regionale Verbreitung der Klasse der Lessivés

40.3 Gliederung, Eigenschaften und Genese

In der Klasse der Lessivés wird zwischen den Bodentypen Parabraunerde und Fahlerde unterschieden. Es handelt sich um Ausprägungen des unterschiedlich abgelaufenen Prozesses der Tonverlagerung. Die Verbreitung beider Typen ist vorrangig nicht von Substraten sondern von klimatischen Rahmenbedingungen abhängig. Vergleicht man die Niederschlagsverhältnisse in Deutschland mit der Verbreitung der beiden genannten Bodentypen, fällt eine hohe räumliche Kongruenz auf. Die Parabraunerde weist im Erscheinungsbild der Horizontabfolge weniger scharfe Horizontübergänge zwischen den Bereichen der Tonverarmung und denen der Tonanreicherung auf. Substratabhängig sind auch die Farbunterschiede und Tongehaltsunterschiede zwischen diesen Horizonten geringer als bei der Fahlerde. Diese Form der Parabraunerden ist in den mehr atlantisch geprägten Klimabereichen Deutschlands mit einem über das Jahr hinweg mehr oder weniger kontinuierlichen Sickerwasserstrom zu finden. Die Fahlerde unterscheidet sich demgegenüber durch eine intensivere Ausprägung der diagnostischen Horizontmerkmale, einer höheren Tongehaltsdifferenz und einem intensiveren Farbunterschied. Das Verbreitungsgebiet der Fahlerden liegt im klimatisch mehr kontinental geprägten östlichen Teil Deutschlands. Charakteristisch für den kennzeichnenden Tonverlagerungsprozess ist ein diskontinuierlicher Sickerwasserstrom. Sickerwasserfronten reichen bei Starkregenereignissen unterschiedlich tief. Erreichen sie ein dichtes Substrat, z. B. eine Fließerde entstanden aus einer Grundmoräne, lagert sich der Ton ab und akkumuliert im Laufe der Zeit. In tiefgründigen Sanden mit geringem Schluff- und Tonanteil im Oberboden werden die Ton-Humus-Komplexe bänderartig mit der Sickerwasserfront transportiert und erreichen je nach Dauer und Intensität des Niederschlagsereignisses unterschiedliche Tiefen. Es kommt dann zu einer Selbstverstärkung der Bänder, wenn weitere Sickerwasserfronten in gleiche Tiefe vordringen (so genannte Bändersande). Oft sind die Horizonte der Lessivés an periglaziäre Lagen gekoppelt. Es gibt nicht nur holozäne bzw. warmzeitliche Phasen der Tonverlagerung, sondern sie setzte initial schon im Pleistozän ein.

Oft ist die Tonverlagerung nicht der letzte Bodenbildungsprozess in den Lessivés. Nimmt ihr pH-Wert weiter ab, setzt häufig eine Verbraunung im Oberboden ein und bei weiter sinkendem pH-Wert auch Podsolierung. Aus den Fahlerden entwickelten sich bei weiterer Versauerung meist Braunerde-Fahlerden bis podsolige Fahlerde-Braunerden. Letztere sind in Kiefernwäldern des Nordostdeutschen Tief-

landes häufiger anzutreffen. Verbreitet ist neben der Tendenz zur Podsolierung auch eine Neigung zur Staunässebildung. Fahlerden deren obere diagnostische Horizonte bis zum Bt-Horizont erodiert wurden, werden aufgrund des nur noch vorhandenen diagnostischen Horizontes (Bt) in die Parabraunerden eingestuft (Varietät: erodierte Parabraunerden).

40.4 Typen und Subtypen

Typ

- Parabraunerde (LL)

Subtypen

- Normparabraunerde (LLn)
- Bänderparabraunerde (LLd)
- Humusparabraunerde (LLh)
- Tschernosem-Parabraunerde (TT-LL)
- Braunerde-Parabraunerde (BB-LL)
- Podsol-Parabraunerde (PP-LL)
- Terra fusca-Parabraunerde (TT-LL)
- Pseudogley-Parabraunerde (SS-LL)
- Gley-Parabraunerde (GG-LL)

Typ

- Fahlerde (LF)

Subtypen

- Normfahlerde (LFn)
- Bänderfahlerde (LFd)
- Braunerde-Fahlerde (BB-LF)
- Podsol-Fahlerde (PP-LF)
- Pseudogley-Fahlerde (SS-LF)
- Gley-Fahlerde (GG-LF)

40.5 Klassifikation nach WRB

Peter Schad

Fahlerden mit markantem Ael+Bt-Horizont werden bei den Retisol eingeordnet. Die übrigen in Mitteleuropa verbreiteten Lessivés gehören zu den Luvisols (hohe Basensättigung) und Alisols (niedrige Basensättigung).

40.6 Ausgewählte Bodenprofile

Profil 62: Subtyp Normparabraunerde (LLn)

- Bodenausgangsgestein: Terrassensand über tiefem Terrassenkies
- Varietät: basenreiche vergleyte rötliche (Acker)Parabraunerde (eu.g.rt.vLLn)
- Typ: Parabraunerde
- Klasse: Lessivés
- Substrattyp: f-(k)s(St)//f-ks(Gt)
- WRB: Endoabruptic Luvisol (Aric, Cutanic, Differentic, Hypereutric, Endofluvic, Pantoloamic, Ochric, Endoraptic, Bathygleyic, Bathyarenic)
- Bodenregion: (Überregionale) Flusslandschaften

- Ort: Waghäusel-Kirrlach, Lkr. Karlsruhe, Baden-Württemberg
- Profilbild und Horizontabfolge: siehe Tab. 40.1
- Bodenkartenbild: siehe Abb. 40.6
- Analysendaten: siehe Tab. 40.2
- Autor: Wolfgang Fleck, Wilhelm Vogl

Vorkommen und Ausgangsgesteine

Das Profil hat sich aus würmzeitlichen Sedimenten des Rheins entwickelt. Terrassensande überlagern sandig-kiesige Niederterrassenschotter, wobei erhöhte Schluffgehalte und eine einheitliche Korngrößenzusammensetzung bis 6 dm Tiefe eine solimixtive Aufarbeitung bei gleichzeitiger Einmischung von Löss in die Terrassensande anzeigen. Dieser Bereich kann als Äquivalent der Hauptlage angesehen wer-

Tab. 40.1 Profilbild und Horizontabfolge Profil 62

Profilbild	Horizontgrenze (cm)	Horizonte und ihre Eigenschaften	
	−28	Ap1 f-(k)s(St)	schwach lehmiger Sand, schwach kiesig; gelblichbraun, sehr dunkelgraustichig (10YR 3/4); Kohärentgefüge; schwach humos; mittel durchwurzelt
	−35	Ap2 f-(k)s(St)	schwach lehmiger Sand, schwach kiesig; gelblichbraun, sehr dunkelgraustichig (10YR 3/4); Kohärentgefüge; schwach humos; mittel durchwurzelt
	−55	Al f-(k)s(St)	mittel lehmiger Sand, schwach kiesig; gelblichbraun, dunkelgraustichig (10YR 4/4); Aufhellung; Eisenoxide (schwach fleckig); Kohärentgefüge; schwach humos; schwach durchwurzelt
	−73	Bt f-(k)s(St)	mittel toniger Sand, schwach kiesig; orangebraun (7,5YR 5/6); Tonbeläge; Eisenoxide (schwach fleckig); stark verfestigtes Kohärentgefüge; sehr schwach humos; schwach durchwurzelt
	−100	IIBt f-ks(Gt)	schwach toniger Sand, stark kiesig; orangebraun (7,5YR 5/6); Tonbeläge; Eisenoxide (sehr schwach fleckig, konkretionär); stark verfestigtes Kittgefüge; sehr schwach humos; schwach durchwurzelt
	−110	IIIBv f-(k)s(St)	schwach toniger Sand, mittel kiesig; hellorangebraun (7,5YR 6/6); sehr schwach verfestigtes Einzelkorngefüge
	−138	IIIGo1 f-ks(Gt)	schwach toniger Sand, stark kiesig; sehr hellgelblichgraubraun (10YR 7/3); Eisenoxide (schwach fleckig, hoher Flächenanteil); Einzelkorngefüge
	−147	IIIGo2 f-es(St)	feinsandiger Mittelsand, sehr schwach kiesig; sehr hellgelblichbraungrau (10YR 7/2); Eisenoxide (schwach fleckig, hoher Flächenanteil); sehr schwach verfestigtes Einzelkorngefüge; carbonatreich
	−180+	IVGor f-esk(Gt)	Grobsand, sehr stark kiesig; braungrau; Eisen- und Manganoxide (teilweise auf Skelett) und reduziertes Eisen; sehr schwach verfestigtes Einzelkorngefüge; mittel carbonathaltig

Quelle: Landesamt für Geologie, Rohstoffe und Bergbau im Regierungspräsidium Freiburg, W. Vogl (Bild bearbeitet)

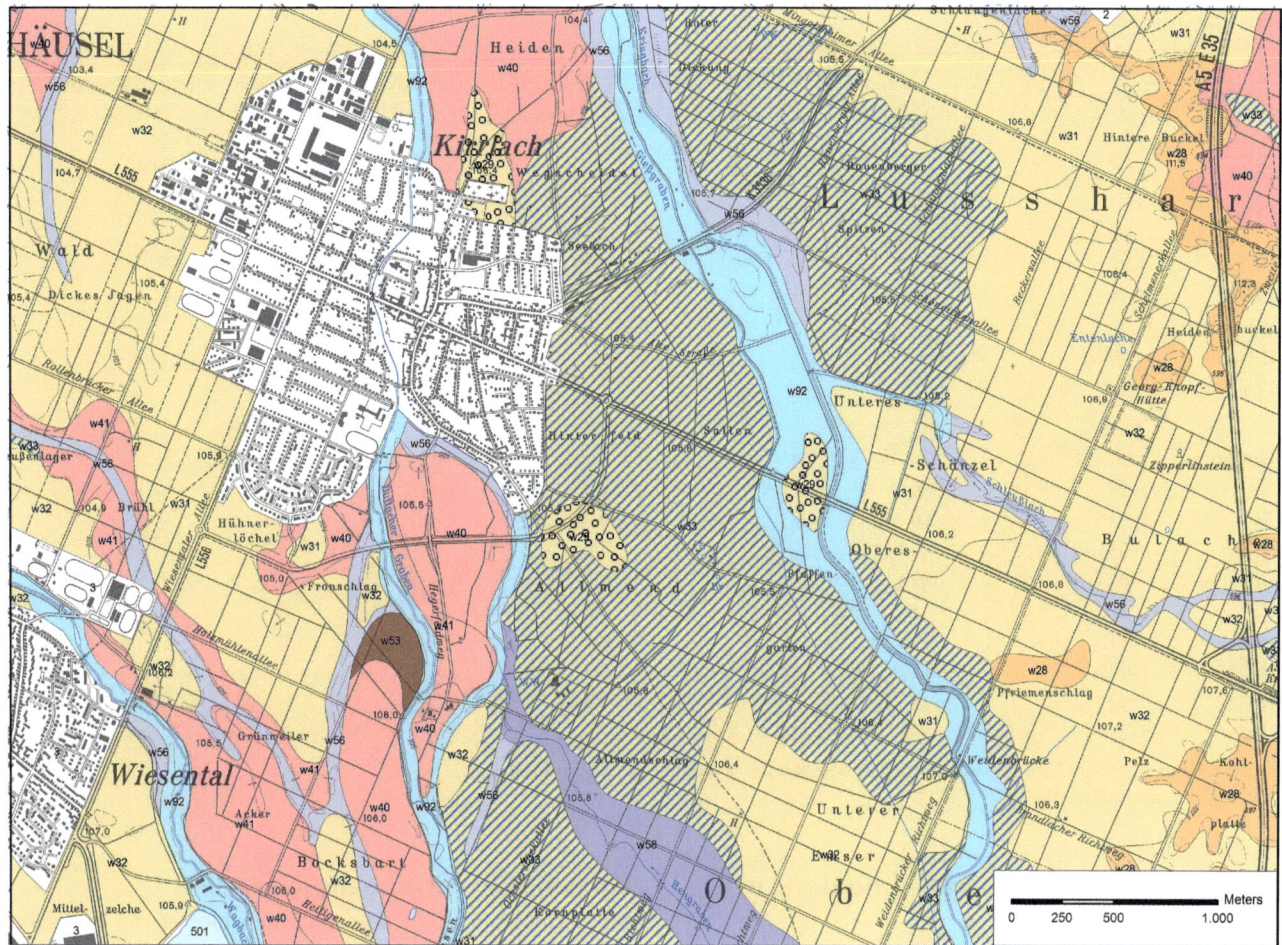

Abb. 40.6 Bodenverbreitung auf der Niederterrasse des Rheins südwestlich von Heidelberg: Ebene bis flachwellige Terrassenflächen mit Braunerden und Parabraunerden aus würmzeitlichen Terrassen- und Hochflutsedimenten sowie Flugsanden (Kartiereinheiten in braungelber und rotbrauner Grundfarbe) werden von Vegen, Auengleyen und Gleyen aus Hochwassersedimenten (blau und violett) begleitet (Quelle: Landesamt für Geologie, Rohstoffe und Bergbau im Regierungspräsidium Freiburg; Bodenkarte 1 : 50.000)

den, was andernorts durch Spuren des Laacher-See-Tuffs belegt werden konnte. Die darunter liegenden Terrassenschotter sind dagegen deutlich geschichtet, was sich anhand der Kiesgehalte und den stark schwankenden Grob- und Feinsandgehalten (hier nicht gesondert aufgeführt) nachvollziehen lässt.

Bodenprozesse und -eigenschaften

Neben Humusanreicherung, Entkalkung und Verbraunung ist v. a. die Tonverlagerung als prägender bodenbildender Prozess zu nennen. Im tieferen Unterboden macht sich zudem Grundwassereinfluss bemerkbar. Bei geringen Humusgehalten im Oberboden besitzt der Boden eine hohe nutzbare Feldkapazität. Der Ap2-Horizont weist eine deutliche Pflugsohlenverdichtung auf.

Nutzung und Vegetation

Flächen mit diesen Böden werden überwiegend ackerbaulich und forstwirtschaftlich genutzt. Unter Wald sind vorherrschend podsolige Parabraunerden verbreitet.

Gefährdung

Die landwirtschaftlich genutzten Böden der hochwasserfreien Niederterrassenflächen sind im Großraum Karlsruhe in erster Linie durch Überbauung bedroht.

Tab. 40.2 Analysendaten Profil 62

Horizont	Tiefe (cm)	Skelett (Vol.-%)	Sand (M.-%)	Schluff (M.-%)	Ton (M.-%)	Gesamtporen (Vol.-%)	Luftkapazität (Vol.-%)	nutzbare Feldkap. (Vol.-%)	Totwasser (Vol.-%)	Lagerungsdichte (g/cm³)
Ap1	−28	10	77	16	7	-	-	20	4	1,42
Ap2	−35	13	77	16	7	-	-	17	5	1,69
Al	−55	9	75	15	10	-	-	14	5	1,62
Bt	−73	4	71	6	23	-	-	15	10	1,57
IIBt	−100	35	83	4	13	-	-	16	4	1,59
IIIBv	−110	21	88	4	8	-	-	11	3	1,64
IIIGo1	−138	28	92	3	5	-	-	-	-	-
IIIGo2	−147	1	96	2	2	-	-	-	-	-
IVGor	−180+	61	94	3	3	-	-	-	-	-

Horizont	Tiefe (cm)	CaCO₃ (M.-%)	C_{org} (M.-%)	N_t (M.-%)	C/N	pH H₂O	pH CaCl₂	KAK_{pot} (cmol_c/kg)	BS (%)	K₂O-DL (mg/100 g)	P₂O₅-DL (mg/100 g)
Ap1	−28	-	0,6	-	-	-	5,3	-	-	16	10
Ap2	−35	-	0,6	-	-	-	5,2	-	-	13	8
Al	−55	-	0,2	0,03	8	-	5,6	-	-	10	1
Bt	−73	-	0,2	0,04	-	-	6,1	-	-	14	1
IIBt	−100	-	0,1	0,02	-	-	6,2	-	-	6	1
IIIBv	−110	-	-	0,02	-	-	6,4	-	-	5	1
IIIGo1	−138	-	0,2	0,01	-	-	6,7	-	-	4	1
IIIGo2	−147	-	-	0,02	-	-	7,4	-	-	1	1
IVGor	−180+	-	0,4	0,02	-	-	7,5	-	-	4	<1

(Quelle: Landesamt für Geologie, Rohstoffe und Bergbau im Regierungspräsidium Freiburg)

(* = abgeleiteter Analysenwert)

Profil 63: Subtyp Normparabraunerde (LLn)

- Bodenausgangsgestein: Löss über Lösslehm
- Varietät: mittelbasische pseudovergleyte (Mull)Parabraunerde (m.s.muLLn)
- Typ: Parabraunerde
- Klasse: Lessivés
- Substrattyp: p-u(Lo)/a-t(Lol)
- WRB: Haplic Luvisol (Cutanic, Epidystric, Amphiloamic, Ochric, Epiraptic, Episiltic, Bathyclayic)
- Bodenregion: Berg- und Hügelländer mit hohem Anteil an nicht metamorphen carbonatischen Gesteinen
- Ort: Langenau, Alb-Donau-Kreis, Baden-Württemberg
- Humusform: F-Mull
- Profilbild und Horizontabfolge: siehe Tab. 40.3
- Bodenlandschaftsbild: siehe Abb. 40.7
- Analysendaten: siehe Tab. 40.4
- Autor: Wolfgang Fleck, Michael Kösel †

Vorkommen und Ausgangsgesteine

Mehrschichtige Lösslehme sind im Südosten der Schwäbischen Alb, im Verbreitungsgebiet der Unteren Süßwassermolasse (Tertiär) und des Oberjuras, weit verbreitet. Das Beispielprofil wird aus einer lösslehmreichen Hauptlage über pedogen überprägtem Löss auf z. T. verlagerten Lösslehmen aufgebaut.

Bodenprozesse und -eigenschaften

Humusanreicherung, Entkalkung, Verlehmung und Tonverlagerung führten zu einer tief entwickelten Parabraunerde, die über dem IIBt-Horizont wenige Rost- und Bleichflecken, Anzeichen einer schwachen Pseudovergleyung, aufweist. Im Unterschied zu gewöhnlichen Löss-Parabraunerden nehmen die Tongehalte unterhalb des Bt-Horizontes nicht ab, sondern kontinuierlich zu, was mit der Aufarbeitung älterer Bodenbildungen zusammenhängt. Ab 123 cm Tiefe ist ein deutlicher fossiler Tonanreicherungshorizont (IVfBt-Horizont) mit rötlichbrauner Farbe und den höchsten Tongehalten entwickelt. Die nutzbare Feldkapazität ist bei vorherrschend vertikaler Sickerwasserbewegung im weitgehend ebenen Gelände insgesamt hoch.

Tab. 40.3 Profilbild und Horizontabfolge Profil 63

Profilbild	Horizontgrenze (cm)	Horizonte und ihre Eigenschaften	
	+3	**L**	Blatt- und Grasstreu
	+1,2	**Of**	Blattreste, z. T. skelettiert
	−8	**Ah** p-u(Lo)	stark toniger Schluff; dunkelgelblichbraungrau (10YR 4/2); Subpolyedergefüge; mittel humos
	−28	**Al** p-u(Lo)	stark toniger Schluff; gelblichbraun, graustichig (10YR 5/4); Aufhellung (schwach ausgeprägt); Subpolyedergefüge; schwach humos
	−42	**Bt+Sw-Al** p-u(Lo)	stark toniger Schluff; gelblichbraun, graustichig (10YR 5/4); Aufhellung (schwach ausgeprägt) und Tonbeläge; Eisenoxide (fleckig, geringer Flächenanteil) und Bleichflecken (mittlerer Flächenanteil); Subpolyedergefüge; sehr schwach humos
	−68	**IIBt** a-t(Lol)	mittel schluffiger Ton; dunkelbraun (7,5YR 4/4); Tonbeläge (sehr hoher Flächenanteil); Polyedergefüge; sehr schwach humos
	−95	**IIBtv1** a-t(Lol)	mittel schluffiger Ton; dunkelgelblichbraun (10YR 4/6); Tonbeläge (hoher Flächenanteil, entlang von Rissen); Eisen- und Manganoxide (konkretionär, geringer Flächenanteil); Kohärentgefüge; sehr schwach humos
	−123	**IIBtv2** a-t(Lol)	mittel toniger Lehm; dunkelgelblichbraun (10YR 4/6); Tonbeläge (mittlerer Flächenanteil); Eisen- und Manganoxide (konkretionär, geringer Flächenanteil); Kohärentgefüge; sehr schwach humos
	−150+	**IIIfBt** a-t(Lol)	mittel toniger Lehm; orangebraun (7,5YR 5/6); Tonbeläge; Eisen- und Manganoxide (konkretionär, geringer Flächenanteil); Kohärentgefüge; sehr schwach humos

Quelle: Landesamt für Geologie, Rohstoffe und Bergbau im Regierungspräsidium Freiburg, M. Kösel † (Bild bearbeitet)

Abb. 40.7 Märzsonne und erstes zartes Grün im Buchenaltholz nördlich von Ulm (Quelle: Landesamt für Geologie, Rohstoffe und Bergbau im Regierungspräsidium Freiburg, W. Fleck)

Tab. 40.4 Analysendaten Profil 63

Horizont	Tiefe (cm)	Skelett (Vol.-%)	Sand (M.-%)	Schluff (M.-%)	Ton (M.-%)	Gesamtporen (Vol.-%)	Luftkapazität (Vol.-%)	nutzbare Feldkap. (Vol.-%)	Totwasser (Vol.-%)	Lagerungsdichte (g/cm³)
L	+3	0	-	-	-	-	-	-	-	-
Of	+1,2	0	-	-	-	-	-	-	-	-
Ah	−8	0	5	74	21	66	28	27	11	0,89
Al	−28	0	5	75	20	54	20	22	12	1,21
Bt+Sw-Al	−42	0	5	75	20	-	-	-	-	-
IIBt	−68	0	6	60	34	47	8	23	16	1,44
IIBtv1	−95	0	11	52	37	41	4	13	24	1,57
IIBtv2	−123	0	11	48	41	-	-	-	-	-
IIIfBt	−150+	0	16	42	42	-	-	-	-	-

Horizont	Tiefe (cm)	CaCO₃ (M.-%)	C_{org} (M.-%)	N_t (M.-%)	C/N	pH H₂O	pH CaCl₂	KAK_{pot} (cmol$_c$/kg)	BS (%)	K₂O-DL (mg/100 g)	P₂O₅-DL (mg/100 g)
L	+3	-	-	-	-	-	-	-	-	-	-
Of	+1,2	-	-	-	-	-	-	-	-	-	-
Ah	−8	-	1,3	0,1	13	-	3,7	-	-	4	1
Al	−28	-	0,6	0,1	8	-	3,8	-	-	1	1
Bt+Sw-Al	−42	-	0,5	0,1	9	-	3,9	-	-	1	1
IIBt	−68	-	0,3	<0,1	10	-	4,3	-	-	4	1
IIBtv1	−95	-	0,3	<0,1	10	-	4,6	-	-	2	1
IIBtv2	−123	-	0,4	<0,1	8	-	4,7	-	-	2	1
IIIfBt	−150+	-	0,3	<0,1	7	-	4,8	-	-	4	1

Horizont	Tiefe (cm)	KAK_{eff} (cmol$_c$/kg)	BS_{eff} (%)
L	+3	-	-
Of	+1,2	-	-
Ah	−8	67	26
Al	−28	49	28
Bt+Sw-Al	−42	52	37
IIBt	−68	140	80
IIBtv1	−95	209	94
IIBtv2	−123	213	97
IIIfBt	−150+	231	98

(Quelle: Landesamt für Geologie, Rohstoffe und Bergbau im Regierungspräsidium Freiburg)

(* = abgeleiteter Analysenwert)

Nutzung und Vegetation

Das Profil liegt in einem Laubwald-Altbestand mit vorherrschend Rotbuche, untergeordnet Hainbuche, Eiche und Esche (s. Foto). Diese Bodenform kommt unter Wald nur vereinzelt vor, Ackernutzung dominiert sehr stark.

Gefährdung

Der lockere Oberboden ist durch unsachgemäßen Maschineneinsatz auch unter Wald verdichtungsgefährdet, insbesondere im feuchten Zustand. Unter Acker sind diese Böden zudem stark durch Wassererosion gefährdet, weshalb auf der mit Lösslehm bedeckten und überwiegend ackerbaulich genutzten Flächenalb fast ausschließlich Parabraunerden mit erodiertem Al-Horizont anzutreffen sind.

Profil 64: Subtyp Normparabraunerde (LLn); Subtyp ÖBS: Rezente Parabraunerde

- Bodenausgangsgestein: Löss
- Varietät: basenreiche (Acker)Parabraunerde (eu.vLLn)
- Typ: Parabraunerde; Typ ÖBS: Parabraunerde
- Klasse: Lessivés; Klasse ÖBS: Braunerden
- Substrattyp: p-t(Lo)
- WRB: Haplic Luvisol (Cutanic, Hypereutric, Loamic, Ochric, Raptic)
- Bodenregion: Deckenschotterplatten und Tertiärhügelländer im nördlichen Alpenvorland
- Ort: Pottenbrunn, Nördliches Alpenvorland, Niederösterreich
- Profilbild und Horizontabfolge: siehe Tab. 40.5
- Aufschlussbild: siehe Abb. 40.8
- Analysendaten: siehe Tab. 40.6
- Autor: Othmar Nestroy et al.

Vorkommen und Ausgangsgesteine

Dieser Bodentyp kommt großflächig auf überlössten Hochterrassen und zum Teil auch auf älteren Fluren im Nördlichen Alpenvorland vor. Das Ausgangsmaterial sind meistens jüngere, kalkhaltige Lösse, ferner auch verlehmte und kalkfreie Lösse; daneben kommen auch ähnliche Feinsedimente, wie z. B. Schlier, in Frage. Diese meist hochwertigen Böden finden sich in Österreich vorwiegend in der Bodenregion 5 der Deckenschotterplatten und Tertiärhügelländer.

Bodenprozesse und -eigenschaften

Aus den sehr schluffreichen und meist kalkhaltigen Lössen und kalkfreien Lösslehmen haben sich in den etwas feuchteren Lagen des Nördlichen Alpenvorlandes diese Böden mit einer mäßigen Tonverlagerung entwickelt. Über weite Strecken tritt der typische Bt-Horizont deutlich in Erscheinung. Es handelt sich wegen des ebenen Reliefs ausdrücklich nicht um ein Erosionsprofil. Der Al wurde durch die Pflugarbeit

Tab. 40.5 Profilbild und Horizontabfolge Profil 64

Profilbild	Horizontgrenze (cm)	Horizonte und ihre Eigenschaften (in Klammern: nach ÖBS)	
	−8	**Ah (Ah)** p-t(Lo)	stark schluffiger Ton; dunkelgelblichbraun, graustichig (10YR 4/4); einzelne Regenwurmröhren; Krümelgefüge; mittel humos; mittel durchwurzelt
	−18	**Al (Al)** p-t(Lo)	stark schluffiger Ton; gelb (2,5Y 8/6); einzelne Regenwurmröhren; Subpolyedergefüge; mittel durchwurzelt
	−38	**Bt (Bt)** p-t(Lo)	mittel schluffiger Ton; dunkelgelblichbraun (10YR 4/6); wenige Regenwurmröhren, Tonbeläge; Subpolyedergefüge; schwach durchwurzelt
	−46	**IIBt-fAh (Ahrel)** p-t(Lo)	; dunkelbraun (7,5YR 4/4); Tonbeläge; Subpolyedergefüge; schwach durchwurzelt
	−60+	**IIBt (Bt)** p-t(Lo)	; braun (7,5YR 5/4); Tonbeläge; Polyeder- und Subpolyedergefüge; schwach durchwurzelt

Quelle: Mitt. d. Österr. Bodenkundl. Ges. (2009), H. 76, Wien (Bild bearbeitet)

Abb. 40.8 Schottergrube in Pottenbrunn (Quelle: O. Nestroy)

mit dem Pflughorizont (Ap) vermischt, ist aber noch wirksam. Die Oberkante des unter dem Lösslehm folgenden Rohlösses ist etwas onduliert. Sie zeigt noch Reste von humosen und verwitterten Horizonten, die aber nicht explizit in der Profilansprache ausgewiesen wurden. Dies ist für diese Fluren typisch, da sie noch von der Würmkaltzeit überprägt wurden. Durch das günstige Ausgangsmaterial und ein tiefgründiges Bodenprofil mit einer ausreichenden Austauschkapazität und einem guten Wasserspeichervermögen, verbunden mit günstigen klimatischen Bedingungen (ausreichende Niederschläge und eine günstige Verteilung derselben), sind die Voraussetzungen für einen intensiven Ackerbau und gute Ernten gegeben.

Nutzung und Vegetation

In der Regel sind dies sehr fruchtbare Standorte, die dank des Profilaufbaus, der guten Struktur wie auch des Chemismus und des Bodenwasserhaushalts für alle landesüblichen Feldfrüchte geeignet sind. Da eine ausreichende Humusversorgung gegeben ist, können durch die ausreichenden Niederschläge wie auch durch eine auf den Standort abgestimmte Düngung hohe Erträge mit hoher Ertragssicherheit erreicht werden. Diese Standorte werden meist als Ackerland, seltener als Dauergrünland genutzt, wobei (vor allem in ungünstigen Steillagen) nur noch Reste der ursprünglichen Waldbedeckung vorhanden sind.

Gefährdung

Infolge des hohen Schluffanteils kann es bei Schwarzbrache oder noch nicht erfolgtem Blattschluss bei Starkregen zu Erosion kommen (erodierte Parabraunerden). Eine Minimalbodenbearbeitung wie auch Gründecken zwischen Ernte und Anbau sind daher zu empfehlen. Eine weitere Gefährdung ist durch eine Überbauung dieser Flächen gegeben.

Tab. 40.6 Analysendaten Profil 64

Horizont	Tiefe (cm)	Skelett (Vol.-%)	Sand (M.-%)	Schluff (M.-%)	Ton (M.-%)	Gesamtporen (Vol.-%)	Luftkapazität (Vol.-%)	nutzbare Feldkap. (Vol.-%)	Totwasser (Vol.-%)	Lagerungsdichte (g/cm³)
Ah (Ah)	−8	0	6	67	27	-	-	-	-	-
Al (Al)	−18	-	-	-	-	-	-	-	-	-
Bt (Bt)	−38	0	6	58	36	-	-	-	-	-
IIBt-fAh (Ahrel)	−46	-	-	-	-	-	-	-	-	-
IIBt (Bt)	−60+	-	-	-	-	-	-	-	-	-

Horizont	Tiefe (cm)	CaCO₃ (M.-%)	C_org (M.-%)	N_t (M.-%)	C/N	pH H₂O	pH CaCl₂	KAK_pot (cmol_c/kg)	BS (%)	K₂O-DL (mg/100 g)	P₂O₅-DL (mg/100 g)
Ah (Ah)	−8	<1	1,5	-	-	-	6,0	16,0	100	19,3	6,2
Al (Al)	−18	<1	-	-	-	-	-	-	-	-	-
Bt (Bt)	−38	<1	-	-	-	-	7,0	23,5	100	5,7	<1,8
IIBt-fAh (Ahrel)	−46	-	-	-	-	-	-	-	-	-	-
IIBt (Bt)	−60+	-	-	-	-	-	-	-	-	-	-

Horizont	Tiefe (cm)	Ca (cmol_c/kg)	Mg (cmol_c/kg)	K (cmol_c/kg)	Na (cmol_c/kg)
Ah (Ah)	−8	11,9	3,3	0,7	<0,1
Al (Al)	−18				
Bt (Bt)	−38	17,2	6,0	0,3	<0,1
IIBt-fAh (Ahrel)	−46				
IIBt (Bt)	−60+				

(Quelle: Institut für Angewandte Geowissenschaften, Universität Graz)
(* = abgeleiteter Analysenwert)

Profil 65: Subtyp Normparabraunerde (LLn)

- Bodenausgangsgestein: Fließerde aus Geschiebemergel und Löss über Geschiebemergel
- Varietät: mittelbasische rötliche (Moder)Parabraunerde (m.rt.moLLn)
- Typ: Parabraunerde
- Klasse: Lessivés
- Substrattyp: p-(k)u(Mg,Lo)/g-keu(Mg)
- WRB: Skeletic Endocalcic Epialbic Epiabruptic Luvisol (Cutanic, Humic, Raptic, Siltic)
- Bodenregion: Jungmoränenlandschaften
- Ort: Allensbach, Lkr. Konstanz, Baden-Württemberg
- Humusform: Mullartiger Moder
- Profilbild und Horizontabfolge: siehe Tab. 40.7
- Bodenlandschaftsbild: siehe Abb. 40.9
- Analysendaten: siehe Tab. 40.8
- Autor: Wolfgang Fleck, Michael Weiß

Vorkommen und Ausgangsgesteine

Das Profil ist ein typisches Waldprofil der Drumlin-Landschaft auf dem Bodanrück bei Konstanz am Bodensee. Die mäßig tief entwickelte Parabraunerde hat sich aus würmzeitlichem Geschiebemergel gebildet, in den ober-flächennah (bis 35 cm Tiefe) Löss kryoturbat eingemischt wurde (Hauptlage). Unter landwirtschaftlicher Nutzung ist die Bodenform mit Pararendzina und erodierter Parabraunerde vergesellschaftet, in Senken häufig mit Niedermoor und Gley.

Bodenprozesse und -eigenschaften

Entkalkung, Verbraunung, Verlehmung und Tonverlagerung führten zu einer mäßig tief entwickelten Parabraunerde mit sehr deutlich ausgeprägter Horizontdifferenzierung, die sich sowohl in der Bodenart als auch in den Horizontfarben widerspiegelt. Allein die Tongehaltsunterschiede zwischen Ober- und Unterboden liegen bei rund 20 %. Bei Tongehalten von über 30 % zeigt der rötlichbraune Tonanreicherungshorizont ein gut entwickeltes Polyedergefüge.

Nutzung und Vegetation

Der Profilstandort liegt in einem Kiefern-Buchen-Wald mit einzelnen Eichen und Lärchen.

Gefährdung

Unter Wald besteht derzeit keine Gefährdung; unter Acker wäre der Standort aufgrund des bewegten Reliefs stark erosionsgefährdet.

Tab. 40.7 Profilbild und Horizontabfolge Profil 65

Profilbild	Horizontgrenze (cm)	Horizonte und ihre Eigenschaften	
	+4,5	L	Laub- und Nadelstreu
	+2,5	Of	teilweise zersetzte Laub- und Nadelstreu, verpilzte und verklebte Blatt- und Nadelreste, wenig Feinhumus; dunkelbraun (10YR 3/3)
	+0,5	Oh	lockerer Feinhumus; dunkelgrau bis schwarz (10YR 2/1)
	−5	Ah p-(k) u(Mg,Lo)	sandig-lehmiger Schluff, mittel kiesig; sehr dunkelgelblichbraungrau (10YR 3/2); Subpolyeder- bis Krümelgefüge; stark humos; Wurzelfilz
	−35	Al p-(k) u(Mg,Lo)	sandig-lehmiger Schluff, mittel kiesig, schwach steinig (gerundet); hellgelblichbraun, graustichig (10YR 6/4); Aufhellung; Subpolyedergefüge; Humusflecken (hoher Flächenanteil); stark durchwurzelt
	−62	IIBt g-kl(Mg)	schwach toniger Lehm, stark kiesig, mittel steinig (gerundet); orangebraun (7,5YR 5/6); Tonbeläge (hoher Flächenanteil, nach unten abnehmend); Polyedergefüge; mittel durchwurzelt
	−90+	IIelCc g-keu(Mg)	sandig-lehmiger Schluff, stark kiesig, mittel steinig (gerundet); sehr hellgrauolivbraun (2,5Y 7/3); schwach verfestigtes Kohärentgefüge; sehr carbonatreich; schwach durchwurzelt

Quelle: Landesamt für Geologie, Rohstoffe und Bergbau im Regierungspräsidium Freiburg, M. Weiß (Bild bearbeitet)

Abb. 40.9 Drumlin-Landschaft nordwestlich von Konstanz mit leichter Schneebedeckung (Quelle: Landesamt für Geologie, Rohstoffe und Bergbau im Regierungspräsidium Freiburg, M. Weiß)

Tab. 40.8 Analysendaten Profil 65

Horizont	Tiefe (cm)	Skelett (Vol.-%)	Sand (M.-%)	Schluff (M.-%)	Ton (M.-%)	Gesamtporen (Vol.-%)	Luftkapazität (Vol.-%)	nutzbare Feldkap. (Vol.-%)	Totwasser (Vol.-%)	Lagerungsdichte (g/cm³)
L	+4,5	-	-	-	-	-	-	-	-	-
Of	+2,5	-	-	-	-	-	-	-	-	-
Oh	+0,5	-	-	-	-	-	-	-	-	-
Ah	−5	-	35	52	13	-	-	-	-	-
Al	−35	-	34	54	12	-	-	-	-	-
IIBt	−62	-	29	38	33	-	-	-	-	-
IIelCc	−90+	-	40	50	10	-	-	-	-	-

Horizont	Tiefe (cm)	$CaCO_3$ (M.-%)	C_{org} (M.-%)	N_t (M.-%)	C/N	pH H_2O	pH $CaCl_2$	KAK_{pot} (cmol$_c$/kg)	BS (%)	K_2O-DL (mg/100 g)	P_2O_5-DL (mg/100 g)
L	+4,5	-	-	-	-	-	-	-	-	-	-
Of	+2,5	-	-	-	-	-	-	-	-	-	-
Oh	+0,5	-	-	-	-	-	-	-	-	-	-
Ah	−5	-	5,7	0,3	19	-	4,3	191	29	-	-
Al	−35	-	1,5	0,1	15	-	4,0	79	6	-	-
IIBt	−62	-	0,5	-	-	-	4,2	191	46	-	-
IIelCc	−90+	32	0,3	-	-	-	7,5	33	100	-	-

Horizont	Tiefe (cm)	KAK_{eff} (cmol$_c$/kg)	BS_{eff} (%)
L	+4,5	-	-
Of	+2,5	-	-
Oh	+0,5	-	-
Ah	−5	85	76
Al	−35	29	80
IIBt	−62	136	69
IIelCc	−90+	-	-

(Quelle: Landesamt für Geologie, Rohstoffe und Bergbau im Regierungspräsidium Freiburg)
(* = abgeleiteter Analysenwert)

Profil 66: Subtyp Normparabraunerde (LLn); Typ und Untertypen CH: Parabraunerde, stark sauer (T, E4)

- Bodenausgangsgestein: Fließerden aus Geschiebemergel
- Varietät: mittelbasische rötliche (Mull)Parabraunerde (m.rt.muLLn)
- Typ: Parabraunerde; Typ CH: Parabraunerde
- Klasse: Lessivés
- Substrattyp: p-(k)l(Lol,Mg)/p-(k)l(Mg)
- WRB: Haplic Alisol (Cutanic, Humic, Katoloamic, Endoraptic)
- Bodenregion: Jungmoränenlandschaften
- Ort: Buchberg (M15), Marthalen, Kanton Zürich
- Humusform: L-Mull; Humusform CH: typischer Mull (Mt)
- Profilbild und Horizontabfolge: siehe Tab. 40.9

- Bodenlandschaftsbilder: siehe Abb. 40.10 und 40.11
- Analysendaten: siehe Tab. 40.10
- Autor: Peter Lüscher, Stephan Zimmermann, Jörg Luster, Peter Blaser, Lorenz Walthert

Vorkommen und Ausgangsgesteine

Das Profil stellt einen typischen Bodenaufbau dar für eine leicht gewellte Würm-Moränenlandschaft des östlichen Schweizerischen Mittellandes. Die Fließerden reichen bis 200 cm, wovon die obersten 60 cm lössbeeinflusst sind. Der Profilort bei Marthalen im Kanton Zürich liegt auf 425 m ü. M. in Kuppenlage mit einer Hangneigung von 5 %. Der mittlere Jahresniederschlag beträgt 916 mm, und die mittlere Jahrestemperatur liegt bei 9,1 Grad Celsius. Die Länge der Vegetationsperiode liegt bei 205–210 Tagen.

Tab. 40.9 Profilbild und Horizontabfolge Profil 66

Profilbild	Horizontgrenze (cm)	Horizonte und ihre Eigenschaften (in Klammern: Horizonte CH)	
	+1	**L (Ol)**	; organisch
	−15	**Ah (Ah)** p-(k)u(Lol,Mg)	sandig-lehmiger Schluff, schwach kiesig; dunkelbraungrau (7,5YR 4/2); Krümelgefüge; mittel humos; mittel durchwurzelt
	−60	**Al ((E)B)** p-(k)l(Lol,Mg)	schluffig-lehmiger Sand, schwach kiesig; gelbbraun (10YR 5/8); Aufhellung (schwach ausgeprägt); Subpolyedergefüge; schwach humos; mittel durchwurzelt
	−130	**IIBt (I(t))** p-(k)l(Mg)	schwach sandiger Lehm, schwach kiesig; orangebraun (7,5YR 5/6); Tonbeläge; Subpolyedergefüge; schwach durchwurzelt
	−200	**IIBv-ilCv (CB)** p-(k)l(Mg)	stark lehmiger Sand, schwach kiesig; dunkelorangebraun (7,5YR 4/6); schwach durchwurzelt
	−250+	**IIIelCv (IIC)** g-(k)es(Mg)	schwach lehmiger Sand, mittel kiesig, sehr schwach steinig (kantig); hellgelblichbraun (10YR 6/6); carbonatreich

Quelle: S. Zimmermann (2005), Waldböden der Schweiz, Bd 3. Regionen Mittelland und Voralpen. Birmensdorf, Eidg. Forschungsanstalt WSL, Bern, Hep Verlag (Bild bearbeitet)

Bodenprozesse und -eigenschaften

Der biologisch aktive Oberboden garantiert eine rasche Umsetzung der organischen Substanz. Die Humusform entspricht einem L-Mull. Die Normparabraunerde bietet bezüglich Wasser- und Nährstoffangebot günstige, ausgeglichene Wuchsbedingungen. Das Profil ist gut durchlüftet. Selbst im Tonanreicherungshorizont mit erhöhten Dichtewerten sind keine Vernässungshinweise zu erkennen. Die Kalkgrenze verläuft in 200 cm Tiefe. Der Boden ist für alle Baumarten uneingeschränkt durchwurzelbar.

Nutzung und Vegetation

Der Waldstandort entspricht einem typischen Waldmeister-Buchenwald. Das milde Klima lässt für die Waldbehandlung bei der Baumartenwahl einen großen Spielraum. Der Standort ist sehr produktiv. Solche Böden werden außerhalb des Waldes von der Landwirtschaft ackerbaulich genutzt.

Gefährdung

Das Nährstoffangebot allein betrachtet ist für die meisten Baumarten ausreichend. Eine Ausnahme bilden, trotz des insgesamt großen Vorrats an Nährkationen, die nährstoffbedürftigen Edellaubhölzer. Der Boden reagiert in feuchtem Zustand sehr empfindlich auf das Befahren.

Abb. 40.10 Waldmeister-Buchenwald (Quelle: S. Zimmermann (2005), Waldböden der Schweiz, Bd 3. Regionen Mittelland und Voralpen. Birmensdorf, Eidg. Forschungsanstalt WSL, Bern, Hep Verlag)

Abb. 40.11 Blick ins Zürcher Weinland mit dem Profilort Buchberg von der Ortschaft Buch am Irchel aus (Quelle: P. Lüscher)

Tab. 40.10 Analysendaten Profil 66

Horizont	Tiefe (cm)	Skelett (Vol.-%)	Sand (M.-%)	Schluff (M.-%)	Ton (M.-%)	Gesamtporen (Vol.-%)	Luftkapazität (Vol.-%)	nutzbare Feldkap. (Vol.-%)	Totwasser (Vol.-%)	Lagerungsdichte (g/cm³)
L (Ol)	+1	-	-	-	-	-	-	-	-	-
Ah (Ah)	−15	2,25	36	50	14	56,5	21,2	24,4	10,9	1,08
Al ((E)B)	−60	2,25	38	47	15	50,5	21,2	18,3	11,0	1,29
IIBt (I(t))	−130	2,25	31	47	22	42,1	5,4	17,7	19,0	1,52
IIBv-ilCv (CB)	−200	7,5	53	31	16	44,8	7,6	19,4	17,8	1,51
IIIelCv (IIC)	−250+	15	81	12	7	34,0	7,1	10,6	16,3	1,76

Horizont	Tiefe (cm)	CaCO₃ (M.-%)	C_org (M.-%)	N_t (M.-%)	C/N	pH H₂O	pH CaCl₂	KAK_pot (cmol_c/kg)	BS (%)	K₂O-DL (mg/100 g)	P₂O₅-DL (mg/100 g)
L (Ol)	+1	-	-	-	-	-	-	-	-	-	-
Ah (Ah)	−15	-	2,0	0,16	13	4,8	4,1	-	-	6,4*	-
Al ((E)B)	−60	-	0,7	0,06	13	4,6	3,8	-	-	4,2*	-
IIBt (I(t))	−130	-	-	-	-	4,9	3,9	-	-	8,2*	-
IIBv-ilCv (CB)	−200	-	-	-	-	5,3	4,1	-	-	8,7*	-
IIIelCv (IIC)	−250+	23,2	-	-	-	8,4	7,5	-	-	4,2*	-

Horizont	Tiefe (cm)	KAK_eff (cmol_c/kg)	BS_eff (%)
L (Ol)	+1		
Ah (Ah)	−15	4,1	44
Al ((E)B)	−60	3,4	16
IIBt (I(t))	−130	6,3	45
IIBv-ilCv (CB)	−200	6,7	74
IIIelCv (IIC)	−250+	12,1	100

(Quelle: Forschungseinheit Waldböden und Biochemie, Eidgenössische Forschungsanstalt für Wald, Schnee und Landschaft, Birmensdorf)
(* = abgeleiteter Analysenwert)

Profil 67: Subtyp Normparabraunerde (LLn); Typ und Untertypen CH: Parabraunerde, stark sauer, schwach pseudogleyig (T, E4, I1)

- Bodenausgangsgestein: Fließerde aus Lösslehm und Schmelzwasserkies über Fließerde aus Schmelzwasserkies
- Varietät: mittelbasische (Mull)Parabraunerde (m.muLLn)
- Typ: Parabraunerde; Typ CH: Parabraunerde
- Klasse: Lessivés
- Substrattyp: p-(k)l(Lol,Ggf)/p-(k)l(Ggf)
- WRB: Haplic Alisol (Katoclayic, Cutanic, Hyperdystric, Humic, Epiloamic, Epiraptic, Relictiturbic)
- Bodenregion: Deckenschotterplatten und Tertiärhügelländer im nördlichen Alpenvorland
- Ort: Irchel/Steig (M14), Kanton Zürich
- Humusform: F-Mull; Humusform CH: mullartiger Moder (Mf)
- Profilbild und Horizontabfolge: siehe Tab. 40.11
- Bodenlandschaftsbilder: siehe Abb. 40.12 und 40.13
- Analysendaten: siehe Tab. 40.12
- Autor: Peter Lüscher, Stephan Zimmermann, Jörg Luster, Peter Blaser, Lorenz Walthert

Vorkommen und Ausgangsgesteine

Das Profil liegt im Molassebecken des Schweizerischen Mittellandes, wo Deckenschotter aus der Mindeleiszeit zu finden sind. Die daraus entstandenen Fließerden reichen bis 140 cm, wovon die obersten 40 cm lössbeeinflusst sind. Die obersten cm stammen von einer sandigeren Überschüttung. Der Irchel ist ein Höhenzug im Kanton Zürich zwischen den Flussläufen der Töss und der Thur sowie des Rheins. Der Profilort liegt auf 680 m ü. M. in ebener Lage. Der mittlere Jahresniederschlag beträgt 1078 mm, und die mittlere Jahrestemperatur liegt bei 8,1 Grad Celsius. Die Vegetationsperiode umfasst rund 200 Tage.

Bodenprozesse und -eigenschaften

Die gehemmte Nährstoffumsetzung führt zu einem durchgehend vorhandenen mehrjährigen Auflagehorizont. Die Humusform entspricht einem F-Mull. Der Ah ist wellig nach unten begrenzt. Eine aktuelle Lessivierung findet nicht mehr statt. Im Tonanreicherungshorizont sind vereinzelt kleine, schwach ausgeprägte Mangankonkretionen erkennbar. Erhöhte Dichtewerte führen örtlich zu sehr heterogen auftretendem Stauwassereinfluss.

Tab. 40.11 Profilbild und Horizontabfolge Profil 67

Profilbild	Horizontgrenze (cm)	Horizonte und ihre Eigenschaften (in Klammern: Horizonte CH)	
	+1,5	**L (Ol)**	; organisch
	+0,5	**Of (Of)**	; organisch
	−10	**Ah (Ah)** p-(k)l(Lol,Ggf)	mittel sandiger Lehm, mittel kiesig; sehr dunkelgelblichbraungrau (10YR 3/2); welliger Übergang nach unten; Subpolyedergefüge; sehr stark humos; mittel durchwurzelt
	−40	**IIAl (EB)** p-(k)l(Lol,Ggf)	schwach toniger Lehm, mittel kiesig; hellgelblichbraun (10YR 6/6); Aufhellung (schwach ausgeprägt); Subpolyedergefüge; schwach humos; mittel durchwurzelt
	−140	**IIIBt (It(cn))** p-(k)l(Ggf)	sandig-toniger Lehm, mittel kiesig, Kryoturbationstaschen; gelblichbraun (10YR 5/6); Tonbeläge; Eisenoxide (marmoriert, mittlerer Flächenanteil); schwach durchwurzelt
	−200+	**IVBv-ilCv (CBt,cn)** f-(k)l(Ggf)	sandig-toniger Lehm, mittel kiesig; dunkelgelblichbraun (10YR 4/6)

Quelle: S. Zimmermann (2005), Waldböden der Schweiz, Bd 3. Regionen Mittelland und Voralpen. Birmensdorf, Eidg. Forschungsanstalt WSL, Bern, Hep Verlag (Bild bearbeitet)

Nutzung und Vegetation

Zur Erhaltung der Bodenfruchtbarkeit sind auf diesem sehr sauren Boden Laubbaumarten mit moderatem Nährstoffbedarf zu fördern. Da Laubstreu weniger sauer wirkt als Nadelstreu, kann mit der Erhaltung eines hohen Laubholzanteils einer weiteren Versauerung entgegengewirkt werden. Einen positiven Effekt haben zudem tiefwurzelnde Baumarten, indem sie die im Unterboden vorhandenen Nähr-elemente aufnehmen und über den Stoffkreislauf im Oberboden anreichern. Das gesamte Irchel-Plateau ist bewaldet. Der Waldstandortstyp entspricht mehrheitlich einem Waldsimsen-Buchenwald.

Gefährdung

Dieser Boden sollte in feuchtem Zustand nicht befahren werden.

Abb. 40.12 Waldsimsen-Buchenwald (Quelle: S. Zimmermann (2005), Waldböden der Schweiz, Bd 3. Regionen Mittelland und Voralpen. Birmensdorf, Eidg. Forschungsanstalt WSL, Bern, Hep Verlag)

Abb. 40.13 Blick auf den Hügelzug des Irchels mit dem Profilort Steig aus der Umgebung der Ortschaft Flaach (Quelle: P. Lüscher)

Tab. 40.12 Analysendaten Profil 67

Horizont	Tiefe (cm)	Skelett (Vol.-%)	Sand (M.-%)	Schluff (M.-%)	Ton (M.-%)	Gesamtporen (Vol.-%)	Luftkapazität (Vol.-%)	nutzbare Feldkap. (Vol.-%)	Totwasser (Vol.-%)	Lagerungsdichte (g/cm³)
L (Ol)	+1,5	-	-	-	-	-	-	-	-	-
Of (Of)	+0,5	-	-	-	-	-	-	-	-	-
Ah (Ah)	−10	12,2	50	32	18	55,6	16,8	24,1	14,7	1,14
IIAl (EB)	−40	12,4	24	44	32	46,4	10,6	20,0	15,8	1,30
IIIBt (It(cn))	−140	13,5	31	29	40	39,6	5,8	20,0	13,8	1,51
IVBv-ilCv (CBt,cn)	−200+	15,2	42	22	36	39,6	5,8	20,0	13,8	1,41

Horizont	Tiefe (cm)	$CaCO_3$ (M.-%)	C_{org} (M.-%)	N_t (M.-%)	C/N	pH H_2O	pH $CaCl_2$	KAK_{pot} (cmol$_c$/kg)	BS (%)	K_2O-DL (mg/100 g)	P_2O_5-DL (mg/100 g)
L (Ol)	+1,5	-	-	-	-	-	-	-	-	-	-
Of (Of)	+0,5	-	39,4	2,19	18	-	3,9	-	-	78,2*	-
Ah (Ah)	−10	-	4,8	0,26	18	4,5	3,7	-	-	8,0*	-
IIAl (EB)	−40	-	0,9	0,05	19	4,6	3,9	-	-	1,9*	-
IIIBt (It(cn))	−140	-	-	-	-	4,9	3,7	-	-	12,4*	-
IVBv-ilCv (CBt,cn)	−200+	-	-	-	-	5,2	4,0	-	-	14,8*	-

Horizont	Tiefe (cm)	KAK_{eff} (cmol$_c$/kg)	BS_{eff} (%)
L (Ol)	+1,5		
Of (Of)	+0,5	35,7	58
Ah (Ah)	−10	7,3	10
IIAl (EB)	−40	5,0	3
IIIBt (It(cn))	−140	15,7	18
IVBv-ilCv (CBt,cn)	−200+	15,4	61

(Quelle: Forschungseinheit Waldböden und Biochemie, Eidgenössische Forschungsanstalt für Wald, Schnee und Landschaft, Birmensdorf)
(* = abgeleiteter Analysenwert)

Profil 68: Subtyp Humusparabraunerde (LLh)

- Bodenausgangsgestein: Löss
- Varietät: basenreiche (Acker)Humusparabraunerde (eu. vLLh)
- Typ: Parabraunerde
- Klasse: Lessivés
- Substrattyp: a-t(Lo)//p-(z)eu(Lo)
- WRB: Endohypocalcic Luvisol (Aric, Cutanic, Hypereutric, Humic, Amphiloamic, Siltic)
- Bodenregion: Mittel- und süddeutsche Löss- und Sandlösslandschaften
- Ort: Marbach a. N., Lkr. Ludwigsburg, Baden-Württemberg
- Profilbild und Horizontabfolge: siehe Tab. 40.13
- Bodenlandschaftsbild: siehe Abb. 40.14
- Analysendaten: siehe Tab. 40.14
- Autor: Wolfgang Fleck, Michael Weiß

Vorkommen und Ausgangsgesteine

Im klimatisch begünstigten Neckarbecken ist das Vorkommen der Humusparabraunerde aus Würmlöss an Hochflächen und schwach geneigte Gleithänge im Neckartal gebunden. Bei den Lössböden herrschen allerdings Normparabraunerden, meist mit erodiertem Oberboden, vor. Auf stärker gewölbten Scheitelbereichen und in konvexen Hanglagen treten zudem Pararendzinen auf. In Leelagen erreicht der würmzeitliche Löss seine größte Mächtigkeit und überlagert meist ältere Lösse. Die Lössabfolgen im Neckarbecken konnten anhand von Paläoböden differenziert und zeitlich eingestuft werden.

Bodenprozesse und -eigenschaften

Die tiefreichende Humusakkumulation ist auf ein früheres Schwarzerdestadium zurückzuführen. Durch fortschreitende Entkalkung, Verbraunung, Humusabbau, Tonmineralneubildung und Tonverlagerung hat sich bis heute eine Humusparabraunerde mit tonreichem Unterboden entwickelt. Der

Tab. 40.13 Profilbild und Horizontabfolge Profil 68

Profilbild	Horizontgrenze (cm)	Horizonte und ihre Eigenschaften	
	−30	**Ap** a-u(Lo)	stark toniger Schluff; gelblichbraun, sehr dunkelgraustichig (10YR 3/4); Subpolyedergefüge; mittel humos; stark durchwurzelt
	−60	**Bth1** a-t(Lo)	stark schluffiger Ton; dunkelgraubraun (7,5YR 4/3); Tonbeläge; Eisenoxide (sehr schwach fleckig, geringer Flächenanteil); rauhflächiges Polyedergefüge; sehr schwach humos; mittel durchwurzelt
	−78	**Bth2** a-t(Lo)	stark schluffiger Ton; dunkelbraun (7,5YR 4/4); Tonbeläge; Eisenoxide (sehr schwach fleckig, sehr geringer Flächenanteil); rauhflächiges Polyedergefüge; sehr schwach humos; mittel durchwurzelt
	−130+	**elCkc** p-(z)eu(Lo)	stark toniger Schluff, schwach grusig (Lösskindel); hellgelblichbraun (10YR 6/6); Kohärentgefüge; carbonatreich; schwach durchwurzelt

Quelle: Landesamt für Geologie, Rohstoffe und Bergbau im Regierungspräsidium Freiburg, M. Weiß (Bild bearbeitet)

Abb. 40.14 Lössbedeckter Flachhang bei Marbach am Neckar (Quelle: Landesamt für Geologie, Rohstoffe und Bergbau im Regierungspräsidium Freiburg, W. Fleck)

Tab. 40.14 Analysendaten Profil 68

Horizont	Tiefe (cm)	Skelett (Vol.-%)	Sand (M.-%)	Schluff (M.-%)	Ton (M.-%)	Gesamtporen (Vol.-%)	Luftkapazität (Vol.-%)	nutzbare Feldkap. (Vol.-%)	Totwasser (Vol.-%)	Lagerungsdichte (g/cm³)
Ap	−30	0	3	74	23	42	6	18	18	1,54
Bth1	−60	0	2	65	33	44	6	-	-	1,50
Bth2	−78	0	1	65	34	-	-	-	-	-
elCkc	−130+	-	4	79	17	45	11	23	11	1,44

Horizont	Tiefe (cm)	CaCO₃ (M.-%)	C_org (M.-%)	N_t (M.-%)	C/N	pH H₂O	pH CaCl₂	KAK_pot (cmol_c/kg)	BS (%)	K₂O-DL (mg/100 g)	P₂O₅-DL (mg/100 g)
Ap	−30	-	1,3	0,2	9	-	6,3	178	54	26	6
Bth1	−60	-	0,6	0,1	7	-	6,8	223	60	8	1
Bth2	−78	-	0,5	0,1	7	-	6,8	232	100	7	1
elCkc	−130+	16	0,2	0,1	-	-	7,7	136	100	6	1

(Quelle: Landesamt für Geologie, Rohstoffe und Bergbau im Regierungspräsidium Freiburg)
(* = abgeleiteter Analysenwert)

Oberboden wurde im Laufe der Jahrhunderte erodiert und der Al-Horizont in den Pflughorizont eingearbeitet. Aus der hohen Wasser- und Nährstoffversorgung resultieren leistungsfähige Standorte für Kulturpflanzen.

Nutzung und Vegetation

Im milden Klima stellt die Humusparabraunerde aus Löss sehr gute Ackerstandorte bereit (Bodenschätzung am Profilstandort: L2Lö 83/91).

Gefährdung

Die Lössböden sind bei ackerbaulicher Nutzung im geneigten Gelände durch Bodenerosion gefährdet. Selbst auf dem flachen, nur 2 % geneigten Scheitelbereich ist das Beispielprofil durch Erosion verkürzt. Im Ballungsraum Mittlerer Neckar sind siedlungsnahe Bereiche stark durch Überbauung bedroht.

Profil 69: Subtyp Tschernosem-Parabraunerde (TT-LL)

- Bodenausgangsgestein: Auenlehm über tiefem Terrassensand
- Varietät: basenreiche (Acker)Tschernosem-Parabraunerde (eu.vTT-LL)
- Typ: Parabraunerde
- Klasse: Lessivés
- Substrattyp: f-(k)l(Lfo)//f-(k)s(St)
- WRB: Luvic Phaeozem (Aric, Anoloamic, Endoraptic, Bathyarenic)
- Bodenregion: (Überregionale) Flusslandschaften
- Ort: Mannheim-Sandhofen, Stadtkreis Mannheim, Baden-Württemberg
- Profilbild und Horizontabfolge: siehe Tab. 40.15
- Bodenlandschaftsbild: siehe Abb. 40.15
- Analysendaten: siehe Tab. 40.16
- Autor: Wolfgang Fleck, Bernhard Link

Vorkommen und Ausgangsgesteine

Das Profil liegt auf einem vermutlich spätglazialen Terrassenrest mit älteren, sandig-tonigen Auensedimenten über Terrassensanden und -schottern der ausgehenden Würmeiszeit. Aufgrund relativ starker Zerschneidung ist die Terrassenoberfläche stark wellig mit einzelnen Niederterrasseninseln. Im Gegensatz zu den älteren verlandeten Mäandern wie im Bereich der reliktischen Gley-Tschernitza zeigen die vorhandenen Rinnen eher noch Anklänge an die Furkationen des würmzeitlichen Rheins ("braided river").

Bodenprozesse und -eigenschaften

Humusanreicherung, Entkalkung, tiefreichende Verbraunung und Verlehmung sowie Tonverlagerung sind die profilprägenden bodenbildenden Prozesse. Ein primär bei der Sedimentation des Auensediments vorhandener Humusgehalt ist zu vermuten. Einzelne Ziegelbruchstückchen, Kalkkörner und der trotz deutlicher Tonbeläge gleichbleibende Tongehalt im Unterboden (Axh-Bt-Horizont) lassen auf eine anthropogene Überprägung bis ca. 5 dm Tiefe im Zuge der Ackernutzung schließen.

Nutzung und Vegetation

Ackernutzung herrscht sehr stark vor. Im trocken-warmen Klima der Oberrheinebene ist die Wasserversorgung der Pflanzen bei geringer bis mittlerer nutzbarer Feldkapazität in Trockenjahren eingeschränkt. Ackerberge sind deutlich ausgeprägt und weisen auf einen früh einsetzenden Ackerbau hin.

Gefährdung

Im Großraum Mannheim sind die siedlungsnahen Bereiche stark durch Überbauung bedroht, insbesondere, wenn sie wie im vorliegenden Beispiel durch die nahegelegene Autobahn verkehrstechnisch optimal erschlossen sind. Die Bodenform ist sehr selten und in Baden-Württemberg nur von diesem Standort bei Mannheim-Sandhofen bekannt.

Tab. 40.15 Profilbild und Horizontabfolge Profil 69

Profilbild	Horizontgrenze (cm)	Horizonte und ihre Eigenschaften	
	−26	**Axp** f-(k)l(Lfo)	stark sandiger Lehm, schwach kiesig; braunschwarz (10YR 2/3); Krümelgefüge; sehr carbonatarm; mittel humos; stark durchwurzelt
	−48	**Axh-Al** f-(k)l(Lfo)	stark sandiger Ton, schwach kiesig; sehr dunkelgraubraun (7,5YR 3/3); Aufhellung (schwach ausgeprägt); Subpolyedergefüge; sehr carbonatarm; schwach humos; mittel durchwurzelt
	−77	**Axh-Bt** f-(k)l(Lfo)	stark sandiger Ton, schwach kiesig; sehr dunkelgraubraun (7,5YR 3/2.5); einzelne Krotowinen, Tonbeläge; Prismengefüge; sehr schwach humos; schwach durchwurzelt
	−90	**IIAh-Bvt** f-(k)l(St)	mittel toniger Sand, schwach kiesig; dunkelorangebraun (7,5YR 4/5); Tonbeläge; Kohärent- bis Subpolyedergefüge; sehr carbonatarm; sehr schwach humos; schwach durchwurzelt
	−108	**IIBv** f-(k)s(St)	schwach toniger Sand, schwach kiesig; orangebraun (7,5YR 5/6); schwach verfestigtes Kohärentgefüge; sehr carbonatarm; sehr schwach humos; sehr schwach durchwurzelt
	−125	**IIBv-ilCv** f-(k)s(St)	Mittelsand, mittel kiesig; hellorangebraun (7,5YR 6/5); Einzelkorngefüge; sehr carbonatarm; sehr schwach humos; sehr schwach durchwurzelt
	−200+	**IIIilCv** f-sk(Gt)	grobsandiger Mittelsand, sehr stark kiesig; hellorangebraun (7,5YR 6/5); Einzelkorngefüge; sehr carbonatarm; sehr schwach humos; sehr schwach durchwurzelt

Quelle: Landesamt für Geologie, Rohstoffe und Bergbau im Regierungspräsidium Freiburg, B. Link (Bild bearbeitet)

Abb. 40.15 Das Profil liegt auf Ackerflächen nördlich von Mannheim-Sandhofen (Quelle: Landesamt für Geologie, Rohstoffe und Bergbau im Regierungspräsidium Freiburg, W. Fleck)

Tab. 40.16 Analysendaten Profil 69

Horizont	Tiefe (cm)	Skelett (Vol.-%)	Sand (M.-%)	Schluff (M.-%)	Ton (M.-%)	Gesamtporen (Vol.-%)	Luftkapazität (Vol.-%)	nutzbare Feldkap. (Vol.-%)	Totwasser (Vol.-%)	Lagerungsdichte (g/cm³)
Axp	−26	4	57	19	24	43	14	9	20	1,49
Axh-Al	−48	6	57	14	29	44	15	8	21	1,47
Axh-Bt	−77	5	59	12	29	42	15	10	17	1,54
IIAh-Bvt	−90	5	75	6	19	-	-	-	-	-
IIBv	−108	4	86	4	10	47	37	6	4	1,40
IIBv-ilCv	−125	11	92	8	0	-	-	-	-	-
IIIilCv	−200+	70	92	3	5	-	-	-	-	-

Horizont	Tiefe (cm)	$CaCO_3$ (M.-%)	C_{org} (M.-%)	N_t (M.-%)	C/N	pH H_2O	pH $CaCl_2$	KAK_{pot} (cmol$_c$/kg)	BS (%)	K_2O-DL (mg/100 g)	P_2O_5-DL (mg/100 g)
Axp	−26	0,3	1,3	0,12	11	-	7,2	152	100	41	86
Axh-Al	−48	0,4	0,6	0,06	10	-	7,4	155	100	16	55
Axh-Bt	−77	0	0,5	0,06	9	-	7,4	191	100	7	12
IIAh-Bvt	−90	0,1	0,2	0,03	-	-	7,5	96	100	5	11
IIBv	−108	0,1	0,1	0	-	-	7,5	50	100	4	8
IIBv-ilCv	−125	0,2	0,06	0	-	-	7,6	27	100	2	5
IIIilCv	−200+	0	0,06	0	-	-	7,6	22	100	4	6

(Quelle: Landesamt für Geologie, Rohstoffe und Bergbau im Regierungspräsidium Freiburg)
(* = abgeleiteter Analysenwert)

Profil 70: Subtyp Braunerde-Parabraunerde (BB-LL)

- Bodenausgangsgestein: Fließerde aus Fluss- und Flugsand über Fließerden aus Flusslehm und -sand
- Varietät: mittelbasische (Mull)Braunerde-(Bänder)Parabraunerde (m.muBB-LLd)
- Typ: Parabraunerde
- Klasse: Lessivés
- Substrattyp: p-s(Sf, Sa)/p-(l)s(Lf+Sf)//p-(s)l(Sf+Lf)
- WRB: Lamellic Endoabruptic Luvisol (Cutanic, Pantoloamic, Ochric, Profondic, Endoraptic)
- Bodenregion: (Überregionale) Flusslandschaften
- Ort: Fechenheim, Stadt Frankfurt am Main, Hessen
- Humusform: F-Mull
- Profilbild und Horizontabfolge: siehe Tab. 40.17
- Bodenlandschaftsbild: siehe Abb. 40.16
- Analysendaten: siehe Tab. 40.18
- Autor: Karl-Josef Sabel

Vorkommen und Ausgangsgesteine

Gebänderte Parabraunerden (hier als Varietät zum Subtyp Braunerde-Parabraunerde) sind in Bodenlandschaften mit hohem Sandanteil verbreitet. Es handelt sich in der Regel um Flugsand oder Decksand, der lithogen bedingt in diesem Gebiet rot gefärbt ist. Zugleich enthalten sie einen gewissen lössbürtigen Schluffanteil, aus dessen Silikaten die ver-

lagerungsfähigen Tonminerale stammen. Die homogenisierte Hauptlage lässt trotz der Gesteinsfarbe eine Verbraunung bis 60 cm erkennen.

Bodenprozesse und -eigenschaften

Die vorrangig vertikale Tonverlagerung setzt eine ausreichende Perkolation des Sickerwassers voraus sowie ausreichend schnell verwitterbare Silikate als Voraussetzung für eine rasche Tonmineralneubildung. Die Tonmineralbildung und -verlagerung setzt einen pH-Wert von 5–6,5 voraus. Die Anreicherung erfolgt bandförmig. Die Tonbänder zeichnen die Sickerwasserfronten nach und laufen im Unterboden oft zu kompakten Horizonten auf. Dadurch ergibt sich die Varietät gebändert. Die Böden sind tiefgründig und gut durchwurzelbar.

Nutzung und Vegetation

Die Standorte sind tiefgründig aber trocken, i. d. R. sauer bis stark sauer und daher nur bedingt ackerbaulich nutzbar. Verbreitet sind aber auch Sonderkulturen wie Spargel, ansonsten sind die Böden mit tief wurzelnden Baumarten bewachsen.

Gefährdung

Die Böden sind wegen ihrer geringen Lagerungsdichte aquatisch stark erosionsgefährdet, in Küstennähe auch äolisch. Darüber hinaus besitzen die Böden kaum Filtereigenschaften. Untersuchungen belegen, dass verlagerte Schadstoffe vor allem an die Tonbänder gebunden sind.

Tab. 40.17 Profilbild und Horizontabfolge Profil 70

Profilbild	Horizontgrenze (cm)	Horizonte und ihre Eigenschaften	
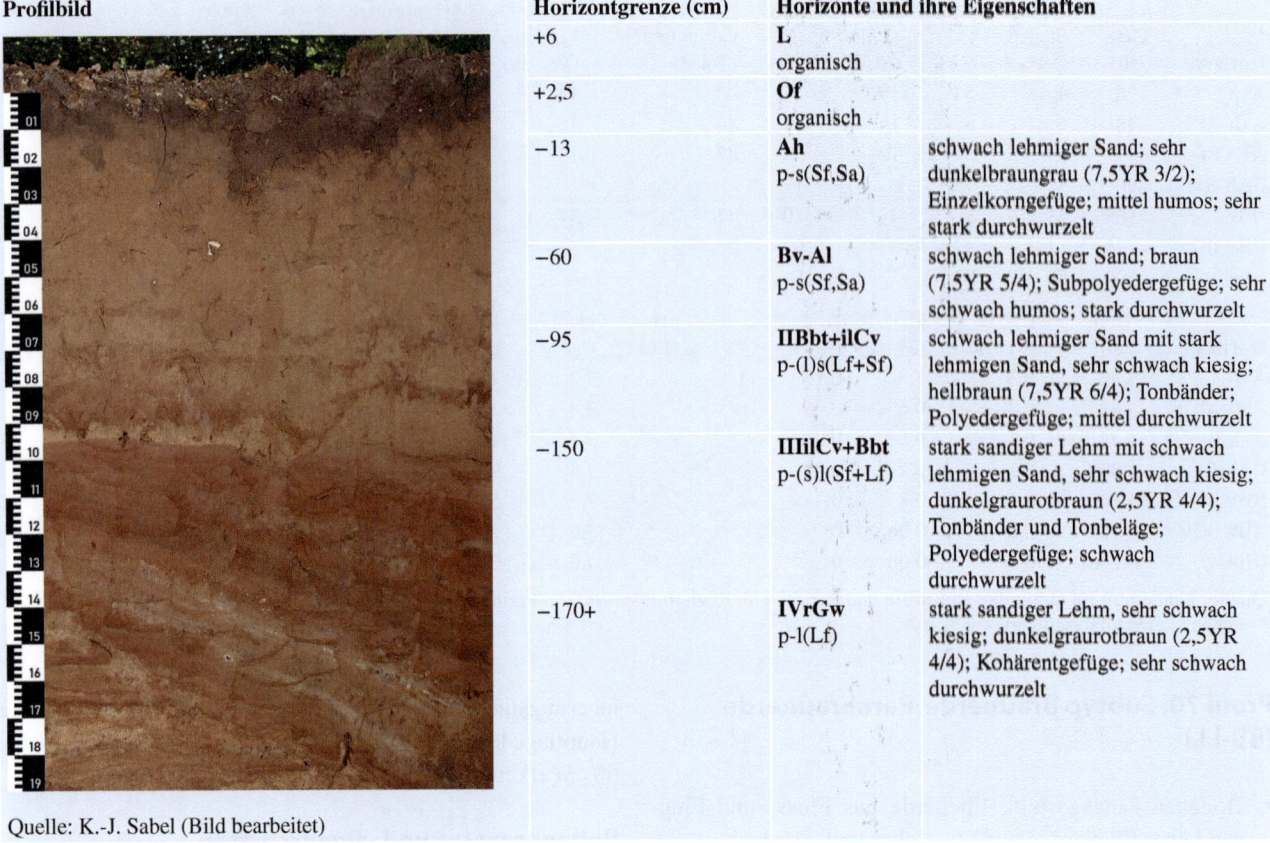	+6	**L** organisch	
	+2,5	**Of** organisch	
	−13	**Ah** p-s(Sf,Sa)	schwach lehmiger Sand; sehr dunkelbraungrau (7,5YR 3/2); Einzelkorngefüge; mittel humos; sehr stark durchwurzelt
	−60	**Bv-Al** p-s(Sf,Sa)	schwach lehmiger Sand; braun (7,5YR 5/4); Subpolyedergefüge; sehr schwach humos; stark durchwurzelt
	−95	**IIBbt+ilCv** p-(l)s(Lf+Sf)	schwach lehmiger Sand mit stark lehmigen Sand, sehr schwach kiesig; hellbraun (7,5YR 6/4); Tonbänder; Polyedergefüge; mittel durchwurzelt
	−150	**IIIilCv+Bbt** p-(s)l(Sf+Lf)	stark sandiger Lehm mit schwach lehmigen Sand, sehr schwach kiesig; dunkelgraurotbraun (2,5YR 4/4); Tonbänder und Tonbeläge; Polyedergefüge; schwach durchwurzelt
	−170+	**IVrGw** p-l(Lf)	stark sandiger Lehm, sehr schwach kiesig; dunkelgraurotbraun (2,5YR 4/4); Kohärentgefüge; sehr schwach durchwurzelt

Quelle: K.-J. Sabel (Bild bearbeitet)

Abb. 40.16 Bodenlandschaft Bänderparabraunerde (Quelle: Hessisches Landesamt für Naturschutz, Umwelt und Geologie)

Tab. 40.18 Analysendaten Profil 70

Horizont	Tiefe (cm)	Skelett (Vol.-%)	Sand (M.-%)	Schluff (M.-%)	Ton (M.-%)	Gesamtporen (Vol.-%)	Luftkapazität (Vol.-%)	nutzbare Feldkap. (Vol.-%)	Totwasser (Vol.-%)	Lagerungsdichte (g/cm³)
L	+6	-	-	-	-	-	-	-	-	-
Of	+2,5	-	-	-	-	-	-	-	-	-
Ah	−13	-	-	-	-	-	-	-	-	-
Bv-Al	−60	0	74	20	6	-	-	-	-	-
IIBbt+ilCv	−95	1	79	8	13	-	-	-	-	-
IIIilCv+Bbt	−150	1	65	19	16	-	-	-	-	-
IVrGw	−170+	1	-	-	-	-	-	-	-	-

Horizont	Tiefe (cm)	CaCO₃ (M.-%)	C$_{org}$ (M.-%)	N$_t$ (M.-%)	C/N	pH H₂O	pH CaCl₂	KAK$_{pot}$ (cmol$_c$/kg)	BS (%)	K₂O-DL (mg/100 g)	P₂O₅-DL (mg/100 g)
L	+6	-	-	-	-	-	-	-	-	-	-
Of	+2,5	-	25,6	1,22	21	4,5	3,9	-	-	-	-
Ah	−13	-	1,9	0,08	24	4,4	3,6	-	-	-	-
Bv-Al	−60	-	0,5	0,03	175	4,9	4,1	-	-	-	-
IIBbt+ilCv	−95	-	-	-	-	4,8	3,9	-	-	-	-
IIIilCv+Bbt	−150	-	-	-	-	5,3	4,2	-	-	-	-
IVrGw	−170+	-	-	-	-	-	-	-	-	-	-

(Quelle: Hessisches Landesamt für Naturschutz, Umwelt und Geologie)
(* = abgeleiteter Analysenwert)

Profil 71: Subtyp Terra fusca-Parabraunerde (CF-LL)

- Bodenausgangsgestein: flacher Lösslehm über Fließerde aus Lösslehm und Residualton über tiefem Dolomitstein
- Varietät: mittelbasische (Mull)Terra fusca-Parabraunerde (m.muCF-LL)
- Typ: Parabraunerde
- Klasse: Lessivés
- Substrattyp: a-u(Lol)\p-(z)t(Lol,Tr)//n-^d
- WRB: Epialbic Endoleptic Endogeoabruptic Luvisol (Cutanic, Epidystric, Ochric, Amphiraptic)
- Bodenregion: Berg- und Hügelländer mit hohem Anteil an nicht metamorphen carbonatischen Gesteinen
- Ort: Neulingen, Enzkreis, Baden-Württemberg
- Humusform: F-Mull
- Profilbild und Horizontabfolge: siehe Tab. 40.19
- Bodenlandschaftsbild: siehe Abb. 40.17
- Analysendaten: siehe Tab. 40.20
- Autor: Wolfgang Fleck, Michael Weiß

Vorkommen und Ausgangsgesteine

Terra fusca-Parabraunerden aus geringmächtigem Lösslehm über lösslehmreicher Fließerde (Mittellage) auf Dolomitstein des Oberen Muschelkalks sind in den tieferen Lagen des Muschelkalkgäus häufig. Sie sind dort mit Parabraunerden aus Lösslehm, Terra fusca-Braunerden aus Fließerden und Rendzinen aus Kalk- und Dolomitstein vergesellschaftet. In der tonreichen Mittellage im tieferen Unterboden ist Residualton der Dolomitverwitterung in den Lösslehm eingemischt.

Bodenprozesse und -eigenschaften

Nach der Humusakkumulation, Entkalkung, Verbraunung und Tonmineralneubildung wurde der Boden durch Tonverlagerung geprägt. Diese hat nicht nur den Lösslehm sondern auch noch die unterlagernde Fließerde mit deutlichen Tonbelägen auf den Aggregatoberflächen erfasst. Im IIBt- und IIITv-Bt-Horizont markieren zudem vereinzelte Fe-/Mn-Konkretionen und -beläge eine schwache Pseudovergleyung, die jedoch in der Benennung der Horizonte und des Subtyps noch keinen Niederschlag findet. Der Al-Horizont ist wahrscheinlich durch Bodenerosion geringfügig verkürzt. Der Boden besitzt ein mittleres Speichervermögen für pflanzenverfügbares Wasser und ist im Oberboden locker gelagert und gut durchlüftet.

Nutzung und Vegetation

Der Profilstandort wird forstwirtschaftlich genutzt (Mischwald). Vergleichbare Böden sind häufig auch landwirtschaftlich genutzt.

Gefährdung

Bei Ackernutzung neigen die Böden zu Verschlämmung und Erosion. Bei Ackerböden sind die Al-Horizonte deshalb meist erodiert und besitzen eine Pflugsohlenverdichtung. Im Wald sollte wegen der Verdichtungsempfindlichkeit im feuchten Zustand bei einem Maschineneinsatz der Bodenfeuchtezustand berücksichtigt werden.

Tab. 40.19 Profilbild und Horizontabfolge Profil 71

Profilbild	Horizontgrenze (cm)	Horizonte und ihre Eigenschaften	
	+2,5	**L**	lockere Laubstreu
	+1	**Of**	Laubstreu, verklebte Blattfragmente
	−4	**Ah** a-u(Lol)	mittel toniger Schluff; sehr dunkelgelblichgraubraun (10YR 3/3); Subpolyedergefüge; stark humos; sehr stark durchwurzelt
	−25	**Al** a-u(Lol)	stark toniger Schluff; gelblichbraun, hellgraustichig (10YR 6/4); Aufhellung; Subpolyedergefüge; sehr schwach humos; stark durchwurzelt
	−52	**IIBt** p-(z)t(Lol,Tr)	stark schluffiger Ton, schwach grusig; orangebraun (7,5YR 5/6); Tonbeläge; Subpolyedergefüge; stark durchwurzelt
	−75	**IIITv-Bt** p-(n)t(^d,Tr)	schwach schluffiger Ton, schwach grusig, schwach steinig (kantig); braunorange (7,5YR 5/8); Tonbeläge; Polyedergefüge; mittel durchwurzelt
	−85+	**IVcmCv** n-^d	Dolomitstein; grau (10YR 5/1)

Quelle: Landesamt für Geologie, Rohstoffe und Bergbau im Regierungspräsidium Freiburg, M. Weiß (Bild bearbeitet)

Abb. 40.17 Gäulandschaft nördlich von Pforzheim, Enzkreis (Quelle: Landesamt für Geologie, Rohstoffe und Bergbau im Regierungspräsidium Freiburg, W. Fleck)

Tab. 40.20 Analysendaten Profil 71

Horizont	Tiefe (cm)	Skelett (Vol.-%)	Sand (M.-%)	Schluff (M.-%)	Ton (M.-%)	Gesamtporen (Vol.-%)	Luftkapazität (Vol.-%)	nutzbare Feldkap. (Vol.-%)	Totwasser (Vol.-%)	Lagerungsdichte (g/cm³)
L	+2,5	-	-	-	-	-	-	-	-	-
Of	+1	-	-	-	-	-	-	-	-	-
Ah	−4	0	3	81	16	51	13	26	12	1,25
Al	−25	0	3	79	18	51	19	20	12	1,30
IIBt	−52	0	2	68	30	43	9	7	27	1,50
IIITv-Bt	−75	-	2	44	54	46	4	10	32	1,44
IVcmCv	−85+	-	-	-	-	-	-	-	-	-

Horizont	Tiefe (cm)	CaCO₃ (M.-%)	C$_{org}$ (M.-%)	N$_t$ (M.-%)	C/N	pH H₂O	pH CaCl₂	KAK$_{pot}$ (cmol$_c$/kg)	BS (%)	K₂O-DL (mg/100 g)	P₂O₅-DL (mg/100 g)
L	+2,5	-	-	-	-	-	-	-	-	-	-
Of	+1	-	-	-	-	-	-	-	-	-	-
Ah	−4	-	4,7	0,3	17	-	4,0	-	-	11	4
Al	−25	-	0,9	0,1	14	-	3,7	-	-	1	1
IIBt	−52	-	0,4	<0,1	9	-	3,8	-	-	4	2
IIITv-Bt	−75	-	0,3	0,1	-	-	6,0	-	-	6	4
IVcmCv	−85+	-	-	-	-	-	-	-	-	-	-

Horizont	Tiefe (cm)	KAK$_{eff}$ (cmol$_c$/kg)	BS$_{eff}$ (%)
L	+2,5	-	-
Of	+1	-	-
Ah	−4	79	55
Al	−25	71	9
IIBt	−52	139	49
IIITv-Bt	−75	249	99
IVcmCv	−85+	-	-

(Quelle: Landesamt für Geologie, Rohstoffe und Bergbau im Regierungspräsidium Freiburg)
(* = abgeleiteter Analysenwert)

Profil 72: Subtyp Terra fusca-Parabraunerde (CF-LL)

- Bodenausgangsgestein: Fließerdefolge aus Löss und Residualton über tiefem verwitterten Kalkstein
- Varietät: mittelbasische (Mull)Terra fusca-Parabraunerde (m.muCF-LL)
- Typ: Parabraunerde
- Klasse: Lessivés
- Substrattyp: p-t(Lo,Tr)//p-tn(Tr,^k)//n-^k
- WRB: Endogeoabruptic Epiabruptic Luvisol (Katoclayic, Cutanic, Humic, Epiloamic, Amphiraptic)
- Bodenregion: Berg- und Hügelländer mit hohem Anteil an nicht metamorphen carbonatischen Gesteinen
- Ort: Holzkirch, Alb-Donau-Kreis, Baden-Württemberg
- Humusform: L-Mull
- Profilbild und Horizontabfolge: siehe Tab. 40.21
- Bodenlandschaftsbilder: siehe Abb. 40.18 und 40.19
- Analysendaten: siehe Tab. 40.22
- Autor: Karl Stahr, Daniela Sauer

Vorkommen und Ausgangsgesteine

Die Terra fusca-Parabraunerde ist im Schweizer Jura wie auch auf der Schwäbischen und Fränkischen Alb verbreitet. Sie ist ein typischer Boden in den ebeneren Lagen der Kuppenalb und Flächenalb. Die Terra fusca-Parabraunerden haben sich aus Kalklösungsrückstand des anstehenden Gesteins entwickelt, der in den Kaltzeiten durch Gelifluktion umgelagert wurde, wovon die nahezu flächendeckend verbreiteten periglaziären Lagen zeugen. Außerdem wurde auf den Böden in den Eiszeiten Löss abgelagert, der teilweise auch in die periglaziären Lagen eingemischt wurde.

Bodenprozesse und -eigenschaften

Charakteristisch für die Entstehung von Terrae fuscae-Parabraunerden sind vor allem die Kalklösung, die über sehr lange Zeiträume ablaufen muss, um zur Ansammlung einer nennenswerten Menge an Lösungsrückstand zu führen. Hinzu kommen die Prozesse der Kryoturbation, Gelifluktion und Lössablagerung in den Kaltzeiten sowie die spätere Entkalkung und Tonverlagerung.

Tab. 40.21 Profilbild und Horizontabfolge Profil 72

Profilbild

Quelle: O. Ehrmann (Bild bearbeitet)

Horizontgrenze (cm)	Horizonte und ihre Eigenschaften	
−10	**Alh** p-u(Tr,Lo)	stark toniger Schluff; dunkelgraubraun (7,5YR 4/3); Krümelgefüge; stark humos
−45	**Bvt** p-t(Tr,Lo)	stark schluffiger Ton; orangebraun (7,5YR 5/6); Tonbeläge; Subpolyedergefüge; schwach humos
−80	**IIBt-Tv** p-t(Lo,Tr)	schwach schluffiger Ton; braunorange (7,5YR 5/8); Tonbeläge; Polyedergefüge; sehr schwach humos
−100	**IIITv+Cv** p-tn(Tr,^k)	reiner Ton, sehr stark steinig (kantig), schwach grusig; braunorange (7,5YR 5/8); Kohärentgefüge; carbonatarm; sehr schwach humos
100+	**IVmcCv** n-^k	Festgestein; sehr stark geklüftet mit Ton in Klüften

Abb. 40.18 Unmittelbare Umgebung des Profils (Quelle: O. Ehrmann)

Abb. 40.19 Blick über eine Ackerfläche auf den Wald, in dem das gezeigte Profil liegt (Quelle: A. Lehmann)

Tab. 40.22 Analysendaten Profil 72

Horizont	Tiefe (cm)	Skelett (Vol.-%)	Sand (M.-%)	Schluff (M.-%)	Ton (M.-%)	Gesamtporen (Vol.-%)	Luftkapazität (Vol.-%)	nutzbare Feldkap. (Vol.-%)	Totwasser (Vol.-%)	Lagerungsdichte (g/cm³)
Alh	−10	-	6	71	23	-	-	-	-	0,85
Bvt	−45	-	5	67	28	-	-	-	-	1,27
IIBt-Tv	−80	-	2	50	48	-	-	-	-	1,41
IIITv+Cv	−100	-	2	30	68	-	-	-	-	-
IVmcCv	100+	-	-	-	-	-	-	-	-	-

Horizont	Tiefe (cm)	CaCO$_3$ (M.-%)	C$_{org}$ (M.-%)	N$_t$ (M.-%)	C/N	pH H$_2$O	pH CaCl$_2$	KAK$_{pot}$ (cmol$_c$/kg)	BS (%)	K$_2$O-DL (mg/100 g)	P$_2$O$_5$-DL (mg/100 g)
Alh	−10	-	3,3	0,27	12	-	-	19	41	-	-
Bvt	−45	-	0,9	0,06	14	-	-	18	37	-	-
IIBt-Tv	−80	-	0,5	-	-	-	-	34	78	-	-
IIITv+Cv	−100	-	0,5	-	-	-	-	32	85	-	-
IVmcCv	100+	-	-	-	-	-	-	-	-	-	-

Horizont	Tiefe (cm)	pH KCl	K-AL (mg/100 g)	P-AL (mg/100 g)
Alh	−10	4,5	9	2
Bvt	−45	4,4	3	2
IIBt-Tv	−80	4,4	4	<1
IIITv+Cv	−100	7,2	4	<1
IVmcCv	100+			

(Quelle: Institut für Bodenkunde und Standortslehre, Universität Hohenheim)
(* = abgeleiteter Analysenwert)

Nutzung und Vegetation

Die Terra fusca-Parabraunerden sind sowohl für die forstliche Nutzung als auch zum Getreideanbau geeignet, weniger zum Anbau von Hackfrüchten. Die forstliche Nutzung ist beeinflusst durch die regionalklimatischen Bedingungen. In feuchteren Regionen sind Buchen-Tannen-Wälder, in trockeneren Regionen Eichen-Hainbuchen-Wälder verbreitet. Durch Waldweide und Eichelmast wurde historisch die Eiche gefördert. Die potentielle natürliche Vegetation ist der Waldmeister-Buchenwald.

Gefährdung

Unter Acker können die lössbeeinflussten, tonverarmten Oberböden durch Wassererosion gefährdet sein.

Profil 73: Subtyp Normfahlerde (LFn)

- Bodenausgangsgestein: Geschiebedecksand über Geschiebemergel
- Varietät: basenreiche (Acker)Fahlerde (eu.vLFn)
- Typ: Fahlerde
- Klasse: Lessivés
- Substrattyp: p-(k)s(Sp)/p-(k)l(Mg)//g-(k)es(Mg)

- WRB: Hypereutric Epialbic Retisol (Epiabruptic, Epiarenic, Aric, Cutanic, Katoloamic, Ochric, Amphiraptic)
- Bodenregion: Jungmoränenlandschaften
- Ort: Güterfelde, Lkr. Potsdam-Mittelmark, Brandenburg
- Profilbild und Horizontabfolge: siehe Tab. 40.23
- Bodenlandschaftsbild: siehe Abb. 40.20
- Analysendaten: siehe Tab. 40.24
- Autor: Albrecht Bauriegel, Dieter Kühn

Vorkommen und Ausgangsgesteine

Diese Böden kommen auf den weichselzeitlichen meist nicht tiefgründig entkalkten Grundmoränen vor. Die Standorte weisen einen Geschiebedecksand über einem pedogenetisch nur im Solum entkalkten Geschiebemergel auf. Die meist nur einige Meter mächtige Jungmoräne wird i. d. R. von Schmelzwassersanden unterlagert. Der Bereich des Geschiebedecksandes umfasst den ehemaligen Auftauboden im Periglazialgebiet und entspricht bei einer Mächtigkeit um 5 dm der periglaziären Hauptlage. Dieser folgt ein wenig verflossener bis verwürgter Bereich mit entkalktem Moränenmaterial und meist kleineren Anteilen in Form von Flecken oder Nestern mit Geschiebedecksand. Danach folgt der noch periglaziär beeinflusste und entkalkte Geschiebemergel, welcher meist ab ca. 1 Meter noch kalkhaltig ist.

Tab. 40.23 Profilbild und Horizontabfolge Profil 73

Profilbild	Horizontgrenze (cm)	Horizonte und ihre Eigenschaften	
	−25	**Ap** p-(k)s(Sp)	schwach schluffiger Sand, schwach kiesig; dunkelgelblichgraubraun (10YR 4/3); Einzelkorn- und Bröckelgefüge; schwach humos; schwach durchwurzelt
	−42	**Ael** p-(k)s(Sp)	schwach schluffiger Sand, schwach kiesig; gelblichbraun, hellgraustichig (10YR 6/4); Aufhellung (sehr stark ausgeprägt); Manganoxide (konkretionär, sehr geringer Flächenanteil); Einzelkorn- und Subpolyedergefüge; sehr schwach durchwurzelt
	−55	**IIAel+Bt** p-(k)(s) l(Sp+Mg)	schwach schluffiger und stark lehmiger Sand, schwach kiesig; gelblichbraun, sehr hellgraustichig (10YR 7/4) und dunkelorangebraun (7,5YR 4/6); Aufhellung (Flecken, stark ausgeprägt, sehr hoher Flächenanteil) und Tonbeläge (hoher Flächenanteil); Eisenoxide (fleckig, geringer Flächenanteil) und Manganoxide (konkretionär, sehr geringer Flächenanteil); Subpolyedergefüge; sehr schwach durchwurzelt
	−100	**IIIBt** p-(k)l(Mg)	stark lehmiger Sand, schwach kiesig; orangebraun (7,5YR 5/6); Tonbeläge (hoher Flächenanteil) und Humusanreicherung (Röhren, geringer Flächenanteil); Manganoxide (konkretionär, sehr geringer Flächenanteil); Subpolyedergefüge; sehr schwach durchwurzelt
	−175	**IVelCc** g-(k)es(Mg)	mittel schluffiger Sand, schwach kiesig; gelblichbraun, graustichig (10YR 5/4); Kalkkonkretionen (Bänder, mittlerer Flächenanteil); Subpolyedergefüge; schwach carbonathaltig
	−200+	**VIlCv** f-(k)s(Sgf)	reiner Sand, schwach kiesig; sehr hellgelblichgraubraun (10YR 7/3); Einzelkorngefüge

Quelle: Landesamt für Bergbau, Geologie und Rohstoffe Brandenburg, A. Bauriegel (Bild bearbeitet)

Abb. 40.20 Grundmoränen-hochfläche des Teltow östlich Potsdam (Quelle: Landesamt für Bergbau, Geologie und Rohstoffe Brandenburg, A. Bauriegel)

Tab. 40.24 Analysendaten Profil 73

Horizont	Tiefe (cm)	Skelett (Vol.-%)	Sand (M.-%)	Schluff (M.-%)	Ton (M.-%)	Gesamtporen (Vol.-%)	Luftkapazität (Vol.-%)	nutzbare Feldkap. (Vol.-%)	Totwasser (Vol.-%)	Lagerungsdichte (g/cm³)
Ap	−25	3,6	77	18	5	35	11	18	6	1,70
Ael	−42	5,9	79	18	3	35	17	15	4	1,75
IIAel+Bt	−55	5,5	71	19	10	36	16	16	4	1,82
IIIBt	−100	7,1	64	21	15	33	8	19	6	1,89
IVelCc	−175	7,3	69	22	9	35	12	16	7	1,81
VIlCv	−200+	-	-	-	-	-	-	-	-	-

Horizont	Tiefe (cm)	CaCO$_3$ (M.-%)	C$_{org}$ (M.-%)	N$_t$ (M.-%)	C/N	pH H$_2$O	pH CaCl$_2$	KAK$_{pot}$ (cmol$_c$/kg)	BS (%)	K$_2$O-DL (mg/100 g)	P$_2$O$_5$-DL (mg/100 g)
Ap	−25	-	0,66	0,06	11	7,0	6,3	5,5	52	-	-
Ael	−42	-	0,14	0,02	9	6,2	5,2	2,5	54	-	-
IIAel+Bt	−55	-	0,12	0,02	-	6,0	5,4	5,1	-	-	-
IIIBt	−100	-	0,11	0,02	-	5,8	5,6	7,8	-	-	-
IVelCc	−175	2	0,29	<0,02	-	8,1	7,4	4,8	100	-	-
VIlCv	−200+	-	-	-	-	-	-	-	-	-	-

(Quelle: Landeslabor BB/Bln, HS f. nachhalt. Entw. Eberswalde, Inst. f. Ökol/TU Berlin)
(* = abgeleiteter Analysenwert)

Bodenprozesse und -eigenschaften

Der von der Mächtigkeit her bestimmende Prozess ist die Tonverlagerung bis in den Unterboden. Der Bereich des Geschiebedecksandes ist umso stärker verbraunt, je sandiger er ist. Reine Fahlerden sind deshalb selten. Bei höheren Niederschlägen und/oder in Senkenpositionen neigen diese Böden zur schwachen Pseudovergleyung. Die Grundmoränen besitzen ein breites Bodenartenspektrum mit entsprechend wechselnden bodenhydrologischen Eigenschaften.

Nutzung und Vegetation

Bis auf wenige Ausnahmen werden diese Standorte ackerbaulich genutzt. In Abhängigkeit vom Steingehalt werden neben Getreidearten auch Hackfrüchte angebaut. Unter Wald sind auf diesen Standorten meist Buchenwälder zu finden.

Gefährdung

Aufgrund der geringeren Durchlässigkeit des Unterbodens gegenüber dem vom Geschiebedecksand geprägten Oberboden neigen die Böden bei geringsten Neigungen bei Sättigung schnell zur Wassererosion, sofern eine ungünstige Bewirtschaftung hinzukommt.

Profil 74: Subtyp Normfahlerde (LFn)

- Bodenausgangsgestein: Fließerde aus Lösslehm über Fließerde aus Lydit und Lösslehm
- Varietät: basenreiche pseudovergleyte (Mull)Fahlerde (eu.s.muLFn)
- Typ: Fahlerde
- Klasse: Lessivés
- Substrattyp: p-u(Lol)/p-(z)u(*Il,Lol)

- WRB: Hypereutric Epialbic Endostagnic Retisol (Aric, Cutanic, Differentic, Ochric, Amphiraptic, Pantosiltic)
- Bodenregion: Mittel- und süddeutsche Löss- und Sandlösslandschaften
- Ort: Görlitz, Lkr. Görlitz, Sachsen
- Profilbild und Horizontabfolge: siehe Tab. 40.25
- Bodenlandschaftsbild: siehe Abb. 40.21
- Analysendaten: siehe Tab. 40.26
- Autor: Ralf Sinapius

Vorkommen und Ausgangsgesteine

Pseudogley-Fahlerden sind typische Entwicklungen im entkalkten Lösshügelland am Nordrand der Mittelgebirge Mittel- und Ostdeutschlands. Bevorzugt werden sie hier in Plateau- und Flachhanglagen angetroffen. Das Beispielprofil setzt sich aus Lösslehmfließerden über tiefem Lydit zusammen. Es befindet sich im Oberlausitzer Lösshügelland bei Görlitz.

Bodenprozesse und -eigenschaften

Unter dem kolluvialen Oberboden zeigt das Lössderivat (Hauptlage) eine starke Tonverarmung (Ael). Mit zunehmender Tiefe tritt die Tonanreicherung (Bt) hinzu, so dass sich eine Verzahnung dieser Prozesse ergibt (Ael+Bt). Außer durch dieses morphologisch-diagnostische Merkmal ist die Fahlerde durch eine hohe Tongehaltszunahme definiert. Sie beträgt im Beispielprofil >14 %. Infolge der erheblichen Tonanreicherung im Unterboden verdichtete sich dieser und entwickelte einen mäßigen Staukörper. Die schwach ausgebildeten Rostflecken und Konkretionen (Sw) treten ab dem Verzahnungsbereich Bt+Ael hinzu. Nach unten mit zunehmender Dichtlagerung nimmt die Hydromorphie zu. In der unteren Fließerde (Mittellage) ist der Staukörper ausgebildet (Sd). Solche pedogenetisch verursachten Pseudogleye nennt man „sekundäre" Pseudogleye.

Tab. 40.25 Profilbild und Horizontabfolge Profil 74

Profilbild	Horizontgrenze (cm)	Horizonte und ihre Eigenschaften	
	−10	**rAp°Ah** u-(z)u(*Il,Lol)	schwach toniger Schluff, mittel grusig; dunkelgelblichbraungrau (10YR 4/2); Krümelgefüge; mittel humos; mittel durchwurzelt
	−30	**Ap** u-(z)u(*Il,Lol)	schwach toniger Schluff, mittel grusig; dunkelgelblichgraubraun (10YR 4/3); Bröckelgefüge; mittel humos; mittel durchwurzelt
	−45	**IIAel** p-u(Lol)	reiner Schluff, sehr schwach grusig; weiß (10YR 8/1); Aufhellung (sehr stark ausgeprägt); Subpolyedergefüge; sehr schwach humos; schwach durchwurzelt
	−60	**IIBt+Sw-Ael** p-u(Lol)	schwach toniger Schluff, sehr schwach grusig; sehr hellgelblichbraun (10YR7/6); Aufhellung (Flecken, stark ausgeprägt, sehr hoher Flächenanteil) und Tontapeten (hoher Flächenanteil); Eisen- und Manganoxide (konkretionär, mittlerer Flächenanteil); Polyedergefüge; sehr schwach humos; schwach durchwurzelt
	−84	**IIIAel+Sw-Bt** p-(z)u(*Il,Lol)	stark toniger Schluff, schwach grusig; bräunlichgrau, hellolivstichig (2,5Y 6/2); Aufhellung (Flecken, stark ausgeprägt, mittlerer Flächenanteil) und Tontapeten (sehr hoher Flächenanteil); Eisen- und Manganoxide (konkretionär, mittlerer Flächenanteil); Polyedergefüge; sehr schwach humos; schwach durchwurzelt
	−120	**IIIBt-Sd** p-(z)u(*Il,Lol)	schluffiger Lehm, schwach grusig; grau, hellolivstichig (2,5Y 6/1); Tontapeten (extrem hoher Flächenanteil); Eisenoxide (schwach marmoriert, extrem hoher Flächenanteil) und Bleichflecken (sehr hoher Flächenanteil); Polyedergefüge; sehr schwach humos; schwach durchwurzelt
	−130+	**IVSd-ilCv** p-sn(*Il)	reiner Sand, schwach grusig und sehr stark steinig (kantig); bräunlichgrau, hellolivstichig (2,5Y 6/2); Eisenoxide (mittlerer Flächenanteil) und Bleichflecken (mittlerer Flächenanteil); Kohärentgefüge

Quelle: R. Sinapius (Bild bearbeitet)

Abb. 40.21 In der nordöstlichen Oberlausitz bei Görlitz findet man mäßig erodierte Fahlerden. Pseudogley-Entwicklungen besitzen hier geringere Ausprägungen gegenüber der südöstlichen Oberlausitz. Im Hintergrund des Bildes die Landeskrone (Quelle: R. Sinapius)

Tab. 40.26 Analysendaten Profil 74

Horizont	Tiefe (cm)	Skelett (Vol.-%)	Sand (M.-%)	Schluff (M.-%)	Ton (M.-%)	Gesamtporen (Vol.-%)	Luftkapazität (Vol.-%)	nutzbare Feldkap. (Vol.-%)	Totwasser (Vol.-%)	Lagerungsdichte (g/cm³)
rAp°Ah	−10	10	9	81	10	51	12	33	6	1,37
Ap	−30	11	10	80	10	49	11	32	6	1,43
IIAel	−45	0	3	91	6	43	6	32	6	1,56
IIBt+Sw-Ael	−60	0	3	86	11	43	6	29	8	1,62
IIIAel+Sw-Bt	−84	4	7	73	20	41	6	23	12	1,72
IIIBt-Sd	−120	8	15	62	23	-	-	-	-	-
IVSd-ilCv	−130+	60*	90*	8*	2*	-	-	-	-	-

Horizont	Tiefe (cm)	CaCO₃ (M.-%)	C_org (M.-%)	N_t (M.-%)	C/N	pH H₂O	pH CaCl₂	KAK_pot (cmol_c/kg)	BS (%)	K₂O-DL (mg/100 g)	P₂O₅-DL (mg/100 g)
rAp°Ah	−10	-	1,5	0,15	10	-	4,9	12	47	-	-
Ap	−30	-	1,4	0,14	10	-	5,1	12	48	-	-
IIAel	−45	-	0,3	0,04	8	-	5,6	7	47	-	-
IIBt+Sw-Ael	−60	-	0,2	0,02	10	-	6,0	7	78	-	-
IIIAel+Sw-Bt	−84	-	0,2	0,03	7	-	6,0	9	78	-	-
IIIBt-Sd	−120	-	0,1	0,02	7	-	4,6	11	65	-	-
IVSd-ilCv	−130+	-	-	-	-	-	-	-	-	-	-

(Quelle: Sächsisches Landesamt für Umwelt, Landwirtschaft und Geologie)
(* = abgeleiteter Analysenwert)

Nutzung und Vegetation

Die Löss-Fahlerden werden überwiegend landwirtschaftlich genutzt. Mit ihrer hohen nutzbaren Feldkapazität und ihrem ausreichendem Puffer können sie hohe Erträge liefern.

Gefährdung

Die Fahlerden werden durch ungünstige Bewirtschaftung v. a. bei hoher Bodenfeuchte zusätzlich verdichtet. Weiterhin unterliegen sie schon bei geringen Hangneigungen sehr schnell der Wassererosion. Im sächsischen Lösshügelland sind diese Böden häufig bis zum beginnenden Unterboden (Sw-Ael+Bt) gekappt. Diese Sensibilität der Fahlerden erfordert eine angepasste landwirtschaftliche Bewirtschaftung, ohne die diese Böden in historischer Zeit zerstört würden.

Profil 75: Subtyp Braunerde-Fahlerde (BB-LF)

- Bodenausgangsgestein: Fließerde aus Schmelzwassersand und Lösslehm über tiefer Fließerde aus Schmelzwassersand
- Varietät: basenreiche (Acker)Braunerde-(Bänder)Fahlerde (eu.vBB-LFd)
- Typ: Fahlerde
- Klasse: Lessivés
- Substrattyp: p-(k)u(Sgf,Lol)//p-ks(Sgf)
- WRB: Albic Totilamellic Luvisol (Aric, Hypereutric, Ochric, Amphiraptic, Anosiltic, Bathyarenic)
- Bodenregion: Mittel- und süddeutsche Löss- und Sandlösslandschaften

- Ort: Lkr. Görlitz, Sachsen
- Profilbild und Horizontabfolge: siehe Tab. 40.27
- Aufschlussbild: siehe Abb. 40.22
- Analysendaten: siehe Tab. 40.28
- Autor: Holger Joisten

Vorkommen und Ausgangsgesteine

Fahlerden sind vorwiegend in pleistozänen Grund- und Endmoränengebieten, typisch im Nordosten und Osten Deutschlands, verbreitet. Konkret handelt es sich dabei um die Räume der Grundmoränenplatten und der nicht durch Erosion beeinflussten Höhenlagen der Endmoränen. Die Ausgangsgesteine für die Bodenbildung sind Lössdeckschichten, oft verschiedenen Alters, über Geschiebemergeln sowie Geschiebelehmen, Schmelzwassersanden wie in diesem Fall oder Flugsanden. Neben den Löss-Standorten kommen Fahlerden in geringer Verbreitung auch auf kalkhaltigen Sandsteinen des Keupers und der Kreide in Süddeutschland vor. Fahlerden sind eng vergesellschaftet mit Parabraunerden, Braunerden und z. T. mit Podsolen und Pseudogleyen.

Bodenprozesse und -eigenschaften

Fahlerden sind, wie der Name schon sagt, charakterisiert durch einen stark aufgehellten, fahlgrauen bis fahlgelben oder fast weißen Ael-Horizont. Dieser kann durch überlagernde Pedogenesen, z. B. durch fortschreitende, sekundäre Verbraunung (hier: Bv-Ael), auch wieder intensivere Färbungen annehmen. Die starke Bleichung ist durch eine starke vertikale Tonverlagerung (Lessivierung) bedingt, die den Ael an Ton und pedogenen braunfärbenden Eisenoxiden

Tab. 40.27 Profilbild und Horizontabfolge Profil 75

Profilbild	Horizontgrenze (cm)	Horizonte und ihre Eigenschaften	
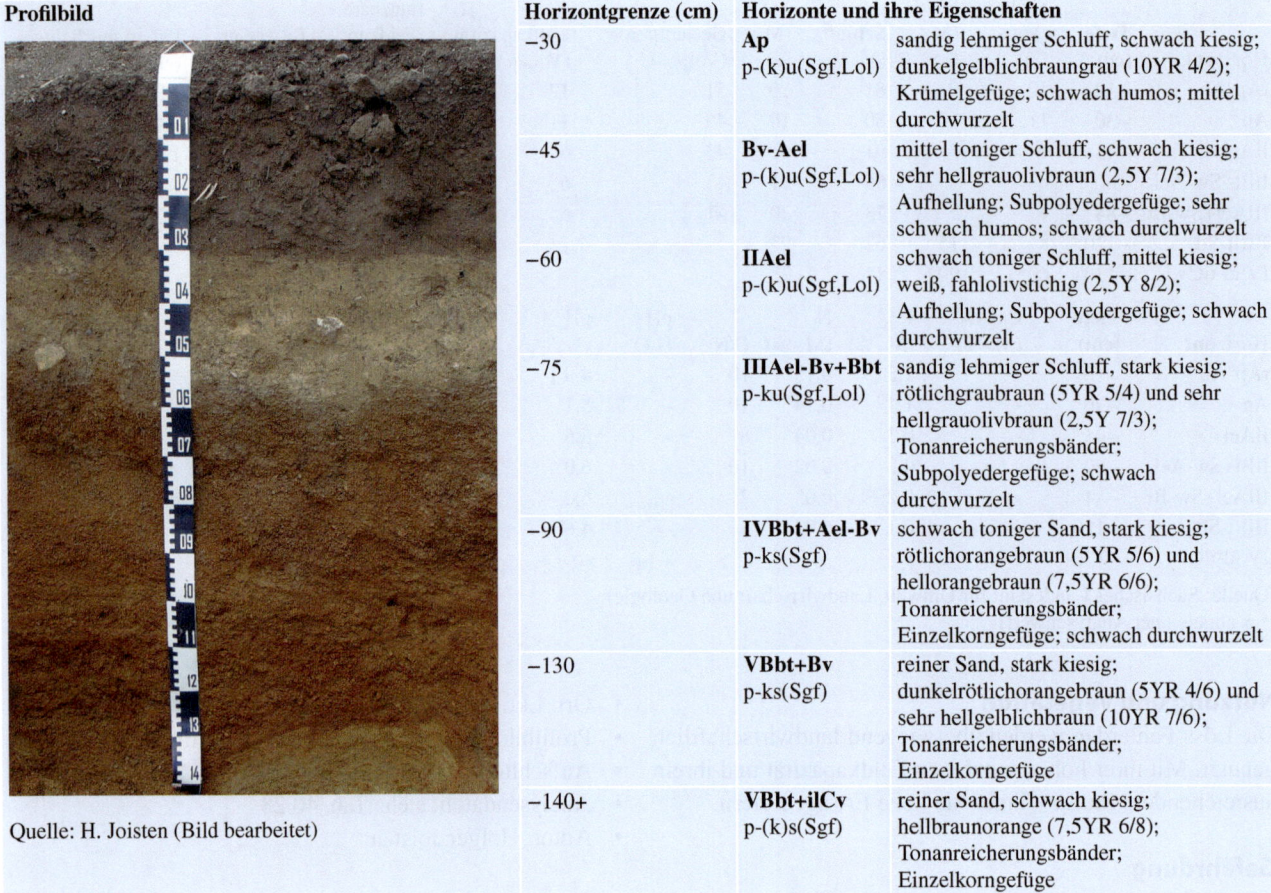	−30	**Ap** p-(k)u(Sgf,Lol)	sandig lehmiger Schluff, schwach kiesig; dunkelgelblichbraungrau (10YR 4/2); Krümelgefüge; schwach humos; mittel durchwurzelt
	−45	**Bv-Ael** p-(k)u(Sgf,Lol)	mittel toniger Schluff, schwach kiesig; sehr hellgrauolivbraun (2,5Y 7/3); Aufhellung; Subpolyedergefüge; sehr schwach humos; schwach durchwurzelt
	−60	**IIAel** p-(k)u(Sgf,Lol)	schwach toniger Schluff, mittel kiesig; weiß, fahlolivstichig (2,5Y 8/2); Aufhellung; Subpolyedergefüge; schwach durchwurzelt
	−75	**IIIAel-Bv+Bbt** p-ku(Sgf,Lol)	sandig lehmiger Schluff, stark kiesig; rötlichgraubraun (5YR 5/4) und sehr hellgrauolivbraun (2,5Y 7/3); Tonanreicherungsbänder; Subpolyedergefüge; schwach durchwurzelt
	−90	**IVBbt+Ael-Bv** p-ks(Sgf)	schwach toniger Sand, stark kiesig; rötlichorangebraun (5YR 5/6) und hellorangebraun (7,5YR 6/6); Tonanreicherungsbänder; Einzelkorngefüge; schwach durchwurzelt
	−130	**VBbt+Bv** p-ks(Sgf)	reiner Sand, stark kiesig; dunkelrötlichorangebraun (5YR 4/6) und sehr hellgelblichbraun (10YR 7/6); Tonanreicherungsbänder; Einzelkorngefüge
	−140+	**VBbt+ilCv** p-(k)s(Sgf)	reiner Sand, schwach kiesig; hellbraunorange (7,5YR 6/8); Tonanreicherungsbänder; Einzelkorngefüge

Quelle: H. Joisten (Bild bearbeitet)

verarmen lässt. Im darunter liegenden Illuvialhorizont Bt werden diese Stoffe wieder angereichert, was zu einer rotbraunen bis intensiv braunen Färbung führt. Der Übergang zum Bt-Horizont ist scharf und/oder verzahnt (Ael+Bt). Die Mindesttongehaltsdifferenz beträgt bei autochthonen Fahlerden (d. h. keine verschiedenen Deckschichten, sondern z. B. eine homogene Lösssedimentation) je nach primären Tongehalten 9 bis 12 Masse-%. Wenn es sich aber (wie im vorliegenden Beispiel) um verschiedene Deckschichten als Ausgangssubstrate der Bodenbildung handelt, die primär unterschiedliche Tongehalte haben, trifft diese Angabe oft nicht zu. Wie das Bild zeigt, sind bei dieser Fahlerde Tonanreicherungsbänder erkennbar. Sie sind aber wegen der schwachen und unregelmäßigen Ausprägung nicht bodentypologisch namensgebend. Fahlerden besitzen ein mittleres Speichervermögen für Wasser und Nährstoffe und haben eine ausreichende Durchlüftung und gute Durchlässigkeit. Allerdings neigt der Bt-Horizont oft zu einer stärkeren Verdichtung, die zu Staunässe führen kann. Hierdurch verschlechtern sich dann die guten Bodeneigenschaften. Im Unterboden ist das Nährstoffangebot höher als im tonverarmten Oberboden. Da die Fahlerde relativ niedrige pH-Werte und Humusgehalte aufweist, ist die Nährstoff- und Pufferkapazität im Oberboden gering. Der Unterboden, speziell der Tonanreicherungshorizont Bt, erfährt durch die Pedogenese hohe Nährstoffvorräte und hat eine relativ große natürliche Kationenaustauschkapazität. Ein enges C/N-Verhältnis im Ah- bzw. Ap-Horizont (hier: 9) weist auf einen schnellen Umsatz der organischen Substanz hin und damit auf eine intensive biologische Aktivität.

Nutzung und Vegetation

Fahlerden trifft man sowohl auf Weide- und Ackerland an wie auch in Waldgebieten. Diese Böden weisen eine hohe Fruchtbarkeit auf. Sie werden durch Winterweizen, Wintergerste, Winterraps und Hackfruchtanbau genutzt. Die natürliche Vegetation sind Buchen-Eichen-Mischwälder. Bei forstwirtschaftlicher Nutzung durch Nadelholz wird die Oberbodenversauerung oft stark begünstigt, was dann zur Podsolierung führen kann. Fahlerdegebiete sind historisch gesehen Altsiedelgebiete. Dies belegen bis zu 4000 Jahre alte archäologische Funde.

Gefährdung

Da die Fahlerde aufgrund ihrer Genese und ihres Substrats (vorwiegend im oberen Profilteil Lösslehme) hohe Schluff-

gehalte aufweist, ist sie unter Ackernutzung und bei geneigtem Relief stark erosionsgefährdet. Diese Erosionsgefährdung wird durch Pflugbewirtschaftung noch verstärkt. Die dichten Pflugsohlenhorizonte hemmen die Durchwurzelung und den Stoffaustausch. Infolge des Tonmangels im Oberboden können keine stabilen Ton-Humus-Komplexe entstehen, die für eine Aggregatstabilität sorgen. Bei historisch alten Wäldern mit natürlicher Vegetation ohne intensive forstwirtschaftliche Nutzung sind Normfahlerden in der ursprünglichen Ausprägung noch weitestgehend gut erhalten ohne Übergangsformen zu anderen Bodentypen. Daher unterliegen Fahlerden einem besonderen Schutz. Die Fahlerde wurde vom Kuratorium ‚Boden des Jahres' zum Boden des Jahres 2006 gekürt.

Abb. 40.22 Parabraunerde über Elster II-Nachschüttbildungen (Quelle: H. Joisten)

Tab. 40.28 Analysendaten Profil 75

Horizont	Tiefe (cm)	Skelett (Vol.-%)	Sand (M.-%)	Schluff (M.-%)	Ton (M.-%)	Gesamtporen (Vol.-%)	Luftkapazität (Vol.-%)	nutzbare Feldkap. (Vol.-%)	Totwasser (Vol.-%)	Lagerungsdichte (g/cm³)
Ap	−30	4	29	59	12	46	17	18	11	1,41
Bv-Ael	−45	2	20	66	14	35	4	21	10	1,70
IIAel	−60	15	15	74	11	39	9	21	9	1,60
IIIAel-Bv+Bbt	−75	25	25	59	16	39	7	24	8	1,60
IVBbt+Ael-Bv	−90	25	89	6	5	36	30	3	3	1,68
VBbt+Bv	−130	25	93	3	4	37	31	4	3	1,66
VBbt+ilCv	−140+	0	0	0	0	0	0	0	0	-

Horizont	Tiefe (cm)	CaCO₃ (M.-%)	C_org (M.-%)	N_t (M.-%)	C/N	pH H₂O	pH CaCl₂	KAK_pot (cmol_c/kg)	BS (%)	K₂O-DL (mg/100 g)	P₂O₅-DL (mg/100 g)
Ap	−30	-	1,1	0,12	9	-	6,3	9	72	9	5
Bv-Ael	−45	-	0,4	0,04	9	-	5,7	7	63	5	<1
IIAel	−60	-	0,2	0,02	12	-	5,9	6	54	3	<1
IIIAel-Bv+Bbt	−75	-	0,2	0,02	9	-	5,9	8	65	6	<1
IVBbt+Ael-Bv	−90	-	0,1	0,00	0	-	6,0	4	53	3	<1
VBbt+Bv	−130	-	0,0	0,00	0	-	4,8	3	47	2	<1
VBbt+ilCv	−140+	-	-	-	0	-	-	-	0	0	-

(Quelle: Sächsisches Landesamt für Umwelt, Landwirtschaft und Geologie)
(* = abgeleiteter Analysenwert)

Profil 76: Subtyp Braunerde-Fahlerde (BB-LF)

- Bodenausgangsgestein: Decksand über Beckenschluff
- Varietät: mittelbasische podsolige (Moder)Braunerde-(Bänder)Fahlerde (m.p.moBB-LFd)
- Typ: Fahlerde
- Klasse: Lessivés
- Substrattyp: p-s(Sp)//p-u(Ub)
- WRB: Eutric Brunic Regosol (Anoarenic, Lamellic, Nechic, Ochric, Endoraptic, Bathysiltic)
- Bodenregion: Altmoränenlandschaften
- Ort: westlich Dommitzsch, Lkr. Nordsachsen, Sachsen
- Humusform: Rohhumusartiger Moder
- Profilbild und Horizontabfolge: siehe Tab. 40.29
- Bodenlandschaftsbild: siehe Abb. 40.23
- Analysendaten: siehe Tab. 40.30
- Autor: Fred Franzke

Vorkommen und Ausgangsgesteine

Verschiedene carbonatfreie und mergelige Lockergesteine unterschiedlicher Genese und Schichtung bilden die Ausgangsgesteine dieses Übergangsbodens (im Beispiel ein periglaziärer Decksand mit äolischen Anteilen über glazilimnischen Sedimenten). Diese Substratabfolge mit entsprechender Bodenentwicklung und typischer Vergesellschaftung ist in den eiszeitlich geprägten Landschaften Mittel- und Norddeutschlands sowie in den Lössgebieten häufig anzutreffen.

Bodenprozesse und -eigenschaften

Bei der Fahlerde ist die vertikale Tonverlagerung und Texturdifferenzierung stärker als bei der Parabraunerde. Der Ael-Horizont ist meist fahlgrau und der Übergang zum Bt-Horizont verzahnt. In diesem Beispiel hat sich der mobilisierte Ton im Unterboden in Form horizontaler Bänder an Substratinhomogenitäten angereichert, was für stark sandige Substrate im Unterboden nicht untypisch ist. Für Fahlerden ist eigentlich gefordert, dass der Bt-Horizont (bei <17 % Ton und <50 % Schluff) mindestens 9 % mehr Ton hat als der Ael. Bei der Mischprobe aus tonreicheren Bändern und tonärmeren Zwischenräumen kann dieses Kriterium jedoch unterschritten sein. Hinzu kommt, dass in diesen von Anfang an sehr tonarmen Deck- und Schmelzwassersanden ohnehin keine großen Tonanreicherungen möglich sind. Im oberen Bereich des Ael-Horizonts ist durch sekundäre Verbraunung im Laufe der Zeit ein Bv-Ael entstanden. Dadurch wurde der Boden zu einer Braunerde-Fahlerde (Varietät Braunerde-Bänderfahlerde).

Tab. 40.29 Profilbild und Horizontabfolge Profil 76

Profilbild	Horizontgrenze (cm)	Horizonte und ihre Eigenschaften	
	+7	L	
	+5	Of	organisch
	+2	Oh	organisch
	−12	Aeh p-s(Sp)	schwach schluffiger Sand, sehr schwach kiesig; sehr dunkelgrau (10YR 3/1) bis dunkelgrau (10YR 4/1); Subpolyeder- und Krümelgefüge; schwach humos; stark durchwurzelt
	−45	Bv-Ael p-s(Sp)	schwach schluffiger Sand, sehr schwach kiesig; hellgelblichbraun (10YR 6/6) und gelblichbraun, sehr hellgraustichig (10YR 7/4); Aufhellung; Subpolyeder- und Einzelkorngefüge; schwach durchwurzelt
	−71	Ael p-s(Sp)	schwach schluffiger Sand, sehr schwach kiesig; fahlolivstichigweiß (2,5Y 8/2); Aufhellung und Tontapeten (geringer Flächenanteil); Subpolyeder- und Einzelkorngefüge; schwach durchwurzelt
	−84	IIAel+Bbt p-s(Sb)	mittel schluffiger Sand, sehr schwach kiesig; gelblichbraun (10YR 5/6) und dunkelbraun (7,5YR 4/4); Tonanreicherungsbänder und Tontapeten (sehr hoher Flächenanteil) und Aufhellung (Flecken, hoher Flächenanteil); Subpolyedergefüge; sehr schwach durchwurzelt
	−130+	IIIBtv-ilCv p-u(Ub)	sandiger Schluff, sehr schwach bis schwach kiesig; gelblichbraun, sehr hellgraustichig (10YR 7/4); Tontapeten (mittlerer Flächenanteil); Subpolyedergefüge; sehr schwach durchwurzelt

Quelle: F. Franzke (Bild bearbeitet)

Abb. 40.23 Landschaftspanorama und Nutzungsstruktur; trockenere Hochlagen sind in der Regel bewaldet (Quelle: Befliegung durch F. Franzke)

Tab. 40.30 Analysendaten Profil 76

Horizont	Tiefe (cm)	Skelett (Vol.-%)	Sand (M.-%)	Schluff (M.-%)	Ton (M.-%)	Gesamtporen (Vol.-%)	Luftkapazität (Vol.-%)	nutzbare Feldkap. (Vol.-%)	Totwasser (Vol.-%)	Lagerungsdichte (g/cm³)
L	+7	-	-	-	-	-	-	-	-	-
Of	+5	-	-	-	-	-	-	-	-	-
Oh	+2	-	-	-	-	-	-	-	-	-
Aeh	−12	0,2	88	10	2	-	-	-	-	-
Bv-Ael	−45	0,8	83	13	4	-	-	-	-	-
Ael	−71	0,8	83	15	2	-	-	-	-	-
IIAel+Bbt	−84	1,9	60	33	7	-	-	-	-	-
IIIBtv-ilCv	−130+	0,2	46	50	4	-	-	-	-	-

Horizont	Tiefe (cm)	CaCO₃ (M.-%)	C_org (M.-%)	N_t (M.-%)	C/N	pH H₂O	pH CaCl₂	KAK_pot (cmol_c/kg)	BS (%)	K₂O-DL (mg/100 g)	P₂O₅-DL (mg/100 g)
L	+7	-	-	-	-	-	-	-	-	-	-
Of	+5	-	-	-	-	-	-	-	-	-	-
Oh	+2	-	-	-	-	-	-	-	-	-	-
Aeh	−12	-	1,18	0,06	20	-	3,4	2,8	-	3	1
Bv-Ael	−45	-	0,23	0,02	12	-	4,2	<1	-	1	<1
Ael	−71	-	0,13	0,01	13	-	4,3	<1	-	1	<1
IIAel+Bbt	−84	-	0,16	0,02	8	-	4,0	<1	-	3	<1
IIIBtv-ilCv	−130+	-	0,11	0,01	11	-	4,1	1,3	-	2	<1

(Quelle: Sächsisches Landesamt für Umwelt, Landwirtschaft und Geologie)
(* = abgeleiteter Analysenwert)

Nutzung und Vegetation

Diese Böden werden sowohl landwirtschaftlich als auch forstwirtschaftlich genutzt.

Gefährdung

Entsprechend der Variabilität der Standorte sind diese Böden in unterschiedlichem Maße erosions-, verdichtungs- und austrocknungsanfällig.

Profil 77: Subtyp Gley-Fahlerde (GG-LF)

- Bodenausgangsgestein: Decksand über Flusssand
- Varietät: basenreiche pseudovergleyte entwässerte (Mull) Gley-Fahlerde (eu.s.mu.rGG-LF)
- Typ: Fahlerde
- Klasse: Lessivés
- Substrattyp: p-s(Sp)/f-s(Sf)
- WRB: Epiabruptic Luvisol (Arenic, Cutanic, Hypereutric, Amphiloamic, Ochric, Amphiraptic, Amphiprotostagnic, Bathyrelictigleyic)

- Bodenregion: Jungmoränenlandschaften
- Ort: Park in Königs Wusterhausen, Lkr. Dahme-Spreewald, Brandenburg
- Profilbild und Horizontabfolge: siehe Tab. 40.31
- Weiteres Profilbild: siehe Abb. 40.24
- Analysendaten: siehe Tab. 40.32
- Autor: Dieter Kühn

Tab. 40.31 Profilbild und Horizontabfolge Profil 77

Profilbild	Horizontgrenze (cm)	Horizonte und ihre Eigenschaften	
Quelle: Landesamt für Bergbau, Geologie und Rohstoffe Brandenburg, A. Bauriegel (Bild bearbeitet)	−5	**Ah** p-(z)s(Sp)	reiner Sand, schwach grusig und sehr schwach steinig (kantig); sehr dunkelgelblichbraungrau (10YR 3/2) und dunkelgelblichbraungrau (10YR 4/2); Subpolyedergefüge; carbonatarm; mittel humos; schwach durchwurzelt
	−15	**Sw-rAp** p-s(Sp)	schwach schluffiger Sand, sehr schwach grusig und sehr schwach steinig (kantig); dunkelgelblichgraubraun (10YR 4/3) und gelblichbraun, graustichig (10YR 5/4); Eisenoxide (bänderartig, mittlerer Flächenanteil) und Manganoxide (konkretionär, sehr geringer Flächenanteil); Subpolyedergefüge; schwach humos; sehr schwach durchwurzelt
	−40	**Sw-Ael** p-s(Sp)	schwach schluffiger Sand, sehr schwach kiesig; gelblichbraun, graustichig (10YR 5/4) und gelblichbraun, sehr hellgraustichig (10YR 7/4); Aufhellung (diffus, stark ausgeprägt, überwiegender Flächenanteil) und Humusanreicherung (Nester, hoher Flächenanteil); Manganoxide (konkretionär, geringer Flächenanteil); Subpolyedergefüge; sehr schwach durchwurzelt
	−73	**IISd-Bt** p-s(Sf)	mittel lehmiger Sand, sehr schwach kiesig; gelbbraun (10YR 5/8) und sehr hellorangebraun (7,5YR 7/6); Aufhellung (Flecken, stark ausgeprägt, mittlerer Flächenanteil) und Tonbeläge (sehr hoher Flächenanteil); Manganoxide (konkretionär, mittlerer Flächenanteil) und Eisenoxide (fleckig, mittlerer Flächenanteil) und Bleichflecken (schwach ausgeprägt, hoher Flächenanteil); Polyedergefüge
	−80	**IIIrGo-Sg** f-s(Sf)	reiner Sand; braunorange (7,5YR 5/8); Eisenoxide (bänderartig, fast ausschließlicher Flächenanteil); Einzelkorngefüge
	−95	**IIIrGo** f-s(Sf)	reiner Sand; hellgelblichbraun (10YR 6/6) und gelblichbraun, sehr hellgraustichig (10YR 7/4); Eisenoxide (fleckig, hoher Flächenanteil, und röhrenartig, mittlerer Flächenanteil); Einzelkorngefüge
	−120+	**IIIrGr** f-s(Sf)	reiner Sand; sehr hellgelblichgraubraun (10YR 7/3); Eisenoxide (fleckig, geringer Flächenanteil) und reduziertes Eisen (fast ausschließlicher Flächenanteil); Einzelkorngefüge

Abb. 40.24 Park in Königs Wusterhausen (Quelle: Landesamt für Bergbau, Geologie und Rohstoffe Brandenburg, A. Bauriegel)

Tab. 40.32 Analysendaten Profil 77

Horizont	Tiefe (cm)	Skelett (Vol.-%)	Sand (M.-%)	Schluff (M.-%)	Ton (M.-%)	Gesamtporen (Vol.-%)	Luftkapazität (Vol.-%)	nutzbare Feldkap. (Vol.-%)	Totwasser (Vol.-%)	Lagerungsdichte (g/cm³)
Ah	−5	0	87	9	4	0	0	0	0	-
Sw-rAp	−15	0	86	11	3	37	17	11	9	1,67
Sw-Ael	−40	0,4	83	15	2	39	23	14	2	1,66
IISd-Bt	−73	0,4	60	32	8	44	16	17	11	1,62
IIIrGo-Sg	−80	0	89	9	2	0	0	0	0	-
IIIrGo	−95	0	99	0	1	37	22	14	1	1,66
IIIrGr	−120+	0	99	0	1	0	0	0	0	-

Horizont	Tiefe (cm)	CaCO₃ (M.-%)	C_org (M.-%)	N_t (M.-%)	C/N	pH H₂O	pH CaCl₂	KAK_pot (cmol_c/kg)	BS (%)	K₂O-DL (mg/100 g)	P₂O₅-DL (mg/100 g)
Ah	−5	1	1,18	0,09	15	7,4	7,2	5,8	100	-	-
Sw-rAp	−15	-	0,80	0,06	14	6,6	6,6	5,2	66	-	-
Sw-Ael	−40	-	0,09	<0,03	-	6,2	6,1	1,4	59	-	-
IISd-Bt	−73	-	0,13	<0,03	-	6,3	6,1	7,0	87	-	-
IIIrGo-Sg	−80	-	0,09	<0,03	-	7,5	7,1	3,2	100	-	-
IIIrGo	−95	-	<0,06	<0,03	-	6,6	6,6	0,6	-	-	-
IIIrGr	−120+	-	<0,06	<0,03	-	6,6	6,4	0,4	100	-	-

(Quelle: Landeslabor BB/Bln, HS f. nachhalt. Entw. Eberswalde, Inst. f. Ökol/TU Berlin)
(* = abgeleiteter Analysenwert)

Vorkommen und Ausgangsgesteine

Diese periglaziär-fluviatilen Sande sind in Urstromtälern zu finden, in denen es stellenweise auch zu feinkörnigeren Ablagerungen bei verminderter Fließgeschwindigkeit kam, die jedoch relativ selten sind. Diese Urstromtalsande weisen über größere Tiefen betrachtet zur Oberfläche hin im All-gemeinen ein feiner werdendes Körnungsspektrum auf. Der oberste Teil des Decksandes ist mit geringen Anteilen von kalkhaltigen Bauschutt durchsetzt. Es ist zu vermuten, dass dies auch durch Zerstörungen in Königs Wusterhausen im 2. Weltkrieg verursacht wurde.

Bodenprozesse und -eigenschaften

Je nach Lage im Urstromtal und zu aktuellen Fließgewässern ist der Grundwassereinfluss heute meist reliktisch und unterhalb von 2 Meter unter Flur vorhanden. Geprägt wird aber das Profilbild von der Tonverlagerung aus dem Decksand in den Unterboden, wobei die vorhandene Schichtung nachgezeichnet wird. Aufgrund der vertikalen Körnungsunterschiede im Bodenprofil kommt es zu einer geringfügigen Staunässe. Nach dem Sd-Bt-Horizont wird das Substrat gröber, wodurch sich zum Liegenden ein Saum mit häufiger Haftnässe bildet (hängende Menisken). Die im Unterboden vorhandene deutliche Zeichnung eines Oxidationshorizontes ist reliktisch, da sich in diesem Teil des Urstromtales holozäne Vorfluter eingeschnitten haben und der Grundwasserstand dadurch und z. T. auch anthropogen abgesenkt wurde.

Nutzung und Vegetation

Urstromtalstandorte wie dieser mit einer ausgeprägten Schichtung sind in Brandenburg selten. Die Nutzung kann bei ausreichendem Grundwasserflurabstand ackerbaulich sein, da die Trockenheitsgefährdung durch den Profilaufbau reduziert ist.

Gefährdung

Unter Beackerung sind Talsandstandorte winderosionsgefährdet. Bei einer wie in diesem Fall bindigeren Schicht im Unterboden kommt eine gewisse Verdichtungsneigung bei unsachgemäßer Bewirtschaftung hinzu.

Profil 78: Subtyp Gley-Fahlerde (GG-LF)

- Bodenausgangsgestein: Lösssand über tiefem Flusssand
- Varietät: basenreiche entwässerte (Acker)Gley-Bänderfahlerde (eu.r.vGG-LFd)
- Typ: Fahlerde
- Klasse: Lessivés
- Substrattyp: p-(k)s(Slo)//f-(k)s(Sf)
- WRB: Lamellic Epiabruptic Luvisol (Aric, Cutanic, Hypereutric, Loamic, Ochric, Amphiraptic, Bathygleyic)
- Bodenregion: Altmoränenlandschaften
- Ort: Großdubrau, Lkr. Bautzen, Sachsen
- Profilbild und Horizontabfolge: siehe Tab. 40.33
- Bodenlandschaftsbild: siehe Abb. 40.25
- Analysendaten: siehe Tab. 40.34
- Autor: Ralf Sinapius

Tab. 40.33 Profilbild und Horizontabfolge Profil 78

Profilbild	Horizontgrenze (cm)	Horizonte und ihre Eigenschaften	
	−35	**Ap** p-(k)s(Slo)	mittel schluffiger Sand, schwach kiesig; dunkelgelblichbraungrau (10YR 4/2); Krümelgefüge; schwach humos; mittel durchwurzelt
	−45	**IIAel+Bt** p-l(Los)	schluffig-lehmiger Sand, sehr schwach kiesig; graubraun (7,5YR 5/3) und sehr hellgelblichbraungrau (10YR 7/2); Aufhellung (diffus, sehr hoher Flächenanteil) und Tonbeläge; Subpolyedergefüge; sehr schwach humos; schwach durchwurzelt
	−65	**IIIrGo°Ael+Bbt** p-s(Sf, Sa)	schwach toniger Sand, sehr schwach kiesig; dunkelbraun (7,5YR 4/4) und sehr hellgelblichbraungrau (10YR 7/2); Aufhellung (diffus und Flecken, hoher Flächenanteil) und Tonanreicherungsbänder (sehr hoher Flächenanteil); Eisenoxide (fleckig, geringer Flächenanteil); Subpolyedergefüge; schwach durchwurzelt
	−95	**IVGo-Bbt+ilCv** p-(k)s(Sa, Sf)	mittel lehmiger Sand, schwach kiesig; fahlgelblichbraun (10YR 8/4); Tonanreicherungsbänder (rötlich-braunorange, 5YR 5/8, sehr hoher Flächenanteil); Eisenoxide (fleckig, mittlerer Flächenanteil); Kittgefüge; schwach durchwurzelt
	−150	**VGo** f-(k)s(Sf)	reiner Sand, schwach kiesig; fahlgelblichbraun (10YR 8/2); Eisenoxide (fleckig, hoher Flächenanteil); Einzelkorngefüge; sehr schwach durchwurzelt
	−200+	**VGr** f-(k)s(Sf)	reiner Sand, schwach kiesig; sehr hellgrünlichgrau (5GY 7/1); reduziertes Eisen (diffus, fast ausschließlicher Flächenanteil); Einzelkorngefüge

Quelle: R. Sinapius (Bild bearbeitet)

Abb. 40.25 Die Lösssand-
Standorte werden in der
nördlichen Oberlausitz
überwiegend ackerbaulich
genutzt. Im Hintergrund ein
Großteich der Heide- und
Teichlandschaft (Quelle:
R. Sinapius)

Tab. 40.34 Analysendaten Profil 78

Horizont	Tiefe (cm)	Skelett (Vol.-%)	Sand (M.-%)	Schluff (M.-%)	Ton (M.-%)	Gesamtporen (Vol.-%)	Luftkapazität (Vol.-%)	nutzbare Feldkap. (Vol.-%)	Totwasser (Vol.-%)	Lagerungsdichte (g/cm^3)
Ap	−35	5	63-	33	4	-	-	-	-	-
IIAel+Bt	−45	1	49-	41	10	-	-	-	-	-
IIIrGo°Ael+Bbt	−65	1	86-	9	5	-	-	-	-	-
IVGo-Bbt+ilCv	−95	3	78-	13	9	-	-	-	-	-
VGo	−150	2	99	1	0	-	-	-	-	-
VGr	−200+	-	-	-	-	-	-	-	-	-

Horizont	Tiefe (cm)	CaCO$_3$ (M.-%)	C$_{org}$ (M.-%)	N$_t$ (M.-%)	C/N	pH H$_2$O	pH CaCl$_2$	KAK$_{pot}$ (cmol$_c$/kg)	BS (%)	K$_2$O-DL (mg/100 g)	P$_2$O$_5$-DL (mg/100 g)
Ap	−35	0,2	0,9	0,09	10	-	5,9	-	-	12	17
IIAel+Bt	−45	-	0,2	0,03	7	-	5,6	-	-	10	3
IIIrGo°Ael+Bbt	−65	-	0,1	0,02	5	-	5,5	-	-	5	2
IVGo-Bbt+ilCv	−95	-	0,1	0,02	5	-	5,7	-	-	8	<1
VGo	−150	-	<0,1	0,01	-	-	5,8	-	-	1	<1
VGr	−200+	-	-	-	-	-	-	-	-	-	-

(Quelle: Sächsisches Landesamt für Umwelt, Landwirtschaft und Geologie)
(* = abgeleiteter Analysenwert)

Vorkommen und Ausgangsgesteine

Die Gley-Fahlerden befinden sich in der Oberlausitz vor dem Nordrand des Lösshügellandes in der beginnenden Tiefland-region. Hier bedecken geringmächtige Sandlösse und Löss-sande die grundwasserleitenden Niederterrassen und Schmelzwassersande. Die periglaziären Äolien sind in unter-schiedlichem Maß lessiviert und vom Grundwasser beein-flusst.

Bodenprozesse und -eigenschaften

Die Heterogenität der äolischen Substrate ist für das Gebiet typisch. Sowohl in horizontaler als auch vertikaler Ver-breitung verzahnen sich in einem Streifen von max. 2–3 km Breite die Sandlösse und Lösssande. Nach Norden gehen die Lösssande in Flugsande über. Im Süden der Sandlösse dagegen setzen Lössderivate im Lösshügelland ein. Mit dem zunehmendem Schluff- und Tongehalt der Äolien ent-wickeln sich typischerweise Parabraunerden und Fahlerden mit Übergängen zu Pseudogley. Im vorliegenden Profil ist die Lessivierung in der periglaziären Deckschichtenfolge von ca. 10 dm Mächtigkeit entwickelt. Solche Mächtig-keiten der Deckschichten sind in der Region eher selten. Im Oberboden besteht das Substrat überwiegend aus Lösssand. Der IIAl+Bt-Horizont zeigt bereits schwache Tonbeläge. Unter diesem Horizont folgt ein typischer Verzahnungs-horizont mit Tonauswaschung und Tonanreicherung sowie mit reliktischen diffusen Rostflecken eines kapillaren Grundwasseraufstieges (IIIrGo°Al+Bt). Dieser Horizont hat sich unter der äolischen Deckschicht in einem peri-glaziärem Sand aus Flugsand und Flusssand entwickelt. Die Tonakkumulation reicht bis etwa 10 dm (IVGo-Bbt). Das Liegende des Profils bildet periglaziär-fluviatiler Sand im oberen Grundwasserschwankungsbereich (VGo). Die Zu-nahme des Tongehaltes durch die Lessivierung ist innerhalb der Schichten Sandlöss und Flugsand/Flusssand gegeben. Flugsand und Flusssand besitzten primär deutlich weniger Ton als der Sandlöss, daher der relativ hohe Tongehalt des Al-Horizontes. Die Lessivierung ist wahrscheinlich re-liktisch und bereits vor dem Grundwasseranstieg ab dem Atlantikum entstanden.

Nutzung und Vegetation

Die Böden mit Sandlöss- oder Lösssand-Bedeckung zählen zu den höherwertigen Böden der Region. Daher werden sie überwiegend ackerbaulich genutzt. Die typischen Feld-früchte sind Mais, Raps, Gerste, Weizen und Kartoffeln.

Gefährdung

Die Gley-Fahlerden sind sensibel für Verdichtung sowie Wind- und Wassererosion. Häufig stellen sie ein periglaziäres Landschaftsarchiv dar. Auf Grund von Bodenerosion sind sie in vollständiger Ausbildung selten anzutreffen.

Klasse P: Podsole

41

Karl Stahr, Peter Schad, Luise Giani, Dieter Kühn,
Ralf Sinapius, Falk Hieke, Othmar Nestroy, Peter Lüscher,
Alexander Gröngröft, Fred Franzke, Ernst Gehrt,
Karl-Josef Sabel, Wolfgang Fleck und Gerhard Milbert

Inhaltsverzeichnis

K. Stahr (✉)
ehemals Universität Hohenheim, Hohenheim, Deutschland

P. Schad
Technische Universität München, TUM School of Life Sciences,
Lehrstuhl für Bodenkunde, Freising-Weihenstephan, Deutschland

L. Giani
ehemals Institut für Biologie und Umweltwissenschaften,
Universität Oldenburg, Oldenburg, Deutschland

D. Kühn
ehemals Landesamt für Bergbau, Geologie und Rohstoffe
Brandenburg, Cottbus, Deutschland

R. Sinapius
Büro für Bodenkunde, Voigtsdorf, Deutschland

F. Hieke
Büro für Bodenwissenschaften, Freiberg, Deutschland

O. Nestroy
ehemals Technische Universität Graz, Graz, Österreich

P. Lüscher
ehemals Eidgenössische Forschungsanstalt für Wald, Schnee und
Landschaft, Birmensdorf, Schweiz

A. Gröngröft
ehemals Universität Hamburg, Hamburg, Deutschland

F. Franzke
terraf Ingenieurbüro, Frauenstein, Deutschland

E. Gehrt
ehemals Landesamt für Bergbau, Energie und Geologie,
Hannover, Deutschland

K.-J. Sabel
ehemals Hessisches Landesamt für Naturschutz, Umwelt und
Geologie, Wiesbaden, Deutschland

W. Fleck
Landesamt für Geologie, Rohstoffe und Bergbau,
Freiburg, Deutschland

G. Milbert
ehemals Geologischer Dienst Nordrhein-Westfalen,
Krefeld, Deutschland

© Springer-Verlag GmbH Deutschland, ein Teil von Springer Nature 2023
H. Joisten et al. (Hrsg.), *Böden Deutschlands, Österreichs und der Schweiz*, https://doi.org/10.1007/978-3-8274-2284-2_41

41.1   Allgemeine Charakteristika

Podsole (abgeleitet von russisch „pod" = „unter" und „zola" = „Asche") sind bereits seit der Zeit von V. V. Dokuchaev (1846–1903), der als Begründer der Pedologie gilt, weltweit bekannt als Böden, die im oberen Teil einen hellen, an Humus und Eisen verarmten (sauergebleichten) Horizont mit ascheartigem Erscheinungsbild aufweisen, unter dem deutlich gefärbte Anreicherungshorizonte folgen. Der Prozess der Podsolierung kann vereinfacht als eine Verlagerung von Eisen- und Aluminium-Ionen in Verbindung mit wasserlöslichen, organischen Molekülen bezeichnet werden. Dies geschieht in Böden mit vergleichsweise geringer Aktivität der Bodenorganismen. Auf diesen Böden wird die anfallende Streu aufgrund eines sauren Milieus, schwerer Abbaubarkeit der Streu und Nährstoffarmut sehr langsam und nur teilweise zersetzt. Dadurch sammeln sich organische Auflagen an, in denen als Abbau- und Umwandlungsprodukte der unvollständigen Zersetzung wasserlösliche organischen Substanzen entstehen, die in der Lage sind, Eisen und Aluminium unter oxidativen Bedingungen und bei pH-Werten oberhalb von 3 zu binden und in Form metall-organischer Komplexe abwärts zu transportieren.

Morphologisch werden Podsole entsprechend der Ausprägung ihrer Anreicherungshorizonte als Eisenhumuspodsole bezeichnet, wenn ein Horizont mit Anreicherung von Humus bzw. von Humus und Eisen übereinanderliegen, was als der Normalfall (Normpodsol) angesehen werden kann. Daneben gibt es Eisenpodsole, bei denen die Humusanreicherung geringer ausgeprägt bzw. nicht sichtbar ist und Humuspodsole, die in sehr eisenarmen Ausgangsmaterialien (z. B. in Talsanden) vorkommen. Der beginnende Prozess der Podsolierung wird meist zuerst sichtbar durch die Aufhellung im Verarmungshorizont (Podsoligkeit). Erst später zeigen sich die Anreicherungshorizonte deutlicher.

Podsole sind meistens keine sehr mächtigen Böden. Die Verarmungshorizonte sind oft nur 1 bis 3 dm mächtig; die Anreicherungshorizonte weisen meist ähnliche Mächtigkeiten auf. Mächtigere Podsole sind in Mittel- und Nordeuropa sehr selten, kommen aber in den Tropen vor.

Umweltbedingungen, die die Podsolierung begünstigen, sind humide bis perhumide Klimabedingungen und eine Vegetation, die schwer abbaubare Streu liefert (z. B. Nadelwald, Heidekraut). Starke Podsolierungen finden wir in fein- bzw. grobsandigen Substraten, so z. B. in feinsandigen Flugsanden. Die pH-Werte im Oberboden liegen generell unter pH 4. Niedrige Eisen- und Tongehalte fördern die Podsolierung ebenfalls. Zeitweise niedrige Redoxpotenziale begünstigen die Mobilisierung des Eisens, sind aber nicht Bedingung für die Podsolierung. Podsole können sehr junge Böden sein, auch wenn sie als Endglied der Bodenentwicklung (Kieselserie) angesehen werden.

Sind die Umweltbedingungen für die Podsolierung sehr günstig, treten primäre Podsole auf, die sich insbesondere dann bilden können, wenn die Lebensbedingungen im Boden für eine Durchmischung von organischer und mineralischer Bodensubstanz durch Bodenorganismen (Bioturbation) nicht ausreichen. Podsole können aber auch sekundär entstehen, meist aus Braunerdestadien. Sie können darüber hinaus auch in den Tonverarmungshorizonten von Parabraunerden und in den nassgebleichten Bereichen ehemaliger Pseudogleye gebildet werden. Häufig wurde die Bildung von Podsolen durch menschliche Einflüsse, z. B. Verheidung, verursacht. Das Auftreten von Paläo-Podsolen in glazialen Abfolgen zeigt aber, dass sie auch natürlich gebildet werden können.

Typische Böden dieser Klasse zeigen Abb. 41.1, 41.2, 41.3 und 41.4.

Abb. 41.1 Eisenhumuspodsol
Klosterreichenbach, an einem
Hang auf mittlerem
Buntsandstein im
Nordschwarzwald (Quelle:
K.Stahr)

Abb. 41.2 Eisenhumuspodsol
im norddeutschen
Altmoränengebiet aus
Flugsand über
saaleeiszeitlichen Sanden,
Schleswig-Holstein (Quelle:
H. Joisten)

Abb. 41.3 Normpodsol aus Geschiebedecksand über saaleeiszeitlich gestauchten Sanden, Aufschluss Boxberg, Naturpark Aukrug, Schleswig-Holstein (Quelle: B. Burbaum)

Abb. 41.4 Gestapelter Eisenhumuspodsol aus Dünensand mit Überwehung durch junge Flugsande, Aufschluss bei Riesbriek, Landkreis Schleswig-Flensburg (Quelle: M. Filipinski)

41.2 Verbreitungsgebiete

In Mitteleuropa treten Podsole vor allem in drei Regionen auf: Tiefland-Podsole (klimaphytomorph) sind hauptsächlich in den glazial und periglazial geprägten Landschaften Norddeutschlands zu finden, besonders dort wo die Altmoränenlandschaften von sandigen Schmelzwasserablagerungen und äolischen Sedimenten bedeckt sind. Mittelgebirgs-Podsole sind an bestimmte Ausgangsgesteine gebunden, wie z. B. die Gneise und Granite der Böhmischen Masse (Böhmer Wald, Oberpfälzer Wald, Bayerischer Wald, etc.), den mittleren Buntsandstein im Nordschwarzwald oder Quarzite des Rheinischen Schiefergebirges (lithomorph). Schließlich gibt es alpine Podsole (klimatomorph), die auf silikatischem Gestein im Bereich der oberen Waldgrenze ausgebildet sein können. Die regionale Verbreitung der Klasse der Podsole zeigt die Karte der Abb. 41.5.

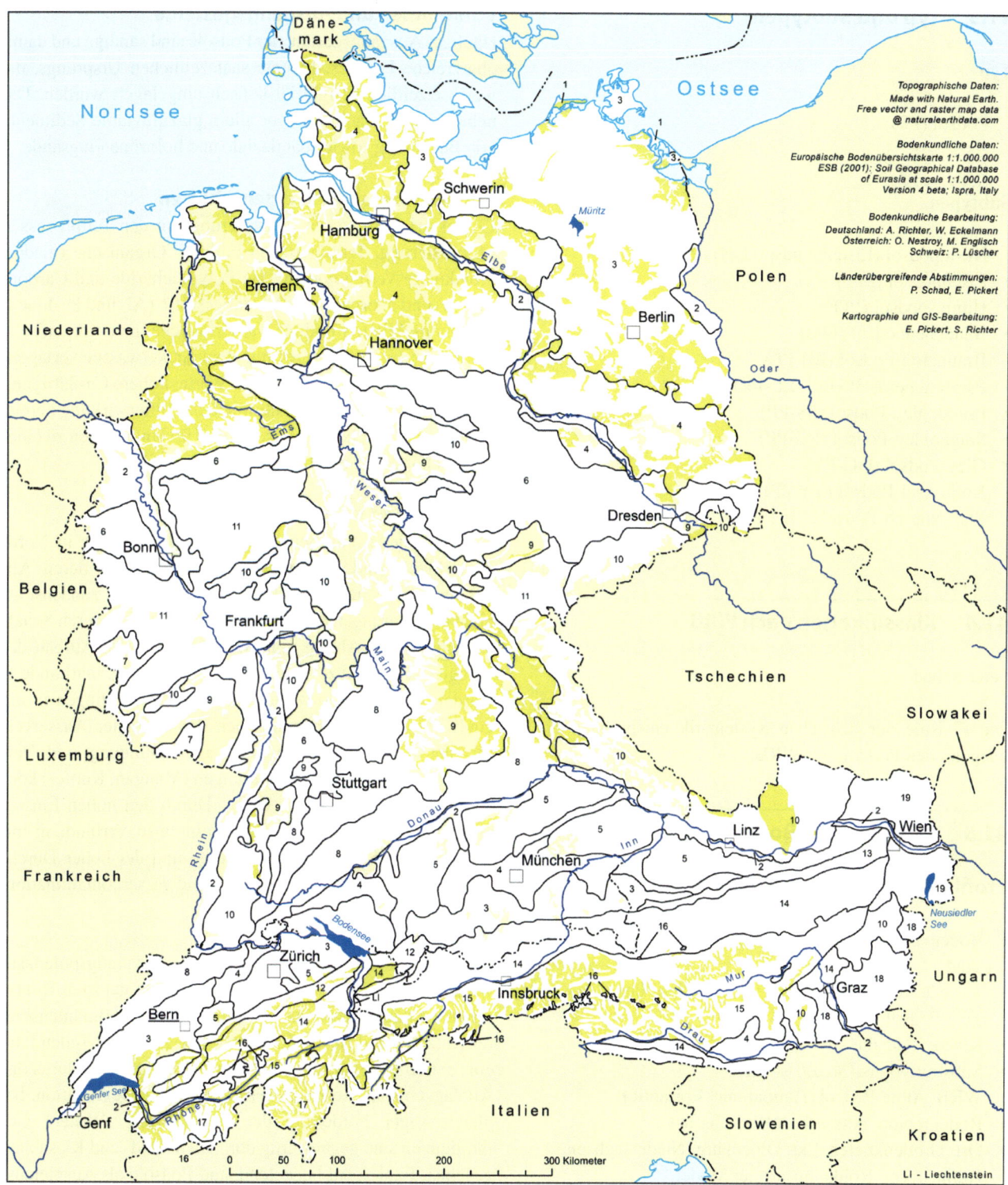

Regionale Verbreitung der Klasse der Podsole

verbreitet bis vorherrschend   (≥ 30% Flächenanteil, Podsole treten als Leitboden auf)

gering verbreitet (< 30% Flächenanteil, Podsole treten als Begleitboden auf)

Bodenregion

Abb. 41.5 Regionale Verbreitung der Klasse der Podsole

41.3 Typ und Subtypen

Typ

- Podsol (PP)

Subtypen

- Normpodsol (Eisenhumuspodsol) (PPn)
- Eisenpodsol (PPe)
- Humuspodsol (PPh)
- Bändchenpodsol (PPd)
- Braunerde-Podsol (BB-PP)
- Parabraunerde-Podsol (LL-PP)
- Pseudogley-Podsol (SS-PP)
- Stagnogley-Podsol (SG-PP)
- Gley-Podsol (GG-PP)
- Kolluvisol-Podsol (YY-PP)
- Plaggenesch-Podsol (YE-PP)

41.4 Klassifikation nach WRB

Peter Schad

Die Podsole der deutschen Systematik entsprechen überwiegend den Podzols der WRB.

41.5 Ausgewählte Bodenprofile

Profil 79: Subtyp Normpodsol (PPn)

- Bodenausgangsgestein: Dünensand über Schmelzwassersand
- Varietät: rötlicher (Moder)Podsol (rt.moPPn)
- Typ: Podsol
- Klasse: Podsole
- Substrattyp: a-s(Sa,d)/f-s(Sgf)
- WRB: Albic Podzol (Pantoarenic, Epiraptic)
- Bodenregion: Altmoränenlandschaften
- Ort: Großenkneten, Lkr. Oldenburg, Niedersachsen
- Humusform: Rohhumusartiger Moder
- Profilbild und Horizontabfolge: siehe Tab. 41.1
- Bodenlandschaftsbild: siehe Abb. 41.6
- Analysendaten: siehe Tab. 41.2
- Autor: Luise Giani, Herbert Sponagel †

Vorkommen und Ausgangsgesteine

Häufiges Ausgangsgestein der Podsole sind sandige und damit quarzreiche Lockersedimente saalezeitlichen Ursprungs, die weichselzeitlich periglaziär-äolisch umgelagert wurden. Daneben sind fluviatile und vor allem glazifluviatile Sedimente von Bedeutung sowie spätglaziale und holozäne Flugsande.

Bodenprozesse und -eigenschaften

Charakteristisch ist die Podsolierung mit den Teilprozessen Mobilisierung, Transport und Fällung. Organische (niedermolekulare Verbindungen, wie Polysaccharide und Carbonsäuren) und anorganische Ausgangsstoffe (Al- und Fe-Ionen) werden mobilisiert und als wasserlösliche, metallorganische Komplexe (z. B. Chelate) mit dem Sickerwasser verlagert. Hervorgerufen durch höhere pH-Werte, höhere Ca-Sättigung und höhere Redoxpotenziale sowie die Filterwirkung bereits gefällter Al- und Fe-Oxide kommt es im Unterboden zu einer Ausflockung der metallorganischen Komplexe.

Nutzung und Vegetation

Die potenzielle natürliche Vegetation der Podsole in Norddeutschland sind Eichen-Buchenwälder. Nach deren Abholzung stellte sich sekundär die Heide ein, die zunächst als nicht kultivierungsfähig angesehen und extensiv durch Schafbeweidung und Abtrag von Heideplaggen zum Aufbau der Plaggenesche genutzt wurde. Mit Beginn des 19. Jahrhunderts wurden Podsolstandorte aufgeforstet, und sie gingen in die landwirtschaftliche Nutzung über. Bei optimaler Wasserversorgung durch Bewässerung, starker Düngung und Verhinderung von Mangelerscheinungen (Mangan, Kupfer) können hohe Erträge erzielt werden. Durch den hohen Einsatz von Düngern und Pflanzenschutzmitteln in Verbindung mit den geringen Sorptionseigenschaften und der hoher Durchlässigkeit besteht die Gefahr der Grundwasserkontamination.

Gefährdung

Podsole besitzen ein hohes Nitratauswaschungspotenzial, woraus geschlossen werden kann, dass alle gelösten Kontaminenten leicht ausgewaschen werden können. Bei intensiverer Nutzung sind sie erosionsgefährdet. In weiten Teilen fand eine extreme Zerstörung durch das Tiefpflügen und durch das Abplaggen statt. Letzteres verursachte eine Degradation, bei gleichzeitiger Förderung der Podsolierung. Weitere Gefährdungen sind gegenwärtig durch den Sand- und Kiesabbau gegeben. Funktional bedeutend sind Podsole als Ausgleichskörper im Landschaftswasserhaushalt. Der Bestand nicht genutzter, nährstoffarmer Podsole ist gering. Sie besitzen aufgrund ihrer naturhistorischen Archivfunktion einen hohen Schutzstatus. Ihre Gefährdung ist nicht zu unterschätzen.

Tab. 41.1 Profilbild und Horizontabfolge Profil 79

Profilbild	Horizontgrenze (cm)	Horizonte und ihre Eigenschaften	
	+8	**L**	
	+5	**Of**	
	+2	**Oh**	
	−10	**Ahe** a-s(Sa,d)	reiner Sand; sehr dunkelgrau (10YR 3/1); gebleichte Sandkörner (hoher Flächenanteil); Einzelkorngefüge; stark humos; mittel durchwurzelt
	−28	**Ae** a-s(Sa,d)	reiner Sand; hellgrau (10YR 6/1); gebleichte Sandkörner (vorherrschender Flächenanteil); Einzelkorngefüge; sehr schwach humos; sehr schwach durchwurzelt
	−34	**Bh** a-s(Sa,d)	reiner Sand; braunschwarz (10YR 2/2); Humusanreicherung, Orterde (schwach zementiert, fast ausschließlicher Flächenanteil); Kittgefüge; stark humos; mittel durchwurzelt
	−40	**IIBsh** p-s(Sgf)	reiner Sand; dunkelrötlichgraubraun (5YR 4/4); Eisenoxid- und Humusanreicherung, Orterde (schwach zementiert, fast ausschließlicher Flächenanteil); Kittgefüge; mittel humos; schwach durchwurzelt
	−50	**IIBhs** p-s(Sgf)	reiner Sand; braun (7,5YR 5/4); Eisenoxid- und Humusanreicherung, Orterde (schwach zementiert, fast ausschließlicher Flächenanteil); Kittgefüge; schwach humos; sehr schwach durchwurzelt
Quelle: H.Sponagel † (Bild bearbeitet)	−90	**IIBbh+Bs** f-s(Sgf)	reiner Sand; gelblichbraun (10YR 5/6); Humusanreicherungsbänder; Einzelkorngefüge; sehr schwach humos
	−200+	**IIilCv** f-s(Sgf)	reiner Sand; fahlgelblicholiv (2,5Y 8/4); Einzelkorngefüge

Abb. 41.6 Heidelandschaft im Naturschutzgebiet Boschbeektal (Niederkrüchten/Niederrhein) (Quelle: L. Giani)

Tab. 41.2 Analysendaten Profil 79

Horizont	Tiefe (cm)	Skelett (Vol.-%)	Sand (M.-%)	Schluff (M.-%)	Ton (M.-%)	Gesamtporen (Vol.-%)	Luftkapazität (Vol.-%)	nutzbare Feldkap. (Vol.-%)	Totwasser (Vol.-%)	Lagerungsdichte (g/cm³)
L	+8	0	-	-	-	-	-	-	-	-
Of	+5	0	-	-	-	-	-	-	-	-
Oh	+2	0	-	-	-	-	-	-	-	-
Ahe	−10	0	92	4	4	-	-	-	-	-
Ae	−28	0	97	3	-	-	-	-	-	-
Bh	−34	0	92	5	3	-	-	-	-	-
IIBsh	−40	0	95	2	3	-	-	-	-	-
IIBhs	−50	0	97	2	1	-	-	-	-	-
IIBbh+Bs	−90	0	98	-	-	-	-	-	-	-
IIilCv	−200+	-	93	-	-	-	-	-	-	-

Horizont	Tiefe (cm)	CaCO₃ (M.-%)	C_org (M.-%)	N_t (M.-%)	C/N	pH H₂O	pH CaCl₂	KAK_pot (cmol_c/kg)	BS (%)	K₂O-DL (mg/100 g)	P₂O₅-DL (mg/100 g)
L	+8	-	-	-	-	-	-	-	-	-	-
Of	+5	-	-	-	-	-	-	-	-	-	-
Oh	+2	-	-	-	-	-	-	-	-	-	-
Ahe	−10	-	5,6	0,13	43	3,3	3,0	25,8	1	8	10
Ae	−28	-	0,5	<0,01	-	3,6	3,4	3,0	2	4	6
Bh	−34	-	4,8	0,11	44	3,3	3,1	37,4	0	5	7
IIBsh	−40	-	1,8	0,02	-	3,9	3,7	21,7	1	4	18
IIBhs	−50	-	1,1	<0,01	-	4,4	4,2	11,0	1	4	7
IIBbh+Bs	−90	-	0,2	<0,01	-	4,7	4,5	2,6	4	2	5
IIilCv	−200+	-	0,1	<0,01	-	4,7	4,5	1,8	6	4	5

Horizont	Tiefe (cm)	Fe_p (g/kg)	Al_p (g/kg)	C_p (g/kg)
L	+8	-	-	-
Of	+5	-	-	-
Oh	+2	-	-	-
Ahe	−10	0,56	1,05	20,6
Ae	−28	0,07	0,20	3,3
Bh	−34	0,33	4,04	32,6
IIBsh	−40	1,27	4,12	16,5
IIBhs	−50	1,20	3,29	8,0
IIBbh+Bs	−90	0,78	2,03	2,8
IIilCv	−200+	0,64	1,66	1,2

(Quelle: Arbeitsgruppe Bodenkunde, Universität Oldenburg, K₂O u. P₂O₅ (Bodenwissenschaften, Universität Halle))

(* = abgeleiteter Analysenwert)

Profil 80: Subtyp Normpodsol (PPn)

- Bodenausgangsgestein: Flugsand
- Varietät: rötlicher (Mull)Podsol (rt.muPPn)
- Typ: Podsol
- Klasse: Podsole
- Substrattyp: a-s(Sa)
- WRB: Albic Podzol (Epigeoabruptic, Pantoarenic)
- Bodenregion: Jungmoränenlandschaften
- Ort: südöstlich Heinerbrück, Lks. Spree-Neiße, Brandenburg
- Profilbild und Horizontabfolge: siehe Tab. 41.3
- Aufschlussbild: siehe Abb. 41.7
- Analysendaten: siehe Tab. 41.4
- Autor: Albrecht Bauriegel, Dieter Kühn

Vorkommen und Ausgangsgesteine

Diese Dünenstandorte kommen im Baruther Urstromtal südlich der weichselkaltzeitlichen Maximaleisausdehnung über periglaziär-fluviatilen Sanden des älteren Jungmoränengebietes vor. Die Dünen bildeten sich am Ende des Spätpleistozäns und im frühen Holozän, als noch keine geschlossene Vegetationsdecke vorhanden war.

Bodenprozesse und -eigenschaften

Vorherrschend ist die Podsolierung in den sauren Sanden. Die geringmächtige bis fehlende typische Überdeckung des Podsols mit Auflagehorizonten ist einerseits auf eine ehemalige Nutzung als Truppenübungsplatz sowie auf eine Beräumung im unmittelbaren Vorfeld des von Süden vor-

Tab. 41.3 Profilbild und Horizontabfolge Profil 80

Profilbild	Horizontgrenze (cm)	Horizonte und ihre Eigenschaften	
	−10	**Ah** oj-s(Sa)	reiner Sand; sehr dunkelgrau (10YR 3/1); Einzelkorngefüge; sehr stark humos; stark durchwurzelt
	−30	**IIAhe** a-s(Sa)	reiner Sand; dunkelgrau (10YR 4/1) und grau (10YR 5/1); gebleichte Sandkörner; Einzelkorngefüge; mittel humos; mittel durchwurzelt
	−45	**IIAe** a-s(Sa)	reiner Sand; sehr hellgrau (10YR 7/1) und gelblichbraun (10YR 5/6); gebleichte Sandkörner; Einzelkorngefüge; sehr schwach humos; sehr schwach durchwurzelt
	−75	**IIBhs** a-s(Sa)	mittel lehmiger Sand; dunkelrötlichorangebraun (5YR 4/6) und rötlichbraunorange (5YR 5/8); Eisenoxid- und Humusanreicherung; Subpolyeder- und Einzelkorngefüge; schwach humos; sehr schwach durchwurzelt
	−100	**IIBs-ilCv** a-s(Sa)	reiner Sand; gelblichbraun, hellgraustichig (10YR 6/4); Eisenoxidanreicherung; Einzelkorngefüge
	−140+	**IIilCv** a-s(Sa)	reiner Sand; sehr hellgelblichgraubraun (10YR 7/3); Einzelkorngefüge

Quelle: Landesamt für Bergbau, Geologie und Rohstoffe Brandenburg, A. Bauriegel (Bild bearbeitet)

Abb. 41.7 Archäologische Grabungen auf Dünen im Bergbauvorfeld (Quelle: Landesamt für Bergbau, Geologie und Rohstoffe Brandenburg, D. Kühn)

Tab. 41.4 Analysendaten Profil 80

Horizont	Tiefe (cm)	Skelett (Vol.-%)	Sand (M.-%)	Schluff (M.-%)	Ton (M.-%)	Gesamtporen (Vol.-%)	Luftkapazität (Vol.-%)	nutzbare Feldkap. (Vol.-%)	Totwasser (Vol.-%)	Lagerungsdichte (g/cm³)
Ah	−10	0	95	2	3	0	0	0	0	-
IIAhe	−30	0	82	10	8	0	0	0	0	-
IIAe	−45	0	98	2	0	0	0	0	0	-
IIBhs	−75	0	95	2	3	48	31	14	4	1,35
IIBs-ilCv	−100	0	100	0	0	43	32	8	3	1,48
IIilCv	−140+	0	100	0	0	37	33	3	1	1,67

Horizont	Tiefe (cm)	CaCO$_3$ (M.-%)	C$_{org}$ (M.-%)	N$_t$ (M.-%)	C/N	pH H$_2$O	pH CaCl$_2$	KAK$_{pot}$ (cmol$_c$/kg)	BS (%)	K$_2$O-DL (mg/100 g)	P$_2$O$_5$-DL (mg/100 g)
Ah	−10	-	5,56	0,21	28	3,7	3,1	-	-	-	-
IIAhe	−30	-	1,23	0,04	29	3,9	3,2				
IIAe	−45	-	0,10	<0,02	-	4,0	3,7				
IIBhs	−75	-	0,97	0,04	24	4,4	4,0				
IIBs-ilCv	−100	-	0,29	<0,02	-	4,7	4,4				
IIilCv	−140+	-	0,12	<0,02	-	4,8	4,6				

Horizont	Tiefe (cm)	KAK$_{eff}$ (cmol$_c$/kg)	BS$_{eff}$ (%)
Ah	−10		
IIAhe	−30		
IIAe	−45	0,8	12
IIBhs	−75	1,4	9
IIBs-ilCv	−100	0,5	17
IIilCv	−140+	0,3	4

(Quelle: Landeslabor BB/Bln, HS f. nachhalt. Entw. Eberswalde, Inst. f. Ökol/TU Berlin)

(* = abgeleiteter Analysenwert)

rückenden Braunkohlentagebaus vor der Profilaufnahme zurückzuführen. Das Profil existiert heute nicht mehr.

Nutzung und Vegetation

Die forstliche Nutzung mit Kiefern überwiegt auf diesen Standorten. In diesem Fall waren aber Pioniergesellschaften nach der Devastierung durch den ehemaligen Truppenübungsplatz zu finden. Das Profil ist inzwischen dem Tagebau Jänschwalde gewichen.

Gefährdung

Auf der ehemaligen Brache herrschte Winderosion vor, ansonsten schreitet unter Wald die Podsolbildung weiter voran, insbesondere unter Kiefernbeständen.

Profil 81: Subtyp Normpodsol (PPn)

- Bodenausgangsgestein: Fließerde aus Lösslehm und Sandstein über verwittertem Sandstein
- Varietät: rötlicher (Moder)Podsol (rt.moPPn)
- Typ: Podsol
- Klasse: Podsole
- Substrattyp: p-(z)s(Lol,^s)/c-s(^s)
- WRB: Albic Podzol (Pantoarenic, Endoeutric, Amphiraptic)

- Bodenregion: Berg- und Hügelländer mit hohem Anteil an nicht metamorphen Sand-, Schluff-, Ton- und Mergelgesteinen
- Ort: Kurort Jonsdorf, Lkr. Görlitz, Sachsen
- Humusform: Rohhumusartiger Moder
- Profilbild und Horizontabfolge: siehe Tab. 41.5
- Bodenprobenbild: siehe Abb. 41.8
- Analysendaten: siehe Tab. 41.6
- Autor: Ralf Sinapius

Vorkommen und Ausgangsgesteine

Podsolierte Böden sind auf den Sandsteinen des Zittauer Gebirge und des Elbsandsteingebirge typisch. Ihr Auftreten wird von folgenden Faktoren beeinflusst: von der petrographischen Fazies des Sandsteins, von der zunehmenden Höhenlage, von der zunehmenden Entfernung vom nördlich gelegenen Lösshügelland sowie von einer westlich orientierten Relief-Exposition. Das Profil besteht aus einer Fließerde über der Verwitterungszone von Quarzsandstein der Oberkreide (Turon).

Bodenprozesse und -eigenschaften

Das Substrat besitzt im oberen Teil des Profils erhöhte Schluffgehalte, die auf geringe Lössanwehung und Einmischung während des Periglazials zurückzuführen sind.

Tab. 41.5 Profilbild und Horizontabfolge Profil 81

Profilbild	Horizontgrenze (cm)	Horizonte und ihre Eigenschaften	
	+10	**L**	
	+8	**Of**	; mittel durchwurzelt
	+4	**Oh**	; sehr stark durchwurzelt
	−5	**Aeh** p-(z)s(Lol,^s)	reiner Sand, mittel grusig; bräunlichgrau (7,5YR 5/1); gebleichte Sandkörner; Einzelkorngefüge; mittel humos; stark durchwurzelt
	−15	**Ahe** p-(z)s(Lol,^s)	reiner Sand, mittel grusig; hellbraungrau (7,5YR 6/2); gebleichte Sandkörner, Humusflecken; Einzelkorngefüge; sehr schwach humos; mittel durchwurzelt
	−35	**Ae** p-(z)s(Lol,^s)	reiner Sand, mittel grusig; beigelichweiß (7,5YR 8/1); extrem stark gebleicht; Einzelkorngefüge; sehr schwach humos; schwach durchwurzelt
	−45	**Bsh** p-(z)s(Lol,^s)	reiner Sand, mittel grusig; graubraun (7,5YR 5/3); Eisenoxid- und Humusanreicherung, sehr schwach zementiert; Subpolyedergefüge; sehr schwach humos; schwach durchwurzelt
	−60	**IIBs** p-(z)s(^s)	reiner Sand, schwach grusig; hellrötlichbraunorange (5YR 6/8); Oxidanreicherung, schwach zementiert; Kittgefüge; sehr schwach humos
	−150+	**IIIimCv** c-s(^s)	reiner Sand; sehr hellbräunlichgelb (10YR 7/8); Schichtgefüge; sehr schwach humos

Quelle: R. Sinapius (Bild bearbeitet)

Abb. 41.8 Die Bodenhorizonte des Profils in Probetüten (Quelle: R. Sinapius)

Tab. 41.6 Analysendaten Profil 81

Horizont	Tiefe (cm)	Skelett (Vol.-%)	Sand (M.-%)	Schluff (M.-%)	Ton (M.-%)	Gesamtporen (Vol.-%)	Luftkapazität (Vol.-%)	nutzbare Feldkap. (Vol.-%)	Totwasser (Vol.-%)	Lagerungsdichte (g/cm^3)
L	+10	-	-	-	-	-	-	-	-	-
Of	+8	-	-	-	-	-	-	-	-	-
Oh	+4	-	-	-	-	-	-	-	-	-
Aeh	−5	13*	89	9	2	50	30	19	11	1,29
Ahe	−15	15*	92	7	1	46	12	7	4	1,44
Ae	−35	14*	92	6	2	45	8	7	1	1,48
Bsh	−45	12*	93	4	3	44	9	7	2	1,51
IIBs	−60	2*	96	2	2	44	10	7	3	1,50
IIIimCv	−150+	0*	95	4	1	-	-	-	-	-

Horizont	Tiefe (cm)	CaCO$_3$ (M.-%)	C$_{org}$ (M.-%)	N$_t$ (M.-%)	C/N	pH H$_2$O	pH CaCl$_2$	KAK$_{pot}$ (cmol$_c$/kg)	BS (%)	K$_2$O-DL (mg/100 g)	P$_2$O$_5$-DL (mg/100 g)
L	+10	-	-	-	-	-	-	-	-	-	-
Of	+8	-	-	-	-	-	-	-	-	-	-
Oh	+4	-	-	-	-	-	-	-	-	44	21
Aeh	−5	-	1,4	0,07	21	-	3,4	6	-	<1	<1
Ahe	−15	-	0,34	0,02	17	-	3,6	2	-	<1	<1
Ae	−35	-	0,1	<0,1	-	-	3,9	<1	-	<1	<1
Bsh	−45	-	0,2	<0,1	-	-	3,6	2	-	<1	2
IIBs	−60	-	0,1	<0,1	-	-	3,9	1	-	<1	2
IIIimCv	−150+	-	0,1	<0,1	-	-	4,4	2	-	<1	5

(Quelle: Sächsisches Landesamt für Umwelt, Landwirtschaft und Geologie)

(* = abgeleiteter Analysenwert)

Das Skelett ist überwiegend waagerecht eingeregelt und zeigt wenig „Brodel"-struktur. Der Sandstein hat einen Quarzanteil >95 % und liefert daher kaum Pufferstoffe. Verbunden mit der sauren Humusauflage, der guten Durchlässigkeit des Substrats und dem Sickerwasserangebot auf Grund hoher Niederschläge (900 mm/a) führt dies zu einem sehr stark sauren Milieu (pH 3,4) mit Lösung und vertikaler Verlagerung von Huminstoffen und Metallen (Fe, Al, Mn) in den Unterboden. Unter dem Auswaschungshorizont Ae sind die metallorganischen Komplexe in einem schmalen Band ausgefällt und bilden den Bsh-Horizont. Die Horizontgrenze zwischen Auswaschung und Anreicherung verläuft sehr unregelmäßig keil- bis zapfenförmig. Dies könnte auf periglaziäre eiskeilartige Frostrisse und nachfolgende Wurzelbahnen zurückzuführen sein, in denen eine intensivere Auswaschung stattfand. Die Ausfällung der Fe-Oxide erfolgt bis in die Verwitterungszone des Sandsteins (Bs), erkennbar an der ockerrötlichen Färbung. Die ausgefällten Fe-Oxide führen in diesem Boden zur leichten Verkittung der Sandkörner, erdige Aggregate (Orterde) oder massive Verkittung (Ortstein) sind jedoch nicht ausgebildet. Der Sandstein-Untergrundhorizont imCv besitzt dünne unregelmäßige Limonit-Bändchen, die geogenetisch sind.

Nutzung und Vegetation

Im letzten Stadium der natürlichen Waldentwicklung herrschten im mittleren Bergland Mitteldeutschlands die Tannen-Fichten-Buchenwälder vor. Gegenwärtig bestimmen Fichten- und Kiefernforsten die Wälder. Wegen der geringen Bodengüte verblieben häufig die nährstoffarmen Böden der Sandstein-Bergländer unter Waldbedeckung. Die Böden der Region mit größerem Lösslehmanteil wurden zumindest temporär landwirtschaftlich genutzt. Eine wichtige Funktion dieser Waldböden ist die Grundwasserneubildung.

Gefährdung

Eine Gefährdung dieser Standorte ergibt sich aus einer möglichen, durch anthropogene Einträge beschleunigten fortschreitenden Versauerung der Böden. Die damit weiter erhöhte Lösung und Mobilität der organisch-anorganischen Bodenstoffe und die dadurch zunehmende Toxizität können bis zum Waldsterben führen.

Profil 82: Subtyp Normpodsol (PPn)

- Bodenausgangsgestein: flaches Hangsediment aus Lösslehm und Granit über Granit
- Varietät: rötlicher (Moder)Podsol (rt.moPPn)
- Typ: Podsol
- Klasse: Podsole
- Substrattyp: u-zl(Lol,+G)\n-+G
- WRB: Dystric Leptosol (Humic, Loamic, Nechic, Raptic)
- Bodenregion: Berg- und Hügelländer mit hohem Anteil an Magmatiten und Metamorphiten
- Ort: Treuen, Vogtlandkreis, Sachsen

- Humusform: Rohhumusartiger Moder
- Profilbild und Horizontabfolge: siehe Tab. 41.7
- Bodenlandschaftsbild: siehe Abb. 41.9
- Analysendaten: siehe Tab. 41.8
- Autor: Falk Hieke

Vorkommen und Ausgangsgesteine

Dieses Profil ist ein Beispiel für einen sehr geringmächtigen Podsol, entwickelt in einer flachen Hangumlagerung aus Granitverwitterung mit geringen Lössanteilen über Festgestein. Diese Podsole entwickeln sich aus Podsol-Rankern. Ausgangsgesteine sind nährstoff- und basenarme Festgesteine, die überwiegend in den Gebirgen verbreitet sind. Im Beispiel ist es der Granit, jedoch können es auch andere silikatische Gesteine sein, wie Gneise, Sandsteine, etc. Aufgrund geringer Pufferkapazitäten kommt es zu raschen Versauerungsprozessen.

Bodenprozesse und -eigenschaften

Der hier gezeigte Podsol sowie der Podsol-Ranker, aus dem er hervorgegangen ist, sind sehr flachgründige und vor allem saure Böden. Niedrige pH-Werte fördern die Freisetzung und Verlagerung Eisen, Mangan und Aluminium sowie von organischen Stoffen. Durch Verarmung an Oxiden und Huminstoffen ist der Oberboden von Podsolen ausgebleicht und aschegrau. Die nachfolgende Anreicherung in tieferen Bodenzonen färbt den Unterboden dunkel (Huminstoffe) bis rot (Eisenoxide). Die Nährstoffarmut des podsoligen Oberbodens schränkt die biologische Aktivität ein, was sich in Zentimeter bis Dezimeter mächtigen Humusauflagen im Wald widerspiegelt. Diese Böden haben eine geringe Wasserspeicherfähigkeit und neigen zur Austrocknung. Sie sind Extremstandorte an häufig exponierten Geländepositionen.

Nutzung und Vegetation

Aufgrund der Geringmächtigkeit des Bodens und der sauren Verhältnisse werden Standorte mit flachgründigen Podsolen extensiv und forstlich genutzt. Auf derartigen Standorten stocken vorwiegend Fichten.

Gefährdung

Flachgründige Podsole sind kaum gefährdet. Geringes wirtschaftliches Interesse an solchen Standorten verbunden mit extensiver oder fehlender Nutzung bedingen ein geringes Gefährdungsrisiko.

Tab. 41.7 Profilbild und Horizontabfolge Profil 82

Profilbild	Horizontgrenze (cm)	Horizonte und ihre Eigenschaften	
	+5	L	; organisch; sehr schwach durchwurzelt
	+4	Of	; organisch; mittel durchwurzelt
	+2	Oh	; organisch; mittel durchwurzelt
	−4	Ahe u-zl(Lol,+G)	schluffiger-lehmiger Sand, stark grusig; bräunlichgrau (7,5YR 6/2); gebleichte Sandkörner (hoher Flächenanteil); Einzelkorngefüge; stark humos; mittel durchwurzelt
	−15	Ae u-zl(Lol,+G)	schluffig-lehmiger Sand, stark grusig; beigeweiß (7,5YR 8/2); gebleichte Sandkörner (überwiegender Flächenanteil); Einzelkorngefüge; schwach humos; schwach durchwurzelt
	−20	Bhs u-lz(Lol,+G)	schwach sandiger Lehm, sehr stark grusig; orangebraun (7,5YR 5/6); Eisenoxid- und Humusanreicherung (diffus verteilt, überwiegender Flächenanteil); Kitt- und Einzelkorngefüge; stark humos; schwach durchwurzelt
	20+	IImCn n-+G	Granit; grau (7,5YR 6/1) und weiß (7,5YR 8/1)

Quelle: F. Hieke (Bild bearbeitet)

Abb. 41.9 Steilhang (Quelle: F. Hieke)

Tab. 41.8 Analysendaten Profil 82

Horizont	Tiefe (cm)	Skelett (Vol.-%)	Sand (M.-%)	Schluff (M.-%)	Ton (M.-%)	Gesamtporen (Vol.-%)	Luftkapazität (Vol.-%)	nutzbare Feldkap. (Vol.-%)	Totwasser (Vol.-%)	Lagerungsdichte (g/cm³)
L	+5	-	-	-	-	-	-	-	-	-
Of	+4	-	-	-	-	-	-	-	-	-
Oh	+2	-	-	-	-	-	-	-	-	-
Ahe	−4	35	47	43	10	-	-	-	-	-
Ae	−15	35	47	43	10	-	-	-	-	-
Bhs	−20	60	38	42	20	-	-	-	-	-
IlimCn	20+	-	-	-	-	-	-	-	-	-

Horizont	Tiefe (cm)	CaCO₃ (M.-%)	C_org (M.-%)	N_t (M.-%)	C/N	pH H₂O	pH CaCl₂	KAK_pot (cmol_c/kg)	BS (%)	K₂O-DL (mg/100 g)	P₂O₅-DL (mg/100 g)
L	+5	-	-	-	-	-	-	-	-	-	-
Of	+4	-	-	-	-	-	-	-	-	-	-
Oh	+2	-	-	-	-	-	-	-	-	-	-
Ahe	−4	-	2,61	0,11	24	-	3,6	6,4	-	3	4
Ae	−15	-	-	-	-	-	-	-	-	-	-
Bhs	−20	-	3,95	0,17	23	-	4,0	7,6	-	4	11
IlimCn	20+	-	-	-	-	-	-	-	-	-	-

(Quelle: Sächsisches Landesamt für Umwelt, Landwirtschaft und Geologie)

(* = abgeleiteter Analysenwert)

Profil 83: Subtyp Normpodsol (PPn); Subtyp ÖBS: Eisen-Humus-Podsol

- Bodenausgangsgestein: Fließerdefolge aus Sandstein
- Varietät: rötlicher (Rohhumus)Podsol (rt.roPPn)
- Typ: Podsol; Typ ÖBS: Podsol
- Klasse: Podsole; Klasse ÖBS: Podsole
- Substrattyp: p-s(^s)//p-zs(^s)
- WRB: Albic Podzol (Epiabruptic, Arenic, Loamic, Amphiraptic)
- Bodenregion: Berg- und Hügelländer der östlichen Flyschzone mit hohen Anteilen an Mergeln, Tonsteinen und Sandsteinen
- Ort: Dürrwien, Flysch-Wienerwald, Niederösterreich
- Humusform: Rohhumus
- Profilbild und Horizontabfolge: siehe Tab. 41.9
- Bodenlandschaftsbild: siehe Abb. 41.10
- Analysendaten: siehe Tab. 41.10
- Autor: Othmar Nestroy et al.

Vorkommen und Ausgangsgesteine

Das Vorkommen eines Podsols in dieser tiefen Lage ist primär durch Fließerden (im vorliegenden Fall aus Greifensteiner Sandstein), wie auch durch die Vegetation (Nadel-

Abb. 41.10   Flysch-Wienerwald bei Dürrwien (Quelle: O. Nestroy)

Tab. 41.9   Profilbild und Horizontabfolge Profil 83

Profilbild	Horizontgrenze (cm)	Horizonte und ihre Eigenschaften (in Klammern: nach ÖBS)	
	+7,5	**L (Lv)**	Nadelstreu, lose
	+5,5	**Of (Fzomy)**	Nadelstreu, bröcklig; mittel durchwurzelt
	+3,5	**Oh (Hzomy)**	Nadelstreu, bröcklig; stark durchwurzelt
	−4	**Ahe (Ae)** p-s(^s)	schwach lehmiger Sand; braunschwarz (10YR 2/2); Einzelkorngefüge; sehr stark humos
	−42	**IIAe (E)** p-s(^s)	schwach schluffiger Sand; hellgrau (10YR 5,5/1); Einzelkorngefüge; stark humos
	−50	**IIBh (Bh)** p-s(^s)	mittel lehmiger Sand; dunkelbraun (7,5YR 4/4); Humusanreicherung; Polyedergefüge; extrem humos
	−65	**IIIBs (Bs)** p-(z)s(^s)	mittel lehmiger Sand, mittel grusig; rötlichbraunorange (5YR 5/8); Eisenoxidanreicherung; Einzelkorngefüge; sehr stark humos
	−90+	**IVBs+ilCv (BsCv)** p-zs(^s)	mittel lehmiger Sand, stark grusig, schwach steinig (kantig); hellgelbbraun (10YR 5,5/8); Eisenoxidanreicherung; Einzelkorngefüge; humos

Quelle: Mitt. d. Österr. Bodenkundl. Ges. (2009), H. 76, Wien (Bild bearbeitet)

Tab. 41.10 Analysendaten Profil 83

Horizont	Tiefe (cm)	Skelett (Vol.-%)	Sand (M.-%)	Schluff (M.-%)	Ton (M.-%)	Gesamtporen (Vol.-%)	Luftkapazität (Vol.-%)	nutzbare Feldkap. (Vol.-%)	Totwasser (Vol.-%)	Lagerungsdichte (g/cm³)
L (Lv)	+7,5	-	-	-	-	-	-	-	-	-
Of (Fzomy)	+5,5	-	-	-	-	-	-	-	-	-
Oh (Hzomy)	+3,5	-	-	-	-	-	-	-	-	-
Ahe (Ae)	−4	0	69	24	7	-	-	-	-	-
IIAe (E)	−42	0	79	18	3	-	-	-	-	-
IIBh (Bh)	−50	0	75	15	10	-	-	-	-	-
IIIBs (Bs)	−65	15	72	17	11	-	-	-	-	-
IVBs+ilCv (BsCv)	−90+	40	78	14	8	-	-	-	-	-

Horizont	Tiefe (cm)	CaCO₃ (M.-%)	C_org (M.-%)	N_t (M.-%)	C/N	pH H₂O	pH CaCl₂	KAK_pot (cmol_c/kg)	BS (%)	K₂O-DL (mg/100 g)	P₂O₅-DL (mg/100 g)
L (Lv)	+7,5	-	53,0	1,36	39	-	-	-	-	90	61
Of (Fzomy)	+5,5	-	51,0	2,08	25	4,9	4,0	38,8	-	70	85
Oh (Hzomy)	+3,5	-	47,5	1,85	26	3,8	2,9	25,7	-	50	65
Ahe (Ae)	−4	-	5,0	0,21	24	4,0	2,9	3,9	-	30	12
IIAe (E)	−42	-	3,0	0,3	10	4,4	3,5	2,3	-	30	6
IIBh (Bh)	−50	-	9,0	0,5	18	4,1	3,3	4,0	-	120	10
IIIBs (Bs)	−65	-	7,0	0,3	23	4,2	3,6	4,7	-	120	11
IVBs+ilCv (BsCv)	−90+	-	3,0	0,4	8	5,0	4,3	2,1	-	250	10

Horizont	Tiefe (cm)	Ca (cmol_c/kg)	Mg (cmol_c/kg)	K (cmol_c/kg)	Na (cmol_c/kg)
L (Lv)	+7,5				
Of (Fzomy)	+5,5	28,3	5,52	2,06	0,41
Oh (Hzomy)	+3,5	12,8	2,0	0,78	0,34
Ahe (Ae)	−4	0,70	0,19	0,10	0,01
IIAe (E)	−42	0,69	0,19	0,10	
IIBh (Bh)	−50	0,11	0,07	0,07	0,01
IIIBs (Bs)	−65	0,05	0,03	0,06	
IVBs+ilCv (BsCv)	−90+	0,16	0,13	0,06	

(Quelle: Institut für Angewandte Geowissenschaften, Universität Graz)

(* = abgeleiteter Analysenwert)

wald, vorwiegend Kiefer), bedingt. Auch in anderen Bereichen der Flyschzone treten lithologisch bedingt diese Böden auf. Sie sind mit den ebenfalls lithologisch bedingten Pseudogleyen verzahnt. Neben diesen Vorkommen in den tieferen Lagen der Bodenregionen 13 und 10 sind diese Böden in Österreich auch in den Hochlagen der Bodenregion 15 zu finden.

Bodenprozesse und -eigenschaften

In diesem Profil sind die Merkmale der Podsolierung sehr deutlich an der starken Ausprägung der einzelnen Horizonte zu erkennen. Die Standortsqualität ist infolge der starken Podsolierung als gering einzustufen.

Nutzung und Vegetation

Solche Standorte werden meist als Nadelwald genutzt. Bezüglich einer möglichen landwirtschaftlichen Nutzung sind solche Standorte oft als Grenzertragsböden einzustufen.

Gefährdung

Die Nadelwaldnutzung fördert weiterhin die Podsolierung.

Profil 84: Subtyp Normpodsol (PPn); Typ und Untertypen CH: Podzol, stark sauer, huminstoffreich, locker (P, E4, MH, L)

- Bodenausgangsgestein: Fließerdefolge aus Hangschutt und sandig-kiesiger Moräne
- Varietät: (Mull)Podsol (muPPn)
- Typ: Podsol; Typ CH: Podzol
- Klasse: Podsole
- Substrattyp: p-zs(Xhg,Gs)/p-(z)s(Xhg,Gs)
- WRB: Haplic Umbrisol (Hyperhumic, Pantoloamic, Nechic, Pachic, Endoraptic)
- Bodenregion: Alpensüdseite im Bereich der westlichen Alpen
- Ort: Pian d'Arf (S17), Kanton Graubünden
- Humusform: F-Mull; Humusform CH: moderartiger Mull (Mf)
- Profilbild und Horizontabfolge: siehe Tab. 41.11
- Bodenlandschaftsbilder: siehe Abb. 41.11 und 41.12
- Analysendaten: siehe Tab. 41.12
- Autor: Peter Lüscher, Peter Blaser, Stephan Zimmermann, Jörg Luster, Lorenz Walthert

Tab. 41.11 Profilbild und Horizontabfolge Profil 84

Profilbild	Horizontgrenze (cm)	Horizonte und ihre Eigenschaften (in Klammern: Horizonte CH)	
	+3	**L (Ol)**	
	+1	**Of (Of)**	
	−20	**Aeh1 (Ah)** p-(z)s(Xhg,Gs)	mittel lehmiger Sand, mittel grusig; braunschwarz (10YR 2/2); Subpolyedergefüge; extrem humos; extrem stark durchwurzelt
	−35	**Aeh2 (AE1)** p-zs(Xhg,Gs)	mittel schluffiger Sand, stark grusig, schwach steinig (kantig); sehr dunkelgelblichbraungrau (10YR 3/2); Subpolyedergefüge; sehr stark humos; stark durchwurzelt
	−50	**Aeh3 (AE2)** p-zs(Xhg,Gs)	schwach schluffiger Sand, stark grusig, schwach steinig (kantig); sehr dunkelgelblichbraungrau (10YR 3/2); Subpolyedergefüge; stark humos; stark durchwurzelt
	−65	**Aeh4 (Ih,fe1)** p-zs(Xhg,Gs)	mittel schluffiger Sand, stark grusig, schwach steinig (kantig); sehr dunkelgelblichbraungrau (10YR 3/2); Subpolyedergefüge; stark humos; stark durchwurzelt
	−90	**IIBsh1 (Ih,fe2)** p-(z)s(Xhg,Gs)	mittel lehmiger Sand, mittel grusig, sehr schwach steinig (kantig); schwarz (10YR 2/1); Eisenoxid- und Humusanreicherung; Subpolyedergefüge; stark humos; stark durchwurzelt
	−110	**IIBsh2 (I(h),fe)** p-(z)s(Xhg,Gs)	mittel schluffiger Sand, mittel grusig, sehr schwach steinig (kantig); schwarz (10YR 2/1); Eisenoxid- und Humusanreicherung; Subpolyedergefüge; stark humos; stark durchwurzelt
	−125	**IIBhs (Bfe,(h))** p-(z)s(Xhg,Gs)	mittel schluffiger Sand, mittel grusig, sehr schwach steinig (kantig); sehr dunkelgelblichbraungrau (10YR 3/2); Eisenoxid- und Humusanreicherung; Subpolyedergefüge; mittel humos; stark durchwurzelt
	−190+	**IIBvs (B(fe))** g-ns(Xhg,Gs)	stark schluffiger Sand, mittel grusig, mittel steinig (kantig); dunkelgraubraun (7,5YR 4/3); Eisenoxidanreicherung; Subpolyedergefüge; schwach humos; mittel durchwurzelt

Quelle: P. Blaser et al. (2005), Waldböden der Schweiz, Bd. 2, A25, Hep-Verl. (Bild bearbeitet)

Vorkommen und Ausgangsgesteine

Das Profil liegt in einem Farnreichen Schneesimsen-Buchenwald mit Edelkastanie im unteren Teil des Misox. Das Ausgangsgestein besteht aus einer Fließerdefolge (Moräne und Hangschuttmaterial, beides silikatisch). Die Rundungen an den Steinen sind nicht ausgeprägt, da nur kurze Transportwege durchlaufen wurden. Der resultierende Bodenaufbau ist für diese Hanglagen typisch. Der Profilort liegt auf 515 m ü. M. an einen Hangfuß, 35 % geneigt und nordexponiert. Der mittlere Jahresniederschlag beträgt 1757 mm, und die mittlere Jahrestemperatur liegt bei 9,1 Grad Celsius. Die Länge der Vegetationsperiode beträgt 215–225 Tage.

Bodenprozesse und -eigenschaften

Der sandige Boden ist profilumfassend locker, gut durchlässig und stets gut durchlüftet. Die nach der Morphologie vorgenommene Klassierung in der Schweiz als Kryptopodsol (Blaser et al. 1997) wird durch die Interpretation der Tiefenverteilung von Corg sowie oxalatlöslichem Al und Fe bestätigt. Eine Bleichung ist im Eluvialbereich kaum erkennbar. Die Interaktionen zwischen organischer Substanz und Al- bzw. Fe-Verbindungen sind in den Humusanreicherungshorizonten besonders intensiv. Dies schützt die organische Substanz vor weiterer Mineralisierung.

Nutzung und Vegetation

Der Waldstandortstyp gehört zu einem Farnreichen Schneesimsen-Buchenwald, und der Bestand ist ein Mischwald aus Kastanien und Buchen. Der Boden kann von allen Baumarten tiefgründig durchwurzelt werden. Das sehr milde Klima mit hohen jährlichen Niederschlägen, die zum größten Teil während der Vegetationsperiode fallen, kennzeichnet das insubrische Klima mit Wintertrockenheit.

Gefährdung

Der hohe Sandgehalt beeinträchtigt die Wasserspeicherung, weshalb trotz hoher Niederschläge ein jahreszeitlich begrenzt mittleres Trockenstress-Risiko besteht. Die ungünstige Nährstoffversorgung und der verzögerte Nährstoffumsatz, der durch die ungünstige Humusform angezeigt wird, stellen ein Problem für Edellaubhölzer dar. Im tieferen Mineralboden besteht überdies die Gefahr einer Aluminiumtoxizität.

Abb. 41.11 Schneesimsen-Buchenwald (Quelle: P. Blaser et al. P. Blaser et al. (2005), Waldböden der Schweiz, Bd. 2, A25, Hep-Verl)

Abb. 41.12 Blick talaufwärts ins Misox bei Roveredo (Quelle: Eidgenössische Forschungsanstalt für Wald, Schnee und Landschaft, Birmensdorf, M. Walser)

Tab. 41.12 Analysendaten Profil 84

Horizont	Tiefe (cm)	Skelett (Vol.-%)	Sand (M.-%)	Schluff (M.-%)	Ton (M.-%)	Gesamtporen (Vol.-%)	Luftkapazität (Vol.-%)	nutzbare Feldkap. (Vol.-%)	Totwasser (Vol.-%)	Lagerungsdichte (g/cm³)
L (Ol)	+3	-	-	-	-	-	-	-	-	-
Of (Of)	+1	-	-	-	-	-	-	-	-	-
Aeh1 (Ah)	−20	13	68	22	10	61,9	28,9	24,8	8,3	0,64
Aeh2 (AE1)	−35	31	69	26	5	46,4	20,3	16,7	9,6	1,31
Aeh3 (AE2)	−50	31	71	24	5	43,9	16,8	16,8	10,4	1,31
Aeh4 (Ih,fe1)	−65	31	62	31	7	43,4	19,3	15,8	8,4	-
IIBsh1 (Ih,fe2)	−90	21	57	34	10	43,4	19,3	15,8	8,4	1,14
IIBsh2 (I(h),fe)	−110	22	56	37	7	43,4	19,3	15,8	8,4	0,92
IIBhs (Bfe,(h))	−125	22	57	38	6	43,4	19,3	15,8	8,4	0,99
IIBvs (B(fe))	−190+	29	54	41	4	35,0	15,9	12,8	6,4	1,32

Horizont	Tiefe (cm)	CaCO₃ (M.-%)	C_org (M.-%)	N_t (M.-%)	C/N	pH H₂O	pH CaCl₂	KAK_pot (cmol_c/kg)	BS (%)	K₂O-DL (mg/100 g)	P₂O₅-DL (mg/100 g)
L (Ol)	+3	-	-	-	-	-	-	-	-	-	-
Of (Of)	+1	-	24,8	1,21	20	-	4,0	-	-	-	-
Aeh1 (Ah)	−20	-	9,2	0,45	21	4,3	3,8	-	-	-	-
Aeh2 (AE1)	−35	-	6,0	0,29	21	4,4	4,3	-	-	-	-
Aeh3 (AE2)	−50	-	2,9	0,13	23	4,5	4,2	-	-	-	-
Aeh4 (Ih,fe1)	−65	-	3,0	0,12	25	4,5	4,4	-	-	-	-
IIBsh1 (Ih,fe2)	−90	-	4,1	0,14	29	4,3	4,3	-	-	-	-
IIBsh2 (I(h),fe)	−110	-	4,2	0,15	29	4,4	4,3	-	-	-	-
IIBhs (Bfe,(h))	−125	-	2,2	0,09	26	4,7	4,5	-	-	-	-
IIBvs (B(fe))	−190+	-	0,6	0,05	12	5,1	4,9	-	-	-	-

Horizont	Tiefe (cm)	KAK_eff (cmol_c/kg)	BS_eff (%)	Fe_ox (g/kg)	Al_ox (g/kg)
L (Ol)	+3				
Of (Of)	+1	18,4	83		
Aeh1 (Ah)	−20	6,9	18	4,6	6,0
Aeh2 (AE1)	−35	2,5	9	5,5	8,4
Aeh3 (AE2)	−50	2,8	9	5,7	9,5
Aeh4 (Ih,fe1)	−65	2,4	8	7,3	10,5
IIBsh1 (Ih,fe2)	−90	3,4	6	8,9	10,6
IIBsh2 (I(h),fe)	−110	3,0	9		
IIBhs (Bfe,(h))	−125	2,6	11		
IIBvs (B(fe))	−190+	1,2	26		

(Quelle: Forschungseinheit Waldböden und Biochemie, Eidgenössische Forschungsanstalt für Wald, Schnee und Landschaft, Birmensdorf)
(* = abgeleiteter Analysenwert)

Profil 85: Subtyp Normpodsol (PPn); Typ und Untertypen CH: Podzol, stark sauer, huminstoffreich (P, E4, MH)

- Bodenausgangsgestein: Fließerdefolge aus Moränenmaterial über tiefer sandig-kiesiger Moräne
- Varietät: rötlicher (Rohhumus)Podsol (rt.roPPn)
- Typ: Podsol; Typ CH: Podzol
- Klasse: Podsole
- Substrattyp: p-lz(Gs)//g-nel(Gs)
- WRB: Skeletic Folic Albic Podzol (Endoeutric, Pantoloamic, Amphiraptic)
- Bodenregion: Alpen mit vorwiegend silikatischen Gesteinen
- Ort: Engstlenalp (A9), Kanton Bern
- Humusform: Rohhumus; Humusform CH: Rohhumus (La)
- Profilbild und Horizontabfolge: siehe Tab. 41.13
- Bodenlandschaftsbilder: siehe Abb. 41.13 und 41.14
- Analysendaten: siehe Tab. 41.14
- Autor: Peter Lüscher, Peter Blaser, Stephan Zimmermann, Jörg Luster, Lorenz Walthert

Vorkommen und Ausgangsgesteine

Das Profil Engstlenalp liegt im Gental (Kanton Bern) in einem Seitental zum Gadmertal im Aufstieg zum Sustenpass. Der Boden hat sich aus einer Fließerdefolge gebildet, die aus Moränenmaterial aus dem Helvetikum besteht. Der Profilort liegt auf 1850 m ü. M. an einem Oberhang, der 20 % geneigt und Westnordwest exponiert ist. Der mittlere Jahresniederschlag beträgt 1964 mm, und die mittlere Jahrestemperatur liegt bei 2,8 Grad Celsius. Die Länge der Vegetationsperiode beträgt 80–100 Tage.

Bodenprozesse und -eigenschaften

Aufgrund der klimatischen Bedingungen auf dieser Höhenlage erfolgt der Streuabbau sehr langsam, so dass die organischen Auflagehorizonte mächtig ausgebildet sind. Dies zeigt sich auch im Rohhumus als standorttypische Humusform. Die großen Niederschlagsmengen lösen organische Substanzen in der Auflage sowie im Auswaschungsbereich und verlagern sie in darunterliegende Horizonte, wo sie in den Anreicherungszonen ausfallen. Dieser Prozess ist u. a. an der Tiefenverteilung der Corg-Gehalte erkennbar. Die aus-

Tab. 41.13 Profilbild und Horizontabfolge Profil 85

Profilbild	Horizontgrenze (cm)	Horizonte und ihre Eigenschaften (in Klammern: Horizonte CH)	
	+24	**L (Ol)**	; organisch
	+23	**Of (Of)**	; organisch
	+5	**Oh (Oh)**	; organisch
	−2	**Ahe (Ah)** p-(z)l(Gs)	stark sandiger Lehm, schwach grusig; sehr hellbränlichgrau (7,5YR 7/1); Einzelkorngefüge; schwach humos; Wurzelfilz
	−10	**Ae (E)** p-(z)l(Gs)	stark lehmiger Sand, schwach grusig, schwach steinig (kantig); hellgrau (10YR 6/1); Einzelkorngefüge; schwach humos; stark durchwurzelt
	−12	**Bsh (Ih)** p-(z)s(Gs)	mittel lehmiger Sand, schwach grusig, schwach steinig (kanig); schwarzbraun (7,5YR 2,5/3); Eisenoxid- und Humusanreicherung; Subpolyedergefüge; sehr stark humos; stark durchwurzelt
	−50	**IIBhs (Ife)** p-lz(Gs)	stark lehmiger Sand, stark grusig, mittel steinig (kantig); dunkelorangebraun (7,5YR 4/6); Eisenoxid- und Humusanreicherung; Subpolyedergefüge; stark humos; stark durchwurzelt
	−80	**IIIBs+ilCv (CB)** p-nl(Gs)	stark lehmiger Sand, mittel grusig, mittel steinig (kantig); dunkelgelblichgraubraun (10YR 4/3); Eisenoxidanreicherung; Subpolyedergefüge; sehr schwach humos; mittel durchwurzelt
	−130+	**IVelCv (C)** g-nel(Gs)	stark sandiger Lehm, mittel grusig, mittel steinig (kantig); dunkelgelblichbraungrau (10YR 4/2); sehr carbonatreich; schwach durchwurzelt

Quelle: P. Blaser et al. (2005), Waldböden der Schweiz, Bd. 2, A25, Hep-Verl. (Bild bearbeitet)

Abb. 41.13 Arven- /Lärchenwald (Quelle: P. Blaser et al. (Waldböden der Schweiz, Bd. 2, A9, hep-Verl.))

Abb. 41.14 Blick vom Profilort Engstenalp in nordöstlicher Richtung zum Gwärtler (2421 m ü. M.) (Quelle: Eidgenössische Forschungsanstalt für Wald, Schnee und Landschaft, Birmensdorf, M. Walser)

geprägte Verlagerung von organischer Substanz, Eisen und Aluminium charakterisiert den Boden als Normpodsol.

Nutzung und Vegetation

Der lückige Bestand mit Fichte und Arve ist dem rauhen bis kalten Klima mit kurzer Vegetationsperiode angepasst. Zwischen den Baumgruppen gedeihen praktisch flächendeckend Zwergsträucher wie Rostblättrige Alpenrose, Heidelbeere, Preiselbeere sowie Krautpflanzen. Auf solchen hochgelegenen Standorten spielt der Boden bei der Baumarten-

wahl nur eine marginale Rolle. Es dominieren Nadelhölzer, die Baumartenwahl ist stark eingeschränkt.

Gefährdung

Durchwurzelbarkeit und Verankerungsmöglichkeit sind durch den heterogenen Profilaufbau unterschiedlich. Die organischen Auflagehorizonte werden beim Befahren stark in Mitleidenschaft gezogen. Der Mineralboden jedoch reagiert auf das Befahren selbst im feuchten Zustand wenig empfindlich.

Tab. 41.14 Analysendaten Profil 85

Horizont	Tiefe (cm)	Skelett (Vol.-%)	Sand (M.-%)	Schluff (M.-%)	Ton (M.-%)	Gesamtporen (Vol.-%)	Luftkapazität (Vol.-%)	nutzbare Feldkap. (Vol.-%)	Totwasser (Vol.-%)	Lagerungsdichte (g/cm³)
L (Ol)	+24	-	-	-	-	-	-	-	-	-
Of (Of)	+23	-	-	-	-	-	-	-	-	-
Oh (Oh)	+5	-	-	-	-	-	-	-	-	-
Ahe (Ah)	−2	7,5	58	23	19	71,3	33,3	28,5	9,5	0,55
Ae (E)	−10	15	62	24	14	57,4	25,5	20,8	11,1	0,55
Bsh (Ih)	−12	15	63	28	9	62,0	28,9	24,8	8,3	1,01
IIBhs (Ife)	−50	63	69	19	12	26,1	11,6	9,5	5,0	1,01
IIIBs+ilCv (CB)	−80	35	64	20	16	43,5	19,3	15,8	8,4	1,20
IVelCv (C)	−130+	35	56	23	21	35,1	12,4	13,3	9,4	1,55

Horizont	Tiefe (cm)	CaCO₃ (M.-%)	C_org (M.-%)	N_t (M.-%)	C/N	pH H₂O	pH CaCl₂	KAK_pot (cmol_c/kg)	BS (%)	K₂O-DL (mg/100 g)	P₂O₅-DL (mg/100 g)
L (Ol)	+24	-	-	-	-	-	-	-	-	-	-
Of (Of)	+23	-	-	-	-	-	-	-	-	-	-
Oh (Oh)	+5	-	-	-	-	-	-	-	-	-	-
Ahe (Ah)	−2	-	0,8	0,07	20	3,6	3,0	-	-	-	-
Ae (E)	−10	-	1,0	0,06	17	4,1	3,3	-	-	25,1*	-
Bsh (Ih)	−12	-	6,9	0,33	21	4,0	3,4	-	-	1,0*	-
IIBhs (Ife)	−50	-	3,6	0,16	23	4,3	3,7	-	-	1,7*	-
IIIBs+ilCv (CB)	−80	-	0,7	0,05	14	5,6	4,6	-	-	1,8*	-
IVelCv (C)	−130+	32,8	-	-	-	8,3	7,5	-	-	0,8*	-

Horizont	Tiefe (cm)	KAK_eff (cmol_c/kg)	BS_eff (%)	Fe_ox (g/kg)	Al_ox (g/kg)
L (Ol)	+24				
Of (Of)	+23				
Oh (Oh)	+5				
Ahe (Ah)	−2	10,7	54	0,9	0,9
Ae (E)	−10	1,4	12	0,3	0,5
Bsh (Ih)	−12	9,7	9	32,8	3,5
IIBhs (Ife)	−50	6,4	7	33,5	5,0
IIIBs+ilCv (CB)	−80	1,4	55	4,8	3,0
IVelCv (C)	−130+				

(Quelle: Forschungseinheit Waldböden und Biochemie, Eidgenössische Forschungsanstalt für Wald, Schnee und Landschaft, Birmensdorf)
(* = abgeleiteter Analysenwert)

Profil 86: Subtyp Humuspodsol (PPh)

- Bodenausgangsgestein: Flugsand über tiefem Schmelzwassersand
- Varietät: rötlicher (Moder)Humuspodsol (rt.muPPh)
- Typ: Podsol
- Klasse: Podsole
- Substrattyp: a-s(Sa)//f-s(Sgf)

- WRB: Albic Ortsteinic Podzol (Endogeoabruptic, Anoarenic, Areninovic, Bathygleyic, Bathyloamic)
- Bodenregion: Jungmoränenlandschaften
- Ort: Wohldorf, Hansestadt Hamburg
- Humusform: Rohhumusartiger Moder
- Profilbild und Horizontabfolge: siehe Tab. 41.15
- Bodenlandschaftsbild: siehe Abb. 41.15
- Analysendaten: siehe Tab. 41.16
- Autor: Alexander Gröngröft, Andreas Petersen

Tab. 41.15 Profilbild und Horizontabfolge Profil 86

Profilbild	Horizontgrenze (cm)	Horizonte und ihre Eigenschaften	
	+7	**L+Of**	
	+4	**Oh**	; sehr carbonatarm; stark durchwurzelt
	−5	**Ahe** a-s(Sa,h)	schwach lehmiger Sand; gebleichte Sandkörner; Einzelkorngefüge; mittel humos; mittel durchwurzelt
	−19	**M** a-s(Sa,h)	schwach lehmiger Sand; braungrau (7,5YR 5/2); oben gebleichte Sandkörner; Einzelkorngefüge; schwach humos; mittel durchwurzelt
	−24	**IIfAhe** a-s(Sa)	schwach schluffiger Sand; dunkelgrau (7,5YR 4/0); Humusanreicherung; Einzelkorngefüge; sehr schwach kohlehaltig; mittel humos; schwach durchwurzelt
	−40	**IIAe** a-s(Sa)	reiner Sand; sehr hellrötlichgrau (5YR 7/1); sehr stark gebleicht, Humusbänder; Einzelkorngefüge; sehr schwach humos; sehr schwach durchwurzelt
	−75	**IIBh** a-s(Sa)	schwach toniger Sand; sehr dunkelbraungrau (7,5YR 3/2); Humusanreicherung, Orterde; Kittgefüge; schwach humos; sehr schwach durchwurzelt
	−100	**IIBsh** a-s(Sa)	reiner Sand; dunkelorangebraun (7,5YR 4/6); Eisenoxid- und Humusanreicherung; Kittgefüge; sehr schwach humos
	−130	**IIIGo1** f-s(Sgf)	mittel lehmiger Sand; hellorangebraun (7,5YR 6/6); Eisen- und Manganoxide (bänderartig, sehr hoher Flächenanteil); Subpolyedergefüge
	−145+	**IIIGo2** f-s(Sgf)	mittel lehmiger Sand; hellorangebraun (7,5YR 6/6); Eisen-Mangankonkretionen (bänderartig); Einzelkorngefüge

Quelle: G. Miehlich, A. Petersen (Bild bearbeitet)

Abb. 41.15 Umgebung des
Profils (Quelle: J. Jelinski)

Vorkommen und Ausgangsgesteine

In der schwach welligen Randlage des Jungmoränengebietes, die durch das verbreitete Auftreten geringdurchlässiger Grundmoränen und einzelner Beckenablagerungen geprägt ist, treten örtlich Flugsanddecken auf, die an der Skelettfreiheit und der typischen Korngrößenverteilung (feinsandiger Mittelsand) angesprochen werden können. Während die Bodengesellschaft von Braunerde-Parabraunerden und Pseudogleyen dominiert wird, haben sich auf den Standorten in Hochlagen und mit mächtigeren Flugsanddecken (hier 1 m) Humuspodsole ausgebildet, die in tieferen Lagen von Gley-Podsolen begleitet werden. Die Ausgangsgesteine des Liegenden wurden infolge ihrer Schichtungen als Beckenablagerungen angesprochen. Infolge der Nutzung des Waldes zur Holzkohlegewinnung – in einer Karte von 1748 ist das Gesamtgebiet entwaldet und das angrenzende Flurstück als „Köllerloge" bezeichnet – wurden die Flugsande stellenweise reaktiviert und das Profil mit einem Äolium überweht (hier 0,2 m mächtig).

Bodenprozesse und -eigenschaften

Bei geringen Nährstoffreserven und guter Perkolation des Ausgangsmaterials ist unter atlantischem Klimaeinfluss eine starke Podsolierung eingetreten. Da Merkmale der Verbraunung nicht nachweisbar sind, wird von einer primären Podsolierung ausgegangen. Die Podsolierung ist vermutlich durch die standorttypische Vegetation aus Nadelbäumen und Zwergsträuchern, die zur Ausbildung einer schwer zersetzbaren organischen Auflage geführt hat, begünstigt worden.

Während durch die Perkolation mit organischen Säuren der Ae-Horizont stark an Eisen und Aluminium verarmte, fand eine erhebliche Ausfällung der organischen Verbindungen in dem Bh- und Bsh-Horizont statt. Aufgrund der deutlichen Begrenzung des Bh-Horizont, der z. T. starken Verfestigung (Orterde bis Ortstein) sowie der deutlichen Humusbänderung wurde das Profil als Humuspodsol kartiert, für die Ausbildung der B-Horizonte kann aber auch ein stärkerer Grundwassereinfluss wirksam gewesen sein, die im aktuellen Profilbild erst unterhalb von 1 m Tiefe anhand der Eisenfleckung und der Ausbildung von Fe- und Mn-Konkretionen erkennbar ist. Für die forstwirtschaftliche Nutzung ist der Standort als mäßig gut einzuordnen. Bis 1 m Tiefe steht eine für sandige Standorte mit 155 mm relativ hohe nutzbare Feldkapazität zu Verfügung, außerdem können tiefwurzelnde Bäume zusätzliches Wasser aus dem grundwasserführenden Untergrund aufnehmen. Kalkungsmaßnahmen in den 80er-Jahren haben zu einer Erhöhung des pH-Werts der organischen Auflage, einem Abbau der Humusvorräte und einer Erhöhung der Basensättigung geführt, was die ursprüngliche Nährstoffarmut teilweise aufgehoben hat.

Nutzung und Vegetation

Fichtenforst im Umbau zu einem Mischwald; städtische Naherholung.

Gefährdung

Durch die aktuelle Nutzung keine Gefährdung, Schutz als Standort eines Bodenlehrpfads.

Tab. 41.16 Analysendaten Profil 86

Horizont	Tiefe (cm)	Skelett (Vol.-%)	Sand (M.-%)	Schluff (M.-%)	Ton (M.-%)	Gesamtporen (Vol.-%)	Luftkapazität (Vol.-%)	nutzbare Feldkap. (Vol.-%)	Totwasser (Vol.-%)	Lagerungsdichte (g/cm³)
L+Of	+7	0	-	-	-	-	-	-	-	-
Oh	+4	0	-	-	-	-	-	-	-	-
Ahe	−5	0	79	16	5	15	15	20	12	1,42
M	−19	0	79	16	5	-	-	-	-	-
IIfAhe	−24	0	84	13	3	43	23	14	6	1,47
IIAe	−40	0	90	8	2	42	25	14	3	1,56
IIBh	−75	0	92	3	5	47	20	18	9	1,40
IIBsh	−100	0	96	1	3	43	24	14	5	1,52
IIIGo1	−130	0	75	17	8	37	7	18	11	1,69
IIIGo2	−145+	0	78	14	8	-	-	-	-	-

Horizont	Tiefe (cm)	CaCO₃ (M.-%)	C_{org} (M.-%)	N_t (M.-%)	C/N	pH H₂O	pH CaCl₂	KAK_{pot} (cmol$_c$/kg)	BS (%)	K₂O-DL (mg/100 g)	P₂O₅-DL (mg/100 g)
L+Of	+7	-	42,7	1,81	24	-	-	-	-	-	-
Oh	+4	-	17,2	1,02	17	-	6,4	-	-	-	-
Ahe	−5	-	2,0	0,09	22	-	4,0	-	-	-	-
M	−19	-	-	-	-	-	-	-	-	-	-
IIfAhe	−24	-	1,6	0,04	36	-	3,9	-	-	-	-
IIAe	−40	-	0,2	0,01	-	-	4,2	-	-	-	-
IIBh	−75	-	0,9	0,04	-	-	4,7	-	-	-	-
IIBsh	−100	-	0,5	0,02	-	-	4,5	-	-	-	-
IIIGo1	−130	-	-	-	-	-	4,4	-	-	-	-
IIIGo2	−145+	-	-	-	-	-	4,7	-	-	-	-

Horizont	Tiefe (cm)	KAK_{eff} (cmol$_c$/kg)	BS_{eff} (%)	H_{aust} (cmol$_c$/kg)	Al_{aust} (cmol$_c$/kg)
L+Of	+7				
Oh	+4				
Ahe	−5	4,61	50	0,30	1,46
M	−19				
IIfAhe	−24	4,96	18	0,23	2,10
IIAe	−40	1,10	37	0,11	0,68
IIBh	−75	2,79	24	0,04	1,99
IIBsh	−100	2,26	29	0,04	1,05
IIIGo1	−130	4,51	62	0,08	1,05
IIIGo2	−145+	4,74	60	0,04	0,79

(Quelle: Institut für Bodenkunde, Universität Hamburg)
(* = abgeleiteter Analysenwert)

Profil 87: Subtyp Humuspodsol (PPh)

- Bodenausgangsgestein: Schmelzwassersand
- Varietät: (Rohhumus)Humuspodsol (roPPh)
- Typ: Podsol
- Klasse: Podsole
- Substrattyp: p-ks(Sgf)//f-ks(Sgf)
- WRB: Folic Albic Podzol (Pantoarenic, Endoraptic)
- Bodenregion: Altmoränenlandschaften
- Ort: westlich Colditz, Lkr. Mittelsachsen, Sachsen
- Humusform: Rohhumus
- Profilbild und Horizontabfolge: siehe Tab. 41.17
- Bodenlandschaftsbild: siehe Abb. 41.16

- Analysendaten: siehe Tab. 41.18
- Autor: Fred Franzke

Vorkommen und Ausgangsgesteine

Nährstoffarme, durchlässige Ausgangsgesteine wie lockere Verwitterungsdecken von Festgesteinen (z. B. Sandstein, Granit, u. a.) und Sande verschiedener Entstehung sind mögliche Ausgangsgesteine (im Beispiel periglaziär umgelagerter Schmelzwassersand). Von Norddeutschland bis in die Gebirgsregionen sind Podsole verschiedener Ausprägung verbreitet.

Tab. 41.17 Profilbild und Horizontabfolge Profil 87

Profilbild	Horizontgrenze (cm)	Horizonte und ihre Eigenschaften	
	+19	**L**	
	+15	**Of**	organisch
	+8	**Oh**	organisch
	−20	**Ae** p-ks(Sgf)	schwach schluffiger Sand, stark kiesig; beigelichweiß (7,5YR 8/1); Einzelkorngefüge; sehr schwach humos; mittel durchwurzelt
	−30	**Bh** p-ks(Sgf)	reiner Sand, stark kiesig; bräunlichschwarz (7,5YR 2,5/1) und dunkelorangebraun (7,5YR 4/6); Humusanreicherung (nester- und bänderartig); Einzelkorn- und Kittgefüge; schwach humos; schwach durchwurzelt
	−81	**Bh+Bs-ilCv** p-ks(Sgf)	reiner Sand, stark kiesig; hellgelblichbraun (10YR 6/6) und bräunlichschwarz (7,5YR 2,5/1); Eisenoxid- und Humusanreicherung (nester- und bänderartig); Einzelkorn- und Kittgefüge; sehr schwach humos; sehr schwach durchwurzelt
	−150+	**IIilCv** f-ks(Sgf)	schwach toniger Sand, stark kiesig; sehr hellgelblichgraubraun (10YR 7/3) bis hellgelblichgraubraun (10YR 6/3); Humusanreicherung (nesterartig); Einzelkorngefüge; sehr schwach humos; sehr schwach durchwurzelt

Quelle: F. Franzke (Bild bearbeitet)

Abb. 41.16 Landschaftspanorama: Die Bestände des Colditzer Forstes stocken überwiegend auf sandig-kiesigen Glazialsedimenten. Klein-reliefierte Geländstrukturen mit Hochlagen sind besonders trocken (Quelle: Befliegung durch F. Franzke)

Tab. 41.18 Analysendaten Profil 87

Horizont	Tiefe (cm)	Skelett (Vol.-%)	Sand (M.-%)	Schluff (M.-%)	Ton (M.-%)	Gesamtporen (Vol.-%)	Luftkapazität (Vol.-%)	nutzbare Feldkap. (Vol.-%)	Totwasser (Vol.-%)	Lagerungsdichte (g/cm³)
L	+19	-	-	-	-	-	-	-	-	-
Of	+15	-	-	-	-	-	-	-	-	-
Oh	+8	-	-	-	-	-	-	-	-	-
Ae	−20	34	81	16	3	-	-	-	-	-
Bh	−30	40	88	8	4	-	-	-	-	-
Bh+Bs-ilCv	−81	35	92	5	3	-	-	-	-	-
IIilCv	−150+	38	87	7	6	-	-	-	-	-

Horizont	Tiefe (cm)	CaCO₃ (M.-%)	C$_{org}$ (M.-%)	N$_t$ (M.-%)	C/N	pH H₂O	pH CaCl₂	KAK$_{pot}$ (cmol$_c$/kg)	BS (%)	K₂O-DL (mg/100 g)	P₂O₅-DL (mg/100 g)
L	+19	-	-	-	-	-	-	-	-	-	-
Of	+15	-	-	-	-	-	-	-	-	-	-
Oh	+8	-	-	-	-	-	-	-	-	-	-
Ae	−20	-	0,41	0,02	20	4,4	3,6	3,1	0	1	<1
Bh	−30	-	0,58	0,02	29	4,6	4,1	9,5	3	1	<1
Bh+Bs-ilCv	−81	-	0,17	-	-	4,8	4,5	3,7	0	2	<1
IIilCv	−150+	-	0,33	0,01	33	4,6	4,3	6,4	0	2	<1

(Quelle: Sächsisches Landesamt für Umwelt, Landwirtschaft und Geologie)
(* = abgeleiteter Analysenwert)

Bodenprozesse und -eigenschaften

Bei der Podsolierung werden nach starker Versauerung des Standortes und bei ausreichenden Niederschlägen vor allem Huminstoffe und Eisenverbindungen, bei extremer Versauerung auch Aluminium, vertikal verlagert. Der Humuspodsol ist eine spezielle Ausbildungsform, bei der die Huminstoffverlagerung besonders intensiv verlaufen ist. Die aus dem Oberboden und der meist mächtigen Humusauflage (Rohhumus) ausgewaschenen Verbindungen (Ae-Horizont mit deutlicher Bleichung) werden im nur schwach verbraunten Unterboden in unterschiedlichen Tiefenstufen wieder ausgefällt. Die Horizontausbildung ist auf Grund des variablen Bodenchemismus sehr bewegt, taschen-, zapfen- und nesterartig. Die sehr armen Standorte unterliegen der weiteren Versauerung. Dieser bodengenetische Prozess ist sehr aktuell und wird durch emissionsbedingte saure Niederschläge gefördert.

Nutzung und Vegetation

Hauptsächlich werden diese Standorte forstwirtschaftlich genutzt, oft als Monokulturen mit Kiefern sowie im Gebirge mit Fichten. Die Nadelstreu fördert die Versauerung. Lokal besteht auch landwirtschaftliche Nutzung nach tiefem Umbruch und Zufuhr organischer Substanz.

Gefährdung

Eine unmittelbare Gefahr liegt bei Forststandorten nicht vor. Ackernutzung kann in Abhängigkeit von Morphologie und Nutzungsintensität zu Erosionsproblemen führen.

Profil 88: Subtyp Braunerde-Podsol (BB-PP)

- Bodenausgangsgestein: Geschiebedecksand über Schmelzwassersand
- Varietät: mittelbasischer (Moder)Braunerde-Podsol (moBB-PP)
- Typ: Podsol
- Klasse: Podsole
- Substrattyp: p-s(Sp)/f-s(Sgf)
- WRB: Ortsteinic Podzol (Pantoarenic, Eutric, Epiraptic)
- Bodenregion: Altmoränenlandschaften
- Ort: Lkr. Uelzen, Niedersachsen
- Humusform: Typischer Moder
- Profilbild und Horizontabfolge: siehe Tab. 41.19
- Bodenlandschaftsbild: siehe Abb. 41.17
- Analysendaten: siehe Tab. 41.20
- Autor: Ernst Gehrt

Vorkommen und Ausgangsgesteine

Im Gegensatz zum westlichen Niedersachsen mit rein feinsandigen Geschiebedecksanden sind für das östliche Niedersachsen schwach lehmige fein- bis mittelsandige Geschiebedecksande typisch. Die periglaziären Lagen aus diesen Decksanden liegen am Standort des Profils über einem Schmelzwassersand. Klimatisch ist das östliche Niedersachsen mit geringeren Niederschlägen und kälteren Wintern leicht kontinental geprägt.

Tab. 41.19 Profilbild und Horizontabfolge Profil 88

Profilbild	Horizontgrenze (cm)	Horizonte und ihre Eigenschaften	
	+5	**L**	; Nadelstreu, sehr schwach zersetzt
	+4	**Of**	; gelblichbraun; Nadelstreu, schwach zersetzt
	+1	**Oh**	; braunschwarz; Nadelstreu sehr stark zersetzt, bröckelig
	−8	**Aeh** p-s(Sp)	schwach lehmiger Sand; bräunlichschwarz (7,5YR 2,5/1); gebleichte Sandkörner; Einzelkorngefüge; stark humos; stark durchwurzelt
	−16	**Bsh** p-s(Sp)	schwach lehmiger Sand; sehr dunkelbraun (7,5YR 3/4); starke Panther-Fleckung; Orterde, Einzelkorn- Kittgefüge; mittel humos; mittel durchwurzelt
	−30	**Bbh+Bs** p-s(Sp)	schwach lehmiger Sand, sehr schwach kiesig; dunkelbraun (7,5YR 4/4); Eisenoxidanreicherung, überlagert von Humusanreicherungsbändern; Orterde, Einzelkorn- bis Kittgefüge; schwach humos; mittel durchwurzelt
	−45	**IIBbh+Bsv** p-s(Sp,Sgf)	reiner Sand, sehr schwach kiesig; dunkelgraubraun (7,5YR 4/3); schwache Eisenoxidanreicherung, überlagert von Humusanreicherungsbändern; Einzelkorngefüge; schwach durchwurzelt
	−100	**IIIilCbhv** f-s(Sgf)	reiner Sand, sehr schwach kiesig; hellorangebraun (7,5YR 6/6); Humusanreicherungsbänder; Einzelkorngefüge; sehr schwach humos; sehr gering durchwurzelt
	−150+	**IIIilCv** f-s(Sgf)	reiner Sand, sehr schwach kiesig; olivbraun, hellgraustichig (2,5Y 6/4) ; Tonbänder; Einzelkorngefüge; sehr gering durchwurzelt

Quelle: H. Sponagel † (Bild bearbeitet)

Abb. 41.17 Der Kiefernwald ist seit dem 18 Jh. eine typische Nutzung ehemaliger Heideflächen der Lüneburger Heide (Quelle: E. Gehrt)

Tab. 41.20 Analysendaten Profil 88

Horizont	Tiefe (cm)	Skelett (Vol.-%)	Sand (M.-%)	Schluff (M.-%)	Ton (M.-%)	Gesamtporen (Vol.-%)	Luftkapazität (Vol.-%)	nutzbare Feldkap. (Vol.-%)	Totwasser (Vol.-%)	Lagerungsdichte (g/cm³)
L	+5	-	-	-	-	-	-	-	-	-
Of	+4	-	-	-	-	-	-	-	-	-
Oh	+1	-	-	-	-	-	-	-	-	-
Aeh	−8	0	84	10	6	-	-	-	-	-
Bsh	−16	0	83	12	5	-	-	-	-	-
Bbh+Bs	−30	1,9	80	15	5	-	-	-	-	-
IIBbh+Bsv	−45	1,2	94	6	0	-	-	-	-	-
IIIilCbhv	−100	1,5	97	3	0	-	-	-	-	-
IIIilCv	−150+	0,7	100	0	0	-	-	-	-	-

Horizont	Tiefe (cm)	CaCO₃ (M.-%)	C_org (M.-%)	N_t (M.-%)	C/N	pH H₂O	pH CaCl₂	KAK_pot (cmol_c/kg)	BS (%)	K₂O-DL (mg/100 g)	P₂O₅-DL (mg/100 g)
L	+5	-	-	-	-	-	-	-	-	-	-
Of	+4	-	-	-	-	-	3	-	-	-	-
Oh	+1	-	-	-	-	-	-	-	-	-	-
Aeh	−8	-	3,9	0,15	26,3	-	3	-	-	-	-
Bsh	−16	-	2,0	0,1	22,8	-	4,1	-	-	-	-
Bbh+Bs	−30	-	0,8	0,04	16,7	-	4,3	-	-	-	-
IIBbh+Bsv	−45	-	-	-	-	-	4,3	-	-	-	-
IIIilCbhv	−100	-	-	-	-	-	4,5	-	-	-	-
IIIilCv	−150+	-	-	-	-	-	4,6	-	-	-	-

(Quelle: Landesamt für Bergbau, Energie und Geologie, Hannover)
(* = abgeleiteter Analysenwert)

Bodenprozesse und -eigenschaften

Der hier gezeigte sehr flache Podsol ist typisch für die Kiefernwälder in der Altmoränenlandschaft des östlichen Niedersachsen. Verbreitet sind die Böden, die unter dem Bsh- lediglich einen Bsv-Horizont aufweisen. Die auffallende gebänderte Huminstoffanreicherung (Bbh) des gezeigten Profils tritt in den Bodengesellschaften mit diesen Podsolen regelmäßig auf. Die natürliche Bodenentwicklung ist im östlichen Niedersachsen eine schwach podsolierte Braunerde. Unter Acker- und Grünlandnutzung ist dies bis heute der typische Boden. Lediglich auf flugsandbeeinflussten Standorten finden sich Podsole. Im Profil ist deshalb auch die Braunerdeentwicklung noch an dem Bsv-Horizont bis 45 cm Tiefe zu erkennen. Die enge Bindung dieser flachen Podsole an die Kiefernwälder zeigt, dass die Entstehung mit dieser Nutzung verknüpft ist. Die Freisetzung organischer Säuren aus dem Abbau der Nadelstreu führte zur Podsolierung. Im Profil ist erkennbar, dass sich die Huminstoffe über die älteren Merkmale der Verbraunung legen. An diskontinuierlichen Porenverläufen (Grobsandlagen, Schichtgrenzen) werden die Huminstoffe bevorzugt ausgefällt bzw. angelagert und bilden so die charakteristischen Humusbändchen. Die Bänderung lehnt sich z. T. an die Sedimentschichtung an, ist teilweise aber auch völlig unabhängig von diesen. Typisch ist die mit geringe Mächtigkeit des Bsh-Horizontes. Dieser ist durch Käfergänge und Wurzeln heterogen ausgebildet und nur gering verfestigt. Durch Pflegmaßnahmen und Durchforstungen sind die oberen 1–2 dm der Böden häufig gestört. Bodensystematisch gehört der Boden zu den Braunerde-Podsolen. Die besondere gebänderte Erscheinungsform ist als Varietät auszuweisen.

Nutzung und Vegetation

Die geringmächtigen Podsole sind häufig eng an die Kiefernaufforstungen des 18. und 19 Jahrhunderts gebunden. Dies legt nahe, dass auch die Entstehung des Podsols erst mit der Aufforstung begann. Dafür spricht auch, dass benachbarte Ackerstandorte diese Podsolierung nicht zeigen.

Gefährdung

Bei der Umwandlung der Waldstandorte in Acker werden der Aeh- und Bsh-Horizont aufgrund der geringen Mächtigkeit in den Ap-Horizont eingearbeitet. Die Standorte sind allgemein durch die Rohstoffgewinnung und den Verkehrswegebau gefährdet.

Profil 89: Subtyp Braunerde-Podsol (BB-PP)

- Bodenausgangsgestein: Decksand über Sandersand
- Varietät: basenarmer rötlicher (Moder)Braunerde-Podsol (dy.rt.moBB-PP)
- Typ: Podsol
- Klasse: Podsole
- Substrattyp: p-s(Sp)/f-s(Ssdr)

- WRB: Hyperdystric Arenosol (Nechic, Ochric, Amphiraptic)
- Bodenregion: Jungmoränenlandschaften
- Ort: westlich Joachimstal, Lkr. Barnim, Brandenburg
- Humusform: Typischer Moder
- Profilbild und Horizontabfolge: siehe Tab. 41.21
- Bodenlandschaftsbild: siehe Abb. 41.18
- Analysendaten: siehe Tab. 41.22
- Autor: Albrecht Bauriegel, Dieter Kühn

Tab. 41.21 Profilbild und Horizontabfolge Profil 89

Profilbild	Horizontgrenze (cm)	Horizonte und ihre Eigenschaften	
	+4	**L**	
	+3	**Of**	; organisch
	+1	**Oh**	; organisch
	−10	**Ahe** p-s(Sp)	schwach toniger Sand; braungrau (7,5YR 5/2); gebleichte Sandkörner; Einzelkorn- und Subpolyedergefüge; schwach humos; schwach durchwurzelt
	−15	**Bsh** p-s(Sp)	schwach toniger Sand; dunkelorangebraun (7,5YR 4/6); Eisenoxid- und Humusanreicherung; Einzelkorn- und Subpolyedergefüge; stark humos; schwach durchwurzelt
	−35	**Bvs** p-s(Sp)	reiner Sand; gelblichbraun (10YR 5/6); Eisenoxid- und Humusanreicherung (fleckig, sehr hoher Flächenanteil); Einzelkorngefüge; sehr schwach durchwurzelt
	−75	**IIBs-ilCv** p-s(Ssdr)	reiner Sand; hellgelblichbraun (10YR 6/6); Eisenoxidanreicherung (fleckig, geringer Flächenanteil); Einzelkorngefüge
	−100	**IIilCv** p-s(Ssdr)	reiner Sand; gelblichbraun, sehr hellgraustichig (10YR 7/4); Einzelkorngefüge
	−200+	**IIIilCv** f-s(Ssdr)	reiner Sand; gelblichbraun, hellgraustichig (10YR 6/4); Einzelkorngefüge

Quelle: Landesamt für Bergbau, Geologie und Rohstoffe Brandenburg, A. Bauriegel (Bild bearbeitet)

Abb. 41.18 Kiefern auf Schmelzwassersand (Quelle: Landesamt für Bergbau, Geologie und Rohstoffe Brandenburg, D. Kühn)

Vorkommen und Ausgangsgesteine

Der Standort liegt auf einem Schmelzwassersand in der Schorfheide, südwestlich der Pommerschen Hauptrandlage der Weichselvereisung. Das obere Substrat eines Decksandes wird von dem helleren und periglaziär entschichteten Schmelzwassersand unterlagert, dessen sedimentationsbedingte Schichtung ab ca. 1 Meter unter Flur wieder einsetzt. Der Decksand weist aufgrund seiner Entstehung einen geringfügig höheren Schluff- und Tonanteil als die liegenden Sande auf. Die Feinanteile entstanden vorrangig durch kryoklastische Verwitterung und durch äolischen Eintrag. Sie sind im ehemaligen Auftauboden homogen verteilt.

Bodenprozesse und -eigenschaften

Die primär kalkfreien Standorte sind im Bereich des Decksandes immer verbraunt. Unter Nadelwald neigen sie leicht zu weiterer Versauerung und damit zur Podsolierung. Im Jungmoränengebiet sind entwickelte Podsole weniger verbreitet. Meist kommen auf diesen Standorten podsolige Braunerden unter Nadelwald vor. Glazifluviatile Sande zeigen wie dieses Beispiel im Unterboden oft fossile Nässemerkmale aus der Entstehungszeit. Der Grundwasserflurabstand ist heute i. d. R. groß.

Nutzung und Vegetation

Die Standorte werden heute vorwiegend forstwirtschaftlich genutzt. Meist handelt es sich um Kiefernbestockung. Teilweise kommen auch Mischbestände mit Eichen vor. Dies ist meist dann der Fall, wenn es sich um lessivierte Braunerden mit entsprechenden Tonanreicherungsbändern im Unterboden handelt, wodurch die Standorte aufgewertet werden.

Gefährdung

Unter Waldnutzung sind diese Standorte nicht gefährdet. Allerdings schreitet die Versauerung bei Kiefernbestockung weiter voran.

Tab. 41.22 Analysendaten Profil 89

Horizont	Tiefe (cm)	Skelett (Vol.-%)	Sand (M.-%)	Schluff (M.-%)	Ton (M.-%)	Gesamtporen (Vol.-%)	Luftkapazität (Vol.-%)	nutzbare Feldkap. (Vol.-%)	Totwasser (Vol.-%)	Lagerungsdichte (g/cm³)
L	+4	-	-	-	-	-	-	-	-	-
Of	+3	-	-	-	-	-	-	-	-	-
Oh	+1	-	-	-	-	-	-	-	-	-
Ahe	−10	-	92	2	6	48	30	14	4	1,39
Bsh	−15	-	93	2	5	48	20	22	6	1,40
Bvs	−35	-	93	3	4	41	29	11	1	1,57
IIBs-ilCv	−75	-	99	1	0	39	34	5	0	1,61
IIilCv	−100	-	99	1	0	43	32	8	3	1,53
IIIilCv	−200+	-	99	1	0	40	32	6	2	1,58

Horizont	Tiefe (cm)	$CaCO_3$ (M.-%)	C_{org} (M.-%)	N_t (M.-%)	C/N	pH H_2O	pH $CaCl_2$	KAK_{pot} (cmol$_c$/kg)	BS (%)	K_2O-DL (mg/100 g)	P_2O_5-DL (mg/100 g)
L	+4	-	-	-	-	-	-	-	-	-	-
Of	+3	-	41,7	1,39	30	3,4	2,7	-	-	-	-
Oh	+1	-	20,9	0,64	33	3,2	2,3	-	-	-	-
Ahe	−10	-	1,08	0,17	28	4,0	3,3	-	-	-	-
Bsh	−15	-	2,27	0,10	23	4,3	4,0	-	-	-	-
Bvs	−35	-	0,50	0,03	19	4,3	4,1	-	-	-	-
IIBs-ilCv	−75	-	<0,09	<0,02	-	4,4	4,3	-	-	-	-
IIilCv	−100	-	<0,09	<0,02	-	4,5	4,3	-	-	-	-
IIIilCv	−200+	-	<0,09	<0,02	-	4,5	4,3	-	-	-	-

Horizont	Tiefe (cm)	KAK_{eff} (cmol$_c$/kg)	BS_{eff} (%)
L	+4		
Of	+3	24,9	30
Oh	+1	31,5	13
Ahe	−10	3,5	12
Bsh	−15	2,1	17
Bvs	−35	1,4	8
IIBs-ilCv	−75	0,6	-
IIilCv	−100	0,4	-
IIIilCv	−200+	0,6	-

(Quelle: Landeslabor BB/Bln, HS f. nachhalt. Entw. Eberswalde, Inst. f. Ökol/TU Berlin)
(* = abgeleiteter Analysenwert)

Profil 90: Subtyp Braunerde-Podsol (BB-PP)

- Bodenausgangsgestein: Fließerdefolge aus Sandstein
- Varietät: verfahlter basenarmer (Rohhumus)Braunerde-Podsol (d.dy.roBB-PP)
- Typ: Podsol
- Klasse: Podsole
- Substrattyp: p-(z)s(Lol,^s)\p-zs(^s)/p-(z)s(^s)
- WRB: Folic Albic Podzol (Arenic, Endoeutric, Endolamellic, Amphiloamic, Amphiraptic)
- Bodenregion: Berg- und Hügelländer mit hohem Anteil an nicht metamorphen Sand-, Schluff-, Ton- und Mergelgesteinen
- Ort: Wetter, Lkr. Marburg-Biedenkopf, Hessen

- Humusform: Rohhumus
- Profilbild und Horizontabfolge: siehe Tab. 41.23
- Bodenlandschaftsbild: siehe Abb. 41.19
- Analysendaten: siehe Tab. 41.24
- Autor: Karl-Josef Sabel

Vorkommen und Ausgangsgesteine

Podsole sind vor allem in der Bodenregion 9 mit hohem Anteil an quarzreichen Sandsteinen verbreitet. Sie treten in konvexen Reliefpositionen und Bodenausgangsgesteinsabfolgen mit sehr gering lössangereicherter Hauptlage über Basislage oder Anstehendem auf. Analog trifft man diese Bodenform auch über Quarziten der Bodenregion 10.

Tab. 41.23 Profilbild und Horizontabfolge Profil 90

Profilbild	Horizontgrenze (cm)	Horizonte und ihre Eigenschaften	
	+11,5	**L** organisch	
	+11	**Of** organisch	
	+5	**Oh** organisch	
	−1	**Ahe** p-(z)s(Lo,^s)	schwach lehmiger Sand, mittel grusig; dunkelbräunlichgrau (7,5YR 4/1); Kohärentgefüge; schwach humos; mittel durchwurzelt
	−15	**Ae** p-(z)s(Lo,^s)	schwach lehmiger Sand, mittel grusig; hellgelblichgraubraun (10YR 6/3); Kohärentgefüge; sehr schwach humos; mittel durchwurzelt
	−28	**Bh+Ae** p-(z)s(Lo,^s)	schwach lehmiger Sand, mittel grusig; hellgelblichgraubraun (10YR 6/3); Humusanreicherung (Flecken); Kohärentgefüge; sehr schwach humos; mittel durchwurzelt
	−38	**IIBhs** p-zs(^s)	mittel lehmiger Sand, stark grusig, schwach steinig (kantig); dunkelbraun (7,5YR 4/4); Eisenoxid- und Humusanreicherung; Kohärentgefüge; schwach humos; stark durchwurzelt
	−68	**IIBsv** p-zs(^s)	mittel lehmiger Sand, stark grusig, sehr schwach steinig (kantig); hellgelblichbraun (10YR 6/6); Eisenoxidanreicherung; Kohärentgefüge; stark durchwurzelt
Quelle: K.-J. Sabel (Bild bearbeitet)	−100+	**IIIBbt+ilCv** p-(z)s(^s)	reiner Sand, mittel grusig, sehr schwach steinig (kantig); fahlgelblichbraun (10YR 8/3); Tonanreicherungsbänder (sehr hoher Flächenanteil); Einzelkorngefüge; sehr schwach durchwurzelt

Abb. 41.19 Bodenlandschaft Braunerde-Podsol (Quelle: Hessisches Landesamt für Naturschutz, Umwelt und Geologie)

Tab. 41.24 Analysendaten Profil 90

Horizont	Tiefe (cm)	Skelett (Vol.-%)	Sand (M.-%)	Schluff (M.-%)	Ton (M.-%)	Gesamtporen (Vol.-%)	Luftkapazität (Vol.-%)	nutzbare Feldkap. (Vol.-%)	Totwasser (Vol.-%)	Lagerungsdichte (g/cm³)
L	+11,5	-	-	-	-	*	*	*	*	*
Of	+11	-	-	-	-	*	*	*	*	*
Oh	+5	-	-	-	-	*	*	*	*	*
Ahe	−1	-	-	-	-	*	*	*	*	*
Ae	−15	-	-	-	-	*	*	*	*	*
Bh+Ae	−28	17	77	18	5	*	*	*	*	*
IIBhs	−38	-	-	-	-	*	*	*	*	*
IIBsv	−68	37	72	20	8	*	*	*	*	*
IIIBbt+ilCv	−100+	17	90	6	4	-	*	*	*	*

Horizont	Tiefe (cm)	CaCO$_3$ (M.-%)	C$_{org}$ (M.-%)	N$_t$ (M.-%)	C/N	pH H$_2$O	pH CaCl$_2$	KAK$_{pot}$ (cmol$_c$/kg)	BS (%)	K$_2$O-DL (mg/100 g)	P$_2$O$_5$-DL (mg/100 g)
L	+11,5	-	27,5	1,25	22	3,6	2,9	-	-	*	*
Of	+11	-	-	-	-	-	-	-	-	*	*
Oh	+5	-	34	1,31	26	3,3	2,7	-	-	*	*
Ahe	−1	-	1,3	0,05	26	4,1	3,0	-	-	*	*
Ae	−15	-	0,6	0,03	20	4,2	3,2	-	-	*	*
Bh+Ae	−28	-	0,6	0,03	20	4,0	3,3	-	-	*	*
IIBhs	−38	-	0,8	0,04	20	4,1	3,5	-	-	*	*
IIBsv	−68	-	0,8	0,04	20	4,5	4,2	-	-	*	*
IIIBbt+ilCv	−100+	-	0,1	-	n.k.	4,7	4,4	-	-	*	*

(Quelle: Hessisches Landesamt für Naturschutz, Umwelt und Geologie)

(* = abgeleiteter Analysenwert)

Bodenprozesse und -eigenschaften

Die basenarmen Bodenausgangsgesteine, in denen ursprünglich eine Braunerde ausgebildet war, fördern bei anhaltender Versauerung die Podsolierung, was an der Sauerbleichung des Oberbodens und der Oxidbänderung des Unterbodens erkennbar ist. Die Entwicklung zum Braunerde-Podsol und in der Folge zum Podsol wurde oft durch menschliche Eingriffe ausgelöst. Die Standorte sind flachgründig, sorptionsschwach und trocken.

Nutzung und Vegetation

In der Regel sind die Standorte bewaldet, oft sogar aus der forstwirtschaftlichen Nutzung herausgenommen, agrarische Nutzung ist weitestgehend ausgeschlossen.

Gefährdung

Generell tendieren die Böden weiterhin zur Podsolierung, vor allem unter Koniferenbeständen, wo Selbstverstärkungsprozesse ausgelöst werden. Darüber hinaus besitzen die Böden kaum Filtervermögen, vor allem für über den Niederschlag eingetragene Schadstoffe.

Profil 91: Subtyp Braunerde-Podsol (BB-PP); Subtyp ÖBS: Eisen-Humus-Podsol

- Bodenausgangsgestein: Fließerdefolge aus Granit über Granitzersatz
- Varietät: mittelbasischer rötlicher (Moder)Braunerde-Podsol (m.rt.moBB-PP)
- Typ: Podsol; Typ ÖBS: Podsol
- Klasse: Podsole; Klasse ÖBS: Podsole
- Substrattyp: p-s(+G)/c-(z)s(+G)
- WRB: Albic Podzol (Epigeoabruptic, Arenic, Amphiraptic)
- Bodenregion: Berg- und Hügelländer mit hohem Anteil an Magmatiten und Metamorphiten
- Ort: Eugenia, Hochlagen des Waldviertels, Niederösterreich
- Humusform: Rohhumusartiger Moder
- Profilbild und Horizontabfolge: siehe Tab. 41.25
- Bodenlandschaftsbild: siehe Abb. 41.20
- Analysendaten: siehe Tab. 41.26
- Autor: Othmar Nestroy et al.

Vorkommen und Ausgangsgesteine

Dieser Boden repräsentiert einen sehr dürftigen Waldstandort im Granit- und Gneishochland der Böhmischen Masse, des Moldanubikums und Moravikums. Grushaltige Fließerden aus Granitverwitterungsmaterial lagern über der Granitverwitterung.

Bodenprozesse und -eigenschaften

Bei relativ geringen Niederschlägen und auch geringen Lufttemperaturen kommt es zu einem zeitweiligen Wasserüberschuss, der, gemeinsam mit einem sauren Bestandesabfall

Tab. 41.25 Profilbild und Horizontabfolge Profil 91

Profilbild	Horizontgrenze (cm)	Horizonte und ihre Eigenschaften (in Klammern: nach ÖBS)	
	+10	**L (Ln)**	Nadelstreu
	+8	**Of (Fzm)**	fermentierte bis humifizierte Nadelstreu
	+3	**Oh (Hzomy)**	humifizierte Streu
	−2	**Ahe (Ahe)** p-l(+G)	stark lehmiger Sand, sehr schwach grusig; sehr dunkelgrau (10YR 3/1); Krümel- bis Einzelkorngefüge; extrem humos; stark durchwurzelt
	−12	**IIAe (E)** p-s(+G)	schwach schluffiger Sand, sehr schwach grusig; dunkelgrau (10YR 4/1); Einzelkorngefüge; stark humos; schwach durchwurzelt
	−17	**IIIBsh (Bsh)** p-s(+G)	schwach toniger Sand, sehr schwach grusig; dunkelbraun (7,5YR 4/4); Eisenoxid- und Humusanreicherung; sehr stark humos; schwach durchwurzelt
	−42	**IIIBsv (B1s)** p-s(+G)	schwach toniger Sand, sehr schwach grusig; rötlichbraunorange (5YR 5/8); Eisenoxidanreicherung, vereinzelte Humusflecken; Einzelkorngefüge; schwach humos; schwach durchwurzelt
	−62	**IVBv (B2s)** c-(z)s(+G)	schwach toniger Sand, schwach grusig; hellrötlichorangebraun (5YR 6/6); Eisenoxidanreicherung; Einzelkorngefüge; schwach humos; schwach durchwurzelt
	−80+	**VBv-ilCv (Cv)** c-(z)s(+G)	schwach schluffiger Sand, schwach grusig; gelblichbraun, sehr hellgraustichig (10YR 7/4); Einzelkorngefüge; sehr schwach humos; sehr schwach durchwurzelt

Quelle: D. Sauer (Bild bearbeitet)

und einem „basenarmen" Ausgangsmaterial, eine Bodenentwicklung in Richtung Podsol einleitet. Diese Böden kommen in Österreich disjunkt in der Bodenregion 10 vor, doch sind sie bei ähnlichen Ausgangsgesteinen auch in anderen Regionen anzutreffen, z. B. in der Bodenregion 15. Wenn sich bodenbildende Faktoren ändern, wie z. B. die Vegetation oder die Nutzung, aber auch durch Düngung, kann der Podsolierungsprozess unterbrochen werden. Dies führt dann zu einer Verbesserung der Böden. Gegenwärtig sind unter landwirtschaftlicher Nutzung kaum noch ausgeprägte Podsole anzutreffen.

Nutzung und Vegetation
Eine Nutzung erfolgt bei extremer Profilausbildung meist (nur) als Fichtenwald, bei geringem Podsolierungsgrad ist auch Grünland- oder Ackernutzung möglich, wobei bei Grünlandnutzung der zweite Schnitt infolge Trockenheit oftmals gering ausfallen kann.

Gefährdung
Infolge falscher Bewirtschaftung kann es zu einer weiteren Verschlechterung des Standorts kommen.

Abb. 41.20 Normpodsol bei Eugenia (Quelle: O. Nestroy)

Tab. 41.26 Analysendaten Profil 91

Horizont	Tiefe (cm)	Skelett (Vol.-%)	Sand (M.-%)	Schluff (M.-%)	Ton (M.-%)	Gesamtporen (Vol.-%)	Luftkapazität (Vol.-%)	nutzbare Feldkap. (Vol.-%)	Totwasser (Vol.-%)	Lagerungsdichte (g/cm³)
L (Ln)	+10	-	-	-	-	-	-	-	-	-
Of (Fzm)	+8	-	-	-	-	-	-	-	-	-
Oh (Hzomy)	+3	-	-	-	-	-	-	-	-	-
Ahe (Ahe)	−2	1	68	20	12	57	-	-	-	1,15
IIAe (E)	−12	1	84	12	4	48	-	-	-	1,37
IIIBsh (Bsh)	−17	1	82	8	10	49	-	-	-	1,35
IIIBsv (B1s)	−42	1	82	6	12	46	-	-	-	1,43
IVBv (B2s)	−62	5	86	8	6	45	-	-	-	1,47
VBv-ilCv (Cv)	−80+	5	79	17	4	43	-	-	-	1,50

Horizont	Tiefe (cm)	$CaCO_3$ (M.-%)	C_{org} (M.-%)	N_t (M.-%)	C/N	pH H_2O	pH $CaCl_2$	KAK_{pot} ($cmol_c$/kg)	BS (%)	K_2O-DL (mg/100 g)	P_2O_5-DL (mg/100 g)
L (Ln)	+10	-	-	-	-	-	-	-	-	-	-
Of (Fzm)	+8	-	-	-	-	-	-	-	-	-	-
Oh (Hzomy)	+3	-	-	-	-	-	-	-	-	-	-
Ahe (Ahe)	−2	-	14,5	0,51	28	-	2,8	6,6	59	-	-
IIAe (E)	−12	-	3,9	0,19	21	-	2,8	2,9	20	-	-
IIIBsh (Bsh)	−17	-	7,0	0,11	64	-	3,0	4,4	66	-	-
IIIBsv (B1s)	−42	-	0,5	0,01	50	-	3,9	0,6	2	-	-
IVBv (B2s)	−62	-	0,5	0,01	50	-	4,0	0,5	3	-	-
VBv-ilCv (Cv)	−80+	-	0,3	0,01	30	-	4,3	0,2	3	-	-

Horizont	Tiefe (cm)	Ca ($cmol_c$/kg)	Mg ($cmol_c$/kg)	K ($cmol_c$/kg)	Na ($cmol_c$/kg)	elektr. Leitf. (µS/cm (1 : 10-Extrakt))
L (Ln)	+10					
Of (Fzm)	+8					
Oh (Hzomy)	+3					
Ahe (Ahe)	−2	3,2	0,5	0,2	<0,1	88
IIAe (E)	−12	0,4	0,1	<0,1	<0,1	48
IIIBsh (Bsh)	−17	1,4	0,5	0,8	0,2	148
IIIBsv (B1s)	−42	0,0	<0,1	<0,1	0,0	150
IVBv (B2s)	−62	0,0	<0,1	<0,1	0,0	152
VBv-ilCv (Cv)	−80+	0,0	<0,1	<0,1	0,0	164

(Quelle: Institut für Angewandte Geowissenschaften, Universität Graz)

(* = abgeleiteter Analysenwert)

Profil 92: Subtyp Braunerde-Podsol (BB-PP); Typ und Untertypen CH: Podzol, stark sauer, huminstoffreich, locker (P, E4, MH, L1)

- Bodenausgangsgestein: Hangsand über Hangschutt aus Granit und Gneis
- Varietät: basenarmer rötlicher (Rohhumus)Braunerde-Podsol (dy.rt.roBB-PP)
- Typ: Podsol; Typ CH: Podzol
- Klasse: Podsole
- Substrattyp: u-(z)s(Shg)/u-sn(+G,*Gn)//u-n(+G,*Gn)

- WRB: Endoskeletic Endoleptic Albic Podzol (Arenic, Epiloamic, Amphiraptic)
- Bodenregion: Alpensüdseite im Bereich der westlichen Alpen
- Ort: Puschlav, Poschiavo 1 (S19), Bündner-Südtäler, Kanton Graubünden
- Humusform: Rohhumus; Humusform CH: Rohhumus (La)
- Profilbild und Horizontabfolge: siehe Tab. 41.27
- Bodenlandschaftsbilder: siehe Abb. 41.21 und 41.22
- Analysendaten: siehe Tab. 41.28
- Autor: Peter Lüscher, Peter Blaser, Stephan Zimmermann, Jörg Luster, Lorenz Walthert

Tab. 41.27 Profilbild und Horizontabfolge Profil 92

Profilbild	Horizontgrenze (cm)	Horizonte und ihre Eigenschaften (in Klammern: Horizonte CH)	
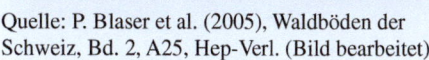	+6	**L (Ol)**	; organisch
	+5	**Of (Of)**	; organisch
	+3	**Oh (Oh)**	; organisch
	−8	**Ahe (EAh)** u-(z)l(Lhg)	schluffig-lehmiger Sand, mittel grusig; dunkelrotbräunlichgrau (5YR 4/2) Subpolyedergefüge; stark humos; mittel durchwurzelt
	−15	**Ae (AE)** u-(z)l(Lhg)	schluffig-lehmiger Sand, mittel grusig; dunkelrotbräunlichgrau (5YR 4/2); Subpolyedergefüge; stark humos; mittel durchwurzelt
	−35	**IIBh (Ih)** u-(z)s(Shg)	mittel lehmiger Sand, mittel grusig; rotbräunlichschwarz (5YR 2,5/2); Humusanreicherung; Subpolyedergefüge; sehr humos; stark durchwurzelt
	−55	**IIIBhs (Ife)** u-sn(+G,*Gn)	schwach lehmiger Sand, schwach grusig, sehr stark steinig (kantige Blöcke); sehr dunkelrötlichbraungrau (5YR 3/3); Eisenoxid- und Humusanreicherung; Subpolyedergefüge; sehr stark humos; schwach durchwurzelt
	−80	**IIIilCv-Bhv (BC)** u-sn(+G,*Gn)	schwach schluffiger Sand, schwach grusig, sehr stark steinig (kantige Blöcke); dunkelgelblichbraun (10YR 4/6); Humusanreicherung; stark humos; schwach durchwurzelt
	−90+	**IVimCn (R)** u-n(+G,*Gn)	extrem stark steinig (kantige Blöcke)

Quelle: P. Blaser et al. (2005), Waldböden der Schweiz, Bd. 2, A25, Hep-Verl. (Bild bearbeitet)

Vorkommen und Ausgangsgesteine

Das Profil liegt im Puschlav, einem Bündner Südtal, auf 1852 m ü. M. an einem Mittelhang. Die Neigung beträgt 50 %, und der Hang ist nordexponiert. Es ist aus einem flachen Hanglehm über einem Hangsand über einem Hangsandschutt über einem tiefen Hangschutt (aus kristallinem Gestein, vorwiegend Granit und Gneis) aufgebaut. Der mittlere Jahresniederschlag beträgt 1694 mm, und die mittlere Jahrestemperatur liegt bei 4,1 Grad Celsius. Die Länge der Vegetationsperiode beträgt 120–135 Tage.

Bodenprozesse und -eigenschaften

Die Humusform entspricht einem Rohhumus. Die Vegetationsrückstände von Fichten und Zwergsträuchern und das rauhe Klima sind dafür verantwortlich, dass sich eine mehrere Zentimeter mächtige organische Auflage gebildet hat. Die geringe biologische Aktivität und das mäßig weite C/N-Verhältnis lassen nur eine niedrige Mineralisierung der organischen Substanz zu. Gelöste organische Substanzen werden mit dem, dank großer Niederschlagsmengen, reichlichen Sickerwasser verlagert, was aus der Tiefenverteilung der Corg-Gehalte mit einer Verarmung und einer darunterliegenden Anreicherung ersichtlich wird. Das carbonatfreie Ausgangsgestein verwittert profilumfassend schluffreich und im sehr stark bis stark sauren Bereich. Die Tiefe des anstehenden Ausgangsgesteins und damit des Wurzelraums ist in der unmittelbaren Umgebung des Profils sehr variabel.

Nutzung und Vegetation

Der Waldstandort entspricht einem Torfmoos-Fichtenwald mit z. T. lückigen Waldstrukturen. Dieser Typ ist in den Alpen und auf der Alpensüdseite weit verbreitet. Die Fichte dominiert die Bestände, dazu Vogelbeere und als Pionier auf rohen Stellen mit Oberflächenerosion die Lärche.

Gefährdung

Die Durchwurzelung ist örtlich in unterschiedlicher Tiefe durch Felsblöcke begrenzt. Dennoch scheint die Verankerung des Baumbestandes problemlos. Die Bäume können diesen Boden in Spalten und Klüften tief durchwurzeln, und die Felsblöcke verleihen zusätzlichen Halt. Es besteht an diesem Standort unter den gegebenen klimatischen Verhältnissen kein Risiko für Trockenstress. Der Boden reagiert auf das Befahren selbst im feuchten Zustand wenig empfindlich. Ein Befahren des Bestandes wird allerdings durch die Steilheit des Hanges und lokal auch durch Gesteinsblöcke stark erschwert.

Abb. 41.21 Torfmoos-Fichtenwald (Quelle: P. Blaser et al. (2005), Waldböden der Schweiz, Bd. 2, A25, Hep-Verl)

Abb. 41.22 Blick ins Puschlav talaufwärts mit dem Lago di Poschiavo (Quelle: Eidgenössische Forschungsanstalt für Wald, Schnee und Landschaft, Birmensdorf, M. Walser)

Tab. 41.28 Analysendaten Profil 92

Horizont	Tiefe (cm)	Skelett (Vol.-%)	Sand (M.-%)	Schluff (M.-%)	Ton (M.-%)	Gesamtporen (Vol.-%)	Luftkapazität (Vol.-%)	nutzbare Feldkap. (Vol.-%)	Totwasser (Vol.-%)	Lagerungsdichte (g/cm³)
L (Ol)	+6	-	-	-	-	-	-	-	-	-
Of (Of)	+5	-	-	-	-	-	-	-	-	-
Oh (Oh)	+3	-	-	-	-	-	-	-	-	-
Ahe (EAh)	−8	21,3	41	49	10	-	-	23,7	-	0,55
Ae (AE)	−15	21,3	43	46	11	-	-	24,2	-	0,55
IIBh (Ih)	−35	19,4	60	31	9	-	-	21,5	-	0,98
IIIBhs (Ife)	−55	46	77	17	6	-	-	10,0	-	1,09
IIIilCv-Bhv (BC)	−80	46	75	22	3	-	-	12,0	-	-
IVimCn (R)	−90+	-	-	-	-	-	-	-	-	-

Horizont	Tiefe (cm)	CaCO₃ (M.-%)	C$_{org}$ (M.-%)	N$_t$ (M.-%)	C/N	pH H₂O	pH CaCl₂	KAK$_{pot}$ (cmol$_c$/kg)	BS (%)	K₂O-DL (mg/100 g)	P₂O₅-DL (mg/100 g)
L (Ol)	+6	-	-	-	-	-	-	-	-	-	-
Of (Of)	+5	-	42,2	2,0	22	-	3,5	-	-	23,0*	-
Oh (Oh)	+3	-	39,2	1,75	22	3,7	3,1	-	-	4,0*	-
Ahe (EAh)	−8	-	3,1	0,16	19	4,0	3,4	-	-	-	-
Ae (AE)	−15	-	4,4	0,21	21	3,9	3,3	-	-	-	-
IIBh (Ih)	−35	-	8,5	0,37	23	4,2	3,7	-	-	-	-
IIIBhs (Ife)	−55	-	6,1	0,25	24	4,7	4,2	-	-	-	-
IIIilCv-Bhv (BC)	−80	-	3,3	0,16	26	5,3	4,5	-	-	-	-
IVimCn (R)	−90+	-	-	-	-	-	-	-	-	-	-

Horizont	Tiefe (cm)	KAK$_{eff}$ (cmol$_c$/kg)	BS$_{eff}$ (%)
L (Ol)	+6		
Of (Of)	+5	25,7	82
Oh (Oh)	+3	24,4	80
Ahe (EAh)	−8	15,5	7
Ae (AE)	−15	15,4	5
IIBh (Ih)	−35	12,2	9
IIIBhs (Ife)	−55	3,3	10
IIIilCv-Bhv (BC)	−80	2,0	12
IVimCn (R)	−90+	-	-

(Quelle: Forschungseinheit Waldböden und Biochemie, Eidgenössische Forschungsanstalt für Wald, Schnee und Landschaft, Birmensdorf)
(* = abgeleiteter Analysenwert)

Profil 93: Subtyp Parabraunerde-Podsol (LL-PP)

- Bodenausgangsgestein: Fließerdefolge aus Sandstein und Lösslehm über Fließerde aus Sandstein
- Varietät: mittelbasischer (Moder)Parabraunerde-Podsol (m.moLL-PP)
- Typ: Podsol
- Klasse: Podsole
- Substrattyp: p-(z)l(^s,Lol)/p-sn(^s)
- WRB: Endoskeletic Endoalic Albic Podzol (Loamic, Amphiraptic)
- Bodenregion: Berg- und Hügelländer mit hohem Anteil an nicht metamorphen Sand-, Schluff-, Ton- und Mergelgesteinen

- Ort: Rosenthal-Bielatal, Lkr. Sächsische Schweiz-Osterzgebirge, Sachsen
- Humusform: Rohhumusartiger Moder
- Profilbild und Horizontabfolge: siehe Tab. 41.29
- Bodenlandschaftsbild: siehe Abb. 41.23
- Analysendaten: siehe Tab. 41.30
- Autor: Ralf Sinapius

Vorkommen und Ausgangsgesteine

Die Übergangstypen zwischen Parabraunerde und Podsol befinden sich im Elbsandsteingebirge in den Randlagen der Lösslehmverbreitung. Sie sind dabei ausschließlich in Hanglagen als mächtige Deckschichtenprofile zu finden. Das Hangende dieser Böden besteht aus einer von Lösslehm domi-

Tab. 41.29 Profilbild und Horizontabfolge Profil 93

Profilbild	Horizontgrenze (cm)	Horizonte und ihre Eigenschaften	
	+8	**L**	Auflagehumus
	+7	**Of**	Auflagehumus; Schichtgefüge; stark durchwurzelt
	+4	**Oh**	Auflagehumus; Bröckelgefüge; schwach durchwurzelt
	−2	**Ahe+Ae** p-(z)l(^s,Lol)	schluffig-lehmiger Sand, schwach grusig; hellbräunlichgrau (7,5YR 6/1); gebleichte Sandkörner, Humusflecken; Bröckelgefüge; schwach humos; stark durchwurzelt
	−7	**Bsh** p-(z)u(^s,Lol)	sandig-lehmiger Schluff, schwach grusig, sehr schwach steinig (kantig); braun (7,5YR 5/4); Eisenoxid- und Humusanreicherung; Subpolyedergefüge; mittel humos; mittel durchwurzelt
	−35	**Al-Bhs** p-(z)l(^s,Lol)	schluffig-lehmiger Sand, schwach grusig, sehr schwach steinig (kantig); hellorangebraun (7,5YR 6/6); Aufhellung (diffus, geringer Flächenanteil) und Eisenoxid- und Humusanreicherung; Subpolyedergefüge; mittel humos; schwach durchwurzelt
	−65	**IIBs-Al** p-(n)s(Lol,^s)	mittel schluffiger Sand, schwach grusig, mittel steinig (kantig); gelblichbraun, sehr hellgraustichig (10YR 7/4); Aufhellung (Flecken, hoher Flächenanteil) und Eisenoxidanreicherung; Kittgefüge; sehr schwach humos; schwach durchwurzelt
	−100	**IIIBt** p-sn(^s)	mittel lehmiger Sand, schwach grusig, sehr stark steinig (kantig); gelblichbraun, hellgraustichig (10YR 6/4); Tontapeten (hoher Flächenanteil); Subpolyedergefüge; sehr schwach humos; schwach durchwurzelt
	−120+	**IIIBt-ilCv** p-sn(^s)	schwach lehmiger Sand, mittel grusig, stark steinig (kantig); hellgelblichbraungrau (10YR 6/2); Tontapeten (mittlerer Flächenanteil); Einzelkorngefüge; sehr schwach humos; sehr schwach durchwurzelt

Quelle: R. Sinapius (Bild bearbeitet)

Abb. 41.23 Die Hänge im Elbsandsteingebirge besitzen sehr unterschiedliche Deckschichten und werden häufig von Felsriffen und Massiven überragt (Quelle: R. Sinapius)

Tab. 41.30 Analysendaten Profil 93

Horizont	Tiefe (cm)	Skelett (Vol.-%)	Sand (M.-%)	Schluff (M.-%)	Ton (M.-%)	Gesamtporen (Vol.-%)	Luftkapazität (Vol.-%)	nutzbare Feldkap. (Vol.-%)	Totwasser (Vol.-%)	Lagerungsdichte (g/cm³)
L	+8	-	-	-	-	-	-	-	-	-
Of	+7	-	-	-	-	-	-	-	-	-
Oh	+4	-	-	-	-	-	-	-	-	-
Ahe+Ae	−2	3	45	45	10	-	-	-	-	-
Bsh	−7	6	38	50	12	-	-	-	-	-
Al-Bhs	−35	8	38	49	13	-	-	-	-	-
IIBs-Al	−65	23	62	33	5	-	-	-	-	-
IIIBt	−100	60	73	18	9	-	-	-	-	-
IIIBt-ilCv	−120+	60	76	19	5	-	-	-	-	-

Horizont	Tiefe (cm)	$CaCO_3$ (M.-%)	C_{org} (M.-%)	N_t (M.-%)	C/N	pH H_2O	pH $CaCl_2$	KAK_{pot} (cmol$_c$/kg)	BS (%)	K_2O-DL (mg/100 g)	P_2O_5-DL (mg/100 g)
L	+8	-	-	-	-	-	-	-	-	-	-
Of	+7	-	-	-	-	-	-	-	-	-	-
Oh	+4	-	-	-	-	-	-	-	-	-	-
Ahe+Ae	−2	-	>0,6*	0,16	-	-	4,4	-	-	-	-
Bsh	−7	-	1,8	0,08	22	-	3,6	-	-	-	-
Al-Bhs	−35	-	1,4	0,07	20	-	4,1	-	-	-	-
IIBs-Al	−65	-	0,5	0,03	17	-	4,5	-	-	-	-
IIIBt	−100	-	0,3	0,01	30	-	4,1	-	-	-	-
IIIBt-ilCv	−120+	-	0,2	0,01	20	-	4,4	-	-	-	-

(Quelle: Sächsisches Landesamt für Umwelt, Landwirtschaft und Geologie)
(* = abgeleiteter Analysenwert)

nierten Fließerde (Hauptlage), darunter befinden sich mehrgliedrige Sandstein-Mittel- und Basislagen.

Bodenprozesse und -eigenschaften

Die Hauptlage besitzt >50 % Lösslehm im Feinboden bei einem geringen bis mittleren Skelettgehalt. Der Löss war zur Zeit seiner Anwehung im Periglazial kalkführend. Sowohl am Ende des Periglazials und verstärkt mit den humiden Verhältnissen des Holozäns verwitterte und entkalkte der Löss. Die einhergehende Versauerung bewirkte die tiefgründige Lessivierung des Profils. Nach der Entbasung setzte mit der weiteren pH-Wert-Abnahme die Podsolierung ein und überprägte die ursprüngliche Parabraunerde. Die Sauerbleichung (Ae) ist nur schwach und lückenhaft entwickelt. In den Horizonten mit Oxidanreicherung (Bs) sind noch schwache Ton-Auswaschungsflecken (Al) erhalten, auch in der Mittellage. Die Tonanreicherung mit gut erkennbaren Tonbelägen erfolgte in der Basislage.

Nutzung und Vegetation

Der insgesamt hohe Schuttgehalt und steilere Hanglagen prädestinieren diese Böden für eine forstliche Nutzung. Am Standort befindet sich ein Fichten-Forst. Ursprünglich existierte wahrscheinlich ein Tannen-Buchen-Wald.

Gefährdung

Eine Entwaldung würde diese Standorte auf Grund der hohen Hangneigungen stark erodieren lassen. Kleinflächig

kann dieser Abtrag bei Auflichtung des Baumbestandes und Beschädigung der Krautschicht bereits beobachtet werden.

Profil 94: Subtyp Pseudogley-Podsol (SS-PP)

- Bodenausgangsgestein: Fließerde aus Löss und Feuerstein über Fließerde aus Feuerstein und Residualton
- Varietät: mittelbasischer (Moder)Parabraunerde-Pseudogley-Podsol (m.moLL-SS-PP)
- Typ: Podsol
- Klasse: Podsole
- Substrattyp: p-lz(Lo,^if)/p-zt(^if,Tr)
- WRB: Skeletic Epialbic Amphistagnic Epigeoabruptic Alisol (Katoclayic, Cutanic, Hyperdystric, Humic, Nechic, Amphiraptic)
- Bodenregion: Berg- und Hügelländer mit hohem Anteil an nicht metamorphen carbonatischen Gesteinen
- Ort: Wasseralfingen, Ostalbkreis, Baden-Württemberg
- Humusform: Typischer Moder
- Profilbild und Horizontabfolge: siehe Tab. 41.31
- Bodenlandschaftsbild: siehe Abb. 41.24
- Analysendaten: siehe Tab. 41.32
- Autor: Wolfgang Fleck, Thomas Huth

Tab. 41.31 Profilbild und Horizontabfolge Profil 94

Profilbild	Horizontgrenze (cm)	Horizonte und ihre Eigenschaften	
 Quelle: Landesamt für Geologie, Rohstoffe und Bergbau im Regierungspräsidium Freiburg, T. Huth (Bild bearbeitet)	+5,5	**L**	Nadelstreu
	+4,5	**Of**	Nadelstreu, zersetzt
	+2,5	**Oh**	Feinhumus mit Resten von Nadelstreu
	−8	**Ahe** p-lz(Lo,^if)	schluffig-lehmiger Sand, sehr stark grusig; schwarz (10YR 2/1); Kohärentgefüge; stark humos; stark durchwurzelt
	−20	**Ae** p-lz(Lo,^if)	schluffig-lehmiger Sand, sehr stark grusig; hellgelblichgraubraun (10YR 6/3); Sauerbleichung; Kohärentgefüge; schwach humos; schwach durchwurzelt
	−31	**Al-Bs** p-zu(Lo,^if)	sandig-lehmiger Schluff, stark grusig; gelblichbraun (10YR 5/6); Aufhellung (schwach ausgeprägt), Eisenoxidanreicherung; Kohärentgefüge; schwach humos; schwach durchwurzelt
	−44	**IIBvt** p-zl(^if,Tr)	mittel sandiger Lehm, stark grusig; gelbbraun (10YR 5/8); Tonbeläge; Kohärentgefüge; sehr schwach humos; sehr schwach durchwurzelt
	−70	**IIIBv-Swd** p-zt(^if,Tr)	lehmiger Ton, stark grusig; braunorange (7,5YR 5/8); Eisenoxide (fleckig, konkretionär, geringer Flächenanteil) und Bleichflecken (schwach ausgeprägt, sehr hoher Flächenanteil); Kohärentgefüge
	−170+	**IVBv-ilCv** c-zt(^if,Tr)	lehmiger Ton, stark grusig, schwach steinig (kantig); braunorange (7,5YR 5/8) und hell braunorange (7,5YR6/8); Eisenoxide (fleckig, konkretionär, sehr geringer Flächenanteil) und Bleichflecken (sehr schwach ausgeprägt, mittlerer Flächenanteil); Kohärentgefüge

Abb. 41.24 Typischer Nadelwaldbestand auf Feuersteinlehm (Quelle: Landesamt für Geologie, Rohstoffe und Bergbau im Regierungspräsidium Freiburg, T. Huth)

Tab. 41.32 Analysendaten Profil 94

Horizont	Tiefe (cm)	Skelett (Vol.-%)	Sand (M.-%)	Schluff (M.-%)	Ton (M.-%)	Gesamtporen (Vol.-%)	Luftkapazität (Vol.-%)	nutzbare Feldkap. (Vol.-%)	Totwasser (Vol.-%)	Lagerungsdichte (g/cm³)
L	+5,5	-	-	-	-	-	-	-	-	-
Of	+4,5	-	-	-	-	-	-	-	-	-
Oh	+2,5	-	-	-	-	-	-	-	-	-
Ahe	−8	-	40	47	13	-	-	-	-	-
Ae	−20	-	42	48	10	-	-	-	-	-
Al-Bs	−31	-	32	52	16	-	-	-	-	-
IIBvt	−44	-	43	34	23	-	-	-	-	-
IIIBv-Swd	−70	-	21	26	53	-	-	-	-	-
IVBv-ilCv	−170+	-	14	23	63	-	-	-	-	-

Horizont	Tiefe (cm)	CaCO₃ (M.-%)	C_org (M.-%)	N_t (M.-%)	C/N	pH H₂O	pH CaCl₂	KAK_pot (cmol_c/kg)	BS (%)	K₂O-DL (mg/100 g)	P₂O₅-DL (mg/100 g)
L	+5,5	-	-	-	-	-	-	-	-	-	-
Of	+4,5	-	-	-	-	-	-	-	-	-	-
Oh	+2,5	-	-	-	-	-	-	-	-	-	-
Ahe	−8	-	3,9	0,1	20	-	4,1	-	-	4	2
Ae	−20	-	0,7	0	-	-	4,2	-	-	2	4
Al-Bs	−31	-	0,9	0	-	-	3,8	-	-	2	10
IIBvt	−44	-	0,4	0	-	-	4,3	-	-	2	37
IIIBv-Swd	−70	-	-	-	-	-	3,9	-	-	2	1
IVBv-ilCv	−170+	-	-	-	-	-	3,8	-	-	4	1

Horizont	Tiefe (cm)	KAK_eff (cmol_c/kg)	BS_eff (%)
L	+5,5	-	-
Of	+4,5	-	-
Oh	+2,5	63	46
Ahe	−8	13	20
Ae	−20	24	10
Al-Bs	−31	23	13
IIBvt	−44	79	1
IIIBv-Swd	−70	210	6
IVBv-ilCv	−170+		

(Quelle: Landesamt für Geologie, Rohstoffe und Bergbau im Regierungspräsidium Freiburg)
(* = abgeleiteter Analysenwert)

Vorkommen und Ausgangsgesteine

Der Boden hat sich aus alten Schuttdecken auf den Hochflächen im Osten der Schwäbischen Alb entwickelt. Sie setzen sich zusammen aus sandig-schluffigen Feuersteinlehmen über tertiären Ocker- und Rotlehmen. Genetisch sind diese Ausgangsgesteine als Residualbildung der Kalksteinverwitterung einzuordnen, wobei das Material wahrscheinlich mehrfach umgelagert wurde.

Bodenprozesse und -eigenschaften

Die rötlichen Farben der tertiären Verwitterung wurden durch Verbraunung, Tonverlagerung, Podsolierung und Pseudovergleyung (nur im Unterboden) im Zuge der holozänen Bodenbildung überprägt. Die langsame Streuzersetzung auf dem basenverarmten Substrat führte zur Ausbildung der Humusform feinhumusreicher Typischer Moder. Besonders im gebleichten Ahe-Horizont ist der grusige Feuersteinschutt deutlich zu erkennen.

Nutzung und Vegetation

Der Profilstandort liegt in einem lockeren Fichtenaltholzbestand mit Heidelbeere in der Krautschicht.

Gefährdung

Unter Wald ist die Bodenform wenig gefährdet. Eine Nutzungsänderung ist aufgrund der besonderen Bodeneigenschaften weitgehend auszuschließen.

Profil 95: Subtyp Gley-Podsol (GG-PP)

- Bodenausgangsgestein: Flugsand über tiefem Schmelz-wassersand und Geschiebelehm
- Varietät: mittelbasischer (Moder)Gley-Podsol (m. moGG-PP)
- Typ: Podsol
- Klasse: Podsole
- Substrattyp: a-s(Sa)//p-(k)s(Sp)//g-(k)s+l(Sgf+Lg)
- WRB: Epidystric Eutric Spodic Oxygleyic Gleysol (Pantoarenic, Humic, Nechic, Amphiraptic)
- Bodenregion: Altmoränenlandschaften
- Ort: Kiefernwald im westlichen Münsterland, Krs. Borken, Nordrhein-Westfalen
- Humusform: Rohhumusartiger Moder

- Profilbild und Horizontabfolge: siehe Tab. 41.33
- Bodenlandschaftsbild: siehe Abb. 41.25
- Analysendaten: siehe Tab. 41.34
- Autor: Gerhard Milbert, Martin Dworschak

Vorkommen und Ausgangsgesteine

Im Münsterland sind saalezeitliche Grundmoränen – häufig mit Geschiebedecksand – weit verbreitet. In den meisten Fällen ist die Altmoränenlandschaft mit einer Flugsanddecke überzogen.

Bodenprozesse und -eigenschaften

Je nach Tiefenlage der Grundmoräne haben sich Podsol-Pseudogleye bzw. Pseudogley-Podsole (bei hoch anstehender

Tab. 41.33 Profilbild und Horizontabfolge Profil 95

Profilbild	Horizontgrenze (cm)	Horizonte und ihre Eigenschaften	
	+7	**L**	organisch
	+5	**Of**	organisch
	+2	**Oh**	organisch; brechbarer Feinhumus; mittel durchwurzelt
	−10	**Ahe** a-s(Sa)	schwach lehmiger Sand; rötlichbraungrau (5YR 5/3); Einzelkorngefüge; stark humos; mittel durchwurzelt
	−25	**Bsh** a-s(Sa)	mittel lehmiger Sand; rötlichschwarz (5YR 2,5/1); Eisenoxid- und Humusanreicherung; Subpolyedergefüge; stark humos; mittel durchwurzelt
	−40	**Bhs** a-s(Sa)	mittel lehmiger Sand; sehr dunkelrötlichbraungrau (5YR 3/3); Eisenoxid- und Humusanreicherung; Hüllengefüge; schwach humos; mittel durchwurzelt
	−65	**IIBs-Go** a-s(Sa)	reiner Sand; braunorange (7,5YR 5/8); Eisenoxidanreicherung; Eisenoxide (fleckig, hoher Flächenanteil) und Manganoxide (konkretionär, geringer Flächenanteil); Hüllengefüge; schwach humos; schwach durchwurzelt
	−85	**IIIGo** a-s(Sa)	reiner Sand; sehr hellgelblichbraun (10YR 7/6); Eisenoxide (fleckig, hoher Flächenanteil); Hüllen- und Einzelkorngefüge; sehr schwach durchwurzelt
	−100	**IVGo** p-(k)s(Sp)	reiner Sand, mittel kiesig; hellgelblichbraun (10YR 6/6); Eisenoxide (fleckig, hoher Flächenanteil); Einzelkorngefüge; sehr schwach durchwurzelt
	−130+	**VGor** g-(k) s+l(Sgf+Lg)	schwach lehmiger Sand, sandiger Lehm, schwach kiesig; sehr hellgelblichbraungrau (10YR 7/2) in Flecken sehr hellbräunlichorange (7,5YR 7/8); Eisenoxide (fleckig, mittlerer Flächenanteil) und reduziertes Eisen (fast ausschließlicher Flächenanteil); Subpolyedergefüge

Quelle: Geologischer Dienst NRW, U. Dworschak (Bild bearbeitet)

Abb. 41.25 Häufig sind die von Grundwasser beeinflussten nährstoffarmen Waldstandorte im Münsterland mit Kiefer bestockt. Die Krautschicht wird von Adlerfarn und Pfeifengras dominiert (Quelle: Geologischer Dienst NRW, U. Dworschak)

Moräne) und Podsole-Gleye bzw. Gley-Podsole (bei tiefer anstehender Moräne) entwickelt. Dabei wurde die Podsolierung durch Verheidungsphasen bis ins 19. Jahrhundert begünstigt. Die Podsolierung ist hier reliktisch, der Grundwassereinfluss ist rezent.

Nutzung und Vegetation

Heute ist ein großer Teil der podsolierten Böden des Münsterlandes landwirtschaftlich genutzt, je nach Grad der Staunässe oder Grundwasserstand als Grünland oder Ackerland.

Gefährdung

Aufgrund der hohen Flächenanteile sind podsolierte Böden im Münsterland nicht gefährdet.

Tab. 41.34 Analysendaten Profil 95

Horizont	Tiefe (cm)	Skelett (Vol.-%)	Sand (M.-%)	Schluff (M.-%)	Ton (M.-%)	Gesamtporen (Vol.-%)	Luftkapazität (Vol.-%)	nutzbare Feldkap. (Vol.-%)	Totwasser (Vol.-%)	Lagerungsdichte (g/cm³)
L	+7	-	-	-	-	-	-	-	-	-
Of	+5	-	-	-	-	-	-	-	-	-
Oh	+2	-	-	-	-	-	-	-	-	-
Ahe	−10	0	82	12	6	-	-	-	-	-
Bsh	−25	0	80	11	9	-	-	-	-	-
Bhs	−40	0	82	10	8	-	-	-	-	-
IIBs-Go	−65	0	90	6	4	-	-	-	-	-
IIIGo	−85	0	100	0	0	-	-	-	-	-
IVGo	−100	12	100	0	0	-	-	-	-	-
VGor	−130+	4	78	14	8	-	-	-	-	-

Horizont	Tiefe (cm)	CaCO₃ (M.-%)	C_org (M.-%)	N_t (M.-%)	C/N	pH H₂O	pH CaCl₂	KAK_pot (cmol_c/kg)	BS (%)	K₂O-DL (mg/100 g)	P₂O₅-DL (mg/100 g)
L	+7	-	-	-	-	-	-	-	-	-	-
Of	+5	-	-	-	-	-	-	-	-	-	-
Oh	+2	-	28,5	1,1	27	4,0	-	61	-	-	-
Ahe	−10	-	2,0	0,1	28	4,1	-	13	-	-	-
Bsh	−25	-	3,7	0,1	-	4,3	-	28	-	-	-
Bhs	−40	-	2,3	0,1	-	4,5	-	25	-	-	-
IIBs-Go	−65	-	-	-	-	4,7	-	10	-	-	-
IIIGo	−85	-	-	-	-	5,0	-	4	-	-	-
IVGo	−100	-	-	-	-	4,4	-	5	-	-	-
VGor	−130+	-	-	-	-	4,7	-	2	-	-	-

Quelle: Geologischer Dienst NRW)
(* = abgeleiteter Analysenwert)

Profil 96: Subtyp Gley-Podsol (GG-PP)

- Bodenausgangsgestein: Flugsand über tiefem Schmelz-wassersand
- Varietät: basenarmer (Rohhumus)Pseudogley-Gley-Podsol (dy.roSS-GG-PP)
- Typ: Podsol
- Klasse: Podsole
- Substrattyp: a-s(Sa)//f-s(Sgf)
- WRB: Endogleyic Folic Albic Ortsteinic Podzol (Pantoarenic, Endoraptic, Amphiprotostagnic)
- Bodenregion: Altmoränenlandschaften

- Ort: Birkenwald bei Ottmarsbochholt im Münsterland, Krs. Borken, Nordrhein-Westfalen
- Humusform: Rohhumus
- Profilbild und Horizontabfolge: siehe Tab. 41.35
- Bodenlandschaftsbild: siehe Abb. 41.26
- Analysendaten: siehe Tab. 41.36
- Autor: Gerhard Milbert, Martin Dworschak

Vorkommen und Ausgangsgesteine

Grundwasser- und Stauwasser-beeinflusste Podsole aus Flugsand über Sedimenten der Saalekaltzeit sind typisch für

Tab. 41.35 Profilbild und Horizontabfolge Profil 96

Profilbild	Horizontgrenze (cm)	Horizonte und ihre Eigenschaften	
Quelle: Geologischer Dienst NRW, U. Dworschak (Bild bearbeitet)	+15	**L**	organisch; lockere Laubstreu
	+13	**Of**	organisch; verfilzte Blattreste; schwach durchwurzelt
	+8	**Oh**	organisch; brechbarer Feinhumus; stark durchwurzelt
	−7	**Sw-Ahe** a-s(Sa)	schwach schluffiger Sand; braunschwarz (10YR 2/2), in Flecken hellgelblichbraungrau (10YR 6/2); Bleichflecken (geringer Flächenanteil); Subpolyedergefüge; stark humos; mittel durchwurzelt
	−20	**Sw-Ae** a-s(Sa)	schwach schluffiger Sand; hellgelblichbraungrau (10YR 6/2); Eisenoxide (fleckig, sehr geringer Flächenanteil); Einzelkorngefüge; sehr schwach humos; sehr schwach durchwurzelt
	−35	**Sw-Bh** a-s(Sa)	schwach lehmiger Sand; schwarz (10YR 2/1); Eisenoxide (fleckig, geringer Flächenanteil) und Bleichflecken (geringer Flächenanteil); Hüllengefüge; stark humos; mittel durchwurzelt
	−55	**Sd-Bhms** a-s(Sa)	schwach toniger Sand; sehr dunkelbraun (7,5YR 3/4), in Flecken orange und in Adern schwarz (10YR 2/1); Orterde; Eisenoxide (fleckig und konkretionär, mittlerer Flächenanteil) und Manganoxide (konkretionär, geringer Flächenanteil) und Bleichflecken (hoher Flächenanteil); Hüllengefüge; mittel humos; sehr schwach durchwurzelt
	−90	**Bs-Go** a-s(Sa)	reiner Sand; hellrötlichbraunorange (5YR 6/8) und in Flecken orangerot; Eisenoxide (fleckig, sehr hoher Flächenanteil) und Eisen- und Manganoxide (konkretionär, mittlerer Flächenanteil) und reduziertes Eisen (hoher Flächenanteil); Hüllengefüge; sehr schwach humos
	−150	**IIGro** f-s(Sgf)	schwach schluffiger Sand; hellrötlichorangebraun (5YR 6/6) und in Flecken hellrötlichbraunorange (5YR 6/8); Eisenoxide (fleckig, extrem hoher Flächenanteil) und Eisen- und Manganoxide (konkretionär, mittlerer Flächenanteil) und reduziertes Eisen (hocher Flächenanteil); Kohärentgefüge
	−200+	**IIIGor** g-(k)t(Lg)	mittel schluffiger Ton, schwach kiesig; hellgelblichbraungrau (10YR 6/2) und in Flecken hellgelblichbraun (10YR 6/6); Eisenoxide (fleckig, mittlerer Flächenanteil) und reduziertes Eisen (überwiegender Flächenanteil); Kohärentgefüge

Abb. 41.26 Auf staunassen und nährstoffarmen Standorten im Münsterland finden sich vereinzelt Birkenbestände mit flächendeckendem Pfeifengras (Quelle: Geologischer Dienst NRW, M. Dworschak)

die Altmoränenlandschaften im norddeutschen Tiefland. Im Münsterland nehmen diese Ausgangsgesteine große Flächen ein.

Bodenprozesse und -eigenschaften

Der mittlere Grundwasserstand während der Vegetationszeit schwankt zwischen 6 und 13 dm unter Flur, weshalb im Unterboden G-Horizonte zu finden sind. In der darüberliegenden Flugsanddecke hat die Podsolierung einen dichten wasserstauenden Anreicherungshorizont (Orterde) gebildet. Die Horizonte in der Flugsanddecke sind daher außer durch Podsolierung auch durch Stauwassser geprägt.

Nutzung und Vegetation

Im Münsterland sind diese wechselfeuchten Standorte überwiegend mit Kiefernwäldern oder Eichen-Birkenwäldern bestockt. Die Krautschicht zeigt häufig Relikte früherer Verheidungsphasen wie Besenheide und Glockenheide.

Gefährdung

Nach Entwässerung und in Einzelfällen Tiefumbruch werden die ursprünglich wechelfeuchten Standorte ackerfähig. Die landwirtschaftliche Nutzung der sorptionsschwachen Böden in Verbindung mit hohen Anteilen an Wirtschaftsdüngern (Gülle) gefährdet das Grundwasser.

Tab. 41.36 Analysendaten Profil 96

Horizont	Tiefe (cm)	Skelett (Vol.-%)	Sand (M.-%)	Schluff (M.-%)	Ton (M.-%)	Gesamtporen (Vol.-%)	Luftkapazität (Vol.-%)	nutzbare Feldkap. (Vol.-%)	Totwasser (Vol.-%)	Lagerungsdichte (g/cm³)
L	+15	-	-	-	-	-	-	-	-	-
Of	+13	-	-	-	-	-	-	-	-	-
Oh	+8	-	-	-	-	-	-	-	-	-
Sw-Ahe	−7	0	81	16	3	-	-	-	-	-
Sw-Ae	−20	0	86	13	1	-	-	-	-	-
Sw-Bh	−35	0	84	10	6	-	-	-	-	-
Sd-Bhms	−55	0	87	6	7	-	-	-	-	-
Bs-Go	−90	0	91	7	2	-	-	-	-	-
IIGro	−150	0	75	22	3	-	-	-	-	-
IIIGor	−200+	5	20	50	30	-	-	-	-	-

Horizont	Tiefe (cm)	CaCO₃ (M.-%)	C_org (M.-%)	N_t (M.-%)	C/N	pH H₂O	pH CaCl₂	KAK_pot (cmol_c/kg)	BS (%)	K₂O-DL (mg/100 g)	P₂O₅-DL (mg/100 g)
L	+15	-	-	-	0	-	-	-	-	-	-
Of	+13	-	-	-	-	-	-	-	-	-	-
Oh	+8	-	20,0	0,7	31	3,7	-	-	-	-	-
Sw-Ahe	−7	-	4,3	0,1	37	4,0	-	-	-	-	-
Sw-Ae	−20	-	0,5	-	-	4,4	-	-	-	-	-
Sw-Bh	−35	-	2,7	-	-	4,2	-	-	-	-	-
Sd-Bhms	−55	-	1,9	-	-	4,8	-	-	-	-	-
Bs-Go	−90	-	0,4	-	-	5,2	-	-	-	-	-
IIGro	−150	-	-	-	-	4,9	-	-	-	-	-
IIIGor	−200+	-	-	-	-	4,9	-	-	-	-	-

Horizont	Tiefe (cm)	pH (KCl)	KAK_eff (cmol_c/kg)	BS_eff (%)
L	+15	-	-	-
Of	+13	-	-	-
Oh	+8	2,6	-	-
Sw-Ahe	−7	2,9	3,4	12
Sw-Ae	−20	3,4	0,8	18
Sw-Bh	−35	3,5	5,9	5
Sd-Bhms	−55	4,1	3,8	5
Bs-Go	−90	4,4	1,2	10
IIGro	−150	4,3	1,7	13
IIIGor	−200+	-	--	

(Quelle: Geologischer Dienst NRW)

(* = abgeleiteter Analysenwert)

Literatur

Ad-hoc-AG Boden (2005): Bodenkundliche Kartieranleitung, 5. Auflage. Hrsg.: Bundesanstalt für Geowissenschaften und Rohstoffe, Hannover, Schweizerbart'scher Verlag, Stuttgart

Arbeitsgruppe Klassifikation und Nomenklatur der Bodenkundlichen Gesellschaft der Schweiz (BGS) (2010): Bodenprofiluntersuchung, Klassifikationssystem, Definition der Begriffe, Anwendungsbeispiele, 2. Auflage, Luzern, Schweiz

Blaser, P., Kernebeek, P., Tebbens, L., van Breemen, N., Luster, J. (1997): Cryptopodzolic Soils in Switzerland. European Journal of Soil Science, Volume 48, Issue 1: S. 411–423, Wiley Online Library, British Society of Soil Science

Blaser, P., Zimmermann, S., Luster, J., Walthert, L., Lüscher, P. (2005): Waldböden der Schweiz. Band 2. Regionen Alpen und Alpensüdseite. Birmensdorf, Eidgenössische Forschungsanstalt Wald, Schnee und Landschaft (WSL), Bern, Hep Verlag, 920 S

Bodenkundliche Gesellschaft der Schweiz (BGS) (2010): Klassifikation der Böden der Schweiz, Konzept zur Revision, (KLABS 2010, 66 Seiten) (http://www.soil.ch), Zürich, Schweiz

IUSS Working Group WRB (2015): World Reference Base for Soil Resources 2014, Update 2015. Edited by P. Schad, C.W. van Huyssteen & E. Michéli. – FAO, World Soil Resources Reports 106, Rom, Italien

Nestroy, O., Aust, G., Blum, W.E.H., Englisch, M., Hager, H., Herzberger, E., Kilian, W., Nelhiebel, P., Ortner, G., Pecina, E., Pehamberger, A., Schneider, W., Wagner, J. (2011): Systematische Gliederung der Böden Österreichs – Österreichische Bodensystematik 2000 in der revidierten Fassung von 2011. Mitteilungen der Österreichischen Bodenkundlichen Gesellschaft, Wien

Pehamberger, A., Stich, R. (2009): Soil Assessment – Soils in the so called Austrian semiard climate in the Region Weinviertel. Mitteilungen der Österreichischen Bodenkundlichen Gesellschaft, Heft 76: S. 73–100, Wien

Klasse C: Terrae calcis

42

Wolfgang Fleck, Karl Stahr, Peter Schad,
Wolfgang Brandtner, Andreas Lehmann
und Daniela Sauer

Inhaltsverzeichnis

42.1 Allgemeine Charakteristika

Zur Klasse der Terrae calcis gehören Böden mit einem sehr tonreichen Unterboden, der aus dem Lösungsrückstand der Carbonatverwitterung entstanden ist. Die Residualtone sind

W. Fleck (✉)
Landesamt für Geologie, Rohstoffe und Bergbau,
Freiburg, Deutschland

K. Stahr
ehemals Universität Hohenheim, Hohenheim, Deutschland

P. Schad
Technische Universität München, TUM School of Life Sciences,
Lehrstuhl für Bodenkunde, Freising-Weihenstephan, Deutschland

W. Brandtner
ehemals Thüringer Landesamt für Umwelt, Bergbau und
Naturschutz, Weimar, Deutschland

A. Lehmann
ehemals Universität Hohenheim, Hohenheim, Deutschland

D. Sauer
Fakultät für Geowissenschaften und Geographie, Abteilung
Physische Geographie, Universität Göttingen,
Göttingen, Deutschland

dabei über längere Zeiträume – hauptsächlich in den Warmzeiten des Pleistozäns, häufig schon ab dem Neogen – entstanden und während der quartären Kaltzeiten als Fließerden umgelagert worden. Diagnostischer Horizont des Bodentyps Terra fusca ist der intensiv braungelb bis braunrot gefärbte Tv-Horizont mit einem Tongehalt von mindestens 65 %. Dagegen besitzt der Bodentyp Terra rossa einen durch Hämatit leuchtend rötlich gefärbten, rubefizierten Tu-Horizont, der in Mitteleuropa unter wärmeren Klimabedingungen (im Paläogen bis Neogen) entstanden ist.

42.2 Verbreitungsgebiete

Aufgrund ihrer speziellen Genese sind Terrae calcis an die Verbreitungsgebiete von Carbonatgesteinen gebunden. Dabei handelt es sich in erster Linie um Kalk- und Dolomitgesteine sowie Mergelkalke mit einem Carbonatgehalt von über 75 %. Auch carbonatreiche Schotter, wie beispielsweise im bayerischen Alpenvorland, und kalkschuttreiche Fließerden sind zu nennen. Terrae calcis kommen also überwiegend in der Bodenregion der Berg- und Hügelländer mit hohem Anteil an nicht metamorphen carbonatischen Gesteinen und stellenweise in der Boden-region der Alpen mit vorwiegend carbonatischen Ge-steinen, aber auch kleinflächig in anderen Bodenregionen vor. Dabei handelt es sich überwiegend um den Typ Terra fusca. Typische Reliefpositionen sind erosionsgeschützte Flachlagen und Scheitelbereiche, wobei unter Wald häufig der Subtyp Braunerde-Terra fusca in Vergesellschaftung mit Braunerde über Terra fusca oder Parabraunerde-Terra fusca auftritt. Die Normterra fusca ist i. d. R. durch Ero-sion der lösshaltigen Deckschicht aus diesen Bodentypen hervorgegangen.

Als reliktische Bodenbildung bleibt die Terra rossa auf meist kleinflächige Einzelvorkommen mit entsprechender geo-logischer Ausgangssituation beschränkt. Durch periglaziäre Umlagerungen tritt sie als reiner Typ nur sehr selten auf.

Die Vergesellschaftung von Terrae fuscae mit Rendzinen zeigt die Abb. 42.1. Verbreitungsgebiete der Klasse der Ter-rae calcis zeigt die Karte der Abb. 42.2.

Abb. 42.1 Terrae fuscae vergesellschaftet mit Rendzinen auf der Kuppenalb bei Burladingen/Baden-Württemberg (Quelle: K. Rilling, Landesamt für Geologie, Rohstoffe und Bergbau im Regierungspräsidium Freiburg)

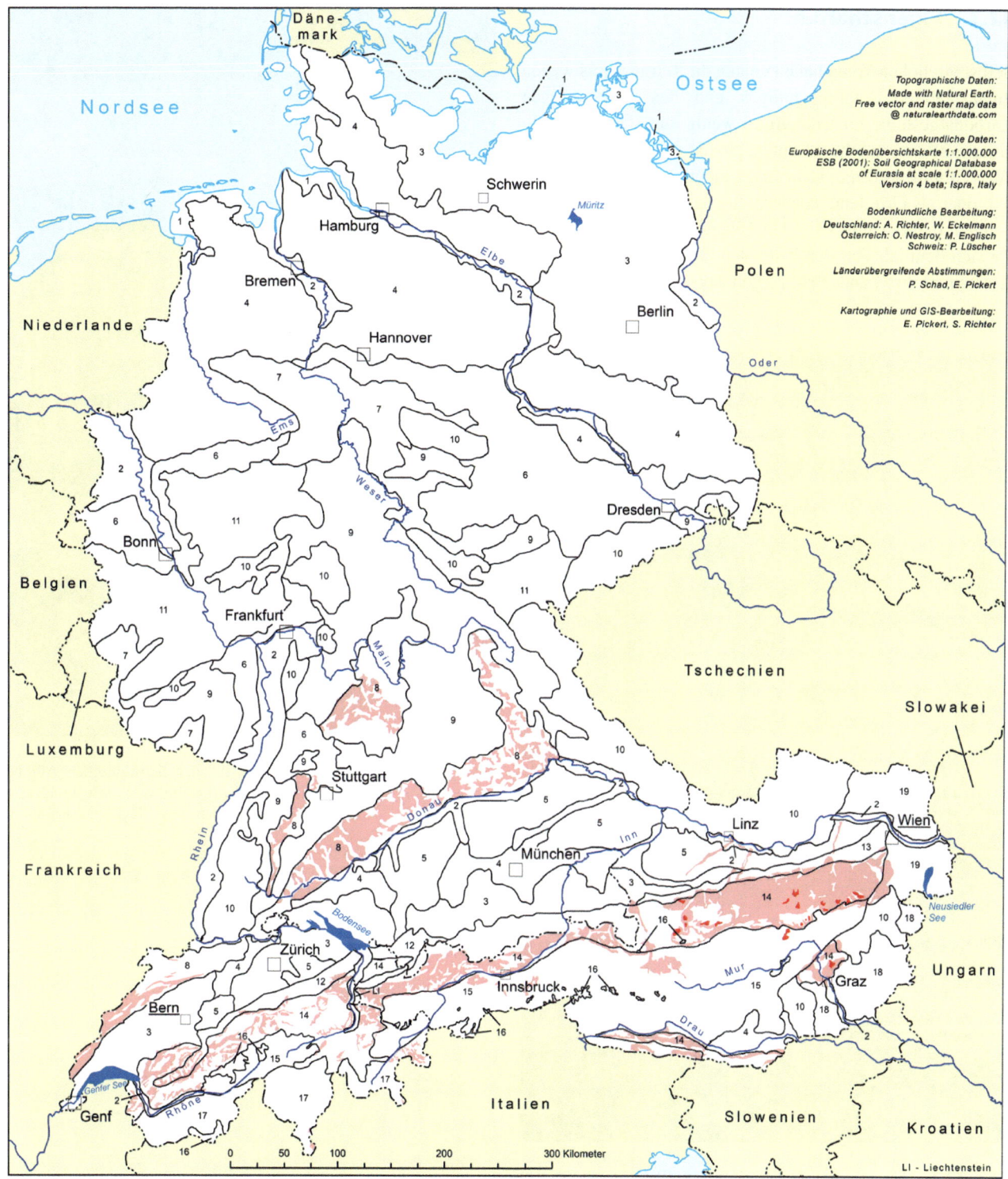

Regionale Verbreitung der Klasse der Terrae calcis

■ verbreitet bis vorherrschend   (≥ 30% Flächenanteil, Terrae calcis treten als Leitboden auf)

■ gering verbreitet (< 30% Flächenanteil, Terrae calcis treten als Begleitboden auf)

╱₄ Bodenregion

Abb. 42.2 Regionale Verbreitung der Klasse der Terrae calcis

42.3 Eigenschaften

Selbst mit hohen Tongehalten neigen die Terrae calcis wegen ihres stabilen Aggregatgefüges und des durchlässigen Carbonatgesteins im Untergrund wenig zur Staunässe. Mit einer mittleren nutzbaren Feldkapazität und ausreichendem Wurzelraum wird die Terra fusca nicht nur forstwirtschaftlich oder als Grünland, sondern durchaus auch ackerbaulich genutzt. In ihren physikalischen Eigenschaften unterscheiden sie sich deutlich von den Pelosolen. Typische Böden dieser Klasse und ihre Landschaft zeigen Abb. 42.3, 42.4 und 42.5.

Abb. 42.4 Braunerde-Terra fusca auf der Schwäbischen Alb bei Langenenslingen (LandkreisBiberach) (Quelle: S. Frisch, Landesamt für Geologie, Rohstoffe und Bergbau im Regierungspräsidium Freiburg)

Abb. 42.3 Übergangsbereich T-Horizont mit Polyedergefüge zum mCv-Horizont aus Kalkstein des Oberen Muschelkalks (Horb am Necker, Lk Freundenstedt) (Quelle: B. Link, Landesamt für Geologie, Rohstoffe und Bergbau im Regierungspräsidium Freiburg)

Abb. 42.5 Terra Rossa bei Winterlingen-Harthaussen/Zollernalbkreis (Quelle: K. Rilling, Landesamt für Geologie, Rohstoffe und Bergbau im Regierungspräsidium Freiburg)

42.4   Typen und Subtypen

Typ

- Terra fusca (Cf)

Subtypen

- Normterra fusca (CFn)
- Kalkterra fusca (CFc)
- Braunerde-Terra fusca (BB-CF)
- Parabraunerde-Terra fusca (LL-CF)
- Pseudogley-Terra fusca (SS-CF)

Typ

- Terra rossa (CR)

Subtyp

- Normterra rossa (CRn)

42.5   Klassifikation nach WRB

Peter Schad

Die Terrae calcis gehören in der WRB überwiegend zu den Cambisols, Parabraunerde-Terrae fuscae auch zu den Luvisols.

42.6   Ausgewählte Bodenprofile

Profil 97: Subtyp Kalkterra fusca (CFc)

- Bodenausgangsgestein: Fließerde aus Kalkstein und Residualton
- Varietät: (Mull)Kalkterra fusca (muCFc)
- Typ: Terra fusca
- Klasse: Terrae calcis
- Substrattyp: p-(z)et(^k,Tr)/p-etn(Tr,^k)
- WRB: Endoskeletic Amphicalcic Kastanozem (Clayic, Raptic)
- Bodenregion: Berg- und Hügelländer mit hohem Anteil an nicht metamorphen Sand-, Schluff-, Ton- und Mergelgesteinen
- Ort: Hildburghausen, Lkr. Hildburghausen, Thüringen
- Profilbild und Horizontabfolge: siehe Tab. 42.1
- Bodenlandschaftsbilder: siehe Abb. 42.6 und 42.7
- Analysendaten: siehe Tab. 42.2
- Autor: Wolfgang Brandtner

Vorkommen und Ausgangsgesteine

Eine Terra fusca besteht aus dem Residualton von Kalk-, Dolomit-, Mergel- oder Gipsgestein. Dieser wurde in der Regel während des Pleistozäns periglaziär überprägt. Bei einer sekundären Kalkanreicherung entsteht daraus eine Kalkterra fusca mit einem A(c)h oder A(c)p/Tcv/cC-Profil. Die Kalkterra fusca ist in Thüringen auf Relikten tertiärer bis unterpleistozäner Landoberflächen zu finden, meist auf Plateauflächen der Muschelkalkgebiete. Sie tritt vergesellschaftet mit Terra fusca, Pararendzina und Rendzina auf.

Tab. 42.1 Profilbild und Horizontabfolge Profil 97

Profilbild	Horizontgrenze (cm)	Horizonte und ihre Eigenschaften	
	−25	**Ach°rAp** p-(z) et(^k,Tr)	schwach schluffiger Ton, mittel grusig, sehr schwach steinig (kantig); sehr dunkelgrau (10YR 3/1); Bröckel- bis Polyedergefüge; carbonatreich; stark humos
	−45	**Tcv** p-zet(^k,Tr)	reiner Ton, stark grusig, schwach steinig (kantig); hellgelblichbraun (10YR 6/6); Polyedergefüge; carbonatreich; sehr schwach humos
	−70+	**IITcv+cCv** p-etn(Tr,^k)	reiner Ton, schwach grusig, sehr stark steinig (kantig); hellgelbbraun (10YR 6/8); Polyedergefüge; sehr carbonatreich; sehr schwach humos

Quelle: Bodenschätzung Thüringen (Bild bearbeitet)

Abb. 42.6 Südthüringische Muschelkalkschichtstufenlandschaft mit Relikten tertiärer bis unterpleistozäner Landoberflächen (Quelle: Thüringer Landesanstalt für Umwelt und Geologie, W. Brandtner (Bild bearbeitet))

Abb. 42.7 Südthüringische Muschelkalkschichtstufenlandschaft mit Relikten tertiärer bis unterpleistozäner Landoberflächen (Quelle: Thüringer Landesanstalt für Umwelt und Geologie, W. Brandtner)

Tab. 42.2 Analysendaten Profil 97

Horizont	Tiefe (cm)	Skelett (Vol.-%)	Sand (M.-%)	Schluff (M.-%)	Ton (M.-%)	Gesamtporen (Vol.-%)	Luftkapazität (Vol.-%)	nutzbare Feldkap. (Vol.-%)	Totwasser (Vol.-%)	Lagerungsdichte (g/cm³)
Ach°rAp	−25	15	6	31	63	-	-	-	-	-
Tcv	−45	30	7	26	67	-	-	-	-	-
IITcv+cCv	−70+	60	3	29	68	-	-	-	-	-

Horizont	Tiefe (cm)	CaCO₃ (M.-%)	C_org (M.-%)	N_t (M.-%)	C/N	pH H₂O	pH CaCl₂	KAK_pot (cmol_c/kg)	BS (%)	K₂O-DL (mg/100 g)	P₂O₅-DL (mg/100 g)
Ach°rAp	−25	12	3,9	0,5	7	7,6	7,3	31,5	100	-	-
Tcv	−45	24	0,2	0,05	4	8,0	7,7	26,8	100	-	-
IITcv+cCv	−70+	27	0,1	0,03	3	8,0	7,7	27,2	100	-	-

(Quelle: Thüringer Landesanstalt für Umwelt und Geologie)
(* = abgeleiteter Analysenwert)

Bodenprozesse und -eigenschaften

In einer ersten Phase entstand durch Carbonatauflösung und relative Tonanreicherung aus den Mergel- und Kalkgesteinen des Oberen Muschelkalks (Ceratitenschichten und Kalksteinbänke) eine Terra fusca. In einer zweiten Phase bildete sich am Ende des Pleistozäns unter Mischung des Terramaterials mit Kalkschutt und Löss eine Fließerdefolge. Durch hydrogencarbonathaltiges Sickerwasser aus dem lösshaltigen Material hat sich in einer dritten Phase während des Holozäns sekundäres Carbonat gebildet, wodurch eine Kalkterra fusca entstand, deren Feinbodenmatrix eine ungleichmäßige Carbonatanreicherung aufweist. Die obere lösshaltige Fließerde wurde anschließend wieder erodiert. Die Bodenfarbe erscheint gelbbraun bis ockerfarben und ist auf die Freisetzung und Oxidation von carbonatisch und silikatisch gebundenem Eisen unter warm-humiden Klimaverhältnissen des Tertiärs zurückzuführen. Die Tonminerale, je nach Alter der Entstehung Illit oder Kaolinit, verleihen der Terra fusca eine hohe Plastizität. Das Bodengefüge ist vorherrschend polyedrisch. Die Tongehalte liegen über 65 %. Auf Grund ihres Polyedergefüges ist die Kalkterra fusca wasserdurchlässig und neigt nur in geringem Maße zur Staunässebildung.

Nutzung und Vegetation

Flächen mit Kalkterra fusca werden überwiegend als Grünland und Forst genutzt, gering verbreitet aber auch als Ackerland, z. B auf den Ceratitenschichten des Oberen Muschelkalks.

Gefährdung

Die Erosionsgefährdung von Kalkterrae fuscae ist sehr gering. Ihr polyedrisches Gefüge bietet ein gutes Infiltrationsvermögen. Daher bildet sich auf diesen Böden bei ackerbaulicher Nutzung kaum Oberflächenabfluss. Auch auf Grünland sowie bei forstlicher Nutzung besteht keine Gefährdung durch Wassererosion oder Deflation.

Profil 98: Subtyp Braunerde-Terra fusca (BB-CF)

- Bodenausgangsgestein: flache Fließerde aus Residualton und Löss über Fließerde aus Residualton über tiefem Kalkstein

- Varietät: basenreiche (Mull)Braunerde-Terra fusca (eu. muBB-CF)
- Typ: Terra fusca
- Klasse: Terrae calcis
- Substrattyp: p-t(Tr,Lo)\p-(z)t(Tr)//n-^k
- WRB: Hypereutric Endoleptic Cambisol (Amphigeoabruptic, Clayic, Humic, Amphiprotovertic)
- Bodenregion: Berg- und Hügelländer mit hohem Anteil an nicht metamorphen carbonatischen Gesteinen
- Ort: Merklingen, Alb-Donau-Kreis, Baden-Württemberg
- Profilbild und Horizontabfolge: siehe Tab. 42.3
- Bodenlandschaftsbild: siehe Abb. 42.8
- Analysendaten: siehe Tab. 42.4
- Autor: Andreas Lehmann

Tab. 42.3 Profilbild und Horizontabfolge Profil 98

Profilbild	Horizontgrenze (cm)	Horizonte und ihre Eigenschaften	
	−21	**Ah** p-t(Tr,Lo)	mittel schluffiger Ton, sehr schwach grusig; dunkelgelblichgraubraun (10YR 4/3); Polyedergefüge; carbonatarm; stark humos; stark durchwurzelt
	−29	**Ah-Bv** p-(z)t(Tr,Lo)	mittel schluffiger Ton, schwach grusig; gelblichbraun (10YR 5/6); Subpolyedergefüge; carbonatarm; mittel humos; mittel durchwurzelt
	−45	**IITv1** p-t(Tr)	reiner Ton; gelbbraun (10YR 5/8); Polyedergefüge; carbonatarm; schwach humos; schwach durchwurzelt
	−75	**IITv2** p-(z)t(Tr)	reiner Ton, schwach grusig; hellgelbbraun (10YR 6/8); Prismengefüge; carbonatarm; sehr schwach humos; schwach durchwurzelt
	−90	**IIITv+cCv** c-t(Tr)	reiner Ton; hellgelbbraun (10YR 6/8), sehr hellbräunlichgelb (10 YR 7/8) und gelbbraun (10YR 5/7); Prismengefüge; carbonatarm; sehr schwach humos
	−100+	**IIIcCn** n-^k	Kalkstein; Carbonat

Quelle: A. Lehmann (Bild bearbeitet)

Abb. 42.8 Blick auf das noch ländlich geprägte Merklingen auf der Schwäbischen Alb (Quelle: A. Lehmann)

Tab. 42.4 Analysendaten Profil 98

Horizont	Tiefe (cm)	Skelett (Vol.-%)	Sand (M.-%)	Schluff (M.-%)	Ton (M.-%)	Gesamtporen (Vol.-%)	Luftkapazität (Vol.-%)	nutzbare Feldkap. (Vol.-%)	Totwasser (Vol.-%)	Lagerungsdichte (g/cm³)
Ah	−21	1	3	56	41	45	3	17	25	1,42
Ah-Bv	−29	3	4	56	40	-	-	-	-	-
IITv1	−45	0	1	31	68	48	3	10	35	1,47
IITv2	−75	3	1	31	68	47	2	3	41	1,50
IIITv+cCv	−90	0	0	11	89	-	-	-	-	-
IIIcCn	−100+	100	-	-	-	-	-	-	-	-

Horizont	Tiefe (cm)	CaCO₃ (M.-%)	C_org (M.-%)	N_t (M.-%)	C/N	pH H₂O	pH CaCl₂	KAK_pot (cmol_c/kg)	BS (%)	K₂O-DL (mg/100 g)	P₂O₅-DL (mg/100 g)
Ah	−21	0,0	2,2	0,22	10	-	6,8	-	100	-	-
Ah-Bv	−29	1,7	1,3	0,15	9	-	6,9	-	99	-	-
IITv1	−45	1,6	0,6	0,13	5	-	6,9	-	100	-	-
IITv2	−75	1,7	0,5	0,13	4	-	6,9	-	100	-	-
IIITv+cCv	−90	1,3	0,4	0,03	13	-	7,1	-	100	-	-
IIIcCn	−100+	-	-	-	-	-	-	-	-	-	-

Horizont	Tiefe (cm)	KAK_eff (cmol_c/kg)	K₂O-CAL (mg/100 g)	P₂O₅-CAL (mg/100 g)
Ah	−21	33,2	17,6	54,5
Ah-Bv	−29	34,5	0,96	0,80
IITv1	−45	43,8	0,54	0,11
IITv2	−75	40,3	0,54	0,11
IIITv+cCv	−90	41,7	0,84	1,03
IIIcCn	−100+			

(Quelle: Institut für Bodenkunde und Standortslehre, Universität Hohenheim)
(* = abgeleiteter Analysenwert)

Vorkommen und Ausgangsgesteine

Die Terra fusca und die sehr viel weiter verbreiteten Subtypen Braunerde-Terra fusca und Parabraunerde-Terra fusca sind an das Ausgangsgestein Kalkstein gebunden, das vornehmlich in einigen unserer Mittelgebirge auftritt. Durch Lösungsverwitterung hat sich im oberen Bereich des Kalksteins Residualton akkumuliert, welcher periglaziär überprägt wurde und hier bis 29 cm lössbeeinflusst ist. Terrae fuscae entwickeln sich über sehr lange Zeiträume durch fortschreitende Kalklösung aus Rendzinen. In unseren Mittelgebirgen reicht dazu die heutige Warmzeit (Holozän) allein nicht aus, sondern die Bildung der Terrae fuscae muss bereits in früheren Warmzeiten begonnen haben. Bis auf wenige Ausnahmen wurden sie dann in eiszeitlichen Perioden (periglazial) durch Fließen auf gefrorenem Untergrund umgelagert. Wird infolge einer Lössbeimengung ein Tongehalt von 45 Masse-% in allen Horizonten unterschritten, so gehört der Boden zum Typ Braunerde. Wird der carbonatfreie Oberboden einer Terra fusca vollständig erodiert, sodass der carbonatführende Unterboden ansteht, bildet sich darin ein neuer Ah-Horizont, und die Terra fusca wird zur Rendzina.

Bodenprozesse und -eigenschaften

Durch die ausgeprägte Gefügebildung des tonigen Bodens und den meist verkarsteten Kalkstein-Untergrund versickert das Niederschlagswasser in der Terra fusca sehr schnell. Bei dem selten in ebenen Positionen gelegenen Boden versickert das Wasser vertikal allerdings relativ langsam, sobald es unterhalb der Reichweite der jährlichen Trockenrissbildung gelangt. Die hangparelle Wasserbewegung auf dem Niveau der miteinander verbundenen Trockenrisse ist dagegen die Bahn der raschen Versickerung. Beachtenswert ist auch die geringe Stoffverfügbarkeit im Unterboden der Terra fusca. Diese ist weit geringer, als die Analysendaten vermuten lassen. Beim Analysieren werden die Bodenaggregate durch Mörsern zerstört und das Innere der Strukturkörper wird für die Extraktionslösung zugänglich. Pflanzenwurzeln und Sickerwasser dringen hingegen nur sehr eingeschränkt in die Aggregate ein.

Nutzung und Vegetation

Bei hoher Lössbeimengung wird die Terra fusca überwiegend als Acker genutzt, sonst herrscht keine bestimmte Nutzung vor.

Gefährdung

Angesichts der meist geringen Grundstückspreise und der guten Infrastruktur am Rande von Ballungszentren, sind die dort gelegenen Braunerde-Terrae fuscae durch die bauliche Flächeninanspruchnahme gefährdet.

Profil 99: Subtyp Braunerde-Terra fusca (BB-CF)

- Bodenausgangsgestein: Fließerde aus Löss und Residualton über tiefem Kalkstein
- Varietät: basenreiche humusreiche (Mull)Braunerde-Terra fusca (eu.x.muBB-CF)
- Typ: Terra fusca
- Klasse: Terrae calcis
- Substrattyp: p-t(Lo,Tr)/p-(n)t(Tr)//n-^k
- WRB: Hypereutric Cambisol (Pantoclayic, Humic, Endoraptic)
- Bodenregion: Berg- und Hügelländer mit hohem Anteil an nicht metamorphen carbonatischen Gesteinen
- Ort: Oberer Lindenhof, Lkr. Reutlingen, Baden-Württemberg
- Humusform: L-Mull
- Profilbild und Horizontabfolge: siehe Tab. 42.5
- Bodenlandschaftsbild: siehe Abb. 42.9
- Analysendaten: siehe Tab. 42.6
- Autor: Daniela Sauer, Karl Stahr

Vorkommen und Ausgangsgesteine

Ein in Kalksteingebieten grundlegender Prozess, der die Voraussetzung zur Entstehung einer Terra fusca darstellt, ist die Akkumulation von Residualton. Um aus der Auflösung eines relativ reinen Kalksteins genügend silikatischen Rückstand zur Bildung einer Terra fusca zu erhalten, sind vergleichsweise lange Zeiträume (im Fall des hier gezeigten Beispiels ca. 250.000 Jahre) notwendig. Die Braunerde-Terra fusca stellt einen typischen und weit verbreiteten Boden auf der Hochfläche der Schwäbischen Alb (Kuppen- und Flächenalb) dar. Sie ist in leichten Hanglagen und ebenen Positionen meist mit Parabraunerde-Terrae fuscae vergesellschaftet, während sich in den Senken Lösslehm oder Kolluvien akkumuliert haben, in denen dann dementsprechend Parabraunerden oder Kolluvisole, selten auch Schwarzerde-Parabraunerden, entwickelt sind.

Tab. 42.5 Profilbild und Horizontabfolge Profil 99

Profilbild	Horizontgrenze (cm)	Horizonte und ihre Eigenschaften	
	−10	**Ah** p-t(Lo,Tr)	mittel toniger Lehm; gelblichbraun, sehr dunkelgraustichig (10YR 3/4); Subpolyedergefüge; sehr stark humos
	−40	**Bv-Ah** p-t(Lo,Tr)	schwach schluffiger Ton, sehr schwach steinig (kantengerundet); gelblichbraun, dunkelgraustichig (10YR 4/4); Polyedergefüge; mittel humos
	−55	**Bv-Tv** p-t(Lo,Tr)	schwach schluffiger Ton; dunkelgelblichbraun (10YR 4/6); Polyedergefüge; mittel humos
	−90	**IIclCv+Tv** p-(n)t(Tr)	reiner Ton, steinig (kantengerundet); gelbbraun (10YR 5/8); Polyedergefüge; sehr carbonatarm; schwach humos
	−105	**IIITv+clCv** c-n(Tr,^k)	reiner Ton, extrem stark steinig (kantig); gelbbraun (10YR 5/8); sehr carbonatarm
	105+	**IVcmCv** n-^k	Dolomitstein; gelbbraun (10YR 5/8); stark geklüftet mit Ton in Klüften

Quelle: S. Schweizer (Bild bearbeitet)

Abb. 42.9 Typisches Bild der Kuppenalb mit Ackernutzung in den ebenen Bereichen (in denen sich Lösslehm oder Kolluvien akkumuliert haben), Grünlandnutzung an den Hängen (wo Terrae fuscae verbreitet sind) und Wäldchen auf den Kuppen (die meist geringmächtigere Böden tragen und deshalb nicht landwirtschaftlich genutzt werden). Das links gezeigte Profil liegt in dem Wäldchen auf der mittleren Kuppe (Quelle: D. Sauer)

Tab. 42.6 Analysendaten Profil 99

Horizont	Tiefe (cm)	Skelett (Vol.-%)	Sand (M.-%)	Schluff (M.-%)	Ton (M.-%)	Gesamtporen (Vol.-%)	Luftkapazität (Vol.-%)	nutzbare Feldkap. (Vol.-%)	Totwasser (Vol.-%)	Lagerungsdichte (g/cm³)
Ah	−10	0	23	35	42	54	16	16	22	1,1
Bv-Ah	−40	5	17	31	52	52	9	11	32	1,2
Bv-Tv	−55	0	17	31	52	52	9	11	32	1,2
IIclCv+Tv	−90	0	11	22	67	27	4	6	17	1,3
IIITv+clCv	−105	80	7	19	74	10	2	2	6	1,4
IVcmCv	105+	-	1	13	86	-	-	-	-	-

Horizont	Tiefe (cm)	CaCO₃ (M.-%)	C_org (M.-%)	N_t (M.-%)	C/N	pH H₂O	pH CaCl₂	KAK_pot (cmol_c/kg)	BS (%)	K₂O-DL (mg/100 g)	P₂O₅-DL (mg/100 g)
Ah	−10	-	5,1	0,29	18	-	4,7	27	44	-	-
Bv-Ah	−40	-	1,5	0,09	16	-	6,3	36	81	-	-
Bv-Tv	−55	-	1,5	0,09	16	-	6,3	36	81	-	-
IIclCv+Tv	−90	-	1,1	0,08	15	-	7,3	40	100	-	-
IIITv+clCv	−105	1	-	-	-	-	7,3	47	100	-	-
IVcmCv	105+	96	-	-	-	-	-	-	-	-	-

Horizont	Tiefe (cm)	K-AL (mg/100 g)	P-AL (mg/100 g)
Ah	−10	8	1
Bv-Ah	−40	3	<1
Bv-Tv	−55	3	<1
IIclCv+Tv	−90	3	<1
IIITv+clCv	−105	4	<1
IVcmCv	105+	-	-

(Quelle: Institut für Bodenkunde und Standortslehre, Universität Hohenheim)
(* = abgeleiteter Analysenwert)

Bodenprozesse und -eigenschaften

Die Entwicklung der Terrae fuscae muss in vielen Fällen mindestens im mittleren Pleistozän begonnen haben. Dabei liefen in den Warmzeiten des Pleistozäns die Prozesse der Kalklösung, Verbraunung, Verlehmung und mancherorts der Entkieselung (Kaolinisierung) ab. Starke Gefügebildung (feine Polyeder) verhindert trotz der hohen Tongehalte der Terra fusca das Auftreten von Staunässe. In den Eiszeiten prägten periglaziale Prozesse wie Kryoturbation und Gelifluktion die Böden, wodurch Fließerdedecken aus umgelagertem Bodenmaterial entstanden. Im vorliegenden Beispiel zeigen die in den oberen Horizonten deutlich erhöhten Schluffgehalte auch eine Einmischung von Löss. Durch die Lösskomponente wird der Tongehalt in den oberen Horizonten soweit verdünnt, dass der Mindest-Tongehalt von 65 % für einen reinen T-Horizont nicht mehr erreicht wird. Der dritte Horizont ist somit ein Bv-Tv-Horizont, und der Subtyp folglich eine Braunerde-Terra fusca.

Nutzung und Vegetation

Braunerde-Terrae fuscae sind sowohl als Grünland als auch für Ackerbau nutzbar. Am hier vorgestellten Standort besteht die Vegetation aus einem Waldmeister-Buchenwald mit Beteiligung von Esche und Ahorn.

Gefährdung

Terrae fuscae sind sehr stabile Böden, denn ihr stark ausgeprägtes, feines Polyedergefüge verleiht ihnen ein gutes Infiltrationsvermögen. Daher bildet sich auf diesen Böden kaum Oberflächenabfluss, sodass die Erosionsgefahr sehr gering ist.

Klasse V: Fersiallitische und ferrallitische Paläoböden

43

Peter Felix-Henningsen, Peter Schad und Daniela Sauer

Inhaltsverzeichnis

43.1   Allgemeine Charakteristika

Fersiallitische und ferrallitische Paläoböden entstanden in subtropischen bis randtropischen Klimaphasen im Mesozoikum und Tertiär. Aufgrund der Millionen Jahre andauernden, intensiven Verwitterung und Auswaschung entstand unter den mehrere Meter mächtigen Paläoböden eine Dekameter mächtige Zone aus chemisch verwittertem Gestein (Saprolit). Da die Paläoböden als Folge der tektonischen Hebung der Mittelgebirge und Klimaveränderungen im jüngeren Tertiär und Quartär großflächig abgetragen oder umgelagert wurden, sind autochthone Reste oberflächennah nicht mehr erhalten. Vor allem durch Solifluktion in den Kaltzeiten des Quartärs wurden die kaolinitischen Verwitterungsbildungen in die periglaziären Deckschichten aufgenommen. Die wesentlichen Eigenschaften der mesozoisch-tertiären Fersiallite und Ferrallite blieben zumindest in den Basislagen trotz der periglaziären Umlagerung zu einem großen Teil erhalten und beeinflussen die Bodengenese und Standorteigenschaften der in ihnen bzw. in den überlagernden Deckschichten entwickelten rezenten Böden.

P. Felix-Henningsen (✉)
ehemals Universität Gießen, Gießen, Deutschland

P. Schad
Technische Universität München, TUM School of Life Sciences,
Lehrstuhl für Bodenkunde, Freising-Weihenstephan, Deutschland

D. Sauer
Universität Göttingen, Göttingen, Deutschland

43.2 Verbreitungsgebiete

Umgelagerte Reste von ferrallitischen und fersiallitischen Paläoböden aus sedimentären, metamorphen und magmatischen Gesteinen, die von meist lösshaltigen periglaziären Deckschichten überlagert werden, sind an mesozoisch-tertiäre Landoberflächen in Mittelgebirgen gebunden, die in tektonisch schwach gehobenen Randbereichen und in zentralen Bereichen von höher gelegenen reliktischen Verebnungsflächen, sog. Rumpfflächen, vor starker Erosion verschont blieben. Dagegen unterlagen die Paläoböden in den tektonisch stark gehobenen Hochlagen der Mittelgebirge sowie in den tief eingeschnittenen pleistozänen Tälern der vollständigen Abtragung, während sie in den tektonischen Becken von mächtigen periglaziären Sedimenten bedeckt werden, so dass sie hier für die rezenten Böden keine Bedeutung haben.

Die Abb. 43.1 und 43.2 zeigen eine typische Landschaft dieser Bodenklasse und das Erscheinungsbild dieser Böden. Die typische regionale Verbreitung der Klasse der Fersiallitischen und ferrallitischen Paläoböden wird in der Aufschlusskarte der Abb. 43.3 gezeigt.

Abb. 43.1 Hochfläche im Osthunsrück mit Parabraunerde-Pseudogley in lösshaltigen Deckschichten über fossilem (grauen) Fersiallit (Quelle: P. Felix-Henningsen)

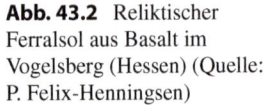

Abb. 43.2 Reliktischer Ferralsol aus Basalt im Vogelsberg (Hessen) (Quelle: P. Felix-Henningsen)

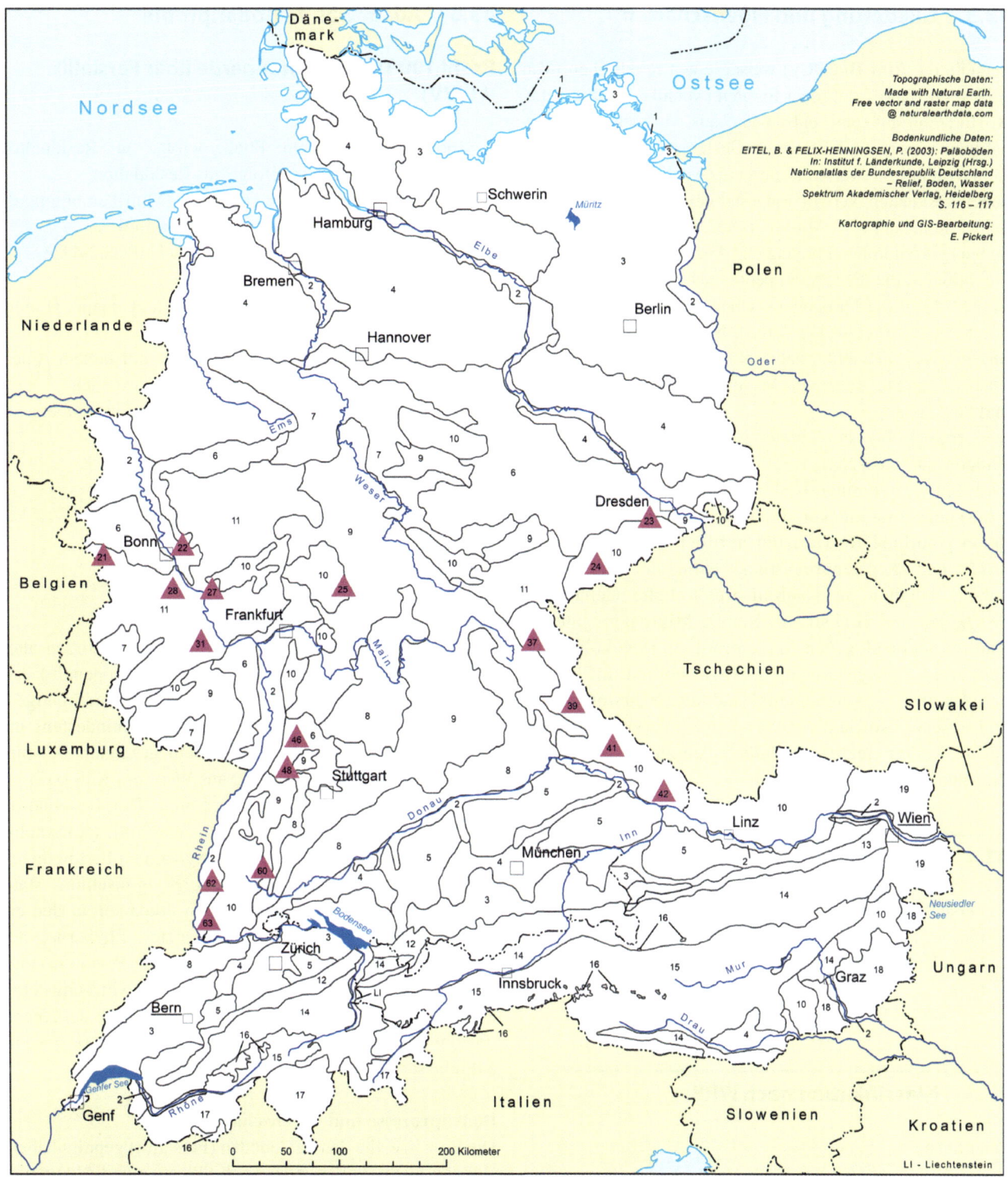

Regionale Verbreitung der Klasse der Fersiallitischen und ferrallitischen Paläoböden
Aufschlusskarte

▲ Oberflächennahe Vorkommen mesozoisch-tertiärer Verwitterungsbildungen
23 (Saprolite, fersiallitische und ferrallitische Paläoböden)

╱ Bodenregion
4

21 Raum Aachen / Randbereich Hohes Venn ǀ 22 Siebengebirge ǀ 23 Raum Tharandt ǀ 24 Erzgebirge ǀ 25 Vogelsberg ǀ 27 Dierdorf-Dernbach / Westerwald
28 Nordöstliche Eifel ǀ 31 Ost-Hunsrück ǀ 37 Fichtelgebirge ǀ 39 Rand Oberpfälzer Wald ǀ 41 Bayerischer Wald ǀ 42 Passauer Vorwald ǀ 48 Kraichgau
46 Nußloch / südliche Bergstraße ǀ 60 Fluorn, Winzeln / Ostrand Schwarzwald ǀ 62 Tuniberg / Breisgau ǀ 63 Isteiner Klotz / Markgräfler Land

Abb. 43.3   Regionale Verbreitung der Klasse der Fersiallitischen und ferrallitischen Paläoböden – Aufschlusskarte

43.3   Gliederung und Eigenschaften

Fersiallite (../IIr,f Bj/Cj/Cv) weisen einen reliktischen (Vorsilbe r, oberhalb 7 dm) oder fossilen (Vorsilbe f, tiefer 7 dm) Bj-Horizont auf und entstanden aus vorwiegend quarzhaltigen, basen- und Fe-armen Gesteinen (Schiefer, Sandstein, Granit). Sie weisen Kaolinit als Neubildung (20–40 %) neben residualen verwitterungsstabilen Mineralen (Quarz, Schwerminerale, z. T. Muskovit) auf. Je nach der ursprünglichen hydromorphen Prägung und Auswaschung der Fersiallite variieren die Gehalte an pedogenen Oxiden und einhergehend damit die Färbung zwischen hellgrau und rotbraun. Die KAK (> 16 $cmol_c*kg^{-1}$ Ton), Nährstoffgehalte und -reserven sowie die Gefügestabilität sind gering. Die kaolinitischen Horizonte neigen zur Verschlämmung, Dichtlagerung und Staunässe.

Ferrallitische Paläoböden (../IIr,f Bu/Cj/Cv) entstanden aus basischen Kristallingesteinen (Basalt, Gabbro) und weisen einen reliktischen (Vorsilbe r, oberhalb 7 dm) oder fossilen (Vorsilbe f, tiefer 7 dm), intensiv rotbraun gefärbten Bu-Horizont auf, der Fe-Oxid-Konkretionen und -Krustenbruchstücke enthalten kann. Neben hohen Gehalten an Kaolinit treten hohe Gehalte an Fe-Oxiden und Gibbsit auf. Stabile Mikroaggregate aus Kaolinit und pedogenen Oxiden fördern, trotz hoher, dispergierbarer Tongehalte, die Gefügestabilität, Infiltration und Belüftung. Andererseits sind die Nährstoffgehalte und -reserven sowie die KAK (< 16 $cmol_c*kg^{-1}$ Ton) sehr gering. Zudem neigen die Paläoböden zur Fixierung von Phosphat und Spurenmetallen.

43.4   Typen

- Fersiallit (../VV), reliktisch oder fossil (Überlagerungstyp)
- Ferrallit (../VW), reliktisch oder fossil (Überlagerungstyp)

43.5   Klassifikation nach WRB

Peter Schad

Ferrallite sind überwiegend bei den Ferralsols und Fersiallite bei den Cambisols einzuordnen. Fersiallite mit markanter Toneinwaschung können auch zu den Acrisols (niedrige Basensättigung) und Lixisols (hohe Basensättigung) gehören.

43.6   Ausgewählte Bodenprofile

Profil 100 Typ: Parabraunerde über Fersiallit (LL/VV)

- Bodenausgangsgestein: Fließerdefolge aus Residualton und Löss über Fließerdefolge aus Residualton
- Varietät: mittelbasische rötliche (Mull)Parabraunerde über pseudovergleytem Fersiallit (m.rt.muLLn/sVV)
- Klasse: Fersiallitische und ferrallitische Paläoböden
- Substrattyp: p-zu(Tr,Lo)\p-(z)t(Tr)
- WRB: Katochromic Alisol (Katoclayic, Cutanic, Humic, Hyperalic, Amphiraptic)
- Bodenregion: Berg- und Hügelländer mit hohem Anteil an nicht metamorphen carbonatischen Gesteinen
- Ort: Tauchenweiler, Ostalbkreis, Baden-Württemberg
- Humusform: L-Mull
- Profilbild und Horizontabfolge: siehe Tab. 43.1
- Bodenlandschaftsbild: siehe Abb. 43.4
- Analysendaten: siehe Tab. 43.2
- Autor: Daniela Sauer, Karl Stahr

Vorkommen und Ausgangsgesteine

Die Parabraunerde über Fersiallit stellt einen Boden alter Landoberflächen der Schwäbischen Alb (Kuppenalb) dar. Hier herrschten seit dem Oberjura Festlandbedingungen. Die Entwicklung der Fersiallite reicht bis mindestens ins Paläogen (Alttertiär) zurück. Bei dem gezeigten Beispiel besteht das anstehende Gestein aus Weißjura-Kalkstein, in den Feuersteinknollen eingebettet sind. Der Residualton aus der Kalklösung akkumulierte in einer Polje (Karsthohlform). Im Pleistozän fand unter periglazialen Bedingungen Fließerdebildung unter geringer Lösseinmischung statt. Die Lössbeimengung ist deutlich zu erkennen an den erhöhten Schluffgehalten in der obersten Fließerde, der Hauptlage. Der untere Teil der Hauptlage (25–43 cm) enthält wesentlich mehr Ton aus dem Kalkverwitterungslehm als der obere Teil. Dies führt zur Substratgrenze bei 25 cm, obwohl die Hauptlage genetisch als eine Einheit (0–43 cm) aufgefasst wird.

Bodenprozesse und -eigenschaften

Die Prozesse, die den Paläoboden (Fersiallit) geprägt haben, sind vor allem die Prozesse der Kalklösung und Akkumulation des Lösungsrückstands, der Rubefizierung, Entkieselung (Desilifizierung) und der Tonverlagerung. Die Hauptprozesse, die seit der letzten Eiszeit den Boden prägen, sind die Entbasung und Versauerung, die Tonverlagerung und die Bildung von Manganüberzügen auf den Aggregaten.

Tab. 43.1 Profilbild und Horizontabfolge Profil 100

Profilbild	Horizontgrenze (cm)	Horizonte und ihre Eigenschaften	
	−3	**Ah** p-zu(Tr,Lo)	schluffiger Lehm, stark grusig; schwarzbraun (7,5YR 2,5/3) und braungrau (7,5YR 5/2); Krümelgefüge; stark humos
	−25	**Ah+Ahl** p-zu(Tr,Lo)	schluffiger Lehm, stark grusig; braunorange (7,5YR 5/8) und hellbraun (7,5YR 6/4); Subpolyedergefüge; mittel humos
	−43	**IIAh+Al** p-zt(Lo,Tr)	schwach schluffiger Ton, stark grusig; rötlichbraunorange (5YR 5/8) und braunorange (7,5YR 5/8); Subpolyedergefüge; sehr schwach humos
	−62	**IIIrBj°Bt1** p-(z)t(Tr)	lehmiger Ton, mittel grusig; dunkelrötlichorangebraun (5YR 4/6) und hellrötlichbraunorange (5YR 6/8); Tonbeläge; Polyedergefüge; sehr schwach humos
	−80	**IIIrBj°Bt2** p-(z)t(Tr)	schwach schluffiger Ton, mittel grusig; dunkelorangerotbraun (2,5YR 4/6) und orangerotbraun (2,5YR 5/6); Tonbeläge; Polyedergefüge; sehr schwach humos
	−100+	**IVrBj°Swd** p-(z)t(^if,Tr)	lehmiger Ton, mittel grusig; dunkelorangerotbraun (2,5YR 4/6) und orangerotbraun (2,5YR 5/6); Eisenoxide und Bleichflecken, geringer Flächenanteil; Kohärent- bis Polyedergefüge; sehr schwach humos

Quelle: O. Ehrmann (Bild bearbeitet)

Abb. 43.4 Typisches Bild der Schwäbischen Alb mit flachem bis sanft welligem Relief (Quelle: A. Lehmann)

Tab. 43.2 Analysendaten Profil 100

Horizont	Tiefe (cm)	Skelett (Vol.-%)	Sand (M.-%)	Schluff (M.-%)	Ton (M.-%)	Gesamtporen (Vol.-%)	Luftkapazität (Vol.-%)	nutzbare Feldkap. (Vol.-%)	Totwasser (Vol.-%)	Lagerungsdichte (g/cm³)
Ah	−3	43	26	52	22	-	-	-	-	1,2
Ah+Ahl	−25	32	19	53	28	-	-	-	-	1,2
IIAh+Al	−43	39	13	40	47	-	-	-	-	1,3
IIIrBj°Bt1	−62	24	10	28	62	-	-	*	-	1,3
IIIrBj°Bt2	−80	19	12	30	58	-	-	-	-	1,3
IVrBj°Swd	−100+	20	15	21	64	-	-	-	-	1,3

Horizont	Tiefe (cm)	CaCO₃ (M.-%)	C_org (M.-%)	N_t (M.-%)	C/N	pH H₂O	pH CaCl₂	KAK_pot (cmol_c/kg)	BS (%)	K₂O-DL (mg/100 g)	P₂O₅-DL (mg/100 g)
Ah	−3	-	5,1	0,36	14	-	4,4	19	31	-	-
Ah+Ahl	−25	-	1,6	0,06	25	-	4,1	9	5	-	-
IIAh+Al	−43	-	0,5	0,05	10	-	3,9	12	2	-	-
IIIrBj°Bt1	−62	-	0,4	0,04	10	-	3,9	15	2	-	-
IIIrBj°Bt2	−80	-	0,3	0,03	10	-	3,8	19	4	-	-
IVrBj°Swd	−100+	-	0,1	0,02	6	-	3,9	21	12	-	-

(Quelle: Institut für Bodenkunde und Standortslehre, Universität Hohenheim)
(* = abgeleiteter Analysenwert)

Nutzung und Vegetation

Die Vorkommen von Parabraunerden über Fersiallit sind so kleinflächig, dass sie keine Bedeutung für die land- oder forstwirtschaftliche Nutzung haben. Eher sind sie aufgrund ihrer geringen Verbeitung und ihrer Funktion als Archive der Landschaftsgeschichte als Bodendenkmale geeignet.

Gefährdung

Menschliche Eingriffe (z. B. Wegebau, Terrassierung) können zur Zerstörung dieser kleinflächig vorkommenden Archive der Landschaftsgeschichte führen.

Profil 101 Typ: Parabraunerde-Braunerde über tiefem Ferrallit (LL-BB//VW)

- Bodenausgangsgestein: Fließerde aus Löss und Residualton über tiefer Fließerde aus Residualton
- Varietät: mittelbasische (Mull)Parabraunerde-Braunerde über tiefem pseudovergleytem Ferrallit (m.muLL-BB/sVW)
- Klasse: Fersiallitische und ferrallitische Paläoböden
- Substrattyp: p-t(Lo,Tr)//p-t(Tr)
- WRB: Endorhodic Luvisol (Pantoclayic, Cutanic, Humic, Siltinovic, Bathyplinthic, Bathysideralic, Bathystagnic)
- Bodenregion: Berg- und Hügelländer mit hohem Anteil an nicht metamorphen carbonatischen Gesteinen
- Ort: Nattheim, Lkr. Heidenheim, Baden-Württemberg
- Humusform: L-Mull
- Profilbild und Horizontabfolge: siehe Tab. 43.3
- Bodenlandschaftsbild: siehe Abb. 43.5

- Analysendaten: siehe Tab. 43.4
- Autor: Daniela Sauer, Karl Stahr

Vorkommen und Ausgangsgesteine

Parabraunerde-Braunerden (oder verwandte Böden) über Ferrallit sind typische Böden sehr alter Landoberflächen der Schwäbischen Alb (Kuppenalb), auf der seit dem Oberjura Festland-Bedingungen herrschten. Die Entwicklung dieser Böden reicht bis mindestens ins Paläogen (Alttertiär), möglicherweise sogar bis in die Kreidezeit zurück. Das anstehende Gestein besteht aus Kalkstein der Jura-Zeit, teilweise mit eingebetteten Feuersteinknollen. Auf der Hochfläche akkumulierte im Laufe der Jahrmillionen eine mächtige Residualtondecke. Während der Eiszeiten erfolgte unter periglazialen Bedingungen Fließerdebildung, wobei geringe Anteile von Löss in den Residualton eingemischt wurden. Um das Profil als Parabraunerde-Braunerde über Ferrallit anzusprechen, müsste die Grenze zwischen beiden Böden in 3 bis < 7 dm Tiefe liegen. In diesem Beispiel liegt diese Grenze in 11 dm Tiefe, weshalb es als „über tiefem Ferrallit" bezeichnet wird. Durch die historische Gewinnung der Bohnerze sind die Oberböden häufig verändert.

Bodenprozesse und -eigenschaften

Der Paläoboden (Ferrallit) wurde in erster Linie geprägt von den Prozessen der Residualtonakkumulation, der Rubefizierung und der Pseudovergleyung (Fleckenzone), der Bildung von Eisenkonkretionen (Bohnerzen) sowie der Entkieselung (Desilifizierung) und damit einhergehenden Kaolinisierung. Die Prozesse, die den Boden seit dem Ende der letzten Eiszeit prägen, sind die Entbasung, Versauerung, Tonverlagerung und Verbraunung sowie schwache Redoxprozesse durch leichte Staunässe.

Tab. 43.3 Profilbild und Horizontabfolge Profil 101

Profilbild	Horizontgrenze (cm)	Horizonte und ihre Eigenschaften	
	−5	**Ah** u-(z)u(Tr,Lo)	schwach toniger Schluff, schwach grusig; sehr dunkelrötlichgraubraun (5YR 3/4); Krümel- und Subpolyedergefüge
	−30	**IIAhl-Bv** p-(z)t(Lo,Tr)	schwach schluffiger Ton, schwach grusig; gelbbraun (10YR 5/8); Subpolyeder- und Polyedergefüge
	−118	**IIBtv** p-t(Lo,Tr)	reiner Ton, sehr schwach grusig; sehr dunkelgelblichbraun (10YR 3/6) und braunorange (7,5YR 5/8); Tonbeläge; Kohärent- bis Polyedergefüge
	−140	**IIIrBu°Swd** p-t(Tr)	reiner Ton, sehr schwach grusig; sehr dunkelorangerot (10R 3/6); Eisenoxide (bänderartig, sehr hoher Flächensnteil) und Bleichflecken (hoher Flächenanteil); Kohärent- bis Polyedergefüge
	−190	**IVrBu°Sd1** c-t(^k)	reiner Ton, sehr schwach grusig; sehr dunkelorangerot (10R 3/6); Eisenoxide (bänderartig, extrem hoher Flächenanteil) und Bleichflecken (sehr hoher Flächenanteil); Kohärent- bis Polyedergefüge
	−230+	**IVrBu°Sd2** c-t(^k)	reiner Ton; sehr dunkelorangerot (10R 3/6); Eisenoxide (bänderartig, sehr hoher Flächenanteil) und Bleichflecken (sehr hoher Flächenanteil); Kohärent- bis Polyedergefüge

Quelle: O. Ehrmann (Bild bearbeitet)

Abb. 43.5 Charakteristische Landschaft der Kuppenalb mit typischem Nebeneinander von Ackernutzung in Senken und Wald oder Wacholderheide auf Kuppen und Hängen (Quelle: A. Lehmann)

Tab. 43.4 Analysendaten Profil 101

Horizont	Tiefe (cm)	Skelett (Vol.-%)	Sand (M.-%)	Schluff (M.-%)	Ton (M.-%)	Gesamtporen (Vol.-%)	Luftkapazität (Vol.-%)	nutzbare Feldkap. (Vol.-%)	Totwasser (Vol.-%)	Lagerungsdichte (g/cm³)
Ah	−5	5	15	74	11	-	-	15	-	-
IIAhl-Bv	−30	8	3	33	64	-	-	15	-	1,17
IIBtv	−118	1	4	22	74	-	-	27	-	1,29
IIIrBu°Swd	−140	1	2	16	82	-	-	31	-	1,42
IVrBu°Sd1	−190	1	2	15	83	-	-	-	-	-
IVrBu°Sd2	−230+	-	-	-	-	-	-	-	-	-

Horizont	Tiefe (cm)	$CaCO_3$ (M.-%)	C_{org} (M.-%)	N_t (M.-%)	C/N	pH H_2O	pH $CaCl_2$	KAK_{pot} (cmol$_c$/kg)	BS (%)	K_2O-DL (mg/100 g)	P_2O_5-DL (mg/100 g)
Ah	−5	-	9,5	-	22	-	4,0	33	18	-	-
IIAhl-Bv	−30	-	1,5	-	20	-	3,9	19	11	-	-
IIBtv	−118	-	0,4	-	13	-	3,9	31	53	-	-
IIIrBu°Swd	−140	-	0,3	-	15	-	3,8	33	63	-	-
IVrBu°Sd1	−190	-	0,2	-	11	-	-	16	66	-	-
IVrBu°Sd2	−230+	-	-	-	-	-	-	-	-	-	-

(Quelle: Institut für Bodenkunde und Standortslehre, Universität Hohenheim)
(* = abgeleiteter Analysenwert)

Nutzung und Vegetation

Ferrallite wurden in der Vergangenheit zur Gewinnung der Bohnerze genutzt, die zur Eisenproduktion herangezogen wurden. Der Abbau erfolgte in kleineren, oberirdischen Gruben, sogenannten Pingen. Parabraunerde-Braunerden (oder verwandte Böden) über Ferrallit nehmen relativ kleine Flächen ein. Aufgrund ihrer Funktion als Archiv der Landschaftsgeschichte sind sie als Bodendenkmäler schützenswert. Die Vegetation an dem vorgestellten Profil besteht aus einem bodensauren Buchenwald; teilweise wurde mit Fichte aufgeforstet.

Gefährdung

Durch die historische Erzgewinnung aus den Ferralliten wurden die Böden stark verändert. Ungestörte Flächen mit Ferralliten sind daher selten. Ohne menschliche Eingriffe sind die Böden stabil.

Klasse S: Stauwasserböden

Ralf Sinapius, Fred Franzke, Holger Joisten, Peter Schad,
Wolfgang Fleck, Othmar Nestroy, Karl-Josef Sabel,
Dieter Kühn, Enrico Pickert, Daniela Sauer, Peter Lüscher,
Wolfgang Kainz und Gerhard Milbert

44

Inhaltsverzeichnis

R. Sinapius (✉)
Büro für Bodenkunde, Voigtsdorf, Deutschland

F. Franzke
terraf Ingenieurbüro, Frauenstein, Deutschland

H. Joisten
ehemals Sächsisches Landesamt für Umwelt, Landwirtschaft und
Geologie, Dresden, Deutschland

P. Schad
Technische Universität München, TUM School of Life Sciences,
Lehrstuhl für Bodenkunde, Freising-Weihenstephan, Deutschland

W. Fleck
Landesamt für Geologie, Rohstoffe und Bergbau,
Freiburg, Deutschland

O. Nestroy
ehemals Technische Universität Graz, Graz, Österreich

K.-J. Sabel
ehemals Hessisches Landesamt für Naturschutz, Umwelt und
Geologie, Wiesbaden, Deutschland

D. Kühn
ehemals Landesamt für Bergbau, Geologie und Rohstoffe
Brandenburg, Cottbus, Deutschland

E. Pickert
Sächsisches Landesamt für Umwelt, Landwirtschaft und Geologie,
Dresden, Deutschland

D. Sauer
Universität Göttingen, Göttingen, Deutschland

P. Lüscher
ehemals Eidgenössische Forschungsanstalt für Wald, Schnee und
Landschaft, Birmensdorf, Schweiz

W. Kainz
ehemals Landesamt für Geologie und Bergwesen,
Halle, Deutschland

G. Milbert
ehemals Geologischer Dienst Nordrhein-Westfalen,
Krefeld, Deutschland

© Springer-Verlag GmbH Deutschland, ein Teil von Springer Nature 2023
H. Joisten et al. (Hrsg.), *Böden Deutschlands, Österreichs und der Schweiz*, https://doi.org/10.1007/978-3-8274-2284-2_44

44.1   Allgemeine Charakteristika

In die Klasse der Stauwasserböden werden Böden zusammengefasst, die dem prägenden Einfluss einer verzögerten bis stagnierenden Niederschlagsversickerung unterliegen. Der Makro- und der Mesoporenfluss des Bodenwassers findet nur eingeschränkt oder nicht statt. Diese Böden besitzen dadurch über unterschiedlich lange Zeiträume einen hohen Wassergehalt, der im Profil ebenfalls charakteristisch verteilt ist. Die feuchten bis nassen Phasen dominieren im Winterhalbjahr, im Sommerhalbjahr können diese Böden auch völlig austrocknen. Durch markante dauerhafte trockene oder nasse Witterungsverläufe wird dieser jahreszeitliche Rhythmus überlagert. Auf Grund der stark schwankenden Bodenfeuchte werden sie als wechselfeucht bezeichnet. Die Dynamik des Bodenwassers kommt in diagnostischen Bodenmerkmalen mit charakteristischer räumlicher Verteilung zum Ausdruck. In den Aggregaten und Bereichen langanhaltender hoher Wassersättigung entstehen unter Sauerstoffmangel graufarbene reduzierte Fe-verbindungen. Parallel bilden sich in Bereichen höheren Sauerstoffgehaltes ockerfarbene Fe-Hydroxide, schwarze FeMn-Hydroxide und helle Nassbleichungen. Der Unterboden ist dadurch bei den Stauwasserböden meistens zweigeteilt. Der obere Teil stellt die stauwasserleitende Zone (Sw) dar und ist stärker oxidativ geprägt. Der untere Bereich mit tendenziell höherer Wassersättigung ist der eigentliche Staukörper (Sd) und zeigt neben oxidativen auch reduktive Merkmale. Eine hiervon

abweichende Entwicklung besitzen Stauwasserböden mit homogener feinsandig bis schluffiger Korngröße sowie hangwassergeprägte Gebirgsböden. Die Unterböden dieser Stauwasserböden zeigen nur geringe oder keine vertikale Teilung des Unterbodens. Der Oberboden von stark ausgeprägten Stauwasserböden kann bereits oxidative Merkmale und erhöhte Humosität aufweisen.

Stauwasserböden die zu höherer und häufigerer Vernässung neigen, werden meist drainiert.

44.2   Verbreitungsgebiete

Die Böden dieser Klasse kommen im gesamten Binnenland vor. Bevorzugt treten die Stauwasserböden dabei in bindigen Ausgangsgesteinen von Gebieten mit erhöhter klimatischer Wasserbilanz auf. Dies sind vor allem die Hügel- und Bergländer im Stau der atlantischen Tiefdruckgebiete. Aber auch im Tiefland sind in lehmig-tonigen Gesteinen die Stauwasserböden vorhanden. Regional können Stauwasserböden weit verbreitet sein und Leitbodencharakter besitzen. Die Stauwasserböden sind im Allgemeinen nicht an typische Reliefeinheiten gebunden, treten aber innerhalb der einzelnen Bodenlandschaften geologisch bedingt in typischen Positionen auf. Die typische Landschaft und das Erscheinungsbild von Stauwasserböden werden in Abb. 44.1, 44.2, 44.3, und 44.4 gezeigt. Die Abb. 44.5 zeigt eine Karte der regionalen Verbreitung der Klasse der Stauwasserböden.

Abb. 44.1 Weitgesreckte Hangverflachung im Erzgebirge. Mehrmals im Jahr führen hohe Niederschläge zur Vernässung bis in die Oberböden (Quelle: R. Sinapius)

Abb. 44.2 Strukturen von anthropogen überprägten Tiefenlinien (Drainageverrohrung im Bereich von Stauwasserböden). Agrarlandschaft bei Colm, westlich von Oschatz (Sachsen) (Quelle: Luftbildbefliegung durch F. Franzke)

Abb. 44.3 Stauwasserböden in einer durch Sölle (Eislöcher) geprägten Landschaft. Zweischichtböden aus Flugsanden über Grundmoränen. Die dunklen Ackerflächen zeigen durch Humusanreicherungen verfüllte Sölle an. Lokalität: bei Pamitz, südöstlich von Karlsburg, Mecklenburg-Vorpommern (Quelle: Luftbildbefliegung durch F. Franzke)

Abb. 44.4 Strukturen durch netzartige Drainageverrohrung und Stauwasservernässung über Grundmoränen im Untergrund. Agrarlandschaft bei Colm, westlich von Oschatz (Sachsen) (Quelle: Luftbildbefliegung durch Fred Franzke)

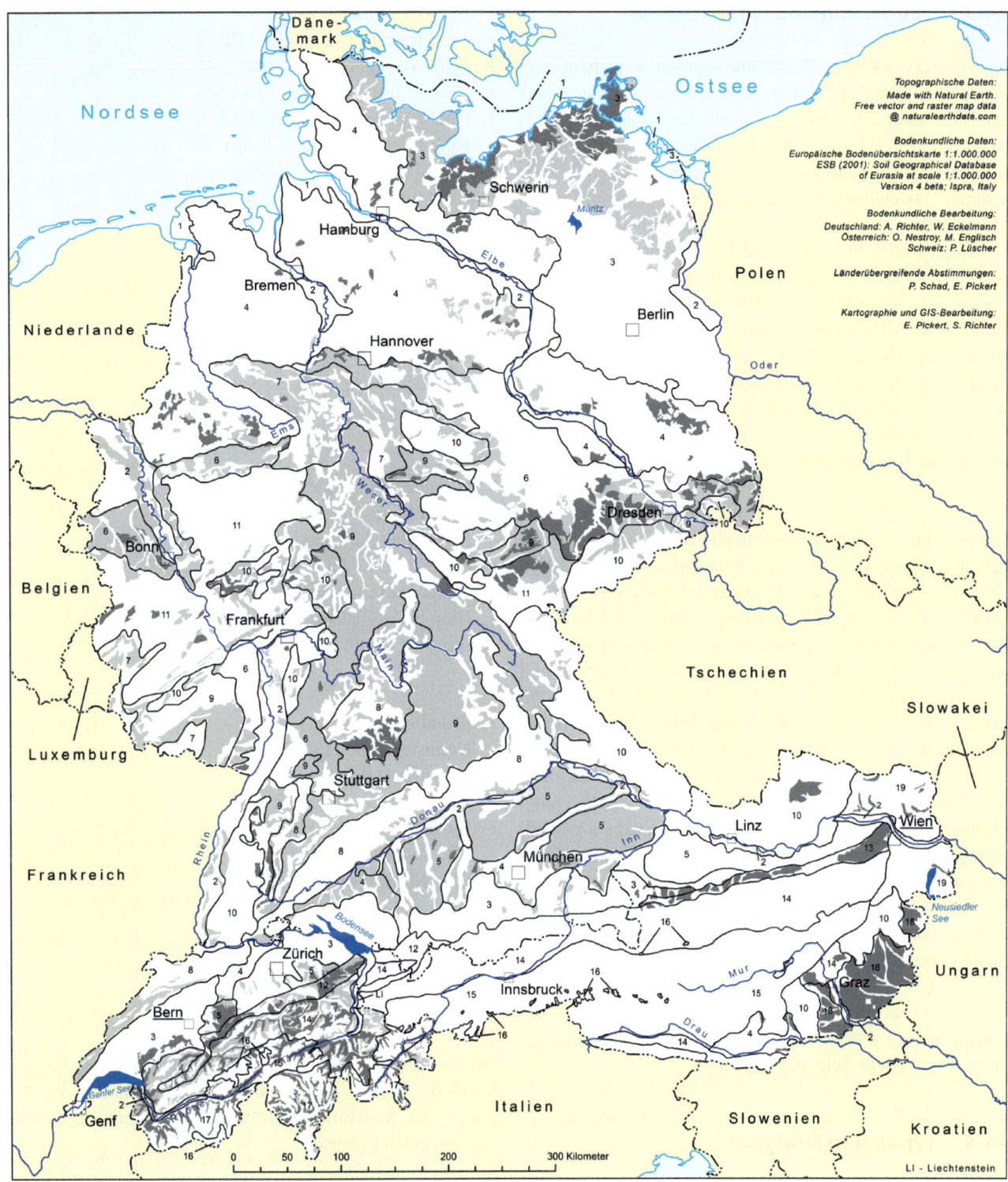

Regionale Verbreitung der Klasse der Stauwasserböden

verbreitet bis vorherrschend   *(≥ 30% Flächenanteil, Stauwasserböden treten als Leitboden auf)*

gering verbreitet *(< 30% Flächenanteil, Stauwasserböden treten als Begleitboden auf)*

Bodenregion

Abb. 44.5 Regionale Verbreitung der Klasse der Stauwasserböden

44.3 Gliederung und Eigenschaften

Innerhalb der Klasse der Stauwasserböden werden drei Typen unterschieden, der Pseudogley, der Stagnogley sowie der Haftpseudogley. Der Typ Pseudogley ist am häufigsten anzutreffen und zeigt zahlreiche Subtypen. Die Subtypen werden nach den Übergängen zu anderen Bodentypen oder anderen bodenökologisch wesentlichen pedogenetischen Merkmalen gegliedert. Nach seiner Entstehung kann der Pseudogley auch in primäre und in sekundäre Pseudogleye eingeteilt werden. Der primäre Pseudogley ist in der Regel mehrschichtig und bereits durch seine dichten bindigen Ausgangsgesteine als Stauwasserboden angelegt. Der sekundäre Pseudogley ist durch pedogene Anreicherung und Verdichtung im Unterboden nachträglich in den Bodenschichten entstanden. Typisches und häufiges Beispiel hierfür sind die Lessivés-Pseudogleye aus Lösslehm, in denen die bodengenetische Tonanreicherung zum Stauwasserboden führte. Die Pseudogleye sind die typisch wechselfeuchten Stauwasserböden. Die phasenweise Wassersättigung und damit einhergehende Luftarmut erreicht eher selten oder gelegentlich den Oberboden. Der Typ Stagnogley stellt hingegen einen dauerhaft feucht-nassen stauenden Boden dar mit nur geringer oder seltener Austrocknung im Sommerhalbjahr. In ihm ist bereits der Oberboden über längere Perioden vernässt. Sein Unterboden ist durch starke Nassbleichung und intensivere Reduktion gekennzeichnet. Die Stagnogleye gliedern sich vor allem nach ihrem Anteil an organischer Substanz und dem Grundwassereinfluss in weitere Subtypen. Der Typ Haftpseudogley entsteht durch einen gleichkörnigen feinstsandigen bis schluffigen Aufbau der Bodenschichtung. Dadurch wird ein potentiell hoher Anteil von kapillarem, adsorptivem und osmotischem Bodenwasser bedingt, welches nicht der abwärts gerichteten Versickerung unterliegt. Dieses Haftwasser führt zu oxidativen Merkmalen, reduktive Merkmale sind nicht oder nur gering vorhanden. Die typische vertikale Unterboden-Gliederung der Pseudo- und Stagnogleye in Stauzone und Staukörper ist bei den Haftpseudogleyen nicht gegeben. Die Haftpseudogleye werden nach ihren Übergängen zu anderen Bodentypen und nach ihrer Humosität in verschiedene Subtypen gegliedert.

44.4 Typen und Subtypen

Typ

- Pseudogley (SS)

Subtypen

- Normpseudogley (SSn)
- Kalkpseudogley (SSc)
- Hangpseudogley (SSg)
- Humuspseudogley (SSh)
- Anmoorpseudogley (SSm)
- Tschernosem-Pseudogley (TT-SS)
- Pelosol-Pseudogley (DD-SS)
- Braunerde-Pseudogley (BB-SS)
- Parabraunerde-Pseudogley (LL-SS)
- Fahlerde-Pseudogley (LF-SS)
- Podsol-Pseudogley (PP-SS)
- Terra fusca-Pseudogley (CF-SS)
- Kolluvisol-Pseudogley (YK-SS)
- Plaggenesch-Pseudogley (YE-SS)
- Gley-Pseudogley (GG-SS)

Typ

- Haftpseudogley (SH)

Subtypen

- Normhaftpseudogley (SHn)
- Humushaftpseudogley (SHh)
- Braunerde-Haftpseudogley (BB-SH)
- Parabraunerde-Haftpseudogley (LL-SH)
- Fahlerde-Haftpseudogley (LF-SH)
- Gley-Haftpseudogley (GG-SH)

Typ

- Stagnogley (SG)
- Normstagnogley (SGn)
- Bändchenstagnogley (SGd)
- Anmoorstagnogley (SGm)
- Niedermoor-Stagnogley (HN-SG)
- Hochmoor-Stagnogley (HH-SG)
- Gley-Stagnogley (GG-SG)

44.5 Klassifikation nach WRB

Peter Schad

Die meisten Stauwasserböden sind in der WRB als Stagnosol zu bezeichnen. Nur wenn der Tongehalt im Sd- im Vergleich zum Sw-Horizont abrupt stark zunimmt, handelt es sich um einen Planosol.

44.6 Ausgewählte Bodenprofile

Profil 102: Subtyp Normpseudogley (SSn)

- Bodenausgangsgestein: Fließerde aus Geschiebe- und Lösslehm über Geschiebelehm
- Varietät: mittelbasischer (Acker)Pseudogley (m.vSSn)
- Typ: Pseudogley
- Klasse: Stauwasserböden

- Substrattyp: p-(k)u(Lg,Lol)/p-(k)l(Lg)
- WRB: Eutric Stagnosol (Aric, Katoloamic, Ochric, Epiraptic, Episiltic)
- Bodenregion: Mittel- und süddeutsche Löss- und Sandlösslandschaften

- Ort: Dobra, Lkr. Bautzen, Sachsen
- Profilbild und Horizontabfolge: siehe Tab. 44.1
- Bodenlandschaftsbild: siehe Abb. 44.6
- Analysendaten: siehe Tab. 44.2
- Autor: Fred Franzke

Tab. 44.1 Profilbild und Horizontabfolge Profil 102

Profilbild	Horizont-grenze (cm)	Horizonte und ihre Eigenschaften	
	−30	**Ap** p-(k)u(Lg,Lol)	schluffiger Lehm, schwach bis mittel kiesig; dunkelbräunlichgrau, olivstichig (2,5Y 4/2); Eisenoxide (konkretionär, geringer Flächenanteil) und Manganoxide (konkretionär, geringer Flächenanteil); Polyeder- und Plattengefüge; mittel humos; mittel durchwurzelt
	−75	**IISdw** p-(k)l(Lg)	stark sandiger Lehm, mittel kiesig, sehr schwach grusig; hellgelbbraun (10YR 6/8) ; Eisenoxide (fleckig, überwiegender Flächenanteil) und Bleichflecken (gebleichte Wurzelbahnen, sehr hoher Flächenanteil); Polyedergefüge; sehr schwach durchwurzelt
	−100	**IISwd** p-(k)l(Lg)	stark sandiger Lehm, mittel kiesig, sehr schwach grusig; hellgelbbraun (10YR 6/8) und hellolivgrau (5Y 6/2); Eisenoxide (fleckig, überwiegender Flächenanteil) und Bleichflecken (gebleichte Wurzelbahnen, hoher Flächenanteil); Polyedergefüge
	−130+	**IISd-ilCv** p-(k)l(Lg)	stark sandiger Lehm, mittel kiesig, sehr schwach grusig; hellbräunlicholivgelb (2,5Y 6/6) und hellolivgrau (5Y 6/2); Eisenoxide (fleckig, mittlerer Flächenanteil) und Bleichflecken (gebleichte Wurzelbahnen, mittlerer Flächenanteil); Polyeder- und Kohärentgefüge

Quelle: F. Franzke (Bild bearbeitet)

Abb. 44.6 Landschaftspanorama: Verebnungsflächen mit meist bereits geogen verdichteten Moränenunterlagerungen im Vorland der Oberlausitz (Quelle: Luftbildbefliegung durch F. Franzke)

Tab. 44.2 Analysendaten Profil 102

Horizont	Tiefe (cm)	Skelett (Vol.-%)	Sand (M.-%)	Schluff (M.-%)	Ton (M.-%)	Gesamtporen (Vol.-%)	Luftkapazität (Vol.-%)	nutzbare Feldkap. (Vol.-%)	Totwasser (Vol.-%)	Lagerungsdichte (g/cm³)
Ap	−30	9,6	31	51	18	54	25	16	13	1,20
IISdw	−75	11,5	55	28	17	35	9	13	14	1,72
IISwd	−100	-	-	-	-	-	-	-	-	-
IISd-ilCv	−130+	-	-	-	-	-	-	-	-	-

Horizont	Tiefe (cm)	$CaCO_3$ (M.-%)	C_{org} (M.-%)	N_t (M.-%)	C/N	pH H_2O	pH $CaCl_2$	KAK_{pot} (cmol$_c$/kg)	BS (%)	K_2O-DL (mg/100 g)	P_2O_5-DL (mg/100 g)
Ap	−30	-	1,37	0,13	11	-	5,7	7,3	-	19	12
IISdw	−75	-	0,12	0,01	12	-	4,1	6,9	-	11	<1
IISwd	−100	-	-	-	-	-	-	-	-	-	-
IISd-ilCv	−130+	-	-	-	-	-	-	-	-	-	-

(Quelle: Sächsisches Landesamt für Umwelt, Landwirtschaft und Geologie)
(* = abgeleiteter Analysenwert)

Vorkommen und Ausgangsgesteine

Pseudogleye sind relativ weit verbreitet, oft mit anderen Böden vergesellschaftet und von sehr unterschiedlichem Ausprägungsgrad und Habitus. Die Palette der möglichen Ausgangsgesteine ist mannigfaltig, im Beispiel ein „Klassiker" bezüglich der Kombination von zwei unterschiedlichen Substraten als Zweischichtprofil. Periglaziärer Lösslehm mit Geschiebelehmbeimengungen überlagert den deutlich dichteren periglaziären Geschiebelehm. Die Dichtlagerung ist natürlichen Ursprungs.

Bodenprozesse und -eigenschaften

Beim Stauwasserboden Pseudogley infiltriert Niederschlagswasser den Boden und wird oberflächennah gestaut. Bei idealer Horizontausbildung tritt der Pseudogley felddiagnostisch mit redoximorphen Merkmalen und typischen Horizonten in Erscheinung (Sw- über einem Sd-Horizont). Sickerwasserstau an einem dichteren Horizont oder eine deutlich gehemmte Infiltrationsrate sind entscheidende Kriterien bei dieser Bodenentwicklung. Im Stauwasser führenden Sw-Horizont verlagert sich die Sickerwasserfront relativ zügig nach unten und verbleibt nur zeitweise in der Bodenmatrix. Es kommt in der Regel zu Eisen- und Manganausfällungen durch Lösung und Umverteilung (Flecken, Bänder, Beläge u. a.). Im Beispiel sind Sw und Sd verzahnt, d. h. gehen mehr oder weniger deutlich ineinander über (IISdw- bzw. darunter IISwd-Horizont), was in vielen Stauwasserböden der Fall ist. Der unterste Profilteil wird durch die lithogenen helloligvrauen Eigenfarben des Geschiebelehms geprägt (IISd-Cv-Horizont). Der guten Wasserversorgung besonders in trockenen Jahren steht die Verdichtungsanfälligkeit gegenüber. Die späte Erwärmung im Frühjahr verlangt geeignete Anbaumethoden und Fruchtfolgen.

Nutzung und Vegetation

Nach Drainierung verbreitet landwirtschaftliche Nutzung als Acker und Intensivgrünland, ansonsten Forststandorte oder bei sehr starker Vernässung extensiv genutzt, teils naturnahe Standorte.

Gefährdung

Bei landwirtschaftlicher Nutzung durch Befahrung zu ungünstigen Zeitpunkten (zu hohe Durchfeuchtung) oft besonders verdichtungsanfällig, so genannte „Minutenböden". Dauerhafte Bodenstrukturschäden bis in tiefere Bereiche sind bei unangepasster Bearbeitung die Folge.

Profil 103: Subtyp Normpseudogley (SSn)

- Bodenausgangsgestein: Fließerde aus Sandstein und Löss über tiefer Fließerde aus Sand- und Tonstein
- Varietät: basenreicher nassgebleichter (Mull)Pseudogley (eu.i.muSSn)
- Typ: Pseudogley
- Klasse: Stauwasserböden
- Substrattyp: p-(z)u(^s,Lo)//p-(z)t(^s,^t)
- WRB: Orthoeutric Epialbic Planosol (Endoclayic, Humic, Endoraptic, Anosiltic)
- Bodenregion: Berg- und Hügelländer mit hohem Anteil an nicht metamorphen carbonatischen Gesteinen
- Ort: Horb, Lkr. Freudenstadt, Baden-Württemberg
- Profilbild und Horizontabfolge: siehe Tab. 44.3
- Bodenlandschaftsbild: siehe Abb. 44.7
- Analysendaten: siehe Tab. 44.4
- Autor: Wolfgang Fleck, Gert Glomb

Vorkommen und Ausgangsgesteine

Diese Bodenform ist auf abflussträgen Scheitellagen im Unterkeuper (Lettenkeuper, ku) der Gäulandschaften verbreitet. Das Ausgangsgestein besteht aus einer lössführenden Hauptlage über einer tonigen Basislage auf Keupergestein, das ab 12 dm Tiefe ansteht. Die Pseudogleye sind mit Pelosol-Pseudogleyen, Braunerde-Pseudogleyen und Pelosol-Braunerden vergesellschaftet.

Tab. 44.3 Profilbild und Horizontabfolge Profil 103

Profilbild	Horizontgrenze (cm)	Horizonte und ihre Eigenschaften	
	−18	**Ah** p-(z)u(^s,Lo)	schwach toniger Schluff, schwach grusig; dunkelbraungrau (7,5YR 4/2); Eisenoxide (schwach fleckig, geringer Flächenanteil); Krümel- bis Kohärentgefüge; mittel humos; stark durchwurzelt
	−40	**Sew** p-(z)u(^s,Lo)	mittel toniger Schluff, schwach grusig; fahlhellbraun (7,5YR 7/4); Eisenoxide (schwach fleckig, mittlerer Flächenanteil) und Nassbleichung (fast ausschließlicher Flächenanteil); Kohärentgefüge; schwach humos; schwach durchwurzelt
	−75	**Sdw** p-(z)u(^s,Lo)	schluffiger Lehm, mittel grusig; ockerbraun (10YR 5/6); Eisenoxide (stark fleckig, nach unten zunehmend, extrem hoher Flächenanteil) und Bleichflecken (nach unten abnehmend, überwiegender Flächenanteil); Kohärentgefüge
	−100+	**IISd** p-(z)t(^s,^t)	schwach schluffiger Ton, mittel grusig; blaugrau (5B 5/1); Eisenoxide (marmoriert, extrem hoher Flächenanteil) und Bleichflecken (extrem hoher Flächenanteil); Prismen- bis Kohärentgefüge

Quelle: Büro solum, Freiburg, G. Glomb (Bild bearbeitet)

Abb. 44.7 Staunasse Flachlagen im Lettenkeuper-Gäu bei Horb-Betra, Landkreis Freudenstadt (Quelle: Landesamt für Geologie, Rohstoffe und Bergbau im Regierungspräsidium Freiburg, W. Fleck)

Tab. 44.4 Analysendaten Profil 103

Horizont	Tiefe (cm)	Skelett (Vol.-%)	Sand (M.-%)	Schluff (M.-%)	Ton (M.-%)	Gesamtporen (Vol.-%)	Luftkapazität (Vol.-%)	nutzbare Feldkap. (Vol.-%)	Totwasser (Vol.-%)	Lagerungsdichte (g/cm³)
Ah	−18	-	22	67	11	-	-	-	-	-
Sew	−40	-	19	65	16	-	-	-	-	-
Sdw	−75	-	21	59	20	-	-	-	-	-
IISd	−100+	-	5	32	63	-	-	-	-	-

Horizont	Tiefe (cm)	$CaCO_3$ (M.-%)	C_{org} (M.-%)	N_t (M.-%)	C/N	pH H_2O	pH $CaCl_2$	KAK_{pot} (cmol$_c$/kg)	BS (%)	K_2O-DL (mg/100 g)	P_2O_5-DL (mg/100 g)
Ah	−18	-	1,8	-	-	-	4,9	169	-	-	-
Sew	−40	-	-	-	-	-	4,7	85	-	-	-
Sdw	−75	-	-	-	-	-	4,6	90	-	-	-
IISd	−100+	-	-	-	-	-	4,2	208	-	-	-

Horizont	Tiefe (cm)	K_t (mg/kg)	P_t (mg/kg)
Ah	−18	1305	473
Sew	−40	1549	376
Sdw	−75	1726	399
IISd	−100+	12964	273

(Quelle: Büro solum, Freiburg)
(* = abgeleiteter Analysenwert)

Bodenprozesse und -eigenschaften

Im Unterschied zur tonigen Kalk- und Dolomitsteinverwitterung mit ausgeprägter Gefügeentwicklung sind die Böden auf Unterkeupertonen dicht gelagert und neigen deshalb im flachen Gelände zur Staunässe. Die Profilausbildung wird durch die stark gebleichten Sew- und Sdw-Horizonte über einem marmorierten IISd-Horizont geprägt. Im Profilbereich zwischen 40 und 70 cm Tiefe (Sdw-Horizont) durchdringen sich Stauwasserleiter und Stauwassersohle. Dieser ausgeprägte Übergangshorizont ist in erster Linie substratbedingt und bei ähnlichen Substraten häufig zu beobachten.

Nutzung und Vegetation

Aufgrund der stark ausgeprägten Staunässe ist der Boden als Ackerstandort ungeeignet. Er bietet aber einen guten Grünlandstandort, der häufig auch als Streuobstwiese genutzt wird.

Gefährdung

Unter der gegenwärtigen Nutzung ist der Boden wenig gefährdet.

Profil 104: Subtyp Normpseudogley (SSn); Subtyp ÖBS: Typischer Pseudogley

- Bodenausgangsgestein: Fließerde aus Löss und Tonstein über Fließerde aus Tonstein
- Varietät: mittelbasischer (Mull)Pseudogley (m.muSSn)
- Typ: Pseudogley; Typ ÖBS: Typischer Pseudogley

- Klasse: Stauwasserböden; Klasse ÖBS: Pseudogleye
- Substrattyp: p-l(Lo,^t)/p-zt(^t)
- WRB: Eutric Planosol (Clayic, Humic, Raptic)
- Bodenregion: Berg- und Hügelländer der östlichen Flyschzone mit hohen Anteilen an Mergeln, Tonsteinen und Sandsteinen
- Ort: Dürrwien, Flysch-Wienerwald, Niederösterreich
- Humusform: F-Mull
- Profilbild und Horizontabfolge: siehe Tab. 44.5
- Bodenlandschaftsbild: siehe Abb. 44.8
- Analysendaten: siehe Tab. 44.6
- Autor: Othmar Nestroy et al.

Vorkommen und Ausgangsgesteine

In Fließerden aus Tonmergeln, stark tonigen Standsteinen und Tonschiefern, die meist im oberen Teil (im Beispiel bis 35 cm) lössbeeinflusst sind, bilden sich bei höheren Niederschlägen vielfach Pseudogleye. Sie kommen in Österreich großflächig in der Flyschzone der Bodenregion 13, daneben auch in der Bodenregion 12 sowie in den Bodenregionen 5 und 18 vor. In letzterer entwickelten sich diese Böden jedoch vor allem in kalkfreien, schluffreichen und dicht gelagerten Staublehmen im Bereich der Vorländer im Südosten.

Bodenprozesse und -eigenschaften

Der zeitweilige oberflächennahe Wasserstau ist der auslösende Faktor für die Ausbildung dieser Böden, wobei der Staueffekt durch ein dicht gelagertes Ausgangsmaterial, eine Überlagerung oder eine vorangegangene Lessivierung hervorgerufen sein kann. Je nach Höhe und Wirksamkeit des

Tab. 44.5 Profilbild und Horizontabfolge Profil 104

Profilbild	Horizont-grenze (cm)	Horizonte und ihre Eigenschaften (in Klammern: nach ÖBS)	
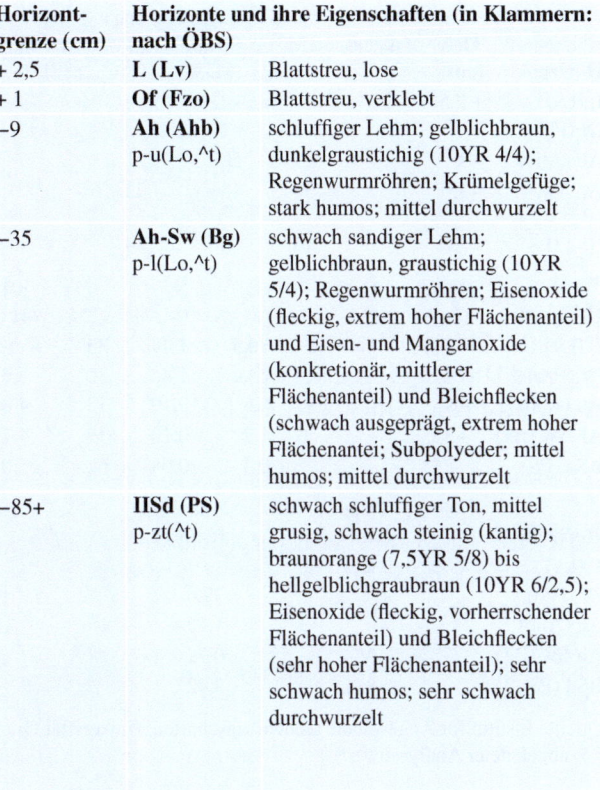	+ 2,5	**L (Lv)**	Blattstreu, lose
	+ 1	**Of (Fzo)**	Blattstreu, verklebt
	−9	**Ah (Ahb)** p-u(Lo,^t)	schluffiger Lehm; gelblichbraun, dunkelgraustichig (10YR 4/4); Regenwurmröhren; Krümelgefüge; stark humos; mittel durchwurzelt
	−35	**Ah-Sw (Bg)** p-l(Lo,^t)	schwach sandiger Lehm; gelblichbraun, graustichig (10YR 5/4); Regenwurmröhren; Eisenoxide (fleckig, extrem hoher Flächenanteil) und Eisen- und Manganoxide (konkretionär, mittlerer Flächenanteil) und Bleichflecken (schwach ausgeprägt, extrem hoher Flächenantei; Subpolyeder; mittel humos; mittel durchwurzelt
	−85+	**IISd (PS)** p-zt(^t)	schwach schluffiger Ton, mittel grusig, schwach steinig (kantig); braunorange (7,5YR 5/8) bis hellgelblichgraubraun (10YR 6/2,5); Eisenoxide (fleckig, vorherrschender Flächenanteil) und Bleichflecken (sehr hoher Flächenanteil); sehr schwach humos; sehr schwach durchwurzelt

Quelle: Mitt. d. Österr. Bodenkundl. Ges. (2009), H. 76, Wien (Bild bearbeitet)

Abb. 44.8 Flysch-Wienerwald bei Dürrwien (Quelle: O. Nestroy)

Tab. 44.6 Analysendaten Profil 104

Horizont	Tiefe (cm)	Skelett (Vol.-%)	Sand (M.-%)	Schluff (M.-%)	Ton (M.-%)	Gesamtporen (Vol.-%)	Luftkapazität (Vol.-%)	nutzbare Feldkap. (Vol.-%)	Totwasser (Vol.-%)	Lagerungsdichte (g/cm^3)
L (Lv)	+ 2,5	-	-	-	-	-	-	-	-	-
Of (Fzo)	+ 1	-	-	-	-	-	-	-	-	-
Ah (Ahb)	−9	0	29	50	21	-	-	-	-	-
Ah-Sw (Bg)	−35	0	30	48	22	-	-	-	-	-
IISd (PS)	−85+	25	13	38	49	-	-	-	-	-

Horizont	Tiefe (cm)	CaCO$_3$ (M.-%)	C$_{org}$ (M.-%)	N$_t$ (M.-%)	C/N	pH H$_2$O	pH CaCl$_2$	KAK$_{pot}$ (cmol$_c$/kg)	BS (%)	K$_2$O-DL (mg/100 g)	P$_2$O$_5$-DL (mg/100 g)
L (Lv)	+ 2,5	-	50,5	1,44	35	-	-	-	-	-	-
Of (Fzo)	+ 1	-	43,6	1,46	30	5,6	4,9	54,8	94	-	-
Ah (Ahb)	−9	-	2,5	0,19	13	4,8	3,9	7,4	28	-	-
Ah-Sw (Bg)	−35	-	1,2	0,10	12	4,7	3,8	7,0	22	-	-
IISd (PS)	−85+	-	0,3	0,05	6	5,0	4,0	19,7	54	-	-

Horizont	Tiefe (cm)	Ca (cmol$_c$/kg)	Mg (cmol$_c$/kg)	K (cmol$_c$/kg)	Na (cmol$_c$/kg)
L (Lv)	+ 2,5				
Of (Fzo)	+ 1	39,0	9,36	2,77	0,41
Ah (Ahb)	−9	1,15	0,7	0,24	
Ah-Sw (Bg)	−35	0,72	0,71	0,13	
IISd (PS)	−85+	5,42	4,83	0,44	

(Quelle: Institut für Angewandte Geowissenschaften, Universität Graz)
(* = abgeleiteter Analysenwert)

Staukörpers sind auch die Ausprägung des Gesamtprofils und der Charakter des Bodenwasserhaushalts sehr unterschiedlich. Im Allgemeinen sind dies Standorte mittlerer bis geringer Fruchtbarkeit, jeweils in Abhängigkeit von Dauer und Intensität des Wasserstaus. Hier ist die Position von besonderer Bedeutung, da die leicht hängigen Lagen infolge der inneren Dränage etwas günstiger sind als ebene Flächen.

Nutzung und Vegetation

Infolge der sehr unterschiedlichen Ausgangsmaterialien sind auch die Nutzungsformen sehr unterschiedlich. Sie reichen von einer Waldnutzung – so z. B. in weiten Bereichen des Wienerwaldes – über eine Grünlandnutzung bis zu einer intensiven Ackernutzung. Diese muss aber bezüglich Nutzpflanze und Rotation den jeweiligen Standortsbedingungen angepasst sein, wobei oftmals vorbereitende meliorative Maßnahmen in Form von Entwässerung und Düngung notwendig sind.

Gefährdung

Eine der Gefahren ergibt sich durch das Befahren, vor allem mit schweren Erntemaschinen bei überfeuchten Böden, da es zu tiefliegenden Bodenverdichtungen kommen kann, die teils irreversibel sind oder nur mit großem Aufwand saniert werden können. Hanglagen sind im Allgemeinen, speziell aber bei Überfeuchtung, rutschungs- und erosionsgefährdet.

Profil 105: Subtyp Hangpseudogley (SSg)

- Bodenausgangsgestein: Fließerdefolge aus Ton- und Sandstein und Löss über Fließerde aus Sand- und Tonstein
- Varietät: mittelbasischer podsoliger (Moder)Hangpseudogley (m.p.moSSg)
- Typ: Pseudogley
- Klasse: Stauwasserböden
- Substrattyp: p-(z)l(^s,Lo)/p-(z)l(^s,^t)
- WRB: Dystric Epialbic Folic Stagnosol (Inclinic, Loamic, Nechic, Ochric, Raptic)
- Bodenregion: Berg- und Hügelländer mit hohem Anteil an nicht metamorphen Sand-, Schluff-, Ton- und Mergelgesteinen
- Ort: Wiesenfeld, Lkr. Waldeck-Frankenberg, Hessen
- Humusform: Rohhumusartiger Moder
- Profilbild und Horizontabfolge: siehe Tab. 44.7
- Bodenlandschaftsbild: siehe Abb. 44.9
- Analysendaten: siehe Tab. 44.8
- Autor: Karl-Josef Sabel

Vorkommen und Ausgangsgesteine

Voraussetzung sind lang gezogene Hänge im niederschlagsreichen Bergland, wo wasserwegsame Oberböden (i.d.R. Hauptlagen) über tonreichem und verdichtetem

Tab. 44.7 Profilbild und Horizontabfolge Profil 105

Profilbild	Horizont-grenze (cm)	Horizonte und ihre Eigenschaften	
	+ 11	**L** organisch	
	+ 10	**Of** organisch	
	+ 4	**Oh** organisch	
	−1	**Aeh** p-(z)s(^s,Lo)	mittel schluffiger Sand, schwach grusig; dunkelgelblichbraungrau (10YR 4/2); Plattengefüge; schwach humos; mittel durchwurzelt
	−5	**sSw1** p-(z)u(^s,Lo)	sandiger Schluff, schwach grusig; dunkelbraun (7,5YR 4/4); Eisenoxide (fleckig, sehr geringer Flächenanteil) und Bleichflecken (schwach ausgeprägt, fast ausschließlicher Flächenanteil); Plattengefüge; sehr schwach humos; mittel durchwurzelt
	−30	**sSw2** p-(z)l(^s,Lo)	schluffig-lehmiger Sand, schwach grusig; sehr hellbraun (7,5YR 7/4); Eisenoxide (fleckig, geringer Flächenanteil) und Bleichflecken (schwach ausgeprägt, fast ausschließlicher Flächenanteil); Polyedergefüge; schwach durchwurzelt
	−45	**IIsSwd** p-l(^s,Lo)	mittel sandiger Lehm, sehr schwach grusig; rötlichgraubraun (5YR 5/4); Eisenoxide (fleckig, extrem hoher Flächenanteil) und Bleichflecken (in Bahnen, nach unten abnehmend, extrem hoher Flächenanteil); Polyedergefüge; schwach durchwurzelt
Quelle: K.-J. Sabel (Bild bearbeitet)	−85+	**IIIilCv-sSd** p-(z)l(^s,^t)	stark sandiger Ton, schwach grusig; dunkelrötlichbraun (5YR 3/4); Eisenoxide (fleckig, vorherrschender Flächenanteil) und Bleichflecken (in Bahnen, hoher Flächenanteil); Säulengefüge; sehr schwach durchwurzelt

Abb. 44.9 Bodenlandschaft Hangpseudogley (Quelle: Hessisches Landesamt für Naturschutz, Umwelt und Geologie)

Unterboden auftreten, die einen lateralen Wasserabzug auslösen. Das vorliegende Beispiel stammt aus der Bodenregion 9, wo solifluidale Gemische aus Sandstein und Tonstein bzw. Tonsteinzersatz weit verbreitet sind.

Bodenprozesse und -eigenschaften

Der verdichtete Unterboden behindert die vertikale Versickerung des Bodenwassers und leitet infolge der Hanglage das ungebundene Bodenwasser als Interflow lateral ab. So entwickelt sich der wasserleitende Oberboden klassischerweise in der Hauptlage mit typischer Basenverarmung und Absenkung des pH-Wertes bis hin zu initialer Podsolierung. Die Unterböden weisen häufig wegen des zügigen Interflows keine markante Marmorierung auf.

Nutzung und Vegetation

In der Regel werden die Standorte heute waldbaulich genutzt, vereinzelt – in der Vergangenheit häufiger – als Grünland, selten Ackerbau.

Tab. 44.8 Analysendaten Profil 105

Horizont	Tiefe (cm)	Skelett (Vol.-%)	Sand (M.-%)	Schluff (M.-%)	Ton (M.-%)	Gesamtporen (Vol.-%)	Luftkapazität (Vol.-%)	nutzbare Feldkap. (Vol.-%)	Totwasser (Vol.-%)	Lagerungsdichte (g/cm³)
L	+ 11	-	-	-	-	-	-	-	-	-
Of	+ 10	-	-	-	-	-	-	-	-	-
Oh	+ 4	-	-	-	-	-	-	-	-	-
Aeh	−1	-	-	-	-	-	-	-	-	-
sSw1	−5	-	-	-	-	-	-	-	-	-
sSw2	−30	6	46	43	11	-	-	-	-	-
IIsSwd	−45	1	49	34	17	-	-	-	-	-
IIIilCv-sSd	−85+	6	62	11	27	-	-	-	-	-

Horizont	Tiefe (cm)	CaCO₃ (M.-%)	C_org (M.-%)	N_t (M.-%)	C/N	pH H₂O	pH CaCl₂	KAK_pot (cmol_c/kg)	BS (%)	K₂O-DL (mg/100 g)	P₂O₅-DL (mg/100 g)
L	+ 11	-	-	-	-	-	-	-	-	-	-
Of	+ 10	-	48	1,63	29	4,94	4,58	-	-	-	-
Oh	+ 4	-	43,8	1,4	31	3,39	2,82	-	-	-	-
Aeh	−1	-	0,9	0,03	29	4	3,4	-	-	-	-
sSw1	−5	-	0,4	0,02	20	4	3,4	-	-	-	-
sSw2	−30	-	-	-	-	4,4	3,9	-	-	-	-
IIsSwd	−45	-	-	-	-	4,2	3,7	-	-	-	-
IIIilCv-sSd	−85+	-	-	-	-	4,1	3,5	-	-	-	-

(Quelle: Hessisches Landesamt für Naturschutz, Umwelt und Geologie)

(* = abgeleiteter Analysenwert)

Gefährdung

Vielfach sind diese Standorte von flach wurzelnden Fichten bestockt. Die schnelle Wassersättigung vor allem in der kühl-feuchten Jahreszeit und nach anhaltenden Niederschlägen erhöht die Gefahr von Sturmschäden. Die Hanglage fördert bei ackerbaulicher Nutzung die Bodenerosion.

Profil 106: Subtyp Humuspseudogley (SSh)

- Bodenausgangsgestein: Decksand und Beckenlehm über Beckenlehm
- Varietät: basenreicher (Mull)Humuspseudogley (eu.muSSh)
- Typ: Pseudogley
- Klasse: Stauwasserböden
- Substrattyp: p-l(Lb,Sp)/p-l(Lb)
- WRB: Hypereutric Mollic Planosol (Endodensic, Humic, Pantoloamic, Amphiraptic)
- Bodenregion: Altmoränenlandschaften
- Ort: südöstlich von Krampfer, Lkr. Prignitz, Brandenburg
- Profilbild und Horizontabfolge: siehe Tab. 44.9
- Bodenlandschaftsbild: siehe Abb. 44.10
- Analysendaten: siehe Tab. 44.10
- Autor: Dieter Kühn

Vorkommen und Ausgangsgesteine

Schluffig-tonige Beckenablagerungen ehemaliger Eisstauseen sind in Brandenburg häufig im Altmoränengebiet zu finden. Sie befinden sich meist in Senkenpositionen bzw. ausgedehnten Niederungen, so dass auch eine entsprechende laterale Wasserzufuhr bei Überflutung für die Pseudovergleyung sorgen kann. Die durch das Ausgangsgestein bedingte Farbe des Beckentons ist vorwiegend grau. Durch periglaziäre Prozesse wurde er zusätzlich verdichtet und dichtet gegenüber dem Grundwasser ab. Im Bereich der Hauptlage sind sandige Beimengungen am deutlichsten.

Bodenprozesse und -eigenschaften

Die Beckenablagerungen sind sehr dicht, so dass die Pseudovergleyung das Profilbild bestimmt. Die Ursachen für die tieferreichende Humusakkumulation sind nicht eindeutig. Neben einer Quellungs- und Schrumpfungsdynamik können auch jüngere Solifluktion oder Umlagerungen dazu geführt haben. Die Substrateigenfarbe täuscht einen höheren Humusgehalt vor.

Nutzung und Vegetation

Bei diesen schwer bearbeitbaren Böden herrscht die Dauergrünlandnutzung vor, wobei von einem turnusmäßigen Umbruch auszugehen ist.

Gefährdung

Bei unsachgemäßer Bewirtschaftung wird die Struktur zusätzlich negativ beeinträchtigt. Dies ist bei der Neuansaat zu berücksichtigen.

Tab. 44.9 Profilbild und Horizontabfolge Profil 106

Profilbild	Horizont-grenze (cm)	Horizonte und ihre Eigenschaften	
	−30	**rAp** p-l(Lb,Sp)	schluffig-lehmiger Sand, sehr schwach kiesig; sehr dunkelgelblichbraungrau (10YR 3/2); Polyeder- und Subpolyedergefüge; stark humos; schwach durchwurzelt
	−50	**IIAh-Sdw** p-l(Sp,Lb)	schwach sandiger Lehm, sehr schwach kiesig, sehr schwach steinig (gerundet); bräunlichgrau, olivstichig (2,5Y 5/2) und dunkelgelblichbraungrau (10YR 4/2); Eisenoxide (fleckig, hoher Flächenanteil) und Manganoxide (konkretionär, sehr geringer Flächenanteil) und Bleichflecken (hoher Flächenanteil); Polyedergefüge; schwach humos; sehr schwach durchwurzelt
	−85	**IIISwd** p-l(Lb)	mittel sandiger Lehm, sehr schwach kiesig; gelblichbraun, graustichig (10YR 5/4) und grau, hellolivstichig (2,5Y 6/1); Eisenoxide (fleckig, sehr hoher Flächenanteil) und Bleichflecken (sehr hoher Flächenanteil); Prismengefüge
	−200+	**IVSd** f-(k)l(Lb)	schwach toniger Lehm, schwach kiesig; gelblichbraun, graustichig (10YR 5/4) und grau, olivstichig (5Y 5/1); Eisenoxide (fleckig, sehr hoher Flächenanteil) und Bleichflecken (überwiegender Flächenanteil); Prismengefüge; sehr carbonatarm

Quelle: Landesamt für Bergbau, Geologie und Rohstoffe Brandenburg, D. Kühn (Bild bearbeitet)

Abb. 44.10 Tal mit Beckenbildung (Quelle: Landesamt für Bergbau, Geologie und Rohstoffe Brandenburg, D. Kühn)

Tab. 44.10 Analysendaten Profil 106

Horizont	Tiefe (cm)	Skelett (Vol.-%)	Sand (M.-%)	Schluff (M.-%)	Ton (M.-%)	Gesamtporen (Vol.-%)	Luftkapazität (Vol.-%)	nutzbare Feldkap. (Vol.-%)	Totwasser (Vol.-%)	Lagerungsdichte (g/cm³)
rAp	−30	0,4	43	49	8	49	8	15	26	1,36
IIAh-Sdw	−50	0,4	43	40	17	43	10	11	22	1,66
IIISwd	−85	1,4	39	39	22	39	7	9	23	1,84
IVSd	−200+	2,0	26	41	33	0	0	0	0	-

Horizont	Tiefe (cm)	$CaCO_3$ (M.-%)	C_{org} (M.-%)	N_t (M.-%)	C/N	pH H_2O	pH $CaCl_2$	KAK_{pot} ($cmol_c$/kg)	BS (%)	K_2O-DL (mg/100 g)	P_2O_5-DL (mg/100 g)
rAp	−30	<1	3,11	0,32	10	7,5	7,0	24,1	100	-	-
IIAh-Sdw	−50	<1	0,72	0,09	8	7,8	7,1	16,8	100	-	-
IIISwd	−85	<1	0,25	0,04	6	7,9	7,2	14,0	100	-	-
IVSd	−200+	<1	0,20	0,04	6	7,8	7,2	14,3	100	-	-

(Quelle: Landeslabor BB/Bln, HS f. nachhalt. Entw. Eberswalde, Inst. f. Ökol/TU Berlin)
(* = abgeleiteter Analysenwert)

Profil 107: Subtyp Anmoorpseudogley (SSm)

- Bodenausgangsgestein: Fließerde aus Gneis über verwittertem Gneis
- Varietät: basenarmer (Feuchtmoder)Anmoorpseudogley (dy.mdSSm)
- Typ: Pseudogley
- Klasse: Stauwasserböden
- Substrattyp: p-(z)l(*Gn)/c-zs(*Gn)
- WRB: Dystric Amphialbic Umbric Stagnosol (Hyperhumic, Loamic, Amphiraptic)
- Bodenregion: Berg- und Hügelländer mit hohem Anteil an Magmatiten und Metamorphiten
- Ort: Kurort Oberwiesenthal, Erzgebirgskreis, Sachsen
- Humusform: Feuchtmoder
- Profilbild und Horizontabfolge: siehe Tab. 44.11
- Bodenlandschaftsbild: siehe Abb. 44.11
- Analysendaten: siehe Tab. 44.12
- Autor: Enrico Pickert

Vorkommen und Ausgangsgesteine

Gneise sind in vielen deutschen Mittelgebirgen zu finden. Die Verwitterungsprodukte dieses kristallinen Gesteins sind auch im Erzgebirge weit verbreitet. Der Gneis verwittert zu sehr feinkörnigem lehmigem Substrat. Im Profil folgt auf zwei Lehmfließerden ein Grussand aus einer Gneisverwitterung.

Bodenprozesse und -eigenschaften

Insbesondere in den Kammlagen führt die stetig ansteigende Pultscholle des Erzgebirges zu ergiebigen Niederschlagsmengen durch Stauregen. Aus den dicht gelagerten Verwitterungsprodukten des Gneises entstehen vor allem auf den flach geneigten Arealen und Plateaus in Verbindung mit den hohen Niederschlägen Stauwasserböden. Die erheblichen Wassermengen haben Sauerstoffarmut zur Folge, so dass die organische Substanz (15 bis 30 Masse-% im Oberboden, Aa Horizont) nur schlecht bzw. unvollständig abgebaut werden kann. Die anmoorigen Verhältnisse führen zur Entstehung von Anmoorpseudogleyen. Der Sw-Aa besteht eigentlich aus zwei Horizonten, einem etwa 20 cm mächtigen Sw-Aa mit einem Humusgehalt zwischen 15 und 30 % und einem darunterliegenden Sw-Ah mit deutlich niedrigeren Humusgehalten. Sie wurden bei diesem Profil in der Ansprache zum Sw-Aa zusammengefasst.

Nutzung und Vegetation

Aufgrund der Staunässe ist der Boden als Ackerstandort ungeeignet. Je nach Ausprägung der Staunässe ist eine Grünland- oder Forstnutzung möglich.

Gefährdung

Diese Böden sind besonders schutzwürdig und durch Entwässerungsmaßnahmen stark gefährdet.

Tab. 44.11 Profilbild und Horizontabfolge Profil 107

Profilbild	Horizont-grenze (cm)	Horizonte und ihre Eigenschaften	
	+9	**Of**	
	+4	**Oh**	
	−34	**Sw-Aa** p-(z)l(*Gn)	schwach sandiger Lehm, schwach grusig, sehr schwach steinig (kantig); sehr dunkelgelblichbraungrau (10YR 3/2); Eisenoxide (fleckig, hoher Flächenanteil); Subpolyedergefüge; anmoorig; mittel durchwurzelt
	−66	**IISw** p-(z)l(*Gn)	stark lehmiger Sand, schwach grusig, sehr schwach steinig (kantig); hellgelblichbraungrau (10YR 6/2); Eisenoxide (fleckig, hoher Flächenanteil) und Bleichflecken (vorherrschender Flächenanteil); Polyedergefüge; mittel humos; sehr schwach durchwurzelt
	−80+	**IIIilCv-Sd** c-zs(*Gn)	mittel lehmiger Sand, stark grusig, schwach steinig (kantig); gelblichbraungrau (10YR 5/2); Eisenoxide (fleckig, mittlerer Flächenanteil) und Bleichflecken (überwiegender Flächenanteil); Einzelkorngefüge; sehr schwach humos

Quelle: M. Mehlhorn (Bild bearbeitet)

Abb. 44.11 Kurort Oberwiesenthal, Erzgebirgskreis (Quelle: M. Mehlhorn)

Tab. 44.12 Analysendaten Profil 107

Horizont	Tiefe (cm)	Skelett (Vol.-%)	Sand (M.-%)	Schluff (M.-%)	Ton (M.-%)	Gesamtporen (Vol.-%)	Luftkapazität (Vol.-%)	nutzbare Feldkap. (Vol.-%)	Totwasser (Vol.-%)	Lagerungsdichte (g/cm³)
Of	+ 9	-	-	-	-	-	-	-	-	-
Oh	+ 4	-	-	-	-	-	-	-	-	-
Sw-Aa	−34	9	32	45	23	-	-	-	-	-
IISw	−66	9	48	39	13	-	-	-	-	-
IIIilCv-Sd	−80+	30	68	24	8	-	-	-	-	-

Horizont	Tiefe (cm)	CaCO₃ (M.-%)	C_{org} (M.-%)	N_t (M.-%)	C/N	pH H₂O	pH CaCl₂	KAK_{pot} (cmol_c/kg)	BS (%)	K₂O-DL (mg/100 g)	P₂O₅-DL (mg/100 g)
Of	+ 9	-	-	-	-	-	-	-	-	-	-
Oh	+ 4	-	-	-	-	-	-	-	-	-	-
Sw-Aa	−34	-	8.70	0,35	25	-	3,3	-	-	5	5
IISw	−66	-	1,32	0,06	22	-	3,4	-	-	2	3
IIIilCv-Sd	−80+	-	0,43	0,03	14	-	3,6	-	-	3	6

Horizont	Tiefe (cm)	KAK_{eff} (cmol_c/kg)	BS_{eff} (%)
Of	+ 9	-	-
Oh	+ 4	-	-
Sw-Aa	−34	15,6	4
IISw	−66	10,2	3
IIIilCv-Sd	−80+	2,2	4

(Quelle: Sächsisches Landesamt für Umwelt, Landwirtschaft und Geologie)
(* = abgeleiteter Analysenwert)

Profil 108: Subtyp Pelosol-Pseudogley (DD-SS)

- Bodenausgangsgestein: Fließerde aus Lösslehm und Tonstein über verwittertem Tonstein
- Varietät: mittelbasischer (Mull)Pelosol-Pseudogley (m. muDD-SS)
- Typ: Pseudogley
- Klasse: Stauwasserböden
- Substrattyp: p-t(Lo,^t)/c-t(^t)
- WRB: Eutric Stagnosol (Pantoclayic, Humic, Endoraptic, Episideralic, Katoprotovertic)
- Bodenregion: Berg- und Hügelländer mit hohem Anteil an nicht metamorphen Sand-, Schluff-, Ton- und Mergelgesteinen
- Ort: Gomaringen, Lkr. Tübingen, Baden-Württemberg
- Humusform: L-Mull
- Profilbild und Horizontabfolge: siehe Tab. 44.13
- Bodenlandschaftsbild: siehe Abb. 44.12
- Analysendaten: siehe Tab. 44.14
- Autor: Daniela Sauer, Karl Stahr

Vorkommen und Ausgangsgesteine

Pelosol-Pseudogleye entstehen generell aus sehr tonigen Ausgangsgesteinen. Der hier gezeigte Boden hat sich auf Opalinuston entwickelt, einem ca. 100 m mächtigen Tonstein des Braunen Jura, der sich am Fuße der Schwäbischen und Fränkischen Alb entlangzieht. Die Bodendecke in der Umgebung des Beispielprofils ist relativ homogen; selbst am Hang ist noch eine Neigung zu starker Staunässe (Pseudovergleyung) zu verzeichnen.

Bodenprozesse und -eigenschaften

Die Prozesse, aus denen ein Pelosol-Pseudogley hervorgeht, umfassen die Aufweichung des Gesteins, die Bildung eines Absonderungsgefüges aus Prismen und Polyedern, die Entkalkung sowie Redoxprozesse, die zur Marmorierung führen. Bei dem hier vorgestellten Beispiel ist das Gestein sehr tiefgründig aufgeweicht; das unverwitterte Festgestein ist erst in mehreren Metern Tiefe anzutreffen. Während im oberen Profilteil ein ausgeprägtes Polyedergefüge für eine gewisse Wasserdurchlässigkeit sorgt, besteht das Gefüge im unteren Profilteil aus groben Prismen, deren Zwischenräume sich im gequollenen Zustand schließen und so eine weitere Versickerung des Wassers erschweren. Der Grad der Gefügebildung nimmt also im Profil von oben nach unten ab, bis unterhalb des strukturierten Profilteils eine plastisch-kohärente Beschaffenheit zum extremen Wasserstau führt.

Nutzung und Vegetation

Die Vegetation auf Pelosol-Pseudogleyen besteht häufig aus Buchen-Eichenwäldern, oft unter Beteiligung von Fichte. Auch feuchte Wiesen mit Wiesenfuchsschwanz, Kohlkratzdistel und Sumpfdotterblume gehören zur typischen Vegetation auf diesen Böden.

Gefährdung

Unter Wald und Wiese sind Pelosol-Pseudogleye in der Regel stabil. Sie sind jedoch aufgrund der erschwerten Versickerung des Niederschlagswassers durch häufigen Oberflächenabfluss gekennzeichnet. Ohne eine schützende Vegetationsdecke sind sie daher der Erosion ausgesetzt.

Tab. 44.13 Profilbild und Horizontabfolge Profil 108

Profilbild	Horizont-grenze (cm)	Horizonte und ihre Eigenschaften	
	−18	**Ah** p-t(Lo,^t)	schwach schluffiger Ton; dunkelgelblichbraun, graustichig (10YR 4/4); Polyeder- bis Subpolyedergefüge; stark humos
	−35	**P-Sw** p-t(Lo,^t)	schwach schluffiger Ton; orangebraun (7,5YR 5/6) und hellgrauolivbraun (2,5Y 6/3); Eisenoxide (fleckig, sehr hoher Flächenanteil) und Bleichflecken (schwach ausgeprägt, sehr hoher Flächenanteil); Polyedergefüge; mittel humos
	−60	**P-Swd** p-t(^t)	reiner Ton; orangebraun (7,5YR 5/6) und hell bräunlichgrau (7,5YR 6/1); Eisenoxide (fleckig, extrem hoher Flächenanteil) und Bleichflecken (extrem hoher Flächenanteil); Prismengefüge; schwach humos
	−75	**IIP-Sd1** c-t(^t)	schwach schluffiger Ton; dunkelgelblichgraubraun (10YR 4/3) und grau (10YR 5/1); Eisenoxide (marmoriert, überwiegender Flächenanteil) und Bleichflecken (extrem hoher Flächenanteil); Prismengefüge; schwach humos
	−100+	**IIP-Sd2** c-t(^t)	schwach schluffiger Ton; gelblichbraun, graustichig (10YR 5/4); Eisenoxide (marmoriert, überwiegender Flächenanteil) und Bleichflecken (extrem hoher Flächenanteil); Prismengefüge; schwach humos

Quelle: S. Schweizer (Bild bearbeitet)

Abb. 44.12 Wechsel zwischen extensiver Ackernutzung und Wald bei Gomaringen (Quelle: S. Schweizer)

Tab. 44.14 Analysendaten Profil 108

Horizont	Tiefe (cm)	Skelett (Vol.-%)	Sand (M.-%)	Schluff (M.-%)	Ton (M.-%)	Gesamtporen (Vol.-%)	Luftkapazität (Vol.-%)	nutzbare Feldkap. (Vol.-%)	Totwasser (Vol.-%)	Lagerungsdichte (g/cm³)
Ah	−18	0	10	41	49	61	19	15	27	1,0
P-Sw	−35	0	6	39	55	59	17	12	30	1,1
P-Swd	−60	0	3	28	69	55	6	13	36	1,2
IIP-Sd1	−75	0	5	36	59	47	1	14	32	1,5
IIP-Sd2	−100+	0	3	41	56	42	2	9	31	1,6

Horizont	Tiefe (cm)	$CaCO_3$ (M.-%)	C_{org} (M.-%)	N_t (M.-%)	C/N	pH H_2O	pH $CaCl_2$	KAK_{pot} ($cmol_c$/kg)	BS (%)	K_2O-DL (mg/100 g)	P_2O_5-DL (mg/100 g)
Ah	−18	-	3,6	0,21	17	-	4,0	14	51	-	-
P-Sw	−35	-	1,9	0,14	14	-	4,0	13	48	-	-
P-Swd	−60	-	0,9	0,09	10	-	4,0	17	54	-	-
IIP-Sd1	−75	-	0,8	-	-	-	4,1	17	73	-	-
IIP-Sd2	−100+	-	0,6	-	-	-	4,9	19	82	-	-

Horizont	Tiefe (cm)	K-AL (mg/100 g)	P-AL (mg/100 g)
Ah	−18	7	1
P-Sw	−35	5	1
P-Swd	−60	10	<1
IIP-Sd1	−75	10	<1
IIP-Sd2	−100+	10	<1

(Quelle: Institut für Bodenkunde und Standortslehre, Universität Hohenheim)
(* = abgeleiteter Analysenwert)

Bäche schneiden sich tief ein, und ein Aufweichen der tonigen Böden bei hohen Niederschlägen führt zu starker Rutschungsgefahr.

Profil 109: Subtyp Pelosol-Pseudogley (DD-SS)

- Bodenausgangsgestein: Bändermergel
- Varietät: basenreicher (Mull)Pelosol-Pseudogley (eu. muDD-SS)
- Typ: Pseudogley
- Klasse: Stauwasserböden
- Substrattyp: f-t(Mbd)//f-et(Mbd)
- WRB: Hypereutric Stagnosol (Katoclayic, Epiloamic, Ochric, Epiraptic, Amphiprotovertic)
- Bodenregion: Jungmoränenlandschaften
- Ort: Zoznegg, Lkr. Konstanz, Baden-Württemberg
- Profilbild und Horizontabfolge: siehe Tab. 44.15
- Bodenlandschaftsbild: siehe Abb. 44.13
- Analysendaten: siehe Tab. 44.16
- Autor: Daniela Sauer, Karl Stahr

Vorkommen und Ausgangsgesteine

Pelosol-Pseudogleye gehören zu den charakteristischen Böden der Jungmoränengebiete. Dort haben sie sich aus Beckentonen entwickelt, die in glazialen Becken abgelagert wurden. Pelosole und Pelosol-Pseudogleye treten jedoch sehr selten auf, da die glazialen Becken häufig von Seen oder Verlandungsmooren (ehemaligen Seen) eingenommen werden. In dem hier gezeigten Beispiel wurde der ehemalige Eisstausee entleert, als ein Fluss (die Stockacher Aach) das Becken durch rückschreitende Erosion anschnitt. Dadurch wurde die Bodenbildung in dem Bänderton auf dem ehemaligen Grunde des Sees möglich.

Bodenprozesse und -eigenschaften

Die zentralen Prozesse, die zur Entstehung von Pelosolen führen, sind die Entkalkung und die Gefügebildung. Im hier gezeigten Beispiel ist zudem eine deutliche Marmorierung zu erkennen, die auf Redoxprozesse durch Stauwasser hinweist und zum Pelosol-Pseudogley führt. Im elCv-Sd ist noch die ursprüngliche Feinschichtigkeit des Sediments sichtbar.

Nutzung und Vegetation

Peoloso-Pseudogleye eignen sich vor allem als Grünland, sind aber auch für den Ackerbau nutzbar. Sie sind sowohl für den Anbau von Weizen und Roggen als auch für den Maisanbau geeignet. Allerdings sind sie im feuchten Zustand extrem klebrig.

Gefährdung

Der Oberboden neigt zur Verschlämmung, was unter Acker zu starker Wassererosion führen kann.

Tab. 44.15 Profilbild und Horizontabfolge Profil 109

Profilbild	Horizont-grenze (cm)	Horizonte und ihre Eigenschaften	
	−20	**Ah** f-t(Mbd)	stark schluffiger Ton; dunkelgelblichgraubraun (10YR 4/3); Krümelgefüge; carbonatarm; mittel humos
	−45	**Ah-P-Sw** f-t(Mbd)	mittel schluffiger Ton; gelblichbraun, dunkelgraustichig (10YR 4/4); Eisenoxide (fleckig, sehr hoher Flächenanteil); Krümel- und Subpolyedergefüge; sehr carbonatarm; schwach humos
	−70	**IIP-Sd** f-t(Mbd)	schwach schluffiger Ton; bräunlichgrau, dunkelolivstichig (2,5Y 4/2); Eisenoxide (marmoriert, sehr hoher Flächenanteil) und Bleichflecken (extrem hoher Flächenanteil); Polyeder- und Prismengefüge; sehr carbonatarm; sehr schwach humos
	−100+	**IIelCv-Sd** f-et(Mbd)	mittel schluffiger Ton; grünlicholivgrau (10Y 5/2) und braunoliv (2,5Y 5/6); Eisenoxide (marmoriert, extrem hoher Flächenanteil) und Bleichflecken (sehr hoher Flächenanteil); Kohärent- bis Polyedergefüge; carbonatreich; sehr schwach humos

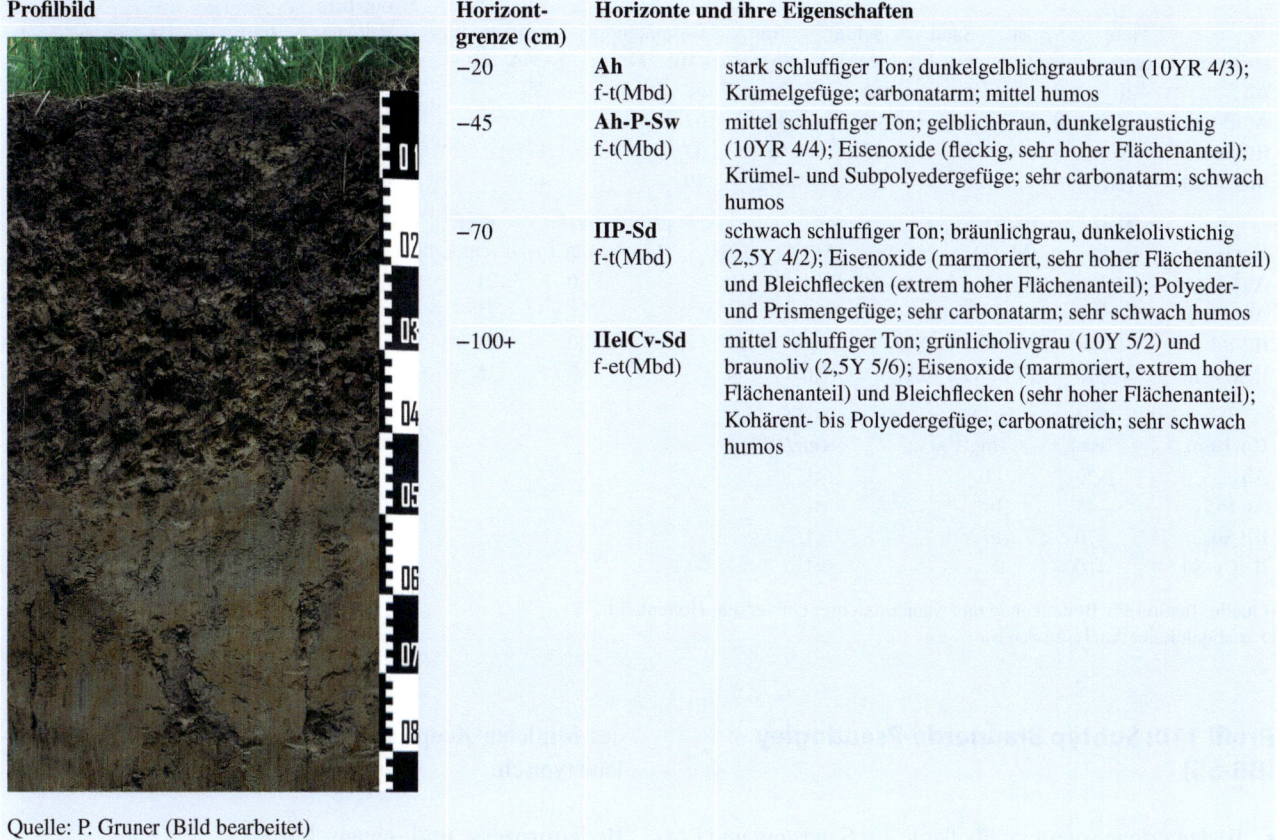

Quelle: P. Gruner (Bild bearbeitet)

Abb. 44.13 Hügelige Jungmoränenlandschaft nördlich des Bodensees (Quelle: A. Lehmann)

Tab. 44.16 Analysendaten Profil 109

Horizont	Tiefe (cm)	Skelett (Vol.-%)	Sand (M.-%)	Schluff (M.-%)	Ton (M.-%)	Gesamtporen (Vol.-%)	Luftkapazität (Vol.-%)	nutzbare Feldkap. (Vol.-%)	Totwasser (Vol.-%)	Lagerungsdichte (g/cm³)
Ah	−20	0	6	66	28	67	28	17	22	0,81
Ah-P-Sw	−45	0	2	64	34	62	31	13	18	1,09
IIP-Sd	−70	0	2	53	45	53	17	13	23	1,23
IIelCv-Sd	−100+	0	0	59	41	49	4	6	39	1,36

Horizont	Tiefe (cm)	CaCO₃ (M.-%)	C_{org} (M.-%)	N_t (M.-%)	C/N	pH H₂O	pH CaCl₂	KAK_{pot} (cmol$_c$/kg)	BS (%)	K₂O-DL (mg/100 g)	P₂O₅-DL (mg/100 g)
Ah	−20	-	1,6	0,16	10	-	7,0	21	100	-	-
Ah-P-Sw	−45	-	0,6	0,08	8	-	7,1	21	100	-	-
IIP-Sd	−70	-	0,06	<0,01	11	-	7,0	21	100	-	-
IIelCv-Sd	−100+	17	0,17	<0,01	44	-	7,5	15	100	-	-

Horizont	Tiefe (cm)	K-AL (mg/100 g)	P-AL (mg/100 g)
Ah	−20	11	<1
Ah-P-Sw	−45	10	<1
IIP-Sd	−70	10	<1
IIelCv-Sd	−100+	9	<1

(Quelle: Institut für Bodenkunde und Standortslehre, Universität Hohenheim)
(* = abgeleiteter Analysenwert)

Profil 110: Subtyp Braunerde-Pseudogley (BB-SS)

- Bodenausgangsgestein: Fließerde aus Sandstein und Löss über Fließerde aus Tonstein
- Varietät: mittelbasischer podsolierter (Moder)Pelosol-Braunerde-Pseudogley (m.p.moDD-BB-SS)
- Typ: Pseudogley
- Klasse: Stauwasserböden
- Substrattyp: p-(z)l(^s,Lo)/p-(z)l(^t)
- WRB: Eutric Epialbic Planosol (Katoclayic, Epiloamic, Nechic, Ochric, Epiraptic, Katoprotovertic)
- Bodenregion: Berg- und Hügelländer mit hohem Anteil an nicht metamorphen Sand-, Schluff-, Ton- und Mergelgesteinen
- Ort: Michelfeld, Lkr. Schwäbisch-Hall, Baden-Württemberg
- Humusform: Typischer Moder
- Profilbild und Horizontabfolge: siehe Tab. 44.17
- Bodenlandschaftsbild: siehe Abb. 44.14
- Analysendaten: siehe Tab. 44.18
- Autor: Wolfgang Fleck, Thomas Huth

Vorkommen und Ausgangsgesteine

Das zweischichtige Ausgangsgestein aus einer sandig-lehmigen Fließerde mit geringem Lössanteil (Hauptlage) über lössfreie Fließerde aus tonigem Verwitterungsmaterial des Mittleren Keupers (Basislage) ist für das Keuperbergland typisch.

Bodenprozesse und -eigenschaften

Die Profileigenschaften werden vom abrupten Bodenartenwechsel an der Grenze zwischen Haupt- und Basislage geprägt. Mit der Tongehaltszunahme von 15 % im Sw-Horizont auf 44 % im IISd-Horizont nimmt die Luftkapazität sehr stark ab, die Basensättigung steigt dagegen sprunghaft von sehr geringen Werten auf über 90 %. Der wenig durchlässige Unterboden führt auf den weitgehend ebenen Stufenflächen des Mittleren Keupers zu starker Staunässe mit ausgeprägter Nassbleichung im Sw-Horizont und Marmorierung im IISd-Horizont. Bleichkörner im Aeh-Horizont und das weite C/N-Verhältnis sind auf beginnende Sauerbleichung zurückzuführen.

Nutzung und Vegetation

Diese Böden sind häufig mit Nadelwald (Fichten-Baumholz) bestockt.

Gefährdung

Bei Fichtenbestockung muss verstärkt mit Windwurf und den damit verbunden Störungen des Bodenaufbaus gerechnet werden. Zudem besteht im feuchten Zustand die Gefahr der Bodenverdichtung beim unsachgemäßen Maschineneinsatz.

Tab. 44.17 Profilbild und Horizontabfolge Profil 110

Profilbild	Horizont-grenze (cm)	Horizonte und ihre Eigenschaften	
	+ 5	**L**	; organisch
	+ 3	**Of**	; organisch
	+ 1	**Oh**	; organisch
	−3	**Aeh** p-s(Lo,^s)	mittel lehmiger Sand, sehr schwach grusig; dunkelgrau (10YR 4/1); Kohärentgefüge; mittel humos; stark durchwurzelt
	−13	**Sw-Bhv** p-(z)s(Lo,^s)	mittel lehmiger Sand, schwach grusig; dunkelgelblichgraubraun (10YR 4/3); Humusanreicherung; Eisenoxide (schwach fleckig) und sehr schwach gebleicht; Kohärentgefüge; mittel humos; stark durchwurzelt
	−22	**Sw-Bv** p-(z)l(^s,Lo)	stark lehmiger Sand, schwach grusig; gelblichgraubraun (10YR 5/3); Eisenoxide (schwach fleckig) und sehr schwach gebleicht; Kohärentgefüge; mittel humos; schwach durchwurzelt
	−48	**Sw** p-(z)l(^s,Lo)	stark lehmiger Sand, schwach grusig; sehr hellgelblichbraungrau (10YR 7/2) und hellgelblichbraun (10YR 6/6); Eisenoxide (schwach fleckig, nach unten zunehmend, sehr hoher Flächenanteil) und stark gebleicht; Kohärentgefüge; sehr schwach humos; schwach durchwurzelt
	−81	**IIP-Sd** p-(z)l(^t)	sandig-toniger Lehm bis mittel sandiger Ton, schwach grusig; hellgrau (N6/0) und hellgelbbraun (10YR 6/8) marmoriert; Eisenoxide (marmoriert, extrem hoher Flächenanteil) und Bleichflecken (hoher Flächenanteil); Polyedergefüge
	−95+	**IIilCv-P** p-(z)t(^t)	lehmiger Ton, mittel grusig; sehr dunkelgelblichgraubraun (10YR 3/3)

Quelle: Landesamt für Geologie, Rohstoffe und Bergbau im Regierungspräsidium Freiburg, T. Huth (Bild bearbeitet)

Abb. 44.14 Bewaldete Kieselsandsteinstufe des Mittleren Keupers bei Schwäbisch Hall (Quelle: Landesamt für Geologie, Rohstoffe und Bergbau im Regierungspräsidium Freiburg, T. Huth)

Tab. 44.18 Analysendaten Profil 110

Horizont	Tiefe (cm)	Skelett (Vol.-%)	Sand (M.-%)	Schluff (M.-%)	Ton (M.-%)	Gesamtporen (Vol.-%)	Luftkapazität (Vol.-%)	nutzbare Feldkap. (Vol.-%)	Totwasser (Vol.-%)	Lagerungsdichte (g/cm³)
L	+ 5	-	-	-	-	-	-	-	-	-
Of	+ 3	-	-	-	-	-	-	-	-	-
Oh	+ 1	-	-	-	-	-	-	-	-	-
Aeh	−3	-	62	28	10	62	26	29	6	1,00
Sw-Bhv	−13	-	62	27	11	51	24	19	6	1,29
Sw-Bv	−22	-	62	25	13	49	22	7	20	1,41
Sw	−48	-	60	25	15	40	15	12	13	1,58
IIP-Sd	−81	-	32	24	44	41	3	23	15	1,56
IIilCv-P	−95+	-	21	26	53	-	-	-	-	-

Horizont	Tiefe (cm)	$CaCO_3$ (M.-%)	C_{org} (M.-%)	N_t (M.-%)	C/N	pH H_2O	pH $CaCl_2$	KAK_{pot} (cmol$_c$/kg)	BS (%)	K_2O-DL (mg/100 g)	P_2O_5-DL (mg/100 g)
L	+ 5	-	-	-	-	-	-	-	-	-	-
Of	+ 3	-	-	-	-	-	-	-	-	-	-
Oh	+ 1	-	-	-	-	-	-	-	-	-	-
Aeh	−3	-	2,7	0,1	23	-	3,4	-	-	4	2
Sw-Bhv	−13	-	1,3	0,1	26	-	3,8	-	-	1	1
Sw-Bv	−22	-	1,2	0,1	23	-	3,9	-	-	1	1
Sw	−48	-	0,2	<0,1	-	-	4,1	-	-	2	1
IIP-Sd	−81	-	0,2	<0,1	-	-	4,2	-	-	10	1
IIilCv-P	−95+	-	0,1	<0,1	-	-	4,6	-	-	6	1

Horizont	Tiefe (cm)	KAK_{eff} (cmol$_c$/kg)	BS_{eff} (%)
L	+ 5	-	-
Of	+ 3	-	-
Oh	+ 1	-	-
Aeh	−3	52	6
Sw-Bhv	−13	21	
Sw-Bv	−22	22	
Sw	−48	12	4
IIP-Sd	−81	30	93
IIilCv-P	−95+	144	94

(Quelle: Landesamt für Geologie, Rohstoffe und Bergbau im Regierungspräsidium Freiburg)
(* = abgeleiteter Analysenwert)

Profil 111: Subtyp Fahlerde-Pseudogley (LF-SS)

- Bodenausgangsgestein: Fließerde aus Geschiebelehm und Sandlöss über Geschiebelehm
- Varietät: basenreicher(Acker)Fahlerde-Pseudogley (eu. vLF-SS)
- Typ: Pseudogley
- Klasse: Stauwasserböden
- Substrattyp: p-(k)u(Lg,Los)/p-l(Lg)
- WRB: Hypereutric Luvic Stagnosol (Aric, Katoloamic, Ochric, Amphiraptic, Episiltic)
- Bodenregion: Mittel- und süddeutsche Löss- und Sandlösslandschaften
- Ort: nördlich Nauenhain, Lkr. Mittelsachsen, Sachsen
- Profilbild und Horizontabfolge: siehe Tab. 44.19
- Bodenlandschaftsbild: siehe Abb. 44.15
- Analysendaten: siehe Tab. 44.20
- Autor: Fred Franzke

Vorkommen und Ausgangsgesteine

Verschiedene carbonatfreie und mergelige Lockergesteine unterschiedlicher Genese und Schichtung bilden die Ausgangsgesteine dieses Übergangsbodens. Das Beispiel dokumentiert periglaziären Sandlöss in Vermengung mit Geschiebelehm über periglaziären Geschiebelehm. Die Rotfärbung im unteren Profilabschnitt weist auf kryoturbate Durchmengung mit dem tieferen Untergrund hin (Rhyolithzersatz). Dies ist in den eiszeitlich geprägten Landschaften Mittel- und Norddeutschlands sowie in den Lössgebieten eine häufige Vergesellschaftungsbodenentwicklung.

Bodenprozesse und -eigenschaften

Bei diesem Übergangsboden dominiert der Pseudogley (Stauwasserboden) und überprägt die Fahlerdeentwicklung (Lessivierung). Beim Pseudogley infiltriert Niederschlagswasser den Boden und wird oberflächennah gestaut. Der Pseudogley ist felddiagnostisch an redoximorphen Merkma-

Tab. 44.19 Profilbild und Horizontabfolge Profil 111

Profilbild	Horizont-grenze (cm)	Horizonte und ihre Eigenschaften	
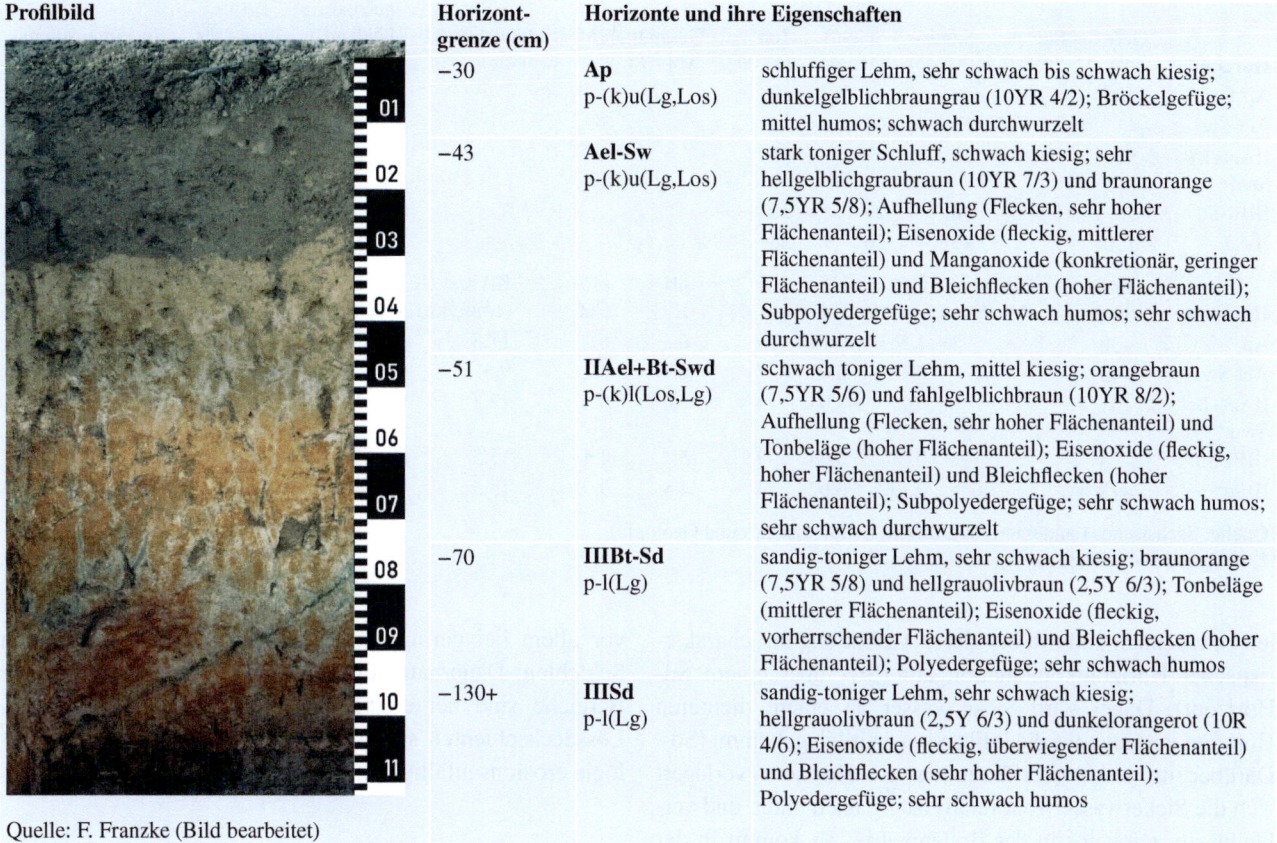	−30	**Ap** p-(k)u(Lg,Los)	schluffiger Lehm, sehr schwach bis schwach kiesig; dunkelgelblichbraungrau (10YR 4/2); Bröckelgefüge; mittel humos; schwach durchwurzelt
	−43	**Ael-Sw** p-(k)u(Lg,Los)	stark toniger Schluff, schwach kiesig; sehr hellgelblichgraubraun (10YR 7/3) und braunorange (7,5YR 5/8); Aufhellung (Flecken, sehr hoher Flächenanteil); Eisenoxide (fleckig, mittlerer Flächenanteil) und Manganoxide (konkretionär, geringer Flächenanteil) und Bleichflecken (hoher Flächenanteil); Subpolyedergefüge; sehr schwach humos; sehr schwach durchwurzelt
	−51	**IIAel+Bt-Swd** p-(k)l(Los,Lg)	schwach toniger Lehm, mittel kiesig; orangebraun (7,5YR 5/6) und fahlgelblichbraun (10YR 8/2); Aufhellung (Flecken, sehr hoher Flächenanteil) und Tonbeläge (hoher Flächenanteil); Eisenoxide (fleckig, hoher Flächenanteil) und Bleichflecken (hoher Flächenanteil); Subpolyedergefüge; sehr schwach humos; sehr schwach durchwurzelt
	−70	**IIIBt-Sd** p-l(Lg)	sandig-toniger Lehm, sehr schwach kiesig; braunorange (7,5YR 5/8) und hellgrauolivbraun (2,5Y 6/3); Tonbeläge (mittlerer Flächenanteil); Eisenoxide (fleckig, vorherrschender Flächenanteil) und Bleichflecken (hoher Flächenanteil); Polyedergefüge; sehr schwach humos
	−130+	**IIISd** p-l(Lg)	sandig-toniger Lehm, sehr schwach kiesig; hellgrauolivbraun (2,5Y 6/3) und dunkelorangerot (10R 4/6); Eisenoxide (fleckig, überwiegender Flächenanteil) und Bleichflecken (sehr hoher Flächenanteil); Polyedergefüge; sehr schwach humos

Quelle: F. Franzke (Bild bearbeitet)

Abb. 44.15 Landschaftspanorama: Großflächige Verebnungen mit unterschiedlich mächtigen Lössauflagen über Moränenplatten sind trotz lokal stärkerer Staunässe meist landwirtschaftlich genutzt (Quelle: Luftbildbefliegung durch F. Franzke)

Tab. 44.20 Analysendaten Profil 111

Horizont	Tiefe (cm)	Skelett (Vol.-%)	Sand (M.-%)	Schluff (M.-%)	Ton (M.-%)	Gesamtporen (Vol.-%)	Luftkapazität (Vol.-%)	nutzbare Feldkap. (Vol.-%)	Totwasser (Vol.-%)	Lagerungsdichte (g/cm³)
Ap	−30	2	20	61	19	-	-	-	-	-
Ael-Sw	−43	2	13	69	18	-	-	-	-	-
IIAel+Bt-Swd	−51	10	26	49	25	-	-	-	-	-
IIIBt-Sd	−70	1	36	29	35	-	-	-	-	-
IIISd	−130+	1	41	26	33	-	-	-	-	-

Horizont	Tiefe (cm)	CaCO₃ (M.-%)	C_org (M.-%)	N_t (M.-%)	C/N	pH H₂O	pH CaCl₂	KAK_pot (cmol_c/kg)	BS (%)	K₂O-DL (mg/100 g)	P₂O₅-DL (mg/100 g)
Ap	−30	-	1,36	0,14	9	6,3	6	11,8	75	21	8
Ael-Sw	−43	-	0,38	0,05	7	6,7	6,2	9,5	66	12	<1
IIAel+Bt-Swd	−51	-	0,27	0,03	9	6,6	6	12,3	76	9	<1
IIIBt-Sd	−70	-	0,21	0,03	7	5	4,4	15,5	60	12	<1
IIISd	−130+	-	0,13	0,02	6	4,5	3,9	15,5	40	14	<1

(Quelle: Sächsisches Landesamt für Umwelt, Landwirtschaft und Geologie)
(* = abgeleiteter Analysenwert)

len zu erkennen und tritt bei klarer Ausbildung mit charakteristischer Horizontkombination auf (Sw- über einem Sd-Horizont). Dabei wird Sickerwasser an einem dichteren Horizont gestaut bzw. die Infiltration deutlich gehemmt (Sd). Darüber im stauwasserführendem Sw-Horizont verlagert sich die Sickerwasserfront relativ zügig nach unten und verbleibt nur zeitweise in der Bodenmatrix. Es kommt in der Regel zu Eisen- und Manganausfällungen durch Lösung und Umverteilung (Flecken, Bänder, Beläge, Konkretionen u. a.). Im Beispiel sind die Horizonte deutlich an die geologische Schichtung gebunden. Die Fahlerdeentwicklung wird durch die vertikale Tonverlagerung bestimmt. Tonverarmung im Al-Horizont und darunter Tonanreicherung im Bt-Horizont zeigen diese Bodenentwicklung an. Im Beispiel verläuft die Tonverlagerung bis in den sehr dicht gelagerten Sd-Horizont hinein und löst sich in sehr unregelmäßigen Tiefenlagen auf. Bei extrem dichten Bt-Horizonten in Lössen kann die Vernässung rein bodengenetisch verursacht sein und ebenfalls bis zur Dominanz des Pseudogleys führen (so genannte Sekundärvernässung, die nicht durch die geologische Schichtung bedingt ist.) Der guten Wasserversorgung besonders in trockenen Jahren steht die Verdichtungsanfälligkeit gegenüber. Die späte Erwärmung im Frühjahr verlangt geeignete Anbaumethoden und Fruchtfolgen.

Nutzung und Vegetation

Nach Drainierung findet verbreitet landwirtschaftliche Nutzung als Acker und Intensivgrünland statt, ansonsten sind diese Böden gute Forststandorte.

Gefährdung

Bei landwirtschaftlicher Nutzung sind diese Böden oft besonders verdichtungsanfällig, so genannte „Minutenböden",

vor allem bei geringmächtigen Decklagen über dichteren Schichten. Dauerhafte Bodenstrukturschäden bis in tiefere Bereiche sind bei unangepasster Bearbeitung die Folge. Lössdeckschichten sind in Abhängigkeit von der Morphologie erosionsanfällig.

Profil 112: Subtyp Fahlerde-Pseudogley (LF-SS)

- Bodenausgangsgestein: Fließerde aus Nephelinit und Lösslehm über tiefer Fließerde aus Nephelinit
- Varietät: mittelbasischer podsoliger (Feuchtmoder) Braunerde-Fahlerde-Pseudogley (m.p.mdBB-LF-SS)
- Typ: Pseudogley
- Klasse: Stauwasserböden
- Substrattyp: p-(z)u(+Ne,Lol)//p-nt(+Ne)
- WRB: Eutric Luvic Retic Epialbic Stagnosol (Humic, Nechic, Amphiraptic, Anosiltic, Endoloamic)
- Bodenregion: Berg- und Hügelländer mit hohem Anteil an Magmatiten und Metamorphiten
- Ort: Neugersdorf, Lkr. Görlitz, Sachsen
- Humusform: Feuchtmoder
- Profilbild und Horizontabfolge: siehe Tab. 44.21
- Bodenlandschaftsbild: siehe Abb. 44.16
- Analysendaten: siehe Tab. 44.22
- Autor: Ralf Sinapius

Vorkommen und Ausgangsgesteine

Fahlerde-Pseudogleye sind typische Entwicklungen im Übergangsbereich vom entkalkten Lösshügelland zum unteren Bergland Mittel- und Ostdeutschlands. Hier nehmen sie Plateaus und Flachhänge ein. Das Beispielprofil besteht aus einer Fließerdefolge mit unterschiedlichen Anteilen von

Tab. 44.21 Profilbild und Horizontabfolge Profil 112

Profilbild	Horizont-grenze (cm)	Horizonte und ihre Eigenschaften	
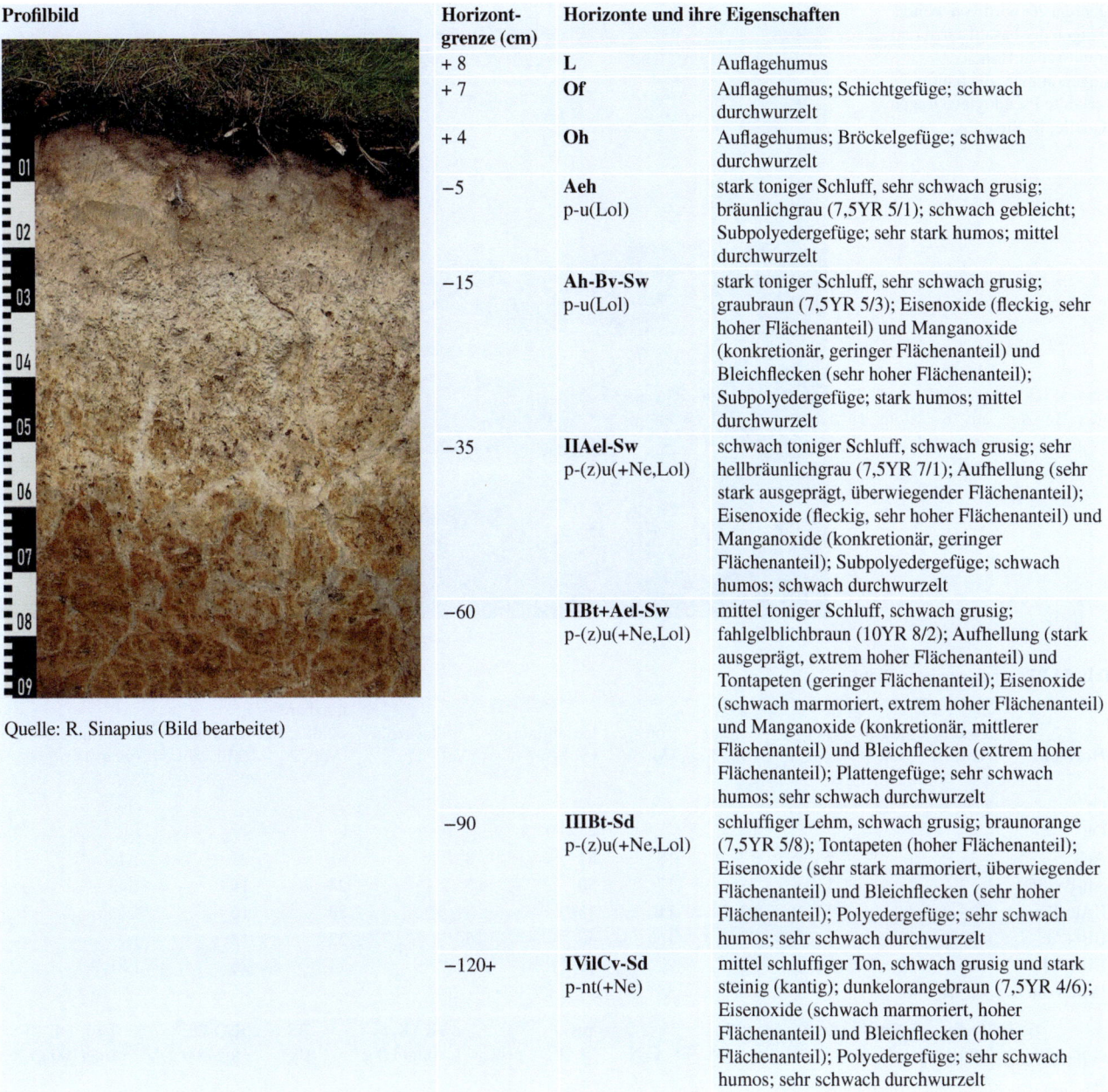	+ 8	**L**	Auflagehumus
	+ 7	**Of**	Auflagehumus; Schichtgefüge; schwach durchwurzelt
	+ 4	**Oh**	Auflagehumus; Bröckelgefüge; schwach durchwurzelt
	−5	**Aeh** p-u(Lol)	stark toniger Schluff, sehr schwach grusig; bräunlichgrau (7,5YR 5/1); schwach gebleicht; Subpolyedergefüge; sehr stark humos; mittel durchwurzelt
	−15	**Ah-Bv-Sw** p-u(Lol)	stark toniger Schluff, sehr schwach grusig; graubraun (7,5YR 5/3); Eisenoxide (fleckig, sehr hoher Flächenanteil) und Manganoxide (konkretionär, geringer Flächenanteil) und Bleichflecken (sehr hoher Flächenanteil); Subpolyedergefüge; stark humos; mittel durchwurzelt
	−35	**IIAel-Sw** p-(z)u(+Ne,Lol)	schwach toniger Schluff, schwach grusig; sehr hellbräunlichgrau (7,5YR 7/1); Aufhellung (sehr stark ausgeprägt, überwiegender Flächenanteil); Eisenoxide (fleckig, sehr hoher Flächenanteil) und Manganoxide (konkretionär, geringer Flächenanteil); Subpolyedergefüge; schwach humos; schwach durchwurzelt
	−60	**IIBt+Ael-Sw** p-(z)u(+Ne,Lol)	mittel toniger Schluff, schwach grusig; fahlgelblichbraun (10YR 8/2); Aufhellung (stark ausgeprägt, extrem hoher Flächenanteil) und Tontapeten (geringer Flächenanteil); Eisenoxide (schwach marmoriert, extrem hoher Flächenanteil) und Manganoxide (konkretionär, mittlerer Flächenanteil) und Bleichflecken (extrem hoher Flächenanteil); Plattengefüge; sehr schwach humos; sehr schwach durchwurzelt
	−90	**IIIBt-Sd** p-(z)u(+Ne,Lol)	schluffiger Lehm, schwach grusig; braunorange (7,5YR 5/8); Tontapeten (hoher Flächenanteil); Eisenoxide (sehr stark marmoriert, überwiegender Flächenanteil) und Bleichflecken (sehr hoher Flächenanteil); Polyedergefüge; sehr schwach humos; sehr schwach durchwurzelt
	−120+	**IVilCv-Sd** p-nt(+Ne)	mittel schluffiger Ton, schwach grusig und stark steinig (kantig); dunkelorangebraun (7,5YR 4/6); Eisenoxide (schwach marmoriert, hoher Flächenanteil) und Bleichflecken (hoher Flächenanteil); Polyedergefüge; sehr schwach humos; sehr schwach durchwurzelt

Quelle: R. Sinapius (Bild bearbeitet)

Löss und Nephelinit. Es befindet sich im Oberlausitzer Bergland bei Neugersdorf.

Bodenprozesse und -eigenschaften

Die obere geringmächtige Lössfließerde zeigt bereits eine hohe Rostfleckung (Ah-Bv-Sw). Die darunter folgende Fließerde aus Löss und Nephelinit ist lessiviert und stark hydromorph (Ael-Sw). Unterhalb schließt sich eine Fließerde an mit starker Tonanreicherung und Dichtlagerung, in welcher der Staukörper (Bt-Sd) entwickelt ist. Die sehr geringe Luftkapazität unterstreicht diese Ausbildung. Die Humusform Feuchtmoder spiegelt die staunassen Verhältnisse am Standort wider.

Nutzung und Vegetation

Fahlerde-Pseudogleye werden sowohl landwirtschaftlich als auch forstwirtschaftlich genutzt. Wegen ihres guten Wasserhaltevermögens können sie mittlere bis hohe Erträge liefern. Gut sind sie als Grünland geeignet. Unter Acker sind sie häufig melioriert. Auch in der Forstwirtschaft waren sie Gegenstand von Bodenverbesserungsmaßnahmen. Überwiegend tragen sie hier Fichtenforste.

Abb. 44.16 Die Östliche Oberlausitz wird von weiten Hängen der basaltischen und granitischen Höhen eingenommen, die häufig verfahlte Pseudogleye tragen (Quelle: R. Sinapius)

Tab. 44.22 Analysendaten Profil 112

Horizont	Tiefe (cm)	Skelett (Vol.-%)	Sand (M.-%)	Schluff (M.-%)	Ton (M.-%)	Gesamtporen (Vol.-%)	Luftkapazität (Vol.-%)	nutzbare Feldkap. (Vol.-%)	Totwasser (Vol.-%)	Lagerungsdichte (g/cm³)
L	+ 8	-	-	-	-	-	-	-	-	-
Of	+ 7	-	-	-	-	-	-	-	-	-
Oh	+ 4	-	-	-	-	-	-	-	-	-
Aeh	−5	1	5	77	18	61	8	31	21	1,13
Ah-Bv-Sw	−15	1	5	78	17	50	6	28	16	1,43
IIAel-Sw	−35	4	7	82	11	43	5	28	10	1,60
IIBt+Ael-Sw	−60	2	7	77	16	40	6	22	13	1,73
IIIBt-Sd	−90	3	11	62	27	40	1	14	26	1,81
IVilCv-Sd	−120+	40*	5*	60*	35*	-	-	-	-	-

Horizont	Tiefe (cm)	CaCO₃ (M.-%)	C_{org} (M.-%)	N_t (M.-%)	C/N	pH H₂O	pH CaCl₂	KAK_{pot} (cmol_c/kg)	BS (%)	K₂O-DL (mg/100 g)	P₂O₅-DL (mg/100 g)
L	+ 8	-	-	-	-	-	-	-	-	-	-
Of	+ 7	-	-	-	-	-	-	-	-	-	-
Oh	+ 4	-	-	-	-	-	-	-	-	-	-
Aeh	−5	-	5,6	0,25	22	-	3,4	-	-	-	-
Ah-Bv-Sw	−15	-	2,6	0,12	22	-	3,5	-	-	-	-
IIAel-Sw	−35	-	0,7	0,04	18	-	3,8	-	-	-	-
IIBt+Ael-Sw	−60	-	0,3	0,03	10	-	4,4	-	-	-	-
IIIBt-Sd	−90	-	0,2	0,03	7	-	5,1	-	-	-	-
IVilCv-Sd	−120+	-	-	-	-	-	-	-	-	-	-

(Quelle: Sächsisches Landesamt für Umwelt, Landwirtschaft und Geologie)
(* = abgeleiteter Analysenwert)

Gefährdung

Fahlerde-Pseudogleye sind stark verdichtungs- und verschlämmungsanfällig. Auch die forstliche Bewirtschaftung erfordert die Beachtung der Bodenverhältnisse (Bodenfeuchte), um Schäden zu vermeiden. Unter Ackernutzung findet man diese Böden als unterschiedlich stark erodierte Profile.

Profil 113: Subtyp Podsol-Pseudogley (PP-SS)

- Bodenausgangsgestein: Fließerdefolge aus Ton- und Sandstein
- Varietät: basenarmer (Moder)Podsol-Pseudogley (dy. moPP-SS)
- Typ: Pseudogley
- Klasse: Stauwasserböden
- Substrattyp: p-l(^t,^s)/p-(z)l(^s,^t)
- WRB: Katostagnic Albic Podzol (Epiabruptic, Pantoloamic, Amphiraptic)
- Bodenregion: Berg- und Hügelländer mit hohem Anteil an nicht metamorphen Sedimentgesteinen im Wechsel mit Löss

- Ort: Rosenthal-Bielatal, Lkr. Sächsische Schweiz-Osterzgebirge, Sachsen
- Humusform: Moder
- Profilbild und Horizontabfolge: siehe Tab. 44.23
- Bodenlandschaftsbild: siehe Abb. 44.17
- Analysendaten: siehe Tab. 44.24
- Autor: Ralf Sinapius

Vorkommen und Ausgangsgesteine

Pseudogleye treten im Elbsandsteingebirge im lokalen Maßstab auf. Sie sind an die lehmig-tonigen Lagen zwischen den Sandsteinschichten gebunden. Die marine Sedimentation in der Oberkreide erfolgte unregelmäßig zyklisch, so dass sich neben den Quarzsanden auch tonig-schluffige, mergelige sowie glaukonitführende Ablagerungen bildeten. Das Profil befindet sich im Bereich der Postelwitzer Schichten (Turon), die durch einen häufigen Wechsel von Ton- und Schluffstein, Mergelstein, Kalksandstein sowie Quarzsandstein charakterisiert sind. Das Profil setzt sich aus lokalem Treibsand über Fließerde über kryoturbatem Zersatz von Tonsandstein zusammen.

Tab. 44.23 Profilbild und Horizontabfolge Profil 113

Profilbild	Horizont-grenze (cm)	Horizonte und ihre Eigenschaften	
	+ 6	**L**	; organisch
	+ 5	**Of**	; organisch; mittel durchwurzelt
	+ 2	**Oh**	; organisch; mittel durchwurzelt
	−5	**Aeh** p-s(Sa)	schwach schluffiger Sand, sehr schwach grusig; dunkel bräunlichgrau (7,5YR 4/1); Subpolyedergefüge; mittel humus; stark durchwurzelt
	−13	**Ae** p-s(Sa)	schwach schluffiger Sand, sehr schwach grusig; sehr hellbräunlichgrau (7,5YR 7/1); sehr stark gebleicht; Subpolyedergefüge; schwach humos; stark durchwurzelt
	−33	**IIBh** p-l(^t,^s)	stark lehmiger Sand, sehr schwach grusig; graubraun (7,5YR 5/3); Humusanreicherung; Subpolyedergefüge; mittel humus; stark durchwurzelt
	−40	**IIBhs-Sw** p-l(^t,^s)	stark lehmiger Sand, sehr schwach grusig; hellgelblichbraun (10YR 6/6); Eisenoxid- und Humusanreicherung; Eisenoxide (fleckig, sehr hoher Flächenanteil) und Bleichflecken (überwiegender Flächenanteil); Subpolyedergefüge; schwach humos; mittel durchwurzelt
	−60	**IIBs-Sd** p-l(^t,^s)	stark lehmiger Sand, sehr schwach grusig; hellbraunorange (7,5YR 6/8); Eisenoxidanreicherung; Eisenoxide (fleckig, überwiegender Flächenanteil) und Eisen- und Manganoxide (konkretionär, geringer Flächenanteil) und Bleichflecken (sehr hoher Flächenanteil); Polyedergefüge; sehr schwach humos; schwach durchwurzelt
	−125+	**IIISd** p-(z)l(^s,^t)	sandig-toniger Lehm, schwach grusig; hellorangebraun (7,5YR 6/6); Eisenoxide (stark marmoriert, überwiegender Flächenanteil) und Bleichflecken (sehr hoher Flächenanteil); Polyedergefüge; sehr schwach humos; sehr schwach durchwurzelt

Quelle: R. Sinapius (Bild bearbeitet)

Abb. 44.17 Im Elbsandsteingebirge bedecken häufig staunasse Lössderivate die Verebnungen, die meist landwirtschaftlich genutzt werden. Der Tafelberg im Hintergrund ist der Königstein (Quelle: R. Sinapius)

Tab. 44.24 Analysendaten Profil 113

Horizont	Tiefe (cm)	Skelett (Vol.-%)	Sand (M.-%)	Schluff (M.-%)	Ton (M.-%)	Gesamtporen (Vol.-%)	Luftkapazität (Vol.-%)	nutzbare Feldkap. (Vol.-%)	Totwasser (Vol.-%)	Lagerungsdichte (g/cm³)
L	+ 6	-	-	-	-	-	-	-	-	-
Of	+ 5	-	-	-	-	-	-	-	-	-
Oh	+ 2	-	-	-	-	-	-	-	-	-
Aeh	−5	-	-	-	-	-	-	-	-	-
Ae	−13	0	72	24	4	54	-	-	-	1,28
IIBh	−33	0	65	22	13	47	-	-	-	1,51
IIBhs-Sw	−40	0	65	22	13	50	24	17	8	1,45
IIBs-Sd	−60	0	62	22	16	41	13	18	10	1,70
IIISd	−125+	0	52	20	28	42	1	19	22	1,78

Horizont	Tiefe (cm)	$CaCO_3$ (M.-%)	C_{org} (M.-%)	N_t (M.-%)	C/N	pH H_2O	pH $CaCl_2$	KAK_{pot} (cmol./kg)	BS (%)	K_2O-DL (mg/100 g)	P_2O_5-DL (mg/100 g)
L	+ 6	-	-	-	-	-	-	-	-	-	-
Of	+ 5	-	-	-	-	-	-	-	-	-	-
Oh	+ 2	-	-	-	-	-	-	-	-	-	-
Aeh	−5	-	-	-	-	-	-	-	-	-	-
Ae	−13	-	0,9	0,04	22	-	3,4	-	-	-	-
IIBh	−33	-	1,7	0,07	24	-	3,4	-	-	-	-
IIBhs-Sw	−40	-	0,9	0,04	22	-	3,4	-	-	-	-
IIBs-Sd	−60	-	0,2	0,02	10	-	3,8	-	-	-	-
IIISd	−125+	-	0,4	0,03	13	-	3,8	-	-	-	-

(Quelle: Sächsisches Landesamt für Umwelt, Landwirtschaft und Geologie)
(* = abgeleiteter Analysenwert)

Bodenprozesse und -eigenschaften

Die Pedogenese ist in diesem Profil eng an die Schichtabfolge gekoppelt. Der unregelmäßige geringmächtige Ae-Horizont wird von einem schluffigen Treibsand mit sehr geringem Puffervermögen gebildet, welcher die Fließerde überdeckt. Die Fließerde aus Sandstein und Lösslehm bewirkt die Fällung der Huminstoffe und zeigt mit Rostflecken und Konkretionen den nahen Staukörper (Sd) aus Tonsandstein an. Die dunkelocker-roten Flecken (Säume) im oberen Sw sind ausgefällte Fe-Oxide der Podsolierung (Bs). Ab ca. 7 dm ist der Stauhorizont mit Rostfleckung und Bleichadern typisch ausgebildet. Zwischen Fließerde und kryoturbatem Tonsandstein befindet sich ein unregelmäßiges nassgebleichtes Band, welches auf die periglaziale Entstehung des Pseudogleys zurückzuführen ist.

Nutzung und Vegetation

Am Standort befindet sich ein Fichten-Kiefernforst. Die potentielle natürliche Vegetation des Standortes ist ein Tannen-Fichten-Buchenwald. Die ungünstigen sauren und staunassen Bodenverhältnisse bewahrten ihn vor der Rodung.

Gefährdung

Bei Befahrungen dieser Standorte mit modernen forstlichen Erntemaschinen müssen trockene (oder gefrorene) Bodenverhältnisse herrschen, um zusätzliche Verdichtungen und Bodenzerstörungen zu vermeiden.

Profil 114: Subtyp Gley-Pseudogley (GG-SS)

- Bodenausgangsgestein: Auenton über Tonmudde
- Varietät: basenreicher (Feuchtmull)Vega-Gley-Pseudogley (eu.mfAB-GG-SS)
- Typ: Pseudogley
- Klasse: Stauwasserböden
- Substrattyp: f-t(Tfo)/f-Fmt

- WRB: Hypereutric Epistagnic Gleysol (Profundihumic, Pantoloamic, Bathylimnic)
- Bodenregion: (Überregionale) Flusslandschaften
- Ort: östlich Stolpe, Lkr. Uckermark, Brandenburg
- Humusform: Feuchtmull
- Profilbild und Horizontabfolge: siehe Tab. 44.25
- Bodenlandschaftsbild: siehe Abb. 44.18
- Analysendaten: siehe Tab. 44.26
- Autor: Dieter Kühn

Vorkommen und Ausgangsgesteine

In den Unterläufen großer Flüsse treten diese Böden mit schluffig-toniger Auensedimentation auf. Die bindigen Auensedimente werden meist von Auensanden und kleinflächig von Mudden und Torfen unterlagert. Diese kommen oft in ehemaligen Altarmen vor. Nach Eindeichung ist die rezente Auensedimentation unterbrochen.

Bodenprozesse und -eigenschaften

Da sich meist eine schluffig-tonige Auendecke über durchlässigen Auensedimenten (Sanden) befindet, unterdrückt diese Grundwasserschwankungen bis in den oberen Bodenbereich. Tritt Überflutungs- oder Qualmwasser auf, führt dies zur Staunässe im Oberboden. Die unterschiedlichen

Tab. 44.25 Profilbild und Horizontabfolge Profil 114

Profilbild	Horizont-grenze (cm)	Horizonte und ihre Eigenschaften	
	+ 5	**Of**	organisch
	−7	**aAh-Sw** f-t(Tfo)	mittel schluffiger Ton; sehr dunkelgelblichbraungrau (10YR 3/2); Eisenoxide (adrig, sehr hoher Flächenanteil) und Manganoxide (konkretionär, mittlerer Flächenanteil) und Bleichflecken (sehr hoher Flächenanteil); Polyedergefüge; sehr stark humos; stark durchwurzelt
	−20	**aM-Sw** f-t(Tfo)	mittel schluffiger Ton; sehr dunkelgraubraun (7,5YR 3/3) und dunkelgrau (10YR 4/1); Eisenoxide (adrig, sehr hoher Flächenanteil) und Manganoxide (konkretionär, mittlerer Flächenanteil) und Bleichflecken (überwiegender Flächenanteil); Polyedergefüge; stark humos; schwach durchwurzelt
	−40	**aM-Sd** f-t(Tfo)	mittel schluffiger Ton; bräunlichgrau, sehr dunkelolivstichig (2,5Y 3/2); Eisenoxide (fleckig, hoher Flächenanteil) und Bleichflecken (sehr hoher Flächenanteil); Polyedergefüge; stark humos; sehr schwach durchwurzelt
	−60	**aM-Go** f-t(Tfo)	mittel schluffiger Ton; dunkelbraun (7,5YR 4/4) und bräunlichgrau, sehr dunkelolivstichig (2,5Y 3/2); Eisenoxide (fleckig, sehr hoher Flächenanteil, und konkretionär, geringer Flächenanteil) und Bleichflecken (überwiegender Flächenanteil); Kohärentgefüge; stark humos
	−155	**IIfaFr°Gr** f-Fmt	Tonmudde (stark schluffiger Ton); schwarzgrau, sehr dunkelolivstichig (5Y 3/1); reduziertes Eisen (fast ausschließlicher Flächenanteil); Kohärentgefüge; sehr stark humos
Quelle: Landesamt für Bergbau, Geologie und Rohstoffe Brandenburg, D. Kühn (Bild bearbeitet)	−200+	**IIIfaFr** f-Fhh	Torfmudde; schwarz, olivstichig (5Y 2,5/1); Kohärentgefüge

Abb. 44.18 Oderaue (Quelle: Landesamt für Bergbau, Geologie und Rohstoffe Brandenburg, D. Kühn)

Tab. 44.26 Analysendaten Profil 114

Horizont	Tiefe (cm)	Skelett (Vol.-%)	Sand (M.-%)	Schluff (M.-%)	Ton (M.-%)	Gesamtporen (Vol.-%)	Luftkapazität (Vol.-%)	nutzbare Feldkap. (Vol.-%)	Totwasser (Vol.-%)	Lagerungsdichte (g/cm³)
Of	+ 5	-	-	-	-	-	-	-	-	-
aAh-Sw	−7	0	7	62	31	79	16	34	29	1,28
aM-Sw	−20	0	3	58	39	66	6	39	21	1,25
aM-Sd	−40	0	4	58	38	46	5	37	4	1,74
aM-Go	−60	0	4	60	36	59	6	31	22	1,22
IIfaFr°Gr	−155	0	4	69	27	-	-	-	-	-
IIIfaFr	−200+	0	-	-	-	-	-	-	-	-

Horizont	Tiefe (cm)	$CaCO_3$ (M.-%)	C_{org} (M.-%)	N_t (M.-%)	C/N	pH H_2O	pH $CaCl_2$	KAK_{pot} (cmol$_c$/kg)	BS (%)	K_2O-DL (mg/100 g)	P_2O_5-DL (mg/100 g)
Of	+ 5	-	-	-	-	-	-	-	-	-	-
aAh-Sw	−7	-	5,29	0,49	11	5,2	4,7	40,5	76	-	-
aM-Sw	−20	-	3,14	0,34	9	6,6	5,7	45,1	90	-	-
aM-Sd	−40	-	2,50	0,26	10	7,3	6,2	47,6	94	-	-
aM-Go	−60	-	2,75	0,25	11	7,2	6,2	45,6	100	-	-
IIfaFr°Gr	−155	-	5,74	0,47	12	5,7	5,3	45,7	86	-	-
IIIfaFr	−200+	-	-	-	-	-	-	-	-	-	-

(Quelle: Landeslabor BB/Bln, HS f. nachhalt. Entw. Eberswalde, Inst. f. Ökol/TU Berlin)
(* = abgeleiteter Analysenwert)

hydromorphen Merkmale haben sich in mächtigen M-Horizonten ausgebildet. Letztere führen zur Varietät Vega-Gley-Pseudogley (AB-GG-SS).

Nutzung und Vegetation

Aufgrund des häufigen Wasserüberstaus sowie einer schnellen Austrocknung in Trockenperioden werden die Standorte meist als Dauergrünland genutzt. Natürliche Auwälder kommen flächig nicht mehr vor.

Gefährdung

Bei unsachgemäßer Bewirtschaftung im nassen bis sehr feuchten Zustand wird die Bodenstruktur schnell geschädigt, so dass die Verdichtung zunimmt.

Profil 115: Subtyp Gley-Pseudogley (GG-SS); Typ und Untertypen CH: Buntgley, sauer, sehr stark gleyig, schwach grundnass (W, E3, G5, R1)

- Bodenausgangsgestein: Fließerdefolge aus Molasselehm
- Varietät: basenreicher humusreicher (Feuchtmull) Gley-Pseudogley (eu.x.mfGG-SS)
- Typ: Pseudogley; Typ CH: Buntgley
- Klasse: Stauwasserböden
- Substrattyp: p-(z)l(lpq)
- WRB: Hypereutric Epialbic Katogleyic Mollic Stagnosol (Humic, Inclinic, Pantoloamic)
- Bodenregion: Faltenmolasse und mittlere und westliche Flyschzone mit hohem Anteil an nicht oder nur gering metamorphen Gesteinen
- Ort: Gottschalkenberg (V17), Kanton Zug
- Humusform: Feuchtmull; Humusform CH: typischer Feuchtmull (MHt)
- Profilbild und Horizontabfolge: siehe Tab. 44.27
- Bodenlandschaftsbilder: siehe Abb. 44.19 und 44.20
- Analysendaten: siehe Tab. 44.28
- Autor: Peter Lüscher, Stephan Zimmermann, Jörg Luster, Peter Blaser, Lorenz Walthert

Vorkommen und Ausgangsgesteine

Der Aufbau des Profils Gottschalkenberg ist für den voralpinen Raum der Zentralschweiz typisch. Das Ausgangsgestein ist Solifluktionsmaterial der Unteren Süßwassermolasse. Der Profilort im Kanton Zug liegt auf 995 m ü. M. an einem ostexponierten Mittelhang, der 20 % geneigt ist. Der mittlere Jahresniederschlag beträgt 1853 mm, und die mittlere Jahrestemperatur liegt bei 6,7 Grad Celsius. Die Länge der Vegetationsperiode beträgt 165–180 Tage.

Bodenprozesse und -eigenschaften

Die Humusform entspricht einem Feuchtmull. Zu der schnellen und nahezu vollständigen Umsetzung der Vegetationsrückstände tragen die Streuqualität, die chemischen Bodenverhältnisse sowie die klimabedingt ausreichende Feuchtigkeit und Temperatur bei. Der Hang- bzw. Stauwassereinfluss reicht periodisch, vor allem im Frühjahr zum Zeitpunkt der Schneeschmelze, bis zur Bodenoberfläche. Der Bodenwasserhaushalt wird aber durch Entwässerungsmaßnahmen seit rund 50 Jahren oberflächennah stark beeinflusst. Nährstoffreiches Wasser im Schwankungsbereich des Hangwasserspiegels wirkt einer Abnahme der Basensättigung entgegen. Sie beträgt selbst in den sauren

Tab. 44.27 Profilbild und Horizontabfolge Profil 115

Profilbild	Horizont-grenze (cm)	Horizonte und ihre Eigenschaften (in Klammern: Horizonte CH)	
	+ 1	**L (Ol)**	; organisch
	−20	**sSw-Ah (Ah, (a),g)** p-(z)l(lpq)	mittel sandiger Lehm, schwach grusig; rötlichschwarz (5YR 2,5/1); Eisenoxide (marmoriert, hoher Flächenanteil); Subpolyedergefüge; sehr stark humos; stark durchwurzelt
	−45	**sSw (EBgg,x)** p-(z)l(lpq)	mittel sandiger Lehm, schwach grusig; gelblichbraungrau (10YR 5/2); Eisenoxide (marmoriert, hoher Flächenanteil) und Bleichflecken (fast ausschließlicher Flächenanteil); Subpolyedergefüge; mittel humos; schwach durchwurzelt
	−90	**sSd-Go (Bgg, (x))** p-(z)l(lpq)	schwach toniger Lehm, schwach grusig; rötlichbraunorange (5YR 5/8); Eisenoxide (fleckig, überwiegender Flächenanteil) und Bleichflecken (sehr hoher Flächenanteil); Subpolyedergefüge; sehr schwach humos; schwach durchwurzelt
	−155+	**sGr (Cr, (x))** p-(z)l(lpq)	schwach toniger Lehm, schwach grusig; grünlichgrau (10GY 5/1); Eisenoxide (fleckig, mittlerer Flächenanteil) und reduziertes Eisen (fast ausschließlicher Flächenanteil); Kohärentgefüge; sehr schwach humos

Quelle: S. Zimmermann (2005), Waldböden der Schweiz, Bd 3. Regionen Mittelland und Voralpen. Birmensdorf, Eidg. Forschungsanstalt WSL, Bern, Hep Verlag (Bild bearbeitet)

Abb. 44.19 Freiland:
Streuwiese, Aufforstung
(Quelle: S. Zimmermann
(2005), Waldböden der
Schweiz, Bd 3. Regionen
Mittelland und Voralpen.
Birmensdorf, Eidg.
Forschungsanstalt WSL,
Bern, Hep Verlag)

Abb. 44.20 Blick in
südlicher Richtung in die
voralpine Landschaft aus der
Umgebung des Profilortes
Gottschalkenberg (Quelle:
P. Lüscher)

Horizonten mehr als 88 %. Die Durchlüftung ist in diesem sehr stark hydromorph geprägten Boden bis 90 cm Tiefe zeitweise – und tiefer im Profil immer – ungenügend. Der Porenaufbau des Bodens ist für eine Verbesserung des Luftporenanteils durch Entwässerung ungünstig. Immerhin wird der für das Wurzelwachstum als kritisch erachtete Dichtewert von 1,4 g/cm^3 in diesem Boden nur marginal überschritten.

Nutzung und Vegetation
Gehemmt durchlässige Böden sind in niederschlagsreichen Einzugsgebieten je nach Tiefe der stauenden Horizonte bezüglich Wasserrückhalt kritisch zu beurteilen. Die künstliche Beeinflussung des Bodenwasserhaushaltes durch Entwässerungsmaßnahmen ist aus heutiger Sicht eher problematisch. Die in den Jahren 1960 bis 1965 realisierte Aufforstung im Gebiet Gottschalkenberg liegt in dem ehemaligen Davallseggenried. Der Aufwuchs von Wirtschaftsbaumarten wie Tanne und Fichte wird z. T. unterstützt durch künstlich angelegte Entwässerungsgräben. Örtlich wird die biologische Entwässerung durch Erlenvorbau gefördert. Heute wird eine Wiederbewaldung solcher Standorte kritisch beurteilt. Abzuwägen sind Naturschutzanliegen und der Beitrag zur Landschaftsgestaltung.

Tab. 44.28 Analysendaten Profil 115

Horizont	Tiefe (cm)	Skelett (Vol.-%)	Sand (M.-%)	Schluff (M.-%)	Ton (M.-%)	Gesamtporen (Vol.-%)	Luftkapazität (Vol.-%)	nutzbare Feldkap. (Vol.-%)	Totwasser (Vol.-%)	Lagerungsdichte (g/cm³)
L (Ol)	+ 1	-	-	-	-	-	-	-	-	-
sSw-Ah (Ah, (a),g)	−20	2,5	41	39	20	69,6	9,7	20,7	39,2	-
sSw (EBgg,x)	−45	2,5	39	38	23	49,3	5,5	18,1	25,7	1,11
sSd-Go (Bgg, (x))	−90	2,5	35	38	27	46,8	7,1	19,2	20,5	1,43
sGr (Cr, (x))	−155+	7,5	33	37	30	45,3	3,4	17,9	24,0	1,45

Horizont	Tiefe (cm)	$CaCO_3$ (M.-%)	C_{org} (M.-%)	N_t (M.-%)	C/N	pH H_2O	pH $CaCl_2$	KAK_{pot} (cmol$_c$/kg)	BS (%)	K_2O-DL (mg/100 g)	P_2O_5-DL (mg/100 g)
L (Ol)	+ 1	-	-	-	-	-	-	-	-	-	-
sSw-Ah (Ah, (a),g)	−20	-	7,8	0,66	12	4,6	4,3	-	-	11,3*	-
sSw (EBgg,x)	−45	-	1,3	0,11	13	5,4	4,7	-	-	4,0*	-
sSd-Go (Bgg, (x))	−90	0,33	0,5	0,06	7	5,5	4,7	-	-	10,5*	-
sGr (Cr, (x))	−155+	0,92	0,5	0,05	10	6,6	6,5	-	-	12,1*	-

Horizont	Tiefe (cm)	KAK_{eff} (cmol$_c$/kg)	BS_{eff} (%)
L (Ol)	+ 1		
sSw-Ah (Ah, (a),g)	−20	12,8	88
sSw (EBgg,x)	−45	7,7	90
sSd-Go (Bgg, (x))	−90	13,2	94
sGr (Cr, (x))	−155+	19,6	99

(Quelle: Forschungseinheit Waldböden und Biochemie, Eidgenössische Forschungsanstalt für Wald, Schnee und Landschaft, Birmensdorf)
(* = abgeleiteter Analysenwert)

Gefährdung

Die Durchwurzelbarkeit ist für Wirtschaftsbaumarten eingeschränkt. Die Verankerungsmöglichkeit ist für oberflächlich wurzelnde Baumarten mäßig. Der Boden reagiert auf das Befahren im feuchten Zustand sehr empfindlich.

Profil 116: Subtyp Normhaftpseudogley (SHn)

- Bodenausgangsgestein: Schwemmlöss
- Varietät: basenreicher (Mull)Haftpseudogley (eu.muSHn)
- Typ: Haftpseudogley
- Klasse: Stauwasserböden
- Substrattyp: u-eu(Lou)/u-u(Lou)
- WRB: Hypereutric Stagnosol (Katocapillaric, Ochric, Pantosiltic)
- Bodenregion: Mittel- und süddeutsche Löss- und Sandlösslandschaften
- Ort: Schwaigern, Lkr. Heilbronn, Baden-Württemberg
- Profilbild und Horizontabfolge: siehe Tab. 44.29
- Bodenlandschaftsbild: siehe Abb. 44.21
- Analysendaten: siehe Tab. 44.30
- Autor: Wolfgang Fleck, Bernhard Link

Vorkommen und Ausgangsgesteine

Es handelt sich um eine typische Bodenform flacher Talmulden im Übergangsbereich der Lösslandschaft des Kraichgaus zum überwiegend bewaldeten Keuperbergland des Heuchelbergs. Der Normhaftpseudogley hat sich aus würmzeitlich verlagertem Schwemmlöss entwickelt, der mit einer Mächtigkeit von 18 dm eine tonige Fließerde aus Verwitterungsmaterial des Mittleren Keupers überlagert.

Bodenprozesse und -eigenschaften

Der sehr hohe Mittelporenanteil und die überwiegend geringe Luftkapazität führen zu einer sehr hohen nutzbaren Feldkapazität mit haftnässebedingt geringem Wasserabzug. Der haftnasse Boden zeigt bodenartlich einen homogenen Aufbau. Die unterlagernde, dichte Tonfließerde (IISd-Horizont) verursacht zusätzlich Staunässe.

Nutzung und Vegetation

Das Beispielprofil liegt am Waldrand innerhalb eines schmalen Grünlandstreifens im tiefsten Bereich eines Muldentales (siehe Foto). Auf dem flachen Südhang schließen sich Ackerflächen mit Parabraunerden aus Löss an. Pelosole aus Keupertonen auf dem Gegenhang werden meist forstwirtschaftlich genutzt.

Tab. 44.29 Profilbild und Horizontabfolge Profil 116

Profilbild	Horizont-grenze (cm)	Horizonte und ihre Eigenschaften	
	−17	**rAp°Ah** u-u(Lou)	stark toniger Schluff; dunkelbraun (7,5YR 4/4); Kohärentgefüge; mittel humos; stark durchwurzelt
	−40	**Sg1** u-eu(Lou)	stark toniger Schluff; hellbraun, fleckig (7,5YR 6/4); Eisenoxide (stark marmoriert, extrem hoher Flächenanteil) und Bleichflecken (überwiegender Flächenanteil); Kohärentgefüge; schwach carbonathaltig; sehr schwach humos
	−130	**Sg2** u-u(Lou)	stark toniger Schluff, sehr schwach grusig; hellgelblichbraun, graustichig (10YR 6/4); Eisenoxide (stark marmoriert, überwiegender Flächenanteil) und Bleichflecken (extrem hoher Flächenanteil); Kohärentgefüge; sehr schwach humos
	−158	**Sg3** u-u(Lou)	mittel toniger Schluff, sehr schwach grusig; hellgelblichgraubraun, fleckig (10YR 6/3); Eisenoxide und Bleichflecken (stark marmoriert); carbonatarm; sehr schwach humos
	−178	**Swd** u-u(Lou)	schluffiger Lehm; braun (7,5YR 5/4); Eisenoxide und Bleichflecken (mäßig marmoriert); sehr schwach humos
	−240+	**IISd** p-t(^mk)	lehmiger Ton; grau (10YR 5/1) fleckig; Eisenoxide und Bleichflecken (mäßig marmoriert)

Quelle: Landesamt für Geologie, Rohstoffe und Bergbau im Regierungspräsidium Freiburg, B. Link (Bild bearbeitet)

Abb. 44.21 Lage des Profils auf schmalem Grünlandstreifen im Muldentiefsten (Quelle: Landesamt für Geologie, Rohstoffe und Bergbau im Regierungspräsidium Freiburg, W. Fleck)

Tab. 44.30 Analysendaten Profil 116

Horizont	Tiefe (cm)	Skelett (Vol.-%)	Sand (M.-%)	Schluff (M.-%)	Ton (M.-%)	Gesamtporen (Vol.-%)	Luftkapazität (Vol.-%)	nutzbare Feldkap. (Vol.-%)	Totwasser (Vol.-%)	Lagerungsdichte (g/cm³)
rAp°Ah	−17	0	3	79	18	48	5	24	19	1,37
Sg1	−40	0	4	76	20	46	10	26	10	1,44
Sg2	−130	1	7	76	17	41	5	18	18	1,57
Sg3	−158	1	7	77	16	-	-	-	-	-
Swd	−178	0	-	-	-	-	-	-	-	-
IISd	−240+	0	-	-	-	-	-	-	-	-

Horizont	Tiefe (cm)	CaCO₃ (M.-%)	C_org (M.-%)	N_t (M.-%)	C/N	pH H₂O	pH CaCl₂	KAK_pot (cmol_c/kg)	BS (%)	K₂O-DL (mg/100 g)	P₂O₅-DL (mg/100 g)
rAp°Ah	−17	0	1,5	0,2	9	-	5,3	152	-	4	1
Sg1	−40	2	0,6	0,1	-	-	6,8	113	-	5	1
Sg2	−130	1	0,2	0	-	-	7,0	97	-	5	1
Sg3	−158	1	0,3	0	-	-	6,7	125	-	5	2
Swd	−178	-	-	-	-	-	-	-	-	-	-
IISd	−240+	-	-	-	-	-	-	-	-	-	-

(Quelle: Landesamt für Geologie, Rohstoffe und Bergbau im Regierungspräsidium Freiburg)
(* = abgeleiteter Analysenwert)

Gefährdung

Am Fuße von ackerbaulich genutzten Lössböden sind die Haftpseudogleye durch Überlagerung aus erodiertem Oberbodenmaterial gefährdet.

Profil 117: Subtyp Parabraunerde-Haftpseudogley (LL-SH)

- Bodenausgangsgestein: Fließerde aus Lösslehm
- Varietät: basenreicher(Acker)Parabraunerde-Haftpseudogley (eu.vLL-SH)
- Typ: Haftpseudogley
- Klasse: Stauwasserböden
- Substrattyp: u-u(Lol)\p-u(Lol)
- WRB: Hypereutric Luvic Planosol (Aric, Katocapillaric, Ochric, Amphiraptic, Pantosiltic)
- Bodenregion: Mittel- und süddeutsche Löss- und Sandlösslandschaften
- Ort: Mittelherwigsdorf, Lkr. Görlitz, Sachsen
- Profilbild und Horizontabfolge: siehe Tab. 44.31
- Bodenlandschaftsbild: siehe Abb. 44.22
- Analysendaten: siehe Tab. 44.32
- Autor: Ralf Sinapius

Vorkommen und Ausgangsgesteine

Parabraunerde-Haftpseudogleye sind lokale Entwicklungen im Lösshügelland Mittel- und Ostdeutschlands. Bevorzugt werden sie hier in flach konkaven Plateaulagen mit geringer Neigung angetroffen. Das Beispielprofil setzt sich aus Lössfließerden zusammen. Es befindet sich im Oberlausitzer Lösshügelland bei Zittau.

Bodenprozesse und -eigenschaften

Unter dem kolluvial beeinflussten Oberboden zeigt der weitgehend entkalkte Löss (Hauptlage) eine hohe Rostfleckung mit deutlicher Tonverarmung (Al-Sg). Ab ca. 6 dm Tiefe sind schwache Tonbeläge (Bt) ausgebildet, die nach unten zunehmen. Dabei bleibt die Hydromorphie etwa konstant. Im Hauptanreicherungsbereich des Tones ab 9 dm ist eine intensivere Rostfleckung und geringere Nassbleichung entwickelt (Bt-Sg). Neben der Haftnässe tritt hier wegen der Tonanreicherung auch eine geringe Staunässe auf. Die physikalischen Eigenschaften bestätigen diese Pedogenese. Die Lagerungsdichte steigt zwar kontinuierlich an, verbleibt aber bei (höheren) mittleren Werten. Die Luftkapazität liegt auch im Unterboden noch im niedrigen bis mittleren Bereich.

Nutzung und Vegetation

Die Löss-Haftpseudogleye werden überwiegend landwirtschaftlich genutzt. Wegen ihrer hohen nutzbaren Feldkapazität und gutem chemischen Bindungsvermögen können sie hohe bis sehr hohe Erträge liefern.

Gefährdung

Die Parabraunerde-Haftpseudogleye sind verdichtungs- und verschlämmungsanfällig. Weiterhin sind sie von Wassererosion betroffen.

Tab. 44.31 Profilbild und Horizontabfolge Profil 117

Profilbild	Horizont-grenze (cm)	Horizonte und ihre Eigenschaften	
	−28	**Ap** u-u(Lol)	stark toniger Schluff, sehr schwach kiesig; dunkelgelblichgraubraun (10YR 4/3); Krümelgefüge; sehr carbonatarm; mittel humos; mittel durchwurzelt
	−60	**IIAl-Sg** p-u(Lol)	reiner Schluff; hellgelblichgraubraun (10YR 6/3); Aufhellung (Flecken, stark ausgeprägt, überwiegender Flächenanteil); Eisenoxide (fleckig, sehr hoher Flächenanteil) und Manganoxide (konkretionär, geringer Flächenanteil) und Bleichflecken (diffus, sehr hoher Flächenanteil); Subpolyedergefüge; sehr carbonatarm; sehr schwach humos; schwach durchwurzelt
	−90	**IIIAl+Bt-Sg** p-u(Lol)	mittel toniger Schluff; hellgraustichiggelblichbraun (10YR 6/4); Aufhellung (Flecken, stark ausgeprägt, überwiegender Flächenanteil) und Tontapeten (mittlerer Flächenanteil); Eisenoxide (fleckig, extrem hoher Flächenanteil) und Manganoxide (konkretionär, geringer Flächenanteil) und Bleichflecken (diffus, extrem hoher Flächenanteil); Subpolyedergefüge; carbonatarm; schwach durchwurzelt
	−140+	**IIIBt-Sg** p-u(Lol)	mittel toniger Schluff; hellbraunorange (7,5YR 6/8); Tontapeten (mittlerer Flächenanteil); Eisenoxide (schwach marmoriert, extrem hoher Flächenanteil) und Manganoxide (konkretionär, geringer Flächenanteil) und Bleichflecken (extrem hoher Flächenanteil); Polyedergefüge; sehr carbonatarm; sehr schwach durchwurzelt

Quelle: R. Sinapius (Bild bearbeitet)

Abb. 44.22 Einzelberge und Plateaus bestimmen das Landschaftsbild der Östlichen Oberlausitz. Die Plateaus sind durch Lösse und Lössderivate bestimmt (Quelle: R. Sinapius)

Tab. 44.32 Analysendaten Profil 117

Horizont	Tiefe (cm)	Skelett (Vol.-%)	Sand (M.-%)	Schluff (M.-%)	Ton (M.-%)	Gesamtporen (Vol.-%)	Luftkapazität (Vol.-%)	nutzbare Feldkap. (Vol.-%)	Totwasser (Vol.-%)	Lagerungsdichte (g/cm³)
Ap	−28	0	4	76	20	43	6	26	12	1,67
IIAl-Sg	−60	0	3	92	5	41	5	26	9	1,64
IIIAl+Bt-Sg	−90	0	3	82	15	42	4	27	11	1,69
IIIBt-Sg	−140+	0	2	84	14	39	5	24	9	1,76

Horizont	Tiefe (cm)	$CaCO_3$ (M.-%)	C_{org} (M.-%)	N_t (M.-%)	C/N	pH H_2O	pH $CaCl_2$	KAK_{pot} (cmol$_c$/kg)	BS (%)	K_2O-DL (mg/100 g)	P_2O_5-DL (mg/100 g)
Ap	−28	0,4	1,3	0,15	9	-	6,1	17	89	-	-
IIAl-Sg	−60	0,4	0,1	0,02	6	-	6,8	10	85	-	-
IIIAl+Bt-Sg	−90	0,5	<0,1	0,01	9	-	6,9	8	81	-	-
IIIBt-Sg	−140+	0,4	<0,1	0,02	4	-	6,9	9	81	-	-

(Quelle: Sächsisches Landesamt für Umwelt, Landwirtschaft und Geologie)
(* = abgeleiteter Analysenwert)

Profil 118: Subtyp Gley-Haftpseudogley (GG-SH)

- Bodenausgangsgestein: periglaziär überprägter Lösssand über Schwemmsand
- Varietät: basenreicher (Acker)Gley-Haftpseudogley (eu. vGG-SH)
- Typ: Haftpseudogley
- Klasse: Stauwasserböden
- Substrattyp: p-(k)s(Slo)/p-s(Suz)
- WRB: Hypereutric Amphialbic Endogleyic Stagnosol (Endoarenic, Aric, Amphicapillaric, Anoloamic, Ochric, Amphiraptic)
- Bodenregion: Altmoränenlandschaften
- Ort: Quellendorf, Lkr. Bitterfeld, Sachsen-Anhalt
- Profilbild und Horizontabfolge: siehe Tab. 44.33
- Bodenlandschaftsbild: siehe Abb. 44.23
- Analysendaten: siehe Tab. 44.34
- Autor: Wolfgang Kainz

Vorkommen und Ausgangsgesteine

Gley-Haftpseudogleye sind wenig verbreitete Böden. Ihr Vorkommen ist an periglaziär abgeschwemmte lössbürtige Substrate mit Grundwassereinfluss gebunden. In Sachsen-Anhalt kommen sie in den Altmoränenlandschaften vor und sind hier auf Hochflächenrändern, in alten Rinnen und Mulden der Hochflächen und auf trockeneren Inseln in Niederungen gefunden worden. Das Beispielprofil ist von oben nach unten aus folgenden Schichten aufgebaut: periglaziär überprägter Lösssand mit Kiesanreicherung an der Basis (I), periglaziär abgeschwemmter Lössand (II), Schwemmsand (III und IV), Niederungssand (Flusssand) (V) und Niederungslehm (Flusslehm) (VI).

Bodenprozesse und -eigenschaften

Namengebend und bestimmend für die Eigenschaften dieses Bodens sind die Wasserverhältnisse. Die vernässungsfreie, lockere Krume wird von hydromorphen Horizonten unterlagert, die unterhalb 3 dm Tiefe beginnen. Der IISg besteht aus mäßig dicht gelagertem schluffigem Sand, ist arm an Grobporen und von Haftwasser und Luftmangel geprägt. Er zeigt eine schwache Rostfleckung. Trotz der Verzögerung des Sickerwasserdurchflusses im Sg-Horizont ist der Boden vernässungsfrei, weist aber durch die Haftnässe einen eingeschränkten Wurzelraum auf. Unter dem Haftnässebereich und mit diesem überlappend ist der Boden durch aktuell tief liegendes Grundwasser geprägt und zeigt die normale Horizontfolge des Gleys. Der Boden ist zwar carbonatfrei, reagiert aber sehr schwach bis schwach alkalisch und ist entsprechend reich bis vollständig basengesättigt. Das lässt auf einen hohen Nährstoffgehalt im Grundwasser schließen, ist aber zumindest im Oberboden auch eine Folge der Düngung. Durch die geringen Ton- und Humusgehalte ist die Kationenaustauschkapazität (KAK_{pot}) sehr gering bis gering und zeigt Einschränkungen in der Nährstoffversorgung. Das enge C/N-Verhältnis belegt andererseits einen guten Kulturzustand der Ackerkrume. Nach der Bodenschätzung wird ein mittleres Ertragspotential erwartet.

Nutzung und Vegetation

Der Boden wird ackerbaulich genutzt.

Gefährdung

Der Schutz des Bodenprofils und die Erhöhung des Ertragspotentials sind hier Gegenspieler. Ausschlaggebend für die Erhöhung des Ertragspotentials ist die Vergrößerung des durchwurzelbaren Raumes und eventuell die Erschließung des nährstoffreichen Grundwassers. Dazu wurde die Krume vertieft. Der Sg-Horizont ist nicht sehr mächtig und seine das Pflanzenwachstum behindernde Wirkung kann durch den Abriss der Verbindung zum Grundwasser gemindert werden. Der Grundwasserstand ist durch Grabenentwässerung abgesenkt. Die Wirkung der Absenkung ist an der Verbreitung der Regenwurmgänge zu sehen. Dennoch ist eine zu starke Absenkung des Grundwassers nicht ratsam, damit es pflanzenverfügbar bleibt. Aus Sicht der Erhaltung des Bodenprofiles wäre eine andere Nutzung zu empfehlen.

Tab. 44.33 Profilbild und Horizontabfolge Profil 118

Profilbild	Horizont-grenze (cm)	Horizonte und ihre Eigenschaften	
	−30	**Ap** p-(k)s(Slo)	mittel schluffiger Sand, schwach kiesig (Steinsohle); dunkelgelblichbraungrau (10YR 4/2); Bröckelgefüge; sehr carbonatarm; schwach humos; stark durchwurzelt
	−55	**IISg** p-(k)s(Slo)	mittel schluffiger Sand, schwach kiesig; bräunlichgrau, sehr hellolivstichig (2,5Y 7/2); Eisenoxide (schwach fleckig, hoher Flächenanteil) und Bleichflecken (vorherrschender Flächenanteil); Subpolyedergefüge; schwach durchwurzelt
	−65	**IIISg-Go** p-(k)s(Suz)	mittel lehmiger Sand, mittel kiesig; hellgrauolivbraun (2,5Y 6/3); Eisenoxide (mäßig fleckig, sehr hoher Flächenanteil) und Bleichflecken (überwiegender Flächenanteil); Subpolyedergefüge; sehr schwach durchwurzelt
	−100	**IVGro** p-s(Suz)	reiner Sand, sehr schwach kiesig; fahlgelblichbraun (10YR 8/2); Eisenoxide (mäßig fleckig, sehr hoher Flächenanteil) und reduziertes Eisen (sehr hoher Flächenanteil); Einzelkorngefüge
	−130	**VGro** f-(k)s(Sf)	schwach toniger Sand, schwach kiesig; grau, hellolivstichig (5Y 6/1); Eisenoxide (stark fleckig, röhrenartig, bänderartig, überwiegender Flächenanteil) und reduziertes Eisen (extrem hoher Flächenanteil); Subpolyedergefüge und Einzelkorngefüge
	−170+	**VIGor** f-(k)l(Lf)	stark lehmiger Sand, schwach kiesig; olivgrau (5Y 5/2); Eisenoxide (schwach fleckig, hoher Flächenanteil) und reduziertes Eisen (fast ausschließlicher Flächenanteil); Kohärentgefüge

Quelle: Landesamt für Geologie und Bergwesen Sachsen-Anhalt, W. Kainz (Bild bearbeitet)

Abb. 44.23 Rapsfeld, umgeben von Entwässerungsgräben mit Büschen und einzelnen Bäumen (Quelle: W. Kainz)

Tab. 44.34 Analysendaten Profil 118

Horizont	Tiefe (cm)	Skelett (Vol.-%)	Sand (M.-%)	Schluff (M.-%)	Ton (M.-%)	Gesamtporen (Vol.-%)	Luftkapazität (Vol.-%)	nutzbare Feldkap. (Vol.-%)	Totwasser (Vol.-%)	Lagerungsdichte (g/cm³)
Ap	−30	3	63	31	6	-	-	-	-	-
IISg	−55	5	56	39	5	-	-	-	-	-
IIISg-Go	−65	10	73	19	8	-	-	-	-	-
IVGro	−100	1	92	4	4	-	-	-	-	-
VGro	−130	2	83	6	11	-	-	-	-	-
VIGor	−170+	3	70	15	15	-	-	-	-	-

Horizont	Tiefe (cm)	$CaCO_3$ (M.-%)	C_{org} (M.-%)	N_t (M.-%)	C/N	pH H_2O	pH $CaCl_2$	KAK_{pot} (cmol$_c$/kg)	BS (%)	K_2O-DL (mg/100 g)	P_2O_5-DL (mg/100 g)
Ap	−30	0,2	0,90	0,13	7	7,8	7,3	6	100	-	-
IISg	−55	-	0,12	0,05	2	8,2	7,5	3	100	-	-
IIISg-Go	−65	-	-	-	-	8,0	7,4	4	100	-	-
IVGro	−100	-	-	-	-	7,8	7,2	2	100	-	-
VGro	−130	-	-	-	-	7,8	7,1	5	80	-	-
VIGor	−170+	-	-	-	-	7,7	7,1	7	71	-	-

(Quelle: Landesamt für Geologie und Bergwesen Sachsen-Anhalt)
(* = abgeleiteter Analysenwert)

Profil 119: Subtyp Normstagnogley (SGn)

- Bodenausgangsgestein: Fließerde aus Löss und Sandstein über Fließerde aus Sandstein
- Varietät: nassgebleichter mittelbasischer (Moder)Stagnogley (i.m.moSGn)
- Typ: Stagnogley
- Klasse: Stauwasserböden
- Substrattyp: p-(n)u(Lo,^s)/p-(n)l(^s)
- WRB: Orthodystric Epialbic Stagnosol (Katoloamic, Ochric, Epiraptic, Episiltic)
- Bodenregion: Berg- und Hügelländer mit hohem Anteil an nicht metamorphen Sand-, Schluff-, Ton- und Mergelgesteinen
- Ort: Großalmerode, Werra-Meißner-Kreis, Hessen
- Humusform: Feuchtmoder
- Profilbild und Horizontabfolge: siehe Tab. 44.35
- Bodenlandschaftsbild: siehe Abb. 44.24
- Analysendaten: siehe Tab. 44.36
- Autor: Karl-Josef Sabel

Vorkommen und Ausgangsgesteine

Das Profil liegt im lössbeeinflussten Buntsandsteinverbreitungsgebiet zwischen Weser im Osten und Kassel im Westen. Eine geringmächtige lössbeeinflusste Fließerde über einer Fließerde aus Sandsteinverwitterungsmaterial wird vom anstehenden Sandstein ab 120 cm unterlagert.

Bodenprozesse und -eigenschaften

Stagnogleye sind vornehmlich in niederschlagsreichen ebenen, allenfalls schwach geneigten Hochlagen der Mittelgebirge mit stark verdichtetem Unterboden verbreitet. Infolgedessen wird die Versickerung des Bodenwassers verhindert und eine laterale Entwässerung gehemmt. Zugleich ist aber auch die deutlich bessere Wasserwegsamkeit des Oberbodens typisch, in dem sich das stagnierende Bodenwasser über Monate hinweg sammelt und eine lang anhaltende Sättigung zur Folge hat. Die nahezu ganzjährige Vernässung und mangelhafte Drainage führen zur Nassbleichung des Oberbodens und Abfuhr reduzierter Mangan- und Eisenionen. In diesem luftarmen, sauren Milieu ist der mikrobielle Abbau der organischen Substanz extrem gehindert, und es baut sich Moder oder Rohhumus auf.

Nutzung und Vegetation

Die Standorte sind sehr sauer, nährstoffarm und mangelhaft durchwurzelt. In der Regel sind sie bewaldet, aber oft sogar aus der forstwirtschaftlichen Nutzung herausgenommen.

Gefährdung

Die Gefahr des Windwurfes bei Stürmen, gerade bei Bestockung mit flach wurzelnden Koniferen, ist groß und wird sich angesichts des Klimawandels mit Zunahme der Orkanhäufigkeit vergrößern. Zugleich führt vor allem der Maschineneinsatz in der Forstwirtschaft in den wärmer und feuchter gewordenen Wintern zu erheblichen Schäden durch Bodenverdichtung in den Radspuren.

Tab. 44.35 Profilbild und Horizontabfolge Profil 119

Profilbild	Horizontgrenze (cm)	Horizonte und ihre Eigenschaften	
	+ 5	**L** organisch	
	+ 4	**Of** organisch	
	+ 1	**Oh** organisch	
	−8	**Sw-Ah** p-(z)u(Lo,^s)	sandiger-lehmiger Schluff, schwach grusig; schwarz (10YR 2/1); Bleichflecken (hoher Flächenanteil); Kohärentgefüge; mittel humos; stark durchwurzelt
	−13	**Ah-Srw** p-(z)u(Lo,^s)	sandig-lehmiger Schluff, schwach grusig; dunkelgelblichbraungrau (10YR 4/2); Bleichflecken (überwiegender Flächenanteil); Subpolyedergefüge; sehr schwach humos; mittel durchwurzelt
	−32	**Serw** p-(n)u(Lo,^s)	sandiger-lehmiger Schluff, sehr schwach grusig, schwach steinig (kantig); bräunlichgrau, sehr hellolivstichig (2,5Y 7/2); Eisenoxide (fleckig, mittlerer Flächenanteil) und Bleichflecken (fast ausschließlicher Flächenanteil); Subpolyedergefüge; schwach durchwurzelt
	−120	**IISwd** p-(n)l(^s)	schluffig-lehmiger Sand, sehr schwach grusig, schwach steinig (kantig); bräunlichgrau, sehr hellolivstichig (2,5Y 7/2); Eisenoxide (fleckig, sehr hoher Flächenanteil) und Bleichflecken (vorherrschender Flächenanteil); Kohärentgefüge; sehr schwach durchwurzelt
	−160+	**IIISd** n-^s	Sandstein; Eisenoxide (extrem hoher Flächenanteil) und Bleichflecken (an Bahnen, nach unten abnehmend, hoher Flächenanteil); Kohärentgefüge

Quelle: K.-J. Sabel (Bild bearbeitet)

Abb. 44.24 Bodenlandschaft Normstagnogley (Quelle: Hessisches Landesamt für Naturschutz, Umwelt und Geologie)

Tab. 44.36 Analysendaten Profil 119

Horizont	Tiefe (cm)	Skelett (Vol.-%)	Sand (M.-%)	Schluff (M.-%)	Ton (M.-%)	Gesamtporen (Vol.-%)	Luftkapazität (Vol.-%)	nutzbare Feldkap. (Vol.-%)	Totwasser (Vol.-%)	Lagerungsdichte (g/cm³)
L	+ 5	-	-	-	-	-	-	-	-	-
Of	+ 4	-	-	-	-	-	-	-	-	-
Oh	+ 1	-	-	-	-	-	-	-	-	-
Sw-Ah	−8	2	-	-	-	-	-	-	-	-
Ah-Srw	−13	3	-	-	-	-	-	-	-	-
Serw	−32	6	33	56	11	-	-	-	-	-
IISwd	−120	6	42	46	12	-	-	-	-	-
IIISd	−160+	-	-	-	-	-	-	-	-	-

Horizont	Tiefe (cm)	$CaCO_3$ (M.-%)	C_{org} (M.-%)	N_t (M.-%)	C/N	pH H_2O	pH $CaCl_2$	KAK_{pot} (cmol$_c$/kg)	BS (%)	K_2O-DL (mg/100 g)	P_2O_5-DL (mg/100 g)
L	+ 5	-	-	-	-	-	-	-	-	-	-
Of	+ 4	-	51,3	2,14	24	4,4	3,9	-	-	-	-
Oh	+ 1	-	-	-	-	-	-	-	-	-	-
Sw-Ah	−8	-	1,9	0,08	24	4,2	3,4	-	-	-	-
Ah-Srw	−13	-	0,4	-	n.k.	4,2	3,4	-	-	-	-
Serw	−32	-	-	-	-	4,2	3,8	-	-	-	-
IISwd	−120	-	-	-	-	4,5	3,9	-	-	-	-
IIISd	−160+	-	-	-	-	-	-	-	-	-	-

(Quelle: Hessisches Landesamt für Naturschutz, Umwelt und Geologie)
(* = abgeleiteter Analysenwert)

Profil 120: Subtyp Normstagnogley (SGn); Typ und Untertypen CH: Pseudogley, stark sauer, stark pseudogleyig, nassgebleicht (I, E4, I4, FN)

- Bodenausgangsgestein: Fließerde aus Lösslehm und Geschiebelehm über tiefem Geschiebelehm
- Varietät: nassgebleichter mittelbasischer (Feuchtmoder) Stagnogley (i.m.mdSGn)
- Typ: Stagnogley; Typ CH: Pseudogley
- Klasse: Stauwasserböden
- Substrattyp: p-l(Lol,Lg)//g-(k)s(Lg)
- WRB: Dystric Epialbic Stagnosol (Endomanganiferric, Humic, Pantoloamic, Endoraptic)
- Bodenregion: Altmoränenlandschaften
- Ort: Roggwil (M9), Kanton Bern
- Humusform: Feuchtmoder; Humusform CH: Feuchtmoder (FHa)
- Profilbild und Horizontabfolge: siehe Tab. 44.37
- Bodenlandschaftsbilder: siehe Abb. 44.25 und 44.26
- Analysendaten: siehe Tab. 44.38
- Autor: Peter Lüscher, Stephan Zimmermann, Jörg Luster, Peter Blaser, Lorenz Walthert

Vorkommen und Ausgangsgesteine

Der Profilaufbau ist typisch für eine Altmoränenlandschaft im Molassebecken des Schweizerischen Mittellandes. Die Fließerden aus dem Geschiebelehm reichen bis 110 cm, wovon 90 cm deutlich lössbeeinflusst sind. Der Profilort liegt bei Roggwil im Kanton Bern auf 505 m ü. M. in ebener Lage. Der mittlere Jahresniederschlag beträgt 1161 mm, und die mittlere Jahrestemperatur liegt bei 9,0 Grad Celsius. Die Vegetationsperiode beträgt rund 200 Tage.

Bodenprozesse und -eigenschaften

Die Humusform entspricht einem Feuchtmoder. Wassersättigungsphasen reichen zeitweise bis in den Oberboden. Der Boden ist daher stark hydromorph geprägt. Das gesamte Bodenprofil ist zeitweise auch während der Vegetationsperiode ungenügend durchlüftet. Der Unterboden ist zudem ab 50 cm Tiefe dicht, und die eingeschränkte Wasserdurchlässigkeit verursacht unter den vorgegebenen klimatischen Voraussetzungen den dominanten Stauwassereinfluss. Der Boden ist nur eingeschränkt durchwurzelbar.

Nutzung und Vegetation

Dieser Waldstandort gehört zum Peitschenmoos-Fichten-Tannenwald. Baumarten, wie Tanne und Eiche, welche solche Böden vergleichsweise tief durchwurzeln können, sollten waldbaulich gegenüber empfindlichen Baumarten, wie Buche oder Fichte, bevorzugt werden. Tiefwurzelnde Baumarten sorgen für eine Stabilisierung des Bestandes und mäßigen den Bodenwasserhaushalt durch eine stärkere Entwässerung tieferer Bodenbereiche. Von größeren Bestandeslücken ist abzusehen. Eine konsequente Erhaltung einer stufig aufgebauten Bestandesstruktur ist durch Plenterung zu erreichen. Mit naturnaher Bestockung sind die Bestände sehr ertragsreich.

Tab. 44.37 Profilbild und Horizontabfolge Profil 120

Profilbild	Horizont-grenze (cm)	Horizonte und ihre Eigenschaften (in Klammern: Horizonte CH)	
	+ 4	**L (Ol)**	; organisch
	+ 3	**Of (Of)**	; organisch
	+ 2	**Oh (Oh)**	; organisch
	−1	**Sw-Aa (Ah, (g))** p-l(Lol,Lg)	schluffig-lehmiger Sand, sehr schwach kiesig; schwarz (10YR 2/1); Bleichflecken; Subpolyedergefüge; extrem humos; stark durchwurzelt
	−4	**Sw-Ah (EAh)** p-l(Lol,Lg)	schluffig-lehmiger Sand, sehr schwach kiesig; dunkelgrau (10YR 4/1); Bleichflecken (hoher Flächenanteil); Subpolyedergefüge; stark humos; stark durchwurzelt
	−50	**Serw (EBgg)** p-l(Lol,Lg)	schluffig-lehmiger Sand, sehr schwach kiesig; sehr hellgelblichbraungrau (10YR 7/2); Eisenoxide (fleckig, mittlerer Flächenanteil) und Bleichflecken (fast ausschließlicher Flächenanteil); Subpolyedergefüge; schwach humos; schwach durchwurzelt
	−90	**Srdw (Bgg)** p-l(Lol,Lg)	schwach sandiger Lehm, sehr schwach kiesig; gelblichbraun, sehr hellgraustichig (10YR 7/4); Eisenoxide (marmoriert, sehr hoher Flächenanteil) und Manganoxide (konkretionär, hoher Flächenanteil) und Bleichflecken (überwiegender Flächenanteil); Kohärentgefüge; sehr schwach humos
Quelle: S. Zimmermann (2005), Waldböden der Schweiz, Bd 3. Birmensdorf, Eidg. Forschungsanstalt WSL, Bern, Hep Verlag (Bild bearbeitet)	−120	**IISd (IIBg, (x))** p-l(Lol,Lg)	stark lehmiger Sand, sehr schwach kiesig; hell gelblichbraun (10YR 6/6); Eisenoxide (marmoriert, überwiegender Flächenanteil) und Manganoxide (konkretionär, sehr hoher Flächenanteil) und Bleichflecken (hoher Flächenanteil); Kohärentgefüge
	−150+	**IIISd (IICBg,x)** g-(k)s(Lg)	mittel lehmiger Sand, mittel kiesig; gelblichbraun (10YR 5/6); Eisenoxide (marmoriert, vorherrschender Flächenanteil) und Manganoxide (konkretionär, hoher Flächenanteil) und Bleichflecken (hoher Flächenanteil); Kohärentgefüge

Gefährdung

Die Durchlüftung ist im gesamten Profil zeitweise ungenügend. Die Durchwurzelbarkeit ist eingeschränkt, und die Verankerungsmöglichkeit ist für oberflächlich wurzelnde Baumarten nur mäßig. Daraus wird eine Gefährdung durch Windwurf abgeleitet. Der Boden reagiert im feuchten Zustand auf Belastung sehr empfindlich. Ein Befahren sollte unter diesen Voraussetzungen unterlassen werden.

Abb. 44.25 Peitschenmoos-Fichten-Tannen-Wälder (Quelle: S. Zimmermann (2005), Waldböden der Schweiz, Bd 3. Birmensdorf, Eidg. Forschungsanstalt WSL, Bern, Hep Verlag)

Abb. 44.26 Blick in nördlicher Richtung in die Landschaft des Mittellandes in der Umgebung des Profilortes Roggwil (Quelle: P. Lüscher)

Tab. 44.38 Analysendaten Profil 120

Horizont	Tiefe (cm)	Skelett (Vol.-%)	Sand (M.-%)	Schluff (M.-%)	Ton (M.-%)	Gesamtporen (Vol.-%)	Luftkapazität (Vol.-%)	nutzbare Feldkap. (Vol.-%)	Totwasser (Vol.-%)	Lagerungsdichte (g/cm³)
L (Ol)	+4	-	-	-	-	-	-	-	-	-
Of (Of)	+3	-	-	-	-	-	-	-	-	-
Oh (Oh)	+2	-	-	-	-	-	-	-	-	-
Sw-Aa (Ah, (g))	−1	1,3	-	-	-	74,3	34,7	29,7	9,9	0,69
Sw-Ah (EAh)	−4	1,3	-	-	-	66,7	20,2	28,9	17,6	0,69
Serw (EBgg)	−50	1,4	44	40	16	55,4	25,1	20,2	10,1	1,27
Srdw (Bgg)	−90	1,3	42	41	17	44,1	10,8	15,9	17,4	1,53
IISd (IIBg, (x))	−120	1,3	62	26	12	35,8	4,4	20,7	10,7	1,58
IIISd (IICBg,x)	−150+	12,0	67	22	11	35,6	11,8	14,4	9,4	1,65

Horizont	Tiefe (cm)	$CaCO_3$ (M.-%)	C_{org} (M.-%)	N_t (M.-%)	C/N	pH H_2O	pH $CaCl_2$	KAK_{pot} (cmol$_c$/kg)	BS (%)	K_2O-DL (mg/100 g)	P_2O_5-DL (mg/100 g)
L (Ol)	+4	-	-	-	-	-	-	-	-	-	-
Of (Of)	+3	-	-	-	-	-	-	-	-	-	-
Oh (Oh)	+2	-	-	-	-	-	-	-	-	-	-
Sw-Aa (Ah, (g))	−1	-	12,3	0,66	19	-	3,4	-	-	8,3*	-
Sw-Ah (EAh)	−4	-	2,4	0,16	15	-	3,5	-	-	4,7*	-
Serw (EBgg)	−50	-	0,82	0,07	12	4,4	3,9	-	-	40,0*	-
Srdw (Bgg)	−90	-	0,26	0,03	8	4,9	4,0	-	-	5,9*	-
IISd (IIBg, (x))	−120	-	-	-	-	5,1	4,1	-	-	5,4*	-
IIISd (IICBg,x)	−150+	-	-	-	-	5,5	4,4	-	-	6,7*	-

Horizont	Tiefe (cm)	KAK_{eff} (cmol$_c$/kg)	BS_{eff} (%)
L (Ol)	+4		
Of (Of)	+3		
Oh (Oh)	+2		
Sw-Aa (Ah, (g))	−1	13,6	9
Sw-Ah (EAh)	−4	4,0	6
Serw (EBgg)	−50	4,1	7
Srdw (Bgg)	−90	4,7	29
IISd (IIBg, (x))	−120	6,7	70
IIISd (IICBg,x)	−150+	7,2	88

(Quelle: Forschungseinheit Waldböden und Biochemie, Eidgenössische Forschungsanstalt für Wald, Schnee und Landschaft, Birmensdorf)
(* = abgeleiteter Analysenwert)

Profil 121: Subtyp Normstagnogley (SGn); Typ und Untertypen CH: Pseudogley, stark sauer, sehr stark pseudogleyig (I, E4, I4)

- Bodenausgangsgestein: Fließerde aus Geschiebelehm über tiefem Geschiebelehm
- Varietät: nassgebleichter mittelbasischer (Feuchtrohhumus)Stagnogley (i.m.mrSGn)
- Typ: Stagnogley; Typ CH: Pseudogley
- Klasse: Stauwasserböden
- Substrattyp: p-u(Lg)//g-(k)u(Lg)

- WRB: Hyperdystric Epialbic Histic Stagnosol (Katomanganiferric, Humic, Endoraptic, Pantosiltic)
- Bodenregion: Altmoränenlandschaften
- Ort: Langenthal-Rickenzopfen (M11), Kanton Bern
- Humusform: Feuchtrohhmus; Humusform CH: Feuchtrohhumus (Lha)
- Profilbild und Horizontabfolge: siehe Tab. 44.39
- Bodenlandschaftsbilder: siehe Abb. 44.27 und 44.28
- Analysendaten: siehe Tab. 44.40
- Autor: Peter Lüscher, Stephan Zimmermann, Jörg Luster, Peter Blaser, Lorenz Walthert

Tab. 44.39 Profilbild und Horizontabfolge Profil 121

Profilbild	Horizont-grenze (cm)	Horizonte und ihre Eigenschaften (in Klammern: Horizonte CH)	
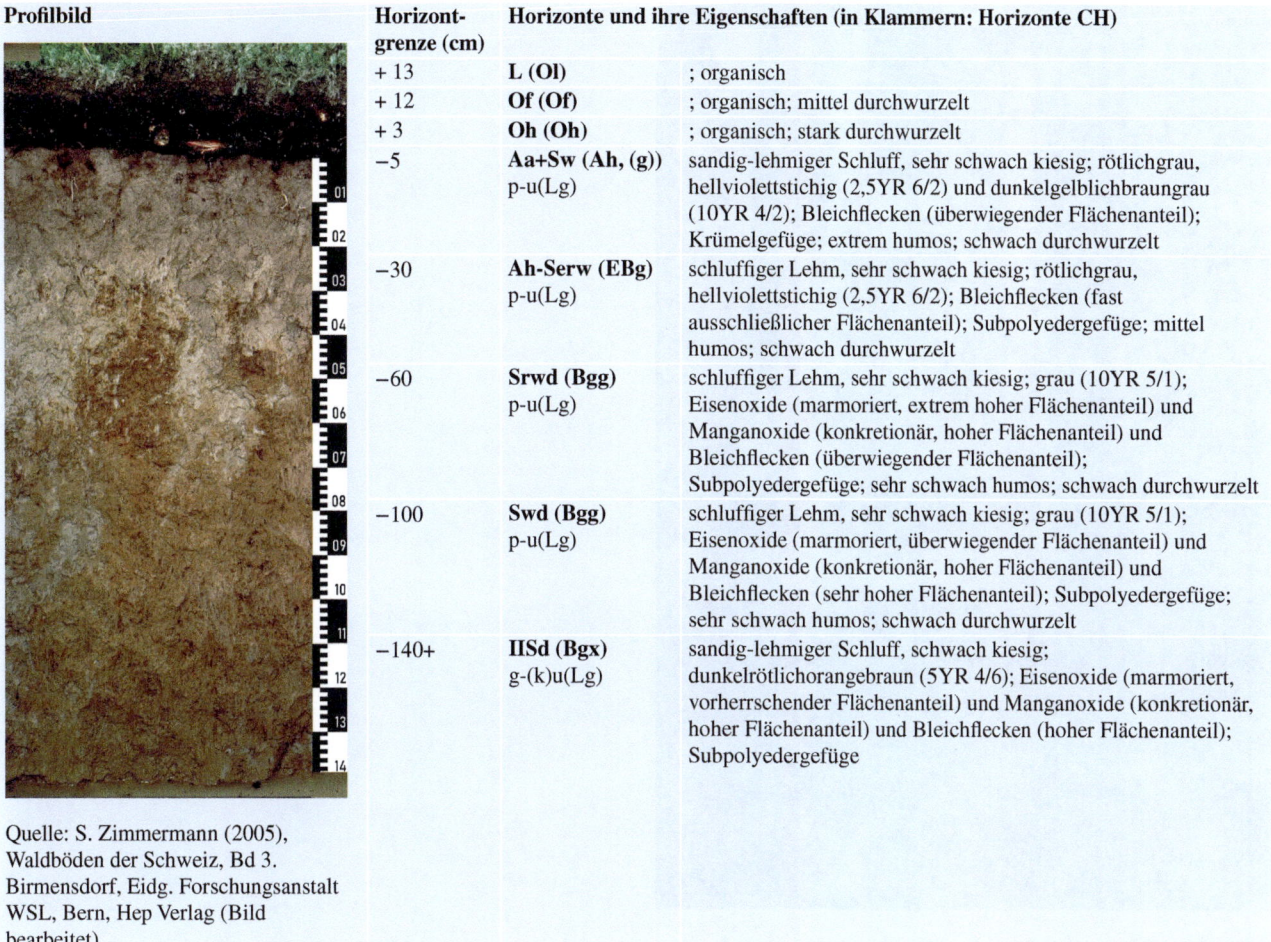	+ 13	**L (Ol)**	; organisch
	+ 12	**Of (Of)**	; organisch; mittel durchwurzelt
	+ 3	**Oh (Oh)**	; organisch; stark durchwurzelt
	−5	**Aa+Sw (Ah, (g))** p-u(Lg)	sandig-lehmiger Schluff, sehr schwach kiesig; rötlichgrau, hellviolettstichig (2,5YR 6/2) und dunkelgelblichbraungrau (10YR 4/2); Bleichflecken (überwiegender Flächenanteil); Krümelgefüge; extrem humos; schwach durchwurzelt
	−30	**Ah-Serw (EBg)** p-u(Lg)	schluffiger Lehm, sehr schwach kiesig; rötlichgrau, hellviolettstichig (2,5YR 6/2); Bleichflecken (fast ausschließlicher Flächenanteil); Subpolyedergefüge; mittel humos; schwach durchwurzelt
	−60	**Srwd (Bgg)** p-u(Lg)	schluffiger Lehm, sehr schwach kiesig; grau (10YR 5/1); Eisenoxide (marmoriert, extrem hoher Flächenanteil) und Manganoxide (konkretionär, hoher Flächenanteil) und Bleichflecken (überwiegender Flächenanteil); Subpolyedergefüge; sehr schwach humos; schwach durchwurzelt
	−100	**Swd (Bgg)** p-u(Lg)	schluffiger Lehm, sehr schwach kiesig; grau (10YR 5/1); Eisenoxide (marmoriert, überwiegender Flächenanteil) und Manganoxide (konkretionär, hoher Flächenanteil) und Bleichflecken (sehr hoher Flächenanteil); Subpolyedergefüge; sehr schwach humos; schwach durchwurzelt
	−140+	**IISd (Bgx)** g-(k)u(Lg)	sandig-lehmiger Schluff, schwach kiesig; dunkelrötlichorangebraun (5YR 4/6); Eisenoxide (marmoriert, vorherrschender Flächenanteil) und Manganoxide (konkretionär, hoher Flächenanteil) und Bleichflecken (hoher Flächenanteil); Subpolyedergefüge

Quelle: S. Zimmermann (2005), Waldböden der Schweiz, Bd 3. Birmensdorf, Eidg. Forschungsanstalt WSL, Bern, Hep Verlag (Bild bearbeitet)

Vorkommen und Ausgangsgesteine

Dieser Normstagnogley liegt im Grundmoränematerial des Rhônegletschers aus der Risseiszeit, das über der darunter liegenden Molasse abgelagert wurde. In dessen oberem Teil hat sich eine Fließerde aus Geschiebelehm ausgebildet, die bis 100 cm reicht. Es handelt sich um eine typische Bodenbildung auf Rissmoräne mit ausgeprägtem Stauwassereinfluss bei Langenthal im Kanton Bern. Der Profilort liegt auf 490 m ü. M. in ebener Lage. Der mittlere Jahresniederschlag beträgt 1105 mm, und die mittlere Jahrestemperatur liegt bei 8,8 Grad Celsius. Die Vegetationsperiode beträgt rund 200 Tage.

Bodenprozesse und -eigenschaften

Die Humusform ist ein Feuchtrohhumus. Der Boden ist zeitweise bis in den Auflagehumus wassergesättigt und daher periodisch ungenügend durchlüftet. Der dichte Unterboden ist nur eingeschränkt durchwurzelbar.

Nutzung und Vegetation

Dieser Waldstandort gehört zum Peitschenmoos-Fichten-Tannenwald. Baumarten, wie die Tanne, welche solche

Böden vergleichsweise tief durchwurzeln können, verleihen dem Bestand die nötige Stabilität und sind waldbaulich gegenüber hier weniger wurzelkräftigen Baumarten, wie Buche oder Fichte, zu bevorzugen. Sie sorgen mit einem durch Plenterung hervorgerufenen stufigen Bestandesaufbau für die nötige Entwässerung im Wurzelraum. Empfindliche, oberflächlich wurzelnde Bäume – auch Verjüngungsansätze – können in niederschlagsfreien Perioden Trockenstress ausgesetzt sein. Die stark sauren Verhältnisse und die ungünstige Nährstoffsituation könnten durch Einbringen entsprechender Baumarten, beispielsweise der Eiche, verbessert werden.

Gefährdung

Im gesamten Profil ist die Durchlüftung zeitweise ungenügend. Die Durchwurzelbarkeit ist eingeschränkt und die Verankerung für oberflächlich wurzelnde Baumarten mäßig. Der Boden reagiert im feuchten Zustand auf Belastung sehr empfindlich. Das Befahren sollte unter diesen Voraussetzungen unterlassen werden.

Abb. 44.27 Peitschenmoos-Fichten-Tannen-Wälder (Quelle: S. Zimmermann (2005), Waldböden der Schweiz, Bd 3. Birmensdorf, Eidg.
Forschungsanstalt WSL, Bern, Hep Verlag)

Abb. 44.28 Blick auf die
Waldbestände mit dem
Profilort Langenthal-
Rickzopfen (Quelle:
P. Lüscher)

Tab. 44.40 Analysendaten Profil 121

Horizont	Tiefe (cm)	Skelett (Vol.-%)	Sand (M.-%)	Schluff (M.-%)	Ton (M.-%)	Gesamtporen (Vol.-%)	Luftkapazität (Vol.-%)	nutzbare Feldkap. (Vol.-%)	Totwasser (Vol.-%)	Lagerungsdichte (g/cm³)
L (Ol)	+ 13	-	-	-	-	-	-	-	-	-
Of (Of)	+ 12	-	-	-	-	-	-	-	-	-
Oh (Oh)	+ 3	-	-	-	-	-	-	-	-	-
Aa+Sw (Ah, (g))	−5	1	26	59	15	74,3	34,7	29,7	9,9	0,91
Ah-Serw (EBg)	−30	1	25	58	17	55,5	16,9	24,2	14,4	1,38
Srwd (Bgg)	−60	1	26	57	18	41,6	4,3	18,5	18,8	1,55
Swd (Bgg)	−100	1	26	57	18	41,6	4,3	18,5	18,8	1,55
IISd (Bgx)	−140+	2	30	55	15	39,5	4,4	21,6	13,5	1,63

Horizont	Tiefe (cm)	$CaCO_3$ (M.-%)	C_{org} (M.-%)	N_t (M.-%)	C/N	pH H_2O	pH $CaCl_2$	KAK_{pot} ($cmol_c$/kg)	BS (%)	K_2O-DL (mg/100 g)	P_2O_5-DL (mg/100 g)
L (Ol)	+ 13	-	-	-	-	-	-	-	-	-	-
Of (Of)	+ 12	-	-	-	-	-	-	-	-	-	-
Oh (Oh)	+ 3	-	-	-	-	-	-	-	-	-	-
Aa+Sw (Ah, (g))	−5	-	9,5	0,6	16	3,4	2,9	-	-	8,0*	-
Ah-Serw (EBg)	−30	-	1,3	0,1	13	4,3	3,8	-	-	4,6*	-
Srwd (Bgg)	−60	-	0,2	-	-	4,6	3,8	-	-	3,6*	-
Swd (Bgg)	−100	-	0,2	-	-	4,6	3,8	-	-	3,6*	-
IISd (Bgx)	−140+	-	-	-	-	5,2	4,3	-	-	5,5*	-

Horizont	Tiefe (cm)	KAK_{eff} ($cmol_c$/kg)	BS_{eff} (%)
L (Ol)	+ 13		
Of (Of)	+ 12		
Oh (Oh)	+ 3		
Aa+Sw (Ah, (g))	−5	19,8	6
Ah-Serw (EBg)	−30	5,9	4
Srwd (Bgg)	−60	8,2	16
Swd (Bgg)	−100	8,2	16
IISd (Bgx)	−140+	10,4	83

(Quelle: Forschungseinheit Waldböden und Biochemie, Eidgenössische Forschungsanstalt für Wald, Schnee und Landschaft, Birmensdorf)
(* = abgeleiteter Analysenwert)

Profil 122: Subtyp Niedermoor-Stagnogley (HN-SG)

- Bodenausgangsgestein: flacher Übergangsmoortorf über Fließerdefolge aus Schluffstein
- Varietät: basenarmer (Feuchtmull)Übergangsmoor-Stagnogley (dy.mrHNu-SG)
- Typ: Stagnogley
- Klasse: Stauwasserböden
- Substrattyp: og-Hu\p-(z)u(^u)//p-z(^u)
- WRB: Dystric Histic Stagnosol (Endoraptic, Siltic, Skeletic)
- Bodenregion: Berg- und Hügelländer mit hohem Anteil an Ton- und Schluffschiefern
- Ort: Erlenwald, Olsberg im südlichen Sauerland, Hochsauerlandkreis, Nordrhein-Westfalen
- Humusform: Feuchtmull
- Profilbild und Horizontabfolge: siehe Tab. 44.41

- Bodenlandschaftsbild: siehe Abb. 44.29
- Analysendaten: siehe Tab. 44.42
- Autor: Gerhard Milbert, Ulrich Koch

Vorkommen und Ausgangsgesteine

In höheren Lagen des Sauerlandes finden wir Flächen mit einer Abfolge schluffiger bis toniger Lagen aus verwitterten Ton- und Schluffsteinen des Unterdevons und des Karbons. Sie neigen bei Jahresniederschlägen über 1000 mm zur Vernässung.

Bodenprozesse und -eigenschaften

Sowohl auf Hochflächen, als auch in Muldenlagen und an Hängen, entwickeln sich Stagnogleye, Anmoorstagnogleye und Moor-Stagnogleye als Folge sehr starker und anhaltender Staunässe. Durch längerfristige Entwaldung/Verheidung der Waldflächen im 17. und 18. Jahrhundert (Holzkohleherstellung) wurde die Staunässe noch verstärkt.

Tab. 44.41 Profilbild und Horizontabfolge Profil 122

Profilbild	Horizont-grenze (cm)	Horizonte und ihre Eigenschaften	
	+ 1	**L**	
	−5	**uHw** og-Hu	Übergangsmoortorf; stark zersetzt; schwarz, olivstichig (5Y 2,5/1); sehr stark durchwurzelt
	−13	**uHr** og-Hu	Übergangsmoortorf; stark zersetzt; sehr dunkelolivgrau (5Y 3/2); schwach durchwurzelt
	−23	**uHr+IISrw** om-Hu+t(Hu+^u)	stark schluffiger Ton und Übergangsmoortorf; stark zersetzt; hellgelblichbraungrau (10YR 6/2) und sehr dunkelolivgrau (5Y 3/2); Eisenoxide (fleckig, hoher Flächenanteil) und Bleichflecken (extrem hoher Flächenanteil); mittel humos und organisch; schwach durchwurzelt
	−35	**IISw** p-t(^u)	stark schluffiger Ton; hellgelblichbraungrau (10YR 6/2); Eisenoxide (fleckig, sehr hoher Flächenanteil) und Manganoxide (Konkretionen, geringer Flächenanteil) und Bleichflecken (überwiegender Flächenanteil); Kohärentgefüge; mittel humos; schwach durchwurzelt
	−70	**IISd** p-(z)u(^u)	stark toniger Schluff, schwach grusig, schwach steinig (kantig); gelblichbraun, hellgraustichig (10YR 6/4) und in zahlreichen Flecken beigelichweiß (7,5YR 8/0); Eisenoxide (fleckig, sehr hoher Flächenanteil) und Bleichflecken (extrem hoher Flächenanteil); Kohärentgefüge; schwach humos; sehr schwach durchwurzelt
Quelle: Geologischer Dienst NRW, U. Koch (Bild bearbeitet)	−90+	**IIISd-Cv** p-z(^u)	stark toniger Schluff, sehr stark grusig, stark steinig (kantig); braunorange (7,5YR 5/8) und in Flecken beigelichweiß (7,5YR 8/0); Eisenoxide (fleckig, extrem hoher Flächenanteil) und Bleichflecken (sehr hoher Flächenanteil); schwach humos

Abb. 44.29 Quelliger Hangbereich mit Torfmoos, Pfeifengras und Moorbirke (Quelle: Geologischer Dienst NRW, A. Dickhof)

Tab. 44.42 Analysendaten Profil 122

Horizont	Tiefe (cm)	Skelett (Vol.-%)	Sand (M.-%)	Schluff (M.-%)	Ton (M.-%)	Gesamtporen (Vol.-%)	Luftkapazität (Vol.-%)	nutzbare Feldkap. (Vol.-%)	Totwasser (Vol.-%)	Lagerungsdichte (g/cm³)
L	+1	-	-	-	-	-	-	-	-	-
uHw	−5	-	-	-	-	-	-	-	-	-
uHr	−13	-	-	-	-	-	-	-	-	-
uHr+IISrw	−23	0	3	73	24	-	-	-	-	-
IISw	−35	10	5	70	25	-	-	-	-	-
IISd	−70	90	9	69	22	-	-	-	-	-
IIISd-Cv	−90+	-	-	-	-	-	-	-	-	-

Horizont	Tiefe (cm)	$CaCO_3$ (M.-%)	C_{org} (M.-%)	N_t (M.-%)	C/N	pH H_2O	pH $CaCl_2$	KAK_{pot} ($cmol_c$/kg)	BS (%)	K_2O-DL (mg/100 g)	P_2O_5-DL (mg/100 g)
L	+1	-	-	-	-	-	-	-	-	-	-
uHw	−5	-	43	3	14	3,8	-	-	-	-	-
uHr	−13	-	29	1,9	15	3,9	-	-	-	-	-
uHr+IISrw	−23	-	1,9	0,1	-	4,3	-	-	-	-	-
IISw	−35	-	0,6	-	-	4,6	-	-	-	-	-
IISd	−70	-	0,6	-	-	4,7	-	-	-	-	-
IIISd-Cv	−90+	-	-	-	-	-	-	-	-	-	-

Horizont	Tiefe (cm)	pH KCl	KAK_{eff} ($cmol_c$/kg)	BS_{eff} (%)
L	+1	-	-	-
uHw	−5	3,1	16,6	32
uHr	−13	3,1	7,3	14
uHr+IISrw	−23	3,2	6,6	10
IISw	−35	3,8	5,5	13
IISd	−70	3,6	6,5	8
IIISd-Cv	−90+			

(Quelle: Geologischer Dienst Nordrhein-Westfalen)
(* = abgeleiteter Analysenwert)

Nutzung und Vegetation

Soweit diese Standorte nicht durch Entwässerungsgräben trockengelegt wurden, finden sich Erlen- und Moorbirkenwälder, die forstwirtschaftlich nicht genutzt werden.

Gefährdung

Mit intaktem Wasserhaushalt sind diese Flächen aus bodenkundlicher Sicht und aus Sicht des Naturschutzes besonders schutzwürdig. Örtlich sind sie durch Wegebau und Entwässerungsmaßnahmen gefährdet.

Profil 123: Subtyp Niedermoor-Stagnogley (HN-SG)

- Bodenausgangsgestein: flacher Niedermoortorf über Schwemmlöss über Flusssand
- Varietät: basenarmer nassgebleichter entwässerter (Feuchtmoder)Niedermoor-Stagnogley (dy.i.r.mdHN-SG)
- Typ: Stagnogley
- Klasse: Stauwasserböden

- Substrattyp: og-Hn\u-u(Lou)/f-(k)s(Sf)
- WRB: Hyperdystric Amphialic Endofluvic Epialbic Endogleyic Umbric Stagnosol (Endoarenic, Drainic, Hyperhumic, Endoraptic, Anosiltic)
- Bodenregion: Mittel- und süddeutsche Löss- und Sandlösslandschaften
- Ort: westlich Colditz, Lkr. Mittelsachsen, Sachsen
- Humusform: Feuchtmoder
- Profilbild und Horizontabfolge: siehe Tab. 44.43
- Bodenlandschaftsbild: siehe Abb. 44.30
- Analysendaten: siehe Tab. 44.44
- Autor: Fred Franzke

Vorkommen und Ausgangsgesteine

Diese Böden sind allgemein im Bereich von Verebnungsflächen, Geländedepressionen oder flacheren Hängen sowohl im Flach- und Hügelland als auch in den Gebirgsregionen zu finden. Ihre Verbreitung ist eher kleinräumig und vergesellschaftet mit anderen Bodenentwicklungen unter feuchtem Milieu. Neben den hohen Niederschlagsmengen und einem kühlen Klima sind stauende Horizonte erforderlich. Im Profil sind diese im Schwemmlöss entwickelt. Darunter liegt Flusssand.

Tab. 44.43 Profilbild und Horizontabfolge Profil 123

Profilbild	Horizont-grenze (cm)	Horizonte und ihre Eigenschaften	
	+ 10	**L**	;
	+ 7	**Of**	
	+ 2	**Oh**	
	−18	**nHv** og-Hn	Niedermoortorf; schwarz (10YR 2/1); Krümelgefüge; mittel durchwurzelt
	−33	**IIfAh°Serw** u-u(Lou)	mittel toniger Schluff; graubraun (7,5YR 5/3) und bräunlichgrau, sehr hellolivstichig (2,5Y 7/2); sehr stark gebleicht; Subpolyedergefüge; stark humos; mittel durchwurzelt
	−55	**IISrwd** u-u(Lou)	stark toniger Schluff; hellgrauoliv (5Y 6/3) und hellbraunorange (7,5YR 6/8); Eisenoxide (fleckig, hoher Flächenanteil) und Bleichflecken (vorherrschender Flächenanteil); Subpolyedergefüge; sehr schwach humos; mittel durchwurzelt
	−65	**IISrd** u-u(Lou)	stark toniger Schluff, sehr schwach kiesig; sehr hellolivgrau (5Y 7/2); extrem stark gebleicht; Subpolyedergefüge; sehr schwach humos; sehr schwach durchwurzelt
	−120+	**IIIGr** f-(k)s(Sf)	reiner Sand, schwach kiesig; braungrau (7,5YR 5/2); reduziertes Eisen (fast ausschließlicher Flächenanteil); Einzelkorngefüge; schwach humos

Quelle: F. Franzke (Bild bearbeitet)

Abb. 44.30 Landschafts-panorama: An Gelände-depressionen gebundene moorige und anmoorige Bodenbildungen im Colditzer Forst (Quelle: Luftbild-befliegung durch F. Franzke)

Tab. 44.44 Analysendaten Profil 123

Horizont	Tiefe (cm)	Skelett (Vol.-%)	Sand (M.-%)	Schluff (M.-%)	Ton (M.-%)	Gesamtporen (Vol.-%)	Luftkapazität (Vol.-%)	nutzbare Feldkap. (Vol.-%)	Totwasser (Vol.-%)	Lagerungsdichte (g/cm³)
L	+ 10	-	-	-	-	-	-	-	-	-
Of	+ 7	-	-	-	-	-	-	-	-	-
Oh	+ 2	-	-	-	-	-	-	-	-	-
nHv	−18	-	-	-	-	-	-	-	-	-
IIfAh°Serw	−33	-	9	78	13	-	-	-	-	-
IISrwd	−55	-	5	73	22	-	-	-	-	-
IISrd	−65	-	16	65	19	-	-	-	-	-
IIIGr	−120+	2,5	91	5	4	-	-	-	-	-

Horizont	Tiefe (cm)	$CaCO_3$ (M.-%)	C_{org} (M.-%)	N_t (M.-%)	C/N	pH H_2O	pH $CaCl_2$	KAK_{pot} (cmol$_c$/kg)	BS (%)	K_2O-DL (mg/100 g)	P_2O_5-DL (mg/100 g)
L	+ 10	-	-	-	-	-	-	-	-	-	-
Of	+ 7	-	-	-	-	-	-	-	-	-	-
Oh	+ 2	-	-	-	-	-	-	-	-	-	-
nHv	−18	-	15,6	0,54	29	3,7	3,3	52,7	4,6	6	<1
IIfAh°Serw	−33	-	2,56	0,06	43	4,2	3,5	12,4	9,7	3	2
IISrwd	−55	-	0,38	0,03	13	4,3	3,7	14,6	17,8	6	2
IISrd	−65	-	0,24	0,02	12	4,4	3,7	11,1	12,6	6	<1
IIIGr	−120+	-	0,78	0,02	39	4,4	3,8	5,1	7,8	2	<1

(Quelle: Sächsisches Landesamt für Umwelt, Landwirtschaft und Geologie)
(* = abgeleiteter Analysenwert)

Bodenprozesse und -eigenschaften

Beim Übergangsboden Niedermoor-Stagnogley dominiert der Stagnogley als spezielle Ausprägung eines Stauwasserbodens. Niederschlagswasser infiltriert den Boden und wird sehr oberflächennah gestaut. Ein Srd-Horizont tritt felddiagnostisch mit deutlichen Reduktionsmerkmalen in Erscheinung. Die darüber liegenden Horizonte sind ebenfalls durch die langanhaltenden Nassphasen geprägt. Starke Bleichung (Nass- und Sauerbleichung) im Srw-Horizont und lokale Oxidationsmerkmale (Eisenfleckung und -bänderung) sind die Folge. Mobilisierte Stoffe wie Eisen und Mangan, bei sehr sauren Verhältnissen auch Aluminium, werden aus dem locker gelagerten Oberboden lateral abgeführt (keine vertikale Verlagerung). Unter diesen sehr feuchten und sauren Bedingungen kann sich organische Substanz akkumulieren und zur Ausbildung von Feuchthumus und Torflagen führen. Bei anhaltender Entwicklung mit steigenden Torfmächtigkeiten kann sich aus diesem Übergangsboden ein Normniedermoor entwickeln. Der guten Wasserversorgung besonders in trockenen Jahren und den hohen (aber kaum verfügbaren) Nährstoffreserven stehen die hohe Dichte, die sehr eingeschränkte Bearbeitbarkeit und die späte Erwärmung im Frühjahr gegenüber. Ackernutzung ist nur nach Drainage und Trockenlegung möglich und verlangt geeignete Anbaumethoden und Fruchtfolgen.

Nutzung und Vegetation

Extrem staunasse Standorte müssen melioriert werden, um ihre Nutzung zu ermöglichen, meist als Forst mit geringem Ertragspotential oder als Grünland, entsprechend der Ge-

ländesituation auch als Acker. Naturnahe und Sukzessionsstandorte sind typisch, die teils auch extensiv genutzt werden.

Gefährdung

Unter natürlichen Bedingungen durch anthropogene Einträge und landschaftsverändernde Maßnahmen gefährdet. Bei Nutzung in der Regel Verlust der naturschutzfachlich meist sehr wertvollen Lebensräume und relativ schnelle Degradierung (Vererdung), die mit Substanzverlust einhergeht. Das Torfwachstum wird gestoppt. Der Boden ist keine Kohlenstoffsenke mehr, und die Klimaschutzfunktion geht verloren.

Profil 124: Subtyp Hochmoor-Stagnogley (HH-SG)

- Bodenausgangsgestein: flacher Hochmoortorf über Fließerden aus Sandstein
- Varietät: nassgebleichter mittelbasischer Hochmoor-Stagnogley (i.mHH-SG)
- Typ: Stagnogley
- Klasse: Stauwasserböden
- Substrattyp: og-Hh\p-(n)l(Lo,^s)/p-l(^s)
- WRB: Orthodystric Epialbic Histic Planosol (Loamic, Ochric, Raptic)
- Bodenregion: Berg- und Hügelländer mit hohem Anteil an nicht metamorphen Sand-, Schluff-, Ton- und Mergelgesteinen

- Ort: Bad Teinach-Zavelstein, Lkr. Calw, Baden-Württemberg
- Profilbild und Horizontabfolge: siehe Tab. 44.45
- Bodenlandschaftsbild: siehe Abb. 44.31
- Analysendaten: siehe Tab. 44.46
- Autor: Wolfgang Fleck, Gert Glomb

Tab. 44.45 Profilbild und Horizontabfolge Profil 124

Profilbild	Horizont-grenze (cm)	Horizonte und ihre Eigenschaften	
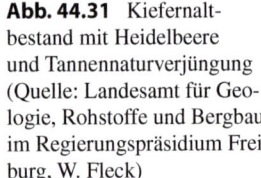	−15	**hH** og-Hh	Hochmoortorf; schwach zersetzt ; schwarz (10YR 2/1); sehr stark durchwurzelt
	−35	**IISerw** p-(n)l(Lo,^s)	stark lehmiger Sand, schwach grusig, mittel steinig (kantig); weißgrau (N9/0); Eisenoxide (schwach fleckig, geringer Flächenanteil) und Nassbleichung (fast ausschließlicher Flächenanteil); Kohärentgefüge; sehr schwach humos; mittel durchwurzelt
	−75	**IIISrd1** p-l(^s)	sandig-toniger Lehm; fahlocker (2,5YR 8/8) marmoriert; Eisenoxide (stark fleckig, überwiegender Flächenanteil) und Bleichflecken (sehr hoher Flächenanteil); Kohärent- bis Prismengefüge; sehr schwach durchwurzelt
	−100+	**IIISrd2** p-l(^s)	mittel sandiger Lehm; rötlichocker (7,5YR 5/4) marmoriert; Eisenoxide (mäßig fleckig, extrem hoher Flächenanteil) und Bleichflecken (sehr hoher Flächenanteil); Kohärent- bis Prismengefüge

Quelle: Büro solum, Freiburg, G. Glomb (Bild bearbeitet)

Abb. 44.31 Kiefernaltbestand mit Heidelbeere und Tannennaturverjüngung (Quelle: Landesamt für Geologie, Rohstoffe und Bergbau im Regierungspräsidium Freiburg, W. Fleck)

Tab. 44.46 Analysendaten Profil 124

Horizont	Tiefe (cm)	Skelett (Vol.-%)	Sand (M.-%)	Schluff (M.-%)	Ton (M.-%)	Gesamtporen (Vol.-%)	Luftkapazität (Vol.-%)	nutzbare Feldkap. (Vol.-%)	Totwasser (Vol.-%)	Lagerungsdichte (g/cm³)
hH	−15	-	-	-	-	-	-	-	-	-
IISerw	−35	-	51	33	16	-	-	-	-	-
IIISrd1	−75	-	45	20	35	-	-	-	-	-
IIISrd2	−100+	-	51	30	19	-	-	-	-	-

Horizont	Tiefe (cm)	CaCO₃ (M.-%)	C_org (M.-%)	N_t (M.-%)	C/N	pH H₂O	pH CaCl₂	KAK_pot (cmol_c/kg)	BS (%)	K₂O-DL (mg/100 g)	P₂O₅-DL (mg/100 g)
hH	−15	-	29	-	-	-	3,1	838	-	-	-
IISerw	−35	-	-	-	-	-	3,8	112	-	-	-
IIISrd1	−75	-	-	-	-	-	3,9	92	-	-	-
IIISrd2	−100+	-	-	-	-	-	3,8	107	-	-	-

Horizont	Tiefe (cm)	K_t (g/kg)	P_t (mg/kg)
hH	−15	1,04	387
IISerw	−35	1,31	86
IIISrd1	−75	2,89	85
IIISrd2	−100+	2,72	89

(Quelle: Büro solum, Freiburg)
(* = abgeleiteter Analysenwert)

Vorkommen und Ausgangsgesteine

Hochmoor-Stagnogleye kommen im Bereich der Hoch-flächen im Nordschwarzwald auf Oberem Buntsandstein vor und sind dort mit Hochmoor, Stagnogley und Pseudogley vergesellschaftet. Typisches Ausgangsgestein ist eine zwei-schichtige Fließerdefolge aus skeletthaltiger, sandiger Hauptlage mit geringen Lössgehalten über einer sandig-lehmigen Basislage.

Bodenprozesse und -eigenschaften

Trotz der hohen Sand- und relativ geringen Tongehalte im Unterboden sind die IISrd-Horizonte aufgrund ihrer hohen Lagerungsdichte sehr wenig durchlässig. Der Boden ist wegen der hohen Niederschläge über lange Zeiträume des Jahres wassergesättigt, was zum Auf-wachsen einer geringmächtigen Hochmoorauflage geführt hat. Ein bis in den tieferen Unterboden vorhandenes Pris-mengefüge belegt aber auch die zeitweise tiefreichende Austrocknung. Die intensiven Bodenfarben mit stark ge-bleichtem, hellgrauem Serw-Horizont und leuchtend gelb-grau- und braun-grau-marmorierten IISrd-Horizon-ten werden durch die starke Staunässe hervorgerufen. Die Durchwurzelung beschränkt sich in erster Linie auf die organische Auflage und in geringerem Umfang auf den Serw-Horizont.

Nutzung und Vegetation

Die Stagnogley-Flächen werden im Nordschwarzwald als Missen bezeichnet und vorherrschend von lichten Nadel-wäldern, häufig von schlechtwüchsigen Kiefernbeständen mit Heidelbeere in der Krautschicht, eingenommen. Die Torfbildung auf den heutigen Missen ist durch Waldweide im Mittelalter eingeleitet worden.

Gefährdung

Intensivierung der forstlichen Nutzung mit Entwässerung, Aufforstung, Düngung und mechanischer Belastung sind mögliche Gefährdungen für diese seltenen, auch aus Sicht des Naturschutzes wertvollen Standorte.

Profil 125: Subtyp Gley-Stagnogley (GG-SG)

- Bodenausgangsgestein: Fließerde aus Gneis und Löss-lehm über Fließerde aus Gneis
- Varietät: nassgebleichter mittelbasischer humusreicher (Feuchtrohhumus)Gley-Stagnogley (i.m.x.mrGG-SG)
- Typ: Stagnogley
- Klasse: Stauwasserböden
- Substrattyp: p-(z)t(*Gn,Lol)/p-s(*Gn)
- WRB: Dystric Epialbic Endogleyic Histic Stagnosol (Humic, Katoloamic, Amphiraptic)
- Bodenregion: Berg- und Hügelländer mit hohem Anteil an Magmatiten und Metamorphiten
- Ort: Marienberg, Erzgebirgskreis, Sachsen
- Humusform: Feuchtrohhumus
- Profilbild und Horizontabfolge: siehe Tab. 44.47
- Bodenlandschaftsbild: siehe Abb. 44.32
- Analysendaten: siehe Tab. 44.48
- Autor: Ralf Sinapius

Tab. 44.47 Profilbild und Horizontabfolge Profil 125

Profilbild	Horizont-grenze (cm)	Horizonte und ihre Eigenschaften	
	+ 13	**L**	Auflagehumus
	+ 12	**Of**	Auflagehumus; Schichtgefüge; mittel durchwurzelt
	+ 8	**Oh**	Auflagehumus; Polyedergefüge; sehr stark durchwurzelt
	−10	**Sw-Ah** p-(z)u(*Gn,Lol)	schluffiger Lehm, schwach grusig und sehr schwach steinig (kantig); sehr dunkelbraungrau (7,5YR 3/2); Eisen- und Manganoxide (konkretionär, geringer Flächenanteil); Krümelgefüge; extrem humos; sehr stark durchwurzelt
	−20	**Serw** p-(z)u(*Gn,Lol)	schluffiger Lehm, schwach grusig und sehr schwach steinig (kantig); sehr hellbräunlichgrau (7,5YR 7/1); Eisenoxide (fleckig, geringer Flächenanteil) und Bleichflecken (diffus, vorherrschender Flächenanteil); Plattengefüge; schwach humos; mittel durchwurzelt
	−50	**IIGo-Srd** p-(z)t(*Gn,Lol)	mittel schluffiger Ton, schwach grusig; grau, hellolivstichig (2,5Y 6/1); Eisenoxide (Rostflecken an Wurzelröhren, sehr hoher Flächenanteil) und Bleichflecken (diffus, vorherrschender Flächenanteil); Polyedergefüge; schwach humos; schwach durchwurzelt
	−100	**IIIGor** p-s(*Gn)	mittel schluffiger Sand, sehr schwach grusig; grau, hellolivstichig (5Y 6/1); Eisenoxide (Säume an Aggregaten, hoher Flächenanteil, und Rostflecken an Wurzelröhren, geringer Flächenanteil) und reduziertes Eisen (diffus, vorherrschender Flächenanteil); Plattengefüge; sehr schwach humos; schwach durchwurzelt
Quelle: R. Sinapius (Bild bearbeitet)	−120+	**IVGr** c-s(*Gn)	schwach schluffiger Sand, sehr schwach grusig; hellolivgrünlichgrau (10Y 6/1); reduziertes Eisen (diffus, fast ausschließlicher Flächenanteil); Kohärentgefüge

Abb. 44.32 Lokal werden im Erzgebirge auch Stagnogleye landwirtschaftlich genutzt, hier in einer weiten Hangmulde im Osterzgebirge. Im Bereich des Wäldchens geht der Stagnogley in ein degradiertes melioriertes Übergangsmoor über (Quelle: R. Sinapius)

Tab. 44.48 Analysendaten Profil 125

Horizont	Tiefe (cm)	Skelett (Vol.-%)	Sand (M.-%)	Schluff (M.-%)	Ton (M.-%)	Gesamtporen (Vol.-%)	Luftkapazität (Vol.-%)	nutzbare Feldkap. (Vol.-%)	Totwasser (Vol.-%)	Lagerungsdichte (g/cm³)
L	+ 13	-	-	-	-	-	-	-	-	-
Of	+ 12	-	-	-	-	-	-	-	-	-
Oh	+ 8	-	-	-	-	-	-	-	-	-
Sw-Ah	−10	2*	23*	54*	23*	72*	3*	40*	30*	1,50*
Serw	−20	2	23	54	23	42	3	17	23	1,73
IIGo-Srd	−50	4	18	51	31	41	6	16	19	1,84
IIIGor	−100	0	68	31	1	46	7	19	10	1,46
IVGr	−120+	0	80*	18*	2*	-	-	-	-	-

Horizont	Tiefe (cm)	$CaCO_3$ (M.-%)	C_{org} (M.-%)	N_t (M.-%)	C/N	pH H_2O	pH $CaCl_2$	KAK_{pot} ($cmol_c$/kg)	BS (%)	K_2O-DL (mg/100 g)	P_2O_5-DL (mg/100 g)
L	+ 13	-	-	-	-	-	-	-	-	-	-
Of	+ 12	-	-	-	-	-	-	-	-	-	-
Oh	+ 8	-	-	-	-	-	-	-	-	-	-
Sw-Ah	−10	-	16,3	0,73	22	-	3,4	-	-	-	-
Serw	−20	-	0,8	0,06	13	-	3,8	-	-	-	-
IIGo-Srd	−50	-	0,8	0,07	11	-	3,8	-	-	-	-
IIIGor	−100	-	0,2	0,02	10	-	4,0	-	-	-	-
IVGr	−120+	-	-	-	-	-	-	-	-	-	-

(Quelle: Sächsisches Landesamt für Umwelt, Landwirtschaft und Geologie)
(* = abgeleiteter Analysenwert)

Vorkommen und Ausgangsgesteine

Übergangssubtypen von Gley und Stagnogley treten im Erzgebirge von mittleren Lagen bis zu den Kammlagen häufig auf. Das wellige Plateaurelief und Niederschlagssummen von 900–1200 mm bei Jahresmitteltemperaturen von 3,5–6 °C befördern diese Bodenentwicklung unter der Voraussetzung von dicht gelagerten, bindigen periglaziären Deck- oder Umlagerungsschichten über Gesteinszersatz oder klüftigem Festgestein. Das Profil ist vierschichtig aufgebaut. Die oberste mineralische Schicht enthält einen deutlichen Lösslehmanteil. In dieser ist der stark nassgebleichte Serw-Horizont aus schluffigem Lehm (Lu) entwickelt. Darunter folgt der sehr stark stauende Ton (Tu3) mit grünlichgrauem reduziertem Milieu (Srd). Im Liegenden schließt sich der muskovitreiche Gneiszersatz an. Das Untergrundgestein ist Paragneis.

Bodenprozesse und -eigenschaften

Sehr typisch ist das Vorkommen dieser Böden in der Umrandung von Mooren, wo diese Böden mit Anmoorstagnogley und Moorstagnogley vergesellschaftet sind. Das Beispielprofil befindet sich in ca. 640 m Höhe in einem weitgespanntem Senkenbereich in Nachbarschaft zum Hochmoor „Moosheide" bei Marienberg. Er führt Grundwasser (Go, Gr), welches sich aus den Hängen der höher gelegenen Umgebung speist. Je nach Witterung und Jahreszeit schwankt der Grundwasserstand um 1–2 m. Sehr charakteristisch zeigt das Profil die für Stagnogleye typische starke Entbasung und Versauerung bei im Jahresverlauf vorherrschend feucht-nassen Bodenverhältnissen. Dies äußert sich in den sehr stark sauren Stauwasser-Horizonten (pH 3,4–3,8) mit diffuser Bleichung, Reduktion und an Wurzelröhren gebundener Rostfleckung. Im Übergangsbereich zwischen Auflagehumus und Sw-Ah kam es durch forstliche Bodenbearbeitung zur unregelmäßigen Vermengung. Die Humusform ist Feuchtrohhumus.

Nutzung und Vegetation

Der Standort unterliegt der Forstnutzung mit Fichten-Monokultur. Diese Nutzung ist im Erzgebirge für diese Standorte vorherrschend. Lokal existieren derartige Böden im Erzgebirge auch auf landwirtschaftlichen Nutzflächen.

Gefährdung

Die Stagnogleye des Erzgebirges wurden häufig für forstliche, teils auch für landwirtschaftliche Nutzung melioriert. Dabei wurde der ursprüngliche Profilaufbau gestört oder zerstört. Gegenüber Verdichtungen ist dieser Boden sehr anfällig.

Klasse X: Reduktosole

Peter Felix-Henningsen, Stefan Pätzold, Peter Schad
und Alexander Göngröft

Inhaltsverzeichnis

45.1   Allgemeine Charakteristika

In der Klasse der Reduktosole werden terrestrische Böden zusammengefasst, die durch reduzierend wirkende bzw. Sauerstoffmangel verursachende Gase wie Methan, Schwefelwasserstoff oder Kohlendioxid geprägt werden und daher einen reduktomorphen Y-Horizont als diagnostischem Horizont aufweisen, der innerhalb < 4 dm unter GOF beginnt. Die Gase entstammen (post)vulkanischen Mofetten, Leckagen von Gasleitungen oder werden aus leicht zersetzbarer organischer Substanz unter stark reduzierenden Bedingungen durch Mikroorganismen in Müll-, Klärschlamm- oder Hafenschlammaufträgen sowie verrieselten Abwässern und organisch belasteten Sickerwässern gebildet.

P. Felix-Henningsen (✉)
ehemals Universität Gießen, Gießen, Deutschland

S. Pätzold
Universität Bonn, Bonn, Deutschland

P. Schad
Technische Universität München, TUM School of Life Sciences,
Lehrstuhl für Bodenkunde, Freising-Weihenstephan, Deutschland

A. Göngröft
ehemals Universität Hamburg, Hamburg, Deutschland

45.2   Verbreitungsgebiete

Natürliche Reduktosole kommen kleinflächig in rezenten und reliktischen Vulkangebieten vor, in denen von Magmenkammern aufsteigende Gase in Böden eindringen. In Deutschland treten in den reliktischen Vulkangebieten und entlang von tektonischen Störungen Mofetten auf, bei denen postvulkanisch aufsteigendes CO_2 in die Böden eindringt und die O_2-haltige Bodenluft verdrängt. Auch in der Umgebung von Mineralwasserquellen (CO_2-Säuerlingen) können Reduktosole auftreten, wenn sich durch die Druckentlastung der aufsteigenden Mineralwässer CO_2 entbindet und gasförmig abseits der Aufstiegswege der Mineralwässer in Böden eindringt. Anthropogene Reduktosole treten vor allem kleinflächig in städtisch-industriellen Verdichtungsräumen auf. Böden auf Deponien können aus Haus- oder Gewerbemüll, Bauschutt, Bodenaushub, Klärschlamm und Hafenschlick bestehen. Meist wurden die Deponien mit natürlichem Bodenmaterial überdeckt. Das typische Erscheinungsbild von Reduktosolen zeigen die Abb. 45.1 und 45.2. Das typische Verbreitungsgebiet von Reduktosolen wird in der Karte der Abb. 45.3 anhand von Vorkommen von CO_2-Austritten im Rheinischen Schiefergebirge gezeigt sowie punktuell im Gebiet der quartären Vulkane und der Kohlensäuerlinge.

© Springer-Verlag GmbH Deutschland, ein Teil von Springer Nature 2023   509
H. Joisten et al. (Hrsg.), *Böden Deutschlands, Österreichs und der Schweiz*, https://doi.org/10.1007/978-3-8274-2284-2_45

Abb. 45.1 Abgestorbene Bäume im Bereich einer Mofette (Quelle: P. Felix-Henningsen)

Abb. 45.2 Ockerreduktosol im Wehrer Kessel, östliche Eifel (Quelle: P. Felix-Henningsen)

Verbreitung von CO_2-Austritten im Rheinischen Schiefergebirge:
Im Gebiet der quartären Vulkane und der Kohlensäuerlinge können
punktuell natürliche Reduktosole auftreten.

Kohlensäuerlinge

quartäre Vulkane

tertiäre Vulkane   Bodenregion

Abb. 45.3 Verbreitung von CO_2-Austritten im Rheinischen Schiefergebirge. Im Gebiet der quartären Vulkane und der Kohlensäuerlinge können punktuell natürliche Reduktosole auftreten

45.3 Gliederung und Eigenschaften

Norm- (Ah + Yo < 4 dm/Yr), Roh- (Yo-Ai/Yr) und Ockerreduktosole (Ah + Yo ≥ 4 dm/Yr) weisen eine den Gleyen (mit Go- und Gr- Horizonten) ähnliche Morphe auf, wobei im Fahlreduktosol (Ah/Yr) ein besonders augenfälliger Austrag von Fe-Oxiden stattgefunden hat.

Unter dem humosen Oberboden folgt meist ein mit Eisenoxiden (vornehmlich Ferrihydrit) angereicherter Horizont (Yo), der nach unten in einen hellgrauen bis schwarzen Reduktionshorizont (Yr) übergeht, in dem häufig Metallsulfide angereichert sind. Während im Yo-Horizont Fe-Oxide oft auf den Aggregatoberflächen angereichert sind, ist im lockeren Yo-Horizont des Ockerreduktosols die gesamte Matrix mit Fe-Oxiden angereichert. Körnung und Mineralbestand der Reduktosole variieren je nach Ausgangsgestein in weiten Grenzen. Auch pH und Basensättigung variieren je nach Substrat, Reliefposition, Akkumulation von Ionen, Oxidation von Sulfiden und Säurebildung oder Auswaschung in weiten Grenzen. Als Biotope sind Reduktosole Sauerstoff-Mangelstandorte. Das führt dazu, dass natürliche Vegetation und Kulturpflanzen Wachstumsdepressionen oder Fehlstellen aufweisen, Bäume und Sträucher absterben, oder sich auf Deponien erst gar keine tiefwurzelnde Vegetation ansiedelt. Wühlende Bodentiere können im O_2-freien Milieu nicht leben, was dazu führt, dass sich über natürlichen Reduktosolen organische Auflagen bilden.

45.4 Typ und Subtypen

Typ

- Reduktosol (XX)

Subtypen

- Normreduktosol (XXn)
- Rohreduktosol (XXt)
- Ockerreduktosol (XXx)
- Fahlreduktosol (XXu)

45.5 Klassifikation nach WRB

Peter Schad

Natürliche Reduktosole werden in der WRB wie Gleysols behandelt und durch den Reductic Qualifier gekennzeichnet. Anthropogene Reduktosole gehören überwiegend zu den Technosols, auch diese mit dem Reductic Qualifier.

45.6 Ausgewählte Bodenprofile

Profil 126: Subtyp Normreduktosol (XXn)

- Bodenausgangsgestein: natürliches Bodenmaterial über Hausmüll
- Varietät: kalkhaltiger (Mull)Reduktosol (c.muXXn)
- Typ: Reduktosol
- Klasse: Reduktosole
- Substrattyp: oj-(k)es(Yj)/oj-Yüh
- WRB: Reductic Endogarbic Technosol (Calcaric, Katogleyic, Humic, Mollic, Anotransportic)
- Bodenregion: Altmoränenlandschaften
- Ort: Altdeponie Lkr. Stade, Niedersachsen
- Profilbild und Horizontabfolge: siehe Tab. 45.1
- Bodenlandschaftsbild: siehe Abb. 45.4
- Analysendaten: siehe Tab. 45.2
- Autor: Alexander Gröngröft, Julia Gebert

Vorkommen und Ausgangsgesteine

Auf ehemaligen Hausmülldeponien, die nur mit einer einfachen Bodenschicht abgedeckt sind, bilden sich Normreduktosole in geringen Flächenanteilen an den Stellen aus, bei denen ein stark erhöhter Austritt von Deponiegas stattfindet.

Bodenprozesse und -eigenschaften

Das über Jahrzehnte (am Standort seit dem Abschluss der Deponierung vor 30 Jahren) sich in der Deponie bildende methanreiche Gas dringt aus dem Abfallkörper in die Abdeckschicht ein – hier durch ein Risssystem im Unterboden – und durchströmt diese entlang präferenzieller Gasleitbahnen. Methan wird durch methanotrophe Bakterien unter Verbrauch des aus der Atmosphäre in den Boden diffundierenden Sauerstoffs oxidiert. Insbesondere bei hohen Methanflüssen können große Mengen von Zuckern ausgeschieden werden, die die Nahrungsgrundlage von Kompostwürmern (Dendrobaena hortensis) bilden. Die Gesellschaft aus adaptierten Mikroorganismen und Würmern sorgt für eine hohe Porosität des Oberbodens und damit eine hohe Gasleitfähigkeit und führt so zu einer Stabilisierung der lokalen Gasaustrittsstelle. Am Standort traten im Mittel 2,3 l Methan/Stunde/Quadratmeter aus. Im Kernbereich der Austrittsstelle werden Eisen- und Manganverbindungen reduziert, die teilweise in dem Randbereich wieder ausfallen und den Boden charakteristisch verfärben.

Nutzung und Vegetation

Die Standorte können nicht genutzt werden, es bildet sich eine Hochstaudenvegetation (viele Brennesseln), später ein Weidengebüsch.

Tab. 45.1 Profilbild und Horizontabfolge Profil 126

Profilbild	Horizont-grenze (cm)	Horizonte und ihre Eigenschaften	
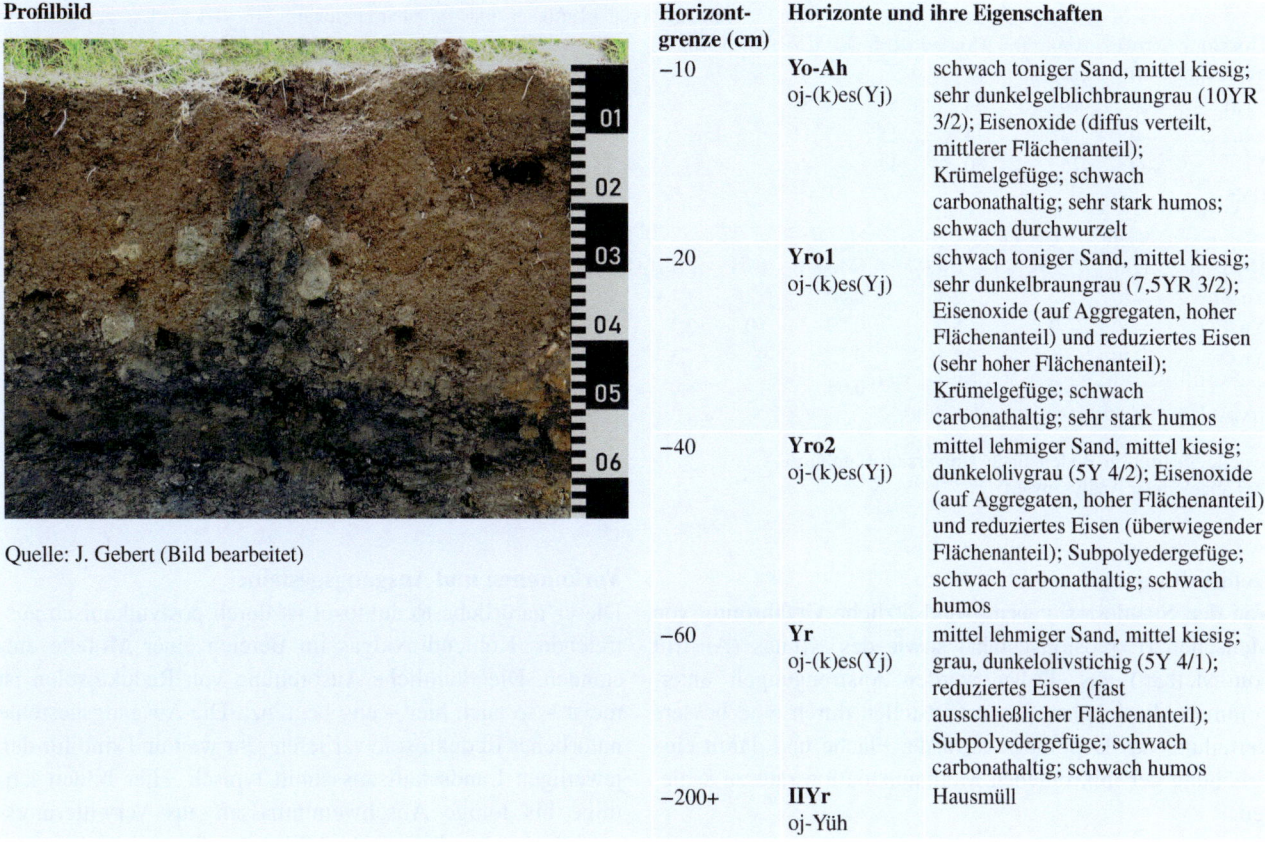 Quelle: J. Gebert (Bild bearbeitet)	−10	**Yo-Ah** oj-(k)es(Yj)	schwach toniger Sand, mittel kiesig; sehr dunkelgelblichbraungrau (10YR 3/2); Eisenoxide (diffus verteilt, mittlerer Flächenanteil); Krümelgefüge; schwach carbonathaltig; sehr stark humos; schwach durchwurzelt
	−20	**Yro1** oj-(k)es(Yj)	schwach toniger Sand, mittel kiesig; sehr dunkelbraungrau (7,5YR 3/2); Eisenoxide (auf Aggregaten, hoher Flächenanteil) und reduziertes Eisen (sehr hoher Flächenanteil); Krümelgefüge; schwach carbonathaltig; sehr stark humos
	−40	**Yro2** oj-(k)es(Yj)	mittel lehmiger Sand, mittel kiesig; dunkelolivgrau (5Y 4/2); Eisenoxide (auf Aggregaten, hoher Flächenanteil) und reduziertes Eisen (überwiegender Flächenanteil); Subpolyedergefüge; schwach carbonathaltig; schwach humos
	−60	**Yr** oj-(k)es(Yj)	mittel lehmiger Sand, mittel kiesig; grau, dunkelolivstichig (5Y 4/1); reduziertes Eisen (fast ausschließlicher Flächenanteil); Subpolyedergefüge; schwach carbonathaltig; schwach humos
	−200+	**IIYr** oj-Yüh	Hausmüll

Abb. 45.4 Umgebung des Profils (Quelle: I. Röwer)

Tab. 45.2 Analysendaten Profil 126

Horizont	Tiefe (cm)	Skelett (Vol.-%)	Sand (M.-%)	Schluff (M.-%)	Ton (M.-%)	Gesamtporen (Vol.-%)	Luftkapazität (Vol.-%)	nutzbare Feldkap. (Vol.-%)	Totwasser (Vol.-%)	Lagerungsdichte (g/cm³)
Yo-Ah	−10	10	87	7	6	74	20	-	-	0,63
Yro1	−20	10	84	8	8	-	-	-	-	-
Yro2	−40	15	74	15	11	45	9	-	-	1,42
Yr	−60	15	80	12	8	-	-	-	-	-
IIYr	−200+	0	-	-	-	-	-	-	-	-

Horizont	Tiefe (cm)	CaCO₃ (M.-%)	C_org (M.-%)	N_t (M.-%)	C/N	pH H₂O	pH CaCl₂	KAK_pot (cmol_c/kg)	BS (%)	K₂O-DL (mg/100 g)	P₂O₅-DL (mg/100 g)
Yo-Ah	−10	3	7,1	0,60	12	7,1	6,7	-	-	-	-
Yro1	−20	3	8,2	0,79	10	7,3	6,8	-	-	-	-
Yro2	−40	5	1,1	0,12	9	7,3	7,9	-	-	-	-
Yr	−60	2	1,1	0,08	14	8,0	7,3	-	-	-	-
IIYr	−200+	-	-	-	-	-	-	-	-	-	-

(Quelle: Institut für Bodenkunde, Universität Hamburg)

(* = abgeleiteter Analysenwert)

Gefährdung

Von den Standorten gehen grundsätzliche Gefährdung von Menschen (Explosionsgefahr) sowie des Klimas (Austritt von Methan) aus. Daher werden Anstrengungen unternommen, die lokalen Gasaustrittstellen durch eine bessere Verteilung des Deponiegases in der Fläche und damit eine Erhöhung der mikrobiellen Methanoxidationsrate zu sanieren.

Profil 127: Subtyp Normreduktosol (XXn)

- Bodenausgangsgestein: Kolluvialton über tiefem Kolluvialschluff
- Varietät: kolluvialer mittelbasischer (Mull)Reduktosol (k.m.muXXn)
- Typ: Reduktosol
- Klasse: Reduktosole
- Substrattyp: u-(z)t(^u,^t)//u-(z)u(^t,^u)
- WRB: Dystric Reductigleyic Reductic Gleysol (Pantocolluvic, Humic, Inclinic, Amphiraptic)
- Bodenregion: Berg- und Hügelländer mit hohem Anteil an Ton- und Schluffschiefern
- Ort: Daun, Lkr. Vulkaneifel, Rheinland-Pfalz
- Humusform: F-Mull
- Profilbild und Horizontabfolge: siehe Tab. 45.3
- Bodenlandschaftsbild: siehe Abb. 45.5
- Analysendaten: siehe Tab. 45.4
- Autor: Stefan Pätzold

Vorkommen und Ausgangsgesteine

Dieser natürliche Reduktosol ist durch postvulkanisch austretendes Kohlendioxidgas im Bereich einer Mofette entstanden. Die räumliche Ausbreitung von Reduktosolen ist meist – so auch hier – eng begrenzt. Die Ausgangsgesteine natürlicher Reduktosole variieren sehr weit und sind für den jeweiligen Landschaftsausschnitt typisch. Hier bilden lehmige bis tonige Abschwemmmassen aus Verwitterungsprodukten unterdevonischer Silt- und Tonsteine das Ausgangsmaterial der Bodenentwicklung.

Bodenprozesse und -eigenschaften

Durch Sauerstoffarmut infolge Sättigung der Bodenluft mit postvulkanisch austretendem Kohlendioxid sinkt das Redoxpotential. Im vorgestellten Profil wurde pedogenes Eisen reduziert und mit lateral ziehendem Wasser aus dem Profil abgeführt. Im sauerstoffarmen Milieu können keine wühlenden Bodentiere überleben; daher bildet sich trotz der Grünlandvegetation eine organische Auflage.

Nutzung und Vegetation

Je nach den Sauerstoffverhältnissen im Wurzelraum kann die Vegetation beeinträchtigt werden oder sogar ganz absterben. Die Beerntung des Grünlandaufwuchses (Nutzung: Mähweide) zeigte um ca. 75 % geringere Erträge als auf den benachbarten Pseudogley-Braunerden und Braunerde-Pseudogleyen.

Gefährdung

Reduktosole sind sehr seltene Böden und sind deshalb per se gefährdet.

Tab. 45.3 Profilbild und Horizontabfolge Profil 127

Profilbild	Horizont-grenze (cm)	Horizonte und ihre Eigenschaften	
	+ 5	**Of**	organisch; sehr dunkelgelblichbraungrau (10YR 3/2); Wurzelfilz
	−8	**Yo-Ah** u-(z)t(^u,^t)	mittel schluffiger Ton, schwach grusig; gelblichbraungrau (10YR 5/2); Eisenoxide (fleckig, sehr hoher Flächenanteil) und reduziertes Eisen (hoher Flächenanteil); Subpolyedergefüge; stark humos; Wurzelfilz
	−24	**Yro** u-(z)t(^u,^t)	mittel toniger Lehm, schwach grusig; hellgrau (10YR 6/1); Eisenoxide (fleckig, sehr hoher Flächenanteil) und reduziertes Eisen (sehr hoher Flächenanteil); Polyeder- und Prismengefüge; stark humos; mittel durchwurzelt
	−35	**Yor** u-(z)t(^u,^t)	mittel schluffiger Ton, schwach grusig; sehr hellgrau (10YR 7/1); Eisenoxide (fleckig, hoher Flächenanteil) und reduziertes Eisen (vorherrschender Flächenanteil); Kohärentgefüge; mittel humos; sehr schwach durchwurzelt
	−60	**IIYr** u-(z)u(^t,^u)	schluffiger Lehm, schwach grusig; sehr hellgrau (10YR 7/1); Eisenoxide (fleckig, mittlerer Flächenanteil) und reduziertes Eisen (fast ausschließlicher Flächenanteil); Kohärentgefüge; schwach humos
	−82	**IIIYr1** u-(z)t(^u,^t)	mittel schluffiger Ton, schwach grusig; sehr hellgrau (10YR 7/1); Eisenoxide (fleckig, mittlerer Flächenanteil) und reduziertes Eisen (fast ausschließlicher Flächenanteil); Kohärentgefüge; mittel humos
	−100+	**IIIYr2** u-(z)u(^t,^u)	schluffiger Lehm, schwach grusig; sehr hellgrau (10YR 7/1); Eisenoxide (fleckig, mittlerer Flächenanteil) und reduziertes Eisen (fast ausschließlicher Flächenanteil); Kohärentgefüge; schwach humos

Quelle: S. Pätzold (Bild bearbeitet)

Abb. 45.5 Landschaft der Vulkaneifel mit Vegetationsschäden in der Umgebung natürlicher Reduktosole (Quelle: S. Pätzold)

Tab. 45.4 Analysendaten Profil 127

Horizont	Tiefe (cm)	Skelett (Vol.-%)	Sand (M.-%)	Schluff (M.-%)	Ton (M.-%)	Gesamtporen (Vol.-%)	Luftkapazität (Vol.-%)	nutzbare Feldkap. (Vol.-%)	Totwasser (Vol.-%)	Lagerungsdichte (g/cm³)
Of	+ 5	-	-	-	-	-	-	-	-	0,33
Yo-Ah	−8	2-<10	15	54	31	58	11	23	24	1,23
Yro	−24	2-<10	8	48	44	64	9	23	32	1,15
Yor	−35	2-<10	9	50	41	-	-	-	-	-
IIYr	−60	2-<10	22	56	22	67	14	30	23	1,08
IIIYr1	−82	2-<10	18	51	31	-	-	-	-	-
IIIYr2	−100+	2-<10	14	59	27	62	18	31	13	1,20

Horizont	Tiefe (cm)	$CaCO_3$ (M.-%)	C_{org} (M.-%)	N_t (M.-%)	C/N	pH H_2O	pH $CaCl_2$	KAK_{pot} (cmol$_c$/kg)	BS (%)	K_2O-DL (mg/100 g)	P_2O_5-DL (mg/100 g)
Of	+ 5	-	28	2,5	11	-	4,0	40	62	-	-
Yo-Ah	−8	-	3,8	0,3	14	-	4,1	16	30	34	30
Yro	−24	-	3,2	-	-	-	3,9	19	19	-	-
Yor	−35	-	1,6	-	-	-	4,0	17	18	-	-
IIYr	−60	-	0,6	-	-	-	4,3	8	30	-	-
IIIYr1	−82	-	1,2	-	-	-	4,0	13	15	-	-
IIIYr2	−100+	-	1,0	-	-	-	3,8	10	11	-	-

(Quelle: Institut für Nutzpflanzenwissenschaften und Ressourcenschutz (Bodenwissenschaften), Universität Bonn)

(* = abgeleiteter Analysenwert)

Profil 128: Subtyp Ockerreduktosol (XXx)

- Bodenausgangsgestein: Fließerde aus Pelit und Löss über Fließerde aus Pelit
- Varietät: mittelbasischer pseudovergleyter (Mull)Ockerreduktosol (m.s.muXX)
- Typ: Reduktosol
- Klasse: Reduktosole
- Substrattyp: p-(z)u(^to,Lo)/p-(z)t(^to)
- WRB: Endodystric Eutric Oxygleyic Reductic Gleysol (Acric, Humic, Loamic, Epiraptic, Uterquic)
- Bodenregion: Berg- und Hügelländer mit hohem Anteil an Ton- und Schluffschiefern
- Ort: Daun, Lkr. Vulkaneifel, Rheinland-Pfalz
- Humusform: F-Mull
- Profilbild und Horizontabfolge: siehe Tab. 45.5
- Weiteres Profilbild: siehe Abb. 45.6
- Analysendaten: siehe Tab. 45.6
- Autor: Stefan Pätzold

Vorkommen und Ausgangsgesteine

Dieser natürliche Reduktosol ist aus – in der Westeifel weit verbreiteten – Fließerden entstanden, die sich aus der mesozoisch-tertiären Verwitterungsdecke aufbauen und in den Haupt- und Mittellagen geringe Beimengungen von (Lokal-)Löss aufweisen. Bezüglich der Substratabfolge ist das Profil insofern typisch für diese Region. Veränderungen der Böden infolge der Gasaustritte sind räumlich eng begrenzt und umfassen meist nur wenige Quadratmeter.

Bodenprozesse und -eigenschaften

Durch postvulkanisch aufsteigendes Kohlendioxidgas ist der Sauerstoffpartialdruck im Solum stark vermindert. Wühlende Bodentiere bleiben aus, wodurch sich eine organische Auflage gebildet hat. Benachbarte Böden ohne Kohlendioxid-Einfluss (Braunerde-Pseudogleye und Pseudogley-Braunerden) weisen optisch vergleichbare Pseudovergleyungsmerkmale und -muster auf; diese sind im Bereich der Gasaustritte jedoch besonders deutlich ausgeprägt.

Nutzung und Vegetation

Der Standort wird seit der Umwandlung einer nur extensiv beweideten Heide zu Wirtschaftsgrünland Anfang der 1930er-Jahre als Mähweide genutzt. Kleinräumig treten Vegetationsschäden auf; der Ertrag ist gegenüber den benachbarten Pseudogley-Braunerden und Braunerde-Pseudogleyen um ca. 75 % vermindert (Pätzold 2009).

Gefährdung

Aufgrund ihrer allgemeinen geringen Verbreitung sind Reduktosole per se gefährdet.

Tab. 45.5 Profilbild und Horizontabfolge Profil 128

Profilbild	Horizontgrenze (cm)	Horizonte und ihre Eigenschaften	
Quelle: S. Pätzold (Bild bearbeitet)	+ 6	**Of**	organisch; sehr dunkelgelblichbraungrau (10YR 3/2); Wurzelfilz
	−9	**Yo-Ah** p-(z)u(^to,Lo)	schluffiger Lehm, schwach grusig; sehr dunkelgelblichgraubraun (10YR 3/3); Eisenoxide (auf Aggregaten, mittlerer Flächenanteil); Subpolyedergefüge; stark humos; sehr stark durchwurzelt
	−21	**Yo°rAp** p-(z)u(^to,Lo)	schluffiger Lehm, schwach grusig; dunkelgelblichgraubraun (10YR 4/3); Eisenoxide (fleckig, hoher Flächenanteil); Subpolyedergefüge; stark humos; stark durchwurzelt
	−32	**Yo-Bv** p-(z)u(^to,Lo)	schluffiger Lehm, schwach grusig; gelblichbraun, graustichig (10YR 5/4); Eisenoxide (vorherrschender Flächenanteil) und Bleichflecken (gebleichte Wurzelbahnen, geringer Flächenanteil); Subpolyedergefüge; mittel humos; mittel durchwurzelt
	−41	**IISw-Yo1** p-(z)t(Lo,^to)	mittel schluffiger Ton, schwach grusig; hellgelblichbraungrau (10YR 6/2) und gelblichbraun (10YR 5/6); Tonbeläge auf Aggregaten; Eisenoxide (auch Aggregate durchsetzt mit Rostflecken, extrem hoher Flächenanteil) und Bleichflecken (sehr hoher Flächenanteil); Polyedergefüge; schwach humos; schwach durchwurzelt
	−61	**IISw-Yo2** p-(z)t(Lo,^to)	mittel schluffiger Ton, schwach grusig; gelblichbraun, graustichig (10YR 5/4) und hellgrau (10YR 6/1); Tonbeläge auf Aggregaten; Eisenoxide (fleckig, sehr hoher Flächenanteil) und Bleichflecken (Aggregate im Innern gebleicht, extrem hoher Flächenanteil); Polyedergefüge; sehr schwach humos; schwach durchwurzelt
	−83	**IISw-Yo3** p-(z)t(^to)	mittel schluffiger Ton, mittel grusig; hellgrau (10YR 6/1) und sehr hellgelblichbraungrau (10YR 7/2); Eisenoxide (fleckig, extrem hoher Flächenanteil) und Bleichflecken (sehr hoher Flächenanteil); Kohärent- und Rissgefüge; sehr schwach humos; schwach durchwurzelt
	−123+	**IISd-Yr** p-(z)t(^to)	mittel schluffiger Ton, mittel grusig; hellgrau (10YR 6/1) und sehr hellgelblichbraungrau (10YR 7/2); Eisenoxide (fleckig, hoher Flächenanteil) und reduziertes Eisen (vorherrschender Flächenanteil); Kohärent- und Rissgefüge; sehr schwach humos

Abb. 45.6 Detail des Oberbodens eines natürlichen Ockerreduktosols unter Wirtschaftsgrünland mit deutlich erkennbarer Humusauflage (Quelle: S. Pätzold)

Tab. 45.6 Analysendaten Profil 128

Horizont	Tiefe (cm)	Skelett (Vol.-%)	Sand (M.-%)	Schluff (M.-%)	Ton (M.-%)	Gesamtporen (Vol.-%)	Luftkapazität (Vol.-%)	nutzbare Feldkap. (Vol.-%)	Totwasser (Vol.-%)	Lagerungsdichte (g/cm³)
Of	+ 6	-	-	-	-	78	23	39	16	0,72
Yo-Ah	−9	2-<10	17	57	26	-	-	-	-	-
Yo°rAp	−21	2-<10	17	54	29	52	17	19	16	1,39
Yo-Bv	−32	2-<10	17	54	29	60	18	24	18	1,28
IISw-Yo1	−41	2-<10	11	50	39	-	-	-	-	-
IISw-Yo2	−61	2-<10	9	51	40	45	11	5	30	1,68
IISw-Yo3	−83	10-<25	10	56	34	-	-	-	-	-
IISd-Yr	−123+	10-<25	10	58	32	45	11	12	22	1,69

Horizont	Tiefe (cm)	$CaCO_3$ (M.-%)	C_{org} (M.-%)	N_t (M.-%)	C/N	pH H_2O	pH $CaCl_2$	KAK_{pot} ($cmol_c$/kg)	BS (%)	K_2O-DL (mg/100 g)	P_2O_5-DL (mg/100 g)
Of	+ 6	-	30,5	2,8	11	-	4,7	-	-	-	-
Yo-Ah	−9	-	2,6	0,20	13	-	4,6	15,8	37	-	-
Yo°rAp	−21	-	3,5	0,29	12	-	4,5	14,1	35	-	-
Yo-Bv	−32	-	1,3	-	-	-	4,4	11,5	28	-	-
IISw-Yo1	−41	-	0,6	-	-	-	4,3	9,6	47	-	-
IISw-Yo2	−61	-	0,3	-	-	-	4,3	9,1	55	-	-
IISw-Yo3	−83	-	0,3	-	-	-	4,0	8,4	39	-	-
IISd-Yr	−123+	-	0,2	-	-	-	3,7	9,9	13	-	-

(Quelle: Institut für Nutzpflanzenwissenschaften und Ressourcenschutz (Bodenwissenschaften), Universität Bonn)
(* = abgeleiteter Analysenwert)

Literatur

Ad-hoc-AG Boden (2005): Bodenkundliche Kartieranleitung, 5. Auflage. Hrsg.: Bundesanstalt für Geowissenschaften und Rohstoffe, Hannover, Schweizerbart'scher Verlag, Stuttgart

IUSS Working Group WRB (2015): World Reference Base for Soil Resources 2014, Update 2015. Edited by P. Schad, C.W. van Huyssteen & E. Michéli. – FAO, World Soil Resources Reports 106, Rom, Italien

Pätzold, S. (2009): Fe- und C-Dynamik von Böden im Bereich aktiver Mofetten in der Vulkaneifel. Mitteilungen der Deutschen Bodenkundlichen Gesellschaft, Heft 112: S. 147–157, Oldenburg

Klasse Y: Terrestrische anthropogene Böden

46

Luise Giani, Holger Joisten, Peter Schad, Gerhard Milbert, Fred Franzke, Ralf Sinapius, Ernst Gehrt, Karl-Josef Sabel und Falk Hieke

Inhaltsverzeichnis

L. Giani (✉)
ehemals Universität Oldenburg, Oldenburg, Deutschland

H. Joisten
ehemals Sächsisches Landesamt für Umwelt, Landwirtschaft und Geologie, Dresden, Deutschland

P. Schad
Technische Universität München, TUM School of Life Sciences, Lehrstuhl für Bodenkunde, Freising-Weihenstephan, Deutschland

G. Milbert
ehemals Geologischer Dienst Nordrhein-Westfalen, Krefeld, Deutschland

F. Franzke
terraf Ingenieurbüro, Frauenstein, Deutschland

R. Sinapius
Büro für Bodenkunde, Voigtsdorf, Deutschland

E. Gehrt
ehemals Landesamt für Bergbau, Energie und Geologie, Hannover, Deutschland

K.-J. Sabel
ehemals Hessisches Landesamt für Naturschutz, Umwelt und Geologie, Wiesbaden, Deutschland

F. Hieke
Büro für Bodenwissenschaften, Freiberg, Deutschland

© Springer-Verlag GmbH Deutschland, ein Teil von Springer Nature 2023
H. Joisten et al. (Hrsg.), *Böden Deutschlands, Österreichs und der Schweiz*, https://doi.org/10.1007/978-3-8274-2284-2_46

46.1   Allgemeine Charakteristika

In die Klasse der ‚Terrestrischen anthropogenen Böden‘ werden im Wesentlichen Böden zusammengefasst, die durch die Bearbeitung des Menschen eine sehr starke Umgestaltung im Profilaufbau erfahren haben, so dass die ursprüngliche Horizontabfolge weitgehend verloren ging. Hierzu gehören die Plaggenesche (Eschböden), die Hortisole (Gartenböden), die Rigosole (Weinbergsböden) und die Treposole (Tiefumbruchböden). Weiterhin gehören zu dieser Klasse Kolluvisole. Sie sind aus verlagertem meist humosem Bodenmaterial entstanden, das durch Wasser abgespült und am Hangfuß, in Senken und kleinen Tälern akkumuliert oder durch Winderosion oder anthropogene Umlagerungsprozesse angehäuft wurde. Während die Kolluvisole ein Produkt der erosionsbedingten Bodenverlagerung sind, entstanden Plaggenesche, Hortisole, Rigosole und Treposole aufgrund von Kultivierungs- bzw. Bearbeitungsmaßnahmen, die zur Standortverbesserung durchgeführt wurden. Diese Böden werden deshalb auch als ‚Terrestrische Kultosole‘ bezeichnet.

Böden aus anthropogenen Substraten, zum Beispiel Kippböden, zählen nicht zu dieser Klasse. Sie gehören bodensystematisch nach ihrer pedogenetischen Entwicklung in die verschiedenen Klassen der natürlichen Böden. Das gleiche gilt für Böden, die zwar durch die Pflugarbeit eine Ackerkrume (Ap-Horizont) aufweisen, deren sonstiger Profilaufbau aber nicht verändert wurde. Dazu zählen auch keine Böden, die nicht zielgerichtet vom Menschen verändert wurden, wie z. B. forstlich genutzte Böden, die durch Abholzung Veränderungen des Oberbodens erfuhren.

46.2   Verbreitungsgebiete

Die ‚Terrestrischen anthropogenen Böden‘ haben meist nur eine kleinräumige Verbreitung. Ihr Flächenanteil kann wie bei den Hortisolen nur weniger als ein Hektar betragen. Entsprechend sind sie auf vielen kleinmaßstäblichen Karten nicht verzeichnet. Während Kolluvisole erosionsbedingt bevorzugt in Akkumulationshanglagen zu finden sind, ist das Auftreten von Rigosolen auf Weinbaulagen und zum Teil auf Auen beschränkt. Hortisole treten überall in unmittelbarer Nähe von Häusern und Siedlungen auf. Plaggenesche und Treposole sind typisch für das norddeutsche Flachland, wo in großem Umfang nährstoffarme, saaleeiszeitliche Böden und Moorstandorte durch langandauernde Plaggenwirtschaft oder durch Tiefumbruch kultiviert wurden.

46.3   Gliederung, Eigenschaften und Genese

Innerhalb der Klasse der ‚Terrestrischen anthropogenen Böden‘ werden fünf Bodentypen mit insgesamt vierzehn Subtypen ausgewiesen. Charakteristisch bei den Kolluvisolen ist der M-Horizont (Untergrenze ≥ 4 dm), ein meist humoser Mineralbodenhorizont, der sich aus fortlaufend sedimentiertem Solummaterial (Bodenmaterial) im Laufe der pedogenetischen Entwicklung gebildet hat. Die Plaggenesche sind durch den E-Horizont (Untergrenze ≥ 4 dm) gekennzeichnet, ein mit Kulturresten und Phosphat angereicherter Mineralbodenhorizont aus aufgetragenen Heide- oder Grasplaggen, die zur Verbesserung des Nährstoffhaushaltes mit Stalldung vermischt auf den Acker gebracht wurden.

Hortisole entstehen durch langjährige, intensive Gartenkultur. Sie sind durch eine starke biologische Aktivität und Durchmischung von humosen Bodenmaterial (Bioturbation) charakterisiert, die zur Entstehung eines Ex-Horizontes (Untergrenze ≥ 4 dm) führte.

Kennzeichen der Rigosole und Treposole ist der R-Horizont (Untergrenze > 4 dm). Er entsteht bei den Rigosolen durch tiefgründige turnusmäßige Bodenumlagerung (Rigolen) und im Fall der Treposole durch einmaliges Tiefpflügen (Tiefumbruch).

Abb. 46.1, 46.2, 46.3, 46.4, und 46.5 zeigen typische Böden und Verbreitungsgebiete dieser Klasse. Die Abb. 46.6 zeigt in einer Karte die regionale Verbreitung dieser Klasse.

Abb. 46.1 Spargelfeld mit
Bodentyp Treposol, bei
Mützow, Brandenburg
(Quelle: R. Sinapius)

Abb. 46.2 Bodenbe-
arbeitungsversuchsfläche
LfULG in Methau bei Herms-
dorf, Sachsen. Kollovisole im
Akkumulationsbereich des
Unterhangs und Hangfußes
(Quelle: W. Schmidt)

Abb. 46.3 Rigosole
(Weinbergsböden), Weingut
Proschwitz, Meißen, Sachsen
(Quelle: H. Joisten)

Abb. 46.4 Rigosole
(Weinbergsböden) unterhalb
des Lingnerschlosses an der
Elbe, Sachsen (Quelle:
A. Sohr)

Abb. 46.5 Hortisol in einer
Kleingartenanlage, Freiberg,
Sachsen (Quelle: LfULG)

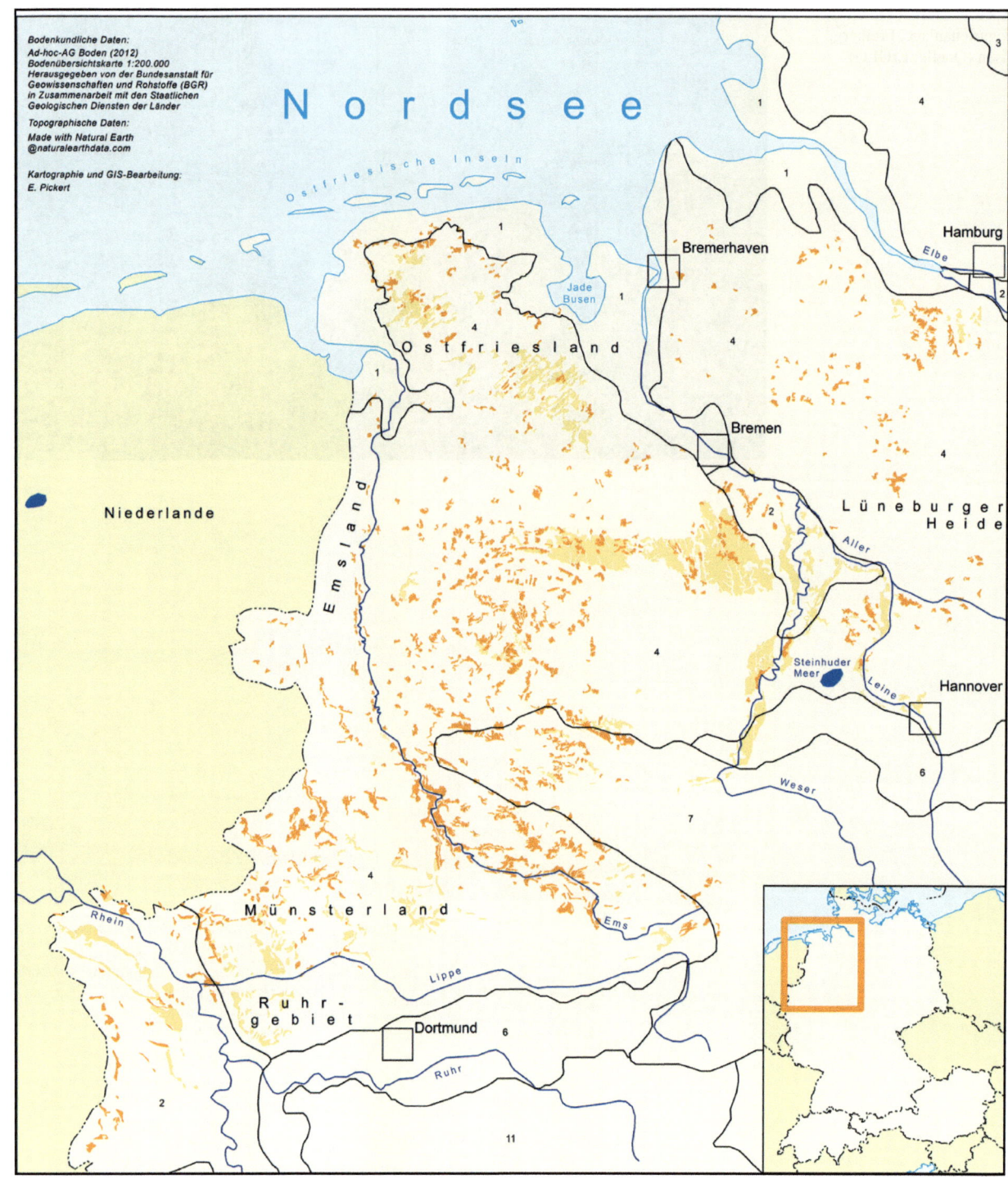

Bodenkundliche Daten:
Ad-hoc-AG Boden (2012)
Bodenübersichtskarte 1:200.000
Herausgegeben von der Bundesanstalt für
Geowissenschaften und Rohstoffe (BGR)
in Zusammenarbeit mit den Staatlichen
Geologischen Diensten der Länder

Topographische Daten:
Made with Natural Earth
@naturalearthdata.com

Kartographie und GIS-Bearbeitung:
E. Pickert

Regionale Verbreitung der Klasse der Terrestrischen anthropogenen Böden

am Beispiel der Bodenübersichtskarte 1:200.000 - Verbreitung der Plaggenesche

Plaggenesche als Leitböden (bedeutende, zusammenhängende Vorkommen)

Plaggenesche als Begleitböden (regionale, kleinflächige Vorkommen)

Bodenregion

Abb. 46.6 Regionale Verbreitung der Klasse der Terrestrischen anthropogenen Böden am Beispiel der Bodenübersichtskarte 1 : 200.000 – Verbreitung der Plaggenesche

46.4 Typen und Subtypen

Typ

- Kolluvisol (YK)

Subtypen

- Normkolluvisol (YKn)
- Podsol-Kolluvisol (PP-YK)
- Pseudogley-Kolluvisol (SS-YK)
- Gley- Kolluvisol (GG-YK)

Typ

- Plaggenesch (YE)

Subtypen

- Normplaggenesch (YEn)
- Podsol-Plaggenesch (PP-YE)
- Pseudogley-Plaggenesch (SS-YE)
- Gley-Plaggenesch (GG-YE)

Typ

- Hortisol (YO)

Subtyp

- Normhortisol (YOn)

Typ

- Rigosol (YY)

Subtyp

- Normrigosol (YYn)

Typ

- Treposol (YU)

Subtypen

- Treposol aus Podsol (PP-YU)
- Treposol aus Parabraunerde (LL-YU)
- Treposol aus Fahlerde (LF-YU)
- Treposol aus Gley (GG-YU)

46.5 Klassifikation nach WRB

Peter Schad

Kolluvisole gehören in der WRB überwiegend zu den Regosols, seltener zu den Cambisols, Phaeozems oder Umbrisols, wobei stets der Colluvic Qualifier verwendet wird. Plaggenesche und Hortisole sind bei den Anthrosols einzuordnen, jedoch nur, wenn die A- und E-Horizonte zusammen mindestens 5 dm mächtig sind. Andernfalls sind sie über zahlreiche Gruppen verstreut, insbesondere Phaeozems und Umbrisols, Plaggenesche auch Cambisols. In allen Fällen wird der jeweilige Qualifier (Plaggic oder Hortic) angegeben. Rigosole und Treposole werden vor allem Regosols, Phaeozems und Umbrisols eingestuft. Für das tiefgründige Umbrechen oder Rigolen sind die Qualifier Relocatic (mindestens 10 dm) und Epirelocatic (mindestens 5 dm) vorgesehen.

46.6 Ausgewählte Bodenprofile

Profil 129: Subtyp Normkolluvisol (YKn)

- Bodenausgangsgestein: Kolluvialsand über Flugsand
- Varietät: mittelbasischer (Acker)Kolluvisol über Braunerde-Podsol (m.vYKn/BB-PP)
- Typ: Kolluvisol
- Klasse: Terrestrische anthropogene Böden
- Substrattyp: u-s(Sa)/a-s(Sa)
- WRB: Chernic Umbrisol (Arenic, Aric, Colluvic, Pachic) over Haplic Umbrisol (Pantoarenic, Nechic)
- Bodenregion: Altmoränenlandschaften
- Ort: Ackerfläche bei Reken im Münsterland, Krs. Borken, Nordrhein-Westfalen
- Profilbild und Horizontabfolge: siehe Tab. 46.1
- Bodenlandschaftsbild: siehe Abb. 46.7
- Analysendaten: siehe Tab. 46.2
- Autor: Gerhard Milbert, Ludger Elbert, Winfried Röhrig

Vorkommen und Ausgangsgesteine
Im Münsterland (Westfalen) sind Podsole und Podsol-Braunerden aus Flugsand weit verbreitet. Seit Jahrhunderten werden diese Standorte ackerbaulich genutzt und durch den Menschen in ihrem Aufbau gestaltet. Durch die langjährige Ackernutzung wurde die Erosion gefördert.

Bodenprozesse und -eigenschaften
Durch flächenhafte Erosion der Ackerkrume (Wasser und Wind) und auch durch Pflugarbeit über Jahrhunderte sind in Tallagen, Senken und an Unterhängen Kolluvisole in einer Mächtigkeit zwischen 4 dm und über 10 dm entstanden.

Tab. 46.1 Profilbild und Horizontabfolge Profil 129

Profilbild	Horizont-grenze (cm)	Horizonte und ihre Eigenschaften	
	−30	**Ap** u-s(Sa)	schwach schluffiger Sand, sehr schwach kiesig; schwarz (10YR 2/1); Bröckelgefüge; stark humos; stark durchwurzelt
	−50	**M** u-s(Sa)	schwach schluffiger Sand; schwarz (10YR 2/1); Subpolyedergefüge; stark humos; mäßig durchwurzelt
	−75	**IIfAep** a-s(Sa)	schwach schluffiger Sand; sehr dunkelgrau (10YR 3/1); fossile Sauerbleichung; Subpolyedergefüge; stark humos; schwach durchwurzelt
	−85	**IIBvhs** a-s(Sa)	reiner Sand; dunkelgelblichgraubraun (10YR 4/3); Eisenoxid- und Humusanreicherung; Subpolyedergefüge; schwach humos
	−150	**IIBv** a-s(Sa)	schwach schluffiger Sand; dunkelgelblichbraun (10YR 4/6); Subpolyedergefüge; sehr schwach humos
	−200+	**IIBv-ilCv** a-s(Sa)	reiner Sand; gelblich-braun, sehr hell graustichig (10YR 7/4); Einzelkorngefüge

Quelle: Geologischer Dienst NRW, L. Elbert & W. Röhrig (Bild bearbeitet)

Abb. 46.7 In der stellenweise parkartigen Landschaft des Münsterlandes wechseln sich kleinfläch Acker-, Günland- und Waldnutzung ab (Quelle: Geologischer Dienst NRW, S. Schulte-Kellinghaus)

Nutzung und Vegetation

Kolluvisole werden überwiegend als Acker genutzt. Ihre tiefreichende Humosität verbessert die Wasser- und Nährstoffversorgung.

Tab. 46.2 Analysendaten Profil 129

Horizont	Tiefe (cm)	Skelett (Vol.-%)	Sand (M.-%)	Schluff (M.-%)	Ton (M.-%)	Gesamtporen (Vol.-%)	Luftkapazität (Vol.-%)	nutzbare Feldkap. (Vol.-%)	Totwasser (Vol.-%)	Lagerungsdichte (g/cm³)
Ap	−30	1	81	15	4	48	-	-	-	-
M	−50	0	81	17	2	48	18	26	4	1,3
IIfAep	−75	0	84	13	3	49	21	21	7	1,3
IIBvhs	−85	0	88	9	3	44	23	19	2	1,4
IIBv	−150	0	86	11	3	41	27	13	1	1,5
IIBv-ilCv	−200+	0	94	5	1	41	27	13	1	1,5

Horizont	Tiefe (cm)	CaCO₃ (M.-%)	C$_{org}$ (M.-%)	N$_t$ (M.-%)	C/N	pH H₂O	pH CaCl₂	KAK$_{pot}$ (cmol$_c$/kg)	BS (%)	K₂O-DL (mg/100 g)	P₂O₅-DL (mg/100 g)
Ap	−30	-	3,5	0,25	14	6,5	-	-	-	-	-
M	−50	-	3,0	0,13	23	5,0	-	-	-	-	-
IIfAep	−75	-	2,3	0,07	33	4,9	-	-	-	-	-
IIBvhs	−85	-	0,7	0,03	31	4,9	-	-	-	-	-
IIBv	−150	-	0,5	0,03	17	5,1	-	-	-	-	-
IIBv-ilCv	−200+	-	-	-	-	-	-	-	-	-	-

Horizont	Tiefe (cm)	KAK$_{eff}$ (cmol$_c$/kg)	BS$_{eff}$ (%)	pH KCl
Ap	−30	11,2	99	5,7
M	−50	3,9	51	3,8
IIfAep	−75	3,0	32	3,9
IIBvhs	−85	1,5	26	3,9
IIBv	−150	1,0	20	4,4
IIBv-ilCv	−200+	-	-	-

(Quelle: Geologischer Dienst NRW)
(* = abgeleiteter Analysenwert)

Gefährdung

Durch nicht standortangepassten Ackerbau im welligen Gelände des Münsterlandes wird die Erosion gefördert. Durch minimierte Bodenbearbeitung und möglichst lange Bedeckung mit Vegetation kann die Erosionsgefährung gemindert werden.

Profil 130: Subtyp Normkolluvisol (YKn)

- Bodenausgangsgestein: Kolluvialschluff aus Lösslehm
- Varietät: basenreicher (Acker)Kolluvisol über Pseudogley (eu.vYKn/SS)
- Typ: Kolluvisol
- Klasse: Terrestrische anthropogene Böden
- Substrattyp: u-u(Lol)//oj-(z)u(^s,Lol)
- WRB: Hypereutric Endostagnic Cambisol (Aric, Humic, Endoraptic, Pantosiltic)
- Bodenregion: Mittel- und süddeutsche Löss- und Sandlösslandschaften
- Ort: östlich Langenwolmsdorf, Lkr. Bautzen, Sachsen
- Profilbild und Horizontabfolge: siehe Tab. 46.3
- Weiteres Profilbild: siehe Abb. 46.8
- Analysendaten: siehe Tab. 46.4
- Autor: Fred Franzke

Vorkommen und Ausgangsgesteine

Vorrangig in Agrargebieten werden an Hängen (typischerweise an Hangfüßen entlang von Tallagen oder in morphologischen Tieflagen allgemein) abgeschwemmte, windverfrachtete und/oder durch landwirtschaftliche Bearbeitung umgelagerte Massen akkumuliert (in der Regel humos). Ausgangsgesteine sind hauptsächlich Lösse und Sande unterschiedlicher geologischer Herkunft mit höheren Schluff- und Feinsandanteilen.

Bodenprozesse und -eigenschaften

Kolluvisole haben einen Ah- und einen M-Horizont von zusammen mindestens 40 cm Mächtigkeit (<40 cm Übergangsböden). Die holozänen Transportvorgänge können sich dabei überlagern und stellen sehr aktuelle bodengenetische Prozesse dar, besonders unter landwirtschaftlicher Intensivnutzung. Verschiedene Faktoren beeinflussen die Umlagerungsdynamik von Oberbodenmaterial (Hangneigung, Bearbeitungszustand und -technik, Kulturbedeckungsgrad, Niederschlags- oder Windstärke und -exposition und andere). Oft werden mehrlagige Profile mit alten Landoberflächen angetroffen. Beim Pseudogley-Kolluvisol als Übergangsboden tritt die Stauvernässung (Pseudovergleyung) als charakteristische Bodenentwicklung hinzu und kann bis in den M-Horizont hinein wirken. Dabei wird Sickerwasser an

Tab. 46.3 Profilbild und Horizontabfolge Profil 130

Profilbild	Horizont-grenze (cm)	Horizonte und ihre Eigenschaften	
	−30	**Ap** u-u(Lol)	mittel toniger Schluff; dunkelgelblichbraun, graustichig (10YR 4/4); Krümel- und Bröckelgefüge; mittel humos; mittel durchwurzelt
	−68	**M** u-u(Lol)	mittel toniger Schluff; gelblichgraubraun (10YR 5/3); Polyeder- und Plattengefüge; schwach humos; sehr schwach durchwurzelt
	−87	**IIfAh°Sw** u-u(Lol)	mittel toniger Schluff; dunkelgrau (10YR 4/1); Eisenoxide (fleckig, sehr hoher Flächenanteil) und Manganoxide (konkretionär, geringer Flächenanteil) und Bleichflecken (sehr hoher Flächenanteil); Polyedergefüge; mittel humos; schwach durchwurzelt
	−130	**IIISwd** oj-(z) u(^s,Lol)	mittel toniger Schluff, schwach grusig, sehr schwach steinig (kantig); dunkelgelblichgraubraun (10YR 4/3) und rötlichbraunorange (5YR 5/8); Eisenoxide (fleckig, sehr hoher Flächenanteil) und Bleichflecken (hoher Flächenanteil); Subpolyeder- und Polyedergefüge; mittel humos; sehr schwach durchwurzelt
	−150+	**IVrGo** f-ku(Uf)	schlufffiger Lehm, mittel bis stark kiesig, schwach steinig (gerundet); hellgrauolivbraun (2,5Y 6/3) und braunorange (7,5YR 5/8) ; Eisenoxide (fleckig, hoher Flächenanteil); Polyedergefüge; schwach humos
Quelle: F. Franzke (Bild bearbeitet)			

Abb. 46.8 Ausschnitt: ältere Landoberfläche (fAh-Horizont) über ehemaliger Weganlage (Quelle: F. Franzke)

Tab. 46.4 Analysendaten Profil 130

Horizont	Tiefe (cm)	Skelett (Vol.-%)	Sand (M.-%)	Schluff (M.-%)	Ton (M.-%)	Gesamtporen (Vol.-%)	Luftkapazität (Vol.-%)	nutzbare Feldkap. (Vol.-%)	Totwasser (Vol.-%)	Lagerungsdichte (g/cm³)
Ap	−30	0	9	76	15	53	22	22	12	1,24
M	−68	0	8	76	16	43	7	22	14	1,49
IIfAh°Sw	−87	0	8	78	14	52	9	26	16	1,23
IIISwd	−130	5,3	16	70	14	56	16	25	15	1,13
IVrGo	−150+	25,9	31	51	18	61	19	18	24	1,00

Horizont	Tiefe (cm)	$CaCO_3$ (M.-%)	C_{org} (M.-%)	N_t (M.-%)	C/N	pH H_2O	pH $CaCl_2$	KAK_{pot} (cmol$_c$/kg)	BS (%)	K_2O-DL (mg/100 g)	P_2O_5-DL (mg/100 g)
Ap	−30	-	1,24	0,14	8,9	-	4,8	7,9	-	35	9
M	−68	-	0,76	0,09	8,4	-	5,5	6,2	-	11	6
IIfAh°Sw	−87	-	1,54	0,16	9,6	-	5,3	6,7	-	10	3
IIISwd	−130	-	1,38	0,12	11,5	-	5,4	5,6	-	11	1
IVrGo	−150+	-	1,01	0,1	10,1	-	5,3	5,2	-	11	3

(Quelle: Sächsisches Landesamt für Umwelt, Landwirtschaft und Geologie)
(* = abgeleiteter Analysenwert)

einem dichteren Horizont (Sd) gestaut bzw. die Infiltration deutlich gehemmt. Darüber im Sw-Horizont verlagert sich die Sickerwasserfront relativ zügig nach unten, und es kommt in der Regel zu Eisen- und Manganausfällungen (Flecken, Bänder, Beläge u. a.). Im Beispiel wurde ein Pseudogley aus einem bereits früher umgelagerten und vom Menschen veränderten Lösslehm überdeckt (Reste einer alten Wegbefestigung bei 1,30 m!). Der deutlich humose Horizont (IIfAh°Sw) markiert eine alte Landoberfläche. In Abhängigkeit von der Art der verlagerten Substrate oder der Bearbeitungstechnik auf einer älteren Verlagerungsschicht (temporäre Landoberfläche) kann sich Pseudovergleyung innerhalb verschiedener M-Horizonte entwickeln (Mehrlagigkeit und Dichtlagerung vorausgesetzt). Die Akkumulationsmächtigkeiten können beträchtlich sein und bis >1 m betragen. Nährstoffe, Humus und auch Schadstoffe werden besonders in den „jungen" Kolluvisolen angereichert. Für die Archäologie können die Kolluvisole wertvolle Hinweise und Belege auf ältere Kulturepochen liefern bzw. diese unter sich überhaupt erst erhalten. Anthropogene Beimengungen wie Holzkohle, Scherben und Reste von Baumaterialien sind in Kolluvisolen keine Seltenheit.

Nutzung und Vegetation
Da hauptsächlich durch die landwirtschaftliche Tätigkeit des Menschen bedingt, werden Kolluvisole auch weiterhin ackerbaulich oder als Grünland genutzt. Kolluvisole unter forstwirtschaftlicher Nutzung können auf eine ehemalige Ackernutzung mit ausgedehnteren Rodungsphasen hinweisen.

Gefährdung
Durch instabiles Gefüge neigen diese Böden zur Verdichtung (besonders Löss und stärker schluffige Sande). Oder es können dichtere Zwischenlagen auftreten, die bei der landwirt-

schaftlichen Bearbeitung zu negativen Auswirkungen führen. Die Erhaltung von Arealen mit besonderer Bedeutung für den Bodendenkmalsschutz ist bei intensiver Landwirtschaft unter Umständen gefährdet.

Profil 131: Subtyp Normkolluvisol (YKn)

- Bodenausgangsgestein: Löss
- Varietät: kalkhaltiger (Acker)Kolluvisol über Pararendzina (c.vYKn/RZ)
- Typ: Kolluvisol
- Klasse: Terrestrische anthropogene Böden
- Substrattyp: u-eu(Lo)/a-eu(Lo)
- WRB: Calcaric Colluvic Regosol (Aric, Ochric, Pantosiltic)
- Bodenregion: Mittel- und süddeutsche Löss- und Sandlösslandschaften
- Ort: Ostrau, Lommatzscher Pflege, Lkr. Mittelsachsen, Sachsen
- Profilbild und Horizontabfolge: siehe Tab. 46.5
- Bodenlandschaftsbild: siehe Abb. 46.9
- Analysendaten: siehe Tab. 46.6
- Autor: Fred Franzke, Holger Joisten

Vorkommen und Ausgangsgesteine
Kolluvisole aus umgelagerten Lössen sind in der ‚Lommatzscher Pflege', im Landkreis Mittelsachsen weit verbreitet. Erosion und Akkumulation von Bodenmaterial liegen in diesen stark landwirtschaftlich genutzten Agrargebieten häufig eng beieinander. Das hat zu Folge, dass Kolluvisole, die typisch an Unterhängen, Hangfüßen, in Tallagen oder morphologischen Tieflagen auftreten, die Böden bedecken, die in Erosionslagen anzutreffen sind. In Lösslandschaften können das wie in diesem Profil Pararendzinen sein. Sie sind oft das

Tab. 46.5 Profilbild und Horizontabfolge Profil 131

Profilbild	Horizont-grenze (cm)	Horizonte und ihre Eigenschaften	
	−28	**eAp** u-eu(Lo)	stark toniger Schluff; gelblichbraun, graustichig (10YR 5/4); Krümelgefüge; stark carbonathaltig; schwach humos; schwach durchwurzelt
	−50	**eM** u-eu(Lo)	mittel toniger Schluff; hellgelbbraun (10YR 6/8) bis sehr hellfahlbraun (10YR 7/3); Kohärent- tlw. Subpolyedergefüge; stark carbonathaltig; sehr schwach humos; sehr schwach durchwurzelt
	−72	**IIfeAh** a-eu(Lo)	stark toniger Schluff; hellgelblichgraubraun (10YR 6/3); Kohärent- tlw. Subpolyedergefüge; stark carbonathaltig; schwach humos
	−95	**IIelCv** a-eu(Lo)	stark toniger Schluff; sehr hellgelblichbraun (10YR 7/6); Kohärent- tlw. Subpolyedergefüge; stark carbonathaltig
	−120+	**IIelCcv** a-eu(Lo)	stark toniger Schluff; hellgelbbraun (10YR 6/8) und hellgelblichgraubraun (10YR 6/3); Kalkkonkretionen (Lösskindeln, geringer Flächenanteil); Kohärent- tlw. Subpolyedergefüge; stark carbonathaltig

Quelle: F. Franzke (Bild bearbeitet)

Abb. 46.9 Typische Erosionslagen, oft hangparallel verlaufende Bodensequenzen/-abfolgen von Kolluvisolen und Pararendzinen (Quelle: Luftbildbefliegung durch F. Franzke)

Tab. 46.6 Analysendaten Profil 131

Horizont	Tiefe (cm)	Skelett (Vol.-%)	Sand (M.-%)	Schluff (M.-%)	Ton (M.-%)	Gesamtporen (Vol.-%)	Luftkapazität (Vol.-%)	nutzbare Feldkap. (Vol.-%)	Totwasser (Vol.-%)	Lagerungsdichte (g/cm³)
eAp	−28	-	4	76	20	-	-	-	-	-
eM	−50	-	-	-	-	-	-	-	-	-
IIfeAh	−72	-	-	-	-	-	-	-	-	-
IIelCv	−95	0	2	84	14	-	-	-	-	-
IIelCcv	−120+	-	-	-	-	-	-	-	-	-

Horizont	Tiefe (cm)	CaCO₃ (M.-%)	C_org (M.-%)	N_t (M.-%)	C/N	pH H₂O	pH CaCl₂	KAK_pot (cmol_c/kg)	BS (%)	K₂O-DL (mg/100 g)	P₂O₅-DL (mg/100 g)
eAp	−28	7	0,9	0,11	8	-	7,4	12,4	91	-	-
eM	−50	-	-	-	-	-	-	-	-	-	-
IIfeAh	−72	-	-	-	-	-	-	-	-	-	-
IIelCv	−95	9	0,1	-	-	-	7,5	9,7	82	-	-
IIelCcv	−120+	-	-	-	-	-	-	-	-	-	-

(Quelle: Sächsisches Landesamt für Umwelt, Landwirtschaft und Geologie)
(* = abgeleiteter Analysenwert)

Ergebnis der vollständigen Profilkappung von ehemaligen Parabraunerden durch Erosion.

Bodenprozesse und -eigenschaften

Normkolluvisole haben einen Ah- und einen M-Horizont von zusammen mindestens 40 cm Mächtigkeit. In diesem Profil wird der M-Horizont in 50 cm Tiefe von einem älteren fossilen Ah-Horizont einer Pararendzina unterlagert. Es handelt sich um zwei verschiedene Böden mit unterschiedlicher bodengenetischer Entwicklung.

Nutzung und Vegetation

Kolluvisole sind in Lössgebieten fruchtbare Böden mit tiefreichender Humosität und guten Nährstoffeigenschaften. Sie werden in der Regel als Ackerstandorte genutzt.

Gefährdung

Lössstandorte gelten als extrem erosionsanfällig. Im Mittelsächsischen Lösshügelland haben die mit Kolluvisolen eng vergesellschafteten Pararendzinen eine zunehmende Verbreitungstendenz.

Profil 132: Subtyp Normkolluvisol (YKn)

- Bodenausgangsgestein: Kolluvialschluff aus Lösslehm über tiefem Lösslehm
- Varietät: basenreicher (Acker)Kolluvisol (eu.vYKn)
- Typ: Kolluvisol
- Klasse: Terrestrische anthropogene Böden
- Substrattyp: u-u(Lol)//p-u(Lol)
- WRB: Eutric Cambisol (Aric, Anocolluvic, Humic, Siltic) over Eutric Luvic Amphialbic Planosol (Ochric, Epiraptic, Pantosiltic)

- Bodenregion: Mittel- und süddeutsche Löss- und Sandlösslandschaften
- Ort: Bockelwitz, Lkr. Mittelsachsen, Sachsen
- Profilbild und Horizontabfolge: siehe Tab. 46.7
- Bodenlandschaftsbild: siehe Abb. 46.10
- Analysendaten: siehe Tab. 46.8
- Autor: Ralf Sinapius

Vorkommen und Ausgangsgesteine

Im sächsischen Hügelland bilden unterschiedliche Lössderivate flächendeckend die Bodenausgangsgesteine. Der kalkhaltige Primärlöss ist oberflächig weniger häufig anzutreffen. Der Kolluvisol ist im Lössgebiet ein häufiger Boden mit sehr unterschiedlicher horizontaler und vertikaler reliefabhängiger Ausbildung. In Hangmulden, Tälchen und Rinnen sind die Kolluvien zuverlässig vorhanden, häufig mehrschichtig und bis > 2 m mächtig. In flach geneigten Hanglagen sind inselhafte Kolluvisole in Mächtigkeiten von 3 dm bis 7 dm ebenfalls sehr häufig.

Bodenprozesse und -eigenschaften

Der vorliegende Normkolluvisol besitzt bis ca. 9 dm Tiefe ein durch Wassererosion um- und abgelagertes Solum. Dieses Sediment bildet den M-Horizont. Die Ablagerung erfolgte mehrphasig. Als typisch kolluviale Beimengungen enthält es Holzkohle-, Ziegel- und Keramiksplitter. Vereinzelt sind auch Schalenreste von Lössschnecken enthalten. Der Humus (Gehalt ca. 1 %) stammt vom abgeschwemmten Bodenmaterial sowie von bioturbat eingebrachtem Material. Der Kolluvisol überdeckt zwei fossile begrabene Bodenbildungen. Unter dem jungen kolluvialen Boden beginnt bei 8–9 dm ein fossiler natürlicher humoser Bodenhorizont. Auf Grund seiner großen Mächtigkeit von ca. 4 dm, dem Relikt-Krümelgefüge, seinen zahlreichen Bioporen und den verfüllten Grabgängen

Tab. 46.7 Profilbild und Horizontabfolge Profil 132

Profilbild	Horizont-grenze (cm)	Horizonte und ihre Eigenschaften	
	−10	**Ap1** u-u(Lol)	mittel toniger Schluff, sehr schwach kiesig; dunkelgelblichgraubraun (10YR 4/3); Krümelgefüge; carbonatarm; mittel humos; mittel durchwurzelt
	−30	**Ap2** u-u(Lol)	mittel toniger Schluff, sehr schwach kiesig; gelblichbraun, dunkelgraustichig (10YR 4/4); Plattengefüge; mittel humos; schwach durchwurzelt
	−85	**M** u-u(Lol)	mittel toniger Schluff, sehr schwach kiesig; gelblichgraubraun (10YR 5/3); Subpolyedergefüge; schwach humos; schwach durchwurzelt
	−125	**IIfAxh** p-u(Lol)	mittel toniger Schluff; dunkelgelblichgraubraun (10YR 4/3); Krümelgefüge; schwach humos; schwach durchwurzelt
	−155	**IIIfAh-Ael°Sw** p-u(Lol)	reiner Schluff; hellgelblichbraungrau (10YR 6/2); Aufhellung (sehr hoher Flächenanteil); Eisen- und Manganoxide (fleckig, hoher Flächenanteil) und Bleichflecken (hoher Flächenanteil); Polyedergefüge; sehr schwach humos; sehr schwach durchwurzelt
	−195	**IIIfAh-Ael+Bht°Sdw** p-u(Lol)	stark toniger Schluff; sehr dunkelgelblichbraungrau (10YR 3/2); Aufhellung (Flecken, hoher Flächenanteil) und Tonhumusbeläge (sehr hoher Flächenanteil); Eisen- und Manganoxide (fleckig, sehr hoher Flächenanteil) und Bleichflecken (überwiegender Flächenanteil); Polyedergefüge; schwach humos; sehr schwach durchwurzelt
	−250+	**IIIBht°Sd** p-u(Lol)	stark toniger Schluff; sehr dunkelbraungrau (7,5YR 3/2); Tonhumusbeläge (sehr hoher Flächenanteil); Eisenoxide (fleckig, extrem hoher Flächenanteil) und Bleichflecken (sehr hoher Flächenanteil); Plattengefüge; sehr schwach humos; sehr schwach durchwurzelt

Quelle: R. Sinapius (Bild bearbeitet)

Abb. 46.10 Das Profil liegt in einem weitgespannten Trockentälchen des Mulde-Lösshügellandes in Sachsen (Quelle: R. Sinapius)

Tab. 46.8 Analysendaten Profil 132

Horizont	Tiefe (cm)	Skelett (Vol.-%)	Sand (M.-%)	Schluff (M.-%)	Ton (M.-%)	Gesamtporen (Vol.-%)	Luftkapazität (Vol.-%)	nutzbare Feldkap. (Vol.-%)	Totwasser (Vol.-%)	Lagerungsdichte (g/cm³)
Ap1	−10	0	4	83-	13	-	-	-	-	-
Ap2	−30	0	4	82-	14	-	-	-	-	-
M	−85	0	3	85-	12	-	-	-	-	-
IIfAxh	−125	0	2	85-	13	-	-	-	-	-
IIIfAh-Ael°Sw	−155	0	5	89	6	-	-	-	-	-
IIIfAh-Ael+Bht°Sdw	−195	0	4	78-	18	-	-	-	-	-
IIIBht°Sd	−250+	0	3	79-	18	-	-	-	-	-

Horizont	Tiefe (cm)	CaCO₃ (M.-%)	C_org (M.-%)	N_t (M.-%)	C/N	pH H₂O	pH CaCl₂	KAK_pot (cmol_c/kg)	BS (%)	K₂O-DL (mg/100 g)	P₂O₅-DL (mg/100 g)
Ap1	−10	0,53	1,7	0,28	9	-	6,9	16	75	55	29
Ap2	−30	0,08	1,6	0,17	9	-	6,4	16	65	30	25
M	−85	0,12	0,6	0,08	7	-	6,1	11	52	11	4
IIfAxh	−125	-	0,8	0,08	10	-	5,7	-	-	33	7
IIIfAh-Ael°Sw	−155	-	0,2	0,03	7	-	5,7	-	-	20	2
IIIfAh-Ael+Bht°Sdw	−195	-	0,7	0,05	14	-	4,5-	-	-	27	7
IIIBht°Sd	−250+	-	0,3	0,04	8	-	4,8-	-	-	14	4

(Quelle: Sächsisches Landesamt für Umwelt, Landwirtschaft und Geologie)
(* = abgeleiteter Analysenwert)

von Kleinsäugern („Krotowinen") stellt er einen Schwarz-erde-Bodenhorizont (fAxh) dar. Im tiefsten Teil des Boden-profils ab ca. 12–13 dm ist ein komplexer Paläoboden er-halten geblieben. Der hier deutlich versauerte und entbaste Lösslehm zeigt zunächst einen sehr hellen verfahlten rost-fleckigen Horizont. Diese Farbgebung wurde durch starke Tonauswaschung und nur langsam abziehendes Boden-sickerwasser hervorgerufen (Ael-Sw-Horizont). Im darunter befindlichen dunklen tonangereicherten Horizont staute und stagnierte das Sickerwasser (Bht-Sd-Horizont). Die schwarze Bodenfarbe stammt von geringen Gehalten an fein verteiltem organischem Kohlenstoff (0,3–0,6 %). Möglicherweise stellt dieser fossile Boden ursprünglich einen völlig degradierten, verfahlten und stauwasservernässten Tschernosem dar.

Nutzung und Vegetation

Kolluvisole sind fruchtbare Böden und werden ackerbaulich genutzt. Zugleich verursacht geringe Bodenbedeckung beim Ackerbau zusammen mit anderen Faktoren auch die Kolluvi-alböden. Gelegentlich dokumentieren Kolluvien eine frühere agrarische Nutzung auch unter Wald. Die ältesten kolluvia-len Bodenverlagerungen sind in Altsiedelgebieten bis in die Jungsteinzeit zurückzuverfolgen. Die Kolluvisole werden in der Landschaftsforschung genutzt. Das vorgestellte poly-genetische Bodenprofil stellt einen besonders wertvollen Archivboden zur Rekonstruktion von Landschafts-, Klima- und Kulturgeschichte dar.

Gefährdung

Zur Minderung von Bodenerosion und Akkumulation wur-den in den letzten Jahren Kolluvisole in Dauergrünland um-gewandelt oder extensiver bewirtschaftet mit dem Ziel der Erhöhung des Bodenbedeckungsgrades, der Porosität und der Humosität. Rezente junge Kolluvisole sind Nährstoff-senken und können zur Eutrophierung der Gewässer bei-tragen.

Profil 133: Subtyp Normplaggenesch (YEn)

- Bodenausgangsgestein: anthropogen aufgetragener Schmelzwassersand über Schmelzwassersand
- Varietät: grauer mittelbasischer (Acker)Plaggenesch über Podsol (gr.m.vYEn/PP)
- Typ: Plaggenesch
- Klasse: Terrestrische anthropogene Böden
- Substrattyp: oj-s(Sgf)/f-s(Sgf)
- WRB: Plaggic Anthrosol (Pantoarenic, Hypereutric, Thaptospodic)
- Bodenregion: Altmoränenlandschaften
- Ort: Bimolten Lkr. Emsland, Niedersachsen
- Profilbild und Horizontabfolge: siehe Tab. 46.9
- Bodenlandschaftsbild: siehe Abb. 46.11
- Analysendaten: siehe Tab. 46.10
- Autor: Ernst Gehrt

Tab. 46.9 Profilbild und Horizontabfolge Profil 133

Profilbild	Horizont-grenze (cm)	Horizonte und ihre Eigenschaften	
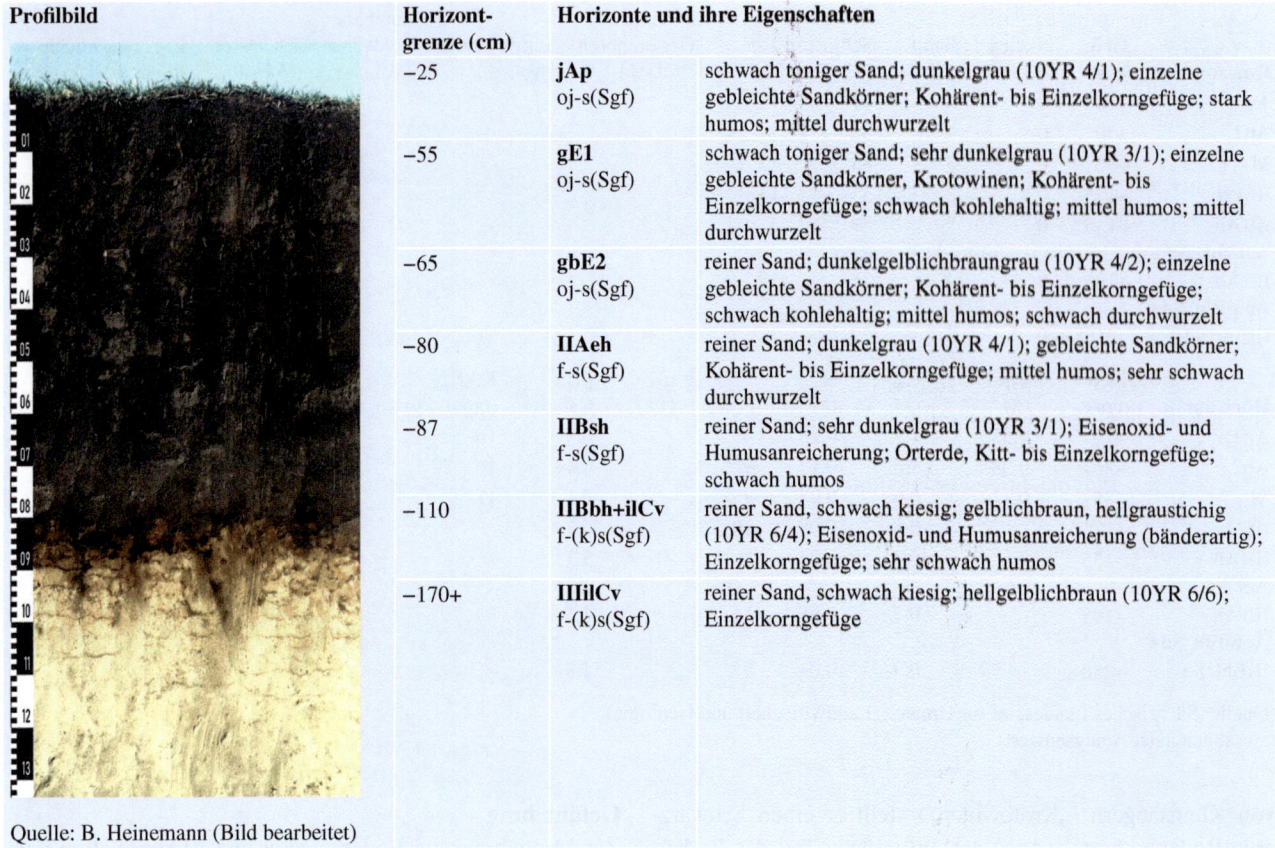	−25	**jAp** oj-s(Sgf)	schwach toniger Sand; dunkelgrau (10YR 4/1); einzelne gebleichte Sandkörner; Kohärent- bis Einzelkorngefüge; stark humos; mittel durchwurzelt
	−55	**gE1** oj-s(Sgf)	schwach toniger Sand; sehr dunkelgrau (10YR 3/1); einzelne gebleichte Sandkörner, Krotowinen; Kohärent- bis Einzelkorngefüge; schwach kohlehaltig; mittel humos; mittel durchwurzelt
	−65	**gbE2** oj-s(Sgf)	reiner Sand; dunkelgelblichbraungrau (10YR 4/2); einzelne gebleichte Sandkörner; Kohärent- bis Einzelkorngefüge; schwach kohlehaltig; mittel humos; schwach durchwurzelt
	−80	**IIAeh** f-s(Sgf)	reiner Sand; dunkelgrau (10YR 4/1); gebleichte Sandkörner; Kohärent- bis Einzelkorngefüge; mittel humos; sehr schwach durchwurzelt
	−87	**IIBsh** f-s(Sgf)	reiner Sand; sehr dunkelgrau (10YR 3/1); Eisenoxid- und Humusanreicherung; Orterde, Kitt- bis Einzelkorngefüge; schwach humos
	−110	**IIBbh+ilCv** f-(k)s(Sgf)	reiner Sand, schwach kiesig; gelblichbraun, hellgraustichig (10YR 6/4); Eisenoxid- und Humusanreicherung (bänderartig); Einzelkorngefüge; sehr schwach humos
	−170+	**IIIilCv** f-(k)s(Sgf)	reiner Sand, schwach kiesig; hellgelblichbraun (10YR 6/6); Einzelkorngefüge

Quelle: B. Heinemann (Bild bearbeitet)

Abb. 46.11 Typische steile Böschung (Eschkante) zwischen Esch (Hintergrund) und einem kleinen Tal (Quelle: E. Gehrt)

Tab. 46.10 Analysendaten Profil 133

Horizont	Tiefe (cm)	Skelett (Vol.-%)	Sand (M.-%)	Schluff (M.-%)	Ton (M.-%)	Gesamtporen (Vol.-%)	Luftkapazität (Vol.-%)	nutzbare Feldkap. (Vol.-%)	Totwasser (Vol.-%)	Lagerungsdichte (g/cm³)
jAp	−25	0	88	5	7	-	-	-	-	-
gE1	−55	0	85	8	7	-	-	-	-	-
gbE2	−65	0	92	4	4	-	-	-	-	-
IIAeh	−80	0	93	2	5	-	-	-	-	-
IIBsh	−87	0	96	4	0	-	-	-	-	-
IIBbh+ilCv	−110	0	92	8	0	-	-	-	-	-
IIIilCv	−170+	0	-	-	-	-	-	-	-	-

Horizont	Tiefe (cm)	CaCO₃ (M.-%)	C_org (M.-%)	N_t (M.-%)	C/N	pH H₂O	pH CaCl₂	KAK_pot (cmol_c/kg)	BS (%)	K₂O-DL (mg/100 g)	P₂O₅-DL (mg/100 g)
jAp	−25	-	3,5	-	-	-	5,3	-	-	-	-
gE1	−55	-	1,5	-	-	-	4,0	-	-	-	-
gbE2	−65	-	1,6	-	-	-	4,4	-	-	-	-
IIAeh	−80	-	1,4	-	-	-	4,5	-	-	-	-
IIBsh	−87	-	0,8	-	-	-	4,6	-	-	-	-
IIBbh+ilCv	−110	-	0,4	-	-	-	4,6	-	-	-	-
IIIilCv	−170+	-	-	-	-	-	-	-	-	-	-

(Quelle: Landesamt für Bergbau, Energie und Geologie, Hannover)
(* = abgeleiteter Analysenwert)

Vorkommen und Ausgangsgesteine

Der hier abgebildete Boden zeigt eine typische Variante des grauen Plaggenesch. Die Böden sind insbesondere in Westniedersachsen (Emsland, Oldenburg) verbreitet. Die Entstehung ist eng mit der Heide- und Schafwirtschaft vom 12. bis zum 18. Jahrhundert verbunden. Die Heidepflege durch Abbrennen und Plaggen diente der nachhaltigen Weidenutzung. Das Plaggenmaterial wurde zur Einstreu genutzt und danach auf die hofnahen Äcker ausgebracht. Dadurch wuchs mit der Zeit ein mächtiger humoser Horizont auf. Typisch sind die Beimengungen von Holzkohleflittern und Ziegelbruchstücken, die die Anthropogenese belegen. Es wird davon ausgegangen, dass das Plaggenmaterial des grauen oder schwarzen Plaggenesch im Wesentlichen aus den Rohhumusauflagen von Heide-Podsolen gewonnen wurde und diese Herkunft sich bis heute durch die schwarze Farbe im Profil durchprägt. Auch die Holzkohlebestandteile aus Brandkultur der Heide und aus dem Hofbereich können zur Schwarzfärbung beitragen. Der gesamte anthropogene Auftrag liegt über einem Schmelzwassersand.

Bodenprozesse und -eigenschaften

Mit und nach dem Auftrag des Plaggenmaterials führten mehrere Prozesse zum heutigen Erscheinungsbild. Parallel zum Auftrag wurde das Plaggenmaterial durch Pflügen eingearbeitet. Charakteristisch für Plaggenesche sind vielzählige Grabgänge von Bodentieren (Krotowinen), die zusätzlich eine Durchmischung bewirken. Trotz der über mehrere Jahrhunderte erfolgten Plaggenwirtschaft ist auch in den tieferen Horizonten kein merklicher Humusabbau zu erkennen. Es ist also davon auszugehen, dass die organische Substanz in stabiler Form vorliegt oder stabilisiert und damit vor dem Abbau geschützt wurde. Die erhöhten Humusgehalte, ein leicht erhöhter Feinkornanteil und die günstige Porenverteilung bewirken, dass die Plaggenesche eine gute Wasser- und Nährstoffspeicherung und damit ein hohes landwirtschaftliches Ertragspotential aufweisen. Durch den sukzessiven Auftrag sind Plaggenesche wichtige Archivböden. So wurden unter den Plaggeneschen häufig eisen- und bronzezeitliche Funde konserviert. Der E-Horizont dokumentiert die mittelalterliche bis neuzeitliche Entwicklung.

Nutzung und Vegetation

Die Plaggenesche werden bis heute vorwiegend ackerbaulich genutzt. Aber auch in den landschaftstypischen hofnahen Eichenwäldchen finden sich häufig Plaggenesche und Wölbäcker. Die Anlage der Wäldchen geht in die Zeit der Flurneuordnung um 1750 bis 1800 zurück. Sie haben eine besondere Bedeutung, da sie belegen, dass die Plaggenesche in Langstreifengewannen bewirtschaftet wurden.

Gefährdung

Plaggenesche sind der allgemeinen Gefährdung durch den Verkehrswege- und Wohnungsbau ausgesetzt. Im Emsland wurden im Zuge der Meliorationen durch Tiefumbrüche von 1960 bis 1980 auch Plaggenböden mit umgebrochen, da die Flächen nicht ausgespart werden konnten. Die Plaggenesche in den hofnahen Eichenwäldchen sind als Archivböden zu beachten, da sie der intensiven Landwirtschft des 20. Jh. nicht ausgesetzt waren.

Profil 134: Subtyp Normplaggenesch (YEn)

- Bodenausgangsgestein: anthropogen aufgetragener Flugsand über Flugsand
- Varietät: brauner basenreicher (Acker)Plaggenesch über entwässertem Gley-Pseudogley (br.b.vYEn/rGG-SS)
- Typ: Plaggenesch
- Klasse: Terrestrische anthropogene Böden
- Substrattyp: oj-s(Sa)/a-s(Sa)
- WRB: Plaggic Anthrosol (Pantoarenic, Eutric, Endoprotostagnic, Bathygleyic, Endothaptoumbric)
- Bodenregion: (Überregionale) Flusslandschaften
- Ort: Grünlandfläche bei Willich, Niederrheinsches Tiefland, Krs. Viersen, Nordrhein-Westfalen
- Profilbild und Horizontabfolge: siehe Tab. 46.11
- Bodenlandschaftsbild: siehe Abb. 46.12
- Analysendaten: siehe Tab. 46.12
- Autor: Gerhard Milbert, Reinhold Roth

Vorkommen und Ausgangsgesteine

Im Niederrheinischen Tiefland klingt die Plaggenwirtschaft aus. Vor allem auf sandigen Substraten wie Flugsand und Terrassensanden finden sich kleinflächig graubraune und braune Plaggenesche im Nahbereich älterer Hofanlagen. Wie zahlreiche Flurnamen belegen, waren in früheren Jahrhunderten große Flächen am Niederrhein verheidet und dienten als Liefergebiete für die Plaggenwirtschaft.

Bodenprozesse und -eigenschaften

Der braune Plaggenesch über Pseudogley und Gley wird von drei Bodenentwicklungen gekennzeichnet, die sich zum Teil durchdringen. Der tiefere Unterboden ist vergleyt, der ursprüngliche Grundwassereinfluss ist von 13–20 dm unter Flur auf mehr als 20 dm unter Flur abgesenkt. Zwischen 8 und 14 dm unter Flur ist der Boden mäßig von Stauwasser beeinflusst. Durch Plaggenwirtschaft wurde eine ca. 6 dm mächtige Deckschicht aus humosem Sand im Verlauf von

Tab. 46.11 Profilbild und Horizontabfolge Profil 134

Profilbild	Horizontgrenze (cm)	Horizonte und ihre Eigenschaften	
Quelle: Geologischer Dienst NRW, R. Roth (Bild bearbeitet)	−38	jrAp oj-s(Sa)	schwach schluffiger Sand, sehr schwach kiesig; sehr dunkelgelblichbraungrau (10YR 3/2); sehr schwach kohlehaltig; Subpolyedergefüge; mittel humos; stark durchwurzelt
	−65	bE oj-s(Sa)	schwach schluffiger Sand, sehr schwach kiesig; sehr dunkelgelblichgraubraun (10YR 3/3); Humusanreicherung durch Plaggenwirtschaft; Subpolyedergefüge; sehr schwach kohlehaltig; schwach humos; schwach durchwurzelt
	−85	IISw-fAh a-s(Sa)	schwach schluffiger Sand; braunschwarz (10YR 2/2); fossile Humusanreicherung; Eisenoxide (fleckig, geringer Flächenanteil, und konkretionär, sehr geringer Flächenanteil); Subpolyedergefüge; sehr schwach kohlehaltig; schwach humos; sehr schwach durchwurzelt
	−120	IIfAh°Sw a-s(Sa)	schwach schluffiger Sand; braunschwarz (10YR 2/2), in Flecken dunkelorangebraun (7,5YR 4/6) und dunkelbraun (7,5YR 4/4); fossile Humusanreicherung; Eisenoxide (fleckig, mittlerer Flächenanteil) und Eisen- und Manganoxide (konkretionär, geringer Flächenanteil) und Bleichflecken (schwach ausgeprägt, sehr hoher Flächenanteil); Subpolyedergefüge; schwach humos; sehr schwach durchwurzelt
	−140	IIrGo°Sw a-s(Sa)	schwach schluffiger Sand; hellgelblichgraubraun (10YR 6/3) und in Flecken dunkelorangebraun (7,5YR 4/6); Eisenoxide (mittlerer Flächenanteil, z. T. reliktisch) und Bleichflecken (schwach ausgeprägt, sehr hoher Flächenanteil); Subpolyedergefüge
	−170	IIISd-rGo a-u(Lo)	schluffiger Lehm; dunkelbraun (7,5YR 4/4) und in Flecken gelblichbraungrau (10YR 5/2); Eisenoxide (fleckig, hoher Flächenanteil); Subpolyedergefüge
	−200+	IIIrGr a-u(Lo)	schluffiger Lehm; dunkelgelblichbraungrau (10YR 4/2), überwiegender Flächenanteil und hellgelblichgraubraun (10YR 6/3); Eisenoxide (fleckig, mittlerer Flächenanteil) und reduziertes Eisen (fast ausschließlicher Flächenanteil); Kohärentgefüge

Abb. 46.12 Der über mehrere Jahrhunderte als Acker genutzte Standort ist heute Weideland (Quelle: G. Milbert)

Tab. 46.12 Analysendaten Profil 134

Horizont	Tiefe (cm)	Skelett (Vol.-%)	Sand (M.-%)	Schluff (M.-%)	Ton (M.-%)	Gesamtporen (Vol.-%)	Luftkapazität (Vol.-%)	nutzbare Feldkap. (Vol.-%)	Totwasser (Vol.-%)	Lagerungsdichte (g/cm³)
jrAp	−38	1	77	20	3	-	-	-	-	-
bE	−65	1	81	17	2	-	-	-	-	-
IISw-fAh	−85	0	80	18	2	-	-	-	-	-
IIfAh°Sw	−120	0	80	17	3	-	-	-	-	-
IIrGo°Sw	−140	0	79	18	3	-	-	-	-	-
IIISd-rGo	−170	0	24	58	18	-	-	-	-	-
IIIrGr	−200+	0	24	58	18	-	-	-	-	-

Horizont	Tiefe (cm)	CaCO₃ (M.-%)	C_org (M.-%)	N_t (M.-%)	C/N	pH H₂O	pH CaCl₂	KAK_pot (cmol_c/kg)	BS (%)	K₂O-DL (mg/100 g)	P₂O₅-DL (mg/100 g)
jrAp	−38	-	1,2	0,1	12	6,2	-	-	-	-	-
bE	−65	-	0,8	0,1	0	5,7	-	-	-	-	-
IISw-fAh	−85	-	0,8	0,1	0	5,4	-	-	-	-	-
IIfAh°Sw	−120	-	1,0	0,1	0	5,6	-	-	-	-	-
IIrGo°Sw	−140	-	-	-	-	5,6	-	-	-	-	-
IIISd-rGo	−170	-	-	-	-	5,0	-	-	-	-	-
IIIrGr	−200+	-	-	-	-	5,0	-	-	-	-	-

Horizont	Tiefe (cm)	pH KCl	KAK_eff (cmol_c/kg)	BS_eff (%)	P_Perchlorsäure (%)
jrAp	−38	5,2	5,5	97	0,182
bE	−65	4,3	2,8	75	0,091
IISw-fAh	−85	4,1	1,8	28	0,035
IIfAh°Sw	−120	4,3	2,2	29	-
IIrGo°Sw	−140	4,4	1,6	35	-
IIISd-rGo	−170	3,8	7,0	54	-
IIIrGr	−200+	-	-	-	-

(Quelle: Geologischer Dienst Nordrhein-Westfahlen)
(* = abgeleiteter Analysenwert)

Jahrhunderten aufgetragen, die mit Holzkohle, Asche und Scherben (Hofkehricht) durchsetzt ist.

Nutzung und Vegetation

Der über mehrere Jahrhunderte als Acker genutzte Standort wird heute als Weideland genutzt. Im Sommer ist eine bedarfsangepasste Beregnung üblich.

Gefährdung

Die am Niederrhein kleinflächig vorkommenden Plaggenesche sind als Archiv der Natur- und Kulturgeschichte besonders schutzwürdig. Sie sind durch den hohen Flächenbedarf für Auskiesungen, Straßen, Wohn- und Gewerbegebiete gefährdet.

Profil 135: Subtyp Gley-Plaggenesch (GG-YE)

- Bodenausgangsgestein: anthropogen aufgetragener Flugsand über tiefem Schmelzwassersand
- Varietät: basenreicher grauer (Acker)Gley-Plaggenesch (eu.gr.vGG-YE)
- Typ: Plaggenesch
- Klasse: Terrestrische anthropogene Böden
- Substrattyp: oj-s(Sa)//f-s(Sgf)

- WRB: Plaggic Anthrosol (Pantoarenic, Eutric, Endogleyic, Thaptospodic)
- Bodenregion: Altmoränenlandschaften
- Ort: Bloherfelde, Stadt Oldenburg, Niedersachsen
- Profilbild und Horizontabfolge: siehe Tab. 46.13
- Aufgrabungsbild: siehe Abb. 46.13
- Analysendaten: siehe Tab. 46.14
- Autor: Luise Giani

Vorkommen und Ausgangsgesteine

Das Hauptverbreitungsgebiet der grauen Plaggenesche, wie es auch das Profilbeispiel darstellt, sind nährstoffarme, saaleeiszeitliche Sedimente Nordwestdeutschlands. Das Ausgangsmaterial ihrer Entwicklung sind häufig die Oberböden von Podsolen, die abgeplaggt wurden. Im Beispiel wird das aufgebrachte Plaggenmaterial von einem mit Flugsand bedecktem Schmelzwassersand unterlagert.

Bodenprozesse und -eigenschaften

Die Schaffung der Plaggenesche, deren Beginn in die Mitte des 10. Jh. n. Chr. gesetzt werden kann, hängt eng mit der Plaggenwirtschaft zusammen, deren Kennzeichnung die Einführung des „Ewigen Roggenbaus" ist. Die Einführung stellte einen ähnlich bedeutenden landwirtschaftlichen Umbruch dar wie die spätere Einführung des Mineraldüngers. Mit der Ver-

Tab. 46.13 Profilbild und Horizontabfolge Profil 135

Profilbild	Horizont-grenze (cm)	Horizonte und ihre Eigenschaften	
	−32	jAp oj-s(Sa)	reiner Sand; sehr dunkelgrau (10YR 3/1); schwach kohlehaltig; Einzelkorngefüge; stark humos; stark durchwurzelt
	−65	gE oj-s(Sa)	reiner Sand; dunkelgrau (10YR 4/1); Einzelkorngefüge; schwach kohlehaltig; stark humos; stark durchwurzelt
	−72	IIfAe+Bh+Bs a-s(Sa)	reiner Sand; braunschwarz (10YR 2/2); Einzelkorn- und Kittgefüge; stark humos; schwach durchwurzelt
	−87	IIGo1 a-s(Sa)	reiner Sand; gelblichbraun, hellgraustichig (10YR 6/4); Eisenoxide (konkretionär, sehr hoher Flächenanteil) und Manganoxide (konkretionär, sehr hoher Flächenanteil); Einzelkorngefüge; schwach humos; sehr schwach durchwurzelt
	−155	IIIGo2 f-s(Sgf)	reiner Sand; gelblichbraun, hellgraustichig (10YR 6/4); Eisenoxide (fleckig, hoher Flächenanteil); Einzelkorngefüge
	−170+	IIIGr f-s(Sgf)	reiner Sand; fahlgelblichbraun (10YR 8/3); reduziertes Eisen (diffus verteilt, fast ausschließlicher Flächenanteil); Einzelkorngefüge

Quelle: L.Giani (Bild bearbeitet)

Abb. 46.13 Plaggeneschgräben, freigelegt durch eine archäologische Grabung (Quelle: L. Giani)

Tab. 46.14 Analysendaten Profil 135

Horizont	Tiefe (cm)	Skelett (Vol.-%)	Sand (M.-%)	Schluff (M.-%)	Ton (M.-%)	Gesamtporen (Vol.-%)	Luftkapazität (Vol.-%)	nutzbare Feldkap. (Vol.-%)	Totwasser (Vol.-%)	Lagerungsdichte (g/cm³)
jAp	−32	0	85	10	5	55	32	12	11	1,2
gE	−65	0	86	9	5	50	29	9	12	1,4
IIfAe+Bh+Bs	−72	0	88	8	4	52	31	11	10	1,3
IIGo1	−87	0	93	5	2	39	26	8	5	1,6
IIIGo2	−155	0	95	4	1	36	23	8	5	1,7
IIIGr	−170+	0	98	2	0	39	26	8	5	1,6

Horizont	Tiefe (cm)	$CaCO_3$ (M.-%)	C_{org} (M.-%)	N_t (M.-%)	C/N	pH H_2O	pH $CaCl_2$	KAK_{pot} (cmol$_c$/kg)	BS (%)	K_2O-DL (mg/100 g)	P_2O_5-DL (mg/100 g)
jAp	−32	-	2,5	0,1	-	5,2	4,3	11	88	10	33
gE	−65	-	2,9	-	-	4,8	4,1	12	89	6	32
IIfAe+Bh+Bs	−72	-	2,4	-	-	4,9	4,3	14	87	3	15
IIGo1	−87	-	0,6	-	-	5,2	4,6	4	72	3	1
IIIGo2	−155	-	-	-	-	5,2	4,6	2	100	3	0
IIIGr	−170+	-	-	-	-	5,5	4,8	1	100	4	0

Horizont	Tiefe (cm)	P_t (mg/kg)	P_{Citrat} (mg/kg)
jAp	−32	1055,7	586,2
gE	−65	698,7	262,2
IIfAe+Bh+Bs	−72	518,2	234,6
IIGo1	−87	116,9	41,4
IIIGo2	−155	84,5	28,7
IIIGr	−170+	33,6	16,0

(Quelle: Arbeitsgruppe Bodenkunde, Universität Oldenburg)

(* = abgeleiteter Analysenwert)

besserung der Plaggeneschstandorte war eine Degradation der Plaggenentnahmeflächen verbunden, die die Podsolierung förderte. Im Zuge der Plaggenwirtschaft wurden Plaggen in der gemeinen Mark geschlagen. Als Plaggen wird Gras-, Kraut- und Strauchvegetation mitsamt Wurzelwerk und anhaftendem Bodenmaterial bezeichnet. Heideplaggen, wie im Beispiel verwendet, wurden am häufigsten gehauen. Die Plaggen wurden als Streu in die Tiefställe gebracht, mit dem Kot des Viehs angereichert oder kompostiert und dann als Dung auf die Felder gefahren, meist in unmittelbarer Dorfnähe. In Nordwestdeutschland war es auch üblich, die Plaggenwirtschaft mit der Anlage von Plaggengräben zu beginnen, um wertvolles Bodenmaterial aus dem Untergrund an die Oberfläche und umgekehrt ausgelaugtes Oberbodenmaterial in die Tiefe zu verfrachten. Im Laufe der Zeit wurden 70–120 cm mächtige, humose E-Horizonte ausgebildet, die aufgrund ihrer anthropogenen Genese Beimengungen von Asche und Ziegeln sowie Reste von Gebrauchsgegenständen enthalten. Hohe Phosphatgehalte von 1000–2000 mg/kg und mehr sind gegenwärtige chemische Kennzeichen ehemaliger Plaggenwirtschaft.

Nutzung und Vegetation

Historisches Nutzungskennzeichen ist der „Ewige Roggenbau". Darüber hinaus werden andere Getreide und Kartoffeln angebaut, die inzwischen stark vom Mais verdrängt werden. In Nordwestdeutschland werden Plaggenesche auch bevorzugt als Baumschulstandorte genutzt.

Gefährdung

Plaggenesche sind landschaftsgeschichtliche Urkunden. Im Vergleich zu den umgebenden natürlichen Böden ist auch ihre Funktion im Landschaftswasserhaushalt sowie ihre Produktionsfunktion von Bedeutung. Aufgrund ihrer Eigenschaften und Lage besteht darüber hinaus eine zunehmende Gefährdung durch Bebauung und Baumschulnutzung.

Profil 136: Subtyp Hortisol über Pseudogley (YO/SS)

- Bodenausgangsgestein: Fließerdefolge aus Geschiebe- und Lösslehm
- Varietät: mittelbasischer (Mull)Hortisol über Pseudogley (m.muYO/SS)
- Typ: Hortisol
- Klasse: Terrestrische anthropogene Böden
- Substrattyp: om-(k)u(Lg,Lol)/p-(k)u(Lg,Lol)
- WRB: Orthoeutric Mollic Stagnosol (Humic, Epiraptic, Pantosiltic, Hortic)
- Bodenregion: Mittel- und süddeutsche Löss- und Sandlösslandschaften

- Ort: Ebersbach, Lkr. Görlitz, Sachsen
- Profilbild und Horizontabfolge: siehe Tab. 46.15
- Bodenlandschaftsbild: siehe Abb. 46.14
- Analysendaten: siehe Tab. 46.16
- Autor: Ralf Sinapius

Vorkommen und Ausgangsgesteine

Hortisole (Gartenböden) finden sich auf unterschiedlichen, bevorzugt kulturfreundlichen Ausgangsgesteinen. Das Beispielprofil befindet sich in einer Kleingartenanlage im Oberlausitzer Bergland. Das Substrat besteht aus einer Lösslehm-Fließerde mit Geschiebelehmanteilen.

Bodenprozesse und -eigenschaften

Hortisole entwickeln sich aus der regelmäßigen starken Zufuhr organischer Substanz durch die Aufbringung von Humusdünger und intensiver Bodenbearbeitung. Das Bodenprofil ist das Ergebnis eines Grünlandumbruches vor ca. 40 Jahren und nachfolgender privatgärtnerischer Bewirtschaftung. Kompost- und Mulchwirtschaft sowie die vorsichtige mechanische Bearbeitung führten zu einer offenen bis halboffenen Krümelstruktur bis etwa 4 dm Tiefe (Ah, rAp, Ex). Deutlich sind die frühere Bearbeitungsgrenze und darunter befindliche Regenwurmröhren und Krotowinen zu erkennen. Mit zunehmender Tiefe ist der ursprüngliche Pseudogley ausgebildet. Der Stauhorizont mit Bleichadern und Rostfleckung setzt bei ca. 8 dm ein (Sd). Stauender Einfluss zeigt sich aber bereits ab 5,5 dm (Sdw). Die Tiefenentwicklungen von Humosität, Lagerungsdichte und Luftkapazität spiegeln den erreichten Bodenzustand wider. Die niedrigen pH-Werte zeigen den primär ungünstigen Ausgangszustand.

Nutzung und Vegetation

Ausgeprägte Pseudogleye aus Lösslehm-Fließerden mit Geschiebelehmanteilen, hier als unterlagerter Bodentyp des Hortisols, werden vorrangig als Grünland- und Forststandorte genutzt. Bei entsprechender Bewirtschaftung und Drainage ergeben sie auch gute Acker- und Gartenstandorte. Gartenböden sind besonders in städtischen Ballungsräumen wertvoll, da sie eine deutlich höhere Funktionalität gegenüber den technogenen Stadtböden besitzen.

Gefährdung

Die schluffig-tonigen Lösslehme sind verdichtungs- und verschlämmungsgefährdet. In der Vergangenheit führte unkontrollierter, nicht sachgerechter Einsatz von Pflanzenschutzmitteln zur Kontamination von Gartenböden. Die Hortisole der urbanen Regionen sind teilweise von Umnutzung bedroht.

Tab. 46.15 Profilbild und Horizontabfolge Profil 136

Profilbild	Horizont-grenze (cm)	Horizonte und ihre Eigenschaften	
	−5	**Ah** om-(k)u(Lg,Lol)	sandig-lehmiger Schluff, schwach kiesig; sehr dunkelgelblichbraungrau (10YR 3/2); Krümelgefüge; stark humos; mittel durchwurzelt
	−35	**rAp** om-(k)u(Lg,Lol)	sandig-lehmiger Schluff, schwach kiesig; sehr dunkelgelblichgraubraun (10YR 3/3); Krümelgefüge; stark humos; mittel durchwurzelt
	−40	**Ex** om-u(Lg,Lol)	mittel toniger Schluff, sehr schwach kiesig; dunkelgelblichbraungrau (10YR 4/2); Krümel- und Subpolyedergefüge; stark humos; mittel durchwurzelt
	−55	**IISw** p-u(Lg,Lol)	mittel toniger Schluff, sehr schwach kiesig; gelblichbraungrau (10YR 5/2) und sehr hellgelblichgraubraun (10YR 7/3); Eisenoxide (fleckig, hoher Flächenanteil) und Eisen- und Manganoxide (konkretionär, mittlerer Flächenanteil) und Bleichflecken (vorherrschender Flächenanteil); Subpolyedergefüge; mittel humos; schwach durchwurzelt
	−83	**IISdw** p-(k)u(Lg,Lol)	mittel toniger Schluff, schwach kiesig; bräunlichgrau, hellolivstichig (2,5Y 6/2) und hellgelbbraun (10YR 6/8); Eisenoxide (schwach marmoriert, sehr hoher Flächenanteil) und Eisen- und Manganoxide (konkretionär, mittlerer Flächenanteil) und Bleichflecken (überwiegender Flächenanteil); Polyedergefüge; sehr schwach humos; schwach durchwurzelt
	−120+	**IISd** p-u(Lg,Lol)	mittel toniger Schluff, sehr schwach kiesig; hellorangebraun (7,5YR 6/8) und hellolivgrau (5Y 6/2); Eisenoxide (stark marmoriert, vorherrschender Flächenanteil) und Bleichflecken (hoher Flächenanteil); Polyedergefüge; sehr schwach humos; sehr schwach durchwurzelt

Quelle: R. Sinapius (Bild bearbeitet)

Abb. 46.14 Die Kleingartenanlagen mit Hortisolen erfüllen wertvolle stadtökologische und soziale Funktionen, hier eine über 100jährige Gartensparte in Leipzig (Quelle: R. Sinapius)

Tab. 46.16 Analysendaten Profil 136

Horizont	Tiefe (cm)	Skelett (Vol.-%)	Sand (M.-%)	Schluff (M.-%)	Ton (M.-%)	Gesamtporen (Vol.-%)	Luftkapazität (Vol.-%)	nutzbare Feldkap. (Vol.-%)	Totwasser (Vol.-%)	Lagerungsdichte (g/cm³)
Ah	−5	3	22	62	16	61	25	24	12	1,14
rAp	−35	3,1	22	61	17	61	25	24	12	1,15
Ex	−40	1,9	19	65	16	52	13	24	15	1,38
IISw	−55	1,5	13	73	14	44	3	25	15	1,60
IISdw	−83	3,1	15	72	13	41	5	22	13	1,69
IISd	−120+	1,9	18	66	16	39	4	22	13	1,75

Horizont	Tiefe (cm)	CaCO₃ (M.-%)	C_{org} (M.-%)	N_t (M.-%)	C/N	pH H₂O	pH CaCl₂	KAK_{pot} (cmol$_c$/kg)	BS (%)	K₂O-DL (mg/100 g)	P₂O₅-DL (mg/100 g)
Ah	−5	-	2,8	0,22	13	-	4,6	-	-	-	-
rAp	−35	-	3	0,22	14	-	4,6	-	-	-	-
Ex	−40	-	2,4	0,19	13	-	4,4	-	-	-	-
IISw	−55	-	1,2	0,09	13	-	4,4	-	-	-	-
IISdw	−83	-	0,5	0,04	12	-	4,3	-	-	-	-
IISd	−120+	-	0,2	0,02	10	-	4,2	-	-	-	-

(Quelle: Sächsisches Landesamt für Umwelt, Landwirtschaft und Geologie)

(* = abgeleiteter Analysenwert)

Profil 137: Subtyp Pseudogley-Rigosol (SS-YY)

- Bodenausgangsgestein: Sandlöss über Geschiebelehm
- Varietät: basenreicher (Acker)Parabraunerde-Pseudogley-Rigosol (eu.vLL-SS-YY)
- Typ: Rigosol
- Klasse: Terrestrische anthropogene Böden
- Substrattyp: p-u(Los)/p-(k)l(Lg)
- WRB: Amphialbic Endostagnic Luvisol (Aric, Cutanic, Differentic, Hypereutric, Katoloamic, Ochric, Endoraptic, Episiltic, Relictiturbic)
- Bodenregion: Mittel- und süddeutsche Löss- und Sandlösslandschaften
- Ort: Schmedenstedt, Lkr. Peine, Niedersachsen
- Profilbild und Horizontabfolge: siehe Tab. 46.17
- Profilausschnittbild: siehe Abb. 46.15
- Analysendaten: siehe Tab. 46.18
- Autor: Ernst Gehrt

Vorkommen und Ausgangsgesteine

Die hier gezeigte Pseudogley-Parabraunerde ist an Gebiete mit Sandlöss über Geschiebelehm im Norddeutschen Flachland gebunden und ist dort der typische und weit verbreitete Boden. Der Sandlöss der Hauptlage, begrenzt von einer Kiesanreicherung an der Basis, bedeckt eine sandige Zwischenlage über einer Basislage aus Geschiebelehm.

Bodenprozesse und -eigenschaften

Die Merkmale der Bodengenese zeichnen die Spuren der periglaziären Prägung (Kryoturbation und Eiskeile) nach. Der Bt-Swd-Horizont zeigt deutlich die klassischen Merkmale der Pseudovergleyung. Die vertikalen Risse weisen eine Nassbleichung auf. Am Rand der Risse kommt es durch den in der Matrix eingeschlossenen Sauerstoff zur Oxidation. Die an sich braune Matrix des Geschiebelehms ist durch fein verteiltes Eisen leicht hydromorph. Auch wenn die Tongehaltsdifferenz zwischen Al- und Bt-Horizont durch die Schichtung vorgegeben ist, sind doch die Tonbeläge ein sicheres Zeichen der Tonverlagerung. Im Dünnschliff werden zwei Phasen der Tonverlagerung erkennbar: Alt ist doppelbrechend, in zerstörten Fragmenten; die jungen noch in situ befindlichen Tonbeläge überlagern die älteren gebrochenen Fragmente. Im Sand umschließen die rotbraunen älteren Tonbeläge die einzelnen Körner. Die jüngsten Bodenprozesse sind die Humusanreicherung und die Pflugdurchmischung durch den heutigen Ackerbau. Der Boden hat ein mittleres landwirtschaftliches Ertragspotential, bei guter Wasserhaltung durch den Lehm ist der Boden gegenüber den benachbarten Sandböden gerade für den Rübenanbau bevorzugt.

Nutzung und Vegetation

Die Standorte werden vorwiegend ackerbaulich genutzt. Siedlungsfern und bei stärkerer Vernässung finden sich auch Laubwälder mit forstlicher Nutzung. Aufgrund der weitverbreiteten Beetkultur (Wölbäcker) kann davon ausgegangen werden, dass diese einen deutlichen Einfluss hatte. Bei eingeebneten Wölbäckern ist davon auszugehen, dass der Al-Horizont häufig gestört ist. Sichere Anzeichen sind kleine Holzkohlestückchen und verlagerte Eisenkonkretionen. Diese Erscheinungen können örtlich auch mit Baumstürzen zusammenhängen.

Gefährdung

Zur Sicherung der Erträge in nassen Jahren werden die Standorte drainiert und damit der Wasserhaushalt beeinflusst. Abgesehen von den generellen Gefährdungen durch Überbauung ist der Bestand stabil.

Tab. 46.17 Profilbild und Horizontabfolge Profil 137

Profilbild	Horizont-grenze (cm)	Horizonte und ihre Eigenschaften	
	−30	**Ap** p-u(Los)	sandig-lehmiger Schluff, sehr schwach kiesig; dunkelgelblichbraun, graustichig (10YR 4/4); Krümel- und Kohärentgefüge; schwach humos; mittel durchwurzelt
	−52	**Al-R** p-(k)s(Los)	stark schluffiger Sand, schwach kiesig; gelblichgraubraun (10YR 5/3); Eisenoxide (konkretionär, sehr geringer Flächenanteil); Kohärentgefüge; schwach humos; mittel durchwurzelt
	−65	**IIBt+Al-Sw** p-(k)s(Lg)	mittel lehmiger Sand, mittel kiesig; gelblichgraubraun (10YR 5/3); Tonbeläge (auf Aggregaten und an Wurzelbahnen); Eisenoxide (fleckig, sehr hoher Flächenanteil) und Bleichflecken (sehr hoher Flächenanteil); Kohärentgefüge; sehr schwach humos; schwach durchwurzelt
	−100+	**IIBt-Swd** p-(k)l(Lg)	stark lehmiger Sand, mittel kiesig; gelblichbraun (10YR 5/6); Tonbeläge (auf Aggregaten); Eisenoxide (fleckig, hoher Flächenanteil (in Eiskeilstrukturen mit sehr hohem Flächenanteil)) und Bleichung (entlang von Rissen, hoher Flächenanteil); Subpolyeder- und Kohärentgefüge; sehr schwach humos

Quelle: E. Gehrt (Bild bearbeitet)

Abb. 46.15 Detailansicht Bt-Swd mit Pseudogley-Merkmalen (Quelle: E. Gehrt)

Tab. 46.18 Analysendaten Profil 137

Horizont	Tiefe (cm)	Skelett (Vol.-%)	Sand (M.-%)	Schluff (M.-%)	Ton (M.-%)	Gesamtporen (Vol.-%)	Luftkapazität (Vol.-%)	nutzbare Feldkap. (Vol.-%)	Totwasser (Vol.-%)	Lagerungsdichte (g/cm³)
Ap	−30	1	33	58	9	-	-	-	-	-
Al-R	−52	2	46	47	7	-	-	-	-	-
IIBt+Al-Sw	−65	-	-	-	-	-	-	-	-	-
IIBt-Swd	−100+	2	67	20	13	-	-	-	-	-

Horizont	Tiefe (cm)	CaCO₃ (M.-%)	C_org (M.-%)	N_t (M.-%)	C/N	pH H₂O	pH CaCl₂	KAK_pot (cmol_c/kg)	BS (%)	K₂O-DL (mg/100 g)	P₂O₅-DL (mg/100 g)
Ap	−30	-	0,8	-	-	-	7,3	-	-	67	-
Al-R	−52	-	0,5	-	-	-	7,3	-	-	59	-
IIBt+Al-Sw	−65	-	-	-	-	-	-	*	-	-	-
IIBt-Swd	−100+	-	0,1	-	-	-	7,4	-	-	86	-

(Quelle: Landesamt für Bergbau, Energie und Geologie, Hannover)
(* = abgeleiteter Analysenwert)

Profil 138: Subtyp Pseudogley-Rigosol (SS-YY)

- Bodenausgangsgestein: Löss- und Tonmergelstein über Fließerde aus Tonmergelstein
- Varietät: kalkhaltiger (Acker)Pseudogley-Rigosol (c. vSS-YY)
- Typ: Rigosol
- Klasse: Terrestrische anthropogene Böden
- Substrattyp: om-(z)l(Lo,^mk,t)/p-(z)et(^mk,t)
- WRB: Hypereutric Planosol (Aric, Endoclayic, Humic, Anoloamic, Endoraptic, Epirelocatic)
- Bodenregion: Mittel- und süddeutsche Löss- und Sandlösslandschaften
- Ort: Hochheim, Main-Taunus-Kreis, Hessen
- Profilbild und Horizontabfolge: siehe Tab. 46.19
- Bodenlandschaftsbild: siehe Abb. 46.16
- Analysendaten: siehe Tab. 46.20
- Autor: Karl-Josef Sabel

Vorkommen und Ausgangsgesteine

Rigosole entstehen als terrestrischer anthropogener Boden durch den gelegentlichen Tiefumbruch, das Rigolen. Diese Bewirtschaftungstechnik ist in allen rezenten und ehemaligen Weinanbaugebieten verbreitet. Wie im vorliegenden Beispiel aus Hochheim am Main wird der ursprüngliche Boden ganz oder teilweise aufgearbeitet. Da Weinberge bevorzugt an steilen Hangflanken mit flachgründigen Böden angelegt sind, wird beim Rigolen oft auch unverwittertes Ausgangsgestein und fremdes Bodenmaterial eingemischt. An diesem Standort wurden periglaziäre Lagen miteinander vermengt, also i. W. die Hauptlage (vorwiegend aus Löss) und die unmittelbar folgende Lage (vorwiegend aus Tonmergelstein).

Bodenprozesse und -eigenschaften

Vor einer Neubestockung wird der Weinberg tiefgründig (40–80 cm) umgegraben, heute meist gepflügt. Durch die wiederholten Rigolmaßnahmen werden die natürlichen pedogenen Horizontabfolgen zerstört. Ziel des massiven Eingriffs sind die Verbesserung der Standortbedingungen und die pflanzenwuchsfördernde Vergrößerung und Lockerung des Wurzelraumes. Daneben waren vor der „Kunstdüngerzeit" Überschieferung und Mergelauftrag sowie Lössüberdeckung usw. üblich. Der Pflughorizont entsteht durch die jährliche Bearbeitung der Rebzeilen.

Nutzung und Vegetation

Die bewirtschaftete Weinbaufläche ist seit dem 19. Jahrhundert nach dem vernichtenden Reblausbefall erheblich zurückgegangen. In den Weinbergen werden seitdem in Deutschland wie auch sonst in Mitteleuropa ausschließlich Pfropfreben angepflanzt, die der Reblaus widerstehen. Konkurrierende Vegetation ist auf begrünte Rebzeilen beschränkt.

Gefährdung

Bodenerosion war und ist immer noch das Gefährdungspotential in Weinbergen schlechthin. Da die Weinberge bevorzugt in Hanglagen angelegt sind, die Rebzeilen überwiegend mit dem Hanggefälle verlaufen und die Zeilen immer noch meist mangelhaft begrünt sind, wirken sich Starkniederschläge ganz erheblich aus. Daneben spielt die Nitratauswaschung vor allem in den verbreitet skelettreichen, feinbodenarmen Weinbergen mit geringer Feldkapazität eine Rolle. Zur Bodenverbesserung wird nach wie vor Fremdmaterial wie Erdaushub, Kohleschlacken, Schlamm, Kompost usw. eingebracht. Daneben finden sich in den Rigosolen lokal erhebliche Kupferanreicherungen, die auf den einstigen Einsatz von kupferhaltigen Spritzmitteln zurückzuführen sind.

Tab. 46.19 Profilbild und Horizontabfolge Profil 138

Profilbild	Horizont-grenze (cm)	Horizonte und ihre Eigenschaften	
	−15	**Ap** om-(z)l(Lo,^mk,t)	stark sandiger Lehm, schwach grusig; sehr dunkelgelblichbraungrau (10YR 3/2); Subpolyedergefüge; carbonatarm; sehr stark humos; mittel durchwurzelt
	−60	**R** om-(z)l(Lo,^mk,t)	sandig-toniger Lehm, schwach grusig; dunkelbraun (7,5YR 4/4); Humusflecken (diffus, schwach ausgeprägt, sehr hoher Flächenanteil); carbonatarm; schwach humos
	−90	**IIeSdw** p-(z)et(^mk,t)	lehmiger Ton, schwach grusig; dunkelgelblichgraubraun (10YR 4/3); Eisenoxide (fleckig, sehr hoher Flächenanteil) und Bleichflecken (schwach ausgeprägt, überwiegender Flächenanteil); Polyedergefüge; carbonatreich; sehr schwach durchwurzelt
	−130+	**IIISd-elCv** p-(z)et(^mk,t)	lehmiger Ton, schwach grusig; hellgrauolivbraun (2,5Y 6/3); Eisenoxide (marmoriert, mittlerer Flächenanteil) und Bleichflecken (mittlerer Flächenanteil); Polyedergefüge; sehr carbonatreich

Quelle: Hessisches Landesamt für Naturschutz, Umwelt und Geologie (Bild bearbeitet)

Abb. 46.16 Weinberge an der Bergstraße (Quelle: K-J. Sabel)

Tab. 46.20 Analysendaten Profil 138

Horizont	Tiefe (cm)	Skelett (Vol.-%)	Sand (M.-%)	Schluff (M.-%)	Ton (M.-%)	Gesamtporen (Vol.-%)	Luftkapazität (Vol.-%)	nutzbare Feldkap. (Vol.-%)	Totwasser (Vol.-%)	Lagerungsdichte (g/cm³)
Ap	−15	6	53	26	21	-	-	-	-	-
R	−60	6	47	27	26	-	-	-	-	-
IIeSdw	−90	6	12	26	62	-	-	-	-	-
IIISd-elCv	−130+	6	11	27	62	-	-	-	-	-

Horizont	Tiefe (cm)	$CaCO_3$ (M.-%)	C_{org} (M.-%)	N_t (M.-%)	C/N	pH H_2O	pH $CaCl_2$	KAK_{pot} ($cmol_c$/kg)	BS (%)	K_2O-DL (mg/100 g)	P_2O_5-DL (mg/100 g)
Ap	−15	1,6	6,0	0,35	179	7,1	6,9	27,5	-*	-*	-*
R	−60	1,0	0,8	0,07	11	7,9	7,4	14,8	-*	-*	-*
IIeSdw	−90	22,8	-	-	-	8,0	7,7	23,2	-*	-*	-*
IIISd-elCv	−130+	27,2	-	-	-	8,1	7,7	21,5	-*	-*	-*

(Quelle: Hessisches Landesamt für Naturschutz, Umwelt und Geologie)
(* = abgeleiteter Analysenwert)

Profil 139: Subtyp Erdniedermoor-Rigosol (KV-YY)

- Bodenausgangsgestein: Niedermoortorf mit Seelehm über Seelehm über Flusssand
- Varietät: mittelbasischer entwässerter (Acker) Erdniedermoor-Rigosol (m.r.vKV-YY)
- Typ: Rigosol
- Klasse: Terrestrische anthropogene Böden
- Substrattyp: om-H(Fsl,Hn)/f-l(Fsl)/f-s(Sf)
- WRB: Endogleyic Umbrisol (Anthric, Arenic, Aric, Drainic, Endoeutric, Hyperhumic, Amphiraptic, Epirelocatic)
- Bodenregion: Altmoränenlandschaften
- Ort: Boxberg/Oberlausitz, Lkr. Görlitz, Sachsen
- Profilbild und Horizontabfolge: siehe Tab. 46.21
- Bodenlandschaftsbild: siehe Abb. 46.17
- Analysendaten: siehe Tab. 46.22
- Autor: Ralf Sinapius

Vorkommen und Ausgangsgesteine

Die Rigosole der Oberlausitz befinden sich auf grundwassernahen Standorten, die teilweise ehemalige flache Niedermoore und Anmoore darstellten. Der Name Lausitz leitet sich vom sorbischen „Luža" ab, was etwa Sumpf oder Lache bedeutet und auf den historischen Landschaftscharakter weist. Die oberflächennahen Grundwässer befinden sich flächendeckend in periglaziär-fluviatilen Sanden der Weichselzeit sowie flachen holozänen Niederungen. Lokal existieren in der Oberlausitz dem Rigosol ähnliche Böden auch auf historischen Weinbergen und auf Obstanbauflächen auf unterschiedlichen Gesteinen.

Bodenprozesse und -eigenschaften

Das vorliegende Profil entwickelte sich als Ergebnis der langjährigen historischen Nutzung, Melioration und Kultivierung eines flachen Niedermoores. Während der vergangenen 50 Jahre (ab ca. 1960) erfuhr der Standort auch intensiven Ackerbau. Der Bodenaufbau zeigt zwei landwirtschaftliche Bearbeitungstiefen. Bis 2 dm reicht die gegenwärtige Pflugtiefe. Der krümelige Oberboden enthält ca. 30 % Humus aus dem sehr stark zersetzten Torf. Im darunter befindlichen Tiefpflughorizont steigt der Humusgehalt auf ca. 50 % an. In der Fläche schwanken die Humusgehalte deutlich. Der Tiefpflughorizont gehört bereits zum oberen Grundwasserschwankungsbereich, der sich profilmorphologisch nicht erkennen lässt. Darunter ist in einem Seelehm ein grundwasserbeeinflusster Horizont mit überwiegend oxischen Verhältnissen ausgebildet, der einen ehemaligen Gewässergrund-Horizont überprägt. Der Go-Horizont geht ab 10,5 dm Tiefe in den ständig wassergesättigten Gr-Horizont über.

Nutzung und Vegetation

Rigosole sind Kultosole und typischerweise auf Weinbergen ausgebildet. Aber auch in anderen landwirtschaftlichen Nutzungen wurde und wird der Boden tiefreichend bearbeitet. Mit der sozialistischen Kollektivierung der Landwirtschaft in der DDR nach 1950 war auch eine Neuerschließung und Intensivierung der landwirtschaftlichen Melioration und Produktion auf ungünstigen Standorten verbunden. Auf den Nassböden der nördlichen Oberlausitz mischte man durch Tiefpflügen die organischen Ober- mit den mineralischen Unterböden und verbesserte Gefüge und Lufthaushalt. Begünstigt wurde die landwirtschaftliche Nutzung der nassen Standorte durch die Trockenlegung in den Grundwasserabsenkungsgebieten der vergangenen Braunkohlentagebaue der unmittelbaren Umgebung. In der Gegenwart mit wiederangestiegenem Grundwasser sind diese Flächen teilweise von Überflutung betroffen. An dem beschriebenen Standort führte im Jahr 2010 ein mehrwöchiges hohes, teils über Flur stehendes Grundwasser zum vollständigen Ernteausfall.

Tab. 46.21 Profilbild und Horizontabfolge Profil 139

Profilbild	Horizont-grenze (cm)	Horizonte und ihre Eigenschaften	
	−20	**R-nHp** om-H(Fsl,Hn)	Niedermoortorf mit Seelehm; sehr dunkelgrau (10YR 3/1); Krümelgefüge; organisch; mittel durchwurzelt
	−50	**nHv-R** om-H(Fsl,Hn)	Niedermoortorf mit Seelehm; sehr dunkelbräunlichgrau (7,5YR 3/1); Krümel- und Bröckelgefüge; organisch; schwach durchwurzelt
	−62	**IIfFh°Go** f-l(Fsl)	stark sandiger Lehm; graubraun (7,5YR 5/3); Eisenoxide (fleckig, geringer Flächenanteil) und Eisen- und Manganoxide (konkretionär, geringer Flächenanteil); Subpolyedergefüge; mittel humos; schwach durchwurzelt
	−108	**IIIrGr°Go** f-s(Sf)	reiner Sand; bräunlichgrau, hellolivstichig (2,5Y 6/2); Humusflecken (diffus, geringer Flächenanteil); Eisenoxide (fleckig, hoher Flächenanteil) und Eisen- und Manganoxide (konkretionär, geringer Flächenanteil); Subpolyedergefüge; sehr schwach humos; schwach durchwurzelt
	−140+	**IIIGr** f-s(Sf)	reiner Sand; hellgrünlichgrau (5GY 6/1); Humusbänder (oben, sehr hoher Flächenanteil); reduziertes Eisen (diffus, fast ausschließlicher Flächenanteil); Einzelkorngefüge; sehr schwach humos; sehr schwach durchwurzelt

Quelle: R. Sinapius (Bild bearbeitet)

Abb. 46.17 In der nördlichen Oberlausitz dominieren Grundwasserböden, die auch großflächig und intensiv landwirtschaftlich genutzt werden (Quelle: R. Sinapius)

Tab. 46.22 Analysendaten Profil 139

Horizont	Tiefe (cm)	Skelett (Vol.-%)	Sand (M.-%)	Schluff (M.-%)	Ton (M.-%)	Gesamtporen (Vol.-%)	Luftkapazität (Vol.-%)	nutzbare Feldkap. (Vol.-%)	Totwasser (Vol.-%)	Lagerungsdichte (g/cm³)
R-nHp	−20	0*	-	-	-	-	-	-	-	-
nHv-R	−50	0*	-	-	-	-	-	-	-	-
IIfFh°Go	−62	0	62	16	22	-	-	-	-	-
IIIrGr°Go	−108	0	99	1	0	-	-	-	-	-
IIIGr	−140+	0	98	1	1	-	-	-	-	-

Horizont	Tiefe (cm)	CaCO₃ (M.-%)	C_org (M.-%)	N_t (M.-%)	C/N	pH H₂O	pH CaCl₂	KAK_pot (cmol_c/kg)	BS (%)	K₂O-DL (mg/100 g)	P₂O₅-DL (mg/100 g)
R-nHp	−20	-	17,4	0,85	20	-	4,1	-	-	16	5
nHv-R	−50	-	24,9	1,03	24	-	4,4	-	-	5	2
IIfFh°Go	−62	-	2,1	0,11	19	-	4,7	-	-	2	2
IIIrGr°Go	−108	-	0,2	<0,01	-	-	4,5	-	-	<1	1
IIIGr	−140+	-	0,2	<0,01	-	-	4,7	-	-	<1	1

(Quelle: Sächsisches Landesamt für Umwelt, Landwirtschaft und Geologie)
(* = abgeleiteter Analysenwert)

Gefährdung

Erdniedermoor-Rigosole sind sensibel für Stoffausträge durch die Grundwassernähe. Bei Trockenperioden unterliegen sie auch der Winderosion. Lokal besteht Hochwassergefährdung.

Profil 140: Subtyp Treposol aus Podsol (PP-YU)

- Bodenausgangsgestein: Schmelzwasser- und Decksand über Schmelzwassersand
- Varietät: basenreicher (Acker)Treposol aus Podsol (eu. vPP-YU)
- Typ: Treposol
- Klasse: Terrestrische anthropogene Böden
- Substrattyp: om-s(Sgf,Sp)/f-s(Sgf)
- WRB: Eutric Arenosol (Aric, Humic, Nechic, Spodi-Epirelocatic)
- Bodenregion: Altmoränenlandschaften
- Ort: Molbergen, Lkr. Cloppenburg, Niedersachsen
- Profilbild und Horizontabfolge: siehe Tab. 46.23
- Historisches Bild: siehe Abb. 46.18
- Analysendaten: siehe Tab. 46.24
- Autor: Luise Giani

Vorkommen und Ausgangsgesteine

Treposole aus Podsol sind tief gepflügte Podsole, wie sie in der norddeutschen Tiefebene vorkommen. Sandiges, quarzreiches Lockersediment bildet deshalb für das anthropogene Solum und den Untergrund das Ausgangsgestein. Über die tatsächliche Verbreitung der Treposole aus Podsol liegen nur ungenügende Kenntnisse vor. So sind vermutlich die Angaben in der Bodenübersichtskarte 1 : 50.000 des niedersächsischen Landesamts für Bergbau, Energie und Geologie um den Faktor 3 zu gering.

Nach Schätzungen wird von einem Flächenanteil von ca. 120.000 Hektar ausgegangen.

Bodenprozesse und -eigenschaften

Der charakteristische Bodenbildungsprozess der Treposole ist das einmalige Tiefpflügen. Die Pflugtiefen waren zunächst ca. 0,4–0,7 m, die vor allem nach dem zweiten Weltkrieg bis auf ca. 2,50 m Bodentiefe drastisch vergrößert wurden. Grundsätzliche technische Voraussetzung war die Entwicklung des Dampfpflugs 1860. Kurz danach wurde der Dampfpflug zunächst bei Großgrundbesitzern im Ostelbischen Gebiet und in Mecklenburg, dann in den Börden zur Verbesserung der Parabraunerden für den Zuckerrübenanbau eingesetzt. Ende des 19. Jahrhunderts erweiterte sich die Anwendung zur Aufforstung sog. Ödlandgebiete, vor allem in Nordwestdeutschland, und damit auf die Podsole. Nach dem zweiten Weltkrieg wurde vor allem mit der Besiedlung des Emslandes das Tiefpflügen auch zur Schaffung von Ackerflächen eingesetzt. Aufgrund des Fehlens genügend großer Anwendungsflächen und der unflexiblen Einsatzmöglichkeit findet das Tiefpflügen heute kaum noch statt. Nach dem Tiefpflügen sind die vorher waagerechten Horizonte je nach Überkippungswinkel von höchsten 45 bzw. 135 Grad wie im Beispielprofil schräg gestellt. Bodenmaterialen aus verschiedenen Horizonten liegen dadurch nebeneinander vor. Bei der Beschreibung des Beispielprofils wurden aufgrund eindeutiger Vorschrift die Horizontsymbole der KA6 angewendet. Ziel des Tiefpflügens von Podsolen war das Aufbrechen der Ortstein-Horizonte und die Vergrößerung des effektiven Wurzelraums. Darüber hinaus fand eine Verbesserung des Wasserhaushalts statt.

Nutzung und Vegetation

Viele Treposole aus Podsol sind Waldstandorte, andere werden ackerbaulich genutzt. Letzteres geschah hauptsäch-

Tab. 46.23 Profilbild und Horizontabfolge Profil 140

Profilbild	Horizont-grenze (cm)	Horizonte und ihre Eigenschaften	
	−27	**R-Ap** om-s(Sgf,Sp)	reiner Sand; dunkelgelblichbraungrau (10YR 4/2); einzelne gebleichte Sandkörner; Einzelkorngefüge; mittel humos; mittel durchwurzelt
	−54	**Ah+Ae+Bh+Bs°R** om-s(Sp+Sgf)	reiner Sand; weiß (10YR 8/1), hellgrau (10YR 6/1), sehr dunkelgrau (10YR 3/1) und leuchtend bräunlichgelb (10YR 7,5/8); Orterde; tief gepflügt; Einzelkorn und Kittgefüge; schwach humos; schwach durchwurzelt
	−63+	**ilCv** f-s(Sgf)	reiner Sand; weiß (10YR 8/1); Einzelkorngefüge

Quelle: L.Giani (Bild bearbeitet)

Abb. 46.18 Tiefpflug (Quelle: Emslandmoormuseum, Fotoarchiv, Fotograf: Tecklenburg)

Tab. 46.24 Analysendaten Profil 140

Horizont	Tiefe (cm)	Skelett (Vol.-%)	Sand (M.-%)	Schluff (M.-%)	Ton (M.-%)	Gesamtporen (Vol.-%)	Luftkapazität (Vol.-%)	nutzbare Feldkap. (Vol.-%)	Totwasser (Vol.-%)	Lagerungsdichte (g/cm³)
R-Ap	−27	0	94	5	1	41	24	10	7	1,58
Ah+Ae+Bh+Bs°R	−54	0	94	5	1	41	25	10	6	1,55
ilCv	−63+	0	95	4	1	34	23	8	3	1,74

Horizont	Tiefe (cm)	CaCO$_3$ (M.-%)	C$_{org}$ (M.-%)	N$_t$ (M.-%)	C/N	pH H$_2$O	pH CaCl$_2$	KAK$_{pot}$ (cmol$_c$/kg)	BS (%)	K$_2$O-DL (mg/100 g)	P$_2$O$_5$-DL (mg/100 g)
R-Ap	−27	-	1,48	0,11	14	5,5	4,4	5	44	13	53
Ah+Ae+Bh+Bs°R	−54	-	1,02	0,06	17	6,0	5,0	5	68	5	3
ilCv	−63+	-	0,11	-	-	5,3	4,2	1	80	4	4

(Quelle: Arbeitsgruppe Bodenkunde, Universität Oldenburg)
(* = abgeleiteter Analysenwert)

lich aufgrund von Flüchtlingsströmen und aus territorial-politischen Gründen nach dem Zweiten Weltkrieg.

Gefährdung

Treposole aus Podsol sind erosionsgefährdet. Außerdem ist ihr Nitratauswaschungspotenzial hoch, woraus geschlossen werden kann, dass alle gelösten Kontaminenten leicht ausgewaschen werden können. Bedeutend sind sie in ihrer Produktionsfunktion und in ihrer Funktion als Ausgleichskörper im Landschaftswasserhaushalt. Obwohl sie eine kulturhistorische Urkunde darstellen, wird ihre Archivfunktion kontrovers diskutiert.

Profil 141: Subtyp Treposol aus Gley (GG-YU)

- Bodenausgangsgestein: Flugsand über Flusssand
- Varietät: basenreicher (Acker)Treposol aus Gley (eu. vGG-YU)
- Typ: Treposol
- Klasse: Terrestrische anthropogene Böden
- Substrattyp: om-s(Sf,Sa)/f-s(Sf)
- WRB: Endogleyic Chernic Phaeozem (Pantoarenic, Aric, Epirelocatic)
- Bodenregion: Altmoränenlandschaften
- Ort: Lohsa, Lkr. Bautzen, Sachsen
- Profilbild und Horizontabfolge: siehe Tab. 46.25
- Bodenlandschaftsbild: siehe Abb. 46.19
- Analysedaten: siehe Tab. 46.26
- Autor: Ralf Sinapius

Vorkommen und Ausgangsgesteine

Die Treposole der Oberlausitz existieren auf grundwasser-nahen Standorten der periglaziär-fluviatilen Sande der Weichselzeit. Die Grundwasserböden dieser Niederterrassen nehmen im Oberlausitzer Tiefland flächendeckend sehr große Gebiete ein. Häufig sind sie von flachen Flugsanden überdeckt und gehen in trockene Dünensandgebiete über.

Bodenprozesse und -eigenschaften

Die ursprüngliche Schichtung dieses Profils ist eine Flugsandbedeckung von 3–5 dm über Flusssand. Durch den landwirtschaftlichen Tiefenumbruch vermischten sich diese Substrate bis unterhalb von 5 dm. Insgesamt sind 3 Bearbeitungstiefen erkennbar. Die gegenwärtige Pflugtiefe beträgt ca. 2 dm. In einer früheren Phase erreichte die regelmäßige Bearbeitung 3–4 dm. Aufgrund eindeutiger Vorschrift wurden im Beispielprofil die Horizontsymbole der KA6 verwendet. Der Tiefenumbruch erfolgte vor 1990. Dabei wurde der humose Oberboden in den oberen Grundwasserschwankungsbereich bis maximal 6 dm Tiefe eingemischt. Ab etwa 10–12 dm Tiefe beginnt der ständig grundwasserführende Horizont (Gr) mit reduzierenden Verhältnissen.

Nutzung und Vegetation

Das Fehlen von Böden mit höherer Güte führte zur agrarischen Bewirtschaftung der nähstoffarmen Grundwasserböden. Hierbei überwiegt die Ackernutzung. Die Grünlandnutzung existiert häufig auf ehemaligen meist flachen Niedermooren oder Anmooren. Die grundwassernahen Ackerböden besitzen Flächengrößen von 20 bis >100 ha. Die vorherrschende Flächennutzung der Region ist monotoner Kiefernforst.

Gefährdung

Treposole aus Gley sind sensibel für Stoffausträge durch die Grundwassernähe. Bei trockenen Witterungsverläufen und fehlender Pflanzenbedeckung sind sie für Winderosion anfällig.

Tab. 46.25 Profilbild und Horizontabfolge Profil 141

Profilbild	Horizont-grenze (cm)	Horizonte und ihre Eigenschaften	
	−30	**R-Ap** om-s(Sf,Sa)	schwach schluffiger Sand, sehr schwach kiesig; sehr dunkelgelblichbraungrau (10YR 3/2); Krümelgefüge; mittel humos; sehr stark durchwurzelt
	−55	**Go+Ap°R** om-(k)s(Sf,Sa)	reiner Sand, schwach kiesig; dunkelgelblichbraungrau (10YR 4/2) und bräunlichgelb (10YR 6/6); Eisenoxide (fleckig, geringer Flächenanteil); Bröckelgefüge; schwach humos; schwach durchwurzelt
	−100	**IIGro** f-s(Sf)	reiner Sand; hellbraunorange (7,5YR 6/8) und fahlgelblichbraun (10YR 8/2); Eisenoxide (fleckig, extrem hoher Flächenanteil) und Eisen- und Manganoxide (konkretionär, hoher Flächenanteil) und reduziertes Eisen (extrem hoher Flächenanteil); Subpolyedergefüge; sehr schwach humos; schwach durchwurzelt
	−120+	**IIGor** f-s(Sf)	reiner Sand; hellgrünlichgrau (5GY 6/1); Eisenoxide (fleckig, hoher Flächenanteil) und reduziertes Eisen (fast ausschließlicher Flächenanteil); Einzelkorngefüge

Quelle: R. Sinapius (Bild bearbeitet)

Abb. 46.19 Die landwirtschaftlichen Flächen dieser Böden sind durch Entwässerungsgräben melioriert, die sich teilweise in den letzten 20 Jahren zu Heckenstreifen entwickelten (rechter Bildrand) (Quelle: R. Sinapius)

Tab. 46.26 Analysendaten Profil 141

Horizont	Tiefe (cm)	Skelett (Vol.-%)	Sand (M.-%)	Schluff (M.-%)	Ton (M.-%)	Gesamtporen (Vol.-%)	Luftkapazität (Vol.-%)	nutzbare Feldkap. (Vol.-%)	Totwasser (Vol.-%)	Lagerungsdichte (g/cm³)
R-Ap	−30	1	84	12	4	-	-	-	-	-
Go+Ap°R	−55	3	88	8	4	-	-	-	-	-
IIGro	−100	0	93	4	3	-	-	-	-	-
IIGor	−120+	0	97	2	1	-	-	-	-	-

Horizont	Tiefe (cm)	$CaCO_3$ (M.-%)	C_{org} (M.-%)	N_t (M.-%)	C/N	pH H_2O	pH $CaCl_2$	KAK_{pot} (cmol$_c$/kg)	BS (%)	K_2O-DL (mg/100 g)	P_2O_5-DL (mg/100 g)
R-Ap	−30	-	1,1	0,1	11	-	4,4	-	-	4	7
Go+Ap°R	−55	-	1,0	0,1	12	-	4,7	-	-	4	8
IIGro	−100	-	0,1	<0,1	-	-	5,3	-	-	2	3
IIGor	−120+	-	<0,1	<0,1	-	-	5,7	-	-	2	<1

(Quelle: Sächsisches Landesamt für Umwelt, Landwirtschaft und Geologie)

(* = abgeleiteter Analysenwert)

Profil 142: Subtyp Treposol aus Gley (GG-YU)

- Bodenausgangsgestein: flacher Auenschluff über Auenton
- Varietät: mittelbasischer (Mull)Treposol aus (Auen)Gley (m.muGGa-YU)
- Typ: Treposol
- Klasse: Terrestrische anthropogene Böden
- Substrattyp: om-u+t(Ufo+Tfo)/f-t(Tfo)
- WRB: Eutric Anthroumbric Gleysol (Hyperhumic, Loamic, Raptic)
- Bodenregion: Berg- und Hügelländer mit hohem Anteil an Ton- und Schluffschiefern
- Ort: Treuen, Vogtlandkreis, Sachsen
- Profilbild und Horizontabfolge: siehe Tab. 46.27
- Bodenlandschaftsbild: siehe Abb. 46.20
- Analysendaten: siehe Tab. 46.28
- Autor: Falk Hieke

Vorkommen und Ausgangsgesteine

Das Profil liegt in einer kleinen Mittelgebirgsaue der Treba. Aufgrund der Talsituation und Wasserführung entwickelte sich über dem Auenschluff und -ton ursprünglich ein Niedermoortorf, der weitgehend abgebaut wurde. Für die Nutzung wurde der Standort tiefgepflügt, so dass ehemals übereinander lagernder Auenschluff und -ton mit den Torfresten bis in eine Tiefe von 45 cm vermengt wurde.

Bodenprozesse und -eigenschaften

Treposole entstehen durch einmaligen Umbruch oder einmalig tiefes Rigolen (> 4 dm) aus den vor Ort vorkommenden Böden. Aufgrund eindeutigerer Vorschrift wurden im Beispielprofil die Horizontsymbole der KA6 verwendet. Hier handelt es sich aufgrund der Lokalverhältnisse um stark grundwassergeprägte Böden. Die Wassersättigung und der Sauerstoffmangel dieser Gleye führen im grundwassererfüllten Bereich zur Reduktion und Lösung von Eisen und

Mangan. Typische Reduktionsfarben sind grau, blau bis grünlich. Da der Grundwasserspiegel im Jahresverlauf schwankt, entsteht eine Bodenzone, die wechselnd wassergesättigt und lufterfüllt ist. In diesem Bereich oxidiert das gelöste Eisen und bildet rostig-rote Überzüge auf Bodenaggregaten und Steinen. Tiefschwarze Fleckung dagegen stammt aus der Oxidation von Mangan. Der teils hohe Anteil organischer Substanz erzeugt hohe Porosität und geringe Lagerungsdichten und damit günstige Luft- und Wasserleitfähigkeiten. Durch die häufige Wassersättigung können die potentiell günstigen Bodeneigenschaften jedoch kaum von der Vegetation genutzt werden. Sehr verbreitet kommen an diesem Standort Humusgleye vor. Es sind Böden nasser Standorte mit hoch anstehendem Grundwasser. Die Anreicherung von Humus verleiht dem Boden die typisch dunkle Farbe. Humusgleye entstehen natürlicherweise in sumpfigen Auen, wobei der humose Oberboden durch periodische Überschwemmung langsam aufwächst. Sie können Zeugen reliktischer Pedotope, wie beispielsweise abgetorfter Moore sein. Das ehemalige, nun abgebaute Niedermoor in der Trebaaue des sächsischen Vogtlandes ist hier ein gutes Beispiel dafür.

Nutzung und Vegetation

Treposole aus Gleyen werden wie Humusgleye extensiv als Grünland genutzt. Sie sind oft drainiert, wodurch Luft besser in den Boden eindringen kann. Dies führt zu mikrobiellem Humusabbau.

Gefährdung

Die Bodenstruktur und Zusammensetzung von Treposolen aus Gleyen und im speziellen von Humusgleyen werden durch die Entwässerung und Kultivierung nachhaltig verändert. Neben dem Verlust der organischen Substanz durch Meliorationsmaßnahmen sind Gleye durch den Einsatz schwerer Maschinen besonders verdichtungsgefährdet. Das Verdichtungsrisiko steigt mit dem Verlust der organischen Substanz.

Tab. 46.27   Profilbild und Horizontabfolge Profil 142

Profilbild	Horizont- grenze (cm)	Horizonte und ihre Eigenschaften	
	−2	**R-rAp°Ah** om-u(Ufo)	schluffiger Lehm; schwarz (10YR 2/1); Krümelgefüge; sehr stark humos; stark durchwurzelt
	−20	**aGo+rAp°R** om-t+u(Tfo+Ufo)	schluffiger Lehm; schwarz (10YR 2/1); Eisenoxide (fleckig, mittlerer Flächenanteil); Subpolyedergefüge; sehr stark humos; stark durchwurzelt
	−45	**arAa+Gor°R** om-u+t(Ufo+Tfo)	mittel schluffiger Ton; schwarz (10YR 2/1); Eisenoxide (fleckig, hoher Flächenanteil) und reduziertes Eisen (überwiegender Flächenanteil); Subpolyedergefüge; anmoorig; mitteldurchwurzelt
	−80+	**IIaGor** f-t(Tfo)	stark schluffiger Ton; bräunlichgrau, hellolivstichig (2,5Y 6/2) und orangebraun (7,5YR 5/6); Eisenoxide (an Wurzelbahnen, hoher Flächenanteil) und reduziertes Eisen (fast ausschließlicher Flächenanteil); Kohärentgefüge; mittel humos

Quelle: F. Hieke (Bild bearbeitet)

Abb. 46.20 Humusnassgley; ehemaliges Niedermoor (Quelle: F. Hieke)

Tab. 46.28 Analysendaten Profil 142

Horizont	Tiefe (cm)	Skelett (Vol.-%)	Sand (M.-%)	Schluff (M.-%)	Ton (M.-%)	Gesamtporen (Vol.-%)	Luftkapazität (Vol.-%)	nutzbare Feldkap. (Vol.-%)	Totwasser (Vol.-%)	Lagerungsdichte (g/cm³)
R-rAp°Ah	−2	-	-	-	-	-	-	-	-	-
aGo+rAp°R	−20	0	11	61	28	57	20	19	17	1,36
arAa+Gor°R	−45	0	6	61	33	66	20	22	23	1,05
IIaGor	−80+	0	5	67	28	44	3	16	23	1,71

Horizont	Tiefe (cm)	CaCO₃ (M.-%)	C_{org} (M.-%)	N_t (M.-%)	C/N	pH H₂O	pH CaCl₂	KAK_{pot} (cmol$_c$/kg)	BS (%)	K₂O-DL (mg/100 g)	P₂O₅-DL (mg/100 g)
R-rAp°Ah	−2	-	-	-	-	-	-	-	-	-	-
aGo+rAp°R	−20	-	4,76	0,28	17	-	4,5	9,4	-	-	-
arAa+Gor°R	−45	-	10,3	0,54	19	-	4,5	13,7	-	-	-
IIaGor	−80+	-	1,46	0,09	16	-	4,1	8,8	-	-	-

(Quelle: Sächsisches Landesamt für Umwelt, Landwirtschaft und Geologie)

(* = abgeleiteter Analysenwert)

Profil 143: Subtyp Treposol aus Hochmoor (HH-YU)

- Bodenausgangsgestein: Hochmoortorf und Flusssand über tiefem Flusssand
- Varietät: mittelbasischer (Acker)Treposol aus Hochmoor (m.vHH-YU)
- Typ: Treposol
- Klasse: Terrestrische anthropogene Böden
- Substrattyp: om-s(Hh,Sf)/om-s+Hh(Sf+Hh)//f-s(Sf)
- WRB: Dystric Arenosol (Aric, Profundihumic, Histi-Relocatic., Bathygleyic)
- Bodenregion: Altmoränenlandschaften
- Ort: Schwaneburger Moor, Lkr. Cloppenburg, Niedersachsen
- Profilbild und Horizontabfolge: siehe Tab. 46.29
- Pflugbild: siehe Abb. 46.21
- Analysendaten: siehe Tab. 46.30
- Autor: Ernst Gehrt

Vorkommen und Ausgangsgesteine

Diese Böden finden sich vor allem in den Hochmoorgebieten Nordwestdeutschlands. Nach Süden und Osten nimmt die Verbreitung der Hochmoore ab. In Niedersachsen wurden über 200.000 ha durch Tiefumbrüche kultiviert. Mit der Sandmischkultur dürften ca. 100.000 ha bearbeitet sein. Insbesondere das Emslandprogramm trug maßgeblich zur Entstehung dieser Kulturform bei. Während die Ausgangsgesteine Hochmoortorf und Flusssand in der Ackerkrume gemischt wurden, liegen sie bis 110 cm durch einmaliges Tiefpflügen in schrägen Schichten nebeneinander vor. Darunter liegt reiner Flusssand.

Bodenprozesse und -eigenschaften

Der wesentliche prägende Prozess bei der Sandmischkultur ist der Umbruch des Torfkörpers. Diese Kulturform ist die am weitesten verbreitete Kultivierung der Hochmoore. Bevorzugt wurden Hochmoore geringer Mächtigkeit oder bis auf 60 cm abgetorfte Moore mit der Sandmischkultur kultiviert. Bei einem Mischungsverhältnis von 1 : 1 ergibt sich eine Kulturtiefe von 120 cm. Es wurden aber durchaus mächtigere Hochmoore (R-Horizonte bis über 2 m) umgebrochen. Durch die Sandmischkultur verändern sich die Eigenschaften des Bodens erheblich. Die Torfbalken stellen die Wasserversorgung des Bodens sicher. Der Sand ermöglicht eine gute Befahrbarkeit und drainiert gleichzeitig. Bei Zufuhr von Nährstoffen entsteht so ein Boden mit vergleichsweise hohem Ertragspotential.

Nutzung und Vegetation

Die Standorte werden vorwiegend ackerbaulich genutzt. Nur in Ausnahmen kommt es im hofnahen Bereich zur Grünlandnutzung.

Gefährdung

Die intensive Nutzung (häufig Mais) dieser ehemaligen Moorstandorte mit hohem Düngemitteleinsatz (Gülle und Mineraldünger) führt zu hohem Stickstoffaustrag und zur Grundwassergefährdung.

Tab. 46.29 Profilbild und Horizontabfolge Profil 143

Profilbild	Horizontgrenze (cm)	Horizonte und ihre Eigenschaften	
	−30	**R-Ap** om-s(Hh,Sf)	reiner Sand; grau (10YR 5/1); Einzelkorngefüge; stark humos; schwach durchwurzelt
	−110	**Go+hH°R** om-s+Hh(Sf+Hh)	reiner Sand und Hochmoortorf; braunschwarz (10YR 2/2) und hellgelblichbraun (10YR 6/6); Eisenoxide (schwach fleckig und konkretionär, mittlerer Flächenanteil); Einzelkorngefüge; stark humos; schwach durchwurzelt
	−150+	**IIGr** f-s(Sf)	reiner Sand; grau, sehr hellolivstichig (5Y 7/1); reduziertes Eisen (diffus verteilt, vorherrschender Flächenanteil); Einzelkorngefüge; sehr schwach humos; sehr schwach durchwurzelt

Quelle: H. Burghardt (Bild bearbeitet)

Abb. 46.21 Ottomeyerpflug im Moormuseum Meppen (Quelle: E. Gehrt)

Tab. 46.30 Analysendaten Profil 143

Horizont	Tiefe (cm)	Skelett (Vol.-%)	Sand (M.-%)	Schluff (M.-%)	Ton (M.-%)	Gesamtporen (Vol.-%)	Luftkapazität (Vol.-%)	nutzbare Feldkap. (Vol.-%)	Totwasser (Vol.-%)	Lagerungsdichte (g/cm³)
R-Ap	−30	0	98	2	-	-	-	-	-	-
Go+hH°R	−110	0	97	3	-	-	-	-	-	-
IIGr	−150+	0	96	4	-	-	-	-	-	-

Horizont	Tiefe (cm)	CaCO₃ (M.-%)	Cₒᵣ₉ (M.-%)	Nₜ (M.-%)	C/N	pH H₂O	pH CaCl₂	KAKₚₒₜ (cmolᵪ/kg)	BS (%)	K₂O-DL (mg/100 g)	P₂O₅-DL (mg/100 g)
R-Ap	−30	-	2,3	0,1	23	5,5	-	-	-	-	-
Go+hH°R	−110	-	2,8	-	-	4,4	-	-	-	-	-
IIGr	−150+	-	0,1	-	-	4,8	-	-	-	-	-

(Quelle: Landesamt für Bergbau, Energie und Geologie, Hannover)

(* = abgeleiteter Analysenwert)

Klasse A: Auenböden

47

Wolfgang Fleck, Daniela Sauer, Dieter Kühn,
Reinhold Jahn, Herbert Sponagel, Holger Joisten,
Fred Franzke, Falk Hieke, Peter Schad, Reinhard Jochum,
Wolfgang Brandtner, Peter Lüscher und Gerhard Milbert

Inhaltsverzeichnis

Herbert Sponagel verstarb bevor dieses Buch publiziert wurde.

W. Fleck (✉)
Landesamt für Geologie, Rohstoffe und Bergbau,
Freiburg, Deutschland

D. Sauer
Universität Göttingen, Göttingen, Deutschland

D. Kühn
ehemals Landesamt für Bergbau, Geologie und Rohstoffe
Brandenburg, Cottbus, Deutschland

R. Jahn
ehemals Universität Halle, Halle, Deutschland

H. Sponagel (verstorben)
ehemals Landesamt für Bergbau, Energie und Geologie,
Hannover, Deutschland

H. Joisten
ehemals Sächsisches Landesamt für Umwelt, Landwirtschaft und
Geologie, Dresden, Deutschland

F. Franzke
terraf Ingenieurbüro, Frauenstein, Deutschland

F. Hieke
Büro für Bodenwissenschaften, Freiberg, Deutschland

P. Schad
Technische Universität München, TUM School of Life Sciences,
Lehrstuhl für Bodenkunde, Freising-Weihenstephan, Deutschland

R. Jochum
Bayerisches Landesamt für Umwelt, Augsburg, Deutschland

W. Brandtner
ehemals Thüringer Landesamt für Umwelt, Bergbau und
Naturschutz, Weimar, Deutschland

P. Lüscher
ehemals Eidgenössische Forschungsanstalt für Wald, Schnee und
Landschaft, Birmensdorf, Schweiz

G. Milbert
ehemals Geologischer Dienst Nordrhein-Westfalen,
Krefeld, Deutschland

© Springer-Verlag GmbH Deutschland, ein Teil von Springer Nature 2023
H. Joisten et al. (Hrsg.), *Böden Deutschlands, Österreichs und der Schweiz*, https://doi.org/10.1007/978-3-8274-2284-2_47

47.1 Allgemeine Charakteristika

In der Klasse der Auenböden werden Böden zusammengefasst welche sich aus holozänen fluviatilen Sedimenten in Tälern von Flüssen und größeren Bächen entwickelt haben und die periodisch bis episodisch überflutet werden bzw. wurden. In der Regel besitzen sie ein stark schwankendes Grundwasser besitzen, das im Allgemeinen mit dem Flusswasserspiegel in Verbindung steht. Die Schwankungsamplitude erreicht das Solum und nimmt meist mit der Entfernung vom Fluss ab. Ein-

gedeichte Auenböden werden z. T. noch durch Qualmwasser überstaut. Die Auensedimente bestehen entweder aus verlagertem, mehr oder weniger humosem Bodenmaterial (Solumsediment), meist Mischungen aus Material verschiedener Horizonte erodierter Böden, oder aus wenig oder nicht verwitterten Lockergesteinen. Häufig treten begrabene Ah-Horizonte und erkennbare Schichtungen auf. Abb. 47.1, 47.2 und 47.3 zeigen typische Auenlandschaften dieser Bodenklasse. Die Abb. 47.4 zeigt die schematische Morphologie einer Flusslandschaft wie sie typisch für diese Bodenklasse ist.

Abb. 47.1 Überschwemmte Muldenaue (Hochwasser August 2013), Landkreis Mittelsachsen (Quelle: F. Hieke)

Abb. 47.2 Elbaue bei Meißen (Sachsen) (Quelle: H. Joisten)

Abb. 47.3 Altarmstrukturen der Elbe bei Mühlberg (Brandenburg) (Quelle: Luftbildbefliegung durch F. Franzke)

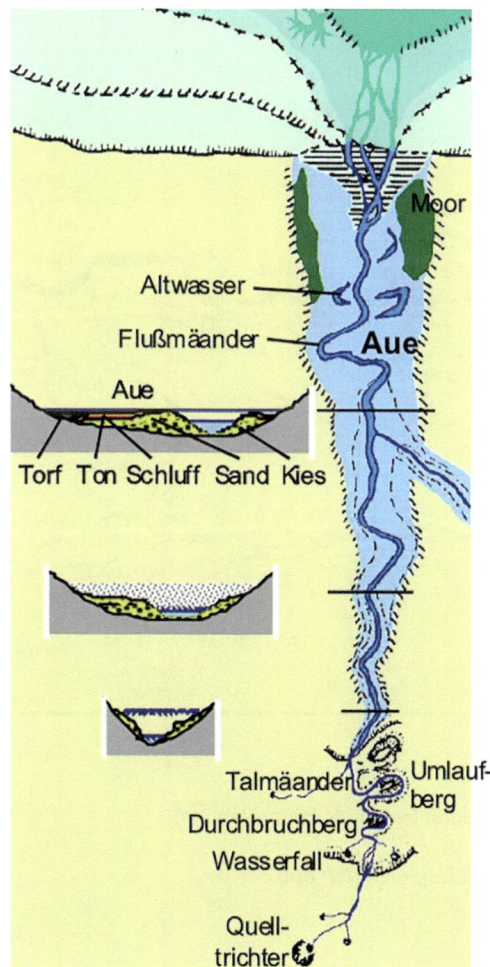

Abb. 47.4 Schematische Morphologie einer Flusslandschaft (Quelle: R. Jahn)

47.2 Verbreitungsgebiete

Auenböden finden sich entlang aller größeren Bäche und Flüsse. Die Ausgangsgesteine der Auenböden variieren entsprechend dem Vorkommen an Gesteinen der Flusseinzugsgebiete (z. B. kalkhaltig im oberen Rheintal, kalkfrei am Oberlauf der Elbe). Die Abb. 47.5 zeigt in der Klassenkarte die regionale Verbreitung der Auenböden.

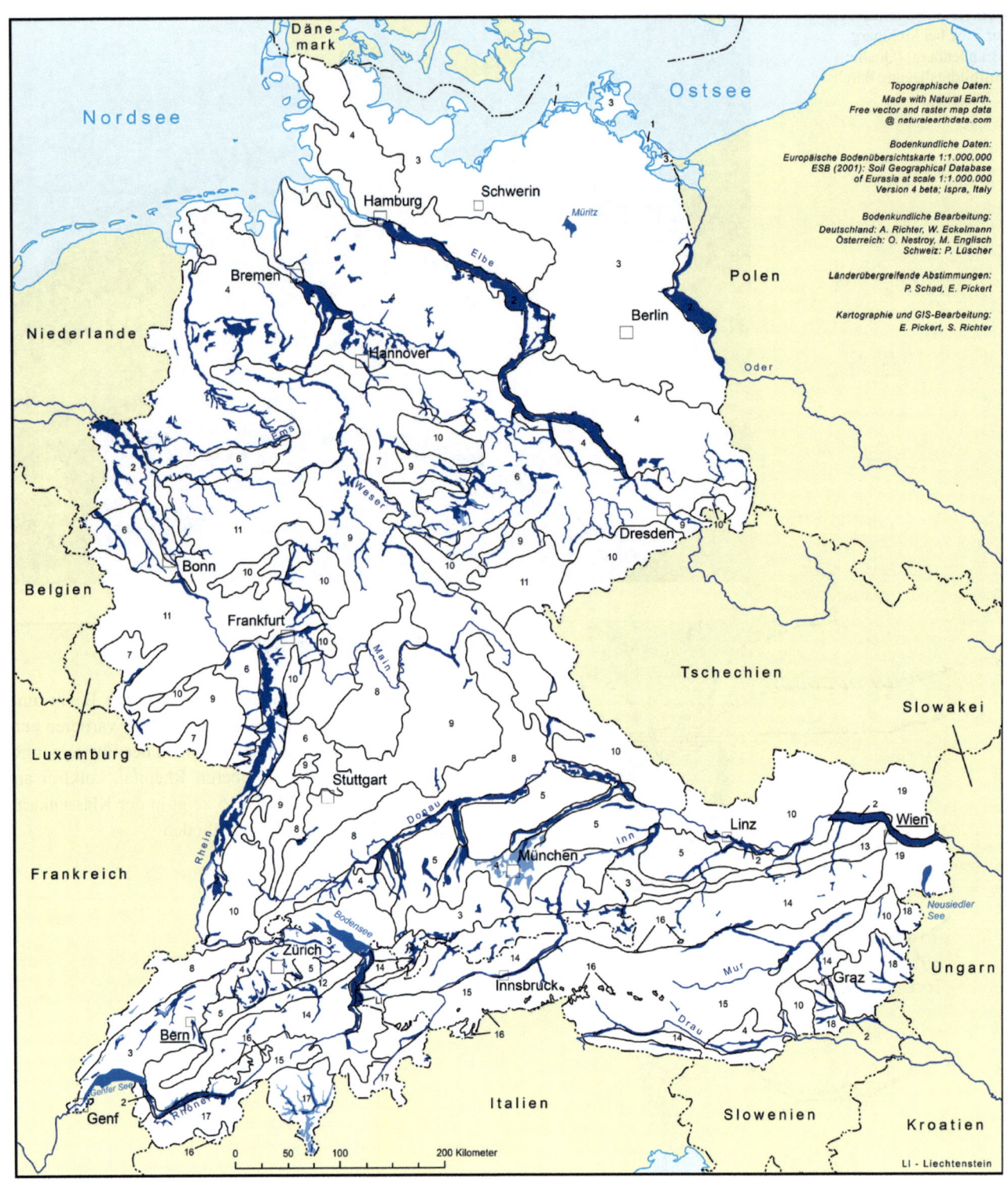

Regionale Verbreitung der Klasse der Auenböden

▮   **verbreitet bis vorherrschend**   (≥ 30% Flächenanteil, Auenböden treten als Leitboden auf)

▮   **gering verbreitet** (< 30% Flächenanteil, Auenböden treten als Begleitboden auf)

╱₄   Bodenregion

Abb. 47.5   Regionale Verbreitung der Klasse der Auenböden

47.3 Gliederung und Eigenschaften

Ähnlich wie in der Abteilung der terrestrischen Böden werden die Auenböden, die zur Abteilung der Semiterrestrischen Böden gehören, nach ihrem Entwicklungsstand gegliedert. Man unterscheidet in der Klasse der Auenböden 4 Bodentypen und insgesamt 12 Subtypen (vgl. Bodenkundliche Kartieranleitung KA5).

Die Rambla (arab. Ramla = grober Sand) ist ein Rohboden aus jungem Flusssediment. Der A-Horizont weist nur geringe Akkumulation organischer Substanz auf und ist charakterisiert durch lückige Entwicklung und eine initiale Bodenbildung (Ai). Der Profilaufbau ist durch die Horizontfolge Ai/alC/aG gekennzeichnet. Diese Böden sind meist grobkörnig und kommen vor allem in den Bergländern und entlang der Uferwälle der Tieflandsflüsse vor. Paternien sind ebenfalls grobkörnig und kommen entlang der häufig überfluteten Uferwälle der Tieflandsflüsse, insbesondere in den sandreichen Landschaften Norddeutschland vor. Man unterscheidet 2 Bodentypen: Die Paternia (von Rio Paternia in Spanien) hat ein aAh/ailC/aG – Profil und ist aus carbonatfreiem oder carbonatarmen (< 2 Masse-% Carbonat) jungem Flusssediment entstanden. Die Kalkpaternia (a(e)Ah/aelC – Profil) ist hingegen aus carbonathaltigem bis sehr carbonatreichem (≥ 2 – < 50 Masse-% Carbonat) jungem Flusssediment entstanden. Die Tschernitza (tschech. Tscherni = schwarz) (aAxh/(aM,alC/)aG – Profil) ist ein ‚Tschernosemähnlicher Auenboden‘ mit einem ≥4 dm mächtigen aAxh-Horizont. Sie kommt vor allem im Schwarzerdegebiet Mitteldeutschlands vor und hat sich örtlich auch aus früheren anmoorigen Böden gebildet. Die Vega ist am weitesten entwickelt und ähnelt einer Braunerde. Sie hat ein aAh/aM/(IIalC/)(II)aG-Profil. Der aM-Horizont ist meist braun gefärbt und humos. Die ehemalige Schichtung des Substrats ist durch Aggregierung meist nicht mehr erkennbar. Vegen haben sich häufig aus sandig-schluffigen, lehmigen und untergeordnet auch tonigen Hochwassersedimenten entwickelt. In Gebieten mit silikatischen Ausgangsgesteinen sind sie meist stärker entbast und versauert als in Gebieten mit kalkhaltigen Ausgangsgesteinen. Innerhalb der Auen nehmen die Vegen meist höher gelegenere Reliefpositionen ein und werden weniger häufig überflutet als tieferliegende Auenböden.

Bei den Norm-Subtypen liegen grundwassergeprägte Horizonte (dominante Hydromorphiemerkmale; aG … -Horizonte) in ≥8 dm Tiefe. Reichen die grundwassergeprägten Horizonte bis in den Tiefenbereich ≥4 dm werden sie als Gley-Subtypen der Auenböden ausgewiesen. Auenböden in denen grundwassergeprägte Horizonte innerhalb der ersten 4 dm auftreten werden in die Klasse der Gleye gestellt.

47.4 Typen und Subtypen

Typ

- Rambla (AO)

Subtypen

- Normrambla (AOn)
- Gley-Rambla (GG-AO)

Typ

- Paternia (AQ)

Subtypen

- Normpaternia (AQn)
- Gley-Paternia (GG-AQ)

Typ

- Kalkpaternia (AZ)

Subtypen

- Normkalkpaternia (AZn)
- Gley-Kalkpaternia (GG-AZ)

Typ

- Tschernitza (AT)

Subtypen

- Normtschernitza (ATn)
- Gley-Tschernitza (GG-AT)

Typ

- Vega (AB)

Subtypen

- Normvega (ABn)
- Paternia-Vega (AQ-AB)
- Pseudogley-Vega (SS-AB)
- Gley-Vega (GG-AB)

47.5 Klassifikation nach WRB

Wolfgang Fleck and Peter Schad

Nach WRB werden Böden, in denen fluviatile Schichtungs-merkmale (fluvic material) ≤25 cm be-ginnen und mindestens 25 cm mächtig sind, als Fluvisols bezeichnet, sofern keine anderen prägen-den Merkmale vorliegen. Böden mit mollic Horizont gehören zu den Phaeozems, und Böden wie die Vegen, in denen häufig die Schichtungsmerkmale nicht mehr erkennbar sind, werden dann z. B. zu den Cambisols gestellt.

47.6 Ausgewählte Bodenprofile

Profil 144: Subtyp Normrambla (AOn)

- Bodenausgangsgestein: Auenmergel über tiefem Fluss-schotter
- Varietät: kalkhaltige vergleyte (Mull)Rambla (c.g.muAOn)
- Typ: Rambla

- Klasse: Auenböden
- Substrattyp: f-es(Mfo)//f-w(Of)
- WRB: Calcaric Endoskeletic Pantofluvic Fluvisol (Anoloamic, Ochric, Bathyarenic)
- Bodenregion: (Überregionale) Flusslandschaften
- Ort: Efringen-Kirchen, Lkr. Lörrach, Baden-Württemberg
- Profilbild und Horizontabfolge: siehe Tab. 47.1
- Bodenlandschaftsbild: siehe Abb. 47.6
- Analysendaten: siehe Tab. 47.2
- Autor: Wolfgang Fleck

Vorkommen und Ausgangsgesteine

Die hier beschriebenen Auenrohböden aus jungen Fluss-sedimenten kommen im schmalen Bereich zwischen Rhein und dem östlichen Damm der Tulla'schen Rheinkorrektion vor, der in der Mitte des 19. Jahrhunderts angelegt wurde. Trotz des wenig westlich, auf französischer Seite entlang führenden Rheinseitenkanals, der heute die Hauptmenge des Rheinabflusses zur Stromerzeugung aufnimmt, besitzt der schmale Auenbereich mit dem dargestellten Beispielprofil eine stark ausgeprägte Auendynamik mit stark schwankender Wasserführung des Rheins und periodischen

Tab. 47.1 Profilbild und Horizontabfolge Profil 144

Profilbild	Horizont-grenze (cm)	Horizonte und ihre Eigenschaften	
	−3	**aeAi** f-es(Mfo)	mittel schluffiger Sand; grauolivbraun (2,5Y 5/3); Subpolyedergefüge; carbonatreich; schwach humos; Wurzelfilz
	−16	**aelCv** f-es(Mfo)	mittel schluffiger Sand; hellgrauolivbraun (2,5Y 6/3); sehr schwach verfestigtes Kohärentgefüge; carbonatreich; schwach humos; mittel durchwurzelt
	−30	**IIfaAh-elCv** f-es(Mfo)	mittel schluffiger Sand; gelblichbraun, dunkelgraustichig (10YR 4/4); Subpolyedergefüge; carbonatreich; schwach humos; mittel durchwurzelt
	−36	**IIaelCv** f-es(Mfo)	mittel schluffiger Sand; grauolivbraun (2,5Y 5/3); Eisenoxide (sehr schwach fleckig, geringer Flächenanteil); schwach verfestigtes Kohärentgefüge; carbonatreich; schwach humos; schwach durchwurzelt
	−75	**IIIaGo-fAh-elCv** f-es(Mfo)	schwach lehmiger Sand; grauolivbraun (2,5Y 5/3); Eisenoxide (schwach fleckig, geringer Flächenanteil); schwach verfestigtes Kohärentgefüge; carbonatreich; schwach humos; mittel durchwurzelt
	−90	**IVaGo-elCv1** f-w(Of)	reiner Sand, stark kiesig, sehr stark steinig (gerundet); grauolivbraun (2,5Y 5/3); Eisenoxide (geringer Flächenanteil); Einzelkorngefüge; carbonatreich; sehr schwach humos; schwach durchwurzelt
	−110+	**IVaGo-elCv2** f-w(Of)	reiner Sand, stark kiesig, sehr stark steinig (gerundet); grauolivbraun (2,5Y 5/3); Eisenoxide (geringer Flächenanteil); carbonatreich

Quelle: Landesamt für Geologie, Rohstoffe und Bergbau im Regierungspräsidium Freiburg, M. Boll (Bild bearbeitet)

Abb. 47.6 Weichholzaue am Altrhein mit frischer Sandablagerung im Vordergrund, Landkreis Lörrach (Quelle: Landesamt für Geologie, Rohstoffe und Bergbau im Regierungspräsidium Freiburg, W. Fleck)

Tab. 47.2 Analysendaten Profil 144

Horizont	Tiefe (cm)	Skelett (Vol.-%)	Sand (M.-%)	Schluff (M.-%)	Ton (M.-%)	Gesamtporen (Vol.-%)	Luftkapazität (Vol.-%)	nutzbare Feldkap. (Vol.-%)	Totwasser (Vol.-%)	Lagerungsdichte (g/cm³)
aeAi	−3	0	-	-	-	-	-	-	-	-
aelCv	−16	0	69	25	6	59	22	36	1	1,08
IIfaAh-elCv	−30	0	61	31	8	57	29	25	3	1,15
IIaelCv	−36	0	-	-	-	-	-	-	-	-
IIIIaGo-fAh-elCv	−75	0	71	23	6	56	23	27	6	1,16
IVaGo-elCv1	−90	-	-	-	-	-	-	-	-	-
IVaGo-elCv2	−110+	-	-	-	-	-	-	-	-	-

Horizont	Tiefe (cm)	CaCO₃ (M.-%)	C_org (M.-%)	N_t (M.-%)	C/N	pH H₂O	pH CaCl₂	KAK_pot (cmol_c/kg)	BS (%)	K₂O-DL (mg/100g)	P₂O₅-DL (mg/100g)
aeAi	−3	-	-	-	-	-	-	-	-	-	-
aelCv	−16	20	0,5	0,1	-	-	7,1	54	100	5	10
IIfaAh-elCv	−30	19	0,8	0,1	7	-	7,4	112	100	5	8
IIaelCv	−36	-	-	-	-	-	-	-	-	-	-
IIIIaGo-fAh-elCv	−75	19	0,7	0,1	8	-	7,5	88	100	4	6
IVaGo-elCv1	−90	-	-	-	-	-	-	-	-	-	-
IVaGo-elCv2	−110+	-	-	-	-	-	-	-	-	-	-

(Quelle: Landesamt für Geologie, Rohstoffe und Bergbau im Regierungspräsidium Freiburg)

(* = abgeleiteter Analysenwert)

Überflutungen. Die Auensedimente sind sehr jung und wurden erst seit der Rheinkorrektion von Tulla abgelagert, wie einzelne Bruchsteinblöcke der Dammbaumaßnahmen in den Flussschottern unterhalb der sandig-schluffigen Auensedimente belegen.

Bodenprozesse und -eigenschaften

Durch die regelmäßige Ablagerung von frischem, kalkhaltigem Sediment hat sich der Boden nicht weiter als über das Stadium einer schwachen Humusakkumulation in den obersten Zentimetern des Profils entwickelt. Im Profil markieren einzelne humose Lagen überflutungsfreie Zeitabschnitte mit Humusakkumulation (IIfaAh-elC- bzw. IIIaeGo-fAh-lC-Horizont) an der Geländeoberfläche. Rostflecken im tieferen Unterboden sind durch Grundwassereinfluss oder zeitweilige Haftnässe über den groben Flussschottern (Porensprung) entstanden.

Nutzung und Vegetation

Auf diesen sehr jungen Böden hat sich einen naturnahe Weichholzaue aus Weide, Pappel, Robinie, Ahorn, Holunder und Brombeere ausgebildet.

Gefährdung

Zwischen Lörrach und Breisach am Rhein werden diese sehr jungen Böden am Rhein derzeit im Zuge des Integrierten Rheinprogramms über weite Strecken zur Erweiterung des Überflutungsraums maschinell verändert. Bei sachgerechter Umsetzung kann jedoch mit der Wiederherstellung ähnlicher Bodenverhältnisse und dem Erhalt wichtiger Bodenfunktionen gerechnet werden.

Profil 145: Subtyp Normkalkpaternia (AZn)

- Bodenausgangsgestein: Auenmergel über Auenkies
- Varietät: (Mull)Kalkpaternia (muAZn)
- Typ: Kalkpaternia
- Klasse: Auenböden
- Substrattyp: f-(k)eu(Mfo)/f-ek(Gfo)
- WRB: Endoskeletic Endofluvic Rendzic Phaeozem (Ansoiltic, Endoarenic)
- Bodenregion: (Überregionale) Flusslandschaften
- Ort: Flussterrasse im Lechtal, Lkr. Landsberg, Bayern
- Humusform: F-Mull
- Profilbild und Horizontabfolge: siehe Tab. 47.3
- Bodenlandschaftsbild: siehe Abb. 47.7

- Analysendaten: siehe Tab. 47.4
- Autor: Reinhard Jochum, Walter Grottenthaler †

Vorkommen und Ausgangsgesteine

Der Standort des beschriebenen Profils liegt ca. 7,5 m über dem heutigen Flusswasserspiegel des Lechs auf einem jungholozänen Terrassenniveau, das den Fluss südlich von Augsburg über einige Zehnerkilometer begleitet. Überflutungen traten episodisch bis in die Mitte des 20. Jahrhunderts auf, bevor eine Hochwasserfreilegung durch Flussregulierung und den Bau von Stauseen erfolgte. Das Bodenausgangsmaterial besteht aus geschichteten, sandigen bis schluffigen Auensedimenten, die einen mehrere Meter mächtigen Schotterkörper überlagern. Hohe Carbonatgehalte spiegeln das überwiegend kalkalpine Liefergebiet der Hochwasserabsätze wider (vgl. Profil Normkalkpaternia aus Auenkies über Sinterkalk). Die Jahresniederschläge im Verbreitungsgebiet liegen bei 850–1000 mm, die Jahrestemperatur um 7,5 °C.

Bodenprozesse und -eigenschaften

Das Bodensubstrat war wohl schon bei seiner Ablagerung ± humushaltig. Es wurde Schicht für Schicht von Hochwässern abgelagert. Auenböden dieser Ausprägung sind charakteristisch für Bodenbildungen in flachen Vertiefungen der Terrassenflächen, die ehemalige Flussarme nachzeichnen. Heute besteht über die gesamte Profiltiefe kein Grundwassereinfluss. Das Profil ist ein klassisches Produkt der Auendynamik und wird in der Klasse der Auenböden geführt, wenngleich die von der Bodensystematik geforderte stetige natürliche Veränderung sowie das auentypische Bodenwasserregime seit Jahrzehnten unterbrochen sind.

Nutzung und Vegetation

In der landwirtschaftlichen Nutzung dominierte ursprünglich das Grünland. Tiefgründige Auenböden bieten jedoch wegen ihrer leichten Bearbeitbarkeit und ihrer guten Wasser- und Nährstoffversorgung wertvolle Ackerstandorte. Heute wird in zunehmendem Maß Maisanbau betrieben. Derzeit trägt der beschriebene Standort einen Auwald aus Baumarten der sog. Hartholzaue und wird durch einen bäuerlichen Betrieb genutzt.

Gefährdung

Gefahr von Bodenverdichtungen besteht beim Einsatz schwerer Fahrzeuge. Eine nicht standortsgerechte Bestockung, z. B. mit Koniferenbeständen, zieht eine Oberbodenversauerung nach sich.

Tab. 47.3 Profilbild und Horizontabfolge Profil 145

Profilbild	Horizont-grenze (cm)	Horizonte und ihre Eigenschaften	
	+2	**L+Of**	Laubstreu
	−20	**aeAh** f-(k)eu(Mfo)	schluffiger Lehm, sehr schwach bis schwach kiesig; sehr dunkelgelblichbraungrau (10YR 3/2); Subpolyedergefüge; extrem carbonatreich; stark humos; sehr stark durchwurzelt
	−35	**aeAh-lCv** f-(k)eu(Mfo)	sandig-lehmiger Schluff, sehr schwach bis schwach kiesig; gelblichgraubraun (10YR 5/3); Subpolyedergefüge; extrem carbonatreich; schwach humos; stark durchwurzelt
	−60	**aelCv** f-(k)eu(Mfo)	sandig-lehmiger Schluff, sehr schwach bis schwach kiesig; gelblichbraun, graustichig (10YR 5/4); Kohärentgefüge; extrem carbonatreich; sehr schwach humos; schwach durchwurzelt
	−100+	**IIaelCv** f-ek(Gfo)	schwach schluffiger Sand, extrem stark kiesig, schwach steinig (gerundet); hellgelblichgraubraun (10YR 6/3); Einzelkorngefüge; extrem carbonatreich; sehr schwach durchwurzelt

Quelle: Bayerisches Landesamt für Umwelt, R. Jochum (Bild bearbeitet)

Abb. 47.7 Hartholzaue des Lechs unterhalb einer jungholozänen Terrassenstufe (Quelle: Bayerisches Landesamt für Umwelt, G. Stimmelmeier)

Tab. 47.4 Analysendaten Profil 145

Horizont	Tiefe (cm)	Skelett (Vol.-%)	Sand (M.-%)	Schluff (M.-%)	Ton (M.-%)	Gesamtporen (Vol.-%)	Luftkapazität (Vol.-%)	nutzbare Feldkap. (Vol.-%)	Totwasser (Vol.-%)	Lagerungsdichte (g/cm³)
L+Of	+2	-	0	0	0	-		-	-	-
aeAh	−20	2	21	57	22	62	9	27	26	1,0
aeAh-lCv	−35	2	26	64	10	45	2	28	15	1,45
aelCv	−60	2	35	57	8	43	1	30	12	1,51
IIaelCv	−100+	>75	82	16	2	-	-	-	-	1,8

Horizont	Tiefe (cm)	$CaCO_3$ (M.-%)	C_{org} (M.-%)	N_t (M.-%)	C/N	pH H_2O	pH $CaCl_2$	KAK_{pot} (cmol_c/kg)	BS (%)	K_2O-DL (mg/100g)	P_2O_5-DL (mg/100g)
L+Of	+2	-	38,0	2,38	16	-	6,5	-	-	-	-
aeAh	−20	57	3,4	0,38	9	-	6,9	-	-	-	-
aeAh-lCv	−35	63	1,0	0,13	8	-	7,1	-	-	-	-
aelCv	−60	67	0,4	0,05	8	-	7,2	-	-	-	-
IIaelCv	−100+	62	0	0	0	-	7,3	-	-	-	-

Horizont	Tiefe (cm)	KAK_{eff} (cmol_c/kg)	BS_{eff} (%)
L+Of	+2	97	100
aeAh	−20	32	100
aeAh-lCv	−35	25	100
aelCv	−60	23	100
IIaelCv	−100+	18	100

(Quelle: Bodeninformationssystem, Landesamt für Umwelt Bayern)
(* = abgeleiteter Analysenwert)

Profil 146: Subtyp Normkalkpaternia (AZn)

- Bodenausgangsgestein: Auenkies über Sinterkalk
- Varietät: (Mull)Kalkpaternia (muAZn)
- Typ: Kalkpaternia
- Klasse: Auenböden
- Substrattyp: f-ek(Gfo)/q-Ks
- WRB: Dolomitic Skeletic Epileptic Fluvisol (Loamic)
- Bodenregion: (Überregionale) Flusslandschaften
- Ort: Flussufer am Lech, Lkr. Landsberg, Bayern
- Humusform: F-Mull
- Profilbild und Horizontabfolge: siehe Tab. 47.5
- Aufschlussbild: siehe Abb. 47.8
- Analysendaten: siehe Tab. 47.6
- Autor: Reinhard Jochum, Walter Grottenthaler †

Vorkommen und Ausgangsgesteine

Das Fallbeispiel aus dem Lechtal soll einige Carakteristika der Auenbereiche der größeren Flusstäler Südbayerns vermitteln (vgl. auch Profil Normkalkpaternia aus Auenmergel über Auenkies). Die Profilaufnahme erfolgte direkt am Flussufer auf der jüngsten Terrasse, deren Böden nur schwach entwickelt sind. Bis vor wenigen Jahrzehnten kam es oft mehrmals im Jahr zu Überflutungen durch Hochwasser. Dabei wurde außergewöhnlich carbonatreiches feinkörniges Material abgelagert. Das hell- bis braungraue, schluffig-sandige Auensediment enthält im mittleren Laufabschnitt des Lechs

60 – > 75 Masse-% Carbonat, das etwa zu gleichen Teilen aus den Mineralen Kalzit und Dolomit besteht. Es stammt überwiegend aus dem kalkalpinen Wassereinzugsgebiet des Lechs, enthält aber auch umgelagertes Moränen- und Molassematerial aus dem Alpenvorland. Die Jahresniederschläge im Verbreitungsgebiet betragen 850 bis 1000 mm, die Jahresmitteltemperatur ist ca. 7,5 °C.

Bodenprozesse und -eigenschaften

Die noch relativ schwache Bodenbildung greift in einen Flussschotter (Auenkies) ein, der in diesem Fall von einer nur 5 cm mächtigen Schicht aus Auensand überdeckt ist. Die Entkalkung ist in den Ah-Horizonten nur wenig fortgeschritten, die organische Substanz ist teilweise sedimentären Ursprungs. Eine Besonderheit des Profils ist der unter dem Auenkies zu Tage tretende Sinterkalkstein, dessen Bildung auf die letzte Warmzeit (Eem) datiert wurde und in den der Lech nun sein Flussbett eingeschnitten hat.

Nutzung und Vegetation

Die Vegetation bestand ursprünglich aus Weidengebüsch; örtlich wurden Fichtenmonokulturen angelegt. Dazwischen findet sich auch Weideland. Heute stehen in Flusstälern des Alpenvorlands Teile der jüngsten Terrassenflächen unter Schutz (FFH-Flächen). Sie zeichnen sich durch das Vorkommen alpiner Blütenpflanzen aus, deren Samen durch Hochwasser angeschwemmt wurden.

Tab. 47.5 Profilbild und Horizontabfolge Profil 146

Profilbild	Horizont-grenze (cm)	Horizonte und ihre Eigenschaften	
	+2	**L+Of**	Mull
	−5	**aeAh1** f-(k)es(Sfo)	schwach schluffiger Feinsand, schwach kiesig; sehr dunkelgelblichbraungrau (10YR 3/2); Krümelgefüge; extrem carbonatreich; sehr stark humos; sehr stark durchwurzelt
	−15	**IIaeAh2** f-ek(Gfo)	mittel schluffiger Sand, extrem stark kiesig; dunkelgelblichbraungrau (10YR 4/2); Einzelkorngefüge; extrem carbonatreich; stark humos; stark durchwurzelt
	−40	**IIaelCv** f-ek(Gfo)	mittel schluffiger Sand, extrem stark kiesig; gelblichbraungrau (10YR 5/2); Einzelkorngefüge; extrem carbonatreich; sehr schwach humos; mittel durchwurzelt
	−100+	**IIIcmCn** q-Ks	Sinterkalk; fahlgelblicholiv (2,5Y 8/4); Carbonat; schwach humos, in Klüften

Quelle: Bayerisches Landesamt für Umwelt, R. Jochum (Bild bearbeitet)

Abb. 47.8 Lechufer bei Landsberg mit anstehendem Sinterkalkstein und standortsfremder Fichtenmonokultur (Quelle: Bayerisches Landesamt für Umwelt, G. Stimmelmeier)

Tab. 47.6 Analysendaten Profil 146

Horizont	Tiefe (cm)	Skelett (Vol.-%)	Sand (M.-%)	Schluff (M.-%)	Ton (M.-%)	Gesamtporen (Vol.-%)	Luftkapazität (Vol.-%)	nutzbare Feldkap. (Vol.-%)	Totwasser (Vol.-%)	Lagerungsdichte (g/cm³)
L+Of	+2	-	-	-	-	-	-	-	-	-
aeAh1	−5	5	-	-	-	-	-	-	-	1,2
IIaeAh2	−15	>75	71	26	3	-	-	-	-	1,7
IIaelCv	−40	>75	66	29	5	-	-	-	-	1,8
IIIcmCn	−100+	-	-	-	-	-	-	-	-	2,0

Horizont	Tiefe (cm)	CaCO₃ (M.-%)	C_org (M.-%)	N_t (M.-%)	C/N	pH H₂O	pH CaCl₂	KAK_pot (cmol_c/kg)	BS (%)	K₂O-DL (mg/100g)	P₂O₅-DL (mg/100g)
L+Of	+2	-	26,5	1,17	23	-	6,5	-	-	-	-
aeAh1	−5	65	5,7	0,49	12	-	7,0	-	-	-	-
IIaeAh2	−15	68	2,8	0,24	11	-	7,1	-	-	-	-
IIaelCv	−40	74	0,4	0	-	-	7,4	-	-	-	-
IIIcmCn	−100+	99	0	0	-	-	-	-	-	-	-

Horizont	Tiefe (cm)	KAK_eff (cmol_c/kg)	BS_eff (%)
L+Of	+2	82	100
aeAh1	−5	37	100
IIaeAh2	−15	26	100
IIaelCv	−40	20	100
IIIcmCn	−100+	-	-

(Quelle: Bodeninformationssystem, Landesamt für Umwelt Bayern)
(* = abgeleiteter Analysenwert)

Gefährdung

An gut zugänglichen Flussuferbereichen, z. T. auch an den neu entstandenen Stauseen, haben sich Badeplätze etabliert. Dort sind häufig Trittschäden zu beobachten, die auf den Erholungsbetrieb zurückgehen. Weitere Bodenbeinträchtigungen konzentrieren sich um wilde Grillplätze.

Profil 147: Subtyp Gley-Kalkpaternia (GG-AZ)

- Bodenausgangsgestein: Auenmergel über Auensand über tiefem Flusskies
- Varietät: humusreiche (Mull)Gley-Kalkpaternia (x. muGG-AZ)
- Typ: Kalkpaternia
- Klasse: Auenböden
- Substrattyp: f-eu(Mfo)/f-es(Sfo)//f-ek(Gf)
- WRB: Calcaric Katofluvic Endogleyic Phaeozem (Endogeoabruptic, Arenic, Siltic)
- Bodenregion: (Überregionale) Flusslandschaften
- Ort: Weisweil, Lkr. Emmendingen, Baden-Württemberg
- Humusform: L-Mull
- Profilbild und Horizontabfolge: siehe Tab. 47.7
- Bodenlandschaftsbild: siehe Abb. 47.9
- Analysendaten: siehe Tab. 47.8
- Autor: Wolfgang Fleck, Bernhard Link

Vorkommen und Ausgangsgesteine

Die Kalkpaternia aus feinsandig-schluffigen Hochwassersedimenten ist, neben Auengleyen in Rinnen und Senken, die typische Bodenform der jungen, noch regelmäßig überfluteten Rheinaue im Süden der Oberrheinebene. Mit einer Mächtigkeit von rund 10 dm überlagern kalkhaltige, deutlich geschichtete Auenmergel und Auensande (siehe Sand-/ Schluffgehalte) grobsandig-kiesige Flussbettsedimente.

Bodenprozesse und -eigenschaften

Der dominante bodenbildende Prozess ist die Humusakkumulation im oberen Profilteil, die im Beispielprofil bis knapp 4 dm Tiefe reicht. Im tieferen Unterboden zeigen Rostflecken beginnenden Grundwassereinfluss, wobei der abrupte Bodenartenwechsel vom Sand-Schluff-Gemisch zum grobsandigen Kies auch zu zeitweiliger Haftnässe führen dürfte. Die hohen Schluff- und Feinsandgehalte (letztere hier nicht extra ausgewiesen) sind für die sehr hohe nutzbare Feldkapazität verantwortlich. Die vorherrschend geringe Lagerungsdichte sorgt für eine gute Durchlüftung des Bodens. Die hohe biologische Aktivität führt zur raschen Zersetzung der anfallenden Laubstreu und Ausbildung der Humusform L-Mull.

Nutzung und Vegetation

Die typische Vegetation dieser Standorte besteht aus einem Eichen-Ulmen-Wald (Hartholzaue).

Tab. 47.7 Profilbild und Horizontabfolge Profil 147

Profilbild	Horizont-grenze (cm)	Horizonte und ihre Eigenschaften	
	−24	**aeAxh** f-eu(Mfo)	schluffiger Lehm; sehr dunkelgelblichbraungrau (10YR 3/2); Subpolyedergefüge; carbonatreich; stark humos; stark durchwurzelt
	−37	**aelC-Axh** f-eu(Mfo)	schluffiger Lehm; dunkelgelblichgraubraun (10YR 4/3); Kohärentgefüge; carbonatreich; mittel humos; schwach durchwurzelt
	−71	**IIaelC** f-es(Sfo)	schwach schluffiger Sand; grauolivbraun (2,5Y 6/3); Einzelkorngefüge; carbonatreich; schwach durchwurzelt
	−85	**IIaelC-Go** f-es(Sfo)	mittel schluffiger Sand; sehr hellolivgrau (5Y 7/2); Eisenoxide (mäßig fleckig, sehr hoher Flächenanteil); Einzelkorngefüge; carbonatreich; schwach durchwurzelt
	−93	**IIaeGo** f-es(Sfo)	feinsandiger Mittelsand; sehr hellolivgrau (5Y 7/2); Eisenoxide (mäßig fleckig, sehr hoher Flächenanteil); Einzelkorngefüge; carbonatreich; schwach durchwurzelt
	−102	**IIIaeGro** f-eu(Mfo)	schwach toniger Schluff; sehr hellgrauoliv (5Y 8/3); Eisenoxide (mäßig fleckig, hoher Flächenanteil) und reduziertes Eisen (hoher Flächenanteil); Kohärentgefüge; carbonatreich; mittel durchwurzelt
	−130+	**IVaeGor** f-ek(Gf)	reiner Sand, extrem stark kiesig, schwach steinig (gerundet); grau (N5/0); Eisenoxide (mäßig fleckig, hoher Flächenanteil) und reduziertes Eisen (fast ausschließlicher Flächenanteil); carbonatreich

Quelle: Landesamt für Geologie, Rohstoffe und Bergbau im Regierungspräsidium Freiburg, B. Link (Bild bearbeitet)

Abb. 47.9 Auenwald (Hartholzaue) am Rhein, Landkreis Emmendingen (Quelle: Landesamt für Geologie, Rohstoffe und Bergbau im Regierungspräsidium Freiburg, W. Fleck)

Tab. 47.8 Analysendaten Profil 147

Horizont	Tiefe (cm)	Skelett (Vol.-%)	Sand (M.-%)	Schluff (M.-%)	Ton (M.-%)	Gesamtporen (Vol.-%)	Luftkapazität (Vol.-%)	nutzbare Feldkap. (Vol.-%)	Totwasser (Vol.-%)	Lagerungsdichte (g/cm³)
aeAxh	−24	0	23	55	22	57	13	20	24	1,17
aeIC-Axh	−37	0	32	51	17	50	12	22	16	1,33
IIaeIC	−71	0	85	12	3	52	35	14	3	1,27
IIaeIC-Go	−85	0	60	34	6	46	11	27	8	1,44
IIaeGo	−93	0	90	8	2	-	-	-	-	-
IIIaeGro	−102	0	21	68	11	-	-	-	-	-
IVaeGor	−130+	95	91	8	1	-	-	-	-	-

Horizont	Tiefe (cm)	CaCO₃ (M.-%)	C_org (M.-%)	N_t (M.-%)	C/N	pH H₂O	pH CaCl₂	KAK_pot (cmol_c/kg)	BS (%)	K₂O-DL (mg/100g)	P₂O₅-DL (mg/100g)
aeAxh	−24	18	4,5	0,4	11	-	7,1	301	100	18	1
aeIC-Axh	−37	22	1,6	0,2	10	-	7,4	168	100	6	1
IIaeIC	−71	21	-	-	-	-	7,7	30	100	2	1
IIaeIC-Go	−85	23	-	-	-	-	7,6	58	100	4	1
IIaeGo	−93	13	-	-	-	-	7,7	21	100	1	1
IIIaeGro	−102	23	-	-	-	-	7,5	95	100	4	1
IVaeGor	−130+	-	-	-	-	-	7,5	-	-	4	1

(Quelle: Landesamt für Geologie, Rohstoffe und Bergbau im Regierungspräsidium Freiburg)

(* = abgeleiteter Analysenwert)

Gefährdung

Solange die Auendynamik mit regelmäßiger Überschwemmung nicht unterbunden wird, sind die Auenböden in ihrem Bestand nicht gefährdet. Schadstoffeinträge im Zuge der regelmäßigen Überflutungen stellen eine Gefahrenquelle dar.

Profil 148: Subtyp Normtschernitza (ATn)

- Bodenausgangsgestein: Auenton über tiefem Auenmergel
- Varietät: kalkhaltige vergleyte (Acker)Tschernitza (c.g.vATn)
- Typ: Tschernitza
- Klasse: Auenböden
- Substrattyp: f-t(Tfo)//f-et(Mfo)
- WRB: Hypereutric Regosol (Aric, Endoprotocalcic, Anoclayic, Humic, Endoraptic)
- Bodenregion: Mittel- und süddeutsche Löss- und Sandlösslandschaften
- Ort: Thörey, Ilmkreis, Thüringen
- Profilbild und Horizontabfolge: siehe Tab. 47.9
- Bodenlandschaftsbild: siehe Abb. 47.10
- Analysendaten: siehe Tab. 47.10
- Autor: Wolfgang Brandtner

Vorkommen und Ausgangsgesteine

Schwarzerdeähnliche Auenböden, auch (Norm-)Tschernitza genannt, treten in breiten Flusstälern mit geringem Längsgefälle auf. Insbesondere sind Tschernitzen in Tälern, in deren Einzugsgebieten vorherrschend Tschernoseme vorkommen, anzutreffen. Örtlich können sie aus früheren anmoorigen Bildungen entstanden sein. Bodenbildende Gesteine sind humose bis stark humose Auenlehme, Auenschluffe oder Auentone über fluviatilen Sedimenten.

Bodenprozesse und -eigenschaften

Die Bodenentwicklung von Tschernitzen verlief oft über ein früheres Anmoorstadium. Durch die Absenkung des Grundwasserspiegels in Folge flussbaulicher Maßnahmen erfuhren diese Standorte eine bessere Durchlüftung und damit eine höhere bodenbiologische Aktivität und eine Änderung der Humuseigenschaften. Es entstanden A-C-Profile, die keine Vernässung mehr aufweisen. Tschernitzen entstehen auch durch Sedimentation von erodiertem, humosem bis stark humosem Oberbodenmaterial von Tschernosemen. Tschernitzen sind durch günstige Wasserhaushalts- und Filtereigenschaften gekennzeichnet. Sie sind gut durchwurzelbar und ausreichend belüftet. Tschernitzen verfügen über ein hohes Ertragspotenzial.

Nutzung und Vegetation

Tschernitzen werden überwiegend ackerbaulich genutzt.

Gefährdung

Tschernitzastandorte sind durch mögliche Schadstoffeinträge in Folge gelegentlicher Überflutungen gefährdet.

Tab. 47.9 Profilbild und Horizontabfolge Profil 148

Profilbild	Horizont-grenze (cm)	Horizonte und ihre Eigenschaften	
	−35	**aAxp** f-t(Tfo)	schwach schluffiger Ton, sehr schwach kiesig; dunkelgrau (10YR 4/1); Bröckelgefüge; carbonatarm; stark humos
	−85	**aAxh** f-t(Tfo)	schwach schluffiger Ton, sehr schwach kiesig; sehr dunkelgrau (10YR 3/1); Polyedergefüge; carbonatarm; mittel humos
	−95	**IIaeAxh-Gco** f-et(Mfo)	schwach schluffiger Ton, sehr schwach kiesig; dunkelgrau (10YR 4/1); Eisenoxide (fleckig, sehr hoher Flächenanteil); Polyedergefüge; carbonatreich; schwach humos
	−100+	**IIIaeGco** f-et(Mfo)	mittel toniger Lehm; gelblichbraungrau (10YR 5/2); Eisenoxide (fleckig, sehr hoher Flächenanteil); Polyedergefüge; sehr carbonatreich; sehr schwach humos

Quelle: Bodenschätzung Thüringen (Bild bearbeitet)

Abb. 47.10 Talaue im Thüringer Becken nahe Arnstadt (Ilmkreis) (Quelle: Thüringer Landesanstalt für Umwelt und Geologie, W. Brandtner)

Tab. 47.10 Analysendaten Profil 148

Horizont	Tiefe (cm)	Skelett (Vol.-%)	Sand (M.-%)	Schluff (M.-%)	Ton (M.-%)	Gesamtporen (Vol.-%)	Luftkapazität (Vol.-%)	nutzbare Feldkap. (Vol.-%)	Totwasser (Vol.-%)	Lagerungsdichte (g/cm³)
aAxp	−35	1	5	33	62	-	-	-	-	-
aAxh	−85	1	6	30	64	-	-	-	-	-
IIaeAxh-Gco	−95	1	10	39	51	-	-	-	-	-
IIIaeGco	−100+	0	18	45	37	-	-	-	-	-

Horizont	Tiefe (cm)	CaCO$_3$ (M.-%)	C$_{org}$ (M.-%)	N$_t$ (M.-%)	C/N	pH H$_2$O	pH CaCl$_2$	KAK$_{pot}$ (cmol$_c$/kg)	BS (%)	K$_2$O-DL (mg/100g)	P$_2$O$_5$-DL (mg/100g)
aAxp	−35	1	2,34	0,25	9	7,3	7,2	-	-	-	-
aAxh	−85	1	1,87	0,16	12	7,7	7,5	-	-	-	-
IIaeAxh-Gco	−95	18	0,62	0,06	10	7,9	7,4	-	-	-	-
IIIaeGco	−100+	28	0,43	0,04	11	8,0	7,6	-	-	-	-

(Quelle: Thüringer Landesanstalt für Umwelt und Geologie)
(* = abgeleiteter Analysenwert)

Profil 149: Subtyp Gley-Tschernitza (GG-AT)

- Bodenausgangsgestein: Auenlehm über tiefem Terrassensand
- Varietät: kalkhaltige entwässerte (Acker)Gley-Tschernitza (c.v.rGG-AT)
- Typ: Tschernitza
- Klasse: Auenböden
- Substrattyp: f-el(Lfo)//f-(k)es(St)
- WRB: Calcaric Endorelictigleyic Phaeozem (Aric, Anoloamic, Pachic, Endoraptic, Bathyarenic)
- Bodenregion: (Überregionale) Flusslandschaften
- Ort: Mannheim-Sandhofen, Stadtkreis Mannheim, Baden-Württemberg
- Profilbild und Horizontabfolge: siehe Tab. 47.11
- Bodenlandschaftsbild: siehe Abb. 47.11
- Analysendaten: siehe Tab. 47.12
- Autor: Wolfgang Fleck, Bernhard Link

Vorkommen und Ausgangsgesteine

Die Gley-Tschernitza liegt im Bereich eines überflutungsfreien, älteren Mäanderbogens des Rheins nördlich von Mannheim. Die wenig erhöht gelegene Umlauffläche wird aus älteren, carbonathaltigen Auensedimenten über Terrassensanden aufgebaut und ist mit tonigen Altwassersedimenten, Mudden und Niedermoortorfen in den Rinnen vergesellschaftet.

Bodenprozesse und -eigenschaften

Da dem Profilstandort schon seit langem kein frisches Rheinsediment durch Überflutungen zugeführt wird und Grundwassereinfluss erst unterhalb von 6 dm im aeAh+rGo eine prägende Rolle spielte, konnte unter dem Einfluss des trockenwarmen Klimas eine intensive, tief reichende Humusanreicherung ablaufen, die neben der Vergleyung im tieferen Unterboden die Bodenbildung entscheidend geprägt hat. Krotowinen im aeAh+rGo-Horizont verdeutlichen die intensive Bioturbation. Kohärentgefüge, hohe Lagerungsdichte und geringe Luftkapazität belegen eine deutliche Verdichtung im aeAp2-Horizont. Durch die Pflugarbeit wurde das ursprüngliche Aggregatgefüge zerstört. Am Profilstandort ist das Grundwasser durch Flussbau- und Entwässerungsmaßnahmen abgesenkt, die Vergleyung also reliktischer Natur.

Nutzung und Vegetation

Die hohe nutzbare Feldkapazität und die gute Nährstoffversorgung sind für den produktiven Ackerstandort verantwortlich. Am Profilstandort wirkt sich die Verdichtung im Oberboden ertragsmindernd aus. In Trockenjahren werden die Ackerflächen bewässert.

Gefährdung

Im Großraum Mannheim sind die überflutungsfreien Auenbereiche stark durch Überbauung bedroht, insbesondere wenn sie wie der Profilstandort in Autobahnnähe liegen. Die Gley-Tschernitza ist in dieser Ausprägung ein seltener und damit schützenswerter Boden.

Tab. 47.11   Profilbild und Horizontabfolge Profil 149

Profilbild	Horizont-grenze (cm)	Horizonte und ihre Eigenschaften	
	−23	**aeAp1** f-el(Lfo)	schwach toniger Lehm; braunschwarz (10YR 2/2); Subpolyedergefüge; stark carbonathaltig; mittel humos; stark durchwurzelt
	−41	**aeAp2** f-el(Lfo)	schwach toniger Lehm; braunschwarz (10YR 2/2); Kohärentgefüge; stark carbonathaltig; mittel humos; mittel durchwurzelt
	−58	**aerGo°Ah** f-el(Lfo)	schwach toniger Lehm; braunschwarz (10YR 2/2); Eisenoxide (fleckig, mittlerer Flächenanteil); Subpolyeder–bis Polyedergefüge; schwach carbonathaltig; schwach humos; mittel durchwurzelt
	−78	**aeAh+rGo** f-el(Lfo)	stark sandiger Lehm; rötlichgrau, sehr dunkelviolettstichig (2,5YR 3/2); humose Krotowinen; Eisenoxide (fleckig, hoher Flächenanteil); Subpolyeder- bis Kohärentgefüge; schwach carbonathaltig; sehr schwach humos; mittel durchwurzelt
	−92	**IIerGo** f-es(St)	mittel lehmiger Sand; grauolivbraun (2,5Y 5/3) und olivbraun, dunkelgraustichig (2,5Y 4/6), fleckig ; humose Krotowinen; Eisenoxide (fleckig, hoher Flächenanteil); Kohärentgefüge; schwach carbonathaltig; sehr schwach humos; schwach durchwurzelt
	−132+	**IIerGro** f-(k)es(St)	reiner Sand, feinsandiger Mittelsand, schwach kiesig; sehr hellgrauolivbraun (2,5Y 7/3) und sehr hellgraubeige (7,5YR 7/3); Eisenoxide (fleckig, hoher Flächenateil) und schwach gebleicht; Einzelkorngefüge; stark carbonathaltig; sehr schwach durchwurzelt

Quelle: Landesamt für Geologie, Rohstoffe und Bergbau im Regierungspräsidium Freiburg, B. Link (Bild bearbeitet)

Abb. 47.11   Übergang von humusreichen Auenböden in Niedermoore in einem abgeschnittenen, verlandeten Mäanderbogen (Quelle: Landesamt für Geologie, Rohstoffe und Bergbau im Regierungspräsidium Freiburg, W. Fleck)

Tab. 47.12 Analysendaten Profil 149

Horizont	Tiefe (cm)	Skelett (Vol.-%)	Sand (M.-%)	Schluff (M.-%)	Ton (M.-%)	Gesamtporen (Vol.-%)	Luftkapazität (Vol.-%)	nutzbare Feldkap. (Vol.-%)	Totwasser (Vol.-%)	Lagerungsdichte (g/cm³)
aeAp1	−23	0	40	35	25	44	11	15	17	1,48
aeAp2	−41	0	41	34	25	36	3	17	17	1,68
aerGo°Ah	−58	0	41	31	28	40	4	13	23	1,59
aeAh+rGo	−78	0	54	25	21	40	7	16	17	1,58
IIerGo	−92	0	82	10	8	38	10	15	13	1,65
IIerGro	−132+	3	93	4	3	-	-	-	-	-

Horizont	Tiefe (cm)	CaCO₃ (M.-%)	C_org (M.-%)	N_t (M.-%)	C/N	pH H₂O	pH CaCl₂	KAK_pot (cmol_c/kg)	BS (%)	K₂O-DL (mg/100g)	P₂O₅-DL (mg/100g)
aeAp1	−23	8	1,6	0,16	10	-	7,4	196	100	36	70
aeAp2	−41	7	1,2	0,13	9	-	7,4	198	100	20	84
aerGo°Ah	−58	2	1,1	0,10	11	-	7,4	229	100	7	23
aeAh+rGo	−78	3	0,5	0,05	10	-	7,6	154	100	6	7
IIerGo	−92	3	0,1	0,01	-	-	7,6	-	-	2	4
IIerGro	−132+	8	0,1	0,01	-	-	7,8	-	-	1	1

(Quelle: Landesamt für Geologie, Rohstoffe und Bergbau im Regierungspräsidium Freiburg)
(* = abgeleiteter Analysenwert)

Profil 150: Subtyp Normvega (ABn)

- Bodenausgangsgestein: Auenschluff über tiefem Auensand
- Varietät: basenreiche humusreiche (Mull)Vega (eu.x.mu-ABn)
- Typ: Vega
- Klasse: Auenböden
- Substrattyp: f-u(Ufo)//f-ks(Sfo)
- WRB: Orthoeutric Cambisol (Profundihumic, Amphiraptic, Katosiltic, Bathyarenic, Bathyfluvic)
- Bodenregion: (Überregionale) Flusslandschaften
- Ort: Neißetal, Lkr. Görlitz, Sachsen
- Profilbild und Horizontabfolge: siehe Tab. 47.13
- Bodenlandschaftsbild: siehe Abb. 47.12
- Analysendaten: siehe Tab. 47.14
- Autor: Holger Joisten

Vorkommen und Ausgangsgesteine

Vegen sind aus holozänen fluviatilen Sedimenten in Tälern von Flüssen und Bächen entstanden. Das Beispiel zeigt eine Normvega, die sich aus schluffigen über tiefen kiesig-sandigen kalkfreien Hochwassersedimenten im Überschwemmungsbereich der Neiße bei Hagenwerder (Kreis Görlitz/Sachsen) entwickelte. Das geschichtete Ausgangsmaterial spiegelt die verschiedenen Sedimentationsphasen wider, die diesen Boden prägten.

Bodenprozesse und -eigenschaften

Normvegen weisen stets einen aM-Horizont auf. Wenn geschichtete Sedimente vorliegen, können es auch mehrere sein. Grundwassereinfluss tritt frühestens ab 80 cm auf, wobei der mittlere Grundwasserhochstand im Allgemeinen wesentlich tiefer liegt. Normvegen haben meist von der Bodenart abhängig ein hohes pflanzennutzbares Wasserspeichervermögen (nFK) und eine mittlere bis hohe Durchlässigkeit. Sie sind locker gelagert und gut durchlüftet (hohe Luftkapazität). Die starke biologische Aktivität und dadurch hohe Biomasseproduktivität führen zu einer deutlichen Humosität, die bis in größere Tiefe reicht. Die typische Normvega hat eine gute Nährstoffversorgung und ein hohes Filter- und Puffervermögen. An diesem Standort zeigen sich hohe Stickstoffreserven. Das relativ weite C/N-Verhältnis deutet jedoch auf eine eingeschränkte Verfügbarkeit hin. Nährstoffe wie K, Mg und Ca können – trotz der hohen potentiellen Kationenaustauschkapazität – aufgrund der fortgeschrittenen Entbasung nur eingeschränkt zur Verfügung gestellt werden.

Nutzung und Vegetation

Die Normvega, hier aus Auenschluff über tiefem Auensand, zählt zu den fruchtbaren Böden in Deutschland, Österreich und der Schweiz. Sie wird häufig als Grünland und meist nach Eindeichung als Ackerland genutzt.

Gefährdung

Leider unterliegen Auenböden in flussnahen Bereichen oft einer starken Schwermetall- und Salzkontamination. Dies ist in industriell genutzten Gebieten im Wesentlichen durch die Hochwassersedimenteinträge der Flüsse bedingt. Insbesondere in früheren Bergbaugebieten (z. B. Erzgebirge) kommt es zu Grenzwertüberschreitungen, die zu Einschränkungen in der landwirtschaftlichen Nutzung führen können. Intensiver Ackerbau mit schwerer Technik haben in den letzten Jahrzehnten häufig Verdichtungen in den ursprünglich locker gelagerten mit guten Gefügeeigenschaften ausgestatteten Böden verursacht.

Tab. 47.13 Profilbild und Horizontabfolge Profil 150

Profilbild	Horizont-grenze (cm)	Horizonte und ihre Eigenschaften	
	–10	**aAh** f-l(Lfo)	schwach sandiger Lehm; sehr dunkelgelblichgraubraun (10YR 3/3); Krümelgefüge; sehr stark humos; Wurzelfilz
	–20	**arAp** f-u(Ufo)	schluffiger Lehm; dunkelgelblichgraubraun (10YR 4/3); Krümel- und Subpolyedergefüge; sehr stark humos; sehr stark durchwurzelt
	–40	**IIaM1** f-u(Ufo)	stark toniger Schluff; dunkelgelblichgraubraun (10YR 4/3); Krümel- und Subpolyedergefüge; stark humos; mittel durchwurzelt
	–55	**IIaM2** f-t(Tfo)	stark schluffiger Ton; gelblichbraun (10YR 5/6); Krümel- und Subpolyedergefüge; stark humos; mittel durchwurzelt
	–85	**IIaM3** f-u(Ufo)	stark toniger Schluff; gelblichbraun (10YR 5/6); Subpolyedergefüge; mittel humos; schwach durchwurzelt
	–100	**IIIaM** f-(k)u(Ufo)	schluffiger Lehm, mittel kiesig; gelblichbraun (10YR 5/6); Subpoledergefüge, z. T. Einzelkorngefüge; schwach humos; schwach durchwurzelt
	–130+	**IVailCv** f-ks(Sfo)	schwach lehmiger Sand, stark kiesig; gelblichbraun (10YR 5/6); Einzelkorngefüge; sehr schwach humos; sehr schwach durchwurzelt

Quelle: H. Joisten (Bild bearbeitet)

Abb. 47.12 Auenlandschaft des Neißetals bei Görlitz (Quelle: H. Joisten)

Tab. 47.14 Analysendaten Profil 150

Horizont	Tiefe (cm)	Skelett (Vol.-%)	Sand (M.-%)	Schluff (M.-%)	Ton (M.-%)	Gesamtporen (Vol.-%)	Luftkapazität (Vol.-%)	nutzbare Feldkap. (Vol.-%)	Totwasser (Vol.-%)	Lagerungsdichte (g/cm³)
aAh	– 10	0	28	49	23	-	-	-	-	-
arAp	– 20	0	29	51	20	62	8	35	19	0,90
IIaM1	– 40	0	10	66	24	57	10	34	12	1,08
IIaM2	– 55	0	6	69	25	56	12	33	12	1,15
IIaM3	– 85	0	6	71	23	56	15	30	11	1,16
IIIaM	– 100	15	17	64	19	52	16	27	10	1,27
IVailCv	– 130+	25	84	11	5	-	-	-	-	-

Horizont	Tiefe (cm)	CaCO₃ (M.-%)	C_org (M.-%)	N_t (M.-%)	C/N	pH H₂O	pH CaCl₂	KAK_pot (cmol_c/kg)	BS (%)	K₂O-DL (mg/100g)	P₂O₅-DL (mg/100g)
aAh	– 10	-	6,6	0,40	17	-	5,0	29	41	6	14
arAp	– 20	-	6,2	0,32	19	-	5,2	30	42	5	13
IIaM1	– 40	-	3,5	0,23	15	-	5,5	23	68	4	3
IIaM2	– 55	-	2,5	0,21	12	-	5,4	21	67	4	1
IIaM3	– 85	-	1,4	0,15	9	-	5,2	18	62	4	<1
IIIaM	– 100	-	0,9	0,10	9	-	4,9	15	53	3	1
IVailCv	– 130+	-	0,2	0,02	11	-	5,1	3,5	43	3	2

(Quelle: Sächsisches Landesamt für Umwelt, Landwirtschaft und Geologie)

(* = abgeleiteter Analysenwert)

Profil 151: Subtyp Normvega (ABn)

- Bodenausgangsgestein: Auenlehm
- Varietät: kalkhaltige (Mull)Vega (c.muABn)
- Typ: Vega
- Klasse: Auenböden
- Substrattyp: f-el(Lfo)/f-l(Lfo)
- WRB: Epicalcaric Cambic Endofluvic Phaeozem (Anoloamic)
- Bodenregion: Berg- und Hügelländer mit hohem Anteil an nicht metamorphen Sand-, Schluff-, Ton- und Mergelgesteinen
- Ort: Kirchberg a. d. Murr, Rems-Murr-Kreis, Baden-Württemberg
- Profilbild und Horizontabfolge: siehe Tab. 47.15
- Bodenlandschaftsbild: siehe Abb. 47.13
- Analysendaten: siehe Tab. 47.16
- Autor: Wolfgang Fleck, Michael Weiß

Vorkommen und Ausgangsgesteine

Die Normvega ist ein weit verbreiteter Boden in den Auen der Neckarzuflüsse nördlich von Stuttgart. Die humosen Auensedimente sind meist sandig-lehmig mit geringen bis mittleren Carbonatgehalten ausgebildet. In Flussnähe schalten sich auch Auensande ein. Im Unterboden zeigen schwankende Sand- und Schluffgehalte die für Auensedimente typische Substratschichtung (z. B. aM2- und aM3-Horizonte).

Bodenprozesse und -eigenschaften

Wiesen mit frisch abgelagerten, kalkhaltigen Hochwassersanden sind in diesem Abschnitt der Murraue häufig anzutreffen und das Ergebnis rezenter Überflutungen. Die geringe bis mittlere Trockenraumdichte, das wenig verfestigte Kohärentgefüge im Unterboden sowie Grundwassereinfluss erst unterhalb von 275 cm ermöglichen eine sehr tiefreichende Durchwurzelung. Nutzbare Feldkapazität und Kationenaustauschkapazität sind beide sehr hoch.

Nutzung und Vegetation

Aufgrund der regelmäßigen Überflutungen wird der gesamte Auenbereich fast ausschließlich als Grünland genutzt.

Gefährdung

Bei Auenböden, die noch regelmäßig bei Hochwasser überflutet werden, ist mit Einträgen von Schadstoffen, insbesondere von Schwermetallen, zu rechnen. Grundsätzlich sind viele Auenböden in den relativ dicht besiedelten Räumen Baden-Württembergs durch Überbauung bedroht.

Tab. 47.15 Profilbild und Horizontabfolge Profil 151

Profilbild	Horizont-grenze (cm)	Horizonte und ihre Eigenschaften	
	−12	**aAxh** f-l(Lfo)	schwach sandiger Lehm, sehr schwach kiesig; sehr dunkelgelblichgraubraun (10YR 3/3); Subpolyedergefüge; carbonatarm; stark humos; Wurzelfilz
	−32	**Axh-aM** f-el(Lfo)	schwach sandiger Lehm, sehr schwach kiesig; sehr dunkelgelblichgraubraun (10YR 3/3); Subpolyedergefüge; schwach carbonathaltig; mittel humos; stark durchwurzelt
	−50	**aM1** f-el(Lfo)	mittel sandiger Lehm, sehr schwach kiesig; gelblichbraun, sehr dunkelgraustichig (10YR 3/4); Subpolyedergefüge; schwach carbonathaltig; schwach humos; stark durchwurzelt
	−85	**aM2** f-l(Lfo)	stark lehmiger Sand, sehr schwach kiesig; gelblichbraun, dunkelgraustichig (10YR 4/4); schwach verfestigtes Kohärentgefüge; carbonatarm; sehr schwach humos; mittel durchwurzelt
	−110	**IIaM** f-u(Ufo)	schluffiger Lehm; gelblichbraun, dunkelgraustichig (10YR 4/4); sehr schwach verfestigtes Kohärentgefüge; carbonatarm; sehr schwach humos; mittel durchwurzelt
	−150+	**IIIaM** f-l(Lfo)	schwach sandiger Lehm; gelblichbraun, dunkelgraustichig (10YR 4/4); sehr schwach verfestigtes Kohärentgefüge; sehr schwach humos; mittel durchwurzelt

Quelle: Landesamt für Geologie, Rohstoffe und Bergbau im Regierungspräsidium Freiburg, M. Weiß (Bild bearbeitet)

Abb. 47.13 Aue der Murr bei Kirchberg (Quelle: Landesamt für Geologie, Rohstoffe und Bergbau im Regierungspräsidium Freiburg, W. Fleck)

Tab. 47.16 Analysendaten Profil 151

Horizont	Tiefe (cm)	Skelett (Vol.-%)	Sand (M.-%)	Schluff (M.-%)	Ton (M.-%)	Gesamtporen (Vol.-%)	Luftkapazität (Vol.-%)	nutzbare Feldkap. (Vol.-%)	Totwasser (Vol.-%)	Lagerungsdichte (g/cm³)
aAxh	−12	1	32	45	23	57	9	28	20	1,12
Axh-aM	−32	1	38	44	18	49	9	21	19	1,35
aM1	−50	1	49	34	17	45	16	16	13	1,45
aM2	−85	1	48	37	15	46	17	18	11	1,44
IIaM	−110	0	25	55	20	45	12	19	14	1,45
IIIaM	−150+	0	36	47	17	45	11	21	13	1,47

Horizont	Tiefe (cm)	$CaCO_3$ (M.-%)	C_{org} (M.-%)	N_t (M.-%)	C/N	pH H_2O	pH $CaCl_2$	KAK_{pot} (cmol$_c$/kg)	BS (%)	K_2O-DL (mg/100g)	P_2O_5-DL (mg/100g)
aAxh	−12	1	3,2	0,3	9	-	6,6	234	97	5	6
Axh-aM	−32	2	1,8	0,2	9	-	6,8	184	100	2	2
aM1	−50	2	0,7	0,1	9	-	6,9	128	100	2	1
aM2	−85	1	0,4	-	-	-	7,0	102	100	1	1
IIaM	−110	1	0,6	-	-	-	7,0	137	98	1	1
IIIaM	−150+	-	0,4	-	-	-	6,8	118	100	1	1

(Quelle: Landesamt für Geologie, Rohstoffe und Bergbau im Regierungspräsidium Freiburg)

(* = abgeleiteter Analysenwert)

Profil 152: Subtyp Normvega (ABn)

- Bodenausgangsgestein: Auenlehm über tiefem Flussschotter
- Varietät: flache (Mull)Kalkpaternia über kalkhaltiger vergleyter Vega (muAZn\c.gABn)
- Typ: Vega
- Klasse: Auenböden
- Substrattyp: f-el(Lfo)//f-ew(Of)
- WRB: Calcaric Fluvisol (Epigeoabruptic, Profundihumic, Loamic, Bathygleyic)
- Bodenregion: Berg- und Hügelländer mit hohem Anteil an nicht metamorphen carbonatischen Gesteinen
- Ort: Nagold, Lkr. Calw, Baden-Württemberg
- Profilbild und Horizontabfolge: siehe Tab. 47.17
- Bodenlandschaftsbild: siehe Abb. 47.14
- Analysendaten: siehe Tab. 47.18
- Autor: Wolfgang Fleck

Vorkommen und Ausgangsgesteine

Es handelt sich um eine verbreitete Bodenform im engen Tal der Nagold am Ostrand des Nordschwarzwaldes. Aufgrund des im Oberlauf der Nagold vorkommenden Muschelkalks sind die Auensedimente aus überwiegend lehmig-sandigem Buntsandsteinmaterial häufig schwach kalkhaltig. Der obere Profilabschnitt ist durch die periodische Ablagerung von lehmig-sandigen Auensedimenten deutlich geschichtet. Sie werden ab 110 cm Tiefe von Flussschottern aus Buntsandstein- und Muschelkalkmaterial (Kalk- und Dolomitsteine) unterlagert.

Bodenprozesse und -eigenschaften

Auf der Geländeoberfläche frisch abgelagerte Sande sind nahezu humusfrei. Bei hoher biologischer Aktivität konnte in den obersten Zentimetern eine rasche Humusakkumulation beobachtet werden. Der IIaeM-Horizont ist deshalb eher durch bioturbate Vermischung mehrerer Humushorizonte und nicht durch Ablagerung eines humosen Solumsediments entstanden. Ab 83 cm Tiefe zeigen Rostflecken Grundwassereinfluss an.

Nutzung und Vegetation

Aufgrund der regelmäßigen Überflutung des Talbodens wird die Aue überwiegend als Grünland, untergeordnet als Acker oder Sonderkultur (Baumschule), genutzt.

Gefährdung

Neben Versiegelung im Rahmen von Baumaßnahmen sind die Böden v. a. durch künstlichen Bodenauftrag in ihrem Bestand gefährdet. Schadstoffeinträge durch regelmäßig auftretende Hochwasserereignisse, die den gesamten Talboden überfluten, sind nicht auszuschließen.

Tab. 47.17 Profilbild und Horizontabfolge Profil 152

Profilbild	Horizont-grenze (cm)	Horizonte und ihre Eigenschaften	
	−13	**aeAxh** f-es(Sfo)	mittel lehmiger Sand; dunkelgraubraun (7,5YR 4/3); Subpolyedergefüge; carbonathaltig; mittel humos; Wurzelfilz
	−22	**aelC** f-es(Sfo)	schwach lehmiger Sand; sehr hellbraun (7,5YR 7/4); Einzelkorngefüge; carbonathaltig; schwach humos; stark durchwurzelt
	−55	**IIfaeAxh** f-el(Lfo)	stark lehmiger Sand; dunkelgraubraun (7,5YR 4/3); Subpolyedergefüge; carbonathaltig; stark humos; stark durchwurzelt
	−83	**IIaeM** f-el(Lfo)	stark lehmiger Sand; dunkelorangebraun (7,5YR 4/6); Kohärentgefüge; carbonathaltig; mittel humos; mittel durchwurzelt
	−110	**IIaeM-Go** f-(k)es(Sfo)	mittel lehmiger Sand, schwach kiesig; dunkelorangebraun (7,5YR 4/6); Eisenoxide (mäßig fleckig, hoher Flächenanteil); Kohärentgefüge; carbonathaltig; mittel humos; schwach durchwurzelt
	−130+	**IIIaeGo** f-ew(Of)	stark kiesig, sehr stark steinig (gerundet); braun (7,5YR 5/4); Eisenoxide (mäßig fleckig, hoher Flächenanteil); carbonathaltig; schwach humos

Quelle: Landesamt für Geologie, Rohstoffe und Bergbau im Regierungspräsidium Freiburg, W. Fleck (Bild bearbeitet)

Abb. 47.14 Talaue der Nagold, Landkreis Calw (Quelle: Landesamt für Geologie, Rohstoffe und Bergbau im Regierungspräsidium Freiburg, W. Fleck)

Tab. 47.18 Analysendaten Profil 152

Horizont	Tiefe (cm)	Skelett (Vol.-%)	Sand (M.-%)	Schluff (M.-%)	Ton (M.-%)	Gesamtporen (Vol.-%)	Luftkapazität (Vol.-%)	nutzbare Feldkap. (Vol.-%)	Totwasser (Vol.-%)	Lagerungsdichte (g/cm³)
aeAxh	−13	0	69	23	8	-	-	-	-	-
aelC	−22	0	85	10	5	-	-	-	-	-
IIfaeAxh	−55	0	59	29	12	57	18	22	17	1,15
IIaeM	−83	0	58	27	15	44	16	19	9	1,45
IIaeM-Go	−110	0	66	23	11	45	10	24	11	1,48
IIIaeGo	−130+	-	-	-	-	-	-	-	-	-

Horizont	Tiefe (cm)	$CaCO_3$ (M.-%)	C_{org} (M.-%)	N_t (M.-%)	C/N	pH H_2O	pH $CaCl_2$	KAK_{pot} (cmol$_c$/kg)	BS (%)	K_2O-DL (mg/100g)	P_2O_5-DL (mg/100g)
aeAxh	−13	5	2,2	0,2	10	-	6,8	277	100	11	16
aelC	−22	5	1,1	0,1	8	-	6,9	116	100	5	12
IIfaeAxh	−55	4	2,4	0,2	10	-	7,1	269	100	5	11
IIaeM	−83	3	1,6	0,2	8	-	6,8	195	100	2	2
IIaeM-Go	−110	4	0,8	0,1	8	-	6,8	128	100	2	1
IIIaeGo	−130+	-	-	-	-	-	-	-	-	-	-

(Quelle: Landesamt für Geologie, Rohstoffe und Bergbau im Regierungspräsidium Freiburg)

(* = abgeleiteter Analysenwert)

Profil 153: Subtyp Normvega (ABn); Typ und Untertypen CH: Fluvisol, alkalisch, karbonatreich, schwach gleyig (F, E0, KR, G2)

- Bodenausgangsgestein: Auenmergel über Flussschotter
- Varietät: kalkhaltige (Mull)Vega (c.muABn)
- Typ: Vega; Tpy CH: Fluvisol
- Klasse: Auenböden
- Substrattyp: f-eu(Mfo)/f-ew(Of)
- WRB: Calcaric Skeletic Katofluvic Phaeozem (Endoarenic, Siltic)
- Bodenregion: (Überregionale) Flusslandschaften
- Ort: Rheintal, Fläsch (A18), Kanton Graubünden
- Humusform: L-Mull; Humusform CH: typischer Mull (Mt)
- Profilbild und Horizontabfolge: siehe Tab. 47.19
- Bodenlandschaftsbilder: siehe Abb. 47.15 und 47.16
- Analysendaten: siehe Tab. 47.20
- Autor: Peter Lüscher, Peter Blaser, Stephan Zimmermann, Jörg Luster, Lorenz Walthert

Vorkommen und Ausgangsgesteine

Dieser Boden im Rheintal bei Sargans zeigt einen für weite Alpentäler typischen Profilaufbau. Das Ausgangsmaterial bilden feinkörnige Flussablagerungen (Auenmergel) über Terrassenschotter. Der Profilort liegt auf 490 m ü. M. in ebener Lage. Der mittlere Jahresniederschlag beträgt 1188 mm, und die mittlere Jahrestemperatur liegt bei 9,5 Grad Celsius. Die Länge der Vegetationsperiode beträgt 205–210 Tage. Das Gebiet hat durch die Eindämmung der Rheins im vorletzten Jahrhundert den ursprünglichen Auencharakter weitgehend verloren.

Bodenprozesse und -eigenschaften

Die überwiegend von Laubbäumen sowie von Krautpflanzen und in geringen Mengen aus der Moosschicht stammende Streu wird innerhalb eines Jahres vollständig zersetzt oder in den Mineralboden eingearbeitet. Die Humusform wird als L-Mull klassiert. Carbonathaltige Feinerde bis an die Bodenoberfläche führt zu durchwegs alkalischen Be-

Tab. 47.19 Profilbild und Horizontabfolge Profil 153

Profilbild	Horizont-grenze (cm)	Horizonte und ihre Eigenschaften (in Klammern: Horizonte CH)	
	+1	**L (Ol)**	; organisch
	−15	**aeAxh (Ah)** f-eu(Mfo)	schwach toniger Schluff, sehr schwach kiesig; braunschwarz (10YR 2/2); Krümelgefüge; carbonatreich; stark humos; stark durchwurzelt
	−40	**aeM (AC)** f-eu(Mfo)	schwach toniger Schluff, sehr schwach kiesig; braunschwarz (10YR 2/2); Subpolyedergefüge; carbonatreich; mittel humos; stark durchwurzelt
	−55	**IIaeM (IIC1)** f-esw(Of)	mittel lehmiger Sand, mittel kiesig, stark steinig (gerundet); grau, dunkelolivstichig (5Y 4/1); Einzelkorngefüge; carbonatreich; mittel humos; stark durchwurzelt
	−95+	**IIIaeM (IIC2)** f-ew(Of)	reiner Sand, mittel kiesig, sehr stark steinig (gerundet); grau, dunkelolivstichig (5Y 4/1); Einzelkorngefüge; sehr carbonatreich; schwach humos; schwach durchwurzelt

Quelle: P. Blaser et al. (Waldböden der Schweiz, Bd. 2, A25, Hep-Verl.) (Bild bearbeitet)

Abb. 47.15 Zweiblatt-Eschenmischwald (Quelle: P. Blaser et al. (Waldböden der Schweiz, Bd. 2, A25, Hep-Verl.))

dingungen. Das Nährstoffangebot dürfte für die meisten Baumarten ausreichend sein. Im Profil sind bezüglich des Wurzelwachstums keine unüberwindbaren Einschränkungen erkennbar. Der Profilort wurde durch die Rheinkorrektion in seiner ursprünglichen Auenbodendynamik stark verändert. Überschwemmungen sind heute seltener. Auch der Schwankungsbereich des Grundwasserspiegels liegt deutlich tiefer. Trotzdem muss aus der Lage im Gelände zumindest im Unterboden mit Sättigungsphasen gerechnet werden.

Nutzung und Vegetation

Der Waldstandortstyp, ein Zweiblatt-Eschenmischwald, wird zur Holzproduktion genutzt. Im Bestand sind Eschen, Berg-Ulmen, Süßkirschen und Zitterpappeln vorhanden.

Gefährdung

Das Trockenstressrisiko wird durch das Vorhandensein von Wasser aus ehemaligen Flussläufen, welche periodische Wassersättigung bis in den mittleren Profilbereich anzeigen, relativiert. Allerdings zeigen die fehlenden Vernässungsmerkmale und die profilumfassende Durchwurzelung, dass gesättigte Phasen mit ungenügender Durchlüftung selbst im Unterboden nicht oft vorkommen. Trotzdem empfiehlt es sich, vorsichtshalber einen genügend großen Anteil tiefwurzelnder Baumarten einzubringen, welche eine Sauerstoffarmut relativ gut ertragen, wie etwa die Berg-Ulme oder die Aspe. Es ist zu beachten, dass der Boden in feuchtem Zustand empfindlich auf das Befahren reagiert und dass der schluffige Oberboden etwas erosionsanfällig ist.

Abb. 47.16 Blick von Pfäfers talabwärts ins Rheintal zum Profilort Fläsch zwischen Rhein und der Felswand des Ellhorns gelegen (Quelle: M. Frehner)

Tab. 47.20 Analysendaten Profil 153

Horizont	Tiefe (cm)	Skelett (Vol.-%)	Sand (M.-%)	Schluff (M.-%)	Ton (M.-%)	Gesamtporen (Vol.-%)	Luftkapazität (Vol.-%)	nutzbare Feldkap. (Vol.-%)	Totwasser (Vol.-%)	Lagerungsdichte (g/cm³)
L (Ol)	+1	-	-	-	-	-	-	-	-	-
aeAxh (Ah)	−15	1,3	18	72	10	75,9	31,0	27,5	17,4	0,83
aeM (AC)	−40	1,4	11	79	10	75,9	31,0	27,5	17,4	0,95
IIaeM (IIC1)	−55	54,6	54	38	8	-	-	-	-	-
IIIaeM (IIC2)	−95+	87,5	90	8	2	-	-	-	-	-

Horizont	Tiefe (cm)	$CaCO_3$ (M.-%)	C_{org} (M.-%)	N_t (M.-%)	C/N	pH H_2O	pH $CaCl_2$	KAK_{pot} (cmol./kg)	BS (%)	K_2O-DL (mg/100g)	P_2O_5-DL (mg/100g)
L (Ol)	+1	-	-	-	-	-	-	-	-	-	-
aeAxh (Ah)	−15	10,9	3,2	0,22	15	8,0	7,6	-	-	-	-
aeM (AC)	−40	17,0	1,8	0,12	14	8,2	7,7	-	-	-	-
IIaeM (IIC1)	−55	23,5	1,2	0,07	17	8,4	7,8	-	-	-	-
IIIaeM (IIC2)	−95+	25,1	1,1	-	-	8,7	7,8	-	-	-	-

Horizont	Tiefe (cm)	KAK_{eff} (cmol./kg)	BS_{eff} (%)
L (Ol)	+1		
aeAxh (Ah)	−15	16,8	100
aeM (AC)	−40	15,1	100
IIaeM (IIC1)	−55	13,2	100
IIIaeM (IIC2)	−95+	10,4	100

(Quelle: Forschungseinheit Waldböden und Biochemie, Eidgenössische Forschungsanstalt für Wald, Schnee und Landschaft, Birmensdorf)
(* = abgeleiteter Analysenwert)

Profil 154: Subtyp Gley-Vega (GG-AB)

- Bodenausgangsgestein: Auenton über Auenlehm
- Varietät: mittelbasische vergleyte entwässerte (Mull) Gley-Vega (m.g.mu.rGG-AB)
- Typ: Vega
- Klasse: Auenböden
- Substrattyp: f-t(Tfo)/f-l(Lfo)
- WRB: Eutric Endorelictigleyic Regosol (Epigeoabruptic, Humic, Katoloamic, Amphiraptic)
- Bodenregion: Überregionale Flusslandschaften
- Ort: Wustrow bei Lenzen (Elbe), Brandenburg
- Profilbild und Horizontabfolge: siehe Tab. 47.21
- Bodenlandschaftsbild: siehe Abb. 47.17
- Analysendaten: siehe Tab. 47.22
- Autor: Dieter Kühn

Vorkommen und Ausgangsgesteine

Das Profil befindet sich in der Elbaue südöstlich von Lenzen rund 300 m hinter dem ehemaligen Deich (nach der Rückverlegung in den letzten Jahren unter 100 m). Die heutige Aue liegt in der Fortsetzung des Berliner Urstromtales. Die randlichen sandigen Terrassen mit Dünen sind ein Relikt des Pleistozäns. Die Substrate der eigentlichen Aue sind im Bereich des Unterlaufes meist schluffig-tonig. Ihr vertikaler Aufbau ist teilweise von eingeschalteten sandigen Schichten unterbrochen, was auf mäandrierende Arme zurückgeführt werden kann.

Bodenprozesse und -eigenschaften

Der Profilaufbau ist überwiegend durch eine typische Stillwassersedimentation mit Bildung von M-Horizonten in der Abfolge geprägt. Weniger bindige Horizonte haben einen geringeren Humusgehalt. Der fossile Ah-Horizont mit Tonscherben und Holzkohlestücken zwischen 55 und 80 cm Tiefe markiert zugleich eine Siedlungsphase. In der unmittelbaren Nachbarschaft befindet sich das Bodendenkmal einer Slawenburg, zu deren Schutz ein kleines Waldstück mit Eichen erhalten blieb, in dem auch das Profil liegt. Dadurch besitzen die oberen Horizonte einen höheren Feinwurzelanteil mit Einfluss auf die Analyseergebnisse. Durch Grundwasserabsenkungen nach der mittelalterlichen Eindeichung wurde aus der Gley-Vega eine entwässerte Gley-Vega. Weil jedoch die Vergleyung in größerer Tiefe noch aktiv ist, lautet die Bezeichnung des Profils auf Varietätenebene vergleyte entwässerte Gley-Vega.

Nutzung und Vegetation

Die Nutzung der Aue ist heute vorwiegend durch Grünlandnutzung geprägt. Örtlich noch erkennbare mittelalterliche

Tab. 47.21 Profilbild und Horizontabfolge Profil 154

Profilbild	Horizont-grenze (cm)	Horizonte und ihre Eigenschaften	
	−5	**aAh** f-u(Ufo)	sandig-lehmiger Schluff; sehr dunkelgräulichbraun (10YR 3/2); Krümel- und Subpolyedergefüge; extrem humos; stark durchwurzelt
	−55	**IIaM** f-t(Tfo)	mittel schluffiger Ton; braun (10YR 4/3); Subpolyedergefüge; stark humos; mittel durchwurzelt
	−80	**IIIarGo-fAh** f-l(Lfo)	stark lehmiger Sand, sehr schwach grusig; sehr dunkelgrau (2,5Y 3/1); Eisenoxide (fleckig, hoher Flächenanteil); Subpolyedergefüge; schwach kohlehaltig; mittel humos; schwach durchwurzelt
	−95	**IIIaM-rGo1** f-l(Lfo)	stark sandiger Lehm; dunkelgräulichbraun (10YR 4/2) und dunkelbraun (7,5YR 3/2); Eisenoxide (fleckig, extrem hoher Flächenanteil); Subpolyedergefüge; sehr schwach humos; sehr schwach durchwurzelt
	−140	**IIIaM-rGo2** f-l(Lfo)	stark sandiger Lehm; dunkelgelblichbraun (10YR 3/4); Eisenoxide (fleckig, hoher Flächenanteil); Polyedergefüge; sehr schwach humos; sehr schwach durchwurzelt
	−175	**IVaM-rGo3** f-s(Sfo)	schwach schluffiger Sand; gelblichbraun (10YR 5/4) und dunkelbraun (7,5YR3/3); Eisenoxide (fleckig, extrem hoher Flächenanteil); Subpolyedergefüge; sehr schwach humos
	−240+	**VaM-Go** f-t(Tfo)	mittel schluffiger Ton; schwarz (5Y 2,5/2); Eisenoxide (fleckig,sehr hoher Flächenanteil); Polyedergefüge; schwach humos

Quelle: Landesamt für Bergbau, Geologie und Rohstoffe Brandenburg, D. Kühn (Bild bearbeitet)

Abb. 47.17 Elbaue bei Wustrow Richtung Höhbeck (Quelle: Landesamt für Bergbau, Geologie und Rohstoffe Brandenburg, D. Kühn)

Tab. 47.22 Analysendaten Profil 154

Horizont	Tiefe (cm)	Skelett (Vol.-%)	Sand (M.-%)	Schluff (M.-%)	Ton (M.-%)	Gesamtporen (Vol.-%)	Luftkapazität (Vol.-%)	nutzbare Feldkap. (Vol.-%)	Totwasser (Vol.-%)	Lagerungsdichte (g/cm³)
aAh	−5	0	22,4	64,8	12,8	-	-	-	-	-
IIaM	−55	0	11,9	57,2	30,9	-	-	-	-	-
IIIarGo-fAh	−80	1	50,6	33,9	15,5	-	-	-	-	-
IIIaM-rGo1	−95	0	56,2	25,1	18,7	-	-	-	-	-
IIIaM-rGo2	−140	-	-	-	-	-	-	-	-	-
IVaM-rGo3	−175	-	-	-	-	-	-	-	-	-
VaM-Go	−240+	-	-	-	-	-	-	-	-	-

Horizont	Tiefe (cm)	$CaCO_3$ (M.-%)	C_{org} (M.-%)	N_t (M.-%)	C/N	pH H_2O	pH $CaCl_2$	KAK_{pot} (cmol$_c$/kg)	BS (%)	K_2O-DL (mg/100g)	P_2O_5-DL (mg/100g)
aAh	−5	-	9,51	0,79	12,0	4,7	4,2	-	-	-	-
IIaM	−55	-	3,07	0,28	11,0	4,3	3,7	-	-	-	-
IIIarGo-fAh	−80	-	1,42	0,11	12,4	5,4	4,8	-	-	-	-
IIIaM-rGo1	−95	-	0,44	0,06	7,5	5,9	5,3	-	-	-	-
IIIaM-rGo2	−140	-	-	-	-	-	-	-	-	-	-
IVaM-rGo3	−175	-	-	-	-	-	-	-	-	-	-
VaM-Go	−240+	-	-	-	-	-	-	-	-	-	-

Horizont	Tiefe (cm)	KAK_{eff} (cmol$_c$/kg)	BS_{eff} (%)
aAh	−5	17,7	92,8
IIaM	−55	17,2	54,0
IIIarGo-fAh	−80	17,8	99,0
IIIaM-rGo1	−95	15,5	97,9
IIIaM-rGo2	−140		
IVaM-rGo3	−175		
VaM-Go	−240+		

(Quelle: Landeslabor BB/Bln, HS f. nachhalt. Entw. Eberswalde, Inst. f. Ökol/TU Berlin)
(* = abgeleiteter Analysenwert)

Wölbäcker weisen auf eine eher ackerbauliche Nutzung in früherer Zeit hin. Der aktuelle Grundwassereinfluss beginnt ab ca. 175 cm unter der Geländeoberfläche.

Gefährdung
Durch die Deichrückverlegung ist mit einem hochwasserbedingten stärkeren Anstieg des Grundwassers wieder zu rechnen. Durch die standortgerechte Waldnutzung ist der Standort vor negativen Nutzungseinflüssen weitgehend geschützt.

Profil 155: Subtyp Gley-Vega (GG-AB)

- Bodenausgangsgestein: Abfolge von sandigen und lehmigen Auenablagerungen
- Varietät: basenreiche (Mull)Pseudogley-Gley-Vega (eu. muSS-GG-AB)
- Typ: Vega
- Klasse: Auenböden

- Substrattyp: f-(k)s(Sfo)/f-l(Lfo)//f-s(Sfo)
- WRB: Amphistagnic Endogleyic Chernic Phaeozem (Epigeoabruptic, Anoloamic, Amphiraptic, Bathyarenic)
- Bodenregion: (Überregionale) Flusslandschaften
- Ort: östlich Neuzelle, Lkr. Oder-Spree, Brandenburg
- Humusform: L-Mull
- Profilbild und Horizontabfolge: siehe Tab. 47.23
- Bodenlandschaftsbild: siehe Abb. 47.18
- Analysendaten: siehe Tab. 47.24
- Autor: Dieter Kühn

Vorkommen und Ausgangsgesteine
Pseudogley-Vegen kommen an den Mittelläufen großer Flüsse mit Auensedimentation vor. Wechselnde Fließgeschwindigkeiten haben unterschiedliche Ablagerungen innerhalb der Aue zur Folge. Oftmals wechseln auch in der Vertikalen durchlässige und bindige Substrate mehrmals. Bindige Substrate verhindern kurzzeitige starke Grundwasserschwankungen bis in den Bereich des Oberbodens.

Tab. 47.23 Profilbild und Horizontabfolge Profil 155

Profilbild	Horizont-grenze (cm)	Horizonte und ihre Eigenschaften	
	+1	**L**	; lockere Grasstreu
	−30	**aSw-rAp** f-(k)s(Sfo)	mittel schluffiger Sand, schwach kiesig; sehr dunkelgelblichbraungrau (10YR 3/2); Eisenoxide (fleckig, hoher Flächenanteil) ; Krümelgefüge; mittel humos; stark durchwurzelt
	−45	**aSw-M** f-(k)s(Sfo)	mittel lehmiger Sand, schwach kiesig; sehr dunkelgrauolivbraun (2,5Y 3/3); Eisenoxide (fleckig, hoher Flächenanteil) ; Subpolyedergefüge; schwach humos; stark durchwurzelt
	−70	**IIaM-Swd** f-l(Lfo)	stark lehmiger Sand, sehr schwach kiesig; sehr dunkelgrauolivbraun (2,5Y 3/3) und sehr dunkelgelblichbraun (10YR3/6); Eisenoxide (fleckig, extrem hoher Flächenanteil) und Manganoxide (konkretionär, mittlerer Flächenanteil) ; Kohärentgefüge; schwach humos; sehr schwach durchwurzelt
	−85	**IIIaM-Go** f-s(Sfo)	schwach lehmger Sand, sehr schwach kiesig; grauolivbraun (2,5Y 5/3); Eisenoxide (fleckig, hoher Flächenanteil) und Manganoxide (konkretionär, sehr geringer Flächenanteil) und reduziertes Eisen (Flecken, überwiegender Flächenanteil); Subpolyedergefüge; sehr schwach humos; sehr schwach durchwurzelt
	−95	**IIIaGkso** f-s(Sfo)	mittel lehmiger Sand, sehr schwach kiesig; hellgrauolivbraun (2,5Y 6/3) und dunkelbraun (7,5YR 3/4); Manganoxide (konkretionär, sehr hoher Flächenanteil) und reduziertes Eisen (Flecken, extrem hoher Flächenanteil); Subpolyedergefüge; sehr schwach humos
	−135	**IIIaGor** f-s(Sfo)	reiner Sand, sehr schwach kiesig; hellgrauolivbraun (2,5Y 6/3); Eisenoxide (fleckig, hoher Flächenanteil) und reduziertes Eisen (überwiegender Flächenanteil); Einzelkorngefüge; sehr schwach humos
	−200+	**IVaGor** f-t(Tfo)	mittel schluffiger Ton; grau (10YR 5/1) und dunkelbraungrau (7,5YR 4/2); Eisenoxide (fleckig, hoher Flächenanteil) und reduziertes Eisen (überwiegender Flächenanteil); Kohärentgefüge

Quelle: Landesamt für Bergbau, Geologie und Rohstoffe Brandenburg, D. Kühn (Bild bearbeitet)

Abb. 47.18 Oderaue (Quelle: Landesamt für Bergbau, Geologie und Rohstoffe Brandenburg, D. Kühn)

Tab. 47.24 Analysendaten Profil 155

Horizont	Tiefe (cm)	Skelett (Vol.-%)	Sand (M.-%)	Schluff (M.-%)	Ton (M.-%)	Gesamtporen (Vol.-%)	Luftkapazität (Vol.-%)	nutzbare Feldkap. (Vol.-%)	Totwasser (Vol.-%)	Lagerungsdichte (g/cm³)
L	+1	-	-	-	-	-	-	-	-	-
aSw-rAp	−30	2,1	66	30	4	37	11	18	8	1,65
aSw-M	−45	2,4	70	21	9	36	16	10	10	1,80
IIaM-Swd	−70	0,1	48	36	16	35	9	5	21	1,89
IIIaM-Go	−85	0,7	79	16	5	35	7	7	21	1,77
IIIaGkso	−95	0,4	69	22	9	39	13	18	8	1,67
IIIaGor	−135	0,3	97	3	0	34	4	25	5	1,74
IVaGor	−200+	-	-	-	-	59	6	31	22	-

Horizont	Tiefe (cm)	CaCO₃ (M.-%)	C_{org} (M.-%)	N_t (M.-%)	C/N	pH H_2O	pH $CaCl_2$	KAK_{pot} (cmol₍/kg)	BS (%)	K_2O-DL (mg/100g)	P_2O_5-DL (mg/100g)
L	+1	-	-	-	-	-	-	-	-	-	-
aSw-rAp	−30	-	1,75	0,18	10	6,7	6,1	16,2	92	-	-
aSw-M	−45	-	0,82	0,09	9	7,3	6,9	13,7	98	-	-
IIaM-Swd	−70	-	0,61	0,07	9	7,6	7,0	17,4	100	-	-
IIIaM-Go	−85	-	0,24	0,03	8	7,7	7,1	8,9	100	-	-
IIIaGkso	−95	-	0,24	0,03	8	7,7	7,1	14,2	100	-	-
IIIaGor	−135	-	<0,09	<0,02	-	7,8	7,2	1,7	100	-	-
IVaGor	−200+	-	-	-	-	-	-	-	-	-	-

(Quelle: Landeslabor BB/Bln, HS f. nachhalt. Entw. Eberswalde, Inst. f. Ökol/TU Berlin)
(* = abgeleiteter Analysenwert)

Bodenprozesse und -eigenschaften

Der vorrangige und turnusmäßige Prozess der Auensedimentation fand bis zur Eindeichung statt. Aufgrund der unterschiedlichen Auenablagerungen wechseln Pseudovergleyung und Vergleyung als sich überlagernde und oft parallel ablaufende Prozesse. Außer durch stark schwankendes Grundwasser wird der Boden seit der Eindeichung nur noch durch Qualmwasser und Überflutung durch Vorflutrückstau beeinflusst, was beim dicht gelagerten Auensediment im Oberboden zeitweise zur Staunässe führt. Auf diese Weise besitzt der Boden neben Vergleyungsmerkmalen ab 70 cm Bodentiefe auch schwach bis mäßig ausgeprägte Stauwassermerkmale im Oberboden.

Nutzung und Vegetation

Aufgrund der Wasserverhältnisse und der schwierigen Bewirtschaftung werden diese Böden überwiegend als Dauergrünland genutzt. Der oberflächennahe Stauwassereinfluss erschwert die Nutzung im Frühjahr und Spätherbst. Auf weniger bindigen und nicht grundwassernahen Standorten ist aber auch Ackerbau möglich.

Gefährdung

Unsachgemäße Bewirtschaftung kann zur weiteren Verdichtung der Böden führen.

Profil 156: Subtyp Gley-Vega (GG-AB)

- Bodenausgangsgestein: flacher Auenschluff über Auenkies
- Varietät: basenreiche humusreiche (Mull)Gley-Vega (eu.x.muGG-AB)
- Typ: Vega
- Klasse: Auenböden
- Substrattyp: f-(k)u(Ufo)\f-sk(Gfo)
- WRB: Skeletic Katofluvic Endogleyic Phaeozem (Arenic)
- Bodenregion: Mittel- und süddeutsche Löss- und Sandlösslandschaften
- Ort: Rurtal bei Jülich am linken Niederrhein, Krs. Düren, Nordrhein-Westfalen
- Humusform: F-Mull
- Profilbild und Horizontabfolge: siehe Tab. 47.25
- Bodenlandschaftsbild und Bodenkartenbild: siehe Abb. 47.19 und 47.20
- Analysendaten: siehe Tab. 47.26
- Autor: Gerhard Milbert

Vorkommen und Ausgangsgesteine

Die kiesbetonten Auensedimente der Ruraue im Mündungsbereich der Inde belegen die Liefergebiete der nahen Eifel. Der

Tab. 47.25 Profilbild und Horizontabfolge Profil 156

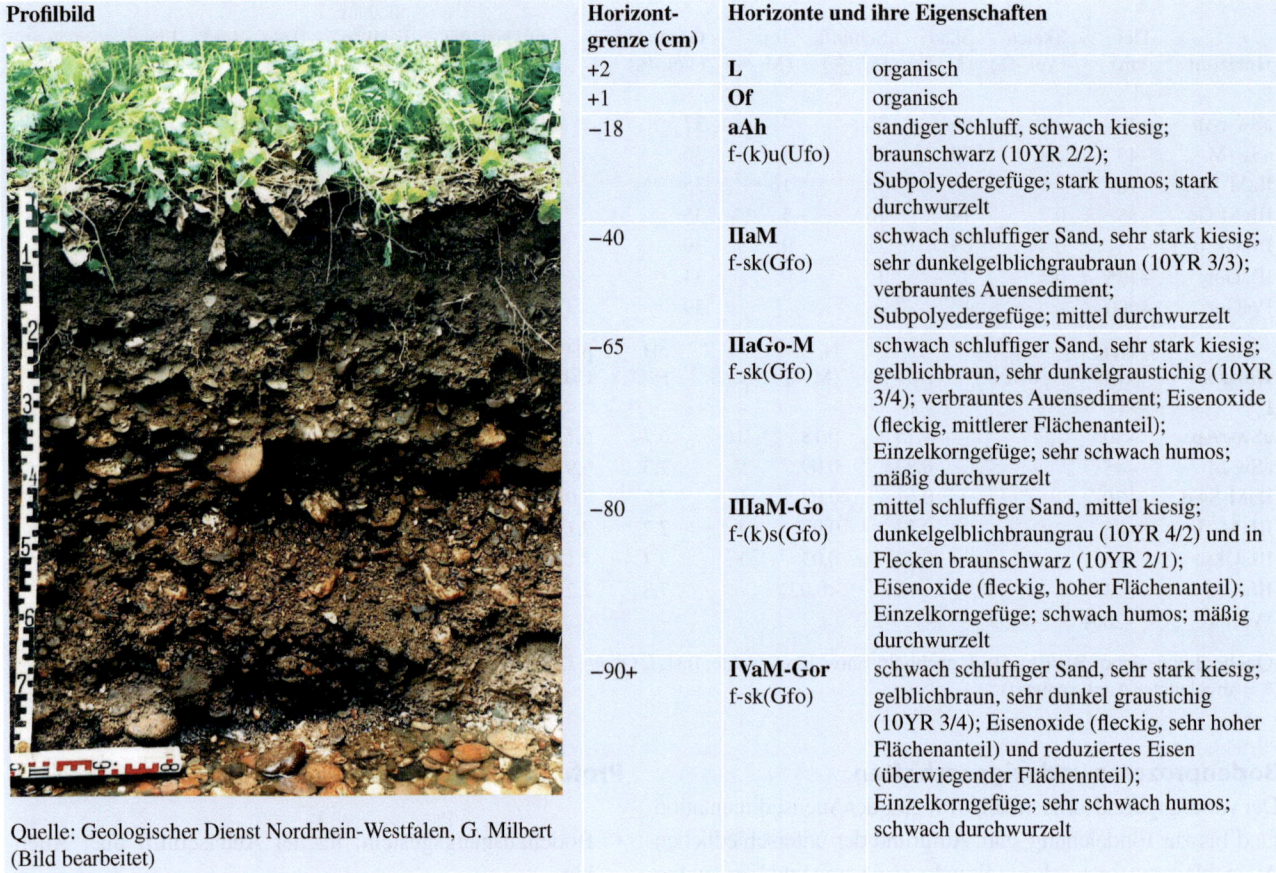

Profilbild	Horizont-grenze (cm)	Horizonte und ihre Eigenschaften	
	+2	**L**	organisch
	+1	**Of**	organisch
	−18	**aAh** f-(k)u(Ufo)	sandiger Schluff, schwach kiesig; braunschwarz (10YR 2/2); Subpolyedergefüge; stark humos; stark durchwurzelt
	−40	**IIaM** f-sk(Gfo)	schwach schluffiger Sand, sehr stark kiesig; sehr dunkelgelblichgraubraun (10YR 3/3); verbrauntes Auensediment; Subpolyedergefüge; mittel durchwurzelt
	−65	**IIaGo-M** f-sk(Gfo)	schwach schluffiger Sand, sehr stark kiesig; gelblichbraun, sehr dunkelgraustichig (10YR 3/4); verbrauntes Auensediment; Eisenoxide (fleckig, mittlerer Flächenanteil); Einzelkorngefüge; sehr schwach humos; mäßig durchwurzelt
	−80	**IIIaM-Go** f-(k)s(Gfo)	mittel schluffiger Sand, mittel kiesig; dunkelgelblichbraungrau (10YR 4/2) und in Flecken braunschwarz (10YR 2/1); Eisenoxide (fleckig, hoher Flächenanteil); Einzelkorngefüge; schwach humos; mäßig durchwurzelt
	−90+	**IVaM-Gor** f-sk(Gfo)	schwach schluffiger Sand, sehr stark kiesig; gelblichbraun, sehr dunkel graustichig (10YR 3/4); Eisenoxide (fleckig, sehr hoher Flächenanteil) und reduziertes Eisen (überwiegender Flächenanteil); Einzelkorngefüge; sehr schwach humos; schwach durchwurzelt

Quelle: Geologischer Dienst Nordrhein-Westfalen, G. Milbert (Bild bearbeitet)

Kies setzt sich aus einer bunten Mischung aus Sandsteinen des Buntsandsteins, Sand-, Schluff- und Tonsteinen des Unterdevons sowie Quarziten und Phylliten des Kambriums zusammen.

Bodenprozesse und -eigenschaften

Das feinbodenarme Auenmaterial der Rur und der Inde ist bis etwa 6 dm unter Flur überwiegend grundwasserfrei. Dennoch ist nicht eindeutig belegbar, ob das Feinbodenmaterial schon in verbrauntem Zustand sedimentiert wurde (allochthone Vega) oder vor Ort verbraunt ist (autochthone Vega). Der tiefere Bodenbereich und die unterhalb 1 m Bodentiefe anstehenden Kiese der Rur- und Inde-Niederterrassen sind von Grundwasser beherrscht. Ein engräumiger Wechsel von Ramblen (Silikatrohboden), Auengleyen, Gley-Vegen und

vergleyten Vegen ist in Abhängigkeit vom Überflutungsregime entstanden.

Nutzung und Vegetation

Die nährstoffreichen und krautreichen Auen unmittelbar entlang der Rur werden noch regelmäßig überflutet. Örtlich werden sie von einer Hartholzaue bedeckt, stellenweise sind sie mit Hybridpappeln bestockt.

Gefährdung

Am dicht besiedelten Niederrhein werden die Auen der kleineren Flüsse seit langem eingedeicht, landwirtschaftlich genutzt oder besiedelt. Die wenigen noch naturnahen Bereiche sind besonders schutzwürdig.

Abb. 47.19 Die ursprüngliche Hartholzaue wurde durch eine Hybrid-pappelpflanzung mit artenreicher Kraut- und Strauchschicht ersetzt (Quelle: Geologischer Dienst Nordrhein-Westfalen, G. Milbert (Bild bearbeitet))

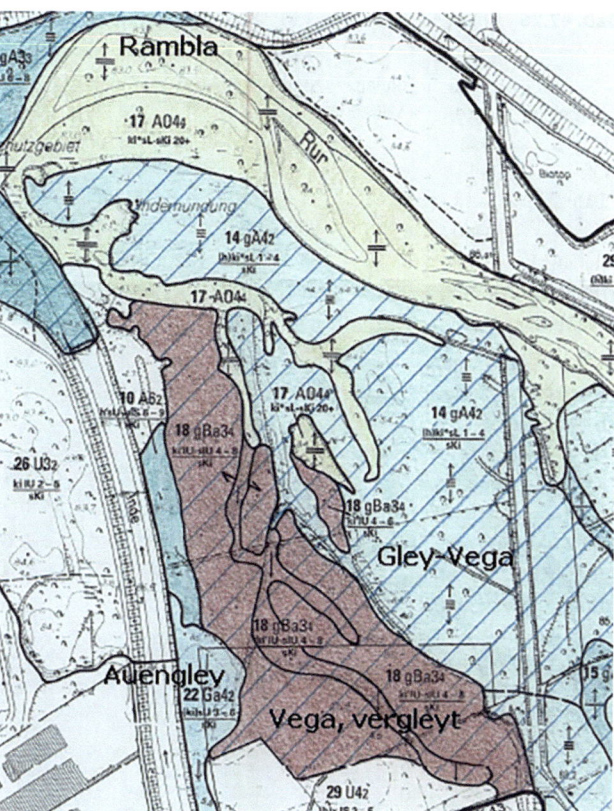

Abb. 47.20 Ausschnitt aus der Bodenkarte der Ruraue (Eifel), in dem das Profil liegt (Maßstab 1 : 5000) (Quelle: Geologischer Dienst Nordrhein-Westfalen, G. Milbert)

Tab. 47.26 Analysendaten Profil 156

Horizont	Tiefe (cm)	Skelett (Vol.-%)	Sand (M.-%)	Schluff (M.-%)	Ton (M.-%)	Gesamtporen (Vol.-%)	Luftkapazität (Vol.-%)	nutzbare Feldkap. (Vol.-%)	Totwasser (Vol.-%)	Lagerungsdichte (g/cm³)
L	+2	-	-	-	-	-	-	-	-	-
Of	+1	-	-	-	-	-	-	-	-	-
aAh	−18	6	21	74	5	-	-	-	-	-
IIaM	−40	65	80	19	1	-	-	-	-	-
IIaGo-M	−65	63	85	16	0	-	-	-	-	-
IIIaM-Go	−80	20	71	26	3	-	-	-	-	-
IVaM-Gor	−90+	65	87	12	1	-	-	-	-	-

Horizont	Tiefe (cm)	CaCO₃ (M.-%)	C$_{org}$ (M.-%)	N$_t$ (M.-%)	C/N	pH H₂O	pH CaCl₂	KAK$_{pot}$ (cmol$_c$/kg)	BS (%)	K₂O-DL (mg/100g)	P₂O₅-DL (mg/100g)
L	+2	-	-	-	-	-	-	-	-	-	-
Of	+1	-	-	-	-	-	-	-	-	-	-
aAh	−18	-	7,3	0,5	15	6,5	-	4	70	-	-
IIaM	−40	-	0,5	-	-	7,2	-	0,4	-	-	-
IIaGo-M	−65	-	0,1	-	-	7,6	-	0,9	-	-	-
IIIaM-Go	−80	-	1,0	-	-	7,7	-	0,9	-	-	-
IVaM-Gor	−90+	-	0,1	-	-	7,6	-	0,3	-	-	-

Horizont	Tiefe (cm)	pH KCl	P$_{Perchlorsäure}$ (%)
L	+2	-	-
Of	+1	-	-
aAh	−18	5,7	0,12
IIaM	−40	6,3	0,05
IIaGo-M	−65	6,8	0,00
IIIaM-Go	−80	6,8	0,01
IVaM-Gor	−90+	7,0	0,11

(Quelle: Geologischer Dienst Nordrhein-Westfalen)

(* = abgeleiteter Analysenwert)

Klasse G: Gleye

Karl Stahr, Daniela Sauer, Holger Joisten, Peter Schad,
Gerhard Milbert, Fred Franzke, Dieter Kühn,
Reinhard Jochum, Peter Lüscher, Karl-Josef Sabel,
Ralf Sinapius, Wolfgang Fleck, Andreas Lehmann
und Falk Hieke

Inhaltsverzeichnis

K. Stahr (✉)
ehemals Universität Hohenheim, Hohenheim, Deutschland

D. Sauer
Universität Göttingen, Göttingen, Deutschland

H. Joisten
ehemals Sächsisches Landesamt für Umwelt, Landwirtschaft und Geologie, Dresden, Deutschland

P. Schad
Technische Universität München, TUM School of Life Sciences, Lehrstuhl für Bodenkunde, Freising-Weihenstephan, Deutschland

G. Milbert
ehemals Geologischer Dienst Nordrhein-Westfalen, Krefeld, Deutschland

F. Franzke
terraf Ingenieurbüro, Frauenstein, Deutschland

D. Kühn
ehemals Landesamt für Bergbau, Geologie und Rohstoffe Brandenburg, Cottbus, Deutschland

R. Jochum
Bayerisches Landesamt für Umwelt, Augsburg, Deutschland

P. Lüscher
ehemals Eidgenössische Forschungsanstalt für Wald, Schnee und Landschaft, Birmensdorf, Schweiz

K.-J. Sabel
ehemals Hessisches Landesamt für Naturschutz, Umwelt und Geologie, Wiesbaden, Deutschland

R. Sinapius
Büro für Bodenkunde, Voigtsdorf, Deutschland

W. Fleck
Landesamt für Geologie, Rohstoffe und Bergbau, Freiburg, Deutschland

A. Lehmann
ehemals Universität Hohenheim, Hohenheim, Deutschland

F. Hieke
Büro für Bodenwissenschaften, Freiberg, Deutschland

© Springer-Verlag GmbH Deutschland, ein Teil von Springer Nature 2023
H. Joisten et al. (Hrsg.), *Böden Deutschlands, Österreichs und der Schweiz*, https://doi.org/10.1007/978-3-8274-2284-2_48

48.1 Allgemeine Charakteristika

Gleye sind Böden, die unter Grundwassereinfluss entstanden sind und in denen dieser den Wurzelraum prägt bzw. einschränkt. Die grundwasserbedingten morphologischen Erscheinungen im Boden müssen bereits dominant innerhalb der ersten 4 dm auftreten. Das bedeutet, dass der freie Grundwasserspiegel oder zumindest der Kapillarsaum des Grundwassers im Laufe des Jahres längere Zeit in die ersten 4 dm hinein reichen muss.

Typische Gleye zeichnen sich in ihrem Profilaufbau durch drei Zonen aus. Die unterste ist die Zone des permanenten Grundwassereinflusses (Gr-Horizont, r=Reduktion). In dieser Zone herrschen bei den meisten Gleyen dauerhaft reduzierende Bedingungen, die zur Ausbildung von charakteristischen Reduktionsfarben führen. Ausnahmen bilden Gleye in Landschaften, wo der Grundwasserstrom sehr rasch fließt und das Grundwasser sauerstoffgesättigt bleibt (Oxigleye (Ah/Go-Profil)). Die zweite darüber liegende Zone ist die des Kapillarsaums bzw. des schwankenden Grundwasserspiegels (Go-Horizont, o=Oxidation) mit typischer Rostfleckung. Hier ist der Boden zeitweise vollständig wassergesättigt, aber eben auch zeitweise in den Grobporen gut durchlüftet, während die Feinporen aufgrund ihrer Kapillarwirkung wassergefüllt bleiben können Gleye ohne Oxidationsmerkmale (Rostflecken) in eisenfreien, nicht zeichnenden Substraten werden als Bleichgleye bezeichnet (Ah/Gw/Gr-Profil). Der oberste Bereich des Bodens (Ah-Horizont) ist durch die Humusdynamik und das Auftreten oder Fehlen von Bioturbation gekennzeichnet. Generell enthalten Gleye in ihren Oberböden mehr organische Substanz als vergleichbare benachbarte terrestrische Böden. Der Humushaushalt ist stark von den Redoxbedingungen im Oberboden, aber auch von den Klima- und Nährstoffverhältnissen abhängig. Die Humusform kann vom typischen Mull über alle Übergänge bis zum Niedermoortorf reichen.

Das Besondere bei Gleyen ist, dass der Stofftransport nicht nur auf die vertikale Durchsickerung und den Kapillaraufstieg begrenzt ist, sondern dass in vielen Landschaften maßgeblich der laterale Stofftransport für die Ausbildung der Böden bestimmend ist.

Eine weitere Besonderheit ist bei markanten, gut zeichnenden Gleyen das Auftreten einer leuchtend blauen Farbe, meist im Bereich des Übergangs von Go/Gr. Hier handelt es sich um das Auftreten des Eisenphosphats Vivianit, das sich in Phosphor angereicherten grundwasserbeeinflussten Böden bilden kann und bei einer Teiloxidation des Eisens die leuchtend blaue Farbe annimmt.

48.2 Verbreitungsgebiete

Gleye gelten als azonale Böden, d. h. sie sind nicht auf bestimmte Klima- und Bodenzonen beschränkt. Wenn es nur um den Grundwassereinfluss geht, so ist das sicher richtig. Wenn es aber um den Stoffhaushalt und die Ausprägung der verschiedenen Gleye geht, so spielt das Klima, welches für die Wassernachlieferung verantwortlich ist, doch eine große Rolle für die Ausprägung der unterschiedlichen Gleye. Deshalb ist die Verteilung unterschiedlicher Gleytypen auf die Landschaften der Schweiz, Österreichs und Deutschlands sehr verschieden.

Gleye kommen in unterschiedlichen Landschaftsräumen und Reliefpositionen vor. Beispielhaft seien hier genannt:Im Bereich von Quellen und Quellfluren: Quellengleye, in Hanglagen mit ≥9 % (5°) Hangneigung: Hanggleye, in Auenlagen: Auengleye und Vega-Gleye, in Fluss- und Bachgebieten der Bergländer und entlang der Uferwälle der Tieflandsflüsse: Rambla-Gleye, entlang der häufig überfluteten Uferwälle der Tieflandsflüsse, insbesondere in den sandreichen Landschaften Norddeutschland: Paternia-Gleye, in Schwarzerdegebieten: Tschernitza-Gleye und Tschernosem-Gleye, in Moorgebieten: Moorgleye. im Verbreitungsgebiet von Plaggeneschen in Niederungen mit hohem Grundwasserstand und sandigen Sedimenten: Plaggenesch-Gleye und in grundwassernahen Erosionsgebieten: Kolluvisol-Gleye.

Zu den Gleyen, die durch Anreicherungen von Substanzen gekennzeichnet sind, zählen beispielhaft:

Brauneisengleye (Gleye mit starken unverfestigten Absätzen von Brauneisen, z. B. mit verfestigten Raseneisenstein-Konkretionen oder gebankten Raseneisensteinen. Sie sind typisch für die sauren und mineralarmen Gebiete der Altmoränenlandschaft Nord- und Mitteldeutschlands). Kalkgleye (Sekundärcarbonatanreicherung, z. T. bis in den Oberboden. Typisch kommen sie im Oberrheingebiet vor).

Humusgleye (typisch für die perhumiden Gebiete der Alb-hochtäler, des Schwarzwaldes und des Harzes, wobei der Mindesthumusgehalt im Ah-Go-Horizont wie beim Ah-Horizont ist und *Ah/Ah-Go* ≥ 4 dm beträgt).

Zu den Gleyen mit langanhaltendem, nahe der Gelände-oberfläche anstehendem Grundwasser, gehören: Nassgleye, Anmoorgleye, Moorgleye.

Eine Besonderheit stellen die Wechselgleye dar. Es sind Böden mit stark schwankendem Grundwasser außerhalb der Auen. Der Go-Horizont kann mehrere Meter mächtig sein (*Ah/Go* ≥ 8 dm), da das Grundwasser im Sommer wegen fehlendem seitlichem Wasserzuzug sehr tief absinkt oder auch durch besondere Untergrundverhältnisse kurzfristig hoch ansteigt (vgl. Bodenkundliche Kartieranleitung (KA5)).

Typische Landschaften der Vorkommen dieser Boden-klasse zeigen die Abb. 48.1 und 48.2. Eine Karte der regiona-len Verbreitung der KIasse der Gleye zeigt die Abb. 48.3.

Abb. 48.1 Grundnasse Gley-Landschaften in der Havelniederung bei Premnitz, nordwestlich von Brandenburg (Quelle: F. Hieke)

Abb. 48.2 Podsol-Gleye in einem Kiefernforst des UNESCO Biosphärenreservat Oberlausitzer Heide- und Teichlandschaft/Sachsen (Quelle: R. Sinapius)

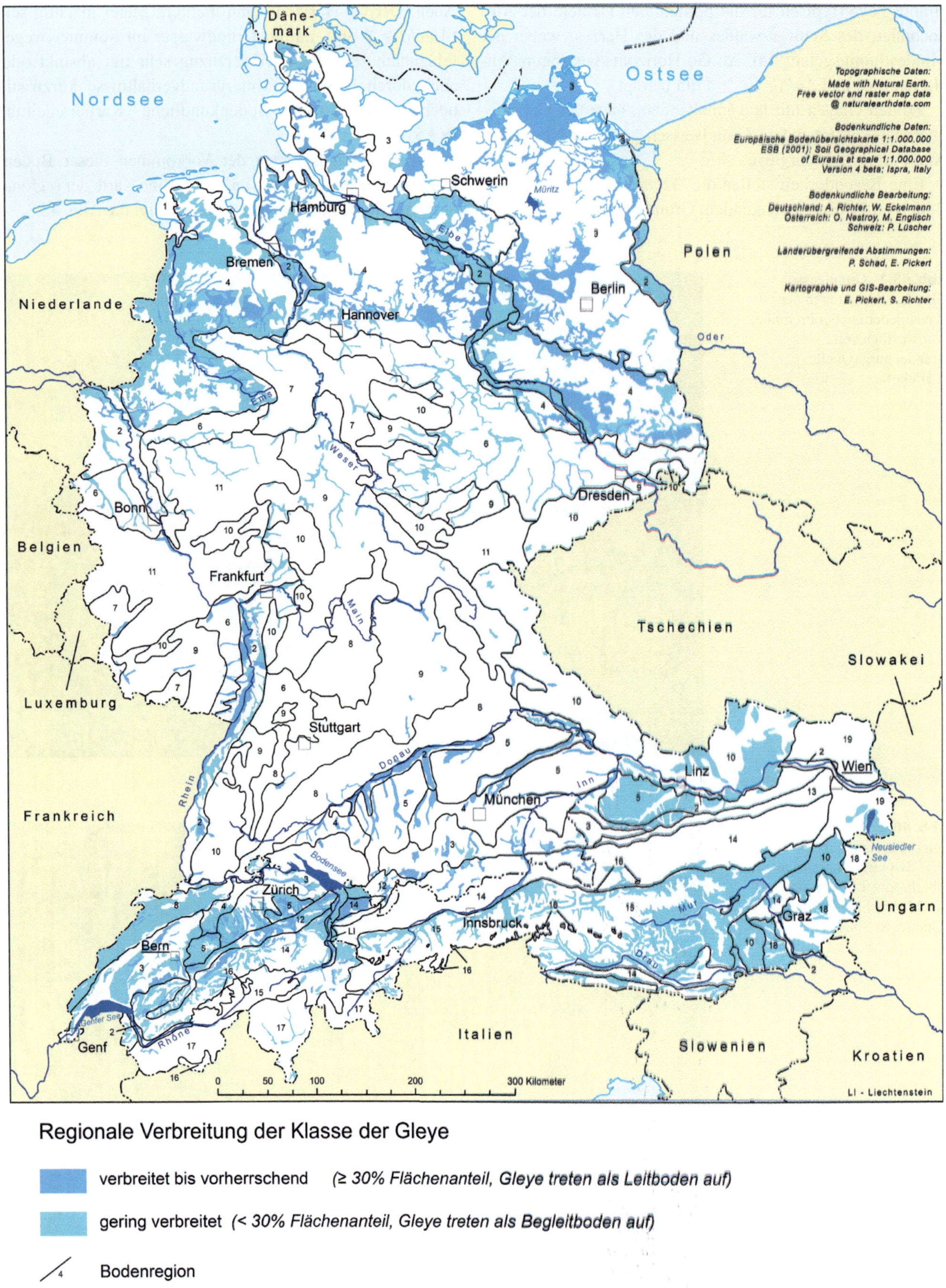

Regionale Verbreitung der Klasse der Gleye

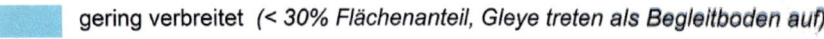

verbreitet bis vorherrschend   (≥ 30% Flächenanteil, Gleye treten als Leitboden auf)

gering verbreitet (< 30% Flächenanteil, Gleye treten als Begleitboden auf)

Bodenregion

Abb. 48.3 Regionale Verbreitung der Klasse der Gleye

48.3 Gliederung

Die Bodenklasse der Gleye lässt sich nach der Deutschen Bodensystematik in 4 Bodentypen und 40 Subtypen gliedern.

48.4 Typen und Subtypen

Typ

- Gley (GG)

Subtypen

- Normgley (GGn)
- Oxigley (GGx)
- Brauneisengley (GGe)
- Bleichgley (GGi)
- Wechselgley (GGw)
- Kalkgley (GGc)
- Humusgley (GGh)
- Hanggley (GGg)
- Quellengley (GGq)
- Auengley (GGa)
- Regosol-Gley (RQ-GG)
- Rendzina-Gley (RR-GG)
- Pararendzina-Gley (RZ-GG)
- Tschernosem-Gley (TT-GG)
- Pelosol-Gley (DD-GG)
- Braunerde-Gley (BB-GG)
- Parabraunerde-Gley (LL-GG)
- Fahlerde-Gley (LF-GG)
- Podsol-Gley (PP-GG)
- Pseudogley-Gley (SS-GG)
- Kolluvisol-Gley (YK-GG)
- Plaggenesch-Gley (YE-GG)
- Rambla-Gley (AO-GG)
- Paternia-Gley (AQ-GG)
- Kalkpaternia-Gley (AZ-GG)
- Tschernitza-Gley (AT-GG)
- Vega-Gley (AB-GG)

Typ

- Nassgley (GN)

Subtypen

- Normnassgley (GNn)
- Kalknassgley (GNc)
- Humusnassgley (GNh)
- Hangnassgley (GNg)
- Quellennassgley (GNq)

Typ

- Anmoorgley (GM)

Subtypen

- Normanmoorgley (GMn)
- Kalkanmoorgley (GMc)
- Hanganmoorgley (GMg)
- Quellenanmoorgley (GMq)

Typ

- Moorgley (GH)

Subtypen

- Niedermoorgley (GHn)
- Hochmoorgley (GHh)
- Hangmoorgley (GHg)
- Quellenmoorgley (GHq)

48.5 Klassifikation nach WRB

Peter Schad

Die meisten Gleye gehören in der WRB zu den Gleysols.

48.6 Ausgewählte Bodenprofile

Profil 157: Subtyp Normgley (GGn)

- Bodenausgangsgestein: Flusssand über tiefem Terrassensand
- Varietät: mittelbasischer podsoliger (Moder)Gley (m.p.moGGn)
- Typ: Gley
- Klasse: Gleye
- Substrattyp: f-s(Sf)//f-(u)s(St)
- WRB: Endoeutric Dystric Endofluvic Gleysol (Katoarenic, Humic)
- Bodenregion: Altmoränenlandschaften
- Ort: Bachtälchen, Ahaus im westlichen Münsterland, Krs. Borken, Nordrhein-Westfalen
- Humusform: Moder
- Profilbild und Horizontabfolge: siehe Tab. 48.1
- Bodenlandschaftsbild: siehe Abb. 48.4

Tab. 48.1 Profilbild und Horizontabfolge Profil 157

Profilbild	Horizont-grenze (cm)	Horizonte und ihre Eigenschaften	
	+ 5	**L**	organisch
	+ 2	**Of**	organisch
	+ 1	**Oh**	organisch; lockerer bröckeliger Feinhumus; mäßig durchwurzelt
	−18	**Go-Aeh** f-s(Sf)	mittel schluffiger Sand; sehr dunkelrotbräunlichgrau (5YR 3/2); Eisenoxide (fleckig, hoher Flächenanteil); Subpolyedergefüge; stark humos; stark durchwurzelt
	- 30	**Go1** f-s(Sf)	mittel lehmiger Sand; rötlichbraunorange (5YR 5/8) und in Flecken gelblichbraun, sehr hellgraustichig (10YR 7/4); Eisenoxide (fleckig, extrem hoher Flächenanteil) ; Subpolyedergefüge; mäßig durchwurzelt
	− 70	**IIGo2** f-s(Sf)	reiner Sand; rötlichbraunorange (5YR 5/8) und in Flecken gelblichbraun, sehr hellgraustichig (10YR 7/4); Eisenoxide (fleckig, überwiegender Flächenanteil) und Eisen- und Manganoxide (kleine weiche Konkretionen, mittlerer Flächenanteil); Subpolyedergefüge; schwach durchwurzelt
	−90	**IIIGor** f-(u)s(Sf)	reiner Sand, in Bändern schluffiger Lehm; hellgelblichbraungrau (10YR 6/2) und in Flecken gelblichbraun, sehr hellgraustichig (10YR 7/4); Eisenoxide (fleckig, mittlerer Flächenanteil) und reduziertes Eisen (diffus verteilt, vorherrschender Flächenanteil); Kohärentgefüge; schwach durchwurzelt
	−120+	**IVGr** f-(u)s(St)	reiner Sand, in Bändern schluffiger Lehm; grau (10YR 5/1), in Streifen und Bändern gelblichbraun, sehr hellgraustichig (10YR 7/4); reduziertes Eisen (diffus verteilt, fast ausschließlicher Flächenanteil); Kohärentgefüge; sehr schwach durchwurzelt

Quelle: Geologischer Dienst Nordrhein-Westfalen, U. Dworschak (Bild bearbeitet)

* Analysendaten: siehe Tab. 48.2
* Autor: Gerhard Milbert, Ursula Dworschak

Vorkommen und Ausgangsgesteine

Die Bachtälchen im westlichen Münsterland sind mit holozänen Bachsedimenten über weichselzeitlichen Sanden und Kiesen gefüllt (Niederterrasse).

Bodenprozesse und -eigenschaften

Je nach Grundwassereinfluss haben sich aus diesen nährstoffarmen Talsanden Podsol-Gleye (Grundwasser 6 bis 10 dm unter Flur) oder Normgleye entwickelt (Grundwasser im Sommerhalbjahr 4 bis 8 dm unter Flur oder höher). Im Winter können diese Böden überflutet werden.

Nutzung und Vegetation

Häufig sind diese feuchten bis nassen Standorte mit Laubwald bestockt. Eichen-Birkenwälder mit Faulbaum, rotem Holunder und üppigen Adlerfarnbeständen überwiegen. Bei etwas besserer Nährstoffversorgung finden sich schlechtwüchsige Erlen auf diesen Standorten.

Gefährdung

In Bereichen mit landwirtschaftlicher Nutzung sind die Bachtälchen begradigt und vertieft. Auf den reliktischen Gleyen ist dann Ackerbau möglich. Die naturnahen Bachtälchen unter Wald sind besonders schutzwürdig.

Abb. 48.4 Naturnahe noch mäandrierende Bachtälchen sind im Münsterland selten geworden. Sie sind fast ausschließlich unter Wald zu finden (Quelle: Geologischer Dienst Nordrhein-Westfahlen, U. Dworschak)

Tab. 48.2 Analysendaten Profil 157

Horizont	Tiefe (cm)	Skelett (Vol.-%)	Sand (M.-%)	Schluff (M.-%)	Ton (M.-%)	Gesamtporen (Vol.-%)	Luftkapazität (Vol.-%)	nutzbare Feldkap. (Vol.-%)	Totwasser (Vol.-%)	Lagerungsdichte (g/cm³)
L	+ 5	-	-	-	-	-	-	-	-	-
Of	+ 2	-	-	-	-	-	-	-	-	-
Oh	+ 1	-	-	-	-	-	-	-	-	-
Go-Aeh	−18	0	69	25	6	-	-	*	*	-
Go1	−30	0	81	10	9	-	-	*	*	-
IIGo2	−70	0	96	4	0	-	-	*	*	-
IIIGor	−90	0	94	6	0	-	-	*	*	-
IVGr	−120+	0	97	3	0	0	0	0	0	-

Horizont	Tiefe (cm)	CaCO₃ (M.-%)	C_org (M.-%)	N_t (M.-%)	C/N	pH H₂O	pH CaCl₂	KAK_pot (cmol_c/kg)	BS (%)	K₂O-DL (mg/100g)	P₂O₅-DL (mg/100g)
L	+ 5	-	-	-	-	-	-	-	-	-	-
Of	+ 2	-	-	-	-	-	-	-	-	-	-
Oh	+ 1	-	22	1,2	19	3,4	-	-	-	-	-
Go-Aeh	−18	-	3,5	0,3	0	4,2	-	-	-	-	-
Go1	−30	-	-	-	0	4,3	-	6,6	-	-	-
IIGo2	−70	-	-	-	0	4,5	-	1,2	-	-	-
IIIGor	−90	-	-	-	0	5,7	-	1,8	83	-	-
IVGr	−120+	-	-	-	0	6,2	-	1,1	82	-	-

(Quelle: Geologischer Dienst Nordrhein-Westfalen)
(* = abgeleiteter Analysenwert)

Profil 158: Subtyp Normgley (GGn)

- Bodenausgangsgestein: Flusssand
- Varietät: basenreicher (Moder)Gley (eu.moGGn)
- Typ: Gley
- Klasse: Gleye
- Substrattyp: f-(k)s(Sf)
- WRB: Eutric Oxygleyic Umbric Gleysol (Amphiarenic, Humic, Amphiraptic, Bathyfluvic)
- Bodenregion: Altmoränenlandschaften
- Ort: südlich Trossin, Lkr. Nordsachsen, Sachsen
- Humusform: Mullartiger Moder
- Profilbild und Horizontabfolge: siehe Tab. 48.3
- Bodenlandschaftsbild: siehe Abb. 48.5
- Analysendaten: siehe Tab. 48.4
- Autor: Fred Franzke

Vorkommen und Ausgangsgesteine

Normgleye treten entlang von Fließgewässern, im Randbereich von Teich- und Seegebieten und allgemein im Bereich von morphologischen Tieflagen (Geländedepressionen) auf. Die groß- und kleinräumige Vergesellschaftung mit anderen Böden, die unter grundwassernahen Verhältnissen entstehen, ist verbreitet. Holozäne und pleistozäne Sedimente unterschiedlicher Korngrößenzusammensetzung und Herkunft, aber auch ältere Gesteine und deren Verwitterungszonen bilden das Ausgangsmaterial für die Bodenentwicklung (im Beispiel holozäner Flusssand eines kleineren Bachlaufes).

Bodenprozesse und -eigenschaften

Die Schwankungsamplitude des Grundwassers ist der bestimmende Faktor bei der Ausprägung dieses Bodens. Am Beispielstandort herrscht aktuell eine mittlere Grundwasserstufe (4–8 dm unter Flur, gelegentlich höher). Die Ausbildung eines Go-Horizontes (Oxidationshorizont im Schwankungsbereich des Grundwassers) mit darunter in der Regel stets nassem, fahlgrauen oder in bläulich-grünen bis schwarzen Färbungen auftretenden Gr-Horizont (Reduktionshorizont) gilt als diagnostische Horizontkombination mit den typischen Merkmalen im Gelände. Hauptsächlich reduziertes Eisen und Mangan werden neben anderen Stoffen durch die Bodenwasserführung und durch kapillaren Aufstieg in den Go verlagert und unter Luftsauerstoff ausgefällt. Eisen- und Mangananreicherungen in Form von Flecken und Bändern kennzeichnen diesen Bereich. Im Gr verbleiben neben anderen Verbindungen Fe(II)- und Mn(II)-Minerale unter Sauerstoffabschluss, was zu mannigfaltigen Farben führen kann. Starke Bleichungen sind ebenfalls möglich. Die so genannten "Zeichnereigenschaften" hängen außer von der Stofffracht von der Substratausbildung ab. In Abhängigkeit vom Grundwasserstand ist die Befahrbarkeit bei landwirtschaftlicher Nutzung eingeschränkt, bei bindigen Substraten besteht Verdichtungsgefahr.

Nutzung und Vegetation

Grundnasse Standorte sind oft melioriert, um die Nutzung zu ermöglichen, häufig Grünland, entsprechend Grundwasserstand als Acker oder als Forst genutzt. In unmittelbarer Ge-

Tab. 48.3 Profilbild und Horizontabfolge Profil 158

Profilbild	Horizont-grenze (cm)	Horizonte und ihre Eigenschaften	
	+ 4	**Of+L**	; organisch
	+ 2	**Oh+Of**	; organisch
	−22	**Go-Ah** f-(k)s(Sf)	mittel lehmiger Sand, sehr schwach kiesig, sehr schwach geröllhaltig; sehr dunkelbräunlichgrau (7,5YR 3/1); Eisenoxide (fleckig, mittlerer Flächenanteil); Krümel- und Polyedergefüge; mittel humos; sehr stark durchwurzelt
	−80	**IIGo** f-(k)s(Sf)	reiner Sand, schwach kiesig, sehr schwach geröllhaltig; weiß, fahlolivstichig (2,5Y 8/2) und hellbraunorange (7,5YR 6/8); Eisenoxide (fleckig, extrem hoher Flächenanteil); Einzelkorn- und Kittgefüge; sehr schwach humos; mittel durchwurzelt
	−105	**IIIGor** f-(k)s(Sf)	mittel schluffiger Sand, schwach kiesig, sehr schwach geröllhaltig; hellgrau (10YR 6/1) und hellbraunorange (7,5YR 6/8); Eisenoxide (fleckig und bandartig, sehr hoher Flächenanteil) und reduziertes Eisen (überwiegender Flächenanteil); Schichtgefüge; schwach humos; schwach durchwurzelt
	−130+	**IIIGr** f-(k)s(Sf)	mittel lehmiger Sand, schwach kiesig; grau (N 5/0); reduziertes Eisen (fast ausschließlicher Flächenanteil); Kohärent- und Kittgefüge; sehr schwach humos; sehr schwach durchwurzelt

Quelle: F. Franzke (Bild bearbeitet)

Abb. 48.5 Landschafts-panorama zu einer typischen Kleinauenlage mit Gleyen als dominierender Bodenent-wicklung, oft stark vom Menschen beeinflusst (Quelle: Luftbildbefliegung durch F. Franke)

Tab. 48.4 Analysendaten Profil 158

Horizont	Tiefe (cm)	Skelett (Vol.-%)	Sand (M.-%)	Schluff (M.-%)	Ton (M.-%)	Gesamtporen (Vol.-%)	Luftkapazität (Vol.-%)	nutzbare Feldkap. (Vol.-%)	Totwasser (Vol.-%)	Lagerungsdichte (g/cm³)
Of+L	+ 4	-	-	-	-	-	-	-	-	-
Oh+Of	+ 2	-	-	-	-	-	-	-	-	-
Go-Ah	−22	2,3	69	22	9	-	-	-	-	-
IIGo	−80	2,8	98	1	1	-	-	-	-	-
IIIGor	−105	3,8	65	29	6	-	-	-	-	-
IIIGr	−130+	2,2	54	37	9	-	-	-	-	-

Horizont	Tiefe (cm)	CaCO₃ (M.-%)	C_org (M.-%)	N_t (M.-%)	C/N	pH H₂O	pH CaCl₂	KAK_pot (cmol_c/kg)	BS (%)	K₂O-DL (mg/100g)	P₂O₅-DL (mg/100g)
Of+L	+ 4	-	-	-	-	-	-	-	-	-	-
Oh+Of	+ 2	-	-	-	-	-	-	-	-	-	-
Go-Ah	−22	-	2,13	0,13	16	-	3,3	6,7	-	5	<1
IIGo	−80	-	0,25	0,02	12	-	4,7	<1	-	<1	<1
IIIGor	−105	-	0,53	0,03	18	-	5,8	4,2	-	5	<1
IIIGr	−130+	-	0,46	0,03	15	-	3,8	6,9	-	6	2

(Quelle: Sächsisches Landesamt für Umwelt, Landwirtschaft und Geologie)
(* = abgeleiteter Analysenwert)

wässernähe, Uferrandlagen und in Tieflagen allgemein sind naturnahe und Sukzessionsstandorte typisch, teils auch extensiv genutzt (im Beispiel Laubholzforst mit Erle, Esche und Stieleiche).

Gefährdung

Eingriffe in die Landschaft durch Gewässerregulierung und Schadstoffbelastungen stellen das hauptsächliche Gefährdungspotential dar. Der natürlichen Landschaftsdynamik überlassen, sind diese Böden aus boden- und naturschutzfachlicher Sicht sehr bedeutsam (Feuchtgebiete in sehr unterschiedlichen Landschaftsformen).

Profil 159: Subtyp Brauneisengley (GGe)

- Bodenausgangsgestein: Sandmudde und Flusssand über Flusssand
- Varietät: basenreicher (Acker)Brauneisengley (eu. vGGe)
- Typ: Gley
- Klasse: Gleye
- Substrattyp: f-s(Fms,Sf)/f-s(Sf)
- WRB: Hypereutric Oxygleyic Chernic Gleysol (Pantoarenic, Aric, Humic, Epiraptic)
- Bodenregion: Jungmoränenlandschaften
- Ort: südwestlich Bensdorf, Lkr. Potsdam-Mittelmark, Brandenburg
- Profilbild und Horizontabfolge: siehe Tab. 48.5
- Bodenlandschaftsbild: siehe Abb. 48.6
- Analysendaten: siehe Tab. 48.6
- Autor: Dieter Kühn

Vorkommen und Ausgangsgesteine

Diese Böden kommen in den holozän geprägten Bereichen der Urstromtäler nördlich und westlich von Berlin vor. Teile dieses Urstromtales sind grundwassernah und besitzen flache Seen, die z. T. heute trocken sind. Auf Letztere weisen Reste von geringmächtigen Mudden im Oberboden über Flusssanden hin.

Bodenprozesse und -eigenschaften

Dominierend ist für diese Böden die Vergleyung und die damit einhergehende erhöhte Anreicherung von braungefärbten Eisenoxiden (Brauneisen). Während der Vegetationsperiode ist in durchschnittlichen Jahren ein Grundwasserschwankungsbereich zwischen 4 und 10 dm unter Flur typisch. Der bindigere Oberboden dient als Wasserspeicher in trockeneren Phasen.

Nutzung und Vegetation

Die Böden besitzen aufgrund der bindigeren Decke und des hohen Grundwasserstandes eine gute Wasserversorgung bei ausreichender Befahrbarkeit. Deshalb werden diese Standorte auch ackerbaulich genutzt. (Die Mineralbodenoberfläche ist nutzungsbedingt etwas wellig. Die Null-Linie des Meterstabs repräsentiert dessen mittlere Höhe.)

Gefährdung

Ein Tiefpflügen kann diese Standorte negativ beeinflussen, da zusätzlicher Sand in den Oberboden eingemischt wird. Die Befahrbarkeit kann sich dabei verbessern. Im zu nassen Zustand sollten die Böden nicht bearbeitet werden, da es zu Verknetungen mit dem Unterboden kommen kann, wie das Profilbild andeutet.

Tab. 48.5 Profilbild und Horizontabfolge Profil 159

Profilbild	Horizont-grenze (cm)	Horizonte und ihre Eigenschaften	
	−30	**Go-Ap** f-s(Fms,Sf)	schwach lehmiger Sand; sehr dunkelgelblichbraungrau (10YR 3/2); Eisenoxide (fleckig, geringer Flächenanteil); Bröckelgefüge; mittel humos; schwach durchwurzelt
	−45	**Go-Ap+Gso** f-s(Fms+Sf)	reiner Sand; hellgelblichgraubraun (10YR 6/3); bearbeitungsbedingte Gso-Keile (sehr hoher Flächenanteil); Bröckel- und Subpolyedergefüge; sehr schwach humos; sehr schwach durchwurzelt
	−75	**IIGso** f-s(Sf)	reiner Sand; dunkelorangebraun (7,5YR 4/6); Eisenoxide (diffus verteilt, hoher Flächenanteil); Subpolyedergefüge; sehr schwach humos
	−145	**IIGro** f-s(Sf)	reiner Sand; gelblichgraubraun (10YR 5/3); Eisenoxide (hoher Flächenanteil) und reduziertes Eisen (sehr hoher Flächenanteil); Einzelkorngefüge
	−200+	**IIGr** f-s(Sf)	reiner Sand; gelblichbraungrau (10YR 5/2); reduziertes Eisen (fast ausschließlicher Flächenanteil); Einzelkorngefüge

Quelle: Landesamt für Bergbau, Geologie und Rohstoffe Brandenburg, D. Kühn (Bild bearbeitet)

Abb. 48.6 Havelniederung (Quelle: Landesamt für Bergbau, Geologie und Rohstoffe Brandenburg, D. Kühn)

Tab. 48.6 Analysendaten Profil 159

Horizont	Tiefe (cm)	Skelett (Vol.-%)	Sand (M.-%)	Schluff (M.-%)	Ton (M.-%)	Gesamtporen (Vol.-%)	Luftkapazität (Vol.-%)	nutzbare Feldkap. (Vol.-%)	Totwasser (Vol.-%)	Lagerungsdichte (g/cm³)
Go-Ap	−30	0	82	12	6	40	7	28	5	1,61
Go-Ap+Gso	−45	0	92	4	4	-	-	-	-	-
IIGso	−75	0	96	2	2	40	9	16	18	1,65
IIGro	−145	0	98	0	2	38	27	10	1	1,67
IIGr	−200+	-	-	-	-	-	-	-	-	-

Horizont	Tiefe (cm)	$CaCO_3$ (M.-%)	C_{org} (M.-%)	N_t (M.-%)	C/N	pH H_2O	pH $CaCl_2$	KAK_{pot} (cmol_c/kg)	BS (%)	K_2O-DL (mg/100g)	P_2O_5-DL (mg/100g)
Go-Ap	−30	<1	1,58	0,15	11	7,1	7,1	14,1	100	-	-
Go-Ap+Gso	−45	<1	0,44	0,04	11	7,5	7,4	7,1	100	-	-
IIGso	−75	-	0,11	<0,03	-	7,4	7,2	3,2	94	-	-
IIGro	−145	-	<0,06	<0,03	-	6,9	6,8	0,9	100	-	-
IIGr	−200+	-	-	-	-	-	-	-	-	-	-

(Quelle: Landeslabor BB/Bln, HS f. nachhalt. Entw. Eberswalde, Inst. f. Ökol/TU Berlin)

(* = abgeleiteter Analysenwert)

Profil 160: Subtyp Kalkgley (GGc)

- Bodenausgangsgestein: Kalkmudde über tiefer Torfmudde
- Varietät: (Acker)Kalkgley (vGGc)
- Typ: Gley
- Klasse: Gleye
- Substrattyp: f-Fmk//f-eFhh
- WRB: Pantohypercalcic Oxygleyic Mollic Gleysol (Aric, Humic, Limnic, Endoloamic, Endoraptic, Episiltic, Thaptohistic)
- Bodenregion: Jungmoränenlandschaften
- Ort: östlich Prenzlau, Lkr. Uckermark, Brandenburg
- Profilbild und Horizontabfolge: siehe Tab. 48.7
- Bodenlandschaftsbild: siehe Abb. 48.7
- Analysendaten: siehe Tab. 48.8
- Autor: Joris Hering, Dieter Kühn

Vorkommen und Ausgangsgesteine

Kalkreiche Mudden befinden sich oft in Tälern benachbart zu kalkigen bzw. ehemals kalkhaltigen Grundmoränen der Weichselkaltzeit. Meist liegen sie in ehemaligen subglazialen Rinnen, die in Teilen ein Seestadium durchlaufen haben. In diesen ehemaligen Seen lagerten sich i. d. R. in der Abfolge Mineral-, dann Organomudden und Torfe ab. Bei ehemals flachen Seen reichen diese Abfolgen heute flächendeckend bis an die Bodenoberfläche,

so dass viele der ehemaligen kleineren Seen heute verschwunden sind. Durch Veränderung des Einzugsgebietes bzw. des Seemilieus kann, wie in diesem Fall, die normale Abfolge der Seesedimente auch anders sein bzw. Teile der Abfolge fehlen.

Bodenprozesse und -eigenschaften

Außerhalb der Moore in ehemaligen Seen herrscht die Vergleyung vor. Dies führt bei kalkhaltigen Substraten neben einer Anreicherung von Eisenoxiden im Oxidationshorizont Go auch zu einer Umlagerung (Lösen und wieder Ausfällen) von Kalk, häufig in Form harter Kalkkonkretionen. In den nutzbar gemachten Niederungen sind die Grundwasserstände abgesenkt, so dass es meist mehrere Oxidationshorizonte übereinander gibt.

Nutzung und Vegetation

Je nach Grad der Entwässerung können diese Standorte mit Mudden als Grün- oder seltener als Ackerland genutzt werden. Teilweise kommen diese Standorte auch unter Wald vor, wo wegen geringerer Entwässerung und im Übergang zu Mooren oft Roterlen vorherrschen.

Gefährdung

Nach Trockenlegung und einer ackerbaulichen Nutzung sind die Standorte winderosionsanfällig und zeigen schnell Anzeichen von Pseudovergleyung aufgrund der Verdichtungsneigung bei unsachgemäßer Bewirtschaftung.

Tab. 48.7 Profilbild und Horizontabfolge Profil 160

Profilbild	Horizont- grenze (cm)	Horizonte und ihre Eigenschaften	
	−36	**eGco-Ap** f-Fmk	Kalkmudde (sandiger Schluff); sehr dunkelgelblichbraungrau (10YR 3/2); Kalkkonkretionen (hart, sehr hoher Flächenanteil); Eisenoxide (fleckig, hoher Flächenanteil); Bröckelgefüge; extrem carbonatreich; stark humos; schwach durchwurzelt
	−50	**erFr°Gco1** f-Fmk	Kalkmudde (sandiger Schluff); bräunlichgrau, olivstichig (2,5Y 5/2) bis bräunlichgrau, dunkelolivstichig (2,5Y 4/2); Kalkkonkretionen (hart, sehr hoher Flächenanteil); Eisenoxide (konkretionär, hoher Flächenanteil); Subpolyedergefüge; Carbonat; mittel humos; sehr schwach durchwurzelt
	−75	**erFr°Gco2** f-Fmk	Kalkmudde (stark schluffiger Sand); dunkelbraun (7,5YR 4/4) und dunkelolivstichiggrau (2,5Y 4/1); Kalkkonkretionen (hart, extrem hoher Flächenanteil); Eisenoxide (konkretionär, sehr hoher Flächenanteil) und Manganoxide (konkretionär, geringer Flächenanteil); Subpolyedergefüge; extrem carbonatreich; schwach humos; sehr schwach durchwurzelt
	−100	**IIfeFr°Gcor** f-Fkk	Seekreide (stark schluffiger Sand); grau, hellolivstichig (5Y 6/1); Eisenoxide (bänderartig, konkretionär, hoher Flächenanteil) und reduziertes Eisen (fast ausschließlicher Flächenanteil); Kohärentgefüge; Carbonat; schwach humos
	−175	**IIIfeFhr** f-eFhh	Torfmudde; grau, olivstichig (2,5Y 5/1); Kohärentgefüge; mittel carbonathaltig; organisch
	−200+	**IVeGr** g-el(Mg)	stark lehmiger Sand, sehr schwach kiesig; grau, dunkelolivstichig (2,5Y 4/1); reduziertes Eisen (fast ausschließlicher Flächenanteil); Kohärentgefüge; mittel carbonathaltig

Quelle: Landesamt für Bergbau, Geologie und Rohstoffe Brandenburg, J. Hering (Bild bearbeitet)

Abb. 48.7 Bodenlandschaft des Kalkgleys (Quelle: D. Kühn)

Tab. 48.8 Analysendaten Profil 160

Horizont	Tiefe (cm)	Skelett (Vol.-%)	Sand (M.-%)	Schluff (M.-%)	Ton (M.-%)	Gesamtporen (Vol.-%)	Luftkapazität (Vol.-%)	nutzbare Feldkap. (Vol.-%)	Totwasser (Vol.-%)	Lagerungsdichte (g/cm³)
eGco-Ap	−36	0	38	61	1	57	8	25	24	1,12
erFr°Gco1	−50	0	46	51	3	83	10	49	24	0,43
erFr°Gco2	−75	0	45	49	6	-	-	-	-	-
IIfeFr°Gcor	−100	0	50	48	2	82	10	54	18	0,44
IIIfeFhr	−175	-	-	-	-	-	-	-	-	-
IVeGr	−200+	-	-	-	-	-	-	-	-	-

Horizont	Tiefe (cm)	CaCO₃ (M.-%)	C_org (M.-%)	N_t (M.-%)	C/N	pH H₂O	pH CaCl₂	KAK_pot (cmol_c/kg)	BS (%)	K₂O-DL (mg/100g)	P₂O₅-DL (mg/100g)
eGco-Ap	−36	68	2,5	0,30	8	8,4	7,6	24,0	100	-	-
erFr°Gco1	−50	89	1,8	0,19	9	8,4	8,0	10,5	100	-	-
erFr°Gco2	−75	66	0,8	0,07	11	8,4	7,7	16,9	100	-	-
IIfeFr°Gcor	−100	94	0,6	0,03	19	8,8	7,9	4,9	100	-	-
IIIfeFhr	−175	-	-	-	-	-	-	-	-	-	-
IVeGr	−200+	-	-	-	-	-	-	-	-	-	-

(Quelle: Landeslabor BB/Bln, HS f. nachhalt. Entw. Eberswalde, Inst. f. Ökol/TU Berlin)

(* = abgeleiteter Analysenwert)

Profil 161: Subtyp Hanggley (GGg)

- Bodenausgangsgestein: Hanglehm über Hangsand über tiefem verwitterten Schluffstein
- Varietät: basenreicher (Mull)Hanggley (eu.muGGg)
- Typ: Gley
- Klasse: Gleye
- Substrattyp: u-l(Lhg)/u-s(Shg)//c-z(^u)
- WRB: Orthoeutric Oxygleyic Gleysol (Humic, Inclinic, Pantoloamic, Amphiraptic)
- Bodenregion: Faltenmolasse und mittlere und westliche Flyschzone mit hohem Anteil an nicht oder nur gering metamorphen Gesteinen
- Ort: Hangmulde, Flysch-Berge, Lkr. Oberallgäu, Bayern
- Profilbild und Horizontabfolge: siehe Tab. 48.9
- Bodenlandschaftsbild: siehe Abb. 48.8
- Analysendaten: siehe Tab. 48.10
- Autor: Reinhard Jochum, Walter Grottenthaler †

Vorkommen und Ausgangsgesteine

Das Profil entwickelte sich in einer lehmigen Hangsand-decke. Diese ist im Wesentlichen das Verwitterungsprodukt tonhaltiger Schluff- und Sandsteine der Flyschzone, die weite Teile der bewaldeten Vorberge am Nordrand der Alpen einnimmt. Aufgebaut wird diese Zone aus Wechselfolgen wasserstauender schluffig-toniger Sedimente mit eingeschalteten Sandsteinen oder Kieselkalken, d. h. aus einer Gesteinsserie, die insgesamt wenig verwitterungsresistent ist und als Flysch bezeichnet wird. Charakteristisch für diese Landschaft sind mächtige lehmige Schuttdecken, die zu Rutschungen neigen. Klimatisch liegt die Flyschzone im Stauregenbereich des Alpennordrandes. Die Jahresniederschläge im Verbreitungsgebiet liegen bei 1500 – > 2000 mm, die Jahresmitteltemperatur bei 5–6 °C.

Bodenprozesse und -eigenschaften

Hanggleye sind typisch für dauernd oder periodisch vernässte Berghänge mit meist lateralem Wasserzug. Häufig besteht eine Verwandtschaft zum Oxigley, wie auch im dargestellten Profil, in dem keine dominant ausgeprägte Reduktionszone entwickelt ist. Der begrabene Humushorizont weist auf Hangbewegungen der jüngsten Vergangenheit hin, die zu einer Verdoppelung der Hanglehmdecke führten. Im untersten Horizont (IIIsGro) zeigen die steil stehenden Schichten der Flysch-Gesteine eine hangabwärts gerichtete Verbiegung (beginnendes Hakenschlagen). Sofern die reichlichen Niederschläge gleichmäßig über die Vegetationsperiode verteilt sind und keine längeren Vernässungsperioden auftreten, bietet der Boden einen guten Standort für Futtergräser und -kräuter. Die Basensättigung stellt sich im gesamten Profil günstig dar, trotz der stark sauren pH-Werte.

Nutzung und Vegetation

Der Standort liegt in einer Weidefläche, die zu einer Alm (im schwäbischen Sprachgebrauch: Alpe) gehört, d. h. die Bewirtschaftung erfolgt in Form eines sommerlichen Weidebetriebs im Bergland oberhalb der Dauersiedlungen. Große Teile der alpinen Kulturlandschaft werden von dieser Wirtschaftsform geprägt. Die artenreiche Gras- und Krautvegetation der Bergwiesen besitzt einen hohen Futterwert.

Gefährdung

Auf andauernd nassen oder periodisch aufgeweichten Böden können die Weidetiere die Grasnarbe leicht zertreten. Bei größerer Hangneigung schiebt der Viehtritt Narbenteile talwärts ab, besonders die Kanten der Viehgangeln. Dabei entstehen größere vegetationsfreie Flächen, und die Erosion wird beschleunigt.

Tab. 48.9 Profilbild und Horizontabfolge Profil 161

Profilbild	Horizont-grenze (cm)	Horizonte und ihre Eigenschaften	
	−30	**Ah-Go** u-l(Lhg)	stark lehmiger Sand; dunkelgelblichgraubraun (10YR 4/3); Eisenoxide (fleckig, hoher Flächenanteil); Subpolyedergefüge; stark humos; stark durchwurzelt
	−70	**IIsGor** u-s(Shg)	schwach lehmiger Sand; gelblichgraubraun (10YR 5/3); Eisenoxide (fleckig, hoher Flächenanteil) und Manganoxide (konkretionär, geringer Flächenanteil) und reduziertes Eisen (vorherrschender Flächenanteil); Kohärentgefüge; mittel humos; schwach durchwurzelt
	−80	**IIIfAh°sGor** u-s(Shg)	mittel lehmiger Sand; dunkelgelblichbraungrau (10YR 4/2); Eisenoxide (fleckig, hoher Flächenanteil) und Manganoxide (konkretionär, geringer Flächenanteil) und reduziertes Eisen (vorherrschender Flächenanteil); mittel humos
	−105	**IIIsGor** u-(z)s(Shg)	mittel lehmiger Sand, schwach grusig, sehr schwach steinig (kantig); hellgelblichbraungrau (10YR 6/2); Eisenoxide (fleckig, hoher Flächenanteil) und Manganoxide (konkretionär, mittlerer Flächenanteil) und reduziertes Eisen (vorherrschender Flächenanteil); schwach humos
	−170+	**IVsGor** c-z(^u)	extrem stark grusig (kantig); Eisenoxide (bänderartig, hoher Flächenanteil) und reduziertes Eisen (vorherrschender Flächenanteil)

Quelle: Bayerisches Landesamt für Umwelt, R. Jochum (Bild bearbeitet)

Abb. 48.8 Deutlich an der Vegetation erkennbare Bereiche mit Hanggleyen in den Vorbergen der Allgäuer Alpen (Quelle: Bayerisches Landesamt für Umwelt, R. Löhmannsröben)

Tab. 48.10 Analysendaten Profil 161

Horizont	Tiefe (cm)	Skelett (Vol.-%)	Sand (M.-%)	Schluff (M.-%)	Ton (M.-%)	Gesamtporen (Vol.-%)	Luftkapazität (Vol.-%)	nutzbare Feldkap. (Vol.-%)	Totwasser (Vol.-%)	Lagerungsdichte (g/cm³)
Ah-Go	−30	0	47	37	16	65	3	32	30	0,94
IIsGor	−70	0	77	16	7	56	2	17	37	1,16
IIIfAh°sGor	−80	0	62	28	10	65	3	20	42	0,93
IIIsGor	−105	8	71	21	8	53	2	24	27	1,24
IVsGor	−170+	>75	61	27	12	-	-	-	-	-

Horizont	Tiefe (cm)	$CaCO_3$ (M.-%)	C_{org} (M.-%)	N_t (M.-%)	C/N	pH H_2O	pH $CaCl_2$	KAK_{pot} (cmol$_c$/kg)	BS (%)	K_2O-DL (mg/100g)	P_2O_5-DL (mg/100g)
Ah-Go	−30	-	3,5	0,35	10	-	4,4	-	-	-	-
IIsGor	−70	-	1,2	0,13	9	-	4,6	-	-	-	-
IIIfAh°sGor	−80	-	2,1	0,23	9	-	4,6	-	-	-	-
IIIsGor	−105	-	0,6	0,1	6	-	4,6	-	-	-	-
IVsGor	−170+	-	-	-	-	-	4,5	-	-	-	-

Horizont	Tiefe (cm)	KAK_{eff} (cmol$_c$/kg)	BS_{eff} (%)
Ah-Go	−30	6	63
IIsGor	−70	6	53
IIIfAh°sGor	−80	7	73
IIIsGor	−105	9	78
IVsGor	−170+	11	83

(Quelle: Bodeninformationssystem, Landesamt für Umwelt Bayern)
(* = abgeleiteter Analysenwert)

Profil 162: Subtyp Hanggley (GGg); Typ und Untertypen CH: Buntgley, neutral, sehr stark gleyig, schwach grundnass (W, E1, G5, R1)

- Bodenausgangsgestein: Hangablagerung aus Molassetonen über tiefem Molassemergel
- Varietät: kalkhaltiger (Feuchtmull)Hanggley (c.mfGGg)
- Typ: Gley; Typ CH: Buntgley
- Klasse: Gleye
- Substrattyp: u-(z)t(lpq)//u-(z)et(lpq)
- WRB: Hypereutric Oxygleyic Mollic Gleysol (Katoclayic, Humic, Inclinic, Epiloamic, Amphiraptic)
- Bodenregion: Faltenmolasse und mittlere und westliche Flyschzone mit hohem Anteil an nicht oder nur gering metamorphen Gesteinen
- Ort: Heumoosegg III (V13), Kanton Zug
- Humusform: Feuchtmull; Humusform CH: Feuchtmull (MHt)
- Profilbild und Horizontabfolge: siehe Tab. 48.11
- Bodenlandschaftsbild und Windwurfbild: siehe Abb. 48.9 und 48.10
- Analysendaten: siehe Tab. 48.12
- Autor: Peter Lüscher, Stephan Zimmermann, Jörg Luster, Peter Blaser, Lorenz Walthert

Vorkommen und Ausgangsgesteine

Das Profil Heumoosegg III ist für die voralpine Flyschzone der Zentralschweiz typisch. Der Boden entstand aus Hangtonen von Bunten Mergeln der Unteren Süßwassermolasse. Der Profilort im Kanton Zug liegt auf 1070 m ü. M. Der Mittelhang ist 23 % geneigt und südwestexponiert. Der mittlere Jahresniederschlag beträgt 1719 mm, und die mittlere Jahrestemperatur liegt bei 6,2 Grad Celsius. Die Länge der Vegetationsperiode beträgt 150–165 Tage.

Bodenprozesse und -eigenschaften

Die Humusform entspricht einem Feuchtmull. Zur schnellen Streuumsetzung tragen unter anderem die nur schwach sauren pH-Verhältnisse im Oberboden bei. Oberflächennah auftretende Rostflecken weisen auf periodische Sättigungsphasen hin. Der bis zur Oberfläche reichende Hangwassereinfluss zeigt sich hauptsächlich im Frühjahr bei der Schneeschmelze oder auch während der Vegetationsperiode nach intensiven Regenfällen. Die rege tierische Aktivität sorgt für eine intensive Durchmischung von organischer Substanz und Mineralboden, was sich hier aufgrund des großen Tongehaltes nicht in einer typischen Krümel-, sondern in einer Polyederstruktur äußert. Die

Tab. 48.11 Profilbild und Horizontabfolge Profil 162

Profilbild	Horizontgrenze (cm)	Horizonte und ihre Eigenschaften (in Klammern: Horizonte CH)	
	+ 1	L (Ol)	; organisch
	−20	sGo-Ah1 (Ah,a,g) u-(z)t(lpq)	mittel toniger Lehm, schwach grusig; sehr dunkelbräunlichgrau (7,5YR 3/1); Eisenoxide (fleckig, geringer Flächenanteil); Subpolyedergefüge; sehr stark humos; stark durchwurzelt
	−35	sGo-Ah2 (ABg) u-(z)t(lpq)	mittel toniger Lehm, schwach grusig; graubraun (7,5YR 5/3); Eisenoxide (fleckig, mittlerer Flächenanteil); Polyedergefüge; schwach humos; mittel durchwurzelt
	−70	IIsGo (Bgg) u-(z)t(lpq)	schwach schluffiger Ton, schwach grusig; braunorange (7,5YR 5/8); Eisenoxide (fleckig, überwiegender Flächenanteil) und Bleichflecken (hoher Flächenanteil); Polyedergefüge; sehr schwach humos; schwach durchwurzelt
	−135	IIIesGro (BCgg, (x),r) u-(z)et(lpq)	lehmiger Ton, schwach grusig; grünlichgrau (5GY 5/1); Eisenoxide (fleckig, extrem hoher Flächenanteil) und reduziertes Eisen (extrem hoher Flächenanteil); Kohärentgefüge; carbonatreich; schwach durchwurzelt
	−150+	IVesGr (Cr,x) c-(z)el(lpq)	schluffig-lehmiger Sand, mittel grusig; grau (N 5/0); Eisenoxide (fleckig, mittlerer Flächenanteil) und reduziertes Eisen (fast ausschließlicher Flächenanteil); Kohärentgefüge; sehr carbonatreich

S. Zimmermann (2005) et al., Waldböden der Schweiz, Bd 3. Birmensdorf, Eidg. Forschungsanstalt WSL, Bern, Hep Verlag (Bild bearbeitet)

Kalkgrenze liegt in 135 cm. Bis in diese Tiefe sind im Profilaufschluss ältere Wurzelrückstände vorhanden. Eine eingeschränkte Durchwurzelung ist je nach Baumart bis in diese Tiefe möglich.

Nutzung und Vegetation

Im Waldstandortstyp des Schachtelhalm-Tannen-Fichtenwaldes wechseln sich saure Kuppen und vernässte, basenreiche Mulden ab. Das Bodenprofil repräsentiert die Muldenlage. Tannen und Fichten dominieren den Bestand, vereinzelt kommt die Vogelbeere dazu. Den Nebenbestand bilden Bergahorn, Weißerle und stellenweise Esche.

Gefährdung

Die temporär ungenügende Durchlüftung wie auch die ab 70 cm Tiefe erhöhte Dichte wirken sich bei empfindlichen Baumarten für das Wurzelwachstum einschränkend aus. Die Tanne trägt mit ihrem Pfahlwurzelsystem viel zur Bestandesstabilität (Rutsch-, Windwurfgefahr) bei. Der Boden reagiert auf das Befahren im feuchten Zustand sehr empfindlich.

Abb. 48.9 Schachtelhalm-Tannen-Mischwald (Quelle: S. Zimmermann (2005) et al., Waldböden der Schweiz, Bd 3. Birmensdorf, Eidg. Forschungsanstalt WSL, Bern, Hep Verlag)

Abb. 48.10 Wurzelstock einer geworfenen Fichte im Bestand, benachbart zum Profil Heumoosegg III (Quelle: Eidgenössische Forschungsanstalt für Wald, Schnee und Landschaft, Birmensdorf, M. Walser)

Tab. 48.12 Analysendaten Profil 162

Horizont	Tiefe (cm)	Skelett (Vol.-%)	Sand (M.-%)	Schluff (M.-%)	Ton (M.-%)	Gesamtporen (Vol.-%)	Luftkapazität (Vol.-%)	nutzbare Feldkap. (Vol.-%)	Totwasser (Vol.-%)	Lagerungsdichte (g/cm³)
L (Ol)	+ 1	-	-	-	-	-	-	-	-	-
sGo-Ah1 (Ah,a,g)	−20	2,5	29	36	35	64,3	5,6	33,5	25,2	0,89
sGo-Ah2 (ABg)	−35	2,5	28	36	36	-	-	-	-	-
IIsGo (Bgg)	−70	2,5	16	33	51	60,9	4,7	29,6	26,6	1,13
IIIesGro (BCgg, (x),r)	−135	2,5	23	29	48	48,0	4,9	16,5	26,6	1,46
IVesGr (Cr,x)	−150+	15	41	46	13	45,0	2,7	15,1	27,2	1,45

Horizont	Tiefe (cm)	$CaCO_3$ (M.-%)	C_{org} (M.-%)	N_t (M.-%)	C/N	pH H_2O	pH $CaCl_2$	KAK_{pot} ($cmol_c$/kg)	BS (%)	K_2O-DL (mg/100g)	P_2O_5-DL (mg/100g)
L (Ol)	+ 1	-	-	-	-	-	-	-	-	-	-
sGo-Ah1 (Ah,a,g)	−20	-	4,5	0,29	16	7,0	6,5	-	-	7,5*	-
sGo-Ah2 (ABg)	−35	-	0,7	0,07	11	7,1	6,5	-	-	9,4*	-
IIsGo (Bgg)	−70	-	0,2	0,04	7	7,1	6,5	-	-	15,6*	-
IIIesGro (BCgg, (x),r)	−135	13,9	-	-	-	8,0	7,4	-	-	14,8*	-
IVesGr (Cr,x)	−150+	36,0	-	-	-	8,3	7,6	-	-	11,7*	-

Horizont	Tiefe (cm)	KAK_{eff} ($cmol_c$/kg)	BS_{eff} (%)
L (Ol)	+ 1		
sGo-Ah1 (Ah,a,g)	−20	35,4	100
sGo-Ah2 (ABg)	−35	23,0	100
IIsGo (Bgg)	−70	26,1	100
IIIesGro (BCgg, (x),r)	−135	33,6	100
IVesGr (Cr,x)	−150+	25,4	100

(Quelle: Forschungseinheit Waldböden und Biochemie, Eidgenössische Forschungsanstalt für Wald, Schnee und Landschaft, Birmensdorf)
(* = abgeleiteter Analysenwert)

Profil 163: Subtyp Auengley (GGa)

- Bodenausgangsgestein: Auenton
- Varietät: basenreicher (Mull)Auengley (eu.muGGa)
- Typ: Gley
- Klasse: Gleye
- Substrattyp: f-t(Tfo)
- WRB: Eutric Mollic Gleysol (Clayic, Humic, Raptic)
- Bodenregion: Mittel- und süddeutsche Löss- und Sandlösslandschaften
- Ort: Lich, Lkr. Gießen, Hessen
- Profilbild und Horizontabfolge: siehe Tab. 48.13
- Bodenlandschaftsbild: siehe Abb. 48.11
- Analysendaten: siehe Tab. 48.14
- Autor: Karl-Josef Sabel

Vorkommen und Ausgangsgesteine

Der Auengley bildet sich in holozänen fluviatilen Sedimenten in Fluss- und Bachtälern. Da das Auensediment im Wesentlichen die erosiven Abtragungsrelikte des Einzugsgebietes repräsentiert, ist seine Zusammensetzung abhängig von den Bodensubstraten der Umgebung und von der Transportkraft des sedimentierenden Gewässers. Das vorliegende Beispiel mit dominierend tonigen Bodenarten repräsentiert ein gefällearmes Flusssystem in der Lösslandschaft (Wetterau).

Bodenprozesse und -eigenschaften

Anhaltend hochstehendes Grundwasser hat Eisenreduktion zur Folge, die den entsprechenden Bodenhorizont grau färbt. Darüber befindet sich der Grundwasserschwankungsbereich,

Tab. 48.13 Profilbild und Horizontabfolge Profil 163

Profilbild	Horizont-grenze (cm)	Horizonte und ihre Eigenschaften	
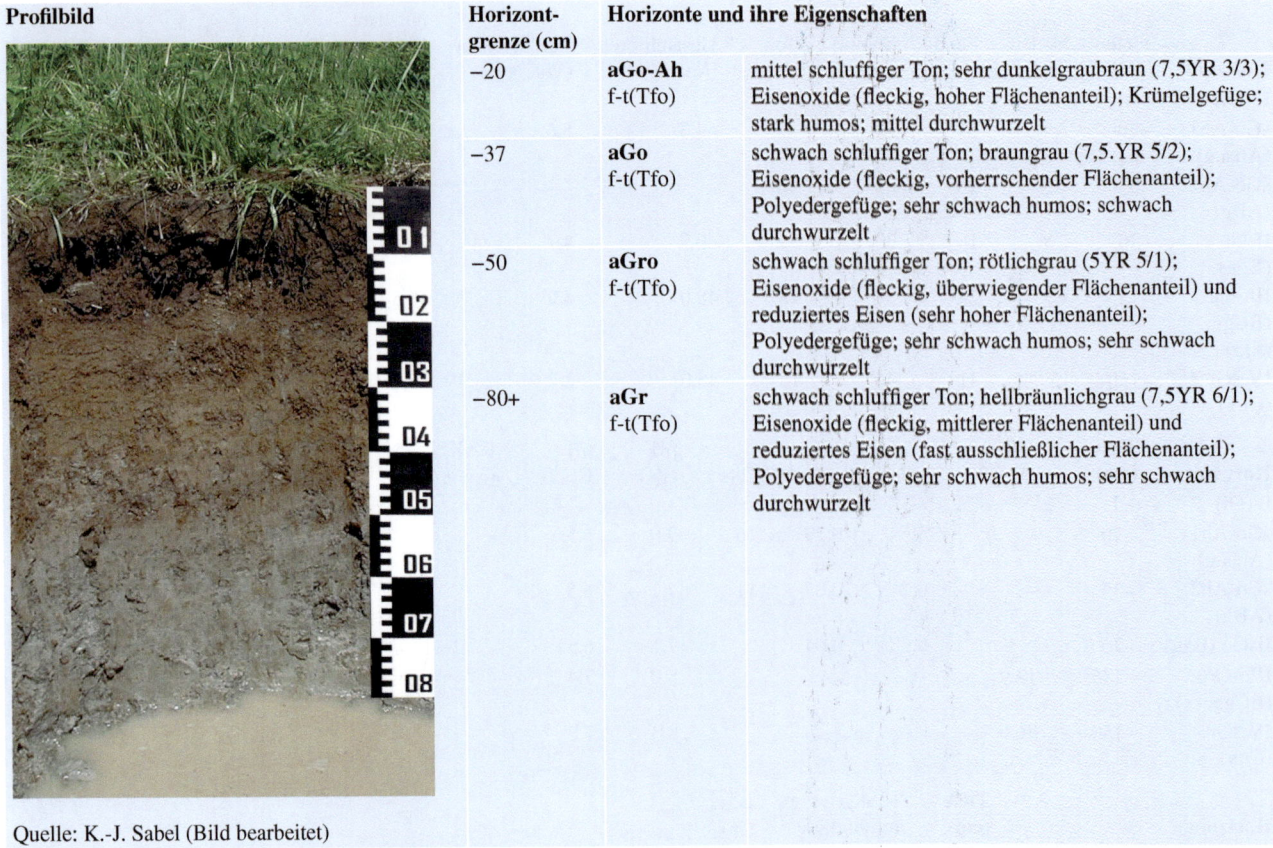	−20	**aGo-Ah** f-t(Tfo)	mittel schluffiger Ton; sehr dunkelgraubraun (7,5YR 3/3); Eisenoxide (fleckig, hoher Flächenanteil); Krümelgefüge; stark humos; mittel durchwurzelt
	−37	**aGo** f-t(Tfo)	schwach schluffiger Ton; braungrau (7,5.YR 5/2); Eisenoxide (fleckig, vorherrschender Flächenanteil); Polyedergefüge; sehr schwach humos; schwach durchwurzelt
	−50	**aGro** f-t(Tfo)	schwach schluffiger Ton; rötlichgrau (5YR 5/1); Eisenoxide (fleckig, überwiegender Flächenanteil) und reduziertes Eisen (sehr hoher Flächenanteil); Polyedergefüge; sehr schwach humos; sehr schwach durchwurzelt
	−80+	**aGr** f-t(Tfo)	schwach schluffiger Ton; hellbräunlichgrau (7,5YR 6/1); Eisenoxide (fleckig, mittlerer Flächenanteil) und reduziertes Eisen (fast ausschließlicher Flächenanteil); Polyedergefüge; sehr schwach humos; sehr schwach durchwurzelt

Quelle: K.-J. Sabel (Bild bearbeitet)

Abb. 48.11 Bodenlandschaft Auengley (Quelle: Hessisches Landesamt für Naturschutz, Umwelt und Geologie)

Tab. 48.14 Analysendaten Profil 163

Horizont	Tiefe (cm)	Skelett (Vol.-%)	Sand (M.-%)	Schluff (M.-%)	Ton (M.-%)	Gesamtporen (Vol.-%)	Luftkapazität (Vol.-%)	nutzbare Feldkap. (Vol.-%)	Totwasser (Vol.-%)	Lagerungsdichte (g/cm³)
aGo-Ah	−20	0	1	55	44	-	-	-	-	-
aGo	−37	0	1	49	50	-	-	-	-	-
aGro	−50	0	0	37	63	-	-	-	-	-
aGr	−80+	0	0	42	58	-	-	-	-	-

Horizont	Tiefe (cm)	CaCO₃ (M.-%)	C_org (M.-%)	N_t (M.-%)	C/N	pH H₂O	pH CaCl₂	KAK_pot (cmol_c/kg)	BS (%)	K₂O-DL (mg/100g)	P₂O₅-DL (mg/100g)
aGo-Ah	−20	-	3,8	0,4	9	5,8	5,2	3,32	-	-	-
aGo	−37	-	0,7	0,1	7	6,0	5,2	3,09	-	-	-
aGro	−50	-	0,6	0,09	7	5,8	5,0	3,05	-	-	-
aGr	−80+	-	0,4	0,05	8	6,0	5,0	2,73	-	-	-

(Quelle: Hessisches Landesamt für Naturschutz, Umwelt und Geologie)
(* = abgeleiteter Analysenwert)

der zeitweise lufterfüllt und daher zusätzlich oxidativ rost-farben gefleckt ist.

Nutzung und Vegetation

Der anhaltend hohe Grundwasserstand und die Gefahr periodischer Überschwemmungen der Aue erlauben eigentlich nur eine völlige Naturbelassenheit. Da die Sedimente aber sehr nährstoffreich und gut wasserversorgt sind, haben sich Grünland- und vereinzelt sogar Ackernutzung flächendeckend durchgesetzt.

Gefährdung

Je nach Sedimenteintrag, aber auch Wasserqualität, weisen die Auensedimente erhebliche organische und anorganische Einträge auf. Trotz der in der Regel vorzüglichen Filterfähigkeit der Böden ist durch den oberflächennahen Grundwasserstand ein Austrag dieser Stoffe oder ihrer Derivate zu befürchten. Zudem werden Auen intensiv in die Bebauung einbezogen, was zusätzlich die Retentionsfunktion bei Hochwasser einschränkt.

Profil 164: Subtyp Auengley (GGa)

- Bodenausgangsgestein: Auenmergel über tiefem Auenkies
- Varietät: kalkhaltiger entwässserter (Mull)Auengley (c.r.muGGa)
- Typ: Gley
- Klasse: Gleye
- Substrattyp: f-el(Lfo)/f-es(Mfo)//f-ks(Gfo)
- WRB: Haplic Kastanozem (Anoloamic, Amphiraptic, Relictigleyic)
- Bodenregion: (Überregionale) Flusslandschaften
- Ort: Elchesheim, Lkr. Rastatt, Baden-Württemberg

- Humusform: L-Mull
- Profilbild und Horizontabfolge: siehe Tab. 48.15
- Bodenlandschaftsbild: siehe Abb. 48.12
- Analysendaten: siehe Tab. 48.16
- Autor: Karl Stahr, Daniela Sauer

Vorkommen und Ausgangsgesteine

Reliktische Auengleye sind z. B. entlang der Rheinaue anzutreffen, wobei sie zwar recht häufig aber kleinflächig auftreten. In dem gezeigten Beispiel sind die jungpleistozänen bis holozänen Rheinkiese mit mergeligen Auensedimenten überzogen. Durch Eindeichung wird die Aue seit ca. 200 Jahren nicht mehr überflutet. Zudem wurde das Grundwasser seit ca. 40 Jahren durch Trinkwassergewinnung zunehmend tiefer abgesenkt. Die Gleymerkmale in diesem Profil sind daher reliktisch.

Bodenprozesse und -eigenschaften

Bei regelmäßiger Überflutung sind die alternierenden Prozesse der Sedimentation und der Humusakkumulation prägend. In dem hier gezeigten Beispiel hat die ausbleibende Überflutung und somit ausbleibende Zufuhr von frischem kalkhaltigen Sediment zur beginnenden Entkalkung im Oberboden geführt. Tiefreichende starke Humusakkumulation und Bioturbation sowie ein enges C/N-Verhältnis zeigen eine für Schwarzerden typische Dynamik in diesem Profil an.

Nutzung und Vegetation

Die Auengleye sind sowohl für den Anbau von Getreide als auch von Zuckerrüben gut geeignet. Die Vegetation der Auengleye besteht typischerweise aus Auenwäldern, im gezeigten Beispiel mit Esche, Ulme, Ahorn, Eiche und einer artenreichen Krautschicht mit hohem Anteil an Bärlauch.

Tab. 48.15 Profilbild und Horizontabfolge Profil 164

Profilbild	Horizont-grenze (cm)	Horizonte und ihre Eigenschaften	
	−23	**aAxh** f-el(Lfo)	mittel sandiger Lehm, sehr schwach kiesig; braunschwarz (10YR 2/2); Subpolyedergefüge; stark carbonathaltig; stark humos
	−42	**arGo°Ah** f-el(Lfo)	mittel sandiger Lehm, sehr schwach kiesig; sehr dunkelgelblichgraubraun (10YR 3/3); Subpolyedergefüge; mittel carbonathaltig; mittel humos
	−67	**IIearGco** f-el(Mfo)	stark lehmiger Sand, sehr schwach kiesig; grauolivbraun (2,5Y 5/3); Kalkkonkretionen; Eisenoxide (diffus verteilt, mittlerer Flächenanteil); Kohärent- bis Subpolyedergefüge; carbonatreich; schwach humos
	−95	**IIearGr-Go** f-es(Mfo)	mittel lehmiger Sand, sehr schwach kiesig; braunoliv (2,5Y 5/6); Eisenoxide (diffus verteilt, mittlerer Flächenanteil); Kohärentgefüge; carbonatreich; sehr schwach humos
	−98	**IIIearGso** f-kes(Gfo)	reiner Sand, stark kiesig; braunoliv (2,5Y 5/6); Eisenoxide (Band, 3 cm mächtig); Einzelkorngefüge; carbonathaltig; sehr schwach humos
	−110+	**IIIearGr** f-ks(Gfo)	reiner Sand, stark kiesig; gelblichbraun, hellgraustichig (10YR 6/4); reduziertes Eisen (fast ausschließlicher Flächenanteil); Einzelkorngefüge; carbonatarm; sehr schwach humos

Quelle: O. Ehrmann (Bild bearbeitet)

Abb. 48.12 Relikt der Aue entlang des Rheins bei Elchesheim, Lkr. Rastatt (Quelle: A. Lehmann)

Tab. 48.16 Analysendaten Profil 164

Horizont	Tiefe (cm)	Skelett (Vol.-%)	Sand (M.-%)	Schluff (M.-%)	Ton (M.-%)	Gesamtporen (Vol.-%)	Luftkapazität (Vol.-%)	nutzbare Feldkap. (Vol.-%)	Totwasser (Vol.-%)	Lagerungsdichte (g/cm³)
aAxh	−23	1	43	36	21	-	30	-	-	1,03
arGo°Ah	−42	0	42	36	22	-	23	-	-	1,25
IIearGco	−67	0	49	37	14	-	26	-	-	1,28
IIearGr-Go	−95	0	52	38	10	-	24	-	-	1,45
IIIearGso	−98	40	91	6	3	-	-	-	-	1,5
IIIearGr	−110+	40	97	1	2	-	-	-	-	1,5

Horizont	Tiefe (cm)	CaCO₃ (M.-%)	C$_{org}$ (M.-%)	N$_t$ (M.-%)	C/N	pH H₂O	pH CaCl₂	KAK$_{pot}$ (cmol$_c$/kg)	BS (%)	K₂O-DL (mg/100g)	P₂O₅-DL (mg/100g)
aAxh	−23	7	3,0	0,28	5	-	7,4	94	100	-	-
arGo°Ah	−42	5	1,6	0,17	9	-	7,4	78	100	-	-
IIearGco	−67	17	0,6	0,06	10	-	7,7	80	100	-	-
IIearGr-Go	−95	20	0,4	0,03	12	-	7,7	88	100	-	-
IIIearGso	−98	3	0,1	0,01	8	-	7,7	61	100	-	-
IIIearGr	−110+	1	0,1	0,01	8	-	7,7	104	100	-	-

Horizont	Tiefe (cm)	K-CAL (mg/100g)	P-CAL (mg/100g)
aAxh	−23	2	<1
arGo°Ah	−42	1	<1
IIearGco	−67		<1
IIearGr-Go	−95		<1
IIIearGso	−98		<1
IIIearGr	−110+		<1

(Quelle: Institut für Bodenkunde und Standortslehre, Universität Hohenheim)
(* = abgeleiteter Analysenwert)

Gefährdung

Durch Eindeichung und somit Außerkraftsetzung der beschriebenen charakteristischen Sedimentationszyklen wird die Dynamik der Auengleye gravierend verändert. Im gezeigten Beispiel würde zudem eine Ackernutzung den mächtigen Humuskörper des Profils gefährden.

Profil 165: Subtyp Regosol-Gley (RQ-GG)

- Bodenausgangsgestein: flach anthropogen aufgetragene Flugasche und Schmelzwassersand über Tertiärsanden
- Varietät: basenreicher (Mull)Regosol-Gley (eu. muRQ-GG)
- Typ: Gley
- Klasse: Gleye
- Substrattyp: oj-(k)s(Ya,Sgf)/oj-(^brk)xs(lpq)
- WRB: Pantospolic Technosol (Hypereutric, Katogleyic, Immissic, Ochric, Epiraptic)
- Bodenregion: Mittel- und süddeutsche Löss- und Sandlösslandschaften
- Ort: Innenkippe Braunkohlentagebau Böhlen, Lkr. Leipzig, Sachsen
- Profilbild und Horizontabfolge: siehe Tab. 48.17
- Bodenlandschaftsbild: siehe Abb. 48.13

- Analysendaten: siehe Tab. 48.18
- Autor: Fred Franzke

Vorkommen und Ausgangsgesteine

Gleye kommen sowohl auf natürlich anstehenden Locker- und Festgesteinen vor wie aber auch in diesem Beispiel auf geschütteten Halden und Kippen der Bergbaufolgelandschaften, hier im Gebiet des Braunkohlenbergbaus. Beim vorliegenden Profil wurde umgelagertes natürliches Material aus unterschiedlichen Tiefenstufen des ehemaligen Tagebaus verkippt und durch deutlich sichtbare Flugascheeinwehungen im Oberboden beeinflusst (Kraftwerksnähe). Als Übergangsstadium der Bodenentwicklung sind auch häufig in den Bergbaufolgelandschaften Regosol-Gleye kleinflächig verbreitet, die dort mit weiteren jungen Bodenentwicklungen und Rohböden vergesellschaftet sind. Der Wiederanstieg des Grundwassers durch die Flutung der umliegenden Tagebaurestlöcher führt zu steigenden Pegelständen, wodurch die Ausbildung von Grundwasserböden vorrangig gefördert wird.

Bodenprozesse und -eigenschaften

Das Substrat (Bodenart, Skelettgehalt, u. a.) und die Schwankungsamplitude des Grundwassers prägen die wesentlichen Eigenschaften dieses Übergangsbodens. Am

Tab. 48.17 Profilbild und Horizontabfolge Profil 165

Profilbild	Horizont-grenze (cm)	Horizonte und ihre Eigenschaften	
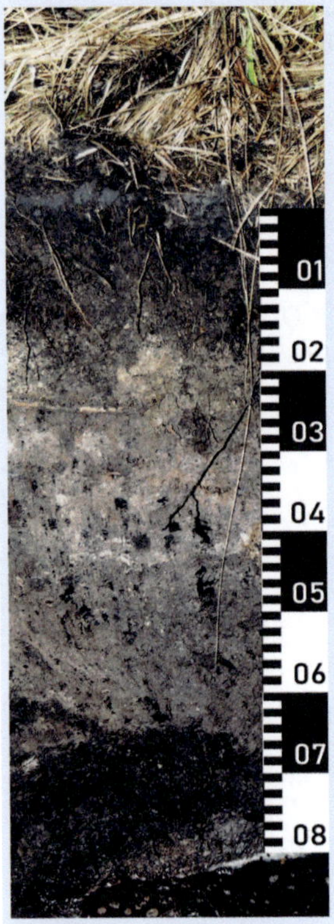 	−15	**jAh** oj-(k)s(Ya,Sgf)	mittel lehmiger Sand, schwach kiesig (mit Flugascheauflage); bräunlichschwarz (7,5YR 2,5/1); sehr schwach kohlehaltig; Krümelgefüge; sehr carbonatarm; mittel humos; sehr stark durchwurzelt
	−25	**IIGo-jilCv** oj-(k)s(Sgf)	reiner Sand, mittel kiesig; hellgelblichbraun (10YR 6/6) bis hellbraungrau (7,5YR 6/2); Eisenoxide (Beläge und Flecken, mittlerer Flächenanteil); Einzelkorngefüge; sehr schwach kohlehaltig; mittel durchwurzelt
	−80	**IIIjGor** oj-(^brk)xs(lpq)	schwach bis mittel schluffiger Sand; hellbraungrau (7,5YR 6/2) bis dunkelrotbräunlichgrau (5YR 4/2); Eisenoxide (hoher Flächenanteil) und reduziertes Eisen (vorherrschender Flächenanteil); Bröckel- und Kittgefüge; mittel kohlehaltig; sehr schwach durchwurzelt
	−120+	**IIIjGr** oj-(^brk)xs(lpq)	schwach bis mittel schluffiger Sand; dunkelrotbräunlichgrau (5YR 4/2); reduziertes Eisen (fast ausschließlicher Flächenanteil); Kittgefüge; mittel kohlehaltig

Quelle: F. Franzke (Bild bearbeitet)

Abb. 48.13 Durch ansteigendes Grundwasser/ Tagebauflutung abgestorbener Baumbestand (Quelle: F. Franzke)

Tab. 48.18 Analysendaten Profil 165

Horizont	Tiefe (cm)	Skelett (Vol.-%)	Sand (M.-%)	Schluff (M.-%)	Ton (M.-%)	Gesamtporen (Vol.-%)	Luftkapazität (Vol.-%)	nutzbare Feldkap. (Vol.-%)	Totwasser (Vol.-%)	Lagerungsdichte (g/cm³)
jAh	−15	-	-	-	-	-	-	-	-	-
IIGo-jilCv	−25	-	-	-	-	-	-	-	-	-
IIIjGor	−80	-	-	-	-	-	-	-	-	-
IIIjGr	−120+	-	-	-	-	-	-	-	-	-

Horizont	Tiefe (cm)	$CaCO_3$ (M.-%)	C_{org} (M.-%)	N_t (M.-%)	C/N	pH H_2O	pH $CaCl_2$	KAK_{pot} (cmol$_c$/kg)	BS (%)	K_2O-DL (mg/100g)	P_2O_5-DL (mg/100g)
jAh	−15	-	-	-	-		5,6	-	-	-	-
IIGo-jilCv	−25	-	-	-	-		5,5	-	-	-	-
IIIjGor	−80	-	-	-	-		4,6	-	-	-	-
IIIjGr	−120+	-	-	-	-		4,6	-	-	-	-

(Quelle: Ostdeutsche Gesellschaft für Forstplanung, Potsdam)
(* = abgeleiteter Analysenwert)

Beispielstandort herrscht aktuell eine flache Grundwasserstufe vor (2–4 dm unter Flur, oft über Flur stehend). Die Vergleyung führt zur Ausbildung eines Go-Horizontes (Oxidationshorizont im Schwankungsbereich des Grundwassers) und darunter eines in der Regel stets nassen, mit fahlgrauen bis bläulich-grünen Fleckungen durchsetzten Gr-Horizontes (Reduktionshorizont). Hauptsächlich reduziertes Eisen und Mangan werden neben anderen Stoffen durch die Bodenwasserführung und durch kapillaren Aufstieg in den Go verlagert und unter Luftsauerstoff ausgefällt. Eisen- und Mangananreicherungen in Form von Flecken und Bändern kennzeichnen diesen Bereich. Auf Grund des ebenfalls relativ jungen Stadiums der Vergleyung und der teils schlechten Zeichnereigenschaften (Tertiärsande) sind die diagnostischen Merkmale gering ausgebildet. In Abhängigkeit vom Endpegelstand des Grundwassers ist die Bodenentwicklung zum Nassgley möglich.

Nutzung und Vegetation

Forststandorte und Grünland sind die üblichen Nutzungsformen von Gleyen in den Bergbaufolgelandschaften. Gleye werden bei entsprechender Drainage auch als Ackerland genutzt. In urbanen Räumen kommen sie in Park- und Grünanlagen vor. Bei der Rekultivierung in den Bergbaufolgelandschaften erfolgt meist die großflächige Aufforstung mit Pioniergehölzen oder bei günstigen Substratverhältnissen mit hochwertigen Nutzbaumarten. Bei Tagebauflutungen können nicht standortgerechte Bestände absterben. Standorte zur Freizeitnutzung, wie Uferbereiche von Restlochseen oder von natürlichen Binnenseen, Ruderalstandorte und Feuchtbiotope bei natürlicher Sukzession sind weitere Nutzungsvarianten.

Gefährdung

Es besteht die Gefahr der negativen Beeinflussung durch Umnutzungen und Entwässerungsmaßnahmen. Dadurch werden diese interessanten Sukzessionsstandorte und damit die Bodenentwicklungsprozesse im Bereich von Bergbaufolgelandschaften gestört.

Profil 166: Subtyp Braunerde-Gley (BB-GG)

- Bodenausgangsgestein: Decksand über Flusssand
- Varietät: lessivierter mittelbasischer podsoliger entwässerter (Moder)Braunerde-Gley (l.m.p.moBB-rGG)
- Typ: Gley
- Klasse: Gleye
- Substrattyp: p-s(Sp)/f-s(Sf)
- WRB: Eutric Katorelictigleyic Arenosol (Nechic, Ochric, Amphiraptic)
- Bodenregion: Jungmoränenlandschaften
- Ort: südwestlich Finowfurt, Lkr. Barnim, Brandenburg
- Humusform: Typischer Moder
- Profilbild und Horizontabfolge: siehe Tab. 48.19
- Profilaufnahmebild: siehe Abb. 48.14
- Analysendaten: siehe Tab. 48.20
- Autor: Dieter Kühn

Vorkommen und Ausgangsgesteine

Die Sandsubstrate dieser Böden sind in den trockenen Teilen der Urstromtäler der Weichselkaltzeit verbreitet. Im Holozän haben sich die Fließgewässer in diese Sedimente eingeschnitten, wodurch der Grundwasserstand abgesenkt wurde. Die Urstromtalsedimente besitzen einen periglaziär geprägten Decksand über periglaziär-fluviatilen Sanden. Dieser weist aufgrund seiner Entstehung einen geringfügig höheren Schluff- und Tonanteil als die liegenden Sande auf. Diese Feinanteile entstammen vorrangig der kryoklastischen Verwitterung und der Einarbeitung eines äolischen Eintrag von benachbarten Moränenflächen.

Bodenprozesse und -eigenschaften

Die Vergleyungsmerkmale sind meist reliktisch und rezent nur noch in den Unterböden oder gar nicht mehr vorhanden (Grundwasser > 2 m unter Flur). Je nach Feinbodenanteil in der Hauptlage sind die Böden unterschiedlich intensiv verbraunt und meist podsolig.

Tab. 48.19 Profilbild und Horizontabfolge Profil 166

Profilbild	Horizontgrenze (cm)	Horizonte und ihre Eigenschaften	
	+7	**L**	
	+6	**Of**	; organisch
	+1	**Oh**	; organisch
	−4	**Aeh** p-s(Sp)	reiner Sand; dunkelgelblichbraungrau (10YR 4/2); gebleichte Sandkörner; Subpolyeder- und Einzelkorngefüge; mittel humos; stark durchwurzelt
	−15	**Bv+Ah** p-s(Sp)	reiner Sand, sehr schwach kiesig; sehr dunkelgelblichbraun (10YR 3/6) und sehr dunkelgelblichgraubraun (10YR 3/3) ; Humusflecken (überwiegender Flächenanteil); Einzelkorngefüge; sehr schwach humos; mittel durchwurzelt
	−35	**Ah+Bv** p-s(Sp)	reiner Sand, sehr schwach kiesig; dunkelgelblichgraubraun (10YR 4/3) und dunkelgelblichbraun (10YR 4/6); Humusflecken (hoher Flächenanteil); Einzelkorngefüge; sehr schwach humos; mittel durchwurzelt
	−85	**IIrGo** p-s(Sf)	reiner Sand, sehr schwach kiesig; gelblichbraun (10YR 5/6) und hellgelblichgraubraun (10YR 6/3); Humusanreicherung (Flecken, hoher Flächenanteil); Eisenoxide (fleckig, hoher Flächenanteil) und Manganoxide (fleckig, mittlerer Flächenanteil) und reduziertes Eisen (fleckig, geringer Flächenanteil); Einzelkorngefüge; sehr schwach durchwurzelt
	−180	**IIIilCbtv-rGr** f-s(Sf)	reiner Sand, sehr schwach kiesig; dunkelgelblichbraun (10YR 4/6) und hellgelblichgraubraun (10YR 6/3); Tonanreicherungsbänder (geringer Flächenanteil); Eisenoxide (fleckig, geringer Flächenanteil) und reduziertes Eisen (fast ausschließlicher Flächenanteil); Einzelkorngefüge
Quelle: Landesamt für Bergbau, Geologie und Rohstoffe Brandenburg, D. Kühn (Bild bearbeitet)	−200+	**IIIGo** f-s(Sf)	reiner Sand; gelblichbraun, hellgraustichig (10YR 6/4); Eisenoxide (fleckig, extrem hoher Flächenanteil); Einzelkorngefüge

Abb. 48.14 Kiefern im Urstromtal (Quelle: Landesamt für Bergbau, Geologie und Rohstoffe Brandenburg, D. Kühn)

Tab. 48.20 Analysendaten Profil 166

Horizont	Tiefe (cm)	Skelett (Vol.-%)	Sand (M.-%)	Schluff (M.-%)	Ton (M.-%)	Gesamtporen (Vol.-%)	Luftkapazität (Vol.-%)	nutzbare Feldkap. (Vol.-%)	Totwasser (Vol.-%)	Lagerungsdichte (g/cm³)
L	+ 7	-	-	-	-	-	-	-	-	-
Of	+ 6	-	-	-	-	-	-	-	-	-
Oh	+ 1	-	-	-	-	-	-	-	-	-
Aeh	−4	0,0	94	4	2	0	0	0	0	-
Bv+Ah	−15	0,1	92	4	4	48	30	13	5	1,61
Ah+Bv	−35	0,1	95	2	3	36	16	14	6	1,68
IIrGo	−85	0,2	98	0	2	38	19	17	2	1,66
IIIilCbtv-rGr	−180	0,1	99	0	1	41	34	5	2	1,57
IIIGo	−200+	0,0	99	0	1	-	-	-	-	-

Horizont	Tiefe (cm)	CaCO₃ (M.-%)	C_org (M.-%)	N_t (M.-%)	C/N	pH H₂O	pH CaCl₂	KAK_pot (cmol_c/kg)	BS (%)	K₂O-DL (mg/100g)	P₂O₅-DL (mg/100g)
L	+ 7	-	-	-	-	-	-	-	-	-	-
Of	+ 6	-	28,28	1,13	25	4,3	3,2	-	-	-	-
Oh	+ 1	-	-	-	-	-	-	-	-	-	-
Aeh	−4	-	1,98	0,09	22	4,2	3,6	-	-	-	-
Bv+Ah	−15	-	1,48	0,07	20	4,5	4,0	-	-	-	-
Ah+Bv	−35	-	0,51	0,03	16	4,7	4,4	-	-	-	-
IIrGo	−85	-	<0,09	<0,02	-	4,9	4,7	-	-	-	-
IIIilCbtv-rGr	−180	-	<0,09	<0,02	-	5,0	4,8	-	-	-	-
IIIGo	−200+	-	<0,09	<0,02	-	4,7	4,4	-	-	-	-

Horizont	Tiefe (cm)	KAK_eff (cmol_c/kg)	BS_eff (%)
L	+ 7		
Of	+ 6	17,1	51
Oh	+ 1		
Aeh	−4	3,2	9
Bv+Ah	−15	3,2	9
Ah+Bv	−35	1,2	2
IIrGo	−85	0,2	-
IIIilCbtv-rGr	−180	0,2	-
IIIGo	−200+	0,5	-

(Quelle: Landeslabor BB/Bln, HS f. nachhalt. Entw. Eberswalde, Inst. f. Ökol/TU Berlin)
(* = abgeleiteter Analysenwert)

Die Humusform mit den beschriebenen Auflagehorizonten ist im Profilbild ungestört nur links vom Zollstock vorhanden, wie auch im restlichen Profil außerhalb des Bildes. Rechts des Zollstocks führen Fahrspuren zu einer geringeren Mächtigkeit der Auflage.

Nutzung und Vegetation

Bei größerem Grundwasserflurabstand werden diese Standorte forstwirtschaftlich genutzt (meist Kiefern). In der Krautschicht dominiert oft die Heidelbeere.

Gefährdung

Unter Wald, insbesondere Kiefern, besteht die Tendenz zur weiteren Versauerung und der Entwicklung von Podsol-Braunerden.

Profil 167: Subtyp Podsol-Gley (PP-GG)

- Bodenausgangsgestein: Dünensand über Flusssand
- Varietät: basenarmer (Rohhumus)Podsol-Gley (dy.roPP-GG)
- Typ: Gley
- Klasse: Gleye
- Substrattyp: a-s(Sa,d)/f-s(Sf)
- WRB: Eutric Spodic Oxygleyic Folic Gleysol (Pantoarenic, Humic, Nechic, Epiraptic)
- Bodenregion: Altmoränenlandschaften
- Ort: Lohsa, Lkr. Bautzen, Sachsen
- Humusform: Rohhumus
- Profilbild und Horizontabfolge: siehe Tab. 48.21
- Bodenlandschaftsbild: siehe Abb. 48.15
- Analysendaten: siehe Tab. 48.22
- Autor: Ralf Sinapius

Tab. 48.21 Profilbild und Horizontabfolge Profil 167

Profilbild	Horizont- grenze (cm)	Horizonte und ihre Eigenschaften	
	+ 12	**L**	Humusauflage; organisch
	+ 11	**Of**	Humusauflage; organisch; mittel durchwurzelt
	+ 5	**Oh**	Humusauflage; organisch; stark durchwurzelt
	−15	**Aeh** a-s(Sa,d)	reiner Sand, sehr schwach kiesig; sehr dunkelgrau (10YR 3/1); gebleichte Sandkörner und Bleichflecken (diffus, mittlerer Flächenanteil); Bröckelgefüge; stark humos; mittel durchwurzelt
	−30	**Ae** a-s(Sa,d)	reiner Sand, sehr schwach kiesig; sehr hellgrau (10YR 7/1); sehr stark gebleicht (fast ausschließlicher Flächenanteil); Einzelkorngefüge; sehr schwach humos; mittel durchwurzelt
	−39	**Go-Bh** a-(k)s(Sa,d)	schwach toniger Sand, schwach kiesig; sehr dunkelrötlichgrau (5YR 3/1); Humusanreicherung; Eisenoxide (fleckig, diffus, geringer Flächenanteil); Kittgefüge; stark humos; mittel durchwurzelt
	−50	**Bhs-Go** a-s(Sa,d)	reiner Sand, sehr schwach kiesig; sehr hellbeigegrau (7,5YR 7/2); Eisenoxid- und Humusanreicherung; Eisenoxide (fleckig, diffus, hoher Flächenanteil); Kittgefüge; sehr schwach humos; schwach durchwurzelt
	−80	**IIGo** f-s(Sf)	reiner Sand, sehr schwach kiesig; grau, hel olivstichig (2,5Y 6/1); Humusflecken; Eisenoxide (fleckig, diffus, hoher Flächenanteil) und reduziertes Eisen (diffus, hoher Flächenanteil); Einzelkorngefüge; sehr schwach humos; schwach durchwurzelt
	−120+	**IIGor** f-s(Sf)	reiner Sand, sehr schwach kiesig; hellgrünlichgrau (5GY 6/1); Humusflecken; Eisenoxide (fleckig, diffus, hoher Flächenanteil) und reduziertes Eisen (vorherrschender Flächenanteil); Schichtgefüge; sehr schwach humos; sehr schwach durchwurzelt

Quelle: R. Sinapius (Bild bearbeitet)

Abb. 48.15 Ein typischer Podsol-Gley-Standort mit Kiefernforst. Diese Böden sind sowohl unter Landwirtschaft als auch unter Wald durch Entwässerungsgräben melioriert (Quelle: R. Sinapius)

Tab. 48.22 Analysendaten Profil 167

Horizont	Tiefe (cm)	Skelett (Vol.-%)	Sand (M.-%)	Schluff (M.-%)	Ton (M.-%)	Gesamtporen (Vol.-%)	Luftkapazität (Vol.-%)	nutzbare Feldkap. (Vol.-%)	Totwasser (Vol.-%)	Lagerungsdichte (g/cm³)
L	+ 12	-	-	-	-	-	-	1-	1-	-
Of	+ 11	-	-	-	-	-	-	-	-	-
Oh	+ 5	-	-	-	-	-	-	-	-	-
Aeh	−15	1	98-	2	0	-	-	-	-	-
Ae	−30	1	99	1	0	-	-	-	-	-
Go-Bh	−39	4	88	2	0	-	-	-	-	-
Bhs-Go	−50	1	99	1	0	-	-	-	-	-
IIGo	−80	1	99	1	0	-	-	-	-	-
IIGor	−120+	1	100	0	0	-	-	-	-	-

Horizont	Tiefe (cm)	CaCO₃ (M.-%)	C_{org} (M.-%)	N_t (M.-%)	C/N	pH H₂O	pH CaCl₂	KAK_{pot} (cmol_c/kg)	BS (%)	K₂O-DL (mg/100g)	P₂O₅-DL (mg/100g)
L	+ 12	-	-	-	-	-	-	-	-	-	-
Of	+ 11	-	-	-	-	-	-	-	-	-	-
Oh	+ 5	-	-	-	-	-	-	-	-	-	-
Aeh	−15	-	3,4	0,10	34	-	3,2	-	-	2	1
Ae	−30	-	0,4	0,02	18	-	3,5	-	-	<1	1
Go-Bh	−39	-	3,4	0,12	28	-	4,0	-	-	1	8
Bhs-Go	−50	-	0,2	0,02	10	-	4,5	-	-	<1	<1
IIGo	−80	-	0,1	0,01	14	-	4,6	-	-	<1	<1
IIGor	−120+	-	0,1	0,01	13	-	4,5	-	-	<1	<1

(Quelle: Sächsisches Landesamt für Umwelt, Landwirtschaft und Geologie)
(* = abgeleiteter Analysenwert)

Vorkommen und Ausgangsgesteine

Podsol-Gleye findet man im Tiefland der nördlichen Oberlausitz auf ausgedehnten periglazial-fluviatilen Terrassen der Weichsel-Kaltzeit, teils auch auf Schmelzwassersanden der Saale-Kaltzeit. Die Niederterrassen zeigen über weite Gebiete einen homogenen überwiegend mittelsandigen Aufbau. Periodisch, vor allem seit dem Spätglazial, waren sie Liefergebiet und Ablagerungsraum von Dünensanden. Dies führte zu ausgedehnten Dünenkomplexen in Ober- und Niederlausitz. Die Mächtigkeiten dieser Sande betragen über weite Gebiete wenige Dezimeter bis 2 m, was zur Ausbildung von Übergangsböden zwischen Podsol und Gley führte. Diese flachen Dünensande gehen häufig in langgestreckte Dünenzüge von 5–15 m Höhe über. Auf den trockenen Standorten sind dann vorherrschend Eisenpodsole entwickelt.

Bodenprozesse und -eigenschaften

Dieser Boden ist stark geprägt vom Grundwasser und der markanten Sauerbleichung des Oberbodens. Der Auflagehumus ist als Rohhumus bis feinhumusreicher Moder entwickelt. Der mineralische Oberboden ist durch forstliche Bodenbearbeitung verändert. Der Dünensand und die Humusauflage sind vermischt, was zu den hohen Humusgehalten von > 5 % führt. Unter diesem temporären Bearbeitungshorizont befindet sich der sehr stark saure und gebleichte Auswaschungshorizont (Ae), welcher teilweise

bis 3 dm Tiefe reicht. Die verlagerten Huminstoffe sind in einem bräunlich-schwarzen bis braunen Band bis ca. 4 dm Tiefe konzentriert, welches bereits unter geringem zeitweiligem Grundwassereinfluss steht (Go-Bh). Die Huminstoffverlagerungen reichen als schwache Flecken bis 8 dm in den oberen Grundwasserschwankungsbereich. Der untere Grundwasserschwankungsbereich bis etwa 12 dm zeigt sich schwach diffus reduziert. Insgesamt besitzen die Grundwasserhorizonte nur eine geringe hydromorphe Zeichnung, da das Substrat sehr eisenarm ist. Der ständig grundwasserführende Horizont setzt ab 10–12 dm ein. Während der Vegetationsperiode kann in durchschnittlichen Jahren von einem mittleren Grundwasserstande von 6–10 dm unter Flur ausgegangen werden.

Nutzung und Vegetation

Diese besonders nährstoffarmen und im Sommer bei tieferem Grundwasserstand sehr trockenen Böden unterliegen fast ausschließlich der forstlichen Nutzung. Die Hauptbaumart ist die Kiefer. Untergeordnet existieren auch Grünlandstandorte.

Gefährdung

Die Podsol-Gleye sind von forstlicher Melioration und Bodenbearbeitung betroffen. Daher ist der obere Profilaufbau häufig gestört.

Profil 168: Subtyp Pseudogley-Gley (SS-GG)

- Bodenausgangsgestein: Fließerde aus Tonstein und Löss über Fließerde aus Tonstein
- Varietät: mittelbasischer (Mull)Pseudogley-Gley (m. muSS-GG)
- Typ: Gley
- Klasse: Gleye
- Substrattyp: p-(z)u(^t,Lo)/p-lz(^t)
- WRB: Eutric Oxygleyic Epistagnic Gleysol (Humic, Katoloamic, Amphiraptic, Skeletic, Uterquic)
- Bodenregion: Berg- und Hügelländer mit hohem Anteil an nicht metamorphen Sedimentgesteinen im Wechsel mit Löss
- Ort: wechselfeuchter Grünlandstandort bei Gemünd, Nationalpark Eifel, Krs. Euskirchen, Nordrhein-Westfalen
- Humusform: F-Mull
- Profilbild und Horizontabfolge: siehe Tab. 48.23
- Bodenlandschaftsbild: siehe Abb. 48.16

- Analysendaten: siehe Tab. 48.24
- Autor: Gerhard Milbert, Franz Richter

Vorkommen und Ausgangsgesteine

Auf den ebenen bis schwach geneigten Hochflächen der westlichen Eifel haben sich großflächig ältere Verwitterungsreste erhalten, die periglazial aufgearbeitet sind. Lösshaltige Lagen bedecken eine grusreiche Basislage aus Tonstein.

Bodenprozesse und -eigenschaften

In Muldenlage können diese Verwitterungsreste sowohl von Stauwasser als auch zusätzlich von Grundwasser beeinflusst sein. Dabei ist die lösslehmbetonte Hauptlage im Regelfall der Stauwasserleiter bzw. der Grundwasseroxidationshorizont, während die dichter gelagerte Basislage als Staukörper bzw. als Reduktionshorizont dient. Im hier vorgestellten Beispiel beginnt der Grundwassereinfluss bei 40 cm unter Flur und wird von einem mittleren Stauwassereinfluss bis an die Bodenoberfläche überlagert.

Tab. 48.23 Profilbild und Horizontabfolge Profil 168

Profilbild	Horizont-grenze (cm)	Horizonte und ihre Eigenschaften	
Quelle: Geologischer Dienst NRW (Bild bearbeitet)	−20	**Sw-rAp** p-(z)u(^t,Lo)	mittel toniger Schluff, mittel grusig; dunkelbraungrau (7,5YR 4/2); Eisenoxide (fleckig, geringer Flächenanteil) und Bleichflecken (geringer Flächenanteil); Subpolyedergefüge; stark humos; stark durchwurzelt
	−38	**IISwd** p-(z)u(^t,Lo)	schluffiger Lehm, mittel grusig; hellgelbbraun (10YR 6/8) und in Flecken gelblichbraun (10YR 5/6); Eisenoxide (fleckig, sehr hoher Flächenanteil) und Eisen- und Manganoxide (konkretionär, geringer Flächenanteil) und Bleichflecken (sehr hoher Flächenanteil); Subpolyedergefüge; stark humos; schwach durchwurzelt
	−60	**IIISd-Go** p-zl(^t,Lo)	mittel sandiger Lehm, stark grusig, schwach steinig (kantig); hellolivgrau (5Y 6/2) und in Flecken gelbbraun (10YR 5/8); Eisenoxide (fleckig, extrem hoher Flächenanteil) und Eisen- und Manganoxide (kleine weiche Konkretionen, mittlerer Flächenanteil) und Bleichflecken (hoher Flächenanteil); Polyedergefüge; sehr schwach humos; sehr schwach durchwurzelt
	−110	**IVGor** p-lz(^t)	stark sandiger Lehm, sehr stark grusig, mittel steinig (kantig); hellgrünbläulichgrau (5BG 6/1) und in Flecken dunkel rötlichorangebraun (5YR 4/6); Eisenoxide (fleckig, sehr hoher Flächenanteil) und Eisen- und Manganoxide (Beläge, geringer Flächenanteil) und reduziertes Eisen (überwiegender Flächenanteil); Polyedergefüge; sehr schwach humos
	−180+	**VGor** p-tz(^t)	mittel toniger Lehm, sehr stark grusig, mittel steinig (kantig); grau (10YR 5/1); Eisenoxide (fleckig, mittlerer Flächenanteil) und reduziertes Eisen (überwiegender Flächenanteil); Polyedergefüge; sehr schwach humos

Abb. 48.16 Extensiv genutztes Grünland mit beginnender Verbuschung, Hochfläche im Nationalpark Eifel (Quelle: Geologischer Dienst NRW, F. Richter)

Tab. 48.24 Analysendaten Profil 168

Horizont	Tiefe (cm)	Skelett (Vol.-%)	Sand (M.-%)	Schluff (M.-%)	Ton (M.-%)	Gesamtporen (Vol.-%)	Luftkapazität (Vol.-%)	nutzbare Feldkap. (Vol.-%)	Totwasser (Vol.-%)	Lagerungsdichte (g/cm³)
Sw-rAp	−20	15	18	67	15	-	-	-	-	-
IISwd	−38	15	14	58	28	-	-	-	-	-
IIISd-Go	−60	40	42	38	20	-	-	-	-	-
IVGor	−110	74	55	25	20	-	-	-	-	-
VGor	−180+	50	20	40	40	-	-	-	-	-

Horizont	Tiefe (cm)	CaCO₃ (M.-%)	C_org (M.-%)	N_t (M.-%)	C/N	pH H₂O	pH CaCl₂	KAK_pot (cmol_c/kg)	BS (%)	K₂O-DL (mg/100g)	P₂O₅-DL (mg/100g)
Sw-rAp	−20	-	4,0	0,37	11	3,8	-	-	-	-	-
IISwd	−38	-	3,3	0,32	10	3,7	-	-	-	-	-
IIISd-Go	−60	-	0,5	0,10	0	4,0	-	-	-	-	-
IVGor	−110	-	0,2	0,09	0	4,2	-	-	-	-	-
VGor	−180+	-	0,5	0,12	0	4,2	-	-	-	-	-

Horizont	Tiefe (cm)	pH KCl	P_Perchlorsäure (%)	KAK_eff (cmol_c/kg)	BS_eff (%)
Sw-rAp	−20	4,0	0,059	6,8	57
IISwd	−38	4,1	0,051	6,9	56
IIISd-Go	−60	4,0		4,6	63
IVGor	−110	4,1		3,9	67
VGor	−180+	4,1		4,9	70

(Quelle: Geologischer Dienst Nordrhein-Westfalen)
(* = abgeleiteter Analysenwert)

Nutzung und Vegetation

Diese stark von Stau- und Grundwasser beeinflussten Standorte werden sowohl als Grünland als auch als Waldstandorte genutzt. Bis ins späte Frühjahr sind die Böden stark vernässt.

Gefährdung

Bei standortangepasster Grünlandnutzung oder unter Wald sind diese Standorte nicht gefährdet. Im 19. Jahrhundert wurden diese Böden stellenweise durch Gräben entwässert und mit Fichte aufgeforstet.

Profil 169: Subtyp Kolluvisol-Gley (YK-GG)

- Bodenausgangsgestein: Kolluvialschluff aus Lösslehm über Flusston
- Varietät: basenreicher (Acker)Kolluvisol-Gley (eu. vYK-GG)
- Typ: Gley
- Klasse: Gleye
- Substrattyp: u-u(Lol)/f-t(Tf)

- WRB: Hypereutric Oxygleyic Gleysol (Endogeoabruptic, Aric, Anocolluvic, Humic, Anoloamic, Endoraptic, Bathyclayic)
- Bodenregion: Berg- und Hügelländer mit hohem Anteil an nicht metamorphen Sand-, Schluff-, Ton- und Mergelgesteinen
- Ort: Tal, Lkr. Schwandorf, Bayern
- Profilbild und Horizontabfolge: siehe Tab. 48.25
- Bodenlandschaftsbild: siehe Abb. 48.17
- Analysendaten: siehe Tab. 48.26
- Autor: Reinhard Jochum, Walter Grottenthaler †

Vorkommen und Ausgangsgesteine

Beschrieben wird ein grundwasserbeeinflusster Boden im Bereich der Sohle eines Bachtales im Einzugsgebiet der Naab. Als Bodenausgangsgesteine liegen lehmige, schluffige und tonige Flussablagerungen vor, die von 6 dm mächtigem kolluvialen, schluffigen Abschwemmungsmaterial der angrenzenden Hangbereiche überdeckt werden. Im Liefergebiet der mineralischen Bodenkomponenten liegen Granite, Sand- und Tonsteine der Oberkreide sowie Kiese, Sande und Lehme des Plio- und Pleistozäns, bedeckt von Lösslehmen,

Tab. 48.25 Profilbild und Horizontabfolge Profil 169

Profilbild	Horizont-grenze (cm)	Horizonte und ihre Eigenschaften	
	−30	**Ap** u-u(Lol)	schluffiger Lehm; dunkelorangebraun (7,5YR 4/6); Krümelgefüge; stark humos; sehr stark durchwurzelt
	−45	**M-Go** u-u(Lol)	schluffiger Lehm; dunkelrötlichgraubraun (5YR 4/4); Eisenoxide (fleckig, mittlerer Flächenanteil) und Manganoxide (konkretionär, mittlerer Flächenanteil) und reduziertes Eisen (fleckig, mittlerer Flächenanteil); Subpolyedergefüge; schwach humos; mittel durchwurzelt
	−60	**M-Gro** u-l(Lol)	schwach sandiger Lehm; rötlichgraubraun (5YR 5/4); Eisenoxide (fleckig, mittlerer Flächenanteil) und Manganoxide (konkretionär, extrem hoher Flächenanteil) und reduziertes Eisen (sehr hoher Flächenanteil); Subpolyedergefüge; schwach humos; schwach durchwurzelt
	−88	**IIGor** f-l(Lf)	stark lehmiger Sand; hellgraubraun (7,5YR 6/3); Eisenoxide (fleckig, extrem hoher Flächenanteil) und Manganoxide (konkretionär, hoher Flächenanteil) und reduziertes Eisen (überwiegender Flächenanteil); Kohärentgefüge; sehr schwach humos
	−105	**IIIGor** f-t(Tf)	schwach schluffiger Ton; sehr hellgraubeige (7,5YR 7/3) und orangebraun (7,5YR 5/6) marmoriert; Eisenoxide (fleckig, sehr hoher Flächenanteil) und Manganoxide (konkretionär, mittlerer Flächenanteil) und reduziertes Eisen (überwiegender Flächenanteil); Kohärentgefüge; sehr schwach humos
	−120+	**IIIGr** f-t(Tf)	schwach schluffiger Ton; hellgrau (10YR 6/1) und grau, dunkelviolettstichig (2,5YR 4/1) marmoriert; Eisenoxide (fleckig, hoher Flächenanteil) und reduziertes Eisen (fast ausschließlicher Flächenanteil); Kohärentgefüge; sehr schwach humos

Quelle: Bayerisches Landesamt für Umwelt, R. Jochum (Bild bearbeitet)

Abb. 48.17 Ackernutzung in hügeliger Landschaft begünstigt die Erosion und die Bildung von Kolluvien (Quelle: Bayerisches Landesamt für Umwelt, R. Jochum)

Tab. 48.26 Analysendaten Profil 169

Horizont	Tiefe (cm)	Skelett (Vol.-%)	Sand (M.-%)	Schluff (M.-%)	Ton (M.-%)	Gesamtporen (Vol.-%)	Luftkapazität (Vol.-%)	nutzbare Feldkap. (Vol.-%)	Totwasser (Vol.-%)	Lagerungsdichte (g/cm^3)
Ap	−30	0	16	55	29	-	-	-	-	-
M-Go	−45	0	15	56	29	51	6	10	35	1,3
M-Gro	−60	0	30	47	23	-	-	-	-	-
IIGor	−88	0	56	28	16	33	6	12	15	1,8
IIIGor	−105	0	10	37	53	41	6	21	14	1,6
IIIGr	−120+	0	16	34	50	39	4	16	19	1,6

Horizont	Tiefe (cm)	CaCO$_3$ (M.-%)	C$_{org}$ (M.-%)	N$_t$ (M.-%)	C/N	pH H$_2$O	pH CaCl$_2$	KAK$_{pot}$ (cmol$_c$/kg)	BS (%)	K$_2$O-DL (mg/100g)	P$_2$O$_5$-DL (mg/100g)
Ap	−30	-	2,8	0,31	9	-	4,9	-	-	-	-
M-Go	−45	-	1,0	0,13	8	-	4,6	-	-	-	-
M-Gro	−60	-	0,8	0,1	8	-	4,6	-	-	-	-
IIGor	−88	-	0,2	-	-	-	4,1	-	-	-	-
IIIGor	−105	-	0,2	-	-	-	4,1	-	-	-	-
IIIGr	−120+	-	0,3	-	-	-	4,1	-	-	-	-

Horizont	Tiefe (cm)	KAK$_{eff}$ (cmol$_c$/kg)	BS$_{eff}$ (%)
Ap	−30	20	90
M-Go	−45	15	87
M-Gro	−60	11	91
IIGor	−88	8	63
IIIGor	−105	23	72
IIIGr	−120+	22	77

(Quelle: Bodeninformationssystem, Landesamt für Umwelt Bayern)
(* = abgeleiteter Analysenwert)

vor. Das Gebiet hat einen subkontinentalen Klimaeinschlag. Die mittleren Jahresniederschläge betragen ca. 750 mm, die Jahresmitteltemperatur 6–7 °C.

Bodenprozesse und -eigenschaften

Die humosen M-Horizonte weisen eine Bodenarten-schichtung auf, die auf das sukzessive Anwachsen der Bodenmächtigkeit zurückzuführen ist. Mit der Untergrenze der M-Horizonte nehmen die pH-Werte und die Basen-sättigung signifikant ab. Das Profil weist bis auf 3 dm unter Flur Grundwassermerkmale auf, wobei ein häufiger Grund-wasserstand in einer Tiefe von 6 dm angezeigt wird.

Nutzung und Vegetation

Der Talboden, auf dem die kolluvialen Abschwemmmassen die Bodenentwicklung bestimmen, stellt infolge des zeit-weise bis auf wenige dm unter Flur ansteigenden Grund-wassers primär einen Grünlandstandort dar. Nach Ent-wässerung ist auf vielen Flächen inzwischen Ackerbau möglich, wie das dargestellte Bodenprofil zeigt.

Gefährdung

Gefahr von Bodenverdichtungen besteht beim Einsatz schwerer Fahrzeuge.

Profil 170: Subtyp Vega-Gley (AB-GG)

- Bodenausgangsgestein: Auenschluff über Auensand
- Varietät: basenreicher (Mull)Vega-Gley (eu.muAB-GG)
- Typ: Gley
- Klasse: Gleye
- Substrattyp: f-(w)u(Ufo)/f-(k)s(Sfo)
- WRB: Epieutric Dystric Endofluvic Gleysol (Epigeo-abruptic, Profundihumic, Loamic)
- Bodenregion: (Überregionale) Flusslandschaften
- Ort: Polenztal südl. Stolpen, Lkr. Bautzen, Sachsen
- Profilbild und Horizontabfolge: siehe Tab. 48.27
- Bodenlandschaftsbild: siehe Abb. 48.18
- Analysendaten: siehe Tab. 48.28
- Autor: Fred Franzke

Vorkommen und Ausgangsgesteine

Vega-Gleye sind Übergangsböden zwischen Auenböden und Gleyen (Grundwasserböden) mit Dominanz auf Gley, in die-sem Fall mit deutlichem Grundwassereinfluss. In den großen Flussauen und an kleineren Fluss- und Bachläufen treten die „reinen" Formen, Vega oder Gley, einschließlich ver-schiedener Übergangsvarianten großflächig auf. Sehr klein-räumige Bodenvergesellschaftungen sind jedoch ebenfalls

Tab. 48.27 Profilbild und Horizontabfolge Profil 170

Profilbild	Horizont-grenze (cm)	Horizonte und ihre Eigenschaften	
	−14	**aAh** f-(k)s(Sfo)	mittel schluffiger Sand, schwach kiesig; sehr dunkelgelblichbraungrau (10YR 3/2); Krümelgefüge; mittel humos; sehr stark durchwurzelt
	−28	**aGo-M** f-(k)s(Sfo)	stark schluffiger Sand, schwach kiesig; dunkelgelblichbraungrau (10YR 4/2); Eisenoxide (fleckig, mittlerer Flächenanteil); Subpolyedergefüge; mittel humos; mittel durchwurzelt
	−50	**IIaM-Go** f-(w)u(Ufo)	sandig-lehmiger Schluff, schwach kiesig, schwach steinig (gerundet); hellgelblichbraungrau (10YR 6/2) und dunkelrötlichorangebraun (5YR 4/6); Eisenoxide (fleckig, sehr hoher Flächenanteil); Polyeder- und Subpolyedergefüge; mittel humos; schwach durchwurzelt
	−110+	**IIIaGr** f-(k)s(Sfo)	mittel schluffiger Sand, schwach kiesig; dunkelgrünlichgrau (5GY 4/1); Eisenoxide (Tapeten und Beläge, geringer Flächenanteil) und reduziertes Eisen (fast ausschließlicher Flächenanteil); Schicht- und Kittgefüge; mittel humos; sehr schwach durchwurzelt

Quelle: F. Franzke (Bild bearbeitet)

Abb. 48.18 Typische Auenlandschaft (Vereinigte Mulde in Sachsen) (Quelle: Luftbildbefliegung durch F. Franzke)

Tab. 48.28 Analysendaten Profil 170

Horizont	Tiefe (cm)	Skelett (Vol.-%)	Sand (M.-%)	Schluff (M.-%)	Ton (M.-%)	Gesamtporen (Vol.-%)	Luftkapazität (Vol.-%)	nutzbare Feldkap. (Vol.-%)	Totwasser (Vol.-%)	Lagerungsdichte (g/cm³)
aAh	−14	4,1	58	36	6	-	-	-	-	-
aGo-M	−28	4,9	48	47	5	-	-	-	-	-
IIaM-Go	−50	2,8	36	54	10	-	-	-	-	-
IIIaGr	−110+	0	67	26	7	-	-	-	-	-

Horizont	Tiefe (cm)	CaCO₃ (M.-%)	C$_{org}$ (M.-%)	N$_t$ (M.-%)	C/N	pH H₂O	pH CaCl₂	KAK$_{pot}$ (cmol$_c$/kg)	BS (%)	K₂O-DL (mg/100g)	P₂O₅-DL (mg/100g)
aAh	−14	-	1,95	0,16	12	-	4,4	-	-	3	8
aGo-M	−28	-	1,52	0,13	12	-	4,4	-	-	3	3
IIaM-Go	−50	-	1,18	0,11	11	-	4,6	6,0	-	2	2
IIIaGr	−110+	-	1,53	0,11	14	-	3,9	9,6	-	7	2

(Quelle: Sächsisches Landesamt für Umwelt, Landwirtschaft und Geologie)
(* = abgeleiteter Analysenwert)

oft zu beobachten. Holozäne Sedimente unterschiedlicher Korngrößenzusammensetzung und Herkunft bilden das Ausgangsmaterial für die Bodenentwicklung. Der Horizont IIaM-Go schließt nach unten mit einem Kiesgeröllband ab.

Bodenprozesse und -eigenschaften

Die Schwankungsamplitude des Grundwassers im Zusammenhang mit der Wasserführung des Fließgewässers (Überschwemmung, Hochfluten) gehört zu den bestimmenden Faktoren bei der Ausprägung dieses nährstoffreichen Bodens. Die dominierende Bodenentwicklung (Vergleyung) führt zur Ausbildung eines Go-Horizontes (Oxidationshorizont im Schwankungsbereich des Grundwassers) mit darunter in der Regel stets nassem, fahlgrauen oder in bläulich-grünen bis schwarzen Färbungen auftretenden Gr-Horizont (Reduktionshorizont). Der Go überprägt den diagnostischen Horizont der Vega (aM, +/−humos) bis in Oberflächennähe. Hauptsächlich reduziertes Eisen und Mangan werden neben anderen Stoffen durch die Bodenwasserführung und durch kapillaren Aufstieg in den Go verlagert und unter Luftsauerstoff ausgefällt. Eisen- und Mangananreicherungen in Form von Flecken und Bändern kennzeichnen diesen Bereich. Im Gr verbleiben neben anderen Verbindungen Fe(II)- und Mn(II)-Minerale unter Sauerstoffabschluss, was zu manigfaltigen Farben führen kann. Starke Bleichungen sind ebenfalls möglich.

Nutzung und Vegetation

Da deutlich Grundwasser beeinflusst und häufig überflutet, werden diese Böden teils als Grünland oder bedingt forstwirtschaftlich genutzt (Weichholzaue mit hohem Weidenanteil). In unmittelbarer Gewässernähe, am Ufer oder in Tieflagen der größeren Auen sind naturnahe und Sukzessionsstandorte typisch, teils auch extensiv genutzt. So genannte Neophyten wie das Drüsige Springkraut können flächendeckend auf diesen Standorten wachsen und die einheimische Flora stark unterdrücken.

Gefährdung

Eingriffe in die Landschaft durch Gewässerregulierung und Schadstoffbelastungen stellen das hauptsächliche Gefährdungspotential dar. Der natürlichen Auendynamik überlassen, sind diese Böden aus boden- und naturschutzfachlicher Sicht sehr bedeutsam.

Profil 171: Subtyp Normnassgley (GNn)

- Bodenausgangsgestein: flache Sandmudde über Flusssand
- Varietät: (Feuchtmull)Nassgley (mfGNn)
- Typ: Nassgley

- Klasse: Gleye
- Substrattyp: f-s(Fms)\f-s(Sf)
- WRB: Orthodystric Reductigleyic Gleysol (Pantoarenic, Ochric, Epiraptic)
- Bodenregion: Altmoränenlandschaften
- Ort: Klitten, Lkr. Görlitz, Sachsen
- Humusform: Feuchtmull
- Profilbild und Horizontabfolge: siehe Tab. 48.29
- Bodenlandschaftsbild: siehe Abb. 48.19
- Analysendaten: siehe Tab. 48.30
- Autor: Ralf Sinapius

Vorkommen und Ausgangsgesteine

Nassgleye sind im Tiefland der Oberlausitz in den Verlandungs- und Überschwemmungszonen jahrhundertalter häufig naturnaher und seenartiger Teiche verbreitet. Die oberflächennahen Grundwässer zur Wasserversorgung dieser Teiche befinden sich in ausgedehnten periglaziär-fluviatilen und in holozänen Sanden sowie untergeordnet in saalezeitlichen sandig-kiesigen Schmelzwasserablagerungen.

Bodenprozesse und -eigenschaften

Der Profilstandort befindet sich im Randbereich eines typischen Oberlausitzer Großteiches. Durch regelmäßige

Tab. 48.29 Profilbild und Horizontabfolge Profil 171

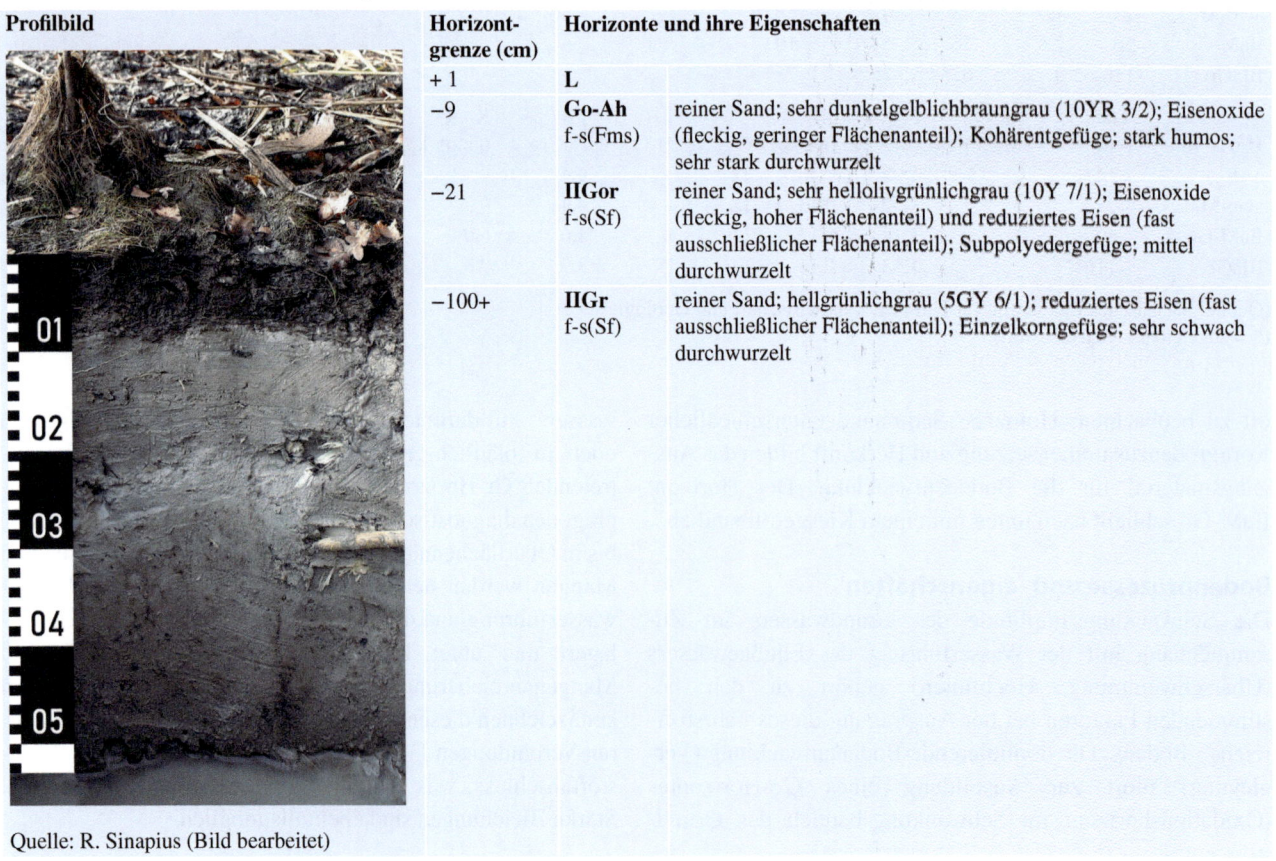

Profilbild	Horizont-grenze (cm)	Horizonte und ihre Eigenschaften	
	+ 1	**L**	
	−9	**Go-Ah** f-s(Fms)	reiner Sand; sehr dunkelgelblichbraungrau (10YR 3/2); Eisenoxide (fleckig, geringer Flächenanteil); Kohärentgefüge; stark humos; sehr stark durchwurzelt
	−21	**IIGor** f-s(Sf)	reiner Sand; sehr hellolivgrünlichgrau (10Y 7/1); Eisenoxide (fleckig, hoher Flächenanteil) und reduziertes Eisen (fast ausschließlicher Flächenanteil); Subpolyedergefüge; mittel durchwurzelt
	−100+	**IIGr** f-s(Sf)	reiner Sand; hellgrünlichgrau (5GY 6/1); reduziertes Eisen (fast ausschließlicher Flächenanteil); Einzelkorngefüge; sehr schwach durchwurzelt

Quelle: R. Sinapius (Bild bearbeitet)

Abb. 48.19 Die Nassgleye der Region befinden sich in der Umrandung der Teiche oder in ehemaligen Teichflächen (Quelle: R. Sinapius)

Tab. 48.30 Analysendaten Profil 171

Horizont	Tiefe (cm)	Skelett (Vol.-%)	Sand (M.-%)	Schluff (M.-%)	Ton (M.-%)	Gesamtporen (Vol.-%)	Luftkapazität (Vol.-%)	nutzbare Feldkap. (Vol.-%)	Totwasser (Vol.-%)	Lagerungsdichte (g/cm³)
L	+ 1	-	-	-	-	-	-	-	-	-
Go-Ah	−9	0	90	6	4	-	-	-	-	-
IIGor	−21	0	94	5	1	-	-	-	-	-
IIGr	−100+	0	100	0	0	-	-	-	-	-

Horizont	Tiefe (cm)	CaCO₃ (M.-%)	C_{org} (M.-%)	N_t (M.-%)	C/N	pH H_2O	pH $CaCl_2$	KAK_{pot} (cmol$_c$/kg)	BS (%)	K_2O-DL (mg/100g)	P_2O_5-DL (mg/100g)
L	+ 1	-	-	-	-	-	-	-	-	-	-
Go-Ah	−9	-	3,7	0,26	14	-	5,3	-	-	9	8
IIGor	−21	-	0,1	<0,01	-	-	3,3	-	-	2	<1
IIGr	−100+	-	0,1	<0,01	-	-	3,9	-	-	2	<1

(Quelle: Sächsisches Landesamt für Umwelt, Landwirtschaft und Geologie)
(* = abgeleiteter Analysenwert)

Trockenlegung infolge Bewirtschaftung sowie witterungsbedingte Schwankungen des Grundwasserstandes bildet sich im Ufersaum dieser flachen Teiche kein subhydrischer Boden aus. Die nur wenige Zentimeter starke mineralische Mudde fällt periodisch halbnass bis halbtrocken, wird belüftet und bildet den stark humosen Oberboden im oberen Grundwasserschwankungsbereich (Go-Ah-Horizont). Nach unten schließt sich bereits ein über lange Zeit wassergesättigter Bereich mit reduziertem Eisen an. In seinen obersten 10 cm zeigen schwache Rostflecken noch eine temporäre geringe Belüftung an. Darunter beginnt der fast ständig bis immer gesättigte Grundwasserbereich (Gr-Horizont).

Nutzung und Vegetation
Die Teiche werden häufig extensiv bewirtschaftet oder sind im Biosphärenreservat Oberlausitzer Heide- und Teichlandschaft auch ihrer natürlichen Entwicklung überlassen. Durch ihr mehrhundertjähriges Alter und ihre Größe konnten sich naturnahe Röhricht- und Schilfgürtel oder Erlen-Weidengehölze entwickeln. Sie stellen sehr wertvolle Habitate für Wirbellose, Amphibien und Vögel dar.

Gefährdung
Die Nassgleye sind sensibel für Stoffeinträge durch die Grundwassernähe. Bei intensiver Teichnutzung werden sie durch die Pflege der Teichränder verändert.

Profil 172: Subtyp Normanmoorgley (GMn)

- Bodenausgangsgestein: anthropogen gemischter Niedermoortorf und Flusssand über Flusssand
- Varietät: mittelbasischer entwässerter (Feuchtmull)Anmoorgley (m.r.mfGMn)
- Typ: Anmoorgley
- Klasse: Gleye
- Substrattyp: om-(k)s(Hn,Sf)/f-(k)s(Sf)
- WRB: Haplic Umbrisol (Pantoarenic, Drainic, Hyperhumic, Amphioxyaquic, Epiraptic, Bathygleyic)
- Bodenregion: Altmoränenlandschaften
- Ort: Groß Krauscha, Lkr. Görlitz, Sachsen
- Profilbild und Horizontabfolge: siehe Tab. 48.31
- Bodenlandschaftsbild: siehe Abb. 48.20
- Analysendaten: siehe Tab. 48.32
- Autor: Ralf Sinapius

Vorkommen und Ausgangsgesteine

Die Anmoorgleye der nördlichen Oberlausitz liegen auf grundwassernahen Standorten und waren früher häufig stärker organisch geprägte Böden wie Niedermoorgleye. Die heute abgesenkten oberflächennahen Grundwässer befinden sich in ausgedehnten periglaziär-fluviatilen Sanden der Weichselzeit, teilweise auch in saalezeitlichen Schmelzwasserablagerungen. Häufig besitzen sie eine geringmächtige periglaziale Flugsandbedeckung oder holozäne Dünensandüberwehung.

Bodenprozesse und -eigenschaften

Das Profil entstand aus einem kultivierten flachen Niedermoor. Zeitweise unterlag es intensivem Ackerbau. Die Bearbeitungstiefe erreichte ca. 4 dm. Die stark umgesetzten Niedermoorreste wurden durch den Ackerbau sehr homogen mit dem glaziofluviatilen Sand vermischt. Das Gefüge ist über den gesamten Bearbeitungshorizont krümelig und locker. Die Humusgehalte erreichen hier Werte bis zu 30 % und zeugen von der vergangenen organischen Bodenentwicklung unter nassen Bedingungen. Der aktuelle obere Grundwasserschwankungsbereich zeigt aufgrund fehlender Zeichnereigenschaften keine Fleckung durch Eisenoxide, wie sie sonst für die Go-Horizonte typisch sind. Auffällig sind die humosen Krotowinen der Kleinsäuger. Weiterhin existieren schwache Humusflecken (ehemalige Wurzelbahnen oder Wurmgänge). Bei ca. 10 dm Tiefe beginnt der (fast) ständig wassergesättigte Bereich. Deutlich ist an den blass-blaugrauen Farben das reduzierende Milieu des Gr-Horizonts erkennbar.

Tab. 48.31 Profilbild und Horizontabfolge Profil 172

Profilbild	Horizont-grenze (cm)	Horizonte und ihre Eigenschaften	
	−15	rAap°Gw-Ah om-(k)s(Hn,Sf)	schwach toniger Sand, schwach kiesig; sehr dunkelbräunlichgrau (7,5YR 3/1); Krümelgefüge; sehr stark humos; sehr stark durchwurzelt
	−39	rAap°Gw-Aa om-(k)s(Hn,Sf)	reiner Sand, schwach kiesig; sehr dunkelbräunlichgrau (7,5YR 3/1); Krümel- und Bröckelgefüge; extrem humos; stark durchwurzelt
	−95	IIrGr°Gw f-(k)s(Sf)	reiner Sand, schwach kiesig; fahlgelblichbraun (10YR 8/2); Humusflecken; schwach gebleicht; Einzelkorngefüge; sehr schwach humos; schwach durchwurzelt
	−120+	IIGr f-(k)s(Sf)	reiner Sand, mittel kiesig; hellgrünlichgrau (5GY 6/1); reduziertes Eisen (diffus, fast ausschließlicher Flächenanteil); Einzelkorngefüge; sehr schwach durchwurzelt

Quelle: R. Sinapius (Bild bearbeitet)

Abb. 48.20 Die Umgebung des Bodenprofils wird in der Gegenwart als Dauergrünland genutzt. Bis etwa 1990 erfolgte auch Ackerbau (Quelle: R. Sinapius)

Tab. 48.32 Analysendaten Profil 172

Horizont	Tiefe (cm)	Skelett (Vol.-%)	Sand (M.-%)	Schluff (M.-%)	Ton (M.-%)	Gesamtporen (Vol.-%)	Luftkapazität (Vol.-%)	nutzbare Feldkap. (Vol.-%)	Totwasser (Vol.-%)	Lagerungsdichte (g/cm³)
rAap°Gw-Ah	−15	9	85	7	8	-	-	-	-	-
rAap°Gw-Aa	−39	3	90*	6*	4*	-	-	-	-	-
IIrGr°Gw	−95	5	97	2	1	-	-	-	-	-
IIGr	−120+	19	97	2	1	-	-	-	-	-

Horizont	Tiefe (cm)	CaCO₃ (M.-%)	C_org (M.-%)	N_t (M.-%)	C/N	pH H₂O	pH CaCl₂	KAK_pot (cmol_c/kg)	BS (%)	K₂O-DL (mg/100g)	P₂O₅-DL (mg/100g)
rAap°Gw-Ah	−15	-	6,0	0,31	19	-	4,0	-	-	10	4
rAap°Gw-Aa	−39	-	15,3	0,56	27	-	4,0	-	-	4	2
IIrGr°Gw	−95	-	0,2	<0,01	-	-	-	-	-	1	<1
IIGr	−120+	-	0,1	<0,01	-	-	4,4	-	-	2	<1

(Quelle: Sächsisches Landesamt für Umwelt, Landwirtschaft und Geologie)
(* = abgeleiteter Analysenwert)

Nutzung und Vegetation

Ab dem späten Mittelalter wurden in der Region großflächig Sümpfe trockengelegt und Teiche angelegt. Damit einhergehend entstand ein enges System von Entwässerungsgräben, welches bis in die 1980er-Jahre ausgebaut wurde. Unter Waldnutzung zeigen ähnliche Böden starke Podsolierung. Überwiegend werden die Bleichgleye als Grün- oder Ackerland genutzt.

Gefährdung

Die Bleichgleye sind durch die Grundwassernähe sensibel für Stoffausträge. Bei zunehmend langen trockenen Witterungsphasen infolge der Klimaveränderungen ist mit einer weiteren Absenkung des mittleren Grundwasserstandes zu rechnen.

Profil 173: Subtyp Normanmoorgley (GMn)

- Bodenausgangsgestein: Seekreide
- Varietät: kalkhaltiger entwässereter (Feuchtmull)Anmoorgley (c.r.mfGMn)
- Typ: Anmoorgley
- Klasse: Gleye
- Substrattyp: f-(k)eu(Hn,Fkk)\f-Fkk
- WRB: Calcaric Oxygleyic Mollic Gleysol (Hyperhumic, Limnic, Endoloamic, Epiraptic, Anosiltic)
- Bodenregion: Jungmoränenlandschaften
- Ort: Radolfzell, Lkr. Konstanz, Baden-Württemberg
- Humusform: Feuchtmull
- Profilbild und Horizontabfolge: siehe Tab. 48.33
- Bodenlandschaftsbild: siehe Abb. 48.21

Tab. 48.33 Profilbild und Horizontabfolge Profil 173

Profilbild	Horizont-grenze (cm)	Horizonte und ihre Eigenschaften	
	−18	**erAp-Aa** f-(k)eu(Hn,Fkk)	sandig-lehmiger Schluff, schwach kiesig; schwarz (10YR 2/1); Krümelgefüge; sehr carbonatreich; anmoorig; Wurzelfilz
	−26	**erAp°Go-Aa** f-eu(Hn,Fkk)	sandiger Schluff, sehr schwach kiesig; schwarz (10YR 2/1); Eisenoxide (schwach fleckig, geringer Flächenanteil); Subpolyeder- und Polyedergefüge; extrem carbonatreich; anmoorig; stark durchwurzelt
	−62	**IIcGor1** f-Fkk	sandiger Schluff; olivweiß (5Y 8/2); humose Grabgänge; Eisenoxide (schwach fleckig, hoher Flächenanteil) und reduziertes Eisen (überwiegender Flächenanteil); Kohärentgefüge; Carbonat; mittel humos; schwach durchwurzelt
	−100+	**IIcGor2** f-Fkk	stark schluffiger Sand; sehr hellgrauolivbraun (2,5Y 7/3); Eisenoxide (mäßig fleckig, bevorzugt entlang alter Wurzelbahnen, sehr hoher Flächenanteil) und reduziertes Eisen (überwiegender Flächenanteil); Kohärentgefüge; Carbonat; stark humos; schwach durchwurzelt

Quelle: Landesamt für Geologie, Rohstoffe und Bergbau im Regierungspräsidium Freiburg, M. Weiß (Bild bearbeitet)

Abb. 48.21 Naturschutzgebiet Aachried bei Radolfzell am Bodensee (Quelle: Landesamt für Geologie, Rohstoffe und Bergbau im Regierungspräsidium Freiburg, M. Weiß)

Tab. 48.34 Analysendaten Profil 173

Horizont	Tiefe (cm)	Skelett (Vol.-%)	Sand (M.-%)	Schluff (M.-%)	Ton (M.-%)	Gesamtporen (Vol.-%)	Luftkapazität (Vol.-%)	nutzbare Feldkap. (Vol.-%)	Totwasser (Vol.-%)	Lagerungsdichte (g/cm³)
erAp-Aa	−18	-	23	60	17	69	14	17	38	0,67
erAp°Go-Aa	−26	-	37	56	7	63	7	15	41	0,82
IIcGor1	−62	-	33	62	5	58	11	43	4	1,05
IIcGor2	−100+	-	47	49	4	65	23	39	3	0,93

Horizont	Tiefe (cm)	CaCO₃ (M.-%)	C_org (M.-%)	N_t (M.-%)	C/N	pH H₂O	pH CaCl₂	KAK_pot (cmol_c/kg)	BS (%)	K₂O-DL (mg/100g)	P₂O₅-DL (mg/100g)
erAp-Aa	−18	48	11	1,0	10	-	7,4	562	100	-	-
erAp°Go-Aa	−26	52	9,0	0,7	12	-	7,5	545	100	-	-
IIcGor1	−62	93	1,2	<0,1	-	-	7,6	67	100	-	-
IIcGor2	−100+	95	2,5	<0,1	-	-	7,7	79	100	-	-

(Quelle: Landesamt für Geologie, Rohstoffe und Bergbau im Regierungspräsidium Freiburg)
(* = abgeleiteter Analysenwert)

- Analysendaten: siehe Tab. 48.34
- Autor: Wolfgang Fleck, Michael Weiß

Vorkommen und Ausgangsgesteine

Diese Böden sind aus Seekreide mit vielen Molluskenschalen ("Schnecklisand") über würmzeitlichem, sandig-schluffigem Beckensediment am Rande des Aachrieds bei Radolfzell am Bodensee entstanden. Sie sind vergesellschaftet mit Niedermoor, Moorgley und Nassgley.

Bodenprozesse und -eigenschaften

Der humusreiche Oberboden ist sehr locker und weist bis 26 cm Tiefe Merkmale eines Pflughorizontes auf (reAp-Aa-Horizonte). Der Unterboden zeigt aufgrund des hohen Carbonatgehalts nur schwache Gleymerkmale in Form von Rost- und Bleichflecken, die im IIcGor deutlich zunehmen.

Nutzung und Vegetation

Heute werden diese Standorte als Grünland, zum Teil auch ackerbaulich genutzt.

Gefährdung

Die Riedflächen um den Bodensee sind durch Entwässerung und Grundwasserabsenkung gefährdet.

Profil 174: Subtyp Hanganmoorgley (GMg)

- Bodenausgangsgestein: Fließerden aus Sandstein und Löss über tiefem Sandstein
- Varietät: basenreicher (Feuchtmull)Hanganmoorgley (eu. mfGMg)
- Typ: Anmoorgley
- Klasse: Gleye
- Substrattyp: p-(z)t(^s,Lo)/p-z(Lo,^s)//n-^s

- WRB: Eutric Mollic Gleysol (Epigeoabruptic, Humic, Inclinic, Amphiloamic, Amphiraptic, Siltic, Skeletic, Endoleptic)
- Bodenregion: Berg- und Hügelländer mit hohem Anteil an Ton- und Schluffschiefern
- Ort: Fichtenwaldlichtung bei Meschede, nördliches Sauerland, Hochsauerlandkreis, Nordrhein-Westfalen
- Humusform: Feuchtmull
- Profilbild und Horizontabfolge: siehe Tab. 48.35
- Bodenlandschaftsbild: siehe Abb. 48.22
- Analysendaten: siehe Tab. 48.36
- Autor: Gerhard Milbert, Ulrich Koch

Vorkommen und Ausgangsgesteine

Im nordöstlichen Sauerland sind Fließerden aus Löss und Sandstein des Oberkarbons weit verbreitet. Das Bodenausgangsmaterial besteht aus tertiärzeitlichen Verwitterungsresten, die mit Löss und Gesteinsschutt während der Kaltzeiten periglaziär aufgearbeitet wurden.

Bodenprozesse und -eigenschaften

In Hangmulden und örtlich auf Verebnungen sind diese Standorte als Folge hoher Niederschläge und der dichten Basislage stark vernässt. Die fast ganzjährige Vernässung hemmt den Humusabbau und führt zu Anmoorgleyen, meist vergesellschaftet mit Anmoor- und Moor-Stagnogleyen. Anmoorgleye besitzen bei natürlichem Wasserregime die Humusform Anmoor (Nassmull). Vor allem stickstoffreiche Streu fördert einen raschen Abbau der anfallenden Biomasse. Meist betragen die Humusgehalte im Anmoorhorizont (Go-Aa) zwischen 20 und 27 M.-%.

Nutzung und Vegetation

Diese stark vernässten, häufig eutrophen Standorte sind mit Erle bestockt oder baumfreie Lichtungen. Im Verlauf

Tab. 48.35 Profilbild und Horizontabfolge Profil 174

Profilbild	Horizont-grenze (cm)	Horizonte und ihre Eigenschaften	
	−22	**sGo-Aa** p-(z)u(^s,Lo)	sandig-lehmiger Schluff, schwach grusig, sehr schwach seinig (kantig); schwarz (10YR 2/1); Humusanreicherung durch Wassersättigung; Subpolyedergefüge; anmoorig; stark durchwurzelt
	−55	**IIsGor-rGr** p-(z)t(^s,Lo)	mittel schluffiger Ton, mittel grusig, schwach steinig (kantig); grau (10YR 5/1), in Flecken braunorange (7,5YR 5/8); Eisenoxide (fleckig, hoher Flächenanteil) und reduziertes Eisen (diffus verteilt, vorherrschender Flächenanteil); Kohärentgefüge; schwach humos; mäßig durchwurzelt
	−90	**IIIsGr-ilCv** p-z(Lo,^s)	schluffigem Lehm, sehr stark grusig, stark steinig (kantig); dunkelgrau (N 4/0) und in Flecken bräunlichgrau, dunkelolivstichig (2,5Y 4/2); reduziertes Eisen (vorherrschender Flächenanteil); Kohärentgefüge; schwach humos; sehr schwach durchwurzelt
	−92+	**IVimCn** n-^s	Sandstein; dunkelgrau (N 4/0); Schichtgefüge

Quelle: Geologischer Dienst NRW, U. Koch (Bild bearbeitet)

Abb. 48.22 Diese dauernassen und häufig baumfreien Standorte sind besonders schutzwürdige Biotope (Quelle: Geologischer Dienst NRW, U. Koch)

Tab. 48.36 Analysendaten Profil 174

Horizont	Tiefe (cm)	Skelett (Vol.-%)	Sand (M.-%)	Schluff (M.-%)	Ton (M.-%)	Gesamtporen (Vol.-%)	Luftkapazität (Vol.-%)	nutzbare Feldkap. (Vol.-%)	Totwasser (Vol.-%)	Lagerungsdichte (g/cm³)
sGo-Aa	−22	6	36	54	10	-	-	-	-	-
IIsGor-rGr	−55	20	15	52	33	-	-	-	-	-
IIIsGr-ilCv	−90	85	22	52	26	-	-	-	-	-
IVimCn	−92+	-	-	-	-	-	-	-	-	-

Horizont	Tiefe (cm)	CaCO₃ (M.-%)	C_org (M.-%)	N_t (M.-%)	C/N	pH H₂O	pH CaCl₂	KAK_pot (cmol_c/kg)	BS (%)	K₂O-DL (mg/100g)	P₂O₅-DL (mg/100g)
sGo-Aa	−22	-	9	0,52	16	5,4	-	-	-	-	-
IIsGor-rGr	−55	-	0,9	0,07	-	5,8	-	-	-	-	-
IIIsGr-ilCv	−90	-	0,9	0,07	-	6,1	-	-	-	-	-
IVimCn	−92+	-	-	-	-	-	-	-	-	-	-

Horizont	Tiefe (cm)	pH KCl	KAK_eff (cmol_c/kg)	BS_eff (%)	P_Perchlorsäure (%)
sGo-Aa	−22	4,7	16	96	0,046
IIsGor-rGr	−55	4,2	9,8	84	-
IIIsGr-ilCv	−90	4,7	15,3	81	-
IVimCn	−92+	-	-	-	-

(Quelle: Geologischer Dienst Nordrhein-Westfalen)
(* = abgeleiteter Analysenwert)

der planmäßigen Aufforstung des Sauerlandes während der zweiten Hälfte des 19. Jahrhunderts wurden derartig vernässte Standorte im großflächig entwaldeten Sauerland durch Gräben entwässert und mit Fichte aufgeforstet.

Gefährdung

Die wenigen bis heute intakten Nassflächen werden meist nicht forstlich genutzt und sind schutzwürdig. Die Böden können durch Grabenentwässerung und Wegebau gefährdet sein, indem sie entwässert und belüftet werden.

Profil 175: Subtyp Niedermoorgley (GHn)

- Bodenausgangsgestein: flacher Niedermoortorf über Auenmergel
- Varietät: kalkhaltiger entwässerter Erdniedermoor-Niedermoorgley (c.rKVn-GHn)
- Typ: Moorgley
- Klasse: Gleye
- Substrattyp: og-eHn/f-et(Tfo)//f-ekt(Mfo)
- WRB: Eutric Endocalcaric Chernic Gleysol (Drainic, Hyperhumic, Limnic, Loamic, Raptic, Siltic)
- Bodenregion: (Überregionale) Flusslandschaften

- Ort: Donautal bei Einsingen, Alb-Donau-Kreis, Baden-Württemberg
- Profilbild und Horizontabfolge: siehe Tab. 48.37
- Bodenlandschaftsbild: siehe Abb. 48.23
- Analysendaten: siehe Tab. 48.38
- Autor: Andreas Lehmann et al.

Vorkommen und Ausgangsgesteine

Niedermoorgleye treten häufig in Senken niederschlagsreicher Gebiete mit hohem Grundwasserstand auf, insbesondere wenn der Untergrund wasserstauend ist. In den großen Flusstälern sind Niedermoorgleye weit verbreitet.

Bodenprozesse und -eigenschaften

Wie alle organischen Böden entsteht die Torflage von Niedermoorgleyen über lange Zeiträume durch die Akkumulation von nicht oder nur unvollständig zersetzten Pflanzenresten. Dabei bildet sich unter Sauerstoffmangel durch Wasserüberschuss Torf. Werden diese Böden entwässert, wie im vorliegenden Fall, setzen intensive Abbauprozesse ein. Die belüftete Torflage vererdet und bildet durch Quellen und Schrumpfen ein Bodengefüge aus. Viele Horizonteigenschaften sind mit der pedogenetischen Faktorenkonstellation vor der Entwässerung verknüpft und damit reliktisch (durch den Kringel gekennzeichnet).

Tab. 48.37 Profilbild und Horizontabfolge Profil 175

Profilbild	Horizont-grenze (cm)	Horizonte und ihre Eigenschaften	
	−20	**nrHp°Hv** og-eHn	Niedermoortorf, vererdet; rötlichschwarz (5YR 2,5/1); Krümelgefüge; schwach carbonathaltig; sehr stark durchwurzelt
	−25	**IIfFr** f-Fh	Organomudde; sehr dunkelrötlichgrau (5YR 3/1); Eisenoxide (schwach fleckig, geringer Flächenanteil); Subpolyedergefüge; sehr stark humos; stark durchwurzelt
	−43	**IIIeGo-rGhr** f-et(Tfo)	mittel schluffiger Ton; dunkelrötlichgrau (5YR 4/1); Eisenoxide (schwach fleckig, mittlerer Flächenanteil) und reduziertes Eisen (vorherrschender Flächenanteil); Kohärentgefüge; stark carbonathaltig; stark humos; schwach durchwurzelt
	−60	**IIIerGr°Go1** f-et(Tfo)	mittel schluffiger Ton; Eisenoxide (schwach fleckig, sehr hoher Flächenanteil) und reduziertes Eisen (vorherrschender Flächenanteil); Kohärentgefüge; stark carbonathaltig; sehr schwach humos; sehr schwach durchwurzelt
	−75	**IIIerGr°Go2** f-et(Tfo)	mittel schluffiger Ton; Eisenoxide (extrem hoher Flächenanteil) und reduziertes Eisen (extrem hoher Flächenanteil); Kohärentgefüge; stark carbonathaltig; sehr schwach humos; sehr schwach durchwurzelt
	−95+	**IVerGr°Gro** f-ekt(Mfo)	stark schluffiger Ton, stark kiesig; hellgrünbläulichgrau (5BG 6/1); Eisenoxide (überwiegender Flächenanteil) und reduziertes Eisen (sehr hoher Flächenanteil); Kohärentgefüge; sehr carbonatreich; sehr schwach humos

Quelle: A. Lehmann (Bild bearbeitet)

Nutzung und Vegetation

Extensives Grünland, das nicht bei Nässe befahren werden muss, stellt für diesen Boden eine angepasste Nutzung dar. Ebenso ist eine Bewirtschaftung mit nässetoleranten Gehölzen sinnvoll, wie etwa Weide und Erle. Nach Wiedervernässung sind die Standorte auch zu schützenswerten Feuchtbiotopen entwickelbar.

Gefährdung

In der Vergangenheit wurden sehr viele Moorgleye entwässert, um die Landbewirtschaftung intensivieren zu können. Dadurch kam es bei den Moorgleyen zu Humusabbau. Das dabei freigesetzte Nitrat belastet das Grundwasser. Die verbliebenen Moorgleye sollten erhalten und dementprechend nicht drainiert und keinesfalls beackert werden. Vielfach sind Niedermoorgleye auch durch Vermischen des torfigen Oberbodens mit dem mineralischen Unterboden oder durch den Auftrag von mineralischem Material gefährdet.

Abb. 48.23 Donautal bei Einsingen (Quelle: A. Lehmann)

Tab. 48.38 Analysendaten Profil 175

Horizont	Tiefe (cm)	Skelett (Vol.-%)	Sand (M.-%)	Schluff (M.-%)	Ton (M.-%)	Gesamtporen (Vol.-%)	Luftkapazität (Vol.-%)	nutzbare Feldkap. (Vol.-%)	Totwasser (Vol.-%)	Lagerungsdichte (g/cm³)
nrHp°Hv	−20	-	-	-	-	-	-	-	-	0,64
IlfFr	−25	-	-	-	-	-	-	-	-	1,06
IIIeGo-rGhr	−43	0	7	54	39	-	-	-	-	1,44
IIIerGr°Go1	−60	0	-	-	-	-	-	-	-	-
IIIerGr°Go2	−75	0	-	-	-	-	-	-	-	-
IVerGr°Gro	−95+	0	9	66	25	-	-	-	-	1,20

Horizont	Tiefe (cm)	CaCO₃ (M.-%)	C_org (M.-%)	N_t (M.-%)	C/N	pH H₂O	pH CaCl₂	KAK_pot (cmol_c/kg)	BS (%)	K₂O-DL (mg/100g)	P₂O₅-DL (mg/100g)
nrHp°Hv	−20	2	16,6	1,3	13	-	7,3	126	-	-	-
IlfFr	−25	0	15,7	0,4	39	-	7,3	75	-	-	-
IIIeGo-rGhr	−43	9	3,3	0,1	33	-	7,4	33	-	-	-
IIIerGr°Go1	−60	-	-	-	-	-	-	-	-	-	-
IIIerGr°Go2	−75	-	-	-	-	-	-	-	-	-	-
IVerGr°Gro	−95+	43	0,1	0,0	-	-	7,5	23	-	-	-

(Quelle: Landesamt für Geologie, Rohstoffe und Bergbau im Regierungspräsidium Freiburg))
(* = abgeleiteter Analysenwert)

Profil 176: Subtyp Quellenmoorgley (GHq)

- Bodenausgangsgestein: flacher Übergangsmoortorf über Fließerde aus Granit
- Varietät: basenarmer entwässerter Übergangserdmoor-Quellenmoorgley (dy.rKVu-GHq)
- Typ: Moorgley
- Klasse: Gleye
- Substrattyp: og-Hu\p-zs(+G)
- WRB: Dystric Reductigleyic Histic Gleysol (Drainic, Loamic, Ochric)
- Bodenregion: Berg- und Hügelländer mit hohem Anteil an Magmatiten und Metamorphiten
- Ort: Carlsfeld, Erzgebirgskreis, Sachsen
- Profilbild und Horizontabfolge: siehe Tab. 48.39
- Bodenlandschaftsbild: siehe Abb. 48.24
- Analysendaten: siehe Tab. 48.40
- Autor: Falk Hieke

Vorkommen und Ausgangsgesteine

Quellenmoorgleye sind vor allem Böden der Gebirge. Sie bilden sich an ganzjährig und flächenhaft schüttenden Quellaustritten. Die beginnende Moorbildung wird durch das Hydroregime bestimmt, wobei das anstehende Gestein keine unmittelbare Rolle spielt. Das gezeigte Bodenprofil stammt aus den Kammlagen des westlichen Erzgebirges. Es ist aus einer Fließerde aus Eibenstocker Turmalingranit entstanden.

Bodenprozesse und -eigenschaften

An Quellaustritten sind die Böden oft ganzjährig wassergesättigt und zudem überstaut. Anfallende Biomasse (Stengel, Laub, Zweige, etc.) wird in dem nassen Milieu nur verzögert und unvollständig abgebaut und reichert sich auf der Bodenoberfläche an. Zudem setzt unter günstigen Bedingungen mit der Besiedelung typischer Moorvegetation (z. B. Sphagnum) aktives Moorwachstum ein.

Nutzung und Vegetation

Quellenmoorgleye werden extensiv und forstlich genutzt. Oft nehmen sie nur Kleinstareale ein, wodurch sich bodenverändernde Meliorationsmaßnahmen nicht lohnen. Auf derartigen Standorten stocken häufig Erlen und Fichten.

Gefährdung

Die Bodenstruktur von Quellenmoorgleyen wird durch die Befahrung mit schweren Maschinen gestört. Änderungen bei Niederschlag und Grundwasserdynamik wirken sich ebenfalls auf den Boden aus.

Tab. 48.39 Profilbild und Horizontabfolge Profil 176

Profilbild	Horizont-grenze (cm)	Horizonte und ihre Eigenschaften	
	−25	**uHvm** og-Hu	Übergangsmoortorf; schwarz (10YR 2/1); Sub- und Polyedergefüge; sehr schwach durchwurzelt
	−50+	**IIqGr** p-zs(+G)	schwach lehmiger Sand, stark grusig; grau, sehr hellolivstichig (2,5Y 7/1); reduziertes Eisen (fast ausschließlicher Flächenanteil); Subpolyedergefüge; sehr schwach humos; sehr schwach durchwurzelt

Quelle: F. Hieke (Bild bearbeitet)

Abb. 48.24 Quellbereich (Quelle: F. Hieke)

Tab. 48.40 Analysendaten Profil 176

Horizont	Tiefe (cm)	Skelett (Vol.-%)	Sand (M.-%)	Schluff (M.-%)	Ton (M.-%)	Gesamtporen (Vol.-%)	Luftkapazität (Vol.-%)	nutzbare Feldkap. (Vol.-%)	Totwasser (Vol.-%)	Lagerungsdichte (g/cm^3)
uHvm	−25	-	-	-	-	-	-	-	-	-
IIqGr	−50+	30	72	22	6	-	-	-	-	-

Horizont	Tiefe (cm)	CaCO$_3$ (M.-%)	C$_{org}$ (M.-%)	N$_t$ (M.-%)	C/N	pH H$_2$O	pH CaCl$_2$	KAK$_{pot}$ (cmol$_c$/kg)	BS (%)	K$_2$O-DL (mg/100g)	P$_2$O$_5$-DL (mg/100g)
uHvm	−25	-	37,7	1,58	23,8	-	3,1	29,5	51,4	11	9
IIqGr	−50+	-	0,33	-	-	-	3,6	3,6	10,6	2	-

Klasse M: Marschen

49

Luise Giani, Bernd Burbaum, Ernst Gehrt, Peter Schad
und Marek Filipinski

Inhaltsverzeichnis

49.1 Allgemeine Charakteristika

In die Klasse der Marschen werden semiterrestrische Böden zusammengefasst, die sich aus Sedimenten des tidal beeinflussten Ablagerungsraumes entwickeln. Sie weisen deshalb meist einen hohen Feinkornanteil auf.

L. Giani (✉)
ehemals Universität Oldenburg, Oldenburg, Deutschland

B. Burbaum
Landesamt für Landwirtschaft, Umwelt und ländliche Räume,
Flintbek, Deutschland

E. Gehrt
ehemals Landesamt für Bergbau, Energie und Geologie,
Hannover, Deutschland

P. Schad
Technische Universität München, TUM School of Life Sciences,
Lehrstuhl für Bodenkunde, Freising-Weihenstephan, Deutschland

M. Filipinski
Landesamt für Landwirtschaft, Umwelt und ländliche Räume,
Flintbek, Deutschland

49.2 Verbreitungsgebiete

Die Marschen bilden einen bis zu 20 km breiten Gürtel zwischen Nordsee und den eiszeitlichen Geestplatten mit ihren Geestrandmooren vom Dollart an der niederländischen Grenze bis nach Dänemark. Landeinwärts ziehen sie sich die Flüsse hinauf, soweit sich der Tideeinfluss ausdehnt. Typische Marschenlandschaften dieser Bodenklasse zeigen die Abb. 49.1 und 49.2. Eine Karte der regionalen Verbreitung der Klasse der Marschen zeigt die Abb. 49.3.

© Springer-Verlag GmbH Deutschland, ein Teil von Springer Nature 2023
H. Joisten et al. (Hrsg.), *Böden Deutschlands, Österreichs und der Schweiz*, https://doi.org/10.1007/978-3-8274-2284-2_49

Abb. 49.1 Elbmarsch bei
Wischhafen-Glücksstadt
(Quelle: E. Gehrt)

Abb. 49.2 Kohlanbau in der
Marsch bei Wesselburen
(Quelle: B. Burbaum)

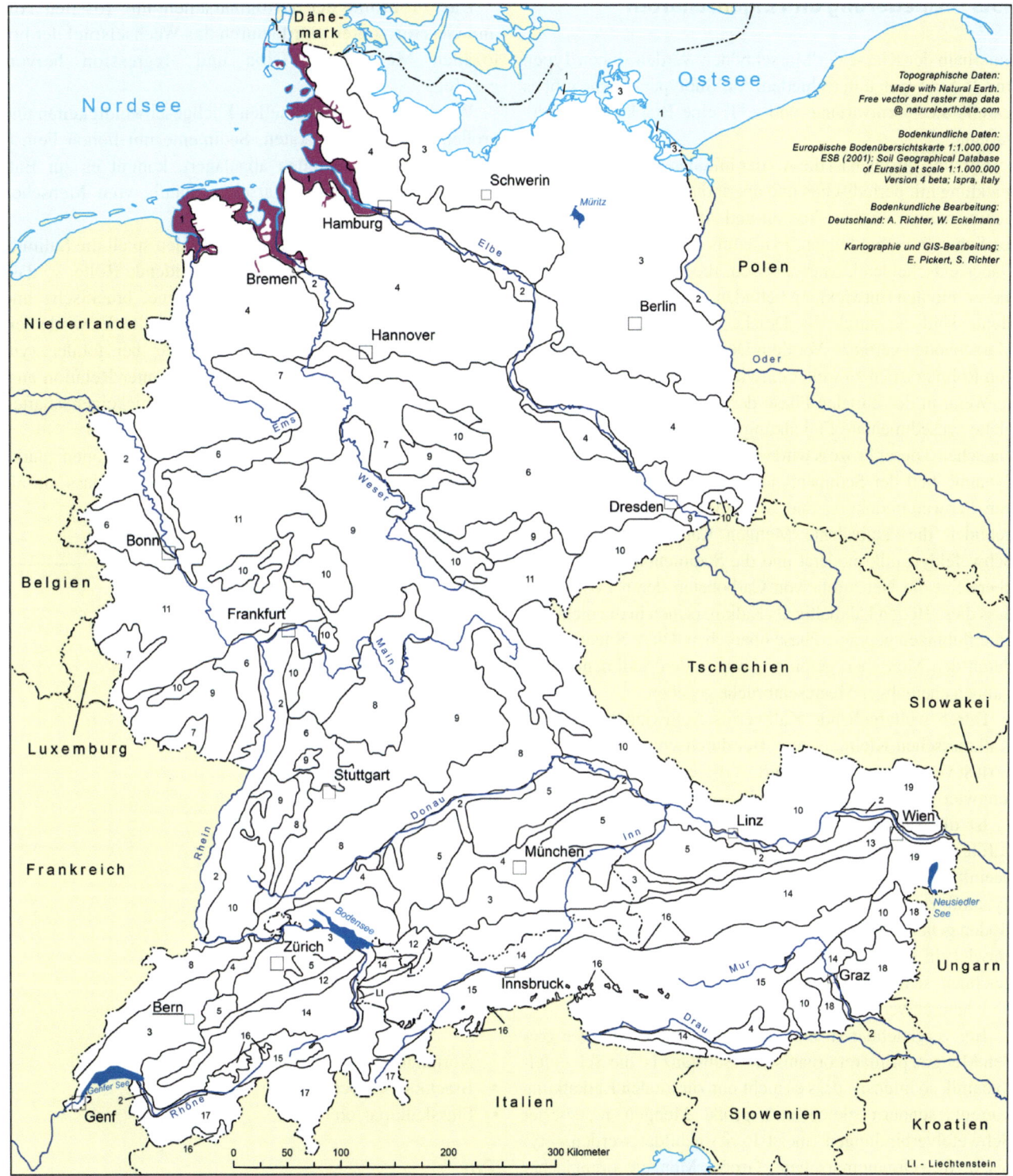

Regionale Verbreitung der Klasse der Marschen

�   gering verbreitet *(< 30% Flächenanteil, Marschen treten als Begleitboden auf)*

✓   Bodenregion

Abb. 49.3 Regionale Verbreitung der Klasse der Marschen

49.3 Gliederung und Eigenschaften

Innerhalb der Klasse der Marschböden werden sieben Typen und 15 Subtypen unterschieden. Auf Subtypen-Ebene gibt es jeweils die Normvariante und z. T. eine Brack- und Fluss-variante.

Für die Marschen ist die Art der initialen Marschbodenent-wicklung mit periodischen und aperiodischen Überflutungen, Sedimentation, Sulfatreduktion und Akkumulation reduzier-ter Schwefelverbindungen, synsedimentäre Entkalkung und Dauer entscheidend. Marschböden, die sich gegenwärtig in dieser initialen Entwicklung befinden, sind die Rohmarschen. Heute sind sie durch die Deiche exakt von den anderen Marschböden getrennt. Vor dem Deichbau war der Übergang von Rohmarschen zu weiter entwickelten Marschen fließend.

Wenn in der initialen Phase der Entwicklung keine kom-plette synsedimentäre Entkalkung stattfindet, entstehen Kalk-marschen. Dieser Prozess wird von der Intensität der Schwefel-dynamik und der Sedimentationsrate gesteuert. Im Wechsel von Schwefelreduktion und -oxidation wird Schwefelsäure gebildet, die äquivalente Mengen Carbonat löst. Ist die Schwefeldynamik moderat und die Sedimentationsrate groß, übersteigt die Neuzufuhr von Carbonaten deren Lösung, so dass diese Böden kalkhaltig als Kalkmarschen in die nicht von Überflutungen geprägte Phase übergehen. Diese Situation, oft durch den Menschen gefördert, war in den Sedimentations-räumen ehemaliger Meereseinbrüche gegeben.

Durch weitergehende Kalkverluste entwickeln sich aus Kalkmarschen Kleimarschen. Bei durchschnittlichem Kalk-verlust von 1 % pro Jahrhundert ist dieser Prozess wesentlich langwieriger als häufig dargestellt.

Ist die Sedimentationsrate und damit die Carbonatneu-zufuhr gering, eine Situation eher älterer von Menschen un-beeinflusster Vorgänge, kommt es bei moderater Schwefel-dynamik zur vollständigen synsedimentären Entkalkung. Die Böden gehen kalkfrei bis -arm aus der Initialphase heraus. Es entwickeln sich Klei- und Knickmarschen. Knickmarschen zeichnen sich durch sehr geringe Wasserdurchlässigkeiten und dadurch verursachte zusätzliche Staunässe aus.

Bei vergleichbarem Sedimentationsgeschehen aber gro-ßen Mengen primärer organischer Substanz ist die Schwefel-dynamik so intensiv, dass es nicht nur zur totalen Entkalkung kommt, sondern gleichzeitig große Mengen reduzierter Schwefelverbindungen (meist Pyrit) gebildet werden – ty-pisch für Organomarschen. Große Mengen organischer Substanz bildeten ehemalige Schilfsümpfe und Moore. Bei Oxidation der reduzierten Schwefelverbindungen wird Schwefelsäure produziert, die durch fehlende Carbonate nicht abgepuffert werden kann. Es kommt zur extremen Ver-sauerung und der Bildung von Jarosit (Maibolt). Mit der Zeit und gefördert durch Grundwasserabsenkungen wird die Säure ausgewaschen, Jarosit wird zu Goethit umgebildet und eine kaum untersuchte eisenreiche Marsch entsteht.

Das Profilbild der Dwogmarschen mit fossilen Ah- und Go-Horizonten wurde durch das Wechselspiel der ho-lozänen Meerestrangression und -regression hervor-gerufen.

Werden bei relativ schnellen Fließgeschwindigkeiten und großen Sedimantationsraten, Sedimente mit hohen Feinst-sand- und Schluffanteilen abgelagert, kommt es zur Ent-wicklung von Haftnässemarschen, häufig vom Menschen gesteuert.

Für die Entwicklung der Marschböden spielt die Salinität des Ablagerungsmilieus keine entscheidende Rolle, so dass zukünftig auf die Gliederung in marine, brackische und Flusswasservarianten verzichtet werden sollte. Es wird aller-dings angenommen, dass sie sekundär bei totaler syn-sedimentärer Entkalkung und bei bestimmter Relation aus-tauschbarer Kationen die Ausbildung von Knickeigenschaften fördert.

Viele Marschböden haben durch Meliorationen starke Umgestaltungen im Profilaufbau erfahren, so dass sie als Kultosole anzusprechen sind.

49.4 Typen und Subtypen

Typ

- Rohmarsch (MR)

Subtypen

- Normrohmarsch (MRn)
- Brackrohmarsch (MRb)
- Flussrohmarsch (MRf)

Typ

- Kalkmarsch (MC)

Subtypen

- Normkalkmarsch (MCn)
- Brackkalkmarsch (MCb)
- Flusskalkmarsch (MCf)

Typ

- Kleimarsch (MN)

Subtypen

- Normkleimarsch (MNn)
- Brackkleimarsch (MNb)
- Flusskleimarsch (MNf)

Typ

- Haftnässemarsch (MH)

Subtypen

- Normhaftnässemarsch (MHn)
- Brackhaftnässemarsch (MHb)
- Flusshaftnässemarsch (MHf)

Typ

- Dwogmarsch (MD)

Subtyp

- Normdwogmarsch

Typ

- Knickmarsch (MK)

Subtyp

- Normknickmarsch (MKn)

Typ

- Organomarsch (MO)

Subtyp

- Normorganomarsch (MOn)

49.5 Klassifikation nach WRB

Peter Schad

Die meisten Marschen sind in der WRB bei den Gleysols einzuordnen. Dwogmarsch, Knickmarsch und Haftnässemarsch können auch zu den Stagnosols gehören.

49.6 Ausgewählte Bodenprofile

Profil 177: Subtyp Normrohmarsch (MRn)

- Bodenausgangsgestein: Wattschlick
- Varietät: Normrohmarsch (MRn)
- Typ: Rohmarsch
- Klasse: Marschen
- Substrattyp: m-et(TUwa)

- WRB: Calcaric Katofluvic Tidalic Gleysol (Clayic, Hyperhumic, Protosalic, Laxic)
- Bodenregion: Küstenholozän
- Ort: Cäciliengroden, Lkr. Friesland, Niedersachsen
- Profilbild und Horizontabfolge: siehe Tab. 49.1
- Bodenlandschaftsbild: siehe Abb. 49.4
- Analysendaten: siehe Tab. 49.2
- Autor: Luise Giani

Vorkommen und Ausgangsgesteine

Normrohmarschen entwickeln sich aus marinen Wattsedimenten, in diesem Beispiel aus marinem Wattschlick. Neben mineralischen Komponenten bestehen Wattsedimente grundsätzlich auch aus organischem Material. Mit periodischen Überflutungen (tägliche Tide und Springtide) und episodischen Überflutungen (Sturmfluten) werden Sedimente eingetragen, die zusammen mit dem eustatischen Meeresspiegelanstieg zu einer stetigen Geländeerhöhung führen.

Bodenprozesse und -eigenschaften

Charakteristische Prozesse sind in der Wattphase Materialtransport und -ablagerung, Reduktion von Eisen-, Mangan- und Schwefelverbindungen, Schwefelakkumulation, Ab- und Umbau organischer Substanz sowie Methanproduktion. Mit fortschreitender Sedimentakkumulation und damit abnehmendem Tideeinfluss in der initialen Entwicklung von Marschböden, setzen Entwässerung, Sackung, Belüftung, beginnende Gefügebildung, Oxidation von Eisen-, Mangan- und Schwefelverbindungen, Ausbildung von Eisen-, Mangan- und Schwefel-geprägten Horizonten, Entsalzung und Umladung der Bodenkolloide ein. Niedrige Normrohmarschen weisen als obersten Horizont in der Regel einen Go-Ai-Horizont auf und befinden sich zwischen der Mitteltidehochwasserlinie und 40 cm darunter, wo ca. 400 Überflutungen pro Jahrauftreten. Die dort beginnende Vegetationsansiedlung verursacht über die Wurzeln eine Belüftung des Bodens, die zur Ausbildung von entsprechenden morphologischen Merkmalen führt. Bei frisch eingetragener organischer Substanz kann sich oberhalb des belüfteten Bodenbereichs vorrübergehend eine Reduktionszone ausbilden, so dass die Horizontabfolge mit einem Gr beginnt. Es schließt sich mit ca. 100 Überflutungen pro Jahr bis zur Mittelspringtidehochwasserlinie die Zone der mittelhohen Normrohmarschen (Beispielprofil) an, beginnend mit einem Ai- oder Ah-Horizont. Danach folgt die Zone der hohen Rohmarsch, die nur noch ca. 5-mal pro Jahr von Sturmfluten erreicht wird und gut ausgebildete Ah-Horizonte aufweist.

Nutzung und Vegetation

Die drei unterschiedlich entwickelten Normrohmarschen sind durch charakteristische Vegetation gekennzeichnet. Für die niedrigen Normrohmarschen ist es der Queller (Salicor-

Tab. 49.1 Profilbild und Horizontabfolge Profil 177

Profilbild	Horizontgrenze (cm)	Horizonte und ihre Eigenschaften	
  Quelle: L. Giani (Bild bearbeitet)	−18	**tmzeAh-Go** m-et(TUwa)	schwach schluffiger Ton; dunkelgelblichgraubraun (10YR 4/3); Eisenoxide (konkretionär, sehr hoher Flächenanteil); Polyedergefüge; stark carbonathaltig; sehr stark humos; sehr stark durchwurzelt
	−33	**tmzeGo** m-et(TUwa)	schwach schluffiger Ton; dunkelgelblichbraungrau (10 YR 4/2); Eisenoxide (konkretionär, sehr hoher Flächenanteil); Polyedergefüge; mittel carbonathaltig; sehr stark humos; mittel durchwurzelt
	−43	**tmzeGro** m-et(TUwa)	schwach schluffiger Ton; dunkelgelblichbraungrau (10YR 4/2); Eisenoxide (konkretionär, sehr hoher Flächenanteil) und reduziertes Eisen (fleckig, sehr hoher Flächenanteil); Polyeder und Kohärentgefüge; stark carbonathaltig; sehr stark humos; schwach durchwurzelt
	−63	**tmzeGor** m-et(TUwa)	schwach schluffiger Ton; sehr dunkelgelblichbraungrau (10YR 3/2); Eisenoxide (konkretionär, hoher Flächenanteil) und reduziertes Eisen (fleckig, überwiegender Flächenanteil); Kohärentgefüge; stark carbonathaltig; sehr stark humos; sehr schwach durchwurzelt
	−83+	**tmzeGr** m-et(TUwa)	schwach schluffiger Ton; schwarz (10YR 2/1); reduziertes Eisen (diffus verteilt, fast ausschließlicher Flächenanteil); Kohärentgefüge; carbonatreich; sehr stark humos

nia maritima), für die mittelhohen Normrohmarschen der Andelrasen (Puccinellia maritima) und für die hohen Normrohmarschen der Rotschwingel (Festuca rubra). Eine Nutzung der niedrigen und mittelhohen Normrohmarschen findet aufgrund zu geringer Bodendichten nicht statt. Die hohen Normrohmarschen werden teilweise als fette Sommerweide genutzt. Durch das Abfressen wird das Artenspektrum verschoben, so dass Puccinellia maritima eindringt.

Gefährdung

Eine Gefährdung ist bei zunehmendem Meeresspiegelanstieg vorhanden, da die jetzige Normrohmarschzone sich zur Wattzone entwickeln würde und somit die Normrohmarschen stark überprägt bzw. in ihren Eigenschaften soweit verändert würden, dass sie bodentypologisch zu den Wattböden zu zählen wären. Das Vorhandensein der Deiche verhindert zudem eine landwärtige Veschiebung der Normrohmarschen.

Abb. 49.4 Vorland auf
Norderney mit blühendem
Strandflieder (Limonium
vulgare) (Quelle: L. Giani)

Tab. 49.2 Analysendaten Profil 177

Horizont	Tiefe (cm)	Skelett (Vol.-%)	Sand (M.-%)	Schluff (M.-%)	Ton (M.-%)	Gesamtporen (Vol.-%)	Luftkapazität (Vol.-%)	nutzbare Feldkap. (Vol.-%)	Totwasser (Vol.-%)	Lagerungsdichte (g/cm³)
tmzeAh-Go	−18	0	10	33	57	74	7	23	44	0,83
tmzeGo	−33	0	16	30	54	76	8	24	44	0,61
tmzeGro	−43	0	8	31	61	78	8	25	45	0,56
tmzeGor	−63	0	10	32	58	78	8	25	45	0,49
tmzeGr	−83+	0	17	33	50	80	8	26	46	0,44

Horizont	Tiefe (cm)	CaCO₃ (M.-%)	C_org (M.-%)	N_t (M.-%)	C/N	pH H₂O	pH CaCl₂	KAK_pot (cmol_c/kg)	BS (%)	K₂O-DL (mg/100g)	P₂O₅-DL (mg/100g)
tmzeAh-Go	−18	9	7,9	0,79	10	7,8	7,7	15,9	100	73	30
tmzeGo	−33	6	7,0	0,64	11	7,6	7,6	11,4	100	70	25
tmzeGro	−43	7	6,3	0,63	10	7,6	7,6	10,6	100	70	22
tmzeGor	−63	8	5,5	0,61	9	7,7	7,5	12,6	100	70	18
tmzeGr	−83+	10	5,0	0,55	9	7,8	7,6	13,2	100	69	15

Horizont	Tiefe (cm)	Cl (1 : 5 Boden:Wasser-Extrakt) (g/l)	S_t (mg/kg)	rH
tmzeAh-Go	−18	10,1	2,7	15,4
tmzeGo	−33	14,1	2,1	15,2
tmzeGro	−43	17,6	3,9	15,2
tmzeGor	−63	18,3	-	13,0
tmzeGr	−83+	24,5	12,3	12,6

(Quelle: Arbeitsgruppe Bodenkunde, Universität Oldenburg)
(* = abgeleiteter Analysenwert)

Profil 178: Subtyp Brackrohmarsch (MRb)

- Bodenausgangsgestein: Wattschlick
- Varietät: Brackrohmarsch (MRb)
- Typ: Rohmarsch
- Klasse: Marschen
- Substrattyp: m-et(TUwa)
- WRB: Calcaric Katofluvic Reductigleyic Gleysol (Humic, Loamic, Laxic)
- Bodenregion: Küstenholozän
- Ort: Bunde, Lkr. Leer, Niedersachsen
- Profilbild und Horizontabfolge: siehe Tab. 49.3
- Bodenlandschaftsbild: siehe Abb. 49.5
- Analysendaten: siehe Tab. 49.4
- Autor: Luise Giani

Vorkommen und Ausgangsgesteine

Brackrohmarschen entwickeln sich aus brackigen Wattsedimenten, in diesem Beispiel aus brackigem Wattschlick. Neben mineralischen Komponenten bestehen Wattsedimente grundsätzlich auch aus organischem Material. Mit periodischen Überflutungen (tägliche Tide und Springtide) und episodischen Überflutungen (Sturmfluten) werden Sedimente eingetragen, die zusammen mit dem eustatischen Meeresspiegelanstieg zu einer stetigen Geländeerhöhung führen.

Bodenprozesse und -eigenschaften

Charakteristische Prozesse sind in der Wattphase Materialtransport und -ablagerung, Reduktion von Eisen-, Mangan- und Schwefelverbindungen, Schwefelakkumulation, Ab- und Umbau organischer Substanz, Methanproduktion. Mit fortschreitender Sedimentakkumulation und damit abnehmendem Tideeinfluss in der initialen Entwicklung von Marschböden, setzen Entwässerung, Sackung, Belüftung, beginnende Gefügebildung, Oxidation von Eisen-, Mangan- und Schwefelverbindungen, Ausbildung von Eisen-, Mangan- und Schwefel-geprägten Horizonten, Entsalzung und Umladung der Bodenkolloide ein. Damit unterscheiden sich die Brackrohmarschen nur graduell von den marinen Varianten mit Konsequenzen für ihre weitere Entwicklung, so dass gegenwärtig auch brackige Rohmarschen in Kalkmarschen übergehen. Dies war in der Vergangenheit nicht der Fall. Aufgrund der Schwefeldynamik und der geringen Sedimentationsraten hat in der Rohmarschphase eine totale Entkalkung (synsedimentäre Entkalkung) stattgefunden, so dass diese Böden bereits entkalkt in die weitere, nicht mehr durch Sedimentation und Überflutung gekennzeichnete Bodenentwicklungsphase übergegangen sind. Je nach Lage zu NN lassen sich drei Brackrohmarschzonen unterscheiden, die eine zunehmende Bodenentwicklung aufweisen und bodenkundlich als niedrige, mittelhohe (Beispielprofil), be-

Tab. 49.3 Profilbild und Horizontabfolge Profil 178

Profilbild	Horizontgrenze (cm)	Horizonte und ihre Eigenschaften	
	−18	tbeGo-Ai m-et(TUwa)	mittel schluffiger Ton; bräunlichgrau, olivstichig (2,5Y 5/2); Eisenoxide (konkretionär, mittlerer Flächenanteil); Polyedergefüge; carbonatreich; stark humos; mittel durchwurzelt
	−40	tbeGro m-et(TUwa)	mittel schluffiger Ton; bräunlichgrau, dunkelolivstichig (2,5Y 4/2); Eisenoxide (marmoriert, hoher Flächenanteil) und reduziertes Eisen (sehr hoher Fächenanteil); Polyedergefüge; stark carbonathaltig; stark humos; schwach durchwurzelt
	−60+	tbeGr m-et(TUwa)	mittel schluffiger Ton; schwarz (2,5Y 2/0); reduziertes Eisen (diffus verteilt, fast ausschließlicher Flächenanteil); Kohärentgefüge; stark carbonathaltig; stark humos

Quelle: A. Landt (Bild bearbeitet)

Abb. 49.5
Brackwasserlandschaft an der
Ems in Niedersachsen
(Quelle: F. van Deest)

Tab. 49.4 Analysendaten Profil 178

Horizont	Tiefe (cm)	Skelett (Vol.-%)	Sand (M.-%)	Schluff (M.-%)	Ton (M.-%)	Gesamtporen (Vol.-%)	Luftkapazität (Vol.-%)	nutzbare Feldkap. (Vol.-%)	Totwasser (Vol.-%)	Lagerungsdichte (g/cm^3)
tbeGo-Ai	−18	0	9	56	35	70	10	22	38	0,74
tbeGro	−40	0	10	52	38	67	10	21	36	0,81
tbeGr	−60+	0	8	50	42	71	9	22	40	0,73

Horizont	Tiefe (cm)	CaCO$_3$ (M.-%)	C$_{org}$ (M.-%)	N$_t$ (M.-%)	C/N	pH H$_2$O	pH CaCl$_2$	KAK$_{pot}$ (cmol$_c$/kg)	BS (%)	K$_2$O-DL (mg/100g)	P$_2$O$_5$-DL (mg/100g)
tbeGo-Ai	−18	12	3,3	0,23	14	7,9	7,7	23,9	100	55	6
tbeGro	−40	8	3,3	0,23	14	7,9	7,7	24,9	100	69	12
tbeGr	−60+	7	3,2	0,21	15	7,6	7,5	25,9	100	77	9

Horizont	Tiefe (cm)	Cl$_{GBL}$ (g/l)	rH
tbeGo-Ai	−18	0,9	15,6
tbeGro	−40	2,6	15,6
tbeGr	−60+	6,8	13,2

(Quelle: Arbeitsgruppe Bodenkunde, Universität Oldenburg)
(* = abgeleiteter Analysenwert)

ginnend mit einem Ai-Go- bzw. Go-Ai-Horizont, und hohe
Brackrohmarsch, beginnend mit einem Ah-Horizont, bezeichnet werden können. Die erste mit der Strandsimse (Bolboschoenus maritimus) bedeckte Zone beginnt ab ca. 40 cm
über Mitteltidehochwasserlinie mit ca. 50 Überflutungen pro
Jahr. Ab ca. 65 cm über der Mitteltidehochwasserlinie und
mit ca. 20 Überflutungen pro Jahr schließt sich eine Schilf-
Zone (Phragmites australis) an, die ab ca. 85 cm über der
Mitteltidehochwasserlinie mit ca. 10 Überflutungen pro Jahr
in die Strandquecken-Zone (Agropyron repens) übergeht
und gut ausgebildete Ah-Horizonte aufweist.

Nutzung und Vegetation
Die hohen Brackrohmarschen werden teilweise als fette
Sommerweide genutzt. Weiter seewärts ist aufgrund zu ge-
ringer Bodendichten eine Nutzung ausgeschlossen.

Gefährdung
Eine Gefährdung ist bei zunehmendem Meeresspiegelanstieg vorhanden, wenn es keine Möglichkeit der landwärtigen Verschiebung der Brackrohmarschen gibt.

Profil 179: Subtyp Normkalkmarsch (MCn)

- Bodenausgangsgestein: Wattschluff über Wattsand
- Varietät: Normkalkmarsch (MCn)
- Typ: Kalkmarsch
- Klasse: Marschen
- Substrattyp: m-eu(Uwa)/m-es(Swa)
- WRB: Calcaric Katofluvic Oxygleyic Gleysol (Humic, Loamic, Epiraptic)
- Bodenregion: Küstenholozän
- Ort: Speicherkoog, Krs. Dithmarschen, Schleswig-Holstein
- Profilbild und Horizontabfolge: siehe Tab. 49.5
- Bodenlandschaftsbild: siehe Abb. 49.6
- Analysendaten: siehe Tab. 49.6
- Autor: Marek Filipinski, Bernd Burbaum

Vorkommen und Ausgangsgesteine

Kalkmarschen treten in den von den Gezeiten geprägten Küstenbereichen der Meere und der Flussmündungen auf, die erst in den letzten Jahrhunderten eingedeicht wurden. Sie sind damit typische Vertreter der Jungen bzw. Hohen Marsch. Kalkmarschen kommen in allen Korngrößenzusammensetzungen der Marsch vor. Es dominieren jedoch flächenmäßig die feinsandig-schluffigen Varianten. Dies liegt daran, dass die Gebiete, in denen heute Kalkmarschen vorliegen, in einem Stadium eingedeicht wurden, als das Wasser noch stärker bewegt war, wodurch eine natürlicherweise später stattfindende Ablagerung feinkörniger Sedimente verhindert wurde. Kalkmarschen entwickelten sich sowohl aus voll marinen Ablagerungen als auch als brackischen oder gezeiten-fluviatilen Sedimenten.

Tab. 49.5 Profilbild und Horizontabfolge Profil 179

Profilbild	Horizontgrenze (cm)	Horizonte und ihre Eigenschaften	
Quelle: M. Filipinski (Bild bearbeitet)	−5	**tmeAh** m-eu(Uwa)	schluffiger Lehm; schwarz (10YR 2/1); Krümelgefüge; schwach carbonathaltig; stark humos; stark durchwurzelt
	−10	**tmGo-Ah** m-u(Uwa)	schluffiger Lehm; sehr dunkelgelblichgraubraun (10YR 3/3); Eisenoxide (fleckig, geringer Flächenanteil) und Manganoxide (fleckig, geringer Flächenanteil); Krümelgefüge; carbonatarm; stark humos; stark durchwurzelt
	−17	**IItmeGo-Ah** m-et(Twa)	mittel schluffiger Ton; sehr dunkelgelblichgraubraun (10YR 3/3); Eisenoxide (fleckig, geringer Flächenanteil) und Manganoxide (fleckig, geringer Flächenanteil); Krümelgefüge; schwach carbonathaltig; stark humos; mittel durchwurzelt
	−34	**IIItmeGo** m-eu(Uwa)	sandig-lehmiger Schluff; gelblichbraungrau (10YR 5/2), gebändert; Eisenoxide (fleckig, hoher Flächenanteil) und Manganoxide (fleckig, hoher Flächenanteil); Subpolyedergefüge; mittel carbonathaltig; schwach humos; schwach durchwurzelt
	−64	**IVtmeGo1** m-es(Swa)	mittel schluffiger Sand; grau, sehr hellolivstichig (5Y 7/1) bis hellolivgrau (5Y 6/2), gebändert; Eisenoxide (fleckig, extrem hoher Flächenanteil) und Manganoxide (fleckig, extrem hoher Flächenanteil)); Platten- und Subpolyedergefüge; mittel carbonathaltig; sehr schwach humos; schwach durchwurzelt
	−80	**IVtmeGo2** m-es(Swa)	schwach lehmiger Sand; hellolivgrau (5Y 6/2), gebändert; Eisenoxide (fleckig, hoher Flächenanteil) und Manganoxide (fleckig, hoher Flächenanteil); Platten- und Kohärentgefüge; mittel carbonathaltig; sehr schwach humos; schwach durchwurzelt
	−104	**IVtmeGro** m-es(Swa)	schwach lehmiger Sand; grau, dunkelolivstichig (5Y 4/1), gebändert; Eisenoxide (an Wurzelbahnen, fleckig, hoher Flächenanteil) und reduziertes Eisen (extrem hoher Flächenanteil); Kohärentgefüge; mittel carbonathaltig; sehr schwach humos; schwach durchwurzelt
	−130	**IVtmeGr** m-es(Swa)	schwach lehmiger Sand; grau, hellolivstichig (5Y 6/1); reduziertes Eisen (diffus verteilt, fast ausschließlicher Flächenanteil); Kohärentgefüge; mittel carbonathaltig; sehr schwach humos; sehr schwach durchwurzelt
	−200+	**IVtmzeGr** m-es(Swa)	schwach schluffiger Sand; grau, dunkelolivstichig (5YR 4/1); reduziertes Eisen (diffus verteilt, fast ausschließlicher Flächenanteil); mittel carbonathaltig; sehr schwach humos

Abb. 49.6
Marschenlandschaft im
Speicherkoog, Kreis
Dithmarschen, Schleswig-
Holstein (Quelle:
M. Filipinski)

Tab. 49.6 Analysendaten Profil 179

Horizont	Tiefe (cm)	Skelett (Vol.-%)	Sand (M.-%)	Schluff (M.-%)	Ton (M.-%)	Gesamtporen (Vol.-%)	Luftkapazität (Vol.-%)	nutzbare Feldkap. (Vol.-%)	Totwasser (Vol.-%)	Lagerungsdichte (g/cm³)
tmeAh	−5	0	24	54	22	-	-	-	-	-
tmGo-Ah	−10	0	16	57	27	57	8	18	31	1,26
IItmeGo-Ah	−17	0	7	61	32	56	7	13	36	1,46
IIItmeGo	−34	0	35	56	9	45	5	23	17	1,45
IVtmeGo1	−64	0	68	32	0	46	4	23	19	1,42
IVtmeGo2	−80	0	71	24	5	43	6	29	8	1,57
IVtmeGro	−104	0	71	22	7	42	2	29	11	1,58
IVtmeGr	−130	0	77	17	6	41	7	31	3	1,59
IVtmzeGr	−200+	0	85	11	4	-	-	-	-	-

Horizont	Tiefe (cm)	$CaCO_3$ (M.-%)	C_{org} (M.-%)	N_t (M.-%)	C/N	pH H_2O	pH $CaCl_2$	KAK_{pot} (cmol$_c$/kg)	BS (%)	K_2O-DL (mg/100g)	P_2O_5-DL (mg/100g)
tmeAh	−5	2	4,2	0,35	12	-	7,1	24	100	77	80
tmGo-Ah	−10	1	3,0	0,33	9	-	7,1	25	100	71	24
IItmeGo-Ah	−17	2	2,7	0,22	12	-	7,5	23	100	65	15
IIItmeGo	−34	5	0,9	0,06	14	-	7,7	9	100	19	8
IVtmeGo1	−64	4	0,3	0,04	-	-	7,7	7	100	17	11
IVtmeGo2	−80	5	0,2	0,03	-	-	7,8	4	100	15	7
IVtmeGro	−104	5	0,1	0,03	-	-	7,8	4	100	16	6
IVtmeGr	−130	4	0,3	0,03	-	-	7,9	3	100	13	3
IVtmzeGr	−200+	4	0,3	0,03	-	-	7,8	3	100	24	3

(Quelle: Laboratorien des Umwelt- bzw. Landwirtschaftsbereiches der Landesverwaltung von Schleswig-Holstein)
(* = abgeleiteter Analysenwert)

Bodenprozesse und -eigenschaften

Im Bereich der von den Gezeiten geprägten Küsten wird die Landoberfläche regelmäßig von Meerwasser überflutet. Im Verlauf der Zeit führt das zur Ablagerung von zum Teil salzhaltigen mineralischen Sedimenten mit stickstoffreicher organischer Substanz aus abgestorbenen Organismen. Durch den Bau von Schutzdeichen wurden diese Gebiete häufig der Überflutung entzogen. Eindeichung und Entwässerung dieser Flächen bedingen, dass mit dem Sickerwasser die Entsalzung beginnen kann, dabei kommt es durch Humusakkumulation und weiter fortschreitende Reifung der Marsch (Setzung, Gefügebildung) zur Weiterentwicklung von Rohmarschen zu Kalkmarschen. Diese zeichnen sich durch Carbonatgehalte von bis zu 9 % in einer Tiefe oberhalb von 4 dm aus. Sie weisen zudem häufig eine starke Rostfleckigkeit durch Redoxprozesse auf. Säuren der Wurzelatmung, Mikroorganismen und Schwefeldynamik verursachen die Entkalkung dieser Böden, die allmählich vom Oberboden in den Unterboden fortschreitet.

Nutzung und Vegetation

Kalkmarschen gehören zu den produktivsten Ackerstandorten Deutschlands. Hohe Nährstoffreserven der im Sediment enthaltenen organischen Substanz und die gering verwitterten Minerale sowie hohes Speichervermögen für Wasser, verbunden mit einem vom Menschen regulierten Grundwasserhaushalt, ermöglichen z. B. in Schleswig-Holstein Erträge von über 10 t Weizen oder 4 t Raps pro Hektar. Das gilt für trockene und nasse Jahre gleichermaßen. Kalkmarschen sind aufgrund ihrer sehr guten Standorteigenschaften typische Standorte für die Raps- und Weizenproduktion, werden jedoch in einigen Landkreisen wie Dithmarschen in Schleswig-Holstein auch traditionell für den Kohlanbau genutzt.

Gefährdung

Die Kalkmarschen zeigen sich gegenüber den verschiedenen Nutzungseinflüssen relativ robust, allerdings sind die stark schluffig ausgebildeten Kalkmarschen bei Befahren mit schwerem Gerät in zu feuchtem Zustand verdichtungsgefährdet, so dass schwere Landmaschinen leicht Sauerstoffmangel durch Verdichtung verursachen können. Junge stark sandige Kalkmarschen wie im Speicherkoog können durch Winderosion gefährdet sein. Kalkmarschen bedürfen einer sorgfältigen Regulierung des Grundwassers durch Entwässerung und Ableitung des Überschusswassers über Siele in die Vorflut oder in das Meer. Schluffreiche Kalkmarschen neigen bei unsachgemäßer Nutzung zur Verschlämmung. Durch Ammoniakausgasung aus dem Boden können Stickstoffverluste auftreten.

Profil 180: Subtyp Normkleimarsch (MNn)

- Bodenausgangsgestein: Wattton
- Varietät: basenreiche (Acker)Kleimarsch (eu.vMNn)
- Typ: Kleimarsch
- Klasse: Marschen
- Substrattyp: m-t(Twa)
- WRB: Hypereutric Gleysol (Aric, Katoclayic, Humic, Epiloamic)
- Bodenregion: Küstenholozän
- Ort: Meyenburg Schwanewede, Lkr. Osterholz, Niedersachsen
- Profilbild und Horizontabfolge: siehe Tab. 49.7
- Bodenlandschaftsbild: siehe Abb. 49.7
- Analysendaten: siehe Tab. 49.8
- Autor: Ernst Gehrt, Luise Giani

Vorkommen und Ausgangsgesteine

Kleimarschen sind die am weitesten verbreiteten Marschböden. Sie sind häufige und typische Vertreter älterer, vom Menschen unbeeinflusster Sedimentationsereignisse, in Ausnahmen haben sie sich auch aus jüngeren Sedimenten entwickelt. Kleimarschen kommen in allen Korngrößenzusammensetzungen der Marsch vor, es dominieren aber lehmige bis tonige Varianten.

Bodenprozesse und -eigenschaften

Für Kleimarschen ist das Fehlen von Kalk, zumindest oderhalb 4 dm, charakteristisch. Im Grundsatz dürfte die Entkalkung im frühen, tidal beeinflussten Rohmarsch-Stadium

durch die Schwefeldynamik und geringe Carbonatneuein-
träge begründet sein. Eine synsedimentäre Entkalkung tritt
ein, wenn aufgrund geringer Sedimentationsraten die Entkalkungsvorgänge gegenüber Kalkneueinträgen dominieren.
Damit haben diese Böden gar nicht oder nur sehr kurz die
Kalkmarschphase durchlaufen. Kleimarschen entwickeln
sich auch aus Kalkmarschen. Bei einem Kalkverlust von 1 %
per Jahrhundert durch normale Versauerungsprozesse ist
diese Entstehung langwieriger als vielfach dargestellt.

Nutzung und Vegetation
Die Kleimarschen werden im Regelfall als Acker und Grünland genutzt, wobei die Grünlandnutzung traditionell überwiegt. In den letzten Jahren ist eine steigende Tendenz in
Richtung Ackernutzung feststellbar. Je nach Nutzung werden die Wasserstände reguliert.

Gefährdung
Bei Befahren mit schwerem Gerät in zu feuchtem Zustand
sind Kleimarschen stark verdichtungsgefährdet. Die Folgen sind Sauerstoffmangel und negative Auswirkungen für
die Durchwurzelung. Da Kleimarschen eher selten hohe
Schluffanteile aufweisen, ist ihre Verschlämmungsneigung
gering.

Tab. 49.7 Profilbild und Horizontabfolge Profil 180

Quelle: E. Gehrt (Bild bearbeitet)

Profilbild	Horizontgrenze (cm)	Horizonte und ihre Eigenschaften	
	−30	**tmAp** m-t(Twa)	mittel schluffiger Ton; dunkelgelblichgraubraun (10YR 4/3); Subpolyedergefüge; mittel humos; stark durchwurzelt
	−40	**tmGo1** m-t(Twa)	mittel schluffiger Ton; dunkelgrau (10YR 4/1); Eisenoxide (mäßig fleckig, sehr hoher Flächenanteil); Polyedergefüge; mittel humos; schwach durchwurzelt
	−55	**tmGo2** m-t(Twa)	schwach schluffiger Ton; schwarzgrau, sehr dunkelolivstichig (5Y 3/1); Eisenoxide (stark fleckig und konkretionär, sehr hoher Flächenanteil); Polyedergefüge; schwach humos; sehr schwach durchwurzelt
	−80	**tmGo3** m-t(Twa)	schwach schluffiger Ton; grau, dunkelolivstichig (5Y 4/1); Eisenoxide (mäßig fleckig, sehr hoher Flächenanteil); Polyedergefüge; schwach humos
	−87	**tmGro1** m-t(Twa)	schwach schluffiger Ton; schwarzgrau, sehr dunkelolivstichig (5Y 3/1); Eisenoxide (schwach fleckig, sehr hoher Flächenanteil) und reduziertes Eisen (diffus verteilt, sehr hoher Flächenanteil); Polyedergefüge; schwach humos
	−105	**tmGro2** m-t(Twa)	schwach schluffiger Ton; grau, dunkelolivstichig (5Y 4/1); Eisenoxide (schwach fleckig, sehr hoher Flächenenteil) und reduziertes Eisen (diffus verteilt, sehr hoher Flächenanteil); Polyedergefüge; mittel humos
	−140	**tmGr** m-t(Twa)	schwach schluffiger Ton; grau (10YR 5/1); reduziertes Eisen (diffus verteilt, fast ausschließlicher Flächenanteil); Kohärentgefüge; stark humos
	−170+	**IInHr** og-Hn	mittel schluffiger Ton, Niedermoortorf; sehr dunkelgrau (10YR 3/1); Kohärentgefüge; extrem humos

Abb. 49.7 Meyenburg
Schwanewede, Lkr. Osterholz
(Quelle: E. Gehrt)

Tab. 49.8 Analysendaten Profil 180

Horizont	Tiefe (cm)	Skelett (Vol.-%)	Sand (M.-%)	Schluff (M.-%)	Ton (M.-%)	Gesamtporen (Vol.-%)	Luftkapazität (Vol.-%)	nutzbare Feldkap. (Vol.-%)	Totwasser (Vol.-%)	Lagerungsdichte (g/cm³)
tmAp	−30	0	5	58	37	50	7	17	26	-
tmGo1	−40	0	4	52	44	47	8	13	26	-
tmGo2	−55	0	-	-	-	-	-	-	-	-
tmGo3	−80	0	2	50,3	48	55	5	17	33	-
tmGro1	−87	0	1	48	51	53	5	17	31	1,22
tmGro2	−105	0	0	46	54	58	6	19	33	1,11
tmGr	−140	0	0	43	57	67	6	21	40	0,84
IInHr	−170+	0	0	57	43	-	-	-	-	-

Horizont	Tiefe (cm)	$CaCO_3$ (M.-%)	C_{org} (M.-%)	N_t (M.-%)	C/N	pH H_2O	pH $CaCl_2$	KAK_{pot} ($cmol_c$/kg)	BS (%)	K_2O-DL (mg/100g)	P_2O_5-DL (mg/100g)
tmAp	−30	-	1,7	0,22	8	-	6,7	24,1	82	-	-
tmGo1	−40	-	1,23	0,14	9	-	6,6	-	-	-	-
tmGo2	−55	-	-	-	-	-	-	-	-	-	-
tmGo3	−80	-	0,89	0,11	8	-	6,4	29,8	86	-	-
tmGro1	−87	-	0,96	0,13	7	-	6,4	29,4	85	-	-
tmGro2	−105	-	1,19	0,14	9	-	6,2	32,1	85	-	-
tmGr	−140	-	3,23	0,31	10	-	5,6	36,4	77	-	-
IInHr	−170+	-	-	-	-	-	3,8	-	-	-	-

(Quelle: Landesamt für Bergbau, Energie und Geologie, Hannover)
(* = abgeleiteter Analysenwert)

Profil 181: Subtyp Normhaftnässemarsch (MHn)

- Bodenausgangsgestein: Wattlehm über Wattsand
- Varietät: kalkhaltige (Acker)Haftnässemarsch (c.vMHn)
- Typ: Haftnässemarsch
- Klasse: Marschen
- Substrattyp: m-el(Lwa)/m-es(Swa)
- WRB: Calcaric Katofluvic Oxygleyic Gleysol (Amphiarenic, Aric, Humic, Loamic, Epiprotostagnic, Uterquic)
- Bodenregion: Küstenholozän
- Ort: Krummendeich, Lkr. Stade, Niedersachsen
- Profilbild und Horizontabfolge: siehe Tab. 49.9
- Bodenlandschaftsbild: siehe Abb. 49.8
- Analysendaten: siehe Tab. 49.10
- Autor: Ernst Gehrt

Vorkommen und Ausgangsgesteine

Die Haftnässemarsch findet sich ausschließlich auf den jungen schluffigen Ablagerungen in Groden, Poldern oder Kögen in Höhen von 1,5 bis 2,5 m ü. NN. Die schluffige oder feinsandige Sedimentation ist dabei an küstennahe Bereiche mit stärkerer Wasserbewegung gebunden. Landeinwärts finden sich dann tonigere Ablagerungen. Dieses Muster findet sich in Abhängigkeit von der Eindeichung ggf. in mehrfacher Wiederholung.

Bodenprozesse und -eigenschaften

Im Grundsatz ist die Haftnässemarsch durch die Porenverteilung von anderen Marschen zu unterscheiden. Bei der schnellen Sedimentation bilden sich primär kaum Grob- und Mittelporen. Die Porenverteilung ist dabei durch den hohen Schluff- oder Feinstsandanteil (Sandfraktion von 63 bis 125 µm) bestimmt. Aufgrund der Höhenlage ist im Prinzip ein guter Vorflutausbau herstellbar. Der Humusgehalt ist durch das Sedimentationsmilieu gering, und aufgrund des geringen Alters sind die Sedimente im Regelfall carbonathaltig. Bei stärkerer Sturmflutschichtung kommt die Haftnässe nicht zur Ausbildung, da die Sandschichten das Wasser abführen können. Anhand der Profilmerkmale ist die Haftnässe nicht sicher von Grundwasser zu unterscheiden. Aufgrund von Lysimeterversuchen und Pegeln ist aber zu erkennen, dass auch bei Grundwassertiefstand noch deutlich oberhalb des Kapillarsaumes die Feinporen gesättigt sind. Die im Untergrund erhöhten Sulfat-Werte zeigen den marinen Einfluss. Sie sind typisch für die Marschböden.

Nutzung und Vegetation

Die Haftnässemarschen werden als Grünland und Ackerland genutzt. Langjährige Untersuchungen zur Drainung zeigen, dass der Wasserhaushalt schwer zu regeln ist. Neben der Haftnässe kommt es zur Verschlämmung, und die Drainagen setzen sich zu.

Tab. 49.9 Profilbild und Horizontabfolge Profil 181

Profilbild	Horizontgrenze (cm)	Horizonte und ihre Eigenschaften	
	−30	**tmeAp** m-el(Lwa)	schwach sandiger Lehm; dunkelgelblichbraungrau (10YR 4/2); Kohärentgefüge; carbonathaltig; stark humos; mittel durchwurzelt
	−40	**tmrAp°eSg** m-el(Lwa)	schwach sandiger Lehm; dunkelgelblichgraubraun (10YR 4/3); Eisenoxide (fleckig und konkretionär, hoher Flächenanteil) und Bleichflecken (sehr hoher Flächenanteil); Kohärentgefüge; carbonathaltig; sehr schwach humos; schwach durchwurzelt
	- 75	**IISg-tmeGo** m-es(Swa)	schwach schluffiger Sand; graubraun (7,5YR 5/3); Eisenoxide (fleckig, hoher Flächenanteil) und Bleichfecken (sehr hoher Flächenanteil); Schicht- und Kohärentgefüge; carbonathaltig; sehr schwach humos
	−120	**IItmeGo** m-es(Swa)	schwach lehmiger Sand; bräunlichgrau, hellolivstichig (2,5Y 6/2); Eisenoxide (fleckig, sehr hoher Flächenanteil); Schicht- und Kohärentgefüge; carbonathaltig; sehr schwach humos
	−140+	**IItmzeGr** m-es(Swa)	schwach lehmiger Sand; bläulichgrau (5B 5/1); reduziertes Eisen (fast ausschließlicher Flächenanteil); Schicht- und Kohärentgefüge; carbonathaltig; sehr schwach humos

Quelle: E. Gehrt (Bild bearbeitet)

Abb. 49.8 Bodenlandschaft der Normhaftnässemarsch (Quelle: E. Gehrt)

Tab. 49.10 Analysendaten Profil 181

Horizont	Tiefe (cm)	Skelett (Vol.-%)	Sand (M.-%)	Schluff (M.-%)	Ton (M.-%)	Gesamtporen (Vol.-%)	Luftkapazität (Vol.-%)	nutzbare Feldkap. (Vol.-%)	Totwasser (Vol.-%)	Lagerungsdichte (g/cm³)
tmeAp	−30	-	38	43	19	47	6	25	16	-
tmrAp°eSg	−40	-	35	46	19	46	6	25	15	-
IISg-tmeGo	−75	-	82	17	1	-	-	-	-	-
IItmeGo	−120	-	74	20	6	-	-	-	-	-
IItmzeGr	−140+	-	78	15	7	-	-	-	-	-

Horizont	Tiefe (cm)	CaCO₃ (M.-%)	C_org (M.-%)	N_t (M.-%)	C/N	pH H₂O	pH CaCl₂	KAK_pot (cmol_c/kg)	BS (%)	K₂O-DL (mg/100g)	P₂O₅-DL (mg/100g)
tmeAp	−30	-	2,5	-	-	-	6,4	22,4	-	-	-
tmrAp°eSg	−40	5,5	0,4	-	-	-	7,3	10,8	100	-	-
IISg-tmeGo	−75	-	0,1	-	-	-	7,5	-	100	-	-
IItmeGo	−120	4,4	0,5	-	-	-	7,5	-	-	-	-
IItmzeGr	−140+	4,7	0,4	-	-	-	6,5	-	-	-	-

Horizont	Tiefe (cm)	SO₄²⁻ (mg/kg)	pF1,8 (Vol.-%)	pF2,5 (Vol.-%)	pF4,2 (Vol.-%)
tmeAp	−30	80,2	4,8	3,2	21,8
tmrAp°eSg	−40	80,2	5,5	15,0	10,5
IISg-tmeGo	−75	-			
IItmeGo	−120	256,5			
IItmzeGr	−140+	194,0			

(Quelle: Landesamt für Bergbau, Energie und Geologie, Hannover)
(* = abgeleiteter Analysenwert)

Gefährdung

Die Grüppen aus der Landgewinnung wurden bei der Haftnässemarsch nach der Eindeichung unter Grünland zunächst erhalten. Bei ackerbaulicher Nutzung wurden diese Grüppen im Regelfall eingeebnet. Der Nutzungswandel führte zur Setzung und Verdichtung und damit zur Verstärkung der Haftnässe. Die Böden sind aufgrund der Bildungsbedingungen vergleichsweise selten. Eine Gefährdung ist im Wesentlichen in den Meliorationsmaßnahmen begründet, die auf eine Entwässerung des Sg-Horizontes zielen.

Profil 182: Subtyp Normdwogmarsch (MDn)

- Bodenausgangsgestein: Wattlehm über Wattton über tiefem Wattsand
- Varietät: basenreiche Dwogmarsch (euMDn)
- Typ: Dwogmarsch
- Klasse: Marschen
- Substrattyp: mb-l(Lwa)/mb-t(Twa)//mm-s(Swa)

- WRB: Hypereutric Endogleyic Mollic Stagnosol (Humic, Loamic, Amphiraptic)
- Bodenregion: Küstenholozän
- Ort: Hemmingstedt, Krs. Dithmarschen, Schleswig-Holstein
- Profilbild und Horizontabfolge: siehe Tab. 49.11
- Bodenlandschaftsbild: siehe Abb. 49.9
- Analysendaten: siehe Tab. 49.12
- Autor: Marek Filipinski, Bernd Burbaum

Tab. 49.11   Profilbild und Horizontabfolge Profil 182

Profilbild	Horizontgrenze (cm)	Horizonte und ihre Eigenschaften	
 Quelle: M. Filipinski (Bild bearbeitet)	−6	**tbSw-Ah** mb-l(Lwa)	schwach sandiger Lehm; sehr dunkelgelblichgraubraun (10YR 3/3); Eisen- und Manganoxide (fleckig, hoher Flächenanteil); Polyedergefüge; stark humos; sehr stark durchwurzelt
	−28	**tbAh-Go-Sw** mb-l(Lwa)	schwach sandiger Lehm; sehr dunkelgelblichgraubraun (10YR 3/3); Eisen- und Manganoxide (fleckig, sehr hoher Flächenanteil); Polyedergefüge; stark humos; stark durchwurzelt
	−46	**tbGo-Sw** mb-u(Uwa)	schluffiger Lehm; gelblichbraungrau (10YR 5/2) bis gelblichbraun (10YR 5/6); Eisen- und Manganoxide (fleckig, sehr hoher Flächenanteil); Polyedergefüge; mittel humos; durchwurzelt
	−52	**IIftbAh°Go-Sd** mb-u(Uwa)	schluffiger Lehm; sehr dunkelbraun (10YR 3/1) bis gelblichbraungrau (10YR 5/2); Eisen- und Manganoxide (fleckig, sehr hoher Flächenanteil); Prismengefüge; mittel humos; schwach durchwurzelt
	−60	**IIftbGo°Go-Sd** mb-t(Twa)	mittel schluffiger Ton; gelblichbraungrau (10YR 5/2) bis sehr dunkelgrau (10YR 3/1); Eisen- und Manganoxide (fleckig, hoher Flächenanteil) und Bleichflecken (überwiegender Flächenanteil); Prismengefüge; schwach humos; sehr schwach durchwurzelt
	−65	**IIIftbAh°Go-Sd** mb-t(Twa)	mittel schluffiger Ton; sehr dunkelgrau (10YR 3/1) bis gelblichbraungrau (10YR 5/2); Eisen- und Manganoxide (fleckig, extrem hoher Flächenanteil); Prismengefüge; schwach humos; sehr schwach durchwurzelt
	−85	**IVtbSw-Go** mb-l(Lwa)	schluffig-lehmiger Sand; hellgelblichbraungrau (10YR 6/2) bis sehr hellbräunlichorange (7,5YR 7/8); Eisen- und Manganoxide (fleckig, sehr hoher Flächenanteil) und Bleichflecken (vorherrschender Flächenanteil); Subpolyedergefüge; sehr schwach humos; sehr schwach durchwurzelt
	−92	**IVtbSd-Go** mb-l(Lwa)	mittel sandiger Lehm; grau (10YR 5/1) bis braungrau (7,5YR 5/2); Eisen- und Manganoxide (fleckig, sehr hoher Flächenanteil) und Bleichflecken (überwiegender Flächenanteil); Subpolyedergefüge; sehr schwach humos; sehr schwach durchwurzelt
	−105	**IVtbGo** mb-l(Lwa)	stark lehmiger Sand; hellgelblichbraungrau (10YR 6/2) bis braunorange (7,5YR 5/8); Eisen- und Manganoxide (fleckig, extrem hoher Flächenanteil) und Bleichflecken (extrem hoher Flächenanteil); sehr schwach humos
	−150+	**VtmGo** mm-s(Swa)	reiner Sand; sehr hellgelblichgraubraun (10YR 7/3) bis braunorange (7,5YR 5/8); Eisen- und Manganoxide (fleckig, sehr hoher Flächenanteil); sehr schwach humos

Abb. 49.9
Marschenlandschaft bei
Hattstedt, Kreis
Nordfriesland, Schleswig-
Holstein (Quelle:
M. Filipinski)

Tab. 49.12 Analysendaten Profil 182

Horizont	Tiefe (cm)	Skelett (Vol.-%)	Sand (M.-%)	Schluff (M.-%)	Ton (M.-%)	Gesamtporen (Vol.-%)	Luftkapazität (Vol.-%)	nutzbare Feldkap. (Vol.-%)	Totwasser (Vol.-%)	Lagerungsdichte (g/cm³)
tbSw-Ah	−6	0	36	42	22	-	-	-	-	-
tbAh-Go-Sw	−28	0	32	48	20	49	6	10	33	1,45
tbGo-Sw	−46	0	27	55	18	-	-	-	-	-
IIftbAh°Go-Sd	−52	0	17	57	26	40	3	3	34	1,77
IIftbGo°Go-Sd	−60	0	4	62	34	43	2	4	37	1,85
IIIftbAh°Go-Sd	−65	0	4	52	44	-	-	-	-	-
IVtbSw-Go	−85	0	40	46	14	39	4	15	20	1,76
IVtbSd-Go	−92	0	44	38	18	35	3	5	27	1,86
IVtbGo	−105	0	60	27	13	-	-	-	-	-
VtmGo	−150+	0	91	5	4	-	-	-	-	-

Horizont	Tiefe (cm)	CaCO₃ (M.-%)	C_org (M.-%)	N_t (M.-%)	C/N	pH H₂O	pH CaCl₂	KAK_pot (cmol_c/kg)	BS (%)	K₂O-DL (mg/100g)	P₂O₅-DL (mg/100g)
tbSw-Ah	−6	-	4,4	0,44	10	5,2	4,6	21	66	43	32
tbAh-Go-Sw	−28	-	4,0	0,39	10	5,3	4,9	18	75	41	17
tbGo-Sw	−46	-	1,4	0,12	12	5,6	5,0	13	72	15	15
IIftbAh°Go-Sd	−52	-	1,2	0,1	13	5,7	5	16	83	18	-
IIftbGo°Go-Sd	−60	-	0,9	0,09	10	5,6	5,2	20	80	23	-
IIIftbAh°Go-Sd	−65	-	0,9	0,1	10	5,8	5,2	24	73	21	-
IVtbSw-Go	−85	-	0,2	0,03	8	6,2	5,5	8	79	19	-
IVtbSd-Go	−92	-	0,2	0,03	7	6,2	5,7	9	93	17	-
IVtbGo	−105	-	0,1	0,02	7	6,4	5,8	6	82	10	-
VtmGo	−150+	-	0,1	0,01	0	6,5	5,6	2	81	8	-

(Quelle: Laboratorien des Umwelt- bzw. Landwirtschaftsbereiches der Landesverwaltung von Schleswig-Holstein)
(* = abgeleiteter Analysenwert)

Vorkommen und Ausgangsgesteine

Dwogmarschen treten in von Gezeiten geprägten Küstenbereichen der Meere und der Flussmündungen auf. Bei der Sedimentation ihrer Ausgangsgesteine herrschten Bedingungen des Stillwasserbereiches vor. Die Verbreitungsgebiete sind seit mehreren hundert Jahren eingedeicht und befinden sich häufig in Geest-Nähe. Sie sind wie die Knickmarschen ein typischer Vertreter der Alten Marsch. Als Ausgangsmaterial der Bodenbildung treten praktisch nur tidal-brackische und tidal-fluviatile Schluffe und Tone in Erscheinung, die aus mindestens zwei unterschiedlichen Sedimentationszyklen stammen.

Bodenprozesse und -eigenschaften

Das prägende Kennzeichen der Dwogmarsch ist die Überlagerung einer älteren Bodenbildung der Marsch durch jüngere Marschensedimente, wobei die ältere Bodenbildung (der Dwog) wasserstauend wirkt. Die oberen Bodenhorizonte sind daher neben den sonst in der Marsch auftretenden Bodenbildungsprozessen wie Aussüßung, Entkalkung, Setzung, Gefügebildung und Grundwasserdynamik zusätzlich durch Stauwasserdynamik geprägt. Die überdeckten Dwöge können sowohl aus fossilen Ah-Horizonten als auch aus fossilen Go-Horizonten hervorgegangen sein und werden dementsprechend als Humus- oder Eisendwog bezeichnet. In manchen Profilen lassen sich auch mehrere Dwöge bis hin zu einem 2000 Jahre alten Dwog nachweisen. In vielen Profilen finden sich die gegenüber der Erosion bei Meerestransgressionen morphologisch stabileren Eisendwöge wieder, während die instabileren ehemaligen Humushorizonte abgetragen wurden. Dwogmarschen dokumentieren somit den ständigen Wechsel von Transgressions- und Regressionsphasen der Nordsee. Sie sind überwiegend carbonatfrei und weisen häufig verdichtete Horizonte auf. Die natürlichen Nährstoffvorräte sind hoch, jedoch sind die Durchlüftung und die Durchwurzelbarkeit des Bodens eingeschränkt.

Nutzung und Vegetation

Wegen ihrer meist schweren Bodenart (Schluff bis Ton) in Verbindung mit wasserstauenden und schwer durchwurzelbaren dichten Unterbodenhorizonten (Dwöge) werden Dwogmarschen überwiegend als Grünland – in den letzten Jahren allerdings zunehmend auch als Acker – genutzt.

Gefährdung

Die größte Gefährdung geht bei den Dwogmarschen von der Befahrung mit schwerem Gerät in zu feuchtem Bodenzustand aus. Hier können irreversible Bodenverdichtungen auftreten. Die Gefahr des Verschlämmens, also des Dichtsetzens der Grobporen des Oberbodens mit Feinmaterial, ist bei schluffigen Dwogmarschen mit schlechter Gefügeausbildung besonders hoch.

Profil 183: Subtyp Normknickmarsch (MKn)

- Bodenausgangsgestein: Wattschlick
- Varietät: basenreiche Knickmarsch (euMKn)
- Typ: Knickmarsch
- Klasse: Marschen
- Substrattyp: m-t(TUwa)
- WRB: Hypereutric Stagnosol (Katoclayic, Humic, Epiloamic, Amphiraptic, Amphiprotovertic, Bathyfluvic, Bathygleyic)
- Bodenregion: Küstenholozän
- Ort: Nordwerdum, Lkr. Wittmund, Niedersachsen
- Profilbild und Horizontabfolge: siehe Tab. 49.13
- Weiteres Profilbild: siehe Abb. 49.10
- Analysendaten: siehe Tab. 49.14
- Autor: Ernst Gehrt

Vorkommen und Ausgangsgesteine

Die Sedimente wurden im Regelfall zwischen 1000 und 1700 n. Chr. im Bereich der Salzwiesen des Deichvorlandes abgelagert. Das Sediment enthält geogen organische Substanz und Sulfate. Eingeschaltete sandige Lagen belegen den Einfluss von Sturmfluten. Während der Sedimentation kommt es zu einer räumlichen Sortierung von schluffigem Sand im Grenzbereich zum Watt (Seeseite) zu schluffigem Ton auf der Landseite. Die Ablagerungen liegen etwa in einer Höhe von 1 m ü. NN. Kleinere nässere Rinnen sind Relikte aus der Sedimentationsphase. Die Knickmarschen finden sich auf den Flachrücken zwischen den Rinnen und haben ab einer Tiefe von 30 bis 35 cm geogen eine tonige Sedimentfazies.

Bodenprozesse und -eigenschaften

Schon synsedimentär kommt es durch die Schwefeldynamik zur Entkalkung, weil aufgrund geringer Sedimentationsraten die Entkalkungsvorgänge gegenüber Kalkneueinträgen überwiegen. Findet dieser Prozess in einem Sedimentationsmilieu statt, das bezüglich Natrium und Magnesium eine bestimmte Ionenzusammensetzung aufweist, wie sie für brackische Wässer charakteristisch ist, kommt es zur Dicht-

Tab. 49.13 Profilbild und Horizontabfolge Profil 183

Profilbild	Horizontgrenze (cm)	Horizonte und ihre Eigenschaften	
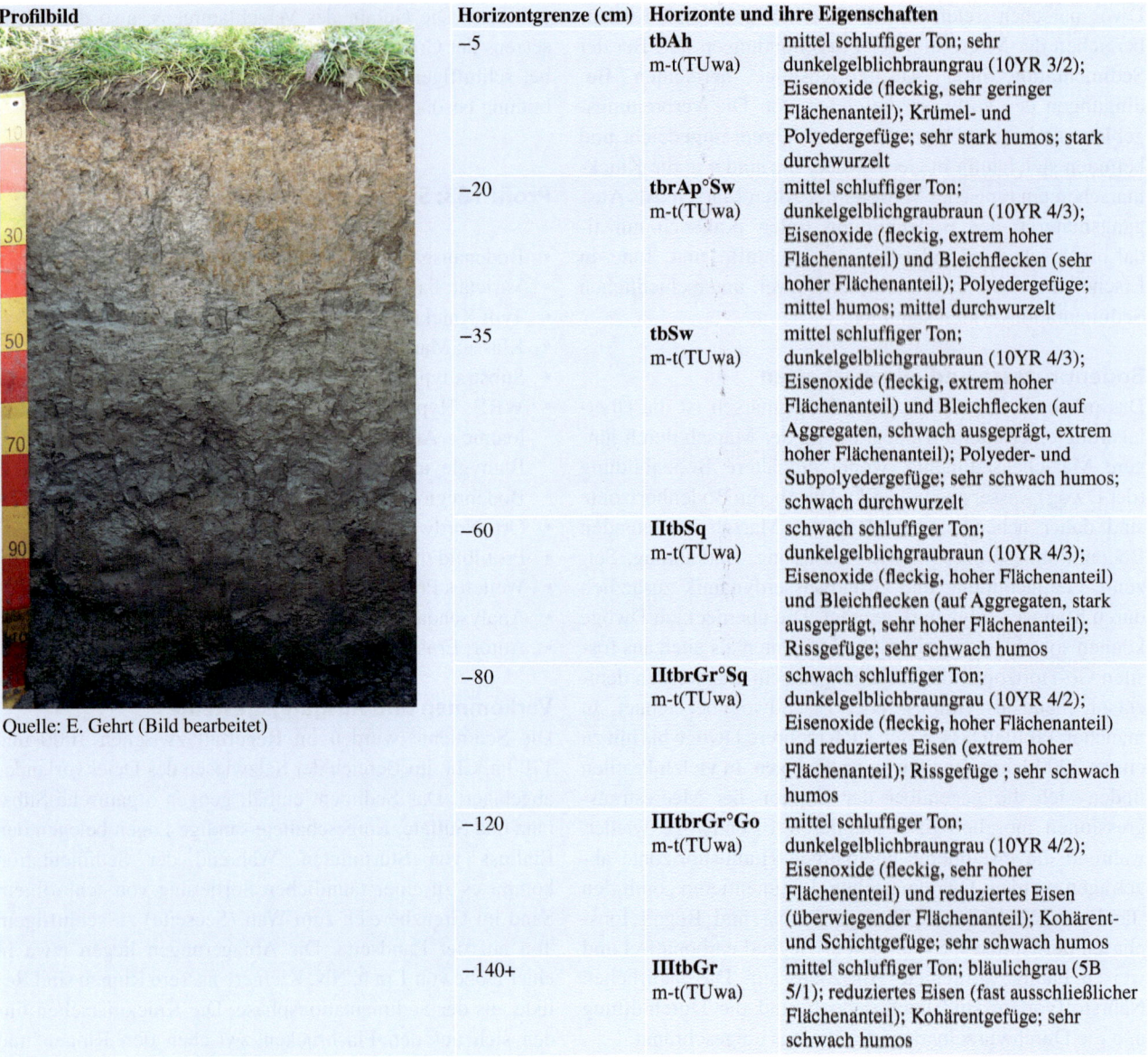 Quelle: E. Gehrt (Bild bearbeitet)	−5	**tbAh** m-t(TUwa)	mittel schluffiger Ton; sehr dunkelgelblichbraungrau (10YR 3/2); Eisenoxide (fleckig, sehr geringer Flächenanteil); Krümel- und Polyedergefüge; sehr stark humos; stark durchwurzelt
	−20	**tbrAp°Sw** m-t(TUwa)	mittel schluffiger Ton; dunkelgelblichgraubraun (10YR 4/3); Eisenoxide (fleckig, extrem hoher Flächenanteil) und Bleichflecken (sehr hoher Flächenanteil); Polyedergefüge; mittel humos; mittel durchwurzelt
	−35	**tbSw** m-t(TUwa)	mittel schluffiger Ton; dunkelgelblichgraubraun (10YR 4/3); Eisenoxide (fleckig, extrem hoher Flächenanteil) und Bleichflecken (auf Aggregaten, schwach ausgeprägt, extrem hoher Flächenanteil); Polyeder- und Subpolyedergefüge; sehr schwach humos; schwach durchwurzelt
	−60	**IItbSq** m-t(TUwa)	schwach schluffiger Ton; dunkelgelblichgraubraun (10YR 4/3); Eisenoxide (fleckig, hoher Flächenanteil) und Bleichflecken (auf Aggregaten, stark ausgeprägt, sehr hoher Flächenanteil); Rissgefüge; sehr schwach humos
	−80	**IItbrGr°Sq** m-t(TUwa)	schwach schluffiger Ton; dunkelgelblichbraungrau (10YR 4/2); Eisenoxide (fleckig, hoher Flächenanteil) und reduziertes Eisen (extrem hoher Flächenanteil); Rissgefüge; sehr schwach humos
	−120	**IIItbrGr°Go** m-t(TUwa)	mittel schluffiger Ton; dunkelgelblichbraungrau (10YR 4/2); Eisenoxide (fleckig, sehr hoher Flächenenteil) und reduziertes Eisen (überwiegender Flächenanteil); Kohärent- und Schichtgefüge; sehr schwach humos
	−140+	**IIItbGr** m-t(TUwa)	mittel schluffiger Ton; bläulichgrau (5B 5/1); reduziertes Eisen (fast ausschließlicher Flächenanteil); Kohärentgefüge; sehr schwach humos

lagerung der tonigen Sedimente im Bereich von 30 bis 80 cm. Mit der Entwässerung der Landschaft änderte sich der Grundwasserstand und die dichtlagernden Tonschichten entwickelten sich zu stauenden Sq-Horizonten. Die stauenden Eigenschaften sind deutlich an der Eisenverteilung zu erkennen. Die Aggregatoberflächen sind reduziert, das Aggregatinnere ist dagegen deutlich durch die oxidativen Eisenausfällungen geprägt. Der rezente mittlere Grundwassertiefstand liegt bei 120 cm. Reduktive Eisenfarben im Sq-Horizont sind Ausdruck der geringen Durchlüftung. Die Oxidationsmerkmale des Go-Horizontes sind aufgrund des darüberliegenden Sq-Horizontes nur schwach ausgeprägt, belegen aber die Grundwasserabsenkung. Eisenausfällungen an Wurzelröhren ab 100 cm sind reliktische Merkmale eines Eisendwogs.

Nutzung und Vegetation

Die Stauwassereigenschaften bei vergleichsweise hohen Grundwasserständen und die schlechte Durchlüftung ermöglichen lediglich eine Grünlandnutzung.

Gefährdung

Für eine anspruchsvollere Nutzung wird heute versucht, die Knickmarschen durch tieferes Pflügen zu meliorieren. Bei geringmächtigen Tonschichten war dies auch erfolgreich. Auf diese Weise sind in den vergangenen Jahren viele Knickmarschen verschwunden. Probleme ergaben sich zum Teil, wenn sulfatsaures Material (z. B. Jarosit) hochgepflügt und damit eine starke Versauerung ausgelöst wurde.

Abb. 49.10 Sw- und
Sq-Horizont der
Knickmarsch; deutlich sind
die reduzierten
Aggregatoberflächen zu
erkennen (Quelle: E. Gehrt)

Tab. 49.14 Analysendaten Profil 183

Horizont	Tiefe (cm)	Skelett (Vol.-%)	Sand (M.-%)	Schluff (M.-%)	Ton (M.-%)	Gesamtporen (Vol.-%)	Luftkapazität (Vol.-%)	nutzbare Feldkap. (Vol.-%)	Totwasser (Vol.-%)	Lagerungsdichte (g/cm³)
tbAh	−5	0	8	55	37	-	-	-	-	-
tbrAp°Sw	−20	0	8	55	37	-	-	-	-	-
tbSw	−35	0	8	54	38	50	10	10	30	-
IItbSq	−60	0	7	48	45	57	12	10	35	-
IItbrGr°Sq	−80	0	7	48	45	-	-	-	-	-
IIItbrGr°Go	−120	0	6	52	42	-	-	-	-	-
IIItbGr	−140+	0	8	59	33	63	15	25	23	-

Horizont	Tiefe (cm)	$CaCO_3$ (M.-%)	C_{org} (M.-%)	N_t (M.-%)	C/N	pH H_2O	pH $CaCl_2$	KAK_{pot} (cmol$_c$/kg)	BS (%)	K_2O-DL (mg/100g)	P_2O_5-DL (mg/100g)
tbAh	−5	-	4,9	-	-	-	5,8	30,4	78	9	-
tbrAp°Sw	−20	-	1,6	-	-	-	5,0	21,7	71	4	-
tbSw	−35	-	0,5	-	-	-	5,3	19,7	85	7	-
IItbSq	−60	-	0,5	-	-	-	5,6	24,4	86	12	-
IItbrGr°Sq	−80	-	0,4	-	-	-	5,6	23,6	88	12	-
IIItbrGr°Go	−120	-	0,3	-	-	-	5,8	22,1	88	12	-
IIItbGr	−140+	-	0,2	-	-	-	5,6	19,2	83	9	-

(Quelle: Landesamt für Bergbau, Energie und Geologie, Hannover)
(* = abgeleiteter Analysenwert)

Profil 184: Subtyp Normorganomarsch (MOn)

- Bodenausgangsgestein: Wattschlick
- Varietät: sulfatreiche Organomarsch (mMOn)
- Typ: Organomarsch
- Klasse: Marschen
- Substrattyp: m-t(TUwa)
- WRB: Dystric Endohyperthionic Gleysol (Clayic, Hyperhumic, Epiraptic, Laxic, Bathyfluvic)
- Bodenregion: Küstenholozän
- Ort: Süder-Frieschenmoor, Lkr. Wesermarsch, Niedersachsen

- Profilbild und Horizontabfolge: siehe Tab. 49.15
- Bodenaggregatbild: siehe Abb. 49.11
- Analysendaten: siehe Tab. 49.16
- Autor: Luise Giani

Vorkommen und Ausgangsgesteine

Organomarschen finden sich vorwiegend im tiefgelegenen Sietland unter 0 m ü.NN. Ihre Besonderheit ist der geogen hohe Anteil organischer Substanz. Die organische Substanz besteht häufig aus Schilfresten, wie im Beispielprofil, ein Hinweis auf brackige, lagunäre Sedimentationsmilieus. In Vergesellschaftung mit Niedermooren besteht die organische

Tab. 49.15 Profilbild und Horizontabfolge Profil 184

Profilbild	Horizontgrenze (cm)	Horizonte und ihre Eigenschaften	
 Quelle: E. Gehrt (Bild bearbeitet)	−11	**tboAh** m-t(TUwa)	schwach schluffiger Ton; dunkelgelblichbraungrau (10YR 4/2); Subpolyedergefüge; extrem humos; stark durchwurzelt
	−24	**tboGo-Ah** m-t(TUwa)	schwach schluffiger Ton; dunkelgelblichbraungrau (10YR 4/2); Eisenoxide (konkretionär, geringer Flächenanteil); Subpolyedergefüge; extrem humos; mittel durchwurzelt
	−28	**IItbnHv** om-Hn	Niedermoortorf; sehr dunkelgelblichbraungrau (10YR 3/2); Subpolyedergefüge; stark durchwurzelt
	−31	**IIItboGo1** m-t(TUwa)	schwach schluffiger Ton; gelblichbraungrau (10YR 5/2); Eisenoxide (konkretionär, sehr hoher Flächenanteil); Polyedergefüge; extrem humos; sehr schwach durchwurzelt
	−39	**IIItboGo2** m-t(TUwa)	schwach schluffiger Ton; hellgrau (10YR 6/1); Eisenoxide (konkretionär, hoher Flächenanteil); Polyedergefüge; sehr stark humos
	−50	**IIItboGo3** m-t(TUwa)	schwach schluffiger Ton; grau (10YR 5/1); Eisenoxide (konkretionär, hoher Flächenanteil); Polyedergefüge; sehr stark humos
	−77	**IIItboGor** m-t(TUwa)	mittel schluffiger Ton; hellbläulichgrau (5B 6/1); Eisenoxide (konkretionär, hoher Flächenanteil) und reduzierte Eisen (diffus verteilt, überwiegender Flächenanteil) und Jarosit (nesterartig, mittlerer Flächenanteil); Kohärentgefüge; sehr stark humos
	−104	**IIItboGr1** m-t(TUwa)	schwach schluffiger Ton; hellbläulichgrau (5B 6/1); reduziertes Eisen (diffus verteilt, fast ausschließlicher Flächenanteil); Kohärentgefüge; sehr stark humos
	−115+	**IIItboGr2** m-t(TUwa)	mittel schluffiger Ton; hellbläulichgrau (5B 6/1); reduziertes Eisen (diffus verteilt, fast ausschließlicher Flächenanteil); Kohärentgefüge; stark humos

Abb. 49.11 Detail links: Jarositausfällung, rechts: Eisenhydroxid (Quelle: E. Gehrt)

Tab. 49.16 Analysendaten Profil 184

Horizont	Tiefe (cm)	Skelett (Vol.-%)	Sand (M.-%)	Schluff (M.-%)	Ton (M.-%)	Gesamtporen (Vol.-%)	Luftkapazität (Vol.-%)	nutzbare Feldkap. (Vol.-%)	Totwasser (Vol.-%)	Lagerungsdichte (g/cm³)
tboAh	−11	0	4	51	45	-	-	-	-	-
tboGo-Ah	−24	0	2	44	54	68	5	15	38	0,68
IItbnHv	−28	0	-	-	-	81	10	22	49	0,23
IIItboGo1	−31	0	1	54	45	-	-	-	-	-
IIItboGo2	−39	0	2	42	56	-	-	-	-	-
IIItboGo3	−50	0	1	42	57	80	12	26	42	0,42
IIItboGor	−77	0	0	58	42	78	12	25	41	0,42
IIItboGr1	−104	0	1	53	46	84	13	24	47	0,34
IIItboGr2	−115+	0	3	54	43	-	-	-	-	-

Horizont	Tiefe (cm)	CaCO₃ (M.-%)	C_{org} (M.-%)	N_t (M.-%)	C/N	pH H_2O	pH $CaCl_2$	KAK_{pot} (cmol$_c$/kg)	BS (%)	K_2O-DL (mg/100g)	P_2O_5-DL (mg/100g)
tboAh	−11	-	12,9	1,1	12	-	5,0	55,2	57	19	28,5
tboGo-Ah	−24	-	14,5	1,0	14	-	4,6	64,4	46	15	12,4
IItbnHv	−28	-	35,7	2,41	15	-	3,9	93,3	31	23	3,8
IIItboGo1	−31	-	12,1	0,9	13	-	3,5	56,3	25	22	3,7
IIItboGo2	−39	-	5,1	0,44	12	-	3,3	35,9	27	25	3,7
IIItboGo3	−50	-	6,2	0,51	12	-	2,8	37,4	26	15	3,7
IIItboGor	−77	-	6,1	0,50	12	-	2,6	27,6	28	7	6,0
IIItboGr1	−104	-	7,8	0,7	12	-	3,2	35,0	48	81	5,5
IIItboGr2	−115+	-	3,0	0,31	10	-	3,7	25,4	56	107	14,3

(Quelle: Landesamt für Bergbau, Energie und Geologie, Hannover)

(* = abgeleiteter Analysenwert)

Substanz aus Torfresten. Ein aktuelles Beispiel im Jadebusen zeigt, dass auch Hochmoortorf in Organomarschen vorkommt und dass sich Organomarschen auch unter Salzwasserbedingungen entwickeln können.

Bodenprozesse und -eigenschaften

Die Entwicklung der Organomarschen lässt sich in drei Phasen untergliedern. Die erste ist unter tidalem Einfluss, in der Sedimentation und anaerobe Prozesse überwiegen. In der zweiten und dritten Phase überwiegen ohne weiteren Meereseinfluss aerobe Prozesse. Kennzeichnend für die erste Phase sind die Anreicherung von reduzierten Schwefelverbindungen (insbesondere Pyrit) aus der Sulfatreduktion, die profilmorphologisch die Grau- und Schwarzfärbung hervorrufen, sowie die synsedimentäre Entkalkung. Im Gegensatz zu anderen Marschböden ist die Akkumulation reduzierter Schwefelverbindungen hier besonders stark, weil die Sulfatreduktion aufgrund großer Mengen organischen Materials intensiv laufen kann. In der zweiten Phase wird der Pyrit oxidiert, und es kommt aufgrund ungenügender Puffersubstanzen durch das fehlende Carbonat zur Schwefelsäureproduktion. Die Folge ist eine extreme Versauerung und die Bildung von Jarosit, der wie im Beispielprofil durch die hellgelbe Farbe auffällt. Die dritte Phase beginnt mit der Säureauswaschung und der Umformung von Jarosit zu Goethit. Profilmorphologisches Kennzeichen sind intensiv rot gefärbte Eisenkonkretionen.

Nutzung und Vegetation

Organomarschen werden im Regelfall als Grünland genutzt. Vorsicht ist bei Aushebung von reduziertem Material geboten, weil die dadurch verursachte schnelle Oxidation große Schwefelsäuremengen freisetzt, die zu erheblichen Versauerungsproblemen führt.

Gefährdung

Es gibt nur wenige Hektar von Organomarschen, die sich gegenwärtig unter Tideeinfluss befinden. Eine Gefährdung von Organomarschen der ersten und zweiten Phase besteht in der Grundwasserabsenkung. Über die Organomarschen der dritten Phase liegen kaum Untersuchungen vor, ihr Gefährdungspotenzial kann deshalb derzeit nicht abgeschätzt werden. Aufgrund des geringen Ertragspotentials der Standorte werden diese häufig für Straßenneubauten etc. bevorzugt.

Literatur

Ad-hoc-AG Boden (2005): Bodenkundliche Kartieranleitung, 5. Auflage. Hrsg.: Bundesanstalt für Geowissenschaften und Rohstoffe, Hannover, Schweizerbart'scher Verlag, Stuttgart
IUSS Working Group WRB (2015): World Reference Base for Soil Resources 2014, Update 2015. Edited by P. Schad, C.W. van Huyssteen & E. Michéli. – FAO, World Soil Resources Reports 106, Rom, Italien

Klasse Ü: Strandböden

Luise Giani, Ernst Gehrt und Peter Schad

Inhaltsverzeichnis

50.1 Allgemeine Charakteristika

In die Klasse der Strandböden werden Böden zusammengefasst, die sich aus holozänen Strandablagerungen im tidal beeinflussten Bereich der Nordseeküste und an der Ostseeküste entwickeln. Die Strandablagerungen müssen definitionsgemäß eine Mächtigkeit von mehr als 3 dm aufweisen und bodenartlich aus reinem Sand bestehen. Bei geringen Carbonatgehalten, meist unter 1 %, ist Quarz mit ca. 98 % das wesentliche Mineral des Ausgangsgesteins. Strandböden werden nicht periodisch sondern nur episodisch durch Sturmfluten überflutet. Entsprechend befinden sie sich zwischen der Mitteltidehochwasserlinie und der Sturmflutgrenze, bzw. dem Beginn des ersten, mehr als 10 m hohen Dünengürtels. Wenn ausgebildet, wird die Untergrenze durch den Spülsaum und die Obergrenze durch Wälle aus Treibsel oder Teek (Treibgut, Schwemmgut) als Sturmflutmarken sichtbar. Ab einer Windstärke von ca. 25 km/h beherrschen äolische Prozesse die Böden. Es bilden sich Ausblasungswannen und Ablagerungsbereiche, beispielsweise im Schutz von Gegenständen, die mit den Fluten eingetragen

werden, wie Muscheln. Die Ablagerungen können sich zu inselartig auftretenden, kleiner als 1 m hohen Pionierdünen entwickeln, die allerdings bei Sturmfluten schnell erodiert werden können. Bei besonders breiten marinen Stränden werden nicht einzelne Pionierdünen auf den Normstränden ausgebildet sondern große Dünenfelder, hinter denen sich bis zum Beginn der Weißdünenkette flache, lagunäre Landschaftselemente bilden können. Äolische Prozesse spielen hier eine wesentlich geringere Rolle und bei besonderen Flutereignissen wird neues Material herangebracht. Diese Faktoren ermöglichen die Entwicklung einer Vegetationsdecke („Grüner Strand"). Diese „Grünen Strände" stellen Übergangslandschaftselemente zu brackigen Formen, Salzmarschen oder Dünentälchen dar.

50.2 Verbreitungsgebiete

Aufgrund der Lage von Strandböden zwischen der Mitteltidehochwasserlinie und der Sturmflutgrenze, bilden sie jeweils nur schmale Streifen im Übergangsbereich von Wasser und Land. Soweit sich der Tideeinfluss ausdehnt, können diese Säume in marinen, brackigen oder Süßwasser geprägten Zonen vorhanden sein. Typische Bilder der Verbreitungsgebiete dieser Bodenklasse zeigen die Abb. 50.1 und 50.2. Eine Karte der regionalen Vorkommen der Klasse der Strandböden zeigt die Abb. 50.3.

L. Giani (✉)
ehemals Universität Oldenburg, Oldenburg, Deutschland

E. Gehrt
ehemals Landesamt für Bergbau, Energie und Geologie, Hannover, Deutschland

P. Schad
Technische Universität München, TUM School of Life Sciences, Lehrstuhl für Bodenkunde, Freising-Weihenstephan, Deutschland

© Springer-Verlag GmbH Deutschland, ein Teil von Springer Nature 2023
H. Joisten et al. (Hrsg.), *Böden Deutschlands, Österreichs und der Schweiz*, https://doi.org/10.1007/978-3-8274-2284-2_50

Abb. 50.1 Pionierdünen auf
der Kachelotplate
(Quelle: L. Giani)

Abb. 50.2 Strand von
Spiekeroog mit Pionierdünen
vorn und Weißdünenkette
im Hintergrund
(Quelle: G. Massmann)

Regionale Verbreitung der Klasse der Strandböden

am Beispiel der Bodenübersichtskarte 1:200.000 - Blatt CC2342 Stralsund (Ausschnitt)

verbreitet bis vorherrschend *(≥ 30% Flächenanteil, Strandböden treten als Leitboden auf)*

Bodenregion

Abb. 50.3 Regionale Verbreitung der Klasse der Strandböden

50.3 Gliederung und Eigenschaften

Innerhalb der Klasse der Strandböden wird ein Typ (Strand) mit drei Subtypen (Norm-, Brack- und Fussstrand) ausgewiesen. Charakteristisch ist jeweils die Ausbildung eines Ai-und G-Horizonts, zwischen denen ein lC-Horizont ausgebildet sein kann. Diese Horizonte können kalk- und/oder salzhaltig sein. Die Subtypen unterscheiden sich bezüglich der Salinität des Wassers. Entsprechend wird die Bezeichnung tm, tb oder tp den Haupthorizontsymbolen vorangestellt. Die starke Morphodynamik, das Ausgangsgestein und die Knappheit an organischer Substanz lassen kaum Bodenentwicklung zu und führen dazu, dass diese Böden kaum zeichnen. So ist in der Regel im Ai-Horizont keine Humusanreicherung vorhanden, und die mit zunehmender Bodentiefe zunehmende dunklere Färbung ist kein pedogenes Merkmal sondern auf zunehmende Nässe zurückzuführen. Reduktionsmerkmale können gelegentlich punktuell im Unterboden auftreten, wenn größere Mengen organischer Substanz, z. B. in Form von Algenpaketen, eingetragen und anaerob mineralisiert werden.

Im Gegensatz zu den morphodynamisch aktiven Bereichen liegen die Humusgehalte der oberen Horizonte der Böden des vegetationsbedeckten „Grünen Strandes" deutlich höher bei 0,5 bis 2 %. Entsprechend sind stets Ai- und Ah-Horizonte und redoximorphe Merkmale ausgebildet.

50.4 Typ und Subtypen

Typ

- Strand (ÜA)

Subtypen

- Normstrand (ÜAn)
- Brackstrand (ÜAb)
- Flussstrand (ÜAf)

50.5 Klassifikation nach WRB

Peter Schad

Die meisten Strände sind in der WRB Arenosols, im Falle ausgeprägter Gleymerkmale auch Gleysols.

50.6 Ausgewählte Bodenprofile

Profil 185: Subtyp Normstrand (ÜAn)

- Bodenausgangsgestein: Strandsand
- Varietät: basenreicher Strand (euÜAn)
- Typ: Strand
- Klasse: Strandböden
- Substrattyp: m-s(Sst)
- WRB: Hypereutric Pantofluvic Katosalic Arenosol (Alcalic, Oxyaquic)
- Bodenregion: Küstenholozän
- Ort: Spiekeroog, Lkr. Wittmund, Niedersachsen
- Profilbild und Horizontabfolge: siehe Tab. 50.1
- Bodenlandschaftsbild: siehe Abb. 50.4
- Analysendaten: siehe Tab. 50.2
- Autor: Luise Giani

Vorkommen und Ausgangsgesteine

Normstrände sind marine Bildungen, gut sichtbar an den im Sand eingebetteten Muscheln bzw. meist sehr groben Muschelresten. Sie befinden sich in einer Zone zwischen Mitteltidehochwasserlinie und dem Rand der Dünen. Wenn ausgebildet, wird die Untergrenze zu den Nassstränden durch den Spülsaum und die Obergrenze durch Treibselwälle als Sturmflutmarken sichtbar. Ab einer Windstärke von ca. 25 km/h beherrschen äolische Prozesse die Böden. Durch Auswehung leichter Sandkörner reichern sich häufig Schwerminerale an der Oberfläche an, die bei abwechselnder Übersandung als meist dunkel gefärbte schmale Residualverwitterungsbänder, auch im Beispielprofil, sichtbar werden.

Tab. 50.1   Profilbild und Horizontabfolge Profil 185

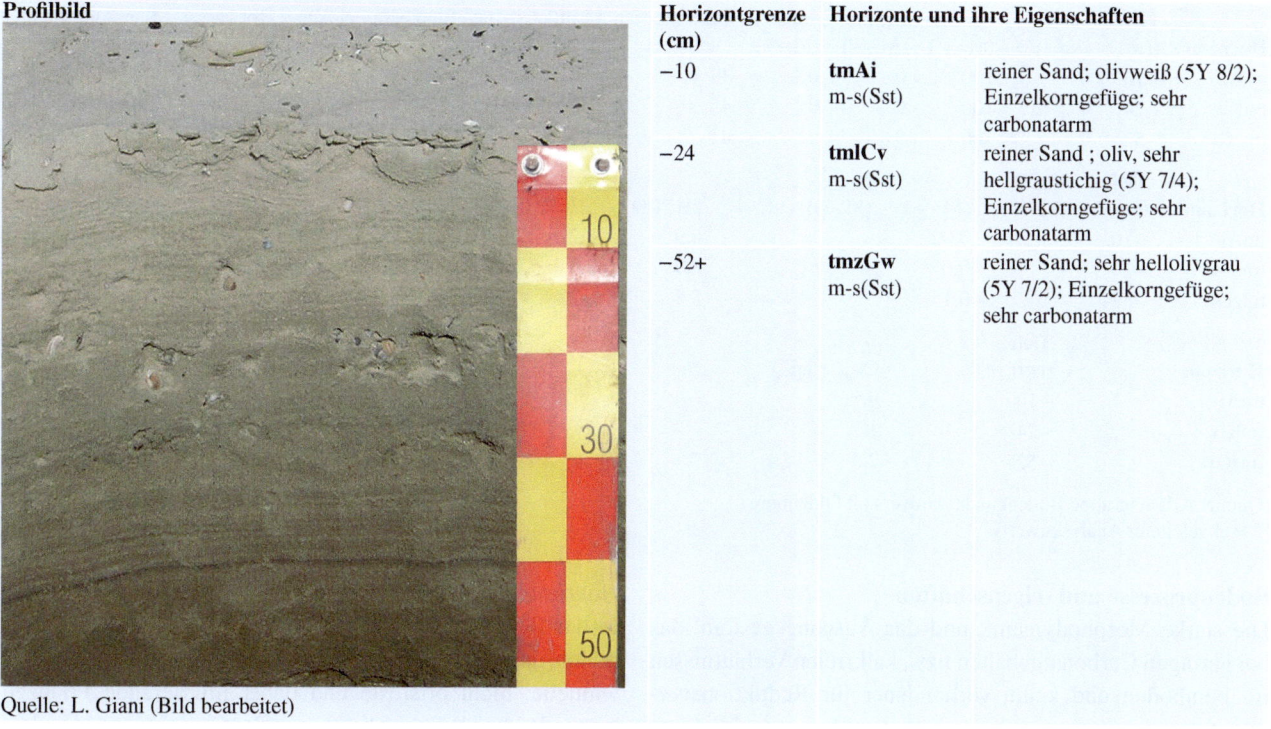

Profilbild

Quelle: L. Giani (Bild bearbeitet)

Horizontgrenze (cm)	Horizonte und ihre Eigenschaften	
−10	**tmAi** m-s(Sst)	reiner Sand; olivweiß (5Y 8/2); Einzelkorngefüge; sehr carbonatarm
−24	**tmlCv** m-s(Sst)	reiner Sand ; oliv, sehr hellgraustichig (5Y 7/4); Einzelkorngefüge; sehr carbonatarm
−52+	**tmzGw** m-s(Sst)	reiner Sand; sehr hellolivgrau (5Y 7/2); Einzelkorngefüge; sehr carbonatarm

Abb. 50.4 Strand von Spiekeroog bei Sturm (Quelle: L. Giani)

Tab. 50.2 Analysendaten Profil 185

Horizont	Tiefe (cm)	Skelett (Vol.-%)	Sand (M.-%)	Schluff (M.-%)	Ton (M.-%)	Gesamtporen (Vol.-%)	Luftkapazität (Vol.-%)	nutzbare Feldkap. (Vol.-%)	Totwasser (Vol.-%)	Lagerungsdichte (g/cm³)
tmAi	−10	0	100	0	0	44	36	6	2	1,31
tmlCv	−24	0	100	0	0	45	35	8	2	1,45
tmzGw	−52+	0	100	0	0	41	32	7	2	1,55

Horizont	Tiefe (cm)	CaCO₃ (M.-%)	C_org (M.-%)	N_t (M.-%)	C/N	pH H₂O	pH CaCl₂	KAK_pot (cmol_c/kg)	BS (%)	K₂O-DL (mg/100 g)	P₂O₅-DL (mg/100 g)
tmAi	−10	-	0,02	-	-	8,9	8,2	0,2	100	2	1
tmlCv	−24	-	0,02	-	-	8,9	8,0	0,2	100	2	1
tmzGw	−52+	-	0,15	-	-	8,8	8,2	0,2	100	2	1

Horizont	Tiefe (cm)	Cl_GBL (mg/l)
tmAi	−10	0,5
tmlCv	−24	1,2
tmzGw	−52+	2,5

(Quelle: Arbeitsgruppe Bodenkunde, Universität Oldenburg)
(* = abgeleiteter Analysenwert)

Bodenprozesse und -eigenschaften

Die starke Morphodynamik und das Ausgangsgestein, das bei geringen Carbonatgehalten bzw. kalkfreien Verhältnissen im Feinboden und kaum vorhandener für Reduktionsvorgänge notwendiger organischer Substanz fast ausschließlich aus Quarz besteht, lassen kaum Bodenentwicklung zu und führen dazu, dass die Normstrände kaum zeichnen. Der Oberboden ist durch einen Ai-Horizont charakterisiert, in dem keine Humusanreicherung sichtbar ist. Die dunklere Farbe des Unterbodens ist kein pedogenes Merkmal sondern auf zunehmende Nässe zurückzuführen. Reduktionsmerkmale in Form von Grau- bis Schwarzfärbung treten ab und an auf, wenn größere Mengen organischer Substanz, z. B. in Form von Algenpaketen, eingetragen und anaerob mineralisiert werden. Der im Vergleich zum Nassstrand zurückgehende Meereseinfluss zeigt sich in dem 2009 gemessenen In-situ-Salinitätswert von 8 ms/cm. Bei gleicher Lage zum Tidehochwasser werden auf der dem Festland zugewandten Seite der Inseln Rohmarschen ausgebildet.

Nutzung und Vegetation

In der Regel sind Normstrände vegetationslos. Ausnahmen bilden der sog. „Grüne Strand" und gelegentlich instabile, annuelle, nicht ortsfeste und daher migrierende Pflanzenbestände, die als Spezialisten, mit der Charakterart Meerkohl (Crambe maritima), die Spülsäume und Treibselwälle besiedeln. Das mit den Fluten dort eingetragene organische Material wird schnell mineralisiert und den Pflanzen zur Verfügung gestellt. Diese eng begrenzte Pflanzenansiedlung zeigt, dass nicht die Morphodynamik der limitierende Faktor für die Pflanzenansiedlung ist, sondern die Nährstoffversorgung. Abgesehen von der touristischen Nutzung als Badestrand findet keine weitere Nutzung statt.

Gefährdung

Eine Gefährdung ist bei Meeresspiegelanstieg gegeben, wenn es keine Möglichkeit der landwärtigen Verschiebung gibt.

Klasse I: Semisubhydrische Böden

Luise Giani, Alexander Gröngröft und Peter Schad

Inhaltsverzeichnis

51.1　Allgemeine Charakteristika

In die Klasse der semisubhydrischen Böden werden Böden zusammengefasst, die sowohl regelmäßig überflutet als auch kurzzeitig trocken fallen. Dadurch bewirkt die Zeit der Belüftung nur eine begrenzte Austrocknung und Oxidation. Die Böden dieser Klasse sind den Wellenbewegungen wie auch den Strömungen ausgesetzt, so dass Erosions- wie auch Sedimentationsvorgänge charakteristisch sind. Während diese Prozesse bei den Nassständen ständig wirken, finden sie bei den Watten hauptsächlich bei Sturmflutereignissen statt. In der Regel ist die Morphodynamik der Watten auf die Strömung und leichten Seegang beschränkt. Das führt dazu, dass Nassstrände immer rein sandige Ausbildungen darstellen, die kaum nachweisbare Mengen an organischer Substanz enthalten. Im Gegensatz dazu ist bei den Watten je nach Strömungsverhältnissen und örtlich sortiert das gesamte Korngrößenspektrum vorhanden. Dazu kommen nicht unerhebliche Mengen an eingetragener organischer Substanz. Diese Unterschiede führen bei gleicher Höhenlage zu unterschiedlichen Bodeneigenschaften von Nassständen und Watten. Typische Bilder dieser Bodenklasse zeigen die Wattlandschaften in Abb. 51.1, 51.2 und 51.3.

L. Giani (✉)
ehemals Universität Oldenburg, Oldenburg, Deutschland

A. Gröngröft
ehemals Universität Hamburg, Hamburg, Deutschland

P. Schad
Technische Universität München, TUM School of Life Sciences,
Lehrstuhl für Bodenkunde, Freising-Weihenstephan, Deutschland

© Springer-Verlag GmbH Deutschland, ein Teil von Springer Nature 2023
H. Joisten et al. (Hrsg.), *Böden Deutschlands, Österreichs und der Schweiz*, https://doi.org/10.1007/978-3-8274-2284-2_51

Abb. 51.1 Watt im südlichen
Jadebusen (Dangast) bei Flut
(Quelle: L. Giani)

Abb. 51.2 Watt im südlichen
Jadebusen (Dangast) bei Ebbe
(Quelle: L. Giani)

51.2   Verbreitungsgebiete

Die Böden dieser Klasse kommen im tidal geprägten Küstenraum vor und beschränken sich dort auf die Höhenlage zwischen der Mitteltideniedrig- und der Mitteltidehochwasserlinie oder, wenn in diesem Bereich höhere Vegetation vorkommt, auf die Höhenlage unterhalb des Vegetationsgürtels bis zur Mitteltideniedrigwasserlinie. Sie bilden kleine Zonen seewärts der Inseln (Nassstrände), größere Flächen zwischen den Inseln und dem Festland und ziehen sich in schmalen Streifen die Flussmündungen hinauf (Watten). Soweit sich der Tideeinfluss ausdehnt, können diese Säume in marinen, brackigen oder Süßwasser geprägten Zonen vorhanden sein. Die regionale Verbreitung der Klasse der Semisubhydrischen Böden zeigt die Karte der Abb. 51.4.

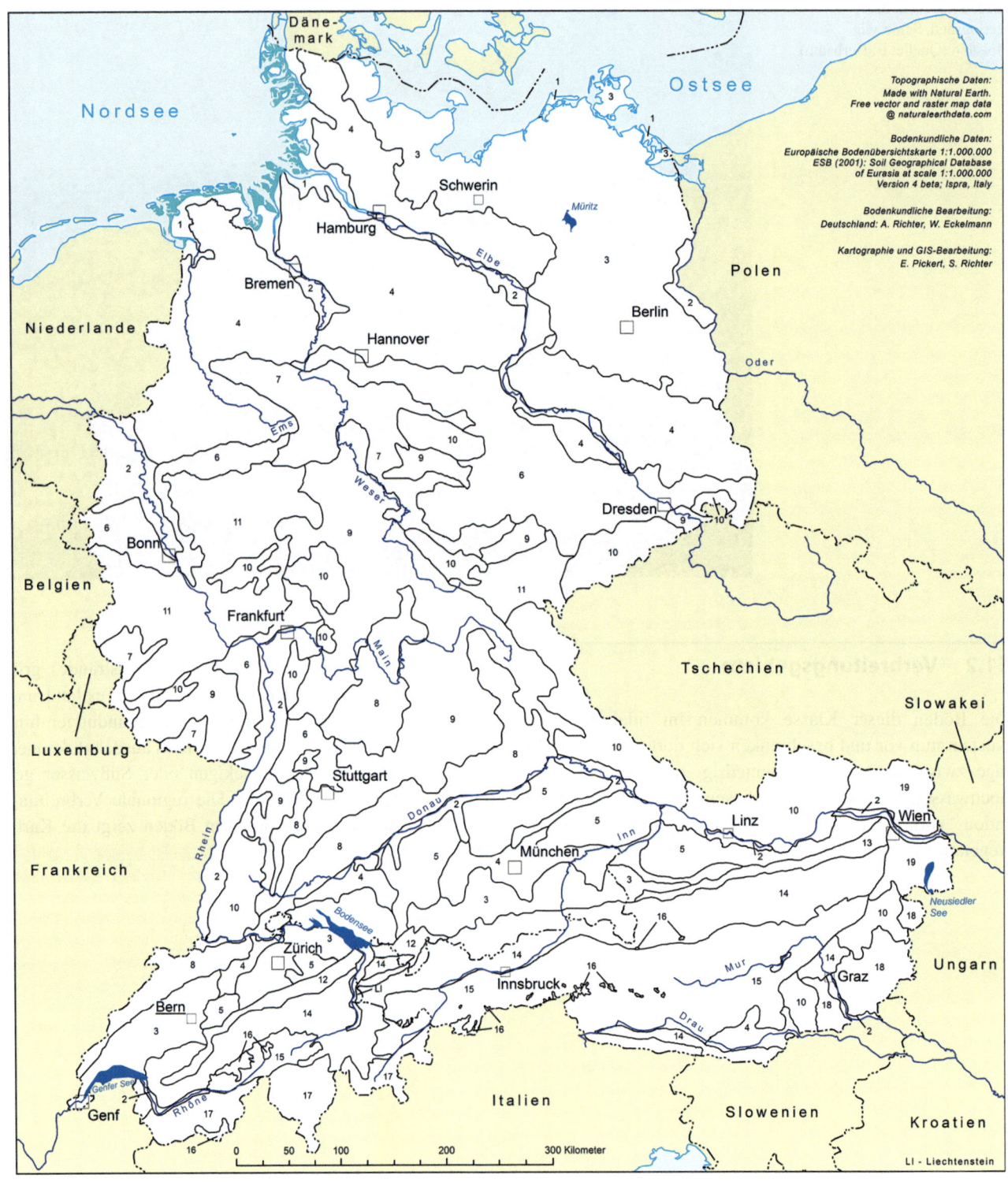

Regionale Verbreitung der Klasse der Semisubhydrischen Böden

verbreitet bis vorherrschend   (≥ 30% Flächenanteil, Semisubhydrische Böden treten als Leitboden auf)

Bodenregion

Abb. 51.4   Regionale Verbreitung der Klasse der Semisubhydrischen Böden

51.3   Gliederung und Eigenschaften

Innerhalb der Klasse der semisubhydrischen Böden werden zwei Typen, der Nassstrand und das Watt, unterschieden. Während für den Nassstrand keine weitere Differenzierung auf Subtypen-Ebene stattfindet, werden beim Watt drei Subtypen nach der Salinität des Wassers unterschieden. Charakteristisch ist die Ausbildung eines zeitweilig mit Wasser erfüllten, nicht zeichnenden Fw-Horizonts beim Nassstrand und eines Fo-Horizonts beim Watt, denen jeweils ein Fr-Horizont folgt.

Bei den Nassständen verhindert die starke Sedimentumlagerung die Ansiedlung von Pflanzen und führt dazu, dass kaum Prozesse der Bodenentwicklung erkennbar sind. So ist selbst die mit zunehmender Bodentiefe zunehmende dunklere Färbung kein pedogenes Merkmal sondern auf stärkere Nässe zurückzuführen. Reduktionsmerkmale können gelegentlich im Unterboden auftreten, soweit organisches Getreibsel mit den Sanden zusammen abgelagert wurde.

Aufgrund geringerer Morphodynamik und höherer Gehalte an organischer Substanz sind die Watten durch ausgeprägte redoximorphe Merkmale gekennzeichnet. Dies ist selbst dann der Fall, wenn eine den Nassständen vergleichbare Körnung vorliegt. Der durch oxidierte Eigenschaften gekennzeichnete Fo-Horizont ist selbst in den Sandwatten nur wenige Zentimeter mächtig, in Schlickwatten ggf. nur wenige Millimeter, so dass die reduzierenden Eigenschaften überwiegen. Dies kann bei besonders intensiver anaerober Mineralisierung dazu führen, dass der Fr-Horizont zeitweise bis an die Oberfläche reicht und sogenannte „Schwarze Flecken" bildet.

51.4   Typen und Subtypen

Typ

- Nassstrand (IA)

Typ

- Watt (IW)

Subtypen

- Normwatt (IWn)
- Brackwatt (IWb)
- Flusswatt (IWf)

51.5   Klassifikation nach WRB

Peter Schad

Die semisubhydrischen Böden gehören in der WRB überwiegend zu den Gleysols und werden mit dem Tidalic Qualifier von anderen Gleysols abgegrenzt.

51.6   Ausgewählte Bodenprofile

Profil 186: Typ Nassstrand (IA)

- Bodenausgangsgestein: Strandsand
- Typ: Nassstrand
- Klasse: Semisubhydrische Böden
- Substrattyp: m-s(Sst)
- WRB: Hypereutric Pantofluvic Pantohypersalic Tidalic Arenosol (Oxyaquic)
- Bodenregion: Küstenholozän
- Ort: Spiekeroog, Lkr. Wittmund, Niedersachsen
- Profilbild und Horizontabfolge: siehe Tab. 51.1
- Bodenlandschaftsbild: siehe Abb. 51.5
- Analysendaten: siehe Tab. 51.2
- Autor: Luise Giani

Vorkommen und Ausgangsgesteine
Nassstrände befinden sich an der Meeresküste in der Zone zwischen Mitteltideniedrigwasserlinie und Mitteltidehochwasserlinie. Wenn ausgebildet, ist ihre Obergrenze anhand von Flutmarken, den Spülsäumen, zu erkennen. Die Böden sind periodisch den Kräften von Seegang, Strömung und auslaufenden Wellen ausgesetzt, die Transport- und Ablagerungsprozesse auslösen. Das Bodenmaterial bleibt dadurch in ständiger Umlagerung. Während der Ebbphase und einer Windstärke von ca. 50 km/h können Sandkörner losgerissen und verfrachtet werden. Oberflächenmorphologisches Kennzeichen und Unterscheidungsmerkmal zu den Normständen ist das Auftreten von sog. Rippeln (s. Beispielprofil).

Bodenprozesse und -eigenschaften
Die starke Morphodynamik und das Ausgangsgestein, das überwiegend aus Quarz besteht und wenig für Reduktionsvorgänge notwendige organische Substanz aufweist, lassen kaum Bodenentwicklung zu. Dies hat zur Folge, dass nicht nur der obere Fw-Horizont, sondern auch der Fr-Horizont nicht zeichnet. Die reduzierenden Eigenschaften des Unter-

Tab. 51.1 Profilbild und Horizontabfolge Profil 186

Profilbild	Horizont-grenze (cm)	Horizonte und ihre Eigenschaften	
	−20	**tmzFw** m-s(Sst)	reiner Sand; olivweiß (5Y 8/2); Einzelkorngefüge; sehr carbonatarm
	−40+	**tmzFr** m-s(Sst)	reiner Sand; fahloliv (5Y 8/4); Einzelkorngefüge; sehr carbonatarm

Quelle: L. Giani (Bild bearbeitet)

Abb. 51.5 Spülsaum auf der Kachelotplate (Ausschnitt mit Meersenf (Cakile maritima)) (Quelle: L. Giani)

Tab. 51.2 Analysendaten Profil 186

Horizont	Tiefe (cm)	Skelett (Vol.-%)	Sand (M.-%)	Schluff (M.-%)	Ton (M.-%)	Gesamtporen (Vol.-%)	Luftkapazität (Vol.-%)	nutzbare Feldkap. (Vol.-%)	Totwasser (Vol.-%)	Lagerungsdichte (g/cm³)
tmzFw	−20	0	100	0	0	42	33	7	2	1,47
tmzFr	−40+	0	100	0	0	38	30	6	2	1,65

Horizont	Tiefe (cm)	CaCO₃ (M.-%)	C_org (M.-%)	N_t (M.-%)	C/N	pH H₂O	pH CaCl₂	KAK_pot (cmol_c/kg)	BS (%)	K₂O-DL (mg/100 g)	P₂O₅-DL (mg/100 g)
tmzFw	−20	-	0,05	-	-	7,7	7,0	0,5	100	2	1
tmzFr	−40+	-	0,06	-	-	7,6	7,0	0,5	100	1	1

Horizont	Tiefe (cm)	Cl_GBL (g/l)	S_t (g/kg)	rH
tmzFw	−20	3,3	0,2	32,8
tmzFr	−40+	3,1	0,1	25,5

(Quelle: Arbeitsgruppe Bodenkunde, Universität Oldenburg)

(* = abgeleiteter Analysenwert)

bodens werden allerdings chemisch im rH-Wert erkennbar, der sauerstofffreie Verhältnisse anzeigt. Nassstrände zeichnen sich also durch Reduktomorphose aus, ohne dass sie im Profil sichtbar wird. Reduktionsmerkmale in Form von Grau- bis Schwarzfärbung treten ab und an auf, wenn größere Mengen organischer Substanz, z. B. in Form von Algenpaketen, eingetragen und anaerob mineralisiert werden. Der marine Einfluss dieser Böden bestätigt sich in dem In-situ-Salinitätswert von 50 ms/cm, der während der Profilaufnahme im Sommer 2009 gemessen wurde. Bei gleicher Lage zum Tidehochwasser und gleicher Körnung werden in den dem Festland zugewandten Böden der Insel, den Watten, stärker zeichnende Eigenschaften ausgebildet. Weil bei den Nassstränden keine Subtyp-Ebene ausgewiesen ist, handelt es sich hier um ein Beispiel der Bodentyp-Ebene.

Nutzung und Vegetation

Die starke Morphodynamik und das Ausgangsgestein verhindern jegliche Ansiedlung von Vegetation. Abgesehen von der touristischen Nutzung als Badestrand findet keine weitere Nutzung statt.

Gefährdung

Eine Gefährdung ist bei Meeresspiegelanstieg gegeben, wenn es keine Möglichkeit der landwärtigen Verschiebung gibt.

Profil 187: Subtyp Normwatt (IWn)

- Bodenausgangsgestein: Wattsand
- Varietät: basenreiches salzhaltiges Watt (eu.zIWn)
- Typ: Watt

- Klasse: Semisubhydrische Böden
- Substrattyp: m-s(Swa)
- WRB: Hypereutric Pantofluvic Reductigleyic Tidalic Gleysol (Pantoarenic, Ochric, Epiraptic, Pantohypersalic, Katosulfidic)
- Bodenregion: Küstenholozän
- Ort: Spiekeroog, Lkr. Wittmund, Niedersachsen
- Profilbild und Horizontabfolge: siehe Tab. 51.3
- Weiteres Profilbild: siehe Abb. 51.6
- Analysendaten: siehe Tab. 51.4
- Autor: Luise Giani

Vorkommen und Ausgangsgesteine

Normwatten entwickeln sich aus marinen Wattsedimenten, im Beispielprofil aus marinem Wattsand. Unverfestigte Wattsedimente, die immer auch organisches Material enthalten, werden von Tideströmungen und Seegang wiederholt abgetragen und zu Zeiten relativer Wasserruhe erneut abgelagert. Aufgrund räumlich unterschiedlicher Sedimentationsbedingungen kommt es zur Sortierung nach Korngrößen. In den landnahen Flach- und Stillwasserbereichen kommen Feinmaterialien zur Ablagerung, in landfernen, einer stärkeren Hydrodynamik ausgesetzten Gebieten dagegen gröbere Sedimente. Die dadurch entstandenen küstenparallel angeordneten Zonen werden sedimentologisch als Schlick-, Misch- und Sandwatt bezeichnet. Dadurch sind Wattböden besonders dynamische Systeme, was auch im Beispielprofil zum Ausdruck kommt, das eine dünne, frisch sedimentierte Sandlage aufweist.

Bodenprozesse und -eigenschaften

Charakteristische Prozesse sind Materialtransport und -ablagerung, Reduktion von Eisen-, Mangan- und

Tab. 51.3 Profilbild und Horizontabfolge Profil 187

Profilbild	Horizont-grenze (cm)	Horizonte und ihre Eigenschaften	
	−1	**tmzFo** m-s(Swa)	reiner Sand; sehr hellgelblichbraungrau (10YR 7/2); Eisenoxide (geringer Flächenanteil); Einzelkorngefüge; carbonatarm; sehr schwach humos
	−12	**IItmzFro** m-s(Swa)	reiner Sand; grau, olivstichig (2,5Y 5/1); Eisenoxide (röhrenartig, mittlerer Flächenanteil) und reduziertes Eisen (adrig und fleckig, hoher Flächenanteil); Einzelkorngefüge; carbonatarm; sehr schwach humos
	−20+	**IItmzFr** m-s(Swa)	reiner Sand; grau, hellolivstichig (2,5Y 6/1); reduziertes Eisen (adrig und fleckig, fast ausschließlicher Flächenanteil); Einzelkorngefüge; carbonatarm; sehr schwach humos

Quelle: S. Vormstein (Bild bearbeitet)

Schwefelverbindungen, Schwefelakkumulation, Ab- und Umbau organischer Substanz und Methanproduktion. Die Sulfatreduktion ist der dominierende anaerobe Abbauprozess. Ihre Produkte sind reduzierte Schwefeleisenverbindungen, die anhand der grauen Farbe des Pyrits und der schwarzen Farbe des Schwefeleisens als Flecken oder homogen verteilt auch im Beispielprofil sichtbar sind. Oxidationsmerkmale mit Braunfärbung sind auf den Oberboden beschränkt und durch biotische Aktivität hervorgerufen. Im Beispielprofil ist oberhalb des reduzierten Bereichs mit Oxidationsmerkmalen nur an Wurmröhren eine frisch abgelagerte Sandschicht zu sehen. Deren Oxidationsmerkmale dürfen nicht mit Schichten von Kieselalgen (Diatomeen) verwechselt werden, die häufig auf den Böden ausgebildet sind. Es ist zu vermuten, dass diese Lage bald die gleichen Merkmale wie der darunter vorhandene Fro-Horizont ausbildet und damit nicht mehr als eigene Schicht erkennbar sein wird. Die Normwatten finden sich zwischen den Inseln und dem Festland. Bei gleicher Lage zum Tidehochwasser werden auf der Strandseite der Inseln Nassstrände ausgebildet, deren Dynamik sich bezüglich vieler Eigenschaften unterscheidet. Gemeinsam ist beiden die Salinität, die zum Beprobungszeitpunkt im Sommer 2009 jeweils 50 mS/cm betrug.

Nutzung und Vegetation

Das Normwatt ist in der Regel vegetationslos. Gelegentlich kommen Seegrasbestände (Gattung Zostera) vor, die in der Vergangenheit weiter verbreitet waren und sog. Seegraswiesen ausbildeten. Eine Nutzung findet nicht statt.

Gefährdung

Eine Gefährdung ist bei zunehmendem Meeresspiegelanstig vorhanden, wenn es keine Möglichkeit der landwärtigen Verschiebung der tidal beeinflussten Landschaftsräume gibt.

Abb. 51.6 Normwatt aus Wattton (Quelle: K. Klement, T. Köhler)

Tab. 51.4 Analysendaten Profil 187

Horizont	Tiefe (cm)	Skelett (Vol.-%)	Sand (M.-%)	Schluff (M.-%)	Ton (M.-%)	Gesamtporen (Vol.-%)	Luftkapazität (Vol.-%)	nutzbare Feldkap. (Vol.-%)	Totwasser (Vol.-%)	Lagerungsdichte (g/cm³)
tmzFo	−1	0	-	-	-	-	-	-	-	-
IItmzFro	−12	0	96	2	2	39	30	7	2	1,6
IItmzFr	−20+	0	98	1	1	38	29	7	2	1,7

Horizont	Tiefe (cm)	CaCO₃ (M.-%)	C_org (M.-%)	N_t (M.-%)	C/N	pH H₂O	pH CaCl₂	KAK_pot (cmol_c/kg)	BS (%)	K₂O-DL (mg/100 g)	P₂O₅-DL (mg/100 g)
tmzFo	−1	-	-	-	-	-	-	-	-	-	-
IItmzFro	−12	1	0,3	-	-	7,5	7,2	0,5	100	2	1
IItmzFr	−20+	1	0,3	-	-	7,8	7,3	0,5	100	2	1

Horizont	Tiefe (cm)	Cl_GBL (g/l)	S_t (g/kg)	rH
tmzFo	−1			
IItmzFro	−12	3,7	1,4	20,7
IItmzFr	−20+	3,9	1,0	10,3

(Quelle: Arbeitsgruppe Bodenkunde, Universität Oldenburg)
(* = abgeleiteter Analysenwert)

Klasse J: Subhydrische Böden

52

Ralf Sinapius, Holger Joisten, Fred Franzke
und Peter Schad

Inhaltsverzeichnis

52.1 Allgemeine Charakteristika

Subhydrischen Böden (Unterwasserböden) entstehen am Grund von (Binnen-)Gewässern. Sie sind allseitig vom Wasser durchdrungen und in der Regel durch einen humosen F-Horizontcharakterisiert (vgl. Bodenkundliche Kartieranleitung (KA5)).

52.2 Verbreitungsgebiete

Die Unterwasserböden kommen entsprechend der Gewässerverteilung auf dem Festland vor. In den Flüssen und Bächen überwiegen die humusarmen bis humusfreien Unterwasserböden. In den großen Auenlandschaften existieren huminstoffreiche Unterwasserböden in den Altarmgewässern. Die Böden der Seen sind entsprechend ihrer Trophiestufe entwickelt. In den Alpenseen von Süddeutschland und den grundwassergespeisten Klarwasserseen Nordostdeutschlands überwiegen F-Horizonte mit sehr geringem Anteil von organischer Substanz. In Niederungsgebieten des Norddeutschen Tieflandes existieren fossile oder reliktische subhydrische Böden in Form von in der Regel Torf überdeckten Mudden, auch Kalkmudden. Kleinräumig verbreitet, aber ökologisch sehr wertvolle Bereiche stellen die dystrophen Moorseen dar. Die Unterwasserböden treten weiterhin in Teichlandschaften, zum Beispiel in der Oberpfalz oder in der Oberlausitz häufig auf. Ein bedeutendes Ausmaß besitzen die Subhydrischen Böden auch in den Gewässern der Bergbaufolgelandschaften, insbesondere des Braunkohlenbergbaus von Mittel- und Ostdeutschland. Typische Bilder von subhydrischen Böden dieser Klasse zeigen Abb. 52.1, 52.2, 52.3 und 52.4. Die regionale Verbreitung der Klasse der Subhydrischen Böden zeigt die Karte der Abb. 52.5.

R. Sinapius (✉)
Büro für Bodenkunde, Voigtsdorf, Deutschland

H. Joisten
ehemals Sächsisches Landesamt für Umwelt, Landwirtschaft und Geologie, Dresden, Deutschland

F. Franzke
terraf Ingenieurbüro, Frauenstein, Deutschland

P. Schad
Technische Universität München, TUM School of Life Sciences, Lehrstuhl für Bodenkunde, Freising-Weihenstephan, Deutschland

© Springer-Verlag GmbH Deutschland, ein Teil von Springer Nature 2023
H. Joisten et al. (Hrsg.), *Böden Deutschlands, Österreichs und der Schweiz*, https://doi.org/10.1007/978-3-8274-2284-2_52

Abb. 52.1 Protopedon mit
Eisenschlamm, am Ufer
trocken gefalllen als Kruste.
Scheibsee, ein Restloch des
Tagebaus Scheibe bei
Hoyerswerda (Sachsen)
(Quelle: R. Sinapius)

Abb. 52.2 Unterwasser-
boden mit Geweihschwamm
Talsperre Klingenberg
(Sachsen) (Quelle: Unter-
wasseraufnahme von F.
Franzke)

Abb. 52.3 Unterwasserboden, Kiesgrubensee Luppa,
Landkreis Nordsachsen
(Quelle: Unterwasserauf-
nahme von F. Franzke)

Abb. 52.4 Unterwasserbodenprobe, Kiesgrube Naunhof, Naun-
hofer See, Landkreis Leipzig (Sachsen) (Quelle: Tauchgang und
Probennahme von F. Franzke)

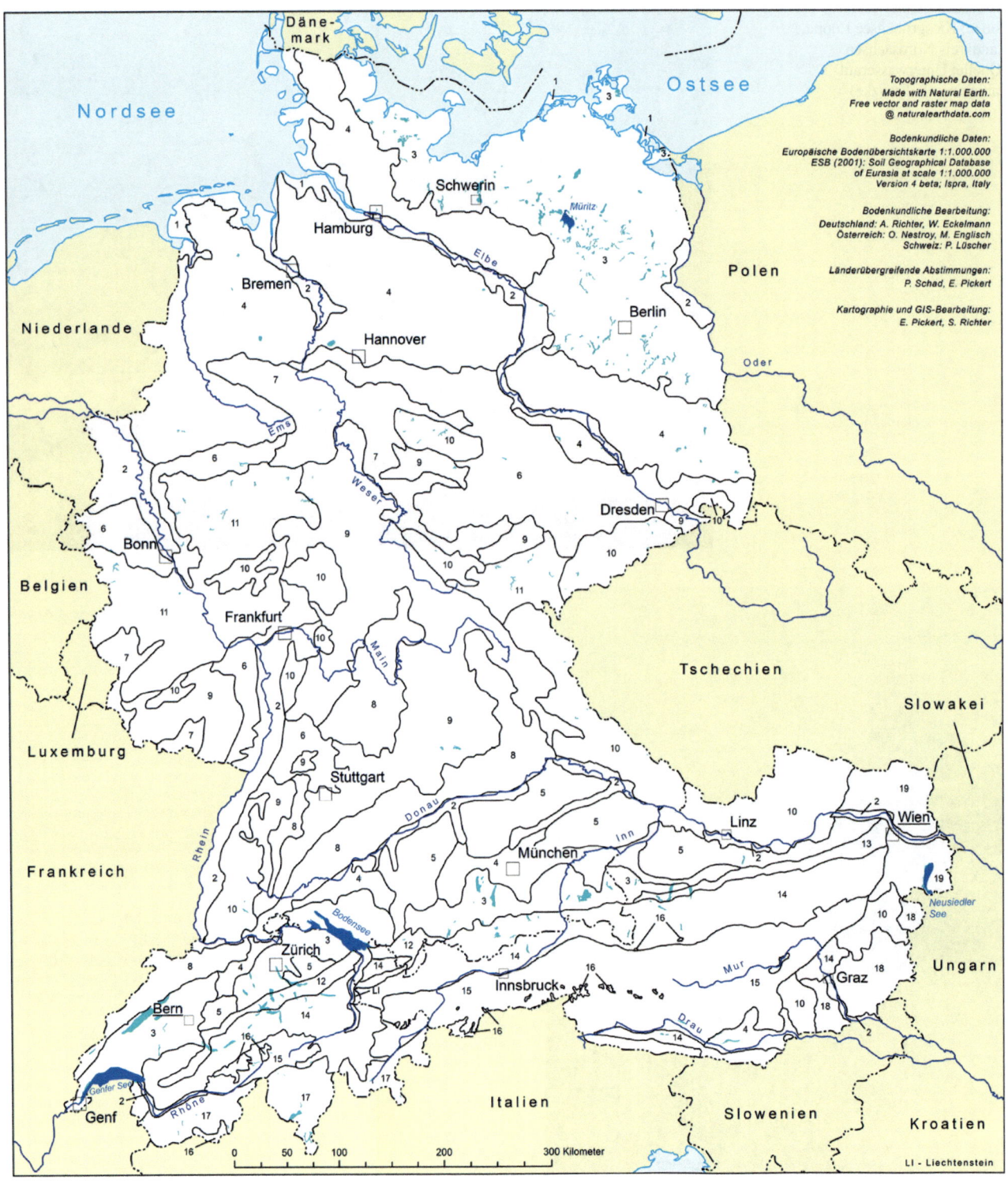

Regionale Verbreitung der Klasse der Subhydrischen Böden (Unterwasserböden)

▇ verbreitet bis vorherrschend   *(≥ 30% Flächenanteil, Subhydrische Böden treten als Leitboden auf)*

╱ Bodenregion

Abb. 52.5 Regionale Verbreitung der Klasse der Subhydrischen Böden (Unterwasserböden)

52.3 Gliederung und Eigenschaften

Subhydrische Böden sind bisher nur wenig untersucht. Bodenbildung findet aber auch unter Wasser statt. Ein besonderes und ökologisch relevantes Phänomen von Unterwasserböden in Brandenburg und in Sachsen sind Eisenhydroxid-Ausfällungen als Folge des Braunkohlenbergbaus. Die Bergbauwässer und Grundwässer führen in der Lausitz hohe Frachten von Fe^{+2} – Ionen, welche bei Sauerstoffzunahme durch Grundwasseranstieg oder als geflutete Pumpwässer in Form von Eisenhydroxid (Ferrihydrit) ausfällen. Das führt zum vollständigen Verkrusten des Unterwasserbodens und damit zu einem lebensfeindlichen Milieu. Ein Beispiel hierfür ist die Verockerung der Spree und die einhergehende Gefährdung des Spreewaldes.

Die Subhydrischen Böden werden in Form von 4 Bodentypen gegliedert (vgl. KA5).

Subtypen wurden bisher nach Bodenkundlicher Kartieranleitung nicht definiert.

Protopedon (JP) ist ein Unterwasserboden mit Fi-Horizont. Er besteht aus verschiedenen Sedimenten ohne makroskopisch sichtbaren Humus und ist besiedelt durch Organismen (Fi/...-Profil). Vorkommen sind sauerstoffreiche Gewässer mit stärkerer Wasserbewegung oder geflutete Restlöcher ehemaliger Tagebaubetriebe und Talsperren, deren Unterwasserböden sich im Initialstadium der Bodenentwicklung befinden.

Gyttja (JG) ist ein Unterwasserboden (Grauschlammboden) mit Fo-Horizont. Er besteht aus organischen und/oder mineralischen, meist limnischen Sedimenten und ist durch weitgehenden Abbau pflanzlicher und tierischer Stoffe entstanden. In der Regel sind es Mudden, die nährstoffreich und gut durchlüftet sind. Der Fo-Horizont ist gekennzeichnet durch FeII-/FeIII- Mischoxide, hat olivgrüne, graue oder graubraune Färbung und ist meist reich an organischer Substanz, rH-Werte ≥ 13 (Fo/...-Profil).

Sapropel (JS) ist ein Unterwasserboden mit meist schwärzlichem Fr-Horizont (rH-Werte < 13). Er besteht oft aus organischen limnischen Sedimenten (Faulschlamm) oder entwickelt sich aus den am Gewässergrund anstehenden Substraten, hat häufig Metallsulfide, ist nährstoffreich und schlecht durchlüftet (Fr/...-Profil). Verfestigen sich Faulschlämme, können sie ein Gestein bilden, was als Sapropelit bezeichnet wird.

Dy (JD) ist ein Unterwasserboden, typisch für huminsäurereiche Stillgewässer. Er hat einen Fh-Horizont (rH-Werte < 19), besteht aus dunkelbraunen, sauren Huminstoffgelen (Braunschlamm aus pflanzlichem Detritus mit Algenresten), ist nährstoffarm und schlecht durchlüftet mit starkem Sauerstoff-Schwund.

52.4 Typen und Subtypen

Typ

- Protopedon (JP)

Typ

- Gyttja (JG)

Typ

- Sapropel (JS)

Typ

- Dy (JD)

52.5 Klassifikation nach WRB

Peter Schad

Die subhydrischen Böden werden in der WRB bei den Gleysols eingeordnet und durch den Subaquatic Qualifier näher gekennzeichnet.

52.6 Ausgewählte Bodenprofile

Profil 188 Typ: Gyttja (JG)

- Bodenausgangsgestein: flacher Seesand über Flusssand
- Klasse: Subhydrische Böden
- Substrattyp: f-s(Fs)\f-(k)s(Sf)
- WRB: Hypereutric Pantofluvic Subaquatic Arenosol (Ochric, Katooxyaquic)
- Bodenregion: Altmoränenlandschaften
- Ort: Klitten, Lkr. Görlitz, Sachsen
- Profilbild und Horizontabfolge: siehe Tab. 52.1
- Bodenlandschaftsbild: siehe Abb. 52.6
- Analysendaten: siehe Tab. 52.2
- Autor: Ralf Sinapius

Vorkommen und Ausgangsgesteine

In der Oberlausitz liegt das größte mitteleuropäische Teichgebiet. Dort haben sich verbreitet Gyttjen ausgebildet. Die Teichwirtschaft ist in der Region ab dem 13. Jahrhundert nachgewiesen. Die Teiche wurden auf Auenböden, in Niedermooren und flachen Gleyen außerhalb von Auen angelegt.

Tab. 52.1 Profilbild und Horizontabfolge Profil 188 (Quelle: R. Sinapius (Bild bearbeitet))

Profilbild	Horizont-grenze (cm)	Horizonte und ihre Eigenschaften	
	−3	**oFo** f-(k)s(Fss)	schwach toniger Sand, schwach kiesig; dunkelgrau, olivstichig (5Y 4/1); sehr carbonatarm; stark humos
	−7	**IIFo** f-s(Fss)	reiner Sand, sehr schwach kiesig; grau, olivstichig (5Y 5/1); Eisenoxide (fleckig, diffus, mittlerer Flächenanteil); Einzelkorngefüge; sehr schwach humos
	−100	**IIIGw** f-(k)s(Sf)	reiner Sand, schwach kiesig; sehr olivbraun, hellgraustichig (2,5Y 7/4); sehr schwach gebleicht (diffus, fast ausschließlicher Flächenanteil); Einzelkorngefüge; carbonatarm

Quelle: R. Sinapius (Bild bearbeitet)

Abb. 52.6 Ein abgelassener Großteich der Oberlausitzer Heide- und Teichlandschaft bei Klitten (Quelle: R. Sinapius)

Die oberflächennahen Grundwässer zur Wasserversorgung der Teiche befinden sich in ausgedehnten peri-glaziär-fluviatilen Sanden der Weichselzeit, in saalezeitlichen sandig-kiesigen Schmelzwasserablagerungen und in holozänen Sanden flacher Auen.

Bodenprozesse und -eigenschaften

Die durchschnittliche Wassertiefe der Teiche beträgt nur < 1 m. Bei Bewirtschaftung werden die Teiche im Herbst, teils auch im Frühjahr bis Frühsommer abgelassen. Dies dient nicht nur dem Abfischen sondern vor allem dem aeroben Hu-

Tab. 52.2 Analysendaten Profil 188

Horizont	Tiefe (cm)	Skelett (Vol.-%)	Sand (M.-%)	Schluff (M.-%)	Ton (M.-%)	Gesamtporen (Vol.-%)	Luftkapazität (Vol.-%)	nutzbare Feldkap. (Vol.-%)	Totwasser (Vol.-%)	Lagerungsdichte (g/cm3)
oFo	−3	3	88-	7	5	-	-	-	-	-
IIFo	−7	1	100	0	0	-	-	-	-	-
IIIGw	−100	3	96	4	0	-	-	-	-	-

Horizont	Tiefe (cm)	CaCO3 (M.-%)	Corg (M.-%)	Nt (M.-%)	C/N	pH H2O	pH CaCl2	KAKpot (cmolc/kg)	BS (%)	K2O-DL (mg/100g)	P2O5-DL (mg/100g)
oFo	−3	0,1	2,6	0,20	13	-	6,3	12,0	-	10	7
IIFo	−7	-	0,4	0,03	13	-	5,6	-	-	2	2
IIIGw	−100	0,8	<0,1	<0,01	-	-	7,2	1,5	-	1	1

(Quelle: Sächsisches Landesamt für Umwelt, Landwirtschaft und Geologie)
(* = abgeleiteter Analysenwert)

musabbau im F-Horizont. Die Sapropelentwicklung mit Sauerstoffmangel wird für die nächste „Be-spannungs"-Periode des Teiches unterbunden. Zugleich können Schädlinge, wie z. B. Fischegel, reduziert werden. Der Fo-Horizont zeigt starke Humosität > 4 %. Eine Sauerstoff-zufuhr für die Teiche wird auch durch das Durchströmen mittels weitverzweigter Grabensysteme erreicht.

Nutzung und Vegetation

Insgesamt existieren über 1000 Teiche in der nördlichen Oberlausitz. Gegenwärtig werden in der Region ca. 5000 ha Teichfläche mit unterschiedlicher Intensität bewirtschaftet. Die zahlreichen Teichgruppen erreichen bis 350 ha Größe. Die Hauptfischart ist der Lausitzer Spiegelkarpfen, wichtige Nebenfischarten sind Hecht, Zander, Schlei, Wels und Stör. Seit einigen Jahren werden die Teiche sämtlich extensiv teils auch nach zertifizierten ökologischen Kriterien bewirt-schaftet. Ab dem 19. Jahrhundert wurden Teiche auch in Grünland- oder Forstflächen umgewandelt. Zahlreiche Tei-che werden nur unregelmäßig bewirtschaftet. In der Kern-zone des Biosphärenreservates Oberlausitzer Heide- und Teichlandschaft sind die Gewässer auch ihrer natürlichen Entwicklung überlassen.

Gefährdung

Die Gyttjen entwickeln sich bei Nichtbewirtschaftung der Tei-che zu Sapropelen. Bei Verlandung der Teiche können sie in Anmoorgleye und Niedermoore übergehen. Bei intensiver Fischzucht, wie sie bis 1990 in der Region typisch war, ent-wickeln sich die Teiche zu stark eutrophen Emittenten. Noch Ende der 1980er-Jahre wurden bis über 2 t Karpfen pro Hektar und Jahr geerntet. Dies führte dann zu extremer Eutrophierung.

Profil 189 Typ: Sapropel (JS)

- Bodenausgangsgestein: Tonmudde über tiefem Auenton
- Klasse: Subhydrische Böden
- Substrattyp: f-t(Fmt)//f-t(Tfo)
- WRB: Eutric Reductigleyic Subaquatic Gleysol (Hyper-humic, Limnic, Pantoloamic, Bathyfluvic)
- Bodenregion: Altmoränenlandschaften
- Ort: Rothenburg/Oberlausitz, Lkr. Görlitz, Sachsen
- Profilbild und Horizontabfolge: siehe Tab. 52.3
- Bodenlandschaftsbild: siehe Abb. 52.7
- Analysendaten: siehe Tab. 52.4
- Autor: Ralf Sinapius

Vorkommen und Ausgangsgesteine

Sapropele sind im Binnenland überwiegend in kleinen Still-gewässern zu finden. Typisch sind sie in Tümpeln von Alt-armen großer Flussauen. Sie bestehen aus feinkörnigen orga-nischen Mudden über häufig schluffig-tonigen Auensedimenten.

Bodenprozesse und -eigenschaften

Der Standort befindet sich in der Randlage eines Auen-tümpels. Dieser führt ganzjährig Wasser, wobei der Wasser-stand schwankt. Durch regelmäßige Überflutungen wird nährstoffreiches Wasser zugeführt. Die Gehölze am Tümpel-rand sowie regelmäßig unter Wasser absterbende Sauergräser und andere Stauden liefern totes organisches Material, wel-ches am Gewässergrund akkumuliert. Da eine Belüftung des Gewässergrundes nur durch seltenes nicht vollständiges Trockenfallen erfolgt, herrscht ein sauerstoffarmes Milieu, welches zur Bildung von Faulschlamm führt (Fr-Horizont).

Tab. 52.3 Profilbild und Horizontabfolge Profil 189

Profilbild	Horizont-grenze (cm)	Horizonte und ihre Eigenschaften	
	−5	**oFr1** f-t(Fmt)	mittel schluffiger Ton; schwarz (N 2,5/0); reduziertes Eisen (diffus, fast ausschließlicher Flächenanteil); extrem humos; stark durchwurzelt
	−80	**oFr2** f-t(Fmt)	mittel schluffiger Ton; dunkelgrünbläulichgrau (5BG 4/1); reduziertes Eisen (diffus, fast ausschließlicher Flächenanteil); sehr stark humos; sehr schwach durchwurzelt
	−100+	**IIGr** f-t(Tfo)	stark schluffiger Ton; hellblaugrünlichgrau (10G 6/1); reduziertes Eisen (diffus, fast ausschließlicher Flächenanteil); sehr schwach humos

Quelle: R. Sinapius (Bild bearbeitet)

Abb. 52.7 Ein Tümpel mit Sapropel in der Elbaue bei Wörlitz in Sachsen-Anhalt (Quelle: R. Sinapius)

Tab. 52.4 Analysendaten Profil 189

Horizont	Tiefe (cm)	Skelett (Vol.-%)	Sand (M.-%)	Schluff (M.-%)	Ton (M.-%)	Gesamtporen (Vol.-%)	Luftkapazität (Vol.-%)	nutzbare Feldkap. (Vol.-%)	Totwasser (Vol.-%)	Lagerungsdichte (g/cm³)
oFr1	−5	0	-	-	-	-	-	-	-	-
oFr2	−80	0	12	56	32	-	-	-	-	-
IIGr	−100+	0*	5*	65*	30*	-	-	-	-	-

Horizont	Tiefe (cm)	CaCO₃ (M.-%)	C_org (M.-%)	N_t (M.-%)	C/N	pH H₂O	pH CaCl₂	KAK_pot (cmol_c/kg)	BS (%)	K₂O-DL (mg/100g)	P₂O₅-DL (mg/100g)
oFr1	−5	-	12,7	1,06	12	-	3,6	-	-	18	25
oFr2	−80	-	7,1	0,56	13	-	4,6	-	-	7	66
IIGr	−100+	-	-	-	-	-	-	-	-	-	-

(Quelle: Sächsisches Landesamt für Umwelt, Landwirtschaft und Geologie)
(* = abgeleiteter Analysenwert)

Der vorliegende Fr-Horizont besitzt in den oberen Zentimetern > 20 % organische Substanz. Der Übergang zum liegenden humusfreien mineralischen Grundwasserhorizont erfolgt sehr allmählich bzw. diffus. Im zentralen Bereich des Tümpels erreicht die Mächtigkeit des Faulschlamms wahrscheinlich 5–10 dm.

Nutzung und Vegetation

Als naturnahe Gewässer können diese Standorte wertvolle Lebensräume für Wasserpflanzen, Insekten und Weichtiere darstellen. In der Teichwirtschaft können sich ebenfalls – dann für die Fischzucht schädliche und unerwünschte – Sapropele herausbilden.

Gefährdung

Die Verlegung von Flussläufen und die damit einhergehende Zerstörung natürlicher Auen führt zur Vernichtung von wertvollen Altarmhabitaten mit Sapropelen. In der Teichwirtschaft können sich durch unsachgemäße intensive Fischzucht hohe Phosphor- und Stickstoffgehalte im Gewässerboden akkumulieren. Diese stellen dann potentielle Emittenten für Oberflächen- und Grundwasser dar.

Klasse H: Naturnahe Moore

Jutta Zeitz, Peter Schad, Fred Franzke
und Andreas Lehmann

Inhaltsverzeichnis

53.1 Allgemeine Charakteristika

Die Klasse der ‚Naturnahen Moore‘ beinhaltet Böden mit Torfen von > 3 dm Mächtigkeit, wobei durchaus auch dünne Bänder aus mineralischen Sedimenten oder Mudden eingeschlossen sein können. Generell entstehen Moore durch Wasserüberschuss, wobei die sie beherbergenden und sehr speziell angepassten Pflanzen absterben und infolge Luftmangels nur unvollständig zersetzt werden. Die gebildeten Torfe entstehen je nach trophischen und hydrologischen Bildungsbedingungen aus abgestorbenen Wurzeln, Ästen, Blättern und Sprossen von Seggen, Schilf, Erlen, Weiden und Moosen. Der Torfboden wächst nur um wenige Millimeter pro Jahr von unten nach oben. Neben der Art der Torfe geben die Zersetzungsgrade nach v. Post Auskunft über die Bildungsbedingungen, so dass auch in einem naturnahen Moor durchaus Horizonte mit hoher Zersetzung anzutreffen sind, aber immer in größeren Tiefen. ‚Naturnahe Moore‘ haben aktuell immer wassergesättigte oder nur an wenigen Tagen im Jahr entwässerte Oberböden. Bei Wasserüberschuss können sie ständig neuen Torf bilden. Sind naturnahe Moore durch minerotrophes Wasser gebildet worden und befinden sich in Geländedepressionen, können sie im Untergrund Sand, Schluff, Lehm und Ton oder auch abgelagerte Sedimente, die Mudden, aufweisen. Ein typisches Bild eines ‚Naturnahen Moores‘ zeigt die Abb. 53.1.

‚Naturnahe Moore‘ sind ökologisch sehr wertvoll. Mit den hohen Wassergehalten und den besonderen Nährstoffverhältnissen kommen nur angepasste, meist selten vorkommende Spezialisten der Tier- und Pflanzenwelt zurecht. Dazu gehören der Große Feuerfalter (Abb. 53.2), Wollgräser (Abb. 53.3), Torfmoose und Seggen.

J. Zeitz (✉)
ehemals Humboldt-Universität zu Berlin, Berlin, Deutschland

P. Schad
Technische Universität München, TUM School of Life Sciences,
Lehrstuhl für Bodenkunde, Freising-Weihenstephan, Deutschland

F. Franzke
terraf Ingenieurbüro, Frauenstein, Deutschland

A. Lehmann
ehemals Universität Hohenheim, Hohenheim, Deutschland

© Springer-Verlag GmbH Deutschland, ein Teil von Springer Nature 2023
H. Joisten et al. (Hrsg.), *Böden Deutschlands, Österreichs und der Schweiz*, https://doi.org/10.1007/978-3-8274-2284-2_53

Abb. 53.1 Erlenbruch im
Nationalpark Müritz – ein
naturnahes Niedermoor
(Quelle: M. Zauft)

Abb. 53.2 Großer Feuerfalter (Quelle: O. Brauner)   **Abb. 53.3** Wollgras (Quelle: M. Zauft)

53.2 Verbreitungsgebiete

Wegen ihrer Seltenheit stehen intakte ‚Naturnahe Moore' in Deutschland unter Naturschutz. Die Böden dieser Klasse kommen nur noch auf sehr kleinen Flächen vor, da die Landnutzung in Deutschland in den letzten Jahrhunderten zur Veränderung (Entwässerung und Land- und Forstwirtschaft) oder Zerstörung (Torfabbau) dieser Böden führte. Es gibt keine deutschlandweiten Karten, die eine Verbreitung zei-

gen, sondern nur Inselkarten für bestimmte Naturschutzgebiete. Auch die Informationen über Flächen oder Prozentanteile sind entweder nur für einzelne Bundeländer verfügbar oder für Deutschland generell sehr ungenau. Hauptgrund ist die fehlende aktuelle Bodenaufnahme. Einige Beispiele sind durch den BUND für Bundesländer veröffentlicht worden, so z. B. für Mecklenburg-Vorpommern 2,8 % der Moore von ca. 300.000 ha, die noch als „intakt" gelten oder 2000–3000 ha für Brandenburg als „wachsende Moore". Die Karte der Abb. 53.4 zeigt regionale Vorkommen von Mooren.

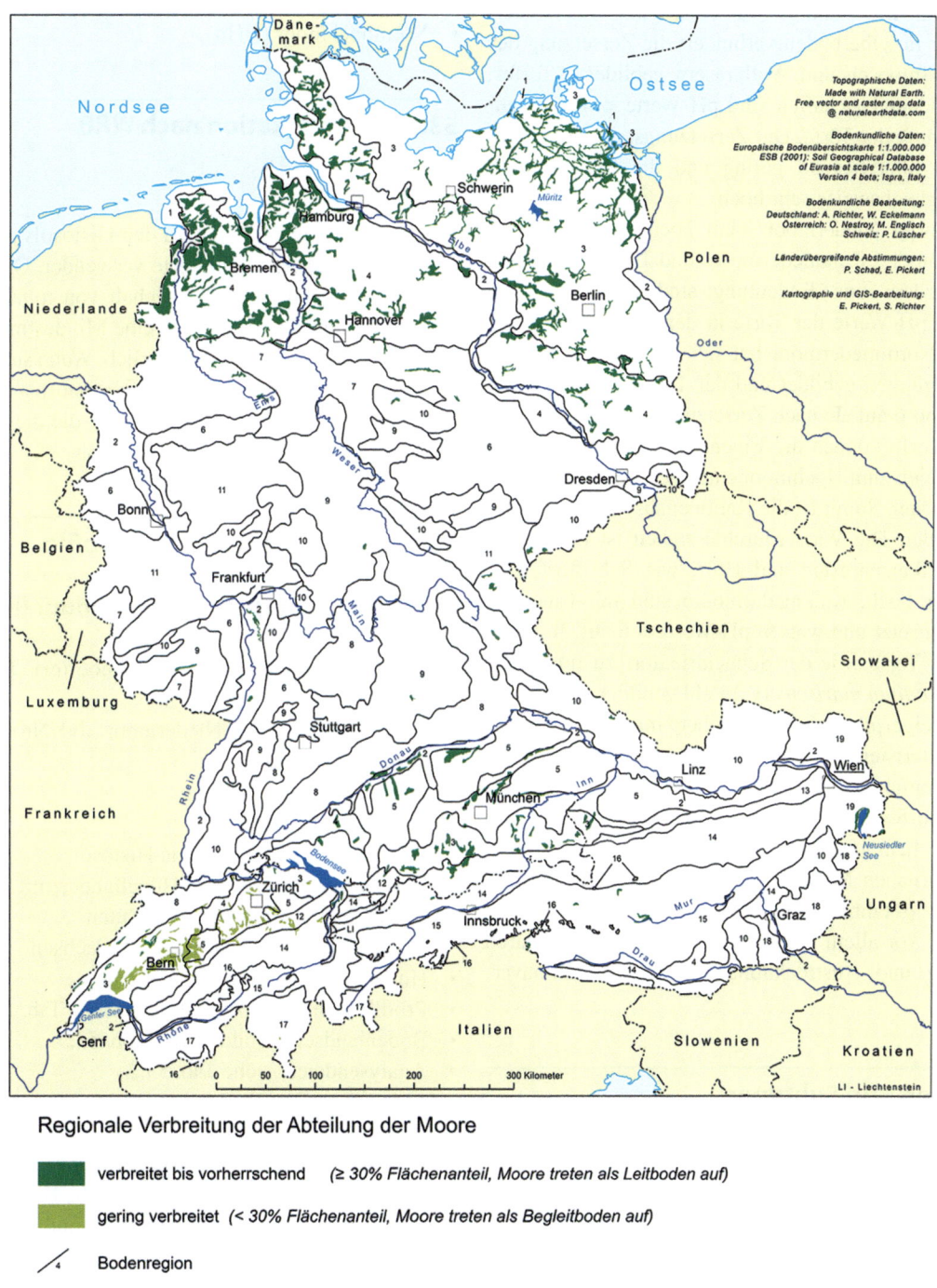

Regionale Verbreitung der Abteilung der Moore

■ verbreitet bis vorherrschend (≥ 30% Flächenanteil, Moore treten als Leitboden auf)

■ gering verbreitet (< 30% Flächenanteil, Moore treten als Begleitboden auf)

╱ Bodenregion

Abb. 53.4 Regionale Verbreitung der Abteilung der Moore

53.3 Gliederung und Eigenschaften der Böden der Klasse der Naturnahen Moore

Innerhalb der Klasse der ‚Naturnahen Moore' werden zwei Typen, das Niedermoor und das Hochmoor unterschieden.

Für das Hochmoor wird nur der Subtyp Normhochmoor mit der typischen, also „genormten" Abfolge der Horizonte ausgewiesen. Hier ist der hHw-Horizont profilbestimmend; tieferliegende Horizonte können sowohl aus Hochmoortorfen als auch aus Niedermoor- und Übergangsmoortorfen entstanden sein. Die ständige Wassersättigung mit Niederschlagswasser im Oberboden verhindert die Zersetzung des meist aus Torfmoosen und Wollgräsern gebildeten Torfes. Typische Bodeneigenschaften sind pH-Werte < 4 und sehr lockere Lagerung der Torfe. Der Zersetzungsgrad der Hochmoortorfe ist überwiegend gering und die Wasserdurchlässigkeit vergleichsweise sehr hoch.

Der Bodentyp Niedermoor kann noch in 3 Subtypen (Normniedermoor-, Kalkniedermoor- und Übergangsmoor) unterteilt werden; von Bedeutung sind dabei die vorherrschenden pH-Werte der Torfe in den ersten drei Dezimetern. Das Normniedermoor hat sich unter eher schwach sauren Bedingungen gebildet und der Torf weist pH-Werte zwischen 4 und 6 auf. Je nach Zersetzungsgrad bei der Entstehung der Torfe können die Eigenschaften stark schwanken; im Vergleich zum Hochmoor sind aber die Zersetzungsgrade meist höher. Somit ist die Kationenaustauschkapazität ebenfalls größer. Die Wasserdurchlässigkeit ist bei Torfen aus groben Pflanzenresten und Holz, wie Schilftorf oder Erlentorf sehr hoch. Kalkniedermoore sind mit Calciumcarbonat durchsetzt und weisen pH-Werte > 6 auf. In ihnen sind spezielle Torfe, wie der Schneidriedtorf zu finden. Er wird durch *Cladium mariscus* (L.) Pohl gebildet, welche als Basen-/Kalkzeigerpflanze nach Ellenberg mit der Reaktionszahl 9 charakterisiert ist. Eine Zwischenstellung bezüglich der Bodenchemie nehmen die Übergangsmoore ein mit basenarmen Torfen im pH-Bereich zwischen 4 und 5 (früher auch als Zwischenmoore bezeichnet).

Alle ‚Naturnahen Moore' sind durch Intensivierung der Landnutzung gefährdet und in bestimmten Regionen Deutschlands, vor allem in Nordostdeutschland auch durch Entwässerung und Austrocknung infolge der Klimaveränderungen.

53.4 Typen und Subtypen

Typ

- Niedermoor (HN)

Subtypen

- Normniedermoor (HNn)
- Kalkniedermoor (HNc)
- Übergangsmoor (HNu)

Typ

- Hochmoor (HH)

Subtyp

- Normhochmoor (HHn)

53.5 Klassifikation nach WRB

Peter Schad

Moore werden in der WRB zu den Histosols gestellt, wobei die WRB strengere Grenzwerte verwendet. Organische Horizonte benötigen einen C_{org}-Gehalt von mindestens 20 %. Zur Einstufung als Histosol ist eine Mindestmächtigkeit der Torfhorizonte von 40 cm erforderlich. Wenn sie überwiegend aus Moosfasern (also z. B. aus abgestorbenen Sphagnen) bestehen, sind es sogar 60 cm. Moore, die diese Grenzwerte unterschreiten, gehören zu den Gleysols.

53.6 Ausgewählte Bodenprofile

Profil 190: Subtyp Normniedermoor (HNn)

- Bodenausgangsgestein: Niedermoortorf über Organomudde
- Varietät: basenarmes Niedermoor (dyHNn)
- Typ: Niedermoor
- Klasse: Naturnahe Moore
- Substrattyp: og-Hn/f-Fh
- WRB: Dystric Rheic Sapric Histosol
- Bodenregion: Berg- und Hügelländer mit hohem Anteil an Magmatiten und Metamorphiten
- Ort: Oberputzkau, Lkr. Bautzen, Sachsen
- Humusform: L-Mull
- Profilbild und Horizontabfolge: siehe Tab. 53.1
- Bodenlandschaftsbild: siehe Abb. 53.5
- Analysendaten: siehe Tab. 53.2
- Autor: Fred Franzke

Vorkommen und Ausgangsgesteine

Normniedermoore sind charakteristische Böden von Feuchtgebieten unter hoch anstehendem Grundwasser, wie Verlandungszonen von Seen, Fluss- und Bachtäler (Bruch-wälder), Quellaustritte, morphologische Senken (z. B. Sölle in der Glaziallandschaft Norddeutschlands). Ein mächtiger organischer Horizont (Torf) ist prägend (Schicht I). Dieser kann aus verschiedenen Pflanzen oder Pflanzenteilen entstehen (z. B. Schilf, Seggen, Laubstreu von Weide und Erle), die über mineralischem oder organischem Untergrund abgelagert werden, beispielsweise See-, Teich- oder Fließgewässersedimenten unterschiedlicher Zusammensetzung (Schicht II). Zusätzlich hat sich hier an der Oberfläche eine geringmächtige Nadelstreuauflage gebildet.

Bodenprozesse und -eigenschaften

Unter wassergesättigtem Milieu wird unvollständig zersetztes Pflanzenmaterial oft in Form mehrlagiger Torfkörper angereichert. Die organische Substanz wird durch Zersetzung mehr oder weniger verändert. Daraus resultieren unterschiedliche Zersetzungsgrade. Normniedermoore weisen einen min. 30 cm mächtigen Torfhorizont auf und sind carbonatfrei. Die Standorte sind unter natürlichen Bedingungen sehr nährstoffreich sowie durch extremen Luftmangel auf Grund der Wassersättigung und durch relativ saure pH-Werte gekennzeichnet.

Nutzung und Vegetation

Unter natürlichen Bedingungen treten verschiedene Pflanzengesellschaften feuchter Standorte auf, oft besonders seltene und schützenswerte Arten (Schutzgebiete unterschiedlicher Kategorisierung). Durch Regulierung des Grundwasserspiegels ist eine Nutzung als Grünland und Forst möglich (im Beispiel sehr aufgelockerter Fichtenbestand). Die Nutzbarmachung von Niedermoorstandorten ist in der Regel mit hohem Aufwand verbunden. Die natürliche Vegetation wird dabei bis auf Restflächen zerstört. Torf ist Rohstoff für Erden und Substratmischungen (Gartenbau). Früher wurden Torfstiche zur Gewinnung von Brennmaterial angelegt. In den letzten Jahren haben Renaturierung und gesteuerte Sukzession zur Aktivierung ehemaliger Niedermoorstandorte an Bedeutung zugenommen.

Gefährdung

Diese Böden sind unter natürlichen Bedingungen durch anthropogene Einträge und landschaftsverändernde Maßnahmen gefährdet. Die Nutzung führt in der Regel zu einem Verlust der naturschutzfachlich meist sehr wertvollen Lebensräume und zu einer relativ schnellen Degradierung (Vererdung), die mit Substanzverlust einhergeht. Das

Tab. 53.1 Profilbild und Horizontabfolge Profil 190

Profilbild	Horizontgrenze (cm)	Horizonte und ihre Eigenschaften	
	+1	L	
	−15	nHw1 og-Hn	Niedermoortorf; sehr stark zersetzt; sehr dunkel gelblichbraungrau (10YR 3/2); ; stark durchwurzelt
	−52	nHw2 og-Hn	Niedermoortorf; stark zersetzt; schwarz (10YR 2/1); Kohärentgefüge; mittel durchwurzelt
	−120+	IIfFr f-Fhh	Torfmudde; schwarzbraun (7,5YR 2,5/3); Polyeder- und Kohärentgefüge; schwach durchwurzelt

Quelle: F. Franzke (Bild bearbeitet)

Abb. 53.5
Landschaftsausschnitt,
Oberputzkau, Lkr. Bautzen
(Quelle: F. Franzke)

Tab. 53.2 Analysendaten Profil 190

Horizont	Tiefe (cm)	Skelett (Vol.-%)	Sand (M.-%)	Schluff (M.-%)	Ton (M.-%)	Gesamtporen (Vol.-%)	Luftkapazität (Vol.-%)	nutzbare Feldkap. (Vol.-%)	Totwasser (Vol.-%)	Lagerungsdichte (g/cm³)
L	+1	-	-	-	-	-	-	-	-	-
nHw1	−15	-	-	-	-	-	-	-	-	-
nHw2	−52	-	-	-	-	-	-	-	-	-
IIfFr	−120+	-	-	-	-	-	-	-	-	-

Horizont	Tiefe (cm)	CaCO₃ (M.-%)	C_{org} (M.-%)	N_t (M.-%)	C/N	pH H₂O	pH CaCl₂	KAK_{pot} (cmol_c/kg)	BS (%)	K₂O-DL (mg/100g)	P₂O₅-DL (mg/100g)
L	+1	-	-	-	-	-	-	-	-	-	-
nHw1	−15	-	-	-	-	-	-	-	-	-	-
nHw2	−52	-	38	1,3	29	-	4,0	-	-	12	3
IIfFr	−120+	-	29	1,1	26	-	4,9	-	-	7	5

(Quelle: Sächsisches Landesamt für Umwelt, Landwirtschaft und Geologie)
(* = abgeleiteter Analysenwert)

Torfwachstum wird gestoppt. Der Boden ist keine Kohlenstoffsenke mehr, und die Klimaschutzfunktion geht verloren.

Profil 191: Subtyp Übergangsmoor (HNu)

- Bodenausgangsgestein: flacher Niedermoortorf über Übergangsmoortorf
- Varietät: basenarmes Übergangsmoor (dyHNu)
- Typ: Niedermoor
- Klasse: Naturnahe Moore
- Substrattyp: og-Hn\og-Hu

- WRB: Dystric Rheic Fibric Histosol (Hyperorganic)
- Bodenregion: Jungmoränenlandschaften
- Ort: Dobbrikow, Lkr. Teltow-Fläming, Brandenburg
- Profilbild und Horizontabfolge: siehe Tab. 53.3
- Bohrstockausschnittbild: siehe Abb. 53.6
- Analysendaten: siehe Tab. 53.4
- Autor: Dieter Kühn, Jutta Zeitz, Christian Klingenfuß

Vorkommen und Ausgangsgesteine

Das Profil entstammt einem Kesselmoor nahe der Brandenburger Randlage. Die maximale Tiefe kann bis 7 m betragen. Geologisch ist es dem Brandenburger Stadium zuzuordnen und typisch für ein mit einer Endmoräne verbundenes

Binnendünengebiet; dies bedingt die Zufuhr nährstoffarmen Wassers.

Bodenprozesse und -eigenschaften

Durch seine Hydrogenese ist das Moor in einem sehr naturnahen Zustand. Auch während der Torfbildung waren sehr nasse Bedingungen vorherrschend, wie die geringen Zersetzungsgrade ab 40 cm zeigen (alle H 3 in einer Skala von H 1 (schwach zersetzt) bis H 10 (sehr stark zersetzt)).

Nutzung und Vegetation

Das Kesselmoor liegt in einem Kiefernforst, ist aber nicht von Entwässerungen oder weitreichenden Absenkungen des Wasserstandes betroffen.

Gefährdung

Klimabedingte höhere Temperaturen könnten zur Austrocknung des Moores führen und die Bodenfunktionen verändern. Es besteht derzeit keine Gefährdung durch Landnutzung.

Tab. 53.3 Profilbild und Horizontabfolge Profil 191

Profilbild	Horizontgrenze (cm)	Horizonte und ihre Eigenschaften	
	+1	**L+Of**	Humusauflage
	−10	**nHw** og-Hn	Niedermoortorf; mäßig zersetzt; braunschwarz (10YR 2/2)
	−25	**IIuHw1** og-Hu	Übergangsmoortorf; mäßig zersetzt; braunschwarz (10YR 2/2)
	−40	**IIuHw2** og-Hu	Übergangsmoortorf; mäßig zersetzt; schwarzbraun (7,5YR 2,5/3) und braunschwarz (10YR 2/2); mäßig zersetzt
	−60	**IIIfoFr°uHr** og-Fh+Hu	organische Mudde und Übergangsmoortorf; schwach zersetzt; sehr dunkelgraubraun (7,5YR 3/3)
	−70	**IVfuHr1** og-(Fh)Hu	Übergangsmoortorf mit organischer Mudde; schwach zersetzt; schwarzbraun (7,5YR 2,5/3)
	−120	**IVfuHr2** og-Hu	Übergangsmoortorf; schwach zersetzt; schwarzbraun (7,5YR 2,5/3)
	−130	**IVfuHr3** og-(Fh)Hu	Übergangsmoortorf mit organischer Mudde; schwach zersetzt; sehr dunkelbraun (7,5YR 3/4)
	−300	**IVfuHr4** og-(Fh)Hu	Übergangsmoortorf mit organischer Mudde; schwach zersetzt; sehr dunkelbraungrau (7,5YR 3/2)
	−330+	**VfoFr°uHr** og-Fh+Hu	organische Mudde und Übergangsmoortorf; schwach zersetzt; sehr dunkelbraungrau (7,5YR 3/2)

Quelle: Landesamt für Bergbau, Geologie und Rohstoffe Brandenburg, D. Kühn (Bild bearbeitet)

Abb. 53.6 Detritusmudde in einem Kesselmoor in 4 m unter Oberkante (Quelle: J. Zeitz)

Tab. 53.4 Analysendaten Profil 191

Horizont	Tiefe (cm)	Skelett (Vol.-%)	Sand (M.-%)	Schluff (M.-%)	Ton (M.-%)	Gesamtporen (Vol.-%)	Luftkapazität (Vol.-%)	nutzbare Feldkap. (Vol.-%)	Totwasser (Vol.-%)	Lagerungsdichte (g/cm³)
L+Of	+1	-	-	-	-	-	-	-	-	-
nHw	−10	-	-	-	-	-	-	-	-	-
IIuHw1	−25	-	-	-	-	86	8	59	19	0,23
IIuHw2	−40	-	-	-	-	-	-	-	-	-
IIIfoFr°uHr	−60	-	-	-	-	94	24	58	12	0,09
IVfuHr1	−70	-	-	-	-	-	-	-	-	-
IVfuHr2	−120	-	-	-	-	-	-	-	-	-
IVfuHr3	−130	-	-	-	-	-	-	-	-	-
IVfuHr4	−300	-	-	-	-	-	-	-	-	-
VfoFr°uHr	−330+	-	-	-	-	-	-	-	-	-

Horizont	Tiefe (cm)	CaCO₃ (M.-%)	C_org (M.-%)	N_t (M.-%)	C/N	pH H₂O	pH CaCl₂	KAK_pot (cmol_c/kg)	BS (%)	K₂O-DL (mg/100g)	P₂O₅-DL (mg/100g)
L+Of	+1	-	-	-	-	-	-	-	-	-	-
nHw	−10	-	36,8	1,9	20	-	3,6	-	-	-	-
IIuHw1	−25	-	37,4	1,8	21	-	-	-	-	-	-
IIuHw2	−40	-	39,8	1,9	21	-	4,1	-	-	-	-
IIIfoFr°uHr	−60	-	42,7	2,0	22	-	4,1	-	-	-	-
IVfuHr1	−70	-	51,5	1,5	35	-	4,0	-	-	-	-
IVfuHr2	−120	-	51,6	1,4	38	-	3,8	-	-	-	-
IVfuHr3	−130	-	-	-	-	-	-	-	-	-	-
IVfuHr4	−300	-	53,7	2,5	21	-	4,1	-	-	-	-
VfoFr°uHr	−330+	-	54,5	2,0	28	-	-	-	-	-	-

(Quelle: Landeslabor BB/Bln, HS f. nachhalt. Entw. Eberswalde, Inst. f. Ökol/TU Berlin)

(* = abgeleiteter Analysenwert)

Profil 192: Subtyp Normhochmoor (HHn)

- Bodenausgangsgestein: Hochmoortorf
- Varietät: basenarmes Hochmoor (dyHHn)
- Typ: Hochmoor
- Klasse: Naturnahe Moore
- Substrattyp: og-Hh
- WRB: Dystric Ombric Fibric Histosol
- Bodenregion: Altmoränenlandschaften
- Ort: Wurzacher Ried, Lkr. Ravensburg, Baden-Württemberg
- Profilbild und Horizontabfolge: siehe Tab. 53.5
- Bodenlandschaftsbild: siehe Abb. 53.7
- Analysendaten: siehe Tab. 53.6
- Autor: Andreas Lehmann

Vorkommen und Ausgangsgesteine

Ein mächtiger Eisvorstoß in der Riss-Eiszeit formte vor etwa 180.000 Jahren das Wurzacher Becken. Nach dem Rückzug des Gletschers entstand ein Schmelzwassersee, der etwa ein Fünftel der Fläche des heutigen Rieds einnahm. Ein Stausee mit der Ausdehnung des heutigen Wurzacher Rieds bildete sich jedoch erst beim Schmelzen der Gletscher der Würmeiszeit. Nach dem Ende der Eisschmelze sank der Wasserstand des Wurzacher Sees. Es kam zur Verlandung, und seit 5000 Jahren findet Torfbildung statt. Das Wurzacher Ried erstreckt sich über ca. 8 km von Südwest nach Nordost und erreicht eine Breite von 4 km. Die Torfmächtigkeit beträgt bis zu 12 m (5,5 m Hochmoor über 6,5 m Niedermoor). Der gesamte Moorkomplex umfasst ca. 1700 ha. Der Jahresniederschlag beträgt 1100 mm, und die mittlere Temperatur liegt bei 7 °C. In den ersten 5 cm dominiert lebendes Gewebe der Hochmoorpflanzen. Die 10 cm bräunlicher Torf darunter bestehen aus sehr schwach zersetzten Pflanzenresten. Bis in eine Tiefe von 65 cm folgt zunehmend hellgelblich gefärbter schwach zersetzter Torf. Dieser Torf ist der von Torfstechern geschätzte Weißtorf. Mit scharfem, keilförmigem Übergang folgt darunter stark zersetzter Torf, der auch mit der Bezeichnung Schwarztorf charakterisierbar ist.

Tab. 53.5 Profilbild und Horizontabfolge Profil 192

Profilbild	Horizontgrenze (cm)	Horizonte und ihre Eigenschaften	
	−15	**L+hHw** og-Hh	Hochmoortorf; dunkelgelblichbraun, graustichig (10YR 4/4)
	−30	**hHw** og-Hh	Hochmoortorf, sehr schwach zersetzt; dunkelgelblichbraun, graustichig (10YR 4/4)
	−45	**hHr1** og-Hh	Hochmoortorf; sehr schwach zersetzt; dunkelgelblichbraun, graustichig (10YR 4/4)
	−65+	**hHr2** og-Hh	Hochmoortorf; schwach zersetzt; dunkelgelblichbraun, graustichig (10YR 4/4)

Quelle: A. Lehmann (Bild bearbeitet)

Abb. 53.7 Das Wurzacher
Ried aus der Vogelperspektive
(Quelle: A. Lehmann)

Tab. 53.6 Analysendaten Profil 192

Horizont	Tiefe (cm)	Skelett (Vol.-%)	Sand (M.-%)	Schluff (M.-%)	Ton (M.-%)	Gesamtporen (Vol.-%)	Luftkapazität (Vol.-%)	nutzbare Feldkap. (Vol.-%)	Totwasser (Vol.-%)	Lagerungsdichte (g/cm³)
L+hHw	−15	-	-	-	-	98	-	-	-	0,02
hHw	−30	-	-	-	-	99	-	-	-	0,01
hHr1	−45	-	-	-	-	99	-	-	-	0,01
hHr2	−65+	-	-	-	-	99	-	-4	-	0,01

Horizont	Tiefe (cm)	CaCO₃ (M.-%)	C_{org} (M.-%)	N_t (M.-%)	C/N	pH H₂O	pH CaCl₂	KAK_{pot} (cmol$_c$/kg)	BS (%)	K₂O-DL (mg/100g)	P₂O₅-DL (mg/100g)
L+hHw	−15	-	51	4,5	114	-	3,2	1260	-	-	-
hHw	−30	-	48	2,9	165	-	3,2	1310	-	-	-
hHr1	−45	-	46	5,9	78	-	3,3	1220	-	-	-
hHr2	−65+	-	47	3,8	124	-	3,4	1220	-	-	-

(Quelle: Institut für Bodenkunde und Standortslehre, Universität Hohenheim)
(* = abgeleiteter Analysenwert)

Bodenprozesse und -eigenschaften

Torfmoose, Wollgras und Zwergsträucher bilden die organische Masse für das Torfwachstum. Dabei bilden die Torfmoose (Sphagnen) des Hochmoors ein emporwachsendes schwammartiges Polster. Die Moose können dabei das 10-fache ihres Volumens (das 200-fache ihres Trockengewichts) an Wasser speichern. Die Spitzen von Sphagnen wachsen zeitlich unbegrenzt, während die Basis der Pflanzen durch das Eigengewicht zusammengedrückt wird und abstirbt. Da die Pflanzenreste im Hochmoor ständig wasserüberstaut sind, wird die organische Substanz kaum abgebaut. Dennoch laufen je nach Tiefe in kaum merklicher Intensität Bodenbildungsprozesse ab. Die Mineralisierung und Humifizierung sowie die Pressung spiegeln sich beim Wurzacher Ried sehr gut in Farbänderungen wider. Im Mittel wächst das

Wurzacher Ried etwa 1 mm pro Jahr. Der extrem saure pH-Wert von 3,2 rührt von pflanzlich gebildeten Säuren her. Hochmoore sind äußerst nährstoffarme Standorte, an denen der Nährstoffbedarf der Pflanzen zu einem erheblichen Teil atmosphärisch durch Staub und Niederschlag (ombrogen) gedeckt wird.

Nutzung und Vegetation

Lange galten Moore als lebensfeindliche Räume und wurden gemieden. Eine erste Nutzung ist für das Wurzacher Ried 1730 bekannt. Zunächst wurde Torf zur Einstreu im Stall und zum Heizen gewonnen. Nach 1850 kam es auch zum Torfabbau für den Eisenbahnbetrieb. Damit konnte dann auch der Brenntorf in großen Mengen ins Umland verfrachtet werden. Torf fand in Wurzach von 1946 bis 1956 auch in der industriellen Glasproduktion Verwendung. Dies geschah nur kurzzeitig, bis Gas und Öl den Torf mit seiner schlechten Brennstoffqualität ablösten. In den 1960er-Jahren erlosch der Abbau von Energietorf, und es wurde nur noch Badetorf genutzt. Seit 1996 wird kein Wurzacher Torf mehr abgebaut. Mit dem Jahr 1959 wurden einige Teilflächen und 1981 ein Großteil des Rieds unter Naturschutz gestellt. Seitdem werden der Erhalt und die Renaturierung des Gebiets gefördert. Mit dem „Europadiplom für Schutzgebiete" wird der Erfolg dieser Anstrengungen seit 1989 gewürdigt. Neben der Funktion als Refugium für seltene Pflanzen und Tiere erfüllen Hochmoore durch Kühlen und Befeuchten wichtige klimatische Funktionen. Darüber hinaus sind sie eine bedeutende Kohlenstoffsenke und übernehmen in überragender Art die Funktion als Archiv der Landschaftsgeschichte.

Gefährdung

Hochmoore, die aus der Nutzung genommen und geschützt sind, bleiben dennoch gefährdet. Bei den extrem nährstoffarmen Standorten gefährden der Eintrag von heute allgemein nährstoffreichem Staub und Niederschlag sowie der Nährstoffeintrag aus dem gedüngten Umland den Erhalt und die Dynamik der Hochmoore. Bei einem Klimawandel hin zu höheren Temperaturen und längeren Trockenperioden droht zudem eine verstärkte Mineralisierung und damit der Abbau des Torfs und die Degeneration des Hochmoors.

Klasse K: Erd- und Mulmmoore

54

Jutta Zeitz, Peter Schad, Gerhard Milbert, Ernst Gehrt und Falk Hieke

Inhaltsverzeichnis

54.1 Allgemeine Charakteristika

Die Eigenschaften von Böden der Klasse der Erd- und Mulmmoore sind durch langjährige Entwässerungen sehr stark verändert, so dass die eigentlichen genetischen Unterschiede überprägt werden. Überwiegend wurden die Entwässerungen in Vorbereitung von land- und forstwirtschaftlicher Nutzung durchgeführt, kombiniert mit Maßnahmen der Düngung und des Pflanzen- und Waldbaus, wie Umbruch und Ansaat von Kulturgräsern bzw. Umbruch und Pflanzung von nicht standortgerechten Gehölzen (s. Abb. 54.1).

Die Entwässerungen erfolgten durch Gräben sowie durch Dränungen mit und ohne Rohre. Entwässerung und Landnutzung bedingen die Prozesse Sackung, Schrumpfung und – infolge Durchlüftung und Temperaturanstieg im Oberboden – Mineralisierung der organischen Substanz. Je nach Intensität dieser Prozesse vererdet oder vermulmt der Oberboden. Dies kann sowohl in Niedermooren, in Übergangsmooren und auch in Hochmooren beobachtet werden.

Unter besonderen Bedingungen, wie Grundwasserabsenkungen im Vorfeld von Tagebaumaßnahmen (z. B. in der Lausitz), wurden und werden Moore mittels Pumpen in sehr kurzer Zeit sehr tief entwässert. Die Torfe schrumpfen derartig stark, dass an der Oberfläche Risse von mehreren Dezimetern Durchmesser erkennbar sind. Es wird erwartet, dass in den nordostdeutschen Mooren in den nächsten Jahrzehnten infolge Klimaänderung und verstärkter Sommertrockenheit und Temperaturanstieg die Bodendegradierung sowohl in der Fläche als auch im Ausmaß zunimmt. Erd- und Mulmmoore haben im Vergleich zu Böden der Klasse der `Naturnahen Moore` veränderte bodenphysikalische Eigen-

J. Zeitz (✉)
ehemals Humboldt-Universität zu Berlin, Berlin, Deutschland

P. Schad
Technische Universität München, TUM School of Life Sciences, Lehrstuhl für Bodenkunde, Freising-Weihenstephan, Deutschland

G. Milbert
ehemals Geologischer Dienst Nordrhein-Westfalen, Krefeld, Deutschland

E. Gehrt
ehemals Landesamt für Bergbau, Energie und Geologie, Hannover, Deutschland

F. Hieke
Büro für Bodenwissenschaften, Freiberg, Deutschland

© Springer-Verlag GmbH Deutschland, ein Teil von Springer Nature 2023
H. Joisten et al. (Hrsg.), *Böden Deutschlands, Österreichs und der Schweiz*, https://doi.org/10.1007/978-3-8274-2284-2_54

Abb. 54.1 Grünlandnutzung eines flachgründigen Niedermoores im Havelluch (Brandenburg) (Quelle: J. Zeitz)

schaften, wie höhere Trockenrohdichten und geringere Porositäten, geringere gesättigte und ungesättigte Wasserleitfähigkeiten in der Torfmatrix, stark erhöhte Wasserleitfähigkeit bis Kluftströmung in den ausgetrockneten durch Risse gekennzeichneten Oberböden. Ausgetrocknete vermulmte Oberböden können hydrophob werden und damit die Infiltration von Niederschlägen behindern. Durch die Belüftung und Mineralisierung vollzieht sich eine sekundäre Zersetzung, so dass die Torfe höherer Zersetzungsgrade haben als zum Zeitpunkt der Torfbildung. Die Kationenaustauschkapazität kann dadurch steigen. Durch die erhöhten Dichten im Oberboden und infolge landwirtschaftlicher Düngung besteht eine sogenannte „Kopflastigkeit" der Nährstoffe. Erd- und Mulmmoore verlieren für die Produktion von Biomasse bei traditioneller Agrarwirtschaft an Bodenfruchtbarkeit.

54.2 Verbreitungsgebiete

Die Böden dieser Klasse kommen überwiegend in land- und forstwirtschaftlich genutzten Landschaften Deutschlands vor. Sie sind dort in grundwassergeprägten Niederungen zu finden (Erdniedermoore; Mulmniedermoore). Aufgrund der derzeitigen Datenlage ist in keinem Bundesland eine kartenmäßige Unterscheidung zwischen Erdmooren und Mulmmooren möglich.

Die Karte in Abb. 54.2 zeigt regionale Vorkommen von Mooren.

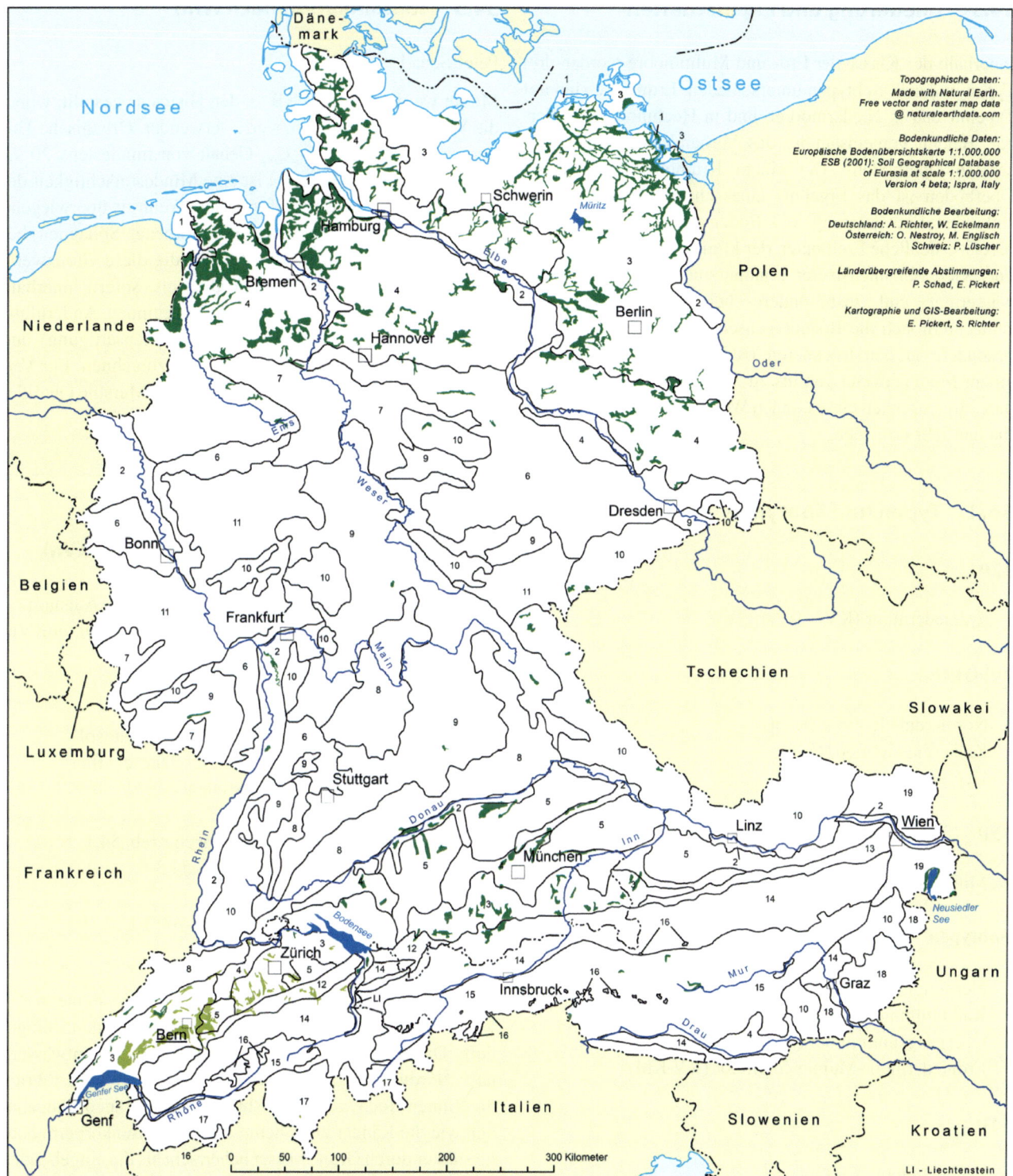

Regionale Verbreitung der Abteilung der Moore

■ verbreitet bis vorherrschend   (≥ 30% Flächenanteil, Moore treten als Leitboden auf)

■ gering verbreitet (< 30% Flächenanteil, Moore treten als Begleitboden auf)

╱ Bodenregion

Abb. 54.2 Regionale Verbreitung der Abteilung der Moore

54.3 Gliederung und Eigenschaften

Innerhalb der Klasse der Erd- und Mulmmoore werden drei Typen und acht Subtypen unterschieden. Erdmoore sind auf Typenniveau in Niedermooren und in Hochmooren kartierbar. Beiden gemeinsam ist das Vorhandensein eines ververdeten Oberbodens. Der einem Krümelgefüge ähnliche Oberboden ist das Ergebnis einer eher als mäßig einzustufenden Entwässerung und Bodenveränderung. Sie sind bereits erhebliche Emittenten der klimarelevanten Gase CO_2 und N_2O. Bei intensiverer Landnutzung, sehr starker Entwässerung und insbesondere bei Ackernutzung verschlechtern sich die Bodeneigenschaften weiter. Es ist insbesondere in den trockneren ostdeutschen Regionen mit einem Moorschwund von bis zu 3 cm/Jahr zu rechnen. Die dabei freigesetzten Gase können Werte bis über 40 t CO_2äqu./ha und Jahr erreichen.

54.4 Typen und Subtypen

Typ

- Erdniedermoor (KV)

Subtypen

- Normerdniedermoor (KVn)
- Kalkerdniedermoor (KVc)
- Übergangserdmoor (KVu)

Typ

- Mulmniedermoor (KM)

Subtypen

- Normmulmniedermoor (KMn)
- Kalkmulmniedermoor (KMc)
- Übergangsmulmmoor (KMu)
- Erdniedermoor-Mulmniedermoor (KV-KM)

Typ

- Erdhochmoor (KH)

Subtyp

- Normerdhochmoor (KHn)

54.5 Klassifikation nach WRB

Peter Schad

Moore werden in der WRB zu den Histosols gestellt, wobei die WRB strengere Grenzwerte verwendet. Organische Horizonte benötigen einen C_{org}-Gehalt von mindestens 20 %. Zur Einstufung als Histosol ist eine Mindestmächtigkeit der Torfhorizonte von 40 cm erforderlich. Wenn sie überwiegend aus Moosfasern (also z. B. aus abgestorbenen Sphagnen) bestehen, sind es sogar 60 cm. Moore, die diese Grenzwerte unterschreiten, gehören zu den Gleysols, sofern innerhalb von 40 cm reduzierende Bedingungen beginnen. Andernfalls sind sie meist den Phaeozems (hohe Basensättigung) und Umbrisols (niedrige Basensättigung) zuzurechnen. Für Ververdung und Vermulmung hat die WRB den Murshic Qualifier definiert.

54.6 Ausgewählte Bodenprofile

Profil 193: Subtyp Normerdniedermoor (KVn)

- Bodenausgangsgestein: Niedermoortorf über Auenton
- Varietät: basenreiches (Mull)Erdniedermoor (eu.muKVn)
- Typ: Erdniedermoor
- Klasse: Erd- und Mulmmoore
- Substrattyp: og-Hn/f-t(Tfo)
- WRB: Eutric Rheic Epimurshic Sapric Histosol
- Bodenregion: (Überregionale) Flusslandschaften
- Ort: Krefeld, Nordrhein-Westfalen
- Humusform: L-Mull
- Profilbild und Horizontabfolge: siehe Tab. 54.1
- Bodenlandschaftsbild: siehe Abb. 54.3
- Analysendaten: siehe Tab. 54.2
- Autor: Gerhard Milbert, Alfred Dickhof †

Vorkommen und Ausgangsgesteine

Am mittleren Niederrhein haben sich Rinnensysteme in den weichselzeitlichen Niederterrassenkörper des Rheins eingetieft. Die Oberflächengewässer dieser Rinnen entwässern nach Nordwesten zur Maas hin. Im frühen Holozän führten die Rinnen Hochwasser des Rheins ab. Die Rinnen sind, ähnlich wie die Ränder zu höheren Mittelterrassenkörpern, häufig stärker durch Grundwasser beherrscht als die umgebenden Böden und deshalb vermoort.

Bodenprozesse und -eigenschaften

Nach der Bildung von meist basenreichen Niedermooren ist in den letzten 150 Jahren der Grundwassereinfluss durch

Tab. 54.1 Profilbild und Horizontabfolge Profil 193

Profilbild	Horizontgrenze (cm)	Horizonte und ihre Eigenschaften	
	+1	**L**	organisch; organisch
	−25	**nHv1** og-Hn	Niedermoortorf; sehr stark zersetzt; schwarz, violettstichig (2,5YR 2,5/1); Krümelgefüge; stark durchwurzelt
	−45	**nHv2** og-Hn	Niedermoortorf; sehr stark zersetzt; schwarz, violettstichig (2,5YR 2,5/1); Subpolyedergefüge; mäßig durchwurzelt
	−60	**nHw** og-Hn	Niedermoortorf; sehr stark zersetzt; schwarz (10YR 2/1); Kohärentgefüge; mäßig durchwurzelt
	−100+	**IIGr** f-t(Tfo)	mittel toniger Lehm; bräunlichgrau (7,5YR 5/1); reduziertes Eisen (diffus verteilt, fast ausschließlicher Flächenanteil); Kohärentgefüge; sehr schwach durchwurzelt

Quelle: Geologischer Dienst NRW, G. Milbert (Bild bearbeitet)

Abb. 54.3 Die Moorvererdung setzt Nährstoffe frei, und eine üppige, stickstoffliebende Krautschicht entwickelt sich (Quelle: Geologischer Dienst NRW, G. Milbert)

Tab. 54.2 Analysendaten Profil 193

Horizont	Tiefe (cm)	Skelett (Vol.-%)	Sand (M.-%)	Schluff (M.-%)	Ton (M.-%)	Gesamtporen (Vol.-%)	Luftkapazität (Vol.-%)	nutzbare Feldkap. (Vol.-%)	Totwasser (Vol.-%)	Lagerungsdichte (g/cm³)
L	+1	-	-	-	-	-	-	-	-	-
nHv1	−25	-	-	-	-	-	-	-	-	-
nHv2	−45	-	-	-	-	-	-	-	-	-
nHw	−60	-	-	-	-	-	-	-	-	-
IIGr	−100+	0	9	49	42	-	-	-	-	-

Horizont	Tiefe (cm)	CaCO₃ (M.-%)	C_org (M.-%)	N_t (M.-%)	C/N	pH H₂O	pH CaCl₂	KAK_pot (cmol_c/kg)	BS (%)	K₂O-DL (mg/100g)	P₂O₅-DL (mg/100g)
L	+1	-	-	-	-	-	-	-	-	-	-
nHv1	−25	-	21	1,6	13	5,1	-	97	55	-	-
nHv2	−45	-	26	1,5	17	6,1	-	131	76	-	-
nHw	−60	-	26	1,2	22	6,5	-	121	78	-	-
IIGr	−100+	-	-	-	-	7,0	-	28	88	-	-

Horizont	Tiefe (cm)	pH KCl	P_Perchlorsäure (%)
L	+1	-	
nHv1	−25	4,6	163
nHv2	−45	5,6	154
nHw	−60	6,0	124
IIGr	−100+	6,2	-

(Quelle: Geologischer Dienst Nordrhein-Westfalen)

(* = abgeleiteter Analysenwert)

Grabenentwässerung, gestiegene Grundwasserentnahmen und Versiegelung zurückgegangen. Die Torfbildung hat ausgesetzt, und die Niedermoortorfdecke vererdet allmählich. Lediglich der Torfbereich (nHw) unmittelbar über dem anstehenden Auenlehm weist noch die ursprünglichen Torfeigenschaften auf.

Nutzung und Vegetation

Trotz der Grundwasserabsenkung um ca. 0,5 m stockt auf diesen Standorten meist noch ein artenreicher Erlenwald oder ein Traubenkirschen-Eschenwald. Stellenweise wurden die heimischen Baumarten durch schnell wachsende Pappelhybriden ersetzt.

Gefährdung

Durch das beschleunigte Abführen der Grundwasserhochstände vor allem im Fühjahr werden die Hochwasserspitzen am Niederrhein zusätzlich verstärkt. Im Sommerhalbjahr fehlt jedoch dieses Bodenwasser. Die besonders schutzwürdigen Niedermoore werden belüftet – sie mineralisieren und vererden.

Profil 194: Subtyp Kalkerdniedermoor (KVc)

- Bodenausgangsgestein: Niedermoortorf über Auensand
- Varietät: (Mull)Kalkerdniedermoor (muKVc)
- Typ: Erdniedermoor
- Klasse: Erd- und Mulmmoore

- Substrattyp: og-eHn/f-s(Sfo)
- WRB: Epicalcic Rheic Murshic Hemic Histosol (Epimineralic)
- Bodenregion: (Überregionale) Flusslandschaften
- Ort: Heinsberg, Krs. Heinsberg, Nordrhein-Westfalen
- Humusform: L-Mull
- Profilbild und Horizontabfolge: siehe Tab. 54.3
- Humusauflagenbild: siehe Abb. 54.4
- Analysendaten: siehe Tab. 54.4
- Autor: Gerhard Milbert

Vorkommen und Ausgangsgesteine

Der Niederrhein ist ein rezentes Senkungsgebiet mit einzelnen Teilschollen, die ungleichförmig abgesenkt werden. Aus diesem Grund werden Bäche und kleinere Flüsse an Teilschollengrenzen örtlich leicht gestaut und vermooren. Größere fluss- und bachbegleitende Niedermoore sind entlang der Schwalm, der Niers und der Nette sowie ihrer Seitenbäche entstanden.

Bodenprozesse und -eigenschaften

Als Folge großflächiger Grundwasserabsenkungen im Rahmen des Braunkohleabbaus vererden die Niedermoore in den Tälern. Die Entkalkung des Lösses in der Niederrheinischen Bucht führte zur Abscheidung von Kalk im Kapillarsaum der ehemals vom Grundwasser beherrschten Böden in den Tälern. Diese beiden Prozesse führen zur Bildung von Kalkerdniedermooren, örtlich (bei Grundwasserabsenkungen seit mehreren Jahrzehnten) auch zu Kalkmulmniedermooren.

Tab. 54.3 Profilbild und Horizontabfolge Profil 194

Profilbild	Horizontgrenze (cm)	Horizonte und ihre Eigenschaften	
	−20	**nHcv1** og-eHn	Niedermoortorf; sehr stark zersetzt; schwarz (10YR 2/1); Subpolyedergefüge; stark carbonathaltig; stark durchwurzelt
	−30	**nHcv2** og-eHn	Niedermoortorf; sehr stark zersetzt; sehr dunkelgelblichbraungrau (10YR 3/2); Subpolyedergefüge; sehr carbonatreich; stark durchwurzelt
	−68	**nHca** og-eHn	Niedermoortorf; mittel zersetzt; sehr dunkelgrau (10YR 3/1); Subpolyedergefüge; schwach carbonathaltig; mäßig durchwurzelt
	−100+	**IIaGo-rGr** f-s(Sfo)	schwach lehmiger Sand; blaugrünlichgrau (5G 5/1); Eisenoxide (fleckig an Wurzelbahnen, mittlerer Flächenanteil) und reduziertes Eisen (überwiegender Flächenanteil); Kohärentgefüge; mäßig durchwurzelt

Quelle: Geologischer Dienst NRW, G. Milbert (Bild bearbeitet)

Abb. 54.4 Nach der Vererdung hat sich als aeromorphe Humusform ein L-Mull entwickelt (Quelle: Geologischer Dienst NRW, G. Milbert)

Tab. 54.4 Analysendaten Profil 194

Horizont	Tiefe (cm)	Skelett (Vol.-%)	Sand (M.-%)	Schluff (M.-%)	Ton (M.-%)	Gesamtporen (Vol.-%)	Luftkapazität (Vol.-%)	nutzbare Feldkap. (Vol.-%)	Totwasser (Vol.-%)	Lagerungsdichte (g/cm³)
nHcv1	−20	-	-	-	-	-	-	-	-	-
nHcv2	−30	-	-	-	-	-	-	-	-	-
nHca	−68	-	-	-	-	-	-	-	-	-
IIaGo-rGr	−100+	0	72	22	6	-	-	-	-	-

Horizont	Tiefe (cm)	CaCO$_3$ (M.-%)	C$_{org}$ (M.-%)	N$_t$ (M.-%)	C/N	pH H$_2$O	pH CaCl$_2$	KAK$_{pot}$ (cmol$_c$/kg)	BS (%)	K$_2$O-DL (mg/100g)	P$_2$O$_5$-DL (mg/100g)
nHcv1	−20	7	28	2	13	-	-	102	100	-	-
nHcv2	−30	44	18	2	9	6,7	-	41	100	-	-
nHca	−68	2	20	1	20	7,9	-	34	100	-	-
IIaGo-rGr	−100+	0	-	-	-	6,7	-	6	80	-	-

Horizont	Tiefe (cm)	pH KCl	P$_{Perchlorsäure}$ (%)
nHcv1	−20	6,3	0,27
nHcv2	−30	6,8	0,32
nHca	−68	6,0	0,11
IIaGo-rGr	−100+	6,0	0,03

(Quelle: Geologischer Dienst Nordrhein-Westfalen)

(* = abgeleiteter Analysenwert)

Nutzung und Vegetation

Die durch Grundwasserabsenkung vererdeten Niedermoore sind überwiegend mit Pappeln, Eschen und Erlen bestockt. Als Folge der Torfmineralisierung sind die Standorte stickstoffreich und häufig flächendeckend mit hohen Brennnesseln bedeckt.

Gefährdung

Als Folge der nach Norden fortschreitenden Grundwasserabsenkung sind die besonders schutzwürdigen Niedermoorstandorte der Tallagen entlang der Schwalm, Nette und Niers zunehmend gefährdet. Örtlich wird versucht, durch Einspeisen von belüftetem Sümpfungswasser den Wasserhaushalt der vermoorten Täler zu unterstützen.

Profil 195: Subtyp Normmulmniedermoor (KMn)

- Bodenausgangsgestein: Niedermoortorf über tiefer Detritusmudde
- Varietät: basenreiches (Mull)Mulmniedermoor (eu. muKMn)
- Typ: Mulmniedermoor
- Klasse: Erd- und Mulmmoore
- Substrattyp: og-Hn//fl-Fhg
- WRB: Eutric Rheic Epimurshic Hemic Histosol
- Bodenregion: Jungmoränenlandschaften
- Ort: Häsen, Lkr. Oberhavel, Brandenburg
- Humusform: Mull
- Profilbild und Horizontabfolge: siehe Tab. 54.5
- Bodenlandschaftsbild: siehe Abb. 54.5
- Analysendaten: siehe Tab. 54.6
- Autor: Albrecht Bauriegel, Jutta Zeitz, Dieter Kühn

Vorkommen und Ausgangsgesteine

Das Profil befindet sich in einer Rinne, die durch Auftauen von Toteis entstanden sein muss. Die Moorbildung begann somit durch Sedimentation und Muddebildung im limnischen Milieu. In Abhängigkeit von der Qualität des zufließenden Wassers bildeten sich Organomudden oder Kalkmudden. Der Kalk entstammt den umliegenden Moränen. Die Moorlandschaft ist Teil der Granseer Platte (Frankfurter Staffel).

Bodenprozesse und -eigenschaften

Die Entwässerung bedingte die Veränderung der Torfhorizonte, aber auch die bis 1990 praktizierte Grünlandnutzung als „Saatgrasnutzung" mit periodischen Umbrüchen (im Abstand von 4 bis 6 Jahren) und Neuansaat von leistungsstarken (Süß-)Gräsern forcierte die Bodendegradierung. Ein nHw-Horizont ist oft nicht sicher ansprechbar, vor allem wenn der Moorboden am Tag der Aufnahme sehr feucht ist.

Nutzung und Vegetation

Die Moore sind stark entwässert und landwirtschaftlich genutzt (Grünland), so dass der Oberboden bereits vermulmt ist. Die Torfe sind überwiegend stark zersetzt. Derzeit besteht keine Möglichkeit (technisch und nutzungsbedingt), den Wasserstand stark anzuheben.

Gefährdung

Eine weitere intensive Nutzung des Moores wird zur Verschlechterung der natürlichen Bodenfunktionen aber auch der Produktionsfunktion führen. Intensiv genutzte Niedermoore haben sehr hohe Kohlendioxidfreisetzungen.

Tab. 54.5 Profilbild und Horizontabfolge Profil 195

Profilbild	Horizontgrenze (cm)	Horizonte und ihre Eigenschaften	
	−12	**nHm** og-Hn	Niedermoortorf; sehr stark zersetzt; schwarz (10YR 2/1); Subpolyedergefüge; stark durchwurzelt
	−30	**nHa1** og-Hn	Niedermoortorf; stark zersetzt; schwarz (10YR 2/1) und braunschwarz (10YR 2/2); Polyeder- und Subpolyedergefüge; durchwurzelt
	−45	**nHa2** og-Hn	Niedermoortorf; stark zersetzt; sehr dunkelgelblichbraungrau (10YR 3/2); Polyeder–und Subpolyedergefüge
	−65	**nHt** og-Hn(Hnp)	Niedermoortorf; stark zersetzt; braunschwarz (10YR 2/2); Säulen- und Rissgefüge
	−85	**rnHv°nHr** og-Hn	Niedermoortorf; stark zersetzt; schwarz (10YR 2/1); Subpolyedergefüge
	−110	**nHr** og-Hn	Niedermoortorf; stark zersetzt; sehr dunkelgelblichgraubraun (10YR 3/3)
	−120	**IIfoFr** fl-Fhg	Detritusmudde; bräunlichgrau, dunkelolivstichig (2,5Y 4/2); sehr carbonatarm
	−190	**IIIfeFr** fl-Fmk	Kalkmudde; grau, hell olivstichig (2,5Y 6/1) und bräunlichgrau, hellolivstichig (2,5Y 6/2); sehr carbonatreich; extrem humos
	−235+	**IVfoFr** f-Fhg	Detritusmudde; grauolivbraun (2,5Y 5/3); sehr carbonatarm; organisch

Quelle: Landesamt für Bergbau, Geologie und Rohstoffe Brandenburg, A. Bauriegel (Bild bearbeitet)

Abb. 54.5 Intensiv landwirtschaftlich genutztes Moor (Quelle: J. Zeitz)

Tab. 54.6 Analysendaten Profil 195

Horizont	Tiefe (cm)	Skelett (Vol.-%)	Sand (M.-%)	Schluff (M.-%)	Ton (M.-%)	Gesamtporen (Vol.-%)	Luftkapazität (Vol.-%)	nutzbare Feldkap. (Vol.-%)	Totwasser (Vol.-%)	Lagerungsdichte (g/cm³)
nHm	−12	-	-	-	-	81	4	36	41	0,31
nHa1	−30	-	-	-	-	81	5	43	33	0,29
nHa2	−45	-	-	-	-	89	12	52	25	0,16
nHt	−65	-	-	-	-	91	13	54	24	0,15
rnHv°nHr	−85	-	-	-	-	-	-	-	-	-
nHr	−110	-	-	-	-	91	9	60	21	0,13
IIfoFr	−120	-	-	-	-	-	-	-	-	-
IIIfeFr	−190	-	-	-	-	-	-	-	-	-
IVfoFr	−235+	-	-	-	-	-	-	-	-	-

Horizont	Tiefe (cm)	$CaCO_3$ (M.-%)	C_{org} (M.-%)	N_t (M.-%)	C/N	pH H_2O	pH $CaCl_2$	KAK_{pot} ($cmol_c$/kg)	BS (%)	K_2O-DL (mg/100g)	P_2O_5-DL (mg/100g)
nHm	−12	-	-	-	-	-	-	-	-	-	-
nHa1	−30	-	36,5	3,2	12	6,3	6,0	99,4	100	-	-
nHa2	−45	-	44,5	3,2	14	6,5	6,1	69,0	100	-	-
nHt	−65	-	49,0	3,2	16	6,5	6,0	101,6	99	-	-
rnHv°nHr	−85	-	-	-	-	-	-	-	-	-	-
nHr	−110	-	-	-	-	-	-	-	-	-	-
IIfoFr	−120	-	-	-	-	-	-	-	-	-	-
IIIfeFr	−190	-	-	-	-	.-	-	-	-	-	-
IVfoFr	−235+	-	-	-	-	-	-	-	-	-	-

(Quelle: Landeslabor BB/Bln, HS f. nachhalt. Entw. Eberswalde, Inst. f. Ökol/TU Berlin)

(* = abgeleiteter Analysenwert)

Profil 196: Subtyp Kalkmulmniedermoor (KMc)

- Bodenausgangsgestein: Niedermoortorf
- Varietät: (Acker)Kalkmulmniedermoor (vKMc)
- Typ: Mulmniedermoor
- Klasse: Erd- und Mulmmoore
- Substrattyp: og-eHn
- WRB: Hypereutric Epicalcic Rheic Epimurshic Hemic Histosol
- Bodenregion: Jungmoränenlandschaften
- Ort: Lützlow, Lkr. Uckermark, Brandenburg
- Profilbild und Horizontabfolge: siehe Tab. 54.7
- Bodenlandschaftsbild: siehe Abb. 54.6
- Analysendaten: siehe Tab. 54.8
- Autor: Joris Hering, Jutta Zeitz, Dieter Kühn

Vorkommen und Ausgangsgesteine

Das Profil ist Teil eines der größten Durchströmungsmoore in Nordost-Brandenburg. Die Landschaft liegt im Jungmoränengebiet in einer subglazialen Schmelzwasserrinne. Der Kalk entstammt den umgebenden Moränen, die vergleichsweise jung und sehr kalkreich sind. Eine Sedimentation von Kalkmudden ist daher kennzeichnend.

Bodenprozesse und -eigenschaften

Durch Entwässerung auf 5–8 dm unter Flur und Umbruch entstanden typische Schrumpfungs- und Aggregatgefüge sowie vermulmte Oberböden. Auf Testflächen im Gebiet konnten Höhenverluste von durchschnittlich 1,5 cm/Jahr über die letzten Jahrzehnte nachgewiesen werden. Die Mineralisierungsraten sind durch den hohen Kalkgehalt besonders hoch. In dem kalkhaltigen Niedermoor ist der Oberboden durch die Entwässerung stark gegliedert und durch typische Segregate gekennzeichnet – ein nHt-Horizont kann fehlen.

Nutzung und Vegetation

Die Flächen werden seit 300 Jahren landwirtschaftlich als Grünland genutzt. Durch die Komplexmelioration in den 1970igern wurden die Flächen zur Entwässerung zusätzlich noch gedränt. Umbruch und Neuansaat bedingten die Ausbildung eines vermulmten Oberbodens.

Gefährdung

Eine weitere intensive Landwirtschaft auf diesen Flächen führt zur Verschlechterung der Bodenfunktionen und zur Freisetzung von Kohlendioxid. Neue Nutzungskonflikte be-

Tab. 54.7 Profilbild und Horizontabfolge Profil 196

Profilbild	Horizontgrenze (cm)	Horizonte und ihre Eigenschaften	
	−10	**nHcvmp** og-eHn	Niedermoortorf; sehr stark zersetzt; schwarz (10YR 2/1); Bröckelgefüge; sehr carbonatreich; stark durchwurzelt
	−25	**nHca1** og-eHn	Niedermoortorf, sehr stark zersetzt; sehr dunkelgrau (10YR 3/1); Polyeder- und Subpolyedergefüge; sehr carbonatreich
	−40	**nHca2** og-eHn	Niedermoortorf; sehr stark zersetzt; schwarz (10YR 2/1); Polyeder- und Subpolyedergefüge; sehr carbonatreich
	−80	**nHcw** og-eHn	Niedermoortorf; stark zersetzt; sehr dunkelgrau (10YR 3/1); sehr carbonatarm
	−115	**nHcr1** og-eHn	Niedermoortorf; mäßig zersetzt; sehr dunkelgelblichbraungrau (10YR 3/2) und schwarz (10YR 2/1); carbonathaltig
	−160	**nHcr2** og-eHn	Niedermoortorf; stark zersetzt; schwarz, violettstichig (2,5YR 2,5/1); carbonathaltig
	−280+	**IIfeFr** fl-Fmk	Kalkmudde; fahlgelblichbraun (10YR 8/3); mittel humos

Quelle: Landesamt für Bergbau, Geologie und Rohstoffe Brandenburg, J. Hering (Bild bearbeitet)

Abb. 54.6 Intensive Grünlandnutzung in Nordostbrandenburg (Quelle: J. Zeitz)

Tab. 54.8 Analysendaten Profil 196

Horizont	Tiefe (cm)	Skelett (Vol.-%)	Sand (M.-%)	Schluff (M.-%)	Ton (M.-%)	Gesamtporen (Vol.-%)	Luftkapazität (Vol.-%)	nutzbare Feldkap. (Vol.-%)	Totwasser (Vol.-%)	Lagerungsdichte (g/cm³)
nHcvmp	−10	-	-	-	-	-	-	*	-	-
nHca1	−25	-	-	-	-	75	6	33	36	0,51
nHca2	−40	-	-	-	-	72	0	33	39	0,61
nHcw	−80	-	-	-	-	90	10	52	28	0,17
nHcr1	−115	-	-	-	-	-	-	-	*	-
nHcr2	−160	-	-	-	-	-	-	-	-	-
IIfeFr	−280+	-	-	-	-	-	-	-	-	-

Horizont	Tiefe (cm)	$CaCO_3$ (M.-%)	C_{org} (M.-%)	N_t (M.-%)	C/N	pH H_2O	pH $CaCl_2$	KAK_{pot} (cmol$_c$/kg)	BS (%)	K_2O-DL (mg/100g)	P_2O_5-DL (mg/100g)
nHcvmp	−10	34,9	22,8	2,2	10	7,5	7,4	95,8	100	-	-
nHca1	−25	43,6	19,8	2,0	10	7,4	7,4	82,7	100	-	-
nHca2	−40	42,5	20,0	2,0	10	7,4	7,3	87,8	100	-	-
nHcw	−80	<1,0	40,8	3,1	13	6,4	6,4	91,8	100	-	-
nHcr1	−115	-	-	-	-	-	-	-	-	-	-
nHcr2	−160	-	-	-	-	-	-	-	-	-	-
IIfeFr	−280+	-	-	-	-	-	-	-	-	-	-

(Quelle: Landeslabor BB/Bln, HS f. nachhalt. Entw. Eberswalde, Inst. f. Ökol/TU Berlin)

(* = abgeleiteter Analysenwert)

stehen durch das Interesse am Anbau von Biomasse als nachwachsende Rohstoffe.

Profil 197: Subtyp Erdniedermoor-Mulmniedermoor (KV-KM)

- Bodenausgangsgestein: Niedermoortorf
- Varietät: basenreiches aufgestautes (Mull)Erdniedermoor-Mulmniedermoor (eu.w.muKV-KM)
- Typ: Mulmniedermoor
- Klasse: Erd- und Mulmmoore
- Substrattyp: og-Hn
- WRB: Eutric Rheic Epimurshic Fibric Histosol
- Bodenregion: Jungmoränenlandschaften
- Ort: Dollgow, Lkr. Oberhavel, Brandenburg
- Humusform: Mull
- Profilbild und Horizontabfolge: siehe Tab. 54.9
- Bodenaggregatbild: siehe Abb. 54.7
- Analysendaten: siehe Tab. 54.10
- Autor: Albrecht Bauriegel, Jutta Zeitz, Dieter Kühn

Vorkommen und Ausgangsgesteine

Das Profil liegt in einem Verlandungsbereich des „Kleinen Rhins", einem Nebenfluss des Rhins, welcher als Abfluss aus dem Dollgower See kommend die Landschaft prägt. Die Fläche liegt zwischen Frankfurter und Pommerscher Randlage;

mächtige Kalkmudden sind hier für Verlandungsmoore typisch.

Bodenprozesse und -eigenschaften

Durch Entwässerung wurde der Torfbildungsprozess unterbrochen, und die Torfe vererdeten. Diese Vorgänge fanden auch schon im Mittelalter statt. Ein nachfolgender Wasseranstau, wie sie häufig durch Mühlenstaue hervorgerufen wurden, kann zum erneuten Torfwachstum geführt haben (nHw-Horizonte).

Nutzung und Vegetation

Eine erste intensivere Nutzung des Einzugsgebietes erfolgte durch Glasverhüttung (1600–1850), wozu umfangreich Wald gerodet wurde und als Folge von Erosion mineralische Einträge im Oberboden nachzuweisen sind. Der begrabene vererdete Horizont in 60 cm weist auf stärkere Entwässerung im Mittelalter hin. Derzeit werden die Flächen geringer entwässert, da im Zuge des EU-Life-Projektes Stechlin auch Ziele des Moorschutzes verfolgt werden.

Gefährdung

Durch Entwässerung und Landnutzung (Pflügen, Anbau von nicht standorttypischen Kulturen) verändern sich die ursprünglichen Bodenfunktionen. Begründet auf den hohen Gehalt an Kohlenstoff tragen entwässerte Niedermoore zur Freisetzung von klimarelevanten Gasen bei.

Tab. 54.9 Profilbild und Horizontabfolge Profil 197

Profilbild	Horizontgrenze (cm)	Horizonte und ihre Eigenschaften	
	−15	**nHvm** og-Hn	Niedermoortorf; sehr stark zersetzt; schwarz (10YR 2/1); Subpolyedergefüge; stark durchwurzelt
	−28	**nHv** og-Hn	Niedermoortorf; stark zersetzt; schwarz (10YR 2/1) und braunschwarz (10YR 2/2); Bröckelgefüge; schwach durchwurzelt
	−45	**nHw1** og-Hn	Niedermoortorf; sehr schwach zersetzt; dunkelgelblichgraubraun (10YR 4/3); sehr schwach durchwurzelt
	−60	**nHw2** og-Hn	Niedermoortorf; sehr schwach zersetzt; gelblichbraun, dunkelgraustichig (10YR 4/4) und dunkelgelblichbraun (10YR 4/6)
	−65	**rnHv°nHr** og-Hn	Niedermoortorf; mäßig zersetzt; schwarz (10YR 2/1)
	−80	**nHr1** og-Hn	Niedermoortorf; mäßig zersetzt; sehr dunkelgelblichgraubraun (10YR 3/3)
	−110	**nHr2** og-Hn	Niedermoortorf; schwach zersetzt; dunkelgelblichgraubraun (10YR 4/3) gelblichbraun, dunkelgraustichig (10YR 4/4)
	−130+	**IIfoFr+nHr** og-(Fh)Hn	Niedermoortorf mit Organomudde; mäßig zersetzt; sehr dunkelgelblichbraungrau (10YR 3/2)

Quelle: Landesamt für Bergbau, Geologie und Rohstoffe Brandenburg, A. Bauriegel (Bild bearbeitet)

Abb. 54.7 Kalkmudde mit Mollusken (Quelle: J. Zeitz)

Tab. 54.10 Analysendaten Profil 197

Horizont	Tiefe (cm)	Skelett (Vol.-%)	Sand (M.-%)	Schluff (M.-%)	Ton (M.-%)	Gesamtporen (Vol.-%)	Luftkapazität (Vol.-%)	nutzbare Feldkap. (Vol.-%)	Totwasser (Vol.-%)	Lagerungsdichte (g/cm³)
nHvm	−15	-	-	-	-	82	6	47	29	0,36
nHv	−28	-	-	-	-	84	2	64	18	0,23
nHw1	−45	-	-	-	-	90	7	65	18	0,15
nHw2	−60	-	-	-	-	93	28	52	13	0,10
rnHv°nHr	−65	-	-	-	-	90	8	67	15	0,13
nHr1	−80	-	-	-	-	-	-	-	-	-
nHr2	−110	-	-	-	-	-	-	-	-	-
IIfoFr+nHr	−130+	-	-	-	-	-	-	-	-	-

Horizont	Tiefe (cm)	CaCO₃ (M.-%)	C_{org} (M.-%)	N_t (M.-%)	C/N	pH H₂O	pH CaCl₂	KAK_{pot} (cmol$_c$/kg)	BS (%)	K₂O-DL (mg/100g)	P₂O₅-DL (mg/100g)
nHvm	−15	-	-	-	-	-	-	-	-	-	-
nHv	−28	-	-	-	-	-	-	-	-	-	-
nHw1	−45	-	-	-	-	-	-	-	-	-	-
nHw2	−60	-	-	-	-	-	-	-	-	-	-
rnHv°nHr	−65	-	-	-	-	-	-	-	-	-	-
nHr1	−80	-	48,9	2,8	17	6,3	5,8	99,1	94	-	-
nHr2	−110	-	49,4	2,8	17	6,2	5,8	104,6	80	-	-
IIfoFr+nHr	−130+	-	49,0	2,8	18	6,4	6,1	78,2	85	-	-

(Quelle: Landeslabor BB/Bln, HS f. nachhalt. Entw. Eberswalde, Inst. f. Ökol/TU Berlin)

(* = abgeleiteter Analysenwert)

Profil 198: Subtyp Normerdhochmoor (KHn)

- Bodenausgangsgestein: Hochmoortorf
- Varietät: basenarmes (Mull)Erdhochmoor (dy.muKHn)
- Typ: Erdhochmoor
- Klasse: Erd- und Mulmmoore
- Substrattyp: og-Hh
- WRB: Hyperdystric Ombric Drainic Hemic Histosol (Hyperorganic)
- Bodenregion: Altmoränenlandschaften
- Ort: Groß Hesepe, Lkr. Emsland, Niedersachsen
- Profilbild und Horizontabfolge: siehe Tab. 54.11
- Bodenlandschaftsbild: siehe Abb. 54.8
- Analysendaten: siehe Tab. 54.12
- Autor: Ernst Gehrt

Vorkommen und Ausgangsgesteine

Die Böden finden sich in den Hochmoorgebieten, die den Schwerpunkt der Verbreitung in Nordwestdeutschland haben. In Niedersachsen kommen mit über 200.000 ha die größten Hochmoorflächen in Deutschland vor. Das Erdhochmoor ist die verbreitetste Bodenentwicklung auf Hochmoortorf. Natürliche Hochmoore und Mulmhochmoore sind dagegen sehr selten.

Bodenprozesse und -eigenschaften

Die Erdhochmoore haben ein hohes Wasserspeichervermögen, einen niedrigen pH-Wert und sehr geringe Nährstoffgehalte. Die Absenkung des Grundwassers ist Voraussetzung für die vorliegende Vererdung. Dabei entsteht der hHv-Horizont durch aerobe Prozesse der Mineralisierung und Humifizierung. Die amorphe organische Substanz hat ein krümeliges bis feinpolyedrisches Aggregatgefüge. In der Klimadiskussion haben die Moore eine generelle Bedeutung als Kohlenstoffspeicher.

Nutzung und Vegetation

Die Hochmoorfläche Niedersachsens wird zu ca. 2/3 als Grünland genutzt. Die ackerbauliche, forstliche und Naturschutznutzung ist mit jeweils etwa um 10.000 ha untergeordnet. Rund 75.000 ha der Fläche wurden oder werden durch die Torf- und Humuswirtschaft zur Rohstoffgewinnung abgebaut. Nach Abtorfung müssen mindestens 50 Zentimeter Resttorf zurückbleiben. Danach werden die Flächen entweder durch Sandmischkultur oder Baggerkuhlung für die ackerbauliche Nutzung aufbereitet oder wiedervernässt und renaturiert.

Gefährdung

Natürliche oder `Naturnahe Hochmoore` sind mit unter 5 % Anteil sehr selten. Generell ist bei landwirtschaftlicher Nutzung mit einem Torfschwund von 1–2 cm pro Jahr zu rechnen. Aufgrund dieses Abbaus von organischer Substanz sind in den letzten Jahrzehnten in großem Umfang geringmächtige Moore verschwunden. Der Moorschwund führt zur Freisetzung von Kohlendioxid und ist damit in der Klimadiskussion relevant. Insbesondere auf die Erdhochmoore unter landwirtschaftlicher Nutzung bestehen heute Ansprüche von der Rohstoffsicherung.

Tab. 54.11 Profilbild und Horizontabfolge Profil 198

Profilbild	Horizontgrenze (cm)	Horizonte und ihre Eigenschaften	
	−10	**hHv** og-Hh	Hochmoortorf; stark zersetzt; dunkelgelblichbraungrau (10YR 4/2); Krümel- und Polyedergefüge; mittel bis stark durchwurzelt
	−70	**hHw** og-Hh	Hochmoortorf; schwach zersetzt ; hellgelblichgraubraun (10YR 6/3)
	−180	**hHr** og-Hh	Hochmoortorf; stark zersetzt ; schwarz (10YR 2/1)
	−230	**IInHr** og-Hn	Niedermoortorf; stark zersetzt ; schwarz (10YR 2/1)
	−250	**IIIfAh+Gr** p-s(Sf)	reiner Sand; dunkelgrau (10YR 4/1); reduziertes Eisen (sehr hoher Flächenanteil); sehr stark humos
	−280+	**IIIrGo+Gr** p-s(Sf)	reiner Sand; weiß (10YR 8/1); Eisenoxide (reliktisch, konkretionär) und reduziertes Eisen (sehr hoher Flächenanteil); schwach humos

Quelle: K. Hoffmann (Bild bearbeitet)

Abb. 54.8 Abgetorftes Moor mit Wiedervernässung; Detail: gestochene Torfsoden (Quelle: S. Langner, E. Gehrt)

Tab. 54.12 Analysendaten Profil 198

Horizont	Tiefe (cm)	Skelett (Vol.-%)	Sand (M.-%)	Schluff (M.-%)	Ton (M.-%)	Gesamtporen (Vol.-%)	Luftkapazität (Vol.-%)	nutzbare Feldkap. (Vol.-%)	Totwasser (Vol.-%)	Lagerungsdichte (g/cm³)
hHv	−10	-	-	-	-	95	25	58	12	-
hHw	−70	-	-	-	-	90	20	58	12	-
hHr	−180	-	-	-	-	93	8	65	20	-
IInHr	−230	-	-	-	-	89	4	59	26	-
IIIfAh+Gr	−250	-	-	-	-	54	3	36	15	-
IIIrGo+Gr	−280+	-	-	-	-	35	20	9	6	-

Horizont	Tiefe (cm)	CaCO$_3$ (M.-%)	C$_{org}$ (M.-%)	N$_t$ (M.-%)	C/N	pH H$_2$O	pH CaCl$_2$	KAK$_{pot}$ (cmol$_c$/kg)	BS (%)	K$_2$O-DL (mg/100g)	P$_2$O$_5$-DL (mg/100g)
hHv	−10	-	-	-	-	3,5	-	9,2	-	-	-
hHw	−70	-	-	-	-	3,0	-	5,6	-	-	-
hHr	−180	-	-	-	-	3,0	-	7,2	-	-	-
IInHr	−230	-	-	-	-	3,4	-	5,9	-	-	-
IIIfAh+Gr	−250	-	-	-	-	3,6	-	5,0	-	-	-
IIIrGo+Gr	−280+	-	-	-	-	3,2	-	0,3	-	-	-

(Quelle: Landesamt für Bergbau, Energie und Geologie, Hannover)

(* = abgeleiteter Analysenwert)

Profil 199: Subtyp Normerdhochmoor (KHn)

- Bodenausgangsgestein: Hochmoortorf über Übergangs-moortorf über tiefer Fließerde aus Granit
- Varietät: basenarmes (Mull)Erdhochmoor (dy.muKHn)
- Typ: Erdhochmoor
- Klasse: Erd- und Mulmmoore
- Substrattyp: og-Hh/og-Hu//p-zs(+G)
- WRB: Hyperdystric Ombric Anomurshic Hemic Histosol
- Bodenregion: Berg- und Hügelländer mit hohem Anteil an Magmatiten und Metamorphiten
- Ort: Eibenstock, Erzgebirgskreis, Sachsen
- Profilbild und Horizontabfolge: siehe Tab. 54.13
- Bodenlandschaftsbild: siehe Abb. 54.9
- Analysendaten: siehe Tab. 54.14
- Autor: Falk Hieke

Vorkommen und Ausgangsgesteine

Moore werden in Bezug auf das Hydroregime allgemein in Nieder-, Hoch- und Übergangsmoore unterschieden. Niedermoore entwickeln sich auf grundwassernahen Standorten. Hochmoore dagegen werden durch Nieder-schläge gespeist. Sie sind nach einer Initialphase nicht mehr vom Grundwasser abhängig. Das Vorkommen von Hochmooren beschränkt sich daher auf niederschlags-reiche Regionen, wie zum Beispiel die Hochlagen der Mittelgebirge. Im Profil hat sich auf einer Fließerde aus Granitverwitterung zunächst ein Übergangsmoortorf und später ein Hochmoortorf gebildet. Kennzeichnend für Hochmoore ist die Armut an Nährstoffen und der sehr oft niedrige pH-Wert. Niedermoore sind dagegen zumeist nährstoffreich und kaum sauer. Übergangsmoore haben Merkmale sowohl der Nieder- als auch Hochmoore. Kenn-zeichnend für alle Moore ist der Torfkörper. Er baut sich u. a. aus den abgestorbenen Resten von Gräsern, Binsen (Niedermoore), Moosen (Sphagnum: Hochmoormoos) und Bäumen auf.

Bodenprozesse und -eigenschaften

Im Wasser und unter Luftabschluss werden die im Moor an-fallenden Pflanzenteile kaum zersetzt, wodurch der Torf-körper langsam aufwächst. Hochmoore bilden häufig eine uhrglasförmige Oberfläche aus, die keinen Anschluss mehr an das Grundwasser hat. Das weitere Aufwachsen ist dann von der Niederschlagsmenge im Jahresverlauf abhängig. Auch ist das Moorwachstum kein kontinuierlicher, sondern vielmehr ein periodischer Prozess, der von Klima und Mensch gesteuert wird. Moore bzw. die Torfe sind hervor-ragende Wasserspeicher. Intakte Torfkörper weisen Porosi-täten von über 90 % auf. Entwässerung und Kultivierung von Mooren führt zum beschleunigten, mikrobiellen Abbau des Torfes. Der Torfkörper vererdet und verliert dadurch an Porosität und Wasserspeicherfähigkeit.

Nutzung und Vegetation

Intakte Moore sind extensiv bzw. nicht bewirtschaftete Standorte. Die land- und forstwirtschaftliche Nutzung wurde erst durch Entwässerung möglich, weil die speziellen Eigen-schaften der Moore (permanente Wassersättigung, locker) nur den daran angepassten Arten das Überleben erlauben.

Gefährdung

Moore sind weltweit gefährdet. Wirtschaftliche Zwänge führen zur Erschließung und Kultivierung von Mooren zur Nahrungs-mittelerzeugung, zur Torfgewinnung oder zum Abbau, um an darunterliegende Ressourcen zu gelangen (z. B. Lausitzer Braunkohle). Moore werden im Waldbau entwässert, um bes-sere Wuchsbedingungen für den Baumbestand zu erreichen. Besonders Hochmoore sind nährstoffarme Ökotope, die durch atmosphärischen Nährstoffeintrag verändert werden.

Tab. 54.13   Profilbild und Horizontabfolge Profil 199

Profilbild	Horizontgrenze (cm)	Horizonte und ihre Eigenschaften	
	−15	**hHv** og-Hh	Hochmoortorf; stark zersetzt; schwarz (10YR 2/1) und braunschwarz (10YR 2/2); durch sekundäre Prozesse der aeroben Mineralisierung und Humifizierung vererdet; Krümel- bis Subpolyedergefüge, trocken geringe Anteile pulvrig-staubig; schwach durchwurzelt
	−40	**hHa** og-Hh	Hochmoortorf; schwach bis mittel zersetzt; braunschwarz (10YR2/2) bis dunkelbraun (10YR 3/3); durch Schrumpfung und Quellung Absonderungsgefüge; Riss- und Polyedergefüge
	−90	**IIuHt** og-Hu	Übergangsmoortorf; sehr schwach zersetzt; dunkelbraun (10YR3/3) bis gelblichbraun (10YR 5/6); durch Schrumpfung und Quellung Absonderungsgefüge; grob-prismatisches vertikales Rissgefüge
	−110+	**IIIrGor** p-zs(+G)	schwach lehmiger Sand, stark grusig; hellgelblichbraun (10YR 6/6) und hellgrau (10YR 6/1); Eisenoxide (schwach fleckig, mittlerer Flächenanteil) und reduziertes Eisen (diffus verteilt, überwiegender Flächenanteil); Subpolyedergefüge; mittel humos

Quelle: F. Hieke (Bild bearbeitet)

Abb. 54.9 Forstlich genutzte Moore (Quelle: F. Hieke)

Tab. 54.14 Analysendaten Profil 199

Horizont	Tiefe (cm)	Skelett (Vol.-%)	Sand (M.-%)	Schluff (M.-%)	Ton (M.-%)	Gesamtporen (Vol.-%)	Luftkapazität (Vol.-%)	nutzbare Feldkap. (Vol.-%)	Totwasser (Vol.-%)	Lagerungsdichte (g/cm³)
hHv	−15	0	-	-	-	-	-	-	-	-
hHa	−40	-	-	-	-	83,44	20,14	47,06	16	0,27
IIuHt	−90	0	-	-	-	-	-	-	-	-
IIIrGor	−110+	-	81	12	7	50,22	22,42	20,46	7,34	1,2

Horizont	Tiefe (cm)	CaCO₃ (M.-%)	C$_{org}$ (M.-%)	N$_t$ (M.-%)	C/N	pH H$_2$O	pH CaCl$_2$	KAK$_{pot}$ (cmol$_c$/kg)	BS (%)	K$_2$O-DL (mg/100g)	P$_2$O$_5$-DL (mg/100g)
hHv	−15	-	-	-	-	-	-	-	-	-	-
hHa	−40	-	35,8	1,16	31	-	3,6	34,6	-	-	-
IIuHt	−90	-	-	-	-	-	-	-	-	-	-
IIIrGor	−110+	-	3,47	0,13	27	-	4,2	5,9	-	-	-

(Quelle: Sächsisches Landesamt für Umwelt, Landwirtschaft und Geologie)

(* = abgeleiteter Analysenwert)

Literatur

Ad-hoc-AG Boden (2005): Bodenkundliche Kartieranleitung, 5. Auflage. Hrsg.: Bundesanstalt für Geowissenschaften und Rohstoffe, Hannover, Schweizerbart'scher Verlag, Stuttgart

IUSS Working Group WRB (2015): World Reference Base for Soil Resources 2014, Update 2015. Edited by P. Schad, C.W. van Huyssteen & E. Michéli. – FAO, World Soil Resources Reports 106, Rom, Italien

Klasse SC (ÖBS): Salzböden

Othmar Nestroy, Holger Joisten und Peter Schad

Inhaltsverzeichnis

55.1   Allgemeine Charakteristika

Die Klasse der Salzböden wurde in der deutschen Bodenkundlichen Kartieranleitung (KA5) nicht vorgesehen. Sie haben in Deutschland keine Verbreitung. In Österreich kommen sie lokal vor. Daher werden sie hier beschrieben.

Da sich die bodenphysikalischen wie bodenchemischen Eigenschaften bei den Salzböden deutlich von den Böden der anderen Klassen und Ordnungen abheben, sind für die Aufnahmen im Gelände wie für die Untersuchungen im Labor spezielle Techniken erforderlich. Das bedingt konsequenterweise ein Abrücken von internationalen Normen für die Laboruntersuchungen wie auch von der Nomenklatur.

Das charakteristische von Salzböden („Szikböden‘) ist ihr hoher Gehalt an für Kulturpflanzen schädlichen Salzen, die auch selbst durch aufwändige Meliorationsmaßnahmen kaum in ihrer schädigenden Wirkung egalisiert werden können. Infolge der hohen Salzkonzentrationen ist eine pflanzliche Besiedlung von Salzstandorten nur für salztolerante Spezialisten (wie Halophyten) möglich und auch nach erfolgreicher Meliorierung können nur spezielle Kulturpflanzen angebaut werden.

55.2   Verbreitungsgebiete

Die Salzböden in Österreich stellen das westlichste Vorkommen dieser Böden in Mitteleuropa dar. Es ist dies ein Bereich östlich des Neusiedler Sees, der sich grenzüberschreitend auch auf das ungarische Gebiet erstreckt. Die hier auftretenden Salzböden erfahren ihre spezielle Genese durch einen in unterschiedlicher Tiefe vorhandenen salzführenden Horizont (Franz 1960), der je nach Sedimentüberlagerung in unterschiedlichem Maße wirksam werden kann. Dadurch ergibt sich die mosaikartige Verzahnung der diversen Salzböden innerhalb dieser Region. Die dort auftretenden Salzböden sind aufgrund dessen nicht klimatogen, sondern substratbedingt. Weiterhin ist oberflächennah noch das Mikrorelief zu berücksichtigen. Schon kleinste Erhebungen – meist hervorgerufen durch äolische Deposition – oder auch Senken sind bestimmend für die Wirksamkeit der pflanzenschädlichen Salze. Dies wird an der stark unterschiedlichen Vegetationsdecke erkennbar.

O. Nestroy (✉)
ehemals Technische Universität Graz, Graz, Österreich

H. Joisten
ehemals Sächsisches Landesamt für Umwelt, Landwirtschaft und Geologie, Dresden, Deutschland

P. Schad
Technische Universität München, TUM School of Life Sciences, Lehrstuhl für Bodenkunde, Freising-Weihenstephan, Deutschland

© Springer-Verlag GmbH Deutschland, ein Teil von Springer Nature 2023
H. Joisten et al. (Hrsg.), *Böden Deutschlands, Österreichs und der Schweiz*, https://doi.org/10.1007/978-3-8274-2284-2_55

Typische Salzböden findet man im Gebiet des Darscho (Warmsee), einer Salzlacke, deren Fläche rund 500.000 m² aufweist und rund 3 km nördlich von Apetlon liegt. Das Gewässer ist Teil des UNESCO-Welterbe-Gebietes Kulturlandschaft Fertő/Neusiedler See.

Als Ergänzung und abweichend von diesem Verbreitungsgebiet soll auch ein Salzboden-Standort erwähnt werden, der nach einem Erdgasausbruch am 15. März 1952 in der Katas-tralgemeinde Zwerndorf, Gemeinde Weiden an der March (Niederösterreich), durch nachfolgenden Austritt von Salzwasser entstanden ist.

Typische Bilder von Salzbodenlandschaften und deren Böden zeigen die Aufnahmen in Abb. 55.1, 55.2, 55.3 und 55.4. Eine Karte der regionalen Verbreitung der Klasse der Salzböden zeigt die Abb. 55.5.

Abb. 55.1
Salzbodenlandschaft Darscho
(Quelle: O. Nestroy,
Bildbearbeitung: H. Joisten)

Abb. 55.2
Salzbodenlandschaft Illmitz,
Ostufer des Neusiedler Sees
(Quelle: O. Nestroy,
Bildbearbeitung: H. Joisten)

Abb. 55.3 Solontschak (Quelle: H. Franz, Bildbearbeitung: H. Joisten)

Abb. 55.4 Ausgetrockneter
Salzboden (Quelle: O.
Nestroy, Bildbearbeitung:
H. Joisten)

Regionale Verbreitung der Klasse der Salzböden

■ verbreitet bis vorherrschend (≥ 30% Flächenanteil, Salzböden treten als Leitboden auf)

╱ Bodenregion

Abb. 55.5 Regionale Verbreitung der Klasse der Salzböden

55.3 Gliederung und Eigenschaften

In der Österreichischen Bodensystematik 2000 in der revidierten Fassung von 2011 (ÖBS) tritt in der Ordnung der ‚Hydromorphen Böden' die Klasse der Salzböden mit den Typen Solontschak, Solonetz und Solontschak-Solonetz auf. Subtypen sind dort nicht ausgewiesen, wohl aber mögliche Varietäten.

Der **Solontschak** (‚Weißer Salzboden') tritt standortsmäßig meist in flach-konkaven Senken im Uferbereich von perennierenden oder episodischen Salzlacken auf. In diesen steht periodisch das Grundwasser hoch an. Die kapillar aufsteigenden Salze, vornehmlich Na_2CO_3, aber auch Magnesiumsalze, reichern sich während der sommerlichen Trockenzeit an der Oberfläche selbst oder in den obersten Horizonten an.

Im feuchten Zustand sind diese Böden oft im Zustand der Fließgrenze, während es bei Abtrocknung zu Salzausblühungen bzw. Anreicherungen im Sorptionskomplex kommt. Der Bodenwasserhaushalt kann als wechselfeucht, oft mit Überwiegen der feuchten Phase bezeichnet werden. Bedingt durch das salzhaltige Feinmaterial liegt der Salzgehalt dieses Bodens über 0,3 M.-%, die elektrische Leitfähigkeit im Sättigungsextrakt über 4 000 µS/cm und die Natrium-Sättigung unter 15 % bei einem pH-Wert zwischen 8 und 9.

Die Pflanzengesellschaften auf diesen Standorten sind sehr lückig und auf salztolerante Planzen beschränkt, wie Salzkresse, Salzmelde (Strandsode), Salzaster, Salzschwaden (Salzgras, Andel), Glasschmalz (Queller) und Strand-Wegerich.

Da seit Jahrzehnten die Solontschak-Standorte unter strengem Naturschutz stehen, sind sie als erhaltungswürdige Biotope von jeglicher Nutzung ausgeschlossen. Es ist daher auch nicht möglich, aktuelle Fotos eines Bodenprofils zu zeigen. Die nach der Natur angefertigte Darstellung eines Solontschaks aus dem Buch Feldbodenkunde (Franz 1960) vermittelt den Habitus diesen schützungswerten Bodens.

Ein **Solonetz** (‚Schwarzer Salzboden') hat sich durch Entsalzung eines extremen Salzbodens entwickelt oder ist durch Überlagerung von salzarmen Material entstanden. Deshalb fehlen Salzausblühungen und die A-Horizonte sind dunkel gefärbt. Für die Bh- oder AbegBh-Horizonte ist die säulige Struktur ein augenfälliges Charakteristikum.

Der Bodenwasserhaushalt ist extrem wechselfeucht. Dies bedeutet, dass der Boden in feuchtem Zustand breiigklebend, in ausgetrocknetem Zustand steinartig verhärtet ist.

Diese Böden sind ebenfalls aus salzhaltigem Feinmaterial hervorgegangen, doch schlägt sich dies im Bodenchemismus nicht so deutlich nieder wie beim Solontschak. Der Salzgehalt beträgt weniger als 0,3 M.-%, die elektrische Leitfähigkeit im Sättigungsextrakt liegt unter 4 000 µS/cm, die Natrium- wie die Magnesium-Sättigung liegen jedoch über 15 % bzw. 30 %, der pH-Wert deutlich über 8,5. Eine Nutzung diese Böden erfolgt meistens als extensives Grünland oder Hutweide.

Eine Kombination aus genetischer Sicht ist der in dieser Region am meisten verbreitete **Solontschak-Solonetz,** der einen Bodenwasserhaushalt, der als wechselfeucht bezeichnet werden kann, aufweist. Dieser Typ ist auch aus feinem, salzhaltigem Schwemmaterial hervorgegangen, weist über 0,3 M.-% Salze auf und hat eine elektrische Leitfähigkeit von über 4 000 µS/cm im Sättigungsextrakt sowie eine Natrium-Sättigung von über 15 % bei pH-Werten über 8,5. Meist werden diese Böden als extensives Grünland genutzt, doch können diese Standorte nach einer erfolgreichen Meliorierung auch fallweise etwas intensiver landwirtschaftlich genutzt werden.

55.4 Typen

Typ

- Solontschak

Typ

- Solonetz

Typ

- Solontschak-Solonetz

55.5 Klassifikation nach WRB

Peter Schad

Der Solonchak der WRB benötigt eine elektrische Leitfähigkeit von mindestens 15 dS/m (15000 µS/cm) und ist somit enger gefasst als der Solontschak der ÖBS. Solontschake mit geringeren Salzkonzentrationen gehören in der WRB meist zu den Cambisols mit Salic Qualifier. Der Solonetz der WRB ist ähnlich definiert wie jener der ÖBS, doch ist der ton- und Na-reiche Horizont zwingend das Ergebnis einer Tonverlagerung. Andernfalls ist der Boden in der Regel als Cambisol mit Sodic Qualifier anzusprechen. Übergänge zwischen Solonetz und Solonchak sind in der WRB als Solonetz mit Salic Qualifier zu klassifizieren.

55.6 Ausgewählte Bodenprofile

Profil 200: Typ Solontschak (SC) (nach österreichischer Bodensystematik)

- Bodenausgangsgestein: salzhaltige Seemergel
- Klasse: Salzböden (nach österreichischer Bodensystematik)
- Substrattyp: f-(k)es(Fsm)\f-(k)el(Fsm)
- WRB: Pantosodic Katogleyic Solonchak (Alcalic, Calcaric, Evapocrustic, Limnic, Pantoloamic, Ochric, Epihypersalic)
- Bodenregion: Lösslandschaften im pannonischen Trockengebiet
- Ort: Darscho, Seewinkel, Burgenland
- Profilbild und Horizontabfolge: siehe Tab. 55.1
- Analysendaten: siehe Tab. 55.2
- Autor: Othmar Nestroy et al.

Vorkommen und Ausgangsgesteine

Dieser Bodentyp ist auf ein Vorkommen im südlichen Bereich des Seewinkels und somit auf die Bodenregion 19 der Lösslandschaften im pannonischen Trockengebiet beschränkt. Er ist abhängig von einer in der Tiefe auftretenden salzführenden Schicht. Je nachdem, wie mächtig diese Schicht von Sedimenten aus Seemergel überdeckt ist, kann es durch kapillar aufsteigendes Grundwasser bzw. durch die starke Durchfeuchtung des gesamten Profils während der winterlichen Periode zu einer Salzanreicherung im Solum kommen. Diese manifestiert sich dann während der sommerlichen Trockenperiode in Form von Verhärtungen und Salzausblühungen an der Bodenoberfläche.

Tab. 55.1 Profilbild und Horizontabfolge Profil 200

Profilbild	Horizontgrenze (cm)	Horizonte und ihre Eigenschaften (in Klammern: nach ÖBS)	
	−10	**eAhz (Asa)** f-(k)es(Fsm)	mittel lehmiger Sand, schwach kiesig; gelblichbraungrau (10YR 5/2); Salzausblühungen; Kohärentgefüge; carbonatreich; schwach humos; schwach durchwurzelt
	−30	**IIeGoz (G1)** f-(k)es(Fsm)	schwach schluffiger Sand, mittel kiesig; hellgelblichbraungrau (10YR 6/2); Eisenoxide (fleckig, sehr hoher Flächenanteil); carbonatreich; schwach humos; einzelne Wurzeln
	−130+	**IIIeGoz (G2)** f-(k)el(Fsm)	schwach toniger Lehm, schwach kiesig; gelblichbraungrau (10YR 5/2); Eisenoxide (fleckig, überwiegender Flächenanteil); carbonatreich; schwach humos; schwach durchwurzelt

Quelle: Mitt. d. Deutschen Bodenkundl. Ges. (2001), Bd. 94, Oldenburg (Bildbearbeitung: H. Joisten)

Tab. 55.2 Analysendaten Profil 200

Horizont	Tiefe (cm)	Skelett (Vol.-%)	Sand (M.-%)	Schluff (M.-%)	Ton (M.-%)	Gesamtporen (Vol.-%)	Luftkapazität (Vol.-%)	nutzbare Feldkap. (Vol.-%)	Totwasser (Vol.-%)	Lagerungsdichte (g/cm³)
eAhz (Asa)	−10	5	61	29	10	-	-	-	-	-
IIeGoz (G1)	−30	15	78	19	3	-	-	-	-	-
IIIeGoz (G2)	−130+	8	42	32	26	-	-	-	-	-

Horizont	Tiefe (cm)	$CaCO_3$ (M.-%)	C_{org} (M.-%)	N_t (M.-%)	C/N	pH H_2O	pH $CaCl_2$	KAK_{pot} (cmol$_c$/kg)	BS (%)	K_2O-DL (mg/100g)	P_2O_5-DL (mg/100g)
eAhz (Asa)	−10	11	1,1	0,11	10	-	9,8	38,9	100	22,7	5,9
IIeGoz (G1)	−30	12	1,0	<0,02	-	-	9,0	15,2	100	6,0	3,1
IIIeGoz (G2)	−130+	18	0,9	<0,02	-	-	9,1	35,6	100	19,5	2,6

Horizont	Tiefe (cm)	Ca (cmol$_c$/kg)	Mg (cmol$_c$/kg)	K (cmol$_c$/kg)	Na (cmol$_c$/kg)	elektr. Leitf. (µS/cm (1 : 10-Extrakt))	elektr. Leitf. (mS/cm (Sättig. extrakt))
eAhz (Asa)	−10	8,3	3,1	0,2	27,2	2170	108
IIeGoz (G1)	−30	9,0	0,7	<0,1	5,5	571	38
IIIeGoz (G2)	−130+	17,9	6,2	0,3	11,2	773	17

(Quelle: Institut für Angewandte Geowissenschaften, Universität Graz)
(* = abgeleiteter Analysenwert)

Bodenprozesse und -eigenschaften

Die bodenchemischen wie -physikalischen Parameter sind von den Konzentrationen der pflanzenschädlichen Salze im gesamten Profil bestimmt, so auch das Quellen und Schrumpfen, ein Erreichen der Fließgrenze während des Winters und im zeitigen Frühjahr, ebenso wie die oberflächigen Verhärtungen bei Austrocknung. Schon aus diesen Gründen ist eine Bodenbearbeitung und -bewirtschaftung nicht möglich.

Nutzung und Vegetation

Die Areale, in denen diese Böden verbreitet sind, stehen heute unter strengem Naturschutz. Sie dürfen nicht betreten werden, und es dürfen keine Proben entnommen werden. Sie sind teils vegetationslos, teils ist eine lückige Besiedelung durch Halophyten gegeben.

Gefährdung

Eine Gefährdung ist durch die Nichtbeachtung der strengen Schutzbestimmungen gegeben.

Literatur

Ad-hoc-AG Boden (2005): Bodenkundliche Kartieranleitung, 5. Auflage. Hrsg.: Bundesanstalt für Geowissenschaften und Rohstoffe, Hannover, Schweizerbart'scher Verlag, Stuttgart

Franz, H. (1960): Feldbodenkunde als Grundlage der Standortsbeurteilung und Bodenwirtschaft mit besonderer Berücksichtigung der Arbeit im Gelände. Verl. G. Fromme & Co., Wien und München

IUSS Working Group WRB (2015): World Reference Base for Soil Resources 2014, Update 2015. Edited by P. Schad, C.W. van Huyssteen & E. Michéli. – FAO, World Soil Resources Reports 106, Rom, Italien

Nelhiebel, P., Pecina, E., Baumgarten, A., Aust, O., Pock, H. (2001): Die Böden des Naturraumes Neusiedler See (Burgenland). Mitteilungen der Deutschen Bodenkundlichen Gesellschaft, Band 94, Oldenburg

Nestroy, O., Aust, G., Blum, W.E.H., Englisch, M., Hager, H., Herzberger, E., Kilian, W., Nelhiebel, P., Ortner, G., Pecina, E., Pehamberger, A., Schneider, W., Wagner, J. (2011): Systematische Gliederung der Böden Österreichs – Österreichische Bodensystematik 2000 in der revidierten Fassung von 2011. Mitteilungen der Österreichischen Bodenkundlichen Gesellschaft, Wien

Erratum zu: Bodenklassenkarten und Profilpunktekarte, Auswahl der Profile und Erläuterungen zu den verwendeten Daten

Andreas Richter, Wolf Eckelmann, Peter Schad, Holger Joisten, Dieter Kühn und Luise Giani

Erratum zu:
Kapitel 32 in: H. Joisten et al. (Hrsg.), *Böden Deutschlands, Österreichs und der Schweiz*, https://doi.org/10.1007/978-3-8274-2284-2_32

Liebe Leserin, lieber Leser,

vielen Dank für Ihr Interesse an diesem Buch. Leider wurde das Kapitel 32 „Bodenklassenkarten und Profilpunktekarte, Auswahl der Profile und Erläuterungen zu den verwendeten Daten" von Andreas Richter, Wolf Eckelmann, Peter Schad, Holger Joisten, Dieter Kühn und Luise Giani mit einer falschen Landkarte (d. h. Abb. 32.1) auf Seite 158 veröffentlicht. In der Profilpunktekarte (Abb. 32.1) der Originalversion wurden einige Profilnummern aufgrund einer nachträglichen Anpassung der Profilreihenfolge vertauscht. Die Abbildung wurde korrigiert und ersetzt.

Die aktualisierte Version dieses Kapitels finden Sie unter
https://doi.org/10.1007/978-3-8274-2284-2_32

© Springer-Verlag GmbH Deutschland, ein Teil von Springer Nature 2024
H. Joisten et al. (Hrsg.), *Böden Deutschlands, Österreichs und der Schweiz*, https://doi.org/10.1007/978-3-8274-2284-2_56

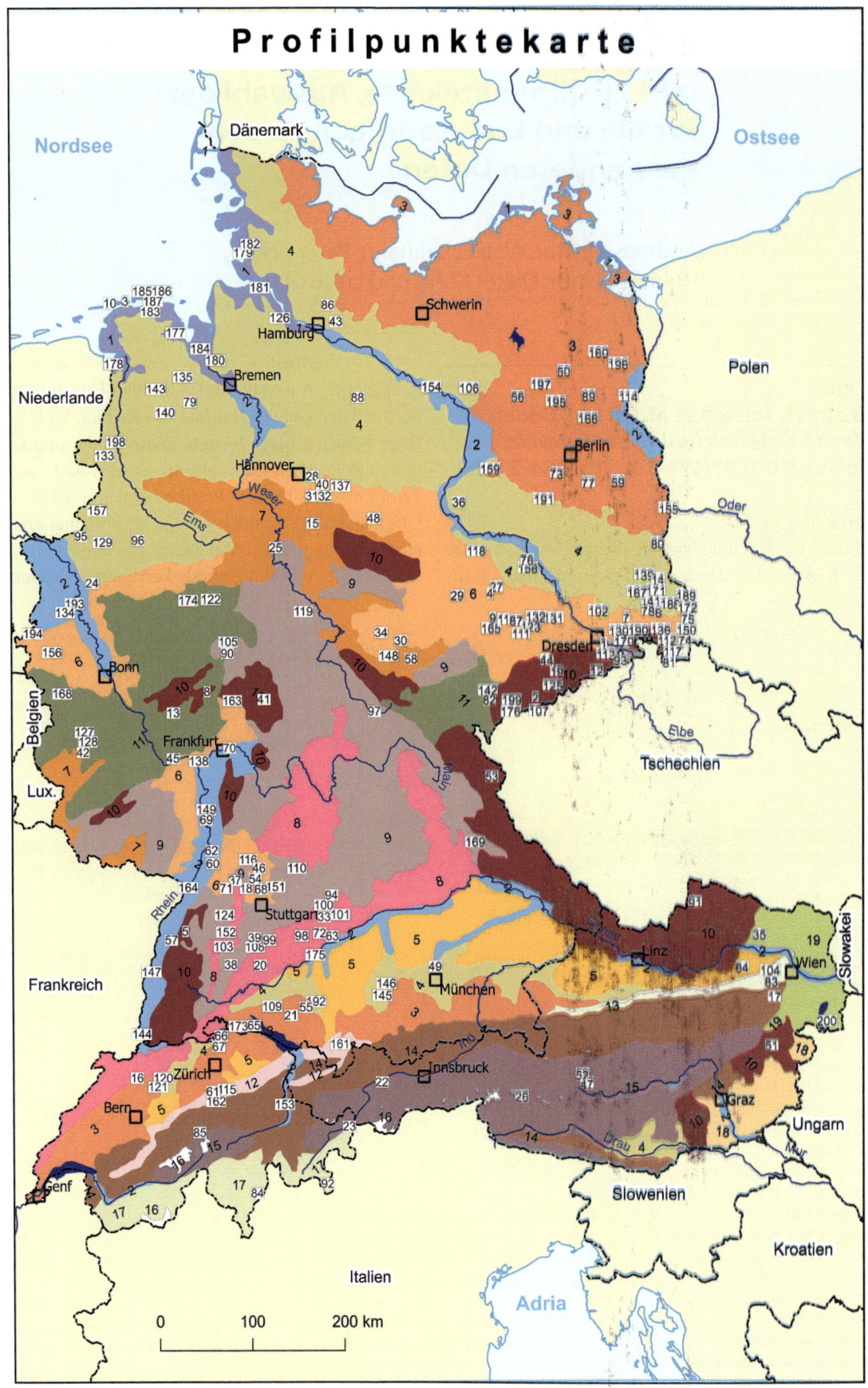

Abb. 32.1 Profilpunktekarte für Deutschland, Österreich und die Schweiz

Literaturverzeichnis

Acksel, A., Amelung, W., Kühn, P., Gehrt, E., Regier, T., Leinweber, P. (2016a): Soil organic matter characteristics as indicator of Chernozem genesis in the Baltic Sea region. Geoderma Regional, 7 (2): S. 187–200

Acksel, A., Kappenberg, A., Kühn, P., Leinweber, P. (2017b): Human activity formed deep, dark topsoils around the Baltic Sea. Geoderma Regional, 10 (2): S. 93–101

Ad-hoc-AG Boden (2005): Bodenkundliche Kartieranleitung, 5. Auflage. Hrsg.: Bundesanstalt für Geowissenschaften und Rohstoffe, Hannover, Schweizerbart'scher Verlag, Stuttgart

Ad-hoc-AG Boden (2010): Bodenübersichtskarte der Bundesrepublik Deutschland 1:200.000. Hrsg.: Bundesanstalt für Geowissenschaften und Rohstoffe, Hannover

Ad-hoc-AG Boden (2018, 2021): Bodenübersichtskarte der Bundesrepublik Deutschland 1:200.000. Hrsg.: Bundesanstalt für Geowissenschaften und Rohstoffe, Hannover

AK Bodenschutz (1995): Bewertung von Böden nach ihrer Leistungsfähigkeit. – Leitfaden für Planungen und Gestattungsverfahren – Landesanstalt für Umwelt, Messungen und Naturschutz Baden Württemberg (LUBW), Luft Boden Abfall, Heft 31, 57 S., Karlsruhe

AK Bodensystematik (1998): Systematik der Böden und der bodenbildenden Substrate Deutschlands. Mitteilungen der Deutschen Bodenkundlichen Gesellschaft, Band 86: S. 1–134, Oldenburg, (www.bodensystematik.de)

Albrecht, C., Kühn, P. (2003): Eigenschaften und Verbreitung schwarzerdeartiger Böden auf der Insel Poel (Nordwest Mecklenburg-Vorpommern). Greifswalder Geographische Arbeiten, Band 29: S. 215–247

Altermann, M. (1992): Die Nutzung der Bodenschätzung zur Erarbeitung von Lokalbodenformenkarten und Betriebsstandortkarten für ausgewählte Gebiete Sachsen-Anhalts. Mitteilungen der Deutschen Bodenkundlichen Gesellschaft, Band 67: S. 175–179, Oldenburg

Altermann, M., Kühn, D., Thiere, J. (1992): Standortkennzeichnung von Ackerschlägen durch Auswertung der Bodenschätzung und ergänzende Erhebungen. Mitteilungen der Deutschen Bodenkundlichen Gesellschaft, Band 67: S. 181–184, Oldenburg

Altermann, M., Kühn, D., Bauriegel, A. (1996): Diskussionsvorschlag zur bodenkundlichen Substratsystematik. Brandenburgische Geowissenschaftliche Beiträge, Band 3, Heft 1: S. 53–65

Altermann, M., Gutteck, U., Hartmann, K.-J., Rosche, O., Steininger, M. (2004): Zur Ableitung von Bodenparametern aus den Unterlagen der Bodenschätzung als Datengrundlage zur Bodenkennzeichnung in Sachsen-Anhalt. Mitteilungen der Deutschen Bodenkundlichen Gesellschaft, Band 103: S. 49–50, Oldenburg

Altermann, M, Jäger, K.-D., Kopp, D., Kowalkowski, A., Kühn, D., Schwaneke, W. (2008): Zur Kennzeichnung und Gliederung von periglaziär bedingten Differenzierungen in der Pedosphäre. Waldökologie, Landschaftsforschung und Naturschutz, Heft 6: S. 5–42; Greifswald

Altermann, M., Freund, K.L., Capelle, A., Betzer, H.J. (2012): Walter Rothkegel (1874 – 1959) Initiator und Wegbereiter der Reichsbodenschätzung. In: Blume, H.-P.; Horn, R. (Hrsg.): Persönlichkeiten der Bodenkunde III; Schriftenreihe des Instituts für Pflanzenernährung und Bodenkunde der Universität Kiel, Band 95: S. 77–109

Arbeitsgruppe Bodenkunde (1982): Bodenkundliche Kartieranleitung der Staatlichen Geologischen Dienste und der Bundesanstalt für Geowissenschaften und Rohstoffe, 3. Auflage, Hannover, Schweizerbart'sche Verlagsbuchhandlung, Stuttgart

Arbeitskreis Bodensystematik der Deutschen Bodenkundlichen Gesellschaft (1998): Systematik der Böden und der bodenbildenden Substrate Deutschlands. Mitteilungen der Deutschen Bodenkundlichen Gesellschaft, Band 86 (www.bodensystematik.de), Oldenburg

Arbeitsgruppe Klassifikation und Nomenklatur der Bodenkundlichen Gesellschaft der Schweiz (BGS) (2010): Bodenprofiluntersuchung, Klassifikationssystem, Definition der Begriffe, Anwendungsbeispiele, 2. Auflage, Luzern, Schweiz

Arbeitsgruppe Bodenklassifikation und – nomenklatur (2011): Jahresbericht 2011, Bodenkundliche Gesellschaft der Schweiz, Luzern, Schweiz

Arbeitsgruppe der Bodenkundlichen Gesellschaft der Schweiz (BGS) (2014): Bodenkartierung Schweiz – Entwicklung und Ausblick – Bodenkundliche Gesellschaft der Schweiz, Luzern, Schweiz

Arbeitskreis Standortskartierung in der Arbeitsgemeinschaft Forsteinrichtung (2016): Forstliche Standortsaufnahme, 7. Auflage, IHW-Verlag, Eching, 400 S.

Arens, H. (1960): Die Bodenkarte 1:5000 auf der Grundlage der Bodenschätzung, ihre Herstellung und ihre Verwendungsmöglichkeiten. Fortschritte in der Geologie von Rheinland und Westfalen, Band 8, Krefeld

Baier, R. (2006): Wurzelentwicklung, Ernährung, Mykorrhizierung und „positive Kleinstandorte" der Fichtenverjüngung (Picea abies [L.] Karst.) auf Schutzwaldstandorten der Bayerischen Kalkalpen. Dissertation TU München, Fachgebiet Waldernährung und Wasserhaushalt, 250 S.

Baier, R., Ettl, R., Hahn, C., Göttlein, A. (2006): Early development and nutrition of Norway spruce (Picea abies [L.] Karst.) seedlings on different seedbeds of the Bavarian Limestone Alps – a bioassay. Annals of Forest Science 63, Springer: S. 339–348

Baier, R., Göttlein, A. (2004): Böden der Kalkalpen – Entstehung, Eigenschaften und Bedeutung für die forstliche Praxis. AFZ-DerWald 9: S. 481–483, München

Baier, R., Meyer, J., Göttlein, A. (2007): Regeneration niches of Norway spruce (Picea abies [L.] Karst.) saplings in small canopy gaps in mixed mountain forests of the Bavarian Limestone Alps. European Journal of Forest Research 126, Springer Nature: S. 11–22

Bartsch, H.-U., Benne, I., Gehrt, E., Sbresny, J., Waldeck, A. (2003): Aufbereitung und Übersetzung der Bodenschätzung. Arbeitshefte Boden des Niedersächsischen Landesamtes für Bodenforschung 1: S. 45–95, Hannover

Bauriegel, A., Kühn, D., Hannemann, J. (1999): Zur Aussagekraft von Legendeneinheiten – Ein Methodenvergleich. Mitteilungen der Deutschen Bodenkundlichen Gesellschaft, Band 91/II: S. 933–936, Oldenburg

Bayerisches Geologisches Landesamt (1986, 1987): Standortkundliche Bodenkarte von Bayern 1:50.000, Blätter L 7530, L 8136, L 7930

Beck-Mannagetta, P., Grill, R., Prey S. (1966): Erläuterungen zur Geologischen und zur Lagerstätten-Karte 1:1.000.000 von Österreich. Verlag der Geologischen Bundeanstalt, Wien

Benne, I., Laukart, W., Oelkers, K.-H., Schimpf, U. (1983): Realisierung der DV-gestützten Herstellung bodenkundlicher Karten unter besonderer Berücksichtigung der Bodenschätzung. Geologisches Jahrbuch A 70: S. 103–118, Hannover

Benne, I., Heineke, H.-J. (1987): Die Übersetzung der Bodenschätzung und ihre digitale Bereitstellung in einem Bodeninformationssystem für den Umwelt- und Bodenschutz. Mitteilungen der Deutschen Bodenkundlichen Gesellschaft 53: S. 89–94, Hannover

Benne, I., Heineke, H.-J., Nettelmann, R. (1990): Die DV-gestützte Auswertung der Bodenschätzung (Niedersächsisches Bodeninformationssystem NIBIS). Schweizer-bart'sche Verlagsbuchhandlung, Stuttgart, 125 S.

Billwitz, K., Porarda, H.T. (2010): Die Halbinsel Fischland-Darß-Zwingst und das Barther Land. Böhlau, Weimar

Blakemore, L.C., Searle, P.L., Daly, B.K. (1981): Soil Bureau analytical methods. A method for chemical analysis of soils. New Zealand Soil Bureau Scientific Report 10A

Blaser, P., Kernebeek, P., Tebbens, L., van Breemen, N., Luster, J. (1997): Cryptopodzolic Soils in Switzerland. European Journal of Soil Science, Volume 48, Issue 1: S. 411–423, Wiley Online Library, British Society of Soil Science

Blaser, P., Zimmermann, S., Luster, J., Walthert, L., Lüscher, P. (2005): Waldböden der Schweiz. Band 2. Regionen Alpen und Alpensüdseite. Birmensdorf, Eidgenössische Forschungsanstalt Wald, Schnee und Landschaft (WSL), Bern, Hep Verlag, 920 S.

Blume, H.-P., Felix-Henningsen, P. (2007): Reduktosole. – In: Blume, H.-P., Felix-Henningsen, P., Fischer, W., Frede, H.-G., Horn, R. und Stahr, K.: Handbuch der Bodenkunde, Kap. 3.3.2.11, S. 1–24, Wiley-VCH Verlag, Weinheim

Blume, H.-P., Stahr, K. & Leinweber, P. (2011): Bodenkundliches Praktikum, 3. Auflage. Spektrum Akademischer Verlag, Heidelberg

Bochter, R. (1984): Böden naturnaher Bergwaldstandorte auf carbonatreichen Substraten. Nationalpark Berchtesgaden, Forschungsbericht 6

Bodenkundliche Gesellschaft der Schweiz (BGS) (2010): Klassifikation der Böden der Schweiz, Konzept zur Revision, (KLABS 2010, 66 Seiten) (www.soil.ch), Zürich, Schweiz

Bodenschätzungsgesetz (1934): Gesetz zur Schätzung des landwirtschaftlichen Kulturbodens vom 16.10.1934. BodSchätzG, Reichsgesetzblatt I, S. 1050, Reichssteuerblatt S. 1306, Berlin

Bodenschätzungsgesetz (2007): Gesetz zur Schätzung des landwirtschaftlichen Kulturbodens vom 20.12.2007. BodSchätzG, Bundesgesetzblatt I, S. 3150, 3176, Bonn

BUND (2010): Moorschutz – Ein Beitrag zum Klima- und Naturschutz (PDF Download), Bund für Umwelt und Naturschutz Deutschland, Berlin

Bundesanstalt für Geowissenschaften und Rohstoffe (1999): Rahmenlegende zur Bodenübersichtskarte 1:200.000 (BÜK 200), Hannover

Bundesanstalt für Geowissenschaften und Rohstoffe (2007): World Reference Base for Soil Resources 2006. Ein Rahmen für internationale Klassifikation, Korrelation und Kommunikation Erstes Update 2007, Hannover

Bundesbodenschutzgesetz (BBodSchG) (1998, 2021): Gesetz zum Schutz vor schädlichen Bodenveränderungen und zur Sanierung von Altlasten, Bundesministerium der Justiz, Bundesamt für Justiz, Bonn

Bundesgesetzblatt Nr. 233 (1970): Bundesgesetz vom 9. Juli 1970 über die Schätzung des landwirtschaftlichen Kulturbodens. Bundesgesetzblatt Nr. 233, Bodenschätzungsgesetz 1970, Wien

Bundesministerium für Umwelt, Naturschutz, nukleare Sicherheit und Verbraucherschutz (BMU) (2022): Flächenverbrauch – Worum geht es? In: https://www.bmuv.de/themen/nachhaltigkeit-digitalisierung/nachhaltigkeit/strategie-und-umsetzung/flaechenverbrauch-worum-geht-es, Berlin

Buwal (1996): Waldbodenkartierung, Handbuch. Hrsg.: Bundesamt für Umwelt, Wald und Landschaft, Bern.125 S.

BVB (2013): Bodenkundliche Baubegleitung (BBB). Bundesverband Boden e.V., BVB-Merkblatt Band 2, Erich Schmidt Verlag, Berlin

Central Europe – Projekt Circular Flow Land Use Management (CircUse) (2010–2013): Fläche im Nutzungskreislauf (http://www.umwelt.sachsen.de/umwelt/boden/21288.htm), Sächsisches Landesamt für Umwelt, Landwirtschaft und Geologie, Dresden

Deutsche Bodenkundliche Gesellschaft, Kuratorium Boden des Jahres (2005 ff.): Boden des Jahres (www.boden-des-jahres.de, http://www.boden-des-jahres.de; http://www.dbges.de; http://www.bvboden.de; http://www.bodenwelten.de)

DIN 19639 (2019): Bodenschutz bei Planung und Durchführung von Bauvorhaben. Beuth Verlag GmbH, Berlin

Dörjes, J. (1982): Das Watt als Lebensraum. In: Das Watt (Hrsg.: H.-E. Reineck). W. Kramer Verlag, Frankfurt/M.: S. 24–31

ESB (2001): Soil Geographical Database of Eurasia at scale 1:1000.000, Version 4 beta; Ispra, Italy

Etzkorn, K. (2009): Die amtliche Bodenschätzung in Deutschland. In: Blume, H.-P. et al. [Hrsg.]: Handbuch der Bodenkunde, Kap. 4.2.7. Lose-Blatt-Werk; Wiley-VCH, Weinheim

European Commission (2003 ff.): Joint Research Centre (JRC) Data Catalogue, Ispra, Italien

Exner, Ch. (1966): Geologie von Österreich. In: Erläuterungen zur Geologischen und zur Lagerstätten-Karte 1:1.000.000 von Österreich. Geologische Bundesanstalt, Wien

Fachbereichstandard TGL 24300/07 (1987): Aufnahme landwirtschaftlich genutzter Standorte – Substratarten und Substrattypen, Berlin

FAL Reckenholz (1997): Kartieren und Beurteilen von Landwirtschaftsböden. Hrsg.: Eidgenössische Forschungsanstalt für Agrarökologie und Landbau (FAL), Zürich-Reckenholz, CH-8046 Zürich

FAO-Unesco (1974): Soil Map of the World 1:5000.000. Volume I, Legend. Paris, Frankreich

FAO (1988): Soil Map of the World. Revised Legend. Edited by ISSS, FAO, ISRIC. – FAO, World Soil Resources Reports 60, Rom, Italien

FAO (1998): World Reference Base for Soil Resources. Edited by ISSS, FAO, ISRIC. – FAO, World Soil Resources Reports 84, Rom, Italien

FAO (2006): Guidelines for Soil Description, 4th edition. Prepared by R. Jahn, H.-P. Blume, V.B. Asio, O.C. Spaargaren & P. Schad. – FAO, Rom, Italien.

Felinks, B., Besch-Frotscher, W., Franzke, F., Machulla, G. (2004): Erfassung und Bewertung der zukünftigen Landflächen in der Bergbaufolgelandschaft hinsichtlich ihrer Standortfunktionen für natürliche Vegetation, UFZ-Bericht NR.22/2004, Leipzig-Halle

Felix-Henningsen, P. (1990): Die mesozoisch-tertiäre Verwitterungsdecke (MTV) im Rheinischen Schiefergebirge – Aufbau, Genese und quartäre Überprägung. In: Relief, Boden, Paläoklima 6: S. 1–129; Berlin

Fieldes, M., Perrott, K.W (1966): The nature of allophane soils: 3. Rapid field and laboratory test for Allophane. – New Zealand Journal of Forestry Science, 9: 623–629

Fink, J. (1961): Die Südostabdachung der Alpen. Mitteilungen der Österreichischen Bodenkundlichen Gesellschaft, Heft 6, Wien

Fink, J. (1969): Nomenklatur und Systematik der Bodentypen Österreichs. Mitteilungen der Österreichischen Bodenkundlichen Gesellschaft, Heft 13, 95 S., Wien

Fink, J. (1970): Österreichs Böden im Spiegel der bodenbildenden Faktoren. Geological Institute Bucharest, Technical and Economical Bulletins, ser. C. (Pedology), No.18

Franz, H. (1960): Feldbodenkunde als Grundlage der Standortsbeurteilung und Bodenwirtschaft mit besonderer Berücksichtigung der Arbeit im Gelände. Verl. G. Fromme & Co., Wien und München

Franz, H. (1961): Die Böden Österreichs. Exkursion durch Österreich. Mitteilungen der Österreichischen Bodenkundlichen Gesellschaft, Heft 6, Wien

Frehner, M., Wasser, B., Schwitter, R. (2005): Nachhaltigkeit und Erfolgskontrolle im Schutzwald. Wegleitung für Pflegemaßnahmen in Wäldern mit Schutzfunktion. Vollzug Umwelt. Bundesamt für Umwelt, Wald und Landschaft, Bern, 564 S.

Frei, E. (1975): Die Horizontbezeichnung am Bodenprofil. Mitteilungen Eidgenössische Anstalt für das Forstliche Versuchswesen, Bd. 51, Heft 1: S. 215–224

Friedrich, K., Goldschmidt, M., Krzyzanowski, J., Miller, R., Peter, M., Sauer, S., Schmanke, M., Vorderbrügge, T. (2008): Großmaßstäbige Bodeninformationen für Hessen und Rheinland-Pfalz, Auswertungen von Bodenschätzungsdaten zur Ableitung von Bodenfunktionen und -eigenschaften. – Umwelt und Geologie, 64 S.; Wiesbaden

Gehrt, E. (1999): Norddeutsche Löss- und Sandlösslandschaften. – In: Blume, H.-P., Felix-Henningsen, P., Fischer, W. R., Frede H.-G., Horn, R. & Stahr, K. (Hrsg.): Handbuch der Bodenkunde; Landsberg/Lech

Gehrt, E. (2000): Nord- und mitteldeutsche Lössbörden und Sandlössgebiete, – In: Handbuch der Bodenkunde, 9. Erg.-Lfg. 10/2000

Gehrt, E., Geschwinde, M., Schmidt, M.W.I. (2002): Neolithikum, Feuer und Tschernosem – oder: Was haben die Linienbandkeramiker mit der Schwarzerde zu tun? Archäologisches Korrespondenzblatt, Römisch-Germanisches Zentralmuseum Mainz (Hrsg.), Band 32: S. 21–30

Gehrt, E. (2021): Böden und Besiedlung im Neolithikum. – Ein aktualisierter Überblick auf die Entstehung der Tschernoseme und die Bedeutung der jungsteinzeitlichen Ackerbauern. Gaussiana, Schriftenreihe des Geoparks Harz . Braunschweiger Land. Ostfalen; Heft 1: S. 58–83

Geologische Bundesanstalt (Hrsg.) (1950): Geologische Karte der Umgebung von Wien, 1:75.000. Verlag der Geologischen Bundesanstalt, Wien

Geologisches Landesamt Baden-Württemberg (1993): Bodenübersichtskarte von Baden-Württemberg 1:200.000, Blatt CC7918, Stuttgart-Süd

Geologisches Landesamt Nordrhein-Westfalen (1982, 1984, 1992): Bodenkarte von Nordrhein-Westfalen 1:50.000, Blätter L 3918, L 4310, L 4916, L5302, Krefeld

Gesetzblatt der DDR (1970): Anordnung zur Schaffung der standortkundlichen Unterlagen für Meliorationen und andere Maßnahmen zur Hebung der Bodenfruchtbarkeit – Ordnung für die Standortuntersuchung. – Gbl.Teil II, Nr. 9, vom 2. Febr. 1970: S. 46–47, Berlin

Giani, L. (1993): Zur Klassifikation von Marschböden im Deichvorland. Mitteilungen der Deutschen Bodenkundlichen Gesellschaft Band 72: S. 911–914, Oldenburg

Giani, L., Landt, A. (2000): Initiale Marschbodenentwicklung aus brackigen Sedimenten des Dollarts an der südlichen Nordseeküste. Zeitschrift für Pflanzenernährung und Bodenkunde Band 163: S. 549–553, Wiley-VCH, Weinheim

Haase, G. (1978): Leitlinien der Bodengeographischen Gliederung Sachsens. – Beiträge zur Geographie – Arbeiten zur Bodengeographie, Band 29/1: S. 6–81; Berlin

Harlfinger, O., Knees, G. (1999): Klimahandbuch der Österreichischen Bodenschätzung. Mitteilungen der Österreichischen Bodenkundlichen Gesellschaft, Heft 58, 196 S., Wien

Hartmann, K.-J. (2001): Ableitung von Flächendaten für Klassenzeichen der Bodenschätzung. Mitteilungen zu Geologie von Sachsen-Anhalt, Band 6: S. 129–134; Halle

Hartwich, R. et al. (1995): Bodenkarte der Bundesrepublik Deutschland. Joint Research Centre, European Soil Data Centre (ESDAC),

Hrsg.: Bundesanstalt für Geowissenschaften und Rohstoffe, Hannover

Haubold-Rosar, M. (1998): Bodenentwicklung. In: Pflug, W. (Hrg.): Braunkohlentagebau und Rekultivierung – Landschaftsökologie, Folgenutzung, Naturschutz. Springer-Verlag: S. 573 – 588, Berlin

Heinrich, M., Hofmann, Th., Roetzel, R. (2004): Geologie & Weinviertel. Geologische Bundesanstalt & Weinkomitee Weinviertel, Wien

Hennings, V. (2000): Methodendokumentation Bodenkunde. – Auswertungsmethoden zur Beurteilung der Empfindlichkeit und Belastbarkeit von Böden. Hrsg.: Bundesanstalt für; Geowissenschaften und Rohstoffe und den Staatlichen Geologischen Dienste in der Bundesrepublik Deutschland, Ad-hoc-AG Boden Sonderhefte Reihe G – Geologisches Jahrbuch, Heft 1, 232 Seiten, 26 Abbildungen, 112 Tabellen, 2. Auflage, Hannover

HMUKLV (2017): Rekultivierung von Tagebau- und sonstigen Abgrabungsflächen. Arbeitshilfe des Hessischen Ministeriums für Umwelt, Klimaschutz, Landwirtschaft und Verbraucherschutz, Wiesbaden

International Union of Soil Sciences (IUSS) (2007 ff.): The monthly IUSS Newsletter

ISSS–ISRIC–FAO (1998): World Reference Base for Soil Resources, World Soil Resources Reports 84, Rom, Italien

IUSS Working Group WRB (2006): World Reference Base for Soil Resources 2006, FAO, World Soil Resources Reports 103, Rom, Italien

IUSS Working Group WRB (2007): World Reference Base for Soil Resources 2006. First update 2007. Edited by E. Michéli, P. Schad & O.C. Spaargaren. – FAO, World Soil Resources Reports 103, Rom, Italien

IUSS Working Group WRB (2015): World Reference Base for Soil Resources 2014, Update 2015. Edited by P. Schad, C.W. van Huyssteen & E. Michéli. – FAO, World Soil Resources Reports 106, Rom, Italien

Kasch, W. (1971): Arbeitsrichtlinie zur Durchführung der Standortkundlichen Ergänzung der Bodenschätzung.- DAL Berlin, Institut für Bodenkunde Eberswalde; 2. Aufl.

Katzensteiner, K. (2000): Wasser- und Stoffhaushalt von Waldökosystemen in den nördlichen Kalkalpen. Forstliche Schriftenreihe der Universität für Bodenkultur, Wien

Katzensteiner K., Englisch M., Hager H. (2005): The new European Humus Classification System – an aid for the interpretation of spatio-temporal dynamics of alpine humus forms.. Soil Indicators –Annual meeting of the Austrian Soil Science Society, 12th & 13 th May, Ljublana

Kilian, W., (2002): Schlüssel zur Bestimmung der Böden Österreichs. Mitteilungen der Österreichischen Bodenkundlichen Gesellschaft, Heft 67, Wien

Kleber, M., Mikutta, C., Jahn, R. (2004): Andosols in Germany – pedogenesis and properties. CATENA 56: S. 67–83. Springer Nature, Berlin

Kleber, M., Jahn, R. (2007): Andosols and soils with andic properties in the German soil taxonomy. Journal of Plant Nutrition and Soil Science 170: 317–328, Wiley-VCH GmbH, Weinheim

Knauf, C. (1999): Bergbauböden – In: String, P.; Weller, M.; Hartmann, K.-J.; Knauf, C.; Kainz, W.; Möbes, A. & Feldhaus, D. (1999): Bodenatlas Sachsen-Anhalt, Teil II: S. 36–41, Halle (LAGB)

Kolb E, Baier R (2001): Tangel – die wenig bekannte Humusform. In: Exkursionsführer zur Jahrestagung der Arbeitsgemeinschaft Forstliche Standorts- und Vegetationskunde (AFSV) im Werdenfelser Land 19. – 22.09.2001, Forstämter Garmisch-Partenkirchen und Oberammergau, Tagungsführer. Bayerische Landesanstalt für Wald und Forstwirtschaft, Fachhochschule Weihenstephan: S. 20–24

Kolb, E. (2002): Differences of nitrogen flow and storage between four ecosystems in a subalpine ecotone in the Bavarian Alps. Austrian Journal of Forest Science 119: 309–320, Wien

Kolb, E., Kohlpaintner, M. (2017): Tangel humus forms – genesis and co-evolution with vegetation. Applied Soil Ecology – . https://doi. org/10.1016/j.apsoil.2017.09.040. Elsevier

Krück, S., Nitzsche, O., Schmidt, W. (2001): Regenwürmer vermindern Erosionsgefahr. Landwirtschaft ohne Pflug, Landwirtschaftlicher Bodenschutz, Schriftenreihe der Sächsischen Landesanstalt für Landwirtschaft, Sächsisches Landesamt für Umwelt, Landwirtschaft und Geologie, Heft 1/2001: S. 18–21, Dresden

Krug, D., Stegger, U., Richter, S. (2010): Die Bodenübersichtskarte 1:200.000 – ein Gemeinschaftsprojekt von Bund und Ländern. – Kartografische Nachrichten 60/1: S. 19–27, Bonn

Kubiëna, W.(1948): Entwicklungslehre des Bodens. Springer Verlag, Wien

Kubiëna, W.(1953): Bestimmungsbuch und Systematik der Böden Europas. Ferdinand Enke Verlag, Stuttgart

Laatsch, W. (1938): Dynamik der Deutschen Acker- und Waldböden. Verlag Theodor Steinkopff, Dresden und Leipzig

Laatsch, W. (1944 und 1957): Dynamik der mitteleuropäischen Mineralböden. Verlag Theodor Steinkopff, Dresden und Leipzig

Landeshauptstadt München, Referat für Gesundheit und Umwelt (Hrsg.) (2006): Bodenbewertung in der räumlichen Planung – Ergebnisse des EU-Interreg IIIB Alpenraum Projekts TU-SEC-IP. München und Bozen

Lehmann A., Stahr, K. (2007): Nature and significance of anthropogenic urban soils, Journal of Soils and Sediments 7 : S. 247–260, Hrsg. Springer Verlag, Heidelberg

Landesumweltamt Brandenburg (LUA) (2003): Anforderungen des Bodenschutzes bei Planungs- und Zulassungsverfahren im Land Brandenburg – Handlungsanleitung – Fachbeiträge des Landesumweltamtes – Titelreihe, Heft – Nr. 78, Bodenschutz 1, 67 S., Potsdam

Leinweber, P., Achsel, A., Kühn, P. (2013): Tschernoseme auf Poel. Mitteilungen der Deutschen Bodenkundlichen Gesellschaft, Band 116: S. 93–104, Oldenburg

Lieberoth, I. (1982): Bodenkunde.- 3. Auflage, Berlin

Miehlich, G. (2002): Bodenbewusstsein – ein Schlüssel zur Förderung des Bodenschutzes, NNA-Berichte 1/2009, Alfred Toepfer Akademie für Naturschutz, Camp Reinsehlen, Schneverdingen

Mohr, H., Ratzke, U. (2009): 75 Jahre einheitliche Bodenschätzung in Deutschland 1934 – Hrsg. Verlag Thünengut Tellow, 97 S.

Mückenhausen, E. (1935, 1936): Die Bodentypenwandlungen des norddeutschen Flachlandes und besondere Beobachtungen von Bodentypenwandlungen in Nordniedersachsen. Dissertation Technische Hochschule Danzig 1935. Zugl. in: Jahrbuch der Preußischen Geologischen Landesanstalt Bd. 56, 1936: S. 460–516, Berlin

Mückenhausen, E. (1936): Die Böden der weiteren Umgebung von Landsberg/Warthe und spezielle Untersuchungen an Grundwasserböden. Inaugural-Dissertation, Anhaltische Buchdruckerei Zichäus, Dessau

Nelhiebel, P., Pecina, E., Baumgarten, A., Aust, O., Pock, H. (2001): Die Böden des Naturraumes Neusiedler See (Burgenland). Mitteilungen der Deutschen Bodenkundlichen Gesellschaft, Band 94, Oldenburg

Nestroy, O., Danneberg, O.H., Englisch, M., Gessl, A., Hager, H., Herzberger, E., Kilian, W., Nelhiebel, P., Pecina, E., Pehamberger, A., Schneider, W., Wagner, J. (2000): Systematische Gliederung der Böden Österreichs. Mitteilungen der Österreichischen Bodenkundlichen Gesellschaft, Heft 60, Wien

Nestroy, O., Aust, G., Blum, W.E.H., Englisch, M., Hager, H., Herzberger, E., Kilian, W., Nelhiebel, P., Ortner, G., Pecina, E., Pehamberger, A., Schneider, W., Wagner, J. (2011): Systematische Gliederung der Böden Österreichs – Österreichische Bodensystematik 2000 in der revidierten Fassung von 2011. Mitteilungen der Österreichischen Bodenkundlichen Gesellschaft, Wien

Nestroy, O., Dietzel, M. (2012): Die Dauerausstellung von Bodenprofilen am Institut für Angewandte Geowissenschaften der Technischen Universität Graz, 44S., Graz

Niedersächsisches Landesamt für Bodenforschung (1987): Bodenkarte von Niedersachsen 1:25.000, Grundlagenkarte, Blatt 3829 Wolfenbüttel, Hannover

Nitzsche, O., Krück, S., Zimmerling, B., Schmidt, W. (2002): Boden- und gewässerschonende Landbewirtschaftung in Flusseinzugsgebieten. Berichte aus der Pflanzenproduktion, Schriftenreihe der Sächsischen Landesanstalt für Landwirtschaft, Sächsisches Landesamt für Umwelt, Landwirtschaft und Geologie, Heft 11 – 7. Jahrgang: S. 1–22, Dresden

Oelkers, K.-H. (1971): Die Erarbeitung von Gesetzmäßigkeiten der Bodenverbreitung Südniedersachsens unter Verwendung der Bodenschätzung sowie geologischer und morphologischer Karten. Zeitschrift Deutsche Geologische Gesellschaft, Band 122: S. 1–10, Hannover

Oelkers, K.-H., Vinken, R. (1980): Möglichkeiten des EDV-Einsatzes in der bodenkundlichen Landesaufnahme. Geologisches Jahrbuch F 8: S. 23–37, Hannover

Oelkers, K.-H. (1993): Führung der Bodenschätzungsdaten beim Niedersächsischen Landesamt für Bodenforschung. – Nachrichten der Niedersächsischen Vermessungs- und Katasterverwaltung, Heft 4: S. 188–195, Hannover

Orth, A.(1870): Die geologischen Verhältnisse des norddeutschen Schwemmlandes mit besonderer Berücksichtigung der Mark Brandenburg und die Anfertigung geognostisch-agronomischer Karten, Halle

Otparlik, R., Siemer, B., Ferber, U. (2013): Terms of reference and land typologies for Circular Flow Land Use Management (CircUse). (http://www.circuse.eu/images/naszepliki/downloads/3.1.1%20circuse_tor_update.pdf), Sächsisches Landesamt für Umwelt, Landwirtschaft und Geologie, Dresden

Pallmann, H. (1942): Grundzüge der Bodenbildung. Schweizerische Landwirtschaftliche Monatshefte, Band 22, Bern-Bümpliz

Pallmann, H. (1947): Pédologie et Phytosociologie. C.R. Congr. International de Pédologie, Montpellier

Pallmann H. (1948): Über die Zusammenarbeit von Bodenkunde und Pflanzensoziologie, Anhang: Die Systematik der Böden. Kongress des Internationalen Verbandes Forstlicher Versuchsanstalten, Zürich

Pätzold, S. (2009): Fe- und C-Dynamik von Böden im Bereich aktiver Mofetten in der Vulkaneifel. Mitteilungen der Deutschen Bodenkundlichen Gesellschaft, Heft 112: S. 147–157, Oldenburg

Pehamberger, A. (1998): 50 Jahre Österreichische Bodenschätzung. Mitteilungen der Österreichischen Bodenkundlichen Gesellschaft, Heft 56: S. 69–78, Wien

Pehamberger, A. (2001): Bodenschätzung in Österreich. Mitteilungen der Deutschen Bodenkundlichen Gesellschaft, Band. 94: S. 55–58, Oldenburg

Pehamberger, A., R. Stich (2008): Soils in the so called Austrian semiard climate in the Region Weinviertel. Eurosoil Exc. 2A-pre-postcongress. Excursion Guides to Eurosoil 2008, Vienna

Pehamberger, A., Stich, R. (2009): Soil Assessment – Soils in the so called Austrian semiard climate in the Region Weinviertel. Mitteilungen der Österreichischen Bodenkundlichen Gesellschaft, Heft 76: S. 73–100, Wien

Pehamberger, A. (2012): Flyschzone. Wien

Petersen, A. (1956): Bodenschätzung, Rohertragsbonitierung und Meliorationsbonitierung. – Deutsche Akademie der Landwirtschaftswissenschaften zu Berlin, Sitzungsberichte – Band 5 (28): S. 1 – 25. Hirzel, Leipzig

Petzold, C. (2009): 75 Jahre Bodenschätzung in Deutschland 1934 bis 2009. Berichte der Deutschen Bodenkundlichen Gesellschaft (begutachtete online Publikation: www.dbges.de/wb/media/mitteilungen_dbg/Bd113.pdf), Oldenburg

Pfeiffer, E., Sauer, S., Engel, E. (2003): Bodenschätzung und Boden-bewertung – Nutzung und Erhebung von Bodenschätzungsdaten. Verlag Chmielorz GmbH, Wiesbaden, 88 S.

Pott, R.P. (1995): Farbatlas Nordseeküste und Nordseeinseln. Verlag Eugen Ulmer, Stuttgart

Prettenthaler, F., Podesser, A., Pilger, H. (2010): Klimaatlas Steiermark. Studien zum Klimawandel in Österreich. Band 4, Amt der Steiermärkischen Landesregierung, Graz

Preuß, Th., Verbücheln, M. et al. (2013): Towards Circular Land Use Management. The CircUse Compendium. Sächsisches Landesamt für Umwelt, Landwirtschaft und Geolgie: S. 1–80, Dresden

Reichsfinanzministerium (1935): Schätzungsrahmen mit Erläuterungen. Reichsdruckerei Berlin

Reisigl, H. & Keller, R. (1987): Alpenpflanzen im Lebensraum. Gustav Fischer Verlag, Stuttgart – New York

Richard F., Lüscher P., Strobel Th. (1978): Physikalische Eigenschaften von Böden der Schweiz. Bände 1–4. Sonderserie EAFV, Bodenkundliche Gesellschaft der Schweiz, Wädenswil

Richter, A., Adler, G., Fahrak, M., Eckelmann, W. (2007): Erläuterungen zur nutzungsdifferenzierten Bodenübersichtskarte der Bundesrepublik Deutschland im Maßstab 1:1000.000 (BÜK 1000 N, Version 2.3), Bundesanstalt für Geowissenschaften und Rohstoffe, Hannover

Rothkegel, W., Herzog, H. (1935): Das Bodenschätzungsgesetz (Gesetz über die Schätzung des Kulturbodens – Kommentar). – 140 S.; Berlin (Heymann). – [zugleich Taschen-Gesetzsammlung 168; Nachdruck 1955]

Rothkegel, W. (1947, 1952): Landwirtschaftliche Schätzungslehre. Verlag Eugen Ulmer, Stuttgart

Rothkegel, W. (1950): Geschichtliche Entwicklung der Bodenbonitierungen und Wesen und Bedeutung der deutschen Bodenschätzung. Verlag Eugen Ulmer, Stuttgart

Sächsisches Landesamt für Umwelt, Landwirtschaft und Geologie (2013): Towards Circular Flow Land Use Management. The CircUse Compendium, Sonderveröffentlichung, Dresden

Sächsisches Landesamt für Umwelt, Landwirtschaft und Geologie (2014): Gefahrenabwehr bei Bodenerosion –Arbeitshilfe–. In: http://www.umwelt.sachsen.de/umwelt/download/boden/Arbeitshilfe_Erosion_web.pdf, Dresden

Sauer, S. (2001): Enttäuschung bei der bodenkundlichen Interpretation von Grablochbeschreibungen der Bodenschätzung in Mittelgebirgslandschaften. Mitteilungen der Deutschen Bodenkundlichen Gesellschaft Band 96: S. 553–554, Oldenburg

Schmidt, J., von Werner, M., Michael, A., Schmidt, W. (1996): EROSION 2D/3D – Ein Computermodell zur Simulation der Bodenerosion durch Wasser: Hrsg.: Sächsische Landesanstalt für Landwirtschaft, Dresden-Pillnitz und Sächsisches Landesamt für Umwelt und Geologie, Freiberg/Sachsen

Schmidt, M.W.I., Skjemstad, J.O., Gehrt, E., Kögel-Knabner, I. (1999): Charred organic carbon in German chernozemic soils. European Journal of Soil Science, Volume 50(2): S. 351–365, Wiley Online, British Society of Soil Science

Schmidt, R., Diemann, R. (1981): Erläuterungen zur Mittelmaßstäbigen Landwirtschaftlichen Standortkartierung (MMK). – Akademie der Landwirtschaftswissenschaften der DDR, Forschungszentrum für Bodenfruchtbarkeit Müncheberg, Bereich Bodenkunde/Fernerkundung Eberswalde, 78 S.

Schmidt, J., von Werner, M., Michael, A., Schmidt, W. (1996): EROSION 2D/3D – Ein Computermodell zur Simulation der Bodenerosion durch Wasser: Hrsg.: Sächsische Landesanstalt für Landwirtschaft, Dresden-Pillnitz und Sächsisches Landesamt für Umwelt und Geologie, Freiberg/Sachsen

Schönhals, E. (1953): Die Schätzung des landwirtschaftlich genutzten Bodens. Geographische Rundschau Heft 5: S. 333–339, Braunschweig

Schönhals, E. (1996): Ergebnisse bodenkundlicher Untersuchungen in der hessischen Lößprovinz. Mit Beiträgen zur Genese des Würm-Lösses. Boden und Landschaft, Band. 8, Gießen.

Schrader, S. (2005): Daten und Methoden zur Bearbeitung der Bodenschätzung im NIBIS – Untersuchungen zur Qualität – Diplomarbeit Martin-Luther-Universität Halle-Wittenberg (unveröffentlicht)

Schraps, W.G. (1992): Die Bodenkarte im Maßstab 1:5000 auf der Grundlage der Bodenschätzung in Nordrhein-Westfalen. Mitteilungen der Deutschen Bodenkundlichen. Gesellschaft 67: S. 261–264; Oldenburg

Semmel, A. (1968): Studien über den Verlauf der jungpleistozänen Formung in Hessen. Frankfurter Geographische Hefte 45: S. 1 – 133, Frankfurt

Siemer, B. (2013): Stand der Umsetzung des Handlungsprogramms des Freistaates Sachsen zur Reduzierung der Flächeninanspruchnahme vom April 2009. In: http://www.thueringen.de/th8/tmlfun/umwelt/bodenschutz_altlasten/schutz/

Sommer, C. (1999): Konservierende Bodenbearbeitung – ein Konzept zur Lösung agrarrelevanter Bodenschutzprobleme. Sächsische Landesanstalt für Landwirtschaft, Landwirtschaftlicher Bodenschutz, 1/1999: S. 15–19, Dresden

Streif, H. (1982): The occurrence and significance of peat in the Holocene deposits of the German North Sea coast.ILRI publication 30, Proceed. of the symposium on peat lands below sea level: S. 31–41; Wageningen

Streif, H. (1990): Das ostfriesische Küstengebiet. Sammlung Geologischer Führer 57. Gbr. Borntraeger, 2. Aufl., Berlin

Stüwe, K., Homberger, R. (2011): Die Geologie der Alpen aus der Luft. Weishaupt Verlag, Gnas

TGL 24300/07 (1977): Substrate und Substrattypen, Fachbereichsstandard, Standortaufnahme von Böden, Deutsche Demokratische Republik, Juli 1977. In: Mitteilungen der Deutschen Bodenkundlichen Gesellschaft, Band 65, Oldenburg 1991

Thaer, A.D. (1813): Versuch einer Ausmittelung des Reinertrages der produktiven Grundstücke mit Rücksicht auf Boden, Lage und Örtlichkeit. – 156 S.; Berlin (Realschulbuchhandlung). – Neuauflage 1833: Allgemeine landwirtschaftliche Monatszeitschrift, 17 (3); Reimer, Berlin

Thiele, K., (1978): Vegetationskundliche und pflanzenökologische Untersuchungen im Wimbachgries. Oldenburg Verl., München, Wien; 69 S.

Thiere, J., Wiangke, T., Morgenstern, H., Succow, M. (1983): Richtlinie zur standortkundlichen Kennzeichnung von Acker- und Graslandschlägen. – Akademie der Landwirtschaftswissenschaften der DDR, Forschungszentrum für Bodenfruchtbarkeit Müncheberg, Bereich Bodenkunde und Fernerkundung, Eberswalde

Wagner, J. (2001): Bodenschätzung in Österreich. In: Bodenaufnahmesysteme in Österreich. Mitteilungen der Österreichischen Bodenkundlichen Gesellschaft, Heft 62: S. 69–104, Wien

Wakonigg, H. (1978): Witterung und Klima in der Steiermark. Arbeiten aus dem Institut für Geographie der Universität Graz, Band 23

Walthert, L., Zimmermann, S., Blaser, P., Luster, J., Lüscher, P. (2005): Waldböden der Schweiz, Band 1. Grundlagen und Region Jura. Birmensdorf, Eidgenössische. Forschungsanstalt Wald, Schnee und Landwirtschaft (WSL), Bern, Hep Verlag, 768 S.

Will, D. (2004): Bodenschätzung in der Finanzverwaltung http://www.hlug.de/static/medien/boden/fisbo/bs/doku/zwischenbericht2004/CD%20Zwischenbericht%202004/imau2004_bodenschaetzung.pdf

Will, D. (2007): Stand der Digitalisierung der Bodenschätzung in der Finanzverwaltung. Ergebnis einer Umfrage im Februar 2007. Workshop AG „Bodenschätzung und – Bewertung" und „Informationssysteme in der Bodenkunde" in Zusammenarbeit mit dem ständigen Ausschuss „Vorsorgender Bodenschutz" der Bund/Länder Arbeitsgemeinschaft „Bodenschutz" zum Thema: „Stand und Ausblick zur Nutzung digitaler Bodenschätzungsdaten" 17. und 18. April 2004,

Mainz. – In: Mitteilungen der Deutschen Bodenkundlichen Gesellschaft Band 110; S 31–32, Oldenburg

Wünsche, M., Vogler, E., Knauf, C. (1998): Bodenkundliche Kennzeichnung der Abraumsubstrate und Bewertung der Kippböden für die Rekultivierung. – In: Pflug, W. (Hrsg.): Braunkohlentagebau und Rekultivierung – Landschaftsökologie, Folgenutzung, Naturschutz. Springer-Verlag: S. 780 – 769, Berlin

Zakosek, H. (1962): Zur Genese und Gliederung der Steppenböden im nördlichen Oberrheintalgraben. Abhandlungen des hessischen Landesamtes für Bodenforschung, Band 37, Wiesbaden

Zakosek, H. (1991): Zur Genese und Gliederung des Rheintal-Tschernosems im nördlichen Oberrheingraben. Mainzer Geowissenschaftliche Mitteilungen, Band 20: S. 159–176

Zimmermann, S., Luster, J., Blaser, P., Walthert, L., Lüscher, P. (2005): Waldböden der Schweiz, Band 3. Regionen Mittelland und Voralpen. Birmensdorf, Eidgenössische. Forschungsanstalt Wald, Schnee und Landwirtschaft (WSL), Bern, Hep Verlag 847 S.

Stichwortverzeichnis

© Springer-Verlag GmbH Deutschland, ein Teil von Springer Nature 2023
H. Joisten et al. (Hrsg.), *Böden Deutschlands, Österreichs und der Schweiz*, https://doi.org/10.1007/978-3-8274-2284-2

GPSR Compliance

*The European Union's (EU) General Product Safety Regulation (GPSR)
is a set of rules that requires consumer products to be safe and our
obligations to ensure this.*

*If you have any concerns about our products, you can contact us on
ProductSafety@springernature.com*

In case Publisher is established outside the EU, the EU authorized
representative is:

Springer Nature Customer Service Center GmbH
Europaplatz 3
69115 Heidelberg, Germany

Batch number: 08909598

Printed by Printforce, the Netherlands